云南省普通高等学校"十二五"规划教材

轻稀贵金属冶金学

主　编　李　坚
副主编　俞小花　曲　涛

U0342369

北　京
冶金工业出版社
2024

内 容 提 要

本书共分为三篇,第一篇为轻金属冶金学,主要介绍了铝、镁的物化性质、提取原理和主要的工艺流程;第二篇为稀有金属冶金学,主要介绍了钛、钨、钼、锗、铟的物化性质、提取原理和主要的工艺流程;第三篇为贵金属冶金学,主要介绍了金、银及铂族金属的物化性质、提取原理和主要的工艺流程。

本书可作为冶金工程专业及相关专业学生的教材,也可供有色金属冶金领域的科研和工程技术人员参考。

图书在版编目 (CIP) 数据

轻稀贵金属冶金学/李坚主编 . —北京:冶金工业出版社,2018.3
(2024.7 重印)

云南省普通高等学校"十二五"规划教材

ISBN 978-7-5024-7616-8

Ⅰ.①轻…　Ⅱ.①李…　Ⅲ.①轻金属冶金—高等学校—教材　②贵金属冶金—高等学校—教材　③稀有金属—有色金属冶金—高等学校—教材　Ⅳ.①TF8

中国版本图书馆 CIP 数据核字 (2018) 第 035977 号

轻稀贵金属冶金学

出版发行	冶金工业出版社	**电　话**	(010) 64027926
地　址	北京市东城区嵩祝院北巷 39 号	**邮　编**	100009
网　址	www. mip1953. com	**电子信箱**	service@ mip1953. com

责任编辑　张熙莹　王　双　**美术编辑**　彭子赫　**版式设计**　孙跃红
责任校对　王永欣　**责任印制**　窦　唯
北京捷迅佳彩印刷有限公司印刷
2018 年 3 月第 1 版,2024 年 7 月第 4 次印刷
787mm×1092mm　1/16;37.75 印张;914 千字;591 页
定价 86.00 元

投稿电话　(010) 64027932　**投稿信箱**　tougao@cnmip. com. cn
营销中心电话　(010) 64044283
冶金工业出版社天猫旗舰店　yjgycbs. tmall. com
(本书如有印装质量问题,本社营销中心负责退换)

前　言

　　轻金属冶金、稀有金属冶金和贵金属冶金一直是冶金工程专业和其他相关专业重要的专业课程。随着冶金物理化学、钢铁冶金和有色金属冶金三个专业合并成为"冶金工程"一个专业后，一些高校为了更好地培养专业知识面宽、综合素质好、具有创新能力的通用型人才，在金属提取冶金的专业课教学方面，开设"钢铁冶金学""重有色金属冶金学"和"轻稀贵金属冶金学"课程。本书的编写旨在满足冶金工程专业及相关专业学生学习轻金属、稀有金属和贵金属冶金知识的需要。

　　本书共分为三篇，第一篇为轻金属冶金学，主要介绍了铝、镁的物化性质、提取原理和主要的工艺流程；第二篇为稀有金属冶金学，主要介绍了钛、钨、钼、锗、铟的物化性质、提取原理和主要的工艺流程；第三篇为贵金属冶金学，主要介绍了金、银及铂族金属的物化性质、提取原理和主要的工艺流程。

　　本书由昆明理工大学李坚（第17章、20章、23章、24章、27~29章、31章）、俞小花（第8~14章、16章）、曲涛（第18章）、李艳（第1~4章）、刘战伟（第5~7章）、金炳界（第25章、26章）、高文桂（第30章）、宋宁（第21章、22章）、华一新（第19章）、朱云（第15章）共同编写。李坚任主编，俞小花、曲涛任副主编。

　　由于编者水平所限，书中不足之处，敬请读者批评指正。

编　者

2017 年 8 月

目　录

第二篇　稀有金属冶金学

第三篇　贵金属冶金学

第一篇

轻金属冶金学

第一篇

学会合同金社

1 轻金属概论

1.1 轻金属总述

在有色金属中，轻金属发展较晚，18世纪末陆续发展后，19世纪初才得以分离为单独的金属，20世纪才开始工业生产。然而，轻金属的生产发展迅速，铝的产量在1956年超过了铜，跃居为有色金属之首，成为产量仅次于钢铁的金属。

轻金属一般指密度在 $3.5g/cm^3$（钡的密度）以下的金属，包括铝、镁、铍和碱金属及碱土金属，有时也将密度为 $4.5g/cm^3$ 的钛和通常称之为半金属的硼和硅（密度分别为 $2.35g/cm^3$ 及 $2.33g/cm^3$）列为轻金属。这类金属的共同特点是密度小，化学性质活泼。在轻金属中最具重要性和最有代表性的是铝和镁，因此，本篇着重介绍铝冶金学，简要介绍镁冶金学。

1.2 铝 的 概 述

1.2.1 铝的性质

铝是一种银白色的金属，其主要的物理性质列于表1-1。

表 1-1 铝的主要物理性质

性 质	数值	性 质	数值
原子序数	13	沸点/K	2740
晶体结构	面心立方	热导率/W·(m·K)$^{-1}$	237(300K)
密度(298K)/kg·m^{-3}	2698	电阻率(298K)/Ω·m	2.7×10^{-3}
熔点/K	933.52	反射率/%	85~90
熔化热/kJ·mol^{-1}	10.47	汽化热/kJ·mol^{-1}	290.8
价层电子模型	$2s^2 2p^1$	共价半径/pm	118
M^{3+}离子半径/pm	50	电负性(Pauling)	1.61
电离能($I_1 + I_2 + I_3$)/kJ·mol^{-1}	5114	电子亲和能/kJ·mol^{-1}	44
电导率/S·cm^{-1}	$36 \times 10^{-4} \sim 37 \times 10^{-4}$	电化当量/g·A^{-1}·mol^{-1}	0.3356

铝的化学性质非常活泼，与氧的亲和力很强。在空气中，铝的表面生成一层厚度为 $0.005 \sim 0.02 \mu m$ 的微密的薄膜，成为天然的保护层，使铝不再氧化因而具有良好的抗腐蚀

能力。

　　铝可溶于盐酸、硫酸和碱溶液，但对冷硝酸和有机酸化学上稳定，与热硝酸则发生强烈反应。因此，铝是典型的两性物质。

　　铝与卤素、硫和碳都能发生反应，生成相应的卤化物（如 $AlCl_3$，AlF_3）。

1.2.2　铝的用途

　　铝的密度小，仅为铁的 1/3。铝合金有很高的机械强度。铝和铝合金具有良好的加工性能，能加工成铝线、铝板、铝管以及各种形状的铝材和机器的零部件。

　　在航空方面，铝是飞机、导弹、火箭、人造卫星、宇宙飞船、潜艇、军舰不可缺少的结构材料，所以铝是一种重要的国防战略物资。

　　在交通运输方面，汽车、火车车厢的内外装饰，格子窗、散热器、发动机部件乃至车身都用铝材制造，以减少其本身的重量，增加运载能力。船舶的建造也需要大量铝材。

　　在房屋建筑方面，铝材用来制造门、窗、板壁、隔墙、落水管以及屋檐槽。

　　在电气方面，铝用作电缆、电线，许多部门用铝来代替铜。

　　此外，化工管道、贮罐、食品包装、冷库设施、日常生活用品等也广泛使用铝。铝还用作冶金生产中的还原剂、脱氧剂。

1.2.3　炼铝原料

　　自然界已知的含铝矿物有 258 种，其中常见的矿物约 43 种。实际上，由纯矿物组成的铝矿床是没有的，一般都是共生分布，并混有杂质。铝在自然界中多呈氧化物、氢氧化物和含氧的铝硅酸盐存在。铝土矿是目前氧化铝生产中最主要的矿石资源，世界上 99% 以上的氧化铝是用铝土矿为原料生产的。霞石、长石、高岭石、明矾石等也可以作为生产氧化铝的原料。

1.3　镁　的　概　述

　　金属镁从发现至今已经历了 209 年的历史（1808～2017 年），工业生产的年代已有131 年的历史（1886～2017 年），在这 131 年的发展与生产实践中，完善了以各种镁矿为原料（菱镁矿、海水、盐湖卤水、蛇纹岩、光卤石）的脱水、氯化及电解制镁的理论与实践；以白云石为原料的内热法、外热法与半连续熔渣导电的硅热法炼镁的理论与实践。20 世纪 80 年代至 21 世纪初，在各种镁冶炼的方法上（电解法与硅热法）出现了许多高新技术，世界镁产业发生了巨大变化，尤其是在镁合金材料工业的迅速发展下，进一步推动了镁工业的发展。在 20 世纪 90 年代末到 21 世纪，金属镁作为"时代金属"展现在冶金工业上，成为有色金属中的佼佼者。由于金属镁在民用市场（汽车工业、精密机械工业、结构材料工业、电化学工业）和空间技术的应用具有很大的优越性和独特性，因而推动了镁的平稳增长。

1.3.1　镁的性质

　　金属镁属于轻金属，比铁轻 7/9，比铝轻 1/3，镁是门捷列夫元素周期表中第三周期第ⅡA族化学元素。镁的晶格是密排六方晶系，镁的电子排列为$1s^22s^22p^63s^2$，所以镁一般为两价（Mg^{2+}），但是在电解熔融盐中也存在一价镁离子（Mg^+），镁有三个自然同位素，其质量数分别为23.99、24.99和25.99。在自然界的混合物中镁的同位素含量分别为78.6%、10.11%和11.20%。镁的物理化学常数见表1-2所示。

表1-2 镁的物理化学常数

名　称		数值	名　称		数值
原子序数		12	熵(25℃时)/J·(cm·s·℃)$^{-1}$		32.2
原子价数		2	热导率/W·(m·K)$^{-1}$		157（154.5）
相对原子质量		24.32	线膨胀系数 /℃$^{-1}$	20~100℃时	26.1×10^{-6}
原子体积/cm^3·mol^{-1}		13.99		651~800℃时	380×10^{-6}
原子半径/nm		0.16	电导率(20℃时)/(Ω·m)$^{-1}$		22.37×10^6
离子半径/nm		0.074	电阻温度系数（20℃时)/℃$^{-1}$		0.0165
密度 /t·m^{-3}	20℃时(Mg99.9%)	1.74	标准电位/V		−2.38
	熔点651℃时	1.572	电化当量/g·(A·h)$^{-1}$		0.453
	液态700℃时	1.544	电离势/eV		7.65和15.31
熔融潜热(Mg99.99%)/J·mol^{-1}		8786.4±418.4	沸点/℃		1107
蒸发潜热 /kJ·mol^{-1}	1107℃时	127.6±6.3	熔点/℃		651
	25℃时	140.6±8.4	升华热 /kJ·mol^{-1}	651℃时	142.3±6.2
				25℃时	146.4±8.4

　　在常温下，镁在空气中相当稳定。当温度高于350℃时，镁的耐氧化性明显下降。在400℃时，镁在空气中的化学活性明显增长，并随着温度的升高而快速增长。

　　实际上致密的镁在冷水中不起反应，当加热时相互反应析出氢。镁在沸水中反应激烈，在400℃时，与水蒸气发生反应生成MgO和氢气。固体镁不易燃烧，在熔融状态和接近熔点温度条件下燃烧。镁明显地与氮发生反应；在670℃时，镁的氮化反应非常迅速；在高温下镁可以分解CO_2和SO_2。在盐酸、硫酸、硝酸、磷酸等溶液中，镁易发生反应。

　　镁在浓度70%的KOH、NaOH、KCN溶液中以及在$FeCl_3$、$CuCl_2$、$NiCl_2$、$SnCl_4$、Hg_2Cl_2、$HgCl_2$、$ZnCl_2$、$FeSO_4$、KNO_3溶液中发生反应。镁在有机酸（乳酸、油酸、醋酸、氯代乙酸等）溶液中，在脂肪酸中，在乙酐、碳酸、甲醛溶液中，在三氯乙醛CCl_3CHO溶液中均发生反应。

　　镁在氯气介质中加热时，镁与氯气激烈反应，发光，生成$MgCl_2$，在加热条件下，Mg与Br_2和I_2蒸气激烈反应，生成$MgBr_2$与MgI_2。

1.3.2 镁的用途

　　金属镁在21世纪已成为"时代金属"，随着科学技术的进步，它不再是主要用于难熔金属的还原剂、钢铁工业的脱硫剂、球墨铸铁中的球化剂以及作为建材的铝-镁合金材料。一种新型的密度小，高温强固性好，高温耐腐蚀性能好的AZ、AM、AE系列合金应用于航天工业、汽车运输工业、结构材料工业、电化学工业（电子技术、光学器材），在精密机械工业中其应用将具有更大的优越性和独特性。到2000年，压铸镁合金已上升为仅次于铝合金的第二大用户。统计表明，20世纪90年代，北美的压铸铝合金用量持续增长，平均年增长率达19%，21世纪初其增长率仍保持在15%~20%，压铸镁合金如此高的增长率，归因于对产品轻量化的要求日益迫切，以及镁合金的性能不断改善及压铸技术的显著进步。

由于镁合金在降低产品质量、节省能耗及增强产品可靠性等方面所具有的优势，镁合金的开发应用虽然没有像在航空、航天领域中的应用那样成熟，但是近十年来却得到了很大的发展。石油危机的爆发，对轿车工业节省能耗提出了要求，使得厂家不得不通过降低轿车自重达到减少对汽油的消耗，同时，使用镁合金零部件降低了汽车启动和行驶质量，使汽车驾驶起来灵活舒适，具有更好的加速和减速性能，因此大量镁合金汽车零部件被生产出来代替钢和铝合金零部件。美国福特公司2000年在每台轿车上使用103kg镁合金，可以降低重量45%（由188.6kg降至103kg，即减重85kg），这是一个十分可观的数值。

我国镁合金压铸件主要用于汽车工业，林业，机械，电动工具以及航空、航海等工业，其中80%用于汽车工业，我国上海大众汽车公司生产的大部分轿车使用镁合金压铸件，用于生产变速箱壳体和壳盖等部件。在计算机部件及家用电器方面使用镁合金的量也正在增大。

1.3.3　炼镁的原料

镁是地壳中分布较广的元素之一，占地壳质量的2.1%。在自然界中，镁只能以化合物状态存在。在已知的1500种矿物中，镁化合物占200多种，即12%以上。自然界的镁矿物及含镁矿物很多，含MgO大于40%的就有菱镁矿、方解石、氯镁石、水纤菱镁矿、氟镁石、水菱镁矿、硼镁石、羟磷镁石、镁橄榄石、蛇纹石、粒硅镁石，这11种矿物中的镁含量都高，但只有菱镁矿是主要的工业矿物，因它分布广、易选冶。镁橄榄石、蛇纹石和粒硅镁石分布也广，但冶炼加工困难。方镁石和水镁石若有大量聚集时也可用于提镁。其他富镁矿物分布很稀少，不具工业意义。还有两种含镁矿物虽然本身含镁并不高，但分布广，易加工，也是很重要的工业用镁矿物，如白云石和光卤石。

此外，还有大量的镁，主要以氯化物和碳酸盐的形式存在于海水、盐湖水中，地壳中镁总量的3.7%存在于海水中。目前炼镁工业上使用的原料多为菱镁矿、白云石、光卤石及海水、盐湖水中$MgCl_2$。

 **复习思考题**

1-1 轻金属的定义是什么？
1-2 轻金属的特点是什么？

2 铝土矿及氧化铝生产

2.1 铝土矿的分类

氧化铝水合物是铝土矿中的主要矿物。从铝土矿或其他含铝原料中生产氧化铝，实质上是将矿石中的 Al_2O_3 与 SiO_2、Fe_2O_3、TiO_2 等杂质分离的过程。根据其氧化铝水合物所含结晶水数目及晶型结构的不同，把铝土矿分成三水铝石型($Al(OH)_3$ 或 $Al_2O_3 \cdot 3H_2O$)、一水软铝石型($\gamma\text{-}AlO(OH)$ 或 $\gamma\text{-}Al_2O_3 \cdot H_2O$)、一水硬铝石型($\alpha\text{-}AlO(OH)$ 或 $\alpha\text{-}Al_2O_3 \cdot H_2O$)和混合型四类矿种。采用不同类型的铝土矿作原料，氧化铝生产工艺的选择和技术条件的控制是不同的，所以对铝土矿类型的鉴定有着重大意义。

2.1.1 氧化铝水合物的性质

2.1.1.1 物理性质

氧化铝及其水合物由于结构不同，而有不同的物理性质。常见的几种铝矿物的折光率、密度和硬度是按下列次序递增的：三水铝石→一水软铝石→一水硬铝石→刚玉。它们最重要的结晶状态及物理特性见表 2-1。

表 2-1 氧化铝及其水合物的物理性质

矿物名称	三水铝石 $Al(OH)_3$	拜耳石 $Al(OH)_3$	一水软铝石 $AlOOH$	一水硬铝石 $AlOOH$	刚玉 $\alpha\text{-}Al_2O_3$
晶石	单斜晶系(假六方晶系)	单斜晶系	斜方晶系	斜方晶系	斜方六面体
密度/g·cm^{-3}	2.42	2.53	3.01	3.44	3.98
折光率(平均)	1.57	1.58	1.66	1.72	1.77
莫氏硬度	2.5~3.5		3.5~4.0	6.5~7.0	9.0

2.1.1.2 化学性质

铝属于元素周期表中第 3 周期的第 III_A 族元素，其氧化物及水合物是典型的两性化合物，它们不溶于水，但可溶于酸和碱。在中性介质中，氢氧化铝的电离常数很小，但碱式电离常数大于酸式电离常数，因此，通常氢氧化铝略显碱性。

氧化铝及其水合物的两性性质，使氧化铝生产既可以用碱法，也可以用酸法。

不同形态的氧化铝及其水合物的化学活性，即在酸和碱溶液中的溶解度及溶解速度是不同的。三水铝石与拜耳石的化学活性最大、最易溶，一水软铝石次之，一水硬铝石特别是刚玉($\alpha\text{-}Al_2O_3$)很难溶。因为刚玉具有最坚固和最完整的晶格，晶格能大，化学活性最差，即使在 300℃ 的高温下与酸和碱的反应速度也极慢。$\gamma\text{-}Al_2O_3$ 的化学活性较强、在

低温下焙烧获得的 $\gamma\text{-}Al_2O_3$ 的化学活性与三水铝石相近。同一种形态的氧化铝及其水合物，由于生成条件不同，性质也不相同，甚至有较大的差异。

2.1.2　铝土矿资源及分布

铝在地壳中分布广泛，其在地壳中的平均含量为 8.8%（以 Al_2O_3 计，则为 16.62%），仅次于氧和硅，居第三位；而在金属元素中，铝则居第一位。铝属亲石亲氧元素，因此在自然界中只能以化合物状态存在，其中以铝硅酸盐形式存在的含铝矿物占40%，最重要的含铝矿石有铝土矿、霞石、明矾石等。

国外铝土矿矿石主要是三水铝石型，其次为一水软铝石型，而一水硬铝石型铝土矿极少。但我国则主要是一水硬铝石型铝土矿，三水铝石型铝土矿极少。

国外的三水铝石型铝土矿具高铝、低硅、高铁的特点，矿石的品质好，适合耗能低的拜耳法处理。我国的一水硬铝石型铝土矿，总体特征是高铝、高硅、低硫、低铁、中低铝硅比，矿石品质差，加工难度大，氧化铝生产多用耗能高的碱石灰烧结法和联合法。

2.1.2.1　铝土矿的化学组成

铝的化学性质活泼，所以其在自然界中仅以化合物状态存在。地壳中的 250 多种含铝矿物中，约40%是各种铝硅酸盐。

铝矿物很少以纯的状态形成工业矿床，基本上都是与各种脉石矿物共生在一起的。在世界许多地方蕴藏着大量的铝硅酸盐岩石，其中，最主要的铝矿物列于表 2-2 中。

表 2-2　主要的含铝矿物

名称与化学式	质量分数/%			密度 /g·cm⁻³	莫氏硬度
	Al_2O_3	SiO_2	Na_2O+K_2O		
刚玉 Al_2O_3	100	—	—	4.0~4.1	9
一水软铝石 $Al_2O_3 \cdot H_2O$	85	—	—	3.01~3.06	3.5~4
一水硬铝石 $Al_2O_3 \cdot H_2O$	85	—	—	3.3~3.5	6.5~7
三水铝石 $Al_2O_3 \cdot 3H_2O$	65.4	—	—	2.35~2.42	2.5~3.5
蓝晶石 $Al_2O_3 \cdot SiO_2$	63.0	37.0	—	3.56~3.68	4.5~7
红柱石 $Al_2O_3 \cdot SiO_2$	63.0	37.0	—	3.15	7.5
硅线石 $Al_2O_3 \cdot SiO_2$	63.0	37.0	—	3.23~3.25	7
霞石 $(Na, K)_2O \cdot Al_2O_3 \cdot 2SiO_2$	32.3~36.0	38.0~42.3	19.6~21.0	2.63	5.5~6
长石 $(Na, K)_2O \cdot Al_2O_3 \cdot 6SiO_2 \cdot 2H_2O$	18.4~19.3	65.5~69.3	1.0~11.2	—	—
白云母 $K_2O \cdot 3Al_2O_3 \cdot 6SiO_2 \cdot 2H_2O$	38.5	45.2	11.8	—	2
绢云母 $K_2O \cdot 3Al_2O_3 \cdot 6SiO_2 \cdot 2H_2O$	38.5	45.2	11.8	—	—
白榴石 $K_2O \cdot Al_2O_3 \cdot 4SiO_2$	23.5	55.0	21.5	2.45~2.5	5~6
高岭石 $Al_2O_3 \cdot 2SiO_2 \cdot 2H_2O$	39.5	46.4	—	2.58~2.6	1
明矾石 $(Na, K)_2SO_4 \cdot Al_2(SO_4)_3 \cdot 4Al(OH)_3$	37.0	—	11.3	2.60~2.80	3.5~4.0
丝钠铝石 $Na_2O \cdot Al_2O_3 \cdot 2CO_2 \cdot 2H_2O$	35.4	—	21.5	—	—

铝土矿是目前氧化铝生产中最主要的矿石资源，世界上99%以上的氧化铝是用铝土矿为原料生产的，此外，也用于人造刚玉、耐火材料及水泥等的生产。

铝土矿中氧化铝的含量变化很大，低的在40%以下，高的可达70%以上。与其他有色金属矿石相比，铝土矿可算是很富的矿了。铝土矿的组成复杂、化学成分变化很大，主要化学成分为 Al_2O_3、Fe_2O_3、TiO_2，并含有一定量的 CaO、MgO、S、Ga、V、Cr、P 等。

铝土矿中的氧化铝主要以三水铝石（$Al(OH)_3$），或者以一水软铝石（$\gamma\text{-}AlO(OH)$）及一水硬铝石（$\alpha\text{-}AlO(OH)$）的形态存在，其性质见表2-1。

依据铝土矿中上述铝矿物的含量，一般可将铝土矿分为三水铝石型、一水软铝石型、一水硬铝石型和各种混合型，如三水铝石-一水软铝石型、一水软铝石-一水硬铝石型等，有的一水硬铝石型铝土矿中还含有少量刚玉。

铝土矿的品质主要取决于其中氧化铝存在的矿物形态和有害杂质的含量，不同类型的铝土矿其溶出性能差别很大。衡量铝土矿品质，一般考虑以下几个方面：

（1）铝土矿的铝硅比。铝硅比是指矿石中所含 Al_2O_3 与 SiO_2 的质量的比值，一般用 A/S 表示。氧化硅是碱法（特别是拜耳法）生产氧化铝过程中最有害的杂质，所以铝土矿的铝硅比越高越好。目前工业生产氧化铝所用铝土矿的铝硅比要求不低于3.0~3.5。

（2）铝土矿的氧化铝含量。氧化铝含量越高，对生产氧化铝越有利。

（3）铝土矿的矿物类型。铝土矿的矿物类型对氧化铝的溶出性能影响很大。其中，三水铝石型铝土矿中的氧化铝最容易被苛性碱溶液溶出，一水软铝石型次之，而一水硬铝石的溶出则较难。另外，铝土矿的类型对溶出以后各湿法工序的技术经济指标也有一定的影响。因此，铝土矿的类型与溶出条件及氧化铝生产成本有着密切关系。

2.1.2.2 世界铝土矿资源及分布

世界上铝土矿资源丰富，资源保证程度很高。按世界铝土矿产量（1.3亿~1.5亿吨/年）计算，静态保证年限在200年以上。2002年世界上已探明的铝土矿储量约为250亿吨，储量基础约为340亿吨，资源量约为550亿~750亿吨。主要分布在南美洲（占33%）、非洲（占27%）、亚洲（占17%）、大洋洲（占13%）和其他地区（占10%）。几内亚和澳大利亚两国的储量约占世界储量的一半，南美的巴西、牙买加、圭亚那、苏里南约占世界储量的1/4。此外，据近年的报道，越南和印度也有丰富的铝土矿资源，越南的储量在40亿~50亿吨，印度的储量为24亿吨。主要铝土矿国家的储量及铝土矿的矿石类型和化学组成列于表2-3。

表2-3 世界铝土矿储量和一些铝土矿的类型及组成

国家与地区	储量/亿吨	基础储量/亿吨	矿石类型	化学组成/%			铝硅比 A/S
				Al_2O_3	SiO_2	Fe_2O_3	
澳大利亚	38	74	三水铝石-一水软铝石	58~59	4.5~5	6~8	>11
几内亚	74	86	三水铝石	42.74	0.8	25.58	54
牙买加	20	25	三水铝石	49.57	2.49	18.21	23.72
巴西	37	49					
苏里南	5.8	6	三水铝石	53.16	3.42	9.72	15.6

国家与地区	储量/亿吨	基础储量/亿吨	矿石类型	化学组成/%			铝硅比 A/S
				Al_2O_3	SiO_2	Fe_2O_3	
圭亚那	7	9	三水铝石	59.5	2.0	5.5	29.8
印度尼西亚（宾坦）			三水铝石	52	5	13	10.4
中国	7.2	20					
印度	7.7	14					
加纳			三水铝石	53~63	0.2~3.7	8~14	>15
美国（阿肯色州）			三水铝石	50	13.0	5.6	3.85
俄罗斯				40~45	11~13	16~18	3.2~4
俄罗斯（北乌拉尔）	2	2.5	一水硬铝石-一水软铝石	52	4	23	13
俄罗斯（萨拉伊尔）			一水硬铝石（含有刚玉）	56.02	8.06	12.37	7
法国			一水软铝石	55	4	26	13.7
希腊			一水硬铝石-一水软铝石	56	4.6	21	12.2
苏里南	5.8	6					
委内瑞拉	3.2	3.5					
其他国家	46	61					
世界合计储量	240	350					

从表2-3的数据可见，澳大利亚和几内亚等国不仅铝土矿资源丰富，而且铝土矿品质也是最好的。业内人士据表2-3分析认为，如果从2003年算起，世界氧化铝产量平均按6000万吨预计，则每年约消耗铝土矿储量3亿吨。再加上电熔刚玉及高铝水泥等相关产业的消耗，则每年铝土矿的消耗约为4.0亿吨。而世界铝土矿的保有储量为250亿吨，因此，铝工业及相关行业的保障年限可达60年以上。加上近年来各国对铝土矿的勘查投入也正逐渐增加，因此可以认为，全球铝土矿资源在一定时间内不会出现短缺。

此外，俄罗斯蕴藏有极为丰富的霞石矿资源，且分布在全国有20多个矿区，其中科拉半岛的磷灰石-霞石矿探明的储量就达49亿吨多，西伯利亚勘探查明霞石储量达27亿吨之多，估计俄罗斯霞石矿储量在100亿吨。

2.1.2.3 中国铝土矿资源及分布

中国铝土矿资源具有以下几个特点：

（1）储量集中于煤或水电丰富的地区，有利于开发利用。山西、贵州、河南和广西壮族自治区储量最高，合计占全国总储量的85.5%，这四个地区又有着丰富的煤炭和水电资源，具有发展铝工业的有利条件。

（2）矿床类型以沉积型为主，坑采储量比重较大。在已探明的储量中，属岩溶型矿床的占全国储量的92.25%，齐赫文型矿床储量为6.21%，红土型矿床储量占1.54%。在这些储量中，适于坑采的占全国总储量的45.49%，完全露采的储量占24.32%，适于露采和坑采结合的储量占29.79%。

（3）一水硬铝石型铝土矿占绝对优势。已探明的铝土矿储量中，一水硬铝石型铝土矿储量占全国总储量的 98.46%，三水铝石型矿石储量只占 1.54%。

一水硬铝石型铝土矿绝大部分具有高铝、高硅、低铁的突出特点，铝硅比值偏低。据统计，铝硅比值大于 9 的矿石量占一水硬铝石量的 18.6%，在 6~9 之间的矿石量占 25.4%，4~6 的矿石量占 48.6%，小于 4 的矿石量占 7.4%。我国各省区的铝土矿平均品位见表 2-4。

表 2-4　我国各省区的铝土矿平均品位

地区	Al_2O_3/%	SiO_2/%	Fe_2O_3/%	A/S
山西	62.35	11.58	5.78	5.38
贵州	65.75	9.04	5.48	7.27
河南	65.32	11.78	3.44	5.54
广西	54.83	6.43	18.92	8.53
山东	55.53	15.8	8.78	3.61

中国是世界十大铝土矿资源国之一，保有资源储量 25.03 亿吨，其中基础储量 7.16 亿吨，储量 5.39 亿吨，约占世界储量的 8%。全国已有 19 个省市具有规模大小不等的铝土矿矿床，已探明的矿产地 324 处，其中山西、贵州、河南、广西、山东五省区的储量合计占全国的 93%，此外，在云南、海南、广东、福建、江西、湖北、湖南、陕西、四川、新疆、宁夏、河北等省区也有铝土矿矿床，储量合计仅占全国总储量的 7%。

我国已发现霞石矿产地 22 个，最重要的产地是四川南江、河南安阳、广东佛岗、云南个旧等地。从目前已经发现的霞石矿的规模和矿点估算，我国的霞石资源总储量在 100 亿吨以上，仅霞石资源就可满足我国生产氧化铝 100 年以上的需求。

2.1.3　电解炼铝对氧化铝的质量要求

电解炼铝对氧化铝的品质要求：一是氧化铝的纯度，二是氧化铝的物理性质。

2.1.3.1　氧化铝的纯度

氧化铝的纯度是影响原铝品质的主要因素，同时也影响电解过程的技术经济指标。

如果氧化铝中含有比铝更正电性的元素的氧化物（如 Fe_2O_3、SiO_2、TiO_2、V_2O_5 等），这些元素在电解过程中将首先在阴极上析出而使铝的品质降低。同时，如果电解质中含有磷、钒、钛、铁等杂质，还会使电流效率降低。

如果氧化铝中含有比铝更负电性的元素（如碱金属及碱土金属）的氧化物，则在电解时这些元素将与氟化铝反应，造成氟化铝耗量增加。根据计算，氧化铝中 Na_2O 含量每增加 0.1%，每生产 1t 铝需多消耗价格昂贵的氟化铝 3.8kg。

氧化铝中残存的结晶水以灼减表示，它也是有害杂质。因为水与电解质中的 AlF_3 作用会生成 HF，既造成氟盐的损失，又污染了环境。此外，当灼减高的或吸湿后的氧化铝与高温熔盐电解质接触时，则会引起电解质爆溅，危及操作人员的安全。

因此，电解炼铝用的氧化铝必须具有较高的纯度，其杂质含量应尽可能低。氧化铝的品质与生产方法有关，拜耳法生产氧化铝的纯度要高于烧结法。

我国氧化铝的现行质量标准及国外一些拜耳法厂所生产的氧化铝的主要杂质含量见表 2-5 和表 2-6。

表 2-5 氧化铝国家有色行业标准 (YS/T 803—2012)

牌号	化学成分（质量分数）/%				
	Al_2O_3	杂质含量			
		SiO_2	Fe_2O_3	Na_2O	灼减
AO-1	≥98.6	≤0.02	≤0.02	≤0.45	≤1.0
AO-2	≥98.5	≤0.04	≤0.02	≤0.55	≤1.0
AO-3	≥98.4	≤0.06	≤0.03	≤0.65	≤1.0

表 2-6 国外一些拜耳法厂所生产的氧化铝的主要杂质含量

杂质含量/%	法国 拉勃拉斯厂	美国 摩比尔厂	德国 施塔德厂	希腊 圣·尼古拉厂	澳大利亚 平加拉厂	日本 鲟小牧场
SiO_2	0.015	0.018	0.006	0.009	0.020	0.015
Fe_2O_3	0.036	0.019	0.016	0.014	0.010	0.005
Na_2O	0.468	0.543	0.31	0.291	0.463	0.39
灼减	0.79	1.22	0.5	0.85	0.85	0.32

2.1.3.2 氧化铝的物理性质

对氧化铝的物理性质，从 20 世纪 70 年代中期以后才受到广泛的重视，而且要求越来越严格。70 年代初期以前，美洲国家用三水铝石矿为原料，以低浓度碱溶液溶出，生产砂状氧化铝。欧洲则用一水铝石矿为原料以高浓度碱溶液溶出，生产面粉状氧化铝。到 70 年代中期，电解炼铝采用了大型中间下料预焙槽和干法烟气净化技术，并得到推广应用。这种电解槽电流效率高、电耗低、环境污染轻而生产率高，但对氧化铝的物理性质要求严格。对氧化铝物理性质的主要要求是：粒度较粗而均匀，强度较高，比表面积大。另外对安息角、堆积密度和流动性也都有一定要求。所有这些特性都取决于氧化铝的物理性质。

用于表征氧化铝的物理性质的指标有：安息角、α-Al_2O_3 含量、容积密度、粒度和比表面积以及磨损系数等。

（1）安息角。氧化铝的安息角是指物料在光滑平面上自然堆积的倾角。安息角较大的氧化铝在电解质中较易溶解，在电解过程中能够很好地覆盖于电解质结壳上，飞扬损失也较小。

（2）α-Al_2O_3 含量。氧化铝中 α-Al_2O_3 含量反映了氧化铝的焙烧程度，焙烧程度越高，α-Al_2O_3 含量越多，氧化铝的吸湿性随着 α-Al_2O_3 含量的增多而变差。所以，电解用的氧化铝要求含有一定数量的 α-Al_2O_3。但 α-Al_2O_3 在电解质中的溶解性能比 γ-Al_2O_3 差。

（3）容积密度。氧化铝的容积密度是指在自然状态下单位体积物料的质量。通常容积密度小的氧化铝易于在电解质中溶解。

（4）粒度。氧化铝的粒度是指其粗细程度。氧化铝的粒度必须适当，过粗则在电解质中的溶解速度慢，甚至沉淀；过细则容易飞扬损失。

（5）比表面积。氧化铝的比表面积是指单位质量物料的外表面积与内孔表面积之和的总表面积，是表示物质活性高低的一个重要指标。比表面积大的氧化铝在电解质中溶解性能好，活性大，但容易吸湿。

（6）磨损系数。磨损系数是氧化铝在特定条件下碰撞后，试样中小于 $44\mu m$ 粒级含量改变的百分数。磨损系数是表征氧化铝强度的一项物理指标。

根据氧化铝的物理性质，通常将其分为砂状、面粉状和中间状三种类型。这三种类型的氧化铝在物理性质上有较大的差别。砂状氧化铝具有较小的容积密度、较大的比表面积、略小的安息角、含较少量的 α-Al_2O_3、粗粒较多且均匀、强度较高。面粉状氧化铝则有较大的容积密度、小的比表面积、含较多的 α-Al_2O_3、细粒较多、强度差。中间状氧化铝的物理性质介于二者之间。

表2-7 给出了不同类型氧化铝的物理性质。砂状氧化铝很好地满足了电解所需氧化铝物理性质的要求。因此，20世纪70年代中期开始，一些生产面粉状氧化铝的工厂也改为生产砂状氧化铝。

表 2-7 不同类型氧化铝的物理性质

类型	安息角 /(°)	灼减 /%	α-Al_2O_3 质量分数/%	堆积密度 /g·cm^{-3}	比表面积 /m^2·g^{-1}	小于 $45\mu m$ 粒级所占比例/%	平均粒级 /μm
砂状	30~35	≤1.0	25~35	>0.85	>35	≤12	80~100
面粉状	40~45	≤0.5	80~95	<0.75	2~10	>40	20~50
中间状	35~40	≤0.8	40~50	>0.85	>35	10~30	50~80

2.2 氧化铝生产概况

2.2.1 氧化铝产量及用途

随着炼铝工业的迅速发展，氧化铝生产已经成为一个大型的工业部门。氧化铝产量迅速增长，1904年世界氧化铝产量仅有 1000t，1941年则达到 100万吨，2013年达到了10680万吨，2015年达到了11524万吨。目前全球生产氧化铝的厂共有65个，分布在30个国家和地区。主要生产国为澳大利亚、美国、中国、巴西和牙买加。以上5国产量占世界总产量的60%。澳大利亚是世界上最大的铝土矿、氧化铝生产国，其产量占世界产量的1/3。世界上最大的氧化铝厂是巴西的 Altunorte 厂，其年产能力为630万吨。

90%以上的氧化铝是供电解炼铝用，因此，氧化铝工业的盛衰主要取决于电解炼铝工业的发展状况。电解炼铝以外使用的氧化铝称之为非冶金用氧化铝或多品种氧化铝。世界上非冶金用氧化铝的开发十分迅速，在电子、石油、化工、耐火材料、精密陶瓷、军工、环境保护及医药等许多高新技术领域取得了广泛的应用。目前非冶金用氧化铝达300多种。

2.2.2 氧化铝生产技术进展

第一个用拜耳法生产氧化铝的工厂投产于1894年，日产仅 1t 多。一百多年来，随着世界铝需求量的增加，氧化铝工业发展很快，根据世界铝业协会发布的统计数据，2015

年世界氧化铝产量约为 11524 万吨，较 2014 年同期增长 6.3%。氧化铝工业的发展，促使其生产技术和装备水平不断提高。

首先，工厂的生产规模不断扩大，生产工艺的改进，使生产设备日益大型化和高效化。溶出设备的单台体积已达 420m³，分解槽单台容积为 4500m³，单层沉降槽直径达 30~40m，压力式赤泥过滤机的过滤面积为 270m²，真空式赤泥过滤机的过滤面积为 100m²，叶滤机的过滤面积为 400m² 等。

设备大型化有利于工艺过程的自动监测和控制。以现代微机为基础的监控设备和生产过程的计算机管理系统的应用，为氧化铝厂提高劳动生产率、降低原材料消耗和节能提供了技术支持。

其次，在流程和工艺上也有许多变化和提高。氧化铝生产技术的进步，集中表现在能耗和劳动力消耗大幅度降低，使生产成本下降。在 20 世纪 50 年代初期，每 1t 氧化铝的综合能耗为 30GJ，人工消耗在 10 个工时以上；到了 80 年代初期，能耗降到 13GJ，人工消耗 0.9~1.6 工时；到了 2000 年，每 1t 氧化铝的综合能耗降至 9~12GJ。

2.3 氧化铝生产方法概述

氧化铝生产方法大致可分为四类，即碱法、酸法、酸碱联合法和热法。但目前用于工业生产的几乎全部属于碱法。

2.3.1 碱法

碱法生产氧化铝，是用碱（NaOH 或 Na_2CO_3）来处理铝矿石，使矿石中的氧化铝转变成铝酸钠溶液。矿石中的铁、钛等杂质和绝大部分的硅则成为不溶解的化合物，将不溶解的残渣（由于含氧化铁而呈红色，故称为赤泥）与溶液分离，经洗涤后弃去或综合利用，以回收其中的有用组分。纯净的铝酸钠溶液分解析出氢氧化铝，经与母液分离、洗涤后进行焙烧，得到氧化铝产品。分解母液可循环使用，处理另外一批矿石。

碱法生产氧化铝又分为拜耳法、烧结法和拜耳—烧结联合法等多种流程。

2.3.2 酸法

用硝酸、硫酸、盐酸等无机酸处理含铝原料而得到相应铝盐的酸性水溶液。然后使这些铝盐或水合物晶体（通过蒸发结晶）或碱式铝盐（水解结晶）从溶液中析出，也可用碱中和这些铝盐水溶液，使其以氢氧化铝形式析出。煅烧氢氧化铝、各种铝盐的水合物或碱式铝盐，便得到氧化铝。

2.3.3 酸碱联合法

酸碱联合法先用酸法从高硅铝矿中制取含铁、钛等杂质的不纯氢氧化铝，然后再用碱法（拜耳法）处理。其实质是用酸法除硅，碱法除铁。

2.3.4 热法

热法适于处理高硅高铁铝矿，其实质是在电炉或高炉内进行矿石的还原熔炼，同时获得硅铁合金（或生铁）与含氧化铝的炉渣，二者借密度差分开后，再用碱法从炉渣中提取氧化铝。

 **复习思考题**

2-1　电解炼铝对原料氧化铝的品质有哪些要求？

2-2　常见的几种铝矿物：三水铝石、一水软铝石、一水硬铝石、刚玉，它们的折光率、密度和硬度是按什么次序递增的？

2-3　铝土矿的类型有哪几种？

2-4　铝土矿中的主要杂质有哪些？

2-5　铝土矿的质量由什么衡量？

2-6　简述生产氧化铝的方法有哪些？

3 铝酸钠溶液

碱法生产氧化铝都是通过不同的途径把铝土矿中的氧化铝溶出来而制成铝酸钠溶液，铝酸钠溶液经过净化后分解析出氢氧化铝，氢氧化铝经焙烧制得氧化铝。因此，碱法生产氧化铝实质就是铝酸钠溶液的制备、净化和分解过程。了解铝酸钠溶液的物理、化学性质对氧化铝生产技术条件的控制有着十分重要的意义。

3.1 铝酸钠溶液的特性参数

3.1.1 碱的类型及符号

Na_2O 在工业铝酸钠溶液中主要有以下几种存在形式：

（1）苛性碱。以 $Na[Al(OH)_4]$ 和 $NaOH$ 形态存在的 Na_2O 称做苛性碱，符号表示为 $Na_2O_{苛}$ 或 Na_2O_K。

（2）碳酸碱。以 Na_2CO_3 形态存在的 Na_2O 称做碳酸碱，符号表示为 $Na_2O_{碳}$ 或 Na_2O_C。

（3）硫酸碱。以 Na_2SO_4 形态存在的 Na_2O 称做硫酸碱，符号表示为 $Na_2O_{硫}$ 或 Na_2O_S。

（4）全碱。以苛性碱和碳酸碱形态存在的 Na_2O 的总和，符号表示为 $Na_2O_{全}$ 或 Na_2O_T。

3.1.2 铝酸钠溶液的浓度表示方法

在工业上，铝酸钠溶液中各个溶质的浓度是用 1L 中的克数（g/L）来表示的。在科学研究中它们多以质量分数来表示。这两种表示方法相互换算的公式如下：

$$n = (1000 \times d) \times \frac{N}{100} \tag{3-1}$$

$$a = (1000 \times d) \times \frac{A}{100} \tag{3-2}$$

式中 n——Na_2O 浓度，g/L；

      N——Na_2O 质量分数，%；

      a——Al_2O_3 浓度，g/L；

      d——铝酸钠溶液的密度，g/cm³；

      A——Al_2O_3 质量分数，%。

铝酸钠溶液的密度可按经验公式近似地求出：

$$d = dN + 0.009A + 0.0045N_C \tag{3-3}$$

式中 dN——Na_2O 浓度与铝酸钠溶液中 Na_2O_T（$Na_2O_T = Na_2O + Na_2O_C$）浓度相等的纯 $NaOH$ 溶液的密度；

      A，N_C——分别为铝酸钠溶液中 Al_2O_3 和 Na_2CO_3（以 Na_2O_C）的质量分数，%。

3.1.3 铝酸钠溶液的苛性比值

铝酸钠溶液中的 Na_2O 与 Al_2O_3 比值，可以用来表示铝酸钠溶液中氧化铝的饱和程度以及溶液的稳定性，是铝酸钠溶液的一个重要特征参数。它在氧化铝生产中是一项重要的技术指标。

对于这一比值，不同国家的表示方法不尽相同。比较普遍的是采用铝酸钠溶液中的 Na_2O 与 Al_2O_3 的物质的量之比，一般写作 Na_2O：Al_2O_3 摩尔比，另有不同国家采用 Na_2O：Al_2O_3 质量比表示。

我国采用 Na_2O：Al_2O_3 摩尔比表示铝酸钠溶液中 Na_2O 与 Al_2O_3 比值，行业生产中俗称为铝酸钠溶液的"分子比"，以 α_K 表示：

$$\alpha_K = \frac{Na_2O \text{ 的物质的量}}{Al_2O_3 \text{ 的物质的量}} \tag{3-4}$$

当铝酸钠溶液中 Al_2O_3 或 Na_2O 浓度以质量分数或质量浓度表示时：

$$\alpha_K = 1.645 \times \frac{[Na_2O]}{[Al_2O_3]} \tag{3-5}$$

式中　1.645——Al_2O_3 与 Na_2O 的相对分子质量比值；

　　　$[Na_2O]$——溶液中 Na_2O 浓度，%或 g/L；

　　　$[Al_2O_3]$——溶液中 Al_2O_3 浓度，%或 g/L。

3.1.4 铝酸钠溶液的硅量指数

铝酸钠溶液中 Al_2O_3 与 SiO_2 的质量比，称为溶液的硅量指数，也以符号"A/S"来表示。当溶液中 Al_2O_3 浓度一定时，硅量指数越高，则溶液中 SiO_2 杂质浓度越低，溶液的纯度越高。

3.2　Na_2O-Al_2O_3-H_2O 系

研究氧化铝在氢氧化钠溶液中的溶解度和溶液浓度与温度的关系以及不同条件下的固相、液相组成，对氧化铝生产具有重要意义。Na_2O-Al_2O_3-H_2O 系的平衡状态图可以具体表示各成分及温度的关系。

3.2.1 Na_2O-Al_2O_3-H_2O 系相图的绘制

氧化铝在氢氧化钠溶液中的溶解度，通常以 g/L 表示。Na_2O-Al_2O_3-H_2O 系平衡状态图是根据 Al_2O_3 在 NaOH 溶液中的溶解度的精确测定结果绘制的。Al_2O_3 的溶解度按下面两种方式同时测定：

（1）在一定温度下，将过量的氧化铝或其水合物加入到一定浓度的氢氧化钠溶液中使之达到饱和。

（2）在一定温度下，使 Al_2O_3 浓度过饱和的铝酸钠溶液分解，使之达到饱和。

按上述方式测出 Al_2O_3 在不同温度、不同浓度的氢氧化钠溶液中的溶解度以及与溶液保持平衡的固相的化学组成与物相组成，即可据以绘出某一温度下的 Na_2O-Al_2O_3-H_2O 系平衡状态图。

对于 Na_2O-Al_2O_3-H_2O 系平衡状态图，国内外已有很多研究，体系的平衡状态图可以用直角坐标表示，也可以用等边三角形表示。以直角坐标表示的 Na_2O-Al_2O_3-H_2O 系平衡状态图，其横轴表示 Na_2O 浓度，纵轴表示 Al_2O_3 的浓度，原点 O 表示 100%的水，通过原点 O 的任一直线称为等 α_K 线。在这直线上的任何一点溶液的 α_K 值都相等。铝酸钠溶液蒸发浓缩或用水稀释时，溶液的组成点都沿着等 α_K 线变化。在实际生产氧化铝过程中，铝酸钠溶液的摩尔比（α_K）等于 1 或小于 1 的铝酸钠溶液是不存在的。因而，实际铝酸钠溶液的组成点在 Na_2O-Al_2O_3-H_2O 系平衡状态图上总是位于摩尔比等于 1 的等分子比直线的右下方。

3.2.2 30℃下的 Na_2O-Al_2O_3-H_2O 系平衡相图

用直角坐标表示的 30℃下的 Na_2O-Al_2O_3-H_2O 系平衡状态等温截面图如图 3-1 所示。

图 3-1 中 $OBCD$ 曲线是由依次连接各个平衡溶液的组成点得出的，即氧化铝在30℃下的氢氧化钠溶液中的溶解度等温线。此溶解度等温线可以认为是由 OB、BC 和 CD 三个线段组成的，各线段上的溶液分别和某一定的固相保持平衡，自由度为 1。B点和 C 点是两个无变量点，表示其溶液同时和某两个固相保持平衡，自由度为零。

对 30℃下的 Na_2O-Al_2O_3-H_2O 系的研究证明，与 OB 线上的溶液成平衡的固相是三水铝石，所以 OB 线是三水铝石在氢氧化钠溶液中的溶解度曲线，它表明随着溶液NaOH 浓度的增加，三水铝石在其中的溶解度越来越大。

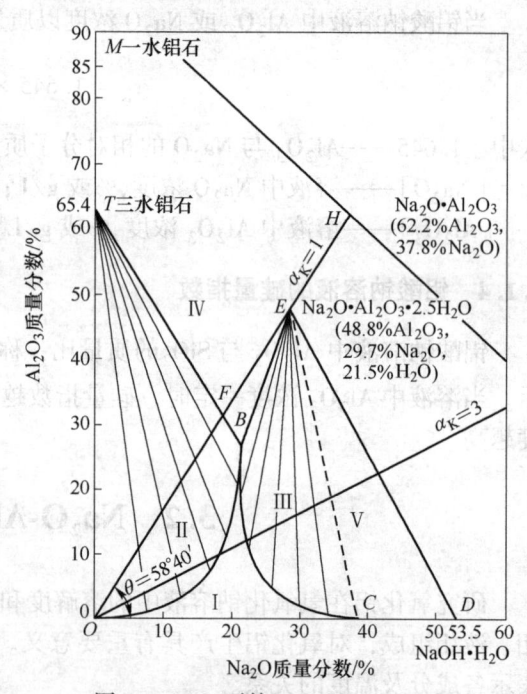

图 3-1　30℃下的 Na_2O-Al_2O_3-H_2O
三元系平衡状态图

BC 线段是水合铝酸钠（$Na_2O \cdot Al_2O_3 \cdot 2.5H_2O$）在 NaOH 溶液中的溶解度曲线，$B$点上的溶液同时与三水铝石和水合铝酸钠保持平衡。水合铝酸钠在 NaOH 溶液中的溶解度随溶液中 NaOH 浓度的增加而降低。

CD 线是一水氢氧化钠（$NaOH \cdot H_2O$）在铝酸钠溶液中的溶解度曲线。C 点的平衡固相是水合铝酸钠和 $NaOH \cdot H_2O$；D 点是 $NaOH \cdot H_2O$（其中含 Na_2O 53.5%，H_2O46.5%）的组成点。

E 点是 $Na_2O \cdot Al_2O_3 \cdot 2.5H_2O$ 的组成点，其成分是 Al_2O_3 48.8%，Na_2O 29.7%，H_2O 21.5%。在 DE 线上及其右上方都为固相区，不存在液相。H 点为无水铝酸钠的组成点，其成分是 $Na_2O \cdot Al_2O_3$，含 Al_2O_3 62.2%，Na_2O 37.8%。

图中 OE 线上任一点的 Na_2O：Al_2O_3 的摩尔比都等于 1。实际的铝酸钠溶液的 Na_2O：Al_2O_3 摩尔比是没有小于或等于 1 的。所以，实际的铝酸钠溶液的组成点都应位于 OE 连线的右下方，即只可能存在于 *OED* 区域的范围内。

该体系平衡状态等温截面图由各物相组成点及各固相在溶液中的溶解度曲线分为几个区域，各区域的组成及其特征分别讨论如下：

（1）*OBCD* 区。该区域的溶液对于 $Al(OH)_3$ 和水合铝酸钠来说，处于未饱和状态，具有溶解这两种物质的能力。当溶解 $Al(OH)_3$ 时，溶液的组成将沿着原溶液的组成点与 *T* 点（$Al_2O_3 \cdot 3H_2O$，其中含 Al_2O_3 65.4%，H_2O 34.6%）的连线变化，直到连线与 *OB* 线的交点为止，即这时溶液已达到溶解平衡浓度。原溶液组成点离 *OB* 线越远，其未饱和程度越大，达到饱和时，所能够溶解的 $Al(OH)_3$ 数量越多。当其溶解固体铝酸钠时，溶液的组成则沿着原溶液组成点与 *E* 点的连线变化（如果是无水铝酸钠则是 *H* 点），直到 *BC* 线的交点为止。

（2）*OBTO* 区。该区为 $Al(OH)_3$ 过饱和的铝酸钠溶液区，组成处于该区的溶液具有可以分解析出三水铝石结晶的特性。在分解过程中，溶液的组成沿原溶液的组成点与 *T* 点（三水铝石组成点）的连线变化，直到与 *OB* 线的交点为止即达到 $Al(OH)_3$ 在溶液中的平衡溶解度，不再析出三水铝石结晶。原溶液组成点离 *OB* 线越远，其过饱和程度越大，能够析出的三水铝石数量也越多。

（3）*BCEB* 区。该区为水合铝酸钠过饱和的铝酸钠溶液区，处于该区的溶液具有能够析出水合铝酸钠结晶的特性，在析出过程中，溶液的组成则沿着原溶液组成点与 *E* 点（水合铝酸钠的组成点）连线变化，直到与 *BC* 线的交点为止，不再析出水合铝酸钠。原溶液的组成点离 *BC* 线越远，其中的水合铝酸钠过饱和程度越大，能够析出的水合铝酸钠数量越多。

（4）*BETB* 区。该区为 $Al(OH)_3$ 和水合铝酸钠同时过饱和的铝酸钠溶液区。处于该区的溶液具有同时析出三水铝石和水合铝酸钠结晶的特性。在析出过程中，溶液的组成则沿着原溶液的组成点与 *B* 点（溶液与三水铝石、水合铝酸钠同时平衡点）连线变化，直到 *B* 点组成点为止，不再析出三水铝石和水合铝酸钠。析出三水铝石与水合铝酸钠的数量，可以根据上述连线与两物相组成点 *E*、*T* 连线 *ET* 的交点，再按杠杆原理计算。

（5）*CDEC* 区。该区为水合铝酸钠和一水氢氧化钠同时过饱和的铝酸钠溶液区，处于该区的溶液具有同时析出水合铝酸钠和一水氢氧化钠结晶的特性，在析出结晶过程中，溶液的组成则沿着原溶液的组成点与 *C* 点（溶液与水合铝酸钠和一水氢氧化钠同时平衡点）的连线变化，直到 *C* 点为止，不再析出这两种固相，析出两种固相的数量，也可根据杠杆原理计算。

其他温度下 Na_2O-Al_2O_3-H_2O 系的各区域特征基本与 30℃ 下的 Na_2O-Al_2O_3-H_2O 系的特征相同。

3.2.3　其他温度下的 Na_2O-Al_2O_3-H_2O 系平衡相图

许多研究者通过对不同温度下的 Na_2O-Al_2O_3-H_2O 系平衡状态的研究，得出在不同温度下的 Na_2O-Al_2O_3-H_2O 系平衡状态等温截面图，如图 3-2 所示。

从图 3-2 中可以看出，不同温度下的溶解度等温线都包括两条线段，左支线随 Na_2O 浓度增大，Al_2O_3 的溶解度呈增加趋势。右支线则随 Na_2O 浓度的增大而 Al_2O_3 溶解度下降，这两个线段的交点，即在该温度下的 Al_2O_3 在 Na_2O 溶液中的溶解度达到的最大点，

这是由于 $Na_2O-Al_2O_3-H_2O$ 系在不同温度下，随着溶液成分的变化，与溶液平衡的固相组成发生了变化的结果。

随着温度的升高，溶解度等温线的曲率逐渐减小，在 250℃ 以上时曲线几乎成为直线，并且由其两条溶解度等温线所构成的交角逐渐增大，从而使溶液的未饱和区域扩大，溶液溶解固相的能力增大，同时溶解度的最大点也随温度的升高向较高的 Na_2O 浓度和较大的 Al_2O_3 浓度方向推移。

不同条件下的 $Na_2O-Al_2O_3-H_2O$ 系，其平衡固相也相应改变。

在苛性碱原始浓度相同的溶液中溶解三水铝石，绘制的 $Na_2O-Al_2O_3-H_2O$ 系的溶解变温曲线如图3-3所示。

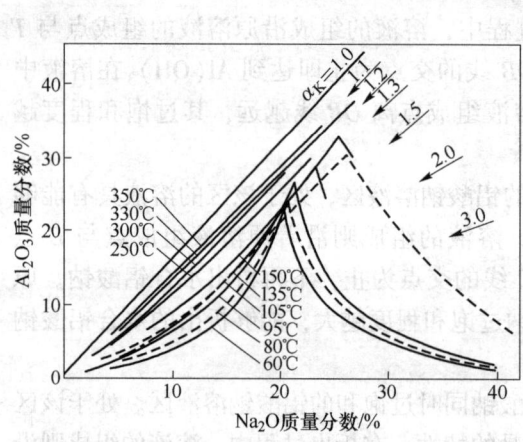

图 3-2   不同温度下的 $Na_2O-Al_2O_3-H_2O$ 系
平衡状态等温截面图

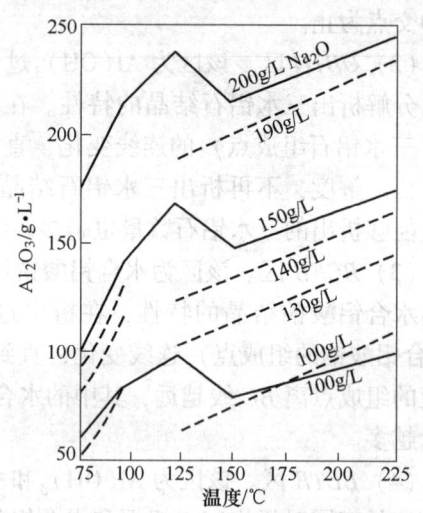

图 3-3 $Na_2O-Al_2O_3-H_2O$ 系的溶解变温曲线
—— H. Ginsberg 和 F. Wrigge 的数据；
——— G. Bauerneister 和 W. Fnida 的数据

曲线在 100~150℃ 之间是不连续的，这说明 $Na_2O-Al_2O_3-H_2O$ 系约在 100℃ 以上，三水铝石不再是稳定相，这是由于 $Al(OH)_3$ 转变为 $AlOOH$ 的结果。如将右侧线段向低温外推，则与左侧曲线的交点即为 $Al(OH)_3 \rightarrow AlOOH$ 的近似转变温度。

过去的研究认为，在 $Na_2O-Al_2O_3-H_2O$ 系中三水铝石约在 130℃ 以上转变为一水软铝石，但对 $Al_2O_3-H_2O$ 系状态图的较近期的研究证明，一水软铝石在较低温度范围内处于介稳状态，其稳定相是一水硬铝石，只是由于动力学上的原因，一水软铝石向一水硬铝石转变的速度极慢，所以它仍然能够在固相中存在。

为确定 $Na_2O-Al_2O_3-H_2O$ 系中三水铝石—一水硬铝石稳定区界限，魏菲斯（K. Wefers）曾利用等量的三水铝石和一水硬铝石的混合物为固相原料进行了溶解试验。当混合物中存在有大量的稳定相作为晶种时，则不致生成过饱和溶液；如果两种固相中有一相在所研究的温度—浓度范围内是不稳定的，它就会被溶解消耗（转变为稳定相），而其中稳定的化合物则相对增加，直至建立溶解平衡为止。在等温零变量点处，这两种固相的作用相同。

$Na_2O-Al_2O_3-H_2O$ 系中三水铝石—一水硬铝石稳定区界线和溶解度变温线如图3-4所示。

当稳定区分界线外延至 Na_2O 浓度为零时，则可看出转变温度与 $Al_2O_3-H_2O$ 系中相应的转变温度相当一致。随着碱浓度的提高，分界线向低温方向移动，即其转变温度降低。在 Na_2O 浓度为 $20\% \sim 22\%$ 的溶液中，三水铝石向一水硬铝石的转变温度约为 $70 \sim 75℃$。这时平衡溶液中的 Al_2O_3 浓度约为 23%，溶液的组成位于溶解度等温线的最大点处。

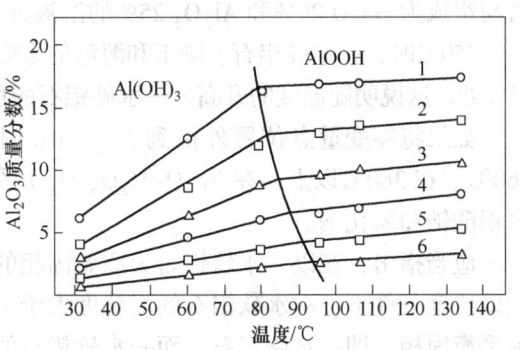

图 3-4 三水铝石- 一水硬铝石稳定区界线和溶解度变温线

Na_2O 质量分数：1—17.5%；2—15%；3—12.5%；

4—10%；5—7.5%；6—5%

因此可以认为，Na_2O-Al_2O_3-H_2O 系等温线左侧线段，溶液的平衡固相在 75℃ 以下是三水铝石，而在 $100 \sim 175℃$ 之间，低碱浓度时溶液与三水铝石处于平衡，高碱浓度时则与一水硬铝石平衡。在 Na_2O-Al_2O_3-H_2O 系等温线右侧线段，溶液的平衡固相为水合铝酸钠 $Na_2O \cdot Al_2O_3 \cdot 2.5H_2O$。水合铝酸钠在其饱和溶液中，在 130℃ 以下是稳定的化合物，而高于 130℃ 时则发生脱水，以无水铝酸钠 $NaAlO_2$ 形式作为平衡固相出现。

利用等边三角形表示的 Al_2O_3 系状态图的等温截面图如图 3-5 所示，可以更清楚地表示出不同温度下的溶解度及其平衡固相的变化。

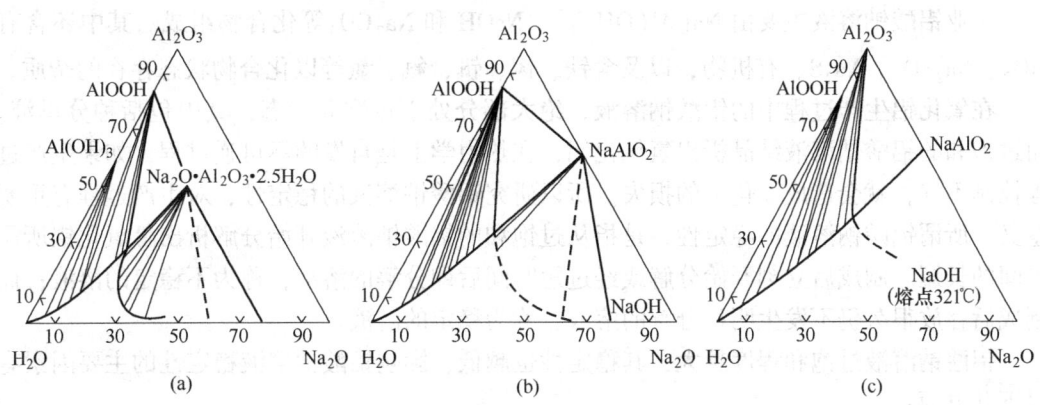

图 3-5 Na_2O-Al_2O_3-H_2O 系状态图的等温截面图

(a) 95℃；(b) 150℃；(c) 350℃

在构成此三元系的 Na_2O-H_2O 二元系中，存在下列化合物：$NaOH \cdot 2H_2O$($<28℃$)、$NaOH \cdot H_2O$($<65℃$)、$NaOH$($321℃$ 熔化)。

三水铝石在浓碱溶液中，当温度在 75℃ 以下时才具有最大的溶解度，而且也是在此温度下才保持为平衡固相，温度高于 75℃ 则出现一水硬铝石作为平衡固相。在 $75 \sim 100℃$ 之间的三元系左侧线段的某一溶液可以同时与两个固相处于平衡，形成零变量（见图 3-5（a））。

Na_2O-Al_2O_3-H_2O 系在 $140 \sim 300℃$ 之间，其平衡固相不发生变化，图 3-5（b）为其 150℃ 时的等温截面图，一水硬铝石 $AlOOH$、$NaAlO_2$ 和 $NaOH$ 都是稳定固相，未饱和溶液区（即溶解区）随温度的升高而扩大，到 321℃ 以上时，三元系的平衡固相又发生变化。在 321℃，$NaOH$ 熔化，而在 330℃，该体系中发现新的零变量点，一水硬铝石和刚玉同时与组成为 Na$_2$O 20%和 Al$_2$O$_3$ 25%的溶液处于平衡。

350℃时，一水硬铝石、刚玉和溶液的零变量点已推至含 H$_2$O 12%、Na$_2$O 15%和 Al$_2$O$_3$ 25%处。这说明随温度的升高，一水硬铝石的稳定区迅速变小（如图 3-5（c）所示）。

如果将零变量点位置外推到 Na$_2$O 0%时则可得出由一水硬铝石—刚玉的转变温度 360℃。在 360℃以上，在 Na$_2$O-Al$_2$O$_3$-H$_2$O 系整个浓度范围内的稳定固相就只有刚玉、无水铝酸钠和氧化钠。

应当指出，在以一水软铝石为原始固相的研究中，在相同的温度（如 200℃以上）和低碱浓度条件下，一水软铝石的溶解度大于一水硬铝石。根据相律，在此条件下只能有一种平衡固相，即一水硬铝石，而一水软铝石的溶解度应该认为是介稳溶解度。由于一水软铝石转变为一水硬铝石的速度相当慢，介稳平衡的溶液变为平衡溶液的速度也极小，因此一水软铝石溶解度的测定值仍具有实际意义。

拜耳法生产氧化铝就是根据 Na$_2$O-Al$_2$O$_3$-H$_2$O 系平衡状态等温截面图的溶解度等温线的上述特点，使铝酸钠溶液的组成总是处于Ⅰ、Ⅱ区内，即氢氧化铝处于未饱和状态及过饱和状态。利用较高浓度的苛性碱溶液在较高温度下溶出铝土矿中的氧化铝，然后，再经稀释和冷却，使溶液处于氧化铝过饱和而结晶析出。

3.3 铝酸钠溶液的稳定性及其主要影响因素

工业铝酸钠溶液主要由 Na[Al(OH)$_4$]、NaOH 和 Na$_2$CO$_3$ 等化合物组成。其中还含有 SiO$_2$、Na$_2$SO$_4$、Na$_2$S、有机物，以及含铁、镓、钒、氟、氯等以化合物状态存在的杂质。

在氧化铝生产过程中的铝酸钠溶液，绝大部分处于过饱和状态，其中包括种分母液。而过饱和的铝酸钠溶液结晶析出氢氧化铝，在热力学上是自发的不可逆过程，如果生产过程控制不好，就会造成氧化铝的损失。所以研究铝酸钠溶液的稳定性，对生产过程有重要意义。所谓铝酸钠溶液的稳定性，是指从过饱和的铝酸钠溶液开始分解析出氢氧化铝所需时间的长短。制成后立刻开始分解或经过短时间后即分解的溶液，称为不稳定的溶液；而制成后存放很久仍不发生明显分解的溶液，称为稳定的溶液。

铝酸钠溶液过饱和程度越大，其稳定性也越低，影响铝酸钠溶液稳定性的主要因素有以下几方面：

（1）铝酸钠溶液的苛性比值。在其他条件相同时，溶液的苛性比值越低，其过饱和程度越大，溶液的稳定性越低，如图 3-6 所示。

对于同一个 Al$_2$O$_3$ 浓度，当苛性比值为 α_{K_1} 时溶液处于未饱和状态，尚能溶解 Al$_2$O$_3$；而当苛性比值降低变为 α_{K_2} 时，溶液则处于平衡状态；而当苛性比值再降低为 α_{K_3} 时，溶液处于过饱和状态，溶液呈不稳定状态，将析出 Al(OH)$_3$。随着摩尔比增大，溶液开始析出固相所需的时间也相应延长。这种分解开始所需的时间称为"诱导期"。

（2）铝酸钠溶液的浓度。由 Na$_2$O-Al$_2$O$_3$-H$_2$O 系

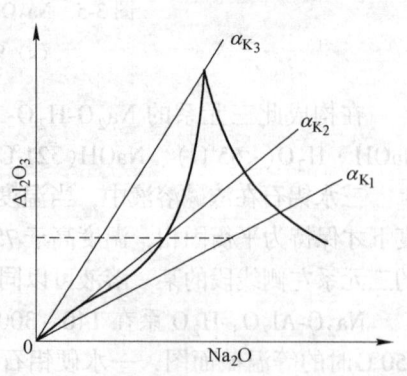

图 3-6 溶液苛性比值与其稳定性的关系图

平衡状态等温截面图可知，在常压下，随着溶液温度的降低，等温线的曲率越大，所以当溶液摩尔比一定时，中等浓度（Na_2O 50~60g/L）的铝酸钠溶液的过饱和程度大于更稀或更浓的溶液。其表现为中等浓度的铝酸钠溶液稳定性最小，其诱导期最短。例如，铝酸钠溶液的摩尔比为 1.7，Na_2O 浓度为 50~160g/L 时，在室温下经 2~5 天，开始析出 $Al(OH)_3$；Na_2O 浓度为 160~250g/L，需经 14~30 天；Na_2O 浓度为 25g/L 时，需更长时间 $Al(OH)_3$ 才开始分解。

（3）溶液中所含的杂质。普通的铝酸钠溶液中含有某些固体杂质，如氢氧化铁和钛酸钠等，极细的氢氧化铁粒子经胶凝作用长大，结晶成纤铁矿结构，它与一水软铝石极为相似，因而起到了氢氧化铝结晶中心的作用。而钛酸钠是表面极发达的多孔状结构，极易吸附铝酸钠，使其表面附近的溶液摩尔比降低，氢氧化铝析出并沉积于其表面，因而起到结晶种子的作用，这些杂质的存在，降低了溶液的稳定性。而若经净化后的铝酸钠溶液（如采用超速离心机将铝酸钠溶液做离心处理，将溶液中含有的直径大于 20nm 的粒子除去），其稳定性将明显提高。然而工业铝酸钠溶液中的多数杂质，如 SiO_2、Na_2SO_4、Na_2S 及有机物等，却使工业铝酸钠溶液的稳定性有不同程度的提高。SiO_2 在溶液中能形成体积较大的铝硅酸根配合离子，而使溶液黏度增大。碳酸钠能增大 Al_2O_3 的溶解度，有机物不但能增大溶液的黏度，而且易被晶核吸附，使晶核失去作用，因此，这些杂质的存在，又使铝酸钠溶液的稳定性增大。

（4）温度。当铝酸钠的氧化铝浓度与苛性比值相同时，溶液的稳定性随着温度的降低而降低。但当温度低于 30℃ 后继续降低，由于溶液的黏度增大，溶液的稳定性反而增大。在拜耳法生产氧化铝时，溶出的铝酸钠溶液须在沉降、净化等工序要保持较高的温度，以保证铝酸钠溶液具有较高的稳定性。而在晶种分解工序，则要采取热交换措施来降低温度，使铝酸钠溶液分解析出氢氧化铝。

（5）添加晶种。铝酸钠溶液自发生成晶核的过程非常困难。在生产过程中，为了提高生产效率，就必须提高晶种分解速度，而添加氢氧化铝晶种是非常有效的方法之一。添加氢氧化铝晶种后，铝酸钠溶液的分解析出直接在晶种表面进行，从而不需要长时间的晶核自发生成过程。因此，添加晶种起着氢氧化铝结晶核心的作用，使得溶液的稳定性下降。

（6）搅拌。机械搅拌能促进扩散过程，有利于晶种的生成和晶体的长大。另外，当有晶种存在时，搅拌会使晶种悬浮于铝酸钠溶液中，晶种与周围溶液充分接触，促进铝酸钠溶液的分解。

3.4 铝酸钠溶液的物理化学性质

多年来，为了探索铝酸钠溶液的结构和满足生产、设计的需要，便于实现生产过程的自动控制，许多科学工作者对铝酸钠溶液的物理化学性质，如铝酸钠溶液的密度、电导率、蒸气压、黏度及溶液的热化学性质等进行了研究测定。

3.4.1 铝酸钠溶液的密度

铝酸钠溶液的密度主要受苛性碱浓度、氧化铝浓度、温度等的影响。在 Na_2O 浓度

$140 \sim 230 g/L$、Al_2O_3 浓度 $60 \sim 130 g/L$、Na_2O_C 浓度 $10 \sim 20 g/L$、温度 $40 \sim 80℃$ 内，常压下，通过对工业铝酸钠溶液密度的试验测定，建立了铝酸钠溶液密度计算公式：

$$\rho = 1.055 + 9.640 \times 10^{-4} N + 6.589 \times 10^{-4} A + 5.1761 \times 10^{-4} N_C - 3.242 \times 10^{-4} T$$

$$(3-6)$$

式中　ρ——铝酸钠溶液密度，g/cm^3；

　　　　N——溶液苛性碱浓度，g/L；

　　　　A——溶液氧化铝浓度，g/L；

　　　　N_C——碳酸碱浓度，g/L；

　　　　T——温度，$℃$。

铝酸钠溶液的密度随溶液苛性碱浓度、氧化铝浓度、温度等因素的变化而不同。

3.4.2　铝酸钠溶液的电导率

考虑到生产实际的铝酸钠溶液浓度范围，考察苛性碱浓度、氧化铝浓度及温度等因素的影响。对于 Na_2O 浓度 $140 \sim 230 g/L$、Al_2O_3 浓度 $60 \sim 130 g/L$、Na_2O_C 浓度 $10 \sim 20 g/L$、温度 $40 \sim 80℃$ 的铝酸钠溶液的电导率的试验研究，归纳出电导率经验公式为：

$$y = 0.2799 + 1.647 \times 10^{-3} N_K - 7.476 \times 10^{-4} A - 1.686 \times 10^{-3} N_C - 2.905 \times 10^{-3} T -$$
$$7.938 \times 10^{-5} N_K^2 + 5.888 \times 10^{-5} T^2 + 3.493 \times 10^{-5} N_K - 3.116 \times 10^{-5} AT \quad (3-7)$$

式中　y——铝酸钠溶液的电导率，S/m；

　　　　N_K——铝酸钠溶液的 Na_2O 浓度，g/L；

　　　　A——铝酸钠溶液的 Al_2O_3 浓度，g/L；

　　　　N_C——铝酸钠溶液的 Na_2O_C 浓度，g/L；

　　　　T——温度，$℃$。

影响铝酸钠溶液电导率的主要因素有以下几方面：

(1) 苛性钠浓度。图 3-7 所示为 25℃ 时不同浓度的铝酸钠溶液的电导率与溶液浓度的关系。当铝酸钠溶液的 Al_2O_3、碳酸碱的浓度和温度一定时，电导率与 Na_2O 浓度关系为：当苛性碱浓度较低时，电导率随着苛性碱浓度增加而增大；当苛性碱浓度较高时，电导率随苛性碱浓度增大而减小；在某一定的 Na_2O 浓度下，电导率有一最大值。

(2) 氧化铝浓度。通过试验表明，当苛性碱浓度和温度一定时，溶液中氧化铝浓度和电导率呈直线关系。电导率随着氧化铝浓度的提高而降低。另外，苛性碱浓度较高的铝酸钠溶液，同一电导率所对应的氧化铝浓度较高，苛性碱浓度每高 $5 g/L$，同一电导率所对应的氧化铝浓度升高 $2 g/L$ 左右。

(3) 温度。不同浓度的铝酸钠溶液的电导率随着温度的升高而增大；同一苛性碱浓度的溶液，在相同温度下，氧化铝浓

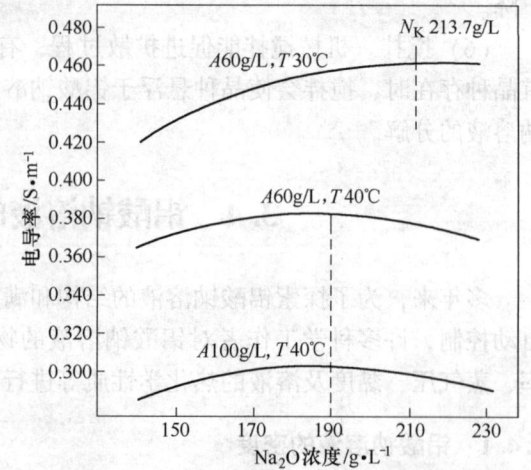

图 3-7　电导率与苛性钠浓度的关系

度越低，电导率越大，并且其电导率随着温度的升高增加得越快。

（4）碳酸碱浓度。任何浓度和温度下的铝酸钠溶液的电导率都随着碳酸碱浓度的增加而减小。

3.4.3 铝酸钠溶液的饱和蒸气压

铝酸钠溶液的饱和蒸气压主要决定于溶液中的 Na_2O 浓度，而 Al_2O_3 浓度的影响很小。通过在如下范围：Na_2O 浓度 140~230g/L、Al_2O_3 浓度 60~130g/L、Na_2O_C 浓度 10~20g/L、温度 40~80℃内进行的蒸气压试验数值测定，结果建立了如下方程：

$$p = 69.45 + 0.4968N_K - 4.649T - 0.01358N_KT + 0.1043T^2 \tag{3-8}$$

式中 p——铝酸钠溶液的饱和蒸气压，$1.013×10^3Pa$；

N_K——铝酸钠溶液 Na_2O 浓度，g/L；

T——温度，℃。

由式（3-8）可见，在测定范围内，饱和蒸气压主要取决于铝酸钠溶液中苛性碱的浓度和温度。

苛性钠浓度对铝酸钠溶液的饱和蒸气压的影响如图 3-8 所示。由图 3-8 可见，饱和蒸气压随 Na_2O 浓度的增大而降低。

温度对饱和蒸气压的影响如图 3-9 所示。温度与饱和蒸气压呈抛物线性关系，并且在所研究的温度范围内，蒸气压随温度的升高而增大。

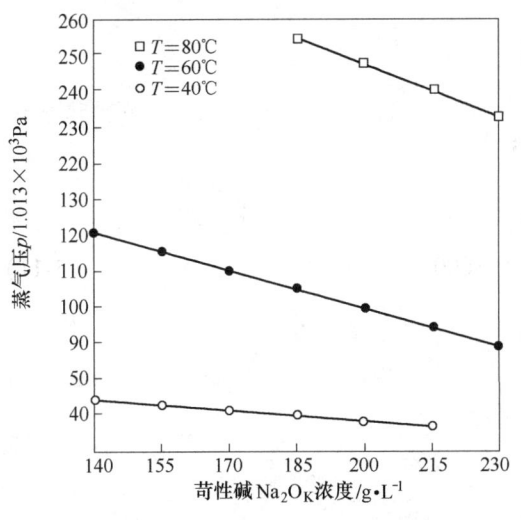
图 3-8 蒸气压与苛性钠浓度的关系

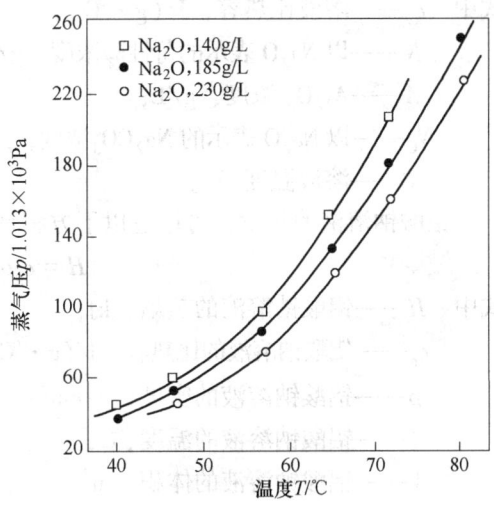
图 3-9 蒸气压与温度的关系曲线

3.4.4 铝酸钠溶液的黏度

铝酸钠溶液的黏度比一般电解质溶液要高得多。黏度大小受苛性碱浓度、氧化铝浓度、温度等因素影响。无论溶液的组成如何，溶液的黏度随 Al_2O_3 浓度的增加而增大，随苛性碱浓度的增加而增大；随着溶液浓度的增加和 Na_2O：Al_2O_3 摩尔比的降低，溶液黏度急剧升高，高浓度的溶液尤为显著。铝酸钠溶液的浓度和摩尔比与溶液黏度的关系如图 3-10 所示。

溶液中 Na_2O 浓度的增加又使溶液的黏度在一定程度上增大。铝酸钠溶液黏度的对数与绝对温度的倒数呈直线关系：

$$\lg \mu = \frac{1}{T} \qquad (3-9)$$

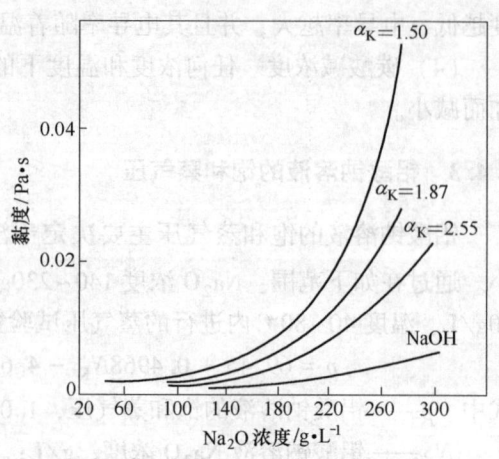

图 3-10 30℃下的铝酸钠溶液的黏度

3.4.5 铝酸钠溶液的热容及热焓

铝酸钠溶液的热容决定于溶液的组成，在氧化铝生产中，如果溶液的组成 Na_2O 和 Al_2O_3 浓度的单位为 g/L；比热容的单位为 kJ/(kg·℃)，则单位容积（L 或 m^3）的铝酸钠溶液的热容等于比热容与溶液密度的乘积，即 $c_p \rho_0$。所以，不同摩尔比的铝酸钠溶液的热容与溶液组成的关系可写成 $c_p \rho = f(N)$ 的形式（N 为铝酸钠溶液中 Na_2O 的浓度）。

铝酸钠溶液中，在 Na_2O 140~230g/L、Al_2O_3 60~130g/L、Na_2O_C 10~20g/L 以及 40~80℃下，铝酸钠溶液的比热容通过试验测定建立以下方程：

$$c_p = 0.921 - 2.75 \times 10^{-4}N - 2.45 \times 10^{-4}A -$$
$$1.70 \times 10^{-3}N_C + 5.65 \times 10^{-4}T \qquad (3-10)$$

式中 c_p——溶液比热容，J/(g·℃)；

N——以 Na_2O 表示的苛性碱浓度，g/L；

A——Al_2O_3 浓度，g/L；

N_C——以 Na_2O 表示的 Na_2CO_3 浓度，g/L；

T——溶液温度，℃。

铝酸钠溶液的热焓，可通过以下方程计算：

$$H = c_p \rho TV \times 1000 \qquad (3-11)$$

式中 H——铝酸钠溶液的热焓，kJ；

c_p——铝酸钠溶液的比热容，J/(g·℃)；

ρ——铝酸钠溶液的密度，g/cm^3；

T——铝酸钠溶液的温度，℃；

V——铝酸钠溶液的体积，m^3。

3.4.6 铝酸钠溶液的表面张力

在 Na_2O 140~230g/L、Al_2O_3 60~130g/L、Na_2O_C 10~20g/L 以及 40~80℃条件下，通过铝酸钠溶液表面张力的测定可建立如下方程：

$$\delta = 165.40 - 0.1265N_K - 0.1778A - 1.126N_C - 2.116T + 0.0106T^2 +$$
$$0.4241 \times 10^{-2}N_K T + 0.01185AN_C \qquad (3-12)$$

式中 N_K——铝酸钠溶液的 Na_2O 浓度，g/L；

A——铝酸钠溶液的 Al_2O_3 浓度，g/L；

N_C——铝酸钠溶液的 Na_2O_C 浓度，g/L；

T——溶液温度，℃。

在同一温度下，铝酸钠溶液的表面张力随着 Na_2O 浓度的提高而增大。然而在不同的温度下，铝酸钠溶液的表面张力随着 Na_2O 浓度的提高而增大的幅度不同，温度越高，增大的幅度越大。

铝酸钠溶液的表面张力与温度之间存在着 $\delta = f(T, T^2)$ 的关系，在一定条件下，表面张力在某一温度下有一最小值，并且其最小值的位置，随溶液浓度的变化而变化，溶液浓度较低时，出现表面张力最小值的溶液温度较高。随着溶液浓度的增加，表面张力最小值的位置向低温方向移动。

3.4.7 氧化铝水合物在碱溶液中的溶解热

根据 Na_2O-Al_2O_3-H_2O 系溶解度等温线数据和溶解过程的反应式，求得反应平衡常数，绘制出 $K = f(N_K)$ 曲线，N_K 为铝酸钠溶液中 Na_2O 的浓度（g/L），用作图法外推至 Na_2O% 为零处，得到不同温度下的 K 值，溶解反应热可用以下公式计算：

$$\lg K = \frac{\Delta H}{4.575T} + C \tag{3-13}$$

式中 ΔH——溶解热，kJ/mol；

C——常数；

T——绝对温度，K。

由上述公式可计算出氧化铝水合物的平均溶解热：三水铝石 602.1kJ/kg Al_2O_3；拜耳石 429.7kJ/kg Al_2O_3；一水软铝石 390.37kJ/kg Al_2O_3；一水硬铝石 640.15kJ/kg Al_2O_3。

铝酸钠溶液加种子分解析出三水铝石的结晶热取为 602.1kJ/kg Al_2O_3。

铝酸钠溶液的物理化学性质与一般溶液相比，具有许多特殊性，这与铝酸钠溶液在不同条件下所具有的溶液结构不同有关。

3.5 铝酸钠溶液的结构问题

通过对铝酸钠溶液进行的大量物理化学性质的研究证实，铝酸钠溶液是离子真溶液。铝或氢氧化铝在苛性碱溶液中生成铝酸钠，并完全解离为钠离子和铝酸根离子。而我们所说的铝酸钠溶液的结构，指的正是铝酸根离子的组成及结构。

关于铝酸阴离子的结构，尽管存在许多争议，但根据近年来较为肯定的研究结果，可以认为：

（1）在中等浓度的铝酸钠溶液中，铝酸根离子以 $[Al(OH)_4]^-$ 形式存在；

（2）在稀溶液中且温度较低时，以水化离子 $([Al(OH)_4]^-)(H_2O)_x$ 形式存在；

（3）在较浓的溶液中或温度较高时，发生 $[Al(OH)_4]^-$ 脱水，并能形成 $[Al_2(OH)_6]^{2-}$ 二聚离子，在 150℃ 下，这两种形式的离子可同时存在；

（4）铝酸钠溶液是一种缔合型电解质溶液，在碱浓度较高时，溶液中将存在大量缔合离子对，且浓度越高，越有利于缔合离子对的形成。

一般生产条件下都以 $[Al(OH)_4]^-$ 表示铝酸根离子。

 **复习思考题**

3-1 铝酸钠溶液质量浓度（g/L）与质量分数（%）之间的换算关系。

3-2 工业铝酸钠溶液的主要化学成分主要有哪些？

3-3 什么是苛性比值？

3-4 什么是硅量指数？

3-5 铝酸钠溶液的稳定性是什么，影响铝酸钠溶液稳定性的主要因素有哪些？

4　拜耳法生产氧化铝

4.1　拜耳法生产氧化铝的基础理论

4.1.1　拜耳法的原理与实质

拜耳法是因为它是拜耳（Karl Josef Bayer）在 1889~1892 年提出而得名的。近几十年来它已经有了许多改进，但仍然习惯地沿用这个名称。

拜耳法用于处理低硅铝土矿，特别是用在处理三水铝石型铝土矿时，流程简单，作业方便，其经济效益远非其他生产氧化铝的方法所能媲美。目前全世界生产的氧化铝和氢氧化铝有 90% 以上是用拜耳法生产的。

拜耳法包括两个主要过程，也就是拜耳提出的两项专利。一项是他发现 Na_2O 与 Al_2O_3 的摩尔比为 1.8 的铝酸钠溶液在常温下只要添加氢氧化铝作为晶种，不断搅拌，溶液中的 Al_2O_3 便可以呈氢氧化铝徐徐析出，直到其中 Na_2O 与 Al_2O_3 的摩尔比提高到 6 为止，这也就是铝酸钠溶液的晶种分解过程。另一项是他发现，已经析出了大部分氢氧化铝的溶液，在加热时，又可以溶出铝土矿中的氧化铝水合物，这也就是利用种分母液溶出铝土矿的过程。交替使用这两个过程就能够一批批地处理铝土矿，从中得出纯的氢氧化铝产品，构成拜耳循环。

拜耳法的实质是以下列反应在不同条件下的交替进行而实现的。

$$Al_2O_3 \cdot (1 \text{ 或 } 3)H_2O + 2NaOH(aq.) \Longrightarrow 2Na[Al(OH)_4](aq.) \tag{4-1}$$

4.1.2　Na_2O-Al_2O_3-H_2O 系中的拜耳法循环图

拜耳法的实质也可以从 Na_2O-Al_2O_3-H_2O 系的拜耳法循环图（见图 4-1）得到了解。用来溶出铝土矿中氧化铝水合物的铝酸钠溶液（即循环母液）的成分相当于图 4-1 中 A 点。它在高温（在此为 200℃）下是未饱和的，具有溶解氧化铝水合物的能力。在溶出过程中，如果不考虑矿石中杂质造成的 Na_2O 损失，溶液的成分应该沿着 A 点与 $Al_2O_3 \cdot H_2O$（在溶出一水铝石矿时）或 $Al_2O_3 \cdot 3H_2O$（在溶出三水铝石矿时）的图形点的连线变化，直到饱和为止。溶出液的最终成分在理论上可以达到这条线与溶解度等温线的交点。在实际的生产过程中，由于溶解时间的限制，溶出过程在此之前的 B 点便告结束，B 点就是溶出后溶液

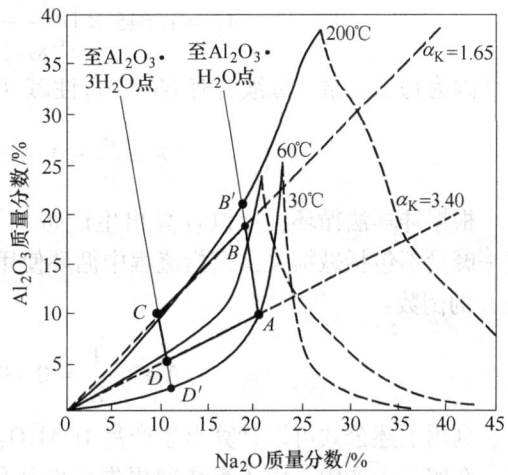

图 4-1　Na_2O-Al_2O_3-H_2O 系中的拜耳法循环图

的成分。为了从其中析出氢氧化铝，必须要降低它的稳定性，为此加入赤泥洗液将其稀释。由于溶液中 Na_2O 和 Al_2O_3 的浓度同时降低，故其成分由 B 点沿等摩尔比线改变至 C 点。在分离泥渣后，降低温度（如降低至60℃），使溶液的过饱和程度进一步提高，往其中加入氢氧化铝晶种便发生分解反应，析出氢氧化铝。在分解过程中溶液成分沿着 C 点与 $Al_2O_3 \cdot 3H_2O$ 的图形点的连线变化。如果溶液在分解过程中最后冷却到30℃，种分母液的成分在理论上可以达到连线与30℃等温线的交点。在实际的生产过程中，也由于时间的限制，分解过程是在溶液成分变至 D 点，即其中仍然过饱和着 Al_2O_3 的情况下结束的。如果 D 点的摩尔比与 A 点相同，那么通过蒸发，溶液成分又可以回复到 A 点。由此可见，A 点成分的溶液经过这样一次作业循环，便可以由矿石中提取出一批氢氧化铝，而其成分仍不发生改变。图4-1中 AB、BC、CD 和 DA 线表示溶液成分在各个作业过程中的变化，分别称为溶出线、稀释线、分解线和蒸发线，它们正好组成一个封闭四边形，即构成一个循环过程。实际的生产过程与上述理想过程当然有差别，主要是存在着 Al_2O_3 和 Na_2O 的化学损失和机械损失，溶出时有蒸汽冷凝水使溶液稀释，而添加的晶种又往往带入母液使溶液的摩尔比有所提高，因而各个线段都会偏离图中所示的位置。在每一次作业循环之后，必须补充所损失的碱，母液才能恢复到循环开始时 A 点的成分。

4.1.3 拜耳法的循环碱量和循环效率

循环母液每经过一次作业循环，便可以从铝土矿中提取出一批氧化铝。通常将1t苛性碱（Na_2O_K）在一次拜耳法循环中所产出的 Al_2O_3 量（t），称为拜耳法循环效率，用 E 表示，单位为t/t。它的计算公式推导过程如下：假设在生产过程中不发生 Al_2O_3 和 Na_2O 的损失，$1m^3$ 循环母液中含苛性碱（Na_2O_K）的质量为 N(t)，含 Al_2O_3 含量为 A_1(t)，苛性比值为 α_{K_1}；溶出后溶液含 Al_2O_3 的质量为 A_2(t)，苛性比值为 α_{K_2}。由于溶出过程中 N 的绝对值保持不变，根据苛性比值的定义可以算出 $1m^3$ 循环母液经过一次循环后产出 Al_2O_3 的质量 A(t) 应为：

$$A = A_2 - A_1 = 1.645 \times \left(\frac{N}{\alpha_{K_2}} - \frac{N}{\alpha_{K_1}} \right) = 1.645 \times N \frac{\alpha_{K_1} - \alpha_{K_2}}{\alpha_{K_1}\alpha_{K_2}} \tag{4-2}$$

因为每 $1m^3$ 循环母液含有 N(t) 苛性碱（Na_2O_K），所以循环效率 E 为：

$$E = \frac{A}{N} = 1.645 \times \frac{\alpha_{K_1} - \alpha_{K_2}}{\alpha_{K_1}\alpha_{K_2}} \tag{4-3}$$

根据拜耳法循环，可以计算出生产每1t氧化铝，在循环母液中所必须含有的碱量。这一碱量不包括碱损失，只指流程中循环使用的碱量，故称为循环碱量，以 $N_循$ 表示，它是 E 的倒数：

$$N_循 = \frac{1}{E} = 0.608 \times \frac{\alpha_{K_1}\alpha_{K_2}}{\alpha_{K_1} - \alpha_{K_2}} \tag{4-4}$$

利用上述公式可以计算出生产每1t Al_2O_3 理论上应配的苛性碱的质量。

在实际生产中，由于存在碱损失，设其量为 $N_损$，循环母液中的碱含量应该更多些，即等于 $N_循 + N_损 \frac{\alpha_{K_2}}{\alpha_{K_1} - \alpha_{K_2}}$。这是因为母液中含有 Al_2O_3 这些本身也要占有碱的缘故。

提出循环碱量和循环效率的目的，在于说明拜耳法作业的效果是与母液和溶出液的苛性比 α_{K_1} 和 α_{K_2} 有很大的关系。同时，溶液数量还与溶液的浓度有关。α_{K_1} 越大，α_{K_2} 越小，生产每 1t Al_2O_3 所需的循环碱量就减小，而循环效率就越高。如果提高溶液的浓度，那么循环的溶液数量便随之减少。所以，循环效率是分析拜耳法的作业效果和改革途径的重要指标。

4.2 拜耳法生产氧化铝的工艺流程

图 4-2 是拜耳法生产氧化铝的基本工艺流程。每个工厂由于条件不同，可能采用的工艺流程会稍有不同，但原则上它们没有本质的区别。

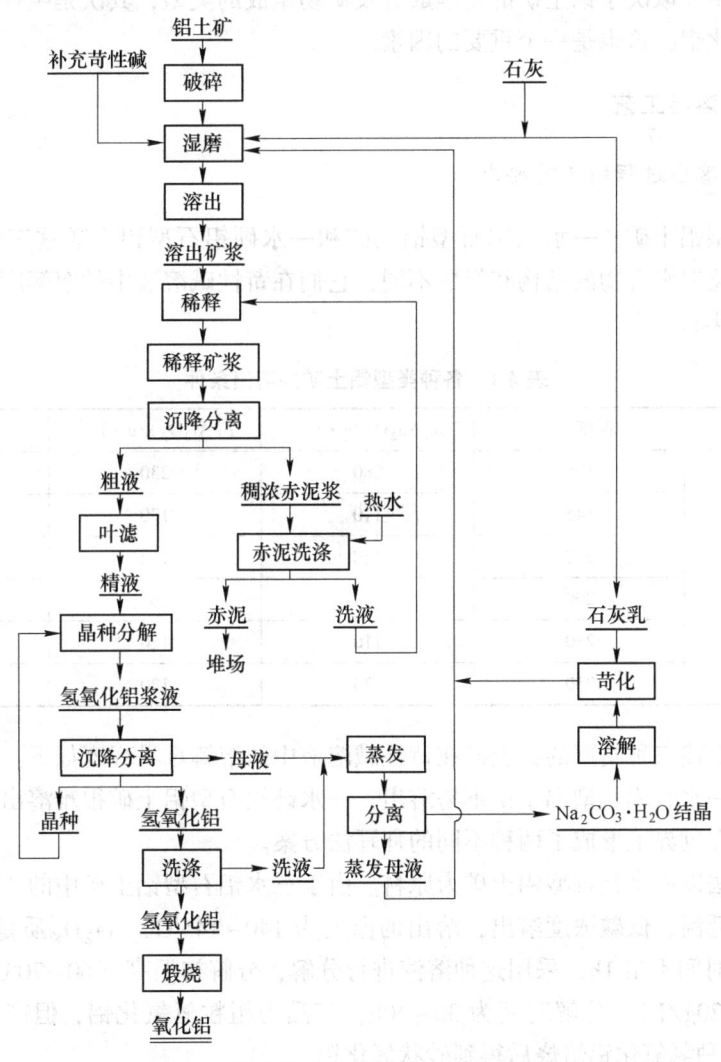

图 4-2 拜耳法生产氧化铝的基本工艺流程

根据拜耳法生产的基本工艺流程，可以把整个生产过程大致分为下面几个主要的生产工序：原矿浆制备、高压溶出、溶出矿浆的稀释及赤泥的分离和洗涤、晶种分解、氢氧化铝分级与洗涤、氢氧化铝焙烧、母液蒸发及苏打苛化等。

4.3 拜耳法溶出技术

4.3.1 概述

溶出是拜耳法生产氧化铝的两个主要工序之一。铝土矿溶出是在超过溶液沸点的温度下进行的。温度越高，溶液的饱和蒸汽压力越大，因为铝土矿是在超过大气压的压力下溶出的，故称为高压溶出。溶出的目的在于将铝土矿中的氧化铝水合物溶解成铝酸钠溶液。溶出效果的好坏，直接影响到拜耳法生产氧化铝的技术经济指标。

溶出工艺主要取决于铝土矿的化学成分及矿物组成的类型，其次是生产粉末氧化铝还是生产砂状氧化铝，这也是一个重要的因素。

4.3.2 拜耳法溶出工艺

4.3.2.1 溶出过程的工艺要求

三水铝石型铝土矿、一水软铝石型铝土矿和一水硬铝石型铝土矿这三种类型的铝土矿，由于其氧化铝水合物的结构和组成不同，它们在苛性碱溶液中的溶解度和溶解速度并不相同，见表4-1。

表4-1 各种类型铝土矿的溶出条件

铝土矿类型	温度/℃	$\rho(Na_2O)/g \cdot L^{-1}$	$\rho(Al_2O_3)/g \cdot L^{-1}$	α_K
三水铝石型	105	280	230	2.00
	145	110	130	1.40
一水软铝石型	200	120	112	1.70
	200	150	165	1.50
	230	110	120	1.50
一水硬铝石型	250	120	120	1.65

常压下，上述三种类型的铝土矿在苛性碱溶液中的溶解难易程度如下：三水铝石型铝土矿易溶出，一水软铝石型铝土矿不易溶出，一水硬铝石型铝土矿很难溶出。由于铝土矿的类型不同，在世界上形成了两种不同的拜耳法方案。

美国拜耳法以三水铝石型铝土矿为原料。由于三水铝石型铝土矿中的 Al_2O_3 很容易溶出，因而采用低温、低碱浓度溶出，溶出的温度为 140~145℃，Na_2O_K 质量浓度为 100~150g/L，停留时间不足 1h，采用这种溶液进行分解，分解初温高（60~70℃），晶种添加量较小（50~120g/L），分解时间为 30~40h，产品为粗粒氢氧化铝，但产出率低，仅为40~45g/L。这种氢氧化铝焙烧后得到砂状氧化铝。

欧洲拜耳法以一水软铝石型铝土矿为原料。采用高温、高碱浓度溶出，苛性碱质量浓度一般在 200g/L 以上，溶出温度达 170℃，停留时间约 2~4h。经稀释后，将苛性碱质量浓度高达 150g/L 的溶液进行分解。分解时，分解初温低（55~60℃或更低），晶种添加量较大（200~250g/L），分解时间 50~70h，产出率高达 80g/L，但得到的氢氧化铝颗粒细，焙烧时飞扬损失大，得到面粉状氧化铝。为了适应电解对氧化铝的要求，现今的欧洲拜耳法已是在高温、高碱浓度溶出，低温、高固含、高产出率的分解条件下生产砂状氧化铝了。

在中国，拜耳法以一水硬铝石型铝土矿为原料，一般采用高温、高碱浓度溶出，苛性碱质量浓度约为 230g/L，溶出温度 260~280℃，停留时间 30~60min。溶出矿浆经稀释后，对苛性碱质量浓度为 150~170g/L，分解初温高（70~80℃），晶种添加量较大（600g/L），通常采用改进的一段法或者两段法分解工艺，分解产出率较高，氢氧化铝经焙烧后得到砂状氧化铝产品。

4.3.2.2　铝土矿溶出过程的动力学

在高压溶出过程中，铝土矿的溶出反应属于多相反应。其特征是反应过程发生于矿粒与碱液两相的界面上。两相接触界面上的 OH^-，由于不断反应而逐渐消耗，在靠近矿粒表面的溶液中 OH^- 浓度显著降低。同时，在这一层中的反应产物 $[Al(OH)_4]^-$ 的浓度则接近于饱和，形成扩散层。因而新的 Na^+ 和 OH^- 不断地通过扩散层向固相（矿粒）表面移动，与氧化铝水合物反应，而反应产物 $[Al(OH)_4]^-$ 则不断地通过扩散层向外移动，使反应继续下去。

因此，铝土矿的溶出过程包括以下几个步骤：

（1）循环母液润湿矿粒表面；

（2）氧化铝水合物与 OH^- 相互作用生成铝酸钠；

（3）形成 $[Al(OH)_4]^-$ 的扩散层；

（4）$[Al(OH)_4]^-$ 从扩散层扩散出来，而 OH^- 则从溶液中扩散到固相接触面上，使反应继续下去。

这些步骤中最慢的一个步骤决定着整个溶出过程的速度。

关于一水硬铝石溶出过程动力学研究表明，在高温高碱浓度的情况下，从溶出开始到终止的全部过程都属于一级反应，即反应速度由扩散速度所决定，虽然温度升高使扩散速度和化学反应速度都加快，但实验结果表明，温度每提高 10℃，化学反应速度可以提高 1~2 倍以上，而扩散速度只提高 10%~30%，因此温度提高到一定程度以后，化学反应速度总是可以超过扩散速度，而使溶出过程由扩散速度所控制。氧化铝水合物的溶出速度详见 4.4 节。

溶出速度影响着溶出过程的三个重要指标：氧化铝溶出率、溶出器生产能力及溶出液的摩尔比值。所以，如何提高氧化铝的溶出速度是氧化铝生产中的一个重要技术问题。

4.3.3　拜耳法矿浆预热及溶出装备的类型

拜耳法生产氧化铝已经走过了一百多年的历程，尽管拜耳法生产方法本身没有实质性的变化，但就溶出技术而言却发生了巨大变化。溶出方法由单罐间断溶出作业发展为多罐串联连续溶出，进而发展为管道化溶出。溶出温度也得以提高，最初溶出三水铝石的温度为 105℃，溶出一水软铝石为 200℃，溶出一水硬铝石温度为 240℃，而目前的管道化溶出器，溶出温度可达 280~300℃。加热方式，由蒸汽直接加热发展为蒸汽间接加热，乃至管道化溶出高温段的熔盐加热。随着溶出技术的进步，溶出过程的技术经济指标得到显著的提高和改善。

4.3.3.1 直接加热高压溶出器组

前苏联在处理一水硬铝石型铝土矿的工艺设备设计中，首先提出了蒸汽直接加热的方法，即取消了蛇形管加热元件和机械搅拌器，而是将新蒸汽直接通入铝土矿矿浆，加热并搅拌矿浆。这种压煮器的优点是结构大大简化，避免了因加热表面结疤而影响传热和经常清理结疤的麻烦，但它的缺点是加热蒸汽冷凝水将矿浆稀释，从而降低溶液中的碱浓度，也增加了蒸发过程的蒸水量。其工艺流程如图4-3所示。

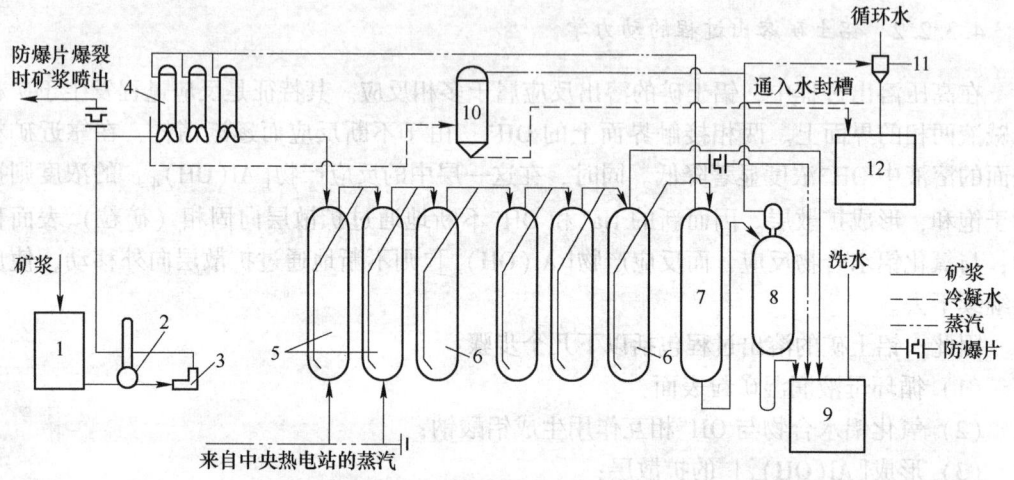

图4-3　前苏联的蒸汽直接加热高压釜溶出工艺流程图

1—原矿浆搅拌槽；2—空气补偿器；3—活塞泵；4—管壳式预热器；5—加热压煮器；6—反应压煮器；
7—第一级料浆自蒸发器；8—第二级料浆自蒸发器；9—稀释搅拌槽；10—冷凝水自蒸发器；
11—冷凝预热器；12—热水槽

单罐压煮器间断作业的缺点是显而易见的，它满足不了发展着的氧化铝工业的需要。

4.3.3.2 间接加热高压溶出器组

铝土矿的溶出在压煮器中进行。压煮器是一种强度很大的钢制容器，能耐受523K时所产生的高压。压煮器作业可以是单个压煮器间断操作，也可以是在串联压煮器组中进行的连续作业。目前在生产中已很少采用单个压煮器间断操作，而是将若干个预热器、压煮器和自蒸发器依次串联称为一个压煮器组，实行连续作业。

图4-4所示为蒸汽间接加热的高压溶出器组。原矿浆先在套管预热器内由自蒸发蒸汽间接预热至423K后进入预热压煮器，然后在预热压煮器中由自蒸发蒸汽间接预热至513K后进入反应压煮器，再由新蒸汽间接加热至溶出温度538K。而后料浆再依次流过其余各个压煮器，料浆在这些压煮器中停留的时间就是所需的浸出时间。由最后一个压煮器流出的料浆进入自蒸发器。由于自蒸发器内压力逐渐降低，料浆在这里剧烈沸腾，放出大量蒸汽。水分蒸发时消耗大量的热，使料浆温度降低，经过10~11级自蒸发以后，料浆温度已经降到溶液的沸点左右。从最后一级自蒸发器出来的料浆约含 Na_2O 300g/L、Al_2O_3 270~280g/L，送下一道工序进行赤泥分离与洗涤。

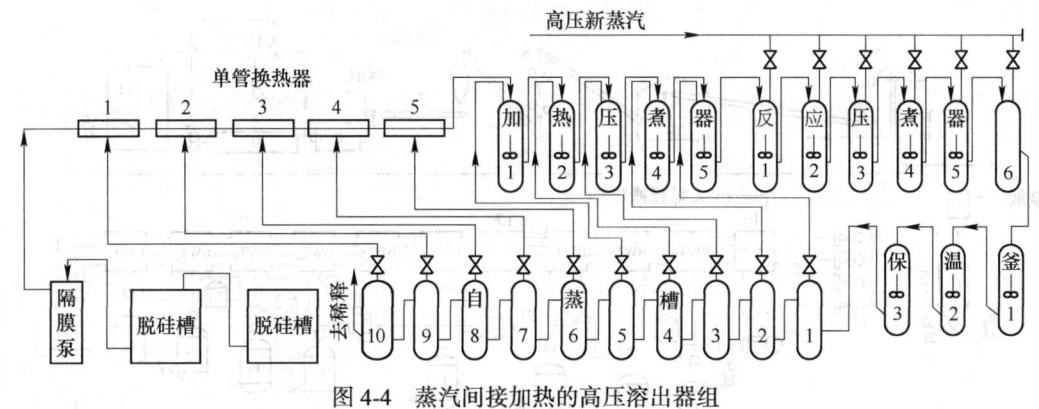

图 4-4　蒸汽间接加热的高压溶出器组

4.3.4　管道化溶出技术

管道化溶出技术，是指采用管道进行矿浆的预热及溶出，可以是单管也可以是多管。有单流法和多流法两种，德国采用单流法，匈牙利采用多流法。

管道化溶出的原理是采用较高的溶出温度，矿浆在溶出管道中具有较高的流速，使矿浆处于高度的湍流运动状态，增加了矿浆的雷诺系数，从而极大地改善了传质系数与传热系数，大大强化了溶出过程。由于溶出过程的化学反应速度显著加快，溶出所需反应时间明显缩短，而且提高温度比增大碱液浓度更加强烈地促进氧化铝的溶解。迄今投产的管道化溶出装置，溶出温度已由 250℃ 提高到 270℃，新采取的溶出温度高达 280~300℃。由于反应温度的提高，化学反应速度显著加快，氧化铝溶解度增大即可达到较低的溶出液摩尔比。

目前，国外管道化加热溶出装置主要有以下 3 种：

（1）德国联合铝业公司（VAW）的多管单流法溶出装置。德国原先采用的是矿浆-矿浆套管式溶出反应器，后来采用了带有自蒸发器的矿浆-蒸汽管式溶出反应器。RA-6 型管道化溶出系统是在总结已有的管道化溶出生产经验的基础上最新发展起来的。图 4-5 所示为 RA-6 型管道化溶出系统流程图。

主要技术特点为：属多管单流法；根据溶出和结疤情况，可以改变石灰添加地点；可以根据原矿浆不同温度下的传热情况，分别采用溶出矿浆加热、二次蒸汽加热和熔盐加热三种形式；熔盐炉采用最新式的劣质煤流态化燃烧装置，热效率达 90%，烟气净化好；实际溶出温度 280℃，是目前世界上溶出温度最高的。

（2）匈牙利多管多流溶出装置。匈牙利 1982 年在 MOTIM 厂投产的管道化溶出系统与图 4-5 基本相同。

基本技术特点：

1）属多管多流法，从管道结构来说，是一根大管中套三根小管子；从工艺上来说，是多流作业，一根管子走碱液，两根管子走矿浆，然后合流；

2）管道直径减小，提高了传热面积与管道截面积的比值，有利于传热；

3）三根管子交替输送矿浆和碱液，用碱液清除硅渣结疤，从而保证高的传热系数和运转率。

（3）法国的单管预热—高压釜溶出装置。该装置是由单管溶出器和压煮器共同组成。

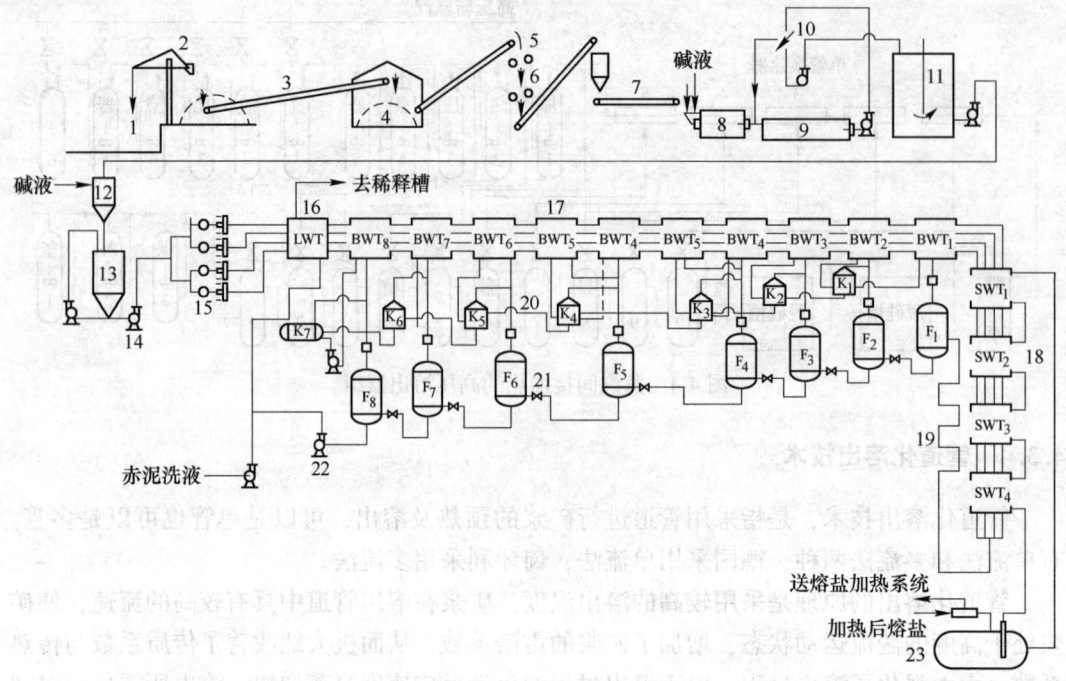

图 4-5　德国 RA-6 型管道化溶出流程图

1—轮船；2—起重塔架；3—皮带输送机；4—矿仓；5——段对辊破碎机；6—二段对辊破碎机；7—电子秤；8—棒磨机；9—球磨机；10—弧形筛；11—矿浆槽；12，13—混合槽；14—泵；15—隔膜泵（300m²/h、10MPa）；16~18—管道加热器；19—保温反应器；20—冷凝水自蒸发器；21—矿浆自蒸发器；22—溶出料浆出料泵；23—熔盐槽

单管溶出器结构简单，便于制造，便于进行化学清理和机械清理，传热系数高。它适合于处理一水铝石矿，与压煮器溶出相比，投资低，经营费用低。

4.3.5　影响铝土矿溶出的主要因素

在铝土矿溶出过程中，由于整个过程是复杂的多相反应，因此影响溶出过程的因素比较多。这些影响因素可大致分为铝土矿本身的溶出性能和溶出过程作业条件两个方面。

4.3.5.1　溶出温度

温度是溶出过程中最主要的影响因素，不论反应过程是由化学反应控制还是由扩散控制，温度都是影响反应过程的一个重要因素，因为化学反应速率常数和扩散常数与温度都有密切的关系：

$$\ln K = -\frac{E}{RT} + C \tag{4-5}$$

$$D = \frac{1}{3\pi\mu\delta} \times \frac{RT}{N} \tag{4-6}$$

式中　K——化学反应速率常数；

　　　E——化学反应的活化能；

　　　C——常数；

　　　　R——气体常数；

　　　　T——热力学温度，K；

　　　　D——扩散速率常数；

　　　　μ——溶液黏度；

　　　　δ——扩散层厚度；

　　　　N——常数。

从上面两个式子可以看出，提高温度，化学反应速率常数和扩散速率常数都会增大，这从动力学方面说明了升高温度有利于增大溶出速率。

从 $Na_2O\text{-}Al_2O_3\text{-}H_2O$ 系溶解度曲线可以看出，提高温度后，铝土矿在碱溶液中的溶解度显著增加，溶液的平衡摩尔比明显降低，使用浓度较低的母液就可以得到摩尔比低的溶出液，由于溶出液与循环母液的 Na_2O 浓度差缩小，蒸发负担减轻，使碱的循环效率提高。此外，溶出温度升高还可以使赤泥结构和沉降性能改善，溶出液摩尔比降低也有利于制取砂状氧化铝。

但是，提高溶出温度，会使溶液的饱和蒸气压急剧增大，溶出设备和操作方面的困难也随之增加，这就使提高溶出温度受到限制。

4.3.5.2　循环母液碱浓度的影响

当其他条件相同时，母液碱浓度越高，Al_2O_3 的未饱和程度就越大，铝土矿中 Al_2O_3 的溶出速度越快，而且能得到摩尔比低的溶出液。高浓度溶液的饱和蒸气压低，设备所承受的压力也要低些。但是从整个流程来看，种分后的铝酸钠溶液，即蒸发原液的 Na_2O 浓度不宜超过 240g/L，如果要求母液的碱浓度过高，蒸发过程的负担和困难必然增大，所以从整个流程来权衡，母液中只宜保持适当的碱浓度。

4.3.5.3　配料摩尔比的影响

在溶出铝土矿时，物料的配比是按溶出液的 α_K 达到预期的要求计算确定的。预期的溶出液 α_K 称为配料 α_K。它的数值越高，即对单位质量的矿石配的碱量也越高，由于在溶出过程中溶液始终保持着更大的未饱和度，因此溶出速度必然更快。但是，这样一来循环效率必然降低，物料流量则会增大。从循环碱量公式 $N_{循}=\dfrac{1}{E}=0.608\times\dfrac{\alpha_{K_1}\alpha_{K_2}}{\alpha_{K_1}-\alpha_{K_2}}$ 可以看出，为了降低循环碱量，降低配料摩尔比较提高母液摩尔比的效果更显著。所以在保证 Al_2O_3 的溶出率不过分降低的前提下，制取摩尔比尽可能低的溶出液是对溶出过程的一项重要要求。低摩尔比的溶出液还有利于种分过程的进行。

为了保证矿石中的 Al_2O_3 具有较高的溶出速率和溶出率，配料摩尔比要比相同条件下平衡溶液的摩尔比高出 0.15~0.20。随着溶出温度的提高，这个差别可以适当缩小。

由于生产中铝酸钠溶液中含有多种杂质，因此它的平衡摩尔比不同于 $Na_2O\text{-}Al_2O_3\text{-}H_2O$ 系等温线所示的数值，需要通过试验来确定。试验是用小型高压溶出器按指定条件溶出矿石，并保证充分的溶出时间，使溶出过程不受动力学条件的限制。

提高溶出温度可以得到摩尔比低到 1.4~1.45 的溶出液，为了防止这种低摩尔比的溶出液在进入种分之前发生大量的水解损失，可以往第一次赤泥洗涤槽中加入适当数量的种分母液，使稀释后的溶出浆液的摩尔比提高到 1.55~1.65，以保证溶出液具有足够的稳定性。采用这样的措施后，由于循环母液用量减少，可使高压溶出和母液蒸发的蒸汽消耗量减少 15%~20%。

4.3.5.4　矿石的磨细程度

对某一种矿石，当其粒度越细小时，其比表面积就越大。这样矿石与溶液接触的面积就越大，即反应的面积增加了，在其他溶出条件相同时，溶出速率就会增加。另外，矿石的磨细加工会使原来被杂质包裹的氧化铝水合物暴露出来，增加了氧化铝的溶出率。溶出三水铝石型铝土矿时，一般不要求磨得很细，有时破碎到 16mm 即可进行渗滤溶出。致密难溶的一水硬铝石型则要求细磨。然而，过分的细磨使生产费用增加，又无助于进一步提高溶出速度，而且还可能使溶出赤泥变细，造成赤泥分离洗涤的困难。

4.3.5.5　搅拌强度

众所周知，对于多相反应，整个反应过程由多个步骤组成，其中扩散步骤的速率方程为：

$$\frac{\mathrm{d}C}{\mathrm{d}\tau} = KF(C_0 - C_S) = \frac{F}{3\pi\mu d\delta}\frac{RT}{N}(C_0 - C_S) \tag{4-7}$$

式中　μ——溶液的黏度；

$\quad\quad$ d——扩散质点的直径；

$\quad\quad$ F——相界面面积；

$\quad\quad$ C_0——溶液主体中反应物的浓度；

$\quad\quad$ C_S——反应界面上反应物的浓度；

$\quad\quad$ R——气体常数；

$\quad\quad$ T——绝对温度；

$\quad\quad$ N——阿伏伽德罗常数；

$\quad\quad$ δ——扩散层厚度。

从方程中可以看出，减少扩散层的厚度将会增大扩散速度。强烈的搅拌使整个溶液的成分趋于均匀，矿粒表面上的扩散层厚度将会相应减小，从而强化了传质过程。加强搅拌还可以在一定程度上弥补温度、碱浓度、配碱数量和矿石粒度方面的不足。

管道化溶出器中矿浆流速达 1.5~5m/s，雷诺系数达 10^5 数量级，有着高度湍流性质，成为强化溶出过程的一个重要原因。在间接加热机械搅拌的高压溶出器组中，矿浆除了沿流动方向运动外，还在机械搅拌下强烈运动，湍流程度也较强。

当溶出温度提高时，溶出速度由扩散所决定，因而加强搅拌能够起到强化溶出过程的作用。此外，提高矿浆的湍流程度也是防止加热表面结疤、改善传热过程的需要，在间接加热的设备中这是十分重要的。矿浆湍流程度高，结疤轻微时，设备的传热系数可保持为 $8360\mathrm{kg}/(\mathrm{m}^2 \cdot \mathrm{h} \cdot ℃)$，比有结疤时大约高出 10 倍。

4.3.5.6 溶出时间的影响

铝土矿溶出过程中，只要 Al_2O_3 的溶出率没有达到最大值，那么增加溶出时间，Al_2O_3 的溶出率就会增加。图 4-6 所示为溶出时间对铝土矿溶出率的影响。从图 4-6 可以看出，韦帕铝土矿的成分是三水铝石和一水软铝石，在溶出条件下，5min 就可达到最大溶出率，所以增加溶出时间对其溶出率不产生影响；也门的内哥罗铝土矿的成分是一水软铝石和一水硬铝石，它的溶出速率较慢，所以增加溶出时间能使 Al_2O_3 的溶出率增加。

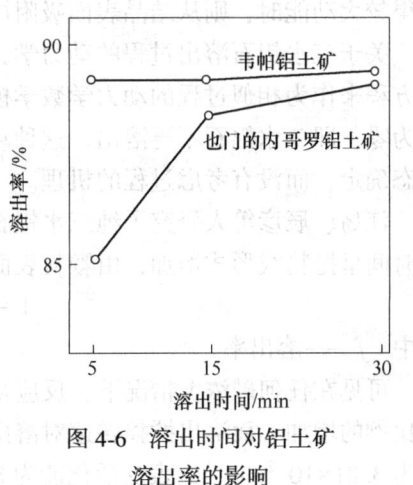

图 4-6 溶出时间对铝土矿
溶出率的影响

4.4 氧化铝水合物在溶出过程中的行为

4.4.1 三水铝石型铝土矿

在三水铝石型铝土矿中，氧化铝主要以三水铝石（$Al_2O_3 \cdot 3H_2O$）的形式存在。在所有类型的铝土矿中，三水铝石型铝土矿是最易溶出的一种铝土矿，在溶出温度超过 85℃ 时，就会有三水铝石的溶出，随着温度的升高，三水铝石矿的溶出速度加快。通常情况下，三水铝石矿典型的溶出过程是温度为 140~145℃、Na_2O 浓度为 120~140g/L，矿石中的三水铝石能迅速地进入溶液，满足工业生产的要求。

当三水铝石矿与未饱和的铝酸钠溶液接触后，发生的化学反应如下：

$$Al(OH)_3(s) + NaOH(aq.) \longrightarrow Na[Al(OH)_4](aq.) \tag{4-8}$$

当铝酸钠溶液达到饱和时，溶出过程将会停止。如果改变条件使铝酸钠溶液过饱和，则会发生铝酸钠溶液的分解，即：

$$Na[Al(OH)_4](aq.) \longrightarrow NaOH(aq.) + Al(OH)_3(s) \tag{4-9}$$

所以，实际上三水铝石的溶出反应是一个可逆的化学反应，反应的化学方程式可表示为：

$$Al(OH)_3 + NaOH + aq. \rightleftharpoons Na[Al(OH)_4] + aq. \tag{4-10}$$

关于三水铝石在铝酸钠溶液中溶解的机理，库兹涅佐夫认为当溶液中有大量的 OH^- 存在时，它可以侵入到三水铝石的晶格中，切断晶格之间的键，于是形成游离的 $[Al(OH)_6]^{3-}$ 离子团扩散到溶液中，这段过程可表示为：$[Al(OH)_6]^{3-}$ 离子在溶液中的 OH^- 浓度较小时，会离解成 $[Al(OH)_4]^-$ 和 OH^-：

$$[Al(OH)_6]^{3-} \longrightarrow [Al(OH)_4]^- + 2OH^- \tag{4-11}$$

卡尔维（Kalvet）则持有不同的观点，他不认为 $[Al(OH)_6]^{3-}$ 是溶出反应的中间产物，却认为氢氧化铝分子是中间产物，他用干涉仪证明铝酸钠溶液中有半径为 22~24nm 的粒子，并认为它是氢氧化铝分子（半径 23nm）。他认为溶出过程是首先生成氢氧化铝分子，扩散到溶液中，然后再和 OH^- 相作用。赫尔曼特有类似的看法，他认为溶解的第一步是自结晶上分裂出氢氧化铝分子。这些氢氧化铝分子被吸附在结晶表面，当某些分子获得较大动能时，则从结晶表面吸附层进入溶液。

关于三水铝石溶出过程的动力学，常用过程速度与瞬时浓度和饱和浓度的差值成比例的方程来作为相似过程的动力学数学模型。因为当铝酸钠溶液达到饱和浓度时，溶出的速度为零，即三水铝石不再溶出。这种动力学数学模型的缺点在于，这种速度由动力学平衡状态确定，而没有考虑过程的机理。

江岛、辰彦等人研究了纯三水铝石在碱液中的溶出速度，他们认为三水铝石的溶出率随时间呈抛物线形式增加，由颗粒表面积与其质量关系导出的速度公式为：

$$1 - (1 - f)^{1/3} = Kt \tag{4-12}$$

式中　f——溶出率。

可见在任何碱浓度情况下，反应初期为直线关系。三水铝石的溶出速度与苛性碱浓度成比例的增加，而溶出搅拌转速对溶出速度的影响不大。他们得出三水铝石的溶出速度常数为 $3.81 \times 10^{-2} \text{min}^{-1}$，表观活化能为 81.93kJ/mol。从表观活化能可以看出三水铝石的溶出是由化学反应控制。三水铝石的溶出速率：

$$v = KAC_{\text{NaOH}} \exp\left(\frac{-19600}{1.987T}\right) \tag{4-13}$$

式中　K——常数；

A——表面积；

C_{NaOH}——苛性碱浓度；

T——绝对温度。

他们同时还研究了马来西亚三水铝石型铝土矿的溶出过程。他们认为这种铝土矿的溶出反应不同于氢氧化铝单体的溶出。推算出其表观活化能 43.89kJ/mol。得出的结论是，三水铝石型铝土矿的溶出速率不是由扩散过程控制，而是由化学反应过程控制。

4.4.2　一水软铝石的溶出

相对三水铝石矿来讲，一水软铝石矿的溶出条件要苛刻得多，它需要较高的温度和较大的苛性碱浓度才能达到一定的溶出速率。一水软铝石型铝土矿的溶出温度至少需要200℃，然而生产上实际采用的温度一般为 240~250℃，溶出液的 Na_2O 浓度通常是 180~240g/L，产品通常是粉状氧化铝，这是欧洲式拜耳法工艺的主要特征。

不同作者研究得出的一水软铝石的溶解度并不一致，如在 260℃，相同的 Na_2O 浓度，溶液的平衡苛性比在 1.33~1.55 之间，不同研究者对不同试样获得的结果不一致。这种差别可能是铝土矿的某些还没有确定的特殊性能影响了溶解度，如结晶完整度等。

关于一水软铝石在铝酸钠溶液中的溶出动力学，江岛、辰彦等人研究了纯一水软铝石在碱液中的溶出速度，他们认为与三水铝石一样，一水软铝石的溶出率随时间呈抛物线形式增加，从速度公式 $1 - (1 - f)^{1/3} = Kt$ 可见，在任何碱液情况下，溶出初期的溶出率与时间都是直线关系，并得出一水软铝石的溶出速度常数为 $3.07 \times 10^{-4} \text{min}^{-1}$，推导的表观活化能为 71.48kJ/mol，从表观活化能可以看出一水软铝石的溶出过程受化学反应控制。得到的一水软铝石的溶出速率方程为：

$$v = KAC_{\text{NaOH}} \exp\left(\frac{-17100}{1.987T}\right) \tag{4-14}$$

式中　K——常数；

$\quad\quad A$——表面积；

$\quad C_{NaOH}$——苛性碱浓度；

$\quad\quad T$——绝对温度。

而 I. Korcsmaros 认为，一水软铝石矿的溶出过程属于外扩散控制，并认为在动力学方程的建立过程中应考虑单位体积溶出液中加入矿石与反应的 Al_2O_3 的极限（即进料摩尔比的极限作用）。他给出下式表示溶出速率：

$$\frac{dC_A}{dt} = \frac{D}{r}S(C_{At} - C_A)(C_{Ae} - C_A) \tag{4-15}$$

式中　D——扩散系数，m^2/s；

$\quad\quad r$——扩散层厚度，m；

$\quad C_{At}$——溶出条件下的最大溶解度；

$\quad C_{Ae}$——平衡浓度；

$\quad\quad C_A$——溶液中铝酸钠浓度；

$\quad\quad S$——传质过程中的比表面积，$m^2/kmol$。

4.4.3 一水硬铝石型铝土矿的溶出

在所有类型的铝土矿中，一水硬铝石型铝土矿是最难溶出的。一水硬铝石的溶出温度通常在 240~250℃，溶出液中 Na_2O 浓度为 240~300g/L。关于一水硬铝石的溶出性能，研究人员曾对我国不同地区一水硬铝石矿的溶出特性进行了广泛的研究。矿石被粉磨至相近粒级分布，大于 0.15mm 的小于 15%，大于 0.071mm 的小于 30%，碱液的 Na_2O 浓度为 230g/L，$[CaO]/[TiO_2] = 2.0$，溶出温度为 245℃ 和 260℃。

N. S. Maltz 等人认为溶出过程由扩散阶段控制，并用下式表示溶出速率：

$$-\frac{dC_{A(固)}}{dt} = KSI \tag{4-16}$$

式中　K——传质系数；

$\quad\quad S$——反应面积；

$\quad\quad I$——浓度差。

M. Турийский 给出下式来表示一水硬铝石的溶出：

$$\frac{dC_A}{dt} = DS(C_{Hac} - C_A) \tag{4-17}$$

式中　C_{Hac}——饱和浓度；

$\quad\quad D$——扩散系数，m^2/s。

以上都是一水硬铝石溶出扩散的公式。

4.5　氧化铝的溶出率、Na_2O 损失率及赤泥产出率

4.5.1 氧化铝的溶出率

铝土矿溶出过程中，由于溶出条件及矿石特性等因素的影响，矿石中的氧化铝并不能

完全进入溶液。实际反应后进入铝酸钠溶液中 Al_2O_3 与原料铝土矿中 Al_2O_3 的总量之比，称为氧化铝的溶出率。

$$\eta_{实} = \frac{Q_{矿} A_{矿} - Q_{泥} A_{泥}}{Q_{矿} A_{矿}} \times 100\% \tag{4-18}$$

式中　$Q_{矿}$，$Q_{泥}$——分别为矿石量和赤泥量；

　　　$A_{矿}$，$A_{泥}$——分别为矿石及赤泥中氧化铝的含量，%。

由于铝土矿中含有许多杂质，而这些杂质中主要是 SiO_2。SiO_2 在铝土矿的溶出过程中与氧化铝、氧化钠生成铝硅酸钠。它的分子式大致相当于 $Na_2O \cdot Al_2O_3 \cdot 1.7SiO_2 \cdot nH_2O$ （$n \leqslant 2$）。其中 Al_2O_3 和 SiO_2 的质量正好相等，即 $A/S = 1$。如果矿中的全部 SiO_2 都转变为这种含水铝硅酸钠，每 1kg SiO_2 就会造成 1kg Al_2O_3 的损失。所以铝土矿能达到的最大溶出率为：

$$\eta_{理} = \frac{A - S}{A} \times 100\% = \left(1 - \frac{1}{A/S}\right) \times 100\% \tag{4-19}$$

式中　A——铝土矿中的 Al_2O_3 含量，%；

　　　S——铝土矿中的 SiO_2 含量，%。

这种最大溶出率又称为理论溶出率（$\eta_{理}$）。可见，矿石的 A/S 越大，$\eta_{理}$ 越大，矿石的利用率就越高；矿石 A/S 降低，则 $\eta_{理}$ 就低，赤泥的数量增大，原料的利用率低。例如矿石 $A/S = 7$ 时，$\eta_{理} = 85.7\%$，而 $A/S = 5$ 时，$\eta_{理}$ 只有 80%。

式（4-19）是假设矿石中的 SiO_2 完全与 Al_2O_3、Na_2O 结合生成含水铝硅酸钠，然而实际的溶出过程中，SiO_2 有时并不能完全反应。例如在溶出三水铝石时，石英并不反应，这时就会出现实际溶出率大于式（4-19）的计算值（$\eta_{理}$）。另外，溶出反应后的 SiO_2 也会有部分停留在溶液中，并不生成铝硅酸钠，即赤泥中的 SiO_2 绝对量与矿石中 SiO_2 的量并不完全一样，这样也会造成实际溶出率大于式（4-19）的计算值。还有，即使矿石中的 SiO_2 完全反应，溶出反应后的 SiO_2 也会析出进入赤泥，但生成的含硅矿物的 A/S 比并不能保证为 1。这样式（4-19）所得的结果也并非最大溶出率。由此可见，用式（4-19）来计算铝土矿中氧化铝的最大溶出率即理论溶出率，会因溶出条件的不同产生一定的误差。

在处理难溶出矿石时，其中的氧化铝常常不能充分溶出。由此可以看出，只用溶出率并不能说明某一种作业条件的好坏，因为矿石本身就会造成溶出率的差别。为了消除这种矿石的本身品位（A/S）不同造成的影响，通常采用相对溶出率作为比较各种溶出作业制度效果好坏的标准之一，它是实际溶出率与理论溶出率的比值，即

$$\eta = \frac{\eta_{实}}{\eta_{理}} \tag{4-20}$$

当实际溶出率达到理论溶出率时，相对溶出率达到 100%。有时也以赤泥作为比较的依据。当相对溶出率达到 100% 时，赤泥中只有以 $Na_2O \cdot Al_2O_3 \cdot 1.7SiO_2 \cdot nH_2O$ 形态存在的 Al_2O_3，其 A/S 为 1。在氧化铝溶出不完全时，由于赤泥中还含有未溶解的氧化铝水合物，赤泥的 A/S 就会大于 1，溶出率与矿石及赤泥的铝硅比的关系如下：

$$\eta_{实} = \frac{(A/S)_{矿} - (A/S)_{泥}}{(A/S)_{矿}} \times 100\% \tag{4-21}$$

$$\eta_{相} = \frac{(A/S)_{矿} - (A/S)_{泥}}{(A/S)_{矿} - 1} \times 100\% \tag{4-22}$$

上式实际上是以硅为内标即溶出前后硅的量不变化，通过矿石溶出前后铝硅相对含量的变化来计算溶出率。当矿石中硅的含量较低，而铁的含量较高时，可以以铁为内标（即矿石中的铁全部转入赤泥中），通过矿石溶出前后铝、铁相对含量的变化率计算实际溶出率：

$$\eta_{实} = \frac{(A/F)_{矿} - (A/F)_{泥}}{(A/F)_{矿}} \times 100\% \tag{4-23}$$

4.5.2　赤泥的产出率及碱耗

用铝土矿生产氧化铝的废弃物是赤泥。每处理 1t 铝土矿所生成的赤泥量称为铝土矿的赤泥产出率。赤泥的产出率可以利用铝土矿中的 SiO_2 含量与赤泥中 SiO_2 含量的比值来确定。

$$\eta_{泥} = \frac{S_{矿}}{S_{泥}} \tag{4-24}$$

式中　$S_{矿}$，$S_{泥}$——分别为铝土矿和赤泥中 SiO_2 含量，%。

从式（4-24）可以看出铝土矿中硅含量越低、赤泥中硅含量越高，则赤泥的产出率就越低。

在铝土矿的溶出过程中，除了 SiO_2 将部分 Na_2O 带入赤泥外，杂质也会与铝酸钠溶液作用，生成一些不溶物进入赤泥，这样就会造成 Na_2O 进入赤泥，产生 Na_2O 的损失。每生产 1t 氧化铝，造成 Na_2O 的损失量称为碱耗。

铝土矿中的杂质主要是 SiO_2，SiO_2 在溶出过程中会生成含水铝硅酸钠等物质。如果生成的含水铝硅酸钠的分子式大致相当于 $Na_2O \cdot Al_2O_3 \cdot 1.7SiO_2 \cdot nH_2O$，则每 1kg 的 SiO_2 会造成 0.608 kg 的 Na_2O 损失，则每溶出 1t Al_2O_3，由于生成钠硅渣而造成的 Na_2O 的最低损失量（kg）为：

$$[Na_2O]_{损失} = \frac{0.608S}{A - S} \times 1000 = \frac{608}{A/S - 1} \tag{4-25}$$

可见矿石的 A/S 越高，损失 Na_2O 就越小；矿石的 A/S 降低，则损失 Na_2O 就会增加。

但是单纯从 A/S 比上也不能完全说明 Na_2O（损失）的高低，因为有的矿石中的 SiO_2 在溶出条件是非活性的，这部分 SiO_2 不参与反应，也就不能造成 Na_2O 的损失。另外由于溶出条件的不同，矿石的 A/S 相同时，其 Na_2O（损失）也未必一样，因为溶出条件的不同会造成赤泥中物相组成的变化。例如，在添加石灰的溶出过程中，会有水化石榴石生成，这样会降低碱的损失。

造成 Na_2O 损失的另一个原因是 TiO_2，它也会在溶出过程中与 Na_2O 反应造成 Na_2O 的损失。当然其他微量组分，如氟、钒、磷、镓和有机物在溶出过程中也会造成 Na_2O 的损失，但由于它们的含量很少，可以忽略这些成分的影响。

4.6　溶出过程的配料计算

从前面可知，只要铝酸钠溶液的摩尔比 α_K 没有达到溶出条件下的平衡摩尔比，它就有溶出铝土矿中氧化铝的能力。但在实际生产过程中，铝土矿溶出时，并不能达到平衡摩尔比。因为铝酸钠溶液的摩尔比越接近其平衡摩尔比，铝土矿溶出的推动力就越小，溶出速率就越慢，溶出相同量的氧化铝所需的时间要比溶出开始时所需的时间增加几倍。所以为了提高工业生产的效率，溶出过程中铝酸钠溶液的摩尔比不能达到其平衡摩尔比。另外，如果在铝土矿溶出时，铝酸钠溶液的摩尔比很低，则在溶出后的操作工序中，由于铝酸钠溶液稳定性的降低，有可能导致氧化铝的分解损失。因此实际生产过程中，要控制铝酸钠溶液的摩尔比。

那么为了得到预期的溶出效果，必须通过配料计算确定铝土矿、石灰和循环母液的比例，制取合格的原矿浆。

假设矿石的组成为：Al_2O_3 $A\%$；SiO_2 $S_矿\%$；TiO_2 $T\%$；CO_2 $C_矿\%$。循环母液中 Na_2O 和 Al_2O_3 的浓度分别为 n_K 和 ag/L，溶出配料摩尔比为 α_K，石灰添加量为干矿石质量的 $W\%$，石灰中 CO_2 含量为 $C_灰\%$，石灰中 SiO_2 含量为 $S_灰\%$。由于添加石灰，赤泥中 Na_2O/SiO_2 的质量比为 b，Al_2O_3 的实际溶出率为 η_A。

当用循环母液来溶出铝土矿时，因为循环母液中含有一定数量的氧化铝，这部分氧化铝已与部分苛性碱结合成铝酸钠，所以在溶出时循环母液中的这部分苛性碱不能参与溶出铝土矿中氧化铝的反应，这部分苛性碱称之为惰性碱（$\eta_{K惰}$）。把参与溶出反应的苛性碱称为有效苛性碱（$\eta_{K效}$），由于循环母液中的氧化铝在溶出后也要达到溶出液的摩尔比，因此，每 $1m^3$ 循环母液中惰性碱量为：

$$\eta_{K惰} = \frac{a \times \alpha_K}{1.645} \qquad (4-26)$$

因此有效的苛性碱为：

$$n_{K效} = n_K - n_{K惰} = n_K - \frac{a \times \alpha_K}{1.645} \qquad (4-27)$$

溶出后的赤泥中，SiO_2 带走的 Na_2O 量 $N_化$ 为：

$$N_化 = (S_矿 + S_灰 \times W\%) \times b \qquad (4-28)$$

溶出过程中由于 CO_2 造成的苛性碱转化成碳碱量 $N_转$ 为：

$$N_转 = 1.41(C_矿 + C_灰 \times W\%) \qquad (4-29)$$

溶出过程中，处理 1t 铝土矿中氧化铝需要的苛性碱 $N_溶$ 为：

$$N_溶 = 0.608 \times A \times \eta_A \times \alpha_K \qquad (4-30)$$

所以溶出过程中，1t 铝土矿需要的苛性碱 $N_苛$ 为：

$$N_苛 = 0.608 \times A \times \eta_A \times \alpha_K + (S_矿 + S_灰 \times W\%) \times b + 1.41(C_矿 + C_灰 \times W\%)$$

$$\qquad (4-31)$$

则每 1t 铝土矿需要的循环母液量 V 为：

$$V = \frac{0.608 \times A \times \eta_A \times MR + (S_矿 + S_灰 \times W\%) \times b + 1.41(C_矿 + C_灰 \times W\%)}{n_K - \dfrac{a \times \alpha_K}{1.645}} \qquad (4-32)$$

如果矿石、石灰和母液的计量很准确，配碱操作就可根据下料量来控制母液加入量。在实际生产过程中也可以利用原矿浆的液固比来进行配料计算。用同位素密度计自动测定原矿浆液固比，再根据原矿浆液固比的波动来调节加入母液量。

液固比（L/S）是指原矿浆中液相质量（L）与固相质量（S）的比值。

$$L/S = \frac{V \times d_L}{1 + W} \tag{4-33}$$

式中　V——每 1t 铝土矿应配入的循环母液量，m^3；

　　　d_L——循环母液的密度，t/m^3；

　　　W——石灰添加量占铝土矿的质量分数，%。

原矿浆的液固比又是它的密度 d_p 的函数：

$$d_p = \frac{L + S}{\dfrac{L}{d_L} + \dfrac{S}{d_S}}$$

$$d_p\left(\frac{L}{d_L} + \frac{S}{d_S}\right) = L + S$$

$$d_p\left(\frac{1}{d_L}\frac{L}{S} + \frac{1}{d_S}\right) = \frac{L}{S} + 1$$

$$\frac{L}{S}\left(\frac{d_p}{d_L} - 1\right) = 1 - \frac{d_p}{d_S}$$

所以

$$\frac{L}{S} = \frac{d_L(d_S - d_p)}{d_S(d_p - d_L)} \tag{4-34}$$

式中　d_S——固相的密度，t/m^3，它和母液密度都应该是固定的。

由放射性同位素密度计测定出原矿浆的密度。便可求出 L/S，进而可控制配料操作。

4.7　杂质矿物在矿浆预热及溶出过程中的行为

4.7.1　含硅矿物在溶出过程中的行为

众所周知，硅矿物是碱法生产氧化铝中最有害的杂质，它包括蛋白石、石英及其水合物、高岭石、伊利石、鲕绿泥石、叶蜡石、绢云母、长石等铝硅酸盐矿物。

含硅矿物在溶出时首先被碱分解，以硅酸钠的形态进入溶液——溶解反应；然后硅酸钠与铝酸钠溶液反应生成水合铝硅酸钠（钠硅渣）进入赤泥——脱硅反应。以高岭石为例，这两个阶段反应如下：

$$Al_2O_3 \cdot 2SiO_2 \cdot H_2O + 6NaOH + aq. \longrightarrow 2Na[Al(OH)_4] + 2Na_2H_2SiO_4 + aq. \tag{4-35}$$

$$xNa_2H_2SiO_4 + 2Na[Al(OH)_4] + aq. \longrightarrow Na_2O \cdot Al_2O_3 \cdot xSiO_2 \cdot nH_2O + 2xNaOH + aq. \tag{4-36}$$

式（4-35）称为溶解反应，式（4-36）称为脱硅反应。

生产中含硅矿物所造成的危害是：（1）引起 Al_2O_3 和 Na_2O 的损失；（2）钠硅渣进入氢氧化铝后，降低成品质量；（3）钠硅渣在生产设备和管道上，特别是在换热表面上析出成为结疤，使传热系数大大降低，增加能耗和清理工作量；（4）大量钠硅渣的生成增大赤泥量，并且能成为极分散的细悬浮体，极不利于赤泥的分离和洗涤。

4.7.1.1 硅矿物的溶出

铝土矿中硅矿物的存在形态不同，它们与铝酸钠溶液的反应能力也不同。蛋白石为无定型，化学活性大，不但易溶于 NaOH，而且能被 Na_2CO_3 溶液分解。高岭石是二氧化硅在铝土矿中存在的主要形态，它在较低温度下（70~95℃）就可与碱液反应。伊利石又称水白云母，分子式为 $KAl_2[(Si \cdot Al)_4O_{10}](OH)_2 \cdot nH_2O$，在 Na_2O 浓度为 225g/L 的铝酸钠溶液中，温度达到 180℃ 以上，才能明显地反应；在温度 250℃ 时，可在 20min 内完全分解并转变为钠硅渣。鲕绿泥石的分子式为 $Fe_4Al_2Si_3O_{10}(OH)_8 \cdot nH_2O$，它是八面体晶型矿物。分子式中的 Fe^{2+} 可被 Mg^{2+} 取代。近似化学式为 $(Fe^{2+}, Mg^{2+}, Fe^{3+})_5Al[AlSi_3O_{10}](OH, O)_8$，在 220℃ 下，$Na_2O$ 浓度为 200g/L 的溶液中仍较稳定，在 160~280℃ 溶出铝土矿时，鲕绿泥石溶解不显著。溶出时，鲕绿泥石的溶解度随其中铁的氧化程度不同而不同，氧化程度越高，鲕绿泥石的稳定性越大。正方晶系的鲕绿泥石比单斜晶系的稳定。前苏联的北乌拉尔铝土矿中氧化硅主要以鲕绿泥石存在，溶出温度 235℃，Na_2O 浓度 232g/L，溶出液 $\alpha_K 1.62$，CaO 添加量为矿石质量的 5%~8%，溶出 90min，SiO_2 的分解率为 25%~50%。叶蜡石的分子式为 $Al_2(Si_4O_{10})(OH)_2$，它在温度高于 150℃ 以上才能被铝酸钠溶液完全分解。石英的化学活性小，结晶良好的石英即使在 260℃ 下与铝酸钠溶液的反应也是很缓慢的。在常压下溶出三水铝石矿时，当矿石粒度在 246μm 左右时，石英对氧化铝的生产过程没有什么危害。石英在碱液中的溶出性能除受反应温度、结晶度好坏的影响外，还受粒度影响。一般认为 147μm 左右的石英，在温度低于 125℃ 和 Na_2O 浓度在 12% 左右的溶液中，反应不强烈；在 180℃ 与浓铝酸钠溶液作用，粒度大于 246μm 的石英无明显反应，小于 53μm 的则全部反应。在 260℃ 溶出的赤泥中，甚至还有没溶出的石英存在。

4.7.1.2 铝酸钠溶液中硅矿物析出的平衡固相

从铝酸钠溶液中析出的水合铝硅酸钠，因生成条件的不同而有不同的组成和结构。其组成和结构主要受溶液的 Na_2O 浓度和温度的影响，并受到洗涤程度的影响，而受 Al_2O_3 浓度的影响较小。最初析出的水合铝硅酸钠将逐渐变为更加稳定的形态。

图 4-7 所示为 80℃ 时的 Na_2O-Al_2O_3-SiO_2-H_2O 系状态图（忽略 SiO_2 的溶解度）。从图 4-7 中可以看出析出的平衡固相与溶液中 Al_2O_3 浓度和 Na_2O 浓度的关系。

曲线 A_1A_2 为 Al_2O_3 在 NaOH 溶液中的平衡溶解度曲线，曲线 A_1A_2 与 $B_1C_1B_2$ 之间的平衡固相是Ⅲ，曲线 $B_1C_1C_2$ 以下的平衡固相为Ⅳ，曲线 $B_2C_1C_2$ 范围内的平衡固相为Ⅵ。

根据结晶结构的分析，相Ⅲ属于 A 型沸石，组成相当于 $Na_2O \cdot Al_2O_3 \cdot 2.5SiO_2 \cdot (2.25~4)H_2O$。沸石是天然水合铝硅酸盐类一族。它们的组成包括 Al_2O_3 和 SiO_2 以及一个或几个与铝硅酸

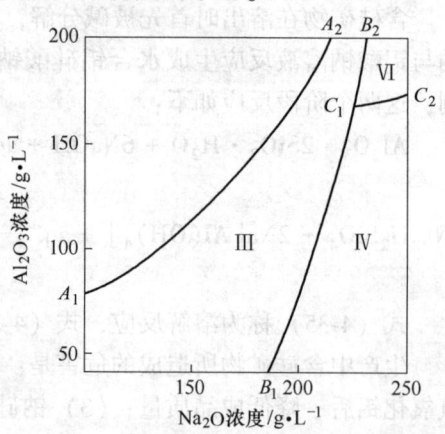

图 4-7 80℃ 时的 Na_2O-Al_2O_3-SiO_2-H_2O
系状态图

盐结构的负电荷相平衡的阳离子和水化的水，最普通的阳离子是钠和钙离子。它们在结构上的特点是：当加热沸石时，水分可连续不断地被驱逐，脱水后，原来晶体的结构仍保持完整无损，结果成为一种具有开口空穴的网状结构，因此，它所含的水不是它结构的一部分。脱水后的沸石放置在潮湿的空气中，可以吸收同量的水分子恢复到脱水前的性状，而且还可以吸收 H_2S、NH_3、CO_2 以及酒精分子填补原来水分子的位置。沸石族矿物还有进行阳离子交换的性质，是最先用作阳离子交换剂的。

相Ⅳ和Ⅵ为合成方钠石族化合物。Ⅳ为 $3(Na_2O \cdot Al_2O_3 \cdot 2SiO_2) \cdot pNaOH \cdot mH_2O$，称为羟基方钠石；Ⅵ为 $3(Na_2O \cdot Al_2O_3 \cdot 2SiO_2) \cdot Na[Al(OH)_4] \cdot nH_2O$，称为铝酸盐方钠石，在氧化铝生产中含水铝硅酸盐实际上都是在这个区域生成的。自然界的方钠石族矿物，组成可用下列通式表示：$3(Na_2O \cdot Al_2O_3 \cdot 2SiO_2) \cdot (Na_2, Ca)(Cl_2 、SO_4、CO_3、(OH)_2、S_x\cdots)$。在天然矿物中，附加盐为氯化物的称为方钠石，为硫酸盐的称黝方石，为硫化物的称青金石，它们都属于等轴晶体，但晶格参数不同；附加盐为碳酸盐的称钙霞石，它属六方晶系。

4.7.2 含钛矿物在溶出过程中的行为

铝土矿中含有 2%~4% 的 TiO_2，一般情况下 TiO_2 以金红石、锐钛矿和板钛矿形态存在，有时也出现胶体氧化钛和钛铁矿。我国贵州铝土矿的氧化钛含量较高，约在 3%~4%。

在拜耳法处理三水铝石型或一水软铝石型铝土矿时，氧化钛是造成碱损失的主要原因之一，并引起赤泥沉降性能恶化。在处理一水硬铝石型铝土矿时，氧化钛的存在严重降低氧化铝的溶出率，为提高一水硬铝石的溶出率，必须加入石灰。在生产中还发现，预热矿浆的温度高于 140℃ 时，加热管中的结疤速度加快，结疤中含较高数量的 TiO_2 和 CaO，即钛结疤。

氧化钛与苛性碱溶液作用时生成钛酸钠。钛矿物与 NaOH 反应的能力按无定型氧化钛→板钛矿→金红石的顺序降低，而且钛矿物只与 Al_2O_3 含量未饱和的铝酸钠溶液反应。当溶液中 Al_2O_3 达到饱和（平衡苛性比的溶液）时，便不再与 NaOH 发生作用，即在铝酸钠溶液中，氧化钛化合成钛酸钠的最大转化率决定于溶液中"游离"苛性碱含量。钛矿物与 NaOH 反应生成的物质形态根据苛性碱液浓度和温度的不同而不同。

从 Na_2O-TiO_2-H_2O 系状态图（见图 4-8）可以看出，在一般拜耳法溶出条件下（不加石灰），TiO_2 与 NaOH 作用的生成物是 $Na_2O \cdot 3TiO_2 \cdot 2H_2O$。溶出生成的 $Na_2O \cdot 3TiO_2 \cdot 2H_2O$ 以热水洗涤时，可以发生水解，残留的 Na_2O 量相当于 Na_2O：TiO_2(摩尔比) = 1:(5~6)，即相当于低碱浓度时的生成物 $Na_2O \cdot 6TiO_2$，可按此计算 TiO_2 带走的碱损失。

氧化钛的矿物成分不同，与苛性碱的反应能力也不同。胶体氧化钛在 100℃ 左

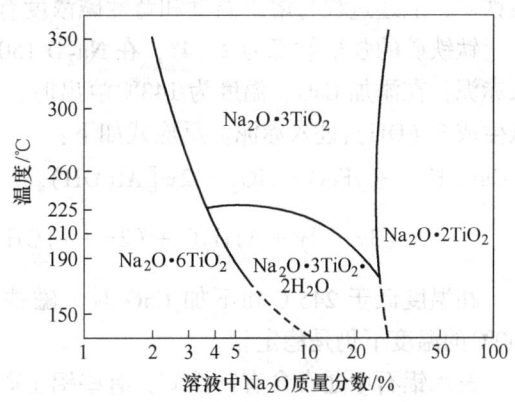

图 4-8 Na_2O-TiO_2-H_2O 系状态图

右便可以与母液反应，在 180℃ 与金红石化合的 Na_2O 的量约为与锐钛矿化合量的 10%，在 240℃ 则为 50%~70%。

В. Е. Мечвечков 提出，锐钛矿在 Na_2O 浓度低于 300g/L 的溶液内长时间反应后才转化成水化胶体 $TiO_2 \cdot nH_2O$。还有人认为，当大量 TiO_2 在较高温度及碱浓度下长期反应，稳定的平衡固相应是结晶状的钛酸钠盐，但在较低碱浓度以及较低温度下，锐钛矿等铁矿物仍为主要相。

添加石灰可使氧化钛溶出反应的速率增加。试验表明，在 200℃、Na_2O 浓度 200g/L、Al_2O_3 浓度 142g/L 的条件下，不加 CaO 时，金红石的反应率非常小，在加入 CaO 后，金红石的反应率急剧增加，在相同的时间内，CaO 添加量越多，金红石的反应率越大。添加 CaO 后反应产物主要是钙钛渣和少量的 Na_2TiO_3。

4.7.3 含铁矿物在溶出过程中的行为

铝土矿中含铁矿物最常见的是氧化物，主要包括赤铁矿 $\alpha\text{-}Fe_2O_3$、水赤铁矿 $\alpha\text{-}Fe_2O_3(aq.)$、针铁矿 $\alpha\text{-}FeOOH$ 和水针铁矿 $\alpha\text{-}FeOOH(aq.)$、褐铁矿 $Fe_2O_3 \cdot nH_2O$ 以及磁铁矿 Fe_3O_4 和磁赤铁矿 $\gamma\text{-}Fe_2O_3$。含铁矿物除了常见的氧化物外，还有硫化物和硫酸盐、碳酸盐及硅酸盐矿物。铁的存在形式与铝土矿类型有关。

赤铁矿是三水铝石矿中经常遇到的铁矿物，在拜耳法溶出过程中赤铁矿实际上不与苛性碱作用，也不溶解，在 300℃ 下仍是稳定相。

在铝土矿中常发现铁矿物内存在 Al^{3+} 和 Fe^{3+} 的类质同晶现象。赤铁矿与刚玉可以同晶，赤铁矿中 Fe 原子被 Al 原子替代，形成铝赤铁矿。铝赤铁矿的化学式为 $(Fe_{1-x}Al_x)_2O_3$，晶格中 Al^{3+} 替代 Fe^{3+} 可达某一最大程度，最大替代程度可以形成 $Fe_{1.75}Al_{0.25}O_3$。赤铁矿中摩尔替代量一般不超过 2%~3%，所以以赤铁矿为主的含铁矿物的低铁铝土矿，Al_2O_3 溶出率不致受到影响。

菱铁矿在苛性碱溶液中于常压下就能分解，生成 $Fe(OH)_2$ 和 Na_2CO_3。反苛化作用生成的 $Fe(OH)_2$，将氧化成 Fe_2O_3 或 Fe_3O_4，并放出氢气。反应式为

$$3FeCO_3 + 6NaOH = Fe_3O_4 + 3Na_2CO_3 + 2H_2O + H_2 \uparrow \tag{4-37}$$

氢的生成使高压溶出器内不凝性气体增加。

铝土矿溶出时，黄铁矿也能溶解于铝酸钠溶液，生成硫化钠、硫代硫酸钠、硫酸钠和磁铁矿，上述过程与溶出温度和苛性碱浓度有关。

钛铁矿的强衍射峰为 2.74°，在 Na_2O 150g/L 和 245℃ 不加 CaO 溶出时不起反应而转入赤泥；在添加 CaO，温度为 143℃ 溶出时，钛铁矿被分解，其中钛生成钛水化石榴石，铁生成 $Fe(OH)_3$ 进入赤泥。反应式如下：

$$3Ca(OH)_2 + yFeO \cdot TiO_2 + 2x[Al(OH)_4]^- + yOH^- + aq. \longrightarrow 3CaO \cdot xAl_2O_3 \cdot yTiO_2 \cdot$$

$$(3x - 2y + 3)H_2O + (2x + y)OH^- + yFe(OH)_3 + \frac{1}{2}yH_2 \uparrow + aq. \tag{4-38}$$

在温度低于 245℃ 和不加 CaO 时，磁铁矿不发生化学反应。根据资料，磁铁矿在 260℃ 的温度下仍是稳定相。

三水铝石中通常含有针铁矿，有些铝土矿的铁矿物以针铁矿为主，针铁矿在热分析图谱上 370℃ 有一个清楚的脱水吸热峰。

在 Fe_2O_3-H_2O 系，针铁矿可以脱水，不可逆地转变为赤铁矿，这两种矿物的平衡温度为70℃，但这时的转变速度非常缓慢。试验结果表明，针铁矿在铝酸钠溶液中也是这样，有文献指出针铁矿在加热到200℃以上时，仍没有转变为赤铁矿。在温度高于210℃的溶出条件下，针铁矿有可能较迅速地转变为赤铁矿。在铝酸钠溶液中，针铁矿完全转变为赤铁矿与溶液的温度和铝针铁矿中铝类质同晶替代铁的数量及铝酸钠溶液的摩尔比有关。有资料报道，针铁矿在拜耳法260℃，不加石灰条件下，相变为赤铁矿和磁铁矿，长时间处理，可全部转化为磁铁矿。反应可按下式进行：

$$2FeOOH + aq. \longrightarrow Fe_2O_3 + H_2O + aq. \tag{4-39}$$

$$6FeOOH + aq. \longrightarrow 2Fe_3O_4 + 3H_2O + aq. \tag{4-40}$$

针铁矿常与一水硬铝石同晶置换，针铁矿中的 Fe 被 Al 取代，形成组成为 $Fe_{1-x}Al_xOOH$ 的铝针铁矿。原子取代量值最高为0.33，可以形成 $Fe_{0.67}Al_{0.33}OOH$ 的铝针铁矿。据资料，针铁矿与一水硬铝石属于同一空间群，针铁矿晶格常数 $a = 4.59nm$，$b = 10.0nm$，$c = 3.03nm$；一水硬铝石晶格常数为 $a = 4.40nm$，$b = 9.42nm$，$c = 2.84nm$。由于这种情况，成矿时同晶置换很容易发生。铝离子置换出针铁矿中的铁离子而进入针铁矿晶格，构成铝针铁矿。铝针铁矿中的 Al_2O_3 在常规高压溶出条件（230~240℃）下是很难溶出的；同时针铁矿具有高分散性，这又使赤泥的沉降和压缩性能变坏，进而造成碱和氧化铝的附液损失。

矿石中含铁矿物以赤铁矿为主，溶出后赤泥浆液有较好的沉降性能，以针铁矿和铝针铁矿为主的矿石，其分散度高，比表面积很大，赤泥浆液沉降性能很差，有的沉降速度很慢，有的没有清液层，时间长达1h以上。究其原因是溶液被强烈地吸附在铝针铁矿和铝赤铁矿的细分散粒子的表面上。

4.7.4 含硫矿物在溶出过程中的行为

铝土矿中主要含硫矿物是黄铁矿及其异构体白铁矿和胶黄铁矿，也可能存在少量的硫酸盐。我国山东、广西的铝土矿中硫含量较高。

4.7.4.1 含硫矿物与溶液的作用

在拜耳法溶出过程中，含硫矿物全部或部分地被碱液分解，致使铝酸盐溶液受到硫的污染。铝土矿中硫转入溶液的程度与许多因素有关：硫化物和硫酸盐的矿物形态、溶出温度和时间、溶出用的溶液的碱浓度、铝土矿中其他杂质（其中包括硫）的含量等。

黄铁矿在180℃开始被碱分解，并随温度和碱浓度的提高而加剧。白铁矿、磁黄铁矿更易被分解。氧化剂和还原剂都能影响硫化物的分解，如高压溶出前，用空气氧化处理铝土矿浆，可降低硫向溶液的转化率；像 $K_2Cr_2O_7$、$NaNO_3$、$KMnO_4$、MnO_2 和 $Ca(ClO)_2$ 这类氧化剂都能将溶液中的硫氧化成最高的氧化形式——硫酸盐。然而将它们加入到铝土矿或者矿浆中，则会提高黄铁矿在溶出过程中的分解率，使70%~80%的硫进入溶液中。还原剂在很大程度上比氧化剂更能提高硫进入溶液的量（90%），而且，使铝酸盐溶液中的铁浓度提高4~7倍。溶液中的硫主要呈硫化物和二硫化物状态。

关于铝土矿中硫的含量对硫溶解性能的影响，有关文献的结论是铝土矿中硫含量越高，溶出时硫进入溶液的数量就越多。但库兹涅佐夫的研究表明，铝土矿中硫含量越高，溶出时硫进入溶液的百分率越小，当铝土矿中硫含量分别为 0.7%、1.0%、1.6%、1.9% 时，进入溶液的比率分别为 60%、61%、40%、23.5%。硫进入到溶液中的量与铝土矿中硫的初始含量的关系曲线是比较复杂的。如在添加黄铁矿精矿的情况下，随铝土矿中硫含量由 0.32% 增至 1.3%，硫的溶出率由 32% 降至 14%；而添加黄铁矿时，随铝土矿中硫含量增大到 1.67%，硫的溶出率降至 25%；如铝土矿中硫进一步从 1.67% 提高到 4.68%，则溶出率增至 36%。添加黄铁矿溶出率较高，分析原因有可能是因为含硫矿物的活性不同而致（试验所用母液 $Na_2O = 290g/L$，$\alpha_K = 3.14$，$T = 235℃$，$t = 2h$）。

进入溶液中硫的量与溶液温度有密切的关系，用 Na_2O 为 300g/L、$\alpha_K = 3.85$ 的铝酸钠溶液处理黄铁矿精矿的试验表明，在 230℃ 下，硫的溶出过程需 20~30min，硫约有 65%~70% 进入溶液；温度升到 300℃ 时，提高到 85%，15min 反应就达平衡。黄铁矿在铝酸钠溶液中进行着十分复杂的氧化还原反应。硫在溶液中主要以 S^{2-} 状态存在，约占 90%~94%，其余为 $S_2O_3^{2-}$、SO_3^{2-}、SO_4^{2-} 及 S_2^{2-}。溶液中的 S_2^{2-} 由于被空气氧化，最后成为 SO_4^{2-}。在拜耳法生产中，母液循环使用，硫逐渐积累达到一定浓度后，在蒸发时以碳钠矾 $2Na_2SO_4 \cdot Na_2CO_3$ 析出，使溶液中硫含量保持在一定浓度。

铝土矿中硫的溶出率还取决于参加溶出的各种硫化物的含量。随着循环溶液中硫浓度（聚硫化物、硫代硫酸盐、硫化物中的硫）增加，硫向溶液中的转移率降低，这时黄铁矿的分解率也降低。巴赫切也夫的解释是，硫代硫酸钠和二价铁离子被氧化时，生成的聚硫化钠的硫化物能降低黄铁矿的分解率，这是由于和硫化铁发生下述反应：

$$Na_2S_2O_3 + FeS \Longrightarrow Na_2SO_3 + FeS_2 \tag{4-41}$$

$$Na_2S_2 + FeS \Longrightarrow Na_2S + FeS_2 \tag{4-42}$$

所以使黄铁矿的分解率下降。

铝酸钠溶液中在有氧化剂存在的条件下，铝土矿中硫的溶出率提高 40%~60%。有关文献报道，铝酸钠溶液中有还原剂存在时，还原剂比氧化剂能在更大程度上强化硫化物矿物的溶出过程。

溶液中的硫，除了铝土矿中硫矿物被碱分解进入到溶液中，还有一部分 Na_2SO_4 来自为除杂质锌而加入到溶液中的 Na_2S。有些国家的铝土矿，例如处理牙买加的铝土矿遇到的问题是锌进入拜耳法溶液中，未受抑制，与氧化铝共同析出，使之成为生产金属铝所不希望的杂质。就现代工艺来说，加入硫化钠或硫氢化钠，使溶液中的锌以硫化锌沉淀析出而被控制。可是，由于拜耳法中的锌主要是以锌酸根阴离子存在而不以游离锌阳离子存在，为了使锌保持最低浓度，按化学计量，需要加入过量的可溶硫化盐。因此，为了控制锌量而加入的大部分硫化钠最终氧化成硫酸盐，其量大致为溶液中硫酸钠含量的一半。

含硫矿物在拜耳法生产中的危害：铝土矿中的硫不仅造成 Na_2O 的损失，而且溶液中的 S_2^{2-} 浓度提高后会使钢材受到腐蚀，增加溶液中铁的浓度，还能使 Al_2O_3 的溶出率下降。硫酸钠在拜耳法溶液中最大的不良影响，是它在适宜的条件下以复盐碳钠矾 $Na_2CO_3 \cdot 2Na_2SO_4$ 析出，这种复盐在母液蒸发器和溶出器内结疤，使其传热系数降低。

4.7.4.2　铝酸钠溶液的脱硫

目前工业上使铝酸钠溶液脱硫的方法有以下几种：一是鼓入空气使硫氧化成 Na_2SO_4，在溶液蒸发时析出。二是添加除硫剂，除硫剂可添加氧化锌和氧化钡，添加氧化锌使硫成为硫化锌析出,脱硫时,溶液中的铁也得到清除。添加氧化锌可以将 S^{2-} 完全脱除,但缺点是含锌材料较贵,某些高炉气体净化设备收集的粉尘的 ZnO 含量大于 10%,可作为廉价的脱硫材料,但应注意粉尘中其他杂质可能带来污染。三是采用特殊的工艺过程。

向铝酸钠溶液中添加 BaO 可以同时脱去溶液中的 SO_4^{2-}、CO_3^{2-} 和 SiO_3^{2-},相应的碱被苛化为苛性碱,这对蒸发和高压溶出作业是非常有利的。

从 BaO 利用率和减少 Al_2O_3 损失的角度考虑,含硅高的粗液最差,精液和种分母液的效果都好,但由于向精液中加 BaO 后,其 α_K 值大幅度增加,对分解作业不利,因而选用精液是不合理的。选用种分母液脱硫最合理,这不仅由于 α_K 值大幅度提高,给高压溶出和蒸发作业带来好处,提高碱的循环效率,而且由于种分母液中 Al_2O_3 和 SiO_2 含量低,不会生成钙霞石,减少了氧化铝的损失,提高了 BaO 的利用率。除选用种分母液外,其他最佳条件是:温度 80℃ 左右最好,BaO 的添加量可根据溶液中硫含量大小灵活掌握,一般为硫含量的 70% 左右为好,而且分两次加入可提高 BaO 的利用率。由于添加 BaO 脱硫效率高,只对部分溶液进行处理即可满足要求。

4.7.5 MgO 对一水硬铝石拜耳法溶出过程的影响

在铝土矿中特别是石灰石中常含有或多或少的 MgO。MgO 在常压碱溶液中是不溶的,在高压溶出且在温度较低时生成 $Mg(OH)_2$,反应如下:

$$MgCO_3 + 2NaOH \longrightarrow Mg(OH)_2 + Na_2CO_3 \tag{4-43}$$

$$MgO + H_2O \longrightarrow Mg(OH)_2 \tag{4-44}$$

随着温度的升高,生成含水铝硅酸镁,通式为:$(Mg_{6-x} Al_x)(Si_{4-x} Al_x)O_{10}(OH)_8$,在 160~260℃,矿浆浓度 260g/L 时组成为 $4MgO \cdot 3Al_2O_3 \cdot 0.5SiO_2 \cdot 4H_2O$。

研究还发现 MgO 的存在可使硅矿物的反应率下降,而使钛矿物的反应率增加。同时,MgO 还可使赤泥中硅矿物的结晶程度及钠硅比发生改变。

4.7.6 碳酸盐在溶出过程中的行为

铝土矿中的碳酸盐矿物有石灰石、白云石和菱铁矿等。作为添加剂的石灰,也常因未充分煅烧而带入石灰石。这些碳酸盐与苛性碱反应生成碳酸钠,这就是所谓的反苛化作用,其反应式为:

$$MCO_3 + 2NaOH + aq. \stackrel{}{=\!=\!=} Na_2CO_3 + M(OH)_2 + aq. \ (M = Ca、Mg、Fe) \tag{4-45}$$

苛性碱变为碳酸钠后,不仅不利于氧化铝水合物的溶出,而且使溶液的黏度增大。碳酸钠在母液蒸发时析出,黏附在加热管表面上,影响传热,降低蒸发效率。

4.7.7 有机物在溶出过程中的行为

4.7.7.1 有机物与溶液作用

铝土矿中尤其是三水铝石矿和一水软铝石矿中常常含有万分之几至千分之几的有机物,大多数红土铝土矿中含有机碳为 0.2%~0.4%,一水型铝土矿中最大含量为 0.05%~0.1%。这些有机物可以分为腐殖酸和沥青两大类,沥青实际不溶解于碱溶液,全部随同赤泥排出;腐殖酸类有机物是铝酸钠溶液中有机物的主要来源,它们与碱液反应生成各种腐殖酸钠进入溶液。拜耳法溶液中的有机钠盐和碳酸钠大部分是由于铝土矿在高温下溶出时，铝土矿中有机物发生分解与循环溶液中的氢氧化钠反应形成的。进入拜耳法溶液中的有机物的量，取决于所处理的铝土矿的类型和处理条件。这类杂质也会由絮凝剂和去沫剂中的碳化物以及空气中 CO_2 形成，但如此形成的杂质很少。

已经证明，拜耳法溶液中有机物数量达到一定程度后，造成许多生产问题并降低溶液的产出率。有机物带来的危害，包括氧化铝产量的降低，使 $Al(OH)_3$ 颗粒过细，氧化铝中杂质含量高，使溶液和 $Al(OH)_3$ 带色，降低赤泥沉降速度，由于钠有机化合物的形成而损失碱，提高溶液的密度、黏度、沸点和使溶液起泡。

进入到拜耳法流程中的有机物，随拜耳法溶液在流程中循环，当这些杂质反复经过高压溶出器时，母液中的杂质就逐渐从高分子化合物分解成低分子化合物，最后形成草酸钠、碳酸钠和其他低分子钠盐。

对大多数铝土矿来说，在低的溶出温度下（130~150℃），约5%的有机碳转化为草酸钠；而在高温（220~250℃）下，这一转换率增加1倍。但澳大利亚铝土矿中的有机物转化为草酸钠的数量要高1~2倍。

4.7.7.2　有机物的清除

随着溶液的循环，有机物及其分解产物的浓度不断增加，直至达到平衡浓度。铝酸钠溶液中的有机物一般用下述5种方法进行清除：

（1）鼓入空气并提高温度以加强其氧化和分解；

（2）向蒸发母液中添加2~3g/L石灰进行吸附，有机碳可由5.3g/L降低到2.9g/L；

（3）向蒸发母液中添加草酸钠晶种，使有机物结晶析出；

（4）将母液蒸发使之析出一水碳酸钠结晶，则有机物被吸附带出，然后经煅烧除去，我国氧化铝厂采用此传统方法，有机物排除量为0.5%~1.5%；

（5）通过向低浓度洗液中添加石灰乳（活性石灰10~12g/L）排除草酸钠，用该法处理，有机物的排除量为（尼古拉氧化铝厂）有机碳0.03~0.04kg/t。

4.8　拜耳法矿浆预热及溶出过程中的结疤问题

结疤问题是氧化铝生产全过程中的常见问题。在矿浆的预热溶出、赤泥的沉降分离、晶种分解（包括碳酸化分解）及分解母液的蒸发等工序都有结疤生成。特别是在溶出换热面上生成的结疤可使传热系数下降，能耗升高，设备运行周期缩短，进而会造成生产成本的增加。当加热面的结疤厚度达到1mm时，为达到相同的加热效果，必须增加约一倍的传热面积或者相应地提高加热介质的温度。因此，结疤对氧化铝生产造成了很大的不利影响。氧化铝生产过程中产生的结疤的矿物及化学组成极其复杂，结疤的生成也是一个极为复杂的物理化学过程，影响因素很多，这就给结疤生成机理及其防治方法的研究带来很大的困难。

拜耳法矿浆预热及溶出过程中较常见的结疤成分有硅矿物、钛矿物、镁矿物、铁矿物及磷酸盐等。

关于结疤的防治方法可以分为化学法、物理法和工艺法。根据结疤的具体性质，采用相适宜的溶剂清洗结疤的方法被称之为化学法。清洗剂一般由酸加缓蚀剂或者混合酸加缓蚀剂组成。物理法是指用水力清洗和机械清洗的方法，包括火烧崩裂的方法。而工艺法是指通过工艺手段来达到减缓结疤速度的方法，如选择适宜的矿浆流速、进行矿浆预脱硅、应用双流法溶出新工艺、采用中间分段保温、高温脱硅脱钛，从而减缓结疤在加热段生成的方法等。

利用电场、磁场、超声波等也可能成为防治结疤生成的方法，有人将其称为结疤的无效防治法。实际上由于成本和技术方面等因素，这些方法尚未在拜耳法矿浆预热及溶出过程中采用。

4.9　赤泥沉降分离技术

4.9.1　概述

拜耳法生产氧化铝，通过铝土矿加入苛性碱溶液和石灰经过高压溶出制成了含铝酸钠溶液和赤泥的混合浆液——压煮浆液。下一步是将赤泥和铝酸钠溶液尽快分离，以减少 Al_2O_3 和 Na_2O 的化学损失，得到粗制的铝酸钠——粗液。而分离后的赤泥尽可能地用热水洗涤干净，以减少碱和氧化铝的机械损失（赤泥附液损失）。赤泥的分离可采用沉降分离和过滤分离或沉降—过滤联合分离。赤泥的洗涤一般是采用沉降槽进行多次逆流洗涤。

我国采用拜耳法生产氧化铝的赤泥分离洗涤流程如图 4-9 所示。

此流程主要包括以下四个步骤：（1）溶出矿浆的稀释；（2）赤泥沉降分离；（3）赤泥反向洗涤；（4）粗液控制过滤。

4.9.2　溶出矿浆的稀释

为了加速赤泥与铝酸钠溶液的分离，以便获得符合铝酸钠溶液晶种分解要求的纯净溶液，需要对溶出浆液进行稀释。稀释的作用如下：

（1）降低铝酸钠溶液的浓度，便于晶种分解。溶出矿浆的铝酸钠溶液的 Al_2O_3 质量浓度一般在 $250\sim270g/L$ 之间，溶液很稳定，不利于晶种分解。用赤泥洗液将溶出矿浆溶液中的 Al_2O_3 质量浓度稀释到 $135\sim145g/L$，

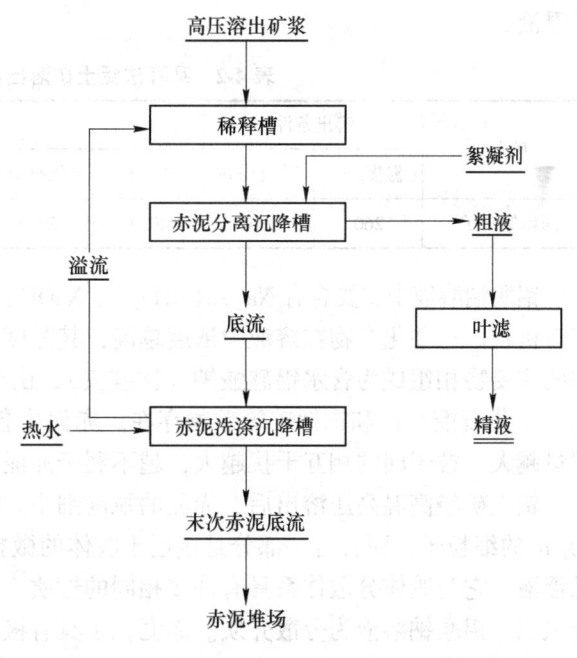

图 4-9　我国拜耳法赤泥分离洗涤流程

降低了铝酸钠溶液的稳定性，在晶种分解时，能加快分解速度，提高分解槽的产能，同时还能得到较高的分解率。

（2）促进铝酸钠溶液的进一步脱硅。溶出矿浆中铝酸钠溶液的硅量指数只有100~

150。为了保证氧化铝产品的质量，要求分解时溶液的硅量指数必须在 300 以上。在稀释过程中，随着铝酸钠溶液中 Al_2O_3 浓度的降低，脱硅反应会进一步进行，溶液的硅量指数能够提高至 300 以上。如加入石灰搅拌 3~4h，则能将铝酸钠溶液的硅量指数提高到 600 以上。

（3）便于赤泥的分离。铝酸钠溶液浓度越高，溶液的黏度就越大，赤泥分离也就越困难。溶出矿浆的铝酸钠溶液浓度很高，稀释使溶液浓度降低，黏度下降，使赤泥的沉降速度加快，从而提高了沉降槽的产能，有利于赤泥分离。

（4）有利于稳定沉降槽的操作。在生产中溶出矿浆的成分是波动的。它进入稀释槽内混合后使矿浆的成分波动幅度减小，浓度符合要求，密度稳定，有利于沉降作业的平稳运行。

高压溶出后的赤泥矿浆在稀释后的浓度，应该综合考虑多方面因素。溶液浓度太高，将会影响赤泥沉降分离效果，溶液浓度过低，则系统物料量增加，致使设备产能降低，能耗指标增加。目前，处理一水硬铝石型铝土矿的拜耳法厂，稀释后铝酸钠溶液的氧化铝浓度变化范围为 150~180g/L，且保持稀释矿浆在稀释槽中的停留时间不低于 1.5h。

4.9.3　赤泥浆液的性质

4.9.3.1　赤泥浆液的物理化学性质

拜耳法铝土矿溶出后，赤泥矿物组成见表 4-2。赤泥浆液是赤泥与铝酸钠溶液组成的悬浮液。

表 4-2　拜耳法铝土矿溶出赤泥矿物组成

矿石	溶出条件		物相组成/%					
	温度/℃	时间/min	钙霞石	水化石榴石	钙铁矿	一水硬铝石	伊利石	赤铁矿
河南铝土矿	260	60	40.2	22.5	10.5	2.0	16.0	4.5

铝酸钠溶液中主要含有 $Na[Al(OH)_4]$、$NaOH$、Na_2CO_3 等，此外还含有少量的 Na_2SO_4 和有机物。这些化合物在溶液中浓度越高，其黏度就越大，赤泥的沉降速度就越慢。赤泥中的主要物相组成为含水铝硅酸钠（钠硅渣），由于溶出过程添加石灰，还有水合铝硅酸钙（水化石榴石）和钙钛矿等矿物存在。赤泥中各物相的含量主要由矿石成分决定。赤泥量越大，粒子间的相互干扰越大，越不利于赤泥的沉降分离。

铝土矿经高温高压溶出后，赤泥的粒度细小。根据测定，拜耳法赤泥半数以上是小于 20μm 的细粒子，而且有一部分是接近于胶体的微粒。因此，拜耳法赤泥浆液属于细粒子悬浮液，它与胶体分散体系具有许多相同的性质，在这种胶体和悬浮体系中，赤泥粒子为分散相，铝酸钠溶液为分散介质。赤泥粒子具有极其发达的表面，可以或多或少地吸附分散介质中的水分子和 $[Al(OH)_4]^-$、OH^- 及 Na^+ 离子等，这种现象称为溶剂化。它使赤泥粒子表面形成一层溶剂化膜，妨碍微粒之间的相互聚结。另外，赤泥粒子选择吸附某种离子后，在赤泥粒子与溶液的相界面上出现双电层结构，这就使赤泥粒子带有同名电荷，使它们之间发生相互排斥的作用，这些作用都阻碍赤泥粒子聚结成大的颗粒，使赤泥难于沉降和压缩。因此实际生产过程中要依靠添加絮凝剂来加速赤泥的沉降。

4.9.3.2 赤泥沉降性能的表示方法

在氧化铝生产中，赤泥的分离和洗涤通常都采用沉降方法进行。因此赤泥的沉降速度和压缩性能至关重要。

生产规定以 10min 或 5min 的沉降为参考。即以 100mL 量筒取满赤泥浆液，沉降 10min 或 5min 后观察清液层高度作为赤泥的沉降速度，记为 mm/10min 或 mm/5min。

赤泥的压缩性能以压缩液固比或沉淀高度百分比表示。压缩液固比即泥浆不能再浓缩时的液固比。生产上一般指沉降 30min 后的浓缩赤泥浆的液固比。沉降高度百分比是指一定体积的赤泥浆液（如 100mL）沉降一定时间（30min）后，泥浆层高度与浆液总高度的百分比。

总之，赤泥的沉降速度快，赤泥的沉降性能就好。赤泥沉降高度百分比越小或赤泥的压缩液固比越小，赤泥的压缩性能越好。

4.9.4 赤泥沉降分离

稀释矿浆的分离就是将悬浮液中的固相赤泥与铝酸钠溶液分离，得到铝酸钠粗液。这种液固分离的好坏取决于赤泥的沉降性能和压缩性能。赤泥的沉降性能和压缩性能的好坏，对于分离洗涤过程的影响极大。赤泥沉降速度小，则沉降槽的产能低。赤泥的压缩性能不好，则底流液固比大，会增加洗涤过程的负担，迫使增加洗涤次数或洗水量，则使赤泥附液损失增加。影响赤泥沉降分离的因素主要如下：

（1）矿石的组成和品位。实践证明，铝土矿的矿物组成和化学组成是影响赤泥浆液沉降性能的主要因素。铝土矿中所含有的矿物针铁矿、黄铁矿、高岭石、金红石等，所生成的赤泥中往往吸附着较多的 $[Al(OH)_4]^-$、Na^+ 离子及结合水，因溶剂化现象较强，能降低赤泥的沉降速度；而赤铁矿、磁铁矿、锐钛矿等结合的相对较少，对赤泥沉降速度的影响不明显。

（2）赤泥浆液的液固比。对于同一种赤泥浆，赤泥浆液固比的不同，表示单位体积内赤泥粒子的数量不同，悬浮液的黏度也有所不同。在其他条件相同时，赤泥浆液的液固比大，则单位体积内赤泥粒子的数量减少，赤泥粒子间的干扰阻力减少，从而使赤泥有较快的沉降速度。

（3）赤泥的细度。赤泥的沉降速度与赤泥粒子直径的平方成正比。因此，赤泥过细，会使沉降速度降低；但过粗的粒子，由于沉降速度过快而造成沉降槽底流管道堵塞等生产事故影响正常生产。

（4）赤泥浆液的温度。赤泥浆液温度升高，则溶液的黏度和密度下降，因而赤泥沉降速度加快。另外，温度还影响铝酸钠溶液的稳定性，赤泥分离温度较高，溶液稳定性也较好，氧化铝水解损失少，所以赤泥分离温度不低于 95℃。

（5）赤泥浆液的浓度。铝酸钠溶液的浓度高低对其黏度和密度有很大的影响，当浓度高时，溶液黏度大，密度也大，赤泥的沉降速度减小，特别是在氧化铝浓度升高而使浆液的液固比下降时影响更为显著。

（6）添加絮凝剂的影响。赤泥沉降过程中添加絮凝剂是目前工业上普遍采用且行之有效的加速赤泥沉降的方法。在絮凝剂的作用下，赤泥浆液中处于分散状态的细小赤泥颗粒相互联合成团,粒度增大,因而使沉降速度大大增加。

絮凝剂的种类很多,主要分成两大类,即天然的高分子絮凝剂和合成的高分子絮凝剂。以前采用的是天然的高分子絮凝剂,如麦类、薯类等加工的产品或副产品,目前广泛采用的是人工合成的高分子絮凝剂如聚丙烯酸钠、聚丙烯酰胺等。与天然的高分子絮凝剂相比,合成的絮凝剂用量少,效果好,且能完全吸附于赤泥粒子上,溶液中基本没有残留,因此克服了采用天然絮凝剂时由于在溶液中残留而导致有机物升高的弊端。

4.9.5　沉降设备

沉降槽的类型很多,有单层和多层之分。以前氧化铝生产厂所使用的沉降槽通常为单层沉降槽。为了强化分离效果,目前有许多氧化铝生产厂采用大直径平底沉降槽和深锥沉降槽等大型高效沉降设备。

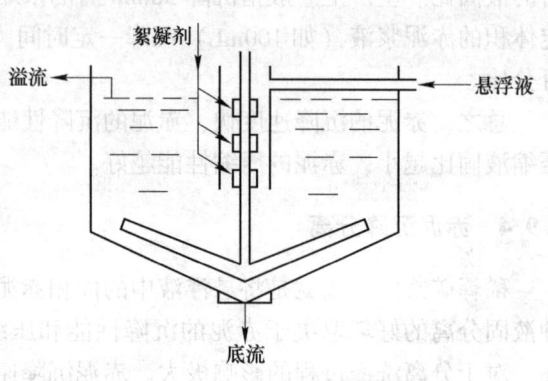

高效沉降槽结构示意图如图4-10所示。

4.9.6　赤泥的反向洗涤及过滤

图4-10　高效沉降槽结构示意图

4.9.6.1　赤泥的反向洗涤

拜耳法赤泥经沉降后,赤泥中仍带有一定量的铝酸钠溶液,为回收赤泥附液中的有用成分苛性碱和氧化铝,沉降分离后的赤泥必须加以洗涤回收。通常赤泥洗涤在多层或单层沉降槽系统内进行3~8级连续反向洗涤,洗后赤泥堆放至赤泥堆场。赤泥四次反向洗涤流程如图4-11所示。

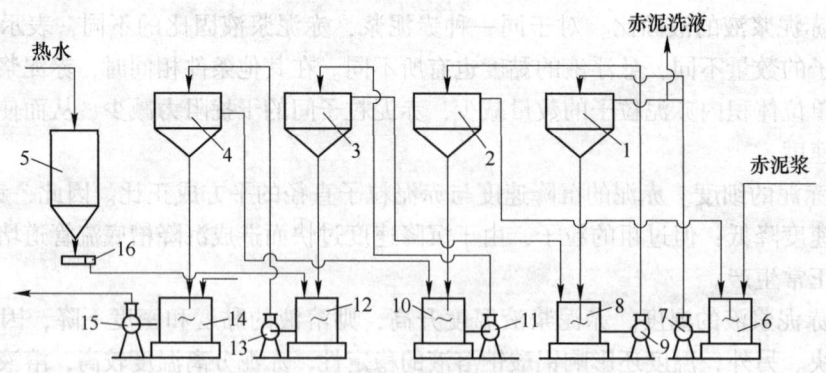

图4-11　赤泥四次反向洗涤流程图

1——次洗涤沉降槽;2—二次洗涤沉降槽;3—三次洗涤沉降槽;4—四次洗涤沉降槽;5—热水槽;6—分离底流槽;
7—分离底流泵;8——次洗涤底流槽;9——次洗涤底流泵;10—二次洗涤底流槽;11—二次洗涤底流泵;
12—三次洗涤底流槽;13—三次洗涤底流泵;14—四次洗涤底流槽;15—四次洗涤底流泵;16—闸流流量计

赤泥反向洗涤就是将洗涤用新水加入到最后一级沉降槽,最后一级沉降槽的溢流作为前一沉降槽的洗涤用液，依次类推，赤泥洗液从最前一级洗涤沉降槽溢流出来。反向洗涤的优点是可以减少新水用量，并能得到浓度较高的赤泥洗液。

赤泥洗涤效率是指经过洗涤后，回收的碱量占进入洗涤系统的总碱量的百分数。当赤泥分离槽底流液固比和氧化钠浓度一定时，赤泥洗涤效率与洗涤次数、洗水用量以及排出的赤泥附液有关。赤泥洗涤用水量越大，则蒸发工序需要蒸发的水分越多，单位产品所消耗的蒸汽也越多。因此，洗水用量要控制得当。在相同的洗水用量情况下，洗涤次数越多，洗涤效率越高，但所需要的洗涤沉降槽也相应越多，基建投资增加。因此，为了获得较理想的总体效果，应该有适宜的洗涤级数。

4.9.6.2　赤泥过滤

在氧化铝生产过程中，最需要降低滤饼含水率的工艺过程就是拜耳法赤泥的过滤。经沉降槽沉降洗涤的赤泥，再用过滤机进行一次液固分离和洗涤，可以进一步减少以附液形式夹带于赤泥中的氧化铝和氧化钠，提高氧化铝和碱的回收率。

氧化铝生产应用的赤泥过滤设备主要有转鼓真空过滤机、折带式真空过滤机及辊子卸料过滤机等。

4.9.7　粗液控制过滤——溶液精制

由于从拜耳法赤泥分离沉降槽出来的铝酸钠溶液的浮游物浓度较高，不能直接进行分解。如果不清除这些浮游物，在晶种分解时这些浮游物会随氢氧化铝一起析出，从而影响产品的化学品质。清除这些浮游物的过程称做拜耳法粗液的精制，目前工业生产上粗液精制的设备主要是叶滤机。叶滤机是适用于处理溶液中固体含量不大于3%的较理想的液固分离设备。

粗液精制的过程是将流入粗液槽的分离溢流，用粗液泵泵入叶滤机进行过滤，所得滤液即精液送晶种分解工序，滤渣送赤泥洗涤槽。

4.10　晶种分解技术

晶种分解是拜耳法生产氧化铝的关键工序之一，它对产品的产量和质量以及全厂的技术经济指标有着重大的影响。分解过程应得到质量良好的氢氧化铝，同时也应得到摩尔比较高的种分母液，作为溶出铝土矿的循环碱液，而构成拜耳法的闭路循环。母液的循环效率则与种分作业直接相关。

4.10.1　概述

衡量种分作业效果的主要指标是氢氧化铝的品质、分解率以及分解槽的单位产能。这三项指标是相互联系而又互相制约的。

4.10.1.1　氢氧化铝的品质

对氢氧化铝品质的要求，包括纯度和物理性质两个方面。氧化铝的纯度主要取决于氢氧化铝的纯度，而氧化铝的某些物理性质，如粒度分布和机械强度，也在很大程度上取决于种分过程。

氢氧化铝中的主要杂质是 SiO_2、Fe_2O_3 和 Na_2O，另外还可能有很少量的 CaO、TiO_2、P_2O_5、V_2O_5 和 ZnO 等杂质。铁、钙、钛、锌、钒、磷等杂质的含量与种分作业条件没有多少关系，主要取决于原液纯度。为此，溶液在分解前要经过控制过滤，使精液中的赤泥浮游物降低到允许浓度（0.02g/L）以下。

4.10.1.2 分解率

分解率是种分工序的主要指标，它是以铝酸钠溶液中氧化铝分解析出的百分数来表示的。由于晶种附液和析出氢氧化铝引起溶液浓度与体积的变化，故直接按照溶液中 Al_2O_3 浓度的变化来计算分解率是不准确的。因为分解前后苛性碱的绝对数量变化很少，分解率可以根据溶液分解前后的摩尔比来计算。

$$\eta = \left(1 - \frac{\alpha_a}{\alpha_m}\right) \times 100\% = \frac{\alpha_m - \alpha_a}{\alpha_m} \times 100\% \tag{4-46}$$

式中 η——种分分解率，%；

α_a——分解原液的摩尔比；

α_m——分解母液的摩尔比。

从上式可见，当原液摩尔比一定时，母液摩尔比越高，则分解率越高。

种分母液中含有少量以浮游物形态存在的细粒子氢氧化铝，其量取决于氢氧化铝的粒度组成以及分离方法等因素。在母液蒸发时，这些细粒子氢氧化铝重新溶解，使蒸发母液的摩尔比和实际的分解率有所降低，因此应尽量减少母液中的浮游物含量。

铝酸钠溶液分解速度越大，则在一定分解时间内其分解时间率越高，氧化铝产量也越大。分解率高时，循环母液的摩尔比也高，故可提高循环效率；延长分解时间也可提高分解率，但过分延长时间将降低分解槽的单位产能。

4.10.1.3 分解槽单位产能

分解槽的单位产能是指单位时间内（每小时或每昼夜）从分解槽单位体积中分解出来的 Al_2O_3 数量。

$$P = \frac{A_a \eta}{\tau} \tag{4-47}$$

式中 P——分解槽单位产能，$kg/(m^3 \cdot h)$；

A_a——分解原液的 Al_2O_3 浓度，kg/m^3；

η——分解率，%；

τ——分解时间，h。

计算分解槽的单位产能时，必须考虑分解槽的有效容积。

当其他条件相同时，分解速度越快，则槽的单位产能越高。但是单位产能和分解率之间并不经常保持一致的关系，过分延长分解时间，分解率虽然有所提高，但槽的单位产能将会降低，因此要予以兼顾。

4.10.2 晶种分解的机理

晶种分解是拜耳法生产中耗时最长的一个工序（需 30~75h），且需加入很多晶种，而分解率最高也只能达到 55% 左右，远低于它在理论上可以达到的分解率。在铝酸钠溶液分解的理论方面有不同的观点，一般认为，过饱和铝酸钠溶液的分解是由水解（化学过程）和结晶（物理过程）两个过程组成，铝酸钠溶液分解时放出相当数量的结晶热。

4.10.2.1 晶种分解的化学过程

在氧化铝生产中，溶出是使矿石里的氧化铝溶解于碱液中而制得铝酸钠溶液，而分解却是将铝酸钠溶液中的氧化铝以氢氧化铝结晶析出的过程。在工业生产条件下，铝酸钠溶液的分解必须有晶种参加时，发生 $x\mathrm{Al(OH)}_3$（晶种）$+ [\mathrm{Al(OH)}_4]^- \rightleftharpoons (x+1)\mathrm{Al(OH)}_3 + \mathrm{OH}^-$ 可逆反应：当反应条件控制在高温、高苛性比值和高碱浓度条件下，反应向左进行，这就是铝土矿的溶出过程，制得铝酸钠溶液；反之，控制在低温、低苛性比值和低碱浓度条件下，反应便向右进行，这就是过饱和的铝酸钠溶液结晶析出氢氧化铝的化学过程。

4.10.2.2 晶种分解的物理过程

过饱和的铝酸钠溶液分解析出氢氧化铝晶体的物理过程可分为 4 个步骤，即氢氧化铝晶核的形成、氢氧化铝晶体的长大、氢氧化铝晶体的破裂与磨蚀以及氢氧化铝晶体的附聚。

A 氢氧化铝晶核的形成

氢氧化铝晶核的形成有自发成核及二次成核两种形式。

（1）自发成核。叶滤后的铝酸钠溶液，氧化铝质量浓度为 120~145g/L，苛性比值为 1.48~1.7，这是一种处于过饱和状态的介稳溶液。这种溶液在不加晶种和不搅拌的情况下虽然也能自发分解析出氢氧化铝，但是，这种氢氧化铝晶核的自发生成过程是需要很长时间的，对生产来说并不实际。生产上为了加快分解过程，人为地往分解精液中添加氢氧化铝晶种来避开晶核的自发生成过程，使氢氧化铝直接在晶种表面分解析出，另外，也会使氢氧化铝晶体的粒度变粗。

（2）二次成核。当分解温度低、晶种表面积小、分解精液的过饱和度高时，生成的晶核表面粗糙，长成向外突出细小的枝晶，在颗粒相互碰撞或流体的剪切力的作用下，这些细小晶体便脱离母晶而进入溶液中，成为新的晶核，这种过程称为次生晶核或二次晶核。二次成核越多，则分解析出的氢氧化铝粒度越细。试验结果表明，种子表面积为 20m²/L 时，即使溶液过饱和度很高，也不产生次生晶核；当分解温度在 75℃ 以上时，无论原始晶种量多少，都不发生二次成核。

B 氢氧化铝晶体的长大

在种分过程中，存在着晶体直接长大的过程，其速度取决于分解条件：温度高、分解精液的过饱和度大，有利于晶体长大；溶液中存在一定数量的有机物等杂质时，则使成长速度降低。

C 氢氧化铝晶体的破裂与磨蚀

氢氧化铝晶体的破裂与磨蚀称为机械成核。当搅拌剧烈时，颗粒会发生破裂；搅拌强度较小时，只出现颗粒的磨蚀。颗粒磨蚀情况下，母晶粒度并没有发生大的改变，但却产生一些细小的新颗粒。

D　氢氧化铝晶体的附聚

氢氧化铝晶体的附聚是指一些细小的晶粒互相依附并黏结成为一个较大晶体的过程。

氢氧化铝晶体颗粒的附聚分为两个步骤：第一步，细颗粒晶体互相碰撞聚集在一起结合成疏松的絮团，但其机械强度很低，容易重新分裂；第二步，絮团在未分裂时，由于溶液新分解出来的氢氧化铝晶体起到了一种"黏结剂"的作用，将絮团中的各个晶粒胶结在一起，形成坚实的附聚物。分解精液过饱和度大和分解温度高时，有利于附聚。

由此可见，工业上为了得到颗粒较粗的氢氧化铝晶体，分解时就必须尽量减弱氢氧化铝晶体的二次成核和破裂与磨蚀两个步骤。控制条件加强氢氧化铝晶体的均匀长大和附聚两个步骤。而提高分解温度，使分解精液过饱和度适宜，是得到颗粒较粗的氢氧化铝晶体的有效方法。

4.10.3　影响分解过程的主要因素

影响晶种分解过程的因素很多，各个因素所起的作用是多方面的，这些作用的程度也因具体条件不同而异。种分过程对于作业条件的变化非常敏感，而且各个因素变化带来的影响也常常相互牵连。所以在考虑它们对种分过程的影响时，需要全面地、辩证地加以分析。

4.10.3.1　分解原液的浓度和苛性比值

分解原液的浓度和苛性比值是影响种分速度和分解槽单位产能最主要的因素，对分解产物的粒度也有明显影响。在其他条件相同时，中等浓度的过饱和铝酸钠溶液具有较低的稳定性，分解速度较快。

从分解槽的单位产能公式 $P = \dfrac{A_a \eta}{\tau}$ 可见，提高分解原液的 Al_2O_3 浓度，能增加分解槽单位产能，但却使氧化铝分解率降低。因此，在晶种分解时应选择适当的铝酸钠溶液浓度。分解原液的浓度和苛性比值与工厂所处理的铝土矿的类型有关。目前，处理一水铝石型铝土矿的拜耳法溶液，Al_2O_3 质量浓度一般为 $130\sim160g/L$。

分解原液的苛性比值对种分速度影响很大，降低分解原液的苛性比值对分解速度的作用在分解初期尤为明显。随着原液苛性比值的降低，分解速度、分解率和分解槽的单位产能均显著提高。实践证明，分解原液的苛性比值每降低 0.1，分解率一般约提高 3%。因此，降低分解原液的苛性比值是强化晶种分解和提高拜耳法技术经济指标的主要途径之一。

降低分解原液的苛性比值虽能大大地提高分解速度，但分解温度如果不变，分解产物氢氧化铝的粒度则较细。因此，为了获得粒度合格的氢氧化铝，采用低苛性比值的分解原液进行分解时，可以将分解温度适当提高，这样既可以提高分解率，又可以得到合格的氢氧化铝产品。

生产上分解原液的苛性比值通常控制在 1.48~1.7 之间。

4.10.3.2　温度

分解温度直接影响铝酸钠溶液的稳定性、分解速度、分解率以及氢氧化铝的粒度。因此，确定和控制好温度是种分过程的主要任务之一。

分解温度低，溶液的过饱和度增加，稳定性降低，因而分解速度加快，可获得较高的分解率，分解率在30℃左右达到最大值。进一步降低温度，由于溶液的黏度显著增大，稳定性增加，导致分解速度降低，而且析出的氢氧化铝粒度变细，产品中不可洗碱和硅含量也增加。表4-3为分解初温对氢氧化铝中不可洗碱（Na_2O）含量的影响的试验结果。

表4-3　分解初温对氢氧化铝中不可洗碱（Na_2O）含量的影响

初温/℃	50	55	60	65	70
（Na_2O）含量/%	0.254	0.228	0.202	0.176	0.150

工业生产上通常采用将溶液逐渐降温的变温分解制度，这样有利于保证在较高分解率的条件下获得品质较好的氢氧化铝。分解初温较高，分解速度较快，析出的氢氧化铝品质好。随着分解过程的进行，溶液过饱和度减小，但由于温度不断降低，分解仍可在一定的过饱和条件下继续进行，使得整个分解过程进行得较平衡。确定合理的温度制度包括确定分解初温、终温以及降温速度。

在工业生产中，降温制度要根据生产的需要全面地考虑。生产粉状氧化铝时，采取急剧地降低分解初温，即将90~100℃的分解精液迅速地降温至60~65℃，然后再保持一定的速率降至分解终温40℃左右的降温制度。这种降温制度，因为前期急剧降温，破坏了铝酸钠溶液的稳定性，分解速度快。这样就使晶种分解的前期生成大量的晶核，在分解后期温度下降缓慢，晶核就有足够的时间来长大。因此，产品氢氧化铝的粒度得以保证，而最终的分解率也得以提高。生产砂状氧化铝时则需要较高的分解初温（70~85℃）和分解终温（60℃），这样能生产出颗粒较粗而且强度较大的氢氧化铝，但分解速度减慢，分解率降低。

4.10.3.3　晶种数量和质量

晶种的数量和质量是影响分解速度和产品粒度的重要因素之一。

添加大量晶种进行铝酸钠溶液的分解是拜耳法生产氧化铝的一个突出特点。生产中通常用晶种系数（也称种子比）或者添加晶种后浆液的固含量来表示添加晶种的数量。种子比是指添加Al(OH)₃中Al_2O_3的质量与分解原液中Al_2O_3质量的比值，即：

$$种子比 = \frac{A_种}{VA_精} \qquad (4-48)$$

式中　V——精液（分解原液）的体积，m^3；

　　　$A_精$——精液中Al_2O_3的质量浓度，kg/m^3；

　　　$A_种$——Al(OH)₃晶种中Al_2O_3的质量，kg。

在分解过程中，加入氢氧化铝晶种，使分解直接在晶种表面进行，避免了氢氧化铝晶体漫长的自发成核过程，既能加速分解速度，又能得到粒度较粗的氢氧化铝产品。

晶种系数的大小有一最佳值，如图4-12所示。当其他条件相同时，提高晶种系数，晶种表面积随

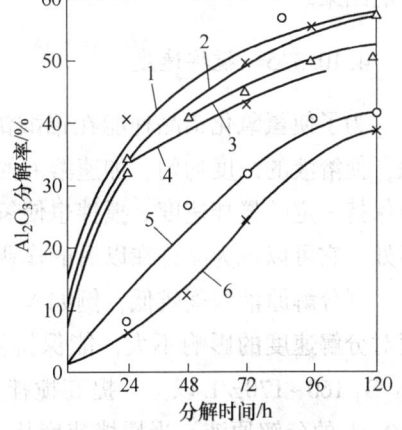

图4-12　晶种系数对分解速度的影响
1—4.5；2—2.1；3—1.0；4—0.3；
5—0.2；6—0.1

之增加，因而分解速度加快。但过高的晶种系数对分解也是不利的，一方面使氢氧化铝在生产流程中的循环量增大，带来设备及动力消耗的增加；另一方面，由于种子不经洗涤，会导致种子带入的母液数量增多，分解溶液的苛性比值升高，影响分解速度和效率。

晶种的质量是指它的活性和强度的大小，它取决于晶种的制备方法、条件、储存时间、粒度和结构。新沉淀出来的氢氧化铝的活性比经过长期循环的氢氧化铝大得多；粒度细、比表面积大的氢氧化铝的活性远大于颗粒粗大、结晶完整的氢氧化铝。

目前国内外绝大多数氧化铝厂都是采用循环氢氧化铝晶种，通过分级，将细粒氢氧化铝作为晶种，粗粒氢氧化铝作为产品。由于分解原液浓度、分解工艺制度和晶种本身性质不同，工业上的晶种量可以有很大的差别，种子比一般在 1.0~3.0 的范围内变化。

4.10.3.4　分解时间及母液苛性比值

当其他条件相同时，随着分解时间的延长，氧化铝的分解率提高，母液苛性比值增加。

不论分解条件如何，分解曲线都呈现图 4-13 所示的形状，它说明分解前期析出的氢氧化铝最多，随着分解时间的延长，分解速度越来越小 ($aa'>bb'>cc'>dd'>ee'$)，母液苛性比值增长也相应地越来越小，分解槽单位产能也越来越低，而细粒级的含量则越来越多。因此过分地延长分解时间是不恰当的。反之，过早地停止分解，Al_2O_3 分解率和母液苛性比值降低，也是不利的，所以分解时间要根据具体情况确定。

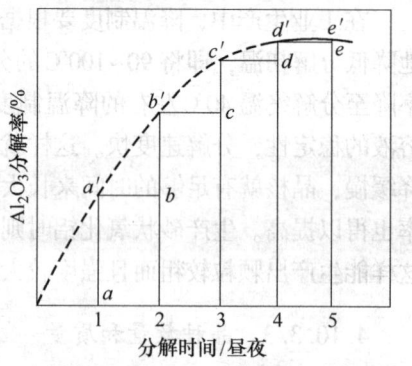

图 4-13　分解率与分解时间的关系曲线

延长分解时间，氢氧化铝细粒子增多。分解后期产生细粒子的原因是由于溶液过饱和度减小、温度降低、黏度增加、结晶长大的速度减小，而长时间的搅拌，使晶体破裂和磨蚀的几率增大的结果。

4.10.3.5　搅拌速度

为了使氢氧化铝晶种能在铝酸钠溶液中保持悬浮状态，保证晶种与溶液有良好的接触，使溶液的浓度均匀，加速溶液的分解，并使氢氧化铝晶体均匀地长大，在分解过程中应保持一定的搅拌速度。搅拌也使氢氧化铝颗粒破裂和磨蚀，一些强度小的颗粒破裂并无坏处，它可以成为晶种在以后的作业循环中转化为强度较大的晶体。

当分解原液浓度较低，例如 Na_2O_T 149.5g/L，Al_2O_3 125g/L，苛性比值 1.74，搅拌速度对分解速度的影响不大，能保持氢氧化铝在溶液中悬浮即可。当分解原液浓度较高，Na_2O_T 160~170g/L 以上，提高搅拌速度使分解率显著提高。例如 Na_2O_T 168g/L、Al_2O_3 140g/L 的分解原液，当搅拌速度从 22r/min 提高到 80r/min，12h 的分解率提高 6% 左右。这表明分解速度取决于扩散速度。当分解原液浓度更高时，即使提高搅拌速度，分解率仍然比较低。

4.10.3.6 杂质

溶液中含有少量有机物对分解过程影响不大，但是积累到一定程度后，分解速度下降，$Al(OH)_3$ 粒度变细。因为吸附在晶种表面上的有机物阻碍晶体长大，也降低氢氧化铝的强度。

硫酸钠和硫酸钾使分解速度降低，但是当浓度低时不明显。碳酸钠对铝酸钠溶液的分解有阻碍作用，因为碳酸钠的存在可使溶液的黏度增加，影响分解速度。铝土矿中含少量的锌，一部分在溶出时进入铝酸钠溶液，种分时全部以氢氧化锌形态析出进入氢氧化铝中，从而降低氧化铝产品的品质。溶液中存在锌有助于获得粒度较粗的氢氧化铝。

氟化物（NaF）在一般浓度下对分解速度没有影响。但氟、钒、磷等杂质对氢氧化铝的粒度都有影响。溶液中少量的氟可使氢氧化铝的粒度变细，当溶液含氟达 0.5g/L 时，所得氢氧化铝的粒度很细；当含氟浓度更高时，甚至可以破坏晶种。溶液含 V_2O_5 高于 0.5g/L 时，分解产物粒度细，甚至也会破坏晶种。被钒所污染的氢氧化铝，在煅烧过程中剧烈细化。溶液含 P_2O_5 有助于获得较粗的分解产物，并且加速分解过程。当其浓度高时，可全部或部分地消除 V_2O_5 对氢氧化铝粒度的不良影响。但是它们都是氧化铝产品中的有害杂质。

4.10.4 砂状氧化铝生产工艺

20 世纪 80 年代初，在世界氧化铝生产中，粉状氧化铝与砂状氧化铝是并行的。由于原料不同，国外氧化铝生产一般分为以美国为代表的用三水铝石型铝土矿、稀碱液浸出、低铝酸钠浓度溶液分解生产粒度粗、焙烧程度低的砂状氧化铝，和以欧洲为代表的采用一水硬铝石型铝土矿、浓碱液浸出、高浓度铝酸钠溶液分解生产重度焙烧的粉状氧化铝。自从 1962 年国际铝冶金工程年会上提出砂状和面粉状氧化铝的差别以及影响它的因素以来，各国对氧化铝的物理性质都非常重视，尤其是 20 世纪 70 年代以来，由于电解铝厂环保及节能的需要，特别是干法烟气净化和大型中间自动点式下料预焙槽的推广以及悬浮预热及流态化焙烧技术的应用，对氧化铝的物理化学性质提出了严格的要求。粒度均匀、强度高、比表面积大、粉尘少、溶解性能及流动性能好的砂状氧化铝，已取代欧亚原先流行生产的粉状氧化铝。

砂状氧化铝，一般认为其具有以下特点：

（1）小于 45μm 粒度的占比小于 10%。

（2）平均粒度为 80~100μm，粒度分布窄。

（3）安息角为 30°~35°。

（4）焙烧程度较低，因此产生如下结果：灼减为 0.5%~1.0%；比表面积大于 30m^2/g，典型数据为 50~75m^2/g；绝对密度最大为 3.7g/cm^3；堆积（容积）密度大于 850g/cm^3。

砂状氧化铝在用作铝电解原料时，具有其他氧化铝所无法比拟的优点：

（1）流动性好，由于细粒氧化铝含量少，因而粉尘量少，容易适用于现代铝电解厂的风动传送系统。

（2）高比表面积使其吸附能力强，因而最适用于气体干法净化系统，以除去电解槽的烟气，消除氟污染。

（3）高容积密度，可使已有的储存设备的能力增加，并降低运输和处理费用。

正是由于砂状氧化铝具有以上优点，国外许多原来生产粉状氧化铝的厂家纷纷转为生产砂状氧化铝，并使之成为一种趋势，以至于目前所生产的大部分氧化铝都符合砂状的要求。

4.10.4.1　国外砂状氧化铝生产的发展概况

20世纪60年代中期，国外就已开始生产砂状氧化铝，并取得了一定的经验。为了保证氧化铝的性质合乎砂状氧化铝的需求和进一步提高产量，降低费用，首先在美国，其次在欧洲做了大量的试验研究，研究的重点是分解过程。一般采用高分解初温、低苛性碱浓度、低苛性摩尔比、短分解时间，并伴有氢氧化铝分级措施来生产砂状氧化铝。下面分别进行介绍。

A　美国法生产砂状氧化铝

原液 Na_2CO_3 175g/L（相当于 N_K 102.4g/L，Al_2O_3 113.8g/L），A/C 为0.65（相当于 α_K 1.48），降温制度71（冬季73℃）~65℃，分解母液成分 Al_2O_3 68.3g/L，A/C 为0.39（相当于 α_K 2.47）。

美国法是世界上最早生产砂状氧化铝的方法，它是美铝在近一个世纪的长期生产实践中摸索出来的。其生产特点是采用二段法分解工艺，即首先添加少量细晶种促使其附聚，再添加大量粗晶种促使其长大的方法生产砂状氧化铝，其工艺流程相当复杂，且产出率较低，不到60g/L氧化铝。

B　欧洲法生产砂状氧化铝

欧洲法本来是采用高 N_K 浓度、低分解初温、长分解时间，并添加大量晶种的分解方法，其溶液产出率较高，可达80g/L，但得到的产品为粉状氧化铝。20世纪70年代末期，为适应现代电解铝厂环保和节能的需求，它们改为砂状氧化铝。欧洲法生产砂状氧化铝的代表为瑞铝法和法铝法：

（1）瑞铝法。瑞铝法的实质是高产出率的改进美国法。它通过选择过饱和度对种子表面积的恰当比例（7~16g/m²），在高苛性碱浓度（130g/L）和66~77℃温度范围内，使细晶种成功附聚，然后采用中间冷却措施（使浆液温度降至55℃），并添加大量晶种（固含量达400g/L），停留时间为50~70h，使晶种长大的二段分解法生产出砂状氧化铝。

（2）法铝法。美国法和瑞铝法生产砂状氧化铝的原料为三水铝石型铝土矿，若用于处理一水软铝石型铝土矿，将使溶液产出率大幅度降低；而法铝法则可以一水软铝石型铝土矿为原料或以一水软、硬铝石混合型铝土矿为原料，且均可获得较高的产出率。如采用法铝法的希腊厂，其产出率可达85~90g/L，为国际上产出率的最高水平。

希腊厂精液成分 N_K 166g/L，Al_2O_3 190g/L，α_K 1.46；首槽温度56~60℃；末槽温度45~50℃；晶种固含480g/L（有时600g/L）。可见法铝法采用的是高固含、低温度、高过饱和度的一段分解法生产砂状氧化铝。

4.10.4.2　我国生产砂状氧化铝的发展概况

我国铝土矿资源主要是一水硬铝石型，长期以来生产的氧化铝大都是中间状或粉状，强度都相当差。为了适应现代电解铝生产的需要，我国为生产砂状氧化铝进行了大量的工作，从试验室试验、扩大型试验、半工业型试验到工业生产，都取得了进展。

我国拜耳法生产砂状氧化铝的研究始于 20 世纪 80 年代初期，由贵阳铝镁设计研究院、山东铝厂、贵州铝厂和郑州轻金属研究院共同承担，采用二段法生产砂状氧化铝，但只得到了粗粒氢氧化铝，其强度未能达到要求。80 年代中期，贵州铝厂用中等浓度的拜耳法精液，采用同时生产砂状和粉状氧化铝的两次分解工艺，生产出具有一定强度的"砂状"氧化铝。但其工艺流程复杂，而且得到的氧化铝强度较低，远未达到砂状氧化铝的要求。平果铝厂采用法国高固含、低浓度的一段法生产砂状氧化铝。但我国以纯的一水硬铝石为原料，难以达到合格的砂状氧化铝标准。

东北大学从 20 世纪 90 年代中期就开始了铝酸钠溶液分解过程的研究。先后与当时的中国长城铝业公司和山西铝厂合作，进行强化分解过程和生产砂状氧化铝的研究，并在实验室研究的基础上，与山西铝厂共同申请国家立项研究砂状氧化铝生产技术。国家科技部和中国铝业公司非常重视，决定国家立项组织力量开展研究工作。经过三年艰苦工作，由中国铝业公司主持，中铝山西分公司、郑州研究院、东北大学、中南大学和沈阳铝镁设计研究院共同承担的国家"十五"重大科技攻关项目"砂状氧化铝生产技术研究"，于 2003 年 11 月通过技术鉴定和国家验收，该技术解决了以一水硬铝石矿为原料生产砂状氧化铝的技术问题。

4.10.5 分解设备

4.10.5.1 分解槽

种子搅拌分解槽有空气搅拌分解槽和机械搅拌分解槽两种，过去多数工厂使用空气搅拌分解槽，随着氧化铝生产装备的大型化和节能化，现在多采用机械搅拌分解槽。

大型机械搅拌分解槽结构如图 4-14 所示。

4.10.5.2 降温设备

为了使溶液达到一定的分解初温，在分解前须将叶滤后的精液（分解原液）冷却。生产上采用的冷却设备有鼓风冷却塔、板式热交换器以及闪速蒸发换热系统（即多级真空降温）等。

A 冷却塔

冷却塔的构造如图 4-15 所示。冷却塔的构造简单，操作方便，但由于精液热量不能利用，鼓风动力消耗大，目前已被淘汰。

B 板式换热器

板式换热器是一种热交换设备，广泛应用于石油、化工、冶金、电力、造纸、食品、轻工、医药、机械等行业中大量流体的冷却、加热、冷凝、余热回收等，其主要特点为传热效率高、占地面积小、处理量大、操作简单、可靠耐用、装拆和清洗维修方便、可在现

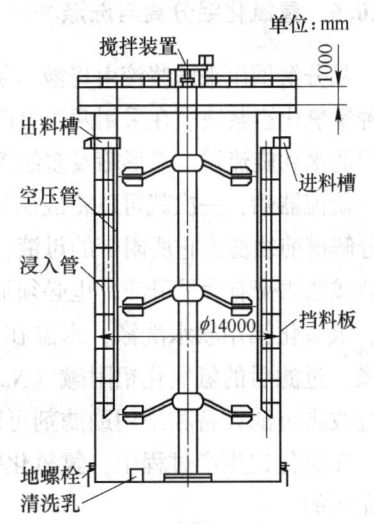

图 4-14 大型机械搅拌分解槽

场及时改变换热器面积、流程组合灵活。

某氧化铝厂的板式换热器如图 4-16 所示。

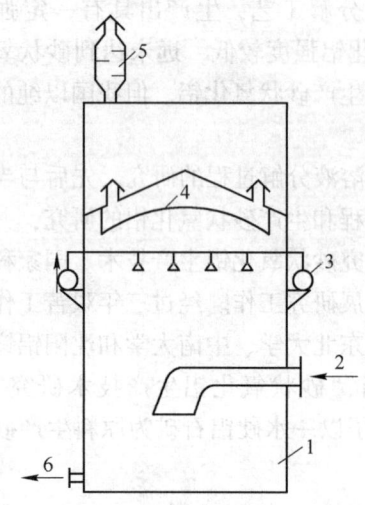

图 4-15　冷却塔构造示意图
1—冷却塔；2—鼓风进口；3—精液管；
4—弧形挡板；5—气液分离器；6—精液出口

图 4-16　某氧化铝厂的板式换热器

4.10.6　氢氧化铝分离与洗涤

从分解槽出来的浆液由母液与氢氧化铝所组成。用分级的办法便可得到成品氢氧化铝和晶种氢氧化铝浆液。在采用两段分解时，还须制得粗、细晶种两种浆液。原来的分级设备有专门的水利旋流器、弧形筛及多级沉降分级槽。近来我国已开发出一种高效的新型分级设备——旋流器筛，一次就可以将成品氢氧化铝、粗晶种和细晶种进行分级。晶种氢氧化铝在返回分解槽前须滤去它所附带的母液，避免过分提高分解原液的苛性比值。成品氢氧化铝稠浓浆液或滤饼带有大量母液，也必须加以洗涤，回收母液中的 Na_2O 并保证 Na_2O 符合规范要求。氢氧化铝用软水洗涤，水温在 90℃ 以上。为了减少用水量，通常采用二次反向过滤洗涤。过滤后的氢氧化铝附碱（Na_2O）含量要求不大于 0.12%，水分不高于 12%。目前通过改进过滤设备和采用助滤剂可以使成品氢氧化铝中的附着水含量降低到 6%~8%。

在氧化铝生产过程中，氢氧化铝的分离和洗涤是使用转鼓、立盘式或平盘式真空过滤机完成的。

4.11　分解母液的蒸发与苏打的苛化

4.11.1　概述

拜耳法的种分母液和烧结法的碳分母液都需要经过蒸发，排除多余的水分，保持循环体系中水量的平衡，使蒸发母液达到符合拜耳法溶出或烧结法生料浆配料的浓度要求。在母液蒸发过程中，还将同时排除进入其中的一些杂质。

4.11.2　分解母液中各种杂质在蒸发过程中的行为

4.11.2.1　碳酸钠在蒸发过程中的行为

在生产过程中，分解母液循环使用，碳酸钠循环积累，Na_2O_C 浓度通常为 $10\sim20g/L$。这些碳酸钠大部分是铝土矿和石灰中的碳酸盐（未完全煅烧的石灰石）在溶出过程中发生反苛化作用生成的，少量是铝酸钠溶液吸收空气中的 CO_2 生成的。在联合法生产氧化铝的流程中，从烧结法系统来的溶液也往往带入不少碳酸钠。

碳酸钠在母液中的溶解度随苛性碱浓度的提高和温度的降低而下降。蒸发时结晶析出的一部分一水碳酸钠在蒸发器加热面上形成结垢。为了减轻碳酸钠的结垢，不宜采用顺流的蒸发作业。但是，从流程中析出碳酸钠是必要的，一方面它在溶液中的浓度是有限的，另一方面只有让它析出，才能苛化回收，重新利用。

有机物会使溶液中的碳酸钠过饱和，因此工业溶液中的碳酸钠浓度往往比纯溶液中的平衡浓度高出 $1.5\%\sim2.0\%$。这是因为有机物使溶液黏度升高而引起的。有机物还使结晶析出的一水碳酸钠粒度细化，造成沉降和过滤分离的困难。在联合法中，拜耳法系统母液蒸发析出的 $Na_2CO_3 \cdot H_2O$ 送去配料烧结，它所吸附的有机物在熟料窑中被烧除。

4.11.2.2　硫酸钠在蒸发过程中的行为

拜耳法溶液中的硫酸钠主要是铝土矿中的含硫矿物与苛性碱反应生成并在流程中循环积累的。在联合法中，拜耳法系统母液中的硫酸钠则主要是由烧结法溶液带入的。除原料带入的硫化物外，燃料所带入的硫，也在烧结过程中转变为硫酸钠。

硫酸钠在分解母液中的溶解度随着 Na_2O 浓度的增大而急剧下降。温度对硫酸钠的溶解度也有显著影响，温度升高使其在铝酸钠溶液中的溶解度增大，所以蒸发硫酸钠含量多的种分母液时，也不宜采用顺流流程。

在蒸发过程中，原液中的碳酸钠和硫酸钠能形成一种水溶性复盐芒硝碱 $2Na_2SO_4 \cdot Na_2CO_3$ 结晶析出。芒硝碱还可以与碳酸钠形成固溶体，在它的平衡溶液中，Na_2SO_4 的含量更低。

4.11.2.3　二氧化硅在蒸发过程中的行为

二氧化硅在母液中的浓度是过饱和的，它以铝硅酸钠（$Na_2O \cdot Al_2O_3 \cdot 1.7SiO_2 \cdot 2H_2O$）形态析出的速度随温度的升高而加快。但它在铝酸钠溶液中的溶解度则随 Na_2O 浓度增大而增加。因此，低浓度的铝酸钠溶液若首先进入高温的第一效蒸发，水合铝硅酸钠便易于析出并在加热管壁上结垢，因而不利于蒸发。在选择蒸发流程时应尽量避免低浓度母液首先进入第Ⅰ效蒸发器。当母液硅量指数低，而且硫酸钠和碳酸钠含量较高时，脱硅反应更易发生。因此，拜耳法厂都设法提高溶出液的脱硅指数，以避免或减少在蒸发过程的脱硅反应。在蒸发过程中，铝硅酸钠和 $Na_2SO_4 \cdot Na_2CO_3$ 混杂在一起形成致密的结垢。这种结垢比较坚硬，不溶于水和碱溶液，但较易溶于酸。蒸发器加热管壁上的硅渣结垢增长至一定厚度后，必须停车酸洗。

4.11.3　蒸发操作工艺

实践证明，降膜蒸发器与闪速蒸发器相结合的流程是目前世界上拜耳法种分母液蒸发的先进流程。图 4-17 所示为六效逆流三级闪蒸的板式降膜蒸发系统工艺流程图。

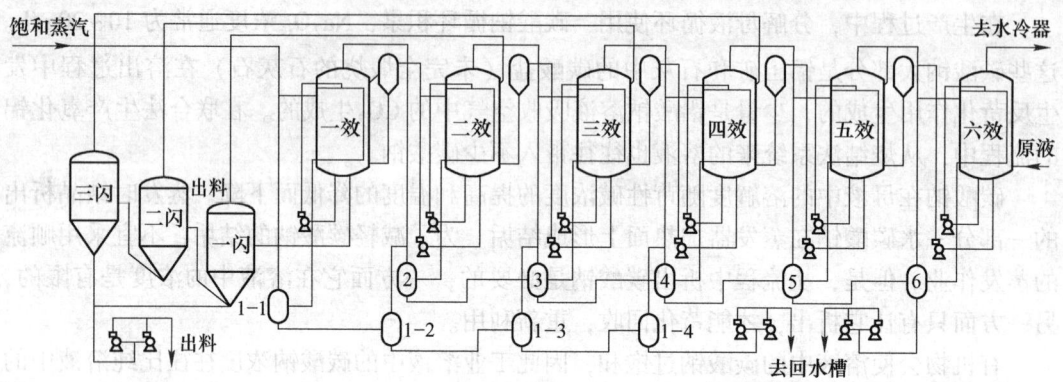

图 4-17　六效逆流三级闪蒸的板式降膜蒸发系统工艺流程图

4.11.3.1　蒸发作业流程

就作业流程而言，蒸发分为单效和多效两种形式。蒸发所产生的二次蒸汽如果直接被冷凝成水排出不再被使用的，称做单效蒸发；如果利用二次蒸汽作为下一个蒸发设备的加热蒸汽，在这种情况下，只有第一个蒸发器需要用新蒸汽加热，其他所有蒸发器都可以用前面蒸发器的二次蒸汽加热，最后一个蒸发器出来的二次蒸汽才进行冷凝，这种蒸发过程称做多效蒸发。多效蒸发由于二次蒸汽得到重复利用，可以节约新蒸汽。每蒸发 1t 水所消耗的加热蒸汽量与蒸发效数的关系见表 4-4。

表 4-4　蒸发过程蒸汽消耗量与蒸发效数的关系

蒸发效数	单效	二效	三效	四效	五效	六效
蒸汽量/t	1.10	0.57	0.42	0.35	0.27	0.26

由表 4-4 中可以看出，作业效数多，蒸汽消耗少。但随着效数的增加，蒸汽的节约程度越来越少（由单效改为双效作业时，加热蒸汽可节约 50% 左右；由四效改为五效作业时，加热蒸汽可节约 10%），二次蒸汽的温度不断下降，同时，设备投资增加，因此，蒸发的效数不能无限制增加，生产中多采用四至六效蒸发作业流程。

4.11.3.2　蒸发设备

蒸发器是溶液浓缩的主要设备，一般分为自然循环、强制循环、升膜、降膜和闪蒸 5 种形式。目前国内氧化铝厂用得较多的是管式降膜蒸发器。

蒸发是采用高温高压的饱和水蒸气，通过间接传热的方式，使蒸发溶液中的水汽化后与溶液分离，再通过降温、冷凝的方法将其移除，因此蒸发器也是一种承受一定温度和压力的换热压力容器。蒸发器的工作压力为 0.4~0.6MPa，温度为 140~160℃，要求新蒸汽的供汽压力为 0.6~1.0MPa，因此蒸发器的设计压力不低于 0.75MPa。

蒸发设备由蒸汽热交换器、气液分离器和冷凝水储罐等装置组成。

A 管式降膜蒸发器

管式降膜蒸发器主体设备由加热室和分离室两部分组成，结构如图 4-18 所示。加热室由壳体、加热管、花板和布膜器等部件组成。分离室由壳体、除沫器和保护锅底的小尖底组成。

低浓度溶液由循环泵送到加热室顶部，通过布膜器使料液均匀地分布到每根加热管中，溶液在管内壁呈膜状以 2m/s 的速度由上向下流动，管外壁与加热介质接触而受热，把热传给溶液，热溶液下降到蒸发室中而蒸发分离出蒸汽，故称管式降膜。管式降膜蒸发器具有传热系数高、操作灵活简单、结垢较轻等优点。

中国铝业公司广西分公司采用法国 Kestner 公司的管式降膜蒸发器，中国铝业公司河南分公司和中州分公司采用的是国内自行开发的管式降膜蒸发器。

B 板式降膜蒸发器

板式降膜蒸发器是由筒体加热板片、分配器及除沫器等构件组成，其结构如图 4-19 所示。

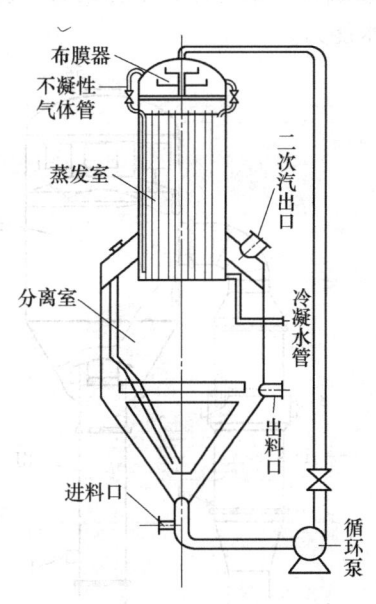

图 4-18　管式降膜蒸发器结构示意图

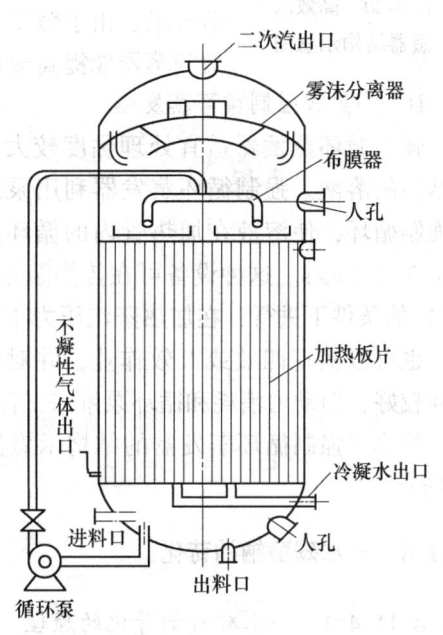

图 4-19　板式降膜蒸发器结构示意图

板式降膜蒸发器的原理与管式一样，低浓度溶液从蒸发器底部进入蒸发器后经循环泵将其送入内布膜器布膜，溶液呈膜状沿板片外表面向下流动，蒸汽通入加热室，通过板片将热量传递给溶液，溶液达到沸点后，一边向下流动一边蒸发，蒸发产生的二次蒸汽经过雾沫分离器后被不断地排除。

生产实践证明，板式和管式降膜蒸发器蒸发能力基本相同，管式降膜蒸发器运转率较高，技术上比板式降膜蒸发器发展得成熟，而板式降膜蒸发器费用比管式降膜蒸发器明显降低。

目前中国铝业公司贵州分公司和山西分公司均采用板式降膜蒸发器。

布膜器是降膜蒸发器的关键技术，其功能是将循环进入布膜室的溶液进行多级均匀分配后由重力自然成膜，液膜必须要均匀、稳定，不能在加热管内干膜或断膜，以保持高的传热系数，并在溶液高浓度蒸发，有结晶固体析出的条件下，不堵塞，仍能保持正常的工作状态。

C 闪蒸器

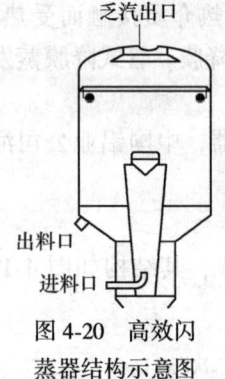

图 4-20 高效闪蒸器结构示意图

闪蒸器也称自蒸发器，主要由筒体、循环套管、气液分离器三部构成。高效闪蒸器的结构如图 4-20 所示。

物料从闪蒸器下部的进料管进入中央循环套管内，利用物料本身所带有的压力（0.10MPa）与罐内真空所形成的压差，带动套管内外物料循环起来，物料循环到上部时进行闪速蒸发，二次蒸汽被抽走，降压浓缩后的物料从出料口送走。其优点是：物料在闪蒸器内循环流动，在套管内外形成了小循环，不但可以减少物料在管壁上的结疤和容器内的沉积，同时也使物料闪蒸速度加快，提高了闪蒸效果；由于蒸发剧烈，不易形成大的结晶体，不易堵管。使用高效闪蒸器能提高蒸发器组的蒸水能力。

D 外热式强制循环蒸发器

强制循环蒸发器适宜处理黏度较大、易结晶与结垢的溶液。强制循环蒸发器利用泵对溶液进行强制循环，使溶液在加热管内的循环速度提高到 1.5～3.5m/s。这种设备可在传热温差较小(5～7℃) 的条件下进行，在加热蒸汽压力不高的情况下，也可以实现四效或五效作业，并对物料的适应性较好，但动力消耗和循环泵维修工作量较大。

外热式强制循环蒸发器的结构示意图如图 4-21 所示。

4.11.4 一水碳酸钠的苛化

4.11.4.1 一水碳酸钠苛化的原理

在拜耳法生产氧化铝中，由于苛性碱与矿石中的碳酸盐以及空气中的二氧化碳作用的结果，母液每一次循环都有一部分（约3%）苛性碱变成了苏打。为了使其重新变成苛性碱，以便循环使用，必须将这部分苏打进行苛化。

碳酸钠的苛化是将碳酸钠溶解，然后加入石灰乳，使它发生苛化反应：

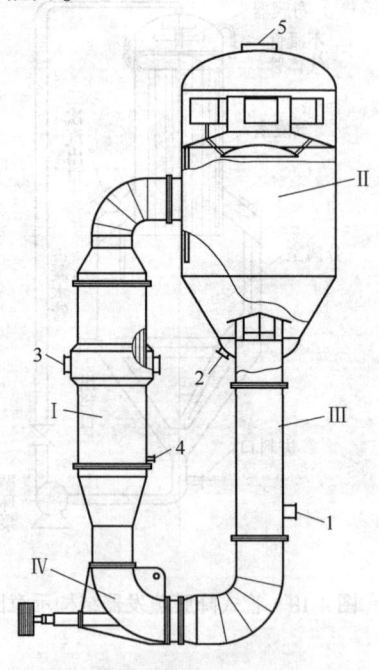

图 4-21 外热式强制循环蒸发器的结构示意图
Ⅰ—加热室；Ⅱ—蒸发室；
Ⅲ—循环管；Ⅳ—轴流泵；
1—溶液进口；2—溶液出口；3—蒸汽进口；
4—冷凝水出口；5—二次汽出口

$$Na_2CO_3 + Ca(OH)_2 \Longrightarrow 2NaOH + CaCO_3 \tag{4-49}$$

碳酸钙溶解度较小，形成沉淀，过滤去除，滤液回收再利用，补充到循环母液中。

4.11.4.2 苛化的工艺流程

一水碳酸钠苛化生产流程如图 4-22 所示。

强制循环蒸发器来的含盐料浆进入盐沉降槽进行析盐、沉降分离，溢流入溢流槽，由溢流泵送到强碱槽，经强碱泵送回第三级闪蒸槽、调配混匀槽进行碱液调配。而底流由底流泵送到低流槽，经盐浆循环泵打到闪蒸槽冷却处理后，再由盐过滤给料泵送往盐过滤机进行液固分离，滤液流回溢流槽；盐滤饼进入盐溶液槽并经热水溶解后，由苏打溶液泵送到混合器与石灰乳混合，进入苛化槽，并通入低压蒸汽提温。苛化好的苛化料浆，经苛化出料泵送往溶出稀释槽或过滤机过滤。

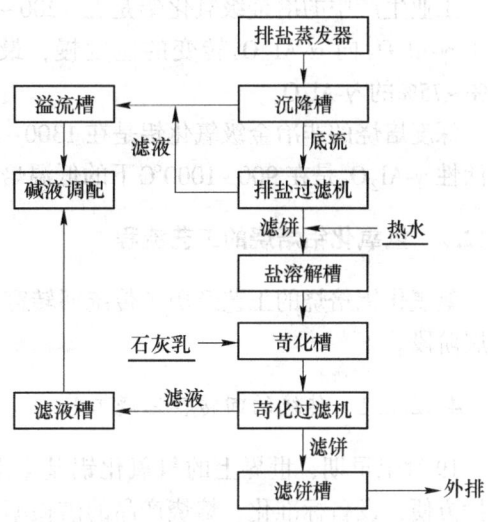

图 4-22　一水碳酸钠苛化生产流程

4.12　氢氧化铝的焙烧

焙烧就是将氢氧化铝在高温下脱去附着水和结晶水，并使其发生晶型转变，制得符合铝电解要求的氧化铝的工艺过程。产品氧化铝的许多物理性质（如比表面积、$\alpha\text{-}Al_2O_3$ 含量、安息角等）主要取决于焙烧条件；粒度和强度也与焙烧条件有很大关系；杂质（主要为 SiO_2）含量也受焙烧过程的影响。因此，研究氢氧化铝在焙烧过程中的变化，对于选择适宜的焙烧作业条件至关重要。

4.12.1　氢氧化铝焙烧的原理及相变过程

工业生产中的湿氢氧化铝是三水铝石（$Al_2O_3 \cdot 3H_2O$），并带有 8%~12% 的附着水。在焙烧过程中，随着温度的升高，湿的氢氧化铝会发生脱水和晶型转变等一系列的复杂变化，最终由三水铝石变为 $\gamma\text{-}Al_2O_3$ 和 $\alpha\text{-}Al_2O_3$。其化学变化可以分为以下三个阶段：

（1）第一阶段。脱除附着水。湿氢氧化铝中所含的附着水在 100~110℃ 时就会被蒸发完毕。

（2）第二阶段。脱除结晶水。氢氧化铝烘干后其结晶水的脱除是分阶段进行的。当加热到 250~450℃ 时，氢氧化铝脱掉两个结晶水，成为一水软铝石：

$$Al_2O_3 \cdot 3H_2O \longrightarrow Al_2O_3 \cdot H_2O + 2H_2O\uparrow \tag{4-50}$$

继续升高温度到 500~560℃，一水软铝石又失去其结晶水，变成了 $\gamma\text{-}Al_2O_3$：

$$Al_2O_3 \cdot H_2O \longrightarrow \gamma\text{-}Al_2O_3 + H_2O\uparrow \tag{4-51}$$

（3）第三阶段。氧化铝的晶型转变。脱水后生成的 $\gamma\text{-}Al_2O_3$ 结晶不完善，稳定性小，吸湿性较强，不能满足电解铝的生产要求。需要对其进行进一步的晶型转变，转变为 α-Al_2O_3。当温度升高到 900℃ 以上时，γ-Al_2O_3 开始变成 α-Al_2O_3。若在 1200℃ 下煅烧 4h，就可以全部变成 α-Al_2O_3。此时生成的 α-Al_2O_3 晶格紧密，密度大，硬度高，但化学活性小、在冰晶石熔体中的溶解度小。

工业生产中的冶金级氧化铝是在 1200~1250℃ 下焙烧 15~20min 制得。在此条件下，由于 γ-Al_2O_3 向 α-Al_2O_3 转变的速度慢，最终产品中通常含有 25%~60% 的 α-Al_2O_3 和 40%~75% 的 γ-Al_2O_3。

深度焙烧的非冶金级氧化铝是在 1300~1400℃ 下制得的，其含有 85% 以上的 α-Al_2O_3，而活性 γ-Al_2O_3 是在 900~1000℃ 下的低温焙烧制得的。

4.12.2　氢氧化铝焙烧的工艺流程

氢氧化铝焙烧的工艺经历了传统回转窑工艺、改进回转窑工艺和流态化焙烧工艺三个发展阶段。

4.12.2.1　传统的回转窑焙烧工艺

19 世纪早期，世界上的氢氧化铝基本上都是采用回转窑焙烧，这种设备结构简单，维护方便，设备标准化，焙烧产品的破损率低。其设备连接图如图 4-23 所示。

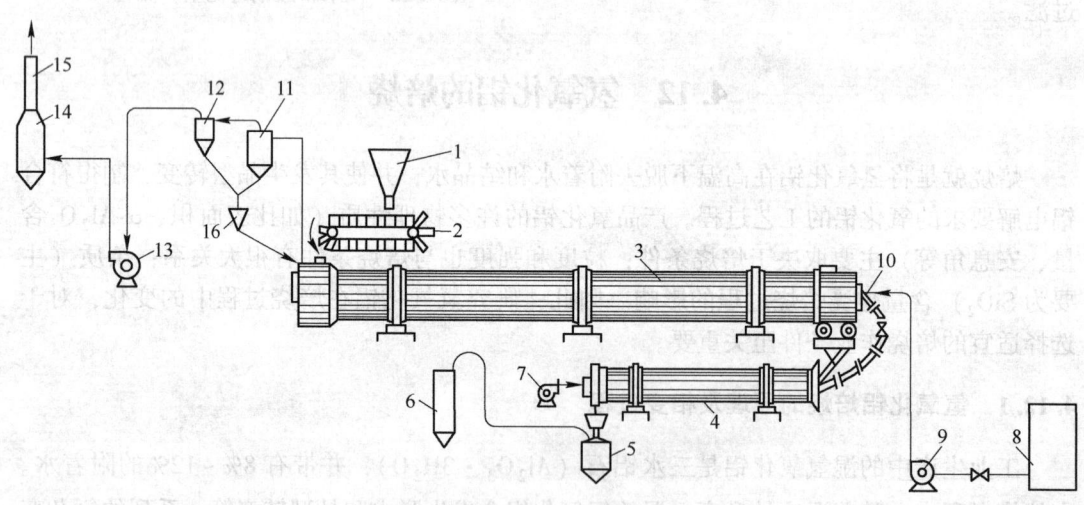

图 4-23　回转窑焙烧工艺设备连接图

1—氢氧化铝储仓；2—板式饲料机；3—焙烧窑；4—冷却机；5—吹灰机；6—氧化铝储仓；7—鼓风机；8—储油罐；9—油泵；10—油枪；11—一次旋风收尘器；12—二次旋风收尘器；13—排风机；14—电收尘器；15—烟囱；16—集灰斗

焙烧窑的斜度 2%~3%，转速 1.6r/min，窑内物料填充率与转速有关，一般为 6%~9%，物料在窑内停留时间约为 70~100min。

根据物料在窑内发生的物理化学变化，从窑尾起划分为烘干、脱水、预热、焙烧及冷却五个带，预热带也可并入脱水带。各带长度与窑的规格、热工制度和产能等因素有关。

焙烧窑的产能主要取决于窑的规格、燃料质量、热工制度等因素。焙烧过程热耗大（一般为 4.5~6.0GJ/t），燃料占本工序加工费用的 2/3 以上。

采用回转窑焙烧时，窑气和物料之间的热效率低，低温阶段尤其突出，原因是窑的填料率低，窑气和密实的料层之间的传热条件不良，所以窑的热效率小于45%，每1t氧化铝的热耗高达5.0GJ以上。降低热耗和提高窑的产能，主要途径是改善窑尾的传热能力。

增加窑的长度可以使出窑的废气和氧化铝温度有所降低，但窑单位面积的产能也降低，投资增加显著，如果把焙烧过程的低温部分移到窑外，用换热效率高的设备（如流化床和悬浮层装置），窑的长度便可大大缩短，而作业大大强化。

4.12.2.2　改进回转窑焙烧工艺

鉴于传统回转窑的热耗高，且在焙烧过程中由于窑衬的磨损使产品中SiO_2含量增加，影响产品质量。为此，世界各国围绕回转窑降低热耗开展了一系列的改造并取得了良好的效果：

（1）带旋风预热氢氧化铝的短回转窑；

（2）改变燃烧装置的位置；

（3）采用气态悬浮焙烧技术改造回转窑；

（4）采用旋风热交换器与流化冷却机的回转窑；

（5）带两套旋风热换器系统的氢氧化铝焙烧窑。

上述改造方案均以回转窑为基础，回转窑焙烧的根本弱点并未改变。它们一般只用于老厂的改造。对于新建的氧化铝厂，氢氧化铝焙烧工艺目前一般采用流态化焙烧。

4.12.2.3　流态化焙烧工艺

虽然回转窑焙烧氢氧化铝的工艺不断改进，但从传统观点来看，用回转窑焙烧氢氧化铝这种粉料并不理想。因为它不能提供良好的传热条件。在窑内只是料层表面的物料与热气流接触，紧贴窑壁的物料难加热，换热效率低。同时，回转窑是转动的，投资大，窑衬的磨损使产品中的SiO_2含量增加，物料在窑中焙烧也不够均匀，直接影响成品氧化铝的品质。所以，一直在寻找一种消除这些缺点的替代工艺设备。

流态化是一种固体颗粒与气体接触而变成类似流体状态的操作技术。由于固体物料在流化状态下与气体或液体的热交换过程最为强烈，因此，国外从20世纪40年代初期就开始研究将流态化技术应用到氢氧化铝焙烧工艺上，60年代开始投入工业生产用于焙烧氢氧化铝。近年来，流态化焙烧技术发展更快，鉴于采用流态化焙烧炉煅烧氢氧化铝的热耗低（目前热耗已降到3.14GJ以下），单机产能高（达到1500t/d），同时流态化焙烧炉还具有投资省、维修费用低、占地面积小以及产品质量高等优点，采用该技术的国家越来越多。

目前，流态化焙烧技术用于氧化铝的氢氧化铝焙烧设备有美国铝业公司的流态闪速焙烧炉（简称F.F.C）、德国鲁奇联合铝业公司的循环流态焙烧炉（简称C.F.C）、丹麦史密斯公司和法国弗夫卡乐巴布柯公司的气态悬浮焙烧炉（简称G.S.C）。

应用于工业生产的三种类型的流态化焙烧技术和装置，与回转窑相比，虽然都具有技术先进、经济合理的共同点，但各种炉型各具特点。各种类型焙烧装置的性能见表4-5。

表 4-5 各种类型焙烧装置性能比较

炉型	德国鲁奇循环焙烧炉	前联邦德国 KHD 公司闪速焙烧炉	丹麦史密斯公司气态悬浮焙烧炉	回转窑
流程及设备	一级文丘里干燥脱水，一级载流预热，循环流化床焙烧，一级载流冷却加流化床冷却	文丘里和流化床干燥脱水，载流预热闪速焙烧，流化停留槽保温，三级载流冷却加流化床冷却	文丘里和一级载流干燥脱水，悬浮焙烧，四级载流冷却加流化床冷却	窑内集干燥、脱水、焙烧、冷却、加冷却机冷却
工艺特点	循环焙烧（循环量3~4倍）	闪速焙烧加停留槽	稀相悬浮焙烧	—
焙烧温度/℃	950~1000	980~1050	1150~1200	1200
焙烧时间/min	20~30	15~30	1~2s	45
系统压力/MPa	约0.3	0.18~0.21	0.055~0.065	—
控制水平	高	高	高	低
热耗（附水10%）/GJ·t⁻¹	3.075	3.096	3.075	4.50
电耗/kW·h·t⁻¹	20	20	<18	—
废气排放/mg·m⁻³	<50	<50	<50	—
产能调节范围/%	46~100	30~100	60~100	—
厂方高度/m	32.5	46	49	—

丹麦的气体悬浮焙烧炉有运转率高、热耗低、电耗低、维修方便、生产环境好、提产幅度大等优势，已被国内外氧化铝厂采用。

G.S.C 焙烧炉系统主要包括：氢氧化铝给料系统、文丘里闪速干燥器、多级旋风预热系统、气体悬浮焙烧炉、多级旋风冷却器、二次流化床冷却器、除尘和返灰等部分，工艺流程图如图 4-24 所示。

气态悬浮焙烧工艺的具体工艺过程及设备如下：

（1）氢氧化铝给料系统。由平盘过滤机出来的氢氧化铝经皮带运至喂料小仓 L01，再经电子定量给料皮带机 F01 称量后送至螺旋输送机 A01，螺旋输送机把物料送入文丘里闪速干燥器 A02。

（2）文丘里闪速干燥器 A02。含自由水分 8%~10% 的湿氢氧化铝通过螺旋输送机 A01，以 50℃ 温度进入文丘里闪速干燥器。干燥后的物料被烟气及水蒸气的气流带入上部预热旋风筒 P01。闪速干燥器 A02 出口的温度大约为 135℃，以防止电收尘受到酸腐蚀。为控制因氢氧化铝水分波动而引起干燥器出口温度变化，所需要的热量由干燥热发生器 T11 提供。

（3）预热旋风系统。从闪速干燥器出来的物料和气体在预热旋风筒 P01 中分离，气体去电收尘，干燥的氢氧化铝卸入第二级预热旋风筒 P02 的上升管，在此与热旋风筒来的 1050℃ 左右的热气体混合。氢氧化铝在上升管中同时得以预热和分解。预焙烧的氧化铝在第二级预热旋风筒 P02 中与废气分离后，大约以 320℃ 进入焙烧炉。

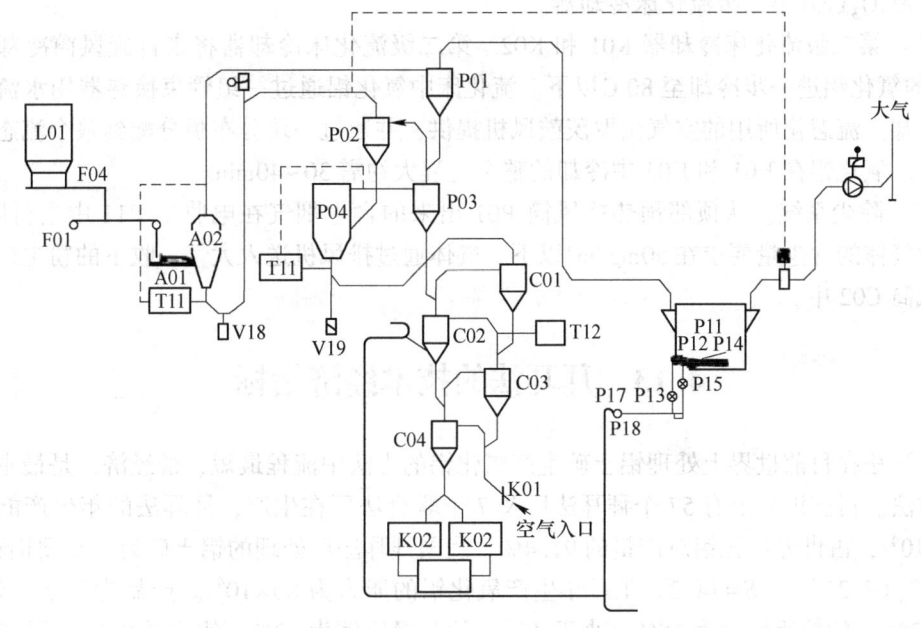

图 4-24　G.S.C 工艺流程图

A01—螺旋输送机；A02—文丘里闪速干燥器；C01，C02，C03，C04——次冷却器；L01—喂料小仓；
P01，P02—旋风预热器；P03—热风分离风筒；P04—焙烧炉；P11—电收尘；P17—排风机；P18—烟囱；
V18，V19—点火器；T11—热发生器；T12—燃烧器；K01，K02—二次流化床冷却器；F01—皮带机；F04—皮带秤

（4）焙烧炉 P04。气体悬浮焙烧炉和热旋风筒组成一个反应器——分离器联合系统。焙烧炉是一个内衬耐火材料且带有锥形底部的圆柱形容器。助燃空气在氧化铝冷却器中被预热到 600~800℃，并从焙烧炉底部引入。从预热旋风筒 P02 出来的氢氧化铝沿着锥底的切线方向进入反应器，物料同预热的空气、燃料在这里充分混合。

焙烧炉入口处空气（烟气）速度的选定以保证正常及部分产能下，在整个反应器断面上颗粒物料都能良好悬浮为准。反应器合理的空气（烟气）入口管尺寸可以使任何形式的分布板或高压喷嘴得以取消（这一点是气体悬浮焙烧炉与其他炉型不同的关键之处，也是悬浮炉得以命名的依据）。

焙烧炉底部有两个燃烧器 V18 和 V19，其中 V18 起点火作用，V19 有 12 个烧嘴，它是主要热源。V18 和 V19 都以煤气作燃料。

焙烧炉中物料通过时间为 1.4s，这里温度约为 1150~1200℃，剩余的结晶水主要在这里脱除，含部分结晶水的物料变为 γ-Al_2O_3。

在热风分离风筒 P03 中，焙烧好的氧化铝从热气流中分离，热气流入 P02，物料卸入上部的旋风筒冷却器 C01 的上升管。

（5）初级冷却器 C01、C02、C03 和 C04。初级冷却在四级旋风筒冷却器组中进行，旋风筒组以紧凑的设计垂直布置。氧化铝冷却用空气取自大气及第二级流化床冷却器 K01 和 K02。空气和热氧化铝之间的热交换是在每一个旋风筒冷却器的上升管中顺流进行，空气和氧化铝在进入旋风筒中分离之前，其温度已经在上升管中达到了完全平衡。由于旋风多级配置，氧化铝与焙烧炉所需的助燃空气之间可以达到完全的逆流热交换。经过热交换后，空气被预热到 600~800℃，而氧化铝被冷却到 240℃左右。空气进入焙烧炉作为燃烧

空气，Al_2O_3进入第二级流化床冷却器。

（6）第二级流化床冷却器 K01 和 K02。第二级流化床冷却器将来自旋风筒冷却器约240℃的氧化铝进一步冷却至 80℃以下。流化床中氧化铝通过一组管束换热器用水流反向间接冷却。流态化所用的空气由罗茨鼓风机提供，并通过一块分布板分配到整个流态化床断面上。氧化铝在 K01 和 K02 中冷却的整个过程大约需 30~40min。

（7）除尘系统。从顶部预热旋风筒 P01 出来的含尘烟气在电收尘 P11 中进行除尘。除尘后气体的含尘量要求在50mg/m³以下，气体通过排风机送入大气，收下的粉尘送入冷却旋风筒 C02 中。

4.13   拜耳法的技术经济指标

拜耳法在目前世界上处理铝土矿生产氧化铝的方法中流程最短、最经济，是最主要的生产方法。目前世界上有57个拜耳法厂及 7 个联合法厂在生产，拜耳法的年生产能力为$4938 \times 10^4 t$，占世界氧化铝总产量的 91.4%。我国拜耳法厂处理的铝土矿为一水硬铝石型，含 Al_2O_3 62.2%，$A/S = 14.2$。工厂年生产氧化铝的能力为$80 \times 10^4 t$。产品为砂状氧化铝，大于125μm 的粒级比例为15%，小于 45μm 的粒级比例为12%。铝土矿单耗（干矿）为1.85t/t，苏打（Na_2O）单耗为50kg/t，石灰（CaO）单耗为200kg/t，新水单耗为3.6t/t，电力消耗为 257kW·h/t，焙烧热耗为3.2MJ/t，其他热耗（以蒸汽计算）为6.2MJ/t。

复习思考题

4-1 拜耳法生产氧化铝的原理及实质是什么？

4-2 铝土矿溶出过程的动力学包括哪些？

4-3 影响铝土矿溶出过程的因素有哪些？

4-4 氧化硅、氧化铁、氧化钛在溶出过程中的行为分别是什么？

4-5 拜耳法溶出一水硬铝石型铝土矿时，添加石灰的作用是什么？

4-6 溶出矿浆在分离之前用赤泥洗液稀释，其目的主要是什么？

4-7 氢氧化铝结晶析出的过程包括哪些？

4-8 晶种分解的主要影响因素有哪些？

4-9 氢氧化铝煅烧的目的是什么？

4-10 分解母液蒸发的目的是什么？

4-11 什么是一水碳酸钠的苛化回收？

5　碱石灰烧结法生产氧化铝

5.1　碱石灰烧结法的原理和基本流程

5.1.1　碱石灰烧结法的原理

随着铝土矿铝硅比的降低，拜耳法生产氧化铝的经济效益明显降低。对于铝硅比低于7的矿石，单纯的拜耳法就不适用了。处理铝硅比在4以下的矿石，碱石灰烧结法几乎是唯一得到实际应用的方法。在处理 SiO_2 含量更高的其他炼铝原料时，如霞石、绢云母以及正长石时，也得到了应用，可以同时制取 Al_2O_3、钾肥和水泥等产品，实现了原料的综合利用。据报道，国外以霞石为原料的烧结法企业，由于原料综合利用，实现无废料生产后，氧化铝的生产成本反而最低。在我国已经查明的铝矿资源中，高硅铝土矿占有很大的数量，因而烧结法对于我国氧化铝工业具有很重要的意义。我国第一座氧化铝厂——山东铝厂就是采用碱石灰烧结法生产的。它在改进和发展碱石灰烧结法方面作出了不小的贡献，其 Al_2O_3 的总回收率、碱耗等指标都居于世界先进水平。

碱石灰烧结法是将铝土矿与一定数量的纯碱（苏打）、石灰（或石灰石）配成炉料，在回转窑内进行高温烧结，炉料中的 Al_2O_3 与 Na_2CO_3 反应生成可溶性的固体铝酸钠（$Na_2O \cdot Al_2O_3$）；杂质氧化铁、二氧化硅和二氧化钛分别生成铁酸钠（$Na_2O \cdot Fe_2O_3$）、原硅酸钙（$2CaO \cdot SiO_2$）和钛酸钙（$CaO \cdot TiO_2$）。铝酸钠极易溶于水或是稀碱溶液，铁酸钠则易水解，而原硅酸钙和钛酸钙不溶于水，与碱溶液的反应也较微弱。因此用稀碱溶液溶出时，可以将熟料中的 Al_2O_3 和 Na_2O 溶出，得到铝酸钠溶液，与进入赤泥中的 $2CaO \cdot SiO_2$、$CaO \cdot TiO_2$ 和 $Fe_2O_3 \cdot H_2O$ 等不溶性残渣分离。熟料的溶出液（粗液）经过专门的脱硅净化过程，得到纯净的铝酸钠精液，精液中通入 CO_2 气后，苛性比值和稳定性降低，于是析出氢氧化铝并得到碳分（Na_2CO_3）母液。后者经蒸发浓缩后返回配料。因此在生产过程中 Na_2CO_3 也是循环使用的。

5.1.2　碱石灰烧结法的基本流程

碱石灰烧结法生产氧化铝的工艺过程主要有以下几个步骤：

（1）原料准备。制取组分配比符合要求的细磨料浆。铝土矿生料浆组成包括：铝土矿、石灰石（或石灰）、纯碱（用以补充流程中的碱损失）、循环母液和其他循环物料。

（2）生料烧结。生料的高温烧结，制取主要含铝酸钠、铁酸钠和硅酸二钙的熟料。

（3）熟料溶出。使熟料中的铝酸钠转入溶液，分离和洗涤不溶性残渣（赤泥）。

（4）脱硅。使进入溶液的氧化硅生成不溶性化合物而分离，制取高硅量指数的铝酸钠精液（精制溶液）。

（5）碳酸化分解。用 CO_2 分解铝酸钠溶液。析出的氢氧化铝与碳酸钠母液分离，并洗涤氢氧化铝；一部分溶液进行晶种分解，将得到的种分母液返回到脱硅过程中，以保证铝酸钠溶液在硅渣分离等过程中有足够的稳定性。

（6）焙烧。将氢氧化铝焙烧成氧化铝。

（7）分解母液蒸发。分解母液通过蒸发，从过程中排除过量的水，以实现水的平衡。蒸发后的母液称为蒸发母液，再用于配制生料浆。

碱石灰烧结法的基本流程如图 5-1 所示。

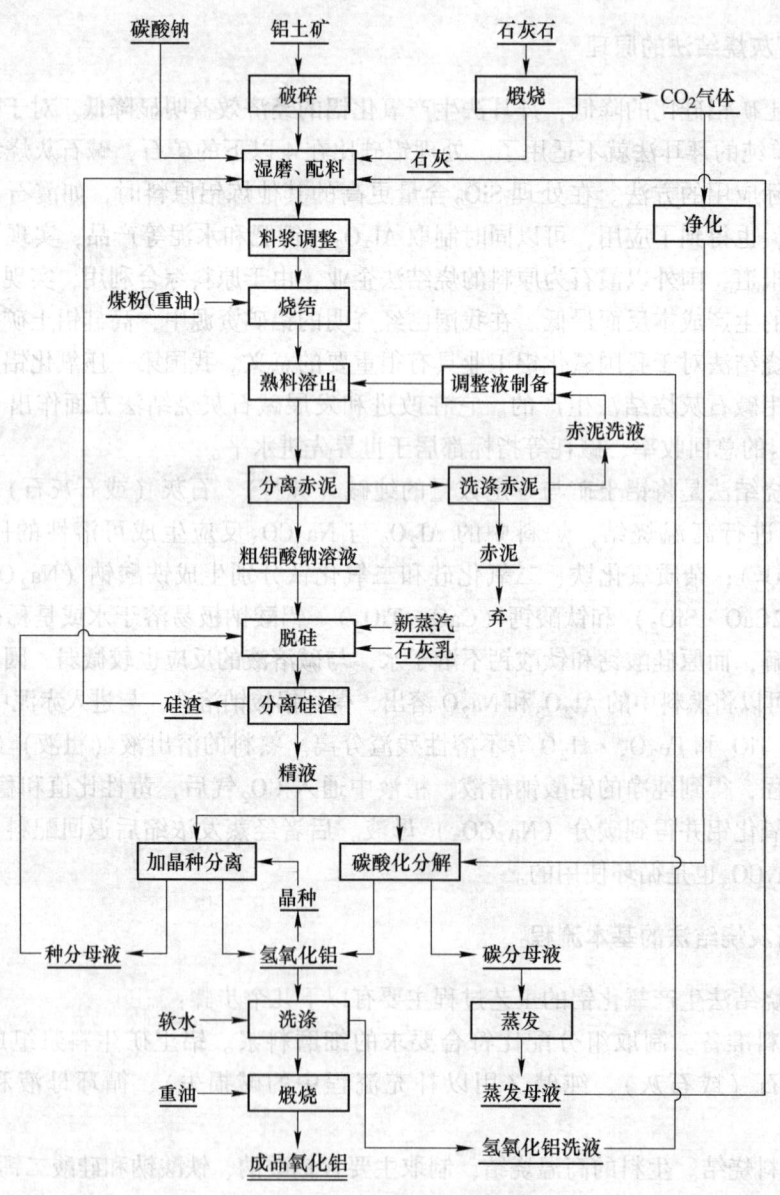

图 5-1　碱石灰烧结法的基本流程

破碎后的铝土矿和石灰以一定比例送到球磨机中，配入一定数量的碳分母液，以及用来弥补碱损失的碳酸钠进行细磨。为保证浆料成分符合要求，设置了生料浆调整过程。生料浆经调整合格后，用泥浆泵在 1.0~1.2MPa 压力下由喷枪喷入窑内。炉料在高温下烧结后生成铝酸钠、铁酸钠、原硅酸钠以及钛酸钙等化合物。为了减少熟料溶出过程的化学损失并得到成分合适的铝酸钠溶液，溶出用的原液是由赤泥洗液、氢氧化铝洗液和一定数量的碳分母液调配而成的调整液。

分离后的赤泥夹带一定数量的附液，需要洗涤，以回收附液中的 Al_2O_3 和 Na_2O。在熟料溶出过程中，虽然 $2CaO \cdot SiO_2$ 不溶于水或碱，但是会被溶液中的 $NaOH$、Na_2CO_3、$NaAlO_2$ 所分解，造成 Al_2O_3 和 Na_2O 的损失，并使铝酸钠溶液中含有 5~6g/L 的 SiO_2，需要进行专门的脱硅过程，使溶液的硅量指数提高到 400~600 甚至 1000 以上。在脱硅过程中添加种分母液是为了提高溶液的稳定性，防止氢氧化铝过早地析出。脱硅过程析出的泥渣称为硅渣，其中含有相当数量的 Na_2O 和 Al_2O_3，为了回收这部分 Na_2O 和 Al_2O_3，将硅渣返回配料。脱硅以后的精液大部分进行碳酸化分解，少数进行晶种分解，以便提供脱硅前需要添加的种分母液。

由于具体条件不同，各个工厂采用的具体流程常常与上述流程有所差别。例如，有的工厂不设石灰窑，直接用石灰石配制生料，用 CO_2 含量为 10%~12% 的熟料窑窑气进行碳酸化分解。有的工厂不设种分过程，而将少量碳分母液在苛化后提高粗液的苛性比值，苛化后的石灰石渣则用来配制生料等。

碱石灰烧结法和拜耳法比较，流程复杂，能量消耗大，投资和成本都比较高，成品氧化铝的质量有时也差些。但是它可以处理 SiO_2 含量较高的矿石。在生产过程中消耗的是比苛性碱便宜的碳酸钠，并且更具有条件实现原料的综合利用和制取多品种氧化铝。

5.2 铝酸盐炉料的烧结

5.2.1 碱石灰烧结法的炉料配方

习惯上把炉料中各单体氧化物之间的配合比例称做炉料的配方。碱石灰烧结法中炉料的配方主要包括碱比 $\left(\dfrac{[Na_2O]}{[Al_2O_3]+[Fe_2O_3]}\right)$、钙比 $\left(\dfrac{[CaO]}{[SiO_2]}\right)$、铝硅比 $\left(\dfrac{[Al_2O_3]}{[SiO_2]}\right)$ 和铁铝比 $\left(\dfrac{[Fe_2O_3]}{[Al_2O_3]}\right)$ 四项指标 $\left(注：\dfrac{[\ ]}{[\ ]}\ 表示为摩尔比\right)$。

其中，铝硅比与铁铝比实际上是由原矿所决定的，可以在混配矿时予以控制，所以对配料过程来说，最主要的是控制好碱比和钙比这两项指标。

炉料的配方决定炉料在烧结过程中的行为，也决定所烧制的熟料的物相组成。只有在适宜的配方条件下，才能保证炉料有适宜的烧结温度和较宽的烧结温度范围，熟料有较理想的标准溶出率，溶出后赤泥具有良好的沉降过滤性能，这样才能节约原料（CaO、Na_2O），提高 Al_2O_3 的利用率。所以，研究炉料配方问题，对于改善烧结过程具有重要意义。

如果各单体氧化物在熟料中是以 $Na_2O \cdot Al_2O_3$、$Na_2O \cdot Fe_2O_3$ 和 $2CaO \cdot SiO_2$ 的矿物形态存在，那么熟料的碱比应等于 1.0，即：

$$\frac{N}{R} = \frac{[Na_2O]}{[Al_2O_3] + [Fe_2O_3]} = 1.0 \tag{5-1}$$

钙比应等于 2.0，即：

$$\frac{C}{S} = \frac{[CaO]}{[SiO_2]} = 2.0 \tag{5-2}$$

生产实践中把按化学反应所需理论量计算出的配方，习惯地叫做"饱和配方"或正碱、正钙配方。而把其他配方统称为非饱和配方。在非饱和配方中，又把 $\frac{N}{R} < 1.0$ 的称做低碱配方，把 $\frac{C}{S} > 2.0$ 的称做高钙配方，把 $\frac{C}{S} < 2.0$ 的称做低钙配方。

5.2.2　熟料烧结过程的主要物理化学反应

5.2.2.1　烧结过程的目的与要求

烧结过程的主要目的在于将生料中的 Al_2O_3 尽可能完全转变成可溶性的铝酸钠，氧化铁转变为铁酸钠，而杂质 SiO_2、TiO_2 转变为不溶性的原硅酸钙和钛酸钙。烧结过程所得到的熟料具有适当的强度和可磨性。

烧结过程是烧结法生产氧化铝的关键环节，制取高质量熟料是提高产能、降低热耗和成本的关键。判断熟料品质好坏的标准是 Al_2O_3 和 Na_2O 的标准溶出率以及熟料的物理性能。所谓标准溶出率就是熟料中的 Al_2O_3 和 Na_2O 在标准溶出条件下的溶出率。标准条件是为了使熟料中可溶性的 Al_2O_3 和 Na_2O 能够全部溶出来，而且不再进入泥渣而制定的溶出条件。标准溶出条件与工业溶出条件的差别在于溶出液浓度低，分离速度快等。各厂熟料的成分和性质不同，所制定的标准溶出条件也不尽相同。

标准溶出率是评价熟料质量最主要的指标，烧结法厂要求熟料中 Al_2O_3 标准溶出率大于 96%，Na_2O 标准溶出率大于 97%，联合法厂要求熟料中 Al_2O_3 标准溶出率大于 93.5%，Na_2O 标准溶出率大于 95.5%。除此之外，熟料的密度、块度和二价硫（S^{2-}）的含量也是判断熟料质量的标准。我国工厂将熟料中的 S^{2-} 的含量规定为熟料的质量指标，长期的生产经验证明：S^{2-} 含量大于 0.25% 的熟料是黑心多孔的，质量好；而黄心熟料或粉状黄料，S^{2-} 含量小于 0.25%；特别是当 S^{2-} 含量小于 0.1% 的熟料，它们在各方面的性能都比较差。砸开熟料观察它的剖面，就可以对熟料质量做出快速且有效的鉴别。

5.2.2.2　铝酸盐炉料在烧结过程中的物理化学反应

进入湿磨工序的物料有铝土矿、苏打、石灰、硅渣、无烟煤以及蒸发浓缩后的碳分母液，这些物料矿物成分复杂，其中包含一水铝石、高岭石、赤铁矿、金红石、方钠石、水化石榴石、碳酸钙、氧化钙、碳酸钠以及硫酸钠等。在高温下，它们朝着在此条件下的平衡物相转化。反应的平衡产物和同条件的单体氧化物得到的平衡物相是一致的，达到相同的热力学稳定状态。因此当烧结反应充分进行时，可以把炉料看成是由 Na_2O、K_2O、CaO、Al_2O_3、Fe_2O_3、SiO_2、TiO_2 等单体氧化物组成的体系。氧化铝生产如同硅酸盐工业一样，用 N、K、C、A、F、S、T 等大写正体字母表示上述氧化物以及由它们组成的复杂化合物，如 C_2S 表示 $2CaO \cdot SiO_2$ 等。

A Al_2O_3

炉料中的 Al_2O_3 与 Na_2CO_3 反应生成可溶性的铝酸钠，这一反应是生料在烧结过程中最重要的反应之一。

$$Al_2O_3 + Na_2CO_3 \Longrightarrow Na_2O \cdot Al_2O_3 + CO_2 \tag{5-3}$$

Al_2O_3 与 Na_2CO_3 的反应是一个吸热反应，其热效应为 129.7kJ/mol，反应的自由能公式为：

$$\Delta G^{\ominus} = 35387 + 1.3T\ln T - 49.0T \tag{5-4}$$

上述反应在常温下是向左进行的，即 $Na_2O \cdot Al_2O_3$ 吸收 CO_2 生成 Al_2O_3 和 Na_2CO_3。在 500℃ 以上时，反应才能向右进行。但是温度较低时反应速度很慢，提高温度反应速度加快。由图 5-2 可知，在 1150℃ 下反应可在 1h 内完成。

在 Na_2O-Al_2O_3 二元系中可以构成好几种铝酸盐，但对于碱石灰烧结法来说，只有偏铝酸钠（$Na_2O \cdot Al_2O_3$）才有意义，因为它易溶于水，并且能在高温下与硅酸钙保持平衡。

反应的产物经物相鉴定，当炉料中的 Na_2O：Al_2O_3 的配料摩尔比大于 1 时，反应的产物仍然是 $Na_2O \cdot Al_2O_3$，多余的 Na_2CO_3 依然以碳酸钠形式存在于熟料当中；当配料中 Na_2O：Al_2O_3 的摩尔比小于 1 时，即配入 Na_2O 不足以将全部的 Al_2O_3 化合成 $Na_2O \cdot Al_2O_3$ 时，则生成一部分 $Na_2O \cdot 11Al_2O_3$（β-Al_2O_3）。而

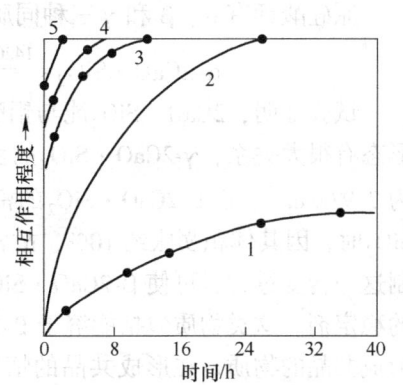

图 5-2 Al_2O_3 与 Na_2CO_3 之间
的反应速度曲线
1—700℃；2—800℃；3—900℃；
4—1000℃；5—1150℃

$Na_2O \cdot 11Al_2O_3$ 不溶于水和稀碱溶液，所以 Na_2O 配量不足时，会使氧化铝的溶出率降低。

在高温下 Al_2O_3 还能与 CaO 作用，生成 C_3A、$C_{12}A_7$、CA 和 C_3A_5（CA_2）四种化合物。在这些铝酸钙中，只有 $C_{12}A_7$ 和 CA 可以溶于碳酸钠溶液，是对氧化铝生产有意义的。

制取同时含铝酸钠和铝酸钙的熟料是不合理的。因为溶出铝酸钙时，溶出液中 Al_2O_3 浓度不应超过 70g/L，而 Na_2O_C 浓度应保持在 50~60g/L 以上，否则 Al_2O_3 就不能完全溶出。它与溶出铝酸钠熟料所采用的条件（溶出液中 Al_2O_3 浓度为 120g/L，Na_2O_C<40g/L）差别很大。当 Na_2CO_3 的数量足以和 Al_2O_3 化合时，铝酸钙不至于生成。

B SiO_2

用烧结法处理高硅含铝原料时，在炉料中必然含有较多的 SiO_2，为了达到 Al_2O_3 和 SiO_2 分离的目的，炉料中的 SiO_2 在烧结过程中应该转变为不含 Al_2O_3 和 Na_2O，在高温下能与 $Na_2O \cdot Al_2O_3$ 同时稳定存在，溶出时又不与铝酸钠溶液发生显著反应的化合物。从 CaO-SiO_2 系可以看出，SiO_2 与 CaO 生成 $CaO \cdot SiO_2$（偏硅酸钙）、$3CaO \cdot 2SiO_2$（二硅酸三钙）、$2CaO \cdot SiO_2$（原硅酸钙）、$3CaO \cdot SiO_2$（硅酸三钙）四种化合物。但只有原硅酸钙 $2CaO \cdot SiO_2$ 符合上述要求。偏硅酸钙 $CaO \cdot SiO_2$ 和二硅酸三钙 $3CaO \cdot 2SiO_2$ 等化合物虽然

含 CaO 较少，但是在高温下与 Na$_2$O · Al$_2$O$_3$ 反应生成铝硅酸钠（Na$_2$O · Al$_2$O$_3$ · 2SiO$_2$），造成 Na$_2$O 和 Al$_2$O$_3$ 损失。硅酸三钙 3CaO · SiO$_2$ 一方面含 CaO 较多，另一方面它不稳定，在 2CaO · SiO$_2$-CaO-Na$_2$O · Al$_2$O$_3$ 三元系中，C$_3$S 的稳定存在范围很狭窄（见图 5-3）。当熔体冷却时，便分解为 NA、C$_2$S 和 CaO。游离的 CaO 在溶出时与铝酸钠溶液反应生成水合铝酸钙沉淀，既造成 Al$_2$O$_3$ 的损失，又使泥浆分离困难。因此，在

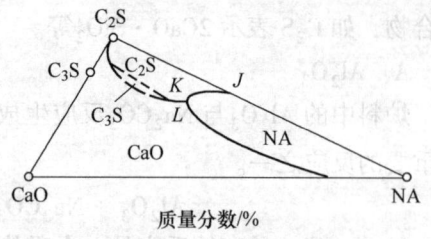

图 5-3　C$_2$S-CaO-NA 系

烧结时不希望生成C$_3$S，而希望全部 SiO$_2$ 反应生成 2CaO · SiO$_2$。

原硅酸钙有 α、β 和 γ 三种同质异晶体，并按如下条件相互转化：

$$\alpha\text{-2CaO} \cdot \text{SiO}_2 \underset{1420℃}{\rightleftharpoons} \beta\text{-2CaO} \cdot \text{SiO}_2 \underset{675℃}{\rightleftharpoons} \gamma\text{-2CaO} \cdot \text{SiO}_2$$

试验证明，2CaO · SiO$_2$能与铝酸钠溶液反应，其反应能力（或其稳定性）与其结晶形态有很大关系，γ-2CaO · SiO$_2$ 的稳定性最好，β-2CaO · SiO$_2$次之。γ-2CaO · SiO$_2$ 的密度为 2.97g/cm^3，而 β-2CaO · SiO$_2$ 的密度为 3.28g/cm^3，当由 β-2CaO · SiO$_2$ 转变为 γ-2CaO · SiO$_2$时，因其体积膨胀约 10%，故常伴有自粉碎现象发生。熟料中的某些物质的存在能抑制这一转变过程，可使 β-2CaO · SiO$_2$ 一直稳定到室温，这类物质通常称做 β-2CaO · SiO$_2$ 的稳定剂。这类物质包括能溶于 β-2CaO · SiO$_2$ 并与它们形成固溶体的物质，以及能与它形成共晶的物质。在形成共晶的情况下，β-2CaO · SiO$_2$ 被包裹在另一成分的薄膜中，因无法膨胀而被稳定下来。在碱石灰烧结法熟料中，由于含有大量能够与 β-2CaO · SiO$_2$形成共晶的 Na$_2$O · Al$_2$O$_3$，它可以起稳定剂作用，所以冷却到常温的熟料中的原硅酸钙，是以 β-2CaO · SiO$_2$存在的。

C　Fe$_2$O$_3$

氧化铁在高温下与碳酸钠反应生成铁酸钠，其反应式为：

$$\text{Fe}_2\text{O}_3 + \text{Na}_2\text{CO}_3 \longrightarrow \text{Na}_2\text{O} \cdot \text{Fe}_2\text{O}_3 + \text{CO}_2 \uparrow \tag{5-5}$$

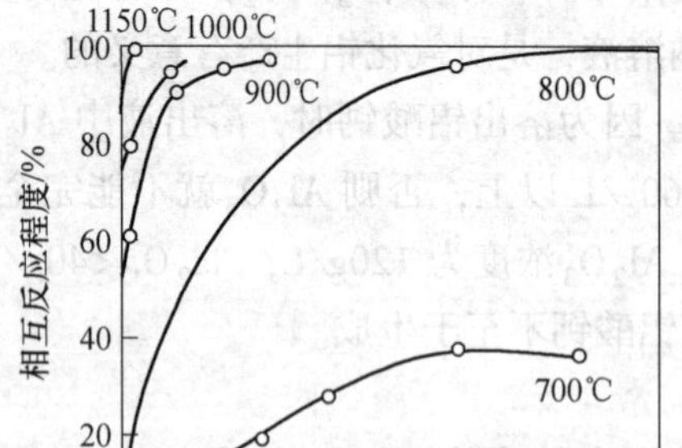

由图 5-4 可以看出，反应式（5-5）在 500℃时尚未开始，但 700℃时已较快进行，且在 1000℃下反应经过 1h 就完成。

当 Na$_2$CO$_3$、Al$_2$O$_3$ 和 Fe$_2$O$_3$ 同时存在时，在低温下生成 Na$_2$O · Fe$_2$O$_3$ 的反应占优势，随着温度的升高，铁酸钠的相对数量降低，而 Na$_2$O · Al$_2$O$_3$ 的数量增加。当温度升高到 900℃，Al$_2$O$_3$ 能置换 Na$_2$O · Fe$_2$O$_3$ 中的 Fe$_2$O$_3$ 生成 Na$_2$O · Al$_2$O$_3$。烧结温度范围内此反应能够进行到底：

$$\text{Na}_2\text{O} \cdot \text{Fe}_2\text{O}_3 + \text{Al}_2\text{O}_3 \rightleftharpoons \text{Na}_2\text{O} \cdot \text{Al}_2\text{O}_3 + \text{Fe}_2\text{O}_3$$

图 5-4　Fe$_2$O$_3$ 和 Na$_2$CO$_3$ 相互作用的速度曲线

氧化铁在铝酸钠炉料烧结过程中的性质与氧化铝很相似。当配碱量不足时，除生成Na$_2$O · Fe$_2$O$_3$外，还生成不溶性的 Na$_2$O · 11Fe$_2$O$_3$

（β-Fe$_2$O$_3$）。Na$_2$O·Fe$_2$O$_3$的熔点为 1345℃，它在高温下也分解为 Na$_2$O 蒸气和 β-Fe$_2$O$_3$。Na$_2$O·Fe$_2$O$_3$ 用水溶出时完全水解，释放游离的 NaOH，有利于提高铝酸钠溶液的稳定性。

固溶体中的 Na$_2$O·Fe$_2$O$_3$ 和单独的铁酸钠一样，在水中完全水解，其中 Na$_2$O 全部转变为 NaOH 进入溶液。固溶体中的 Na$_2$O·Al$_2$O$_3$ 也可以全部溶解。

当炉料中的 Na$_2$CO$_3$ 配量不足，而又有 CaO 存在时，在高温下 Fe$_2$O$_3$ 将与 CaO 反应生成 CaO·Fe$_2$O$_3$ 和 2CaO·Fe$_2$O$_3$，而且总是首先生成 2CaO·Fe$_2$O$_3$。当 CaO 配量不足时，C$_2$F 再与 Fe$_2$O$_3$ 反应生成 CaO·Fe$_2$O$_3$。在 1200℃下铁酸钙生成反应可在半小时内完成，当熟料中的 C$_2$F 含量太高时，由于 2CaO·Fe$_2$O$_3$ 与铝酸钠反应生成 4CaO·Al$_2$O$_3$·Fe$_2$O$_3$ 和 Na$_2$O·Fe$_2$O$_3$，使得 Al$_2$O$_3$ 溶出率降低，而 Na$_2$O 的溶出率并不降低。

$$2(2CaO·Fe_2O_3) + Na_2O·Al_2O_3 \longrightarrow 4CaO·Al_2O_3·Fe_2O_3 + Na_2O·Fe_2O_3 \qquad (5-6)$$

如果炉料按生成 CF 配料，则发生下述反应：

$$4(CaO·Fe_2O_3) + Na_2O·Al_2O_3 \longrightarrow Na_2O·Fe_2O_3 + 4CaO·Al_2O_3·Fe_2O_3 + 2Fe_2O_3 \qquad (5-7)$$

析出来的 Fe$_2$O$_3$ 与铝酸钠反应生成 β-Al$_2$O$_3$-β-Fe$_2$O$_3$ 固溶体，使熟料中的 Al$_2$O$_3$ 的溶出率降低得更多。

D TiO$_2$

铝土矿中一般含有 2%~4%的 TiO$_2$，它主要以金红石或锐钛矿的形态存在。TiO$_2$ 可与炉料中的 Na$_2$CO$_3$ 作用生成一些低熔点化合物，如 Na$_2$O·TiO$_2$（熔点 1030℃）、Na$_2$O·2TiO$_2$（熔点 985℃）、Na$_2$O·3TiO$_2$（熔点 1120℃）和 Na$_2$O·2SiO$_2$·2TiO$_2$（熔点 600℃）。因此，炉料中有 TiO$_2$ 的存在，是造成烧结过程中出现低温液相的原因之一。

当炉料配有 CaO 时，由于在高温下 TiO$_2$ 与 CaO 有较大的亲和力，不管炉料配方中是否考虑了 TiO$_2$，烧结过程中它都将与 CaO 反应生成 CaO·TiO$_2$。对碱石灰烧结法熟料进行多次的物相鉴定也表明，TiO$_2$ 是以钙钛矿的形态（CaO·TiO$_2$）存在于熟料或是溶出渣中。在熟料溶出时，CaO·TiO$_2$ 基本不参与反应。在配制炉料时，CaO 的配入量应该同时满足 SiO$_2$ 和 TiO$_2$ 所需的 CaO 量。

E MgO

铝土矿中含 MgO 很少，炉料中的 MgO 主要是由石灰石带入的。MgO 在 600℃下能与 Al$_2$O$_3$ 反应生成不溶性尖晶石 MgO·Al$_2$O$_3$。但当炉料中有足够的碱存在时，在 1200℃它就能分解并生成 Na$_2$O·Al$_2$O$_3$。

$$MgO·Al_2O_3 + Na_2CO_3 \rightleftharpoons Na_2O·Al_2O_3 + CO_2 \uparrow + MgO \qquad (5-8)$$

MgO 和 CaO 的性质很相近，在烧结过程中能代替一部分 CaO 生成 MgO·SiO$_2$、MgO·TiO$_2$ 和 CaO·MgO·Fe$_2$O$_3$ 等，有时熟料中也发现有少量游离 MgO 存在。研究结果表明，熟料中 MgO 含量大于 1%时会引起熟料 Al$_2$O$_3$ 溶出率的降低。

F 炉料烧结过程反应顺序

碱石灰铝土矿炉料烧结时，除发生上述一些主要反应外，由于炉料中还存在其他杂质，炉料中各组分之间的相互反应很复杂。但是这些复杂反应生成的化合物数量不多，而且对最终结果影响较小，在此不做详细介绍。

根据炉料在烧结过程中物相组成的变化，碱石灰铝土矿炉料烧结过程中反应顺序，一般认为当炉料加热到550℃时，铝土矿中氧化铝与氧化铁的水合物脱出结晶水。高岭石（$Al_2O_3 \cdot 2SiO_2 \cdot H_2O$）脱水后成为偏高岭石（$Al_2O_3 \cdot 2SiO_2$）。当温度高于700℃时，生成$Na_2O \cdot Al_2O_3$和$Na_2O \cdot Fe_2O_3$的反应开始。最初铁酸钠的生成反应占优势，但当温度升高至900℃时，生成$Na_2O \cdot Al_2O_3$的反应加强，生成$Na_2O \cdot Al_2O_3$和$Na_2O \cdot Fe_2O_3$的反应分别在1150℃及1000℃以下完成。从750℃开始到900℃，偏高岭石与碳酸钠反应生成霞石，其反应式为：

$$Al_2O_3 \cdot 2SiO_2 + Na_2CO_3 \rightleftharpoons Na_2O \cdot Al_2O_3 \cdot 2SiO_2 + CO_2 \uparrow \qquad (5\text{-}9)$$

当温度继续升高到1000℃时，霞石与石灰发生下列反应：

$$Na_2O \cdot Al_2O_3 \cdot 2SiO_2 + 2CaO \rightleftharpoons Na_2O \cdot Al_2O_3 \cdot SiO_2 + 2CaO \cdot SiO_2 \qquad (5\text{-}10)$$

当温度为1200℃时，$Na_2O \cdot Al_2O_3 \cdot SiO_2$被CaO分解为NA和$C_2S$，其反应式为：

$$Na_2O \cdot Al_2O_3 \cdot SiO_2 + 2CaO \rightleftharpoons Na_2O \cdot Al_2O_3 + 2CaO \cdot SiO_2 \qquad (5\text{-}11)$$

5.2.3　炉料烧结过程的工艺

5.2.3.1　烧结窑的设备系统

将碳分母液蒸发到一定浓度后，与铝土矿、石灰、补充的碳酸钠以及其他循环物料（如硅渣）一同加入管磨，混合磨细后经调整配比制成合格的生料浆送入回转窑中，进行湿法烧结。湿法烧结具有以下优点：可以利用窑气的热量蒸发碳分母液中的水分，无需在蒸发器内将含水碳酸钠结晶析出；采用湿磨，既可提高磨的效率，又不必将物料烘干，料浆可以用泵输送，减轻环境的污染；便于将生料浆成分准确调配，保证成分稳定，有利于窑的运转等。

碱石灰铝土矿炉料烧结窑的设备系统如图5-5所示。目前用于炉料烧结的窑型有三种：直筒型，一端扩大型和两端扩大型。此外，窑的规格也不一样。碱石灰铝土矿炉料烧结窑的设备系统除窑体本身外，还包括有饲料、窑灰收集及回饲、燃料燃烧与熟料冷却系统。氧化铝生产用回转窑的规格见表5-1。

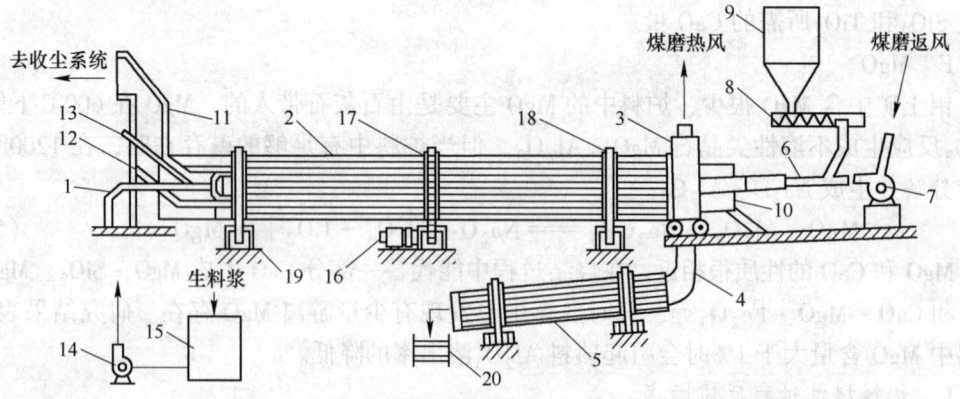

图5-5　回转窑熟料烧结设备示意图

1—饲料喷枪；2—回转窑筒体；3—窑头罩；4—熟料流槽；5—单筒冷却机；6—喷煤管；7—鼓风机；
8—双管螺旋给煤机；9—煤粉仓；10—窑头操作室；11—窑尾罩；12—刮器料；13—返灰管；
14—油隔泥浆泵；15—生料浆槽；16—电动机；17—大齿轮；18—领圈；19—托轮；20—裙式输送机

表 5-1 氧化铝生产用回转窑

参 数	回转窑规格（直径×长度）/m×m						
	烧结铝土矿生料				烧结霞石生料		
	$\phi4×90$	$\phi4.5×90$	$\phi4.5×100$	$\phi4.5×110$	$\phi3×60$	$\phi3.6×150$	$\phi5.0×185$
产能/t·h^{-1}	45	55	55	55	18	40	110
给料方式	喷入法	喷入法	喷入法	喷入法	流入法	流入法	流入法
生料水分/%	38~40	38~40	38~40	38~40	29.0	29.0	29.0
窑体转速/r·min^{-1}	2.5	2.57~0.857	2.57~0.857	2.57~0.857	1~1.98	0.98~1.96	0.8~1.6
窑体内表面积/m^2	1036	1171	1294	1422	490	1460	2180
窑体斜度/%	3.5	3.5	3.5	4.0	2.2	3.0	2.0
单位热耗/kJ·kg^{-1}					5527	5443	5024
废气温度/℃					350	200	200
废气量/m^3·h^{-1}					48000	96000	260000
主电动机功率/kW	2×138	2×200	2×200	2×200	125	280	920

5.2.3.2 生料在熟料窑中的变化

在炉料加热到 200℃以前，主要是烘干物料。

在炉料加热到 400~600℃时，氧化铝、氧化铁和高岭石脱除结晶水：

$$Al_2O_3 \cdot 2SiO_2 \cdot 2H_2O \rule[0.5ex]{2em}{0.4pt} Al_2O_3 \cdot 2SiO_2 + 2H_2O \qquad (5-12)$$

在炉料加热到 500~700℃时，氧化铝和氧化铁开始与碳酸钠反应生成铝酸钠和铁酸钠。

在炉料加热到 750~900℃时，偏高岭石（$Al_2O_3 \cdot 2SiO_2$）与碳酸钠反应生成霞石（$Na_2O \cdot Al_2O_3 \cdot 2SiO_2$）：

$$Al_2O_3 \cdot 2SiO_2 + Na_2CO_3 \rule[0.5ex]{2em}{0.4pt} Na_2O \cdot Al_2O_3 \cdot 2SiO_2 + CO_2 \uparrow \qquad (5-13)$$

继续升温至 1000~1250℃时，氧化钙分解霞石，生成原硅酸钙：

$$Na_2O \cdot Al_2O_3 \cdot 2SiO_2 + 2CaO \rule[0.5ex]{2em}{0.4pt} Na_2O \cdot Al_2O_3 + 2(CaO \cdot SiO_2) \qquad (5-14)$$

通常根据炉料沿窑尾到窑头的温度变化将窑划分为 5 个作业带：

（1）烘干带。窑气由温度 800℃降到 250℃出窑，炉料由 80℃被加热到 150℃左右。烘干带主要是烘干生料浆的附着水。料浆要在雾化状态下除掉 80% 的附着水，以免在窑尾生成泥浆圈。出烘干带的炉料水分应小于 10%。烘干带的长度为喷枪的喷射距离，约为 10~12m。

（2）预热带。窑气温度由 1200℃降到 800℃，炉料由 150℃被加热到 600℃左右。此带除继续烘干炉料残余的附着水外，主要是脱除炉料中的结晶水。另外，生料加煤时，硫酸钠开始被还原为硫化物。

（3）分解带。窑气温度由1500℃以上降到1200℃，炉料由600℃被加热到1000℃以上。在此带主要是炉料中的碳酸钠和氧化铝、氧化铁生成霞石和铁酸钠。生料加煤时，硫酸根离子在此带被还原成负二价硫离子，还原率达93%以上。

（4）烧成带。此带为火焰燃烧区，窑气温度可达1500℃以上。炉料由1000℃被加热到1250℃以上，主要作用是氧化钙分解霞石，生成铝酸钠和原硅酸钙。在此带，由于液相出现，炉料呈具有一定塑性的料团状。烧成带的长度为火焰的长度，所以火焰的长度决定烧成带的长度。

（5）冷却带。是指从火焰后部至窑头的一段。由烧成带过来的高温熟料在此带与二次空气进行热交换，由1250℃冷却至1000℃后出窑，进入冷却机。

应该指出，上述各带的划分是人为的，不能认为某些反应只是限定在一个带内进行的，同时各带的长度也是随窑的结构特点和作业制度的不同而变化的。窑内炉料组成及温度的变化结果绘于图5-6。

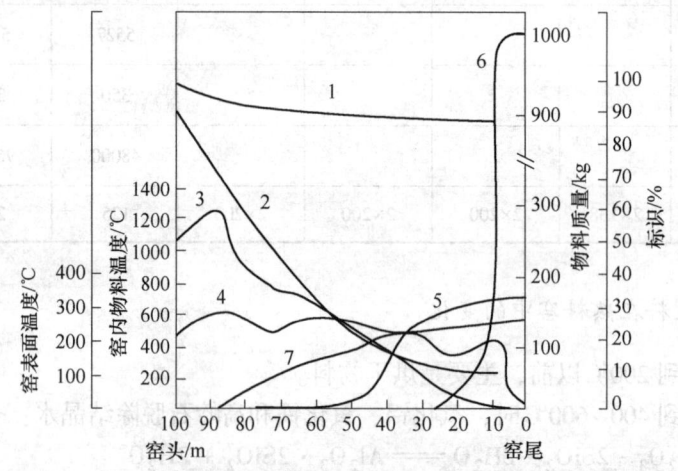

图5-6　窑内炉料组成及温度的变化

1—Na₂O溶出率；2—Al₂O₃溶出率；3—物料温度；
4—窑表面温度；5—结晶水；6—附着水；7—CO₂

5.2.3.3　炉料的烧成温度

把碱-石灰-铝土矿炉料加热至1200℃时，所得产物的Na_2O和Al_2O_3的标准溶出率就已经达到生产要求，这表明从化学反应的角度来说，在此温度下$Na_2O \cdot Al_2O_3$、$2CaO \cdot SiO_2$和$Na_2O \cdot Fe_2O_3$的生成反应已基本完成，或者说已经把"生料"烧制成了"熟料"。生产上通常把完成烧成反应所必需的温度称做炉料的烧成温度。

当碱-石灰-铝土矿炉料的烧成温度远低于其熔化温度时，烧成过程是在固态（或液相很少）的情况下完成的。在固态反应下烧成的熟料，在外观上是松散的细粒状，在结晶结构上具有严重缺陷，并呈高度分散状态，特别是其中的$2CaO \cdot SiO_2$在铝酸钠溶液中是不稳定的。这种熟料称黄料或欠烧料，尽管其标准溶出率很高，但在进行工业溶出时，随着赤泥与溶液接触时间的延长，已进入溶液的Na_2O和Al_2O_3又大量损失，造成其净溶出率显著降低，所以这种熟料不能完全适应溶出工艺的要求。

5.2.3.4 熟料的烧结温度范围

工业上，碱-石灰-铝土矿炉料的烧结过程是在把炉料加热至部分熔融，即加热至出现一定数量液相的温度下进行的。液相的出现，除能显著提高化学反应速度，并有利于反应产物的结晶长大和结构完善外，液相凝结还能把未熔的粉状物料黏结起来，形成具有一定机械强度和孔隙率的块状熟料。当炉料成分一定时，烧结过程中出现液相的多少，取决于烧结温度的高低，烧结温度越高，液相越多，产出的就是孔隙率小、机械强度高、块度大的熟料。

生产上通常用欠烧结、近烧结、正烧结、过烧结来区分熟料的烧结程度。例如有的研究者认为对于正常配方的碱-石灰-铝土矿炉料来说，当液相量为固相量的 5% 以下时为"欠烧结"熟料，当液相量占 5%~10% 时为"近烧结"熟料，当液相量占 15%~20% 时为"正烧结"熟料，当液相量超过 20% 时为"过烧结"熟料。

熟料的烧结温度范围一般是指其近烧结上限温度与正烧结上限温度之间的温度范围，例如某熟料的近烧结上限温度为 1230℃，正烧结上限温度为 1300℃ 时，则其烧结温度范围就是 1300℃ – 1230℃ = 70℃。烧结温度范围是影响烧结过程和熟料质量的一项重要指标，如果熟料的烧结温度范围太窄，就会使烧结窑的操作遇到困难，温度稍低些就要跑"黄料"，温度稍高些又会引起过烧结、"窑皮"脱落及生成"结圈"等不正常情况。所以生产上要求熟料的烧结温度范围应该宽一些，至少也应大于 40℃。

炉料的化学组成不同，出现液相时的温度和熔点也各不相同，因而其烧结温度范围一般来说也各不相同。我国的生产经验和试验研究证明：提高炉料的铝硅比可以使其熔点显著提高，从而使其烧结温度范围相应地加宽，当熟料的 A/S 低于 2.7 时，由于其烧结温度范围窄，烧结回转窑的操作便会感到困难；当提高炉料的 Fe_2O_3 含量并配入 Na_2O，使 Fe_2O_3 生成 $Na_2O \cdot Fe_2O_3$ 的情况下，将会使炉料出现液相的温度和其熔点都降低，其烧结温度范围也有所变窄；而炉料中 Fe_2O_3 含量很少时，虽可使其烧结温度范围变宽，但必须提高烧结过程的温度，此时可往炉料中加入少量铁矿石来降低炉料的熔点，从而可降低其烧结温度。烧结温度范围是影响烧结过程及熟料质量的重要因素。总之，在研究炉料成分及选择配方时，必须考虑使炉料具有较宽的烧结温度范围。

5.3 熟料溶出及赤泥分离

5.3.1 熟料溶出的基本原理

5.3.1.1 溶出过程的目的

熟料溶出过程要使熟料中的 $Na_2O \cdot Al_2O_3$ 尽可能完全地转入溶液，而 $Na_2O \cdot Fe_2O_3$ 尽可能完全地分解，以获得 Al_2O_3 和 Na_2O 高的溶出率。溶出液要与赤泥尽快地分离，以减少氧化铝和碱的化学损失。分离后的赤泥，挟带着附液，应充分洗涤，以减少碱和氧化铝的机械损失。

炉料烧成和熟料溶出是决定烧结法系统经济效果的两个最主要的环节。熟料质量不好,固然不可能有高的溶出率;而溶出制度不当,尽管熟料质量好,溶出过程也会由于发生一系列二次反应,使已经溶出来的氧化铝和氧化钠又进入赤泥再损失。因此,选择最适宜的溶出制度是十分重要的。

熟料溶出过程的作业效果由 Al_2O_3 和 Na_2O 的净溶出率 ($\eta_{A净}$ 和 $\eta_{N净}$) 表示。它们的数值可以根据熟料和排出赤泥的组成来确定。熟料中含有大量 CaO,钙盐不溶于铝酸钠溶液,溶出后的赤泥数量可以根据其中 CaO 含量来确定,因而:

$$\eta_{A净} = \frac{Al_2O_{3熟} - Al_2O_{3泥} \times CaO_{熟}/CaO_{泥}}{Al_2O_{3熟}} \times 100\% \tag{5-15}$$

式中　$Al_2O_{3熟}$, $Al_2O_{3泥}$, $CaO_{熟}$, $CaO_{泥}$——熟料和赤泥中的 Al_2O_3 和 CaO 含量,%。

$\eta_{N净}$ 也是同样计算的。

当熟料的标准溶出率 $\eta_{A标}$ 和 $\eta_{N标}$ 基本固定时,$\eta_{A净}$ 和 $\eta_{N净}$ 越高,就表示溶出过程中 Al_2O_3 的损失 $\Delta\eta_A$ ($\Delta\eta_A = \eta_{A标} - \eta_{A净}$) 和 Na_2O 的损失 $\Delta\eta_N$ ($\Delta\eta_N = \eta_{N标} - \eta_{N净}$) 越小,也就是表示溶出效果越好。

在溶出过程的各个阶段,有用成分溶出程度不同或是溶出后又发生损失,也可以根据这个阶段的赤泥成分进行检查。

赤泥的洗涤效果用所谓附液损失来衡量,通常以每 1t 干赤泥所带附液中的碱含量表示。当弃赤泥的液固比为 L/S,附液中全碱浓度为 N_T(g/L),附液损失便为 $(L/S)N_T$ (kg/t)。

我国根据低铁熟料的特点,研究出低摩尔比二段磨料溶出流程,$\eta_{A净}$ 由原来的 70% ~ 75% 提高到 92% ~ 93%;$\eta_{N净}$ 则由 85% ~ 88% 提高到 93% ~ 95%,将碱石灰烧结法提高到一个新的水平。在熟料溶出过程的理论研究上,如溶出过程二次反应的实质、溶出条件的选择和控制等,也作出了贡献。

5.3.1.2　溶出过程的主要反应

铝酸钠及其与铁酸钠组成的固溶体很易溶解成铝酸钠溶液,在 100℃ 下,用碱溶液溶解固体铝酸钠成为含 Al_2O_3 浓度 100g/L 以及摩尔比为 1.6 的铝酸钠溶液的过程可以在 3min 内完成。铝酸钠在溶解过程中放出的热量为 41.86kJ/mol (10kcal/mol)。

在熟料溶出过程制得的铝酸钠溶液常常含有 5~6g/L 的 SiO_2,溶液的稳定性因而显著增加,以致在碱石灰烧结法中,溶液的摩尔比可以低至 1.20~1.25。表 5-2 中的数据表明溶液中 SiO_2、Na_2SO_4 及 Na_2O_C 浓度对其稳定性的影响。

表 5-2　铝酸钠溶液中杂质浓度对其稳定性的影响 ($t = 80℃ \pm 2℃$)

溶液成分/g·L⁻¹						开始水解的时间和水解程度
NaO_T	Al_2O_3	Na_2O_C	Na_2SO_4	SiO_2	MR	
82	100	<2	—	<0.3	1.3	0.5h 后开始分解,2h $\eta_A = 1.2\%$
82	100	31	—	<0.24	1.3	0.5h 后开始分解,2h $\eta_A = 1.0\%$
82	100	60	—	0.24	1.3	0.5h 后开始分解,2h $\eta_A = 1.0\%$
82	100	<2	30	0.24	1.3	0.5h 后开始分解,2h $\eta_A = 1.0\%$

溶液成分/g·L^{-1}						开始水解的时间和水解程度
NaO_T	Al_2O_3	Na_2O_C	Na_2SO_4	SiO_2	MR	
82	100	<2	60	0.24	1.3	0.5h 后开始分解，2h η_A=0.5%
103	101	29	—	1.8	1.23	6h 后开始分解，8h η_A=3.8%
105	100	30	—	2.47	1.23	7h 后开始分解，8h η_A=3.8%
105	100	31	—	3.56	1.23	8h 后开始分解，10h η_A=1.8%
40	51	0.8	—	0.88	1.26	10h 内不分解
78	92	—	—		1.4	6h 内不分解
97	115	—	—		1.4	6h 内不分解

铁酸钠在水溶液中迅速水解（$Na_2O \cdot Fe_2O_3 + 2H_2O \longrightarrow 2NaOH + Fe_2O_3 \cdot H_2O\downarrow$），反应热效应为 83.6kJ/mol。以往由纯铁酸钠进行的水解实验得到的结果表明，上述反应速度缓慢。在铝酸盐熟料中，由于铁酸钠是与铝酸钠构成固溶体的，因此其水解速度大为提高。例如，铁酸钠含量为 13.7% 的铝酸盐熟料磨到小于 0.25mm 溶出时，在 75℃ 下只需 5min 便完全水解。

CA 和 $C_{12}A_7$ 两种铝酸钙用 NaOH 溶液处理都将导致 $3CaO \cdot Al_2O_3 \cdot 6H_2O$ 的生成。用 Na_2CO_3 溶液处理可以使其中 Al_2O_3 转入溶液，其反应可以从 Na_2O-Al_2O_3-CaO-CO_2-H_2O 系平衡曲线得到了解。由于碱石灰烧结法的熟料中含有铝酸钙，为了溶出其中的 Al_2O_3，必须在溶出调整液中保持一定的碳酸钠浓度。

CF 和 C_2F 两种铁酸钙在碱溶液和铝酸钠溶液中都可能分解，反应式如下：

$$3(2CaO \cdot Fe_2O_3) + aq. \longrightarrow 2(3CaO \cdot Fe_2O_3 \cdot 6H_2O) + 2Fe(OH)_3 + aq. \quad (5-16)$$

$$3(2CaO \cdot Fe_2O_3) + 4Na[Al(OH)_4] + aq. \longrightarrow$$
$$2(3CaO \cdot Al_2O_3 \cdot 6H_2O) + 4NaOH + 6Fe(OH)_3 + aq. \quad (5-17)$$

$$CaO \cdot Fe_2O_3 + 4H_2O \longrightarrow Ca(OH)_2 + 2Fe(OH)_3 \quad (5-18)$$

$$3Ca(OH)_2 + 2Fe(OH)_3 \longrightarrow 3CaO \cdot Fe_2O_3 \cdot 1.5H_2O + 4.5H_2O \quad (5-19)$$

在铝酸钠溶液中还将生成 $3CaO \cdot (Al、Fe)_2O_3 \cdot 1.5H_2O$。但是铁酸钙和铝酸钙在铝酸盐熟料溶出时，最终将转变为水化石榴石或水化铁石榴石。溶液浓度和温度的提高会增进铁酸钙的分解，并增大 Al_2O_3 的损失。然而铁酸钙的分解速度比原硅酸钙慢得多，它不是造成 Al_2O_3 在溶出时损失的主要原因。

熟料中的硫酸钠和硫化钠在溶出时全部溶入铝酸钠溶液。由于熟料溶出时的温度和碱浓度都比拜耳法溶出铝土矿时低，溶出时间也短，熟料中的 FeS 不致与铝酸钠溶液反应。熟料中的其余组成部分在溶出时大都直接转入赤泥。

5.3.2 熟料溶出过程的二次反应

熟料中 Al_2O_3 和 Na_2O 溶解进入溶液中的反应称为一次反应或者主反应。熟料中原硅酸钙含量在 30% 以上，它不溶于水，但在熟料溶出过程中，赤泥中的 $2CaO \cdot SiO_2$ 可以与铝酸钠溶液发生一系列的化学反应，使已经溶出来的 Al_2O_3、Na_2O 又有一部分重新转入赤泥而损失。这些反应称为二次反应或副反应，由此造成的 Al_2O_3 和 Na_2O 的损失为二次反应损失或副反应损失。在烧结过程中，由于 Al_2O_3 和 Na_2O 没有完全化合成铝酸钠和铁酸钠而引起的损失称为一次损失。当溶出条件不当时，二次反应所造成的损失可以达到很严重的程度。溶出过程的二次反应主要有：

$$2CaO \cdot SiO_2 + 2Na_2CO_3 + aq. \longrightarrow Na_2SiO_3 + 2CaCO_3 \downarrow + 2NaOH + aq.$$

$$(5-20)$$

$$2CaO \cdot SiO_2 + 2NaOH + aq. \longrightarrow Na_2SiO_3 + 2Ca(OH)_2 \downarrow + aq. \qquad (5-21)$$

$$3Ca(OH)_2 + 2Na[Al(OH)_4] + aq. \longrightarrow 3CaO \cdot Al_2O_3 \cdot 6H_2O + 2NaOH + aq.$$

$$(5-22)$$

$$2Na_2SiO_3 + (2+n)Na[Al(OH)_4] + aq. \longrightarrow$$
$$Na_2O \cdot Al_2O_3 \cdot 2SiO_2 \cdot nNa[Al(OH)_4] \cdot xH_2O + 4NaOH + aq. \qquad (5-23)$$

$$3CaO \cdot Al_2O_3 \cdot 6H_2O + xNa_2SiO_3 + aq. \longrightarrow 3CaO \cdot Al_2O_3 \cdot xSiO_2 \cdot yH_2O + 2xNaOH + aq.$$

$$(5-24)$$

$$3Ca(OH)_2 + 2Na[Al(OH)_4] + xNa_2SiO_3 + aq. \longrightarrow$$
$$3CaO \cdot Al_2O_3 \cdot xSiO_2 \cdot yH_2O + 2(1+x)NaOH + aq. \qquad (5-25)$$

实验表明，碳酸钠溶液与 $2CaO \cdot SiO_2$ 反应可使溶液中的 SiO_2 浓度达到 $8 \sim 10g/L$，它限制了二次反应的进行。

由于反应式 (5-23)、式 (5-24) 的结果，使已经溶出来的 Al_2O_3 和 Na_2O 又重新生成溶解度很小的水合硅酸钠（$Na_2O \cdot Al_2O_3 \cdot 2SiO_2 \cdot nNa[Al(OH)_4] \cdot xH_2O$）和水化石榴石（$3CaO \cdot Al_2O_3 \cdot xSiO_2 \cdot yH_2O$）进入赤泥中而损失。当溶出条件控制不当，生成水合铝硅酸钠和水化石榴石的数量增加，于是造成严重的二次反应损失。

实验研究以及生产实践都证明，影响二次反应的最主要因素是苛性碱（NaOH）浓度。当溶液中的 Al_2O_3 浓度一定时，NaOH 浓度越低也即溶液的苛性比值越小，二次反应所造成的损失越低。溶液苛性比值的降低，将使溶液的稳定性下降。但是在溶出过程中由于 $2CaO \cdot SiO_2$ 的分解，溶液中的 SiO_2 的浓度达到 $5 \sim 6g/L$。溶液苛性比值在 1.25 左右，溶液仍具有足够的稳定性，这就为采取低苛性比值溶出制度提供了条件。溶出过程生成的水化石榴石，也可以被 NaOH 和 Na_2CO_3 溶液分解，相当于其生成反应的逆反应，即：

$$3CaO \cdot Al_2O_3 \cdot xSiO_2 \cdot (6-2x)H_2O + 2(1+x)NaOH + aq. \Longrightarrow$$
$$3Ca(OH)_2 + xNa_2SiO_3 + 2Na[Al(OH)_4] + aq. \qquad (5-26)$$

$$3CaO \cdot Al_2O_3 \cdot xSiO_2 \cdot (6-2x)H_2O + 3Na_2CO_3 + aq. \Longrightarrow$$
$$3CaCO_3 + x/2(Na_2O \cdot Al_2O_3 \cdot 2SiO_2 \cdot nH_2O) + (2-x)Na[Al(OH)_4] + 4NaOH + aq.$$

$$(5-27)$$

二次反应的主要产物是水化石榴石和水合铝硅酸钠。水化石榴石是 $3CaO \cdot Al_2O_3 \cdot 6H_2O$-$3CaO \cdot Al_2O_3 \cdot 3SiO_2$ 系的固溶体，在 $3CaO \cdot Al_2O_3 \cdot 6H_2O$ 中有一部分 OH^- 被 SiO_4^{4-} 离子所代替，因此在水化石榴石的分子式中 $y = 6 - 2x$。x 值被称为水化石榴石中 SiO_2 的饱和度。水化石榴石中 SiO_2 的含量决定于它生成的条件，在熟料溶出条件下，水化石榴石中 SiO_2 的饱和度一般为 0.5。在深度脱硅时生成的水化石榴石中 SiO_2 的饱和度只有 $0.1 \sim 0.2$。一般来说，当溶液中 SiO_2 浓度越高，温度越高，所生成的水化石榴石中的 SiO_2 饱和度越高，而溶液中 NaAlO₂ 和 Ca(OH)₂ 的浓度越高，则生成的水化石榴石中 SiO₂ 的饱和度越低。水化石榴石中 SiO₂ 饱和度不同，其在 NaOH 和 Na₂CO₃ 溶液中的稳定性也不同。SiO₂ 饱和度越大，稳定性越高。也就是说水化石榴石中 SiO₂ 含量越大，它越难被 NaOH 和 Na₂CO₃ 分解。

5.3.3　影响二次反应的因素和抑制措施

$2CaO \cdot SiO_2$ 的分解是熟料溶出时产生二次损失的根本原因，必须在溶出时最大限度地抑制它的分解。

5.3.3.1　溶出温度

提高溶出温度，使溶出过程中的所有反应都加速进行。通常熟料溶出是在 70~80℃ 的温度下进行，Na_2O 和 Al_2O_3 有足够的溶出速度。溶出过程是放热的，而且熟料和调整液都有较高的温度。进一步提高溶出温度反而会加速 $2CaO \cdot SiO_2$ 的分解，增大二次反应造成的损失。

5.3.3.2　溶出的苛性比值

溶出时的苛性比值是影响二次反应损失的主要因素。在 Al_2O_3 浓度一定的条件下，提高溶出液的苛性比值也就提高了 NaOH 浓度，增进二次反应。在碱石灰铝土矿熟料溶出时，溶出液的 Al_2O_3 浓度一般保持在 120g/L 左右，过低将增大物料流量，过高则同时提高了 Na_2O 浓度。当溶出液的苛性比值由 1.5 降至 1.2，氧化铝净溶出率提高 6% 左右。目前，我国氧化铝厂采用低苛性比值（苛性比值 1.20~1.25）溶出，Al_2O_3 净溶出率在 90% 以上。

5.3.3.3　碳酸钠浓度

溶液的 Na_2O_C 浓度的影响是比较复杂的。溶液中的 Na_2CO_3 能分解 $2CaO \cdot SiO_2$，从这一方面说它的浓度越高，$2CaO \cdot SiO_2$ 分解越多。但是当溶液中 Na_2O_C 浓度增高到一定程度后，即溶液成分位于图 5-7 苛化曲线以上时，它又能促使 Ca(OH)₂ 转变为 $CaCO_3$，从而抑制了水合铝酸钙和水化石榴石的生成，使 Al_2O_3 的二次反应损失大幅度降低。

因此在溶出过程中适当地提高 Na_2O_C 浓度，并且控制溶出温度，使脱硅反应缓慢进行，以利于抑制二次反应。此外，适当地提高 Na_2O_C 浓度，还可以抑制赤泥膨胀，改善赤泥的沉降性能。

5.3.3.4　二氧化硅浓度

熟料溶出时 $2CaO \cdot SiO_2$ 的分解速度还与溶液中的 SiO₂ 浓度有关。如果溶液中 SiO₂ 的浓度大于 $2CaO \cdot SiO_2$ 分解反应的 SiO₂ 平衡浓度，那么就可以抑制 $2CaO \cdot SiO_2$ 的分解，减

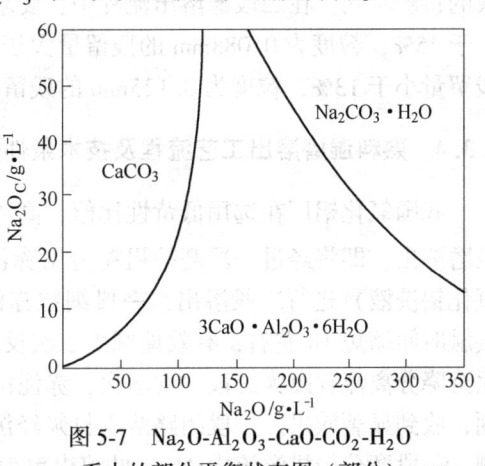

图 5-7　Na_2O-Al_2O_3-CaO-CO_2-H_2O 系中的部分平衡状态图（部分）

少二次损失。应当指出，只有当溶液中Na_2O_C浓度和溶出温度较低，不利于脱硅反应的条件下，控制SiO_2的浓度来抑制二次反应的措施才能获得较好的效果。

5.3.3.5　溶出时间

熟料溶出时间是指从熟料入磨开始直至溶液与赤泥分离开所需的时间，也就是溶液与赤泥的接触时间。溶出时间越长，$2CaO \cdot SiO_2$分解及由其引起的二次反应所经历的时间也越长，因而引起的二次反应损失也越大。熟料中有用成分在15min左右便已溶出完毕，$2CaO \cdot SiO_2$的分解是在这以后才趋于强烈。随着它与溶液接触时间的延长，其分解数量增加。因此，尽快地使溶液与赤泥分离也是减少二次反应损失的重要措施。

5.3.3.6　溶出液固比

生产上通常把入磨调整液的体积（m^3）与熟料下料量（t）的比值称为溶出液固比或入磨液固比。溶出时液固比的选择应该与分离设备相适应，以便赤泥与溶出液迅速而有效地分离。

熟料溶出后其中的不溶物都转变为赤泥，溶出液固比也就表征着溶出料浆的赤泥含量。溶出液固比越大，就表示溶出料浆的赤泥含量越低。当溶出液的Al_2O_3浓度、Na_2O_K浓度和Na_2O_C浓度不变时，料浆中赤泥含量少，有利于赤泥的分离，可缩短赤泥与溶液的接触时间，因此增大溶出液固比可减少二次反应损失。但增大液固比会带来料浆体积增大，加重赤泥分离设备的负担。因此，溶出液固比过大也是不恰当的。

5.3.3.7　熟料质量和粒度

良好的熟料质量是保证达到预期溶出效果的前提。烧结较差的熟料，特别是黄料，由于其中的$2CaO \cdot SiO_2$结晶不完善并呈高度分散状态，能被NaOH剧烈分解，溶出过程中的二次反应损失比较严重，溶出后赤泥因不稳定而难以分离。过烧结熟料除因坚硬难磨，使湿磨的产能降低外，其溶出效果也往往不及正烧结熟料。

熟料粒度也必须适当，粒度过大会使有用成分溶出不完全，粒度过小则会由于泥渣比表面的增大而加剧C_2S与溶液的反应，并且造成赤泥与溶出液分离困难，延长赤泥与溶液的接触时间。在二段磨溶出流程中，要求一段溶出液中的赤泥粒度为0.25mm的残留量小于15%，粒度为0.088mm的残留量大于13%；二段溶出液中的赤泥粒度为0.25mm的残留量小于13%，粒度为0.125mm的残留量大于15%。

5.3.4　熟料湿磨溶出工艺流程及技术条件的控制

我国氧化铝厂在选用低苛性比值、高Na_2CO_3浓度溶出工艺的同时，在流程上改用二段磨溶出，即将经过一段磨的粗粒溶出赤泥送进二段磨，用稀碱溶液（即赤泥洗液，氢氧化铝洗液）进行二段溶出，一段细粒赤泥直接进行沉降分离，这样使赤泥和溶出液的接触时间缩短1h左右，有效地减少二次反应。如我国某厂把原来的一段湿磨闭路溶出赤泥沉降分离流程改为二段湿磨溶出，赤泥沉降过滤的联合分离流程，有效地解决了这一问题，收到显著效果。一段闭路溶出料浆经沉降分离后，Al_2O_3溶出率急剧下降。据生产实测，一段磨分级机溢流中Al_2O_3的溶出率为92.30%，分离沉降槽的溢流中Al_2O_3的溶出率为 76.30%，经沉降分离后 Al_2O_3 的溶出率减少 16% 左右，说明副反应严重；但改为二段磨溶出流程后，分离沉降槽溢流中 Al_2O_3 的溶出率提高到 85%~86%，比一段磨溶出时提高 10% 左右。图 5-8 所示为我国某厂现在采用的二段磨溶出工艺流程。

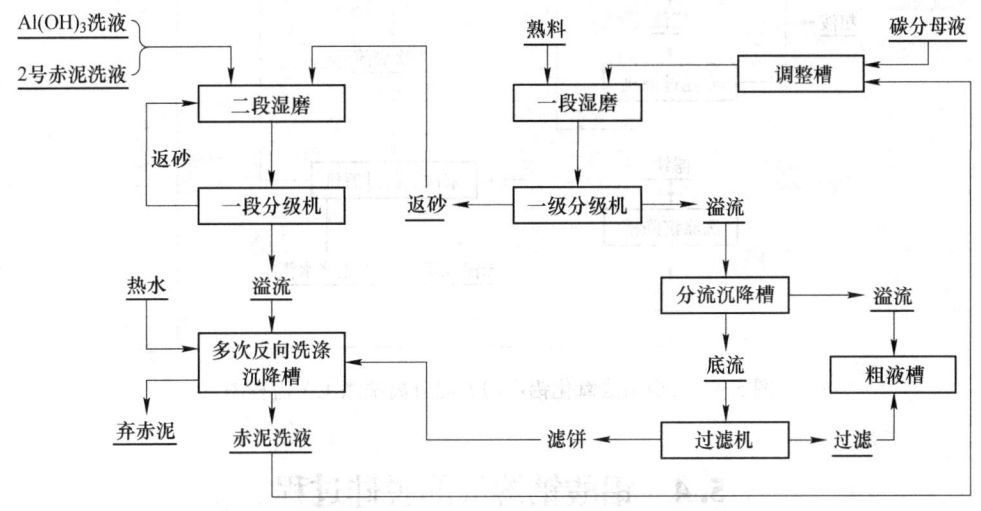

图 5-8 熟料二段磨料溶出工艺流程图

采用二段磨溶出工艺流程，由于一段分级机返砂（约占一段赤泥量的 50%~60%）进二段磨，可以避免物料的过磨，减少一段磨排出料浆中的过细颗粒，因此，也就减少了赤泥与溶液的接触。同时，由于一段分级机的溢流中赤泥含量显著降低，使分流沉降槽的进料液固比由 7.0 左右增大到 10.0~13.0，因此，加速了赤泥沉降分离的速度，缩短了赤泥与溶液的接触时间，减少了沉降分离过程中的 Al_2O_3 损失。

二段磨工艺有效地减少了溶出和赤泥分离过程的副反应损失，Al_2O_3 和 Na_2O 的净溶出率分别可以达到 93% 和 96% 以上，超过了国外同类厂家的水平。

5.3.5 烧结法赤泥分离洗涤流程

熟料溶出后赤泥的分离是烧结法氧化铝生产中的一个重要工序，它直接影响着氧化铝生产的技术经济指标。

烧结熟料中含有大量的 β-$2CaO \cdot SiO_2$，在熟料溶出过程中它可与铝酸钠溶液中的各个组分发生一系列反应，造成有用成分 Al_2O_3 和 Na_2O 的损失。因此，尽快使赤泥与铝酸钠溶液分离，是烧结法氧化铝生产的一个关键技术，对于提高熟料中 Al_2O_3 和 Na_2O 的净溶出率是十分有效的。

赤泥与铝酸钠溶液的分离有多种方法，我国早期联合法厂中的烧结法赤泥分离曾用过沉降过滤器作为赤泥的快速分离设备，但由于劳动强度大、劳动条件较差，后被沉降槽分离所取代。烧结法氧化铝生产厂也进行过板框压滤机分离赤泥以及带式过滤机分离赤泥的试验。目前烧结法氧化铝生产厂主要采用沉降分离技术，图 5-9 所示为某烧结法氧化铝厂中赤泥分离洗涤的工艺流程示意图。

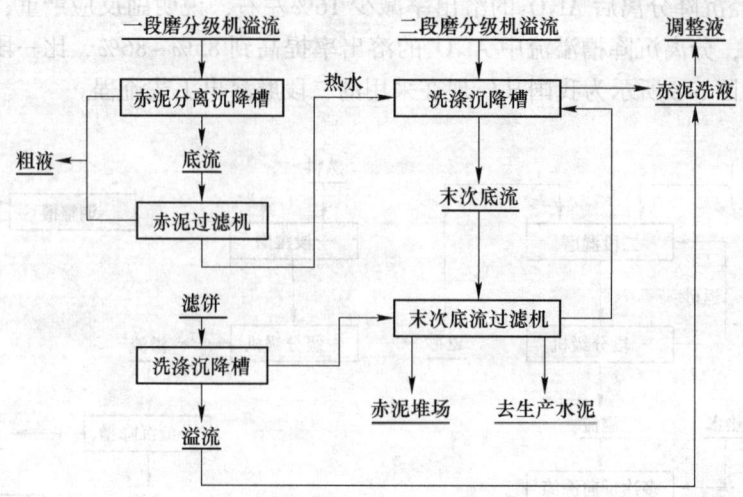

图 5-9 某烧结法氧化铝厂的赤泥分离洗涤工艺流程图

5.4 铝酸钠溶液的脱硅过程

5.4.1 脱硅过程的意义

熟料在溶出过程中，由于 β-2CaO · SiO$_2$ 与溶液中的 NaOH、Na$_2$CO$_3$ 及 Na[Al(OH)$_4$] 相互作用而被分解，使较多的 SiO$_2$ 进入溶液。通常在熟料溶出液中，Al$_2$O$_3$ 浓度约 120g/L，SiO$_2$ 浓度高达 4.5~6g/L（硅量指数为 20~30），高出铝酸钠溶液中 SiO$_2$ 平衡浓度许多倍。这种含 SiO$_2$ 过饱和程度很高的溶出粗液，用于分解，特别是碳酸化分解时，大部分 SiO$_2$ 将会随同 Al(OH)$_3$ 一起析出，使产品氧化铝不符合质量要求。因此，在进行分解以前，粗液必须经过专门的脱硅过程。脱硅并经过控制过滤后的铝酸钠溶液，称为精液。其脱硅程度用硅量指数（A/S）来表示。精液的硅量指数越高，表示溶液中 SiO$_2$ 浓度越低，脱硅越彻底。

在烧结法生产中，铝酸钠溶液大部分是采用碳酸化分解的。碳酸化分解过程不仅要求得到质量高的 Al(OH)$_3$，而且为了减少随同碳分母液返回烧结的 Al$_2$O$_3$ 量，还要求分解率尽可能的提高。因此，溶出后所得粗液不仅需要脱硅，而且还须达到一定的脱硅深度。一般要求精液的硅量指数大于 400。

以往烧结法的重要缺点之一是成品氧化铝的质量低于拜耳法的。近年来，烧结法厂研究并采用了深度脱硅方法，精液硅量指数达到 1000 以上，使成品氧化铝的质量不再低于拜耳法。深度脱硅已成为氧化铝生产中一项较大的技术成就。

铝酸钠溶液脱硅过程的实质就是使其中溶解的 SiO$_2$ 转变为溶解度很小的化合物沉淀出来。目前已经提出的脱硅方法很多，概括起来有两大类：一类是使 SiO$_2$ 成为含水铝硅酸钠析出，另一类是使 SiO$_2$ 成为水化石榴石析出。这些方法各有其复杂的影响因素，粗液成分和对精液纯度的要求不同，形成了脱硅方法和工艺的多样化。

5.4.2　不添加石灰脱硅的基本原理和影响因素

5.4.2.1　不添加石灰脱硅的基本原理

通过控制一定的条件使溶液中的 SiO_2 以含水铝硅酸钠的形式析出。反应式如下：

$$1.7Na_2SiO_3 + 2Na[Al(OH)_4] + aq. \Longrightarrow Na_2O \cdot Al_2O_3 \cdot 1.7SiO_2 \cdot nH_2O + 3.4NaOH + aq.$$

$$(5\text{-}28)$$

采用这种方法进行脱硅，脱硅的最大限度取决于在该条件下含水铝硅酸钠在溶液中的溶解度大小。图 5-10 所示为 70℃ 的铝酸钠溶液（ $\alpha_K = 1.7 \sim 2.0$ ）中 SiO_2 的溶解情况。图 5-10 中曲线 AB 是搅拌 $1 \sim 2h$ 后 SiO_2 在铝酸钠溶液中的介稳溶解度曲线，曲线 AC 是搅拌 $5 \sim 6$ 昼夜后 SiO_2 在铝酸钠溶液中的平衡溶解度曲线。这两支曲线将此图分为三个区域：Ⅰ区为 SiO_2 未饱和区；Ⅱ区为 SiO_2 的介稳平衡区，该区溶液中的 SiO_2 在热力学上虽属于不稳定状态，但是在不加晶种，特别是低于 70℃ 时，含水铝硅酸钠析出速度相当缓慢；Ⅲ为 70℃ 下 SiO_2 的过饱和区，其中过量的 SiO_2 迅速形成含水铝硅酸钠沉淀析出。曲线 AB 表示 SiO_2 在铝酸钠溶液中浓度的最高限度。熟料溶出后，粗液中的 SiO_2 浓度大体上接近这一极限浓度。随着熟料溶出温度的改变，AB、AC 曲线的具体位置会有所变化，但仍保持上述形状。

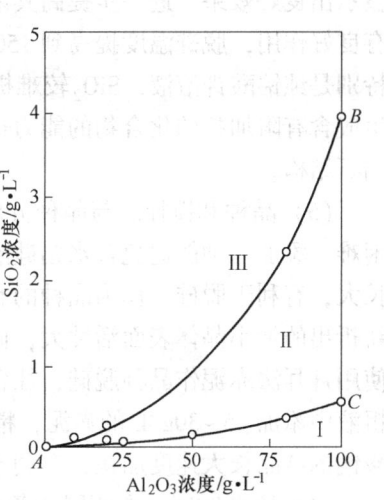

图 5-10　SiO_2 在铝酸钠溶液中的溶解度和介稳状态溶解度（70℃）

SiO_2 在铝酸钠溶液中能够以介稳状态存在的原因至今见解不同。以往有人认为 Na_2SiO_3 一类含 SiO_2 的化合物与铝酸钠溶液相互作用，首先生成的是一种具体成分尚待确定的高碱铝硅酸钠 $mNa_2O \cdot Al_2O_3 \cdot 2SiO_2$，然后水解才析出含水铝硅酸钠。较多的人认为 SiO_2 的介稳溶解度是与刚从溶液中析出的含水铝硅酸钠具有无定型的特点相一致的。随着搅拌时间的延长，含水铝硅酸钠由无定型转变为结晶状态，溶液中的 SiO_2 浓度也随之降低到稳定形态的溶解度，即该温度下的最终平衡浓度。

5.4.2.2　不添加石灰脱硅的影响因素

不添加石灰脱硅的影响因素为：

（1）脱硅温度。温度对于含水铝硅酸钠在铝酸钠溶液中溶解度的影响比较复杂，但对脱硅过程的动力学有决定性作用。在 $100 \sim 170℃$ 温度范围内，随着温度的升高，水合铝硅酸钠的溶解度降低，结晶析出的速度显著提高。继续升高温度，由于 SiO_2 的溶解度又增大，溶液的硅量指数反而降低，适当提高温度可以缩短脱硅时间，增大设备产能，因而生产中多采用加压脱硅。

（2）原液 Al_2O_3 的浓度。在烧结法的生产条件下，精液中 SiO_2 的平衡浓度是随着 Al_2O_3 浓度的增大而增大的，而硅量指数则随之而降低。因此降低 Al_2O_3 浓度有利于获得硅量指数较高的精液。

（3）原液 Na_2O 浓度。当溶液中 Al_2O_3 浓度一定时，含水铝硅酸钠在溶液中的溶解度随 Na_2O 浓度的增加而增加。所以生产上在保证溶液在脱硅和硅渣分离过程中有足够稳定性的前提下，脱硅溶液的苛性比值要尽可能低，这样脱硅效果会更好。

（4）原液中 Na_2CO_3、Na_2SO_4、$NaCl$ 和 K_2O 的浓度。溶液中的 Na_2CO_3、Na_2SO_4 和 $NaCl$ 使含水铝硅酸钠转变为溶解度更小的沸石族化合物，因此这类盐的存在可以起到降低 SiO_2 平衡浓度，提高脱硅深度的作用。有资料显示，添加碳酸钠 Na_2O_C 5~10g/L 时便显示出良好效果，进一步提高其浓度，不再加深脱硅程度。同时，碳酸钠仅在常压脱硅时有良好作用，脱硅温度提高到 150~170℃ 后，便无明显好处。在含 K_2O 的铝酸钠溶液中，特别是纯铝酸钾溶液，SiO_2 较难析出，原因在于人造钾沸石比人造钠沸石的结晶缓慢，其生成含有附加盐的化合物的能力也比后者弱，而且也不像后者那样容易转变为较致密的方钠石结构。

（5）晶种和搅拌。与晶种分解一样，在含水铝硅酸钠析出的过程中，自发成核非常困难，添加晶种能避免含水铝硅酸钠自发成核的困难，含水铝硅酸钠能直接在晶种上析出长大，有利于脱硅。作为晶种的有硅渣和拜耳法赤泥。晶种的质量决定于它的表面活性，新析出的细小晶体表面活性大，而放置太久或反复使用后的晶体活性降低，作用差。我国使用拜耳法赤泥作晶种脱硅，往含 Na_2O_T 140.2g/L、Al_2O_3 103.12g/L，摩尔比为 1.57 的粗液中添加 15~30g/L 的赤泥，精液硅量指数可分别提高约 100~150。搅拌会使含水铝硅酸钠的结晶长大速度加快，有利于脱硅的进行。

（6）脱硅时间。在相同的条件下，脱硅时间越长，脱硅程度越深。

5.4.3　添加石灰脱硅的基本原理和影响因素

5.4.3.1　添加石灰脱硅的基本原理

不添加石灰脱硅，所得溶液的硅量指数很难超过 500。为了进一步提高溶液的硅量指数，往溶液中添加一定量的石灰，使 SiO_2 以溶解度更小的水化石榴石固溶体析出，由于它的溶解度在相当高的温度、溶液浓度和摩尔比的范围内为 0.02~0.05g/L（以 SiO_2 表示），远低于含水铝硅酸钠，使精液的硅量指数可提高到 1000 以上。

添加石灰的脱硅过程主要发生如下反应：

$$3Ca(OH)_2 + 2Na[Al(OH)_4] + aq. \stackrel{}{=\!=\!=} 3CaO \cdot Al_2O_3 \cdot 6H_2O\downarrow + 2NaOH + aq.$$
$$(5\text{-}29)$$

$$3CaO \cdot Al_2O_3 \cdot 6H_2O + xNa_2SiO_3 + aq. \stackrel{}{=\!=\!=} 3CaO \cdot Al_2O_3 \cdot xSiO_2 \cdot (6-2x)H_2O +$$
$$2xNaOH + aq.$$
$$(5\text{-}30)$$

式中　x ——饱和度，随温度升高而升高，在生产条件下约为 0.1~0.2 之间。

从水化石榴石的分子式可看出，CaO 与 SiO_2 的摩尔比为 15~30，Al_2O_3 与 SiO_2 的摩尔比为 5~10，如果溶液中的 SiO_2 完全是以水化石榴石形式脱除，与含水铝硅酸钠相比，则会消耗大量的石灰，同时也会造成更多的 Al_2O_3 损失。所以生产中一般是在溶液中的 SiO_2 大部分以含水铝硅酸钠析出后，再添加石灰进行深度脱硅（二次脱硅），以减少 Al_2O_3 的损失。

5.4.3.2 添加石灰脱硅的影响因素

A 脱硅温度

图 5-11 所示的结果表明，铝酸钠溶液添加石灰脱硅过程的速度和深度是随着温度的升高而提高的。在其他条件相同时，温度越高，水化石榴石中 SiO_2 的饱和度越大，溶液中 SiO_2 的平衡浓度就越低，故有利于减少石灰用量和 Al_2O_3 的损失。在二段脱硅过程中，第一阶段脱硅后溶液的温度一般为 100~105℃，在沉降分离钠硅渣以后，温度降为 95~100℃。实践表明，在此温度下进行添加石灰的第二阶段脱硅是适当的。

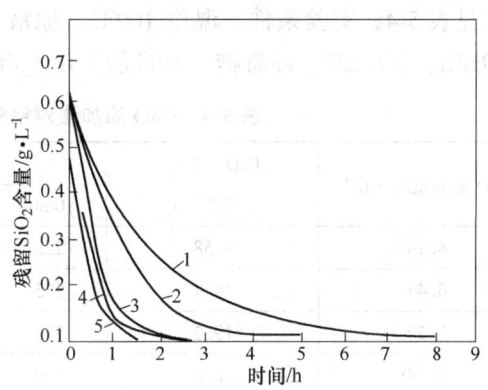

图 5-11　铝酸钠溶液添加石灰的脱硅过程与温度的关系
1—60℃；2—70℃；3—80℃；4—90℃；5—98℃

B 原液中 Al_2O_3 和 Na_2O 的浓度

一般认为 Al_2O_3 浓度较低时，添加石灰脱硅才能明显有效，而当 Al_2O_3 浓度超过 140g/L 时，添加石灰的脱硅效果不显著。表 5-3 列出了溶液中 Al_2O_3 浓度对于添加石灰脱硅过程影响的相关数据。

表 5-3　溶液中 Al_2O_3 浓度对于添加石灰脱硅过程的影响

粗液成分/g·L^{-1}			精液成分/g·L^{-1}			泥渣成分/%				
Al_2O_3	Na_2O	SiO_2	Al_2O_3	Na_2O	SiO_2	Al_2O_3	CaO	Na_2O	SiO_2	灼减
34.7	147.2	0.82	24.8	157.3	0.013	26.8	43.5	0.55	1.90	27.0
91.5	148.0	0.795	82.0	151.9	0.006	26.5	44.0	0.50	1.81	26.1
122.6	151.9	0.83	114.8	156.5	0.009	26.8	44.0	0.52	2.0	26.0
150.8	146.5	0.815	143.0	155.7	0.004	26.5	43.2	0.62	1.90	27.7

注：CaO 添加量为 20g/L，脱硅过程在 98℃下进行 3h。

铝酸钠溶液中 Na_2O 浓度和摩尔比的增大，将使添加石灰脱硅的效果变差。溶液中 Na_2O 浓度升高，促使水化石榴石固溶体的分解，使精液中 SiO_2 浓度升高，硅量指数降低。

C 溶液中 Na_2CO_3 的浓度

随溶液中 Na_2CO_3 浓度的提高，脱硅程度会降低。原因在于：一方面 Na_2CO_3 可以分解水化石榴石；另一方面是 Na_2CO_3 与 $Ca(OH)_2$ 进行苛化反应，提高了 Na_2O_K 浓度，更不利于脱硅的进行。

D 溶液中 SiO_2 的浓度

由于在脱硅时生成的水化石榴石中，SiO_2 饱和度很低，因此原液中 SiO_2 浓度越高，消耗的石灰量以及损失的 Al_2O_3 量越大，如果加入的 CaO 数量不足，便不能保证精液硅量指数的提高。另外，在溶液中也不应该含有悬浮的钠硅渣，在添加石灰脱硅之前应尽可能地把溶液中的 SiO_2 转变为含水铝硅酸钠析出，并尽可能地分离出去。

E　石灰的添加量和质量

石灰添加量越多，精液硅量指数越高，但损失的 Al_2O_3 也越大。文献报道的相关实验结果见表 5-4，实验条件：温度 100℃，原液 Al_2O_3 105.9g/L、Na_2O_T 110.31g/L、Na_2O_C 20.9g/L、A/S 222、浮游物（钠硅渣）0.5g/L。

表 5-4　CaO 添加量对铝酸钠溶液脱硅效果的影响

CaO 添加量/g·L^{-1}	CaO : SiO_2（摩尔比）	精液质量（A/S）				Al_2O_3 损失量/g·L^{-1}
		10min	30min	60min	120min	
4.28	9.58	222	312	389	477	0.9
6.44	14.4	313	448	624	624	1.0
8.59	19.2	376	678	871	921	4.6
12.90	28.8	620	1620[①]	1477	1562	7.7

①A/S 的无规律变化，可能是分析误差造成的。

5.4.4　脱硅工艺

我国生产氧化铝的烧结法流程中，粗液脱硅有采用"一段脱硅"法的，也有采用"二段脱硅"法的。具体情况不同，选择的脱硅流程也会不同。

5.4.4.1　一段脱硅工艺

一段脱硅工艺流程的特点是用脱硅机在高温高压下连续或间断压煮脱硅，为加速脱硅和避免脱硅后铝酸钠溶液不稳定发生分解，要在脱硅溶液进入脱硅机之前或之后加入种分母液和硅渣（或拜耳法赤泥）。一段脱硅工艺流程如图 5-12 所示。

熟料溶出过程中，为了防止和减少二次反应造成的损失，提高 Al_2O_3 和 Na_2O 的净溶出率，一般采用低苛性比溶出制度。由于粗液中含有较多的 SiO_2（一般为 4~6g/L），虽然苛性比值降至 1.20~1.25，在赤泥分离和洗涤过程仍能保持足够的稳定性。但

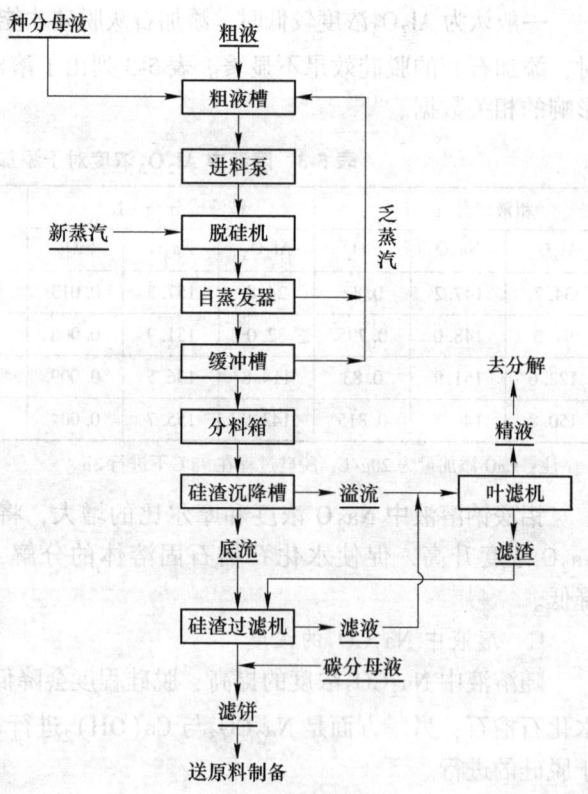

图 5-12　一段脱硅工艺流程

在脱硅时，溶液中大部分的 SiO_2 以硅渣形式析出，使溶液中 SiO_2 的浓度大为降低（一般为 0.2~0.3g/L）。因此，如果不加种分母液，则在硅渣分离时，特别是精液叶滤过程中，低苛性比值的铝酸钠溶液将失去足够的稳定性而自行分解析出 $Al(OH)_3$，造成叶滤机硅

渣结硬，影响叶滤机的正常作业。因此，在生产上为了防止硅渣分离及叶滤过程中铝酸钠溶液分解，采用脱硅加种分母液的办法，使溶液的苛性比值提高到 1.50 以上，以保持溶液在生产条件下具有足够的稳定性。

5.4.4.2　二段脱硅工艺

二段脱硅工艺是为了进一步提高溶液的硅量指数，在一段脱硅后再加入石灰进行脱硅的流程。添加石灰脱硅是在常压下进行的，所以二段脱硅工艺就是在一段脱硅工艺流程中增加了在缓冲槽添加石灰的步骤。二段脱硅工艺流程如图 5-13 所示。

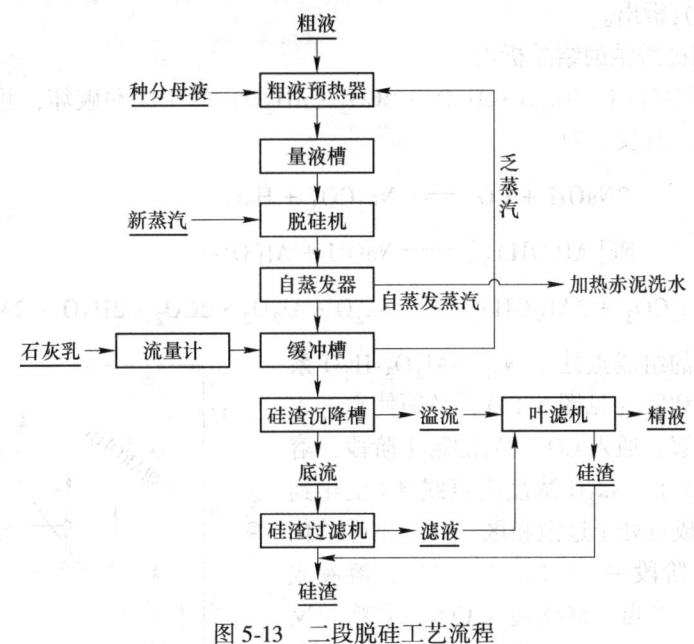

图 5-13　二段脱硅工艺流程

5.5　铝酸钠溶液的碳酸化分解

碳酸化分解（简称碳分）是决定烧结法氧化铝产品质量的重要过程之一。为制取优质的 $Al(OH)_3$，要求铝酸钠溶液具有较高的硅量指数和适宜的碳酸化分解制度，因为 $Al(OH)_3$ 的质量是根据杂质（SiO_2、Fe_2O_3 及 Na_2O）含量和 $Al(OH)_3$ 的粒度决定的。如碳酸化分解的条件不利，便可能得到结构不良而含碱量高的 $Al(OH)_3$；如果分解条件控制适宜，甚至对含 SiO_2 浓度较高的铝酸钠溶液，也可以得到优质的 $Al(OH)_3$ 产品。因此，铝酸钠溶液的碳酸化分解过程和脱硅过程是提高氧化铝质量的两个重要过程。

另外，碳酸化分解过程分解率的大小，对生产过程的产能也有很大影响。因此，要求碳酸化分解过程在保证产品质量的前提下，尽量提高产品的数量，产品的质量和数量二者必须同时兼顾。

碳酸化分解之所以能用于烧结法，除了分解率较高以外，更主要的是在制得产品 $Al(OH)_3$ 的同时，可以得到用于矿石配料的循环的碳分母液，以减少生产过程中的物料流量。

5.5.1 碳酸化分解的原理

碳酸化分解是在脱硅后的精液中通入 CO_2，使 NaOH 转变为碳酸钠，促使溶液中析出 $Al(OH)_3$，得到 $Al(OH)_3$ 和主要成分为碳酸钠的碳分母液，后者经蒸发浓缩后返回配制生料浆。

碳酸化分解是一个气、液、固三相参加的复杂多相反应过程，发生的物理化学反应包括：

（1）铝酸钠溶液吸收 CO_2，使苛性碱中和。

（2）$Al(OH)_3$ 析出。

（3）水合铝硅酸钠的结晶析出。

（4）水合碳铝酸钠（$Na_2O \cdot Al_2O_3 \cdot 2CO_2 \cdot nH_2O$）的生成和破坏，并在碳酸化分解终了时沉淀析出。其反应为：

$$2NaOH + CO_2 = Na_2CO_3 + H_2O \tag{5-31}$$

$$Na[Al(OH)_4] = NaOH + Al(OH)_3 \tag{5-32}$$

$$2Na_2CO_3 + 2Al(OH)_3 = Na_2O \cdot Al_2O_3 \cdot 2CO_2 \cdot 2H_2O + 2NaOH \tag{5-33}$$

铝酸钠精液的组成点处于 Na_2O-Al_2O_3-H_2O 系状态图中的未饱和区（见图 5-14），必须使它进入过饱和区才能分解。通入 CO_2 气后的第 I 阶段，溶液发生反应（5-31），Na_2O 浓度沿直线 AB 变化到 B 点而使溶液组成点处于过饱和区，并开始碳酸化分解过程的第 II 阶段——析出 $Al(OH)_3$，溶液成分沿 BC 线变化至 C 点。继续通入 CO_2，它将与反应（5-32）生成的 NaOH 相互作用，使溶液成分变至 B' 点。如此连续不断地进行上述两个反应，那么在 Na_2O-Al_2O_3-H_2O 系中形成由 $Al(OH)_3$ 结晶线（BC、$B'C'$ 等）和 Na_2CO_3 生成线（CB'、$C'B''$ 等）组成的许多折线。这两个过程是同时发生，所以溶液浓度实际上是沿 BO 线变化的，其位置稍高于平衡曲线 OM。

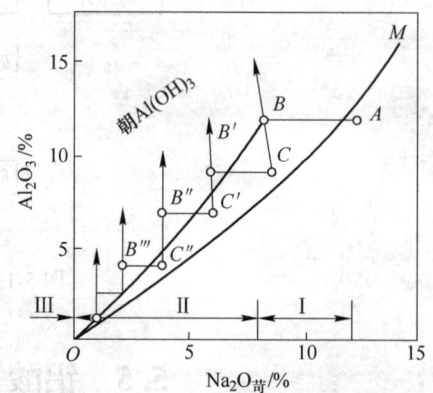

图 5-14　碳酸化分解过程中铝酸钠
溶液浓度的变化

OM—在 80℃ 下 $Al(OH)_3$ 在 Na_2O
溶液中的溶解度等温线

水合铝硅酸钠的析出主要是在碳分过程的末期，它使 $Al(OH)_3$ 被 SiO_2 和碱污染。

碳酸化分解末期（第 III 阶段），当溶液中剩余的 Al_2O_3 浓度少于 $2 \sim 3g/L$ 时，由于溶液温度不高，使水合碳酸钠反应（5-33）生成从溶液中析出。所以，当溶液彻底碳酸化分解时，所得 $Al(OH)_3$ 中含有大量的碳酸钠。

5.5.2 SiO_2 在碳酸化分解过程中的行为

碳分过程中，氧化硅的行为具有重要意义，因为它关系到析出的 $Al(OH)_3$ 中 SiO_2 的含量，从而极大地影响到氧化铝成品的质量。

在碳酸化分解过程中，溶液中 SiO_2 浓度变化可分为三个阶段。图 5-15 所示为碳酸化分解过程中，溶液中 SiO_2 浓度的变化曲线。

第一阶段为碳分初期，$Al(OH)_3$ 会首先析出，而溶液中的 SiO_2 则会被刚析出的表面活性很大、吸附能力很强的 $Al(OH)_3$ 所吸附。所以，在碳分初期溶液中的 SiO_2 会有少量析出。

第二阶段为碳分中期，由于析出的 $Al(OH)_3$ 不断长大，表面活性降低，不能再吸附溶液中的 SiO_2，而铝硅酸钠分解析出的速度又很慢，因此这一阶段只有 $Al(OH)_3$ 会不断析出，而 SiO_2 几乎不沉淀析出，析出的 $Al(OH)_3$ 质量最好，这一阶段的时间长度会随着精液的硅量指数增大而延长。

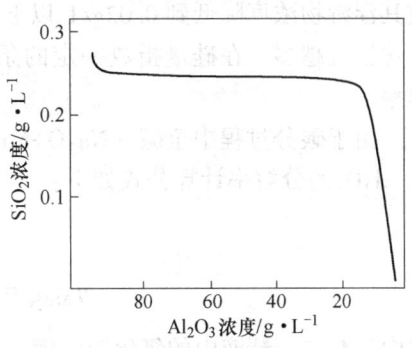

图 5-15 碳酸化分解过程溶液中
SiO_2 浓度的变化曲线

第三阶段为碳分末期，溶液的苛性碱和氧化铝浓度大大降低，铝硅酸钠在溶液中的溶解度也随之大大降低，从而溶液中的 SiO_2 会在这一阶段以铝硅酸钠形式大量析出，通常这一阶段会在溶液中的氧化铝析出 80% 后出现。如果此时不停止分解，则会使溶液中的氧化铝全部析出，同时溶液中的 SiO_2 也几乎完全析出，生产上把这种现象称为彻底碳酸化。

碳分温度对 SiO_2 的行为有一定的影响。温度低时生成的 $Al(OH)_3$ 晶体不完整、粒度小，对 SiO_2 的吸附能力强。同时细粒 $Al(OH)_3$ 晶体包裹着更多的母液，从而使第一阶段析出的 SiO_2 数量增加。例如用同一成分的铝酸钠溶液分别在 80℃ 和 60℃ 下分解，便发现在 80℃ 析出的 SiO_2 数量比在 60℃ 析出的少。

根据 SiO_2 在铝酸钠溶液中可以较长时间地呈介稳状态存在的特性，在碳酸化分解时，可按分解原液的硅量指数来控制分解率。在 SiO_2 大量析出之前便结束碳酸化过程并迅速分离 $Al(OH)_3$，可以得到 SiO_2 含量低的优质 $Al(OH)_3$。

5.5.3 碳酸化分解过程的主要影响因素

衡量碳酸化分解作业效果的主要标准是氢氧化铝的质量（品质）、分解率、分解槽的产能以及电能消耗等。氢氧化铝质量取决于脱硅和碳分两个工序。降低产品中 SiO_2 含量的主要途径是增加脱硅深度，但在精液的硅量指数一定的情况下，则取决于碳分作业条件。分解槽的产能取决于分解时间和分解率等因素，然而适宜的分解时间与分解率又受产品质量的制约，并与原液硅量指数的高低密切相关。碳分过程还是一个大量消耗电能（压缩 CO_2 气体）的工序，其能源消耗取决于使用 CO_2 气体的浓度、CO_2 利用率以及碳分槽的结构等因素。

5.5.3.1 精液纯度与碳分分解率

精液的纯度包括硅量指数和浮游物浓度两个方面。精液的浮游物是由 $Na_2O \cdot Al_2O_3 \cdot 1.7SiO_2 \cdot 2H_2O$ 和 $3CaO \cdot Al_2O_3 \cdot xSiO_2 \cdot yH_2O$ 及 $Fe_2O_3 \cdot nH_2O$ 等组成的，它们在分解初期就全部进入 $Al(OH)_3$ 中，成为这些杂质的主要来源。因此，精液必须经过控制过滤，使其浮游物浓度降低到 0.02g/L 以下。精液的硅量指数越高，可以分解出来的质量合格的氧化铝就越多。在硅量指数一定的条件下，氢氧化铝的质量取决于碳分条件，特别是分解率。

由于碳分过程中全碱（$Na_2O+Na_2O_C$）的绝对量基本上不变，碳分过程中铝酸钠溶液的 Al_2O_3 的分解率计算公式如下：

$$\eta_{Al_2O_3} = \frac{A_a - A_m \times \dfrac{N_T}{N_{T1}}}{A_a} \times 100\% \tag{5-34}$$

式中　A_a——精液中的氧化铝浓度，g/L；
　　　A_m——母液中的氧化铝浓度，g/L；
　　　N_T——精液中的总碱浓度，g/L；
　　　N_{T1}——母液中的总碱浓度，g/L；
　　　$\dfrac{N_T}{N_{T1}}$——溶液的浓缩比或浓缩系数，它反映了分解过程中溶液体积的变化。因为分解过程中排出的废气和结晶析出的 $Al(OH)_3$ 都带走部分水分，使溶液浓缩。在采用石灰窑窑气分解时，浓缩比可达 0.92~0.94。

5.5.3.2　原液的摩尔比 MR

铝酸钠溶液晶种分解过程中，原液的摩尔比是影响分解速度最重要的因素之一。据报道，分解原液的摩尔比每降低 0.1，分解率一般约提高 3%。降低摩尔比对提高分解速度的作用，在分解初期尤为明显。因为摩尔比降低，引起溶液过饱和度的增大，而分解速度受过饱和度的平方项影响，对一定摩尔比的溶液来说，有其适宜的溶液浓度，摩尔比越低，适宜的浓度越高。但在碳酸化分解过程中，随着 CO_2 的连续通入，溶液始终保持较高的过饱和度。

5.5.3.3　CO_2 气体的纯度、浓度和通气速度及时间

石灰炉炉气（CO_2 浓度为 35%~40%）和烧结窑窑气（CO_2 浓度为 8%~12%）都可作为碳酸化分解的 CO_2 气体来源。我国氧化铝厂采用石灰炉炉气，国外则采用熟料窑窑气。因我国烧结法厂以石灰配料，而国外采用石灰石配料。我国因拜耳法系统的铝土矿高压溶出过程必须添加石灰，因而碳分过程利用石灰炉炉气。

CO_2 气体的纯度主要是指它的含尘量。因为粉尘的主要成分 CaO、SiO_2 和 Fe_2O_3 等都是氧化铝中的有害杂质。碳酸化分解的用气量很大，气体中的粉尘全部进入氢氧化铝中。为了保证氢氧化铝的质量，石灰窑窑气必须经过净化洗涤，使其中的粉尘含量少于 0.03g/m³。

CO_2 气体的浓度及通入速度决定着碳酸化分解速度，它对碳酸化分解设备的产能、压滤机的功率及碳酸化的温度都有极大影响。实践表明，采用高浓度 CO_2（含量在 38% 左右）气体进行碳酸化，分解速度快，有利于氢氧化铝产量以及 CO_2 利用率的提高。此时，CO_2 与 Na_2O 的中和反应及 $Al(OH)_3$ 结晶析出所放出的热量，足以维持碳酸化过程在较高的温度下进行，有利于 $Al(OH)_3$ 粒度长大，不仅无须利用蒸汽保温，而且还可以蒸发出

一部分水分。提高通气速度可以缩短分解时间，提高分解槽的产能。但由于分解速度快，$Al(OH)_3$来不及长大，因此 $Al(OH)_3$ 粒度较细，晶间空隙中包含的母液量增加，因此使不可洗碱含量增加。采用 CO_2 含量低的熟料烧结窑窑气分解时，CO_2 气体压缩的动力消耗将大大增加。

通气时间对产物粒度分布有影响。研究表明，随着通气时间的延长，碳分产物 $Al(OH)_3$ 的平均粒度增大，尤其在 3.67～4.00h 之间产物的粒度增加显著，粒度小于 $45\mu m$ 的颗粒的质量分数也明显减少；而在 4.00～4.33h 之间，产物的粒度变化没有前期明显。从粒度分布的变化可以看出，20～40μm、40～60μm 区间的颗粒随时间的延长而明显减少，60～80μm 的颗粒随时间的延长而明显增多。可见，在适当的分解深度下，随着通气时间的延长，碳分产物 $Al(OH)_3$ 的细颗粒逐渐减少，而粗颗粒逐渐增多。在均匀通气下，分解时间缩短，溶液分解深度降低，产物粒度和强度也会变小；对于一定硅量指数的溶液，分解时间过长，又会增加产物中杂质的含量。所以对于特定的分解工艺，应该根据溶液情况，综合考虑分解时间对产物粒度和强度以及杂质含量的影响，选择合适的分解时间。

5.5.3.4 温度

提高分解温度，有利于 $Al(OH)_3$ 晶体的长大，从而可减少其吸附碱和 SiO_2 的能力，有利于它的分离洗涤过程。

在工业生产上，碳分控制的温度与所用的 CO_2 气体浓度有关。如果用高浓度的石灰窑窑气，可使碳分温度维持在 85℃ 以上，而采用低浓度的熟料窑窑气，则碳分温度只能保持在 70～80℃，因此需要通入蒸汽加以保温。

分解温度是影响 $Al(OH)_3$ 粒度的主要因素，并对分解产物中某些杂质的含量也有明显的影响。一般来说，提高温度使晶体长大速度明显增加，降低温度可以使溶液的过饱和度增加，然而温度太低又会增加二次成核的速度，使产品细化。研究表明，分解产物的平均粒度随温度的升高迅速增大，粒度小于 $45\mu m$ 的颗粒的质量分数显著减小。

分解温度对碳酸化分解过程的分解率有较大的影响。以 70℃、80℃ 和 90℃ 的分解温度为例，在碳分前期，80℃ 和 90℃ 的分解速率基本一致，70℃ 的分解速率低于前两者；而在碳分后期，70℃ 和 80℃ 的分解速率基本一致，90℃ 的分解速率高于前两者。从整个分解过程可以看出，90℃ 时的分解速率明显大于 70℃，说明低分解温度对提高碳分分解率不利。这是因为铝酸钠溶液的黏度较大，升高温度有利于降低溶液黏度，提高铝酸根离子的扩散速度和 CO_2 的液膜传质速度，从而加速结晶过程。

5.5.3.5 晶种

实验结果表明，预先往精液中添加一定数量的晶种，在碳酸化分解初期不致生成分散度大、吸附能力强的 $Al(OH)_3$，减少它对 SiO_2 的吸附，所得 $Al(OH)_3$ 的杂质含量减少，而晶体结构和粒度组成也有所改善。由图 5-16 和图 5-17 可以看出，添加晶种时，分解率达 50% 以前，析出的 $Al(OH)_3$ 几乎不含 SiO_2。当分解率相同时，SiO_2 含量也比不添加晶种时低。

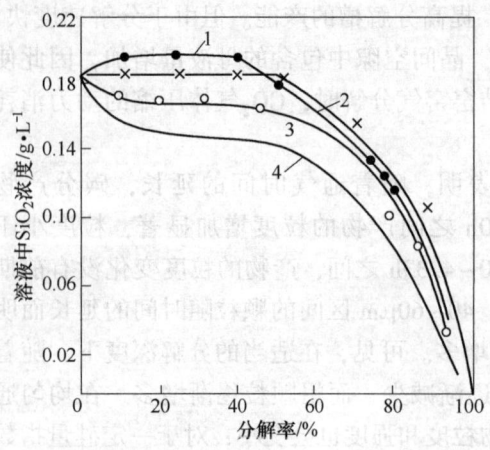

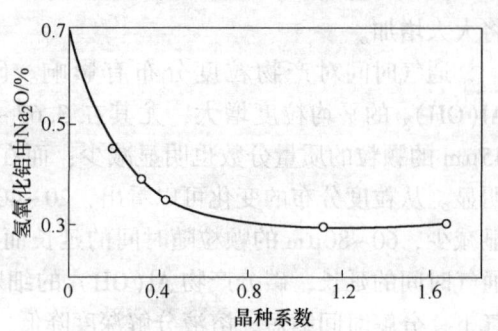

图 5-16　添加晶种对碳分过程中 SiO₂ 析出的影响

1, 2—晶种系数 1.0；3—晶种系数 0.4；4—不加晶种

（晶种中 SiO₂ 含量（占晶种中 Al₂O₃

百分比,%）1—0.75%；2, 3—0.05%）

图 5-17　氢氧化铝中碱含量与碳分
晶种添加量的关系

　　添加晶种还能改善 Al(OH)₃ 结晶的结构，使 Al(OH)₃ 粒度均匀，降低碱含量。当晶种系数由零增加到 0.8 时，氢氧化铝中的碱含量从 0.69% 降低为 0.3%；继续增加晶种，对氢氧化铝中的碱含量已无影响，在生产条件下，适宜的晶种系数为 0.8~1.0。添加晶种的不足之处是使部分氢氧化铝循环积压在碳分流程中并且增加了分离设备负担。但由于它能显著提高产品质量，国外一些烧结法氧化铝厂往往采用该方法。

5.5.3.6　搅拌

　　铝酸钠溶液的碳酸化分解过程是一个扩散控制过程。加强搅拌可使各部分溶液成分均匀并使 Al(OH)₃ 处于悬浮状态，加速碳酸化分解过程，防止局部过碳酸化的现象。加强搅拌还能改善 Al(OH)₃ 结晶的结构和粒度，减少碱的含量，提高 CO₂ 的吸收率，减轻槽内结疤程度以及沉淀的产生。生产实践证明，只靠通入的 CO₂ 气体搅拌是不够的，还必须有机械搅拌或空气搅拌。

5.5.4　碳酸化分解的工艺及设备

5.5.4.1　碳酸化分解的工艺流程

　　碳酸化分解的典型工艺流程如图 5-18 所示。该流程的特点是精液的一部分采用晶种分解法分解，目的是得到熟料溶出和脱硅所需的种分母液。碳分精液和种分精液的数量之比（简称碳种比）是根据熟料溶出液的苛性比值和脱硅深度而确定。目前我国烧结法厂的碳种比一般为 3.5~4.3。我国混联法厂的碳种比则根据处理拜耳法赤泥量和补碱量而定。

5.5.4.2　碳酸化分解的设备

　　碳酸化分解作业是在碳分槽内进行的。我国现在采用的是带挂链式搅拌器的圆筒形平

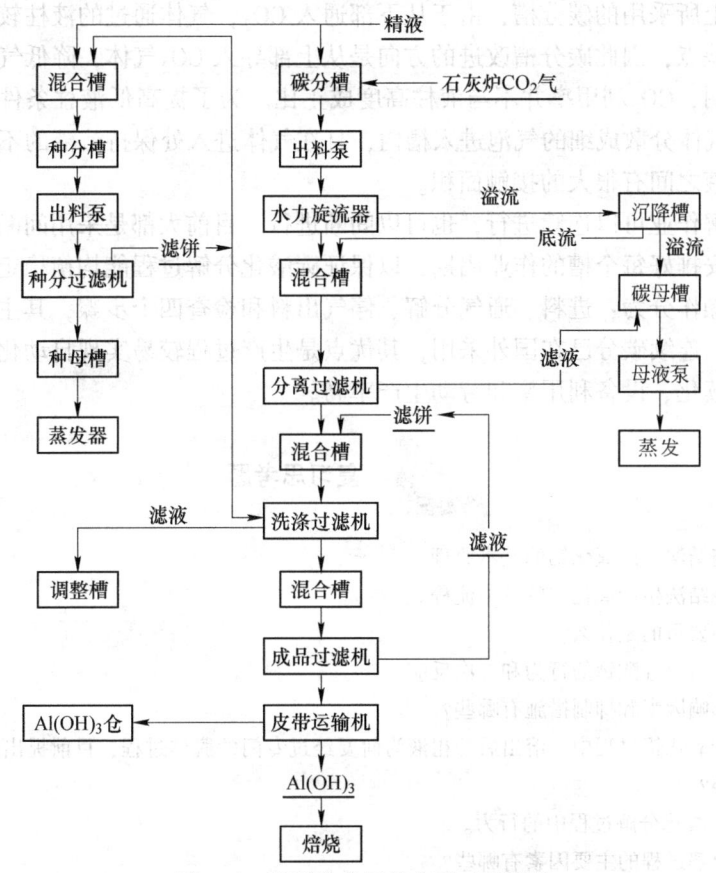

图 5-18 碳酸化分解的典型工艺流程

底碳分槽，如图 5-19 所示。CO_2 气体经若干支管从槽的下部通入，并经槽顶汽水分离器排出。国外有的工厂采用气体搅拌分解槽，如图 5-20 所示。槽里料浆由锥体部分的径向喷嘴系统送入的 CO_2 气体进行搅拌，而沉积在不通气体部分（喷嘴以下）的 $Al(OH)_3$ 由空气升液器提升至上部区域。

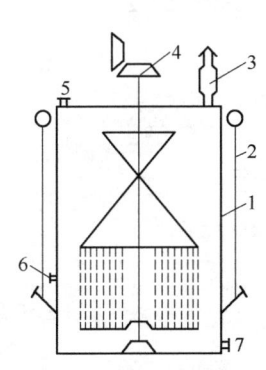

图 5-19 圆筒形平底碳分槽
1—槽体；2—进气管；3—汽水分离器；4—搅拌机构；
5—进料管；6—取样管；7—出料管

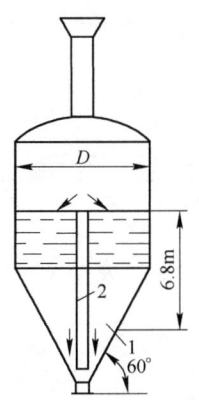

图 5-20 圆筒形锥底碳分槽
1—气体进口；2—空气升液器

　　现在生产上所采用的碳分槽，由于从下部通入 CO_2，气体通过的液柱较高，因而存在动力消耗大的缺点，因此碳分槽改进的方向是从上部导入 CO_2 气体，降低气体通过的液柱高度。试验证明，CO_2 利用率并不与液柱高度成正比。为了提高低液柱条件下 CO_2 的利用率，应使 CO_2 气体分散成细的气泡进入槽内，且在气体进入处保持溶液的不断更新，从而保证气体与溶液之间有很大的接触面积。

　　碳酸化分解作业可以连续进行，也可以间断进行。目前大都是采用间断作业。间断作业时，首先要安排好每个槽的作业周期，以保证碳酸化分解过程能均衡稳定地进行。碳分槽间断作业的操作分为：进料、通气分解、停气出料和检查四个步骤，其主要任务是控制好碳分分解率。连续碳分已在国外采用，其优点是生产过程较易实现自动化，并保持整个生产流程的连续化、设备利用率和劳动生产率高。

复习思考题

5-1　简述碱石灰烧结法生产氧化铝的基本原理。

5-2　画出碱石灰烧结法生产氧化铝的基本流程。

5-3　熟料溶出的主要目的是什么？

5-4　简述熟料溶出时原硅酸钙的行为和二次反应。

5-5　二次反应的影响因素和抑制措施有哪些？

5-6　在烧结法生产氧化铝过程中，溶出后的粗液为何要经过专门的脱硅过程，目前提出的脱硅方法概括起来有哪两类？

5-7　简述 SiO_2 在碳酸化分解过程中的行为。

5-8　影响碳酸化分解过程的主要因素有哪些？

6　联合法生产氧化铝及其他低成本处理中低品位铝土矿的工艺

6.1　联合法生产氧化铝

目前工业上氧化铝的生产方法主要是碱法，即拜耳法和烧结法，这两种方法各有其特点和适应范围。用拜耳法生产氧化铝的流程简单、产品质量好、工艺能耗低、产品成本低，但该法需要 $A/S \geq 7$ 的优质铝土矿和用比较贵的烧碱。用烧结法生产氧化铝，可以处理 $A/S \geq 3 \sim 3.5$ 的高硅铝土矿和利用便宜的碳酸钠，但该法的流程复杂，工艺能耗高，产品质量不及拜耳法，单位产品投资和成本较高。两者都有各自的局限性。为适应各种铝土矿的处理，减少生产成本，利用拜耳法和烧结法各自的优点，生产上采用拜耳法和烧结法联合起来的流程，可取得较各单一方法更好的经济效果。联合法可分为串联、并联和混联三种基本流程。

联合法生产工艺的优点在于氧化铝的总回收率高、碱耗低。但联合法的工艺流程复杂，拜耳法系统和烧结法系统相互牵制，往往某一工序的不正常情况，会迅速波及其他相关的工序甚至整个生产过程，使得拜耳法系统和烧结法系统最大限度地发挥各自的潜力受到一定的制约。

6.1.1　串联法生产氧化铝

串联法生产氧化铝适用于处理中等品位的铝土矿。该方法是先以较简单的拜耳法处理矿石，提取其中大部分氧化铝，所产赤泥再用烧结法进行处理，以便进一步提取其中的氧化铝和碱。将烧结后的熟料经过溶出、分离、脱硅等过程，将所得铝酸钠溶液并入拜耳法系统进行晶种分解，拜耳法系统母液蒸发析出的一水碳酸钠送烧结法系统配制生料浆。串联法生产氧化铝的工艺流程如图 6-1 所示。

串联法的主要优点为：

(1) 矿石中大部分氧化铝是由投资和加工费用较低的拜耳法处理，只有少量是由烧结法处理，这样就减少了回转窑的数量和燃料的消耗量，从而降低了氧化铝的生产成本。

(2) 由于矿石经过拜耳法与烧结法两次处理，因此氧化铝总回收率高，碱耗较低，在处理难溶铝土矿时可以适当降低对拜耳法溶出条件的要求，使之较易于进行。

(3) 生产过程的补碱，是由烧结法系统价格较低的纯碱补充，降低了氧化铝的生产成本。

(4) 种分母液蒸发时，结晶析出的碳酸钠在烧结时被利用，并且还能使拜耳法流程中的有机物在烧结时得到烧除，降低了有机物对拜耳法生产的危害。

串联法的缺点为：

(1) 拜耳法赤泥炉料的铝硅比低，其烧结比较困难，因此烧结过程能否顺利进行以

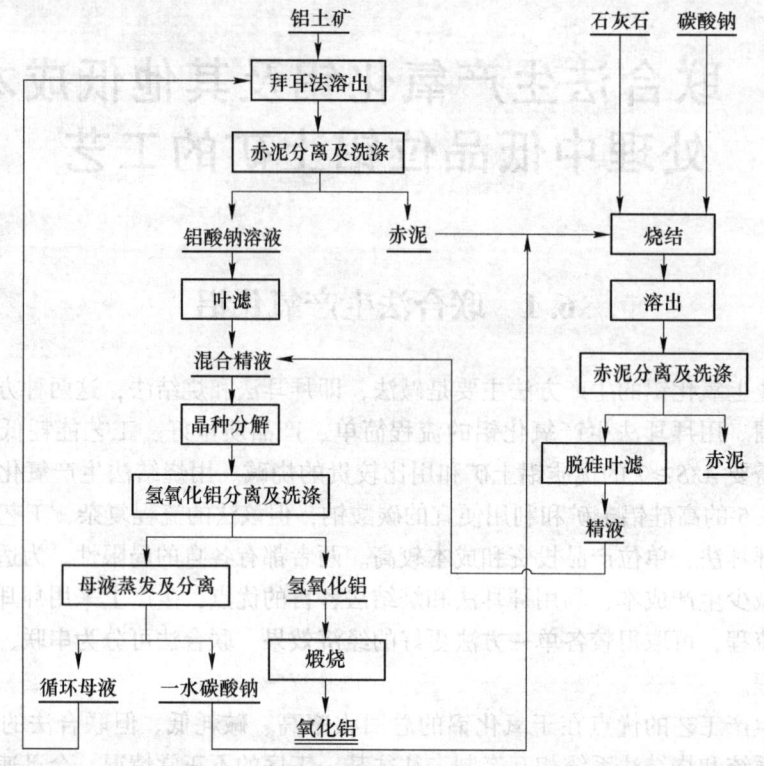

图 6-1 串联法生产氧化铝的工艺流程图

及熟料质量的好坏是串联法运行的关键。

（2）如果矿石中的氧化铁含量低时，还存在烧结法系统补碱不足的情况。

（3）生产流程比较复杂，拜耳法和烧结法两系统的平衡和整个生产的均衡稳定比较难维持。拜耳法系统的生产受到烧结法系统的影响和制约。在拜耳法系统中，如果矿石品位和溶出条件等发生变化，就会使氧化铝的溶出率和所产赤泥的数量与成分随之发生变化，这又直接影响到烧结法的生产，两系统互相影响和制约，给生产组织带来困难。

6.1.2 并联法生产氧化铝

当矿区有大量低硅铝土矿同时又有一部分高硅铝土矿时，可采用并联法。其工艺流程是由两种方法并联组成，以拜耳法处理低硅优质铝土矿为主，烧结法处理高硅铝土矿为辅。烧结后的烧结熟料进行溶出、固液分离以及铝酸钠溶液脱硅，脱硅后的铝酸钠溶液并入拜耳法系统，将拜耳法和烧结法两系统的铝酸钠溶液进行晶种分解，然后分离和洗涤、焙烧，最后获得氧化铝。并联法生产氧化铝的工艺流程如图 6-2 所示。

并联法的主要优点是：

（1）可充分利用铝土矿资源。如果矿区铝土矿品位不均匀或是不同地区有高低品位差别明显的两类铝土矿，用并联法处理这两类矿石可以获得较好的经济效益。

（2）生产过程的全部碱损失都是用价格较低的纯碱补充，能降低氧化铝的生产成本。

（3）种分母液蒸发时析出的 $Na_2CO_3 \cdot H_2O$ 可直接送烧结法系统配料，因而省去了碳酸钠苛化工序。$Na_2CO_3 \cdot H_2O$ 吸附的有机物也在烧结过程中烧掉，减少了有机物循环积

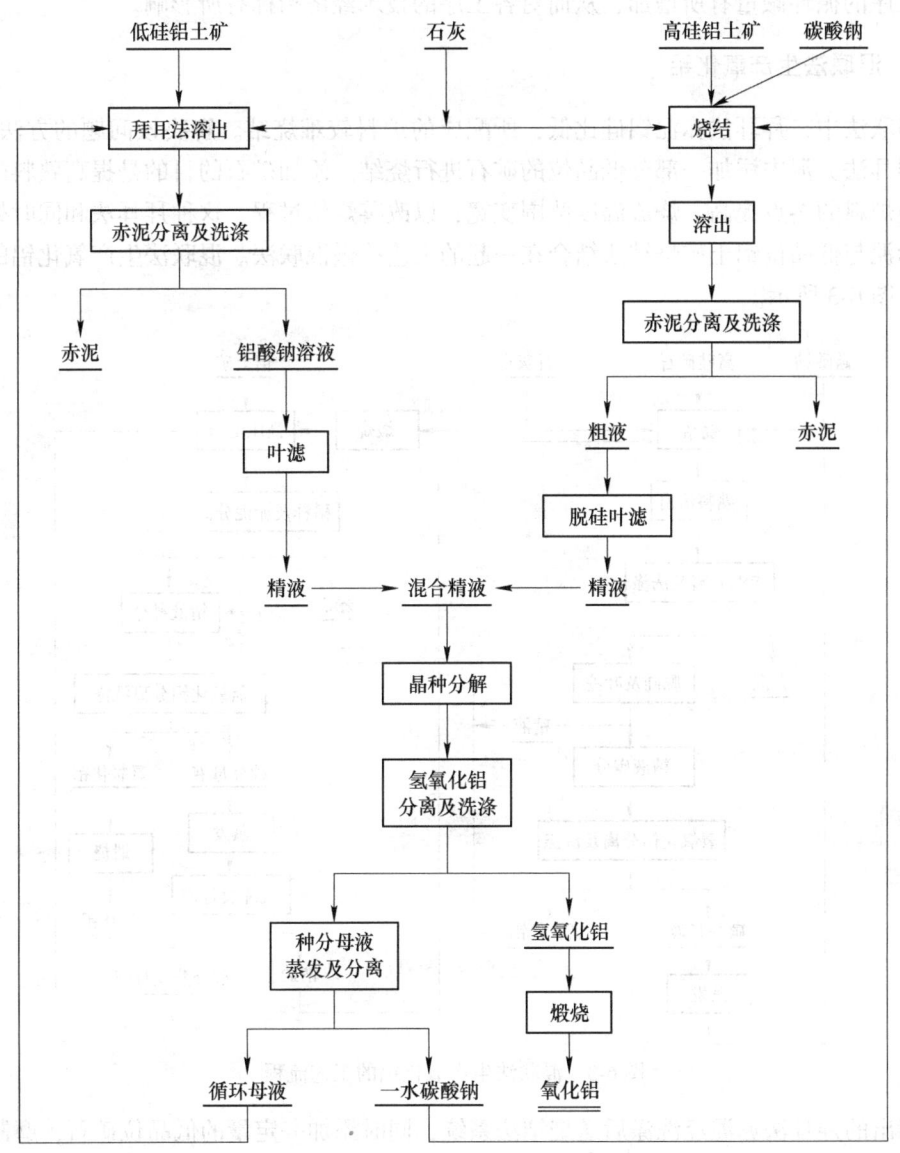

图 6-2 并联法生产氧化铝的工艺流程图

累及其对种分过程的不良影响。当铝土矿中有机物含量高时，这一点尤为重要。

（4）烧结法系统中低苛性比值的铝酸钠溶液可降低拜耳法系统中铝酸钠溶液的苛性比值，有利于提高晶种的分解速率和分解率。由于全部精液都用种分分解，因而烧结法溶液的脱硅要求可以放低些，但种分母液的蒸发过程也可能因此增加困难。

并联法的主要缺点是：

（1）工艺流程比较复杂。烧结法系统送到拜耳法系统的铝酸钠溶液液量应该正好补充拜耳法系统的碱损失，保证生产中的流量平衡，因此，拜耳法系统的生产受到烧结法系统的影响和制约。烧结法系统如有波动就会引起拜耳法系统的波动。

（2）用烧结法的铝酸钠溶液代替纯苛性碱，补偿拜耳法系统的苛性碱损失，使拜耳法各工序的循环碱量有所增加，从而对各工序的技术经济指标有所影响。

6.1.3 混联法生产氧化铝

串联法中，拜耳法赤泥铝硅比低，所配成的炉料较难烧结。解决该问题的方法之一，是在拜耳法赤泥中添加一部分低品位的矿石进行烧结。添加矿石的目的是提高熟料的铝硅比，使炉料的熔点提高，烧成温度范围变宽，以改善烧结过程。这种拜耳法和同时处理拜耳法赤泥与低品位铝土矿烧结法结合在一起的工艺称做混联法。混联法生产氧化铝的工艺流程如图 6-3 所示。

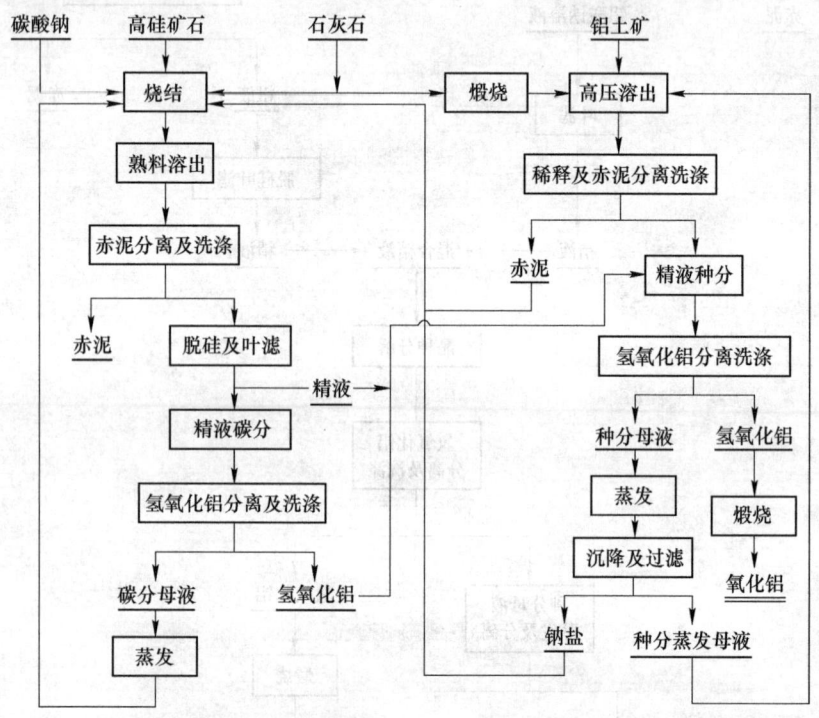

图 6-3 混联法生产氧化铝的工艺流程

溶出的拜耳法赤泥经洗涤后送烧结法系统，同时添加一定量的低品位矿石，磨制成生料浆进行烧结、溶出、分离和脱硅，得到精液。除一部分精液送去碳酸化分解外，其余的和拜耳法精液一起进行晶种分解。所增加的碳酸化分解作为调节过剩苛性碱液的平衡措施，有利于生产过程的协调。

混联法的优点为：

（1）高品位铝土矿先用拜耳法处理，将大部分氧化铝回收后的赤泥再用烧结法处理，两次回收氧化铝和碱，因此该方法的氧化铝总回收率高，碱耗低。

（2）烧结法除处理拜耳法赤泥外，另配加一定量的低品位矿石来提高生料浆的铝硅比，改善了烧结窑的操作条件，提高了熟料的品质。

（3）利用较便宜的碳酸钠加入烧结法系统来补偿生产过程的碱损失。

（4）由于大部分铝酸钠溶液是送至晶种分解，因此采用此法可获得质量较高的氧化铝。

混联法的缺点为：

（1）两系统的协调较为复杂。

（2）由于两系统都是完整的流程，所以整个生产流程复杂。

6.2　其他低成本处理中低品位铝土矿的工艺

6.2.1　选矿拜耳法

选矿拜耳法是指在拜耳法生产流程中增设一步选矿作业，以处理品位较低的铝土矿生产氧化铝的方法。其原则工艺流程如图 6-4 所示。选矿拜耳法旨在应用选矿手段提高矿石的 A/S，以改善拜耳法处理较低品位铝土矿生产氧化铝时的整体经济效益。

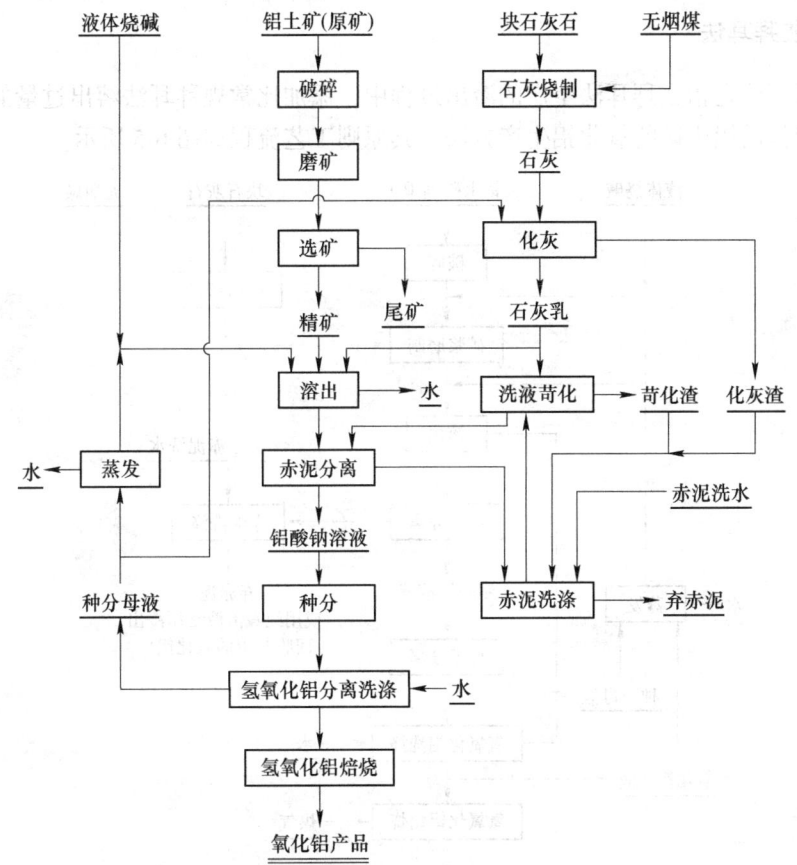

图 6-4　选矿拜耳法的原则工艺流程

该工艺已在中国铝业公司中州分公司应用，并建成年产 30 万吨氧化铝规模的选矿拜耳法示范工程。

选矿拜耳法工艺的特点是：

（1）突破铝土矿不宜选矿的传统观念，通过较经济的物理选矿，可将我国铝土矿资源的平均 A/S 由 5~6 提高到 10~11，使我国中、低品位的铝土矿适应于拜耳法生产氧化铝。

（2）以一水硬铝石富连生体为捕集目标，应用阶段磨矿、阶段选矿的合理制度和药剂，得到 A/S 为 11 以上、氧化铝回收率为 90% 的精矿。

（3）通过选矿流程的合理选择，使铝土矿的入选粒度由小于 0.074mm 占 95% 下降到占 75%，形成了完整的处理选精矿的拜耳法生产工艺。

选矿拜耳法虽然增加了选矿工序，但由于拜耳法生产氧化铝的工艺流程简单，比原矿混联法方案的投资降低约 17%，节约投资效果显著。

与采用原矿的混联法相比，选矿拜耳法的流程更简单，工程建设的工艺投资约减少 28%；无高热耗的熟料烧结过程及相应的湿法系统，生产能耗降低 50% 以上；碱耗降低 1.35%，石灰石消耗减少 57%；新水消耗减少 40%。选矿拜耳法的单位产品制造成本比原矿混联法约低 8%，优于我国现有原矿混联法的成本指标。

选矿拜耳法的缺点是原矿耗量大，氧化铝回收率较低，比混联法约低 20%。

6.2.2 石灰拜耳法

石灰拜耳法是指在拜耳法生产的溶出过程中，添加比常规拜耳法溶出过量的石灰，以处理品位较低的铝土矿的氧化铝生产方法。其原则工艺流程如图 6-5 所示。

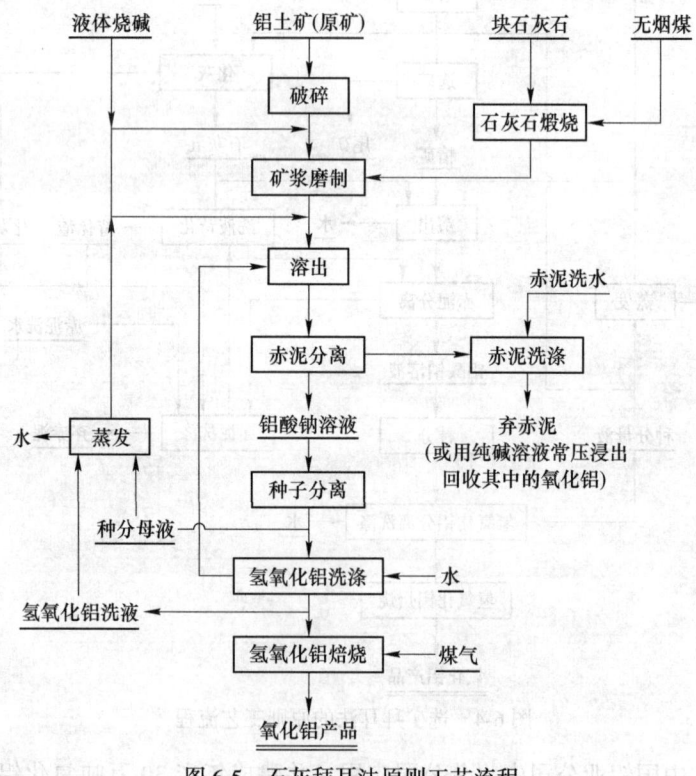

图 6-5 石灰拜耳法原则工艺流程

石灰拜耳法的特点为：

（1）工艺流程简单，工程建设的投资费用比混联法节省。

（2）由于石灰拜耳法工艺没有高热耗的熟料烧结过程及相应的湿法系统，其工艺生产能耗仅为混联法的 50% 左右，大幅度节省了能源，总成本费用比原矿混联法低

13.25%，但矿石耗量较大，氧化铝的实际收率较低，比混联法低了约20%。

（3）石灰拜耳法与国内外典型的拜耳法相比，在相同建设条件下的建设投资基本相当；石灰石耗量和能耗略高，碱耗较低，氧化铝生产的消耗指标基本处于同一水平。

对于利用我国中低品位铝土矿生产氧化铝来说，石灰拜耳法比联合法有很大的优势。现中国铝业公司山西分公司扩建的年产80万吨氧化铝厂和河南分公司扩建的年产200万吨氧化铝厂均采用石灰拜耳法。

6.2.3 富矿烧结法

传统的烧结法适宜处理 A/S 在3.5以上的低品位铝土矿，富矿烧结法生产氧化铝是通过采用适宜的熟料配方及相应的烧成制度生产高品位的熟料，以降低熟料折合比，提高熟料烧成工序的氧化铝生产能力，降低生产热耗，降低生产成本的一种新的氧化铝生产工艺。该法可以处理 A/S 在8~10的铝土矿，熟料采用低钙比的不饱和配方，熟料高 MR 溶出，溶出液 MR 为1.35~1.45，粗液中 Al_2O_3 浓度为160g/L。同传统的碱石灰烧结法相比，富矿烧结法生产氧化铝的原料消耗降低10%~15%，动力、燃料消耗、工艺能耗将降低20%~25%，产量增加30%。富矿烧结法与传统碱石灰烧结法的主要技术条件及指标对比见表6-1。

表6-1 富矿烧结法与传统碱石灰烧结法的主要技术条件及指标

序号	技术条件及指标	传统碱石灰烧结法	富矿烧结法
1	矿石铝硅比	4.0~5.0	8.0
2	熟料配方碱比（摩尔比）	0.95~1.0	0.91
3	钙比（摩尔比）	1.95~2.05	1.5~1.8
	铁铝比（摩尔比）	约0.07	约0.08
4	熟料折合比	3.9	3.1
5	烧成煤耗/kg·t^{-1}	858	682

当然，现在不会按着富矿烧结工艺建设新的烧结法氧化铝厂，因为其工艺流程复杂，能耗较高。但是，面对我国现有的传统烧结法氧化铝厂，采用富矿烧结法新工艺生产氧化铝，可增产降耗、降低成本，获得良好的经济效益和环境效益。

 **复习思考题**

6-1 画出串联法生产氧化铝的工艺流程图。
6-2 画出并联法生产氧化铝的工艺流程图。
6-3 简述混联法生产氧化铝的优缺点。
6-4 简述选矿拜耳法生产氧化铝工艺的特点。

7　铝土矿的综合利用及氧化铝工业的可持续发展

7.1　铝土矿的综合利用

7.1.1　镓的回收

7.1.1.1　从烧结法的溶液中回收镓

镓是地壳中一种含量极少的稀散金属，通常和铟、锗和铊一起伴生于铝土矿和硫化矿中。镓及其化合物作为一种基础材料，广泛应用于半导体材料、光学器件、电子器件等方面。目前世界上90%以上的原生镓都是从氧化铝生产过程中提取的。铝土矿的镓含量为0.01%~0.001%，用碱法处理铝土矿生产氧化铝时，大部分镓（65%~70%）以镓酸钠的形态进入溶液，并在溶液中不断循环积累，达到一定的浓度。溶液中镓的浓度与铝土矿中镓的含量、生产方法以及分解作业的技术条件等许多因素有关。

铝土矿熟料溶出液中含镓0.03~0.06g/L。一段碳酸化分解析出大部分 Al_2O_3（85%~90%）和20%的 Ga_2O_3，为进一步从母液中提取镓创造了条件。碳分母液送往二段（彻底）碳酸化，其目的是使母液中的镓尽可能完全地析出，二段碳酸化的沉淀富集了水合铝碳酸钠 $Na_2O \cdot Al_2O_3 \cdot 2CO_2 \cdot 2H_2O$ 和与铝类质同晶的镓（0.05%~0.2%）。降低温度和加速碳分都有利于镓的共沉淀，作业必须进行到 $NaHCO_3$ 浓度为15~20g/L时结束。二段碳分历时6~8h，镓的沉淀率达95%~97%。

从这种沉淀中回收镓有以下四种方法：

（1）石灰法。用石灰乳处理沉淀物。石灰分两段加入，最初是在90~95℃时，按 $CaO : CO_2 = 1 : 1$（摩尔比）的比例加入石灰，在此条件下发生苛化反应，大部分镓（85%~90%）与部分铝一道转入溶液。然后再按 $CaO : Al_2O_3 = 3 : 1$ 添加石灰，使绝大部分的铝以水合铝酸三钙进入沉淀，而镓留在溶液中。分离水合铝酸三钙后的溶液进行第三次碳酸化，镓的沉淀率可达95%以上。沉淀物（镓精矿）用苛性碱溶液溶解，同时加入适量的硫化钠，使溶液中铅、锌等重金属杂质成为沉淀而被清除，以保证电解镓的质量。净化后的铝酸钠-镓酸钠溶液含 Al_2O_3 70~120g/L，Ga 2~10g/L，溶液经电解沉积即可得出粗镓，粗镓经过盐酸处理和水洗加以精制，经过精制后的镓称为"精镓"，其纯度可达99.99%以上。该法的工艺流程如图7-1所示。

（2）置换法。置换法是基于金属之间电极电位存在差异而进行的电化学过程，铝镓合金置换法是最有前途的一种方法，该法基于镓和铝在碱液中的标准电极电位不同（分别为-1.22V和-2.35V）。由于氢在铝上的析出电位（-1.3V）与镓的析出电位相近，用铝置换镓是不经济的。而用铝镓合金代替铝可以降低铝镓合金中铝的电位，同时还可以提高氢的超电压，这就减少了铝的消耗。铝镓合金中的含铝以0.25%~1%为宜，此时能获

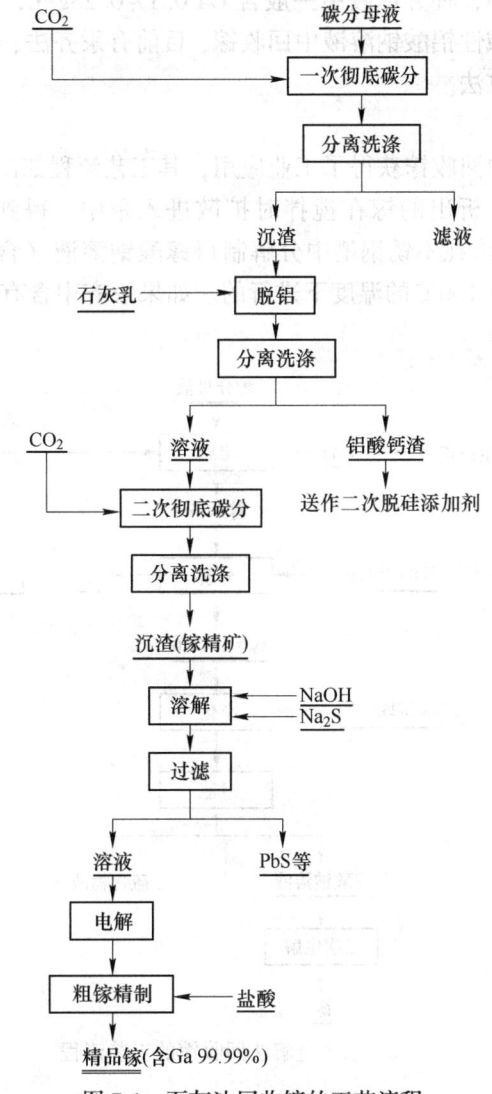

图 7-1　石灰法回收镓的工艺流程

得较高的置换率，铝的消耗也较少。置换时应强烈搅拌，温度以 40~45℃为好。

（3）碳酸法。将彻底碳分的沉淀物与铝酸钠溶液（$\alpha_K = 2.3 \sim 3$）混合进行中和，然后进行搅拌分解，$Al(OH)_3$ 大量析出，而使大部分镓和一部分铝保留在溶液中。分离沉淀后，再将溶液进行深度碳酸化以制得镓精矿。镓精矿溶于苛性碱液后，再用电解法或置换法制取金属镓。

（4）压解法。压解法的流程与碳酸法相近，不同点只是一次彻底碳分的沉淀与苛性比值较高的铝酸钠溶液混合，通过高温压煮除铝（约 170℃，2h），铝转变为一水软铝石进入沉淀。镓仍留在溶液中，后续提取镓的工序与碳酸法相同。

7.1.1.2　从拜耳法溶液中回收镓

用拜耳法处理铝土矿时，镓是从分解母液、循环母液或二者的混合液中回收的。种分过程中镓的损失比碳分小，种分母液中一般含 Ga $0.1 \sim 0.25 g/L$，比烧结法的碳分母液中的镓浓度高很多。从强碱性铝酸钠溶液中回收镓，目前有汞齐法、分步沉淀法、溶剂萃取法和离子交换法等四种方法。

A　汞齐法

汞齐法从种分母液中回收镓获得了工业应用，其工艺流程如图 7-2 所示。电解时镓离子在汞阴极上放电析出，析出的镓在搅拌时扩散进入汞中。得到的镓汞齐（一般含 Ga $0.3\% \sim 1\%$）用苛性碱溶液在不锈钢槽中分解制得镓酸钠溶液（含 Ga $10\% \sim 80\%$）。分解过程是在强烈的搅拌和近 100℃ 的温度下进行的。如果汞齐中含有足够的钠，则可用纯水分解。

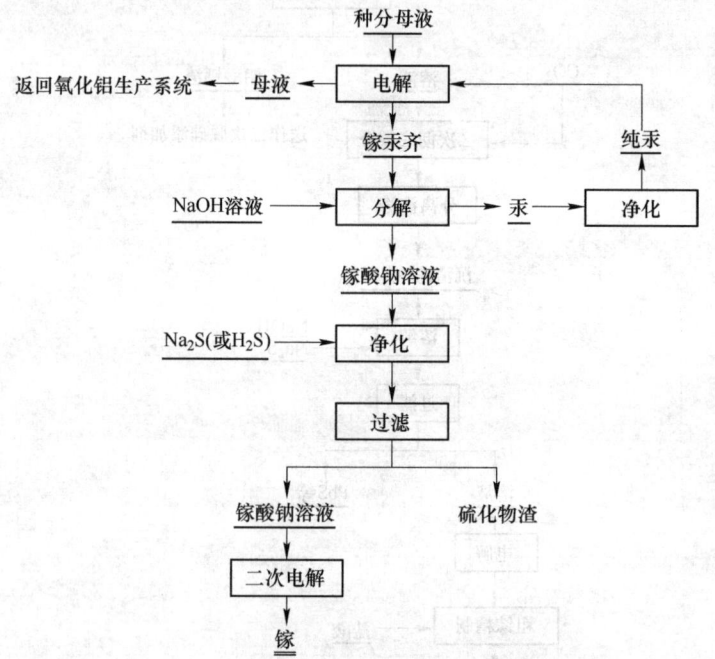

图 7-2　汞齐电解法回收镓的工艺流程

汞齐分解的产物是汞和镓酸钠溶液。汞返回汞齐电解过程，但要定期地净化除去其中的铁和积累的其他杂质。镓酸钠溶液经净化后再进行电解沉积。镓析出在不锈钢或液体镓阴极上。电解后的溶液可返回用于分解汞齐，当其中杂质的浓度积累到对电解过程产生明显影响时，则需加以净化，或送往氧化铝生产系统应用。汞齐法存在如下不足：所用汞量大，生产每 1kg 镓需用 $2 \sim 3t$ 汞；汞污染环境，而且汞还会转入铝酸钠溶液而进入氧化铝的生产系统。

B　分步沉淀法

美国铝业公司于 1932 年提出此法，具体工艺流程是先向循环母液中通入 CO_2 气，使镓铝共沉淀，再用石灰乳苛化脱铝，使镓与铝分离，然后向含镓溶液中通入 CO_2 再次碳酸化，便获得含镓的沉淀物，用氢氧化钠溶解此沉淀物后，经电解沉积即得到金属镓。该法的主要缺点是：流程长，镓回收率低，引入中和沉淀剂 CO_2、CaO 等不仅与氧化铝生产争夺原料，而且母液经酸化后变为弱酸性溶液，难以直接返回使用。

C 直接萃取法

为了克服汞齐法和分步沉淀法的不足，法国罗纳普朗克铝业公司首先使用 Kelex100（一种取代 8-羟基喹啉）从含镓循环液中萃取稼。萃取镓的有机相由 Kelex100 加癸醇和煤油所组成，其中 Kelex100 的质量分数为 6%~12%，以癸醇作为添加剂，有利于萃取镓并防止第三相的生成。为了减少萃取剂流失和提高生产效率，有研究将萃取剂负载到树脂表面或使用含有特殊结构的螯合树脂，然后用树脂颗粒作为填料做成固定床萃取器。

D 离子交换法

我国核工业北京化工冶金研究院开发出用离子交换法从拜耳法工艺的含镓溶液中回收镓的工艺流程。该工艺利用偕胺肟螯合树脂从含镓溶液中吸附镓，使镓与其他杂质分离，然后通过解吸把镓从树脂上转移至另一溶液中。在此过程中，镓得到纯化和富集，最后通过电解沉积可获得含 Ga 99.99% 的金属镓。实验室试验和扩大试验证明，螯合树脂的吸附容量为 2.0~2.5g/L，镓的吸附率大于 60%，镓的解吸率大于 90%，镓产品中含 Ga 大于 99.99%。

7.1.2 钒的回收

钒在自然界中很少单独成矿，而多存在于其他矿中。铝土矿中 V_2O_5 含量为 0.001%~0.35%，明矾石中也含有钒。

从氧化铝生产过程中回收钒是以种分母液或氢氧化铝洗液为原料的。钒的回收方法和工艺流程按原理可分为结晶法、溶剂萃取法和离子交换法三种。当前工业上广泛采用工艺比较成熟、设备比较简单的结晶法。

结晶法是以钒、磷、氟等的钠盐的溶解度随温度的降低而降低为依据的。钒酸钠、磷酸钠、氟化钠、硫酸钠和碳酸钠等各种杂质在铝酸钠溶液中的溶解度是比较大的，但是这些盐类同时存在时，它们的溶解度比它们单独存在时小得多。因此，将溶液蒸发到一定浓度并且降低温度后，钒酸钠和磷酸钠便会结晶析出。

将部分种分母液蒸发到含 Na_2O 200~250g/L，而后冷却到 20~30℃，并在此温度下添加钒盐作为晶种进行搅拌，碱金属盐类混合物便结晶析出（钒精矿）。分离钒精矿后的溶液返回氧化铝生产流程，而将钒精矿进行单独处理以制取 V_2O_5。

溶解钒精矿并除去其中的杂质后，添加 NH_4Cl 便可得到工业 NH_4VO_3。将其溶解于热水中，以分离残渣后的溶液进行钒酸铵的再结晶。再结晶的条件为：原液含 V_2O_5 浓度为 50g/L 左右，pH 值约为 6.5，结晶温度不宜超过 20℃，并加入一定数量的 NH_4Cl 以提高 V_2O_5 的结晶率。钒酸铵经过滤后，结晶在 500~550℃ 煅烧，即可获得纯 V_2O_5。

7.1.3 赤泥的综合利用

赤泥是用强碱浸出铝土矿生产氧化铝的过程中所产生的残渣，残渣中富含氧化铁而呈现红色，因此称之为赤泥。赤泥排放量很大，每生产 1t 氧化铝，同时排放 1.0~2.5t 赤泥，全世界每年约排放 1.2 亿吨，而我国氧化铝生产过程中每年产生的赤泥量超过 7000万吨。目前，赤泥的综合利用率仅为 15% 左右，大量的赤泥还是以堆存的方式处理。赤泥的堆存不仅占用大量的土地，耗费不菲的维护费用，赤泥中的未洗净的碱会对土壤环境造成污染，恶化生态环境，而且赤泥中含有的大量的有价金属未得到充分利用。因此，随着赤泥堆存量越来越大以及对环境造成的污染越来越严重，最大限度地资源化利用赤泥已刻不容缓。

国内外近些年来对赤泥的综合利用进行了大量的实验研究工作。归纳起来主要有以下几种途径：

（1）生产水泥及其他建筑材料。

（2）回收赤泥中的有价成分。

（3）用作肥料、土壤改良剂、脱硫剂、净水剂、炼钢造渣剂、橡胶及塑料填充剂、涂料、絮凝剂以及流态自硬砂硬化剂等。

7.1.3.1　利用赤泥生产水泥

赤泥利用比较成功的是生产建筑材料。俄罗斯第聂伯铝厂利用拜耳法赤泥生产水泥，生料中赤泥配比可达 14%。日本三井氧化铝公司与水泥厂合作，以赤泥为铁质原料配入水泥生料，水泥熟料可利用赤泥 5~20kg/t。

在利用烧结法的赤泥生产水泥和其他建筑材料方面，我国有关单位进行了大量的研究工作。1963 年我国第一个利用烧结法赤泥为原料的现代化水泥厂建成投产，主要生产 500 号普通硅酸盐水泥。利用赤泥生产水泥不仅可以消除赤泥的危害，防止污染，保护环境，而且还具有基建投资少，生产成本低等优点。用烧结法赤泥生产水泥，目前存在的主要问题是赤泥含碱量高（结合碱在 2.5% 以上）。因此，不得不减少水泥生料中赤泥的配比。为了降低赤泥的碱含量，各方面对赤泥脱碱进行了大量的试验研究工作，并取得了一定的效果。例如，往赤泥中添加 2%~4% 的石灰，在 0.6MPa 的压力下脱碱 1h，赤泥脱碱率可达 60% 以上，赤泥含碱量可降低至 1% 以下。除用赤泥生产普通硅酸盐水泥外，还研究生产赤泥硫酸盐水泥，这种水泥是由 30% 的水泥熟料，50%~60% 的烘干赤泥，10%~20% 的煅烧石膏和 4%~5% 的矿渣混磨而成，它具有水化热低，抗渗透性好，抗硫酸盐性能强的特点，特别适用于水下和地下建筑，是一种很有前途的新型建筑材料。赤泥硫酸盐水泥的标号一般可达 400 号以上，其中赤泥配量可高达 70%。

7.1.3.2　从赤泥中提取有价金属

从赤泥中回收有价金属的研究主要针对富含铁、铝、锌、钛、镍、钪、钒、镓等有价金属的赤泥。平果铝业公司试验研究以拜耳法赤泥为原料，以煤为还原剂，进行直接还原炼铁，铁以海绵铁的形态产出，铁的直收率为 87%，海绵铁含 Fe 为 84%，金属化率为 91.5%，可代替废钢作为炼钢的原料。赤泥经还原焙烧后磁选，能有效地回收铁。磁选尾矿经酸处理后进行焙烧、浸出，从浸出液中萃取钪，钪的萃取率为 90.6%，钪以 Sc_2O_3 的形态产出，可获得含 Sc_2O_3 99.95% 的产品。萃取钪的余液经碱中和生成沉淀用于提铝，氧化铝的回收率为 85%，钠以硫酸钠的形态产出。赤泥提取有价金属后的酸浸渣约占赤泥量的 2/3，酸浸渣含钙、硅较高，可用于烧制硫铝酸盐水泥。

7.1.3.3　赤泥用作肥料

赤泥硅钙复合肥料对酸性土壤有一定的调节作用，对缺钙、硅及相应微量元素的土地有一定的增产效果。2000 年，山东铝业公司与河南农科院合作，研究开发了赤泥硅钙肥，其中的赤泥配比达到 80%左右。实践证明，赤泥硅肥具有改善土壤结构、提高作物品质、减少病虫害和增产的效果，现已形成了年产 20 万吨的生产规模。

7.1.3.4 赤泥作填充材料

山东铝业公司与长沙矿山研究院合作，曾在湖田铝矿采用赤泥胶结充填采空区获得成功。20 世纪 70 年代初，联邦德国开始用赤泥作沥青填料铺路。近年来，北京矿冶研究总院对平果铝厂的赤泥进行了用作道路基层材料的试验研究，取得了一些研究成果。研究人员发现堆放 30 年之久的山东铝厂赤泥和堆放 7 年的山西铝厂赤泥，虽然堆放时间相差二十多年，但其物性指标和力学指标却没有明显的差别。近年来的研究表明，赤泥对 PVC 具有显著的热稳定作用，它与 PVC 常用稳定剂并用，具有协同效应，使 PVC 制品具有优良的抗老化性能，可延长制品的使用寿命，因此，赤泥在塑料行业的应用应得到更多关注。

7.1.3.5 赤泥在环境保护中的应用

利用赤泥颗粒细微、比表面积大、有钠盐存在等特点，可用作废气的吸附剂，或废水净化剂。已有的研究成果包括：土耳其用赤泥吸附水中的放射性元素 ^{137}Cs、^{90}Sr 的研究；日本、印度、美国等用赤泥吸附水中的 U、Cd^{2+}、Zn^{2+}、Cu^{2+}、PO_4^{3-}、HF、AlF_3、碳氟化合物以及用作制酪业废水、纺织行业废水的絮凝剂和混凝剂的研究；日本、德国、法国等国曾报道，利用赤泥可处理包括二氧化硫、硫化氢、氮氧化物等污染气体。

对赤泥的综合利用和下游产品的开发，不仅要探索对有用组分的综合回收利用，还应积极研究以赤泥为原料的高附加值产品。因此，今后的研究工作中，需要不断探索新途径，只有这样才能使赤泥的应用走向深入。

7.2 氧化铝工业的可持续发展

为了实现我国氧化铝工业的可持续发展，提高在国际市场的竞争力，应大力开展如下工作：

（1）加强我国铝土矿资源的勘探，合理开采和利用现有铝土矿资源。另外，由于各氧化铝厂追求氧化铝产量，往往是采用富矿、丢弃贫矿，造成铝土矿资源的浪费。因此，在勘查新资源的同时，必须处理好提高氧化铝产量与合理开采和利用我国铝矿资源的矛盾。

（2）积极开发利用国外铝土矿资源。制约氧化铝工业发展的关键因素是铝土矿资源，若近几年我国地质勘探没有大的突破，氧化铝工业进一步发展的空间将会受到限制。因此，开发利用国外的铝土矿资源已迫在眉睫。

况且，我国铝土矿多为中低品位的一水硬铝石，生产氧化铝的成本和质量都没有竞争优势，而周边国家（如越南、印度、印度尼西亚、菲律宾等）的铝土矿十分丰富、品位优良，多为三水铝石或三水铝石与一水铝石的混合矿，低成本生产氧化铝的优势十分明显。此外，与周边国家合作，我国铝工业具有明显的技术优势。

（3）积极开拓新的铝土矿资源。我国霞石（$(Na，K)_2O·Al_2O_3·2SiO_2$）储量有 1.8

亿吨，集中在河南和云南，综合利用霞石可以生产氧化铝和钾肥等。

安徽、浙江、福建、江苏等地有丰富的明矾石（$(Na，K)_2SO_4 \cdot Al_2(SO_4)_3 \cdot 4Al(OH)_3$）资源，综合利用明矾石可以生产氧化铝、钾盐和硫酸。另外，广西有储量丰富的所谓三水铝石，比较准确的应称之为铁铝共生矿，其中三水铝石、一水铝石、针铁矿和赤铁矿占矿石总量的 70%~80%，此外，还有钒、镓等金属。它们的开发利用，对铁、铝资源都不丰富的我国有着重要意义。

（4）优化工艺技术与装备，节能降耗、降低成本。要用系统节能的理论指导节能技术与设备的开发和应用，以最小的能耗去获得最大的经济效益和社会效益，从而降低氧化铝的生产成本。

（5）针对我国铝土矿资源和生产工艺的特点，开发和完善我国砂状氧化铝生产技术，提高氧化铝品质。

（6）开发和选择低成本处理中低品位铝土矿的合理工艺。

 **复习思考题**

7-1 从强碱性铝酸钠溶液中回收镓，目前有哪几种方法？

7-2 从氧化铝生产过程中回收钒，目前有哪几种方法？

7-3 简述我国赤泥的综合利用现状。

7-4 为了实现我国氧化铝工业的可持续发展，应大力开展哪些工作？

8 铝电解概述

8.1 铝电解发展简史

8.1.1 铝冶金的历史

有关铝的文字记录最早出现于公元一世纪罗马作家盖斯·普利纽斯的论文集。Aluminium 一词是从古罗马语 Alumen（明矾）衍生而来。1746 年，德国人 J. H. Pott 从明矾制得一种氧化物，即是氧化铝。18 世纪，法国的 A. L. Lavoisier 认为这是一种未知金属的氧化物，它与氧的亲和力极大，以致不可能用碳和当时已知的其他还原剂将它还原出来。1807 年，英国的 H. Davy 试图电解熔融的氧化铝以制取金属，没有成功。

1825 年，丹麦的 Orested 用钾汞齐还原无水氧化铝，第一次得到几毫克金属铝，此时，铝才真正的问世。至今虽然为时不长，但铝冶金发展较快，其发展过程大致可分为三个阶段，最初是化学法炼铝阶段。1827 年，德国人韦勒（F. Wohler）先用钾汞齐，后来用钾还原无水氯化铝制得金属铝；1845 年，他用氧化铝气体通过熔融金属钾的表面，得到一些铝珠。1854 年，法国的 S. C. Deville 用钠代替钾还原 Na[AlCl$_4$] 配合物，制得金属铝。当时铝的价格接近于黄金。随后罗西和别凯托夫分别用钠和镁还原冰晶石炼铝成功，用此方法建厂炼铝，应用化学法炼出的金属铝总共约 200t。

1886 年，美国的霍尔（Hall）和法国的埃鲁特（Heroult）不约而同地提出了利用冰晶石-氧化铝熔盐电解法炼铝的专利，开创了电解法炼铝阶段，最初是采用小型预焙电解槽；20 世纪初叶出现了小型侧部导电的自焙阳极电解槽，电解槽的容量（电流强度）也逐渐由最初的 2kA 发展至 600kA 或者更高，20 世纪 40 年代出现了上部导电的自焙阳极电解槽。20 世纪 50 年代以后，大型预焙阳极电解槽的出现，使电解炼铝技术迈向了大型化、现代化发展的新阶段，电解槽的容量已发展到 450kA 以上，电解槽的设计、安装、操作控制都建立在现代技术的基础上。

电解炼铝的技术经济指标和环境保护水平都全然改观、远非往昔可比。一百多年来，电解炼铝虽然仍旧是建立在霍尔-埃鲁特的冰晶石-氧化铝熔盐电解的基础上，但无论是理论上还是工艺上都取得了长足的进步，并且在继续向前发展。

世界主要的铝（原铝）生产国及其产量见表 8-1。

表 8-1 世界主要的铝（原铝）生产国及其产量 （kt）

国别	1998 年	2000 年	2003 年	2004 年	2006 年	2008 年	2009 年	2011 年	2013 年	2015 年	2016 年
美国	3700	3668	2703	2500	2300	2640	1727	1990	1946	1587	840
澳大利亚	1580	1770	1860	1880	1900	1960	1940	1930	1780	1650	1680
巴西	1200	1280	1380	1450	1600	1660	1540	1410	1300	772	790

续表 8-1

国 别	1998 年	2000 年	2003 年	2004 年	2006 年	2008 年	2009 年	2011 年	2013 年	2015 年	2016 年
加拿大	2340	2370	2790	2640	3000	3100	3030	2970	2970	2880	3250
中国	2200	2550	5450	6100	8700	13500	12900	18000	22100	31400	31000
挪威	950	1030	1150	1250	1360	1100	1130	800	1100	1230	1230
俄罗斯	2960	3240	3480	3600	3720	4200	3820	4000	3720	3530	3580
南非	660	671	738	820	890	850	809	800	822	695	690
其他国家	6630	7451	8166	8100	9645	10690	10412	12170	11840	13713	14540
世界总量	22200	24000	27700	28900	33100	39700	37300	44100	47600	57500	57600

8.1.2　铝电解生产工艺简述

冰晶石-氧化铝熔盐电解法炼铝工艺分为两大组成部分，即原料（包括氧化铝和电解所需的其他原料，如氟化盐及炭素材料）的生产和金属铝的电解生产。现代电解炼铝的工艺流程如图 8-1 所示。

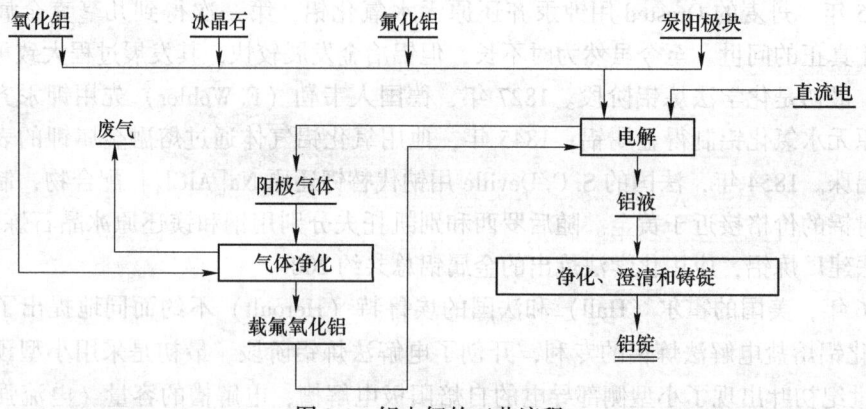

图 8-1　铝电解的工艺流程

现代铝工业生产，主要采用冰晶石-氧化铝熔盐电解法。直流电流通入电解槽，在阴极和阳极上发生电化学反应。电解的产物，阴极上是铝液，阳极上是 CO 和 CO_2 气体。铝液用真空抬包抽出，经过净化和澄清之后，浇铸成商品铝锭，其中含 Al 达到 99.5%～99.8%。阳极气体中还含有少量有害的氟化物和沥青烟气，经过净化之后，废气排放入大气，收回的氟化物返回电解槽。

8.2　铝电解槽生产主要设备及参数

铝电解槽是炼铝的主体设备。在炼铝工业的发展过程中，铝电解的生产技术有了重大的进展，这主要表现在持续地增加电解槽的生产能力方面。

在铝工业初期，曾采用 4～8kA 小型预焙阳极电解槽，其每昼夜的铝产量约为 20～40kg。而目前大型电解槽的电流达到 300～600kA（成系列生产），每昼夜的铝产量增加到 2270～3780kg，提高电流是实现增产的主要方法。电解槽电流的不断加大以及电能消耗率的不断降低，还与电解质组成的改进、整流设备的更新、电极生产的改进、电解生产操作的完善，特别是自动化程度的提高有着密切联系。

炭素电极生产技术的发展，促进了电解槽阳极形式的演变，从而大力推进了铝电解工业的发展。在铝工业初期采用小型预焙阳极，这跟炭素工业的生产水平相适应；后来为了扩大阳极尺寸借以提高电流，在20世纪20年代，按照当时铁合金电炉上的连续自焙电极形式，在铝电解槽上装设了连续自焙阳极，采取侧插棒式，这种形式的电解槽不久便在世界范围内推广采用。在20世纪40年代，为了简化阳极操作以提高机械化程度，又发展了上插棒式自焙阳极电解槽。自焙阳极的采用，标志着铝电解槽结构形式发展的第二个阶段。但是自焙阳极有其缺点，首先是它本身所带的黏结剂沥青在槽上焙烧时进行分解，散发出有害的烟气，使劳动条件恶化，另外它本身的电压降大。这些缺点因后来炭素工业能够制造出高品质的大型预焙炭块，才得到弥补。于是在20世纪50年代中期，改造了原来的小型预焙槽，使之大型化和现代化，成为新式预焙槽，一直沿用至今。因此，预焙阳极的现代化是铝电解槽发展的第三个阶段。

目前铝电解工业中普遍采用的电解槽为中间下料的预焙阳极电解槽，其构造示意图分别如图8-2和图8-3所示。

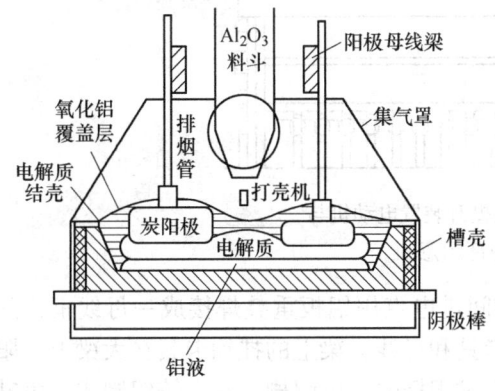

图8-2　预焙阳极电解槽的立面图（中部打壳）

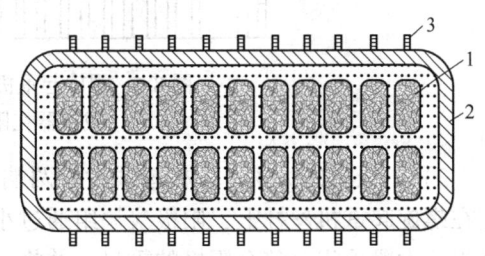

图8-3　预焙阳极电解槽的平面配置图
1—阳极炭块组；2—槽壳；3—阴极棒

预焙槽的结构主要可分为：上部结构、阴极装置、导电母线系统和电气绝缘四大部分。

（1）上部结构。槽体之上的金属结构部分统称为上部结构。可分为承重桁架、阳极装置（即阳极母线大梁、阳极炭块组和阳极提升装置）、打壳下料装置、集气和排烟装置。

1）承重桁架。承重桁架（见图8-4）下部为门式支架，上部为桁架，整体用铰链连接在槽壳上。桁架起着支撑上部结构的其他部分和全部重量的作用。

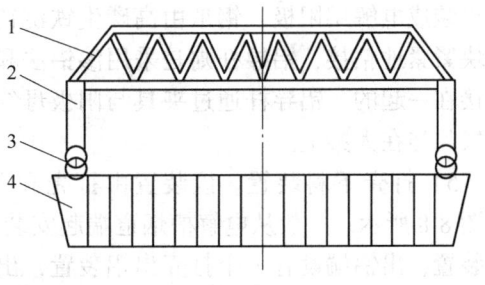

图8-4　承重桁架示意图
1—桁架；2—门形立柱；3—铰链点；4—槽壳

2）阳极提升装置。由螺旋起重机、减速机、传动机构和马达组成（分别见图8-5和图8-6），起升降阳极的作用。

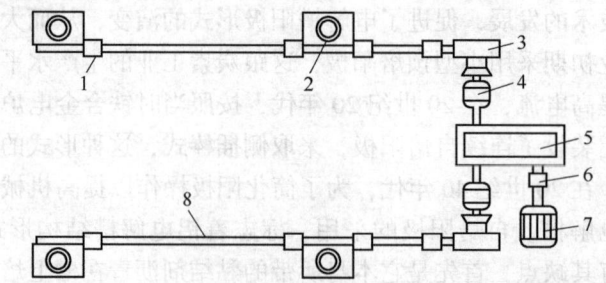

图 8-5 螺旋起重机阳极提升装置电动机与减速器在端部示意图
1—联轴节；2—螺旋起重机；3—换向器；4—齿条联轴节；
5—减速器；6—联轴节；7—电动机；8—传动轴

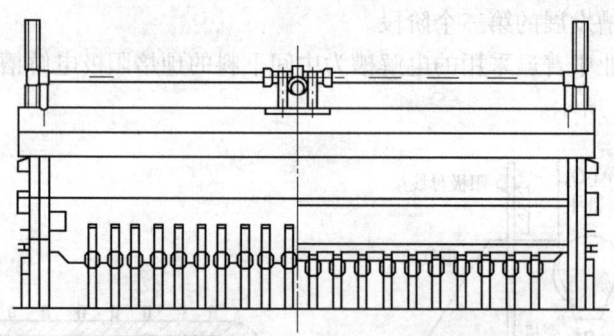

图 8-6 螺旋起重机阳极提升装置电动机与
减速器在阳极中部示意图

3）阳极母线大梁。阳极母线大梁两端和中间进电点用铝板重叠焊接成一母线框，悬挂在螺旋起重机丝杆上，阳极炭块组通过小盒卡具和母线大梁上的挂钩卡紧在大梁上。阳极母线大梁承担着整个阳极的重量，并将电流通过阳极输入电解槽。它由铸铝制成，由升降机构带动上下移动，借以调整阳极的位置。

4）阳极炭块组。预焙槽有多个阳极炭块组（见图8-7），每一组包括2~3块预制阳极炭块。炭块、钢爪、铝导杆组装成电解用阳极。钢爪由高磷生铁浇铸在炭碗中，与炭块紧紧地粘接，铝导杆则是采用渗铝法和爆炸焊与钢爪焊接在一起的。铝导杆通过夹具与阳极母线大梁夹紧，将阳极悬挂在大梁上。

5）打壳下料装置。该装置由打壳和下料系统组成，如图8-8所示。一般从电解槽烟道端起安装4~6套打壳下料装置，出铝端设有一个打壳出铝装置，出铝锤头不设下料装置。打壳装置是为加料时打开壳面用的，它由打壳气缸和打击头组成。打击头为一长方形钢锤头，通过锤头杆与气缸活塞相连。当气缸充气活塞运动时，便带动锤头上下运动而打击电解质表面结壳。

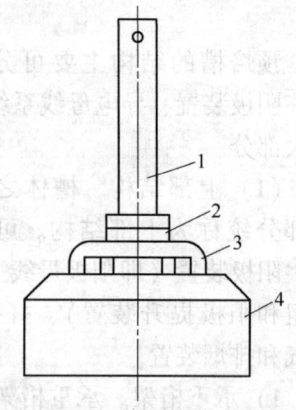

图 8-7 阳极炭块组示意图
1—铝导杆；2—爆炸焊片；
3—钢爪；4—炭块

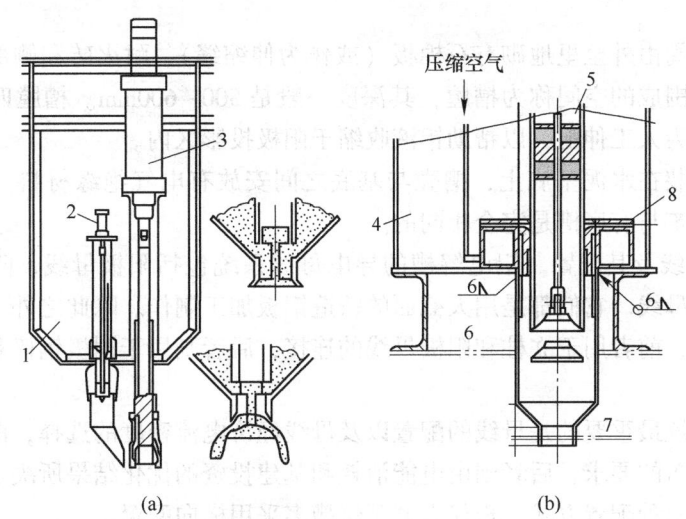

图 8-8　打壳下料系统示意图

(a) 打壳下料系统总图；(b) 定容下料器局部放大图

1，4—氧化铝料箱；2—下料气缸；3—打壳气缸；5—筒式定容下料器；

6—罩板下沿；7—下料筒上沿；8—透气活塞

下料装置由槽上料箱和下料器组成。料箱上部与槽上风动溜槽或原料输送管相通，筒式下料器安装在料箱的下侧部。

预焙槽根据加料（添加氧化铝）部位的不同，又可分为边部加料和中间下料两种类型。整个打壳下料系统由槽控箱控制，并按设定好的程序由计算机通过电磁阀控制，完成自动打壳下料作业。

（2）阴极装置。它由钢制槽壳、阴极炭块组和保温材料砌体三部分组成。

1）槽壳。铝电解槽的槽壳是用钢板焊接或铆接而成的敞开式六面体。它分为无底和有底槽壳；并有背撑式和摇篮式两种。目前多采用有底槽壳。为了增强槽壳的强度，槽壳四周和底部用筋板和工字钢加固。

2）阴极炭块组。它包括阴极炭块和钢棒。钢棒镶嵌在阴极炭块的燕尾槽内，也是用高磷生铁浇铸，使铁棒与炭块紧密连接在一起的。石墨化及半石墨化炭块具有质地均匀，导电、导热性好等优点。

3）保温耐火砌体。它由各种耐火砖、保温砖砌筑而成，如图 8-9 所示。在槽壳中自下而上一般砌有 2~3 层石棉板，附有一层 70mm 厚的 Al_2O_3 粉，再砌上 2~3 层硅藻土保温砖、两层黏土砖、捣固（热捣或冷扎）一层炭素糊，最后按错缝方式安放好阴极炭块组，炭块间的缝隙要用底糊捣实填充。槽壳与其上窗口（阴极棒引出口）各处，均须用水玻璃、石棉灰调和料密封，以免在生产中炭块与空

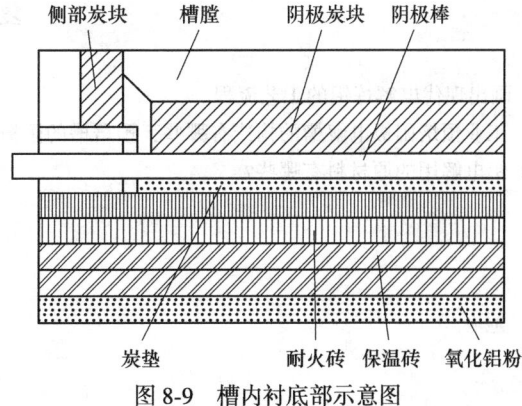

图 8-9　槽内衬底部示意图

侧部炭块　槽膛　阴极炭块　阴极棒

炭垫　耐火砖　保温砖　氧化铝粉

气接触而氧化。

电解槽的四周由外至里地砌有石棉板（或作为伸缩缝）、耐火砖和侧部炭块。由槽壁内衬和槽底炭块围成的空间称为槽膛，其深度一般是 500～600mm。槽膛四周下部用炭糊捣固成斜坡，称为人工伸腿，以帮助铝液收缩于阳极投影区内。

整个槽壳安装在水泥基底上，槽壳与基底之间安放有电气绝缘材料，以确保安全生产。无底槽的砌筑与有底槽是完全相同的。

（3）导电母线及其配置。铝电解槽的导电母线系统包括阳极母线、阴极母线、立柱母线和槽间连接母线。它们都是用大截面的铸造铝板加工制作。除此之外，还有阴极软母线和阴极小母线，前者用于立柱和阳极母线的连接，后者则用于阴极钢棒和阴极母线之间的连接。

导电母线系统最重要的是母线的配置以及母线经济电流密度的选择，前者取决于控制电解槽的磁场分布的要求，后者则由电能消耗和基建投资的优化结果所决定。母线配置一般有纵向和横向两种配置方式。现代大型预焙槽多采用横向配置。

（4）电气绝缘。在铝电解槽系列上，系列电压达到数百伏至上千伏。尽管把零电压设在系列的中点，但系列两端槽对地电压仍高达数百伏，一旦发生短路接地，易发生人身伤害和设备故障。而且电解用直流电，槽上电气设备用交流电，若直流窜入交流系统，会引起设备事故。因此，在电解槽上设置绝缘物是保证设备和人身安全的重要措施，也是防止直流电旁路电解反应的需要。

电解槽正常工作时，直流电依次经阳极母线—阳极炭块—电解质—阴极炭块—阴极母线—下一槽阳极母线。为防止一部分电流不参与电解反应与旁路漏电，应在如下部位设置绝缘物：

1）为防止接地，在阴极母线与母线墩、槽壳-槽壳支柱、支烟管与主烟道、槽罩与上部结构-槽壳、端头槽外侧的算型板-厂房地坪、槽前压缩空气配管-槽上部结构等处设置绝缘。

2）为隔离交直流电，在电动机底座、回转机底座等处设置绝缘。

3）为防止电流旁路电解反应区，在门形支柱-槽壳及槽罩上下端、阳极导杆-上部结构顶板、打壳气缸安装底座-集气箱等处设置绝缘。

4）在短路口处压接面-压接螺栓处设置绝缘。

 **复习思考题**

8-1 画出现代电解炼铝的工艺流程。

8-2 工业预焙阳极电解槽的构造有哪些，预焙槽的阳极装置由哪些部件构成？

8-3 铝电解用的原材料有哪些？

9 铝电解质的结构

Hall-Heroult 铝电解技术的重要特征之一，是使用冰晶石作为氧化铝的熔剂。因此，了解冰晶石熔体的结构、氧化铝在冰晶石熔体中溶解的机理、溶解产物的粒子形式、电解质熔体的物理化学性质，对于了解铝电解过程中的电极反应机理是非常重要的。

根据液体与固体结构相似的理论，晶体（单质或化合物）在略高于其熔点的温度下仍然不同程度地保持着固态质点所固有的有序排列，即近程有序规律。而质点之间的远程有序规律则不再保持。因此，在讨论冰晶石熔体结构之前，须要先了解冰晶石晶体结构。

9.1 电解质中各组分的固相结构

9.1.1 冰晶石

冰晶石（$Na_3[AlF_6]$，或简写为 Na_3AlF_6），既是一个可以人工合成的化合物，也可以在自然界中以矿物形式存在。冰晶石为离子型化合物，其晶体结构如图 9-1 所示。

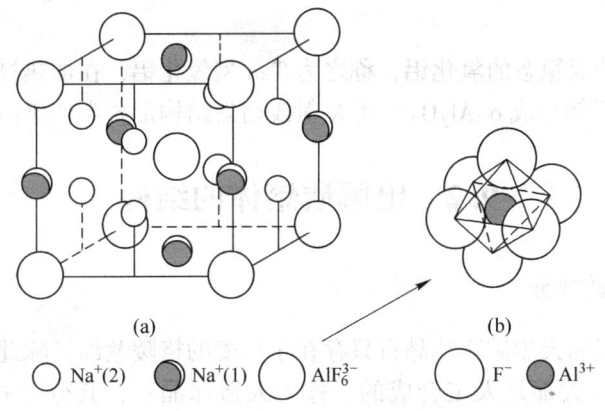

(a)   (b)

○ $Na^+(2)$　　◎ $Na^+(1)$　　◯ AlF_6^{3-}　　◯ F^-　　◉ Al^{3+}

图 9-1 冰晶石的晶体结构

(a) Na_3AlF_6 晶体结构；(b) $[AlF_6]^{3-}$ 原子团结构

冰晶石的晶格是以 $[AlF_6]^{3-}$ 原子团构成的立方体心晶格为基础，而且是与 $Na^+(1)$、$Na^+(2)$ 离子分别形成的两个不同尺寸的体心立方晶格相互穿套而成的，属于一种复式晶格。在晶格中，原子团 $[AlF_6]^{3-}$ 呈八面体；$Na^+(1)$—F 的平均距离为 0.22nm，位于原子团 $[AlF_6]^{3-}$ 所组成的体心立方晶格四棱的中点和上、下底的面心处；$Na^+(2)$—F 的平均距离为 0.268nm，位于其他的四个晶面上。在晶格中，$Na^+(1)$、$Na^+(2)$ 与 F^- 的配位数分别为 6 和 12。冰晶石晶体加热熔化之前，将发生晶型转变，即单斜体心晶系 $\xrightarrow{565℃}$ 立方体心晶系 $\xrightarrow{880℃}$ 立方晶系。

对于天然冰晶石的熔点，早期研究者的测定结果在 977～1027℃之间。Foster 将天然冰晶石试样置于铂金属管内，小心地控制各种实验条件，用差热分析的方法，测定了格陵兰岛天然冰晶石的熔点为 1009.2℃，人工合成的纯冰晶石的熔点为（1012±2）℃。高温下 α 型多晶体冰晶石的折射指数为 1.3376、1.3377 和 1.3387。

9.1.2　氟化铝

氟化铝（AlF_3），为菱形六面体结构，晶格常数为 $a_{rh} = 0.5016nm$，$\alpha = 58°32'$，单轴晶系折射指数为 1.3765 和 1.3767。AlF_3 在低温时为 α 型多晶体，在 453℃ 时发生相变，转变成 β 型多晶体，其相变热很小，为 0.63kJ/mol。没有熔化温度，只有升华温度。

9.1.3　氟化钙

氟化钙（CaF_2），只存在一种晶型，为面心立方结构。其晶格常数为 $a_0 = 0.54626nm$，没有水分的非常纯的 CaF_2 的熔点为 1423℃，其折射指数为 1.434。

9.1.4　氧化铝

氧化铝（Al_2O_3），至少可以有 7 种晶型，人为地命名为 α 型、β 型、δ 型、η 型、θ 型、κ 型和 χ 型，但最常见的还是 α-Al_2O_3，又称刚玉型 Al_2O_3。在结构上属于空间群 R_3C，其晶格常数为 $a_{hex} = 0.4758nm$，$c_{hex} = 1.2991nm$，折射指数为 1.768 和 1.760。

η 氧化铝是一种具有尖晶石型的立方晶体结构，其晶格常数 $a_0 = 0.794nm$，折射指数为 1.670。

此外，还有一种亚稳态的氧化铝，称之为 Tan 型氧化铝，在加热过程中它首先会转化成 η 型氧化铝，最后转化成 α-Al_2O_3，其 X 射线衍射结构形式类似于高铝红柱石。

9.2　电解质熔体的结构

9.2.1　冰晶石熔体的成分

目前世界上发现的天然矿物冰晶石只存在于丹麦的格陵兰岛，除此之外，国内外铝电解生产所用的冰晶石大都是人工合成的，称为人造冰晶石，其分子式为 $Na_3[AlF_6]$ 或 Na_3AlF_6。冰晶石也是一种复盐，其分子式也可写成 $3NaF \cdot AlF_3$。这是一个纯冰晶石的分子组成，其中 NaF 和 AlF_3 的摩尔比为 3。冰晶石的摩尔比通常用 MR(mole ratio) 表示。

$$MR = \frac{NaF\ 物质的量}{AlF_3\ 物质的量} \tag{9-1}$$

对纯冰晶石 Na_3AlF_6 来说，$MR = 3$，称之为中性电解质，$MR > 3$ 的则称为碱性，$MR < 3$ 的称为酸性。工业上大都为 $MR < 3$ 的酸性冰晶石，并且在电解槽的电解质熔体中，还常使用 CaF_2、MgF_2 和 LiF 添加剂。用湿法生产的冰晶石实际上是 NaF 与 AlF_3 的混合物，写成分子式便是 $xNaF \cdot yAlF_3$，其中，$x/y < 3$。工业电解槽中电解质熔体的冰晶石摩尔比也都小于 3。

9.2.2　冰晶石熔体的离子结构

对冰晶石-氧化铝熔盐电解来说，需要认识和了解在熔融状态下的离子结构，便于人们对电解机理的深入了解。因此，有很多学者都对其进行了较为深入的研究，提出了在冰晶石熔体中可能存在的几种配合离子结构形式，见表9-1。

表 9-1　冰晶石熔体中可能存在的几种配合离子的结构形式

离子形式	摩尔比	AlF_3 的摩尔分数	离子形式	摩尔比	AlF_3 的摩尔分数
AlF_6^{3-}	3/1	0.25	$Al_2F_9^{3-}$	3/2	0.4
AlF_4^-	1/1	0.5	$Al_2F_{11}^{5-}$	5/2	0.286
AlF_5^{2-}	2/1	0.333	$Al_3F_{14}^{5-}$	5/3	0.375
$Al_2F_7^-$	1/2	0.667			

冰晶石的近程有序规律是 $[AlF_6]^{3-}$ 八面体；远程有序排列则是 $[AlF_6]^{3-}$ 八面体与 Na^+ 按一定规律的有序排列（或堆积）。因此冰晶石熔化时，首先断裂的是 $[AlF_6]^{3-}$ 与 Na^+ 之间的化学键，即

$$Na_3[AlF_6] \longrightarrow 3Na^+ + [AlF_6]^{3-} \tag{9-2}$$

对于 $[AlF_6]^{3-}$ 的进一步热分解的模式看法不一，普遍赞同的模式是：

$$[AlF_6]^{3-} \longrightarrow [AlF_4]^- + 2F^- \tag{9-3}$$

$$[AlF_6]^{3-} \longrightarrow AlF_3 + 3F^- \tag{9-4}$$

所谓热分解就是指冰晶石熔化时，其近程有序排列（即 $[AlF_6]^{3-}$）的破裂程度。显然它是随着温度的升高而增大的。

此外，还有人认为，$[AlF_6]^{3-}$ 进一步分解还可能是按如下模式进行的：

$$2[AlF_6]^{3-} \longrightarrow [Al_2F_{11}]^{5-} + F^- \tag{9-5}$$

$$[AlF_6]^{3-} \longrightarrow [AlF_5]^{2-} + F^- \tag{9-6}$$

$$2[AlF_6]^{3-} \longrightarrow [Al_2F_{10}]^{4-} + 2F^- \tag{9-7}$$

$$2[AlF_6]^{3-} \longrightarrow [Al_2F_9]^{3-} + 3F^- \tag{9-8}$$

9.2.3　氧化铝在冰晶石熔体中的离子结构

对于 Na_3AlF_6-Al_2O_3 熔体结构进行过大量研究，所用研究方法大多是先拟定一种或几种结构模型，再用各种方法，如热力学计算、冰点降低值的测定、喇曼光谱谱线分析、熔体物理化学性质（如密度、黏度等）的测定等，然后按质量作用定律加以验算。如果测定结果与验算结果相符，便说明拟定的结构模型存在。

Al_2O_3 添加到冰晶石熔体中，不仅溶解，而且相互作用。冰晶石分解出来的 $[AlF_6]^{3-}$、$[AlF_4]^-$ 等离子中的 F^- 可以部分地被离子半径相近（F^- 为 1.33×10^{-10} m，O^{2-} 为 1.4×10^{-10} m）的氧离子所取代；或者与上述铝氧离子相互置换，或者相互缔合而构成铝氧氟型离子。根据这个理论，这些离子模型可为三种形式。

（1）简单铝氧氟离子模型，如 $[AlOF_2]^-$、$[AlOF_3]^{2-}$、$[Al_2O_5]^{4-}$、$[AlOF_x]^{1-x}$、$[AlO_2F_2]^{3-}$ 和 $[AlO_xF_y]^{(2x+y-3)-}$。这些离子的生成可能是 Al_2O_3 和 $Na_3[AlF_6]$ 进行反应的结果，或者说是 Al_2O_3 和 $[AlF_6]^{3-}$ 等离子进行置换或取代而成。

在低 Al_2O_3 浓度下发生：

$$4[AlF_6]^{3-} + Al_2O_3 \longrightarrow 3[AlOF_5]^{4-} + 3AlF_3 \tag{9-9}$$

$$2[AlF_6]^{3-} + Al_2O_3 \longrightarrow 3[AlOF_3]^{2-} + AlF_3 \tag{9-10}$$

Holm 认为 $[Al_2O_5]^{4-}$ 配离子比 $[AlOF_3]^{2-}$ 配离子更稳定。

在高 Al_2O_3 浓度下，发生：

$$Al_2O_3 + 2F^- \longrightarrow [AlOF_2]^- + AlO_2^- \tag{9-11}$$

$$Al_2O_3 + [AlF_6]^{3-} \longrightarrow [AlOF_2]^- + AlO_2^- + [AlF_4]^- \tag{9-12}$$

（2）铝氧氟离子的桥式结构，如 $[Al_2OF_8]^{4-}$、$[Al_2OF_x]^{4-x}$、$[Al_2OF_{2x}]^{4-2x}$。邱竹贤教授认为，在氧化铝浓度较低的熔体中，由于 O^{2-} 少 F^- 多，生成的是 $[Al_2OF_{10}]^{6-}$ 或 $[Al_2OF_6]^{2-}$ 离子，其生成反应为：

$$6F^- + 4[AlF_6]^{3-} + 2Al^{3+} + 3O^{2-} \longrightarrow 3[Al_2OF_{10}]^{6-} \tag{9-13}$$

$$2F^- + 4[AlF_4]^- + Al_2O_3 \longrightarrow 3[Al_2OF_6]^{2-} \tag{9-14}$$

$[Al_2OF_6]^{2-}$ 配离子的结构形式为：

$$\left[\begin{array}{ccc} & F & & F & \\ & | & & | & \\ F\!-\!\!Al\!\!-\!\!O\!\!-\!\!Al\!\!-\!\!F \\ & | & & | & \\ & F & & F & \end{array} \right]^{2-}$$

在高 Al_2O_3 浓度和高摩尔比时，氧化铝的主要溶解反应为：

$$4F^- + 2[AlF_4]^- + 2Al_2O_3 \longrightarrow 3[Al_2O_2F_4]^{2-} \tag{9-15}$$

$[Al_2O_2F_4]^{2-}$ 的结构形式为：

$$\left[\begin{array}{ccc} F & O & F \\ & Al \quad Al & \\ F & O & F \end{array} \right]^{2-}$$

霍姆（Holm）根据三个新质点理论，也提出了类似的桥式离子。他认为反应是：

$$4[AlF_6]^{3-} + Al_2O_3 \longrightarrow 3[Al_2OF_8]^{4-} \tag{9-16}$$

弗兰德（Forland）根据偏摩尔溶解热焓和冰点降低测定的结果，认为 Al_2O_3 浓度低时，Al_2O_3 的溶解将生成桥式离子；

$$Al_2O_3 + 4[AlF_6]^{3-} \longrightarrow 3[Al_2OF_6]^{2-} + 6F^- \tag{9-17}$$

（3）缔合或复合铝氧氟离子，如 $[Al_2O_2F_8]^{4-}$、$[Al_2O_2F_y]^{2-y}$、$[Al_2OF_{14}]^{7-}$ 和 $[Al_3O_3F_y]^{3-y}$，它们是由一些简单离子缔合而成：

$$2Al_2O_3 + 2[AlF_6]^{3-} \longrightarrow 3(AlO_2 \cdot [AlF_4])^{2-} \tag{9-18}$$

根据 Haupin 给出的研究结果，冰晶石-氧化铝熔体中除了上述含氧配合离子外，还存在少量的 $[Al_2O_2F_6]^{4-}$ 和 $[Al_2OF_{10}]^{6-}$ 配合离子。

工业电解质中还有添加剂引入的新离子，如 Ca^{2+}、Mg^{2+}、Li^+ 等，以及一些次生的配离子；还有因副反应而生成的低价离子，如 Al^+、Na_2^+ 等。冰晶石-氧化铝熔液中还有少量的单体 Al^{3+} 和 O^{2-} 离子。

 **复习思考题**

9-1 在冰晶石熔体中主要有哪些离子？

9-2 铝电解质由哪些组分构成，其特性是什么？

9-3 氧化铝加入冰晶石熔体中生成了什么新离子？

10 电解质的物理化学性质

10.1 相图与电解质的初晶温度

任何一种纯的晶体物质，都有固定的熔点（或称凝固点）。由两种或更多的晶体物质组成的混合熔体，在冷凝时也有一个固定的初晶温度，即熔度，它是随混合熔体的组成而变化的。因此，电解质的熔度与其组成有关。电解过程的温度至少应该高出电解质的熔度20~30℃，是与电解质的组成相联系的，铝电解过程的温度一般为950℃左右，比铝的熔点（660℃）高了很多，如果铝电解过程的温度能够降低，对于降低电能消耗，减少电解质的损耗，延长设备的寿命都有好处。这也就是研究电解质熔度的意义。

与铝电解质有关的体系主要有 NaF-AlF$_3$、Na$_3$AlF$_6$-Al$_2$O$_3$ 二元系，Na$_3$AlF$_6$-AlF$_3$-Al$_2$O$_3$ 三元系以及在此三元系基础上的多元系。

10.1.1 NaF-AlF$_3$ 二元系相图

在 NaF-AlF$_3$ 二元系中，已经证明有两个化合物，即冰晶石（Na$_3$[AlF$_6$]）和亚冰晶石（Na$_5$[Al$_3$F$_{14}$]），存在两个共晶点，如图10-1所示。

冰晶石是 NaF-AlF$_3$ 二元系中的稳定化合物，熔点为 1000~1010℃，对应点的组成为 AlF$_3$ 25%，NaF 75%。其中 NaF 和 AlF$_3$ 的物质的量比正好等于3，即 $n(\text{NaF}) : n(\text{AlF}_3) = 3$。

从图10-1可知，在纯冰晶石熔体中添加 NaF 或者 AlF$_3$，都使得混合熔体的初晶温度下降，这是工业上采用酸性电解质（$MR = 2.8 \sim 2.6$）的原因之一。

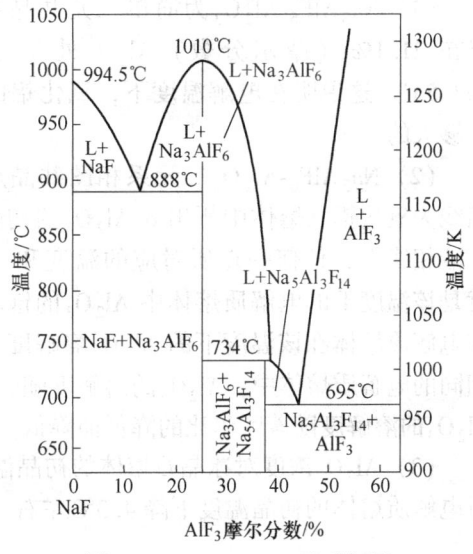

图 10-1 NaF-AlF$_3$ 二元系相图

（1）在 NaF-Na$_3$AlF$_6$ 一侧为简单的二元共晶系，共晶成分为：NaF 86%（摩尔分数，以下同）+ AlF$_3$ 14%；共晶温度为 888℃。L = NaF + Na$_3$[AlF$_6$]。

（2）在 Na$_3$AlF$_6$-AlF$_3$ 一侧，在734℃时，冰晶石晶体和熔体（液相）将发生包晶反应：Na$_3$[AlF$_6$]$_{(晶)}$ +熔体=Na$_5$[Al$_3$F$_{14}$]$_{(晶)}$。Na$_5$[Al$_3$F$_{14}$] 为亚冰晶石，它在735℃以下是稳定的，高于735℃时将分解。其分解反应是：

$$\text{Na}_5[\text{Al}_3\text{F}_{14}] \Longrightarrow 2\text{NaF}(l) + \text{Na}_3[\text{AlF}_6](l) + 2\text{AlF}_3(l) \tag{10-1}$$

（3）在 Na$_3$AlF$_6$-AlF$_3$ 分系中，也存在一个共晶点，其组成为 AlF$_3$ 46%、NaF 54%，共晶温度为 695℃。L = AlF$_3$ + Na$_5$[Al$_3$F$_{14}$]。

（4）在 AlF_3 的摩尔分数为 0.25~0.46 时，电解质的初晶温度随着 AlF_3 浓度的增加而降低，但是 AlF_3 的摩尔分数在 0.25~0.33，即摩尔比为 3.0~2.0 时，电解质初晶温度随 AlF_3 的摩尔分数的变化率（斜率）相对较小，这意味着电解质摩尔比的变化对电解质的初晶温度变化的影响相对较小。而摩尔比在 2.0~1.0 时，电解质初晶温度随摩尔比变化较大，意味着电解质摩尔比的微小变化将会使电解质初晶温度发生很大的改变，这对铝电解生产是极其不利的，故应努力避免。

（5）摩尔比在 1.5~1.0 时，电解质的摩尔比变化对初晶温度变化的影响较小，即电解质初晶温度的稳定性较好，有可能这是低温电解时的最佳电解质成分选择范围。如果能解决氧化铝的溶解速度问题和改进电解质的导电性能，至少低温电解在理论上是可行的。

（6）当 AlF_3 的摩尔分数大于 0.46 时，电解质的初晶温度以非常陡峭的速度上升，在这种电解质成分下电解要想维护工艺上的稳定性将是非常困难的。

10.1.2　Na_3AlF_6-Al_2O_3 二元系

Na_3AlF_6-Al_2O_3 二元系是一简单共晶系，如图 10-2 所示。

由图 10-2 可以看出如下内容：

（1）Na_3AlF_6-Al_2O_3 为简单二元共晶系，其共晶点在 21.1%（摩尔分数）Al_2O_3 处，共晶温度为 962.5℃。这说明在电解温度下，氧化铝的溶解度是不够大的。

（2）Na_3AlF_6-Al_2O_3 二元系相图共晶点右侧的液相线为氧化铝从熔体中析出 α-Al_2O_3 的初晶温度。在该液相线上，任何一点所对应的温度和 Al_2O_3 浓度，就是该温度下的电解质熔体中 Al_2O_3 的饱和浓度，或称电解质熔体在该温度下的 Al_2O_3 溶解度。在摩尔比

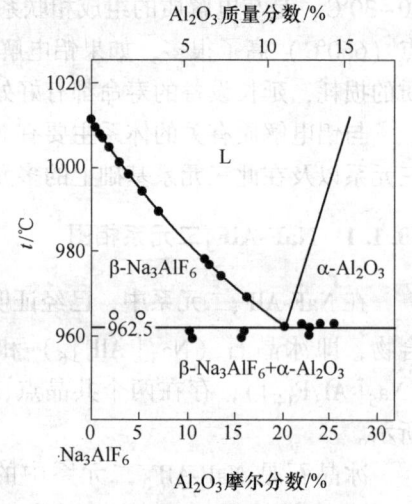

图 10-2　Na_3AlF_6-Al_2O_3 二元系相图

相同的电解质熔体中，Al_2O_3 的溶解度随着温度的升高而升高；在不同的电解质摩尔比时，Al_2O_3 的溶解度随着摩尔比的降低而降低。

（3）Al_2O_3 浓度对冰晶石熔体的初晶温度有很大影响，平均 Al_2O_3 浓度增加 1%，冰晶石电解质熔体的初晶温度下降 4.3℃左右。

10.1.3　Na_3AlF_6-AlF_3-Al_2O_3 三元系

Na_3AlF_6-AlF_3-Al_2O_3 三元系是酸性电解质的基础。图 10-3 所示是其相图的一角，由图得知，该三元系有两个三元无变量点 P 和 E。

P 点为三元包晶点（723℃），在此温度下所发生的包晶反应是：L_P + $Na_3[AlF_6]_{(晶)}$ ⟶ $Na_5[Al_3F_{14}]_{(晶)}$ + $Al_2O_{3(晶)}$，其组成（质量分数）是：$Na_3[AlF_6]$ 67.3%，AlF_3 28.3%；Al_2O_3 4.4%。

E 点为三元共晶点（684℃），在此温度下所发生的共晶反应是：L_E ⟶ $Na_3AlF_{6(晶)}$ + $AlF_{3(晶)}$ + $Al_2O_{3(晶)}$，其组成（质量分数）是：Na_3AlF_6 59.5%，AlF_3 37.3%，Al_2O_3 3.2%。

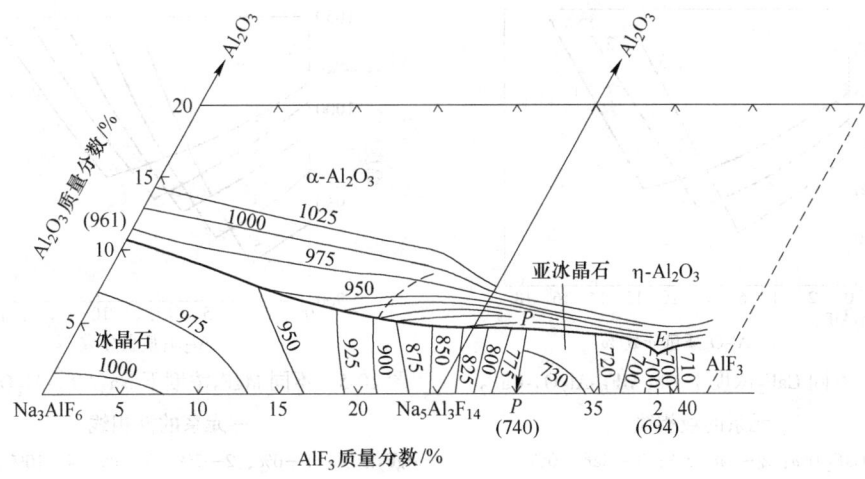

图 10-3 Na₃AlF₆-AlF₃-Al₂O₃ 三元系相图

10.1.4 添加剂对电解质熔度的影响

如上所述，冰晶石-氧化铝熔体即使添加质量分数为 10% 的 AlF₃，其电解温度仍高达 960℃ 左右，故选择合适的添加剂以进一步降低熔体的初晶温度仍然十分必要。目前，常用的添加剂有 CaF_2、MgF_2、LiF 和 NaCl 等。

A CaF_2 对电解质熔度的影响

CaF_2 对电解质熔度的影响可从图 10-4 中得知，随着 CaF_2 添加量的增加，Na₃AlF₆- Al₂O₃ 熔体的初晶温度降低。一般来说，在纯盐熔体中添加其他化合物，都将使其初晶温度降低。这是由于在纯盐化合物中添加了其他化合物而组成混合熔体后，各种化合物质点间产生相互作用，削弱了原来的质点间的相互作用。而当新添加的化合物的质点，如果正好又能形成一种新的化合物，则出现温度的峰值，如 NaF-AlF₃ 二元系中的冰晶石就是一例。

B MgF_2 对电解质熔度的影响

早在 20 世纪 50 年代，铝电解生产中就采用 MgF_2 作为电解质的添加剂。对于 Na₃ AlF₆-Al₂O₃ 熔体来说，添加 MgF_2 将使熔体的初晶温度降低，如图 10-5 所示，而且 MgF_2 的作用较之于 CaF_2 要更加明显。

C 其他各种添加剂对冰晶石电解质初晶温度的影响

除了工业电解槽常用的几种添加剂外，人们对 NaCl、$BaCl_2$、BaF_2 和 BeF_2 作为添加剂对电解质初晶温度的影响也进行过研究，其结果如图 10-6 所示。为了便于比较，在图 10-6 中还示出了 AlF₃、MgF_2、LiF、CaF_2 对冰晶石电解质初晶温度的影响的测定结果。

由图 10-6 可以看出，NaCl、$BaCl_2$、BaF_2 和 BeF_2 都是很好的能显著地降低电解质初晶温度的添加剂，这些添加剂之所以未能在工业电解槽上得到应用，主要有如下一些原因：

(1) BeF_2 价格贵、毒性大。

(2) NaCl 和 $BaCl_2$ 等氯化物的挥发产物容易吸潮，对设备、仪器和工具有腐蚀。

10.1.5 各种氧化物杂质对电解质初晶温度的影响

铝电解生产以氧化铝为原料，原料中总是含有一定的氧化物杂质。此外，铝电解槽使

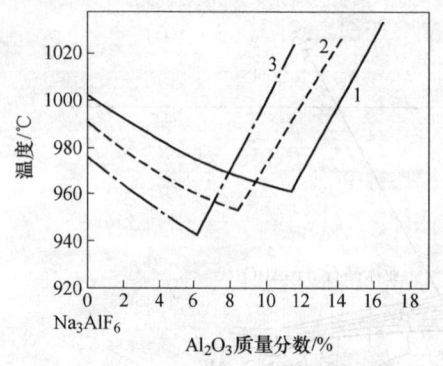 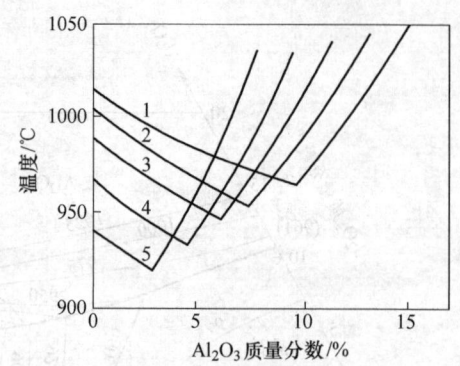

图 10-4　不同 CaF_2 浓度下 Na_3AlF_6-Al_2O_3-CaF_2
　　　　　三元系的液相线

1—CaF_2 0%；2—CaF_2 5%；3—CaF_2 10%

图 10-5　不同 MgF_2 浓度下 Na_3AlF_6-Al_2O_3-MgF_2
　　　　　三元系的液相线

MgF_2 浓度：1—0%；2—2%；3—5%；4—10%；5—15%

用的各种添加剂，如 MgF_2 等也常常是以氧化物的形态加入的。因此，了解原料中各种杂质对冰晶石电解质初晶温度的影响是必要的。其测定和研究结果如图 10-7 所示。

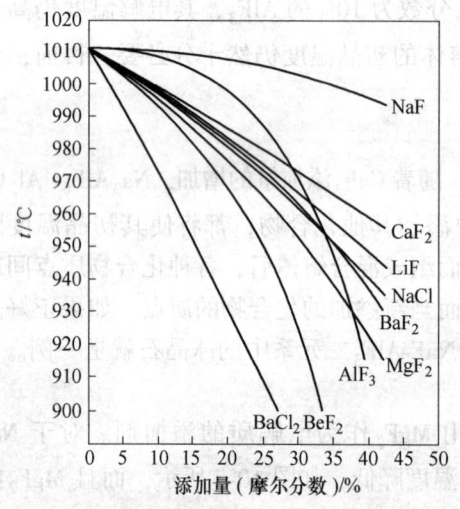 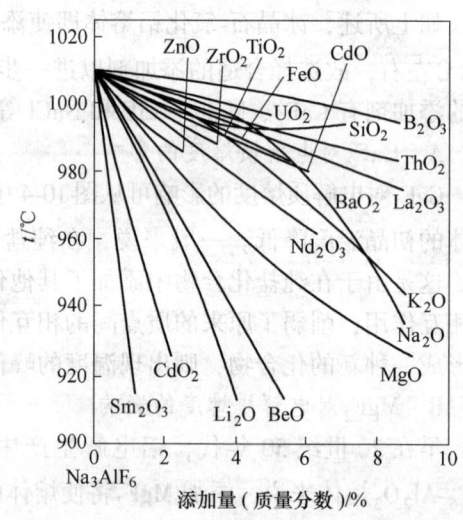

图 10-6　各种添加剂对电解质初晶温度的影响

图 10-7　各种氧化物对电解质初晶温度的影响

　　由图 10-7 可以看出，几乎所有氧化物都对冰晶石电解质的初晶温度有影响，都会使冰晶石电解质的初晶温度降低。这也表明，所有氧化物溶解到冰晶石熔体中的溶解过程都为化学溶解过程。反过来说，对电解质表现出化学稳定的物质如炭等，在电解质中属于物理溶解，因此它们的存在并不会使电解质初晶温度降低。

10.2　密　度

　　对于铝电解质来说，密度是它的一个重要性质，直接影响着电解质熔体和铝液之间的分离效果。同时，密度还能反映出熔体的结构，是研究熔体结构的重要参数之一。

10.2.1 铝和纯盐的密度

固体铝的密度为 $2.7g/cm^3$，且随温度的升高而降低。液态铝的密度 d 与温度（t, ℃）存在如下关系：

$$d_{Al, t} = 2.382 - 0.272 \times 10^{-3}(t - 658) \tag{10-2}$$

在 960℃时，液态铝的密度为 $2.30g/cm^3$。

纯冰晶石、氟化钠和氧化铝熔体的密度与温度存在如下关系：

$$d_{Na_3AlF_6, t} = 3.032 - 0.937 \times 10^{-3}t \tag{10-3}$$

$$d_{NaF, t} = 2.567 - 0.610 \times 10^{-3}t \tag{10-4}$$

$$d_{Al_2O_3, t} = 5.632 - 1.127.10^{-3}(t + 273) \tag{10-5}$$

10.2.2 铝电解质基本体系的密度

10.2.2.1 NaF-AlF₃ 二元系熔体的密度

NaF-AlF₃ 二元系熔体的密度等温线绘制如图 10-8 中。由图 10-8 可知，各密度曲线上都有一个最大值，位于冰晶石组成点上，但略偏向 NaF 的一侧。峰值处的曲线并不十分陡峻，其原因是冰晶石在熔点熔化时，发生了部分的热分解。温度升高，曲线变得更加平缓，说明分解程度在增大。因此，密度的变化反映了熔体结构的变化，如温度升高，密度变小，熔体中 $[AlF_6]^{3-}$ 离子增多。

10.2.2.2 Na₃AlF₆-Al₂O₃ 二元系熔体的密度

Na₃AlF₆-Al₂O₃ 二元系熔体的密度等温线如图 10-9 所示。显然，该熔体的密度随温度升高以及熔体中 Al_2O_3 浓度增加而降低，尽管纯 Al_2O_3 的密度很大（960℃时，$d_{Al_2O_3}$ = $4.24g/cm^3$），其原因是 Al_2O_3 在冰晶石熔体中生成了如 $[AlOF_3]^{2-}$、$[AlOF_2]^-$ 等体积庞大的铝氟氧配离子。

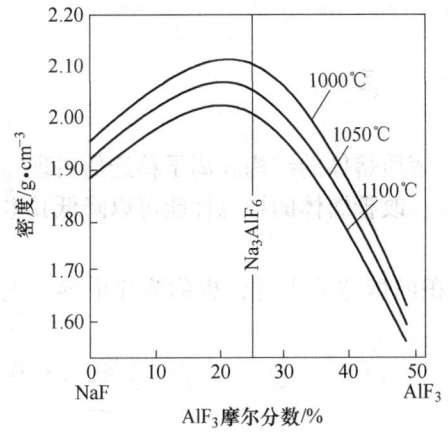

图 10-8　NaF-AlF₃ 二元系熔体的
密度等温线

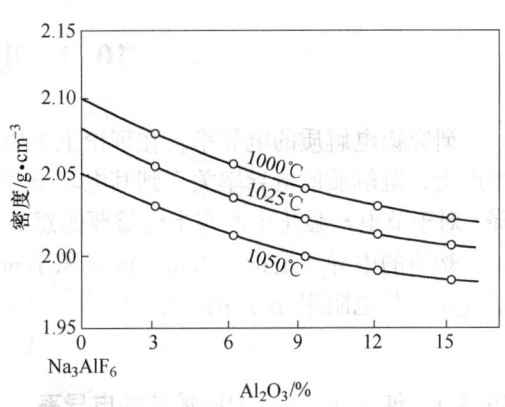

图 10-9　Na₃AlF₆-Al₂O₃ 二元系熔体的
密度等温线

10.2.3 添加剂对铝电解质熔体密度的影响

在选择铝电解质的添加剂时，必须考虑它对电解质熔体密度的影响以及影响的程度。

在常用添加剂中，添加 CaF_2 和 MgF_2 使电解质的密度增大。就影响程度而言，CaF_2 甚于 MgF_2（见图 10-10）。但是在添加量为 5%~10% 时，对电解质的密度影响很小。

与之相反，添加剂 NaCl 和 LiF 却使熔体的密度明显地降低。图 10-11 所示是各种添加剂在 1000℃ 时对冰晶石密度的影响。由图 10-11 可以看出，由于 CaF_2 和 MgF_2 作为添加剂时具有使冰晶石熔体密度增大的性质，因此从这个角度看，铝电解槽中加入过多的 CaF_2 和 MgF_2，不利于增大铝液和电解质熔体之间的密度差。铝电解槽中加入 AlF_3（即使用酸性较大的电解质）和 NaCl 对降低电解质熔体的密度是非常有效的。因此从这一点上看，铝电解槽使用酸性电解质也是有好处的，然而 NaCl 的挥发产物对设备和周围的建筑腐蚀性较大，因此往往不被铝工业所采用。

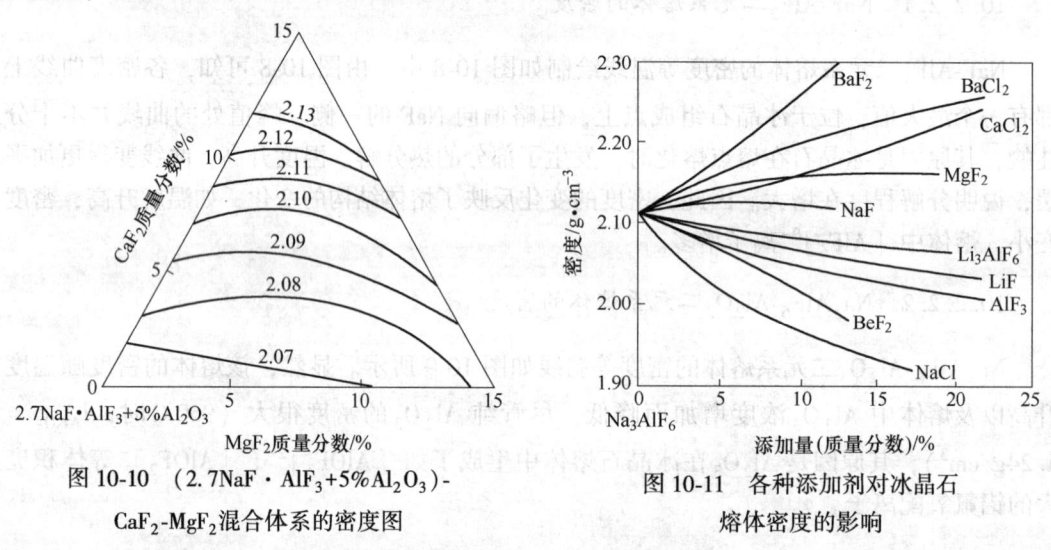

图 10-10 （2.7NaF·AlF_3+5%Al_2O_3）-CaF_2-MgF_2混合体系的密度图

图 10-11 各种添加剂对冰晶石熔体密度的影响

10.3 电 导 率

研究铝电解质的电导率，在理论上可以了解电解质熔体的结构和离子移迁的机理；在生产上，电解质的电导率关系到其电阻电压的高低。改善熔体的导电性能可以降低其电压降，对于节电与强化生产有十分重要的意义。

熔体的电导率是指长 1cm、截面积 $1cm^2$ 的体积的熔体的电导，也称为比电导。电导率（χ）与电阻率（ρ）的关系为：

$$\chi = 1/\rho \tag{10-6}$$

10.3.1 纯 NaF、Na_3AlF_6熔体的电导率

纯 NaF、Na_3AlF_6 的电导率与温度的关系如图 10-12 所示。图 10-12 中纵坐标为 $\lg\chi$，横坐标为 $1/T$。由图 10-12 可见，冰晶石在熔点附近电导率的变化不如 NaF 急剧，因为

NaF 熔化时已经全部离解为 Na^+ 和 F^-，而冰晶石只是部分离解。在冰晶石的曲线上，出现了两个电导率的突变点，即 565℃ 和 880℃ 时发生突变，正好是冰晶石的晶型转变温度，说明电导率与晶体结构有关。

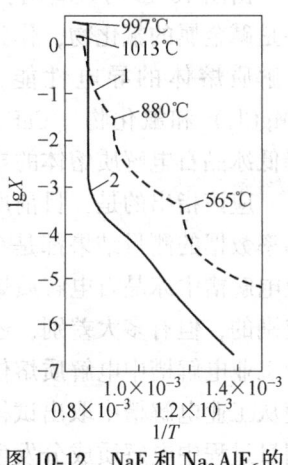

图 10-12 NaF 和 Na_3AlF_6 的
电导率与温度的关系
1—Na_3AlF_6；2—NaF

10.3.2 基本体系的电导率

10.3.2.1 NaF-AlF₃ 二元系的电导率

NaF-AlF_3 二元系的电导率如图 10-13 所示。由图 10-13 可以看到许多测定结果表明，该体系的电导率随着熔体中的 AlF_3 浓度的增加而降低。显然，电导率的降低与熔体中 NaF 浓度的降低有关。

10.3.2.2 Na₃AlF₆-Al₂O₃ 二元系的电导率

Na_3AlF_6-Al_2O_3 二元系的电导率-成分等温线如图 10-14 所示。许多的测定结果表明，冰晶石熔体中添加 Al_2O_3 后，生成了体积庞大的铝氧氟配离子，这种离子传递电荷的能力较小，另外 Na^+ 的相对浓度降低，故该体系中熔体的电导率随着 Al_2O_3 浓度的增大而降低。

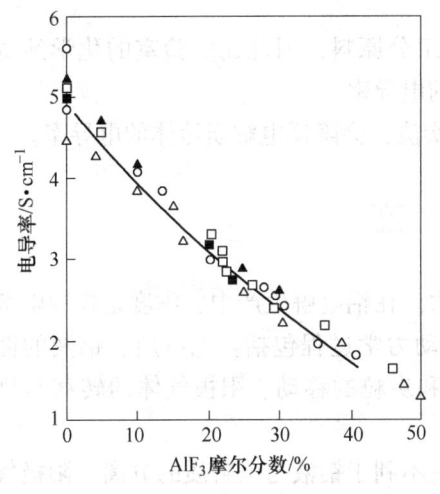

图 10-13 NaF-AlF_3 二元系熔体的
电导率（1000℃）

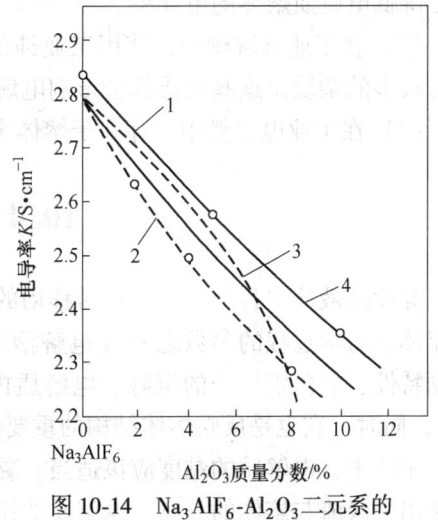

图 10-14 Na_3AlF_6-Al_2O_3 二元系的
电导率等温线（1000℃）

10.3.2.3 Na₃AlF₆-Al₂O₃-AlF₃ 三元系的电导率

根据前苏联阿布拉莫夫的研究表明，Na_3AlF_6-Al_2O_3-AlF_3 三元系的熔体的电导率是随着 Al_2O_3 和 AlF_3 浓度的增加而降低的。

10.3.3 添加剂对 Na₃AlF₆-Al₂O₃ 熔体电导率的影响

各种添加剂对 Na_3AlF_6-Al_2O_3 熔体电导率的影响如图 10-15 所示。

由图 10-15 可以看出，不论是碱金属的氯化物，还是碱金属的氟化物，作为添加剂使用时都会改善电解质熔体的导电性能。而碱土金属的氯化物（$MgCl_2$）和氟化物（CaF_2、MgF_2）添加剂，却会降低冰晶石电解质熔体的导电性能。

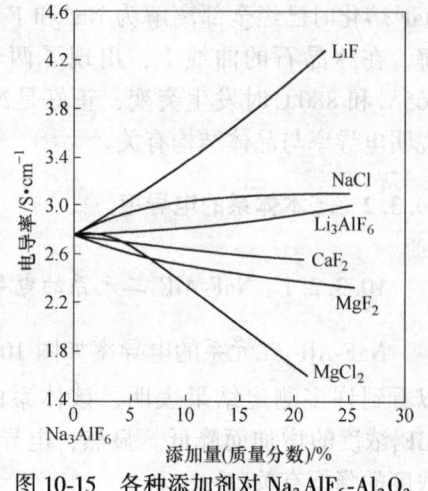

图 10-15　各种添加剂对 Na_3AlF_6-Al_2O_3 熔体电导率的影响

应该指出的是，目前所有关于冰晶石电解质电导率数据的测量结果都是在实验室得出的，这与工业电解槽中冰晶石电解质熔体电导率的实际值是有差别的，但有多大差别，还无从比较。因为在线检测工业电解槽中电解质熔体的电导率是困难的，即使从工业电解槽中取出试样送到实验室测量，由于测量过程中电解质成分发生变化，其测量结果与实际也会存在很大差别。工业电解槽与实验室所测得的冰晶石电解质熔体电导率的差别在于：

（1）在工业电解槽中，存在着溶解的金属粒子和低价的金属粒子（离子），如 Al、Al^{3+}、Na^+ 等，它们的存在会使电解质熔体的电导率增加。

（2）在工业电解质熔体中，存在着来自阳极气体的气泡和溶解的少量 CO_2 气体，它们会降低电解质熔体的电导率。

（3）在工业电解槽中，使用工业纯的电解质组分原料，因此比实验室的化学纯试剂具有较多的杂质，这些杂质都会影响电解质熔体的电导率。

（4）在工业电解槽中，存在于熔体中的微细炭渣，会降低电解质熔体的电导率。

10.4　黏　　度

黏度是液体中各部分抗拒相对移动的一种能力。在铝电解生产中，黏度是控制电解槽内流体动力学过程的参数之一（电解槽内的流体动力学过程包括：电解质、铝液的循环流动特性、氧化铝粒子的沉降、电解质内铝液滴和炭粒的移动、阳极气体的转移与排出等），同时，它也是反映熔体结构的重要参数。

生产中，电解质的黏度应该适当。黏度太大，不利于铝液与电解质的分离、阳极气体的排出、炭渣与熔体的分离、电解质的循环、氧化铝的溶解等过程。此外，黏度大，也会降低熔体的电导率。相反黏度太小，虽然能消除上述不良影响，却加速了铝的溶解与再氧化反应，使电流效率降低。

黏度为黏度系数的简称，记为 η，它的量纲是 $(N \cdot s)/m^2$。黏度通常采用的单位为 cP，$1cP = 10^{-3}(N \cdot s)/m^2$。熔盐的黏度可以用扭摆法、回转法和振荡法直接测定。

10.4.1　铝电解质基本体系的黏度

纯冰晶石、氟化钠的黏度（cP），可用如下公式计算：

$$\eta_{Na_3AlF_6} = 28.88 - 42.09 \times 10^{-3}t + 15.99 \times 10^{-6}t^2 \tag{10-7}$$

$$\eta_{\text{NaF}} = 16.104 - 22.699 \times 10^{-3}t + 8.527 \times 10^{-6}t^2 \tag{10-8}$$

10.4.1.1 NaF-AlF$_3$二元系的黏度

NaF-AlF$_3$ 二元系的黏度与熔体成分、温度的关系如图 10-16 所示。图 10-16 中各黏度等温线在冰晶石组成点（虚线所示位置）都出现一个明显的极大值，而且在该处等温线的曲率，随着温度的升高而逐渐变小，它说明体积庞大的 [AlF$_6$]$^-$ 的进一步离解程度变大，故黏度也随之变小。

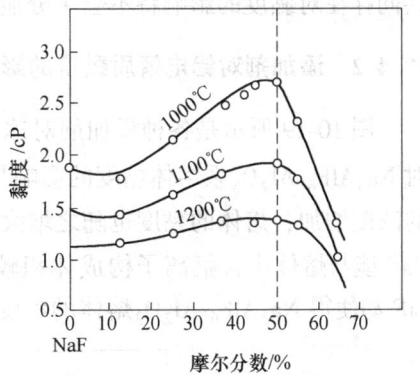

图 10-16 NaF-AlF$_3$二元系的黏度

10.4.1.2 Na$_3$AlF$_6$-Al$_2$O$_3$二元系的黏度

Na$_3$AlF$_6$-Al$_2$O$_3$ 二元系的黏度等温线如图 10-17 所示。根据图 10-17 中的曲线可知，当 Al$_2$O$_3$ 浓度低于 10% 时，熔体黏度变化极小；但当 Al$_2$O$_3$ 浓度大于 10% 时，黏度显著地增大。黏度增大的原因主要是熔体中生成了如 [AlOF$_2$]$^-$、[AlOF$_3$]$^{2-}$ 等体积庞大的铝氧氟配离子。Al$_2$O$_3$ 浓度低时，因这些配离子的数量少，故黏度变化不大。但是随着 Al$_2$O$_3$ 浓度的进一步增大，这些配离子数量增多，而且还会进一步缔合生成含有 2~3 个氧原子的更加庞大的配离子，故黏度急剧增大。

10.4.1.3 Na$_3$AlF$_6$-Al$_2$O$_3$-AlF$_3$三元系的黏度

研究 Na$_3$AlF$_6$-Al$_2$O$_3$-AlF$_3$ 三元系的黏度的目的，主要是研究酸性电解质的黏度与冰晶石摩尔比和 Al$_2$O$_3$ 浓度的关系，这对于生产来说是有实际意义的。图 10-18 所示是托克勒

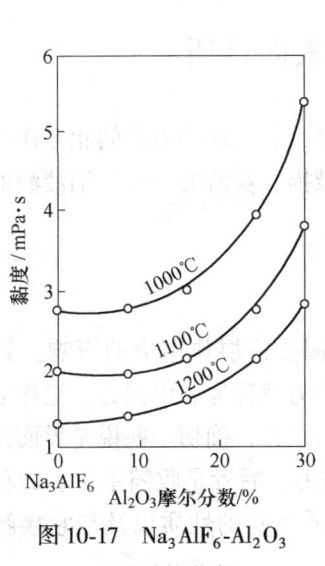

图 10-17 Na$_3$AlF$_6$-Al$_2$O$_3$
二元系的黏度

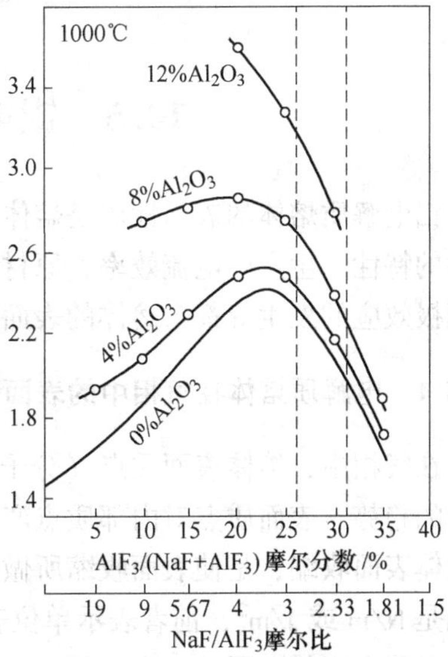

图 10-18 Na$_3$AlF$_6$-Al$_2$O$_3$-AlF$_3$
三元系的黏度

普和瑞耶的研究结果，图中虚线所限的区域内（*MR*：3~2.33），增大 Al_2O_3 的浓度，黏度明显地提高；增加 AlF_3 的浓度，则黏度显著降低。在酸性电解质熔体中，Al_2O_3 和 AlF_3 的共同存在对黏度的影响将不会十分显著。

10.4.2 添加剂对铝电解质黏度的影响

图 10-19 所示是各种添加剂对冰晶石熔体黏度的影响。许多研究表明，CaF_2 和 MgF_2 对 Na_3AlF_6-Al_2O_3 系熔体黏度的影响与图 10-19 所示情况相似，即随着熔体中 CaF_2 和 MgF_2 的浓度增加，熔体的黏度也随之增大，其中 MgF_2 的影响程度大于 CaF_2。其原因是 Mg^{2+}、Ca^{2+} 能与熔体中含氟离子构成体积较大的阴、阳配离子，如 $[MgAlF_7]^{2-}$。添加 $NaCl$ 和 LiF 却使得 Na_3AlF_6-Al_2O_3 熔体的黏度降低，其中 LiF 的作用更加明显。

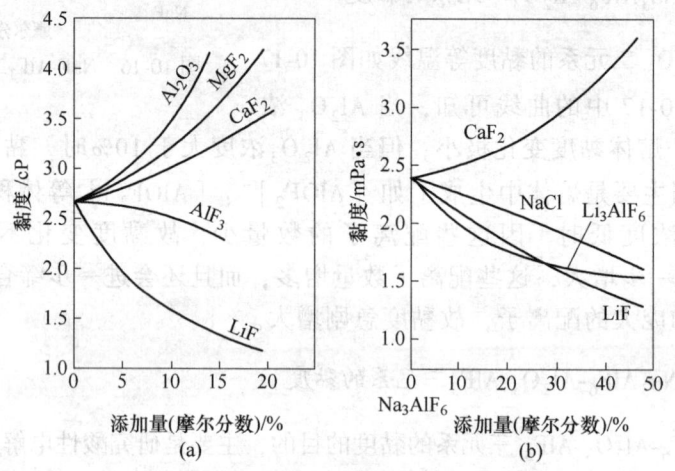

图 10-19 各种添加剂对冰晶石熔体黏度的影响

(a) 1010℃；(b) 1000℃

10.5 铝电解质熔体的表面性质

铝电解质熔体的表面性质是熔体与其他物质接触时，表面或界面之间相互作用时所表现出的特性。生产中电流效率、原材料消耗、内衬的破损、炭渣的分离、铝液滴的汇集以及阳极效应的发生等都与熔体的表面性质关系密切。

10.5.1 电解质熔体在气相中的表面张力

在气相中，熔体表面质点（分子、原子或离子）因受内层作用力的影响，具有向内收缩的趋势，表面质点对内部质点产生一种压力，这种力就称为表面张力，记作 σ。此力使液体表面收缩，是使表面收缩所做的功，即是表面的张力，确切一些说是界面张力。其量纲是 N/m 或 J/m^2，前者表示单位表面长度上的收缩力，后者是收缩单位表面积所做的功，又称表面能。因此，表面张力（界面张力）与物质本身的性质以及与它接触的物质的性质有关，是物质的一种特有属性。

表面张力（界面张力）在铝电解槽中占有特殊和重要的地位，铝电解槽中许多现象和过程，如阳极效应、铝的溶解、炭渣的分离和氧化铝的溶解等与之有关。

10.5.1.1 NaF-AlF₃二元系熔体的表面张力

在气相中，该体系的表面张力 σ 随着 AlF_3 浓度的增加而降低，随着温度的升高而降低，其关系如下所示：

$$\sigma_{\text{NaF-AlF}_3} = 203.0 - 2.3x(\text{AlF}_3) - 0.128(t - 1000\text{℃}) \quad (\text{mJ/m}^2) \tag{10-9}$$

式中 $x(\text{AlF}_3)$——熔体中 AlF_3 的摩尔分数，%；

         t——熔体的温度，℃。

10.5.1.2 Na₃AlF₆-MeAₓ体系熔体的表面张力

布卢姆（H. Bloom）和罗伯斯（B. W. Burrows）研究了冰晶石熔体的表面张力，得到的关系式为：

$$\sigma_{\text{Na}_3\text{AlF}_6} = 262.0 - 0.128t \; (\text{mJ/m}^2) \tag{10-10}$$

在冰晶石熔体中添加其他的化合物将使冰晶石熔体的表面张力发生变化。许多研究结果表明，AlF_3、Al_2O_3、$NaCl$ 都使冰晶石熔体的表面张力降低，而 NaF 和 CaF_2 却使之增大，如图 10-20 所示。

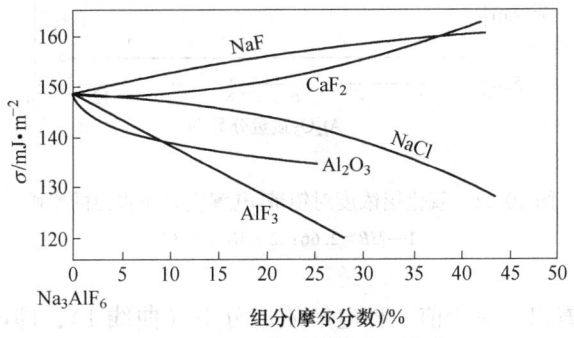

图 10-20　Na₃AlF₆-MeAₓ体系熔体表面张力（1000℃）

10.5.2 电解质-铝液界面张力

界面张力实质上也是表面张力，所不同的是前者的接触相是一种不相溶的液体（或熔体），而后者的接触相是气体。电解质-铝液界面张力是两相内部质点对交界面上质点共同作用的结果。界面张力可以用两相各自的表面张力来做粗略计算，即：

$$\sigma_{\text{E-Al}} = \sigma_{\text{E}} - \sigma_{\text{Al}} \tag{10-11}$$

许多人测定过 $\sigma_{\text{E-Al}}$，但数值出入很大，例如，别列耶夫测得的数值为 0.528J/m^2（1000℃），而波特文（A. Portevin）等人测得的值为 0.170J/m^2。熔体-铝液界面张力与熔体的组成有关。

不同学者所研究的 NaF-AlF₃二元系熔体与熔融铝液之间界面张力的测定结果如图 10-21 所示。

由图 10-21 可以看出，虽然不同的研究者给出的测定结果有很大差别，其中个别研究者给出了在摩尔比为 2.6 左右时，$\sigma_{\text{E-Al}}$ 有最大值的研究结果，但大多数学者给出了比较一

致的研究结果，即铝液与电解质熔体之间的界面张
力 σ_{E-Al} 随着电解质摩尔比的增加而降低。这一研究
结果表明，铝电解槽使用较低摩尔比的电解质，对
提高铝液-电解质熔体之间的界面张力，减少电解质
中铝的溶解损失，提高电流效率是有用的。

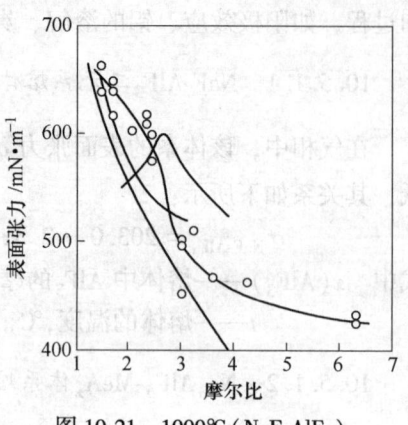

10.5.2.1　氧化铝浓度对铝液-电解质界面张力的影响

别列耶夫研究了两种组成的电解质在两种不同
温度下，Al_2O_3 浓度对铝液-电解质熔体之间界面张
力的影响。第一种电解质组分的摩尔比为 2.66，温
度 1000℃；第二种电解质组分的摩尔比为 1.67，温
度 900℃。其测定结果如图 10-22 所示。

图 10-21　1000℃（NaF-AlF$_3$）
熔体-铝液的界面张力

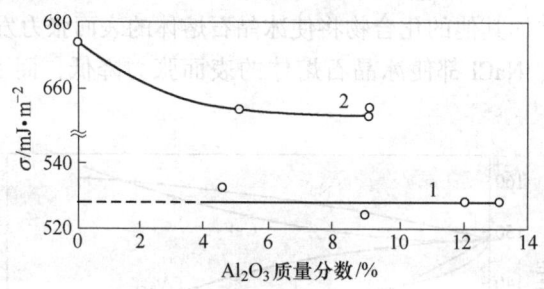

图 10-22　氧化铝浓度对铝液-电解质界面张力的影响

1—MR=2.66；2—MR=1.37

由图 10-22 可以看出，对于前一种电解质成分下（曲线 1），即电解质的摩尔比较高
时，氧化铝浓度对铝液-电解质熔体的界面张力几乎没有影响；对于后一种摩尔比较小的
电解质（曲线 2），当氧化铝浓度较大，大于 4%~5% 时，氧化铝浓度的变化对铝液-电解
质熔体之间的界面张力也没有什么影响，但在较低的氧化铝浓度范围内，随氧化铝浓度的
降低，铝液-电解质熔体之间的界面张力逐渐提高。这种变化与人们广为认同的目前工业
铝电解槽，当电解质中的氧化铝浓度较低时电流效率较高这一结果相一致。或者说，这是
对目前所说的低氧化铝浓度-高电流效率的一种理论上的支持。

10.5.2.2　各种添加剂对铝液-电解质熔体界面张力的影响

各种添加剂对铝液-电解质熔体界面张力影响的测定结果如图 10-23 所示。

由图 10-23 可以看出，添加一定浓度的 AlF_3、MgF_2、CaF_2 和 LiF 作为添加剂，将使铝
液-电解质熔体的界面张力增加，其增加的程度从小到大依次是 LiF、CaF_2、MgF_2 和 AlF_3。
因此，从界面张力的数值，分析和判断这 4 种添加剂都有提高铝液-电解质熔体界面张力、
降低阴极铝液溶解速度、提高电流效率的作用，但添加 AlF_3 和 MgF_2 添加剂的效果优于添
加 CaF_2 和 LiF 添加剂的效果；而 NaCl 和 KF 却具有相反的效果。

10.5.3　电解质在炭素材料上的湿润性

液体与固体之间也存在界面张力，不过其表示形式是通过液体对固体表面的湿润性来体现的，因为湿润性的好坏取决于界面张力。液体在固体上的湿润性一般用湿润角的大小来表示。湿润角又称接触角，它是液滴（或熔滴）曲面切线与所接触的固相表面的夹角，如图 10-24 所示。

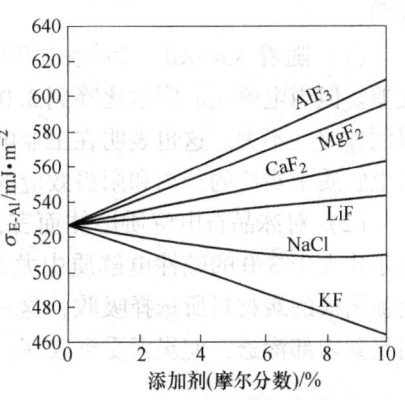

图 10-23　各种添加剂对铝液-
电解质熔体界面张力的影响（1000℃）

湿润角与各界面张力的关系（相对于电解质和炭而言）是：

$$\cos\theta = \frac{\sigma_{G-C} - \sigma_{E-C}}{\sigma_{G-E}} \qquad (10\text{-}12)$$

式中　θ——湿润角；

σ_{G-C}——炭的表面张力；

σ_{E-C}——电解质熔体与炭的界面张力；

σ_{G-E}——电解质熔体在气相中的界面张力。

显然，湿润角 θ 大于 90°时，说明电解质熔体对炭的湿润性差；相反，当湿润角 $\theta <$ 90°时，湿润性就好。电解质熔体对炭素材料的湿润性与炭体组成、炭素材料的本质及电极化状态有关。

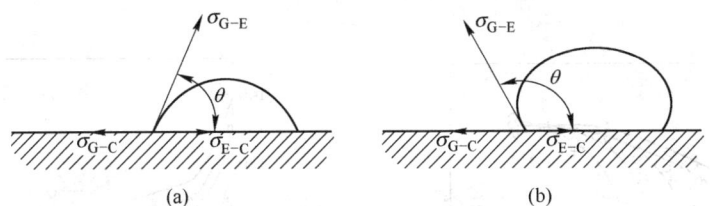

图 10-24　电解质熔体 E 在炭板 C 上的湿润角 θ（G 表示空气相）

（a）湿润角 $\theta < 90°$；（b）湿润角 $\theta > 90°$

10.5.3.1　单一熔盐组分对炭材料的湿润性

前苏联学者别列耶夫利用测量熔体在固体材料上所形成的液球的湿润角的方法，系统研究过电解质熔体对炭素材料的湿润性，其中包括碱金属和碱土金属的氯化物、氟化物对炭和石墨材料的湿润性的研究，结果表明，熔融卤化物对炭与石墨的湿润性与其中阳离子半径的关系做有规律的变化，阳离子半径增加，湿润性即加强，也就是说湿润角减少，这对氯化物或氟化物都一样。但对同样的氟化物或氯化物来说，碱土金属的湿润性不如碱金属的，这显然是由于两价的碱土金属离子比一价碱金属离子的极化作用强的缘故，因为它们相对应的离子半径十分接近，而氧化数则不同。

10.5.3.2　电解质成分对其与炭素湿润性的影响

图 10-25 所示是 NaF-AlF$_3$ 二元系熔体对炭素湿润性与 AlF$_3$ 浓度的关系。图 10-25

表明:

(1) 随着 NaF-AlF$_3$ 二元系电解质摩尔比的降低, 湿润角增加, 电解质对炭的湿润性变差。但当电解质的摩尔比降到 3.0 以下时, 即在酸性电解质组分时, 电解质熔体对炭的湿润性改变不大。这也表明在工业电解槽酸性电解质组分的范围内, 电解质摩尔比的大小对电解质中炭渣的分离和阳极效应的发生没有影响(按阳极效应的湿润学说)。

(2) 对冰晶石电解质熔体而言, NaF 是电解质熔体的表面活性物质, 其活性作用在摩尔比大于 3.0 的碱性电解质中尤为明显。因此, 在炭阴极表面, 电解质熔体中的 NaF 会被阴极的炭材料所选择吸收, 这一特性使铝电解槽内衬的寿命缩短。因为 NaF 不断地向炭素内部渗透, 使炭素受到破坏。对于这种现象应加以抑制。

10.5.3.3　Na$_3$AlF$_6$-Al$_2$O$_3$ 熔体在炭素上的湿润性

Na$_3$AlF$_6$-Al$_2$O$_3$ 熔体在炭素上的湿润性测定结果如图 10-26 所示。由图 10-26 可以看出:

(1) 氧化铝对冰晶石电解质熔体来说, 是一种表面活性物质, 氧化铝浓度的增加, 可使冰晶石熔体对炭的湿润性增加, 因此电解质熔体中氧化铝浓度的增加不利于电解质熔体中炭渣的分离。

(2) 电解质中氧化铝浓度很低时, 湿润角增加, 电解质熔体对炭的湿润性变差。故有人用此来说明发生阳极效应的原因。这一点可以归结于铝氧氟配离子增多, 使熔体的表面张力 σ_{E-G} 减少。于是 $\cos\theta$ 值变小, θ 变大, 湿润性变差。

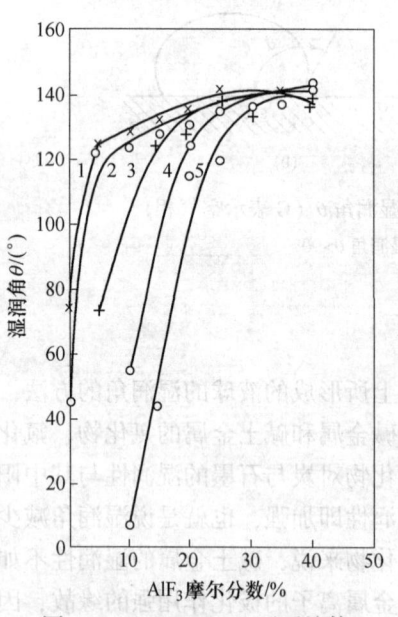

图 10-25　NaF-AlF$_3$ 二元系熔体
在炭板上所形成的湿润角
1—在熔点时; 2—1000℃; 3—保持 1min 后;
4—保持 3min 后; 5—保持 5min 后

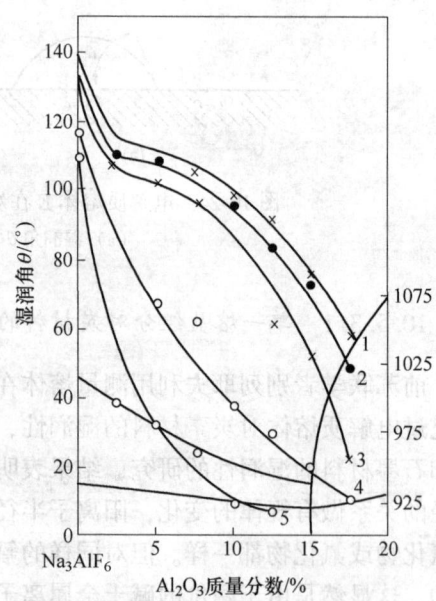

图 10-26　Na$_3$AlF$_6$-Al$_2$O$_3$ 二元系熔体
在炭板上的湿润角
1—在熔点时; 2—1000℃; 3—保持 1min 后;
4—保持 3min 后; 5—保持 5min 后

10.5.3.4　添加剂对冰晶石熔体对炭素材料湿润性的影响

添加 CaF_2、MgF_2、LiF 等添加剂于纯冰晶石熔体后，在炭极上的湿润性如图 10-27 和图 10-28 所示。由图可知三种添加剂对湿润性无显著影响。由于在 Na_3AlF_6-Al_2O_3 熔体中添加 CaF_2、MgF_2 有利于炭渣与熔体间的分离，说明熔体与炭的湿润性是变差了。

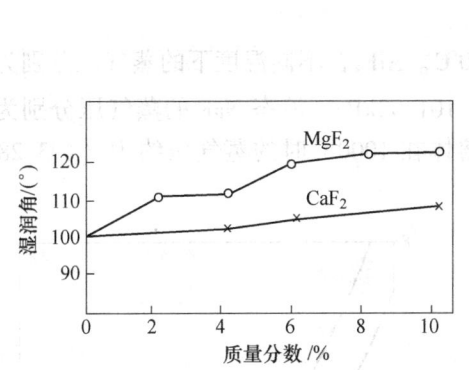

图 10-27　2.5NaF·AlF_3-Al_2O_3 熔体中添加 CaF_2 和 MgF_2 后对炭的湿润角的影响（1273K）

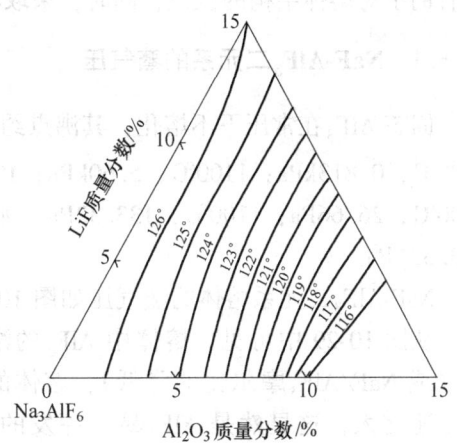

图 10-28　Na_3AlF_6-LiF-Al_2O_3 三元熔体混合物对炭湿润性的影响

10.5.3.5　有铝存在时电解质熔体对炭材料的湿润性

需要指出的是，上述关于冰晶石电解质熔体对炭材料湿润性的研究结果都是在没有铝存在时得出的。在实际铝电解过程中，电解槽中电解质熔体下面是铝液。实验研究表明，在有金属铝存在的情形下，冰晶石熔体对炭素材料的湿润性有所改善，故电解质能够很好地湿润电解槽槽底炭块。马绍维茨认为是炭素表面上吸附的氧被铝还原可使铝对炭块的湿润性得到改善，但阿布拉莫夫等人则认为是炭素表面以及孔隙中发生了碳和铝的反应，生成了碳化铝而使湿润性得到改善，也有人认为可能是由于铝与电解质熔体的 NaF 组分反应生成了表现活性很强的金属钠所致。

10.5.3.6　炭素本性和电极极化对湿润性的影响

炭素本身的物理性质（主要指结构）不同，熔体对炭素的湿润也不同。一般来说，电解质对无定型炭的湿润性比对石墨要好些，近年来，国外铝电解槽的槽底采用石墨化或半石墨炭素材料与此有相。

对于铝电解生产来说，了解炭素材料在电极极化状态下，熔体对其湿润特征是很有意义的。国内外许多研究表明，炭电极在阴极极化状态下，电解质熔体对炭的湿润性比无极化时更好。这样更加速了熔体对槽底炭块的渗透。这种现象被称之为"阴极吸引"。相反，炭电极在阳极极化状态下，湿润性变差，即"阳极排斥"效应。这两种效应都随着电流密度的增大而加强。

在生产中，电解质对炭的湿润性要求适中：太大了，加速了熔体对内衬、槽底的渗透，造成电解槽过早的破损；太小了，又易发生阳极效应。因此，必须根据生产情况，及时调整。

10.6　铝电解质的蒸气压

铝电解质的蒸气压直接关系到氟化盐的消耗以及对生态环境的污染。对这一问题的研究有助于对熔体结构的认识，同时，采取相应措施消除或减少这类污染。

10.6.1　NaF-AlF$_3$二元系的蒸气压

固态 AlF$_3$ 在常压下不熔化，其沸点约为 1280℃。AlF$_3$ 在不同温度下的蒸气压分别为：1000℃，0.813kPa；1100℃，5.60kPa；1276℃，101.32kPa。液态 NaF 的蒸气压分别为：1000℃，26.66Pa；1100℃，133.32Pa。冰晶石熔体在 1000℃ 时的蒸气压约为（493.28±133.32）Pa。

NaF-AlF$_3$二元系熔体的蒸气压如图 10-29 所示。从图 10-29 中可见，熔体中 AlF$_3$ 的浓度增加（或 NaF/AlF$_3$ 摩尔比的降低），熔体的蒸气压迅速增大，这显然是 AlF$_3$ 易于挥发的结果。此外，温度升高，熔体的蒸气压也随之增大。

研究结果表明，熔体蒸气相的质点是 Na[AlF$_4$](g)，及其二聚体（Na[AlF$_4$]）$_2$(g)。除此还发现有 AlF$_3$(g)、NaF(g)。蒸气相中下列反应保持着平衡关系：

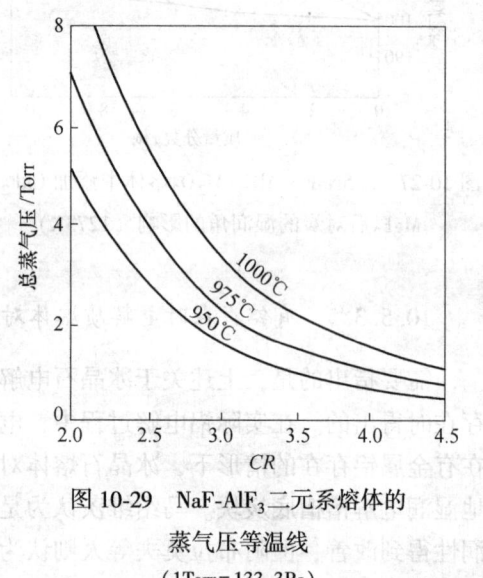

图 10-29　NaF-AlF$_3$二元系熔体的
蒸气压等温线

（1Torr = 133.3Pa）

$$(Na[AlF_4])_2(g) \Longrightarrow 2Na[AlF_4](g) \tag{10-13}$$

$$Na[AlF_4](g) \Longrightarrow NaF + AlF_3(g) \tag{10-14}$$

上述研究结果证实了 Na[AlF$_4$] 的存在。

10.6.2　Na$_3$AlF$_6$-Al$_2$O$_3$二元系的蒸气压

Na$_3$AlF$_6$-Al$_2$O$_3$熔体体系的蒸气压随着熔体中 Al$_2$O$_3$ 浓度的增大而降低，在该熔体中，AlF$_3$的相对含量是随着 Al$_2$O$_3$ 的增加而降低的，这便成为熔体蒸气压降低的原因之一。此外，Al$_2$O$_3$加入熔体后，还会进一步与 Na$_3$AlF$_6$ 发生反应生成新的质点，也是降低 AlF$_3$ 挥发的又一原因。

在 Na$_3$AlF$_6$-Al$_2$O$_3$熔体中添加 CaF$_2$、MgF$_2$ 和 LiF 都使熔体的蒸气压降低。但是在酸性电解质熔体中提高 AlF$_3$ 浓度或者降低摩尔比则使其蒸气压增大。图 10-30 所示是 Na$_3$AlF$_6$-Al$_2$O$_3$-CaF$_2$系的蒸气压与温度的关系。

克威尔德根据 Na$_3$AlF$_6$-Al$_2$O$_3$熔体总蒸气压与纯冰晶石熔体总蒸气压的比值和熔体中含氧质点的摩尔分数的关系，与按拉乌尔定律推导的理想曲线进行比较，发现在 Al$_2$O$_3$浓度低的范围内，按生成 [AlOF$_5$]$^{4-}$、[Al$_2$OF$_8$]$^{4-}$ 和 [AlOF$_4$]$^{3-}$绘制的三条曲线与理论曲线是相重合的，换言之，他借助于蒸气压的研究证明了上述三种铝氧氟离子存在的可能性。

10.6.3　NaF-AlF₃-Al 系的蒸气压

NaF-AlF₃熔体中有铝存在时，蒸气压明显增大。据测定，在1024℃下，往冰晶石熔体中加入铝后，蒸气压为（10.43±0.39）kPa，约为纯冰晶石的20余倍。Na_3AlF_6-34%（摩尔分数）Al_2O_3熔体在1026℃时的蒸气压为9.53kPa，为不加铝时的18倍。其原因有二：一是铝置换钠（NaF 浓度高时），蒸气压升高；二是生成低价氟化铝 AlF（AlF₃浓度高时），故而蒸气压升高。而蒸气压的最低值是组成（摩尔分数）为63%NaF+37%AlF₃的熔体。

综上所述，若从降低氟化盐的挥发损失来说，首先应该降低电解温度，其次是电解质的摩尔比不宜太低。

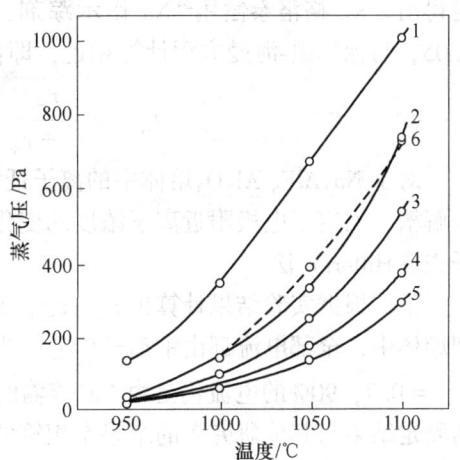

图 10-30　Na_3AlF_6-Al_2O_3-CaF_2系的蒸气压与温度的关系

1—100%Na_3AlF_6；2—5%Al_2O_3+5%CaF_2；

3—5%Al_2O_3+10%CaF_2；4—10%Al_2O_3+5%CaF_2；

5—10%Al_2O_3+10%CaF_2；6—5%Al_2O_3

10.7　铝电解质的离子迁移数

在电解过程中，通过熔体的电流是由离子迁移而转移的。离子迁移数就是某种离子输送电荷的数量，或者说输送电荷的能力。一般用分数和百分数来表示。数值大的，表示传递电荷的能力大。这种能力的大小还与离子的运动速度有关。

对于单一的一份熔融盐来说，存在着下列关系：

$$t_+ = \frac{v_+}{v_+ + v_-}; \qquad t_- = \frac{v_-}{v_+ + v_-} \qquad (10\text{-}15)$$

式中　　v_+，v_-——阳离子、阴离子的运动速度；

　　　　t_+，t_-——阳离子、阴离子的迁移数。

$$t_+ + t_- = 1 \qquad (10\text{-}16)$$

根据穆尔凯-海曼方程式，迁移数与离子半径有关。即：

$$t_+ = \frac{r_-}{r_- + r_+}; \qquad t_- = \frac{r_+}{r_- + r_+} \qquad (10\text{-}17)$$

式中　　r_-，r_+——阴、阳离子的离子半径。

显然，离子的半径小，运动速度大，传递电流的能力大，该离子的迁移数也大，相反，离子半径大的迁移数就小。

离子的迁移数一般可以通过式（10-15）~式（10-17）计算求得，也可以通过实验测定得出。K. 格洛泰懈用^{24}Na 作示踪剂，测得纯 NaF 熔体中 Na$^+$的迁移数 t_{Na^+} 为 0.64±0.05，与穆尔凯-海曼方程计算相近，即：

$$t_{Na^+} = \frac{r_-}{r_- + r_+} = \frac{1.33}{1.33 + 0.98} = 0.58 \qquad (10\text{-}18)$$

对于 Na$_3$AlF$_6$-Al$_2$O$_3$熔体中的离子迁移数进行过许多测定。罗林和陶尔采用一种三室电解槽，测定了电极附近离子浓度的变化，并计算了该熔体的离子迁移数。该法被称为希托夫（Hittorf）法。

他们根据实验结果计算出 t_+、t_-。对于 Na$_3$AlF$_6$-Al$_2$O$_3$熔体中 Na$^+$的迁移数为 1.00，即熔体中，全部电流都由钠离子传递。当熔体中增加 AlF$_3$的含量时，即在酸性电解质中，$t_{Na^+} = 0.9$，90%的电流仍是由 Na$^+$传输的，只有10%的电流是铝氧氟配离子传输的。他们的测定结果与其他研究者的结果是相符的，例如弗兰克和福斯特用放射性同位素测定的结果是：在中性电解质中，$t_{Na^+} = 0.99$，$t_{F^-} = 0.01$。

复习思考题

10-1 综述氟化钠、氟化铝、氟化钙、氟化镁、氟化锂等对冰晶石熔体物理化学性质的影响。

10-2 铝电解质的物理化学性质主要包括哪些，这些物理化学性质存在怎样的变化规律？

10-3 为什么铝电解生产中要采用弱酸电解质？

11 铝电解过程的机理

11.1 铝电解的电极过程与电极反应

11.1.1 阴极过程与阴极反应

Na_3AlF_6-Al_2O_3熔体主要是由Na^+、$[AlF_6]^{3-}$、$[AlF_4]^-$、F^-以及$[Al_xO_yF_2]^{(2+2y-3x)-}$等离子构成，$Na^+$是电流的主要传递者，所传输的电流达到总数的99%。在单一熔盐电解过程中，传输电流的离子往往就是在电极上放电的离子。但是在复杂的熔盐体系中，如Na_3AlF_6-Al_2O_3熔体中，究竟是何种离子放电则要根据它们的电极电位来确定。在其他条件相同时，阳离子的电极电位越正，其在阴极上放电的可能性也越大。反之亦然。

因此，在复杂的熔盐体系的电解过程中，就可能出现某种离子传递大部分电流，而在电极上放电的却是另外的离子的现象。

在Na_3AlF_6-Al_2O_3熔体中，已经证实在1000℃左右，纯钠的平衡析出电位比纯铝的约负250mV。同时，研究表明，离子在阴极上放电时，并不存在很大的过电压（铝析出时的过电压约10~100mV）。因此，阴极上析出的金属主要是铝，即铝是一次阴极产物。阴极反应为：

$$Al^{3+}（配离子） + 3e =\!=\!= Al \tag{11-1}$$

如9.2节所述，Na_3AlF_6-Al_2O_3熔体中并不存在单独的Al^{3+}，铝是包含在铝氧氟配离子中。因此，Al^{3+}在放电之前首先发生含铝配离子的解离，但也不排斥配离子直接放电的可能性。

然而，Na_3AlF_6-Al_2O_3熔体中钠和铝析出电位的差值并非一成不变，而是随着电解质的摩尔比增大、温度升高、Al_2O_3浓度减少以及阴极电流密度提高等条件变化而缩小的。当两种金属的析出电位差降低到接近于零时，钠离子就有可能与铝离子一同放电，使电流效率降低。

在工业电解槽上，为了保证铝的一次反应充分进行，宜采用酸性电解质体系，在较低的温度下电解，并维持尽可能大的Al_2O_3浓度。除此，槽内还须具备良好的传质条件，防止Na^+在阴极上大量积聚。

11.1.2 阳极过程与阳极反应

Na_3AlF_6-Al_2O_3熔体电解的阳极过程是比较复杂的。这是由于阳极与阴极不同，炭阳极本身也参与电化学反应。铝电解时的阳极过程是配位阴离子中的氧离子在炭阳极上放电析出O_2，然后与炭阳极反应生成CO_2的。

$$2O^{2-}（配离子） + C - 4e =\!=\!= CO_2 \tag{11-2}$$

因此，一次阳极产物应该是CO_2气体。但是，工业槽上的阳极气体总是含有20%~

30%的 CO，这是由于炭渣的存在，或 CO_2 气体渗入阳极孔隙中以及溶解在电解质中的铝再氧化反应所致。

11.2   铝电解机理

铝电解机理就是熔体中各种离子在两极上的电化学行为。如上所述，在阴极是含铝配离子中的 Al^{3+} 放电，而阳极则是含铝配离子中的 O^{2-} 放电。

1981 年，W. E. 郝平和 W. B. 弗朗克根据他们的研究结果认为：在阴极上是 $[AlF_4]^-$ 和 $[AlF_6]^{3-}$ 离子放电，即

$$[AlF_4]^- + 3e \longrightarrow Al + 4F^- \qquad （在低摩尔比时） \qquad (11-3)$$

$$[AlF_6]^{3-} + 3e \longrightarrow Al + 6F^- \qquad （在高摩尔比时） \qquad (11-4)$$

负责迁移电荷的 Na^+，在阴极上不能放电，因为 Na^+ 放电析出的电位比 Al^{3+} 的负，所以铝离子优先放电，Na^+ 和 F^- 结合，保持熔体的电中性。

在阳极上放电的是铝氧氟配离子，即

$$2[Al_2OF_6]^{2-} + 2[AlF_6]^{3-} + C = CO_2 + 6[AlF_4]^- + 4e \qquad (11-5)$$

$$2[Al_2OF_6]^{2-} + 4F^- + C = CO_2 + 4[AlF_4]^- + 4e \qquad (11-6)$$

$$[Al_2O_2F_4]^{2-} + 2[AlF_6]^{3-} + C = CO_2 + 4[AlF_4]^- + 4e \qquad (11-7)$$

$$[Al_2O_2F_4]^{2-} + 4F^- + C = CO_2 + 2[AlF_4]^- + 4e \qquad (11-8)$$

根据他们的见解，铝电解过程可作如下描述：在低摩尔比时，在阴极上是 $[AlF_4]^-$ 中的 Al^{3+} 离子放电，即：

$$4[AlF_4]^- + 12e \longrightarrow 4Al + 16F^- \qquad (11-9)$$

在阳极上，$[Al_2OF_6]^{2-}$ 和 F^- 放电，即：

$$6[Al_2OF_6]^{2-} + 12F^- + 3C \longrightarrow 12[AlF_4]^- + 3CO_2 + 12e \qquad (11-10)$$

在熔体中

$$2Al_2O_3 + 8[AlF_4]^- + 4F^- = 6[Al_2OF_6]^{2-} \qquad (11-11)$$

这样，整个电解过程中，同样只是消耗了 Al_2O_3 和 C，总反应仍然是：

$$Al_2O_3 + 1.5C = 2Al + 1.5CO_2 \qquad (11-12)$$

11.3   阳极过电压和阳极效应

阳极过电压和阳极效应是铝电解生产中不可忽视的阳极副反应，它们的存在和发生既关系到能量的消耗，又关系到正常生产过程的稳定。

11.3.1   阳极过电压

在铝电解生产中，阴极过电压（或称超电压）很少，然而阳极过电压却很大。铝电解过程的理论分解电压为 1.2V(960℃) 左右，而实际测得的反电势为 1.45~1.65V，甚至更高。两者相差 250~500 mV，其原因就是阴、阳极上存在过电压，特别是阳极过电压。产生阳极过电压的原因很多，归纳起来主要是由四个部分构成的。

11.3.1.1　阳极反应的过电压

绝大多数学者认为铝电解阳极主反应是铝氧氟配离子穿过双电层，按式（11-5）~式（11-8）在阳极表面放电，并与炭阳极反应生成 CO_2，这一过程极其复杂。现在人们通过研究阳极反应机理，对阳极反应历程和反应机理取得了比较一致的认同。

（1）铝-氧-氟配离子穿过双电层并在阳极表面放电，这个过程几乎不产生过电压。

（2）铝-氧-氟配离子放电产生的氧被化学吸附在炭阳极表面：

$$[Al_2O_2F_4]^{2-} - e + xC(表面) =\!=\!= C_x * O^-(表面) + Al_2OF_4 \tag{11-13}$$

$$C_x * O^-(表面) - e =\!=\!= C_x * O(表面吸附) \tag{11-14}$$

在这一步，氧首先聚集在阳极底掌上最活泼的地方（或称活化中心），与炭化学吸附在一起的氧写成 $C_x * O$ 形式，这是一稳定的表面化合物，C—C 键不会断裂生成 CO。这一过程也不产生过电压。

（3）已被一个氧占有的炭不太容易再让一个氧在此放电，后续氧的放电只能发生在活性较小的炭的位置，这需要增加一些能量，即过电压。

（4）一旦阳极的有效表面都被表面化合物所覆盖，那么下一步的氧就必须在已经键合了一个氧的炭上放电。

$$C_x * O(表面吸附) + [Al_2O_2F_4]^{2-} - e =\!=\!= C_x * O_2{}^-(表面) + Al_2OF_4 \tag{11-15}$$

$$C_x * O_2{}^-(表面) - e =\!=\!= C_x * O_2(表面) \tag{11-16}$$

这一步需要较高的能量——过电压，这是造成阳极过电压的主要原因，也是阳极电解反应的律速步骤。

（5）$C_x * O_2$ 表面化合物 C—C 之间的结合力很容易分裂，形成解吸的 CO_2 和新的炭表面。

$$C_x * O_2(表面) =\!=\!= CO_2(气) + (x - 1)C \tag{11-17}$$

新的阳极表面提供了 $[Al_2O_2F_4]^{2-}$ 放电的新位置。

11.3.1.2　阳极电阻过电压（气膜电阻）

阳极上吸附着的大小气泡以及气泡的胚芽都起着阻碍电流的作用，而引起过电位，故又称气膜电阻。从电解槽可以观察到槽电压是随着阳极气泡的逸出而波动的。并且波动的次数与气泡逸出的声响的起伏是对应的。这种过电压随 Al_2O_3 浓度的降低而增大，特别是临近阳极效应时猛增。此外，还随阳极表面积的增大而增大。

11.3.1.3　浓差过电压

铝电解过程中，阳极近层氧离子浓度减少，AlF_3 浓度增大而造成了浓差过电压，它随着 Al_2O_3 浓度的减少而增大。

11.3.1.4　势垒过电位

在阳极附近的熔体中，有许多离子，如 $[AlF_6]^{3-}$、$[AlF_4]^-$、F^- 等，它们都不在阳极上放电。但是它们的存在使阳极附近形成一个电化学屏障，阻碍含氧配离子在阳极上的放电。突破这道屏障就需要能量，于是产生了势垒过电压。

阳极过电压由上述四项过电压组成，即：

$$V_过 = V_{反应} + V_{气膜} + V_{浓差} + V_{势垒} \qquad (11\text{-}18)$$

而阴极过电压只有后面的两项，所以相对较小。

11.3.2   阳极效应

11.3.2.1   阳极效应的发生与临界电流密度

阳极效应是熔盐电解过程中一种独特的现象，铝电解过程中的阳极效应现象是阳极周围（指与熔体接触的部位）电弧光耀眼夺目，并伴有噼噼啪啪的声响，阳极周围电解质却不沸腾，没有气泡大量析出。电解质好像被气体排开，电解槽的工作处于停顿状态。此时，槽电压由原来的 4V 猛升到 30~50V，甚至更高，与电解槽并联的指示灯发亮，表示该槽发生了阳极效应。

在铝电解生产过程中，发生阳极效应的难易程度通常可用"临界电流密度"来判断。临界电流密度是指在一定条件下，电解槽发生阳极效应时的最低阳极电流密度。它与熔盐的性质、温度、阳极性质、添加剂等很多因素有关。但是，对铝电解来说，上述因素基本上是固定的，唯一明显变化的是电解质中 Al_2O_3 的浓度。实践证明，阳极效应发生之际，正好是 Al_2O_3 缺少之时。

关于 Al_2O_3 浓度对临界电流密度的影响，已经进行了许多研究。基本趋势是临界电流密度随着电解质中 Al_2O_3 浓度的增加而增大。但是不同的研究，在数值上存在着差别。图 11-1 所示是这方面的研究结果。

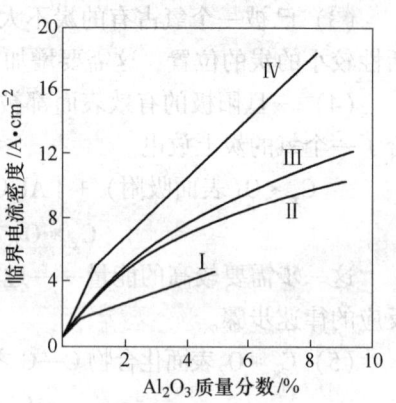

图 11-1   临界电流密度与 Al_2O_3
浓度的关系

工业铝电解的阳极电流密度一定，当电解质中 Al_2O_3 浓度减少到 0.5%~1.0%，它便超过了临界电流密度，于是发生阳极效应。

11.3.2.2   阳极效应对电解槽的影响

阳极效应是铝电解生产过程中阳极上发生的现象，阳极效应对铝电解生产既有正面影响，也有负面影响。

阳极效应的正面影响为：

(1) 有利于电解质中炭渣的分离。

(2) 可以使黏附在阳极表面上的炭渣得到清理。

(3) 有利于熔化槽底的沉淀。

阳极效应的负面影响为：

(1) 发生阳极效应时，阳极上会产生碳氟化合物气体 CF_4 和 C_2F_6，它们进入大气，虽不对大气的臭氧层有破坏作用，但它们是很强的温室效应气体，CF_4 和 C_2F_6 的温室效应分别是 CO_2 气体的 6500 倍和 9200 倍。

(2) 阳极效应会熔化槽帮结壳，使电解质摩尔比增加。

（3）阳极效应会增加电能消耗，使电解质的温度升高。

（4）阳极效应会增加铝的损失（特别是当使用鼓入空气或插入木棒的方法熄灭阳极效应时）。

（5）阳极效应时，使阳极底表面附近电解质温度大幅升高，从而大大增加氟化盐的挥发损失。

由以上可以看出，铝电解槽发生阳极效应对铝电解槽的负面影响大于正面影响，因此当代的铝电解生产技术是努力减少电解槽阳极效应系数，一旦效应发生，要尽可能地降低效应时间。这里所谓效应系数，定义为每天（24h）发生阳极效应的频率（次数）。

11.3.2.3　阳极效应的机理

有关阳极效应发生机理的研究很多，但观点却不尽一致，主要有以下四种。

A　湿润性变差学说

湿润性变差是指电解质对炭阳极底掌的湿润性变差。这种学说认为，在正常电解时，熔体对阳极底掌的湿润性良好，气泡呈图 11-2（a）所示的形状，很快地被电解质从底掌排挤出来。当熔体中 Al_2O_3 浓度降低到一定程度时，湿润性变差，致使阳极气体不能及时排走，气泡逐渐聚集成大面积的气膜，覆盖于阳极底掌上，如图 11-2（b）所示。这样，气膜就阻碍着

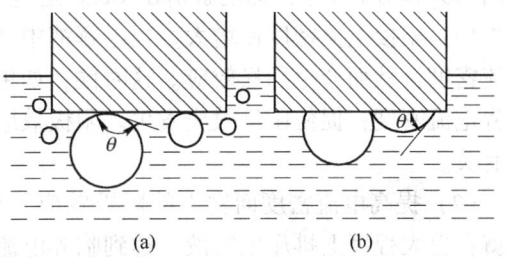

图 11-2　电解质对炭阳极底掌的湿润性
（a）正常生产；（b）发生效应时

电流的畅通，电流被迫以电弧的形式穿透气膜，放出强烈弧光和振动噪声，这就是阳极效应。故人们又称阳极效应为"阻塞效应"。在生产实践中，只要向电解质中添加一定量的 Al_2O_3，电解质的湿润性便又恢复到正常的水平，在人为的帮助下，如刮底掌、搅动铝液冲刷阳极底掌、下降阳极等方法，排除气泡，阳极效应便告熄灭，恢复正常生产。

B　氟离子放电学说

氟离子放电学说认为阳极效应是阳极过程改变为氟离子放电的结果。人们在阳极效应临近时发现阳极气体中，除 CO_2 和 CO 外，还有 CF_4，而在阳极效应过程中 CF_4 约占14%~35%。持氟离子放电学说的人认为，当 Al_2O_3 浓度降低时，阳极区富集着 F^-，增加了 F^- 放电的机会，F^- 放电并与炭反应生成 CF_4 或 COF_2（COF_2 高温不稳定而分解 $2COF_2 = CO_2 + CF_4$），进而生成了中间化合物 C_nF_m。当阳极底掌为此化合物覆盖时，阳极效应就发生了。

根据热力学计算，以碳做阳极电解 AlF_3 时，生成 CF_4 的反应是

$$4AlF_3 + 3C = 4Al + 3CF_4 \tag{11-19}$$

其分解电压为 2.2V。这和工业铝电解槽上发生阳极效应前反电动势升高为 2.2V 的数值是一致的。因此说明，阳极效应与 CF_4 的生成是有关的。

安齐平曾在电解之前将阳极表面进行氟化处理，再进行铝电解实验，结果表明，采用这种阳极，即使冰晶石熔体中含有 10% 的 Al_2O_3，在极低的电流密度下也会发生阳极效应。而且效应持续的时间与阳极表面氟化处理的时间成正比。这也说明阳极效应的发生与

F 是相关的。

C 静电引力学说

持有这种观点的人认为，阳极气泡所带电荷性质的改变是导致发生效应的原因。瓦尔特伯（Wartenberg）认为在正常情况下，气泡带正电，故被阳极排斥，难以聚集；当熔体中 Al_2O_3 浓度减少时，气泡带负电而被阳极吸引，聚集而形成气膜，由此发生阳极效应。这种学说虽然有不少人认同，但还有待研究结果验证。

D 阳极对电解液排斥学说

阳极效应发生的机理显然不能只归于某一个方面的原因，因为不能只对阳极效应的某一个现象进行解释。实际上阳极效应发生时是各种现象同时存在着的。故而需要做出一种综合性的说明。我国邱竹贤院士通过研究提出了阳极对电解液排斥学说，其要点如下：

（1）发生阳极效应的熔盐电解过程有一共同特点，即阳极上有气体析出，如铝电解析出 CO_2 和 CO 气体，钙电解析出 Cl_2。这些正在析出气体的阳极，产生一种排斥电解液的作用，阳极电流密度便增大。当电解液中 Al_2O_3 浓度减少时，阳极电流密度便达到临界电流密度，从而产生阳极效应。这时候，如果人为地增大电流，则阳极电流密度迅速达到临界电流密度，促使阳极效应发生。阳极效应的稳定性与阳极气体离子化产生阳极静电引力有关。

（2）提高电流密度而发生的阳极效应。当电流密度增大时，阳极上的气泡增多，阳极就在更大程度上排斥电解液。达到临界电流密度时，阳极上 70%~80% 的面积充斥着气泡，这时，电流的通路绝大部分已经闭塞，一部分电流便被迫从气体层中通过，在高电压下以细小的电弧形式穿过此气体层。这就是说，气体已经解离，产生了静电引力而被吸附在阳极上，阳极效应便发生了。

（3）减小 Al_2O_3 浓度而发生的阳极效应。当 Na_3AlF_6-Al_2O_3 熔体中 Al_2O_3 浓度很低时，形成了一种桥式铝氧氟配离子：

$$6F^- + 4AlF_6^{3-} + Al_2O_3 = 3[Al_2OF_{10}]^{6-} \tag{11-20}$$

桥式离子的结构是： $[AlF_5—O—AlF_5]^{6-}$

此时，氟离子能较方便地从配离子中挣脱出来，在炭阳极表面上放电生成碳氟化合物。于是阳极气体中 CF_4 的量由临近效应时的 0.4%~4% 猛增到 30%~40%，而且在阳极表面上生成碳氧氟化合物 COF_x。临近阳极效应时，阳极气体的组成发生了改变，其中含有较多的 CO 和 CF_4、C_2F_6，这些气体是容易极化的。极化后的气泡便被吸引到炭阳极上，引起阳极效应。据此，他指出阳极效应发生的根本原因在于阳极反应机理的改变，而湿润性变坏则是起了推波助澜的作用，加强了阳极效应的稳定性。

11.3.2.4 阳极效应的熄灭

阳极效应的熄灭方法有：

（1）向电解槽中添加氧化铝。当电解槽发生效应时，只要向电解槽中添加 Al_2O_3，而不辅助其他方法和措施，阳极效应并不能很快地被熄灭，这是因为按正常加料的方法加入到电解槽中的 Al_2O_3，需要有一个溶解过程。

（2）在阳极底部搅动电解质。常用方法是向电解槽的阳极下部插入木条或木棒，利用木条或木棒在高温下炭化产生的大量碳氢化合物气体，使电解质"沸腾"，达到快速溶

解 Al_2O_3 消除阳极区浓差极化引起的扩散过电压，同时"吹除"黏附于阳极表面的气泡，实现熄灭阳极效应的目的。其熄灭阳极效应的原理与向阳极底部鼓入空气的原理是一样的。

（3）上下提高和降低阳极。用上下提高阳极和降低阳极的反复动作来达到熄灭阳极效应的目的，其基本原理是通过阳极的上下运动，搅动电解质，加快 Al_2O_3 的溶解速度，消除阳极底表面电解质浓差极化引起的扩散过电压，改善阳极表面电解质对阳极的湿润性能，达到熄灭阳极效应的目的。

（4）让阳极和阴极短路。这种熄灭阳极效应的方法简单、快捷，可在最短的时间熄灭阳极效应。其基本原理是下降阳极使阳极与阴极铝水接触，可使阳极上的所有极化的电压瞬间完全消失，使阳极效应快速熄灭。

在这几种方法中，向阳极下部插入木条或木棒方法最简单，但增加工人的劳动强度，阳极效应一般不会马上被熄灭。而采用阳极和阴极短路的方法最便捷，其最大优点是可以利用计算机自动控制去实现熄灭阳极效应，既减轻工人的劳动强度，又缩短效应持续的时间。

 **复习思考题**

11-1　铝电解的基本反应式是什么？

11-2　铝电解的阳极过电压主要包括哪些？

11-3　什么是阳极效应？

11-4　正常电解时阳极气体组成如何，效应时阳极气体有何变化？

11-5　阳极效应的机理有哪些？

11-6　用湿润性变差学说来分析阳极效应的反应机理，并说说如何熄灭阳极效应？

11-7　阳极效应对电解过程有哪些影响？

12　铝电解的电流效率、电能消耗和能量平衡

12.1　熔盐电解中的法拉第定律

熔盐电解与水溶液电解和有机溶液电解一样，其电解反应是借助电流的作用而进行的化学反应，在电解过程中阳极和阴极反应所获产物的数量都遵循法拉第定律。

法拉第第一定律：电解时，在电极上所析出的物质的质量与通过溶液（或熔液）的电量成正比。

法拉第第二定律：当通过的电量一定时，析出物质的质量与物质的当量成正比。

根据法拉第定律，当 Na_3AlF_6-Al_2O_3 熔盐电解时，在阴极上从电解质熔体中析出金属铝，是由于每个铝离子 Al^{3+} 从阴极上得到 3 个电子变成金属铝原子 Al。与此同时，有 1.5 个氧离子 O^{2-} 把自己多余的电子给了阳极，而转变成氧原子。如果阳极是惰性阳极，则两个氧原子结合成一个氧分子，从阳极表面逸出。如果阳极是炭阳极，则氧原子与阳极炭反应，最终产生 CO_2 从阳极表面逸出。这就伴随着发生一个铝原子和 1.5 个氧原子的析出，而析出的 Al 原子的数目永远是析出氧原子数目的 2/3。

12.2　铝的电化学当量

铝的电化学当量定义：在铝电极反应中通入 1A 的电流，电解 1h，阴极上应析出的铝的质量。它是根据法拉第定律推导出来的，其推导过程如下。

已知：1mol 的铝为 26.98154g，电解质熔体中的铝为 Al^{3+}，则电解时在阴极上析出 1mol 的铝所需要的电荷为：

$$96487 \times 3 = 289461C \tag{12-1}$$

又知：电流为 1A(1C/s)，通 1h 的电量为：

$$1 \times 3600 = 3600C \tag{12-2}$$

所以，向电解槽通入 1A 的电流，通入时间 1h，则在阴极上析出铝的质量 x 应为：

$$26.98154 : 289461 = x : 3600$$
$$x = 0.3356g \tag{12-3}$$

由式（12-3）计算得出 Al 的电化学当量为 0.3356g/3600C = 0.3356g/(A·h)。

12.3　铝电解的电流效率

电流效率是铝电解生产过程中的一项非常重要的技术经济指标。它在一定程度上反映着电解生产的技术和管理水平。电流效率的大小是用实际铝产量和理论铝产量之比来表示的，即：

$$\eta = (P_实/P_理) \times 100\% \tag{12-4}$$

式中　$P_理$——理论铝产量，$P_理 = CI\tau \times 10^{-3} kg$；

　　　$P_实$——实际铝产量；

　　　C——铝的电化当量，0.3356g/(A·h)；

　　　I——电解槽系列平均电流，A；

　　　τ——电解时间，h。

在电解生产过程中，一方面金属铝在阴极析出，另一方面又以各种原因损失掉，故电流效率总是不能达到百分之百。目前，我国电解炼铝的电流效率一般在90%~94%，最先进的电流效率指标已达95.8%。

假设铝损失量为$P_损$，则式（12-4）可以改为：

$$\eta = [(P_理 - P_损)/P_理] \times 100\% = (1 - P_损/P_理) \times 100\% \tag{12-5}$$

12.3.1　铝电解生产电流效率的测定

通常，生产中电解槽的电流效率采用如下办法进行测定。

12.3.1.1　盘存法

盘存法简单易行。其要点是精确求得每次的出铝量m_i，并测得电解开始前槽内的存铝量P_1以及电解结束时槽内剩余铝量P_2，则在这段时间内的电流效率为：

$$\eta_平 = \frac{\left[\sum_{n=1}^{n} m_i + (P_2 - P_1) \right] \times 10^3}{0.3356 \times I\tau} \tag{12-6}$$

式（12-6）中关键是怎样精确地求得P_1、P_2，一般现场采用测量槽膛和铝水平的经验方法。显然准确性较差，因为槽膛是不规则的。

12.3.1.2　稀释法

采用稀释法的目的在于精确求得槽内铝量，即P_1和P_2。其原理是往槽内铝液中添加少量示踪元素，待它均匀溶解后，取样分析铝中该元素的含量，然后推算出槽内铝量。

稀释法所采用的示踪元素必须满足以下条件：

（1）它能溶解于铝液，而完全不溶于电解质。

（2）它的蒸气压要很小，即溶解后不致蒸发损失。

（3）纯度要高。

工业中采用的示踪元素有惰性金属（如铜、银）和放射性同位素（如金198，钴60）。现在工厂一般用铜。

设M_1为加入铝液中的铜量（kg），M_2为槽内铝液中固有的铜量（或称本底铜量，kg），C_2为槽内铝液中本底铜质量分数（%），C_1为加铜后铝液（P）中的铜质量分数（%）。根据铜量平衡，应有：

$$M_1 + M_2 = PC_1 \tag{12-7}$$

而$M_2 = (P-M_1)C_2$，代入式（12-7）并整理，求得槽内铝量P为：

$$P = [M_1(1 - C_2)] / (C_1 - C_2) \tag{12-8}$$

利用式（12-7）可以分别求得本底铝量 P_1 和剩余铝量 P_2，然后代入式（12-5）求得平均电流效率 $\eta_{\text{平}}$。

稀释法较之于盘存法更精确，其精确度约为 ±1%。

除此，还有一种回归法（或称最小二乘法），其实质是上述方法的具体运用，测定周期可以更长。该法的要点是根据测定周期内（10~15 天）的出铝量的累计数，运用最小二乘法原理，推导出 $y = b + mx$ 线性方程（式中，y 为出铝量；x 为出铝时间（累计时间）；b 和 m 为回归系数，其中 m 为铝电解槽的生产率（kg/h），由 m 算出电流效率）。

12.3.1.3　气体分析法

气体分析法是以阳极气体的浓度来求得电解槽电流效率的方法。研究结果表明，阳极气体中 CO_2 的浓度与电流效率存在着一定的关系。最早提出这一看法是皮尔逊和沃丁顿。他们认为电流效率与 CO_2 浓度有如下关系：

$$\eta = \frac{1}{2}(CO_2\%) + 50\% \tag{12-9}$$

式（12-9）为皮尔逊–沃丁顿方程，式中，$CO_2\%$ 表示阳极气体中 CO_2 的体积分数。皮尔逊认为，铝电解的阳极一次气体应为 $100\% CO_2$，而二次气体出现 CO 是铝再氧化而生成的，由此而致使电流效率下降。

随后许多人在此公式的基础上进行修正，其理由是影响电流效率的因素很多，如杂质的析出、Al_4C 的生成、不完全放电、Na^+ 的放电等。同时 CO 的生成原因还可能是 CO_2 和熔体中的炭渣反应（布达反应）所致，然而式（12-9）并没有考虑这些因素。

12.3.2　电流效率降低的原因

12.3.2.1　铝的溶解和再氧化损失

A　铝的溶解

铝在电解质熔体中的溶解已为众多的研究所证实。当金属铝珠放入清澈透明的 Na_3AlF_6 或 Na_3AlF_6-Al_2O_3 熔体中，肉眼就能看到在铝珠的周围升起团团的雾状物质——金属雾，有人认为这是铝以中性原子的形式物理溶解于熔体之中所产生的。在熔体中，溶解的铝粒子直径约为 $10\mu m$，其沉降速度为 2×10^{-4} cm/s，因而可稳定地存在于熔体之中。如果用强光照射金属雾，则可以看到像金属那样的反光粒子。在电泳实验中这些微粒向正极移动，证明它们可能带有负电荷。这种溶解有铝的电解质冷凝后呈灰色，而纯的电解质熔体是洁白的。用氢氧化钠或盐酸溶液处理冷凝物时，有氢气产生，说明有金属铝存在（后来成为测定熔体中铝溶解度的方法之一）。对于含有金属铝的电解质是真溶液还是胶体溶液的看法还不一致。

上面所述，实质上是铝在熔体中的物理溶解。铝在熔体中的另一种溶解是化学溶解，即铝与熔体中的某些组分发生反应，以离子的形式进入熔体。

生成低价铝离子是化学溶解的主要形式，如：

$$2Al + AlF_3 === 3AlF \quad \text{或} \quad 2Al + Al^{3+} === 3Al^+ \tag{12-10}$$

$$2Al + Na_3[AlF_6] = 3AlF + 3NaF \quad 或 \quad 2Al + [AlF_6]^{3-} = 3Al^+ + 6F^- \quad (12-11)$$

其次，铝可能与 NaF 作用置换出金属钠，或生成 Na_2F，其反应为：

$$Al + 6NaF \longrightarrow Na_3[AlF_6] + 3Na \quad (12-12)$$

$$Al + 6NaF \longrightarrow 3Na_2F + AlF_3 \quad (12-13)$$

此外，格洛泰姆还提出铝与冰晶石中的水起作用产生氢气的假说，即：

$$2Al + 3H_2O \longrightarrow Al_2O_3 + 3H_2\uparrow \quad (12-14)$$

B　铝溶解损失的机理

在铝电解生产过程中，铝的溶解损失机理可以用铝溶解损失的动力学过程加以阐述。阴极铝的溶解损失可以分为如下几个连续步骤：

（1）在与电解质接触的表面，铝进行溶解（物理的和化学的溶解）。

（2）溶解的金属粒子（原子状态的金属铝和钠，以及它们的低价化合物）从界面层扩散出来。

（3）从界面层扩散出来的金属粒子，传质到熔体内部。

（4）阳极上生成的 CO_2 气体，传输到熔体内部，少量的 CO_2 溶解在电解质熔体中，CO_2 在电解质熔体中的溶解度在 $10^{-7} \sim 10^{-5}$ 数量级之间，其量大小与电解质温度和电解质成分有关。

（5）在电解质熔体内部，溶解的金属粒子 M 与阳极气体产物 CO_2 发生反应：

$$M(溶解的) + CO_2(气态的或溶解的) = CO + MO(溶解的) \quad (12-15)$$

式中，M 代表从阴极铝表面溶解到电解质熔体内部的金属粒子，该金属粒子可以是金属铝粒子和钠粒子（物理或化学地溶解到电解质熔体内部的），也可以是铝和钠的低价化合物离子（化学地溶解到熔体内部）。

但通常人们都把溶解到电解质熔体内的金属粒子说成或写成金属铝，故此将反应式（12-15）写成：

$$Al(溶解的) + CO_2(气态的或溶解的) \longrightarrow CO + Al_2O_3(溶解的) \quad (12-16)$$

在讨论电解槽的电流效率时，这一写法也比较正确。因为，毕竟溶解到电解质熔体内部的不论是原子态的金属铝、金属钠，还是它们与电解质化学反应形成的低价化合物，都是来自于金属铝的溶解产物，或是金属铝与电解质组分进行化学反应的产物。

C　铝的二次反应机理

如上所述，铝的溶解有物理的，也有化学的，前者达到一定程度会饱和，后者在一定条件下也将达到平衡，而且溶解度也不大。但是电解过程中熔体中存在有 CO_2 和良好的传质条件，溶解的铝会不断地被氧化，使平衡不断地遭受破坏，使铝的损失增大，成为影响电流效率的主要原因。

由于铝电解的电流效率是铝电解生产过程中最重要的技术经济指标，在某种程度上，可以说铝电解生产的一切技术活动，几乎都在以提高电流效率为其主要目标。因此，人们也一直在探讨电流效率的理论与计算问题。在关于铝电解槽的电流效率降低的理论研究有一点是清楚的，即造成电流效率降低的主要原因是阴极上已经电解出来的部分金属铝溶解到电解质熔体中，并被阳极气体氧化，其二次氧化反应为：

$$2Al(溶解的) + 3CO_2 = Al_2O_3(溶解的) + 3CO \quad (12-17)$$

目前，人们在关于铝和 CO_2 化学反应的机理方面有如下两种观点：机理 A——溶解的

金属与溶解的 CO_2 反应；机理 B——溶解的金属与阳极气泡反应。

这两个反应机理都涉及溶解金属和阳极气体的传质问题，对于第二种反应机理 B 而言，Al 与 CO_2 的反应过程可以分为四个步骤：

（1）金属从阴极表面溶解。

（2）溶解的金属通过阴极表面扩散层扩散出来。

（3）通过扩散层扩散出来的金属传输到电解质熔体内部。

（4）溶解在电解质熔体中的金属铝与 CO_2 气体反应。

对第一种反应机理 A 而言，由于是溶解的 CO_2 气体参加反应，因此 Al 和 CO_2 气体的反应除了上述四个步骤外，还必须增加几个步骤：

（5）CO_2 气体的溶解。

（6）溶解的 CO_2 气体，从 CO_2 气泡表面的边界层扩散到电解质熔体中。

（7）从 CO_2 气泡表面层扩散出来后向电解质熔体内部进行传质。

（8）在电解质中溶解的金属铝与溶解的 CO_2 反应。

在如上所示的逐个步骤中，步骤（4）或（8）是化学反应，其反应活化能远远高于步骤（1）~（3）、（5）~（7）的活化能。因此，在温度很高的电解槽中，化学反应步骤（4）或（8）是不可能成为反应的律速步骤的。如果铝的二次反应机理是 A，则电解槽中 CO_2 气体的浓度和铝的浓度变化如图 12-1 所示。

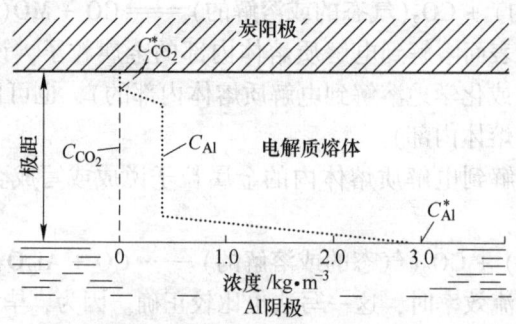

图 12-1　铝电解槽中溶解的金属与溶解的 CO_2 浓度变化示意图

在这种反应机理中，溶解的 CO_2 在扩散层 δ_{CO_2} 和溶解的金属在反应层 δ_{Al} 的扩散被看成反应的律速步骤，如图 12-2 所示。

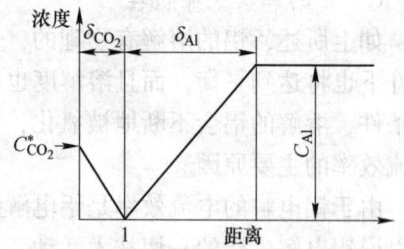

图 12-2　溶解的金属与溶解的 CO_2 气体反应时，阳极气泡与溶解铝浓度变化示意图

12.3.2.2　铝的不完全放电

有研究指出，高价铝离子的不完全放电是造成电流效率降低的重要因素之一。

巴拉特（B. J. Barat）等用微型实验电解槽研究电流效率与电流密度和极距的关系的过程中发现，当电压低于氧化铝的分解电压时，电解槽的两极之间存在一个稳定的电流（称之为极限电流）。这种现象表明，在阴、阳极发生了一种电化学反应，其电解产物循环于两极之间，他们指出这种产物可能是一种低价铝离子

-高价铝离子不完全放电所产生的。

在阴极：

$$Al^{3+} + 2e \longrightarrow Al^+ \qquad\qquad (12\text{-}18)$$

当它转移至阳极时，又在阳极上被重新氧化成高价铝离子。

在阳极：

$$Al^+ - 2e \longrightarrow Al^{3+} \qquad\qquad (12\text{-}19)$$

这些反应反复进行，造成电流的无功损失。

研究还指出，这种极限电流是随着温度的升高、熔体中 Al_2O_3 浓度的增加以及搅拌强度的增强而增大的，在低电流密度下，这种电化学过程可能更强烈。

12.3.2.3 其他离子放电

在 Na_3AlF_6-Al_2O_3 熔体中同时存在多种离子，各种原料也不可避免地带入各种杂质。因生产条件的变化，使得有些离子优先放电，或与铝离子共同放电，而造成电流效应降低。

A 钠离子放电

金属钠除可能被铝置换外，钠离子本身也可能在阴极上放电。卡捷拉夫斯卡娅和达恩克恩的研究指出，工业电解槽中铝液表层的 Na 浓度达 0.03%~0.3%。

前面已经指出，在冰晶石熔体中，钠离子的析出电位比铝离子的约负 250mV (1000℃)。在正常情况下，它是不可能放电的。然而在技术条件发生变化时，钠离子则有可能和铝离子共同放电。此外，铝在电解质中是以配离子形式存在的，其活度显著降低；钠析出后进入铝液中造成铝的去极化作用，这些都是有利于钠离子在阴极放电的因素。

在铝电解过程中，钠离子放电分两步进行，即：(1) $2Na^+ + e = Na_2^+$；(2) $Na_2^+ + e = 2Na$。第二步是在更负的电位下才发生。钠在铝中的溶解度小，因其沸点低 (880℃)，析出后或蒸发逸出后燃烧，或渗入炭块。后者引起炭块早期破损。

由上可见，降低电解温度、采用低摩尔比电解质、保持较高的 Al_2O_3 浓度、适宜的阴极电流密度以及良好的传质条件等，都有利于抑制钠离子和铝离子共同放电，从而提高电流效率。

B 杂质离子放电

熔体中因原料不纯带进许多杂质，如 Fe^{3+}、Si^{4+}、P^{5+}、V^{5+} 和 Ti^{4+} 等离子。上述离子的还原电位都比铝离子的正，而优先在阴极上放电，其结果使铝的纯度降低，电流效率降低。除此之外，它们的高价离子 V^{5+}、P^{5+} 及 Ti^{4+} 还可能不完全放电而造成电流空耗。

12.3.2.4 电解槽漏电或局部极间短路造成电流损失

铝电解与其他熔盐电解和水溶液电解一样，只从电解槽的两极和电解质熔体流过的电流才能使电解质熔体的相关离子在两极上发生电化学反应，生成电解产物——铝和 CO_2，这部分电流常称之为法拉第电流，或电解电流。如果电解槽系列出现对地漏电，或某个电解槽极间局部短路或漏电，就会使电解电流减小。

铝电解槽的漏电和局部极间短路造成的电流损失可能出现如下几个方面：

（1）电解槽系列整体或局部对地漏电，这种情况极少发生。

（2）电解槽内炭渣过多，槽子过热，槽帮结壳又没有很好地形成，此时电解槽部分电解电流会从阳极到炭渣，再到侧部炭块，发生漏电损失。

（3）阳极长包，如果阳极长包伸入到铝液中，则会造成阳极与阴极的局部极间短路。

12.3.2.5   其他损失

A   水的电解

原料进入电解质中不仅带进杂质，还带进水分。邱竹贤等人在微型电解槽上得到低于 Al_2O_3 分解电压（1.8V）下，在 0.7~0.9V 处还有一个电化学反应。通过热力学计算，它属于 H_2O 的分解，即：

$$2H_2O(g) === 2H_2(g) + O_2(g) \qquad (12-20)$$

此外不能排除高温下水蒸气直接与铝的反应。无论是哪种途径，都会降低电流效率。氢气残留在铝液中，还使铝的力学性能变差。

B   碳化铝的生成

在铝电解生产中，生成碳化铝似乎是难以避免的。它的生成将降低铝的品质（纯度）、增大电能消耗、缩短电解槽寿命。同时，也使得电流效率降低，严重时电流效率可能为零。碳化铝的生成可用式（12-21）表示：

$$4Al + 3C === Al_4C_3 \qquad (12-21)$$

该反应在电解条件下的生成自由能具有很大的负值，说明 Al_4C_3 易于生成。在电解过程中，电解质出现局部过热、压槽和滚铝等异常现象以及电解质中炭渣分离不好（生产中称为电解质含碳）时，如不及时处理，便可能引起碳化铝的大量生成，造成严重后果，电流效率显著下降。

抑制碳化铝生成的措施主要是防止电解温度过高（生产上称为热槽），保持电解质干净（不含碳，或尽快分离炭渣），以及生产的稳定。

除此之外，阳、阴极间的短路、漏电以及出铝时的机械损失等也都是电流效率下降的原因。

12.3.3   电流效率与电解参数的关系

降低电流效率的原因中，除机械损失外，都与铝电解的技术条件有关，其中影响较大的是电解温度、电解质组成、极距、电流密度以及铝液的高度等作业参数。

12.3.3.1   电解温度对电流效率的影响

铝电解槽温度的高低，通常是由电解槽的内衬结构设计、母线设计、槽电压和系列的电流所决定，除此之外，电解质的组成也对电解温度产生影响。

温度影响铝在电解质中的溶解度特别是溶解铝的扩散速度。因为扩散到阳极氧化区的速度越快，电流效率的损失就越大。根据菲克（Fick）第一定律：

$$q = D \frac{C_0 - C_1}{\delta} S \qquad (12-22)$$

式中 q——单位时间的扩散流量，g/s；

  D——扩散系数，cm^2/s；

  δ——扩散层厚度，cm；

  C_0——铝界面上电解质中铝的浓度，g/cm^3；

  C_1——扩散层外部电解质中铝的浓度，$C_1=0$；

  S——扩散面积，cm^2。

从式（12-22）可以看出，当电解温度升高时：

（1）铝在电解质熔体中的饱和浓度增大，即 C_0 增大。

（2）熔体的黏度变小，则电解质的循环速度将增大，这意味着扩散层的厚度 δ 变小。

（3）铝在电解质熔体中的扩散系数 D 也随着温度的升高而增大。

  因此，电解温度升高，q 值增大，意味着铝的二次反应加剧，铝的损失增大，电流效率降低。

  对工业电解槽来说，如果电解质温度高于正常值，则会使槽帮结壳熔化，电解质摩尔比升高，氧化铝浓度和电解质水平上升，铝水平下降，阴极铝液面积增加，阴极平均电流密度降低，铝溶解损失增加。

  因此，对于一个给定的电解槽来说，应该有一个最佳的电解温度。最佳的电解温度应该视电解槽的情况而定，而且与电解质成分的选择有关。按最近 Utigard 的研究结果，铝电解槽的电解质温度不宜低于 955℃，而对于添加锂盐的电解质，电解温度不宜低于 945℃。

12.3.3.2　电解质组成对电流效率的影响

  对于铝电解生产来说，选择合适的电解质组成至关重要。电解质性质中最重要的是它的初晶温度，它决定了电解温度的高低。此外，电解质的密度、黏度等也都在一定程度上影响电流效率。电解质组成对电流效率的影响如下。

A　氧化铝浓度对电流效率的影响

  在实验室微型电解槽上所进行的研究表明，随着熔体中 Al_2O_3 浓度的变化，电流效率存在一个极小值，极值处于中等 Al_2O_3 浓度处（5%~6%）。在工业槽上，也做过相应的研究，施米特（H. Schmmitt）和福斯布隆（G. V. Forsblom）认为，在两次加工之间，电流效率是随着 Al_2O_3 浓度的增加而增大的，Al_2O_3 浓度的变化范围为 1.3%~6%。应该说明这并不只是 Al_2O_3 浓度改变所带来的影响，因为加工后，电解温度有所降低也使铝损失相应下降。邱竹贤等人应用数理统计方法进行研究也得到类似结果。但高的 Al_2O_3 浓度下，电流效率变化平缓。Φstvold 也给出了相似的研究结果，然而他给出的电流效率的最低点是在较低的 Al_2O_3 浓度（4%）处，如图 12-3 所示。近代工业电解槽电流效率的测定也证明了，在较低的 Al_2O_3 浓度时，电解槽具有较高的电流效率。因此，这也成为了现代电解槽实施低 Al_2O_3 浓度控制的理论依据。

  在较低的 Al_2O_3 浓度时，铝电解槽之所以有较高的电流效率，可以用低 Al_2O_3 浓度时电解质熔体与铝液之间界面张力的变化和其他电解质熔体物理化学性质的变化特征来解释：

  （1）电解质与阴极铝液之间的界面张力，随着 Al_2O_3 浓度的降低而提高，因此这有利于减少铝的溶解损失和提高电流效率。

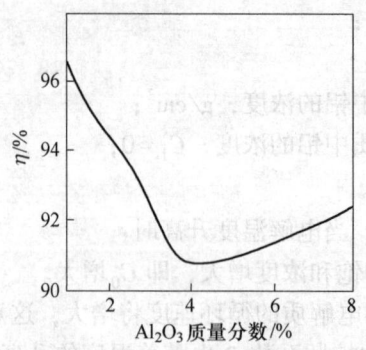

图 12-3　氧化铝浓度对电流效率的影响

（AlF$_3$ 过量 8.5%，CaF$_2$ 5%，T = 965℃）

（2）电解质的电导率会随着 Al$_2$O$_3$ 浓度的降低而大幅度地提高，因此在相同的槽电压时，较低的 Al$_2$O$_3$ 浓度允许采用较大的极距。

（3）在较低的 Al$_2$O$_3$ 浓度时，电解质熔体与炭阳极之间的表面张力提高，致使阳极形成的气泡大，气泡与电解质的接触面积小（见图 12-4），因而会减少铝的二次反应损失。

B　电解质中冰晶石摩尔比的影响

电解质摩尔比对铝电解生产的影响是最为重要的，是影响电流效率的主要因素之一。目前工业铝电解槽电解质的摩尔比一般在 2.0~2.8 之间。降低电解质的摩尔比，对提高电流效率的效果是很明显的。因为，电解质的摩尔比降低，会导致：

（1）电解质熔体中铝的溶解度也相应减小，如图 12-5 所示。

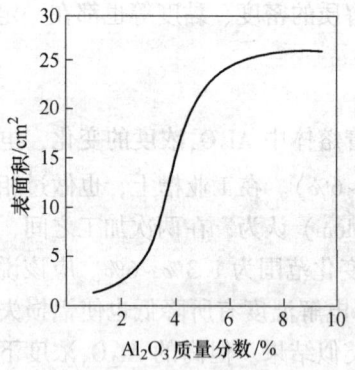

图 12-4　阳极气体气泡面积与
Al$_2$O$_3$ 浓度的关系

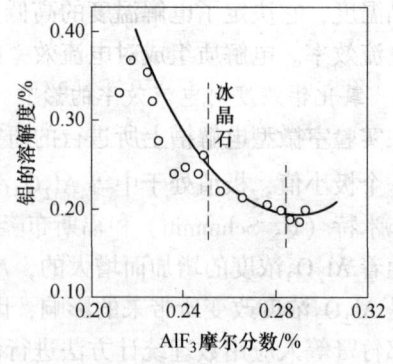

图 12-5　1020℃及不同电解质摩尔比时
铝在电解质熔体中的溶解度

（2）使铝与电解质熔体之间的界面张力增大。

（3）使电解质熔体与炭阳极之间的表面张力增大，使阳极产生较大的阳极气泡并使阳极气体 CO$_2$ 的表面积减小，从而减少阳极气体 CO$_2$ 与铝的二次反应。

（4）在较低的摩尔比下，很容易在铝和电解质熔体的界面上生成一个摩尔比较高一些的半凝固状的电解质膜（薄层），这对减少铝的溶解损失，提高电流效率是有益的。

然而任何事情都有一个限度，电解质的摩尔比过低也会对铝电解生产产生不利的影响：

（1）使 Al_2O_3 的溶解速度和溶解度（饱和 Al_2O_3 浓度）降低。

（2）使发生阳极效应的临界电流密度升高，或在相同的阳极电流密度下使发生阳极效应的 Al_2O_3 浓度增加，从而导致阳极效应的频率增加。

（3）电解质熔体的电导率降低、电阻增加，因而在相同的槽电压下，与导电性较好的高电解质摩尔比相比，具有较小的极距。

（4）电解质成分受外界环境温度和操作的影响较大，容易在槽底形成沉淀。

上述这些情况发展到一定程度，不仅影响到电解槽原有的热电平衡，而且所造成的槽底大量沉淀、槽膛不规整、边部不结壳等问题会严重影响槽电压的稳定性。电解槽在这种情况下长期运行，反而会使电流效率下降。

为了提高电解槽的电流效率，适当降低电解质的摩尔比是可行的，但对一个电解铝厂来说，最佳的电解质摩尔比为多少，这主要取决于电解槽的设计、电解槽的管理水平和计算机的控制技术。较好的母线磁场设计、电解槽管理水平、电解槽热电平衡和物料平衡控制技术，可使电解槽在较低一些的电解质摩尔比下稳定运行，并取得较好的电流效率指标。

C　添加剂对电流效率的影响

目前工业电解槽使用各种添加剂，其目的无非是为了降低电解温度，提高电流效率。常用的添加剂有 LiF、CaF_2 和 MgF_2。

电解质熔体中添加 LiF 后，会引起电解质熔体的物理化学性质发生改变：

（1）使电解质熔体的初晶温度降低。

（2）使电解质熔体的密度降低。

（3）使铝在电解质熔体中的溶解度降低。

（4）使电解质熔体的导电性能提高，极距增加。

（5）使阴极铝与电解质熔体之间的界面张力增大，铝的溶解度降低。

电解质的上述物理化学性质的变化，会使电解槽的电流效率明显提高。不过，对于电解质摩尔比较低、电流效率已经很高的电解槽，效果并不十分显著。对于稳定性较差，槽龄较大的电解槽来说，效果可能更好些。

铝电解槽中添加 CaF_2 也会改进电解质的一些物理化学性质，从而达到提高电解槽电流效率的目的：

（1）能降低电解质的初晶温度。

（2）能增加阴极铝液与电解质熔体之间的界面张力。

（3）能降低铝在电解质熔体中的溶解度。

（4）能增加炭与电解质熔体之间的界面张力，有利于炭渣的分离。

（5）能增大阳极气泡尺寸，减小阳极气体的表面积，减少铝的二次反应。

CaF_2 添加剂的缺点是，它会降低电解质的电导率，降低 Al_2O_3 的溶解度，增加电解质熔体的密度。因此，一般情况下，CaF_2 在电解质中的浓度不超过 6%。CaF_2 添加剂的加入不会对电解质熔体的摩尔比产生影响，属中性添加剂。

MgF_2 添加剂，由于氧化铝原料中镁元素杂质含量极低，因此它不会像钙元素杂质那样，会在电解质熔体中富集到很高的浓度。因此，MgF_2 必须从槽外加入。一般多以氧化物的形式加入，加入到电解槽的 MgO 与电解质熔体中的组分反应，生成 MgF_2。

　　MgF_2 添加剂与 CaF_2 添加剂相似，具有改善电解质物理化学性质、提高电流效率的功能。这种添加剂在电解槽中能使电解质熔体中炭渣很好地分离，因此，可弥补电解质中由于加入 MgF_2 而引起的电导率降低的不足。

　　MgF_2 添加剂的缺点与 CaF_2 添加剂的缺点是一样的，如使电解质的电导率和 Al_2O_3 溶解度降低等，因此 MgF_2 添加剂和其他添加剂一样都不宜添加太多。电解质中比较合理的 MgF_2 添加量应该根据电解质熔体中的 CaF_2 浓度而确定。一般说来，MgF_2 和 CaF_2 两种添加剂的总量不宜超过 7%。

12.3.3.3　极距对电流效率的影响

　　极距是铝电解槽中铝液界面至阳极底掌的距离，是铝电解槽最主要的工艺技术参数之一，极距对电解槽的电流效率产生直接影响。对于正常生产的工业电解槽，极距一般在 3.8~5.0cm 之间；自焙阳极电解槽的极距稍大一些，一般在 4.5cm 以上。我国铝电解槽的电流密度较低，因此具有较大一些的极距。

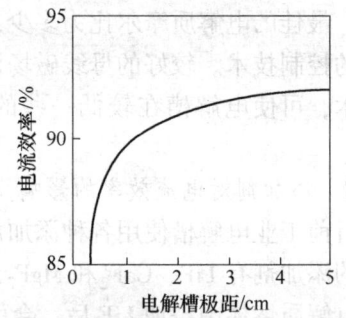

图 12-6　电解槽极距大小对电流效率的影响
（981℃；摩尔比 2.5；CaF_2 5%；MgF_2 0.1%；
Al_2O_3 5%；阳极电流密度 0.82 A/cm^2；
阴极界面铝液流速 6.8 cm/s）

　　已有的很多有关极距对电流效率影响的研究，结果比较相似，即在较小的极距范围，电解槽的电流效率会随着极距的增加而增加；在超过一定的极距大小后，电解槽的电流效率就没有什么大的变化了。比较典型的电解槽电流效率与极距之间关系的研究结果如图 12-6 所示。

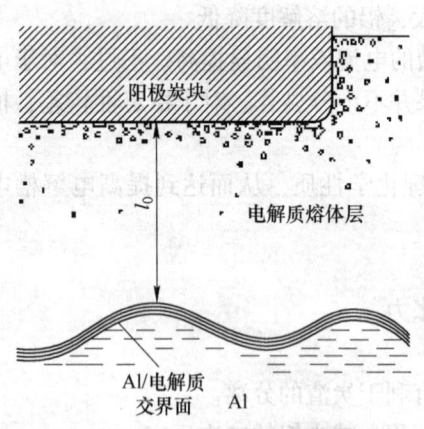

图 12-7　工业铝电解槽阴极铝液面
波动情况及有效极距

　　在工业电解槽上，由于阴极铝液受电解槽内电磁场力的作用以及阴极铝液面受到来自阳极气体逸出、电解槽内温差所引发的电解质流动的影响，使阴极铝液产生波动，如图 12-7 所示。

　　由图 12-7 可以看出，目前在工业铝电解槽中用插入钢棒的方法测得的铝液高度 l_0，并非电解槽的铝液面实际有效高度 l，而且小于 l。工业电解槽中，阴极铝液的波峰高度在 2~4cm 之间，甚至更高。其波峰高度的大小，与电解槽的母线设计和铝电解槽的操作有关。一般来说，自焙阳极电解槽内的铝液波动可能更大些，以至于经常可以听到槽内铝液波动时周期性地拍打槽帮的声音和边部火眼处火苗与炭渣喷溅强弱的周期性变化。

　　根据菲克第一定律，即式（12-22）得知，极距小时，使得溶解铝扩散到氧化区的距离短，有时阳极气体直接将铝液面上的铝氧化。极距增大后，熔体的对流搅拌作用减弱，扩散层厚度 δ 增大，铝损失减少，因此电流效率提高。但是，当极距超过一定程度后，电解温度将明显提高（极距大，产生的焦耳热量增加），黏度也明显变小，使对流循环加快，铝的溶解度增大，故电流效率的提高很慢，其变化率接近于零。

应该指出，用提高极距的途径来提高电流效率不一定经济，因为极距增大，槽电压增高，电耗增加，而且随之而来的是，热量收入增加，槽子转热而出现病槽等不利因素。

12.3.3.4 电流密度对电流效率的影响

电解槽电流密度有阳极电流密度和阴极电流密度之分。它们对电流的影响的作用机理不相同，下面分别加以讨论。

A 阴极电流密度

在生产中有两种情况使得阴极电流密度发生变化：

（1）电流不变，而阴极面积改变。例如，槽膛内电解质的凝结或熔化，形状发生改变，而使阴极电流密度增大或减小。

（2）阴极面积不变，电流变化，例如，系列电流增大而使阴极电流密度增大。

研究结果表明，总的趋势是电流效率随着阴极电流密度的增大而增大。这是显而易见的，因为在其他条件不变时，阴极电流密度增大，表示铝液镜面面积的相对缩小，因而使铝的溶解总量减少，电流效率增大。相反，当槽子转热，炉帮熔化，则使铝液镜面面积扩大，扩散面积（式（12-22）中的 S）增大，溶解铝的总量增加，从面使得铝的损失增加，电流效率降低。同时，电流密度降低，也增加了铝离子不完全放电的可能性。至于人为地提高系列电流强度（即强化生产采取的措施），虽然铝的损失增加，但槽子的生产能力显著增加，所以总的结果仍是提高了电流效率。

但是，无限制地增大阴极电流密度是无益的。冯乃祥曾在实验室电解槽进行电解，使用相同尺寸的阳极和阴极，在 950℃ 和 4cm 的极距条件下，用改变电流强度的方法，研究不同阴极电流密度时电解槽的电流效率（用气相色谱法分析阳极气体成分，确定电流效率），研究结果如图 12-8 所示。

由图 12-8 可以看出，在较低的阴极电流密度时，电解槽的电流效率是很低的，随着阴极电流密度的增加，电流效率较快地增加；当电流密度在 $0.2A/cm^2$ 及以上时，电流效率的增加已变得

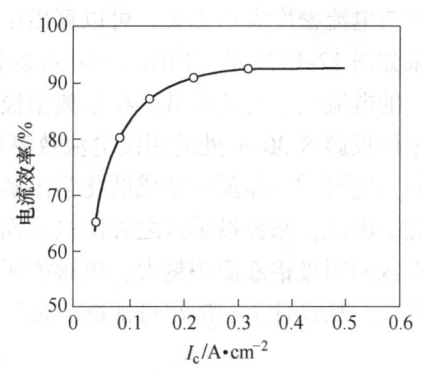

图 12-8 阴极电流密度 I_c 对电流效率的影响

比较缓慢，这可以解释为：随着阴极电流密度的提高，阳极电流密度也相应提高，且阳极气体排放量增大，使电解质的循环和流动速度增大，铝损失速度增加。

B 阳极电流密度

阳极电流密度的改变也存在两种情况：

（1）阳极面积增加，如加宽阳极，而电流不变。

（2）阳极不变，而电流强度增大，如强化生产时。

对于加宽阳极时，电流密度降低。此时，单位面积上的气体析出量减少。排出速度降低，搅拌作用减弱，氧化区域缩小，扩散层厚度 δ 增大。使得铝损失降低，电流效率提

高。对于强化生产时的情况下，阳极电流密度增大，则有可能使上述因素向不利方面转化，而使电流效率降低。由此可见，阳极电流密度对电流效率的作用规律正好与阴极电流密度相反，即随着阳极电流密度的增大而使电流效率降低。

综上所述，在阳极电流密度一定的情况下，缩小阴极表面（铝液）提高阴极电流密度，可以提高电流效率。众多的铝厂根据长期生产实践证明，建立规整的槽膛内型很重要，其技术要点是形成陡峭的伸腿，使铝液收缩在阳极底掌的投影区以内。控制槽底不要过热，而且最好是在电解质与铝液界面上有一薄层氧化铝沉淀保护膜阻止铝的溶解。国外一些厂家采用冷行程操作法，能使上述条件得到保证，电流效率便保持在90%以上。

12.3.3.5　非阳极投影面积之外的阴极铝液面积大小对电流效率的影响

在工业铝电解槽中，电解质熔体的电阻率是很大的，其值在 $0.5 \times 10^2 \Omega \cdot m$ 左右，与液铝的电阻率 $2.5 \times 10^{-7} \Omega \cdot m$ 相比，其电阻率是液体铝电阻率的 2.0×10^8 倍。电解槽中近80%的热量都是电解质电阻热产生的。

正因为工业铝电解槽的电解质有很高的电阻率，因此，两极之间从阳极到阴极的电流绝大部分都是从阳极流入到阳极在阴极的投影面上。只有非常少量的阳极电流，流入到阳极投影面以外的阴极铝液表面，随着与阳极投影面的距离的增加，其电流越来越少，阴极电流密度也越来越低。其电流分布如图12-9所示。

可以计算出，对通常极距为4cm的电解槽来说，在远离阳极投影区以外的7cm处的阴极铝液面上的电流密度，为阳极投影面上阴极电流密度的50%。

假定电解槽在阳极投影面积上的阴极电流效率为93%，且阴极表面上铝的溶解损失速度与电流密度大小无关，可以算出阳极投影面积以外的阴极铝液面上的阴极电流效率，结果如图12-10所示。由图12-10可以看出，随着远离阳极投影区距离的增加，阴极铝液面上的电流效率迅速降低，在远离阳极投影区20cm处的阴极电流效率只有67%，而在远离阳极投影区30cm处的阴极电流效率只有50%。实际上阴极表面铝的溶解，特别是阴极金属与电解质熔体反应造成的化学溶解，会由于阴极电流密度的降低和电场强度的降低而增加。因此，阳极投影区之外阴极表面的电流效率比上述计算值可能还要低得多。非阳极投影区的阴极铝液面积越大，电解槽阴极表面的平均电流效率越低。因此，对工业铝电解槽来说，从设计上，应尽可能减少加工面宽度和中缝的宽度，从工艺操作上，应有尽可能

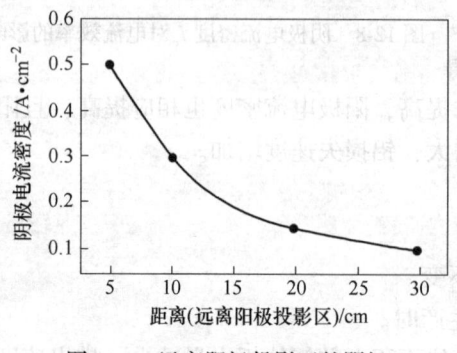

图 12-9　远离阳极投影区的阴极
铝液面上的电流密度

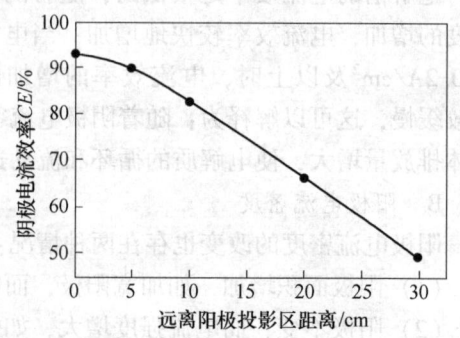

图 12-10　远离阳极投影区的阴极
铝液面上的电流效率

大的槽膛结壳厚度，减少阳极投影区以外的阴极铝液面积，对提高铝电解槽的电流效率是非常重要的。

12.3.3.6　槽膛形状与电流效率

工业电解槽的槽膛形状大体上可以分为三种，如图 12-11 所示。

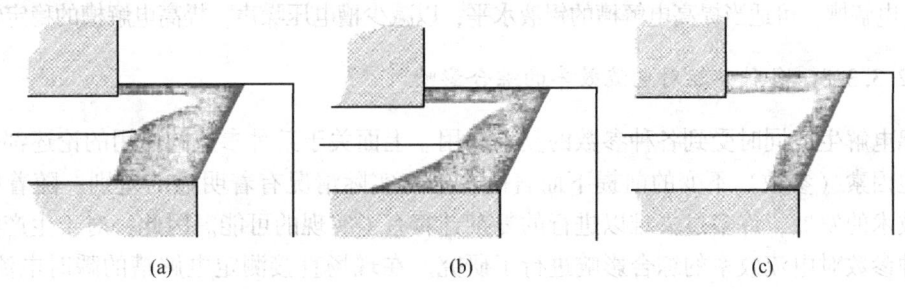

(a)　　　　　　　　　(b)　　　　　　　　　(c)

图 12-11　工业铝电解槽的三种槽膛形状

图 12-11（a）所示的槽膛是合理的槽膛形状。理论和实践证明，具有这种槽膛形状的电解槽可以获得较高的电流效率，这种槽膛形状不仅具有较小的非阳极投影区铝液面积，而且具有非常小的阴极铝液内的水平电流分布，因此具有非常平稳的铝液镜面。

当电解槽的槽膛形状如图 12-11（b）时，即使其非阳极投影区铝液面积没有很大的增加，但由于其电解槽伸腿过大，槽帮结壳的伸腿伸到了阴极底部，造成电解槽内的水平电流很大，这种水平电流在电解槽内的垂直磁场的影响下，使槽内铝液面会变得很不稳定，槽内铝液的流速会很大，致使铝溶解损失增加，电流效率下降。

当电解槽的槽膛形状如图 12-11（c）时，槽内非阳极投影区铝液面积大大增加，并且电解槽向外的水平电流增加。与图 12-11（b）型槽膛形状相比，这种槽膛形状使电流效率的损失更加严重。

12.3.3.7　铝水平对电流效率的影响

铝水平是铝电解的一个很重要的工艺和技术参数，铝电解槽想要取得好的技术经济指标，合理的铝液高度是必不可少的技术条件。任何一个电解槽都有一个最佳的铝液高度，但这个最佳的铝液高度并不是对所有电解槽都是一样的。不同电解槽的结构设计、母线设计（母线设计不同，槽内磁场及电场分布不同，槽内铝液的磁流体动力学的稳定性不同），不同的电解工艺技术条件，不同槽龄都应该有其与之相适应的槽内铝液水平。

铝具有良好的导热、导电性能，其热容也较大，因此槽内较高的铝液水平，具有较好较快地储存阳极效应期间所产生的大量热能，并将这部分热量很快地传到槽底而熔化槽底沉淀和槽帮结壳的作用。较高的铝液水平能储存较大的热容量，因此使得电解槽有较好的热稳定性。故在偶然发生的阳极效应、槽电压升高和电流增大时，不会给电解槽的热稳定性带来很大的影响，这对改进和提高电解槽的电流效率是有好处的。另外，较高的铝液水平对形成较好的槽帮结壳和减少铝液内的水平电流分布是有好处的。但是过高的铝液水平可能会使这个问题走向反面，过高的铝液水平使槽侧部通过铝液层的散热量增大，容易导致在槽底生成沉淀，并有可能增加槽帮结壳伸腿的长度。

一般情况是：

（1）自焙槽需要较高的铝液水平，以便于能够较快地将槽中心部位较高的温度和较大的热量传输出来。

（2）电流较小的电解槽可以有较高一些的铝水平，以提高电解槽的热稳定性。

（3）槽龄较大、炉底阴极压降较高的电解槽，应该有较高一些的铝液水平。

（4）对那些母线设计较差、垂直磁场和磁场梯度较大并对槽内铝液的磁流体动力学影响较大的电解槽，可适当提高电解槽的铝液水平，以减少槽电压噪声，提高电解槽的稳定性。

12.3.3.8 各种参数对电流效率的综合影响

铝电解生产同时受到各种参数的复杂作用。上面关于某种参数的作用的论述都是在假定其他因素（参数）不变的前提下而言的，这与实际情况有着明显的差别。随着电子计算机技术的发展，许多过去难以进行的复杂计算有了实现的可能。因此，对于生产实践中的各种参数对电流效率的综合影响进行了研究。在现场直接测定电解槽的瞬时电流效率，同时测得各种参数的数值，如 Al_2O_3 浓度、冰晶石摩尔比、添加剂含量、极距、铝水平、电解质温度等，然后根据所得结果，按照数理统计方法，分析各因素之间的相关关系。运用计算机求出多元回归方程，用以指导生产。下面根据这方面的一些研究结果讨论各种参数对电流效率的综合影响。

A 伯奇-格洛泰姆方程

1975 年，B. 伯奇和 K. 格洛泰姆，采用同位素示踪法测定了大型预焙槽（135kA）的电流效率与若干参数的关系：

$$\eta = -0.1388t + 0.59x + 58.9\sin(3h) - 0.032\alpha + 163.7 \tag{12-23}$$

式中 t——电解质温度，℃；

x——过剩（或游离）AlF_3，%；

h——铝水平，cm；

α——槽龄，月。

式（12-23）表明，电解温度的升高以及槽龄的增大，均使电流效率降低。而电解质摩尔比的降低以及铝水平的升高则使电流效率增大。

B 邱竹贤-冯乃祥方程

1981 年，邱竹贤和冯乃祥应用数理统计方法研究了预焙槽（实验槽）的电流效率与若干参数之间的关系，电流效率用 CO_2% 换算。

对于边部下料的电解槽为：

$$CO_2\% = 1297.2 - 89.67x_1 - 122.2x_2 - 1.304\ x_3 - 0.2182\ x_2^2 - 0.1169x_1x_4 +$$
$$0.09552\ x_1x_3 + 0.2013\ x_4x_5 - 0.5950\ x_2x_5 + 0.1341\ x_2x_3 \tag{12-24}$$

对于中间下料的电解槽为：

$$CO_2\% = -59.10\ x_1 + 740.45x_6 + 7.878 \times 10^{-4}x_3 + 6.255 \times 10^{-2}\ x_1x_3 + 0.7991\ x_6x_3 - 591.3$$
$$\tag{12-25}$$

式中 x_1——阳极电流分布偏差值，mA，即每根导杆上等距离电压降 V_i（mV）与其总平

均值 $\bar{V}$ 差值的绝对值之和（$\sum\limits_{i=1}^{n} |V_i - \bar{V}|$，其中 $n = 1, 2, 3, \cdots, 20$）；

x_2——Al_2O_3 浓度，%；

x_3——温度,℃;

x_4——电解质水平,cm;

x_5——MgF_2 和 CaF_2 添加总量,%;

x_6——冰晶石摩尔比(熔体中)。

在所研究的电解质体系下,电解温度降低 10℃,电流效率提高约 1.5%;Al_2O_3 每增加 1%,电流效率提高 1%;Mg、Ca 总量增加 1%,电流效率提高 0.5%;体系中冰晶石摩尔比每减少 0.1,电流效率提高 0.5%。至于电流分布,其偏差值增大 1mV,电流效率降低 0.14% 或 0.19%。电解质水平提高,相当于阳极电流密度降低,电流效率增大 0.3%。

由此可见,企图用一个普遍适用的数学模型来描述不同槽型中各种参数与电流效率的关系是不现实的。因为不同槽型带来的差别毕竟是不可忽视的。

12.4 电 能 效 率

电解铝生产的电能效率是指生产一定数量的金属铝,理论上应该消耗的能量($W_{理}$)和实际上所消耗的能量($W_{实}$)之比,即:

$$\eta_E = \frac{W_{理}}{W_{实}} \times 100\% \tag{12-26}$$

12.4.1 铝的理论电耗率

理论电耗率就是单位产铝量理论上所需要的能量。即电解过程中,当原料无杂质,电流效率为 100%、对外无热损失(指电解槽)的理想条件下,单位质量的产物(铝)所必须消耗的最小能量。这个理论电耗率包括两大部分。

12.4.1.1 补偿电解反应热效应所需能量

如前所述,采用活性阳极时的电解反应是:

$$Al_2O_3(s) + 1.5C(s) \longrightarrow 2Al(l) + 1.5CO_2(g) \tag{12-27}$$

从热力学第一定律的观点出发,由铝和氧化合生成氧化铝要放出能量,分解氧化铝则要吸收与之相等的能量。换言之,电解氧化铝以制取金属铝,必须由外界提供能量(电能)以补偿电解反应所要吸收的能量,其数值就等于该反应的热焓变化($\Delta H_T^{\ominus}$)。表 12-1 中列出了该反应在不同温度下的热焓变化数据和相应化合物的生成热数据。从表 12-1 的数据得知,在 930~970℃下,每生产 1kg 金属铝所应消耗于补偿电解反应的热焓变化的电能是 5.63kW·h。

表 12-1 不同温度下,电解反应的热焓变化以及相应化合物的生成热

温度/℃	生成热/kJ·mol⁻¹			$Al_2O_3(l) + 1.5C(s) = 2Al(l) + 1.5CO_2(g)$	
	$\Delta H_{Al_2O_3}^{\ominus}$	$\Delta H_{CO_2}^{\ominus}$	$\Delta H_{CO}^{\ominus}$	$\Delta H_T^{\ominus}$ /kJ·mol⁻¹	$\Delta H_T^{\ominus}$ /kW·h·kg⁻¹
930	−1686.95	−394.76	−113.26	1094.83	5.634
940	−1686.78	−394.80	−113.34	1094.58	5.633
950	−1686.61	−394.84	−113.43	1094.37	5.632
960	−1686.44	−394.89	−113.51	1094.12	5.631
970	−1686.28	−394.93	−113.60	1093.91	5.630

12.4.1.2 补偿加热反应物所需的能量

电解反应所需的反应物有 Al_2O_3 和炭，电解过程中必须将它们从室温（t_1）加热至电解温度（t_3），最终成金属铝液和 CO_2 气体，如果不补偿加热原料所需能量，原料就将从熔体中吸收热量，使电解质温度不断下降，直至使电解质冷凝下来，电解无法进行，所以这部分能量的补偿是必需的。

据布朗特兰（D. Bratland）的报道，$\alpha - Al_2O_3$ 由 25℃ 加热到 977℃，热焓增加 109.75kJ/mol。在相同的温度范围内，炭的加热热焓是 17.41kJ/mol。根据电解反应，理论上生成 2mol 的铝，即 54g，需要 1mol Al_2O_3，1.5mol 的炭，每生产 1kg 铝，则加热热焓为：

$$\Delta H_{材}^{t_1-t_3} = \frac{(109.75 + 1.5 \times 17.4) \times 10^3}{3600 \times 54} = 0.7 \quad (kW \cdot h/kg)$$

通过上述讨论，可知生产每 1kg 铝，理论电能消耗是：

$$W_{理} = \Delta H_T^{\ominus} + \Delta H_{材}^{t_1-t_3} = 5.63 + 0.7 = 6.33 \ kW \cdot h$$

同理可以求得，采用惰性阳极时的理论电能消耗为 9.24 kW·h/kg，较之采用活性阳极时要多消耗 2.91 kW·h/kg。这就是说，电解铝的用电量因消耗了炭而有所节约。但增加了耗炭素的费用。

即使每 1kg 电解铝的电耗以最低值 13kW·h 计，铝电解的电能效率 η_E 仅为 48.7%。就是说不到 50% 的电能利用于铝电解生产，而其余 50% 属于无谓损失。由此可见，铝电解的电能利用率是很低的。

12.4.2 铝电解的电能效率的表示方法

在铝电解实际生产中，一般不用定义式（12-26）来表示电能效率，而用单位电能的产铝量来表示，记作 G，即：

$$G = \frac{Q_{实}}{W_{实}} = \frac{0.3356I\tau\eta_T \times 10^{-3}}{IV_{平}\tau \times 10^{-3}} = 0.3356 \frac{\eta_T}{V_{平}} \quad (12-28)$$

式中 $Q_{实}$——实际产铝量；

       $W_{实}$——实际的电能消耗；

       η_T——电流效率，%；

       $V_{平}$——电解槽的平均电压，V。

显然，G 值越大，电能效率就越大。

为了解铝电解生产的电能消耗量，工厂还用另一个专门的指标来衡量，生产 1kg（或 1t）金属铝的实际电能消耗，简称电耗率，记为 $w(kW \cdot h/kg)$，即

$$w = \frac{W_{实}}{Q_{实}} = \frac{IV_{平}\tau \times 10^{-3}}{0.3356I\tau\eta_T \times 10^{-3}} = 2.98 \frac{V_{平}}{\eta_T} \quad (12-29)$$

显然，$w = 1/G$。电耗率既反映了能量消耗量，也反映了电能的利用率。

12.4.3 铝电解槽的电压平衡

如上所述，铝电解生产中电能效率低于 50%，故节能潜力很大，节能的途径也很多。

从理论上说，电耗率只取决于电流效率和电解槽的平均工作电压，即 $V_平$，电流效率在12.3节中详细讨论过，本节着重讨论电解槽的平均工作电压分配，即电压平衡。

铝电解槽的平均电压主要包括三部分，即：

$$V_平 = \Delta V_槽 + \Delta V_母 + \Delta V_效应 \tag{12-30}$$

式中　$\Delta V_槽$——电解槽工作电压，V；

　　　$\Delta V_母$——槽外母线电压降，V；

　　$\Delta V_效应$——阳极效应分摊电压降，V。

12.4.3.1　电解槽工作电压（$\Delta V_槽$）

电解槽工作电压（$\Delta V_槽$），又简称槽电压，可以由电解槽上的电压表直接测出。槽电压包括阳极、阴极、电解质电压降和反电动势（或称实际分解电压），故：

$$\Delta V_槽 = \Delta V_阳 + \Delta V_质 + \Delta V_阴 + E_反 \tag{12-31}$$

式中　$\Delta V_阳$——阳极电压降，V；

　　　$\Delta V_质$——电解质电压降，V；

　　　$\Delta V_阴$——阴极电压降，V；

　　　$E_反$——反电动势（或称实际分解电压），V。

12.4.3.2　槽外母线电压降（$\Delta V_母$）

槽外母线主要有阳极母线（阳极小母线和阳极大母线的总称）、立柱母线、阴极母线（小母线和大母线）以及槽间连接母线等。当电流通过这些母线，将造成电阻电压损失，尽管它们的电阻很小。此外，母线与母线的接触处（焊接或压接）也会产生接触电压降。槽外母线电压降即为上述各项之和。

12.4.3.3　阳极效应分摊电压降（$\Delta V_效应$）

电解槽生产中产生阳极效应时，槽电压突然升高，也造成电能额外的消耗，将其平均分摊到系列中各台电解槽上，称为阳极效应分摊电压。它可由式（12-32）求得：

$$\Delta V_效应 = \frac{k(V_效应 - V_槽)\tau_效应}{1440} \tag{12-32}$$

式中　$\Delta V_效应$——阳极效应分摊电压，V；

　　　k——效应系数，次/（槽·日）；

　　$\tau_效应$——效应持续的时间，min；

　　　$V_效应$——效应电压，V；

　　　$V_槽$——槽电压，V；

　　1440——每天的分钟数（24×60）。

例如，$k=0.5$，$V_效应=30V$，$V_槽=4.3V$，$\tau_效应=5min$，则 $\Delta V_效应=0.0445V$。

反电势和电解质电压降分别占到平均电压的35%~40%，是平均电压中两个最大的项，可望降低的是反电势中的过电压和电解质的电阻（或增大电解质的电导率）电压降。其次是母线，特别是母线之间的接触压降，小的只有几毫伏，而高的达百毫伏。总之，降低平均电压需从上述各方面综合考虑。

12.5 氧化铝的分解电压

电解质组分的分解电压，是指该组分进行长时间电解并析出电解产物所需的外加最小电压。

如果电解时不存在超电压和去极化作用，则分解电压等于两个平衡电极电位的差值：

$$E_T = \varphi_{平衡}^+ - \varphi_{平衡}^- \qquad (12\text{-}33)$$

即分解电压在数值上等于这两个电极所构成的原电池的电势，因而它可从电池电势的测定中求得。

分解电压又可用热力学数据计算而得。其原理是：化合物分解所需的电功在数值上等于它在恒压下的生成自由能，但符号相反。

$$\Delta G_T = -nFE_T \qquad (12\text{-}34)$$

式中　E_T——分解电压，V；

　　　F——法拉第常数，96487C；

　　　n——价数的改变（Al_2O_3电解时，$n=6$）；

　　　ΔG_T——恒压下由元素铝和氧生成氧化铝的自由能改变值，J/mol。

计算 Al_2O_3 的分解电压要考虑两种情形：

（1）采用惰性阳极（例如铂阳极）时，阳极上析出氧气，阳极不参与电化学反应。

（2）采用活性阳极（例如炭阳极）时，阳极上生成 CO_2 和 CO 气体，阳极参与了电化学反应。

12.5.1 在惰性阳极上 Al_2O_3 的分解电压

如前所述，计算 Al_2O_3 的分解电压必须先计算出 Al_2O_3 的生成自由能变化，即 $\Delta G_T^\ominus$。此情况下，Al_2O_3 的生成反应式是：

$$2Al + 1.5O_2 == Al_2O_3 \qquad (12\text{-}35)$$

根据反应式（12-35）和 Gibbs-Helmholtz 方程式，可算出各温度下的 ΔH_T、ΔS_T、$T\Delta S_T$、ΔG_T值，以及相应的分解电压值（E_T），汇总在表 12-2。

表 12-2　Al_2O_3 生成反应中的生成自由能和分解电压

T/K	T/℃	ΔH_T/kJ·mol^{-1}	ΔS_T/kJ·mol^{-1}	$T\Delta S_T$/kJ·mol^{-1}	ΔG_T/kJ·mol^{-1}	E_T/V
933	660	−1691.9	−331.8	−310.0	−1381.8	2.388
1000	727	−1691.2	−331.2	−331.3	−1360.1	2.350
1100	827	−1690.8	−330.2	−363.3	−1328.0	2.294
1200	927	−1690.1	−329.7	−395.6	−1294.5	2.237
1223	950	−1689.9	−329.2	−402.4	−1286.5	2.224
1273	1000	−1689.5	−328.7	−418.4	−1271.6	2.196
1300	1027	−1687.5	−328.0	−426.9	−1260.2	2.178

由表 12-2 可知，E_T 随温度的升高而降低，可求得 Al_2O_3 分解电压 E_T(V) 与温度 T 的关系式：

$$E_T = 2.350 - 5.5 \times 10^{-4}(T - 1000) \tag{12-36}$$

综上所述，从 ΔG 值算出 Al_2O_3 在 1300K 时的分解电压（该值也就是电化学体系的平衡电压）：

$$Al \mid Na_3AlF_6 + Al_2O_3(饱和) \mid O_2 \tag{12-37}$$

$$E_{分解} = -\frac{\Delta G_T}{nF} = -\frac{-1260.2}{6 \times 96487} = 2.176 \text{ V} \quad (取作 2.18\text{V}) \tag{12-38}$$

12.5.2　在活性阳极（即炭阳极）上 Al_2O_3 的分解电压

工业铝电解槽上，一般采用活性阳极即炭阳极。阳极上产生的气体是 CO_2（约占 70%~75%）和 CO（约占 25%~30%）。所以，Al_2O_3 的分解电压是由下列反应中的吉布斯自由能改变值决定。

$$Al_2O_3 + xC \longrightarrow 2Al + yCO_2 + zCO \tag{12-39}$$

式中，$x = \dfrac{3}{1+N}$，$y = \dfrac{3N}{1+N}$，$z = \dfrac{3(1-N)}{1+N}$，所以式（12-39）可变为：

$$Al_2O_3 + \frac{3}{1+N}C \Longrightarrow 2Al + \frac{3N}{1+N}CO_2 + \frac{3(1-N)}{1+N}CO \tag{12-40}$$

求得该化学反应的 Al_2O_3 生成自由能，便可以求得不同 CO_2 和 CO 浓度下的 Al_2O_3 分解电压，列于表 12-3。

表 12-3　采用活性阳极时氧化铝的分解电压

N	x	y	z	$\Delta G_{1200K}/kJ \cdot mol^{-1}$	E_{1200K}/V	$\Delta G_{1300K}/kJ \cdot mol^{-1}$	E_{1300K}/V
0	0	3.0	3.0	639.98	1.11	581.49	1.01
20	0.5	2.0	2.5	659.77	1.14	609.86	1.05
40	0.86	1.28	2.14	672.44	1.16	631.66	1.08
60	1.12	0.75	1.87	686.51	1.19	649.57	1.13
70	1.34	0.53	1.77	688.85	1.19	649.98	1.13
80	1.33	0.53	1.86	694.46	1.20	663.04	1.14
100	1.5	0	1.5	699.44	1.21	666.89	1.15

从上面的计算可知，在采用活性阳极的情况下，氧化铝的分解电压比惰性阳极时小。例如，1300K 时，采用惰性阳极的分解电压是 2.18V，而采用活性阳极时则减小到 1.15V（按 100% CO_2 计算），见表 12-3。

12.5.3　考虑氧化铝活度时的分解电压

上面的分解电压计算是指固态纯 Al_2O_3 或 Al_2O_3 饱和熔液而言。如果考虑熔融冰晶石中 Al_2O_3 的活度，则宜采用下式：

$$E_T = E_T^{\ominus} - \frac{RT}{nF}\ln a \tag{12-41}$$

当以熔液中的 Al_2O_3 浓度表示其活度时，则 $a = C/C_{饱和}$，因此

$$E_T = E_T^\ominus - \frac{RT}{nF}\ln\frac{C}{C_{饱和}}$$

(12-42)

式中 C——不饱和熔液中的 Al_2O_3 浓度；

$C_{饱和}$——饱和熔液中的 Al_2O_3 浓度。

随着熔液中 Al_2O_3 浓度降低，Al_2O_3 的分解电压稍稍增大。但是必须注意到，式（12-42）只给出一般的趋势，因为熔液中 Al_2O_3 并不以分子形态存在，也不以简单的 Al^{3+} 和 O^{2-} 形态存在，而是同周围的其他离子结合，生成铝氧氟配合阴离子。所以，它的活度显然要小于它的浓度。

12.6 铝电解槽的能量平衡方程式

保持铝电解过程中电解温度的恒定，或在一个较小的范围内波动，是生产正常、稳定的必要条件，也是提高各项技术经济指标的前提。为此必须保持电解槽的能量平衡。所谓能量平衡是指单位时间内，电解槽的能量的收、支相等。这种平衡一旦被破坏，电解槽就会出现热行程，或冷行程，如不及时处理，将出现病槽，破坏正常生产。

能量平衡也是电解槽设计的基础。通过能量平衡计算，以确定适宜的保温条件和原材料、相适应的操作参数。通过计算，还可以找出提高效率、增产、节电的途径。

12.6.1 不同温度基础上的能量平衡方程式

温度基础是能量平衡计算的基准温度，或参照温度。在计算中，都是将其他温度换算成这一温度来进行的。

在冶金炉的能量平衡计算中，多以 0℃ 或空温（25℃）为温度基础，而铝电解则一般以电解温度为基础的。应该指出，无论是以哪个温度为基础，其能量平衡的计算结果不会改变，只是计算项目和能量平衡方程式的表达方式有所不同。

12.6.1.1 温度基础为 0℃ 时的能量平行方程式

铝电解槽的能量平衡计算，若以 0℃ 为计算的温度基础，所涉及的能量收、支情况如下：

（1）能量收入：

1）电力供给的能量，$A_{电} = IV_{体系}$。

2）原材料带入的能量为 $A_{材}^{t_1-0}$，t_1 为车间温度。

3）阳极气体离开计算体系之前放出的能量（包括阳极气体温度降低和燃烧放出的能量）为 $A_{气}^{t_2-t_2}$，t_2 为阳极气体离开体系温度，t_3 为电解温度。

（2）能量支出：

1）电解反应要吸收（补偿）的能量，$A_{反}^0$。

2）铝液所带走的能量，$A_{铝液}^{0-t_3}$。

3）气体所带走的能量，$A_{气}^{0-t_3}$。

4）残阳极带走的热量，$A_{残极}^{0-t_3}$。

5）电解槽计算体系向周围环境通过对流、辐射和传导而损失的能量，$A_{热损}$。

此时的能量平衡方程是：

$$A_{电} + A_{材}^{t_1-0} + A_{气}^{t_3-t_2} = A_{反}^0 + A_{铝液}^{0-t_3} + A_{气}^{0-t_3} + A_{热损} + A_{残极}^{0-t_3} \tag{12-43}$$

如果温度改为车间温度 t_1，则式（12-43）收入项中，因原材料是在车间温度下投入反应，温差为零，所以式（12-43）中 $A_{材}$ 可以消失，而且各项的温度变化范围也相应改变，此时的能量平衡方程为：

$$A_{电} + A_{气}^{t_3-t_2} = A_{反}^{t_1} + A_{铝液}^{t_1-t_3} + A_{气}^{t_1-t_3} + A_{热损} + A_{残极}^{t_1-t_3} \tag{12-44}$$

12.6.1.2 电解温度（t_3）下的能量平衡方程式

如果温度基础为电解温度 t_3，则原材料在车间温度下投入，就必须要将其加热到电解温度，故此项变为能量的支出项，而出现在右边。另外阳极气体、铝液，则因温差为零，其能量支出也为零，故两项均在右边消失。因此，以电解温度为温度基础的能量平衡方程式为：

$$A_{电} + A_{气}^{t_3-t_2} = A_{反}^{t_3} + A_{材}^{t_1-t_3} + A_{热损} \tag{12-45}$$

12.6.2 铝电解槽的能量平衡计算基础

从式（12-45）可知，铝电解槽的能量平衡计算包括有外部电能供给、阳极气体显热、电解反应热效应补偿、加热原材料的热能补偿以及槽子热损失（或称散热损失）等五项，其中前两者为电解槽的能量收入，其余为能量支出。假定 $t_2 = t_3$（相差不太大时），于是阳极气体的显热为零，则式（12-45）可简化为：

$$A_{电} = A_{反}^{t_3} + A_{材}^{t_1-t_3} + A_{热损} \tag{12-46}$$

$A_{电}$ 即为体系的能量收入，就是外部供给电解槽的直流电能，通过电解槽转变为化学能和热能的。它等于计算体系中各部分电压降之和与电流强度之积，即：

$$A_{电} = IV_{体系} \tag{12-47}$$

其中，$V_{体系} = \Delta V_{阳极} + \Delta V_{质} + \Delta V_{阴} + \Delta V_{效应} + E_{反}$。

12.6.2.1 补偿电解反应所需的能量

如前所述，当电解生产的电流效率为 100% 时，其补偿反应热效应的能量是 5.63kW·h/kg。但是电流效率不可能达到 100%。因此，在考虑到电流效率（以气体分析法加入，即依照电流效率与阳极气体中 CO_2 体积分数的关系式，电流效率 $\eta = 0.5 + 0.5N$，$N = 2\eta - 1$，带入式（12-40））时的电解反应是：

$$Al_2O_3 + \frac{3}{2\eta}C \xrightarrow{\quad\quad} 2Al + \frac{3}{2}\left(2 - \frac{1}{\eta}\right)CO_2 + 3\left(\frac{1}{\eta} - 1\right)CO \tag{12-48}$$

式中　η——电流效率（小数，如 80% 时，$\eta = 0.8$）。

根据热力学第一定律，反应的热效应（$\Delta H_T^{\ominus}$）可用式（12-49）算出：

$$\Delta H_T^{\ominus} = \left[\frac{3}{2}\left(2 - \frac{1}{\eta}\right)(\Delta H_T^{\ominus})_{CO_2} + 3\left(\frac{1}{\eta} - 1\right)(\Delta H_T^{\ominus})_{CO} - (\Delta H_T^{\ominus})_{Al_2O_3}\right] \times \frac{1000}{54 \times 3600}$$

$$\tag{12-49}$$

式中　$(\Delta H_T^{\ominus})_{CO_2}$，$(\Delta H_T^{\ominus})_{CO}$，$(\Delta H_T^{\ominus})_{Al_2O_3}$——$CO_2$、$CO$ 和 Al_2O_3 的生成热，kJ/mol；

　　　　　　　　　　3600——将 kJ 换算成 kW 时的换算系数。

通过热力学手册查得相应化合物的生成热，代入式（12-49）并整理得：

$$\Delta H = \left(201.33 + \frac{60.22}{\eta}\right) \times \frac{1000}{54 \times 3600} = 4.34 + \frac{1.30}{\eta} \qquad (12\text{-}50)$$

式（12-50）所适应的温度区间是 930~970℃，根据式（12-50）的计算结果，得到 $\Delta H_T^{\ominus}$ 与电流效率的关系曲线。

因此，在单位时间（h）内，铝的产量为 $0.3356I\eta$ kg 时，则应补偿电解反应的热效应的能量 $A_{反}^{t_3}$ 为：

$$A_{反}^{t_3} = 0.3356I\eta(\Delta H_T^{\ominus}) = 0.3356I\eta\left(4.34 + \frac{1.30}{\eta}\right) \qquad (12\text{-}51)$$

式中　I——系列电流，kA。

12.6.2.2　补偿加热材料所需的能量

在电解反应中，生成 2mol Al（54g）就需要 1mol 的 Al_2O_3 和 3/2mol 的炭。于是：

$$\Delta H_{材}^{t_1-t_3} = \left[(\Delta H_T^{\ominus})_{Al_2O_3} + \frac{3}{2\eta}(\Delta H_T^{\ominus})_C\right] \times \frac{1000}{54 \times 3600} \qquad (12\text{-}52)$$

在 930~970℃ 温度范围内 $(\Delta H_T^{\ominus})_{Al_2O_3} = 109.75$ kJ/mol，$(\Delta H_T^{\ominus})_C = 17.41$ kJ/mol，代入式（12-52），化简得：

$$\Delta H_{材}^{t_1-t_3} = 0.56 + \frac{0.13}{\eta} \qquad (12\text{-}53)$$

同理，单位时间（h）内：

$$A_{材}^{t_1-t_3} = 0.3356I\eta\left(0.56 + \frac{0.13}{\eta}\right) \qquad (12\text{-}54)$$

12.6.2.3　铝电解槽能量平衡的一般形式

将式（12-47）、式（12-51）、式（12-54）代入式（12-46）得到：

$$IV_{体} = 0.3356I\eta\left(4.33 + \frac{1.30}{\eta}\right) + 0.3356I\eta\left(0.56 + \frac{0.13}{\eta}\right) + A_{热损}$$

或　　　$$\left.\begin{array}{l} IV_{体} = I \times (0.48 + 1.64\eta) + A_{热损} \\ I[V_{体} - (0.48 + 1.64\eta)] - A_{热损} = 0 \end{array}\right\} \qquad (12\text{-}55)$$

式（12-55）即为铝电解槽能量平衡的一般形式，其中温度基础是电解温度。该式将电解槽的系列电流强度、体系的电压降、电流效率以及热损失等因素有机地联系在一起。式中 $A_{热损}$ 也是与电解槽的电流强度相关的量，或者说是电能对槽体散热损失的能量补偿，实际上是电解槽单位时间内损失的热量。它与系列电流存在下列关系：

$$A_{热损} = \alpha I_{热损} \qquad (12\text{-}56)$$

式中　α——槽的热损失系数，V。

将式（12-56）代入式（12-55）中得到：

$$I[V_{体} - (0.48 + 1.64\eta)] - \alpha_{热损}I = 0 \qquad (12\text{-}57)$$

当电解槽的电流变化不大时，则得：

$$\alpha_{热损} = V_{体} - (0.48 + 1.64\eta) \tag{12-58}$$

式（12-58）是铝电解槽在电解温度基础上能量平衡的又一表达方程式。它将热损失、电解槽体系电压降和电流效率的关系比较简明地表达出来了。此式对于寻求电解槽节电节能的途径及其与能量平衡的关系是很有用处的。当电解槽电压或电流效率发生变化时，都必须联系能量平衡进行考虑，以便采取相应措施调整槽子的热损失结构。

12.7　铝电解槽的节能途径

根据式（12-29）和式（12-58）的计算，在热损失系数、电流强度不变的情况下，提高电流效率和降低平均电压都能节省单位质量的铝产品的电能消耗量。

12.7.1　提高电流效率

提高电流效率的途径很多，其中主要的方法是降低电解温度，而降低电解温度的最有效方法是选择合适的添加剂，即找到一个初晶温度低的电解质组成。

提高电流效率的另一途径是合理配置母线，这对大型槽来说尤为重要。根据瑞士铝业公司的报道，他们认为引起磁力效应的主要因素是铝液中水平电流（包括横向和纵向）的分量和磁场的垂直分量，在设计过程中应该对此予以消除或减弱。他们按此原则设计的电解槽，其电流效率达到95%。近年来，大型槽的磁场问题日益得到重视，随着研究工作的深入，电解槽的母线配置日益完善，在一定程度上削弱了磁场的影响，但是也带来母线配置复杂，投资增大的问题。

提高电流效率的更为有效，但又长远的目标是改革或改变现行电解槽的结构。这方面的构思和设想很多，其中最有吸引力、研究得最多的是惰性阳极、惰性阴极和侧壁型的电解槽，但此类研究目前绝大多数仅处于实验研究阶段，在本书中不再详述。

12.7.2　降低平均电压

降低平均电压的途径，可以有以下几种方式：

（1）提高电解质的电导率。铝电解质是平均电压中的耗电大项，约占30%~40%，其原因是现在的电解质体系电导率太小，同时又要保持一定的极距。提高熔体电导率的办法很多，如前所述，采用合适的添加剂，如 LiF、NaCl 都能显著提高熔体的电导率。至于 MgF_2 和 CaF_2，特别是 MgF_2 对熔体的导电有不良的影响，但却能净化熔体中的炭渣，另外，添加 MgF_2 可使电解的反电势降低。

其次，采用合理的加工制度和精心加工，对于减少悬浮在熔体中 Al_2O_3，减少槽底沉淀是有利的，因为沉淀多，容易造成电流分布不均匀，故使槽底电压升高。

（2）降低阳极过电压。众所周知，阳极过电压是引起理论分解电压升高的主要原因。而且数值也很大，约占反电势 1.65V 的 1/3。

由前所述，阳极过电压可以随着阳极电流密度的降低而降低，同时随着熔体中 Al_2O_3 浓度的增加而减低。在添加 LiF 的电解槽上采用降阳极的方法测得的反电势仍为 1.65V，就是因为 Al_2O_3 浓度随着 LiF 的添加量增加而降低的结果。

刘业翔教授等人的研究结果指出，阳极掺杂可以产生炭阳极的电催化作用，因此使阳极过电压降低。掺杂物质中以 $CrCl_3$、Li_2CO_3 和 $RhCl_3$ 的效果最好，阳极过电压的降低可达 200mV 左右。电催化作用主要是使 C_xO 的分解速度加快。

（3）降低母线电压降。采用大截面铸造母线可以降低母线电压降，但需要增加投资费用。所以存在一个选择经济电流密度的问题。我国选用的经济电流密度为 $0.37A/mm^2$，国外一般为 $0.3A/mm^2$。

此外，是降低母线接触电压降。它与母线间接触的好坏有关，一般只有几个毫伏。焊接的效果较差，而压接较好。压接时要求磨平、打光、压紧，否则，其接触电压可增高上百毫伏。

12.7.3　降低电解槽的热损失

铝电解槽的热损失大的主要原因是电解温度高，与环境空气的温差大。目前采取的主要措施是：

（1）增加壳面保温料的厚度，因为氧化铝具有良好的保温性能，覆盖于壳面以及预焙槽的阳极炭块和钢爪上，可以减少上部的热损失。

（2）加强槽体保温，也是在槽底增加氧化铝粉保温层的厚度来实现的。

（3）增大槽底部和阴极棒导出部位的保温能力。

12.8　铝电解的主要技术经济指标及发展方向

12.8.1　铝电解的主要技术经济指标

铝电解生产的技术经济指标见表 12-4。

表 12-4　铝电解生产的技术经济指标

指　标	数　值	指　标	数　值
电解质温度/K	1223~1243	电能消耗/$kW \cdot h \cdot t^{-1}$	12500~13500
阳极电流密度/$A \cdot cm^{-2}$	0.70~0.82	氧化铝消耗/kg	1920~2000
电极距/cm	3.8~5.0	冰晶石消耗/kg	5~10
槽电压/V	3.8~4.5	氟化铝消耗/kg	15~30
电流效率/%	90~96	添加剂消耗/kg	5
原铝质量分数（$w(Al)$）/%	99.5~99.7	阳极糊消耗/kg	520

12.8.2　铝电解的发展方向

由于冰晶石的熔点较高（1281.5K）、导电性能不好、腐蚀性强以及氧化铝在其中的溶解度不大等，均导致熔盐电解法生产铝时电能消耗大、建设投资和生产费用高。多年来，为了克服其缺点，人们一直致力于寻找能代替它的新物质，但至今尚未取得成功；同时，人们也研究使用一些添加物（如氟化钙、氟化镁、氟化锂等）来改善 Na_3AlF_6-Al_2O_3 熔体的性质。因此，铝工业用的电解质已经远不是简单的二元系，而是多元系。现将添加物氟化钙、氟化镁、氟化锂对电解质熔融温度的影响列于表 12-5。

表 12-5　添加物对 Na_3AlF_6-Al_2O_3 电解质熔融温度的影响

电解质成分	未加添加物时的熔融温度/K	加添加物时的熔融温度/K		添加物种类
		5%	10%	
2.7% NaF·AlF_3 + 5% Al_2O_3	1255	1238	1226	CaF_2
		1223	1193	MgF_2
		1203		LiF

对铝在电解质中溶解度影响最大的因素是温度，温度越高，铝的溶解损失越大。对铝电解槽的多次测量结果表明，温度每升高 283K，电流效率将降低 1%~2%。因此，电解槽力求保持低温操作，有利于提高电流效率。

经过 40 年的发展，铝电解槽的容量由 50~60kA 发展到 600kA 或者更高，电解槽单位面积产铝量增力加了 5~10 倍或者更多。电解槽寿命由 50 年前的 600 天提高到 2500~3000 天。

铝电解生产的环境保护得到显著改善。电解铝生产有害烟气（CO_2、CF_4 和 C_2F_6）会产生温室效应，氟化物、沥青烟和 SO_2 气体会产生区域性空气污染，氟化物对生物和植物都有影响。因此，近 20 年来世界铝工业采取了许多措施来净化烟气和减少氟的排放。在采用现代化预焙阳极电解槽的铝电解厂，已几乎没有沥青烟，只是在筑炉扎热糊时有少量逸出。

欧洲原铝工业的氟排放量已从 1974 年的约 3.8kg/t 减少到 2010 年的 0.5~0.7kg/t，目前有些国家已达到 0.4~0.5kg/t。从某种角度来说，其危害已基本消除。

我国铝电解技术水平自 20 世纪 80 年代起有了很大的提高，在学习国外先进技术的同时，我国自行开发和应用了 186kA、200kA、320kA、500kA 乃至 600kA 系列电解槽成套技术和装备，并实现了温度生产，各项技术经济指标正朝着世界先进水平迈进。铝电解的发展方向介绍如下，有些已经在生产上应用：

（1）氧化铝输送——浓相输送和超浓相输送。

（2）阳极制备——降低阳极过电位和延长寿命。

（3）电解槽操作与管理的计算机控制。

（4）磁场的研究——多端供电使阴极铝液平稳。

（5）电磁冶金在低氧铝制取方面的应用。

（6）惰性阳极电解——金属陶瓷 $NiFe_2O_4$ 氧化物膜。

（7）氯化铝电解。

（8）惰性阴极技术——TiB_2 导电氧化物膜。

（9）电解槽侧壁耐铝水材料——Si_3N_4，SiC。

（10）电解槽底部耐火防渗保温技术 BF-II。

（11）电解质改良——低温电解。

（12）铝电解槽焙烧启动技术。

（13）熔盐电解生产铝基合金——Al-Mg，Al-Li，Al-Sr，Al-Zr。

（14）铝电解的环境保护。

 **复习思考题**

12-1 铝电解的电流效率是如何定义的，影响电流效率的主要因素有哪些？

12-2 简述如何提高铝电解生产的电流效率。

12-3 铝电解电流效率降低的原因有哪些，造成电流效率降低的本质是什么？

12-4 电解槽平均电压由哪几部分构成？

12-5 试分析铝电解用炭阳极的利弊何在。

12-6 铝电解槽电能效率的表示方法有哪几种，其定义分别是什么？

12-7 已知电解槽容量为160kA，每昼夜每台槽产铝1150kg，平均电压4.0V。求：（1）电流效率；（2）吨铝电耗；（3）电能效率（%）。

12-8 某电解槽系列拥有200台320kA电解槽，电解过程中，电解槽的平均电压为3.9V，在生产过程中测得此系列电解槽的电流效率为95.2%，求此系列电解槽其中每台槽子一昼夜的平均产能、电耗率和年产铝量。

13 铝电解槽的焙烧、启动及正常生产工艺

13.1 铝电解槽焙烧的目的

铝电解槽焙烧的目的有如下几个方面：

（1）驱散出槽内衬材料中的水分。

（2）使槽内衬阴极炭块之间和阴极炭块与侧部内衬之间的捣固糊烧结和炭化，并与内衬炭块形成一个整体。

（3）焙烧使电解槽加热至较高的温度，避免启动时加入到槽内的熔融电解质凝固，避免在炭块阴极表面生成一层凝固的电解质。

13.2 铝电解槽焙烧方法的选择

铝电解槽的焙烧方法有多种，各有优缺点。

13.2.1 铝液焙烧

铝液焙烧是铝电解槽最简单的一种焙烧方法，该方法多在大修后的电解槽上采用。其基本原理和过程是将由其他电解槽中抽出的液体铝灌入到大修后电解槽的阳极与阴极的空间中，然后打开电解槽的短路口，使系列电流通过电解槽。当系列电流通过阳极、阳极与阴极间的金属铝液、阴极时，由这些导电体产生的电阻热就对电解槽进行焙烧。

电解槽采用铝液焙烧有如下的优点：

（1）方法简单，操作容易。

（2）阳极母线与阳极导杆之间不需要软连接。

（3）不需要用分流装置对电流进行分流，可直接用系列电流进行全电流焙烧。

（4）阳极、铝液和阴极中的电流分布相对来说比较均匀。

采用铝液焙烧的缺点：

（1）高温铝水瞬间倒入冷槽中，巨大的温差产生的热冲击容易使阴极炭块内衬产生裂纹。

（2）电解槽突然升温，使槽内衬中的水分大量蒸发，其膨胀所产生的压力容易从炭块与捣固糊之间的薄弱连接处或处于塑性状态捣固糊的某个薄弱部位拱出，从而使槽底产生孔缝或孔洞。

（3）大修或新建的电解槽内，有数吨捣固糊，它们的焙烧理应遵守严格的焙烧曲线，并且由外向里焙烧才能具有一定的强度和密度，才能不产生裂纹，并与阴极炭块有很好的黏结。而铝液焙烧时，900℃以上的高温铝水倒入冷槽内，使槽内衬的捣固糊在突如其来的高温下焙烧分解，必然导致焙烧后的捣固糊强度很低、孔隙大、裂缝多。

在铝液焙烧中，灌入电解槽中的铝液可进入槽底阴极内衬表面的较大裂缝中，但不会流进较小的缝隙中，这是由于铝液和炭块之间具有较大的界面张力所致。但是当电解槽中灌入了电解质，并进行电解后，由于阴极中有了钠和电解质的渗透，则阴极铝液就可以进入阴极表面炭块较小的缝隙中。

13.2.2　外电阻加热焙烧与铝液焙烧相结合的焙烧技术

铝电解槽采用铝液焙烧的优点是其他焙烧方法所不具备的，但其缺点也很难克服。为了克服铝液焙烧的缺点，可以采用一种新的外电阻加热焙烧与铝液焙烧相结合的焙烧技术。该方法的原理是电解槽在灌入铝液进行焙烧前，先用一个低电压、大电流的电热体对电解槽内衬进行烘烤预热，待槽内衬炭块的表面温度达到 600~800℃，炭阴极表面一定深度内的扎缝糊被烧结后，灌入液体铝，然后按铝液焙烧的方法对电解槽进行加热和焙烧。

在这种焙烧方法中，给电阻发热体供电的是一台三相盐浴炉式干式调压变压器，其电热原理如图 13-1 所示。

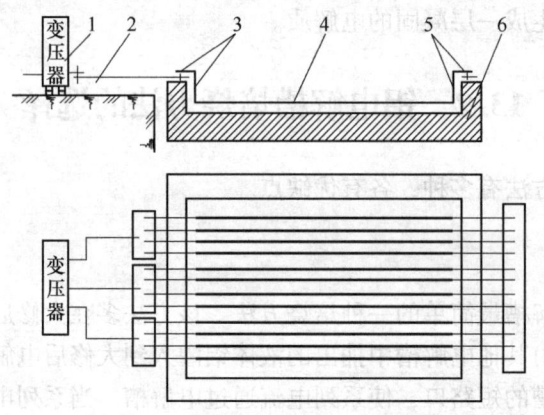

图 13-1　电解槽外电阻通电预热原理图

1—变压器（输出低电压大电流）；2—铜母线；3—铁制导电体；4—电热元件；5—铁制导电体；6—电解槽

铝电解槽也可以全程用电热元件进行外电阻加热焙烧，只要电解厂房内的交流电源和变压器的设计及容量能满足要求即可。除此之外，铝电解槽在实施全程外电阻加热时，当温度超过 550℃，电解槽炭阴极内衬和炭阳极的氧化是不可避免的，热损失也不可避免地要增大，因此需要对阳极上部加强保温和覆盖，以减少热损失和空气漏入。

13.2.3　炭粒焙烧

炭粒焙烧与铝液焙烧的不同点在于阳极与阴极之间的电阻发热体不是灌入的铝液，而是铺设的炭粒层。为了使各组阳极以相同的重力施压在炭粒床上，以便获得较为均衡的电阻，阳极导杆与阳极母线实施软连接，所有阳极都要用新阳极，以便使各阳极的质量尽可能一致，如图 13-2 所示。

炭粒焙烧靠阳极电阻、阴极电阻和炭粒层的电阻发热产生的热量，达到使电解槽被加热焙烧的目的。由于炭粒层的电阻远大于金属铝的电阻，如果采用全电流焙烧，那么电解槽在初期的焙烧升温速度将会很快。因此，在炭粒焙烧时，一般都采用分流技术。所谓分流技术就是为了避免焙烧初期电流太大，升温速度太快而将系列电流分出一部分，让这部分电流从阳极旁路流入阴极。

炭粒焙烧与铝液焙烧相比，其焙烧温度不均容易造成阴极底块的炭质结构、电阻和导热性能不一样，从而容易在电解槽的正常生产中，阴极铝液中的电流分布不很均匀，这不利于阴极铝液液面的稳定性和电流效率的提高。炭粒焙烧容易使阴极炭块出现横向断裂裂纹以及底块与扎糊之间较大的缝隙。此外，炭粒焙烧升温速度快，但捣固糊的热导率小，即使在焙烧终了时，其角部和边部也只有 500℃ 左右，如图 13-3 所示，在此情况下，开动电解槽，倒入高温电解质熔体，较大的温差很难保证边部捣固糊的焙烧质量。炭粒焙烧的电解槽在启动后，炭渣多，需要打捞，这无形中增加了电解质的消耗。可用如下方法改善炭粒焙烧的质量：

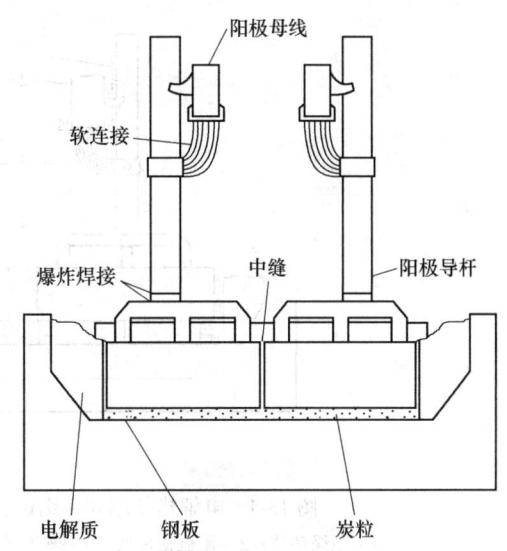

图 13-2　电解槽炭粒焙烧原理图

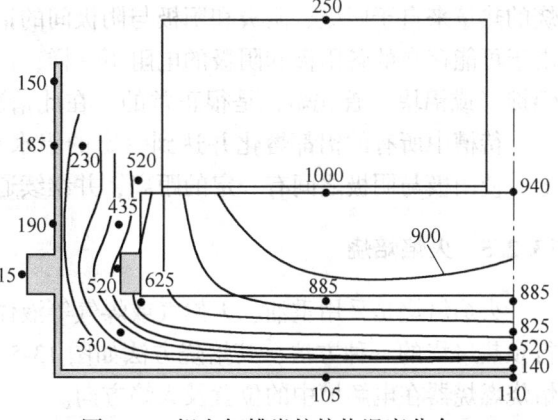

图 13-3　铝电解槽炭粒焙烧温度分布

（1）采用较小的炭粒层厚度，一般来说炭粒层的厚度不宜大于 2cm。

（2）可选择炭粒不容易偏析的配料组成和配比，配料中禁止配入细粉，同时粒度大小相差不要太大。

（3）配料中可添加电阻较小的人造石墨颗粒，以降低炭粒配料的电阻。

（4）炭粒层厚度要尽可能的均匀，电解槽筑炉施工时，阴极面要尽可能做到平整。

（5）炭粒层上阴极的荷重要尽可能一样，要尽可能地全部使用新阳极。

13.2.4　铝锭、铝块和铝屑焙烧

铝锭、铝块和铝屑焙烧法可用在大修后的电解槽和新建电解槽的焙烧上，其焙烧方法和原理如图 13-4 所示。

由图 13-4 可以看出，该焙烧方法与炭粒焙烧和铝液焙烧有些相似，不同点在于阳极与阴极的电阻发热体既不是灌入的液体铝液，也不是铺设的炭粒床，而是由铝锭或铝块与铝屑组成的固体铝。阳极炭块靠其自身的质量压在铝锭或铝块上，阳极导杆与阳极横母线之间的导电在铝锭与铝块没有完全熔化之前实施软连接。铝锭（或铝块）与铝锭（或铝块）之间、炭阴极表面和铝锭之间、铝锭与阳极之间都放置一层铝屑。该焙烧方法的焙烧电流一开始既可使用系列全电流，也可采用分流技术，焙烧电流从小到大逐渐提高。焙

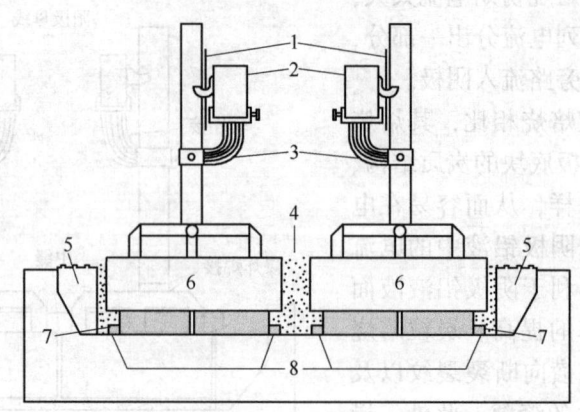

图 13-4　电解槽使用固体铝锭、铝块和铝屑焙烧方法原理

1—绝缘垫片；2—阳极横母线；3—软连接；4—铝屑；5—电解质块；6—阳极；
7—固体铝（铝板、铝锭或铝屑）；8—黏接在槽底上的小炭块

烧的热量来自于阳极、阴极和阳极与阴极间的铝锭（或铝块）的电阻热。在焙烧过程中，由于可能存在的各阳极和阴极的电阻不一样，而产生的电流分布不均，使某组阳极下面的铝锭（或铝块）首先熔化是很正常的。在此情况下，需要向该熔化处续加一些铝屑或铝块，待槽中所有的铝都熔化并达到一定的铝水平后，再将阳极导杆固定在阳极横梁母线上，使阳极与阴极之间有一定的距离，并继续通电焙烧。

13.2.5　火焰焙烧

火焰焙烧是采用重油、天然气或煤气等液体或气体燃料，燃烧产生的火焰对电解槽进行预热焙烧的一种方法，其焙烧方法如图 13-5 所示。图 13-6 所示是 Elken 公司使用火焰焙烧燃烧器在电解槽中的位置及火焰方向。

火焰焙烧的优点是：

（1）阳极表面焙烧温度较为均匀。

（2）火焰温度、焙烧温度和升温速度可以得到较好的控制。

（3）内衬中的底糊可以实现由外向里的焙烧，提高底糊的焙烧质量。

（4）与炭粒焙烧相比，电解槽开动后，不用打捞炭渣。

火焰焙烧的缺点有：

（1）工艺和设备相对复杂，带有液体或气体燃料的罐车进入电解厂房，其安全性较差。

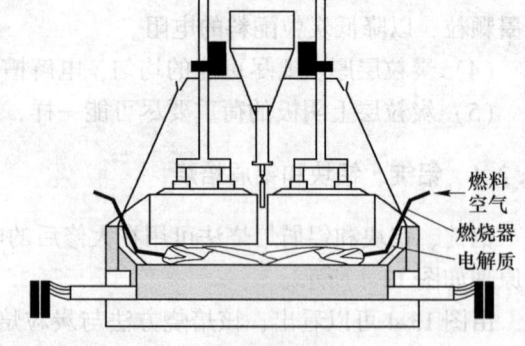

图 13-5　预焙阳极电解槽的火焰焙烧

（2）火焰焙烧过程中，对电解槽的密封性要求较高，即使密封得很好，也很难避免阳极和槽内衬的氧化。

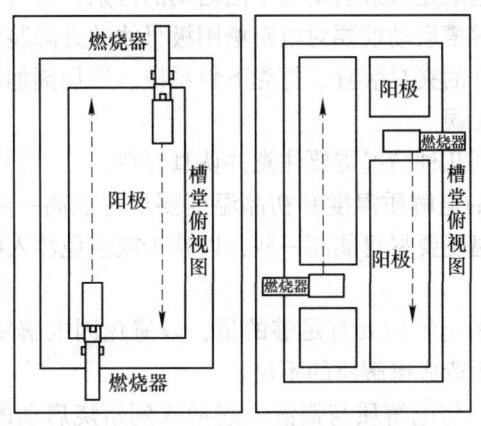

图 13-6 Elken 公司火焰焙烧燃烧器的位置及火焰方向

13.3 电解槽的干法启动

电解槽的干法启动只适用于新建电解铝厂头几台电解槽的启动，因为这时电解铝厂无熔融电解质可供使用。干法启动的目的是为了给后续电解槽的启动提供足够容量的液体电解质。干法启动可能会使电解槽的内衬氧化，对电解槽的寿命产生影响，但这是不得已而为之的。

预焙槽的干法启动已在许多文章和邱竹贤所著的《预焙槽炼铝》中有详细介绍，本书不再多述。干法启动的几个操作要点如下：

（1）首先对电解槽用炭粒电阻焙烧法进行预热焙烧，炭粒床的厚度不能太大，不要超过 10mm，炭床较薄，电解槽的焙烧升温速度较慢，底块中的垂直温度差较小，有利于提高底缝糊和边糊的焙烧质量、提高阴极底块的焙烧质量，同时也有利于减少干法启动后电解质中的炭渣量。

（2）电解槽经过 72h 或更长时间一些的焙烧后，使电解槽的焙烧温度达到 1000℃，阴极炭块底下的温度达到 880℃ 左右时，拆掉软连接，使各组阳极导杆紧固在阳极母线上。

（3）缓慢提高槽电压和电功率，使阳极周围的电解质逐渐熔化。由于电解槽在刚开始电解时，要大量吸收 NaF，因此焙烧前电解槽周边的装料以及在干法启动时，阳极周边和中缝处的加料，都要采用摩尔比较高的碱性电解质，同时也是为了降低电解质的熔点。为此，在电解质中添加一些 CaF_2 和 LiF 之类的添加剂也是可行的。

（4）当电解槽内的电解质熔化到足够的液位高度时，可打捞出炭渣，此后的操作按常规的启动方法进行。

13.4 电解槽的常规启动

常规启动适用于大修电解槽和上述新建电解铝厂干法启动后的诸多电解槽。当电解槽的焙烧结束并转入常规启动时，电解槽中的电解质熔体不是靠电解槽自身熔化的，而是从其他电解槽中抽取的, 这就是常规启动与干法启动的区别, 有时人们也将常规启动称为湿法启动, 以示区别。电解槽启动前要对电解槽阳极母线的升降装置、电路绝缘、多功能天车的运行情况、阳极导杆的夹具装置、打壳下料系统、添加剂加料系统等辅助装置进行认真检查, 一切都要确认无误。

电解槽启动时, 下列几种情况需要注意并认真对待:

(1) 注入电解槽中的电解质温度和初晶温度要尽可能高一些, 过热度要高一些, 或者启动前电解槽的焙烧温度要尽可能高一些, 以减少或避免注入电解槽中的电解质熔体在槽底产生沉淀。

(2) 注入电解槽中的电解质要有足够的量, 以避免因电解质收缩和电解初期电解槽内衬中大量吸收电解质而造成电解质的不足。

(3) 避免从其他槽中将电解质与铝液一起抽入到焙烧启动的电解槽中, 如果这种情况发生时, 容易使启动电解槽的槽电压不稳定, 阳极和阴极电流分布不均匀。

(4) 当液体电解质注入焙烧启动的电解槽中时, 要同时提高极距, 以便尽快地让电解质填实到电解槽中的各个部位, 但极距也不要提得太快, 以防极间断路, 对电解槽上部结构产生震动性破坏, 对此要格外小心。

(5) 槽电压不要太高, 这一点对避免或减少阳极事故是很重要的, 但槽电压也不能太低, 因为新启动起来的电解槽, 槽帮结壳尚未形成, 阳极上部覆盖料也不多, 电解槽散热大, 因此需要靠适当高的槽电压补充热量。一般情况下, 刚启动的电解槽的槽电压应不低于 6V, 之后电解槽的槽电压再缓慢下降, 如图 13-7 所示。但也有的文献介绍, 当电解质注入电解槽中之后, 要将槽电压提高到 20V, 保持约 45min, 以便于让边部的电解质块熔化, 之后, 槽电压再降低到 6.5V。

(6) 电解质组成。法国彼施涅的操作经验是在启动电解槽时使用碱性电解质, NaF 相对于冰晶石组成过量 2%, 以碳酸钠的形式加入。他们的经验表明, 启动电解槽使用碱性电解质有益于延长电解槽的寿命, 电解槽使用碱性电解质启动可避免在初期阶段的若干个星期内, 电解槽的热平衡出现过快的变化。

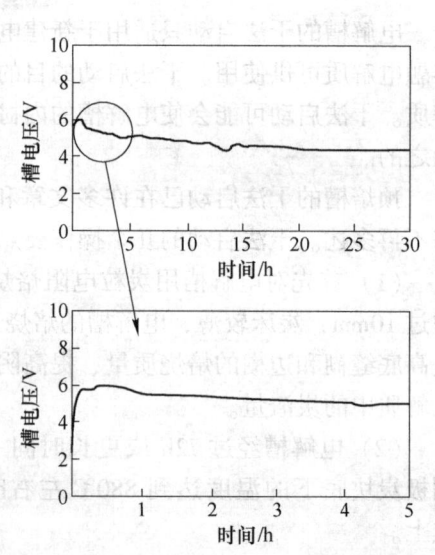

图 13-7　电解槽启动时槽电压随时间的改变

(7) 添加氧化铝。当完成向启动电解槽中加入液体电解质后, 开始人工加入氧化铝, 这种氧化铝是用铁锹一点一点地加入液体电解质中的, 所加入的量由经验加以确定, 一般以在电解槽启动 2h 后正好出现第 1 个阳极效应为宜。

(8) 清洁电解质, 捞出炭渣。阳极效应发生后, 用未干燥的新砍伐的木杆插入到每个阳极下面, 最好是用长木杆插到槽的中缝处, 借助于新鲜木杆高温隔绝空气炭化时产生的大量气体 (水蒸气、氢气和碳氢化合物气体), 达到清理槽底炭粒和阳极底掌黏附的炭渣, 使之浮出电解质表面, 并聚集在电解槽的边部和端部, 然后用漏铲捞出槽外。

（9）向电解槽中灌入金属铝。一般认为，采用炭粒电阻焙烧的电解槽不能过早地灌入金属铝，应是在电解槽启动 24h 后再灌入金属铝，对于大型电解槽应该在电解槽启动 32h 后。电解槽中灌入铝液究竟应该在什么时间是很难加以确定，人们的看法也不一致。但新启动的铝电解槽不应过早地灌入铝液，其目的是为了等待阴极中的微小裂纹能被电解质熔体所充满，边糊被完全焙烧并产生膨胀，这样就可以避免电解槽早期漏铝。但这并未考虑如果槽底没有铝时，钠直接在炭阴极表面的放电、有严重的钠渗透以及电解槽内电解生成的大量金属铝在电解槽槽底的行为所产生的后果。根据冯乃祥等人的最新研究结果，当铝电解槽内没有铝液而直接在炭阴极上进行电解时，阴极表面的炭会受到钠和电解质的侵蚀而剥落。至于往电解槽中灌入金属铝量的多少，应根据电解槽的工艺技术条件加以确定，法国彼施涅的方法是向新启动的电解槽中灌入正常生产时电解槽中铝量的 1/2。

13.5　铝电解的正常生产工艺

13.5.1　铝电解槽的正常生产

铝电解槽在焙烧、启动后转入正常生产，即在额定的电流强度下稳定地进行生产。所有各项技术参数也都达到设计要求，并获得良好的技术经济指标，主要包括电流效率、电耗率以及原铝的质量等项。

处于正常生产状态的电解槽的外观特征有：

（1）火焰从火眼强劲有力地喷出，火焰的颜色为淡紫蓝色或稍带黄色。

（2）槽电压稳定，或在一个很窄的范围内波动。

（3）阳极周边电解质"沸腾"均匀。

（4）炭渣分离良好，电解质清澈透亮。

（5）槽面上有完整的结壳，且疏松好打。

正常生产的电解槽的另一个重要特征是"槽膛内型规整"。电解槽内在其侧部炭块旁边沉积有一圈由电解质熔体凝固的结壳（又称为槽帮和伸腿），它围绕在阳极四周形成一个近似椭圆形的槽膛。这层结壳能够有效地阻止电和热通过侧壁损失，保护侧壁和槽底四周的内衬不受熔体的腐蚀，并且使铝镜面（即阴极表面）收缩以提高电流效率。在电解过程中要努力维护槽膛的规整。正常生产的"槽膛内型"如图 13-8 所示。此外，在正常生产时，槽底应该是干净的，即无氧化铝沉淀，或只有少量的沉淀。

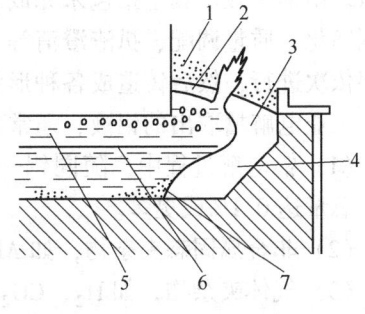

图 13-8　铝电解正常生产的槽膛内型
1—槽壳上的 Al_2O_3 粉；2—槽壳；3—槽帮；4—伸腿；5—电解质；6—铝液；7—槽底沉淀

正常生产是铝电解槽高产、优质、低耗的保证，而维护正常的生产则取决于合理的技术条件、与之相适应的操作制度以及操作的精心程度，否则，生产就不能维持正常，甚至出现"病槽"和事故，使各项技术经济指标下降。

13.5.2 铝电解槽的常规作业

铝电解槽的常规作业，主要包括加料（或称为加工）、出铝和阳极作业三个部分，其具体内容依槽型不同而有所不同。

13.5.2.1 加料

现代铝电解槽的加料和出铝作业均由计算机控制。

加料就是定时定量地向电解槽中补充 Al_2O_3，保持电解质中 Al_2O_3 浓度稳定，新型电解槽采用连续或点式下料，每次下料之间也有规定的时间间隙。连续下料的间隙，则只有 20s 左右，点式下料是每隔几分钟下一次。下料后，Al_2O_3 浓度一般只有 2%～3%，甚至更低。因为保持低的浓度，电流效率可达 94%。同时可以使 Al_2O_3 迅速溶解，而不致产生沉淀或悬浮在电解质中，这对提高电流效率是有利的。

铝电解的加料作业程序是先扒开在壳面上预热的氧化铝料层，再打开壳面，将氧化铝推入熔体，然后往新凝固的壳面上添加一批新 Al_2O_3。不允许将冷料直接加入电解质中。我国在生产中总结了"勤加工、少下料"的操作方法，对于中型槽实现稳产高产是行之有效的。

加料作业除补充 Al_2O_3 外，通常还要伴随着调整电解质组成，如补充添加剂，调整电解质的冰晶石摩尔比等，故加料前（主要是每天的第一次加工）要取样分析电解质成分。待添加的氟化盐要和 Al_2O_3 混合好，铺在壳面上预热，其上再以 Al_2O_3 覆盖，然后在加工时加入。

13.5.2.2 出铝

将电解出的铝液定期、定量地从电解槽中取出。每两次出铝之间的时间称之为出铝周期。中型槽一般为 1～2 天，大型槽每天出一次，每次出铝量大体上等于在此周期内的铝产量。出铝一般用真空抬包来完成。抽出的铝液运往铸造部门。在铝锭铸造前，铝液要经熔剂净化、质量调配、扒渣澄清等一系列的处理，这些处理过程一般都在混合炉内按一定顺序依次进行，然后铸造成各种形状的铝坯或商品铝锭。

工业电解槽取出的铝液，通常含有三类杂质：

（1）铝电解过程中，随同铝一道析出的金属杂质，如 Si、Fe、Na、Ti、V、Zn、Ga 等，总量达 0.1% 或更多。

（2）非金属固态夹杂物，如 Al_2O_3、炭和碳化物等。

（3）气体夹杂物，如 H_2、CO_2、CO、CH_4 和 N_2 等，其中最主要的是 H_2。这些夹杂物必须尽量除去，否则将影响铝的性能和品质。

铝液的净化方法有静置法和连续溶剂净化法。所谓静置法就是在尽可能低的温度下长时间的静止放置。该法可减少铝液中氢的含量，因为随着温度的降低，氢在铝液中的溶解度降低。也可以往铝液中通入气体达到除去氢的目的。如果所通气体为氯气不仅可除去氢，还可以除去部分金属杂质，并吸附固态夹杂物和气态夹杂物，使之一并清除。但是氯气及所产生的气体氯化物对环境和设备都存在腐蚀问题。现在铝工业中，一般采用 N_2 和 Cl_2 的混合气体来进行净化处理，其中认为 N_2 为 90% 或 50%。这样既保留了纯 Cl_2 的优点，

又减少了 Cl_2 对环境的污染。

13.5.2.3 阳极作业

阳极是电解槽的心脏，对它的管理工作十分重要。阳极作业视电解槽的槽型以及电流导入方式而不同。

预焙阳极作业有三项：

（1）定期地按照一定的顺序更换阳极块，以保持新、旧阳极（还没有换的）能均匀地分担电流，保证阳极大梁不倾斜。

（2）阳极更换后必须用氧化铝覆盖好。

（3）抬起阳极母梁，因为大梁随着阳极块的消耗而位置降低，当达到不能再降的位置时，就必须将它抬高。

以上所述是铝电解槽正常生产的主要操作，操作质量是保证铝电解生产技术条件稳定的先决条件。除此之外，铝电解过程要进行的工作还有熄灭阳极效应和病槽处理等。

13.6 电解槽烟气的干法净化

13.6.1 电解槽烟气的组成

阳极气体含 HF、SiF_4、CF_4、CO_2、沥青挥发分以及各种粉尘，使铝厂周围环境中的树木、饲草和牲畜都受到损害，操作人员的健康也受到威胁。因此，铝厂的烟气净化备受关注。许多国家对铝厂烟气中氟的排放有限制性的法规，迫使铝厂净化烟气以适应日益严格的环境保护要求。

铝电解过程中放出烟气组分按气态组分和固态颗粒组分划分，其中的污染物有气态污染物和固态污染物两类。

气态物质中包括有阳极过程中产生的 CO_2、CO 气体，阳极效应时产生的 CF_4、C_2F_6，自焙阳极在烧结时产生的沥青烟挥发分，AlF_3 等氟化盐水解产生的 HF 气体以及原料中杂质和 SiF_4 等。其中 HF、CO_2、CO 是主要组分，其他都是微量组分。污染物主要是 HF 等含氟气体。

固态物质主要是原材料挥发和飞扬而产生的，包括有 Al_2O_3、C、$Na_3[AlF_6]$、$Na_5[Al_3F_{14}]$、$Na[AlF_4]$、AlF_3、CaF_2 等固体粉尘。细颗粒组分主要有 $Na_3[AlF_6]$、$Na_5[Al_3F_{14}]$ 以及 AlF_3 等，它们是电解质蒸发后的冷凝物以及通过水解和分解的产物。其中的氟含量约占整个烟气氟含量的 20%~40%。其主要污染物是冰晶石和吸附着 HF 的 Al_2O_3 粉尘。

气态氟化物和固态氟化物的比率，视槽型不同而异。自焙槽的污染物中气态约占 60%~90%；预焙槽中气态污染物约为 50%。

13.6.2 干法净化的理论基础

铝电解槽烟气的干法净化过程的设备连接如图 13-9 所示。

由图 13-9 可以看出，铝电解槽烟气的干法净化就是用铝电解槽的原料 Al_2O_3 粉作吸收剂，吸附烟气中的 HF，并截留烟气中的粉尘。吸附了 HF 的 Al_2O_3 仍作为电解的原料。

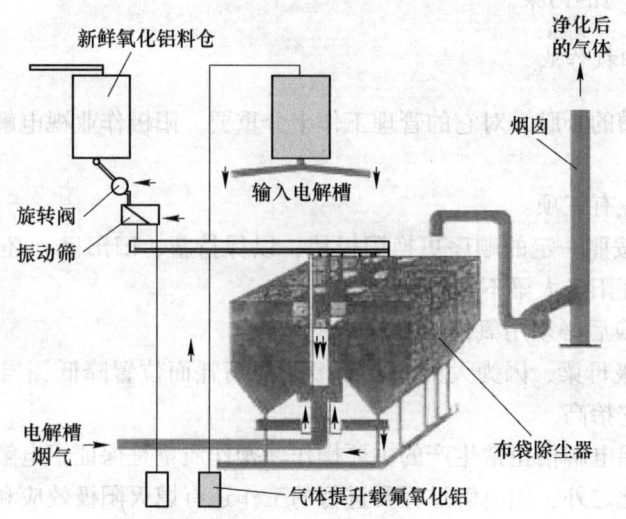

图 13-9 铝电解槽干法净化工艺流程

Al_2O_3 对 HF 气体的吸附主要是化学吸附。在吸附过程中，Al_2O_3 表面上生成单分子层吸附化合物，每 1mol Al_2O_3 吸附 2mol HF，这种表面化合物在 300℃ 以上转化成 AlF_3 分子，即：

$$Al_2O_3 + 6HF = 2AlF_3 + 3H_2O \qquad (13-1)$$

这一反应过程的速度极快，在 0.25～1.5s 内即可完成，其吸附效率可达 98%～99%。铝工业用的 Al_2O_3，因焙烧温度不同而使其比表面积和表面活性有所差别，使它对 HF 的吸附性能也有所不同。用于干法净化的 Al_2O_3，要求其比表面积大于 $35m^2/g$，且 α-Al_2O_3 含量不应超过 25%～35%。对砂状 Al_2O_3 的比表面积和 α-Al_2O_3 含量的要求就是根据这种需要提出的。干法净化较适应于预焙槽的烟气净化。

 **复习思考题**

13-1 铝电解槽正常生产有何特征？
13-2 铝电解生产的主要技术参数及主要操作有哪些？
13-3 干法净化铝电解烟气的方法有何特点？
13-4 铝电解的常规作业有哪些？

14 原铝的精炼

电解铝工业生产的金属铝由于工艺本身的特点,通常含有一些杂质,这些杂质限制了金属铝在某些领域尤其在某些高科技领域的应用,因此随着当今世界高科技的主导地位的日益增强,精炼铝以及高纯铝的市场需求在迅速增大。另外,普通原铝生产企业为了企业本身的产品升级换代和追求更高的市场利润,也把目光投向了具有很高附加值的精铝、高纯铝和超纯铝的科技研发和生产。这两方面的原因刺激了原铝生产企业加大对原铝精炼的技术和资金的投入,目前世界的原铝生产企业都在扩大精炼铝、高纯铝的产量,而原来没有原铝精炼的铝生产企业也都在建设原铝精炼生产线,原铝精炼的发展正方兴未艾。

14.1 原铝的质量

Na_3AlF_6-Al_2O_3熔盐电解所得的铝,铝含量一般不超过99.9%,称为原铝,我国根据铝的纯度的差异,将工业原铝和精炼铝分成不同的牌号,表14-1和表14-2是中国国家标准管理委员会和全国有色金属标准化技术委员会根据铝的纯度差异所分列的原铝、精炼铝商品牌号。对于高纯铝目前是根据中华人民共和国有色金属行业标准 YS/T 275—2008 来确定的,高纯铝的铝含量不小于99.999%,有两种牌号 Al-5N(≥99.999%Al)和 Al-5N5(≥99.9995%Al)。

表14-1 工业原铝牌号(《重熔用铝锭》国家标准 GB/T 1196—2008)

牌号	化学成分/%									
	Al	杂 质								
		Fe	Si	Cu	Ga	Mg	Zn	Mn	其他每种	总和
Al99.90	≥99.90	≤0.07	≤0.05	≤0.005	≤0.020	≤0.01	≤0.025	—	≤0.010	≤0.10
Al99.85	≥99.85	≤0.12	≤0.08	≤0.005	≤0.030	≤0.02	≤0.030	—	≤0.015	≤0.15
Al99.70	≥99.70	≤0.20	≤0.10	≤0.01	≤0.03	≤0.02	≤0.03	—	≤0.03	≤0.30
Al99.60	≥99.60	≤0.25	≤0.16	≤0.01	≤0.03	≤0.03	≤0.03	—	≤0.03	≤0.40
Al99.50	≥99.50	≤0.30	≤0.22	≤0.01	≤0.03	≤0.05	≤0.05	—	≤0.03	≤0.50
Al99.00	≥99.00	≤0.50	≤0.42	≤0.01	≤0.05	≤0.05	≤0.05	—	≤0.05	≤1.00
Al99.7E	≥99.70	≤0.20	≤0.07	≤0.01	—	≤0.02	≤0.04	≤0.005	≤0.03	≤0.30
Al99.6E	≥99.60	≤0.30	≤0.10	≤0.01	—	≤0.02	≤0.04	≤0.007	≤0.03	≤0.40

表 14-2 精铝化学成分(《重熔用精铝锭》行业标准 YS/T 665—2009)

牌号	化学成分/%								
	Al	杂 质							
		Fe	Si	Cu	Mg	Zn	Ti	Mn	Ga	其他每种
Al99.995	≥99.995	≤0.0010	≤0.0010	0.0015	≤0.0015	≤0.0015	≤0.0005	≤0.0007	≤0.0010	≤0.0010
Al99.99	≥99.990	≤0.0030	≤0.0030	≤0.0050	≤0.0030	≤0.0010	≤0.0010	≤0.0010	≤0.0015	≤0.0010
Al99.95	≥99.950	≤0.0200	≤0.0200	≤0.0100	≤0.0050	≤0.0050	≤0.0050	≤0.0020	≤0.0020	≤0.0100

从表 14-1 和表 14-2 中看到，原铝中金属杂质主要是 Fe、Si、Cu。它们主要是原材料（氧化铝、氟化盐、阳极）带入的，生产中铁工具和零件的熔化以及内部的破损、炉帮的熔化等也可成为其来源。因此，提高原铝的质量，首先是要选用高质量的原材料，再是文明生产、精心操作防止杂质进入电解槽。

电解原铝的质量基本上能满足国防、运输、建筑、日用品的要求。但是，有些部门对铝的质量标准要求超过上述，如某些无线电器件；制造照明用的反射镜及天文望远镜的反射镜；石油、化工机械及设备（如维尼纶生产用反应器、储装浓硝酸、双氧水的容器等）以及食品包装材料和容器等需要精铝（铝含量大于 99.93%~99.996%），或高纯铝（含铝 99.999% 以上），甚至超高纯铝（含铝 99.9999% 以上）。精铝比原铝具有更好的导电性、导热性、可塑性、反光性和抗腐蚀性。其中最有价值的是它的抗腐蚀能力。铝的纯度越高，表面氧化膜越致密，与内部铝原子的结合越牢固，使它对某些酸和碱、海水、污水及含硫空气等表现出很好的抗腐蚀性。

铝是导磁性非常小的物质，在交变磁场中具有良好的电磁性能，纯度越高，其导磁性越小和低温导电性越好。所以精铝及高纯铝在低温电工技术、低温电磁构件和电子学领域内有着特殊的用途。

14.2 原铝精炼工艺

精铝的生产工艺有三层液法、凝固提纯法、离子液体提纯法等，但国内外目前在工业上进入大规模生产的工艺主要是三层液法和凝固提纯法。

14.2.1 三层液电解精炼

三层液电解精炼法由贝茨（A. G. Betts）于 1905 年提出，可使纯度约 99.7% 的原铝提纯到 99.996% 的精铝，1922 年第一次在工业上得到应用。精铝的导电性和耐腐蚀性比原铝好，多用作制造电工器件、耐腐蚀器皿及其他一些特殊用途。

14.2.1.1 三层液电解精炼法的基本原理

利用精铝、电解质和阳极合金的密度差形成液体分层，在直流电的作用下，熔体中发生电化学反应即阳极合金中的铝进行电化学溶解，生成 Al^{3+} 离子：

$$Al - 3e = Al^{3+} \tag{14-1}$$

Al^{3+} 离子进入电解液以后，在阴极上放电，生成金属铝：

$$Al^{3+} + 3e \Longrightarrow Al \qquad\qquad (14-2)$$

而合金中铜、铁、硅、锌、钛、铅、锰等元素不被电化学溶解，在一定浓度范围内仅积聚于阳极合金中，这是由于其电位均正于铝，且在合金中还有足够量铝的缘故。而电位比铝更负的钠、钙、镁等几种电位负于铝的元素同铝一起溶解，生成 Na^+、Ca^{2+}、Mg^{2+} 进入电解液并积聚起来，在电解精炼所控制的电压条件下只有 Al^{3+} 优先在阴极表面放电，Na^+、Ca^{2+}、Mg^{2+} 离子存留于电解质中。因此在阴极上得到纯度较高的精铝。

在铝三层液电解精炼过程中，存在汞齐型电池电势 φ_1 和浓差电池电势 φ_2 两种电势。

（1）汞齐型电池电势 φ_1。它是由于两极上铝的浓度不同产生的，实际上为 0.016~0.03V。

（2）浓差电池电势 φ_2。它是由两极附近 Al^{3+} 浓度不同产生的，实际上为 0.32~0.36V。

14.2.1.2　三层液电解精炼的体系

电解槽铝三层液电解精炼的主要设备，电解槽最外部为钢壳，内衬石棉板，里面是保温砖和耐火砖，底部最里面由镶有钢棒的炭块砌成，侧面内部由镁砖砌成，在一侧修有料室经侧下部与阳极合金连通，其结构如图 14-1 所示。液体铝阴极（精铝）与阴极母线的连接有三种方式：用固体铝阴极（精铝铸成），用石墨电极，用液体铝电极。电流从阳极母线经阳极钢棒导入底部炭块，经阳极合金、熔融电解质、阴极铝液、固体铝阴极（或石墨电极或液体铝电极）导入阴极母线再进入下一电解槽。阴极母线可上下移动调节电极位置。

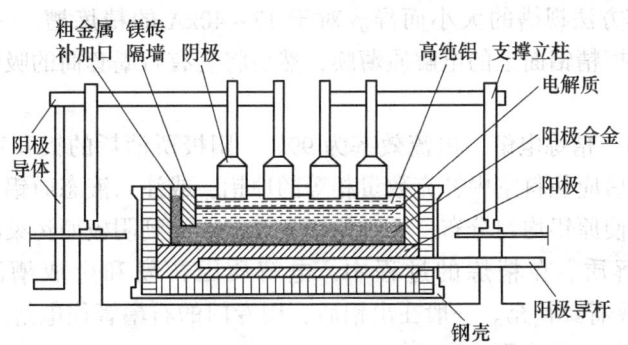

图 14-1　铝三层液电解精炼的电解槽

电解质有氟氯化物和纯氟化物两大体系，其组成和性质见表 14-3。

为了减少热损失，降低电耗，减少电解质挥发损失，NaF 与 AlF_3 的摩尔比一般控制在 1~1.5。加入钡盐主要是为了提高电解质的密度，使之介于精铝密度（2300kg/m³）和阳极铝铜合金密度（3200~3500kg/m³）之间（2700kg/m³）。NaCl 可提高电解质的电导率，并防止在阴极上生成高熔点的 BaF_2。氟氯化物电解质因初晶温度较低，电导率较高而多被采用。

原料为由原铝（待精炼的铝）和铜组成的阳极合金，含铜 33%~45%，熔点为 823K。铜在理论上不消耗，它的作用是提高合金密度达到与电解质、高纯铝分层的目的。精炼过程中阳极合金的铝不断地消耗，铜含量不断地提高，因此要定时往阳极合金中补充原铝，使其保持所要求的含铝量。精炼过程中硅、铁等杂质在阳极合金中积累，到硅量达 5%～7%、铁量达 3%～5% 时，在加料室的低温处呈固相残渣析出。固相残渣的主要成分是 $FeAl_3$、Fe_2SiAl_8 和 $FeSi_2Al_4$，要定期从料室中捞出。

表 14-3 铝三层液电解精炼用电解质组成和性质

组成和性质		氟氯化物	纯氟化物
组成	NaF 与 AlF_3 的摩尔比	1～1.5	1.5～0.75
	$BaCl_2$ 的质量分数/%	55～60	0
	NaCl 的质量分数/%	0～5	3～0
	BaF_2 的质量分数/%	—	35～18
主要性质	密度/kg·m^{-3}	2700	2500
	导电率/S·m^{-1}	100～130	300～90
	初晶温度/K	993～1103	948～973
	操作温度/K	1033～1073	1013～1023
	挥发性	较小	较大

14.2.1.3 三层液电解精炼的正常操作

精炼电解槽生产的正常操作包括：出铝、补充原铝、添加电解质、清理与更换阴极、捞渣等。

(1) 出铝。其方法视槽的大小而异。对于 17～40kA 的精炼槽，一般用真空抬包出铝。出铝时，先去掉精铝面上的电解质薄膜，然后将套有石墨套筒的吸管插入精炼层，将精炼吸出。

(2) 补充原铝。精炼电解，电流效率为 99%，阳极所消耗的铝和吸出的精铝量近于相等。因此，出铝后应往料室中补充数量相等的原铝，或注入液态原铝。补充原铝时要搅拌阳极合金熔体，使原铝均匀分布，否则原铝会直接上浮到阴极而污染精铝。

(3) 补充电解质。在精炼的过程中，电解质因挥发和生成槽渣（$AlCl_3$、BaF_2、Al_2O_3）而损失，故需要补充。一般在出铝后，用专门的石墨管往电解质熔体（由母槽提供）中补充，以保持它应有厚度。

(4) 更换或清理阴极。在精炼中，石墨阴极的底面常沾有精炼中生成的 Al_2O_3 渣或结壳，使电流流过受阻，故须定期（15 天左右）逐个予以清理。清理工作一般不停槽停电，故清理工作越快越好。若采用带铝套的石墨阴极时，因铝套变形或开裂，则需要更换阴极。

(5) 捞渣。随着精炼时间日久，阳极合金中会逐渐积累 Si、Fe 等杂质，当其达到一定饱和度时，将以大晶粒形态偏析出来而形成合金渣，所以需要定期清除合金渣，以保持阳极合金的干净。这种合金渣往往富集有金属镓，应该予以回收。此外，氟化铝水解会生成 Al_2O_3 沉淀，它对生产不利也应捞除。

三层液精炼法具有产量大，产品质量高等优点，得到广泛应用。但是其电耗量大，设备投资也较高。

技术经济指标：槽电压一般为 6V 左右，其大小由极间距控制。每天须补充电解质以调整极间距，进而达到调整电解温度的目的。电解槽容量一般从 8kA 到 30kA，还有高达 75kA 的。电流效率一般为 95%~98%。

典型的铝三层液电解精炼生产技术经济指标见表 14-4。

表 14-4　三层液电解精炼生产技术经济指标

指　标		数　值	指　标		数　值
电流强度/kA		18	电解质密度/kg·m⁻³		2700
槽电压/V		5.5	阳极合金铜含量 Cu/%		33
电解温度/K		993	阴极铝的电流效率/%		97
电解质/%	冰晶石（摩尔比 1.5）	40	吨铝直流电耗/kW·h		16000
	BaCl₂ 含量	60	吨铝物料消耗/kg	石墨电极	7
阴极精铝水平/cm		10		铜	8
电解质水平/cm		7~9		原铝	1030

14.2.2　凝固提纯法制取高纯铝

固溶体的相平衡理论：完全互溶的固溶体在冷凝（或熔化）时，各种组分在固相和液相中的浓度是不同的。

固溶体的相平衡理论指出，完全互溶的固溶体在冷凝或熔化时，固相和液相的组成是不同的，即各种组分在固相和液相中的浓度是不同的。因此，只要将这种固溶体逐步冷却凝固，便可以将某种组分富集在固相或液相中，达到分离或提纯的目的。

杂质元素在固相和液相中的浓度的比率，用 K 来表示。$K<1$，杂质元素在液相中富集；$K>1$，杂质元素在固相中富集；$K=1$，杂质在液、固相中浓度相近。

凝固提纯分为定向提纯、区域熔炼、分步提纯。

（1）定向提纯。该法是通过熔融铝液的冷却凝固，除去原铝中分配系数 $K<1$ 的杂质，即在原铝凝固时，$K<1$ 的杂质元素将大部分留在液相之中而被除去，原铝得到提纯。

（2）区域熔炼。区域熔炼法是将已精炼得到的精铝（含 Al 99.99%~99.996%）铸成细条锭，将其表面氧化膜用高纯盐酸和硝酸除去后，放入光谱纯石墨舟中，再将装有铝锭的石墨舟放入石英管中（管内抽真空），然后顺着石英管外部缓慢移动电阻加热器加热，在铝锭上造成一个 25~30mm 狭窄熔区，熔区温度 750℃，重复区熔 12~15 次，所得产品纯度则可达 99.999% 以上。区域熔炼法实质上是定向提纯法的另一种形式。所不同的是该法只是部分熔化，而且熔化区域不断地移动。

（3）分步提纯。采用化学方法除去 $K>1$ 的杂质。其原理是，使杂质元素和硼形成不溶于铝液的硼化物。

14.2.3　离子液体电解精炼铝

目前工业上采用三层液电解精炼铝方法存在电解温度高、操作复杂、能量消耗高、设备腐蚀严重等缺点。有机溶剂电解虽然电解温度低，但电化学窗口窄，电导率低，且具有挥发性、易燃性和毒性。而离子液体作为一种新兴的绿色溶剂拥有较宽的电化学窗口（大于 4V）、导热导电性能好、液态范围大、不挥发、不可燃、易回收、可重复使用等众多优点，是一种真正的"绿色"溶剂。在当今提倡环保的社会，离子液体在各个领域的应用已成为一种趋势。而将离子液体作为电解质用于活泼金属铝的沉积，很好地排除了熔盐的缺点并兼有它们的一些优点。离子液体应用于电解精炼铝后，相比于传统电解精炼铝的方法，电解过程可在常温下进行，对设备的腐蚀相对较小，能够显著降低直流电单耗和减少环境污染，实现冶金过程的绿色生产，使传统的电化学冶金技术发生革命性的变化。

离子液体（ionic liquid）又称室温离子液体（room temperature ionic liquid）、室温熔盐（room temperature molten salt）、室温有机盐等，是指在室温（或稍高于室温）下呈液态的离子体系。

美国 Alabama 大学的 Reddy 等人采用路易斯酸性 $AlCl_3$-BMIC 离子液体在 373K 下电解再生铝（其质量分数为：79.77% Al、11.62% Si、0.76% Fe、0.19% Mn、0.06% Mg、5.00% Cu、0.05% Ti、0.05% Cr、0.08% Ni、2.32% Zn 和 0.07% Pb），可在铜基体上得到纯度为 99.89% 的铝，且电解过程的槽电压仅为 1V，电流效率为 99%，生产 1kg 铝电耗约为 3.0kW·h。

在 2005 年，昆明理工大学华一新教授等人采用铝合金为阳极，低碳钢为阴极，酸性 $AlCl_3$-BMIC 离子液体为电解质，在 80℃ 下成功电解出金属铝，通过 XRD 和 SEM 分析，阴极得到的铝的纯度为 99.9%。

 **复习思考题**

14-1　简述原铝如何净化。
14-2　简述三层液电解精炼铝的基本原理。
14-3　简述凝固法提纯原铝的基本原理。

15　铝　的　再　生

铝是一种可循环利用的资源，目前再生铝占世界原铝年产量的1/3以上。再生铝与原铝性能相同，可将再生铝锭重熔、精炼和净化，经调整化学成分制成各种铸造铝合金和变形铝合金，进而加工成铝铸件或塑性加工铝材。

我国铝消费增长已为我国再生铝产业的发展蕴藏了丰富的废杂铝资源，但我国所消费的铝产品尚未大规模进入报废期。2011年我国原铝供应量占74%，再生铝供应量仅占18%，其中进口废料占再生铝原料的60%。进口废杂铝是我国再生铝工业的重要支撑。由于进口废铝在我国再生铝原料构成中占有重要比例，目前，我国主要的再生铝产业区域分布在东部沿海及内陆口岸。

再生铝是以回收来的废铝零件、生产铝制品过程中的边角料以及废铝线等为主要原材料，经熔炼配制生产出来的符合各类标准要求的铝锭。这种铝锭采用废铝冶炼，生产成本较低，具有很强的生命力，特别是在科技迅猛发展和人民生活质量不断改善的今天，产品更新换代频率加快，废旧产品的回收及综合利用已成为人类持续发展的重要课题。

15.1　再生铝的原材料

目前我国再生铝厂利用的废杂铝主要来源于两方面：一是从国外进口的废杂铝；二是国内产生的废杂铝。

15.1.1　进口废杂铝

最近几年国内大量从国外进口废杂铝。就进口废杂铝的成分而言，除少数分类清晰外大多数是混杂的。进口废杂铝一般可以分为以下几大类：

（1）单一品种的废铝。单一品种的废铝一般都是某一类废零部件，如内燃机的活塞、汽车减速机壳、汽车轮毂、汽车前后保险栓、铝门窗等。这些废铝在进口时已经分类清晰，品种单一，且都是批量进口，因此是优质的再生铝原料。

（2）废杂铝切片。废杂铝切片简称切片，是发达国家在处理报废汽车、废设备和各类废家用电器时，采用机械将其破碎成碎料，然后进行机械化分选产出的废铝。另外，回收部门在处理一些较大体积的废铝部件时也用破碎法将其破碎成碎料，此类碎料也称为废杂铝切片。废铝切片运输方便，容易分选，质地也比较纯净，是优质废铝料。废杂铝切片冶炼比较容易，熔炼时入炉方便，容易除杂，熔剂消耗少，金属回收率高，能耗低，加工成本也低，一般大型再生铝厂均以切片为主要原料。

（3）混杂的废铝料。混杂的废铝料成分复杂，物理形状各异，除废杂铝之外，还含有一定数量的废钢铁、废铅、废锌等金属和废橡胶、废木料、废塑料、石子等，有时部分废铝和废钢铁机械结合在一起，此类废料少量块度较大，表面清晰，便于分选。此类废料在冶炼之前必须经过预分选处理，即人工挑出废钢和其他杂质。

（4）焚烧后的含铝碎铝料。焚烧后的含铝碎铝料主要是各种报废家用电器等的粉碎物分选出一部分废钢后，再经焚烧而形成的物料。焚烧的目的是除去废橡胶、废塑料等可燃物质。这类含铝废料一般铝含量为 40%~60%，其余主要是垃圾（砖块、石块）、废钢铁以及极其少量的铜（铜线）等有色金属，铝的块度一般在 10cm 以下。在焚烧的过程中，一些铝和熔点低的物质（如锌、铅、锡等）均熔化，与其他物料形成表面呈玻璃状的物料，肉眼难以辨别，无法分选。

（5）混杂的碎废铝料。混杂的碎废铝料是档次最低的废铝，其成分十分复杂，其中各种废铝含量为 40%~50%，其余是废钢铁、少量的铅和铜以及大量的垃圾、石子、泥土、废塑料、废纸等，泥土约占 25%，废钢占 10%~20%，石子占 3%~5%。

15.1.2 国内回收的碎废铝料

国内回收的碎废铝料大多较纯净，基本不含杂质（人为掺杂除外），基本可分为三大类，即回收部门所谓的废熟铝、废生铝和废合金铝。废熟铝一般指铝含量在 99% 以上的废铝（如废电缆、废家用餐具、水壶等）。废生铝主要是废铸造铝，如废汽车零件、废模具、废铸铝锅盆、内燃机活塞等。废合金铝包括废飞机铝、铝框架等。就产生废铝的领域而言，国内回收的碎废铝料可分为生活废铝和工业废铝。

（1）生活废铝。生活废铝来源于日常生活，如废家用餐具、水壶、废铸铝锅盆、废家用电器中的废铝零件、废导线、废包装物、报废机电设备中铝及其合金的废机器零件（如废汽车零部件、废飞机铝、废模具、废内燃机活塞、废电缆、废铝管等）等。

（2）生产企业产生的废铝料。生产企业产生的废铝料一般称为新废料，主要包括铝及其合金在生产过程中产生的废铝，铝材在加工过程中产生的边角料、废次材；机械加工系统产生的铝及其合金的边角料、铝屑末及废产品；电缆厂的废铝电缆；铸造行业产生的浇冒口和废铸件等。

（3）熔炼铝和铝合金生产过程中产生的浮渣。熔炼铝和铝合金生产过程中产生的浮渣即所谓的铝灰，凡是有熔融铝的地方就会有铝灰产生，例如，在铝的熔炼、加工和废铝再生过程中都会产生大量铝灰，尤其以废杂铝再生熔炼过程中产生的铝灰为多。铝灰的铝含量与所选用的覆盖剂和熔炼技术有关，一般铝含量在 10% 以下，高的可达 20% 以上。

由于再生铝的原材料主要是废杂铝料，其中含有废铝铸件（以 Al-Si 合金为主）、废铝锻件（Al-Mg-Mn、Al-Cu-Mn 等合金）、型材（Al-Mn、Al-Mg 等合金）、废电缆线（以纯铝为主）等各种各样的料，有时甚至混杂一些非铝合金的废零件（如 Zn、Pb 合金等），这就给再生铝的配制带来了极大的不便。如何把这种含有多种成分的复杂原材料配制成成分合格的再生铝锭，是再生铝生产的核心问题。因此，再生铝生产流程的第一环节就是废杂铝的分选归类工序。分选得越细，归类得越准确，则不利于再生铝质量的因素越少，再生铝的化学成分控制就越容易实现。

15.2 再生铝锭的生产工艺

各地收集来的废杂铝料由于各种原因，其表面不免有污垢，有些还严重锈蚀，这些污垢和锈蚀表面在熔化时会进入熔池中形成渣相及氧化夹杂物，严重损坏再生铝的冶金质量。清除这些渣相及氧化夹杂物也是再生铝熔炼工艺中重要的工序之一。采用多级净化，即先进行一次粗净化除去金属杂质，调整成分后再进行二级精炼，用过滤、吹惰性气体、加盐类脱杂剂等方法进一步精炼，可有效地去除铝熔融液中的夹杂物。

废铝料表面的油污及吸附的水分会使铝溶液中含有大量气体，在再生铝生产中应有效地去除这些气体，以提高再生铝的质量。高质量再生铝锭生产的工艺流程如图 15-1 所示。

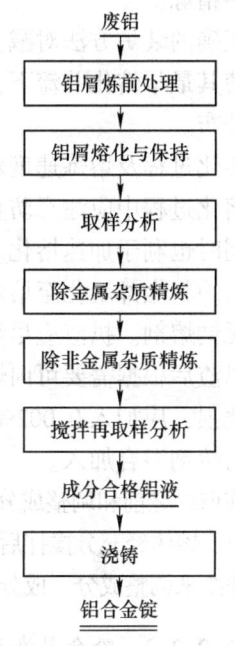

图 15-1 高质量再生铝锭
生产的工艺流程

15.2.1 再生铝原材料的预处理

铝屑在炼前的处理（也称做预处理）包括以下内容：

（1）分选出废杂铝中夹杂的废塑料、废木头、废橡胶等轻质物料，此类杂质可用以水为介质的浮选法除去。

（2）废铝表面涂层的预处理。主要技术有干法和湿法。湿法就是用某种溶剂浸泡废铝，使漆层脱落或被溶剂溶掉。此法的缺点是废液量大、不好处理，一般不宜采用。干法即火法，一般都采用回转窑焙烧法。

（3）采用离心分离机对废铝料进行除油。在使用离心分离机时还可添加各种溶剂（如四氯化碳等）来提高除油效率。

（4）使用转筒式干燥机对铝废料进行干燥。

（5）对表面积大的碎片、薄板（如饮料罐、食品罐、板材冲剪后的角余料等），在除油、漂洗、烘干后，将其捻压成球（坨）状或块状，使其表面积与质量之比小于炉料块，以降低合金元素在熔化中的氧化烧损，并提高熔化率（即熔化速度）。

（6）对含铁、砂等异杂物多的废料，用人工分选法除去其中的铁、钢及其他金属成分，也可采用磁选设备分选出废钢等磁性废料。

最理想的分选方法是按主合金成分把废铝分成几大类，如合金铝可分为铝镁合金、铝铜合金、铝锌合金、铝硅合金等。这样可以降低熔炼过程中除杂技术和调整成分的难度，并可综合利用废铝中的合金成分。尤其是锌、铜、镁含量高的废铝都要单独存放，可作为熔炼铝合金调整成分的中间合金原料。

15.2.2 再生铝的熔炼

金属合金熔炼的基本任务是把某种配比的金属炉料投入熔炉中，经过加热和熔化得到熔体，再对熔体进行成分调整，得到合乎要求的合金液体；并在熔炼过程中采取相应的措施控制气体及氧化夹杂物的含量，使其符合规定成分（包括主要组元或杂质元素含量），保证铸件得到具有适当组织（晶粒细化）的高质量合金液。

15.2.2.1 铝合金熔炼作业

铝合金熔炼作业过程为：装炉→熔化→扒渣→加镁、铍等→搅拌→取样→调整成分→

搅拌→精炼。

正确的装炉方法对减少金属烧损及缩短熔炼时间很重要。熔点较低的回炉料装在上层，使其最早熔化并流下，将下面的易烧损料覆盖，从而可减少烧损。各种炉料应均匀、平坦分布。

熔化过程及熔炼速度对铝锭质量有重要影响。当炉料加热至软化下榻时应适当覆盖熔剂，熔化过程中应注意防止过热，炉料熔化液面呈水平之后，应适当搅动熔体以使温度一致，同时也利于加速熔化。

当炉料全部熔化至熔炼温度时，即可扒渣。扒渣前应先撒入粉状熔剂，对高镁合金应撒入无钠熔剂。扒渣应尽量彻底，因为有浮渣存在时易污染金属并增加熔体的含气量。

扒渣后根据需要可向熔体中加入镁锭，同时应加熔剂进行覆盖。对于高镁合金，为防止镁烧损，应加入 0.002%～0.02% 的铍。铍可利用金属还原法从铍氟酸钠中获得，铍氟酸钠与熔剂混合加入。

在取样之前和调整成分之后，应有足够的时间进行搅拌。搅拌要平稳，不可破坏熔体表面氧化膜。熔体经充分搅拌后应立即取样，进行炉前分析。当成分不符合标准要求时，应进行补料或冲淡来调整成分。成分调整后，当熔体温度符合要求时，扒出表面浮渣，即可转炉。

15.2.2.2　除金属杂质的方法

除金属杂质的方法有如下几种：

(1) 氧化精炼法。氧化精炼法是借助于选择性氧化，将与氧亲和力比铝大的杂质从熔体中除去，例如，镁、锌、钙、锆等生成氧化物转入渣中而与熔体分离。

(2) 氮化精炼法。氮化精炼法是利用氮与钠、锂、钛等杂质反应生成稳定的氮化物而将其除去。

(3) 氯化精炼法。氯化精炼法是利用铝合金中杂质与氯的亲和力比铝大，当氯气在低温鼓入铝镁合金时发生反应，生成的氯化镁溶于熔剂而被除去。用氮和氯的混合气体也可以完全除去钠和锂。

(4) 熔析—结晶法。熔析—结晶法借助于溶解度的差异来精炼除去合金中的金属杂质。工艺上通常是将被杂质污染的铝合金与能很好地溶解铝而不溶解杂质的金属（如镁、锌、汞可除去铝中的铁和其他杂质）共熔，然后用过滤的方法分离出铝合金液体，再用真空蒸馏法从此合金液体中将加入的金属除去。

15.2.3　再生铝的精炼

当金属熔化、成分调整完毕后，接下来就是铝液的精炼工序。铝合金精炼的目的是通过采取除气、除杂措施来获得高清洁度、低含气量的合金液。

15.2.3.1　除金属杂质的方法

除金属杂质的方法有：

(1) 过滤法。过滤法是将铝合金熔体通过活性或惰性的过滤材料除去杂质。合金熔体通过活性过滤器时，固体夹杂颗粒与过滤器发生吸附作用而被阻挡除去。

(2) 通气精炼法。通气精炼法即向炉渣中通如氯气、氮气、氢气进行精炼，当通入的气体呈分散状鼓入熔体时，原溶于合金液中的氢气扩散到鼓入气体的小气泡中而发生脱气作用，同时也可脱除氧化物和其他不溶杂质。精炼时用含 Cl 15%、CO 11%、N_2 74%的混合气鼓风（称为气法），能保证每100g合金中溶解的氢含量从 0.3cm^3 降为 0.1cm^3，氧含量从 0.01%降为 0.0018%。

（3）盐类精炼法。盐类精炼法是用盐类熔剂处理合金体，以脱除熔体中的气体和非金属夹杂物。常用盐类有冰晶石粉及各种金属卤化物。

（4）真空精炼法。真空精炼法是在 400~500Pa 真空下，铝熔体脱气 20min，使铝熔体脱除氢气。一般每100g液体铝合金的氢含量可从 0.42cm^3 降为 0.06~0.08cm^3。

按其原理来说，精炼工序有两方面的功能：一方面是对溶解态的氢，主要依靠扩散作用使其脱离铝液；另一方面是对氧化物夹杂，主要通过加入熔剂或气泡等介质的表面吸附作用来去除。

15.2.3.2 除气

一般都是采用浮游法来除气，其原理是：在铝液中通入某种不含氢的气体产生气泡，这些气泡在上浮过程中将溶解的氢带出铝液，逸入大气。为了得到较好的精炼效果，应使导入气体的铁管尽量压入熔池深处，铁管下端距离坩埚底部 100~150mm，以使气泡上浮的行程加长，同时又不至于把沉于铝液底部的夹杂物搅起。通入气体时应使铁管在铝液内缓慢地横向移动，以使熔池各处均有气泡通过。应尽量采用较低的通气压力和速度，因为这样形成的气泡较小，扩大了气泡的表面积，且由于气泡小，上浮速度也慢，因而能去除较多的夹杂物和气体。同时，为保证良好的精炼效果，精炼温度的选择应适当，温度过高，则生成的气泡较大而很快上浮，使精炼效果变差；温度过低，则铝液的黏度较大，不利于铝液中的气体充分排出，同样也会降低精炼效果。

用超声波处理铝液也能有效地除气。其原理是：通过向铝液中通入弹性波，在铝液内引起"空穴"现象，这样就破坏了铝液结构的连续性，产生了无数显微真空穴，溶于铝液中的氢即迅速地逸入这些空穴中而成为气泡核心，继续长大后呈气泡状逸出铝液，从而达到精炼效果。

15.2.3.3 除非金属夹杂物

对于非金属夹杂物，使用气体精炼方法能够有效去除。对于要求较高的材料，还可以在浇铸过程中采用过滤网的方法或使熔体通过熔融熔剂层进行机械过滤等来去除。

为了进一步提高铝合金液的质量，或者当某些牌号铝合金要求严格控制氢含量及夹杂物时，可采用联合精炼法，即同时使用两种精炼方法。如氯盐-过滤联合精炼、吹氩-熔剂联合精炼等方法，都能获得比单一精炼更好的效果。

 **复习思考题**

15-1 再生铝的原料主要有哪些，如何分类？

15-2 简述再生铝的生产工艺流程。

16　镁　冶　金

金属镁从发现到现在已经历了 209 年的历史（1808~2017 年），工业生产的年代已有 131 年的历史（1886~2017 年），在这 131 年的发展与生产实践中，完善了以各种镁矿为原料（菱镁矿、海水、盐湖卤水、蛇纹岩、光卤石）的脱水、氯化及电解制镁的理论与实践；以白云石为原料的内热法、外热法与半连续熔渣导电的硅热法炼镁的理论与实践。20 世纪 80 年代至 21 世纪初，在各种镁冶炼的方法上（电解法与硅热法）出现了许多高新技术，世界镁产业发生了巨大变化，尤其是在镁合金材料的迅速发展下，进一步推动了镁工业的发展。

16.1　炼镁的原料

如第 1 章所述，含镁的矿产资源很多，其中有工业价值的主要有菱镁矿、白云石、水氯镁石等；此外，还有大量的以氯化物和碳酸盐的形式存在于海水、盐湖水中的镁可作为炼镁原料。

菱镁矿是提炼金属镁的主要原料，化学组成为 $MgCO_3$，理论上含 MgO 47.62%、CO_2 52.38%。矿物结构有结晶型与无定型（隐晶型）两种。世界菱镁矿储量的 2/3 集中在中国，产量的 1/2 由中国提供，在世界菱镁矿市场上，中国具有举足轻重的地位。中国是世界上菱镁矿资源最为丰富的国家，总保有储量矿石 30 亿吨，居世界第一位。菱镁矿的重要特点是地区分布不广、储量相对集中、大型矿床多。探明储量的矿区有 27 处，分布于 9 个省（区），以辽宁菱镁矿储量最为丰富，占全国的 85.6%；山东、西藏、新疆、甘肃次之。在 20 多处矿床中，10 个大矿区拥有 94% 的储量。

白云石是碳酸镁与碳酸钙的复盐，化学成分为 $CaMg(CO_3)_2$，理论组成为 CaO 30.43%、MgO 21.74%、CO_2 47.83%，$w(CaO)/w(MgO)$ 为 1.4。大多数天然白云石的 CaO 与 MgO 的质量比为 1.4~1.7。常有铁、锰、钴、锌、铅、钠等类质同象代替镁。当铁或锰原子数超过镁时，称为铁白云石或锰白云石。白云石在瑞士、意大利、北英格兰及墨西哥等地有产出。在我国各地广泛分布，如内蒙古固阳县、包头市白云鄂博区，江苏南京幕府山，贵州省水城市堰塘矿区，青海民和县，重庆市彭水县道班房地区，台湾省东部宜兰县、花莲县等地。

水氯镁石的化学组成为 $MgCl_2 \cdot 6H_2O$，理论上含 Mg 11.82%、Cl 34.98%，H_2O 53.20%。属于单斜晶系，晶体呈短柱状、叶片状，集合体呈板状、鳞片状、粒状、纤维状等。颜色为透明无色或白色半透明，玻璃光泽。莫氏硬度 1~2，相对密度 1.59~1.60。具有较大可塑性，极易变形和滑移。味辣而苦。吸湿性很强，极易潮解。易溶于水和酒精。产于现代和古代盐湖中，与光卤石、石盐、硬石膏等共生。水氯镁石是海水或盐湖卤水持续蒸发最后期产物，在我国青藏高原钾镁盐湖中多有产出。

光卤石是氯化镁与氯化钾的含水复盐，化学成分为 $KMgCl_3 \cdot 6H_2O$，理论上含 $MgCl_2$

34.2%，KCl 26.7%，H_2O 38.8%，其 $n(MgCl_2)/n(KCl)=1.0$（摩尔比）。天然光卤石中含有 NaCl、NaBr、$MgSO_4$ 及 $FeSO_4$ 等杂质。常含有少量的溴及微量的铷、铯等同质同象混入物，偶尔含有锂和钛。机械混入物有 NaCl、KCl、$CaSO_4$、Fe_2O_3 及黏土等。晶体属正交（斜方）晶系，斜方双锥晶类，呈假六方双锥，晶体少见。集合体一般呈颗粒状、致密块状和纤维状。光卤石是含镁、钾盐湖中蒸发作用最后形成的矿物，经常与石盐、钾石盐等共生。与沉积岩如泥灰岩、黏土岩、白云岩相关，形成于石膏、硬石膏、石盐（岩盐）和钾石盐连续沉积的蒸发岩地层中。世界重要矿床有德国的施塔斯福特和前苏联的索利卡姆斯克矿床。中国柴达木盆地盐层和云南钾石盐矿床中，均有丰富的光卤石。

海水、盐湖水中包含大量的 $MgCl_2$，经过富集，除去杂质后，可以作为生产金属镁的原料。在自然界中以可溶性状态存在的盐量很大，可达 3.5%，海水中含有 80 多种元素，海水中含量较高的 14 种化学元素为 O，H，Cl，Na，Mg，S，Ca，K，Br，C，Sr，B，Si，F。

表 16-1 是海水中盐类的主要成分，海水中含量最多的金属元素是钠，约为 1%；其次是镁，约为 0.13%，因此，海水是炼镁的重要原料之一。美国镁矿资源不多，金属镁大部分是以海水为原料制取的。我国具有很长的海岸线，沿海各地提取食盐后副产的大量卤水是生产金属镁的重要原料。

表 16-1　海水中盐类成分

盐类名称	NaCl	$MgCl_2$	Na_2SO_4	$CaCl_2$	KCl	$NaHCO_3$	KBr	H_4BO_4	$SrCl_2$
质量分数/%	2.348	0.498	0.392	0.110	0.066	0.019	0.010	0.003	0.002

16.2　镁的冶炼方法

镁的生产方法分为两大类，氯化镁熔盐电解法和热还原法（硅热法炼镁、碳热法炼镁与碳化物热法炼镁）。在世界镁的生产中，用电解法生产的镁约占 80%，其余为硅热还原法生产。本节主要介绍氯化镁熔盐电解法。

16.2.1　熔盐电解法

氯化镁熔盐电解法是采用 $MgCl_2$ 与 NaCl、KCl、$CaCl_2$ 等混合熔盐进行电解而获得金属镁的一种方法。其中只有 $MgCl_2$ 在电解过程中不断消耗，而 NaCl、KCl、$CaCl_2$ 等则是为了改变电解质的物理化学性质而加入的。其基本原则流程如图 16-1 所示。

16.2.1.1　氧化镁的生产

氧化镁既用于制取电解炼镁所需的无水氯化镁，又用于热还原法直接生产金属镁。炼镁用的氧化镁要求具有较高的纯度及良好的化学活性，用于热还原的氧化镁还要求充分排除所含的 H_2O 和 CO_2。生产氧化镁的主要方法是菱镁矿煅烧法和氢氧化镁法。

A　菱镁矿煅烧法

用含 MgO 大于 45%，杂质 SiO_2 1.0%，CaO 小于 1.0% 的天然菱镁矿直接煅烧生产 MgO，所获得的氧化镁中含 MgO 大于 95%。用菱镁矿制取 MgO，实质上是菱镁矿在 800℃

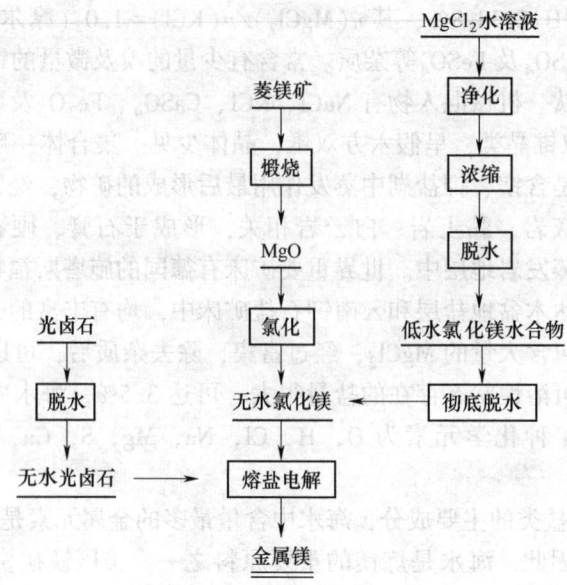

图 16-1 氯化镁熔盐电解法基本原则流程

时的分解过程，即：

$$MgCO_3 \longrightarrow MgO + CO_2 \tag{16-1}$$

在大于 800℃ 温度下，煅烧菱镁矿将得到含量在 95% 以上的氧化镁，具有较大的活性，这种 MgO 通常称为苛性 MgO 或苛性菱镁矿。如果在 1000℃ 温度下煅烧菱镁矿获得的 MgO 称为冶金 MgO，这种 MgO 的活性小于苛性 MgO。温度超过 1000℃（约 1300℃）煅烧菱镁矿获得的 MgO 称为重烧 MgO（或称为镁砂）；在 2750℃ 下电熔后为电熔镁砂，这种 MgO 的活性极小，一般做耐火材料。

B 氢氧化镁法

氢氧化镁法是用白云石为原料联合海水或卤水生产 MgO，其流程如图 16-2 所示。

用卤水（或海水）来消化煅烧后的白云石，获得品质符合要求的 MgO，关键在于白云石的品质与白云石的煅烧条件。白云石中含 MgO 大于 20%，CaO 小于 33%，R_2O_3 + SiO_2 小于 1.0%，白云石的煅烧条件取决于白云石的热离解过程，控制好热离解的条件，就可以获得品质高的 MgO。

白云石是 $CaCO_3$ 与 $MgCO_3$ 的复合物（$CaCO_3 \cdot MgCO_3$），其离解过程与石灰石中 $CaCO_3$ 的分解和菱镁矿中的 $MgCO_3$ 分解有所不同。石灰石中的 $CaCO_3$ 分解温度从 900℃ 开始到 1200℃ 完成；菱镁矿中的 $MgCO_3$ 的分解温度从 402℃ 开始至 750℃ 完成。而白云石中的 $CaCO_3$ 与 $MgCO_3$ 的分解温度都稍偏高一些，并分两个阶段进行热分解。

第一阶段是 $MgCO_3$ 的分解，开始分解温度为 734~750℃；第二阶段是 $CaCO_3$ 的分解，开始分解温度为 904~906℃。在白云石煅烧时加入 NaF 或 NaCl 可加速分解，并降低分解温度。

白云石经过低温煅烧后彻底分解为煅烧白云石，再用海水消化，此时，不仅能使煅烧白云石中的 MgO 完全转化为 $Mg(OH)_2$，还能使 CaO 成为 $CaCl_2$ 进入溶液并与 $Mg(OH)_2$ 分离，这就保证了 MgO 的纯度，生成的 $CaCl_2$ 可返回海水的除杂过程，除去其中的 SO_4^{2-}。$Mg(OH)_2$ 在 480~650℃ 温度下煅烧，可获得 MgO。

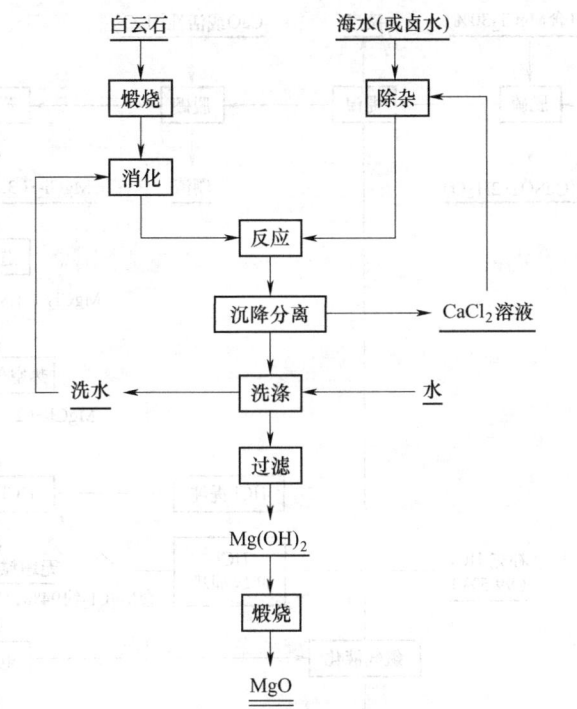

图 16-2 白云石-海水（卤水）为原料生产氧化镁的工艺流程

16.2.1.2 氧化镁氯化生产无水氯化镁

氧化镁氯化是一个可逆反应：

$$MgO + Cl_2 === MgCl_2 + \frac{1}{2}O_2 \qquad (16-2)$$

在氯化 MgO 的炉料中加入碳还原剂或在氯化时通入 CO 气体，才能使反应向氯化方向进行，在有还原剂 C 或 CO 存在时，MgO 的氯化反应为：

$$MgO + C + Cl_2 === MgCl_2 + CO \qquad \Delta H = -142.3kJ \qquad (16-3)$$
$$2MgO + C + 2Cl_2 === 2MgCl_2 + CO_2 \qquad \Delta H = -437.7kJ \qquad (16-4)$$
$$MgO + CO + Cl_2 === MgCl_2 + CO_2 \qquad \Delta H = -295.4kJ \qquad (16-5)$$

16.2.1.3 从氯化镁溶液制取无水氯化镁

$MgCl_2$ 在水中有较高的溶解度，并随着温度的升高而增大。当溶液中 $MgCl_2$ 浓度超过其溶解度时，将有 $MgCl_2$ 的水合物固相析出，但在不同温度下，析出的固相含水量也不同，所以通过蒸发浓缩结晶的方法不可能得到无水 $MgCl_2$。以 $MgCl_2$ 溶液为电解炼镁原料时，首先从 $MgCl_2$ 溶液制取得到低水 $MgCl_2$ 水合物，而后低水 $MgCl_2$ 水合物脱水制成无水 $MgCl_2$，再送入电解过程得到金属镁。

图 16-3 所示是具有代表性的卤水炼镁工艺流程。

卤水中含有少量的 K、Na、Ca、Br、Li、SO_4^{2-} 及对电解炼镁过程危害很大的杂质硼。当镁电解质中硼或硼化物含量达 0.015%～0.02% 时，电解过程中镁不易汇集、镁珠分散，导致镁在氯气中烧损，电流效率降至 50%～60%。

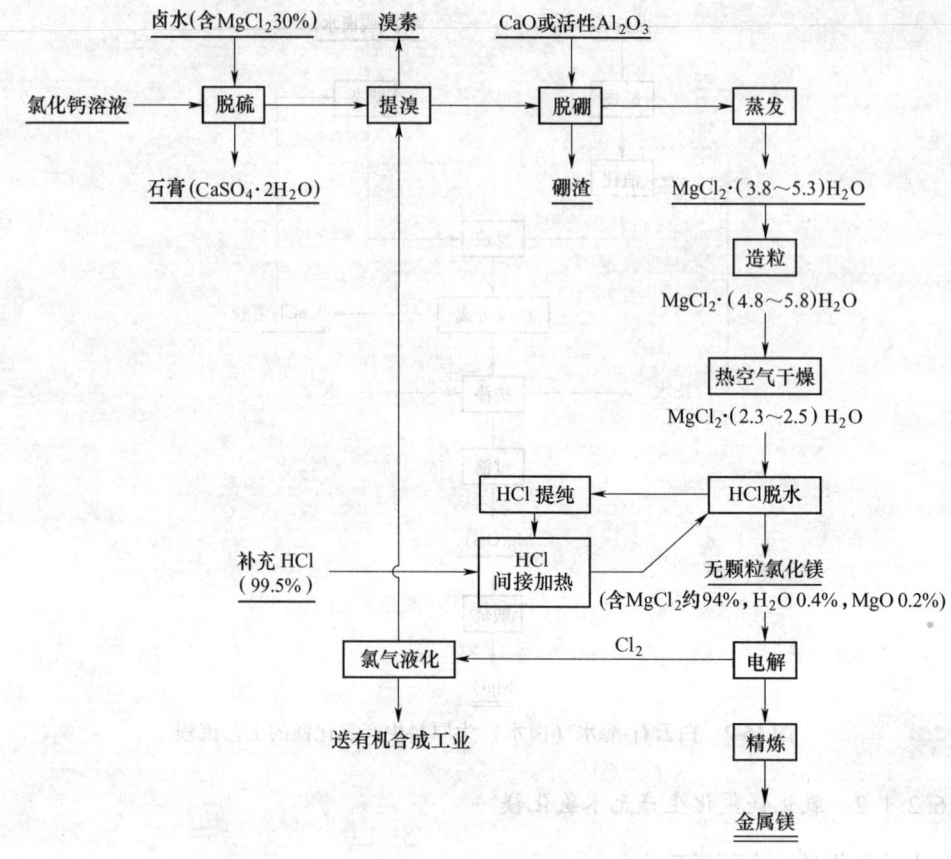

图 16-3　卤水炼镁的工艺流程

上述杂质对镁的电解过程是有害的，必须尽量除去。通常是向卤水中加入 $CaCl_2$ 或 $BaCl_2$ 溶液除去 SO_4^{2-}。用于炼镁工业上的除硼方法有石灰乳脱硼、氧化镁吸附法脱硼、氟氰酸脱硼、熔融氯化脱硼、液-液萃取脱硼、固体萃取剂脱硼以及离子交换树脂脱硼等几种方法。

在热空气中加热 $MgCl_2$ 水合物，只能脱到 $MgCl_2 \cdot 2H_2O$，再继续脱水时，将使 $MgCl_2$ 严重水解。因此工业上对 $MgCl_2 \cdot 6H_2O$ 的脱水，一般分二段脱水。一段脱水在热空气中进行，使 $MgCl_2 \cdot 6H_2O$ 脱至 $MgCl_2 \cdot 2H_2O$ 或 $MgCl_2 \cdot H_2O$。二段脱水再将 $MgCl_2 \cdot 2H_2O$ 进行彻底脱水。低水 $MgCl_2$ 的彻底脱水一般采用的方法有以下两种：

（1）熔融氯化脱水。低结晶水氯化镁水合物在氯气流中熔融氯化脱水，是将经过喷雾造粒脱水的物料（$MgCl_2$ 82.1%，MgO 0.5%，H_2O 5%）通过密闭式的星轮闸加入熔融槽。熔融槽是一个有耐火材料内衬的钢槽，用两个交流电极加热，经过熔化后的氯化镁熔体，用熔体泵送入氯化炉，泵可以连续或间接操作。管道中的熔体不会发生凝结现象，借重力作用部分返回熔化槽，部分流入氯化炉。氯化炉内衬耐火材料，内部空间填有炭块或焦炭，氯化炉设有一组交流电极和氯气通入管，熔体料从氯化炉顶部喷入，熔体流经炭素填料层与氯气接触，熔体中 MgO 即被氯化。

（2）在氯化氢气氛中脱水。挪威诺斯克·希德罗公司波斯格龙镁厂是采用将低结晶水氯化镁在氯化氢气氛中脱水的工艺，它不仅可以抑制 $MgCl_2$ 的水解，同时可以氯化

MgO，其反应：

$$MgO + 2HCl \rightleftharpoons MgCl_2 + H_2O \qquad (16-6)$$

将喷雾造粒脱水后的粒料相当于 $MgCl_2 \cdot 2.3 \sim 4H_2O$ 送于沸腾炉中进行脱水，沸腾炉底部有气体分布板，孔板与底部形成一个空间，HCl-H_2O 气体（或纯 HCl 气体）由导管送入炉内，通过分配板向上流动，使颗粒呈沸腾状态。在沸腾炉中脱水时，沸腾炉温度为 $230 \sim 240 ℃$，最好为 $260 \sim 345 ℃$。经过沸腾脱水后可以获得基本上无水的 $MgCl_2$ 固体颗粒料，$MgCl_2$ 含量可达 94% 以上，MgO 小于 0.2%。无水 $MgCl_2$ 送至无隔板镁电解槽中电解。

16.2.1.4 无水氯化镁电解

A 氯化镁熔盐体系的物理化学性质

由于氯化镁熔体的物理化学性质，如熔点高、易挥发、黏度大、电导率低、极易水解等缺点决定了不能单独用氯化镁熔体进行电解。因此一般采用 $MgCl_2$、KCl、NaCl、$CaCl_2$ 和 $BaCl_2$ 的混合熔体作电解质，电解质的组成和性质对电解过程的技术经济指标有较大的影响。电解质的组成对电解质的性质，如熔度、密度、黏度、表面张力、挥发度（蒸气压）、电导率起着决定性的作用。除主要成分外，电解质中的少量杂质（MgO、SO_4^{2-}、$H_2O(Mg(OH)Cl)$、B、$FeCl_2(FeCl_3)$）也严重地影响电解过程。

在实际生产中，通常是根据原料来选定电解质组成。如果采用氯化菱镁矿或卤水脱水获得的 $MgCl_2$ 熔体为原料，应采用 $MgCl_2$-NaCl-KCl-$CaCl_2$ 四元系电解质，其电解质组成通常为 $MgCl_2$ 8%~15%，KCl 1%~7%，NaCl 40%~45%，$CaCl_2$ 35%~40%。如果采用钾光卤石脱水获得的 $KCl \cdot MgCl_2$ 熔体为原料，应采用 $MgCl_2$-KCl-NaCl 三元系电解质，其电解质成分通常为 $MgCl_2$ 5%~15%，KCl 70%~85% 和 NaCl 5%~15%。在选择电解质组成时，必须了解电解质各成分的物理化学性质。

根据以上电解质体系中各组分的熔度、黏度、密度、表面性质、蒸气压等性质表明，在工业生产中推荐 $MgCl_2$-NaCl-KCl-$CaCl_2$、$MgCl_2$-NaCl-KCl-$BaCl_2$、$MgCl_2$-NaCl-$BaCl_2$ 和 $MgCl_2$-KCl-NaCl 混合熔盐系作为电解 $MgCl_2$ 用的电解质，其物理化学性质见表 16-2。

表 16-2 电解法制镁所用电解质的物化性质

电解质性质	$t/℃$	电解质质量分数/%			
		7~13 $MgCl_2$, 4~35 NaCl, 30~40 $CaCl_2$, 4~8 KCl	10~15 $MgCl_2$, 45~60 NaCl, 30~45 KCl, 0~10 $CaCl_2$	10~15 $MgCl_2$, 55 NaCl, 10~15 KCl, 15~30 $BaCl_2$	5~12 $MgCl_2$, 10~20 KCl, 66~85 NaCl, 1~5 $CaCl_2$
初晶温度/℃	—	575~650	625~650	675~700	650~660
密度/g·cm^{-3}	700	1.73	1.63	1.83~1.85 (750℃)	1.56
比电阻/Ω·m	700	2.05~2.1	2.15~2.0	—	1.7~1.73
	750	—	2.35	2.3	1.9
黏度/mPa·s	700	2.1	1.6~1.61	—	1.35
	750	1.75	1.35~1.37	1.58~1.60	1.15
表面张力/N·m^{-1}	700	0.113	0.110	0.1175 (725℃)	0.103
	750	—	0.107	0.1155 (740℃)	0.099~0.0985

B   氯化镁电解的电化学

氯化镁电解时在电极上产生了一系列的电化学反应，随着反应物、生成物的不同这些反应都存在一个最低外加电动势值，才能使电解过程得以进行，此电动势值即为该物质的分解电压。电解质中如果无杂质存在，只是 $MgCl_2$、KCl、$NaCl$、$CaCl_2$ 和 $BaCl_2$ 等主要成分，则在阳极上放电的只有 Cl^-，而在阴极上放电的离子有 Mg^{2+}、Na^+、Ca^{2+} 和 Ba^{2+}。这些金属离子在阴极上的析出数量，取决于各种离子活性的析出电位。而对于不生成络合物的熔体而言，则取决于离子在熔体中的浓度。$MgCl_2$、KCl、$NaCl$、$CaCl_2$ 和 $BaCl_2$ 等的理论分解电压可按本书 12.5 节中的计算方法计算出。其中，$MgCl_2$ 的分解电压最小，仅为 2.6V 左右（熔化时 2.59V，700℃时 2.61V），只要熔体中 $MgCl_2$ 的浓度不过分低，那么阴极上就只有镁析出。因此，在镁电解过程中，两极反应分别是：

阳极：$\qquad\qquad\qquad 2Cl^- - 2e \Longrightarrow Cl_2 \qquad\qquad\qquad$ (16-7)

阴极：$\qquad\qquad\qquad Mg^{2+} + 2e \Longrightarrow Mg \qquad\qquad\qquad$ (16-8)

总反应：$\qquad\qquad\qquad MgCl_2 \Longrightarrow Mg + Cl_2 \qquad\qquad\qquad$ (16-9)

在工业电解条件下，$MgCl_2$ 的分解电压要高得多。工业电解质中分解电压波动范围为 2.7~2.8V。

C   镁电解槽

镁电解工业自生产以来，在电解槽的结构上出现了较大的变化，由简单的无隔板槽到带有隔板的底插阳极、旁插阳极到上插阳极的电解槽，电解过程的生产指标得到了明显改善。20 世纪中期工业上又出现了新型的大电流强度的无隔板电解槽及制镁流水作业线。20 世纪末又出现了双极电解槽。

a   上插阳极电解槽

上插阳极电解槽的结构如图 16-4~图 16-6 所示，上插阳极电解槽又称 IG 槽。它由以下几部分组成：

（1）槽体和槽壳。电解槽槽膛用耐火砖砌筑，电解过程中要求槽膛有足够的化学稳定性、热稳定性和机械强度，在高温下能承受电解质、镁和氯气的侵蚀，不变形，不破损。如果槽膛发生变形，那么阳极设施、阴极设施和槽体的密闭性会受到破坏，就会导致电解质渗漏。为了防止槽体破损，对于砌筑材料和砌筑质量有严格的要求。槽体外部由厚钢板构成的槽壳加固，并焊有补强板和槽沿板。

（2）阳极设施。阳极设施由两个隔板和一个阳极构成。隔板嵌入电解槽纵墙内衬上的凹槽中，配置在阳极的两边，起着隔离阳极产物和阴极产物的作用。隔板上盖着耐火混凝土制成的阳极盖。阳极盖像一个开口朝下的箱罩，在顶部有阳极插入口。后端壁上有氯气排出口。这样隔板与阳极盖就构成了一个口朝下的箱式罩，氯气收集在这里，并从这里排出。

阳极是用 5~7 块石墨条彼此用石墨粉水玻璃黏结而成。阳极由阳极盖上的插入口插入电解槽，阳极与阳极盖间的缝隙用石棉绳严密填充，并灌以矾土水泥砂浆。阳极借助铜母线连接到导电母线上。铜母线用钢板、螺钉紧固在阳极头上。在生产条件下，槽内露在电解质外面的阳极部分温度为 600~700℃，露在阳极盖外面的阳极头温度为 300~450℃，温度高于 200℃时，阳极就明显氧化。为了防止阳极的氧化，在生产实践中，阳极先在正磷酸溶液中浸泡 7 天，可以延长其使用寿命。正磷酸所以能起保护作用，是因为它在

270~290℃的温度下，转变为玻璃状的偏磷酸，并将石墨块表面的孔隙覆盖，使阳极抗氧化温度提高到300~400℃。为了便于阳极气体从阳极间排出，将靠近排气口的石墨块削去一些以减少阳极气体排出的阻力。

隔板是电解槽上重要部件，用以分离两极产物，电解时隔板浸入电解质20~25cm，起液封作用。隔板的材质要求很高，不能有裂缝，孔隙率不能大于16%；在电解温度下不变形，抗氯气腐蚀，隔板通常用三块耐火材料板凸凹嵌接而成。

（3）阴极和阴极盖。阴极由铸钢阴极体和焊在阴极体上的钢板组成。板面向阳极方向伸出。在铸钢阴极体上有供电解质循环和使镁珠移向阴极室的孔。为了保护露在电解质外面的阴极体不被氧化和氯气的侵蚀，在其表面涂以长石粉和水玻璃的保护涂料。

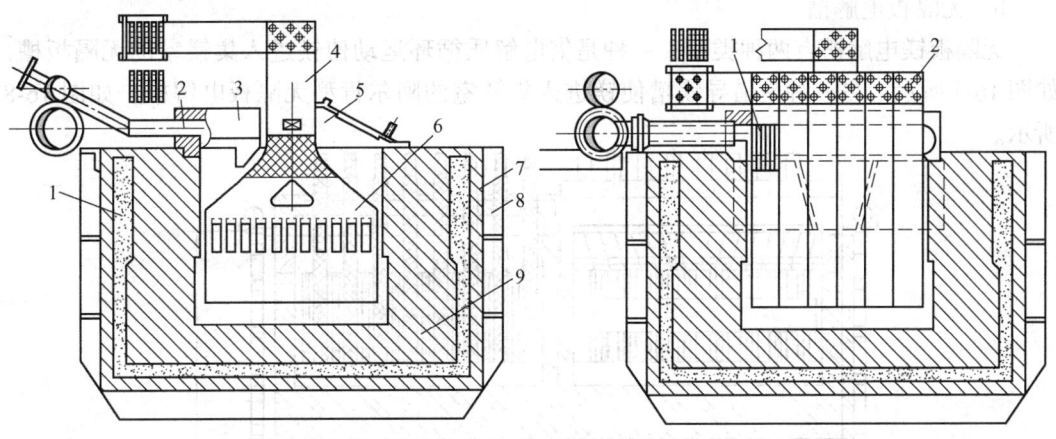

图16-4 上插阳极电解槽阴极室横剖面图
1—黏土砖；2—阴极室出气口；3—阴极室盖；4—阴极头；
5—阴极室前盖板；6—阴极；7—槽壳；8—补强板；9—绝热层

图16-5 上插阳极电解槽阳极室横剖面图
1—氯气出口；2—阳极母线

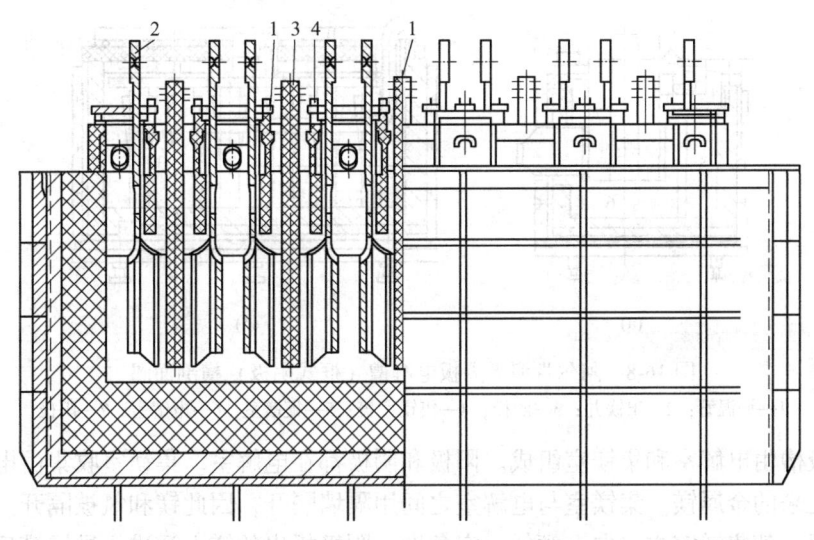

图16-6 上插阳极电解槽纵剖面图
1—隔板；2—钢阴极；3—石墨阳极；4—阳极母线支撑点

阴极盖分前盖、中盖和后盖。中盖部分有两根铸钢条横搁在相邻的两个阳极盖上，阴极头的挂耳就悬挂在铸钢条上。阴极前盖是一块钢板，打开前盖便可进行加料、出镁、出渣和排除废电解质等操作。后盖是一块预制好的耐火材料盖。在后盖处的电解槽纵墙上有阴极气体排出口，与阴极排气系统相连。

（4）母线装置。电解槽母线装置由下列部分组成：阳极导电母线、阴极导电母线、阳极支路母线和阴极支路母线。阳极支路母线一端与阳极铜导电板相接，另一端与阳极导电母线相接。阴极支路母线一端与阴极相接，另一端与阴极导电母线相接。

在电解厂房内，电解槽是相互串联的，通常一个系列的电解槽配置在厂房中。电解槽通常排成两排，中间有过道。导电母线配置在电解槽的上部或地下室中。

b 无隔板电解槽

无隔板镁电解槽有两种类型，一种是借电解质循环运动使镁进入集镁室的无隔板槽，如图16-7所示。另一种是借导镁槽使镁进入集镁室的阿尔肯型无隔板电解槽，如图16-8所示。

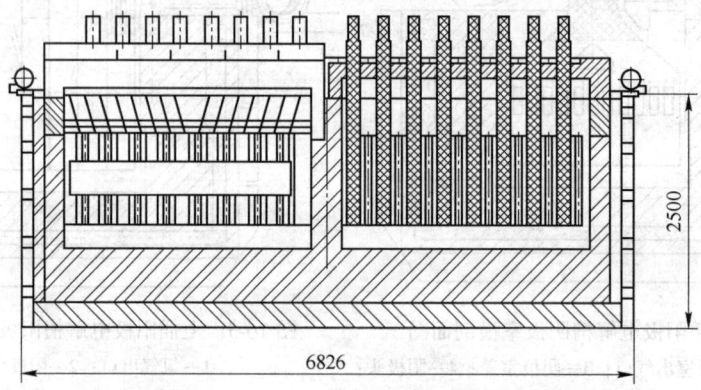

图16-7　105kA无隔板电解槽纵剖面图

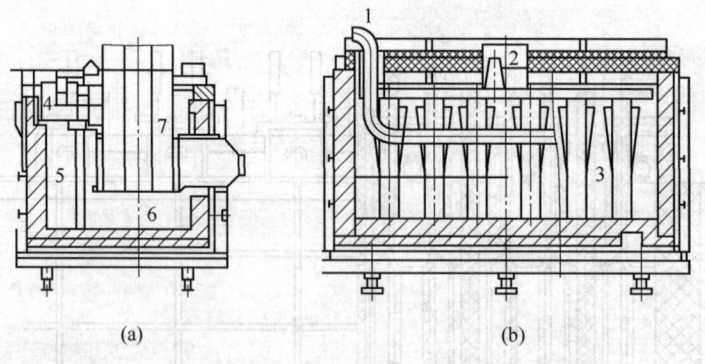

图16-8　阿尔肯型无隔板电解槽（框式阴极）横剖面图
1—调温管；2—出镁井；3—阴极；4—集镁室盖；5—集镁室；6—电解室；7—阳极

无隔板槽由电解室和集镁室组成。阳极和阴极都在电解室。集镁室收集由电解室阴极上导镁槽送来的金属镁。集镁室与电解室之间用隔墙隔开，因此镁和氯被隔开。导镁槽焊在阴极顶部，朝集镁室方向向上倾斜一定角度。阴极析出的镁上浮进入导镁槽后，在电解质浮力的作用下，顺着导镁槽流入集镁室。由于无隔板槽有专门收集镁的集镁室，因此电解室中不设隔板。另外阴极是双面工作的，因此电解室中没有阳极室与阴极室，故结构紧凑。无隔板槽的阴极是从纵墙插入槽内的，阴极采用框式结构，以增大有效工作面，电解室全封闭，加料、出镁、出渣都在集镁室内进行。目前循环集镁的无隔板槽电流强度已达250~300kA。阿尔肯型无隔板电解槽的电流强度已达 120~150kA。阿尔肯型无隔板槽电解温度很低，正常时为 660~670℃，出镁时提高到 670~675℃，为维持恒定的温度，阿尔肯型电解槽设有调温管，调温管浸在电解质中，管内通以空气，调节空气流量即可控制槽温。

无隔板槽有很多优点：电解室密闭好，氯气浓度高，氯气与镁分离好，电解温度低，电流效率高。电解槽结构紧凑，单位槽底面积镁的生产率高，无隔板槽无阴极排气，集镁室排气又不多，因而热损失小，极距可以缩短，加上电流效率高，所以能耗低，但无隔槽的阴极是从纵墙插入的，安装、检修困难。无隔板槽阴极固定，极距不能调整，阴极钝化后，无法取出清除，因此无隔板在管理上要求较严，对原料的纯度要求很高。

c 道屋型电解槽

道屋型电解槽为美国道屋化学公司使用的一种槽型，它是一种钢制槽子，没有内衬，安装在砖砌炉内，用天然气加热。电解原料为 $MgCl_2 \cdot 1.5H_2O$。图16-9 所示为 90kA 的道屋型电解槽。圆柱形石墨阳极通过耐火盖板悬挂到槽内，每一个阳极都有一个钢制阴极环绕着。未彻底脱水的粒状料连续缓慢地加入槽内，以保持恒定的电解质水平。原料进入槽内后，大部分水分很快就蒸发了。阴极析出的镁上升到电解质上部，然后经过倒槽进入槽前部的集镁井，定期取出铸锭。道屋槽电解温度为 700~720℃。电解质成分为 20% $MgCl_2$，20% $CaCl_2$，60% NaCl。道屋槽因加料中水分高，因此除电流效率低外，渣量也多，阳极消耗快。

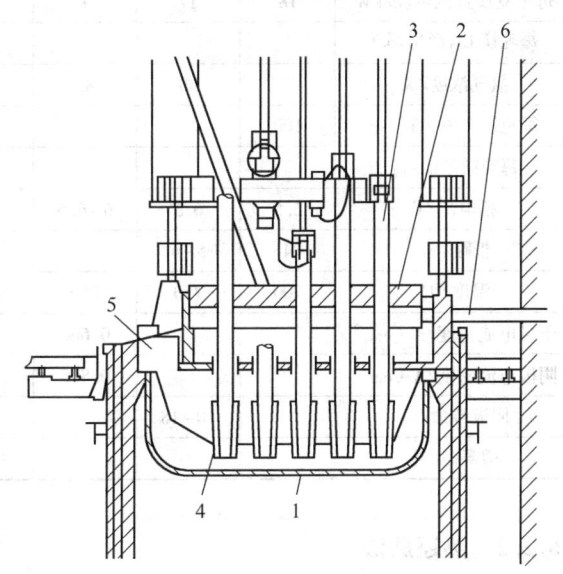

图 16-9 道屋型镁电解槽

1—钢槽子；2—陶瓷盖板；3—石墨阳极；4—阴极；
5—集镁井；6—氯气引出管

d 双极电解槽

双极电解槽的特点是电流向位于电解槽两端的单电极（阳极和阴极）供电，并且每一电极都有双极性。用双极电解槽生产时，大大降低母线上的电流，母线是按比较小的电流（5~10kA）计算的，如果串联 20 块双极时，就相当于 100~200kA 电流的电解槽，并且长度也不大。除此以外，电解室的电压（从一个双极的"正极"到第二个双极的"负极"）不超过 3.5~4.0V，这就能够大大地降低电能的单耗。

双极电解槽目前在生产实践中工作性质不稳定。若双极电极用石墨制成，那么镁在阴极上是以很细小的镁珠析出，由于镁珠与氯气相互作用，致使金属镁损失很大。在用石墨和钢制作双极时，又难找到防止石墨与钢接处受到氯气腐蚀的方法。如果采用金属或合金来制作双极或采用某种涂料来防止钢和石墨接触处的防腐问题，那么双极电解槽会成为最佳电解槽。

双极电解槽的集镁室配置在双极侧面的纵壁上，也可设置在电解槽的两端，可以从集镁室中进行真空除渣。

D　$MgCl_2$ 电解生产的主要技术条件及经济指标

$MgCl_2$ 电解生产金属镁的实际生产控制的工艺条件及主要的技术经济指标见表16-3。

表16-3　各种镁电解的技术参数

指　标	DOW 美国	IG 槽		无隔板槽			双极性槽	中国抚顺铝厂
				阿尔肯	挪威	前苏联		
容量/kA	150	105~110	62	80	300	150	100	105
电流效率/%	80	80~85	80~85	93.2	90~93	78~80	82	74~76
每千克镁直流电耗/kW	18	17	7	13.9	12.8~15	13.5~14	9.5~10	14.4~15.3
每吨镁 Cl_2 产出率/t					>2.8	2.75~2.8	2.9	2.75
氯气浓度/%		90	85	97	96		>97	>80
每吨镁石墨单耗/kg	100					28~30	0.65	
每吨镁产渣/kg				30			5~8	
槽电压/V	6.5	6.5	6~6.5	5.7	5	4.5~5		4.95
极距/cm	4	5~6				6.5~8	0.4~2.5	6~8
温度/℃	700	750	750	660~670	720~730	670~690	655~695	670~690
阳极电流密度/A·cm⁻²		0.666		0.8		0.35	0.3~1.5	0.267
阴极电流密度/A·cm⁻²		0.865				0.45		0.2932
阳极寿命/月		10~18			18~36		16	10~16
槽寿命/月				24~25	36~60	28		28

16.2.2　热还原法

根据还原剂不同，热还原法炼镁可分为金属热还原法、碳化物热还原法和碳热还原法，后两种方法在工业上较少采用。

16.2.2.1　金属热还原法

金属热还原法是用金属或其合金作还原剂的热还原过程。氧化镁用金属还原的反应通式为：

$$mMgO + nMe \longrightarrow mMg + Me_nO_m \qquad (Me \text{ 为比金属镁更活泼的金属}) \qquad (16-10)$$

根据实验和热力学分析，硅、铝、钙、锰、锂等多种金属在一定条件下都可从氧化镁中还原得到镁。硅作还原剂时称硅热法，它在热法炼镁中占有重要地位。本节主要介绍硅热法炼镁。

硅热法又分为外热法和内热法。传统的硅热还原法，按照所用设备装置不同，可分为四种：皮江法（Pidgeon process）、巴尔扎诺法（Balzano process）、玛格尼法（Magnetherm process）和 MTMP 法。前两者属于外热法；后两者属于内热法，根据生产的连续性又分为间歇式和半连续式。

硅热法炼镁工艺, 其原理如下: 硅 (一般用 75% Si-Fe 合金) 在高温 (1100~1250℃) 和真空 (13.3~133.3Pa) 条件下, 还原白云石中的氧化镁制取金属镁, 化学反应可以用式 (16-11) 表示:

$$2(MgO \cdot CaO) + Si \xrightarrow{\quad} 2Mg\uparrow + 2CaO \cdot SiO_2 \qquad (16-11)$$

A Pidgeon 法

白云石按硅热法炼镁 (即皮江法) 的工艺流程如图 16-10 所示。硅热法炼镁的特点是真空条件下的固相反应, 其反应速度与炉料的细度、还原温度与体系的剩余压力有关, 还原效率为 85%。

白云石是 $CaCO_3$ 和 $MgCO_3$ 的复合物 ($CaCO_3 \cdot MgCO_3$), 当加热到某一温度时, 白云石中的 $CaCO_3$ 与 $MgCO_3$ 按式 (16-12) 分解为 CaO 和 MgO:

$$CaCO_3 \cdot MgCO_3 \xrightarrow{\quad} CaO \cdot MgO + 2CO_2 \qquad (16-12)$$

在煅烧过程中, 第一阶段是 $MgCO_3$ 的分解, 分解温度为 1007~1180K, 第二阶段是 $CaCO_3$ 的分解, 分解温度为 1177~1473K。白云石煅烧时加入 CaF_2 可以加速分解过程并降低分解温度。白云石在上述温度下煅烧后所获得的产品称为煅白。

硅热法炼镁采用的还原剂应具有足够的还原能力, 钙、铝、硅、碳化钙及碳质材料等均能将镁从 MgO 中还原出来, 还原剂的还原能力是按 Al、Si、CaC、C 的顺序递减的。从经济观点出发, 在硅热法炼镁生产中, 通常是用硅铁或硅铝合金作还原剂。

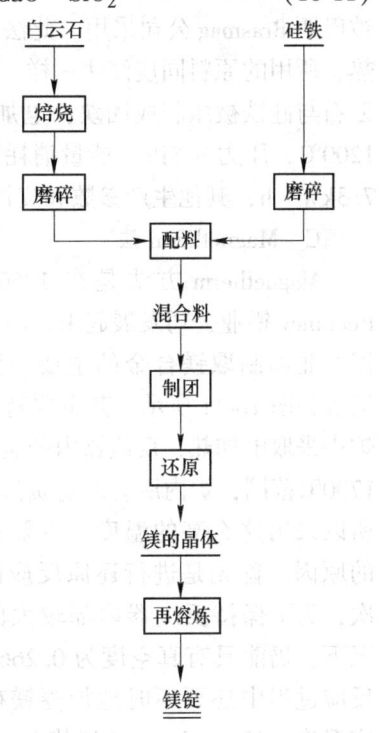

图 16-10 皮江法炼镁的工艺流程

为了加快还原反应的速度, 炉料中需配入矿化剂。用于硅热法炼镁用的矿化剂, 有 MgF_2、CaF_2、AlF_3、NaF、$3NaF \cdot AlF_3$ 等几种, 这些氟化物的加入对于反应的平衡没有影响, 只是起着矿化剂的作用, 使物料间的相互作用加速。在硅热法炼镁中是使 SiO_2 与 CaO 之间的相互作用加速。这些矿化剂中, 以 MgF_2 最佳, 其次是 CaF_2。由于 MgF_2 价格昂贵, 工业生产一般用 CaF_2 或高品位的萤石作矿化剂。

萤石 CaF_2 在还原过程中是一种非表面活性物质, 它能增大氧化物表面的反应能, 促使还原反应加速。当 MgO 被 Si 还原时, 能促使 MgO 晶格结构的破坏, 使 MgO 晶体与氟离子作用。由于这部分氟离子具有较高的活性, 并能渗透到 MgO 晶体的内部, 形成非表面活性物质, 增大了 MgO 表面的活性, 使还原反应速度增大, 所以炉料中必须添加萤石粉。

硅热法炼镁的还原反应是在还原剂硅铁和煅后白云石颗粒间的表面进行的。对于固相反应, 炉料除应有一定的细度、配料比外, 炉料还必须制团, 来增加物料之间的相互接触, 以缩短硅原子还原 MgO 时的反应行程。粒度越细, 制团压力越大, 颗粒间接触越好, 越有利于还原反应的进行。

炉料制团后, 还可以提高还原罐中的装料量, 提高单罐产能。对于网状结构的煅烧白云石, 在炉料制团时, 可使 Mg·CaO 晶体发生形变, 增大球团的闭孔率, 有利于镁蒸气的脱出，使还原反应速度增大。因此，磨好的炉料要压制成具有一定密度的球团，才能送去还原。

B　Balzano 法

巴尔札诺法（Balzano）起源于意大利 Balzano 镇附近一个小型镁加工厂，如今它已经被巴西 Brasmag 公司采用。此法从皮江法演化而来，加大了真空罐的尺寸，内部采取电加热，所用的原料同皮江法一样。它不同于其他热还原法，其特点在于反应器中煅烧后的白云石与硅铁被压制成团块，电加热器直接对团块加热，而不是整个反应器，反应温度为 1200℃，压力为 3Pa。能量消耗比其他热还原法低很多，每千克镁炉子内部消耗仅为 7~7.3kW·h，其他生产参数和皮江法极为相似。

C　Magnetherm 法

Magnetherm 方法是在 1960 年前后由 Pechiney 铝业公司发展起来，不久就成为美国西北部制取镁合金的主要方法，其工艺流程如图 16-11 所示。其主要特点是在反应炉中采取电加热，反应器内的温度在 1300~1700℃范围，炉内所有的物质都为液态。之所以采用这么高的温度，主要有两个方面的原因。首先是进行还原反应的需要；其次，为了保持反应器内部较大的进料量情况下，仍能具有真空度为 0.266~13.3kPa。反应过程中还要不时地加菱镁矿来提高反应温度。Magnetherm（玛格尼）法的生产周期为 16~24h，镁蒸气以气态或者液态富集在冷凝装置中。根据装置大小，生产能力有所不同，一般为日产 3~8t，而每生产 1t 镁需要消耗 7t 原料。

D　MTMP 法

20 世纪 80 年代，Mintek 针对更加连续的热还原制取镁技术展开研究，发明了一

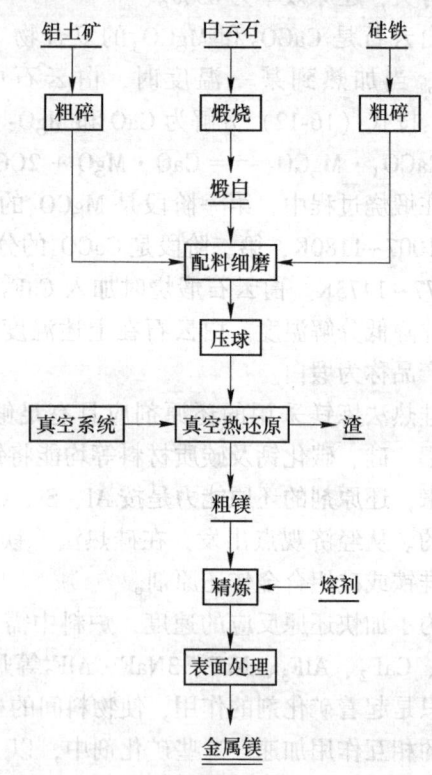

图 16-11　Magnetherm 炼镁的工艺流程图

种 MTMP 法。它是在电弧炉中提取白云石或者氧化镁中的镁，利用硅铁作还原剂，反应温度为 1700~1750℃，镁蒸气以液态形式在冷凝室内富集。反应采取标准大气压，允许瞬间排放废渣，以达到连续性生产的目的。

2000 年以来，MTMP 法得到了进一步优化，早期的 MTMP 法生产的镁品质虽然达到 80%，但存在不能及时取出镁的弊端，致使生产的部分环节间歇性工作。2004 年 10 月，一种新的冷凝装置应用到 MTMP 法中，使生产周期延长到 8 天。这种冷凝装置包括工业肘、熔炉、第二冷凝室、搅拌器、清理颗粒的活塞。

通过阀门控制进料配比大约为 10.7% Fe、5.5% Al、83.8% 白云石，进料速度平均为 525 kg/h。电弧炉温度在 1000~1100℃。原料经过反应炉还原产生镁蒸气，镁蒸气冷却成液态镁富集在熔炉中，熔炉下有开口定期提出金属镁。熔炉上设置二次富集装置以使制取

的金属镁纯度更高。

16.2.2.2 碳热还原法

碳热还原法是以木炭、煤、焦炭等碳质材料作还原剂，从氧化镁还原得到金属镁的方法，其反应式为：

$$MgO + C \longrightarrow Mg + CO \tag{16-13}$$

此反应是可逆反应。在标准状态时，温度高于1850℃时反应向右进行，氧化镁被碳还原；而当温度低于1850℃时，镁被CO氧化重新变成MgO。

压成团块的炉料在外壳为钢板焊成而内衬为炭素材料的三相电弧炉内进行还原，还原温度为1095~2050℃。为防止炉内漏入空气而引起煤燃烧和爆炸，还原过程是在氢气气氛下进行的。还原产物为镁蒸气和CO，为了防止冷却时镁被CO氧化为MgO，需用大量与镁不发生反应的中性气体（如氢气）将混合气体从1900~2000℃急冷至250℃以下，将镁冷凝成镁粉而从气体中分离出来。所得镁粉经真空蒸馏除去MgO和C，再熔化铸成镁锭。

16.2.2.3 碳化物热还原法

碳化物热还原法是用碳化钙还原氧化镁产出金属镁的方法，其反应式为：

$$MgO + CaC_2 \longrightarrow Mg + CaO + 2C \tag{16-14}$$

添加少量萤石粉能加速反应过程。还原过程在耐热合金钢制的还原罐内于900~1100℃及100Pa的压强下进行。还原出来的镁蒸气经冷凝后得到结晶镁，再熔化铸成镁锭。

16.3 粗镁的精炼

由电解法或热还原法制备的金属镁，通常称为粗镁，其中含有金属杂质和非金属杂质。常见的金属杂质主要有铁、铜、硅、铝、镍、锰、钾、钠等；非金属杂质主要有镁、钾、钠和钙等的氯化物，镁、硅、铝、铁等氧化物。如果这种粗镁不经过精炼直接熔融铸锭是不符合要求的，这种镁锭不能长期储存。

杂质的存在，对金属镁性能有着不良影响，它们除降低镁的抗腐蚀性能外，一些杂质如K、Na、Ca等会使镁的一些力学性能变坏，因此，需对粗镁中的杂质进行精炼提纯，达到应用需求。表16-4为我国重熔镁锭质量标准。

表16-4 我国重熔镁锭的质量标准（GB/T 3499—2011）

| 牌号 | Mg | 化学成分（质量分数）/% | | | | | | | | | |
| | | 杂质元素 | | | | | | | | | |
		Fe	Si	Ni	Cu	Al	Mn	Ti	Pb	Sn	Zn	其他单个杂质
Mg9999	≥99.99	≤0.002	≤0.002	≤0.0003	≤0.0003	≤0.002	≤0.002	≤0.0005	≤0.001	≤0.002	≤0.003	—
Mg9998	≥99.98	≤0.002	≤0.003	≤0.0005	≤0.0005	≤0.004	≤0.002	≤0.001	≤0.001	≤0.004	≤0.004	—

牌号	化学成分（质量分数）/%										
	Mg	杂质元素									
		Fe	Si	Ni	Cu	Al	Mn	Ti	Pb	Sn	Zn	其他单个杂质
Mg9995A	≥99.95	≤0.003	≤0.006	≤0.001	≤0.002	≤0.008	≤0.006	—	≤0.005	≤0.005	≤0.005	≤0.005
Mg9995B	≥99.95	≤0.005	≤0.015	≤0.001	≤0.002	≤0.015	≤0.015	—	≤0.005	≤0.005	≤0.01	≤0.01
Mg9990	≥99.90	≤0.04	≤0.03	≤0.001	≤0.004	≤0.02	≤0.03	—	—	—	—	≤0.01
Mg9980	≥99.80	≤0.05	≤0.05	≤0.002	≤0.02	≤0.05	≤0.05	—	—	—	—	≤0.05

注：1. 镁含量（质量分数）为100%减去表中所列杂质总和的差值。

2. 其他元素是指在本表表头中所列出了元素符号，但在本表中却未出规定极限数值含量的元素。

3. 数值修约按 GB/T 8170 的规定进行。极限数值的表示和判定按 GB/T 1250 的规定进行。

16.3.1 熔剂精炼法

为了降低粗镁中的非金属杂质和某些金属杂质，可采用由碱金属和碱土金属的氯化物、氟化物组成的混合熔剂进行精炼。在精炼的过程中，同时使金属的成分均匀。熔剂起两个作用：一是除去镁中的某些杂质，二是保护熔融镁不与空气接触而防止其燃烧。

含在粗镁中的钠和钾与 $MgCl_2$ 发生作用而转变为相应的氯化物进入熔剂相内。粗镁中的氧化镁可以被熔剂润湿和吸附，并与 $MgCl_2$ 作用生成氧氯化镁而沉入熔化炉底部。

为了起到第二个作用，熔剂应能在熔镁表面形成一层保护薄膜，把镁与空气隔绝。

在精炼过程的不同阶段，对熔剂的物理化学性质有不同的要求，因而使用的熔剂组成也不同。在粗镁的熔化阶段使用覆盖熔剂起阻隔空气的作用，要求其熔点比镁低，流动性好，对氧化物、氮化物的润湿性好，密度要比镁大，对镁润湿性差，以利于杂质的分离。熔剂中的 $MgCl_2$ 和 KCl，能改善熔剂对氧化镁的润湿，CaF_2 则使熔剂和镁的润湿变差。

16.3.2 加入添加剂的深度精炼

熔剂精炼只能除去镁中的非金属杂质和一部分铁，对于绝大部分金属杂质很难通过熔剂精炼除去。为了进一步降低金属杂质的含量以得到更高纯度的镁，可以在熔剂精炼的同时，加入某种添加剂进行深度精炼。深度精炼的原理是在镁中加入某种金属或氯化物，使与金属杂质形成难熔的在镁中溶解度极小的金属间化合物而从镁中分离掉。对于镁的精炼，以钛、锆、锰作添加剂。通常，锰以 Mg-Mn 合金的形式加入镁中，锆和钛则以它们的氯化物与碱金属及金属氯化物配成熔剂在加入镁中进行精炼。研究表明，钛对铁的净化效果很好，可使铁含量减至 0.003%~0.004%，而镁的含钛量不会超过规定值，含 Ti 为 10%~15%的碱金属和碱土金属氯化物的熔剂的熔点、表面张力、密度均较低，精炼能力更好。此外，钛除去镁中的 Si 和 Mn 也有很好的作用。锆能有效地除铁，对除 Al、Si、Mn 也有一定的效果。

16.3.3 无熔剂精炼

以上两种精炼方法都是采用熔剂作为保护剂，防止镁不被氧化燃烧。但覆盖在液镁表面的熔剂膜，其阻隔空气的作用并不是很理想的，精炼过程因氧化燃烧造成的镁损失较大，所以提出了无熔剂精炼镁的方法。它是利用 SF_6-空气混合气体作保护气体，将空气隔开使镁不被氧化。实验表明，混合气体的 SF_6 浓度为 0.02%~0.06%（体积分数）即可。在混合气体中加入 CO_2，能明显改善其保护效果，且精炼温度在 650~815℃的很大范围内其效果都不变。混合气体的最适宜浓度为 CO_2 30%~70%，SF_6 0.15%~0.4%（体积分数）。

16.3.4 蒸馏精炼（升华精炼）

镁的蒸馏精炼是利用镁的蒸气压和杂质的蒸气压不同而达到分离的目的。蒸馏精炼可以获得含 Mg 量在 99.99%以上的镁。杂质铁、铜、硅、铝等的蒸气压都比镁低，在蒸馏精炼时，镁比上述金属杂质先行气化。当金属杂质能与镁形成化合物时，由于气体活度降低而变得更难挥发。镁中的碱金属和碱土金属杂质，以及 NaCl、KCl 和 $MgCl_2$，它们的蒸气压与镁相近，因此几乎同镁一起挥发，但在冷凝器的不同部位冷凝，因而得以分离。

镁是易挥发的金属，可以在剩余压强为 10Pa 的真空条件下和接近于镁熔点的温度下进行升华精炼。

 **复习思考题**

16-1 生产金属镁的方法主要有哪些？

16-2 简述镁电解的基本原理。

16-3 熔盐电解法炼镁所需的原料如何制备？

第一篇　参考文献

[1] 杨重愚. 氧化铝生产工艺学（修订版）［M］. 北京：冶金工业出版社，1993.

[2] 杨重愚. 轻金属冶金学（修订版）［M］. 北京：冶金工业出版社，2011.

[3] 邱竹贤. 有色金属冶金学［M］. 北京：冶金工业出版社，2012.

[4] 李旺兴. 氧化铝生产理论与工艺［M］. 长沙：中南大学出版社，2010.

[5] 王红伟，马科友. 铝冶金生产操作与控制［M］. 北京：冶金工业出版社，2013.

[6] http：//www. usgs. gov.

[7] 王克勤. 铝冶炼工艺［M］. 北京：化学工业出版社，2010.

[8] 华一新. 有色冶金概论［M］. 北京：冶金工业出版社，2014.

[9] 王捷. 氧化铝生产工艺［M］. 北京：冶金工业出版社，2012.

[10] 顾松春，吴礼春. 有色金属进展：轻金属卷［M］. 长沙：中南大学出版社，2007.

[11] 邱竹贤. 铝冶金物理化学［M］. 上海：上海科学技术出版社，1985.

[12] 邱竹贤. 铝电解［M］. 北京：冶金工业出版社，1995.

[13] 邱竹贤. 铝电解原理与应用［M］. 徐州：中国矿业大学出版社，1998.

[14] 邱竹贤. 预焙槽炼铝［M］.（3版）北京：冶金工业出版社，2003.

[15] 冯乃祥. 铝电解［M］. 北京：化学工业出版社，2006.

[16] 刘业翔，李劼. 现代铝电解［M］. 北京：冶金工业出版社，2008.

[17] 张廷安，朱旺喜，吕国志. 铝冶金技术［M］. 北京：科学出版社，2014.

[18] 邱竹贤，刘海石，石忠宁，等. 铝电解理论与新技术［M］. 北京：冶金工业出版社，2008.

[19] 梁学民，张松江. 现代铝电解生产技术与管理［M］. 长沙：中南大学出版社，2011.

[20] 徐日瑶. 金属镁生产工艺学［M］. 长沙：中南大学出版社，2003.

[21] 徐日瑶. 有色金属提取冶金手册（镁）［M］. 北京：冶金工业出版社，1992.

[22] 徐日瑶. 镁冶金学［M］. 北京：冶金工业出版社，1981.

[23] 许并社，李明照. 镁冶炼与镁合金熔炼工艺［M］. 北京：化学工业出版社，2006.

[24] 张永健. 镁电解生产工艺学［M］. 长沙：中南大学出版社，2006.

[25] Annegert S, Denise O, Dana K, et al. Ionic liquid and green chemistry：A lab experiment［J］. J. Chem. Educ., 2010, 87（2）：196~201.

[26] Seddon K R. Ionic liquids for clean technology［J］. Journal of Chemical Technology & Biotechnology, 1997, 68（4）：351~356.

[27] Kamavaram V, Mantha D, Reddy R G. Electrorefining of aluminum alloy in ionic liquids at low temperatures［J］. Journal of Mining and Metallurgy, B, 2003, 39（1~2）：43~58.

[28] Kamavaram V, Mantham D, Reddy R G. Recycling of aluminum metal matrix composite using ionic liquids：Effect of process variables on current efficiency and deposit characteristics［J］. Electrochimica Acta, 2005, 50（16~17）：3286~3295.

[29] 王喜然. BMIC-AlCl₃离子液体电解精炼铝的研究［D］. 昆明：昆明理工大学，2006.

第二篇

稀有金属冶金学

第二章

学金合属金合补

17　稀有金属概论

17.1　稀有金属的概念

　　稀有金属，通常是指在自然界中地壳丰度小，天然资源少，赋存状态分散难以被经济地提取或不易分离成单质的金属。这类金属一般开发较晚，依据惯例，可将周期表中约59个金属（包括人造元素）称为稀有金属，详见表17-1中粗线框中的元素。

表 17-1　元素周期表及稀有金属元素

周期	I_A		II_A	III_B	IV_B	V_B	VI_B	VII_B	VIII			I_B	II_B	III_A	IV_A	V_A	VI_A	VII_A	0
1	1 H 氢 1.0079																		2 He 氦 4.0026
2	3 Li 锂 6.941		4 Be 铍 9.0122											5 B 硼 10.811	6 C 碳 12.011	7 N 氮 14.007	8 O 氧 15.999	9 F 氟 18.998	10 Ne 氖 20.17
3	11 Na 钠 22.9898		12 Mg 镁 24.305											13 Al 铝 26.982	14 Si 硅 28.085	15 P 磷 30.974	16 S 硫 32.06	17 Cl 氯 35.453	18 Ar 氩 39.94
4	19 K 钾 39.098		20 Ca 钙 40.08	21 Sc 钪 44.956	22 Ti 钛 47.9	23 V 钒 50.9415	24 Cr 铬 51.996	25 Mn 锰 54.938	26 Fe 铁 55.84	27 Co 钴 58.9332	28 Ni 镍 58.69	29 Cu 铜 63.54	30 Zn 锌 65.38	31 Ga 镓 69.72	32 Ge 锗 72.59	33 As 砷 74.9216	34 Se 硒 78.9	35 Br 溴 79.904	36 Kr 氪 83.8
5	37 Rb 铷 85.467		38 Sr 锶 87.62	39 Y 钇 88.906	40 Zr 锆 91.22	41 Nb 铌 92.9064	42 Mo 钼 95.94	43 Tc 锝 97.99	44 Ru 钌 101.07	45 Rh 铑 102.906	46 Pd 钯 106.42	47 Ag 银 107.868	48 Cd 镉 112.41	49 In 铟 114.82	50 Sn 锡 118.7	51 Sb 锑 121.7	52 Te 碲 127.6	53 I 碘 126.905	54 Xe 氙 131.3
6	55 Cs 铯 132.905		56 Ba 钡 137.33	57-71 La-Lu 镧系	72 Hf 铪 178.49	73 Ta 钽 180.947	74 W 钨 183.8	75 Re 铼 186.207	76 Os 锇 190.2	77 Ir 铱 192.2	78 Pt 铂 195.08	79 Au 金 196.967	80 Hg 汞 200.5	81 Tl 铊 204.3	82 Pb 铅 207.2	83 Bi 铋 208.98	84 Po 钋 (209)	85 At 砹 (210)	86 Rn 氡 (222)
7	87 Fr 钫 (223)		88 Ra 镭 (226.03)	89-103 Ac-Lr 锕系	104 Rf 鑪 (261)	105 Db 𬭊 (262)	106 Sg 𬭛 (263)	107 Bh 𬭳 (264)	108 Hs 𬭶 (265)	109 Mt 鿏 (268)	110 Ds 𫟼 (269)	111 Rg 𬬭 (272)	112 Cn 鿔 (277)						

镧系	57 La 镧 138.905	58 Ce 铈 140.12	59 Pr 镨 140.91	60 Nd 钕 144.2	61 Pm 钷 (147)	62 Sm 钐 150.4	63 Eu 铕 151.96	64 Gd 钆 157.25	65 Tb 铽 158.93	66 Dy 镝 162.5	67 Ho 钬 164.93	68 Er 铒 167.2	69 Tm 铥 168.934	70 Yb 镱 173.0	71 Lu 镥 174.96
锕系	89 Ac 锕 (227)	90 Th 钍 232.0381	91 Pa 镤 231.03588	92 U 铀 238.0289	93 Np 镎 (237)	94 Pu 钚 (239.244)	95 Am 镅 (243)	96 Cm 锔 (247)	97 Bk 锫 (247)	98 Cf 锎 (251)	99 Es 锿 (252)	100 Fm 镄 (257)	101 Md 钔 (258)	102 No 锘 (259)	103 Lr 铹 (260)

　　大部分稀有金属的丰度很小，但有些稀有金属的丰度并不小，如钛的丰度为0.45%，在地壳中占第九位，比常见元素氢、碳（丰度分别为0.15%、0.02%）多数倍到数十倍。同样，稀有金属锆和钒（丰度分别为0.017%和9×10^{-3}%）比常见的锌、铜及铅（丰度分别为8.3×10^{-3}%、4.7×10^{-3}%及1.6×10^{-3}%）多数倍，即使是丰度较小的钨、钼、铪也比锑多一倍左右。

　　稀有金属由于在地壳中比较分散，或其矿物没有特别引人注目的特征，因而，被人们发现较迟，研究较少；或者由于其制取较困难，而使其生产和应用都较迟。例如，稀有金属中发现最早的钼是在1778年才被发现，其他绝大部分的稀有金属是在19世纪和20世纪初才被发现；至于它们的应用则比常用的金属要迟得多，许多稀有金属到20世纪中期才大量应用，有的直到目前还没有找到广泛的用途。但随着科学技术的发展和冶金新工艺不断出现，人们对稀有金属的研究、生产、应用日益增长。对某些稀有金属而言已经不"稀"，也有一些稀有金属被划为普通金属之列，如有些国家的钛、钨就不列为稀有金属，也有的将镍、钴、铬等列为稀有金属。

17.2　稀有金属的分类

稀有金属根据其物理化学性质或其在矿物中的分布情况，可分为以下五类：

（1）稀有轻金属。包括元素周期表第I_A族的锂、铷、铯和第II_A族的铍，其共同特点是密度小，锂、铷、铯、铍的密度分别为 $0.534g/cm^3$、$1.532g/cm^3$、$1.873g/cm^3$、$1.848g/cm^3$；化学活性强，其氧化物和氯化物都很稳定，难以还原成金属，一般需采用熔盐电解法或金属热还原法制取。

（2）稀有高熔点金属。包括周期表第IV_B族的钛、锆、铪，第V_B族的钒、铌、钽，第VI_B族的钨、钼，第VII_B族的铼。其共同特点是熔点高，它们中熔点最低的钛，其熔点也达 $1668℃±4℃$，而钨的熔点达 $3410℃±20℃$；抗腐蚀性强，具有多种氧化物。钛的密度较小，某些国家将它划归轻金属。在生产工艺上，一般都是先制取纯的金属氧化物或卤化物，再用还原法或熔盐电解法制取金属粉末或海绵体，然后用粉末冶金法或高温真空熔炼法制得致密金属。

（3）稀土金属。包括元素周期表第III_B族的钪、钇、镧及镧系元素，其中镧、铈、镨、钕、钷、钐、铕为轻稀土元素；钇、钆、铽、镝、钬、铒、铥、镱、镥为重稀土元素。其共同特点是最外两层电子结构相同，钪及钇也与之相似，因而它们的物理化学性质非常相似，而且在矿物中共生在一起，在冶炼过程中的行为也大体相似，因此其相互分离是生产中的难题之一。

（4）稀有分散性金属。包括周期表第III_A族的镓、铟、铊，第IV_A族的锗，第VI_A族的硒、碲。其共同特点是只有极少的独立矿物，一般都是以类质同象形态存在于其他矿物中。如镓多以类质同象形态存在于铝土矿中，铟则存在于有色金属硫化矿中，锗一般存在于煤或有色金属硫化矿中，因此无法直接得到这些金属的精矿。而在以提取有色金属为主要目的，处理上述含稀散金属的物料的过程中，它们常常富集在某种副产品中（如用闪锌矿冶炼提锌时，矿物中的铟部分富集到焙烧的烟尘中），因此一般都是从这些副产品中提取稀散金属。另外，由于这些副产品中稀散金属的含量仍然很低（一般小于 0.1%），因此进一步富集是其生产的关键环节之一。

铪和铼一般也是呈类质同象存在于其他矿物中，如铪存在于锆英石中，铼常存在于辉钼矿及铜的硫化矿中，从这方面来看与稀有分散性金属相似，但其物理化学性质与稀有高熔点金属相似，故常列入稀有高熔点金属，铼有时也被列入稀散金属。

（5）稀有放射性金属。包括各种放射性金属钫、镭、钋、镭及锕系元素（钍、铀及超铀元素），它们由于性质相近，因此在矿物中往往共生，其生产方法与稀土金属类似。

17.3　稀有金属的用途

稀有金属因其优良的性质，在国民经济各部门、科学技术发展各领域中应用广泛。稀有金属资源在全球范围内的战略地位愈发凸显，无论是航空航天、新能源、新材料等高新技术产业，还是电子信息、节能环保等新兴产业，都面临着一系列关键材料和技术的突破与应用问题。而作为这些行业重要的上游资源，稀有金属无疑将在产业链中占据越来越重要的位置，甚至可以控制很多高、精、尖工业领域的技术发展。

目前，稀有金属不仅在钢铁、化工、冶金、电子、能源、航空航天、汽车、航海、激光、超导、军事、医疗、农业等传统产业和高科技领域中大量应用，未来随着科技的发展，全球范围内对稀有金属的需求还将不断上升。在国家战略性新兴产业（新能源、新材料、节能环保、生物医药、高端制造业、新一代信息技术和新能源汽车等 7 大行业）的发展中，稀有金属材料是不可或缺的重要材料，而新兴产业的发展必将拓宽稀有金属的应用范围，对稀有金属材料提出更高的要求，同时也将促进稀有金属冶炼加工技术水平和稀有金属二次资源的再生回收技术的提升。

17.4　稀有金属的生产方法

稀有金属的生产过程比较复杂，生产方法和流程各不相同，但也存在比较明显的共性。其生产过程一般由四个部分构成：

（1）分解精矿。在精矿中稀有金属往往是以比较稳定的化合物形态与伴生元素共同存在，如黑钨矿中的钨是由 $FeWO_4$ 和 $MnWO_4$ 以比较稳定的类质同象体形态存在，并常与微量的钽、铌、钪等元素伴生；辉钼矿中的钼以 MoS_2 形态存在，常伴生有铜、钨、铋、锡等。精矿分解就是利用化学剂将这些稳定的化合物破坏，并使稀有金属与伴生元素初步分离。如黑钨矿的盐酸分解时发生如下反应：

$$FeWO_4 + 2NaOH = Na_2WO_4 + Fe(OH)_2 \downarrow$$
$$MnWO_4 + 2NaOH = Na_2WO_4 + Mn(OH)_2 \downarrow$$

生成的 Na_2WO_4 进入溶液，与 $Fe(OH)_2$、$Mn(OH)_2$ 分离。

（2）制取纯化合物。由于稀有金属性质活泼，其化合物较稳定，故将这些化合物还原成金属往往需要很强的还原性气氛。在这样的还原气氛下，如果夹杂有其他元素的化合物，则它们也会被还原而成杂质进入稀有金属。因此，在将稀有金属化合物还原成金属以前必须进行有效的提纯，以保证所得产品金属的纯度，同时也有利于有价元素的综合回收。

纯化合物的制取一方面包括除去有害杂质，另一方面也包括将共生的各种性质相近的稀有金属相互分离提取。

（3）生产纯金属。通常采用还原法、电解法或热离解法从上述纯化合物制得金属。对熔点较高的稀有金属而言，往往得到其粉末或海绵体。

（4）生产高纯致密稀有金属。即根据用户的要求将稀有金属的粉末或海绵体制得致密金属，对某些用户而言，还要求将其进一步提纯。

17.5　稀有金属的生产特点

由于稀有金属的原料、物理化学性质及应用等方面的特点，其冶金过程也有许多特点，主要有：

（1）稀有金属冶金的原料（包括矿物原料、其他过程的废料或副产品等）一般品位较低，另外由于稀有金属矿物往往是多金属复合矿，故其成分非常复杂，如钨精矿中常有钼、钽、铌、锡、钪等伴生元素。同时，随着资源的开发和利用，其品位日益降低，成分更加复杂。为了满足各行业领域对稀有金属的增量要求，将更多地要求冶金过程直接处理多金属混杂的低品位精矿或中矿，这更增加了原料的复杂性。

（2）稀有金属冶金流程一般比较复杂，且生产过程往往需要用许多学科领域中的先进技术相互配合。而稀有金属冶金原料复杂，含有多种有价元素；许多稀有金属性质十分相近，难以分离提纯；稀有金属性质活泼，易与碳、氮、氧等作用，含有这些杂质将严重影响其使用性能；用户对产品不论在化学成分和物理性质上都有严格的要求。因此在现代技术条件下，为使产品在质量上和数量上达到要求，并综合回收有价元素，一般需要经过较多的工序，即流程一般较长，同时在工艺和设备上也有较高的要求，需综合采用选矿、冶炼、化工、物理冶金等多方面的技术和设备才能实现。

（3）由于原料复杂、含多种有价元素以及生产流程长等特点，再加上许多共生的稀有金属性质相近难以分离，以及生产过程中消耗化工原材料较多等原因，导致相似元素分离、综合利用、"三废"防治问题在稀有金属冶金过程中占有十分重要的地位。

（4）用户对稀有金属冶金产品的要求不尽相同，不仅对化学成分提出要求，而且在物理性能上也往往有各种特殊要求，如有时要求为有一定粒度和形状的粉末，有时为多孔的烧结体和合金、镀层等。因而在稀有金属冶炼中出现了一个倾向，即在化学冶金法制取金属的同时，就控制适当条件使产品不仅具有一定的化学成分，同时具有一定的物理性能，成为合格材料或半成品。有时用化学冶金法直接制取某些稀有金属材料（如镀层、超细的管材等），比一般金属加工更为简捷有效。

（5）由于稀有金属发现较晚，其生产和应用研究都还很不够，因此生产方法和流程也不够成熟，还处在不断发展和进步的过程中。

 **复习思考题**

17-1 简述稀有金属主要分为哪几类，各类分别包含哪些金属？

17-2 简述稀有金属有哪些重要的用途。

17-3 简述稀有金属为何较难生产（制备），它们的生产过程有哪些共性？

18 钛 冶 金

18.1 钛冶金技术概述

1791 年英国牧师 W. Gregor 在黑磁铁矿中发现了一种新的金属元素。1795 年德国化学家 M. H. Klaproth 在研究金红石时也发现了该元素，并以希腊神 Titans 命名之。1910 年美国科学家 M. A. Hunter 首次用钠还原 $TiCl_4$ 制取了纯钛。1940 年卢森堡科学家 W. J. Kroll 用镁还原 $TiCl_4$ 也制得了纯钛。从此，镁还原法（又称为克劳尔法）和钠还原法（又称为亨特法）成为工业生产海绵钛的方法。美国在 1948 年用镁还原法制出 2t 海绵钛，从此进入了工业生产规模。随后，日本、前苏联和中国也相继进入工业化生产，先后成为主要的产钛大国。

18.1.1 钛的性质

18.1.1.1 钛的物理性质

钛是元素周期表中第四周期第 IV$_B$ 族元素。钛、锆、铪组成钛副族，它们在性质上有许多相似之处，如原子的外电子层构型相同（都为 d^2s^2），原子半径相近，化学性质相似，彼此可形成无限固溶体等。致密金属钛呈银白色，钛粉呈深灰色。钛的熔点高（1668℃），密度小（4.507g/cm³），强度大，易加工成型，具有优异的耐腐蚀性能。钛的主要物理性质见表 18-1。

表 18-1 金属钛的主要物理性质

原子序数	22	熔点/℃	高纯钛：1670±10
			工业纯钛：1660±10
相对原子质量	47.88	熔化潜热 /kJ·mol⁻¹	20.92
原子半径/nm	0.145	沸点/℃	3262
晶体结构	α-Ti（<882.5℃） 密排六方晶系	蒸发潜热 /kJ·mol⁻¹	428.86
	β-Ti（>882.5℃） 体心立方晶系	升华潜热 /kJ·mol⁻¹	471.80
密度 /g·cm⁻³	α-Ti（25℃） 4.505	电阻率 /Ω·m	高纯钛（20℃） 4.20×10⁻⁷
	β-Ti（885℃） 4.35		工业纯钛（20℃） 5.56×10⁻⁷
	液体钛（1668℃） 4.11		

金属钛具有两种同素异形体，低温（<882.5℃）稳定态为 α 型，密排六方晶系；高温稳定态为 β 型，体心立方晶系。α-Ti 的晶格参数，25℃ 时为：a = 0.29503nm ± 0.00004nm，c = 0.46832nm±0.00004nm，c/a = 1.5873±0.0004。由于 α-Ti 的 c/a 比值小于理想球形的轴比 1.633，所以钛是可锻性金属。β-Ti 的晶格参数,900℃ 时,a = 0.33065nm ± 0.00001nm。

钛的两种同素异形体的转化温度为 882.5℃，由 α-Ti 转化为 β-Ti 时，其体积增加为

5.5%。氧、氮、碳是 α-Ti 的稳定剂。在钛中存在氧、氮、碳杂质则会使其相变温度升高。钛的晶型转化潜热为 3.68~3.97kJ/mol。

18.1.1.2　钛的化学性质

在较高温度下，钛可与许多元素和化合物发生反应。各种元素按其与钛发生不同反应可分为四类（见图18-1）：

（1）第一类。卤素和氧族元素与钛生成共价键与离子键化合物。

（2）第二类。过渡元素、氢、铍、硼族、碳族和氮族元素与钛生成金属间化合物和有限固溶体。

（3）第三类。锆、铪、钒族、铬族、钪元素与钛生成无限固溶体。

（4）第四类。惰性气体、碱金属、碱土金属、稀土元素（除钪外）、铜、银等不与钛发生反应或基本上不发生反应。

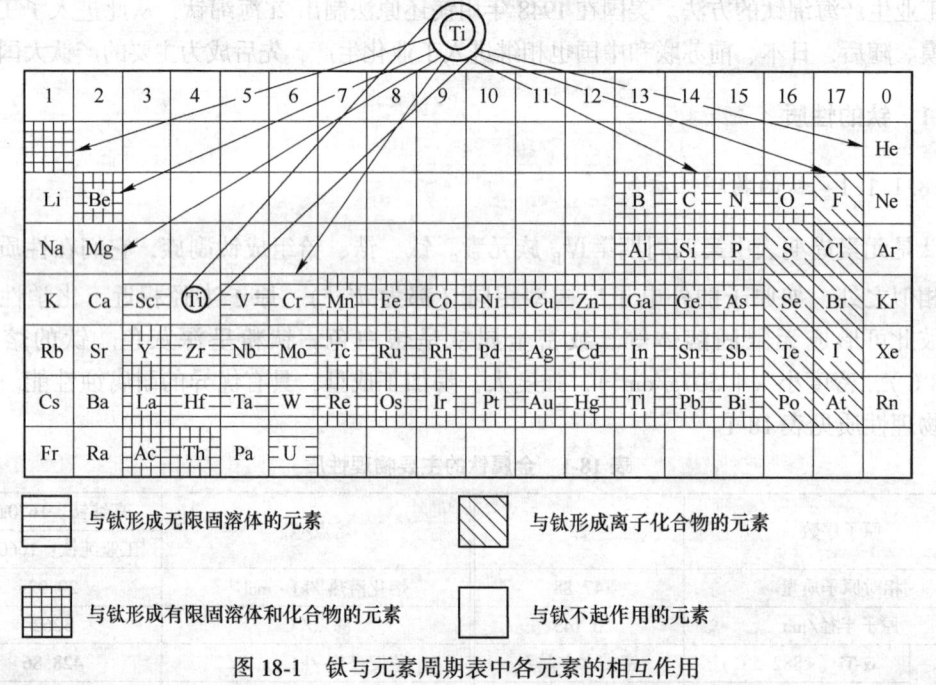

图 18-1　钛与元素周期表中各元素的相互作用

钛能与所有卤素元素发生反应，生成卤化钛。含水的卤素对钛的作用比干卤素小。常温下钛就能与氟发生反应，150℃反应已较激烈，反应生成 TiF_4；常温下钛能与氯发生反应，300~350℃以上发生激烈反应；在 250~360℃，钛可与溴发生反应；在 170℃时钛可与碘反应，400℃时反应较快，生成气体 TiI_4，温度高于 1000℃时 TiI_4 会分解为钛和碘。

钛与氧的反应取决于钛存在的形态和温度。粉末钛在常温下的空气中，可在静电、火花、摩擦等作用下发生剧烈的燃烧或爆炸。但是，致密钛在常温下的空气中是很稳定的。致密钛在空气中受热时，便开始与氧发生反应，最初氧进入钛表面晶格中，形成一层致密的氧化薄膜，这层表面氧化膜可防止氧向内部扩散，具有保护作用，因此钛在 500℃以下的空气中是稳定的。合金元素钼、钨和锡能降低钛的氧化速度，而锆则提高其氧化速度。

常温下钛不与氮发生反应，但在高温下，钛是能在氮气中燃烧的少数金属之一，钛在氮气中燃烧温度高于800℃，熔融钛与氮的反应十分激烈。钛与氮的反应，除了可生成钛的氮化物（Ti_3N、TiN 等）外，还形成 Ti-N 固溶体。当温度在 500~550℃ 时，钛开始明显地吸收氮，形成间隙固溶体；当温度达到 600℃ 以上时，钛吸收氮的速度增加。

钛与氢反应生成 Ti-H 固溶体和 TiH、TiH_2 化合物。氢能很好地溶于钛中，1mol 钛几乎可吸收 2mol 的氢。钛的吸氢速度和吸氢量，与温度和氢气压力有关。常温下钛的吸氢量小于 0.002%；当温度达到 300℃ 时，钛吸氢速度增加；500~600℃ 时达到最大值；其后随温度升高，钛吸氢量反而减少，当达到 800℃ 时，氢化钛开始分解。钛的氢含量理论最高为 4%。

在高于 450℃ 时，钛与气体磷发生反应，在低于 800℃ 时主要生成 Ti_2P，高于 850℃ 时生成 TiP。

常温下硫不与钛反应，高温时熔融的硫、气体硫与钛反应生成钛的硫化物，熔融钛与气体硫之间的反应特别剧烈，生成 TiS_2。

钛与碳仅在高温下才发生反应，生成含有 TiC 的产物。钛与碳的反应除了生成 TiC 外，还形成 Ti-C 固溶体，碳在钛中的存在也可使钛的相变温度升高。碳在钛中的溶解度较小，在 900℃ 时最大溶解度为 0.48%；随着温度的下降，溶解度急剧下降。钛中碳含量较大时，便会在组织中出现游离碳化钛结构。

钛在高温下与硅反应生成高熔点的硅化物 Ti_5Si_3、$TiSi$ 和 $TiSi_2$。

高温下，钛能与气体 CO、CO_2、水蒸气以及许多挥发性有机物发生反应。钛能够强烈地吸收气体（O_2、N_2、H_2）形成固溶体。当气体在钛中的含量超过溶解度极限时，便生成钛的各种氧化物、氮化物和氢化物。

钛与氧的反应取决于钛存在的形态和温度。

粉末钛在常温下的空气中，可因静电、火花、摩擦等作用而发生剧烈的燃烧和爆炸（制钛粉末时要小心），而致密钛在 -196~500℃ 的空气中是稳定的。

钛是优良的耐蚀材料，其耐酸、碱、盐的腐蚀性能，一般优于不锈钢。通常，普通钛合金具有良好的耐腐蚀性能，但不如纯钛好。

钛在沸点以下的所有浓度的硝酸水溶液中均不被腐蚀。钛不被湿氯气腐蚀，也不被氯酸钠、亚氯酸钠和次氯酸盐等氯化物溶液所腐蚀。钛在金属氯化物水溶液中不发生明显的点蚀和应力腐蚀开裂。氢氟酸（及其氟化氢气体）与钛发生激烈反应，生成 TiF_3（或 TiF_4），这也是钛的最强溶剂。

18.1.2 钛的资源

钛在地壳中的含量为 0.63%，海水含钛 $1×10^{-7}$%，其比铜、镍、铅、锌及锡等常见有色金属的储量都大。钛资源十分丰富，分布很广，几乎遍布全世界。现已发现 TiO_2 含量大于 1% 的钛矿物有 140 多种，但现阶段具有工业意义的只有少数几种矿物，主要是金红石（TiO_2）和钛铁矿（$FeTiO_3$），其次是白钛矿、锐钛矿和红钛铁矿。

钛的矿床分为岩矿床和砂矿床两大类，岩矿床是原生矿床，储量（占总量99%）最大，共生金属多，很难用选矿方法分离；砂矿床多是次生冲积砂矿床，杂质含量少，很容易选矿。

钛矿石含 TiO_2 波动在 6%~35%，一般 10% 左右。经选矿获得的钛精矿含 TiO_2 为

43%~60%。砂矿的钛精矿品位较高，岩矿的钛精矿品位较低；金红石的精矿品位较高，钛铁矿的精矿品位较低。

根据 USGS 等权威机构的数据资料，按储量排序将一些国家的钛资源储量（以 TiO_2 计）列于表18-2，金红石储量（以 TiO_2 计）列于表 18-3。世界钛矿地质储量总计为 5×10^8 ~ 12×10^8 t（以 TiO_2 计），其中钛铁矿约占 80%，金红石（包括锐钛矿）约占 20%。

表 18-2 世界主要国家的钛矿资源储量

国 别	钛矿（包括钛铁矿、金红石和锐钛矿）/万吨	
	基础储量	储量
澳大利亚	19300	9800
南非	14600	7130
巴西	10300	1800
美国	7700	1370
印度	4600	3660
中国	4100	3000
挪威	4000	5770
加拿大	3600	4000
马达加斯加	1900	—
斯里兰卡	1800	1300
乌克兰	1600	250
芬兰	140	140
马来西亚	100	100
其他	4090	11274
总计	76230	49324

表 18-3 世界主要国家的金红石（包括锐钛矿）储量

国 别	金红石（包括锐钛矿）/万吨	
	基础储量	储量
巴西	8500	40
澳大利亚	4300	1700
挪威	1000	900
南非	830	830
印度	770	660
斯里兰卡	480	480
乌克兰	250	250
美国	180	70
其他	1190	1284
总计	18000	6214

我国钛资源非常丰富，是世界钛资源大国。我国探明的钛资源分布在 21 个省（自治区、直辖市），主要产区为四川，其次有河北、海南、广东、湖北、广西、云南、陕西、山西等省区。从矿石工业类型上看，我国的钛资源主要是原生钒钛磁铁矿岩矿（TiO_2 储量 46522.82 万吨），占全国钛资源总量（TiO_2 储量 49344.79 万吨）的 94.28%；其次是外生钛铁矿砂矿（TiO_2 储量 1829.61 万吨），占 3.71%；第三是金红石岩矿（TiO_2 储量 750.86 万吨），占 1.52%；第四是金红石砂矿（TiO_2 储量 241.45 万吨），占 0.49%。从地区来看，我国钛资源分布相当集中。钒钛磁铁矿集中于四川攀西地区与河北北部，钛铁矿砂矿集中于广东、广西及海南岛，尤以海南岛为多。

18.1.3 钛的产量及应用

18.1.3.1 海绵钛的产量

1948 年 9 月，美国杜邦公司发布了用克劳尔法（镁热还原 $TiCl_4$ 法）进行工业生产海绵钛取得成功的消息，其纯度在 99% 以上。当年美国总共生产了 2t 海绵钛。至此，终于实现了钛冶金的工业规模生产，开辟了钛冶金工业的新纪元。到 1950 年秋，供实验用的钛总产量已增加到 60t/a。1951 年生产量为 450t；1957 年美国海绵钛的产量猛增到 1.55 万吨，1981 年约为 2.63 万吨，1985 年达 3.4 万吨。而从全世界的海绵钛工业发展情况来看，20 世纪 60 年代，海绵钛的生产规模为 60kt/a，80～90 年代的产量为 100kt/a 左右。目前，生产海绵钛的国家主要为日本、美国、俄罗斯、哈萨克斯坦、乌克兰和中国。1980～2016 年世界各国海绵钛的生产量见表 18-4，我国 2016 年海绵钛生产企业及其产量见表 18-5。

表 18-4 世界主要海绵钛生产国及产量 (kt)

国 别	1980 年	1990 年	1995 年	2000 年	2005 年	2010 年	2011 年	2012 年	2013 年	2014 年	2015 年	2016 年
俄罗斯	42.60 (独联体)	52.20 (独联体)	73.00 (独联体)	20.00	29.00	25.80	40.00	44.00	44.00	42.00	40.00	38.00
乌克兰				4.00	8.10	7.40	9.00	10.00	6.30	7.20	7.70	7.50
哈萨克斯坦				8.38	19.00	14.50	20.70	25.00	12.00	9.00	9.00	9.00
美国	25.40	30.40	15.00	18.80	30.80	31.60	56.00	40.00	42.00	25.00	42.00	54.00
日本	23.20	28.80	26.00									
中国	1.80	2.70	2.70	1.90	9.51	57.80	60.00	80.00	105.00	110.00	62.00	65.50
其他国家										0.50	1.00	0.5
世界总产量	94.80	119.10	116.70	54.00	96.00	137.00	186.00	200.00	209.00	194.00	160.00	174.50

表 18-5 我国 2016 年海绵钛生产企业及其产量

排 名	企业名称	产量/t
1	攀钢钛业	14300
2	双瑞万基钛业	10000
3	宝钛华神钛业	9500
4	朝阳金达钛业	8800

排　名	企业名称	产量/t
5	朝阳百盛钛业	8500
6	贵州遵义钛业	8000
7	鞍山海量钛业	4000
8	中信锦州钛业	1000
9	山西卓峰钛业	900
10	其他	590
总　计		65500

18.1.3.2　钛的应用

钛是一种新金属，由于它具有一系列优异特性，被广泛用于航空、航天、化工、石油、冶金、轻工、电力、海水淡化、舰艇和日常生活器具等领域中，被誉为现代金属。

（1）在军工领域的应用。钛在军事工业上有着十分广阔的用途。核动力潜艇、水翼艇、迫击炮身管、反坦克导弹、导弹发射器、坦克防护板、防弹背心等大量用钛。据资料介绍，一艘台风级核潜艇，用钛量高达 9000t，由此可见军工对钛材的需求巨大。

（2）在航天航空的应用。钛广泛用于航空工业，民用飞机用钛量约占构架质量的20%~25%；此外战略火箭发动机、宇宙飞船（如神舟五号、神舟六号）、人造卫星天线等也大量用钛。

（3）在海洋产业的应用。在海水中，钛具有其他金属材料无法比拟的耐蚀性能，特别是耐受海水的高速冲刷腐蚀。目前，美国、日本、法国等国家都已研制出各种先进的钛制深潜器、潜艇、海底实验室装置来进行海洋研究。此外，沿海电站、海上采油设备、海水淡化、海洋化工生产、海水养殖业等都广泛采用钛制设备和装置。

（4）在化工上的应用。目前钛设备的应用已从最初的"纯碱与烧碱工业"扩展到整个化工行业，设备种类已从小型、单一化发展到大型、多样化。据化工部门预计，化工行业的年用钛量将超过 1500t。20 世纪 70~80 年代以后，我国真空制盐企业逐步开始采用钛金属材料制造设备，结果设备腐蚀情况大大改观。

（5）在石油精炼中的应用。在石油精炼过程中，石油加工产品与冷却水中的硫化物、氯化物和其他腐蚀剂，对炼油装置特别是低温轻油部位的常减压塔顶冷凝设备的腐蚀性严重，设备腐蚀问题已经成为困扰炼油工业的突出问题之一。近年来美国、日本等国将钛制设备引入到这些高腐蚀的环节，取得了很好的效果。

（6）在汽车工业的应用。钛的轻质、高强度等性能早已被汽车制造商所关注，钛在赛车上的应用已有许多年的历史，目前赛车几乎都使用了钛材，日本汽车用钛已超过600t。随着全球汽车工业的发展，汽车用钛还在快速增加。

（7）在医学中的应用。随着医疗技术的提高，在人体内植入金属是十分常见的外科手术，由于钛金属具有与人体组织排异反应弱，目前被广泛用于人工骨骼、人工关节、人造牙等人体植入物。此外，钛在制药机械、医疗器械方面的应用也得到进一步的认识，未来需求不可低估。

（8）在体育和日用品方面的应用。钛在全球高尔夫球具制造领域的消耗数量巨大，每年用于钛高尔夫球具制造的钛材量高达6000余吨。此外，网球拍、羽毛球拍、滑雪杖、雪铲、登山冰杖、登山钉、雪橇、击剑防护面罩、钓鱼竿、自行车、眼镜架、手表、工艺品以及其他生活用品都广泛使用钛材。

（9）在建筑材料方面的应用。备受关注的中国国家大剧院曲面屋顶全部采用钛金属板制作，是建筑用钛的典型案例，这个穹顶用掉约100t钛材。据有关资料介绍，钛材在屋面、窗框、屋檐、山墙、防雨墙屏障、围栏、外部装饰壁板、内装饰材以及纪念碑、墓志铭、名牌、厢屋、化妆柱和空气调节器等方面都有应用。

（10）在核工业领域的应用。除上述用途外，钛是发展核工业不可缺少的重要材料，核反应堆使用的很多设备、管道和相关部件，除使用锆、铪外，还需要大量的钛和钛基合金材料。随着核工业的进一步发展，钛的价值必将会得到更多的体现。

18.1.4 海绵钛的工业生产方法

迄今为止，在众多的海绵钛生产方法中，真正实现工业化的只有 Kroll 法（镁热还原法）和 Hunter 法（钠热还原法）。随着采用 Hunter 法生产海绵钛的美国 RMI（活性金属工业公司）以及英国狄赛德钛公司于 1994 年关闭后（英国已退出世界海绵钛生产国之列），现在全球主要有中国、日本、美国、俄罗斯、哈萨克斯坦和乌克兰六个国家生产海绵钛，且生产工艺全部采用 Kroll 法。

钛精矿一般都是用于生产海绵钛和二氧化钛（钛白和人造金红石），也有部分钛精矿用于生产钛铁。图 18-2 所示为现行钛冶炼的原则工艺流程。

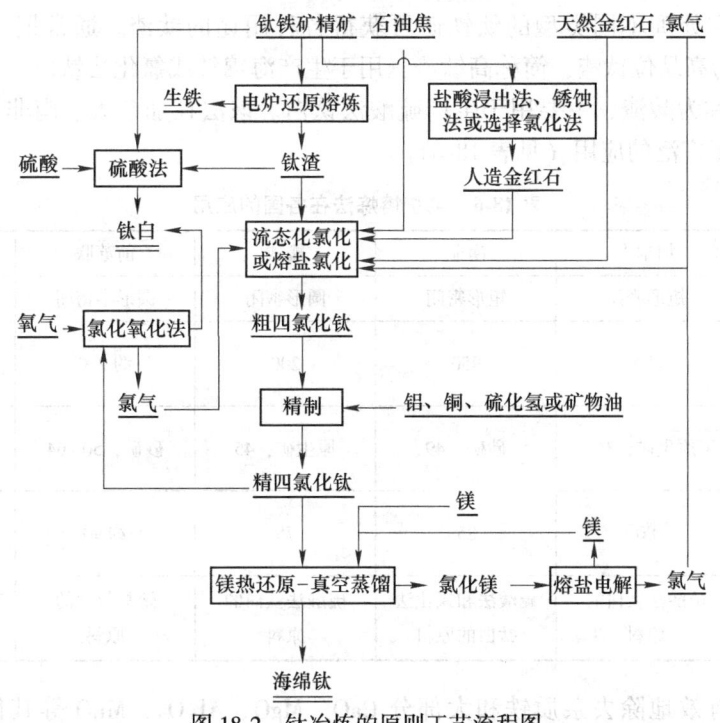

图 18-2 钛冶炼的原则工艺流程图

从图 18-2 可见，钛铁精矿的处理有两种方法：一种是还原熔炼产高钛渣，以高钛渣或金红石为原料经氯化获得粗 $TiCl_4$，将其精制后得到纯 $TiCl_4$，然后以纯 $TiCl_4$ 为原料制取海绵钛或钛白。另一种是用硫酸直接分解钛铁矿精矿或高钛渣，然后从硫酸溶液中析出偏钛酸，再制取钛白。

18.2 高钛渣及人造金红石的生产

18.2.1 由钛铁矿生产钛渣和人造金红石的方法

钛铁矿（$FeTiO_3$）的理论 TiO_2 含量为 52.63%。在自然界中，钛铁矿分为岩矿和砂矿两类。从岩矿中选出的钛精矿品位（TiO_2 含量）一般为 42%~48%，而从砂矿选得的精矿品位一般为 50%~64%。虽然钛铁矿精矿可以直接用于制取金属钛和钛白，但因其品位低，常常经过富集处理获得高品位的富钛料——钛渣或人造金红石，才进行下一步的处理。

随着对钛铁矿富集方法的深入研究，人们已经研究和提出了 20 多种方法，各种方法都有其特点。在这些方法中，大致可分为以干法为主和以湿法为主的两大类。干法包括电炉熔炼法、等离子熔炼法、选择氯化法和其他热还原法。湿法包括部分还原—盐酸浸出法和部分还原—硫酸浸出法（总称酸浸法），全还原—锈蚀法和全还原—$FeCl_3$ 浸出法，以及其他化学分离法。目前获得广泛应用的工业方法有电炉熔炼法、酸浸法和还原锈蚀法。电炉熔炼法制取的产品为钛渣，而其他方法制取的产品为人造金红石。

电炉熔炼法是一种成熟的方法，工艺比较简单，副产品金属铁可以直接应用，不产生固体和液体废料，电炉煤气可以回收利用，"三废"少，工厂占地面积小，是一种高效的冶炼方法。用它处理不同类型的钛铁矿可获得各种用途的钛渣。通常把 TiO_2 含量大于 85% 的产品称为高品位钛渣，简称高钛渣，用于生产海绵钛或氯化法钛白。把 TiO_2 含量小于 85% 的产品称为酸渣，主要用于生产硫酸法钛白。该法在加拿大、南非、挪威、前苏联和我国获得了广泛的应用（见表 18-6）。

表 18-6 电炉熔炼法在各国的应用

国家	加拿大	南非	挪威	前苏联	中国
电炉炉型	矩形密闭	矩形密闭	圆形密闭	圆形半密闭	圆形敞口
钛渣生产能力 /kt·a^{-1}	1100	950	200	约200	约100
原料钛铁矿种类，TiO_2 品位/%	原生矿，36	砂矿，49	原生矿，45	砂矿，50~64	砂矿，50~60
钛渣的 TiO_2 品位/%	80	85	75	约90	92~94
钛渣用途	硫酸法钛白的原料	硫酸法和氯化法钛白的原料	硫酸法钛白的原料	熔盐氯化的原料	流态化氯化和生产人造金红石原料

酸浸法可有效地除去杂质铁和大部分 CaO、MgO、Al_2O_3、MnO 等其他杂质，获得 TiO_2 含量在 90%~96% 的高品位人造金红石，适合处理各种类型的矿物。在美国、印度、马来西亚、澳大利亚和中国都有采用盐酸浸出法生产人造金红石的工厂，总计生产能力约

250kt/a。日本石原公司利用硫酸法生产钛白的废酸浸出砂矿制取人造金红石，生产能力为 50kt/a，被称为石原法。尽管盐酸浸出法可实现盐酸的再生回收和循环利用，但对设备腐蚀严重。硫酸浸出法产出的含铁副产品为硫酸亚铁，且稀硫酸浸出能力较差，适宜处理品质较高的钛铁矿。酸浸法由于"三废"量大，副流程复杂，而限制了它的应用。

还原锈蚀法在还原时以煤为还原剂和燃料，在锈蚀时只消耗少量的盐酸或 NH_4Cl，产生的赤泥和废水接近中性，较易处理，是一种污染少和成本较低的方法，在澳大利亚获得了重要的应用。在澳大利亚，以含 TiO_2 大于 54% 的砂矿为原料制得了含 TiO_2 大于 92% 的人造金红石，现已建成了人造金红石生产能力约 700 kt/a 的工厂，不过该法仅适宜处理高品位的砂矿。

18.2.2 熔炼钛渣的基本理论

电炉法生产钛渣，是将钛铁矿与固体还原剂无烟煤或石油焦等混合加入电炉中，于 1600~1900℃ 的高温下进行还原熔炼，矿物中铁的氧化物被选择性地还原为金属铁，而钛的氧化物则被富集在炉渣中，经渣、铁分离，获得钛渣和副产品金属铁。

18.2.2.1 还原熔炼的热力学

A 钛铁矿的还原反应

钛铁矿是一种以偏钛酸铁（$FeTiO_3$）晶格为基础的多组分复杂固溶体，一般可表示为：$m\left[(Fe、Mg、Mn)O\cdot TiO_2\right]\cdot n\left[(Fe、Al、Cr)_2O_3\right]$，$m+n=1$。它的基本成分是偏钛酸铁（$FeTiO_3$）。碳还原偏钛酸铁可能发生的反应如下：

$$FeTiO_3 + C =\!=\!= TiO_2 + Fe + CO \tag{18-1}$$
$$\Delta G_{T(18-1)}^{\ominus} = 190900 - 161T \qquad (298\sim1700K)$$

$$3/4FeTiO_3 + C =\!=\!= 1/4Ti_3O_5 + 3/4Fe + CO \tag{18-2}$$
$$\Delta G_{T(18-2)}^{\ominus} = 209000 - 168T \qquad (298\sim1700K)$$

$$2/3FeTiO_3 + C =\!=\!= 1/3Ti_2O_3 + 2/3Fe + CO \tag{18-3}$$
$$\Delta G_{T(18-3)}^{\ominus} = 213000 - 171T \qquad (298\sim1700K)$$

$$1/2FeTiO_3 + C =\!=\!= 1/2TiO + 1/2Fe + CO \tag{18-4}$$
$$\Delta G_{T(18-4)}^{\ominus} = 252600 - 177T \qquad (298\sim1700K)$$

$$2FeTiO_3 + C =\!=\!= FeTi_2O_5 + Fe + CO \tag{18-5}$$
$$\Delta G_{T(18-5)}^{\ominus} = 185000 - 155T \qquad (298\sim1700K)$$

$$1/4FeTiO_3 + C =\!=\!= 1/4TiC + 1/4Fe + 3/4CO \tag{18-6}$$
$$\Delta G_{T(18-6)}^{\ominus} = 182500 - 127T \qquad (298\sim1700K)$$

$$1/3FeTiO_3 + C =\!=\!= 1/3Ti + 1/3Fe + CO \tag{18-7}$$
$$\Delta G_{T(18-7)}^{\ominus} = 304600 - 173T \qquad (298\sim1700K)$$

钛铁矿中往往还含有一定量的赤铁矿，它被碳还原的反应为：

$$1/3Fe_2O_3 + C =\!=\!= 2/3Fe + CO \tag{18-8}$$
$$\Delta G_{T(18-8)}^{\ominus} = 164000 - 176T \qquad (298\sim1700K)$$

按上面给出的各反应式的标准自由能变化与温度的关系式，计算出在不同温度下的标准自由能变化值（$\Delta G^{\ominus}$），并将其绘制成 $\Delta G^{\ominus}$-T 关系图（见图 18-3），进行反应趋势的比较。

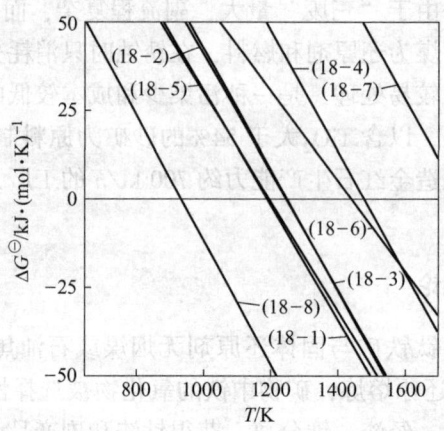

图 18-3　钛铁矿还原熔炼反应的 $\Delta G_T^{\ominus}$-T 关系图

电炉还原熔炼钛铁矿的最高温度约达 2100K。从图 18-3 可见，在这样高的温度下，式（18-1）~式（18-8）反应的 $\Delta G_T^{\ominus}$ 值均为负值，从热力学上说明这些反应均可进行，并随温度的升高，反应的倾向均增大。但上述各反应的开始反应温度（即 $\Delta G_T^{\ominus}=0$ 时的相应温度）是不相同的，在同一温度下各反应进行的趋势大小也是不一样的，其反应顺序为：式（18-8）>式（18-1）>式（18-5）>式（18-2）>式（18-3）>式（18-4）>式（18-6）>式（18-7）。在低温（小于 1500K）的固相还原中，主要是钛铁矿中铁氧化物的还原，TiO_2 的还原量较少，即主要按式（18-8）、式（18-1）、式（18-5）进行还原反应生成金属铁和 TiO_2 或 $FeTi_2O_5$（亚铁板钛矿）。要使固相还原量增加，一是使炉子更为密闭，二是增加矿物与还原剂的紧密接触，三是增加料层厚度。在中温（1500~1800K）液相还原中，除了铁的氧化物被还原外，还有相当数量的 TiO_2 被还原，即主要按式（18-2）~式（18-4）进行还原反应生成金属铁和低价钛氧化物。在高温（1800~2100K）下，按式（18-6）和式（18-7）进行反应生成 TiC 和金属钛（熔于铁中）的量增加。可见，随着温度的升高，TiO_2 被还原生成低价钛化合物的量增加，即钛的氧化物在还原熔炼过程中随温度的升高按如下顺序逐渐发生变化：

$$TiO_2 \longrightarrow Ti_3O_5 \longrightarrow Ti_2O_3 \longrightarrow TiO \longrightarrow TiC \longrightarrow Ti(Fe)$$

在熔炼过程中，不同价的钛化合物是共存的，其数量的相互比例随熔炼温度和还原度大小而变化。

在还原熔炼过程中，除了碳的还原作用外，由于碳的气化反应产生的 CO 和反应生成的 CO 也要参与反应：

$$CO_2 + C \Longleftrightarrow 2CO \tag{18-9}$$

$$\Delta G_{T(18-9)}^{\ominus} = 172200 - 173T \qquad (298\sim1700K)$$

$$FeTiO_3 + CO \Longrightarrow TiO_2 + Fe + CO_2 \qquad (18\text{-}10)$$
$$\Delta G^{\ominus}_{T(18\text{-}10)} = 18680 + 15.7T \qquad (298\sim1700K)$$
$$3/4FeTiO_3 + CO \Longrightarrow 1/4Ti_3O_5 + 3/4Fe + CO_2 \qquad (18\text{-}11)$$
$$\Delta G^{\ominus}_{T(18\text{-}11)} = 37000 + 3.26T \qquad (298\sim1700K)$$
$$2/3FeTiO_3 + CO \Longrightarrow 1/3Ti_2O_3 + 2/3Fe + CO_2 \qquad (18\text{-}12)$$
$$\Delta G^{\ominus}_{T(18\text{-}12)} = 32600 + 4.8T \qquad (298\sim1700K)$$
$$Fe_2O_3 + CO \Longrightarrow 2FeO + CO_2 \qquad (18\text{-}13)$$
$$\Delta G^{\ominus}_{T(18\text{-}13)} = -1547 - 34.3T \qquad (298\sim1700K)$$
$$1/3Fe_2O_3 + CO \Longrightarrow 2/3Fe + CO_2 \qquad (18\text{-}14)$$
$$\Delta G^{\ominus}_{T(18\text{-}14)} = -7883 + 1.59T \qquad (298\sim1700K)$$

可以利用各反应的平衡常数和气相中组分的平衡分压进行估算，来判断上述反应的可能性。估算结果表明，在较低的温度下（1073~1273K），CO 仅能将矿中的 Fe_2O_3 按反应式（18-13）和式（18-14）分别还原为 FeO 和金属铁。当温度高于 1273K 时，反应式（18-10）~式（18-12）均可进行，但因它们的反应平衡常数均很小，因此可以预计这些反应在熔炼过程中所占的比例不大，是次要的。在敞口电炉中 CO 的还原作用更小，只有靠近底层的固体料才有可能按式（18-10）~式（18-12）进行还原反应。在密闭电炉中，CO 的还原作用会得到加强。

B 杂质的还原反应

对于钛铁矿中的其他杂质组分，如 MgO、CaO、SiO_2、Al_2O_3、MnO、V_2O_5 是否可能发生还原或部分还原的问题，为简化起见考虑下列各单一氧化物的碳还原反应：

$$MgO + C \Longrightarrow Mg + CO \qquad (18\text{-}15)$$
$$\Delta G^{\ominus}_{T(18\text{-}15)} = 597500 - 277T \qquad (1376\sim3125K) \qquad T_{始} = 2153K$$
$$CaO + C \Longrightarrow Ca + CO \qquad (18\text{-}16)$$
$$\Delta G^{\ominus}_{T(18\text{-}16)} = 661900 - 269T \qquad (1756\sim2887K) \qquad T_{始} = 2463K$$
$$SiO_2 + C \Longrightarrow SiO + CO \qquad (18\text{-}17)$$
$$\Delta G^{\ominus}_{T(18\text{-}17)} = 667900 - 327T \qquad (1696\sim2500K) \qquad T_{始} = 2043K$$
$$1/2SiO_2 + C \Longrightarrow 1/2Si + CO \qquad (18\text{-}18)$$
$$\Delta G^{\ominus}_{T(18\text{-}18)} = 353200 - 182T \qquad (1696\sim2500K) \qquad T_{始} = 1944K$$
$$1/3Al_2O_3 + C \Longrightarrow 2/3Al + CO \qquad (18\text{-}19)$$
$$\Delta G^{\ominus}_{T(18\text{-}19)} = 443500 - 192T \quad (932\sim2345K) \qquad T_{始} = 2322K$$
$$MnO + C \Longrightarrow Mn + CO \qquad (18\text{-}20)$$
$$\Delta G^{\ominus}_{T(18\text{-}20)} = 285300 - 170T \qquad (1517\sim2054K) \qquad T_{始} = 1681K$$
$$1/2V_2O_5 + C \Longrightarrow 1/2V_2O_3 + CO \qquad (18\text{-}21)$$
$$\Delta G^{\ominus}_{T(18\text{-}21)} = 165700 - 133T \qquad (943\sim2190K) \qquad T_{始} = 1243K$$
$$1/3V_2O_3 + C \Longrightarrow 2/3V + CO \qquad (18\text{-}22)$$
$$\Delta G^{\ominus}_{T(18\text{-}22)} = 293800 - 167T \qquad (298\sim2190K) \qquad T_{始} = 1762K$$

其他杂质也可进行 CO 的气相还原反应，只不过是次要反应，在此不进行详述。

MgO、CaO 和 Al_2O_3 分别按式（18-15）、式（18-16）、式（18-19）进行还原的开始反

应温度分别为 2153K、2463K 和 2322K。由此可见，它们在还原熔炼钛铁矿的温度（2000K 左右）下不可能被还原，但在电弧作用的局部高温区仍有可能发生相应的还原反应。其他杂质如 SiO_2、MnO 和 V_2O_5 在钛铁矿还原熔炼温度下，会发生不同程度的还原，还原产物硅、锰和钒溶于金属铁相中。但这些杂质远比 FeO 和 TiO_2 难还原得多，所以可以预计，矿中的大部分杂质（除 SiO_2 还原量较多外）基本上被富集在渣相中。

以上是按各反应单独进行考虑的，实际上还原熔炼过程是多种反应在一个多组组分系统中同时进行的，所以实际发生的反应要复杂得多。例如反应生成的产物（如 $FeTi_2O_5$、Ti_3O_5、Ti_2O_3、TiO 等）要溶于未还原的 $FeTiO_3$ 中；而不发生还原的组分（如 MgO、MnO、Al_2O_3 等）也会在渣相中富集。上述两种情况都使渣相中的 FeO 的活度降低。因此，随着还原熔炼过程的逐渐深入，渣相中 FeO 的活度变得越来越小，FeO 的还原变得越来越困难，从而促进 TiO_2 的还原。在还原熔炼的后期，渣相中 FeO 浓度较低，它的还原就更难进行。所以，还原单位质量的 FeO 所消耗的能量随还原熔炼过程的深化而逐渐增加。研究表明，从含 FeO 3%的渣中还原单位质量的 FeO 所消耗的能量比从含 FeO 20%的渣中还原同样质量的 FeO 所消耗的能量约大 10 倍。在实际生产中，渣中总是保留一定量的 FeO，即不将 FeO 全部还原，就是这个道理。

18.2.2.2　还原熔炼的动力学

研究表明，钛铁矿的还原不是先分解为单一氧化物 FeO 和 TiO_2 再进行还原，而是直接从钛铁矿晶格中排出氧的。

钛铁矿的还原分为两个阶段。第一阶段是矿中的 $Fe(III) \rightarrow Fe(II)$，即矿中假金红石（$Fe_2Ti_3O_9$ 或写成 $Fe_2O_3 \cdot 3TiO_2$）还原为钛铁矿和金红石：

$$Fe_2Ti_3O_9 + C = 2FeTiO_3 + TiO_2 + CO \tag{18-23}$$

第一阶段的还原较易进行，即使在低温下（如 900℃）也可在较短时间内完成。

第二阶段的还原是 $Fe(II) \rightarrow Fe^0$，这一阶段的还原比较复杂。在（FeO+脉石）-TiO_2-Ti_2O_3 三元相图中（见图 18-4），$FeTiO_3$ 的还原反应基本上是沿着 $FeTiO_3$-$FeTi_2O_5$-Ti_3O_5 这条线或接近这条线进行的，而不是沿着 $FeTiO_3$-TiO_2 线进行的。也就是说，钛铁矿的还原过程必然导致 TiO_2 的部分还原，不可能获得不含低价钛而纯含 $Ti(IV)$ 的钛渣。虽然在较低的温度下，$FeTiO_3$ 可还原生成金红石和金属铁，但当温度高于 1100℃ 时，$FeTiO_3$ 还原生成亚铁板钛矿（$FeTi_2O_5$）而析出金属铁：

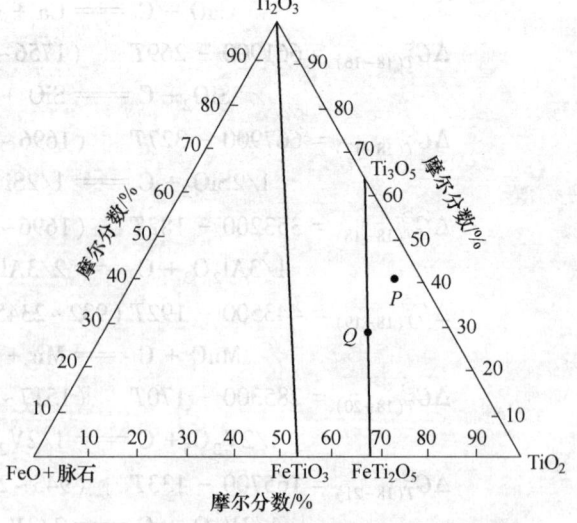

图 18-4　（FeO+脉石）-TiO_2-Ti_2O_3 三元相图

$$2(FeTiO_3) + C = FeTi_2O_5 + Fe + CO \tag{18-24}$$

亚铁板铁矿的稳定温度高于 1150℃，但因矿中的 MgO 和 MnO 等固溶于其中，增加了

$FeTi_2O_5$的稳定性。如果矿中$FeTiO_3$按反应（18-5）全部还原生成$FeTi_2O_5$，此时生成的还原料（或渣相）中的TiO_2含量理论上可达69%，但实际上得不到全部以Ti（Ⅳ）形式存在的含TiO_2 69%的还原产物，因为在FeO被还原的同时，伴随发生了TiO_2的部分还原，即反应（18-5）是与以下反应同时进行的：

$$\frac{x}{2}FeTi_2O_5 + 5\left(\frac{x}{2}-1\right)C \Longrightarrow Fe_{3-x}Ti_xO_5 + 3\left(\frac{x}{2}-1\right)Fe + 5\left(\frac{x}{2}-1\right)CO$$

$$(18-25)$$

其中，x在2～3间变化，还原产物是$FeTi_2O_5$-Ti_3O_5（Me_3O_5型）固溶体。矿中的杂质MgO、MnO等不被还原而固溶于还原产物中，所以还原产物是Me_3O_5型（Me为Fe、Ti、Mg、Mn等）固溶体：$FeTi_2O_5$-Ti_3O_5-$MgTi_2O_5$-$MnTi_2O_5$。按反应式（18-5）和式（18-25）进行还原反应的终点，即所有Fe(Ⅱ)全部被还原为Fe^0时（$x=3$时），理论还原产物是Ti_3O_5，但实际上得不到纯的Ti_3O_5产品，一是因为矿中含有固溶的杂质，二是因为FeO很难被还原完全。图中Q点是加拿大铁钛公司熔炼南非钛铁矿的熔炼终点，其产品钛渣含ΣTiO_2 85%，含Ti_2O_3 25%～28%。

我国以沿海砂矿为原料生产含ΣTiO_2为93%左右的高钛渣，其熔炼终点在图中的P点附近。即中国这种矿熔炼的高钛渣的还原度（$m(Ti_2O_3)/m(TiO_2)$ = 0.82左右）比南非矿高钛渣的还原度（$m(Ti_2O_3)/m(TiO_2)$= 0.49左右）要高。

钛铁矿以无烟煤为还原剂时，铁的氧化物的标准反应速度的对数与温度倒数的关系如图18-5所示。由图可见，在温度小于1100℃时，反应属动力学区，由图中求出铁氧化物的还原反应活化能为232J/mol，此阶段化学反应速度是控制因素，提高反应温度对还原速度影响很大。由图18-6可见，反应温度由900℃提高到1100℃时，还原反应进行2h铁氧化物的还原率由2%提高到35%。在温度高于1300℃时，反应属于扩散区，此时化学反应速度已足够快，控制反应速度的因素是反应物和产物的扩散速度。在1100～1300℃间属于过渡区。

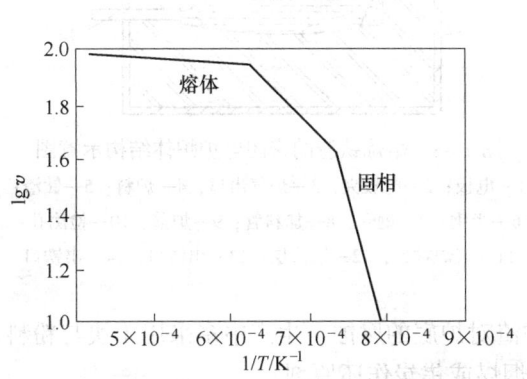

图18-5 无烟煤还原钛铁矿中铁氧化物的标准
反应速度的对数与温度倒数的关系

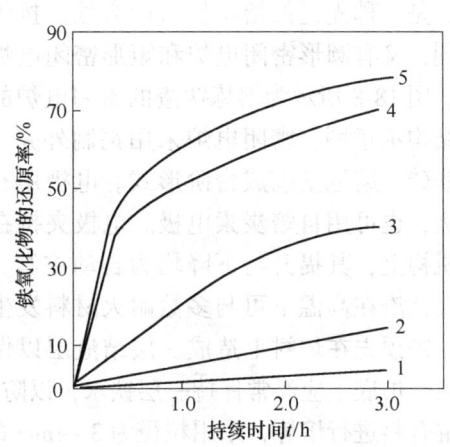

图18-6 无烟煤还原钛铁矿过程温度和
还原时间与铁氧化物还原率的关系
1—900℃；2—1000℃；3—1100℃；
4—1200℃；5—1300℃

炉料熔化后的初期，FeO 的还原速度较大，如图 18-7 所示；但随熔体中 FeO 的含量降低，FeO 的还原速度迅速下降，特别是当熔体中 FeO 等杂质含量小于 8% 时，FeO 的还原变得更加困难。

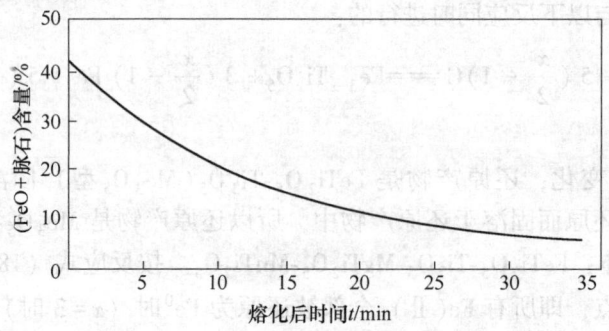

图 18-7　熔化后渣中杂质含量与熔炼时间的关系

18.2.3　熔炼钛渣的生产实践

18.2.3.1　熔炼设备

钛铁矿的还原熔炼设备一般为电炉，它是介于电弧炉与矿热炉之间的一种特殊炉型，有敞口式和密闭式两种。敞口电炉可生产高还原度钛渣，但熔炼过程炉况不稳定，热损失大，金属回收率低，劳动条件差。密闭电炉熔炼过程炉况稳定，无噪声，热损失少，金属回收率高，电炉煤气可回收利用。密闭电炉熔炼钛渣可克服敞口电炉熔炼的许多缺点，是一种先进的熔炼钛渣的方法。按炉型不同，又有圆形密闭电炉和矩形密闭电炉之分。图 18-8 所示为熔炼钛渣的密闭电炉的炉体结构示意图。密闭电炉采用钢制外壳，内衬镁砖，熔池壁砌成台阶形式。电极用石墨电极，也可用自焙炭素电极。电极夹持在升降机构上，其提升与下降均为自动控制。由于高钛渣在高温下可与多数耐火材料发生作用，需预先在炉衬上造成一层结渣层以保护

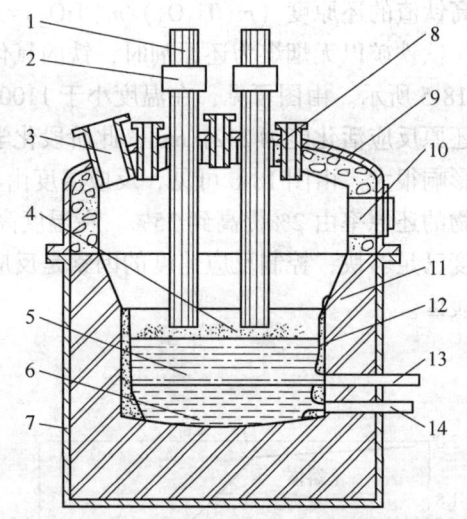

图 18-8　熔炼钛渣的密闭电炉炉体结构示意图
1—电极；2—电极夹；3—炉气出口；4—炉料；5—钛渣；
6—半钢；7—钢壳；8—加料管；9—炉盖；10—检测孔；
11—筑炉材料；12—结渣层；13—出渣口；14—出铁口

炉衬。炉底上应经常保持一层铁水，以防止炉渣对炉底的腐蚀。生产中多采用团块与粉料的混合料进行熔炼，采用粒径为 3~4mm 的无烟煤或焦炭作还原剂。

在钛渣生产中，国外多用大型的密闭式电弧炉，最小功率在 12000kV·A 以上，俄罗斯 Avisma（阿维斯玛，原别列兹尼基）钛镁联合企业采用的半密闭式电弧炉功率为 14500kV·A，世界上最大的钛渣电炉是加拿大魁北克铁钛公司和南非理查兹湾厂的密闭式电炉，电炉的最大功率为 14500kV·A。我国冶炼钛渣目前也已采用密闭式电炉，

2021 年 5 月在攀枝花龙佰集团和新疆湘晟集团投产的 36000kV·A 的电炉为我国目前运行的最大的密闭式钛渣电炉，运行参数已达到国际先进水平。

18.2.3.2 炉料准备

生产中根据钛渣的用途以及对杂质含量的要求，选择化学组成合适的钛铁矿作为原料。例如，生产高品位钛渣必须选用杂质含量低的优质钛铁矿。

还原剂一般选用活性大、灰分含量低及挥发分少的低硫、高碳无烟煤或石油焦。干燥的钛铁矿可直接用来配制敞口电炉和半密闭电炉的炉料。但硫含量高的原生钛铁矿和密闭电炉使用的矿料一般需经预氧化脱硫处理，为降低熔炼电耗，也可进行预还原处理。密闭电炉和半密闭电炉一般使用粉状炉料，钛铁矿或预处理钛铁矿与适量还原剂混合均匀后便可入炉熔炼。敞口电炉一般采用球团料，在炉料中配入适量黏结剂（如沥青）制成球团或经混捏后入炉熔炼。

18.2.3.3 敞口电炉和半密闭电炉熔炼

敞口电炉和半密闭电炉熔炼钛渣属于间歇作业。每炉作业包括加料、熔炼、出炉、修堵料口和捣炉等步骤。熔炼过程大致可分为还原熔化、深还原和过热出炉三个阶段。

A 还原熔化阶段

炉料预热至 1173K 左右时开始发生还原反应；温度升至 1523~1573K 时炉料开始熔化，此时熔化和还原同时进行。炉料的熔化从电极周围逐渐向外扩张，直至电极间的炉料全部熔化形成熔池，这标志着还原熔化阶段的结束。此阶段消耗的能量约占全过程总能量的 2/3。

在敞口电炉冶炼钛渣时，熔池上方经常残留一层未熔化的烧结固体料"桥"，"桥"在高温作用下容易部分崩塌陷落到熔池内引起剧烈反应，造成熔渣的沸腾，引起电极升降和炉子功率波动。而塌料的发生，使熔体喷溅到炉表面冷料区，结成坚硬的料壳，造成大量热损失，使炉料的透气性变坏，从而加剧料壳的断裂塌陷。电炉容量越大，这种塌料喷渣现象就越严重。炉表面的料壳需在出炉后用人工或机械方法捣入炉底，方可重新加入新料进行下炉冶炼。

B 深还原阶段

炉料熔化后形成的熔渣仍含有 10%左右的 FeO。在生产高还原度钛渣时，仍需将残留的 FeO 进一步深还原成铁。敞口电炉熔池上方的固体料"桥"具有遮挡电弧热辐射的作用，使深还原得以充分进行。

C 过热出炉阶段

深还原结束后，为保证顺利出炉，有时仍需将熔体加温，使渣和铁充分分离，并使熔渣达到一定的过热度。

18.2.3.4 密闭电炉熔炼

密闭电炉采用连续加料，定时出渣、出铁的作业方式。在正常情况下，炉料入炉后立即熔化和还原，熔池表面不存在固体料层，渣的沸腾现象基本消除。若减少或停止进行深还原，则会使炉衬和炉盖直接受到热辐射而造成侵蚀。所以，在密闭电炉中不宜进行深还原，生产的钛渣还原度较低。

在密闭电炉中，炉盖具有除尘、保温等作用，可大大减少热辐射损失，因此连续加料的开弧熔炼方法可应用在密闭电炉中。但采用这种熔炼方法时，布料、电炉参数和电气制度的选择必须合理，才能获得较好的技术经济指标。在采用开弧熔炼方法的密闭电炉中，热量产生于三个区域，其热产生和传递路线如图 18-9 所示。

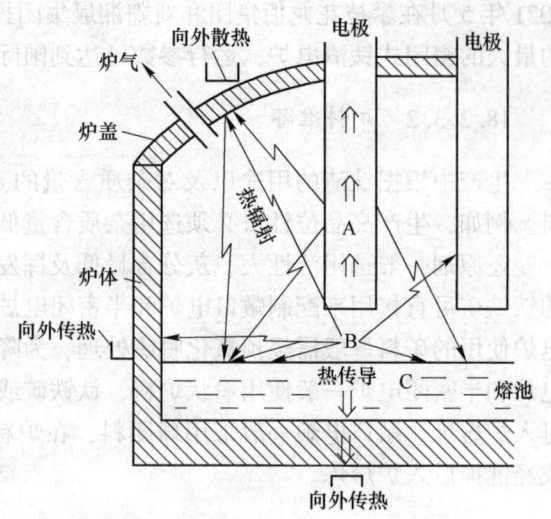

图 18-9　开弧熔炼电炉热产生和传递路线

在电极上（A），电流经过电极产生电阻热，这部分热量不能直接用于熔化炉料，仅作为热损失的一部分。在电极上的温度分布取决于电极产生热的速度和电弧向上热传导的速率，由于集肤效应和电热性质依赖于温度等原因，在电极上产生热的速度是不均匀的。电极上产生的热量在炉内整个热量中所占比例不大。

电弧区（B），电流经过电极末端至熔池表面间的气体区产生电弧。由于气体的电阻大，电流经过时产生很大的压降，发出大量的热和光，这是开弧熔炼产生热的主要区域。电弧直径一般小于电极直径，能量密度最大的是电弧的两端（电极末端和熔池顶部表面）。电弧区的热量必须充分利用，否则会严重破坏炉衬和炉盖。

熔池区（C），电流经过熔池产生电阻热。熔池渣层是高电导性的熔化钛渣，电流经过时电阻很小，只能产生少量的热。

以上三个区域产生的热量，一方面通过热传导和热辐射向熔池加热；另一方面也通过热辐射和热传导把热量传递到炉壁、炉盖、炉底和在炉外的电极表面，然后由炉体表面和电极外表面向外散热；还有部分热量由炉气带出炉外。可见，热辐射是开弧电炉中一种最主要的传热方式。为了减少热损失，提高炉体寿命，必须设法降低炉内热源对炉壁和炉盖的热辐射。按照热辐射的传热公式：

$$q = C_{1-2} \varphi F \left[\left(\frac{T_1}{100} \right)^4 - \left(\frac{T_2}{100} \right)^4 \right] \tag{18-26}$$

式中　q——辐射传热速度，kJ/h；

C_{1-2}——总辐射系数，$kJ/(m^2 \cdot h \cdot K^4)$；

φ——角系数或几何系数；

F——辐射面积，m^2；

T_1——较热物体的温度，K；

T_2——较冷物体的温度，K。

在特定的密闭电炉中，可把较热物体（电弧区，熔池和电极下端）和较冷物体（炉壁，炉盖等）的面积以及公式中的其他系数看成是常数，因此热辐射的传热速率仅与较热物体和较冷物体的温度有关。从式（18-26）估算，如果电弧区和熔池表面温度每降低

400℃，则它们向炉壁和炉盖的热辐射传递速率降低1/2。因此，采用合理的布料方法来降低电弧区和表面熔池温度是十分重要的。

前已述及，在开弧电炉中，电弧是主要热源，炉渣的电阻热是次要的。所以，大部分炉料应直接加到电极下面的电弧区，如果这样做有困难，至少也应将大部分炉料加在电极周围。炉料进入高温区后立即反应熔化，放出气体使炉渣呈泡沫状态。这样在电极下面的电弧区形成泡沫渣与下落炉料的固-液-气混合物，这种混合物不仅可以遮挡电弧光和热的辐射，而且具有导电、传热和降温的作用。

由于开弧熔炼电炉的主要热源在电弧区，随炉功率的增加，电弧区的能量密度增加，造成局部过热现象加剧，因此大功率电炉通常采用6电极排成一字形的矩形电炉。矩形电炉也是围绕电极布料，加料口分布在不同相的电极间和电极的两侧，少量的炉料由炉周的多个加料口加入。

除了加料口要合理分布外，每个加料口的加料量和加料速度对熔炼过程也会产生重要的影响，加料速度应与炉子的给电功率匹配适当。在给定电功率的条件下，加料速度太慢，电流不稳，炉温升高，炉盖和炉衬受侵蚀，电耗升高；加料速度太快，炉内出现涨渣，电流波动增大。如果长时间加料太快，炉料不能及时熔化而在炉中堆积起来，最终会出现塌料、喷渣、结壳等不良现象，导致破坏熔炼的正常进行。因此，在给电功率一定的条件下，确定合理的加料速度是保证熔炼正常的一个重要环节。

在电功率一定的条件下，炉盖和炉气温度随加料速度而变化。加料速度增大，炉盖温度下降；加料速度减慢，炉盖温度上升。如果长时间加料速度小，最终可能导致烧坏炉盖。停止加料而进行熔炼会严重影响炉体寿命。

18.2.3.5　渣铁分离

渣铁分离可在炉内进行，也可在炉外进行。在炉外进行渣铁分离的方法有两种：一是渣和铁排至渣包冷却凝固后进行渣铁分离；二是渣和铁流入渣包后，从底部出铁口放出铁水，而钛渣熔体因降温失去流动性则留在包内。炉外分离方法的缺点是：渣铁分离效果不好，造成渣中夹杂较多的铁珠，在后续磁选分离铁珠中夹渣，造成钛渣损失。

渣铁分离最好是在炉内进行，在炉子上设有渣口和铁口，渣口在上，铁口在下。先将钛渣从渣口排出，然后再从铁口排出铁水，一般排放两次渣、排放一次铁。热接的铁水在炉外直接进行脱硫、增碳和合金化处理，加工成铸造生铁或其他产品。炉内渣铁分离法只有在电炉容量较大、炉产量较高的情况下才比较容易实现渣、铁分别排放。

18.2.3.6　高钛渣的成分及能耗

电炉还原熔炼既可产出供生产 $TiCl_4$ 和人造金红石使用的高钛渣（含 TiO_2 85%~95%），也可产出供硫酸法生产钛白使用的低钛渣（含 TiO_2 72%~85%）。在还原熔炼过程中，钛铁矿精矿中的 CaO、MgO 和 Al_2O_3，只在电弧高温区有小部分可能被还原，绝大部分不被还原而富集在渣中；MnO 有少量被还原进入金属相，大部分进入渣相。因此，由不同矿源产出的高钛渣的化学成分差别较大，冶炼过程的能耗也有差别，表 18-7 列出了不同矿源产出的高钛渣的化学成分及电耗。

表 18-7　不同矿源生产高钛渣的化学组成及能耗

项　目		原 料 钛 精 矿 产 地				
		北海	海南	攀枝花	承德	富民
钛精矿 TiO_2 品位/%		61.65	48.67	47.74	47.00	49.85
高钛渣组成/%	ΣTiO_2	94.35	92.4	82.63	90.6	94.0
	FeO	4.36	3.0	4.08	3.0	2.70
	CaO	0.28	1.41	1.11	1.47	0.41
	MgO	0.40	0.36	7.40	2.78	3.20
	SiO_2	0.88	0.92	3.88	2.23	1.02
	Al_2O_3	1.25	1.87	2.04	2.23	0.45
	MnO	1.90	3.53	0.80	1.38	0.85
吨钛渣电耗/kW·h		2660	3030	2740	3000	3040

18.2.4　人造金红石的生产

电炉还原熔炼法生产钛渣的方法，存在着电能消耗大，不能除去精矿中 CaO、MgO、Al_2O_3、SiO_2 等杂质的缺点，它们在下一步氯化作业中使氯气消耗增大、冷凝分离系统负担加重、钛的总回收率降低等。因此还可以采用其他方法除去钛铁矿精矿中的铁，从而得到金红石型 TiO_2 含量较高的富钛物料（称之为人造金红石）。这些方法包括选择氯化法、锈蚀法、硫酸浸出法和循环盐酸浸出法等。

18.2.4.1　选择氯化法

选择氯化法是在流态化氯化炉中，以钛铁矿精矿为原料，加入一定数量的还原剂碳，通氯气在一定温度下对钛铁矿中的铁进行选择性氯化。反应生成的 $FeCl_3$ 在高温下挥发出炉；TiO_2 不被氯化，从炉内料层上沿溢流出炉，经选矿分离即可得到人造金红石。选择氯化法包括物料预处理、沸腾氯化、三氯化铁氧化、氯气回收和选矿处理几个主要步骤。

（1）预处理。在氧化气氛及 1173~1223K 的温度下，对钛铁矿精矿进行预氧化处理以提高铁的选择氯化率，防止对沸腾氯化有害的 $FeCl_2$ 生成。这一过程在沸腾炉中进行。

（2）沸腾氯化。经过预氧化的钛铁矿精矿，必须预热到 773K 以上的温度后方可加入到氯化沸腾炉内进行选择氯化。还原剂用石油焦，其用量为矿石量的 8% 左右。氯气由炉底吹入。氯气用量比理论需要量多 50%。温度控制在 1223K 左右。过程的基本反应是：

$$Fe_2O_3 \cdot TiO_2 + 3/2C + 3Cl_2 = TiO_2 + 2FeCl_3 + 3/2CO_2 \tag{18-27}$$

（3）三氯化铁的氧化。在 1223K 左右的温度下，铁呈 $FeCl_3$ 气体挥发而被除去。TiO_2 在物料中富集到 87% 以上。挥发出来的 $FeCl_3$ 导入氧化室内，因为有氧存在发生下面反应：

$$2FeCl_3 + 3/2O_2 = Fe_2O_3 + 3Cl_2 \tag{18-28}$$

（4）氯气回收。采用深冷液化法使氯气变为液态氯。但由于气体中不仅有氯，而且还有氧、CO_2、氮等。所以事实上氯气被稀释了。因此单用深冷液化法是不够的，还必须同时采取蒸馏作业以分离 CO_2。这样，氯气的液化率可提高到 95% 左右，液氯浓度达

98%，可返回利用。

（5）选矿处理。经过选择氯化后的固体物料即为粗金红石，经磁选分离除去未完全氯化的磁性氧化铁。非磁性物质为金红石和石油焦，可采用浮选方法将石油焦回收再用，最终产品为 TiO_2 含量达 95% 的人造金红石。

18.2.4.2 还原锈蚀法

还原锈蚀法是一种选择性除铁的方法，首先将钛铁矿中的铁氧化物经固相还原为金属铁，然后用电解质水溶液将已还原的钛铁矿中的铁锈蚀并分离出来，使 TiO_2 富集成人造金红石。这个方法是澳大利亚首先研究成功的，现在澳大利亚已建立的锈蚀法工厂，年产能力达 79 万吨人造红石。我国也有 3 个采用锈蚀法生产人造金红石的车间。此法的生产成本较低，在经济上有竞争力。还原锈蚀法生产人造金红石的工艺流程如图 18-10 所示。

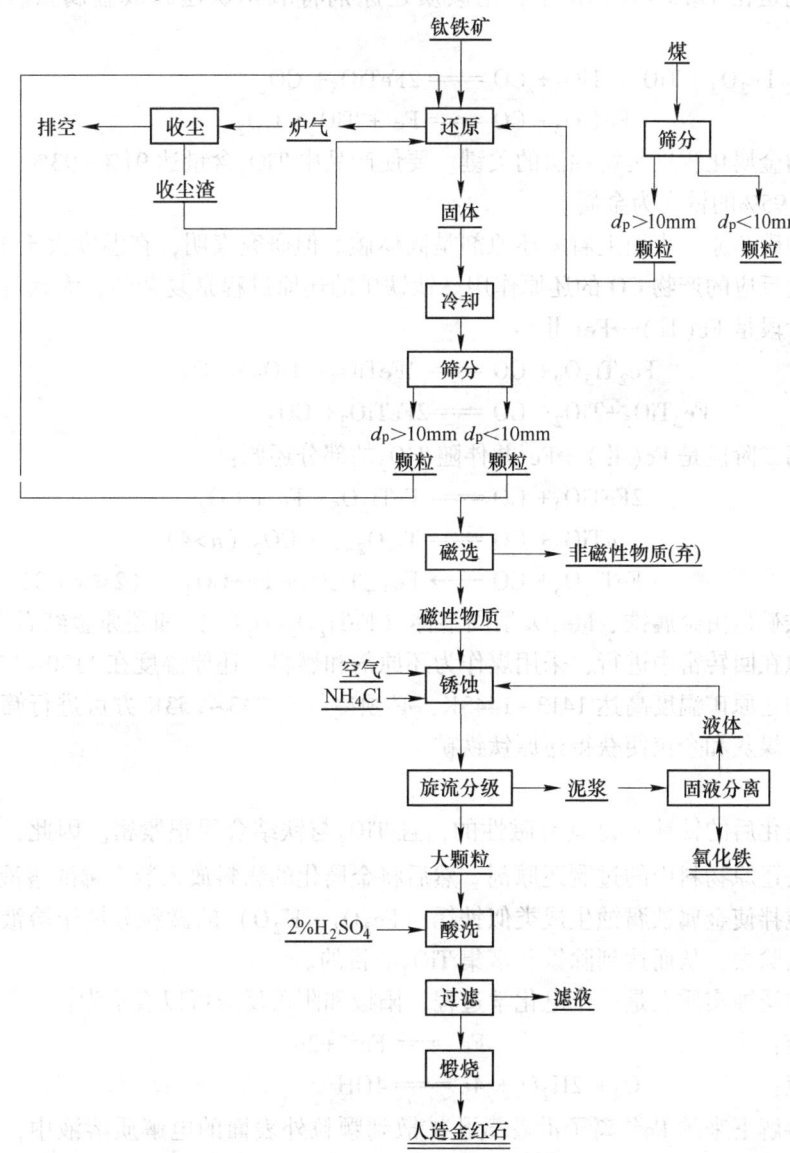

图 18-10 还原锈蚀法生产人造金红石的工艺流程图

A 氧化焙烧

为了减少在固相还原过程中矿物的烧结，增加钛铁矿精矿的还原性能，在 1223 ~ 1373K 下进行预钛铁矿的氧化作业。预氧化的结果使钛铁矿中的二价铁变为三价铁以提高下一步铁氧化物还原的金属化率。其反应如下：

$$2(FeO \cdot TiO_2) + 1/2O_2 = Fe_2O_3 \cdot TiO_2 + TiO_2 \tag{18-29}$$

氧化过程在回转窑中进行，窑长 15m，外径 1.9m，内径 1.5m。窑的斜度为 3%，转速 0.7r/min，钛铁矿精矿的加入速度为 3t/h，而在窑内停留约 4h。

现在工业生产中对于氧化砂矿已取消了预氧化工序。但未风化的钛铁矿还需进行预氧化处理，以改善还原过程，缩短锈蚀时间。

B 还原焙烧

还原焙烧是在 1273 ~ 1473K 下，用碳质还原剂将氧化铁还原成金属铁。主要反应如下：

$$Fe_2O_3 \cdot TiO_2 + TiO_2 + CO = 2FeTiO_3 + CO_2 \tag{18-30}$$

$$FeTiO_3 + CO = Fe + TiO_2 + CO_2 \tag{18-31}$$

氧化铁的金属化程度是锈蚀法的关键。要使产品中 TiO_2 含量达 91%~93%，则必须使原矿中 93%~95% 的铁变为金属。

钛铁矿的碳还原，表面上看来还原剂是固体碳。但研究表明，在温度大于 1030℃ 时，主要是碳气化反应的产物 CO 的还原作用。钛铁矿的还原过程是复杂的，大致可分为两个阶段，第一阶段是 $Fe(Ⅲ) \rightarrow Fe(Ⅱ)$：

$$Fe_2Ti_3O_9 + CO = 2FeTiO_3 + TiO_2 + CO_2 \tag{18-32}$$

$$Fe_2TiO_5 + TiO_2 + CO = 2FeTiO_3 + CO_2 \tag{18-33}$$

还原的第二阶段是 $Fe(Ⅱ) \rightarrow Fe^0$ 并伴随 TiO_2 的部分还原：

$$2FeTiO_3 + CO = FeTi_2O_5 + Fe + CO_2 \tag{18-34}$$

$$nTiO_2 + CO = Ti_nO_{2n-1} + CO_2 \ (n>4) \tag{18-35}$$

$$FeTi_2O_5 + CO \longrightarrow Fe_{3-x}Ti_xO_5 + Fe + CO_2 \quad (2 \leqslant x \leqslant 3) \tag{18-36}$$

还原钛铁矿是由金属铁、Me_3O_5 型固溶体（$FeTi_2O_5$-Ti_3O_5）和还原金红石三相组成。钛铁矿的还原在回转窑中进行，采用煤作为还原剂和燃料，还原温度在 1180~1200℃。从还原窑卸出的还原矿温度高达 1413~1443K，必须冷却至 243~253K 方可进行筛分和磁选脱焦，分离出煤灰和余焦便获得还原钛铁矿。

C 锈蚀

经过金属化后的钛铁矿是具有磁性的，且 TiO_2 与铁结合得很紧密。因此，经过磁选分离即可除去还原物料中的过剩还原剂。然后将金属化的物料放入装有稀酸溶液的锈蚀槽中，通空气搅拌使金属铁腐蚀生成类似铁锈（$Fe_2O_3 \cdot H_2O$）的微粒分散于溶液中，经过不断漂洗而被除去，从而达到除铁和富集 TiO_2 的目的。

金属铁的锈蚀实质上是一个电化学过程，阳极和阴极反应可以表示为：

阳极反应： $$Fe = Fe^{2+} + 2e \tag{18-37}$$

阴极反应： $$O_2 + 2H_2O + 4e = 4OH^- \tag{18-38}$$

颗粒内溶解下来的 Fe^{2+} 离子沿着微孔扩散到颗粒外表面的电解质溶液中，如在溶液中含有氧则进一步氧化生成水合氧化铁细粒沉淀：

$$2Fe^{2+} + 2OH^- + O_2 \Longrightarrow Fe_2O_3 \cdot H_2O \downarrow \qquad (18-39)$$

所生成的水合氧化铁粒子特别细，根据它与还原矿的物性差别，可将它们从还原矿的母体中分离出来，获得富钛料。

锈蚀过程为放热反应，可使矿浆温度升到 353K，锈蚀时间一般为 13~14h。为了加快锈蚀过程的进行，可加入 NH$_4$Cl 作为催化剂，加入量以 1.5%~2.0% 为宜。NH$_4$Cl 浓度过高会使氧在溶液中的溶解度降低而使锈蚀时间延长。NH$_4$Cl 浓度太低又会失去催化剂的意义。

当过程结束之后用水力旋流器循环装置对高品位的富钛料与氧化铁进行分离。此时进入 TiO$_2$ 产品的氧化铁不大于 0.2%，氧化铁中含 TiO$_2$ 约为 1%~2%。

D 洗涤和干燥

经锈蚀后得到的高品位富钛料（含 TiO$_2$ 92%），采用 2%~4% 的稀硫酸在 80℃ 下常压浸出富钛料，其中残留的一部分铁和锰等杂质被溶解出来，经过滤、干燥，即可获得人造金红石（含 TiO$_2$ 92%）。所得铁渣可制铁红（Fe$_2$O$_3$），也可直接还原成铁粉用于粉末冶金中。

与其他方法相比，还原腐蚀法生产人造金红石具有如下主要优点：

（1）人造金红石产品粒度均匀，颜色稳定。

（2）用电量和化学试剂量均少，主要原料是煤，并可利用廉价的褐煤，因此生产成本较低。

（3）"三废"容易治理，在腐蚀过程中排出的废水接近于中性（pH 值为 6~6.5），赤泥可经干燥作为炼铁原料，也可进一步加工成铁红。

18.2.4.3 硫酸浸出法

硫酸浸出法是用硫酸作溶剂对钛铁矿精矿进行浸出，使铁溶解进入溶液而钛则富集于不溶残渣中。硫酸浸出法多用于钛白生产上，也可用于生产人造金红石。此法适于处理含 Fe$_2$O$_3$ 高的钛铁矿，它要求还原焙烧使 Fe$_2$O$_3$ 还原成 FeO 占全铁的 95% 以上，然后经磁选脱焦获得人造钛铁矿。酸浸时采用带有搅拌器并内衬以耐酸砖的浸出罐，加入浓度为 22%~23% 的硫酸，于 393~403K 温度下浸出。基本反应是：

$$FeO \cdot TiO_2 + H_2SO_4 \Longrightarrow TiO_2 + FeSO_4 + H_2O \qquad (18-40)$$

为了提高铁的浸出率和减少钛的溶解，在不提高硫酸浓度和浸出温度的情况下，可采取加入二氧化钛水合物胶体作为结晶晶种的办法来提高铁的浸出率，晶种的加入还可提高人造金红石的品位，减少细粒人造金红石的生成，因而还有利于下一步工序过滤和水洗的进行。

酸浸矿浆在浓密机中进行沉降分离，底流经过滤机过滤，同时进行水洗，滤饼在回转窑中煅烧，控制温度 1173K，煅烧后的产品即为人造金红石产品。溢流结晶后得到副产品 FeSO$_4$，母液返回使用。

此法所得到的金红石比较纯（含 TiO$_2$ 96%），同时 FeSO$_4$ 可用以回收硫铵：

$$3FeSO_4 + 6NH_3 + (n+3)H_2O + 1/2O_2 \Longrightarrow 3(NH_4)_2SO_4 + Fe_3O_4 \cdot nH_2O \qquad (18-41)$$

产出的 Fe$_3$O$_4$ 可用作炼铁原料。

18.2.4.4　循环盐酸浸出法

循环盐酸浸出法是用盐酸浸出钛铁矿中的铁、钙及镁等杂质，使钛富集于滤渣中。

$$FeO \cdot TiO_2 + 2HCl \Longrightarrow TiO_2 + FeCl_2 + H_2O \tag{18-42}$$

$$CaO \cdot TiO_2 + 2HCl \Longrightarrow TiO_2 + CaCl_2 + H_2O \tag{18-43}$$

$$MgO \cdot TiO_2 + 2HCl \Longrightarrow TiO_2 + MgCl_2 + H_2O \tag{18-44}$$

$$MnO \cdot TiO_2 + 2HCl \Longrightarrow TiO_2 + MnCl_2 + H_2O \tag{18-45}$$

在浸出过程中，TiO_2 也有部分溶解：

$$FeO \cdot TiO_2 + 4HCl \Longrightarrow TiOCl_2 + FeCl_2 + 2H_2O \tag{18-46}$$

当水溶液的酸度降低时，溶解的 $TiOCl_2$ 又发生水解，析出 TiO_2 的水合物：

$$TiOCl_2 + (x+1)H_2O \Longrightarrow TiO_2 \cdot xH_2O(s) + 2HCl \tag{18-47}$$

循环盐酸浸出法可分为盐酸直接浸出法，强还原-盐酸浸出法和弱还原-盐酸浸出法。

(1) 盐酸直接浸出法。盐酸直接浸出法是采用盐酸直接浸出钛铁矿的方法。这种方法存在的问题是：铁浸出率低，浸出速度慢，而且必须采用高浓度盐酸在 373~573K 下加压浸出，TiO_2 损失也大。目前生产中已基本不用此法。

(2) 强还原—盐酸浸出法。强还原—盐酸浸出法是首先在强还原条件下将钛铁矿中的高价铁氧化物还原成金属铁，然后用盐酸浸出还原产物的方法。该法存在的问题是强还原作业的操作困难，也不经济。高价铁氧化物还原成金属铁要经历 $Fe(III) \rightarrow Fe(II)$ 和 $Fe(II) \rightarrow Fe^0$ 两个阶段，而后一个还原段的反应迟缓。另外，在铁氧化物还原成金属的同时，还会产生一部分容易溶解的低价钛氧化物，浸出时随滤液流出，造成钛的损失。

(3) 弱还原—盐酸浸出法。弱还原—盐酸浸出法是将钛铁矿中的高价铁氧化物用碳（或氢）还原成低价的 FeO，然后进行酸浸的方法。铁以氯化物形态进入溶液，TiO_2 则富集于滤渣中。这一工艺的优点是：矿石的还原过程比较简单易行；产品的品位高，一般 TiO_2 含量在 95%以上；浸出时使用盐酸的浓度为 20%，便于酸浸残酸的循环使用。由于弱还原—盐酸浸出法基本上克服了盐酸直接浸出法和强还原-盐酸浸出法的弊病，且具有操作可靠、产品质量高、能实现闭路生产等优点，故这一方法在 20 世纪 70 年代实现了工业化。此法的弱点是流程长，盐酸的腐蚀严重。

18.3　粗四氯化钛的生产

18.3.1　氯化反应热力学

18.3.1.1　氯化冶金

氯化冶金是往物料中添加氯化剂使欲提取的金属成分转变为氯化物，为制取纯金属做准备的冶金方法。由于各种氯化剂的活性很强，它几乎能将物料中所有的有价金属成分转变为氯化物。这些氯化物又具有熔点低、挥发性高而相互间的物理化学性质差别大，易于分离提纯的特点，很容易制取纯化合物。纯化合物可进一步用还原或电解的方法制取纯金属。借助于氯化冶金能较容易地达到金属的分离、提纯、富集和精炼等目的，它在钛等稀有金属冶金中得到了广泛的应用。

氯化冶金又有氯化焙烧和氯化浸出之分。一般根据需要处理的物料性质选择不同的氯化方法和适宜的氯化剂。在钛冶金中，采用氯化焙烧法制取 $TiCl_4$，氯化剂为氯气；而氯化浸出制取人造金红石时，常使用 NH_4Cl、HCl 和 $FeCl_3$ 等氯化剂。

氯化焙烧是往固体物料中添加氯化剂，在物料不发生熔融的高温下进行氯化的反应过程。它又有中温焙烧和高温焙烧之分。本章所述的制取 $TiCl_4$ 属于高温焙烧。

氯化冶金有下列特点：

(1) 对原料的适应性强，甚至能用于处理成分复杂的贫矿。

(2) 作业温度较其他火法冶金低。

(3) 物料中的有价组分分离效率高，综合利用好。其缺点是氯化剂腐蚀性强，易侵蚀设备、恶化劳动条件并污染环境。

18.3.1.2 加碳氯化反应

A 直接氯化的可行性

制备 $TiCl_4$ 无论选用何种钛矿原料，其主要的有价成分应为 TiO_2。TiO_2-Cl_2 系的直接氯化反应为：

$$TiO_2 + 2Cl_2 \rightleftharpoons TiCl_4 + O_2 \tag{18-48}$$
$$\Delta G_T^{\ominus} = 184300 - 58T \quad (409 \sim 940K)$$

即使 $T = 2000K$，仍然有 $\Delta G_T^{\ominus} > 0$。由此可见，在标准状态下是无法实现自发氯化反应的。事实上该反应是一个可逆反应，在标准态下逆反应的趋势很大。欲使该反应正向顺利进行，必须改变状态。在标准状态下则有：

$$\Delta G_T = \Delta G_T^{\ominus} + RTp_{TiCl_4}^{0.5}p_{O_2}^{0.5}/p_{Cl_2} \tag{18-49}$$

此时，为降低反应的自由能，使 $\Delta G_T < 0$，必须向系统里不断地通入氯气和不断地排出 $TiCl_4$ 和氧气，直接氯化方能实现。但是这需要消耗大量的氯气，而且氯气的利用率很低，在经济上是不可取的。

B 加碳氯化

造成直接氯化困难主要是该系统里氧气分压 (p_{O_2}) 太高的缘故。为了改变该系统的状态，常常加入一种还原剂，如 CO，在还原剂的参与下，系统中的氧会发生下列反应：

$$2CO + O_2 = 2CO_2 \tag{18-50}$$

这时改变了系统的气氛，使系统从氧化气氛转变为还原气氛，降低了氧的分压并导致 $\Delta G_T^{\ominus} < 0$，使氯化反应能正向顺利进行，此时的反应称为还原氯化。常用的还原剂有碳和 CO，但不可用氢气，因为系统中的氢气会生成 HCl 气体，腐蚀设备。当使用 CO-Cl_2 进行氯化时，氯化反应式为：

$$TiO_2 + 2CO + 2Cl_2 = TiCl_4 + 2CO_2 \tag{18-51}$$
$$\Delta G_T^{\ominus} = -389100 + 125T \quad (409 \sim 1940K)$$

当作业温度为 1100℃时，$\Delta G_T^{\ominus} < 0$，反应能够自发进行。

使用 C-Cl_2 氯化时，称为加碳氯化。在正常反应温度下，$t < 1100℃$ （即 $T < 1373K$）时，碳的直接还原几率甚微。但因为存在碳的气化反应，即布多尔反应：

$$C + CO_2 = 2CO \tag{18-52}$$

此时固体碳转变为 CO，CO 起到了决定性的还原作用，并改变了还原剂的状态，使式 (18-51) 反应顺利进行。加碳氯化时，将式(18-51) 和式(18-52) 联立，按照不同的配碳比可得出下列两式：

$$TiO_2 + 2C + 2Cl_2 \Longrightarrow TiCl_4 + 2CO \tag{18-53}$$
$$\Delta G_T^{\ominus} = -48000 - 226T \quad (409 \sim 1940K)$$
$$TiO_2 + C + 2Cl_2 \Longrightarrow TiCl_4 + CO_2 \tag{18-54}$$
$$\Delta G_T^{\ominus} = -210000 - 58T \quad (409 \sim 1940K)$$

在正常作业条件下，式 (18-53) 和式 (18-54) 中的 $\Delta G_T^{\ominus} < 0$，反应均可自发进行。可以把式 (18-53) 和式 (18-54) 看成是布多尔反应和 TiO_2-CO-Cl_2 系反应的复合式。假定生成 CO 反应 (即式 (18-53)) 的几率为 η，则 $\eta = p_{CO}/(p_{CO} + p_{CO_2})$，综合上述两式可以表述为：

$$TiO_2 + (1 + \eta)C + 2Cl_2 \Longrightarrow TiCl_4 + 2\eta CO + (1 - \eta)CO_2 \tag{18-55}$$

式 (18-55) 全面地表达了 TiO_2 加碳氯化各成分间的数量关系。

当 TiO_2 加碳氯化系统达到平衡时，氧势 (即氧位，$\mu_{O_2} - \mu_{O_2}^{\ominus}$) 值和氧分压存在对应关系，即氧分压高，氧势也高。氧势按其定义可表述为：

$$\mu_{O_2} - \mu_{O_2}^{\ominus} = RT\ln p_{O_2}$$

由式 (18-50) 可知：

$$p_{O_2} = K_p (p_{CO}/p_{CO_2})^{-2}$$

因此，系统里 p_{CO}/p_{CO_2} 比值越大，p_{CO_2} 分压也越低，其氧势相应越低，氯化时的还原性越强。所以气相中 p_{CO}/p_{CO_2} 值控制着反应的方向，当需要判断反应能否进行时，用 p_{CO}/p_{CO_2} 值比用 p_{CO_2} 值或 K_p 值更加直观，更易测量。

如在一些专著中的氧势图 (即 $G^{\ominus}$-T 图) 中，可以找出 1200K 时的平衡区。当要求 $p_{CO_2} \leqslant 0.1Pa$ 时，则有 $p_{CO}/p_{CO_2} \geqslant 10^{-5}$，该反应可顺利进行，判断迅速便捷。

C　杂质的氯化

富钛料中含有多种杂质，如 FeO、Fe_2O_3、CaO、MgO、Al_2O_3 及 SiO_2 等。如果富钛料是钛渣时，还有 TiO、Ti_2O_3 和 Ti_3O_5 等低价氧化物。与 TiO_2 类似，这些杂质均能发生类似式 (18-53) 和式 (18-54) 的反应。反应生成物分别为相应的氯化物，如 $FeCl_2$、$FeCl_3$、$CaCl_2$、$MgCl_2$、$AlCl_3$ 及 $SiCl_4$ 等。以 FeO 为例，反应为：

$$FeO + C + Cl_2 \Longrightarrow FeCl_2 + CO$$
$$FeO + 0.5C + Cl_2 \Longrightarrow FeCl_2 + 0.5CO_2$$

其中 FeO 可以生成 $FeCl_2$ 和 $FeCl_3$ 两种氯化物，而且在一定条件下它们之间存在着下列关系：

$$2FeCl_2 + Cl_2 \Longrightarrow 2FeCl_3 \tag{18-56}$$

从 TiO_2 和其他杂质加碳氯化反应的 $\Delta G_T^{\ominus}$ 计算值绘制成图 18-11 所示的 $\Delta G_T^{\ominus}$-T 关系图。从中看出，各种成分加碳氯化反应的 $\Delta G_T^{\ominus} < 0$，说明反应均可自发进行。但各种成分氯化反应的 $\Delta G_T^{\ominus}$ 各不相等，其 $\Delta G_T^{\ominus}$ 值越小 (即绝对值越大)，越易氯化；反之则越难氯化。富钛料中各组分在 800℃ 下优先氯化顺序为：CaO>MnO>MgO>Fe_2O_3>FeO>TiO_2>Al_2O_3>SiO_2。其中如有低价钛氧化物，氯化优先顺序为：TiO>Ti_2O_3>Ti_3O_5>TiO_2。实践表明，

TiO_2 和主要杂质在 800℃ 的相对氯化率分别为：Fe_2O_3 和 FeO 为 100%，CaO>80%，MgO>60%，Al_2O_3 0.4%，SiO_2 1%，TiO_2 处于中间状态。当控制反应使 TiO_2 达到全部氯化时，氯化剩余物（残渣）主要是 SiO_2 和 Al_2O_3。

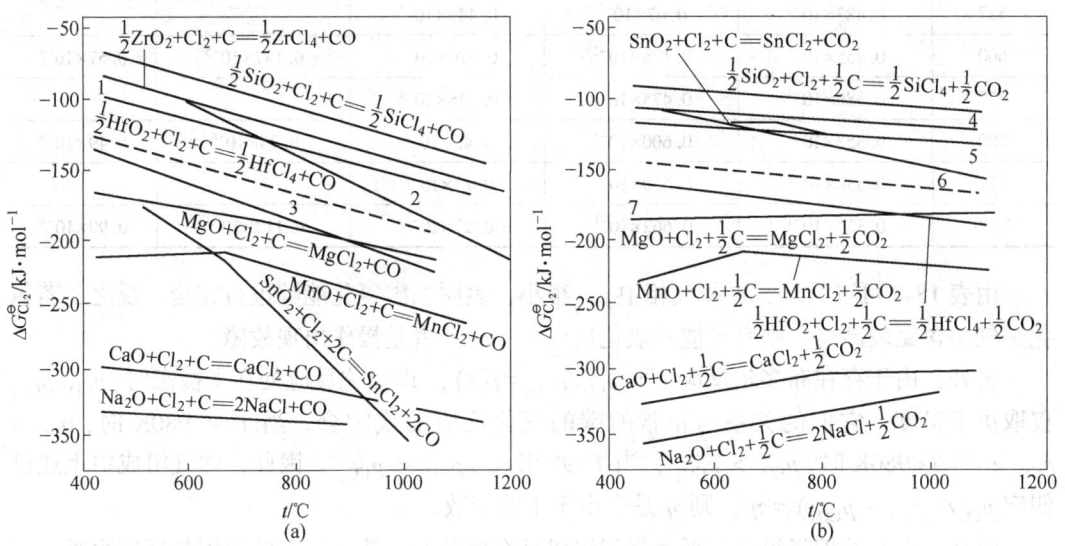

图 18-11 $\Delta G^{\ominus}\text{-}T$ 关系图

(a) $\frac{1}{n}Me_2O_n + C + Cl_2 = \frac{2}{n}MeCl_n + CO$ 的 $\Delta G^{\ominus}\text{-}T$ 图；

(b) $\frac{1}{n}Me_2O_n + \frac{1}{2}C + Cl_2 = \frac{2}{n}MeCl_n + \frac{1}{2}CO_2$ 的 $\Delta G^{\ominus}\text{-}T$ 图

1—$1/2TiO_2 + C + Cl_2 = 1/2TiCl_4 + CO$；2—$1/3Al_2O_3 + C + Cl_2 = 2/3AlCl_3 + CO$；

3—$1/3Fe_2O_3 + C + Cl_2 = 2/3FeCl_3 + CO$；4—$1/2ZrO_2 + 1/2C + Cl_2 = 1/2ZrCl_4 + 1/2CO_2$；

5—$1/2TiO_2 + 1/2C + Cl_2 = 1/2TiCl_4 + 1/2CO_2$；6—$1/3Al_2O_3 + 1/2C + Cl_2 = 2/3AlCl_3 + 1/2CO_2$；

7—$1/3Fe_2O_3 + 1/2C + Cl_2 = 2/3FeCl_3 + 1/2CO_2$

当物料存在水和有机物时，会发生下列副反应：

$$C_nH_m + \frac{m}{2}Cl_2 + \frac{n}{2}O_2 = nCO + mHCl \tag{18-57}$$

$$H_2O + Cl_2 + C = 2HCl + CO \tag{18-58}$$

$$CO + Cl_2 = COCl_2 \tag{18-59}$$

$$TiO_2 + 2COCl_2 = TiCl_4 + 2CO_2 \tag{18-60}$$

应该指出的是，$COCl_2$（光气）是一种强氯化还原剂，很容易进行氯化反应。但由于它在高温时易分解，因此仅存在于低温下的副反应中。

18.3.1.3 气相平衡组成和配碳比

在加碳氯化过程中，炉气成分复杂。但从主反应方程式可见，关联的主要气相成分是 CO、CO_2、$TiCl_4$、Cl_2 和 $COCl_2$。当反应达到平衡时，彼此间存在着某种定量关系，称为气相平衡组成。它们的平衡组成可通过建立五组方程式求解得出。一些通过理论计算得出的气相平衡组成分压数据见表 18-8。

表 18-8 理论气相平衡组成分压数据

$t/℃$	p_{TiCl_4}	p_{CO}	p_{CO_2}	p_{Cl_2}	p_{COCl_2}
400	$0.500×10^{-1}$	$0.54×10^{-3}$	$0.435×10^{-1}$	$0.138×10^{-7}$	$0.23×10^{-8}$
527	$0.483×10^{-1}$	$0.67×10^{-2}$	$0.449×10^{-1}$		
600	$0.455×10^{-1}$	$0.175×10^{-1}$	$0.370×10^{-1}$	$0.147×10^{-5}$	$0.57×10^{-7}$
727	$0.386×10^{-1}$	$0.475×10^{-1}$	$0.148×10^{-1}$		
800	$0.353×10^{-1}$	$0.600×10^{-1}$	$0.46×10^{-2}$	$0.74×10^{-4}$	$0.49×10^{-7}$
927	$0.338×10^{-1}$	$0.650×10^{-1}$	$0.13×10^{-2}$		
1000	$0.335×10^{-1}$	$0.662×10^{-1}$	$0.27×10^{-3}$	$0.112×10^{-4}$	$0.99×10^{-8}$

由表 18-8 可以看出，平衡气相中 p_{Cl_2} 很小，表明加碳氯化能够进行完全。反之，若氯化炉气中含氯较高时，则有可能是氯化反应不正常或者是操作出现故障。

另外，由于存在布多尔反应，而 $p_{CO}/p_{CO_2}=f(t)$，即氯化反应处在平衡态时，p_{CO}/p_{CO_2} 仅取决于温度。它们的关系与正常的碳的气化反应曲线吻合。当 T = 980K 时，$p_{CO}=p_{CO_2}$；当 $T<980K$ 时，$p_{CO} > p_{CO_2}$；当 $T>980K$ 时，$p_{CO} < p_{CO_2}$。因此，炉气组成中上述已假定 $p_{CO}/(p_{CO} + p_{CO_2}) = \eta$，则 η 是个小于 1 的变数。

但是，实测的炉气组成与平衡气相组成是有偏差的。造成偏差的原因是反应很难达到平衡（有时甚至是有意识地破坏这种平衡）造成的。由于式（18-52）所反应生成的碳的气化反应是个缓慢过程，它比式（18-51）反应慢得多，因此式（18-52）反应生成的 CO 被式（18-51）反应作为还原剂而消耗掉，使得 p_{CO} 量远比平衡态低。具体地说，η 值不仅与反应温度有关，还与其他操作工艺参数，如配碳比的大小和是否增氧加大发热量等因素有关。尽管实际炉气组成偏离平衡气相组成，但它仍有一定参考价值，可作为定性分析加碳氯化过程的依据。

理论配碳比可按式（18-55）来计算，从式（18-55）中可知，1mol TiO_2 的理论配碳比为 $(1+\eta)$mol 碳。理论配碳比计算的一些结果见表 18-9。由表 18-9 可见，高温时的理论配碳比 $(1+\eta)$ 接近 2。

表 18-9 理论配碳比

$t/℃$	527	727	800	927
配碳比 $(1+\eta)$ /mol	1.07	1.62	1.929	1.98

由于生产作业的实际炉气组成偏离平衡，假设实际生成 CO 的比例为 η^*，则 η^* 值可实测得到。$\eta^* = p_{CO}^*/(p_{CO}^* + p_{CO_2}^*)$，其中有 * 者为实际数值。一般情况下，$\eta^*<\eta$，$1+\eta^* <1+\eta$。为了计算实际配碳比，应该采用 η^* 值，即用矿碳比值 $TiO_2/C = 1+\eta^*$ 比较准确。事实上 η^* 可在很宽的范围内波动，即 η^* 在 0.01~0.99 之间。

无论选用何种富钛料，其所含的杂质均需要配碳。因此，可以不考虑富钛料的 TiO_2 品位。但选用的石油焦等，因含碳量的差异应适当增加焦量。

18.3.1.4 反应热效应

先按式（18-55）计算出生成 1mol $TiCl_4$ 的反应物料反应热 $\Delta H_T^{\ominus}$ 和物料吸热 $Q_{T吸}$。忽

略散热，绝热过程中反应的余热ΣQ_T为：

$$\Sigma Q_T = \Delta H_T^{\ominus} + Q_{T吸}$$

按上述计算得出的TiO_2加碳氯化的反应热效应结果见表18-10。需要说明的是，表18-10 中温度为1173K 的数值是按$\eta^* = 0.712$计算的，其他数值均按η值计算。

表 18-10　TiO_2加碳氯化的反应热效应

项 目	T/K		
	800	1000	1173
η	0.07	0.62	0.712（η^*）
$\Delta H_T^{\ominus}/kJ \cdot mol^{-1}$	−217	−129	−127
$Q_T/kJ \cdot mol^{-1}$	−135	−26.1	33.0

计算结果表明，TiO_2加碳氯化反应的温度越高，反应热效应越低。因为布多尔反应的规律是温度越高，反应生成物中η（或η^*）也越大，这是由于式（18-52）反应的生成物 CO 与CO_2的热焓相差很大造成的。如生成物为 CO 时，$\Delta H_{298}^{\ominus} = -110.4$ kJ/mol；如生成物为CO_2时，$\Delta H_{298}^{\ominus} = -393.1$kJ/mol。在工业流态化炉内正常氯化温度（低于800℃）下，在平衡气相组成的状态时，金红石型TiO_2维持自热比较困难。实践表明，如使用高钛渣做原料，由于存在低价钛反应热大，同时炉气组成也达不到平衡态，所以能达到自然反应，而且炉型越大越易达到自热。

1000℃下TiO_2加碳氯化时，不同η^*值下的反应热效应见表18-11。由表18-11 可见，在相同温度下，不同的η^*值热效应相差很大。这种情况表明采用金红石型富钛料，当$\eta^* < 0.5$时可达到自热反应。

表 18-11　1000℃下TiO_2加碳氯化时不同η^*值下的反应热效应

热效应项目	η^*				
	0	0.2	0.4	0.5	1
$\Delta H_{1273K}^{\ominus}/kJ \cdot mol^{-1}$	−246.6	−212.0	−177	−160.2	−74.0
$\Delta H_{1273K}^{\ominus}/kJ \cdot mol^{-1}$	−84.7	−46.4	−8.2	11.0	106.0

为了节能，采用低η^*值的工艺条件，使反应按式（18-54）生成CO_2的方向进行。为此，可采取适当减少配碳量，同时鼓进部分氧气的措施，来达到降低配碳比的目的。此时 CO 消耗多，补充来不及，因而远远偏离了布多尔反应的平衡，$\eta^* \ll \eta$，这也是生产中η^*值可在很大范围内波动的原因。在制取人造金红石加碳选择氯化工艺中尤其是这样。

18.3.1.5　加碳氯化动力学

A　加碳氯化反应机理

TiO_2加 CO 氯化是个气-固类复杂反应过程，反应在TiO_2固粒表面进行。一种机理认为先生成 COCl 类中间产物，然后再继续氯化，反应历程由下列反应步骤串联构成：

$$Cl_2 =\!\!= 2Cl \qquad (18\text{-}61)$$

$$CO + Cl =\!\!= COCl \qquad (18\text{-}62)$$

$$TiO_2 + COCl \Longrightarrow TiOCl + CO_2 \tag{18-63}$$

$$TiOCl + Cl \Longrightarrow TiOCl_2 \tag{18-64}$$

$$2TiOCl_2 \Longrightarrow TiO_2 + TiCl_4 \tag{18-65}$$

该氯化过程依序即按氯化剂生成→扩散→吸附→反应→脱附→扩散等步骤进行，其中化学反应是在 TiO_2 颗粒表面上进行的。微观动力学可用缩粒模型（固粒半径随着反应的进行逐渐缩小）来描述。其中以式（18-63）反应最慢，所以式（18-63）成为控制步骤，此时则有：

$$-\frac{dW_{TiO_2}}{dt} = \frac{dW_{TiOCl}}{dt} \tag{18-66}$$

按此进一步导出下列动力学方程式：

$$-\frac{dW}{dt} = kAp_{Cl_2}^{0.5} p_{CO} \tag{18-67}$$

式中　W——TiO_2 的质量，代替 W_{TiO_2}，g；

　　　p——气体压力，Pa；

　　　A——固粒表面积，mm^2。

经实验验证，式（18-67）是成立的。

碳的气化反应也是个气-固相复杂反应（CO 来自吸附在炭粒表面的 CO），被碳还原的反应。一种理论认为，整个反应过程由下列反应链构成：

$$C + CO_2 \Longrightarrow CO + C + [O] \tag{18-68}$$

$$C + [O] \Longrightarrow CO \tag{18-69}$$

式中　$[O]$——被碳吸附的氧原子。

碳的气化反应也是个慢过程，实际 CO 的分压值有 $p_{CO} = \eta(p_{CO} + p_{CO_2})$。在一定的炉型和工艺条件下，$\eta$ 为常数，p_{CO} 也为常数，令 $p_{CO} = B$。加碳氯化总反应是由式（18-64）和式（18-65）加和而成的复合反应，所以它的反应历程由式（18-61）～式（18-65）和式（18-68）、式（18-69）一连串反应链构成。

在式（18-64）和式（18-65）中，仅式（18-64）反应的生成物有 $TiCl_4$。因此，按生成 $TiCl_4$ 的反应速率而言，加碳氯化总反应式速率同式（18-64）的速率，并且有相同的动力学规律，但这里 p_{CO} 为常数，由此导出加碳氯化动力学式：

$$-\frac{dW}{dt} = k'ABp_{Cl_2}^{0.5} \tag{18-70}$$

在连续均衡加料的流态化工艺中，宏观上可以认为粉体颗粒群在动态中总表面积为定值，即式中（18-70）的 A 为常数。由此可见，此时宏观动力学式（18-70）变得很简单。

但是从微观上讲，每个 TiO_2 粒子的表面积则是不断缩小的，对微观反应有影响。微观动力学可用缩粒模型来描述。现来分析 1 个球状 TiO_2 粒子，当其原始粒径 r_0 向粒径 r 变化时，可以导出：

$$W_0^{1/3} - W^{1/3} = k't$$

或

$$1 - (1 - R)^{1/3} = kt \tag{18-71}$$

式中　W_0，W——粒径 r_0 和 r 对应的 TiO_2 质量；

　　　R——反应分数，$R = 1 - W/W_0$；

t——反应时间。

式（18-71）揭示了在连续加碳氯化作业中，单一颗粒或单一粒级 TiO_2 反应所应遵循的微观规律。在间歇作业中，宏观上粉末体总表面积在不断变小，经验也证实符合式（18-71）所描述的规律。

加碳氯化时，微观反应属于缩粒模型，即反应在固体颗粒表面进行。在流态化过程中，由于流体使固粒产生强烈的湍流，使气-固间的扩散速率大大提高，与固定床相比，其扩散阻力小得多。

B 影响氯化反应的动力学因素

影响氯化反应动力学的因素主要有氯气浓度和流量、反应温度、富钛料的特性、还原剂的活性和配碳比。

a 氯气的浓度和流量

由前述导出的加碳氯化式（18-70）中，$-\dfrac{dW}{dt} \propto p_{Cl_2}^{0.5}$，这表明反应速率与 $p_{Cl_2}^{0.5}$ 成正比，氯化时提高氯气的浓度能增大反应速率。

在加碳氯化过程中，氯气既是氯化剂又是气流载体。当氯气入炉后便进行了复杂的化学反应，使气体种类和体积发生了变化。为简化计算，不考虑它的化学变化。如使用纯氯加料时，加入的氯气量是通过控制氯气流量来达到的。流量越大，它在流化床内的流速也越大。

采用制粒高钛渣（1~5mm）为原料时，控制反应温度900℃，实验获得的加碳氯化反应速率与氯气流速关系曲线如图 18-12 所示。图中曲线表明，当氯气流速较小（$u<0.8$ m/s）时，氯化速率随氯气流速增加而加大。这是因为氯气流速的增加造成流化床内强烈的湍动，使高钛渣固粒表面气体边界层厚度减小，有利于提高气体的扩散速率，增加了氯化速率。当氯气流速达到较大值（$u = 0.8$ m/s）后，扩散速率已很大，反应不再受

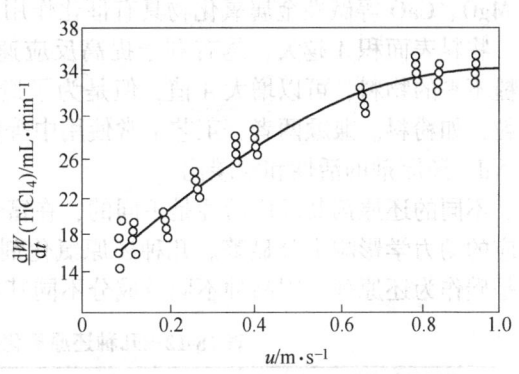

图 18-12　氯化反应速率与氯气流速的关系

扩散步骤控制，所以再进一步提高氯气流速影响已不明显。

要提高反应速度必须提高氯气的浓度，氯气浓度越高越有利，最好是使用纯氯。但是，也要依据现场的具体条件因地制宜，若有浓度较低的氯气，必须直接加以利用。为了提高氯气浓度，有时需补充一些纯氯。实践表明，采用浓度稍低的氯气，如浓度为75%的氯气，对氯化反应速率没有明显的不良影响。当然，单靠提高氯气浓度来增加反应速度是不够的，还需适当地加大氯气流量。由于适宜的流化操作速度范围比较宽，适当地加大氯气流量来加速流化操作是可行的。此时为了保持良好的流化状况，宜使用颗粒稍大的物料。

b 反应温度

采用制粒高钛渣（1~5mm）做原料，在流态化炉上进行加碳氯化实验，分别测出不

同的温度下的氯化速率，结果如图 18-13 所示。由图可见，在加碳氯化的低温区（300～700℃），随温度升高，氯化速率增加很快；当达到 700℃时，再升高温度，氯化速率增加已较慢。700℃处为相应的转折点。反应的活化能经计算得出：300～700℃时，$E_表 = 36$ kJ/mol；700～1100℃时，$E_表 = 8.86$ kJ/mol。

结果表明：在低温区（300～700℃），化学反应步骤是控制步骤；在高温区，即温度高于 700℃时，扩散步骤为控制步骤。因此实际选用的作业温度都在较高的温度下，便于获得高的氯化速率。但是，由于氯在高温下的腐蚀性强，兼顾到设备的安全性，不宜采用过高的作业温度。常用的较适宜温度为 900～1000℃。

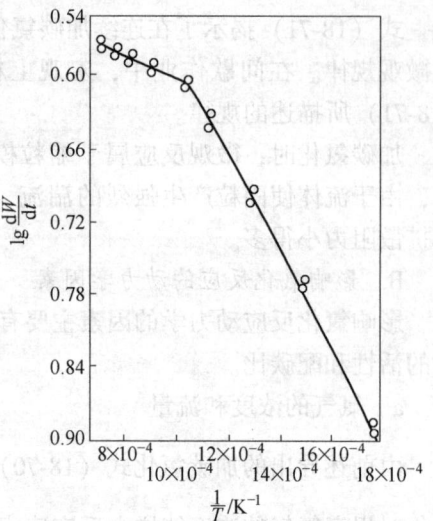

图 18-13 氯化速率与温度关系曲线

c 富钛料的特性

氯化反应的动力学过程除与富钛料的成分有关外，还与物料的颗粒特性有关。使用含 TiO_2 品位高的富钛料或使用含低价氧化钛多的高钛渣均可以增大反应速率。另外，还与富钛料中所含杂质的种类和含量有关，因为所含 MgO、CaO 等碱性金属氧化物具有催化作用，而所含 SiO_2 却具有毒化作用。

物料表面积 A 越大，越有利于提高反应速率。如选用颗粒小的物料或孔隙多而表面粗糙不平的物料，可以增大 A 值，但是为了避免出现不正常流化，不宜选用太小的物料颗粒，如粉料。兼顾两者，工艺上常使用中等粒级的物料。

d 还原剂的活性和配碳比

不同的还原剂其反应活性是不同的，在富钛料氯化过程中具有不同的反应活化能，对反应的动力学影响十分显著。几种还原氯化剂的表观反应活化能（E）见表 18-12，即使同是碳作为还原剂，因品种不同及成分不同其反应活性也不同。

表 18-12 几种还原氯化剂的表观反应活化能

还原氯化剂	Cl_2	$C+Cl_2$	$CO+Cl_2$
E_{TiO_2}/kJ·mol^{-1}	184	80.8	123

加碳氯化所需活化能最低，反应速率也最大。这是因为碳不仅是还原剂，而且碳中夹杂的多种杂质，如铁、钴、镍、锰等的化合物均有催化作用，使加碳氯化比加 CO 氯化的反应速率大 40～50 倍，所以实践中常用加碳氯化。

关于碳中矿物杂质的催化机理，有人采用电子循环授受催化理论进行验证，认为以碳的电负性为标准，一切电负性比碳小、能向碳输送电子者必定为催化剂，反之必定为毒化剂。其中，铁、镍和碱金属、碱土金属及其盐类均为催化剂，而硅及其盐类均为毒化剂。

在使用石油焦作为还原剂的情况下，过大的配碳比（除作为处理高钙镁盐的富钛物料用作稀释剂外）不但不会使反应速率增加，反而会造成浪费；配碳比过小，富钛物料氯化不完全，一部分 TiO_2 进入炉渣排出，降低了钛的回收率。因此，配碳比必须准确适当。

18.3.2 氯化工艺及设备

制取 $TiCl_4$ 的氯化工艺主要有流态化氯化、熔盐氯化和竖炉氯化三种氯化方法。

（1）流态化氯化是采用细颗粒富钛物料与固体碳质还原剂，在高温、氯气流作用下呈流态化状态，同时进行氯化反应制取 $TiCl_4$ 的方法。该方法具有加速气-固相间传质和传热过程、强化生产的特点。

（2）熔盐氯化是将磨细的钛渣或金红石和石油焦悬浮在熔盐（主要由 KCl、NaCl、$MgCl_2$ 和 $CaCl_2$ 组成）介质中，通入氯气进行氯化制取 $TiCl_4$ 的方法。

（3）竖炉氯化是将被氯化的钛渣（或金红石）和石油焦细磨，加黏结剂混匀制团并经焦化，制成的团块料堆放在竖式氯化炉中，呈固定层状态与氯气作用制取 $TiCl_4$ 的方法，又称固定层氯化或团料氯化。

现行生产 $TiCl_4$ 的氯化方法主要是流态化氯化（日本、美国采用），而且也是目前最先进的方法；其次是熔盐氯化（前苏联采用）；竖炉氯化已被淘汰。中国兼用流态化氯化与熔盐氯化。三种不同的氯化方法的比较见表 18-13。

表 18-13 三种氯化方法的比较

比较项目	流态化氯化	熔盐氯化	竖炉氯化
主体设备	流态化氯化炉	熔盐氯化炉	竖式氯化炉
炉型结构	较复杂	较复杂	复杂
供热方式	自热生产	自热生产	靠电热维持炉温
最大炉生产能力 $(TiCl_4)/t \cdot d^{-1}$	80~120	100~150	20
适用原料	适用于 CaO、MgO 含量低的原料	适用于 CaO、MgO 含量高的物料	用于处理含 CaO、MgO 含量高的原料
原料准备	粉料入炉	粉料入炉	制成团块料入炉
工艺特征	反应在流态化层中进行，传热、传质条件好，可强化生产	熔盐由氯气搅拌，传热、传质条件良好，有利反应	反应在团块表面进行，限制了氯化速度
碳 耗	中等	低	高
炉气中 $TiCl_4$ 浓度	中等	较高	较低
炉生产能力 $(TiCl_4)$ $/t \cdot (m^2 \cdot d)^{-1}$	25~40	15~25	4~5
"三废"处理	氧化渣可回收利用	需解决回收利用排出的废盐	需定期清渣并更换炭素格子
劳动条件	较好	较好	差

18.3.2.1 流态化氯化工艺及设备

A 流态化氯化工艺流程

目前，国内外所用的流态化氯化工艺流程大体相同，其原则工艺流程如图 18-14 所示，但采用的设备差别较大。设备流程如图 18-15 所示。

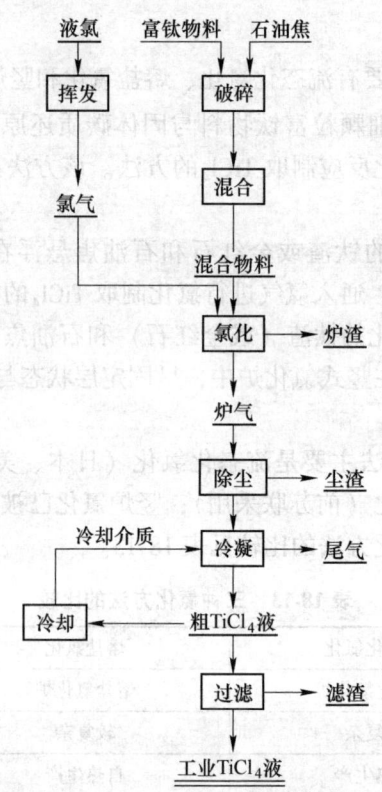

图 18-14   流态化氯化的原则工艺流程

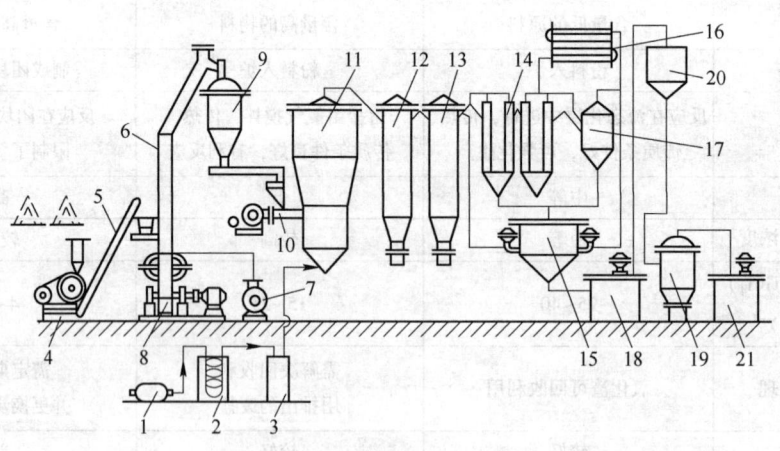

图 18-15   流态化氯化设备流程（举例）

1—液氯瓶；2—液氯挥发器；3—缓冲罐；4—颚式破碎机；5—运输机；6—竖井；7—鼓风机；8—锤式粉碎机；
9—料仓；10—加料机械；11—流态化氯化炉；12—第一收尘器；13—第二收尘器；14—喷洒塔；15—循环泵槽；
16—冷凝器；17—泡沫塔；18—中间贮槽；19—过滤器；20—过滤高位槽；21—工业 TiCl₄ 贮槽

氯化设备由三部分组成，第一部分是原料准备的设备，第二部分为流态化氯化炉，第三部分为后处理设备。其中原料准备和部分后处理设备为标准设备。这里主要介绍主体设备如流态化氯化炉等非标准设备。

B 流态化氯化炉

流态化氯化炉不宜用构造复杂或内部附加构件的床层，为了避免因氯化腐蚀而遭受损坏，常采用单层圆形流化床。目前常见的炉形有直筒形、扩散形和锥形。

直筒形炉上下部分的直径相同，结构简单而紧凑，适用于粒度细而流速低的场合。但是操作流速范围较窄，多用作实验设备。

扩散形炉的炉膛空间上下不相同，下部流态化段直径小，上部空间扩大，适用于粉料粒级范围较宽的作业条件。操作时物料进入炉膛，粗颗粒在流态化层内反应，而细颗粒进入扩大段，由于气流速度降低不被带出，使其在炉内的停留时间增加。在扩大段里，残余氯气又继续和细粉料反应，进行稀相氯化，有利于降低氯化时的粉尘率和提高物料的利用率，因此它是工业上常采用的大中型炉体。

结构简单的扩散型流态化氯化炉结构示意图如图 18-16 所示，主要由炉体、气体分布装置、加料器、排渣器、气固分离装置和测量仪表等组成。炉体按部位由炉顶、炉身和炉底三部分组合成；按结构外层是钢材焊成的炉壳，内层是炉壁。炉壁由数层耐火和保温材料砌成，要求其耐高温、耐氯气和耐酸腐蚀，密封性能好，为此常选用酸性或半酸性耐火材料作为炉衬材料。特别是流态化段，温度高、氯气浓度大、物料对炉壁的冲刷严重，炉壁应适当加厚。为了防止氯气渗漏，内衬最好采用预制圈层整体构筑。

尽管流态化炉的投资所占设备费用比例不大，但它对整个氯化工艺却起到决定性的作用，所以设计结构合理的炉体是至关重要的。

我国学者为了处理钙镁含量较高的物料，设计了无筛板氯化炉，该炉反应良好，沸腾状态稳定，炉况正常，排渣顺畅，排出的炽热炉渣呈疏松的颗粒状，流动性良好。钛的氯化率达 97%，单炉产能 22t/($m^2 \cdot d$)。用这种炉型可处理含（MgO+CaO）达 7%~10%的钛渣。

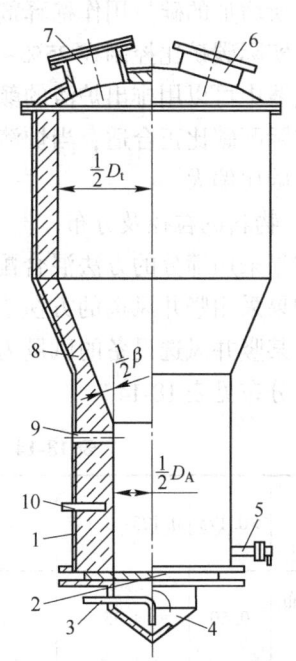

图 18-16 流态化氯化炉结构示意图

1—炉壳；2—气体分布板；3—进气管；
4—风箱；5—排渣器；6—炉气出口；
7—入孔；8—炉衬；9—加料口；10—测温管

C 流态化氯化过程

a 混合物料的准备

不同产地的天然金红石和钛铁矿成分是不同的，因而所制得的金红石或高钛渣的 TiO_2 含量也不一样。作为制取 $TiCl_4$ 的流态化氯化工艺，不仅要求采用品位高的富钛料，因为杂质含量低，氯气利用率高、渣量少；而且要求（CaO + MgO）含量不能太高，这有利于保持良好的流化状态。

还原剂常用石油焦，石油焦是石油化工工业的副产品，其固定碳的含量变化较大，为了达到准确配碳量，应对每批石油焦的成分进行分析。要求石油焦中碳的质量分数大于90%，挥发分、灰分和水分的质量分数分别小于10%、3%和1%。

高钛渣和石油焦性脆，较易破碎，粗碎可用颚式破碎机，粉碎可用锤式粉碎机。可用皮带运输机或斗式提升机来运输这些物料。物料的混合大致有两种方案。一是金红石（或高钛渣）和石油焦经破碎后，用机械筛分出所需粒径的颗粒，并按预定的配碳比计量配料，然后经混合器混合。此方案对物料的粒径和配比的控制都很精确，但是生产流程较长。二是采用竖井风选的方法，按预定的配碳比计量配料，经粗碎后直接加入竖井风选机构进行粉碎和风选。

b　实际配碳比

按照物料中的有价成分计算好理论配碳比后，根据具体情况确定实际配碳比。理论配碳比是按 TiO_2 量计算的，当采用高钛渣做原料时，由于其中含有一定量的低价氧化钛，因此配碳量应随其含量相应减少。如果高钛渣或金红石的钙镁盐含量高，需要适当加大配碳比，所增加的碳量用作稀释剂。实际配碳比还必须考虑碳的机械损失这一因素。一般情况下，实际碳矿比控制在 25%~30%。

实践中可以用排出炉渣的颜色来检验配碳比是否准确。当炉渣颜色呈灰色时，说明采用的实际配碳比正合适；当炉渣呈黄色时，说明实际配碳比偏小；当炉渣呈黑色时，说明实际配碳比偏大。

c　物料的粒径及分布

如果采用筛分的方法混合配料，物料颗粒的粒径及分布是采用机械筛分的方法控制的；如果采用竖井风选的方法混合配料，物料颗粒的粒径及分布是通过调节风量来控制的。如某竖井风选设备的风量为 7500 m^3/h，生产能力为 0.6t/h 时，获得的混合物料的典型粒度分布见表 18-14。

表 18-14　风选得到的混合料的典型粒度分布举例

粒度 /mm	>0.175	0.175~0.147	0.147~0.121	0.121~0.109	0.109~0.096	0.096~0.084	0.084~0.075	<0.075
粒度分布 /%	0.50	4.35	1.18	10.27	10.38	14.09	46.12	23.29

d　氯化炉的操作

氯化炉启动准备包括如下工作：氯化炉启动前必须经过烘烤，目的一是为了使氯化炉干燥脱水，避免在正常生产中 $TiCl_4$ 发生水解；二是使氯化炉预先升温，启动后就达到氯化所需温度，马上进入正常操作。烘烤时间应按检修时间和所用炉壁材料的不同而异。新炉体和大修炉的烘烤时间稍长，小修及正常停炉的烤炉时间则短些；硅砖炉壁烘烤时间稍长，半酸性砖则短些，采用熔铸层内衬可更短一些。烘烤最后达 800~900℃时，氯化炉即可启动。

若采用直孔筛板为气体分布板的炉体，启动前必须在筛板面上添加填充料层。常加入2~3mm 粒度的石油焦，厚约 200mm。

氯化炉的正常操作包括：

（1）混合物料的加料速度。控制混合物料的适宜加料速度，就可以保持合适的炉内料层堆积高度（即固定层高度）。合适的料层高度，可以加长氯气在料层中的停留时间，提高氯气的利用率。但料层太高，易出现不正常流化状态。料层太矮，氯气在料层中的停留时间太短，会降低氯气的利用率，增高尾气中的氯含量。因此，控制混合物料的合适加入速度是正常氯化操作的重要工艺条件之一。

（2）氯气流量的确定。氯气流量既要满足流态化层内流体力学的条件，又要满足反应动力学的要求，它与采用的物料颗粒特征、炉子的结构尺寸和反应温度等有关。

（3）反应温度。升高温度可加快氯化反应的速度，所以反应温度一般高于800℃。但是，过高的反应温度，容易造成炉体腐蚀。因此，目前认为反应较适宜温度应控制在800~1000℃。

（4）排渣量。为了保持沸腾层良好地流化，及时排出炉内积集的过剩碳和其他杂质是很必要的。特别是当物料含有较多的钙镁盐时，在流态化氯化过程中，因流态化层钙镁盐的富集易破坏流态化状况，必须及时排除，此时应增加排渣次数和排渣量。因此，必须根据原料的成分等具体情况，确定定期排渣的量和排渣次数。炉渣中 TiO_2 的质量分数要低，一般小于7%。

（5）炉气中氯的浓度。炉气中 Cl_2 的体积分数小于0.1%时才属正常流化，若氯的浓度高，说明流化不正常，需要找出原因，加以解决。

18.3.2.2 熔盐氯化工艺及设备

熔盐氯化是将熔盐介质，细粒富钛物料和石油焦在氯化炉内与氯气作用生成 $TiCl_4$ 的过程，是 $TiCl_4$ 的制取方法之一。

富钛物料主要有钛渣或金红石。熔盐由碱金属氯化物（NaCl、KCl）和碱土金属氯化物（$CaCl_2$、$MgCl_2$）组成。此法的炉生产能力高、氯化温度较低，适用于各种富钛物料的氯化。

熔盐氯化是在气（氯气）-固（物料）-液（熔盐）三相体系中进行的，反应过程复杂。当氯气流以一定流速由炉底部喷入熔盐后，对熔盐和反应物料产生强烈的搅动作用，并分散成许多细小气泡由炉底部向上移动。悬浮于熔盐中的细物料在表面张力作用下黏附于熔盐与氯气泡的界面上，随熔盐和气泡的流动而分散于整个熔体中，为在高温下进行氯化反应创造了良好条件。

反应产物 $TiCl_4$ 和沸点较低的组分（$SiCl_4$、$AlCl_3$、$FeCl_2$ 等）及非冷凝性气体（CO、CO_2 等），以气态形式从熔盐中逸出进入冷凝分离系统；高沸点氯化物（$MgCl_2$、$CaCl_2$、$FeCl_3$ 等）则残留在熔盐中，使熔盐组成及其物理化学性质逐渐发生变化。因 SiO_2 的氯化率较低，大部分以固体渣的形态在熔盐中积累。

熔盐氯化炉的结构示意图如图18-17所示，炉体有圆形和长方形两种。加料口位于炉子上侧部（熔池上方），通氯口位于炉底部。氯化产物混合炉气由炉顶部排出，废熔盐由炉侧部前床或炉底部排出。氯化炉的余热可由炉顶喷淋 $TiCl_4$ 浆液及装在炉墙内的水冷导热管导出。

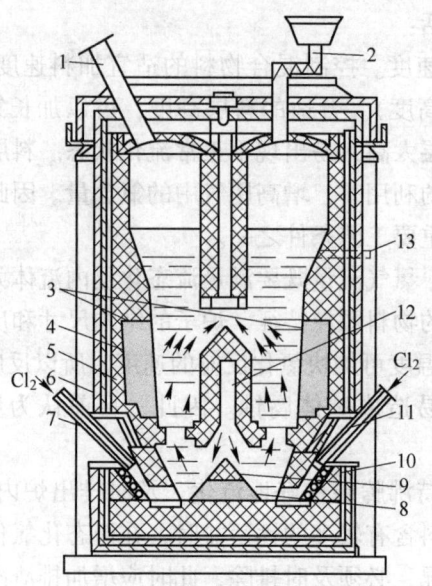

图 18-17　熔盐氯化炉的结构示意图

1—炉气出口；2—加料器；3—电极；4—水冷空心管；5—石墨保护侧壁；6—炉壳；7—氯气管；
8—旁侧下部电极；9—中间隔壁；10—水冷填料箱；11—通道；12—分配用耐火砖；13—热电偶

18.3.3　工业（粗）TiCl₄ 的质量规格

日本住友钛厂对粗 $TiCl_4$ 的要求：$TiCl_4$ 的质量分数大于 98%，杂质总的质量分数小于 2%，其中，低沸点杂质的质量分数小于 1.5%，$VOCl_3$ 的质量分数小于 0.3%，固体杂质的质量分数小于 1%；外观为淡黄色（1 级）等。

我国某厂对粗 $TiCl_4$ 要求：$TiCl_4$ 的质量分数大于 98%，固液比小于 0.5%。

18.4　精制四氯化钛

18.4.1　粗四氯化钛杂质的分类和性质

粗四氯化钛是一种红棕色浑浊液，含有许多杂质，成分十分复杂。其中，重要的杂质有 $SiCl_4$、$AlCl_3$、$FeCl_3$、$FeCl_2$、$VOCl_3$、$TiOCl_2$、Cl_2、HCl 等。按其相态和在四氯化钛中的溶解特性，可分为气体、液体和固体杂质；按杂质与四氯化钛沸点的差异可分为高沸点杂质、低沸点杂质和沸点相近的杂质（见表 18-15）。这些杂质在四氯化钛液中的浓度随氯化所用原料和工艺过程条件不同而异。

表 18-15　粗 $TiCl_4$ 液中的杂质的分类和特性

组　分	物　态	名　称	熔点/℃	沸点/℃	密度/g·cm⁻³	常温下的特性
低沸点杂质	气　体	Cl_2	-101	-34	3.2×10^{-3}	黄绿色气体
		HCl	-114	-85	1.6×10^{-3}	无色气体
		O_2	-219	-183	1.4×10^{-3}	无色气体
		N_2	-210	-196	1.3×10^{-3}	无色气体

组 分	物 态	名 称	熔点/℃	沸点/℃	密度/g·cm⁻³	常温下的特性
	气 体	CO_2	-56.7	-78.5	2.0×10^{-3}	无色气体
		$COCl_2$	-127.8	7.5	1.8×10^{-3}	无色气体
		COS	-139	-50.3	2.7×10^{-3}	无色气体
低沸点杂质	液 体	$SiCl_4$	-68	57	1.48	无色液体
		CCl_4	-23	56.7	1.585	无色液体
		$CH_2ClCOCl$	-21.5	106	1.41	无色液体
		CH_3COCl	-57	118.1	1.62	无色液体
		CCl_3COCl	-72.7	115		无色液体
		CS	-112	46	2.26	无色液体
		$POCl_3$	1.2	107.3	1.68	无色液体
沸点相近的杂质		S_2Cl_2	-76	138	1.69	橙黄色液体
		Si_2OCl_6	-29	135		无色液体
		$VOCl_3$	-77	127.2	1.836	黄色液体
		VCl_4	-35	154	1.816	暗棕红色液体
		$TiCl_4$	-23	136.4	1.726	无色液体
高沸点杂质	固 体	$AlCl_3$	192.4	180.5	2.44	灰紫色晶体
		$FeCl_3$	306	315 (分解)	2.898	棕褐色晶体
		C_6Cl_6	227.5	322	2.044	无色固体
		$TiOCl_2$				亮黄-白色晶体
		$ZrCl_4$	437	331 (升华)	2.8	白色固体
		$NbCl_5$	204.7	247.4	2.75	浅黄色针状物
		$TaCl_5$	216.5	233	3.68	黄色固体
		$CoCl_2$	735	1049		浅蓝色盐类
		$MoCl_5$	194	268		紫褐色晶体
		TiO_2	1842	2670	4.18~4.25	白色晶体
		$MgCl_2$	708	1412	2.316~2.33	白色固体
		$MnCl_2$	650	1190	2.98	淡红色固体
		$FeCl_2$	670~674	1030	3.16	白色晶体
		C		4200	1.8~2.1	黑褐色粉末
		$CaCl_2$	772	<1600	2.15	白色固体
		$VOCl_2$	-77.0		2.88	草绿色晶体
		$CrCl_3$	1100			红紫色固体
		CuCl	430	1359		白色晶体
		$CuCl_2$	498			棕黄色晶体

注: 此处气体密度值为气体/空气密度之比。

我国工业粗 $TiCl_4$ 的大致成分见表 18-16。

表 18-16 我国工业粗 $TiCl_4$ 的大致成分

成分	$TiCl_4$	$SiCl_4$	Al	Fe	V	Mn	Cl_2
质量分数/%	>98	0.1~0.6	0.01~0.05	0.01~0.04	0.005~0.10	0.01~0.02	0.05~0.3

这些杂质对于用作制取海绵钛的 $TiCl_4$ 原料而言，几乎都是程度不同的有害杂质，特别是含氧、氮、碳、铁、硅等杂质元素。例如 $VOCl_3$、$TiOCl_2$ 和 Si_2OCl_6 等含有氧元素的杂质，它们被还原后，氧即被钛吸收，相应地增加了海绵钛的硬度。如果原料中含 0.2% $VOCl_3$ 杂质，可使海绵钛含氧量增加 0.0052%，使产品的硬度 HB 增加 4。显然必须除去这些杂质，否则，用粗 $TiCl_4$ 液做原料，只能制取杂质含量为原料中杂质含量 4 倍的粗海绵钛。

对于制取颜料钛白的原料而言，特别要除去使 $TiCl_4$ 着色（也就是使 TiO_2 着色）的杂质，如 $VOCl_3$、VCl_3、$FeCl_3$、$FeCl_2$、$CrCl_3$、$MnCl_2$ 和一些有机物等，但 $TiOCl_2$ 则不必除去。随着这些着色杂质的种类和数量的不同，粗 $TiCl_4$ 液的颜色呈黄绿色至暗红色。粗 $TiCl_4$ 和杂质氯化物的蒸气压与温度的关系见表 18-17。

表 18-17　粗 $TiCl_4$ 和杂质氯化物的蒸气压与温度的关系

氯化物			t/℃			氯化物			t/℃		
$TiCl_4$	9.4	48.4	71.0	112.7	136	$MgCl_2$	877	1050	1142	1316	1418
$VOCl_3$	0.2	40	62.5	103.5	127.5	$CaCl_2$					1900
$SiCl_4$	−44.1	−12.1	5.4	38.4	56.8	$FeCl_2$		779	842	961	1026
$AlCl_3$	116.4	139.9	152.0	171.6	180.2	相应蒸气压 /kPa	0.67	5.32	13.30	53.20	101.08
$FeCl_3$	22.8	256.8	272.5	298	318.9						

粗 $TiCl_4$ 的沸点随溶解的杂质的特性和浓度而异，一般说来，高沸点杂质的溶解可使其沸点升高；相反，低沸点杂质的溶解可使其沸点降低。

18.4.2　精制原理

粗 $TiCl_4$ 中各种杂质众多，待分类后，为了便于分析，在每组杂质中找出一种有代表性的杂质，作为关键组分，来表示精制的主要分离界限。实践表明，在粗 $TiCl_4$ 液中，当某关键组分精制合格时，则可以认为该组全部杂质基本已被分离除去。所选择的关键组分不仅要含量大，特别要分离最困难。找出高沸点杂质中的 $FeCl_3$、低沸点杂质中的 $SiCl_4$、沸点相近杂质中的 $VOCl_3$ 分别作为相应组的关键杂质组分。这样，一个多元体系的分离，便可以简单地看做 $TiCl_4$-$SiCl_4$-$VOCl_3$-$FeCl_3$ 四元体系的分离。

针对在粗 $TiCl_4$ 中各种杂质具有的不同特性，应该使用不同的分离方法加以精制。

18.4.2.1　物理法除去高沸点和低沸点杂质

对于粗 $TiCl_4$ 液中的高沸点和低沸点杂质，根据它们与 $TiCl_4$ 沸点或相对挥发度相差大的特点，即杂质的 α 值大多远离 1，较易分离，可用物理法——蒸馏或精馏法分离。

但是，高沸点杂质和低沸点杂质的物理特性也有差异，这表现在它们分离的难易程度上也不完全相同。因此，对于容易分离的高沸点杂质采用蒸馏的方法加以分离；对于分离较困难的低沸点杂质则采用精馏的方法加以分离。

A　蒸馏除高沸点杂质

$FeCl_3$ 等高沸点固体杂质在 $TiCl_4$ 中的溶解度都很小，有的呈悬浮物状态分散在 $TiCl_4$

中。在氯化作业中，已用机械过滤法除去了大部分悬浮物，但余下的极细的固体杂质颗粒，在 $TiCl_4$ 中形成胶溶液，同时还少量地溶解于 $TiCl_4$ 中，单靠机械过滤难以完全除去，需采用蒸馏方法进行精制。

蒸馏作业是在蒸馏塔中进行的。控制蒸馏塔底温度略高于 $TiCl_4$ 的沸点（约为 140~145℃），使易挥发组分 $TiCl_4$ 部分汽化；难挥发组分 $FeCl_3$ 等残留于塔底，即使有少量挥发，也可能被下落的冷凝液滴冷凝，而重新返落于塔底。控制塔顶温度在 $TiCl_4$ 的沸点（137℃左右），由于塔内存在一个小的温度梯度，$TiCl_4$ 的蒸气在塔内形成内循环，向上的蒸气和下落的液滴间接触，进行了传热传质过程，增加了分离效果。在这个过程中，沿塔上升的 $TiCl_4$ 蒸气中的 $FeCl_3$ 等高沸点杂质逐渐降低，纯 $TiCl_4$ 蒸气自塔顶逸出，经冷凝器冷凝成馏出液，而釜残液中 $FeCl_3$ 等高沸点杂质不断富集，定期排出使之分离。

B 精馏除低沸点杂质

低沸点杂质包括溶解的气体和大多数液体杂质。其中气体杂质在加热蒸发时易于从塔顶逸出，分离容易。但 $SiCl_4$ 等液体杂质大多数和 $TiCl_4$ 互为共溶，相互间的沸点差和分离系数又不是特别大，因此分离比较困难。如 $TiCl_4$-$SiCl_4$ 混合液经过一次简单蒸馏操作还不能达到良好的分离，必须经过一系列蒸馏釜串联蒸馏才能完全分离。实践中采用一种板式塔代替上述一系列串联蒸馏装置，也就是将一系列蒸馏釜重叠成塔状，每一块塔板就相当于一个蒸馏釜。这种蒸馏装置称为精馏塔，它节约占地面积和热能，操作简单而高效。全塔所进行的部分冷凝和部分气化一系列累积过程就是精馏。精馏必须要有回流。我国 $TiCl_4$ 精馏工艺常选用浮阀塔，下面就来重点介绍这种塔的精馏过程。

精馏塔分两段：下部为提馏段，用以将粗 $TiCl_4$ 中低沸点杂质提出；上部为精馏段，使上升蒸气中的 $SiCl_4$ 等增浓。按物料的特性，塔底控制在 $TiCl_4$ 的沸点温度（140℃左右），塔顶控制在略高于 $SiCl_4$ 的沸点温度（57~70℃），使全塔温呈一温度梯度从塔底至塔顶渐降。

精馏操作时，塔底含有 $SiCl_4$ 等杂质的 $TiCl_4$ 蒸气向塔顶上升，穿过一层层塔板，并和塔顶的回流液和塔中向下流动的料液相迎接触。在每块塔板上，在气液两相间的逆流作用下进行了热量和物质的交换。在塔底的蒸气上升时，由于温度递降，挥发性小的 $TiCl_4$ 逐渐被冷凝，因而越向上，塔板上的蒸气中易挥发的 $SiCl_4$ 的浓度越大；相反，塔顶向下流的液相，由于温度递增，挥发性差的 $TiCl_4$ 浓度越大。

为了说明塔内的传热传质过程，取板式塔的一段（见图 18-18）进行分析。假设任取塔板 1、2、3，平均温度分别为 t_1、t_2、t_3（$t_1 > t_2 > t_3$），每块塔板上的液相中 $SiCl_4$ 的平均浓度分别为 x_1、x_2、x_3，气相中 $SiCl_4$ 的平均浓度则分别为 y_1、y_2、y_3。在塔板 1 上，因 $SiCl_4$ 比 $TiCl_4$ 挥发性大，$SiCl_4$ 的气相浓度必然大于液相浓度，所以 $y_1 > x_1$。同时，塔板 1 的蒸气穿过阀孔与塔板 2 的液相接触，进行传质作用时，因 $t_2 < t_1$，使部分蒸气冷凝，所以塔板 2 上液相中 $SiCl_4$ 的浓度必然高于塔板 1 上的液相浓度，所以 $x_2 > x_1$。由 $t_3 < t_2 < t_1$，同理可得：$y_3 > y_2 > y_1$，$x_3 > x_2 > x_1$。其余各板均可依次类推有：$y_n > y_{n-1} > \cdots > y_3 > y_2 > y_1$，$x_n > x_{n-1} > \cdots > x_3 > x_2 > x_1$。

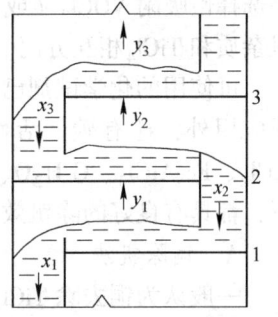

图 18-18 板式塔分析图

由此可以看出，在精馏过程中，塔内蒸气上升时，$SiCl_4$ 的浓度是逐渐增浓；相反，塔顶液体向下溢流时，$TiCl_4$ 浓度也逐渐增浓。

塔内的传热传质过程还可以用 $SiCl_4$-$TiCl_4$ 组成沸点图（见图 18-19）来说明。图中气相线每一点表示某一温度下的平衡气相组成，液相线每一点表示某一温度下的平衡液相组成。

若精馏塔底部第一块理论塔板上升的 $TiCl_4$ 气体温度为 t_1，所含 $SiCl_4$ 气相组成为 y_1；蒸气到达第二块理论塔板时的温度为 t_2，其液相中 $SiCl_4$ 浓度为 x_2，相应的气相中

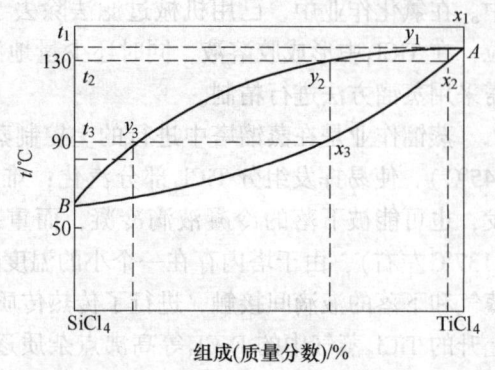

图 18-19 $SiCl_4$-$TiCl_4$ 组成沸点图

$SiCl_4$ 浓度为 y_2；蒸气到达第三块理论塔板时，温度为 t_3，液相中 $SiCl_4$ 浓度为 x_3，相应的气相中 $SiCl_4$ 浓度为 y_3，…，依次类推。若有足够多的塔板，由塔底上升的蒸气，气相成分按曲线 A-y_1-y_2-B，由 $y_1 \rightarrow y_2$ 方向变化，最后可达 B 点，塔顶可以制得几乎是纯 $SiCl_4$ 馏出液。反之，塔顶流下的液体组成沿曲线 B-x_3-x_2-A，由 $x_3 \rightarrow x_2$ 方向变化，逐步冷凝成含 $SiCl_4$ 很少的 $TiCl_4$ 液，这样 $TiCl_4$ 和 $SiCl_4$ 便得以分离。

18.4.2.2 化学法除钒杂质

粗 $TiCl_4$ 中的钒杂质主要是 $VOCl_3$ 和少量的 VCl_4，它们的存在使 $TiCl_4$ 呈黄色。精制除钒的目的，不仅是为了脱色，而且是为了除氧。这是精制作业极为重要的环节。

$TiCl_4$ 与钒杂质间的沸点差和相对挥发度都比较小，属于用精馏法分离比较困难的杂质。如 $TiCl_4$-$VOCl_3$ 系两组分的沸点差为 10℃，相对挥发度 $\alpha=1.22$；而 $TiCl_4$-VCl_4 系两组分的沸点差为 14℃。尽管如此，从理论上讲，利用物理法除钒杂质是可能的，如采用高效精馏塔除钒。该法的优点是无需采用化学试剂，精制过程是连续生产，易实现自动化，分离出的 $VOCl_3$ 和 VCl_4 可以直接使用。缺点是能量消耗大，设备投资大，还需要解决大功率釜的结构，所以尚未在工业上应用。

另外，$TiCl_4$-$VOCl_3$ 系两组分的凝固点差异较大，约相差 54℃，因此也可采用冷冻结晶法除 $VOCl_3$，但冷冻消耗的能量很大，所以也未获得工业应用。

为此常采用化学法除钒。化学法除钒是在粗 $TiCl_4$ 液中加入一种化学试剂，使 $VOCl_3$（或 VCl_4）杂质被选择性还原或选择性沉淀，生成难溶的钒化合物与 $TiCl_4$ 相互分离，或是选择性吸附 $VOCl_3$（或 VCl_4），使钒杂质与 $TiCl_4$ 相互分离；或是选择性溶解 $VOCl_3$，使钒杂质和 $TiCl_4$ 相互分离。

可使用的化学试剂已达数十种，除了铜、铝粉、硫化氢和有机物等四种已在工业上广泛应用外，还有碳、活性炭、硅酸、硅粉、铅、锌、铁、锑、镍、钙、镁、钛、$TiCl_3$-$TiCl_2$、Fe-$AlCl_3$、C-H_2O、熔盐、氢、天然气、肥皂、水等。这些试剂在适当的操作条件下，都具有良好的除钒效果。但是，每一种试剂都具有各自的优缺点。

A 铜除钒法

一般认为铜去除 $TiCl_4$ 中的 $VOCl_3$ 的机理是 $TiCl_4$ 与铜反应生成中间产物 $CuCl \cdot TiCl_3$，后者还原 $VOCl_3$ 生成不溶性的 $VOCl_2$ 沉淀：

$$TiCl_4 + Cu = CuCl \cdot TiCl_3 \tag{18-72}$$

$$CuCl \cdot TiCl_3 + VOCl_3 = VOCl_2 \downarrow + CuCl + TiCl_4 \tag{18-73}$$

铜还可与溶于 $TiCl_4$ 中的 Cl_2、$AlCl_3$、$FeCl_3$ 进行反应,当 $AlCl_3$ 在 $TiCl_4$ 中的浓度大于 0.01%时,则会使铜表面钝化,阻碍除钒反应的进行。所以,当粗 $TiCl_4$ 中的 $AlCl_3$ 浓度较高时,一般要在除钒之前进行除铝。除铝的方法,一般是将用水增湿的食盐或活性炭加入 $TiCl_4$ 中进行处理,$AlCl_3$ 与水反应生成 AlOCl 沉淀:

$$AlCl_3 + H_2O = AlOCl \downarrow + 2HCl \tag{18-74}$$

加入的水也可以使 $TiCl_4$ 发生部分水解生成 $TiOCl_2$,在有 $AlCl_3$ 存在时,可将 $TiOCl_2$ 重新转化为 $TiCl_4$:

$$TiCl_4 + H_2O = TiOCl_2 + 2HCl \tag{18-75}$$

$$TiOCl_2 + AlCl_3 = AlOCl \downarrow + TiCl_4 \tag{18-76}$$

由此可见,在进行脱铝时加入水量要适当,并应有足够的反应时间,以减少 $TiOCl_2$ 的生成量。

前苏联的海绵钛厂曾采用铜粉除钒法精制 $TiCl_4$。我国在生产海绵钛的初期,曾采用过铜粉除钒法。这种方法是间歇操作,铜粉耗量大,从失效的铜粉中回收 $TiCl_4$ 困难,劳动条件差。所以,在20世纪60年代对铜除钒法进行了改进研究,研究成功了铜屑(或铜丝)气相除钒法,后来在工厂中应用。将铜丝卷成铜丝球装入除钒塔中,气相 $TiCl_4$(136~140℃)连续通过除钒塔与铜丝球接触,使钒杂质沉淀在铜丝表面上。当铜表面失效后,从塔中取出铜丝球,用水洗方法将铜丝表面净化,经干燥后返回塔中重新使用。铜丝除钒法精制 $TiCl_4$ 的工艺流程如图 18-20 所示。采用该流程,因 $TiCl_4$ 中可与铜反应的 $AlCl_3$ 和自由氯等杂质已在除钒前除去,所以可减少铜的耗量,净化每 1t $TiCl_4$ 一般消耗铜丝 2~4kg。

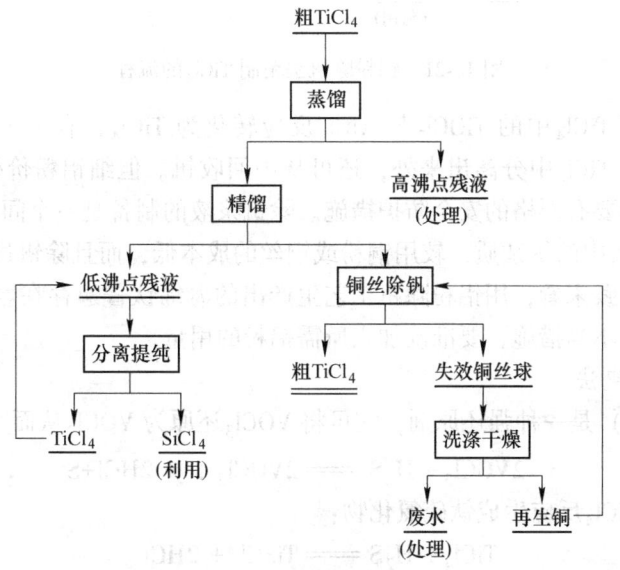

图 18-20 铜丝除钒法精制工艺流程

铜对产品不会产生污染,除钒的同时还可除去有机物等杂质。但失效铜丝的再生洗涤操作麻烦,劳动强度大,劳动条件差,并产生含铜废水污染,也不便于从中回收钒,除钒成本高。所以，铜丝除钒法仅适合于处理钒浓度低的原料和小规模生产海绵钛厂使用。

　　B　铝粉除钒法

　　铝粉除钒的实质是 $TiCl_3$ 除钒。在有 $AlCl_3$ 为催化剂的条件下，细铝粉可还原 $TiCl_4$ 为 $TiCl_3$，采用这种方法制备 $TiCl_3$-$AlCl_3$-$TiCl_4$ 除钒浆液，把这种浆液加入到被净化的 $TiCl_4$ 中，$TiCl_3$ 与溶于 $TiCl_4$ 中的 $VOCl_3$ 反应生成 $VOCl_2$ 沉淀：

$$3TiCl_4 + Al（粉末）=== 3TiCl_3 + AlCl_3 \tag{18-77}$$

$$TiCl_3 + VOCl_3 === VOCl_2 \downarrow + TiCl_4 \tag{18-78}$$

且 $AlCl_3$ 可将溶于 $TiCl_4$ 中的 $TiOCl_2$ 转化为 $TiCl_4$：

$$AlCl_3 + TiOCl_2 === TiCl_4 + AlOCl \downarrow \tag{18-79}$$

　　俄罗斯海绵钛厂采用铝粉除钒法取代了原来的铜粉除钒法，使用高活性的细铝粉，净化每 1t $TiCl_4$ 消耗铝粉 $0.8 \sim 1.2kg$。铝粉除钒法精制 $TiCl_4$ 的流程如图 18-21 所示。

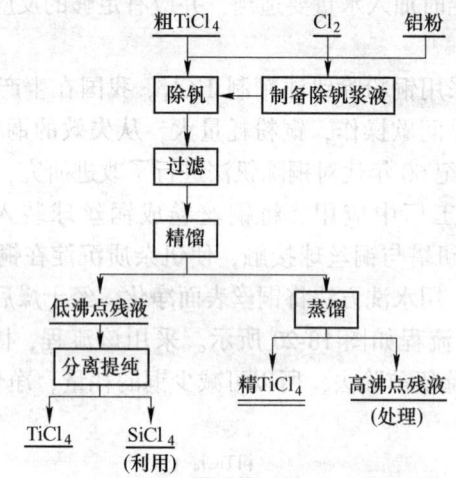

图 18-21　铝粉除钒法精制 $TiCl_4$ 的流程

　　铝粉除钒可使 $TiCl_4$ 中的 $TiOCl_2$ 与 $AlCl_3$ 反应转化为 $TiCl_4$，有利于提高钛的回收率，除了钒残渣易于从 $TiCl_4$ 中分离出来外，还可从中回收钒。但细铝粉价格较高，且是一种易爆物质，生产中要有严格的安全防护措施。除钒浆液的制备是一个间歇操作过程。

　　用铝粉除 $TiCl_4$ 中的钒杂质，较用铜粉或铜丝的成本低，而且除钒过程可连续进行。

　　从俄罗斯的实践来看，用铝粉除钒工艺生产出的海绵钛普遍存在着钛中铝含量较高。所以为了避免这一不当措施，要准确加入所需铝粉的用量。

　　C　硫化氢除钒法

　　硫化氢（H_2S）是一种强还原剂，它可将 $VOCl_3$ 还原为 $VOCl_2$ 从而实现除钒的目的：

$$2VOCl_3 + H_2S === 2VOCl_2 \downarrow + 2HCl + S \tag{18-80}$$

H_2S 也可与 $TiCl_4$ 反应生成钛硫氯化物：

$$TiCl_4 + H_2S === TiSCl_2 + 2HCl \tag{18-81}$$

　　图 18-22 所示为硫化氢除钒精制 $TiCl_4$ 的工艺流程，H_2S 与溶于 $TiCl_4$ 中的自由氯反应生成硫氯化物，为避免此反应的发生，在除钒前需对粗 $TiCl_4$ 进行脱气处理以除去自由氯。经脱气的粗 $TiCl_4$ 预热至 $80 \sim 110℃$，在搅拌下通入 H_2S 气体进行除钒反应，并严格控制

H_2S 的通入速度和通入量，以提高 H_2S 的有效利用率和减少它与 $TiCl_4$ 的副反应。H_2S 除钒效果好，并可同时除去 $TiCl_4$ 中的铁、铬、铝等有色金属杂质和分散的悬浮固体物。

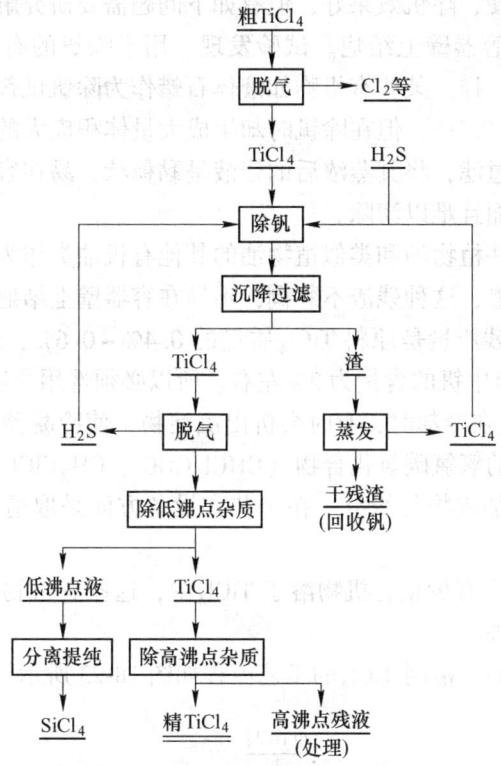

图 18-22　硫化氢除钒精制 $TiCl_4$ 的工艺流程

H_2S 的消耗与被处理的 $TiCl_4$ 中杂质含量和除钒条件有关，一般净化每 1t $TiCl_4$ 要消耗 1~2kg H_2S。除钒残渣可用过滤或沉淀方法从 $TiCl_4$ 中分离出来。不过这种残渣的粒度极细，沉降速度小，沉降后的底流的液固比较大，除钒干残渣量一般是原料 $TiCl_4$ 质量的 0.3%~0.35%，其中含钒量可达 4%，残渣中的钛量占原料 $TiCl_4$ 中钛量的0.25%~0.30%。

H_2S 除钒成本低，但 H_2S 是一种具有恶臭味的剧毒和易爆气体，恶化劳动条件；除钒后的 $TiCl_4$ 饱和了 H_2S，必须进行脱气操作以除去溶于 $TiCl_4$ 中的 H_2S，否则在其后的精馏过程中 H_2S 会腐蚀设备，并与 $TiCl_4$ 反应生成钛硫氯化合物沉淀，引起管道和塔板的堵塞，并降低 $TiCl_4$ 的回收率。

当原料 $TiCl_4$ 含钒量较高且附近又有 H_2S 副产品的工厂时，可考虑选用 H_2S 除钒法。美、日、英等国的某些海绵钛和钛白工厂采用 H_2S 除钒法精制 $TiCl_4$。

D　有机物除钒法

可用于除钒的有机物种类很多，但一般选用油类（如矿物油或植物油、硬脂酸钠等）。将少量有机物加入 $TiCl_4$ 中混合均匀，将混合物加热至有机物的碳化温度（一般为 136~142℃）使其碳化，新生的活性炭将 $VOCl_3$ 还原为 $VOCl_2$ 沉淀，或认为活性炭吸附钒杂质而达到除钒目的。

粗 $TiCl_4$ 与适量有机物的混合物连续加入除钒罐进行除钒反应，并连续从除钒罐取出除钒反应后的 $TiCl_4$（含有除钒残渣），加入高沸点塔的蒸馏釜中进行蒸馏。定期从釜中取出残液进行过滤，所得滤液返回除钒罐进行除钒处理，分离出来的除钒残渣（含高沸点物）进行处理回收钒。TiCl$_4$的精制过程可连续进行。

有机物除钒操作简便，除钒效果好，但有如下问题需要研究解决：

（1）除钒残渣易在容器壁上结疤。试验发现，用于除钒的有机物种类不同，所生成的除钒残渣的性质也不一样。某些有机物如液体石蜡作为除钒试剂时，尽管它的加入量只有被处理的 TiCl$_4$ 质量的 0.1%，但在除钒时却生成大量体积庞大的沉淀物。这种沉淀物呈悬浮状态，很难沉淀和过滤，将其蒸浓后的残液呈黏稠状，易在容器壁上黏结成疤。这种疤不仅严重影响传热，而且难以清除。

试验发现，选用某些植物油和类似植物油的其他有机油类作为除钒试剂时，生成分散的颗粒状的非聚合性残渣，这种残渣不黏稠，不易在容器壁上结疤，可用过滤方法将其从TiCl$_4$中分离出来。除钒残渣量是原料 TiCl$_4$ 质量的 0.4%~0.6%，残渣中的钛量是原料钛量的 0.3%~0.5%，残渣中钒的含量为 2% 左右。所以必须选用合适的有机物。

（2）除钒后的 TiCl$_4$ 在冷却时，有时会析出沉淀物，使冷凝器和管道发生堵塞。这是由于在除钒过程中生成的氧氯碳氢化合物（CHCl$_2$COCl、CH$_2$ClCOCl）、光气（COCl$_2$）与 TiCl$_4$ 反应生成一种固体加成物的缘故。在工艺和设备方面采取适当措施，便可防止这种固体加成物的生成。

（3）在除钒过程中会有少量有机物溶于 TiCl$_4$ 中，这些有机物均是低沸点物，需在其后的精馏过程中加以除去。

用有机物作除钒试剂，精制 TiCl$_4$ 的工艺流程如图 18-23 所示。

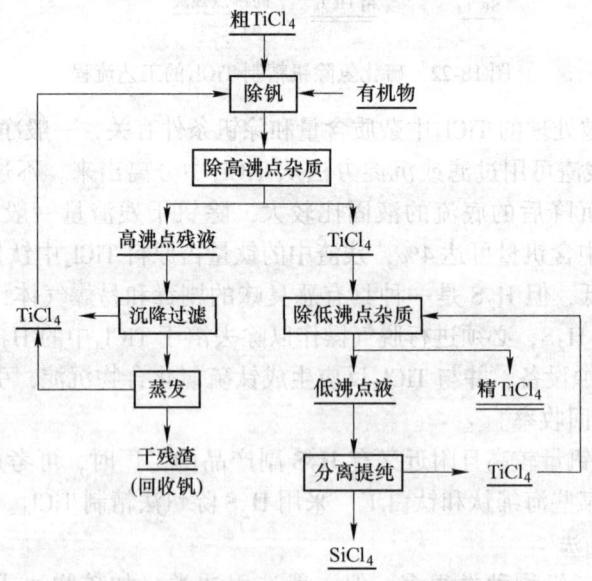

图 18-23 有机物除钒时精制 TiCl$_4$ 的工艺流程

制备海绵钛的原料纯 TiCl$_4$ 时，该工艺流程是适用的。但是，当该工艺作为制备制取钛白的原料——纯 TiCl$_4$ 时，因为 SiCl$_4$ 并非是必须除去的杂质，可以适当保留，因此该流程中可省略降低低沸点杂质的单元过程（步骤），即用除钒蒸发器即可完成精制，一步可以完成工艺过程。全过程连续、生产能力大、操作成本低、作业安全。目前，国内外氯化法钛白工厂及部分钛厂，都采用矿物油除钒精制 $TiCl_4$ 工艺。国内外的实践表明，该工艺已经成熟。

有机物廉价无毒，使用量少，除钒成本低；除钒的同时，可除去铬、锡、锑、铁和铝等有色金属及杂质；除钒操作简便，精制 $TiCl_4$ 流程简化，可实现精制过程的连续操作，是一种比较理想的除钒方法。国外已广泛应用这种方法。我国对这种方法的研究和应用还不够充分，还有许多问题需研究解决。在工业生产中应用的四种除钒方法的优缺点和应用范围见表 18-18。综合考虑，以有机物除钒法较好。

表 18-18　四种工业除钒方法的比较

比较项目	铜丝除钒	铝粉除钒	H_2S 除钒	有机物除钒
除钒试剂物性	无毒固体	易爆粉末	剧毒易爆气体	无毒液体
1t $TiCl_4$ 除钒试剂用量/kg	2~4	0.8~1.2	1~2	0.3~1
可否连续操作	间　歇	制备除钒浆液是间歇的	可连续	可连续
是否腐蚀设备	不腐蚀	不腐蚀	可能腐蚀	残渣可能黏壁
分离残渣的难易程度	操作麻烦	较容易	较　难	较　难
可否综合回收钒	不便于回收	可回收	可回收	可回收
应用范围	含钒低原料的小海绵钛厂	含钒低原料的海绵钛厂	含钒高原料的大海绵钛及钛白厂	含钒高原料的大海绵钛及钛白厂
应用国家	中　国	前苏联	日本和美国	日本和美国

18.4.3　含钒泥浆回收钒和"三废"处理

过去我国钛冶金工业规模较小，从除钒泥浆中回收有价金属钒一直未提上议事日程。现在无论是氯化法钛白还是海绵钛厂，生产规模大，实现了大型化生产。因此，从含钒泥浆中回收钒是必须要研究的课题。因为钒是昂贵的稀有金属，回收钒既能提高企业的经济效益，又符合循环经济发展理念。

18.4.3.1　含钒泥浆

在工业的粗 $TiCl_4$ 液中，所含杂质主要是 $VOCl_3$ 及少量的 VCl_4。采用各种试剂除钒时，将液体中的 $VOCl_3$ 变成固体的 $VOCl_2$，并从液体 $TiCl_4$ 中沉淀出来，而使 $TiCl_4$ 达到净化。一般情况下，$VOCl_2$ 沉积在含 $TiCl_4$ 和 $FeCl_3$、$AlCl_3$ 等氯化物的泥浆中。而富集了 $VOCl_2$ 的泥浆在整个流程中所处的位置因工艺不同而异。

如铜丝球除钒时，$VOCl_2$ 富集在铜丝的外表层，此时含 $VOCl_2$ 和 $CuCl$、$CuCl_2$ 泥浆包裹着铜丝。

如铝粉除钒和无机物除钒时，$VOCl_2$ 富集在精制塔底和加热釜底的泥浆中。

18.4.3.2　回收钒技术

多数含钒泥浆中含有较大量的 $TiCl_4$，因此，从含钒泥浆中回收钒之前，先要回收

$TiCl_4$，然后再回收钒。

回收钒的工艺与 $TiCl_4$ 除钒时相反，过程互为逆反应。一般是将 $VOCl_2$ 变成 $VOCl_3$，这就必须进行氯化。反应如下：

$$2VOCl_2 + Cl_2 == 2VOCl_3 \tag{18-82}$$

泥浆中尚存的固体 $VOCl_2$ 就变成了液态的 $VOCl_3$。此时，只要将该泥浆蒸馏汽化并收集冷凝的 $VOCl_3$，经过这样的作业便完成了钒的回收。

实践中将含 $VOCl_2$ 的氯化渣放置于一套独立的回收装置中，经过操作便可达到回收钒的目的。当采用不同的除钒工艺有下列不同的作业：

(1) 采用铜除钒工艺时，由于钒化合物黏附在铜丝表面。当铜丝球进行再生作业时，钒杂质溶入清洗的废酸中。应设法在回收废酸液中 CuCl 和 $CuCl_2$ 的同时，回收钒化合物。这需要进一步研究回收工艺，目前尚未解决这一难题。

(2) 采用有机物除钒工艺时，锦州钛白粉厂已经建立一套回收钒渣的设备（该厂是采用有机物除钒的），生产过程顺利运行，表明该工艺简单、连续、处理产能大，而且节能。该工艺过程是将精制的残渣和氯化炉收尘渣集中在氯化炉的收尘渣桶中，集中处理。先汽化蒸发出 $TiCl_4$，然后将含钒泥浆渣集中放入回收装置处理。

(3) 采用铝粉除钒工艺时，俄罗斯的工厂的钒化合物富集在精制工序的残渣中。这些残渣是返回到独立的熔盐炉中处理回收钒的。先回收 $TiCl_4$，随后加入氯气，使 $VOCl_2$ 重新转变成液态的 $VOCl_3$；然后将其蒸发成气体 $VOCl_3$，经冷凝回收获得纯的液态 $VOCl_3$；再经氧化获得 V_2O_5。这便可以作为商品销售。

18.4.4　四氯化钛的储藏和运输

18.4.4.1　储藏

可用槽、罐体和玻璃容器来储藏四氯化钛。除了少量试剂外，一般不采用玻璃容器。若采用玻璃容器也应存放在冷暗处，以避免阳光照射引起着色。大量 $TiCl_4$ 一般使用槽或大型罐体储藏。若要避免 $TiCl_4$ 着色，最好使用搪瓷槽；储藏用作制取催化剂和金属钛的 $TiCl_4$ 最好用不锈钢槽。但尽量不使用内衬橡胶或塑料的容器储藏 $TiCl_4$。装料前槽内要洗净去锈，若可能最好用 $TiCl_4$ 洗涤一次，并在槽内充入干燥的氩气保护。对于粗 $TiCl_4$ 可用普通钢槽或罐体储藏。

18.4.4.2　运输

四氯化钛可用管道、容器、槽车、船舶或铁路运输。

近距离常采用管道输送：纯 $TiCl_4$ 用不锈钢管，或内衬聚四氟乙烯管等；粗 $TiCl_4$ 可采用普通钢管。可采用泵输送或氩气压送两种输送方法，尤以泵输送法最好，可使用无油封的泵（如化学泵）或隔膜泵（隔膜用聚四氟乙烯或不锈钢做成）。

远距离运输常采用铁路槽车或汽车槽车，但运输过程中必须注意设备的安全操作。

18.4.5　纯四氯化钛的质量规格

纯 $TiCl_4$ 的质量标准各国并不完全一致，下面列出美国、日本和我国的质量规格供参考，见表 18-19~表 18-21。

表 18-19　美国纯 $TiCl_4$ 产品允许的杂质含量

杂　质	Al	Sb	As	Cl_2	Cu	Fe	Pb	Ni	Si	V	Sn
含量（质量分数）/%	$(5\sim10)$ $\times10^{-4}$	$(5\sim10)$ $\times10^{-4}$	$(10\sim15)$ $\times10^{-4}$	$(2\sim5)$ $\times10^{-4}$	$(2\sim5)$ $\times10^{-4}$	$(10\sim30)$ $\times10^{-4}$	$(1\sim5)$ $\times10^{-4}$	$(2\sim5)$ $\times10^{-4}$	$(10\sim30)$ $\times10^{-4}$	$(5\sim20)$ $\times10^{-4}$	$(10\sim25)$ $\times10^{-4}$

表 18-20　日本纯 $TiCl_4$ 产品质量规格

厂　家	成分（质量分数）/%				颜　色
	$TiCl_4$	$SiCl_4$	$VOCl_3$	$FeCl_3$	
住友钛公司 OTC 标准	>99.9	<0.009	<0.0003	<0.006	无色透明

表 18-21　中国纯 $TiCl_4$ 产品的有色金属行业标准（YS/T 655—2016）

牌号	化学成分（质量分数）/%						色　度
	$TiCl_4$①	杂质					
		$SiCl_4$	$FeCl_3$	$VOCl_3$	$AlCl_3$	$SnCl_4$②	
$TiCl_4$-01	≥99.99	≤0.003	≤0.0005	≤0.0005	≤0.001	≤0.005	$K_2Cr_2O_7$≤5mg/L
$TiCl_4$-02	≥99.99	≤0.005	≤0.0010	≤0.0010	≤0.005	≤0.010	$K_2Cr_2O_7$≤5mg/L
$TiCl_4$-03	≥99.99	≤0.010	≤0.0020	≤0.0015	≤0.010	≤0.015	$K_2Cr_2O_7$≤5mg/L
$TiCl_4$-04	≥99.99	≤0.020	≤0.0030	≤0.0020	≤0.020	≤0.020	$K_2Cr_2O_7$≤8mg/L

①四氯化钛的含量为100%减去杂质实测值总和后的余量。

②金红石作为主要原料时，需进行检测。

18.5　镁热还原—蒸馏法生产海绵钛

18.5.1　镁还原反应原理

18.5.1.1　镁还原热力学

A　镁还原反应

镁还原 $TiCl_4$ 主要反应为：

$$TiCl_4 + 2Mg \!\!=\!\!=\!\!= Ti + 2MgCl_2 \tag{18-83}$$

$$\Delta G_T^{\ominus} = -462200 + 136T \quad (987\sim1200K)$$

在化学反应中三级反应实在少见，该反应不可能一步实现。同时，钛是一个典型的过渡元素，还原过程中存在稳定的中间产物 $TiCl_2$。所以上述反应具有分步还原的特征。因此，式（18-83）是一个总式，它的反应历程可能经过下列二式连串：

$$TiCl_4 + Mg \!\!=\!\!=\!\!= TiCl_2 + MgCl_2 \tag{18-84}$$

$$\Delta G_T^{\ominus} = -364000 + 148T \quad (987\sim1200K)$$

$$TiCl_2 + Mg \!\!=\!\!=\!\!= Ti + MgCl_2 \tag{18-85}$$

$$\Delta G_T^\ominus = -98200 - 11T \quad (987 \sim 1200\text{K})$$

式（18-83）的反应平衡常数见表 18-22。

表 18-22　式（18-83）的反应平衡常数

T/K	298	600	800	1000	1200
K_P	1.6×10^{39}	6.3×10^{16}	2.4×10^{11}	3.2×10^8	3.2×10^6

从表 18-22 中可以看出，上述镁还原反应的标准自由能变化都有很大的负值，平衡常数值也很大，所以各主要反应均能自发进行，而且自发进行的倾向性很大。从热力学观点来看，温度越低，还原反应自发进行的倾向性越大。在还原各种价态的氯化钛时，随着价态的递降，其 $\Delta G_T^\ominus$ 的负值减少。这说明钛的氯化物价态越低，越不易被还原。也就是说 TiCl_4 易还原，TiCl_3 次之，TiCl_2 难还原。

该反应是个主要在熔体表面进行的气、液相多相复杂反应，生成物 MgCl_2 不与 Ti、TiCl_2、TiCl_3、TiCl_4 作用，所以不存在逆反应。

当还原过程中的镁量不足，或者反应温度低时，还可能出现下列反应：

$$\text{TiCl}_4 + \text{TiCl}_2 =\!=\!= 2\text{TiCl}_3 \tag{18-86}$$
$$\Delta G_T^\ominus = -153000 + 155T \quad (409 \sim 1200\text{K})$$
$$\text{TiCl}_4 + \text{Ti} =\!=\!= 2\text{TiCl}_2 \tag{18-87}$$
$$\Delta G_T^\ominus = -266000 + 159T \quad (409 \sim 1200\text{K})$$

上述反应可以认为是个"二次"反应。反应过程中确实存在稳定的 TiCl_3，并在一定条件下转换。

镁还原过程中的各"二次"反应和前面的主要反应相比，$\Delta G_T^\ominus$ 的负值要小得多，说明反应的自发倾向也小得多，它们仅是还原过程的副反应。

在还原过程中，TiCl_4 中的微量杂质，如 AlCl_3、FeCl_3、SiCl_4、VOCl_3 等均被镁还原生成相应的金属，这些金属全部混杂在海绵钛中。混杂在镁中的杂质钾、钙、钠等，也是还原剂。它们分别将 TiCl_4 还原并生成相应的杂质氯化物，但因含量很少，不会引起反应的热力学本质变化，所以可以忽略不计。

B　热平衡计算

镁还原 TiCl_4 反应的总反应式为式（18-83），按该式生成 1mol Ti 为单位的反应物料进行热平衡粗算，先计算出反应热 $\Delta H_T^\ominus$ 和物料吸热 $Q_{T\text{吸}}$，则得出绝热下净发热量 Q_T 为：

$$Q_T = \Delta H_T^\ominus + Q_{T\text{吸}}$$

镁还原热效应计算结果见表 18-23。

表 18-23　镁还原热效应计算结果

T/K	500	800	1000	1200
$\Delta H_T^\ominus/\text{kJ}\cdot\text{mol}^{-1}$	-521.7	-539.6	-495.7	-508.3
$Q_T/\text{kJ}\cdot\text{mol}^{-1}$	-455.6	-425.5	-318.5	-296.8

从表 18-23 中可以看出，镁还原反应的热效应很大，在绝热过程中除了物料吸热外，释放出的余热量相当多。在工业用的反应器中，不仅可以靠自热维持反应，而且还必须控

制适宜的反应速度，并及时排除余热，否则会使反应器壁超温，烧坏反应器。只是在反应器下部，为了保持适宜的熔体温度，才需补充一部分热量。

18.5.1.2 组分的性质

在镁还原反应过程中，由于中间产物 $TiCl_2$ 和 $TiCl_3$ 能稳定存在，所以反应是在 $TiCl_4$-Ti-Mg-MgCl$_2$-TiCl$_2$-TiCl$_3$ 系统中进行的。各组分的性质对反应均有影响。其中生成物 $MgCl_2$ 和钛晶体的结构对反应影响特别大。钛晶粒聚合体俗称海绵钛块，因外形似海绵而得名。海绵钛块的结构除与反应器尺寸、加料方式和加料速度有关外，也与反应过程的不同阶段有关。湿润角测定值见表 18-24。表 18-24 中数值表明，纯镁对钛粒和铁壁是不润湿的（此时 $\theta>90°$），但当反应进程中生成 $MgCl_2$ 后，镁液表面覆盖一层 $MgCl_2$ 后就改变了它对海绵钛和铁壁的润湿性能，湿润角小，湿润性能好。而 $MgCl_2$ 对海绵钛和铁壁是润湿的。

表 18-24 湿润角测定值

项 目	测 定 物 质									
	液 镁		液镁表面有一层 $MgCl_2$ 液				$MgCl_2$ 液			
湿润表面	Fe	Ti		Fe		Ti		Fe		Ti	
温度/℃	750~800	750	800	750	800	750	800	750	800	750	800
湿润角 θ/(°)	>90	107	104	68.5	44.5	23.5	18.7	61	45.5	53.5	38.2

镁还原系统中各组分性质的比较见表 18-25。

表 18-25 镁还原系统中各组分性质的比较

性 质		组 分					
		Mg	$MgCl_2$	$TiCl_2$	$TiCl_3$	$TiCl_4$	Ti
密度/g·cm^{-3}	25℃	1.745	2.325	3.13	2.66	1.721	4.51
	800℃	1.555	1.672				4.30（1000℃）
熔点/℃		651	714	1030	920	-23	1668
黏度/Pa·s			4.12×10^{-3}（808℃）			0.395×10^{-3}（110℃）	
表面张力/N·m^{-1}		0.563（681℃）	0.127（800℃）			23.37×10^{-3}（100℃）	

18.5.1.3 还原机理

镁还原过程包括：$TiCl_4$ 液体的汽化→气体 $TiCl_4$ 和液体 Mg 的外扩散→$TiCl_4$ 和 Mg 分子吸附在活性中心→在活性中心上进行化学反应→结晶成核→钛晶粒长大→$MgCl_2$ 脱附→$MgCl_2$ 外扩散。这一连串过程的关键步骤是结晶成核，即随着化学反应的进行伴有非均相成核。

优先成核的核心是在一些"活性中心"上，还原刚开始是在反应器的铁壁和镁液表面夹角处，一旦有钛晶粒出现后，裸露在镁液面上方的钛晶体尖锋或棱角便成为活性中心。其中 $TiCl_4$ 主要靠气相扩散，而液镁靠表面吸引力沿铁壁和钛晶体孔隙向上爬，被吸附在活性中心上。从微观上看，每个钛晶体的长大都包括诱导期、加速期和衰减期三个阶段。因钛晶体生长迅速，经过低价钛的步骤不明显。钛晶体生长过程包括下列呈 S 形过程：

(1) 诱导期。局部地区产生结晶中心并成核。

(2) 加速期。随着"活性中心"增多，晶体成核增多，反应加速进行。

(3) 衰减期。随着"活性中心"减少，反应速度下降。

但镁还原过程为半连续工艺，在反应整体上活性中心甚多，各处生长速度不同步，同时发生着成核和长大交错及重叠过程。尽管还原过程按镁利用率（F_{Mg}）人为地分为初期（$F_{Mg} \approx 5\%$）、中期（$F_{Mg} = 5\% \sim 50\%$）和后期（$F_{Mg} > 50\%$）三个阶段。但实际上除还原初期存在着短暂的诱导期，其后就难以区分晶体生长的阶段了。

由于各处成核几率不等，越是钛晶体的尖端处越易成核，随后平行生成初生枝晶。初生枝晶长大时又不断地进行二次成核，生长出第二次枝晶，它与初生枝晶呈正交垂直，以及继续生成第三次枝晶、第四次枝晶……，逐渐使钛晶体呈树枝状结构。

枝晶长大和发展方向因条件不同而异，即因长大条件不同，枝晶轴在各方向的发展也不同。钛晶粒的大小与成核速率和长大速率直接相关。若成核速率大，长大速率就小，晶粒来不及长大就形成新核，则晶粒细小；反之亦然。

就反应整体而言，由于存在众多的活性中心同时成核和长大，后来的钛晶体的生长只能在原树枝状枝晶空隙中纵横交叉地生长，逐渐填满空隙。加上随后的高温烧结，使还原产物失去了树枝状原貌而呈海绵体。所形成的反应面是指裸露在熔体外表的海绵体含有众多的活性中心的空间区域。此处的海绵体提供了吸附 $TiCl_4$ 和 Mg 相互接触的场所，成为自催化剂。从这点出发可以认为在海绵体内的反应属于自催化反应。

但是，还原过程生成的海绵体具有"架桥"效应。生成的钛桥成为传质的障碍层，对动力学又有负面的阻滞作用。随着还原的进行，海绵体逐渐长大，沿着块体纵向和横向向三维空间发展。对于小型反应器（估计直径 < 0.8m），反应中期即可形成钛桥。对于大型反应器也有架桥趋势，但一般至后期方能形成钛桥。一旦钛桥形成，就会使液镁的输送阻力和液 $MgCl_2$ 的排除阻力增大，导致成核速率降低。

随着镁还原进程的进行，惰性的 $MgCl_2$ 逐渐累积，最后会淹没海绵体上原有的活性中心，对反应起负面的阻滞作用。为此，必须适时地排除多余的 $MgCl_2$，才能保持适当的反应速率。

下面按照还原过程的不同阶段来进行介绍。

A 还原初期

滴入反应器的液 $TiCl_4$ 落入液 Mg 中吸热汽化，在液 Mg 表面和反应器钢罐壁处与液 Mg 反应，生成的海绵钛黏附在罐壁上，逐渐聚集并长大。还有少量生成的钛粉，夺取液 Mg 中的杂质后沉积于反应器的底部。

B 还原中期

还原中期的反应过程与还原初期相类似。由于熔体内存在充足的镁，因此反应速度大。因为反应剧烈，使反应区域温度逐渐升高，尤以熔体表面料液集中的部位温度最高，甚至可超过 1200℃，这就造成很大的温度梯度。

在小型反应器（其直径 < 0.8m）中，熔体表面生成的海绵钛依靠其聚集力黏结成块

体。海绵钛块依赖与铁壁的黏附力和熔体浮力的支持逐渐长大并浮在熔体表面，并不沉浸在熔体内，生成的海绵钛桥的结构示意如图 18-24 所示。从表 18-25 中可以看出，在 800℃ 时液体 Mg 和 $MgCl_2$ 的密度分别为 $1.555g/cm^3$ 和 $1.672g/cm^3$，即 $MgCl_2$ 比 Mg 略重，它们可以分层，而液 Mg 应浮在熔体表面上。但是，当熔体表面形成了海绵桥，覆盖了液 Mg 的自由面，此时反应区域主要在海绵桥的表面。反应的继续进行主要依靠熔体中的液 Mg 通过海绵桥中的毛细孔向上吸附至反应区，随着反应的进行，海绵桥逐渐增厚，液 Mg 上浮的阻力增大，使反应速度逐渐下降。

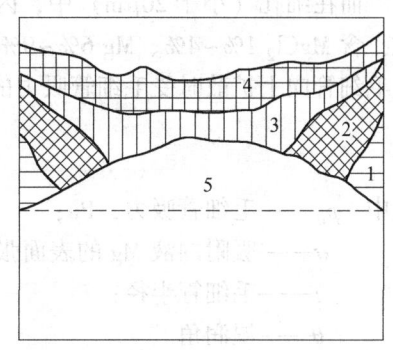

图 18-24　海绵钛在小型反应器内逐渐
搭桥的情况（不排放 $MgCl_2$ 操作）

1—镁利用率达 5% 的结构；2—镁利用率达
30% 的结构；3—镁利用率达 40% 的结构；
4—镁利用率达 60% 的结构；5—初始液面

如果采用排放 $MgCl_2$ 的工艺制度，将熔体底部的 $MgCl_2$ 排除后，熔体表面便随之下降，失去熔体浮力支持的海绵桥只能沉落熔体底部，此时熔体表面又重新暴露出液 Mg 的自由面，还原反应又恢复到较大的速度。随着反应的进行，在熔体表面又重新出现钛桥……，如此周而复始。因此，反应速度是呈周期性变化的。

在大型反应器（直径>0.8m）中，于熔体表面生成的海绵钛，依靠自身的聚集力黏结成块体，并有"搭桥"的趋势。但因反应器横截面大，生成的海绵钛块依其与铁壁的黏附力难以支持，常发生崩塌，部分钛块沉积于熔体下部。所以，熔体表面无法搭成钛桥，只能形成类似环状的海绵钛块体黏附在熔体表面的铁壁上，熔体表面始终暴露着液 Mg 的自由表面，此时还原反应主要是在沸腾的液 Mg 表面上进行，反应区域随熔体液面的升降而变化。

还原中期，反应过程持续到液 Mg 自由表面消失为止，大约到 Mg 的利用率达到 40%~50%。

C　还原后期

在还原后期，反应生成的海绵钛占据了反应器的大部分容积，液 Mg 的自由表面已消失，剩余的液 Mg 已全部被海绵钛毛细孔吸附。还原反应是在累积的海绵钛桥表面上进行的。此时，反应是依靠吸附在海绵钛里的液 Mg 通过毛细孔浮力，上爬至反应区与 $TiCl_4$ 接触而进行反应。同时，反应生成的 $MgCl_2$ 也是通过毛细孔向下泄流的。因此，海绵钛毛细孔便成了 Mg 和 $MgCl_2$ 的迁移通道。

后期反应主要生成金属钛，当 Mg 的扩散速度小于 $TiCl_4$ 的加料速度时，则可生成 $TiCl_3$ 和 $TiCl_2$。

海绵钛的毛细孔可简略地分为细孔和粗孔两种。当镁的利用率为 40%~50% 时，液 Mg 的自由表面则消失，粗孔（100~500μm）的管壁上吸附有镁膜，管内中心开始出现液 $MgCl_2$。当镁的利用率约为 57% 时，海绵钛不同部位的粗孔内壁镁膜的厚度大致相同。当 Mg 的利用率达到 65%~75% 后，由于 Mg 量的减少，粗孔内壁镁膜厚度随海绵钛部位不同而有所变化，此时镁膜厚度在钛坨上部约为 5μm，在钛坨下部就降到 0.5μm。

而在细孔（小于 20μm）中，内壁吸附的镁膜厚度与镁的利用率无关，大致保持一常数，含 MgCl$_2$ 1%~4%、Mg 6%~9%（以海绵钛质量计）。这是因为液体 Mg(或 MgCl$_2$) 通过毛细管向上扩散时受毛细管吸力的作用：

$$p_\sigma = \frac{0.2\sigma}{r}\cos\theta \tag{18-88}$$

式中　p_σ——毛细管吸力，Pa；

　　　σ——吸附的液 Mg 的表面张力；

　　　r——毛细管半径；

　　　θ——湿润角。

式（18-88）表明毛细孔半径 r 越小，对液 Mg 的吸力就越大。因此，细孔内吸附的液 Mg 和 MgCl$_2$ 被吸附力束缚得很紧，这部分细孔中吸附的 Mg 是无法解脱的。粗孔内，由于吸附力要小得多，因此便成为液 Mg 和 MgCl$_2$ 的主要迁移通道。液 Mg 对钛的湿润性比 MgCl$_2$ 大，所以在海绵钛细孔及粗孔的管壁上吸附的主要是液 Mg。

反应后期的反应物和生成物的迁移趋向如图 18-25 所示。反应后期，液 Mg 上爬的阻力随着海绵钛层厚度的增加而增大。一般情况下，镁利用率达 55% 左右时，反应速度开始下降，加料逐渐变得困难。所以，反应后期应逐渐减慢加料速度。当镁的利用率达 65%~70% 时，不仅反应速度缓慢，而且反应的生成物中 TiCl$_2$ 和 TiCl$_3$ 量增加，这些低价氯化钛继续被镁还原，生成小颗粒钛，充填于海绵钛孔隙中，致使海绵钛表面结构致密，真空蒸馏排除 MgCl$_2$ 困难。因此，适时地停止加料，有利于提高产品质量和生产率。

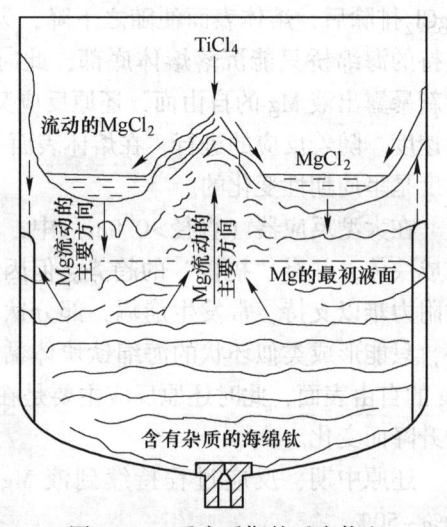

图 18-25　反应后期的反应物和生成物的迁移趋向

D　还原过程的相态副反应

镁还原反应过程是一个复杂的多相反应，反应物和生成物中分别有气-固-液三相同时存在，并且相互影响。主反应是气-液反应，即有总反应式：

$$TiCl_4(g) + 2Mg(l) \Longrightarrow Ti(s) + 2MgCl_2(l) \tag{18-89}$$

该反应式在熔体表面进行的，生成物固体钛粒下沉在熔体中。

但当镁蒸气挥发至反应器上方空间时，就存在 TiCl$_4$(g)-Mg(g) 间的反应，生成物是细小的钛粒。这些小钛粒或黏附在器盖上、器壁上，或掉入熔体中。

但当镁沿器壁上爬至熔体上部时，就存在 TiCl$_4$(g)-Mg(l) 间的反应，生成物是爬壁钛。爬壁钛也是细粒钛，或细粒钛聚合物，钛粒也不太大。

气-气反应和气-液反应常被称为相态副反应。它们是脱离主反应区域，在反应器空间的反应。生成物一般为钛粒，或钛粒的聚合物。打开还原器，常常出现爬壁钛、须状钛及黏壁钛，就是相态副反应的产物。

这些副产物细粒钛，在反应空间无熔体 MgCl$_2$ 覆盖，也是良好的吸气剂。自然能不断地吸附罐体泄漏的大气和反应物中的杂质，因此，这些细粒钛都是废钛。

为了避免这些废钛粒对产品海绵钛的不利影响，在生产过程中必须及时了解这些废钛的走向。并在打取海绵钛坨时，要及时剥离这些废钛。

爬壁钛暴露在反应器内空间，且夹杂有钛粉和镁粉，易自燃，因此必须加以控制。为此，在还原操作过程中，应减少 $TiCl_4$ 加料过程的停料时间，放气时应保持一定的剩余压力，以防止反应器内镁的挥发；同时，空间温度不宜控制太高，以降低空间的气相反应速度。

反应器内反应过程中有一个温度场，熔池表面反应区是高温区，其中心最高温度可达到 1200℃ 以上，横向和纵向都存在温度梯度。反应温度和熔体物质热流的流动对钛晶体生长也有影响，即影响钛晶体生长速度和走向。晶体长大的方向与散热最快的方向相反，因此，靠罐壁的树枝状结晶是沿着罐壁横向有序生长，即钛坨罐壁处晶体的结构是横向有序排列的。同时熔体内存在缓慢的熔体物质流动的冲刷，会阻止钛晶体的横向生长。

18.5.2 真空蒸馏原理

经排放 $MgCl_2$ 操作后的镁还原产物，含 Ti 55%~60%、Mg 25%~30%、$MgCl_2$ 10%~15%，还有少量 $TiCl_3$ 和 $TiCl_2$。常用真空蒸馏法，将海绵钛中的 Mg 和 $MgCl_2$ 分离除去。

蒸馏法是利用蒸馏物各组分某些物理特性的差异而进行的分离方法。事实上镁还原产物中诸成分的沸点差异比较大，相应的挥发性也有很大的差别。在标准状态下，镁的沸点为 1107℃，$MgCl_2$ 为 1418℃，钛为 3262℃；在常压和 900℃ 时，镁的平衡蒸气压为 $1.3×10^4Pa$，$MgCl_2$ 为 975Pa，钛为 $1×10^{-8}Pa$。

一些还原产物在同一蒸气压下相应的温度见表 18-26。由此得知，采用蒸馏法精制钛是可以实现的。

表 18-26　一些还原产物在同一蒸气压下相应的温度　　　　　　　　（℃）

物质	蒸 气 压							熔点
	10Pa	101Pa	1010Pa	10108Pa	25270Pa	50540Pa	101080Pa	
Mg	516	608	725	886	963	1030	1107	651
Ti	2500						3262	1668
$MgCl_2$	677	763	907	1112	1213	1310	1418	714
KCl	704	806	948	1136	1233	1317	1407	775
NaCl	743	850	996	1192	1290	1373	1465	801

在采用常压蒸馏时，$MgCl_2$ 比 Mg 的沸点高，分离 $MgCl_2$ 更困难些。在这种情况下，蒸馏温度必须达到 $MgCl_2$ 的沸点（1418℃）。可是，在这样高的温度下，海绵钛与铁壁易生成 Ti-Fe 合金，从而污染产品，同时 Mg 和 $MgCl_2$ 的分离也不易完全。实践中常采用真空蒸馏，此时还原产物各组分的沸点相应下降，Mg 和 $MgCl_2$ 的挥发速度比常压蒸馏大很多倍，这就可以采用比较低的蒸馏温度。在低的蒸馏温度下还可减少铁壁对海绵钛的污染。如蒸馏操作真空度达 10Pa 时，Mg 和 $MgCl_2$ 的沸腾温度分别降至 516℃ 和 677℃。

在真空蒸馏的物质迁移过程中，随着真空度的变化，其气体呈现复杂的流型。按气体流动类型区分，刚开始启动时为湍流，随后很快进入黏滞流（即普通蒸馏），蒸馏中期为过渡流，蒸馏后期为分子流。

与普通蒸馏不同的是，分子蒸馏只有表面的自由蒸发，没有沸腾现象，它可以在任何温度下进行，因而可以选择较低的作业温度，在理论上这种蒸馏是不可逆的。

普通蒸馏

$$\alpha_p = \frac{p_1 r_1}{p_2 r_2}$$

理想时

$$\alpha_p = \frac{p_1}{p_2}$$

分子蒸馏

$$\alpha_m = \alpha_p M_2^{0.5} M_1^{-0.5} \tag{18-90}$$

式中 p_i——蒸气压，Pa；

r_i——活度；

M_i——相对分子质量。

一些物质的分离系数见表 18-27。

表 18-27   一些物质的分离系数值

温度/℃	分离组分	α_p	α_m	温度/℃	分离组分	α_p	α_m
900	Mg/Ti	1.1×10^9	1.6×10^9	1000	Mg/Ti	1.1×10^9	1.6×10^9
	$MgCl_2$/Ti	1×10^8	7.2×10^7		$MgCl_2$/Ti	1.1×10^8	7.9×10^7

从表 18-27 中所列的分离系数值来看，蒸馏组分的分离系数很大，应该易于分离。但事实上蒸馏精制海绵钛比较困难，因为要将残留在海绵钛内部的 1%~2% 的 $MgCl_2$ 全部蒸馏除去，要消耗蒸馏周期 80%~90% 的时间。这是因为在高温蒸馏过程中 Mg 和 $MgCl_2$ 均呈液相残留于钛的毛细孔中，由于毛细管的吸附作用，增大了它们向空间的扩散阻力。这些少量的液相残留物便成为缓慢的放气源。只要系统中存在残留液相，系统达到的最高真空度就是液相现有温度下的蒸气压，使得蒸馏中期真空度无法迅速提高。也可以认为残留在毛细孔中的液相蒸发成气体分子向外迁移时，由于毛细管直径小，气体分子与管壁频频碰撞，降低了汽化蒸发速度。为此，从考察残留液相在毛细管内的蒸气压时不难发现，由于毛细管力 p_σ 的束缚，残留于钛坨表面层的液相蒸气压 p_i 低于饱和蒸气压 p_0，增大了内扩散阻力，也降低了蒸馏速率。其中：

$$p_i = p_0 - \frac{2\delta \rho_0 \sin\theta}{r\rho} \tag{18-91}$$

式中 δ——表面张力；

r——毛细管直径；

ρ_0，ρ——$MgCl_2$ 的气体密度和液体密度；

θ——湿润角。

蒸馏过程按时间顺序分为三个阶段，即初期、中期和后期。初期从开始蒸馏到恒温为止，主要脱除各种最易挥发的挥发物，此时蒸馏速度甚快。中期和后期即恒温阶段至终点，主要脱除钛坨中毛细孔深处残留的约 2% 的 $MgCl_2$，此时蒸馏速度较慢。

蒸馏初期主要脱除的挥发分有：$MgCl_2$吸水后形成 $MgCl_2 \cdot nH_2O$ 中的结晶水，还原产物中 $TiCl_2$ 和 $TiCl_3$ 分解后产生的 $TiCl_4$ 气体，大部分裸露在海绵钛块外表的 Mg 和 $MgCl_2$。

对于还原—蒸馏间歇作业，在还原结束后于炉体拆卸时，还原产物有可能暴露于大气中，引起 $MgCl_2$ 吸水。为了防止 $MgCl_2$ 所吸附水分进入高温阶段使钛增氧，真空蒸馏必须进行低温脱水作业。脱水作业维持 $200 \sim 400℃$ 达 $2 \sim 4h$。在此期间，$MgCl_2 \cdot nH_2O$ 逐步脱水。但在联合法工艺的情况下，还原产物无暴露大气的机会，无需进行低温脱水。

在真空蒸馏过程中，存在少量的 $TiCl_3$ 和 $TiCl_2$ 发生歧化反应：

$$4TiCl_3 \longrightarrow Ti + 3TiCl_4 \tag{18-92}$$
$$2TiCl_2 \longrightarrow Ti + TiCl_4 \tag{18-93}$$

$TiCl_4$ 排出蒸馏设备外，生成物粉末钛一部分沉积在真空管道内，另一部分沉积在海绵钛块和爬壁钛上。粉末钛易燃，对蒸馏和取出操作都不利，因此在还原过程中应尽量减少低价氯化钛的生成。

在真空蒸馏初期，Mg 和 $MgCl_2$ 的挥发，先从海绵钛坨表面裸露的 Mg 和 $MgCl_2$ 开始，然后再到钛坨内部浅表面粗毛细孔内夹杂的 Mg 和 $MgCl_2$。

还原产物海绵钛在真空蒸馏过程中经受长期的高温烧结，逐渐致密化，毛细孔逐渐缩小，树枝状结构消失，最后呈一坨状整块，俗称海绵钛坨。海绵钛坨因自重造成上下方向有收缩力而下陷，使海绵钛坨上部黏壁处断裂落入容器底部。

从实测数据来看，还原结束时海绵钛毛细孔粗大且疏松，其整体结构很好，但在长时间的蒸馏高温及自重影响下，海绵钛内部结构不断地收缩挤压，而且蒸馏时间越长，其收缩挤压越严重，这一物理变化使海绵钛的结构变得致密。

18.5.3 镁还原设备

18.5.3.1 工艺流程

大型的钛冶金企业都为镁钛联合企业，多数厂家采用还原—蒸馏一体化工艺，它实现了原料 Mg-Cl_2-$MgCl_2$ 的闭路循环。它们的原则流程大体相同。其工艺流程如图 18-26 所示。

还原反应器（也作蒸馏器用）经所谓"过渡段"与冷凝器连接。它们可在还原之前连接好，或者还原完成后不需冷却即趁热连接；在蒸馏时，冷凝

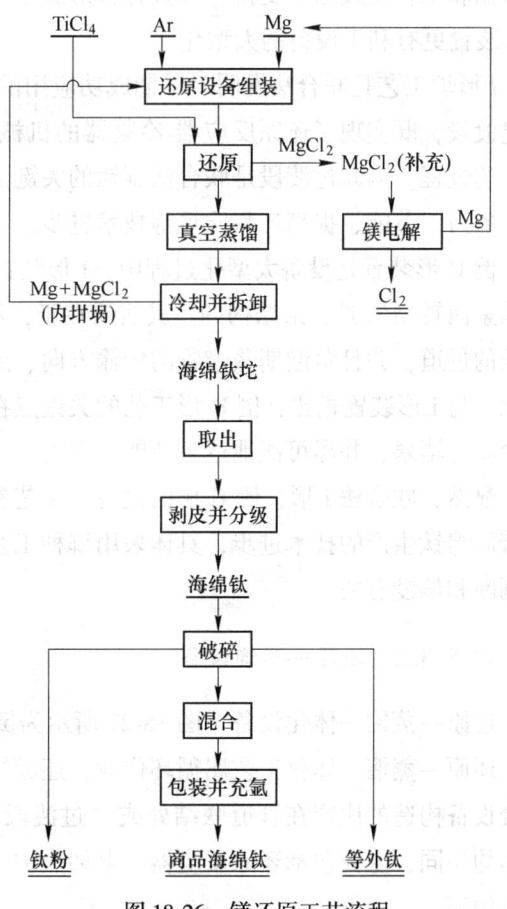

图 18-26　镁还原工艺流程

了镁和氯化镁的冷凝器便用作下炉次的还原反应器。按还原反应器（蒸馏器）与冷凝器连接时间不同，又分为"联合法"和"半联合法"，在还原之前就将两者连接的称为联合法，在还原完全之后才将两者连接的称为半联合法。一般来讲，I 形炉是在还原完成之后，才将还原反应器（蒸馏器）与冷凝器连接；而倒 U 形炉，在还原之前或还原之后连接均可。从提高设备的利用率考虑，还原之后才将还原反应器（蒸馏器）与冷凝器连接，是比较合理的。本书将上述联合法和半联合法统称为联合法。

目前联合法有两种不同的工艺，即所谓倒 U 形联合法和 I 形联合法。倒 U 形联合法又称为并联法，日本和美国采用这种方法。I 形联合法又称为串联法，独联体国家应用这种方法。我国上述两种方法都在应用。

独联体国家海绵钛厂是应用炉产 4t 的大的 I 形炉，国内有炉产 2t、3t 和 4t 的 I 形炉。乌克兰已研究成功炉产 7.5t 的 I 形炉联合法工艺。国内的 I 形联合法与独联体国家的工艺稍有不同。独联体国家使用的还原反应器是下排氯化镁结构，国内是采用上排氯化镁。日本和美国的海绵钛厂主要采用炉产 10t 的倒 U 形联合炉，也有炉产 5t、7t 的炉；国内现有炉产 5t、8t、10t 和 12t 的倒 U 形联合炉。

上述两种联合法工艺各有优缺点，但目前仍有争论。两种工艺的先进性都有充分的理论依据和工程实践给予支持，并且各自形成了比较完善的工业化生产体系。但事实上，倒 U 形装置更有利于设备的大型化。

I 形炉工艺是联合法发明时早期成功应用的装置，它的关键点是设计了紧凑、多功能的过渡段，既实现了还原反应器-冷凝器的机械连接，又有效、顺畅地结合了还原—蒸馏的工艺过程。因此过渡段是联合法制钛的关键部位。过渡段集中体现了联合法制钛工艺省时、省力、节能、提高产品质量等技术进步的精髓。

倒 U 形装置是设备大型化过程中，I 形装置受厂房标高、吊车吨位、冷凝物负荷极限等因素而转型为倒 U 形结构的。其实质在于，不仅设备上使 I 形紧凑的过渡段变形成相对较长的过道，并且蒸馏期蒸馏物的传输方向、路线长度、蓄热量维持等工艺发生了较大的变化。与 I 形装置相比，倒 U 形工艺的关键点在于，如何在结构上保证过道在蒸馏期不发生冷凝物堵塞，并尽可能地达到节能、省力。

显然，联合法 I 形、倒 U 形的设备、工艺参数本质上没有太大区别，并且都强有力推动着海绵钛生产的技术进步，具体采用哪种工艺形式，很大程度上与投资者、设计者的主观判断和偏爱有关。

18.5.3.2 还原—蒸馏设备

还原—蒸馏一体化设备，图 18-27 所示为倒 U 形设备示意图。

还原—蒸馏一体化工艺属循环作业，还原罐与蒸馏罐尺寸相同，可以互换交替使用。联合设备构造的诀窍在管道联结处或"过渡段"上，对此各厂家有所不同，但其余部分大体均相同，主要包括还原反应器、电加热炉、$TiCl_4$ 高位槽、液体 Mg 加料抬包和自动控制机构等。

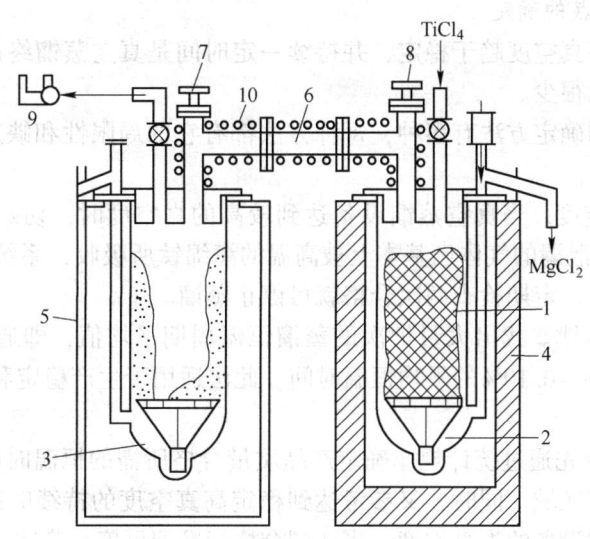

图 18-27 倒 U 形联合法系统设备示意图

1—还原产物；2—还原蒸馏罐；3—冷凝器；4—加热炉；5—冷却器；
6—联结管；7, 8—阀门；9—真空机组；10—通道加热器

18.5.4 镁还原工艺

18.5.4.1 镁还原工艺条件的选择

A 反应温度

反应温度一般控制在 850~940℃。

B $TiCl_4$ 的加料制度

$TiCl_4$ 的加料制度，实践上因不同的炉型和大小，随着其他工艺条件的建立，可以制定出各种工艺加料制度。

C $MgCl_2$ 的排放制度

排放 $MgCl_2$ 的制度原则上有两种方案。一种是定期将 $MgCl_2$ 累积量全部排出，此种方案的熔体液面下降的幅度大，钛坨黏壁部分增长，取出较困难，但排放次数减少，操作较简单，反应空间的容积增大，反应压力平稳。另一种是逐次排放 $MgCl_2$，维持熔体表面为一定高度，此种方案在反应器内总剩余一部分 $MgCl_2$ 液。

D 反应压力

为了保证还原反应器或蒸馏釜的安全，反应压力不宜太高，一般控制在 20~50kPa 范围。

18.5.4.2 真空蒸馏工艺条件的选择

A 蒸馏温度

蒸馏初期（即由还原过渡进入蒸馏的过渡期）温度 880~980℃，时间 6~8h，恒温温度控制在 950~1000℃。

B　真空蒸馏终点的确定

蒸馏设备内的高真空度趋于稳定，并持续一定时间是真空蒸馏终点到达的主要标志，此时挥发物残留量已很少。

真空蒸馏终点的确定方法有多种，每种方法都有它的局限性和缺点。经过实践比较，我国常选用三种方法。

（1）根据失真空度。当真空蒸馏设备达到较高的真空度时，切断真空系统。若挥发分镁和 $MgCl_2$ 很少，泄漏的气体已基本上被高温的海绵钛所吸收，系统内的真空度基本维持不变，即达到终点。定期检查两次合格就可停止蒸馏。

（2）根据统计规律。找出大量炉次的蒸馏恒温周期平均值，即通过统计规律，找出产品达到含 Cl 0.08%～0.10% 的平均恒温时间。此法适用于生产稳定和还原—蒸馏过程达到标准化的场合。

（3）综合法。首先通过统计规律确定产品质量合格所需的恒温时间上限值和下限值，即确定蒸馏恒温时间区域。同时，又参考达到稳定高真空度的持续时间再决定蒸馏周期。有的还同时测定蒸馏设备的失真空度，当达到合格标准即可停止蒸馏，但蒸馏周期最长不得超过下限值。

C　蒸馏排出的 Mg 和 $MgCl_2$ 精制

精制作业是将还原排放的（$Mg + MgCl_2$）液送至电解车间恒温釜内静置 1～2h，以去除液体中夹杂的钛粒。经静置澄清分离，有利于提高镁电解的电流效率。

18.5.4.3　产品处理

A　产品分级

按产品的品质大致分为 3～4 种成品。海绵钛坨中间块体质量好，破碎后包装为商品海绵钛；剥离的边部钛、底部钛和爬壁钛质量差，单独破碎包装为等外海绵钛。上述成品中的细粒钛质量最差，用粉末成型的方法压制成废钛块，也可直接按等外钛粉出售。

B　产品粒度

为了适应挤压成锭的要求，破碎后的产品经振动筛筛分，筛上物返回破碎，筛下物再去磁选。破碎和筛分过程也是粒度分级过程，最终分成大粒度（0.83～25.4mm）、小粒度（0.83～12.7mm）和钛粉末三种产品。

C　磁选

磁选是将钛产品选出带有磁性的含铁杂质。

D　人工挑选

人工挑选是选出变色产品和其他杂物。目前国内都有人工挑选这道不可缺少的工序，现在还没有机械挑选方法来替代。

E　混合和包装

产品需用专用混料器混合均匀，然后进行包装、充氩保护。因海绵钛中残留有少量的 $MgCl_2$，与大气接触时 $MgCl_2$ 发生吸水反应，影响产品质量。所以，储存的镁法海绵钛必须充氩保存。

18.5.4.4　异常现象和处理

在还原—蒸馏过程中所出现的异常现象及处理方法见表 18-28。

表 18-28　在还原—蒸馏过程中所出现的异常现象及处理方法

工　序	异常现象名称	现　　象	原　　因	处　置　方　法
还　原	加料管堵塞	加不进料；罐内出现负压	反应器空间温度高，加料管长	拆下加料管，打通或换管道；加料管改短
	胖管堵塞	充不进氩，加不进料	空间温度高，加料管短	拆加料管并打通
	排放 $MgCl_2$ 管堵塞	氩气压力大，排出的 $MgCl_2$ 量却小；放不出 $MgCl_2$	马蹄罩或假底处被堵；压差没有控制好或堵住管道	拆换排放 $MgCl_2$ 管道
真空蒸馏	烧坏胶垫	无冷却水	冷却水套管堵塞	及时处理，若长时间无水应停炉
	隔热板堵死	真空度高，但长时间真空度不升	冷却水量少	降炉温，若过一段时间无效出炉重新安装
	罐壁烧漏	真空度突然骤降	罐壁温度局部过高	停电冷却并徐徐充氩，吊出炉膛处理
	海绵钛着火	燃烧	拆卸时，物料中的钛粉和镁粉燃烧	盖灭火罩

18.5.5　产品品质

对海绵钛品质影响最大和含量较多的杂质主要是铁、氯、氧，其次是氮、碳、硅等。杂质氧、氮、碳、铁、硅等会显著地增高钛的硬度，并使钛的加工塑性变坏。

产品硬度既是杂质含量的综合指标，也是产品品质的综合指标。根据大量数据统计，抚顺金铭钛业公司生产的海绵钛的硬度与对主要影响其布氏硬度的 3 个元素 Fe、O、N 的含量有如下关系：

$$HB = 79.20 + 194.83 N\% + 356.82 O\% + 117.30 Fe\% \tag{18-94}$$

从式（18-94）可以看出，海绵钛产品的布氏硬度 HB 受氮、氧、铁的影响最大，而且具有加和性。所以凡是氮、氧、铁高密集的部位，产品的布氏硬度也高。因此，钛坨的中心部位硬度最低，品质最好；边部和底部黏壁钛的硬度最高，品质最差；上表部的钛硬度稍高。

为了降低产品硬度，必须防止杂质，特别是氮、氧、铁的污染。在一般情况下黏壁钛被铁、氧、氮等污染是不可避免的，但操作中要力争钛坨中心部位的海绵钛少受污染，以保证产品的品质。

从对海绵钛硬度的影响因素分析来看，以原料对硬度的影响最大，见表 18-29。

表 18-29　各种因素对海绵钛硬度的影响

序号	影　响　因　素	硬度 HB 增加值	序号	影　响　因　素	硬度 HB 增加值
1	原料（$TiCl_4$、Mg 和 Ar）	15~40	4	非控制源	7~15
2	处理水平（还原、蒸馏和设备准备）	5~14		合　计	28~72
3	钛块破碎时的大气环境	1~3			

产品品质还与炉产量有关，随着炉批量的增大，硬度降低，此时氧有降低的趋势，而氯和铁稍有增加，其他元素基本不变，等外钛所占比例下降。产品品质还与工人的操作水平和企业的管理水平有关。一般情况下，工厂生产历史越长，产品品质越好。

海绵钛的硬度还与其结构有关。随着海绵钛总孔隙率增加，海绵钛的硬度也增加。海绵钛的硬度与孔隙率的关系见表18-30。

表 18-30　海绵钛的硬度与孔隙率的关系

总孔隙率/cm³·g⁻¹	0.0769	0.0920	0.1627	0.1944
硬度 HB	79.6	88.4	90.1	91.9

此外，随着海绵钛的孔隙率增加，比表面积增大，海绵钛的密度减小，其含氧和氮总量增加。这是因为在还原过程排放 $MgCl_2$ 作业时，钛块起着过滤作用。越是疏松的钛块，其中残留的 $MgCl_2$ 含量也越多。另外，越疏松的钛块在作业过程中或暴露大气时，吸附的气体也越多。总之，海绵钛越致密其品质也越好。

综上所述，影响镁法海绵钛品质的主要杂质是 Cl^- 和氧、铁。从杂质分布范围来看，Cl^- 分布广，氧、铁较集中，造成产品处理的难易程度不同。在蒸馏过程中，必须首先设法除净 $MgCl_2$，以降低 Cl^- 含量，然后又要准确适时地确定蒸馏终点，防止氧和铁含量的增加。

中国海绵钛的质量标准见表18-31。

表 18-31　中国海绵钛的质量标准（GB/T 2524—2010）

产品等级	产品牌号	化学成分（质量分数）/%										布氏硬度 HBW/10/1500/30
		Ti	杂　质									
			Fe	Si	Cl	C	N	O	Mn	Mg	H	
0ₐ 级	MHT-95	≥99.8	≤0.03	≤0.01	≤0.06	≤0.01	≤0.01	≤0.05	≤0.01	≤0.01	≤0.003	≤95
0 级	MHT-100	≥99.7	≤0.05	≤0.02	≤0.06	≤0.02	≤0.01	≤0.06	≤0.01	≤0.02	≤0.003	≤100
1 级	MHT-110	≥99.6	≤0.08	≤0.02	≤0.08	≤0.02	≤0.02	≤0.08	≤0.01	≤0.03	≤0.005	≤110
2 级	MHT-125	≥99.5	≤0.12	≤0.03	≤0.10	≤0.03	≤0.03	≤0.10	0.04	0.005		≤125
3 级	MHT-140	≥99.3	≤0.20	≤0.03	≤0.15	≤0.04	≤0.04	≤0.15	≤0.02	≤0.06	≤0.010	≤140
4 级	MHT-160	≥99.1	≤0.30	≤0.04	≤0.15	≤0.04	≤0.05	≤0.20	≤0.03	≤0.09	≤0.012	≤160
5 级	MHT-200	≥98.5	≤0.40	≤0.06	≤0.30	≤0.05	≤0.10	≤0.30	≤0.06	≤0.15	≤0.030	≤200

注：海绵钛粒度以 0.83~25.4mm 和 0.83~12.7mm 两种粒度供应。

18.6　致密钛的生产

只有将海绵钛或钛粉制成致密的可锻性金属，才能进行机械加工并广泛地应用于各个工业部门。采用真空熔炼法、冷床熔炼法或者粉末冶金的方法就可实现这一目的。熔炼法可以制得 3~15t 重的金属钛锭。采用粉末冶金的方法则只能获得几百千克以下的毛坯。

18.6.1 真空电弧熔炼法生产致密钛

真空电弧熔炼法（vacuum arc remelting，VAR）广泛应用于生产致密稀有高熔点金属。这一方法是在真空条件下，利用电弧使金属钛熔化和铸锭的过程。由于熔融钛具有很高的化学活性，几乎能与所有的耐火材料发生作用而受到污染。因此，在 VAR 中通常采用水冷铜坩埚，使熔融钛迅速冷凝下来，大大减少了钛与坩埚的相互作用。

VAR 又可分为自耗电极电弧熔炼和非自耗电极电弧熔炼两种方法。自耗电极电弧熔炼是将待熔炼的金属钛制成棒状阴极，水冷铜坩埚作阳极，在阴、阳极之间的高温电弧的作用下，钛阴极逐渐熔化并滴入水冷铜坩埚内凝固成锭。这种熔炼方法的阴极本身就是待熔炼的金属，在熔炼过程中不断消耗，故称为自耗电极电弧熔炼，如在真空中进行，则称为真空自耗电极电弧熔炼。非自耗电极电弧熔炼是用钨棒或石墨棒作非自耗电极，待熔化的金属则以小块或屑状连续加入坩埚内熔化铸锭。由于非自耗电极电弧熔炼的电极会污染金属，现已不再采用。工业上广泛采用的是真空自耗电极电弧熔炼法。

采用真空自耗电极电弧熔炼钛锭时，先将海绵钛经机械压实成为具有适宜的"未加工强度"的压实块，可保持在操作和熔炼时不受损坏。这些压实块在一个惰性气体焊接舱内被焊接在一起，作为初始熔炼的钛电极或称为"条棒"。在真空自耗电极电弧熔炼过程中，钛电极（钛阴极）不断熔化滴入水冷铜坩埚，借助于吊杆传动使电极不断下降。为了熔炼大型钛锭，采用引底式铜坩埚，即随着熔融钛增多，坩埚底（亦称锭底）逐渐向下抽拉，熔池不断定向凝固而成钛锭。

由于熔炼过程在真空下进行，而熔炼的温度又比钛的熔点高得多，熔池通过螺管线圈产生的磁场作用对熔化的钛液产生强烈搅拌作用，这将会使海绵钛内所含的气体氢及易挥发杂质和残余盐类大量排出，因此真空自耗电极电弧熔炼具有一定的精炼作用。

真空自耗电极电弧炉熔炼系统如图 18-28 所示，熔炼炉主要由密封的炉室以及与其相连的水冷铜坩埚、电极吊杆和提升机构所组成，此外还有许多辅助设备，如真空系统、取锭设备、水冷系统、供电系统、电弧自控系统及各种测量控制系统。

熔炼过程的主要技术经济指标是钛锭的品质、金属回收率、熔炼生产率及电耗等。影响钛锭质量的因素有以下几个方面：

（1）真空度。真空有利于钛中氢气及其他挥发性杂质的除去。如含氢为 0.0224% 的海绵钛，在氩气气氛中经一次熔炼后，再在真空下进行二次熔炼（重熔），氢含量可降到 0.0027%。海绵钛中的 Pb、Sb、As、Zn

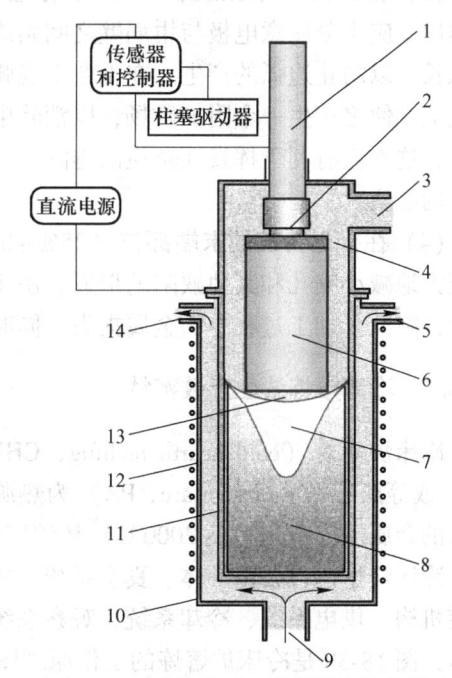

图 18-28　真空自耗电极电弧炉示意图
1—柱塞；2—电极杆；3—抽真空系统接口；4—冷却水；
5，14—冷却水出口；6—自耗电极；7—金属熔液；
8—金属锭；9—冷却水入口；10—结晶器的水冷套；
11—铜坩埚（结晶器）；12—聚焦或搅拌盘管；13—电弧

等杂质也可在熔炼过程中除去。

在真空下熔炼可以得到比在氩气氛中熔炼更好的金属表面品质，因为真空下温度均匀，熔池深度高，使结晶的均匀性得到改善。

从对除杂质有利的角度出发，真空度高一些好。因为电弧区的压力总是比真空室的压力大 1~2 个数量级，为了降低电弧区的压力，就应提高真空室的真空度。但无限制地提高真空度是困难的和不经济的。一般正常熔炼过程控制熔炼室压力在 0.133~0.665 Pa 范围，此时，电弧区的压力在 1.33~13.3 Pa 之间，这就是反应在真空电弧熔炼条件下进行时，气体杂质的净化效果并不十分显著的原因。当然，真空度太高对于稳定电弧是不利的。因此，真空度必须适当。

（2）熔炼功率的确定和影响。电弧熔炼功率的大小，在铸锭直径和熔炼速度一定的情况下，直接影响铸锭的质量、金属回收率和电能的消耗。功率越大，金属熔池的过热程度就越大，精炼反应进行得越彻底，挥发性杂质的去除率越高。然而功率过大，不仅会造成金属的喷溅损失增大，还会导致电能消耗增加。而功率过小，则熔池过热程度差，温度低，将使金属的黏度增大，导致机械夹杂增多，某些杂质组成的气泡也难以上浮除去，造成铸锭的结构不均匀，甚至产生皮下气泡等缺陷。因此功率必须选择适当。要维持稳定的电弧放电，其电极的电流密度不能小于"最小电流密度"，最小电流密度取决于电极直径。电极直径越小，所需的最小电流密度就越大。生产实践中所采用的电流密度要比最小电流密度稍大一些。

（3）稳弧及对熔池的搅拌。在熔炼过程中维持电弧的稳定，对获得合格产品起着重要作用。应十分注意电极与坩埚壁之间始终保持一定的距离（能自动控制），使此距离大于弧长，以防止边弧的产生。在工业上稳弧的重要措施是设置围绕坩埚的螺管线圈并通以直流电，使之产生一个附加磁场，以消除电弧的飘移。螺管线圈的另一个作用是对熔池的搅拌，这不仅有利于挥发性杂质的排除，晶粒细化，而且使铸锭的组成均匀，从而提高了产品的品质。

（4）在接近铸锭的末端部位（25%~35%）时，通过分步降低功率并降低熔化速度，将极大地减小缩孔和其他缺陷的形成。由于缩孔能在产品中扩展，形成缺陷，因此缩孔的减少，降低了加工过程中的金属损失，同时有效地消除了缺陷。

18.6.2　冷床熔炼法生产致密钛

冷床炉熔炼（cold hearth melting，CHM）是利用高速运动的电子束（electron beam，EB）或等离子弧（plasam arc，PA）为热源，在铜制水冷炉床中熔化海绵钛或钛合金，熔化后的金属液（一般可达 2000℃）从炉床流入坩埚，形成表面质量良好的铸锭的工艺。

冷床炉熔炼设备由炉体、真空系统、枪（电子束枪或等离子枪）、进料机构、坩埚及拉锭机构、供电系统、冷却系统、观察系统和控制系统等组成，其结构示意图如图 18-29 所示，图 18-30 是冷床炉熔炼的工作原理图。

冷床炉通常有三个工作区：即熔化区、精炼区和结晶区。炉料通过进料斗进入到熔化区内，进料斗可以独立于炉室真空系统而实现装料和抽真空。在熔化区，聚焦后的高能电子束（或等离子束）轰击炉料的表面，使固体炉料熔化为液态（并初步精炼），逐渐流向精炼区；在精炼区，液态金属进行充分精炼，通过挥发、溶解、上浮、沉淀等作用机制去

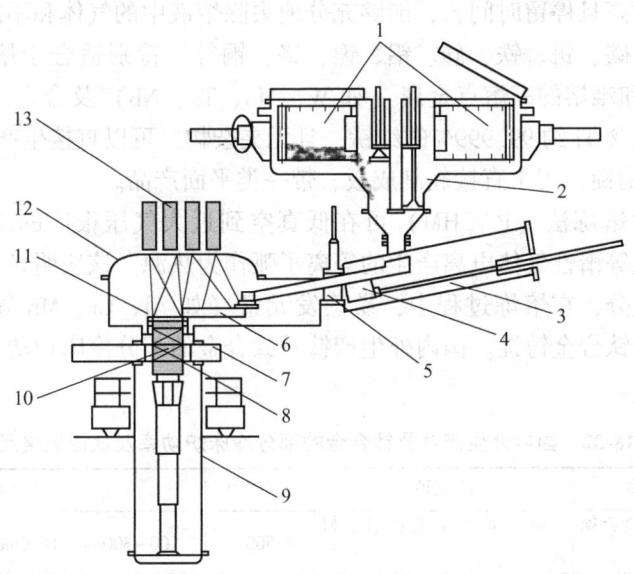

图 18-29　冷床炉熔炼设备结构示意图

1—原料缸；2—加料器；3—储料室；4—驱动加料器；5—V7 阀门；6—炉床；7—V8 阀门；8—拉锭器；
9—金属锭室；10—金属锭；11—坩埚；12—熔炼室；13—电子束枪或等离子枪

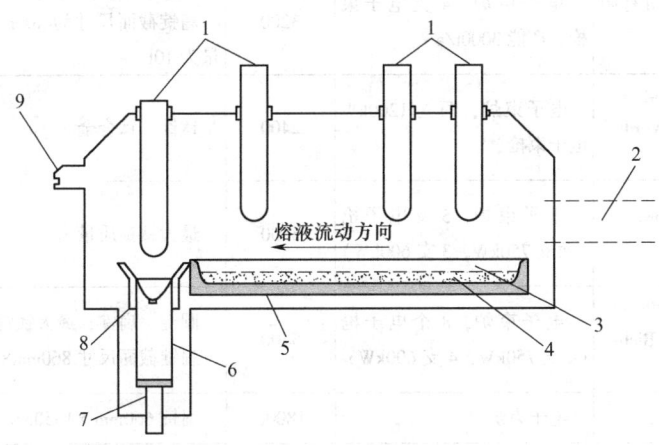

图 18-30　冷床熔炼炉的工作示意图

1—电子束枪或等离子枪；2—进料口；3—熔液；4—固态凝壳；
5—冷床；6—铸锭；7—拉锭机构；8—水冷铜坩埚；9—抽真空口

除杂质和夹杂物；然后液态金属通过溢流嘴缓缓注入结晶器（水冷铜坩埚），在坩埚内冷凝成铸锭。随着熔化持续进行，凝固的铸锭在拉锭机构的作用下，不断地从坩埚底部被拉出，最终形成一个整体铸锭。

根据所采用的热源是电子束或等离子，冷床炉可分为电子束冷床炉和等离子冷床炉。

电子束冷床炉熔炼法（EBCHM）是基于真空熔炼中，凡蒸气压为待提纯金属蒸气压 100 倍左右的杂质，在高温真空精炼时都能有效地除去，如杂质铁、铝、硅等。电子束具有很高的能量密度（$10^3 \sim 10^6$ W/cm²），可以达到很高的温度，能够熔化一切金属。电子束炉的工作真空度高，一般控制在小于 1×10^{-3} Pa，同时可方便控制熔速和电子束能量分布，使熔液过热度高且停留时间长，能够充分地去除熔液中的气体和不同的有害杂质，如氢、氯、钙、镁、碳、钒、铁、硅、铝、镍、铬、铜等，特别适合于熔炼活性金属（如Ti、Zr、V、Hf）和难熔的高熔点金属（如 W、Mo、Ta、Nb）及合金。对金属钛的提纯效果很好，可产出含 Ti 约 99.999%的纯钛，且无夹杂物。可以直接生产大尺寸（860mm×1420mm）的矩形扁锭，用于直接轧制成板、带一类平面产品。

　　等离子冷床炉熔炼法（PACHM）可在低真空到近大气压很广的压力范围来完成熔炼，一般利用氩气等惰性气体电离产生的等离子弧作为热源。该法明显的优点是可保留不同蒸气压的合金组分，在熔炼过程中，易蒸发元素（如 Al、Cr、Mn 等）没有明显的烧损，适宜生产钛及钛合金铸锭。国内外生产钛及钛合金的部分冷床炉功率及钛锭规格尺寸见表 18-32。

表 18-32　国内外生产钛及钛合金的部分冷床炉功率及钛锭规格尺寸

序号	国别或单位	冷床炉	功率/kW	产品及规格
1	中国西北有色金属研究院	电子束炉（主要用于科研和试验）	500	100~300mm×1800mm；最大质量 450kg
2	中国陕西宝钛集团公司	电子束炉，4 支 600kW 电子束枪	2400	圆锭 ϕ736mm×5000mm；扁锭尺寸（270mm、370mm）×1085mm×1340mm，最大质量分别为 6.5t 和 11t
3	中国宝钢股份有限公司	电子束炉，4 支电子束枪，产能 3000t/a	3200	圆锭直径可达 860 mm，最大质量为 12t；扁锭截面尺寸为 400mm×1200mm，最大质量为 10t
4	Quanex/Viking Metallurgical Corp. Verdi Factory	电子束炉，两支 1200kW 电子束枪	2400	钛锭、钛合金
5	THT Morgantown Factory	电子束炉，5 支电子枪（两支 750kW，3 支 600kW）	3300	最大钛锭质量为 16t
6	IHM（International Hearth Melting）Richland Factory	电子束炉，8 个电子枪（4 支 750kW，4 支 600kW）	5400	圆锭、扁锭，最大钛锭质量为 23t；扁锭截面尺寸 860mm×1420mm
7	日本东邦公司	电子束炉	18000	扁锭 660mm×1350mm×2750 mm
8	中国	等离子炉（主要用于科研和试验）	600	
9	中国宝钢股份有限公司	等离子炉，4 支等离子枪，产能 1500t/a	3300	圆锭 ϕ660 mm×3000mm，最大质量为 7t；扁锭尺寸 330mm×750mm×4500mm，最大质量为 5t
10	俄罗斯 VSMPO	等离子炉，5 支等离子枪	4800	圆锭 ϕ810mm×4500mm；扁锭尺寸 320mm×1260mm×4500mm

　　与 VAR 熔炼相比，CHM 工艺可看做是一个开放的系统，如果原料中混入高密度夹杂物，如 W、WC、Mo 和 Ta 等颗粒，在熔炼过程流经冷床时，被电子束枪或等离子枪熔化的同时也全部或大部分被熔池熔解，而密度较大的颗粒夹杂物则通过沉淀，残留在凝壳中，从而与铸锭分离。对于低密度的夹杂物，如 TiO_2（熔点 1825℃）和 TiN（熔点 2950℃），由于熔池保持时间长，也可被完全熔化。因此，工业化冷床炉熔炼可去除高、

低密度的夹杂物，提供无夹杂、高质量的钛金属及钛合金产品。

18.6.3 粉末冶金法生产致密钛

真空电弧熔炼法存在着一些缺点，如成本高、加工复杂、金属损失大、直收率低、导致熔铸钛部件的价格很昂贵，这大大限制了钛材的应用范围。如采用粉末冶金方法直接用海绵钛生产钛制品，则有一系列的优越性，特别是生产小型钛制件和钛合金制件方面更显优越。有些特殊用途的多孔钛制品就只有用粉末冶金方法才能生产。

钛粉末冶金的流程很简单，包括钛粉末混合、精密压制、烧结、整形精制部件（产品）等过程。

18.6.3.1 钛粉的生产

粉末冶金的一个关键步骤是先获得合格的粉状钛原料。目前生产钛粉的方法有：海绵钛机械破碎法、氢化脱氢法、熔盐电解法、金属热还原法和离心雾化法。工业上用得较多的是海绵钛机械破碎法和氢化脱氢法。

A 海绵钛机械破碎法

海绵钛机械破碎法是将金属热还原法（镁或钠热法）制得的海绵钛，用破碎机、球磨机或碾磨机等机械设备进行破碎而获得粉末的过程。由于钛具有韧性，机械破碎法难以将海绵钛破碎成微细粉末，加之粉碎过程中的污染而使钛的纯度降低，因此这一方法并不十分理想。

B 氢化脱氢法

氢化脱氢法是利用钛氢化后变脆、易粉碎以及氢化钛在高温下有易于分解脱氢转化为金属钛的原理，以海绵钛、残钛等为原料，经过表面净化、氢化、研磨、脱氢、筛分等步骤的处理，获得钛粉的过程。氢化前用碱液或酸液除去钛表面的氧化膜，然后在钢制容器内于真空下将物料加热到1073K，使其表面活化后，再冷却到773~873K，通入经过净化处理的纯氢与钛发生氢化反应。该反应非常剧烈并放出热量。因此，通入氢的速度必须缓慢，甚至在氢气中掺入惰性气体稀释后再通入。氢化过程产出的氢化钛中，氢含量约为3%~4%，若产品的氢含量低于1.5%，则难以破碎。氢化钛经冷却后，在惰性气体保护下研磨成细粉（0.1~4μm），再在真空和773~1073K的温度下脱氢即可获得纯钛粉。

18.6.3.2 钛的粉末冶金

钛的粉末冶金是先进行成型，即将钛粉在外力作用下压成具有一定形状、密度和强度的坯块，再将坯块进行高温烧结而成。成型的方法很多，一般工业上采用金属模冷却成型法，即将钛粉加到特制的钢模中，用压力机加压成型，使用的压力为343.2~784.5MPa。

成型的坯块中有大量孔隙，也不坚固，必须进行高温烧结，使之致密化。烧结是在金属钛熔点以下的温度进行，在烧结过程中由于粉末内部发生原子的扩散和迁移以及粉末体内的塑性流动，导致粉末颗粒间的接触面增大，从而增加烧结体的密度。

影响烧结体致密程度的主要因素是粉末的性质、烧结温度、烧结时间和气氛等。为了防止污染，烧结是在真空感应炉内进行，真空度为0.133~0.00133Pa，温度为1273~1673K。烧结后的部件和材料可以进行冷、热加工。

以上是冷压真空烧结法。另一种真空热压法是将钛粉装入钢套中，把钢套焊密，在1173K 左右进行热轧。钢管起保护套的作用，以防止钛粉在轧制过程中氧化。轧制之后把钢管切开，其中的钛坯块很容易与钢管分开。真空热压法比较简单，可以制取较大的坯块。但因省去烧结工序，没有精炼的作用。

18.7　残钛的回收

残钛或钛残料是指钛在熔炼、锻造、轧制和机加工等工序中产生的废车屑、边角余料、几何废料、加工废品或等外品等生产废屑料，以及从各种设备上拆卸下来的可回收的废屑料。海绵钛生产过程的产品合格率一般为 92%～96%，此过程会产出 4%～8% 的等外海绵钛；在海绵钛熔炼铸锭时，成锭率为 85%～90%，有相当数量的边皮与车屑；在加工过程中，钛的成材率一般为 50%～70%，有大量的残钛与废料；从飞机、热交换器、核潜艇及化工设备上拆卸下来的一些零部件也含有废钛料。这些残钛和含钛废料均需进行回收和利用。

不同的残钛或钛残料需采用不同的方法进行回收。对于加工过程污染不严重的残钛，可部分或大部分返回熔炼铸锭，通过真空熔炼、等离子体熔炼和电子束熔炼等方法再度制成钛锭；也可采用氢化→破碎→细磨→脱氢的方法制备钛粉，或用旋转等离子体设备制取球形钛粉。对于冶炼厂的等外钛、加工厂污染严重的残钛和其他可回收废屑料，可用于冶炼特种钢、制取烟火等工业用的氢化钛或钛粉，也可通过感应熔炼法将残钛熔炼成钛铁或铝钛母合金。除此之外，还可采用电解精炼、热法精炼和碘化精炼的方法将残钛精炼成合格的金属钛。本节重点介绍这三种方法。

18.7.1　电解精炼

电解精炼是将含杂质的钛或钛合金作为可溶性阳极，以钢棒（或板）作为阴极，在 $NaCl$-KCl-$TiCl_2$-$TiCl_3$ 熔盐电解质中进行电解制取纯钛的过程。在电解过程中，阳极发生钛的电化溶解反应：

$$Ti - 2e \Longrightarrow Ti^{2+}$$
$$Ti^{2+} - e \Longrightarrow Ti^{3+}$$

钛以低价形式进入熔盐中，电极电位比钛更正的杂质则残留在阳极中或沉积在电解槽底部，氧以 TiO_2、Ti_2O_3 氧化物形态，碳以游离碳或碳化物形态，氮以氮化物形态留在阳极中，硅呈 $SiCl_4$、部分氮以阳极气体形态被除去。与此同时，阴极上则发生低价钛的电还原反应：

$$Ti^{3+} + e \Longrightarrow Ti^{2+}$$
$$Ti^{2+} + 2e \Longrightarrow Ti$$

金属钛以结晶形态在阴极上析出。

钛在电解质内的离子浓度为 3%～6%，其平均价态为 2.2～2.3。初始阴极电流密度为 0.5～1.5A/cm²，阳极电流密度小于 0.5A/cm²，电解温度为 1073～1123K。

电解精炼对除去钛中的氧、氮等气体杂质的效果较好，也能有效地除去硅、碳和电极电位比钛更正的铁、镍、锡、钼等金属杂质，但对除去电极电位与钛相近的铝、钒、锰等杂质的效果较差。

电解精炼在充有氩气的密闭电解槽中进行，如图 18-31 所示。把含杂质的金属钛或钛合金以 20~30mm 的散料形式装在多孔金属筐中，放入电解槽作为阳极。电解结束后，将阴极提升到充满氩气的冷却室中，用专门的刀具将阴极产物刮入阴极下面悬着的盛料盘上，通过小车移至接收槽上部，经过气密阀门翻入接收槽。从接收槽取出阴极产物，经破碎、酸浸、湿磨、洗涤以及烘干制成钛粉。钛粉中杂质含量（质量分数,%）为：Fe 0.05~0.1，Cr 0.002~0.034，Si 0.02~0.03，Cl 0.04~0.1，O 0.03~0.06，H 0.003~0.005，N 0.03~0.05，C 0.013~0.025。钛粉重熔后，金属钛的布氏硬度为 80~100MPa。

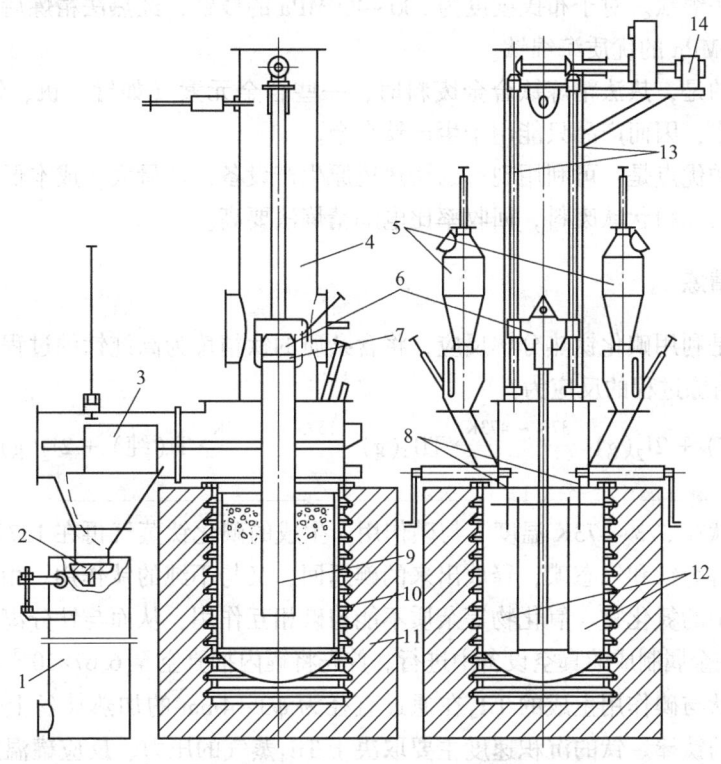

图 18-31　带散料阳极的电解槽

1—接收槽；2—气密阀门；3—小车；4—冷却室；5—加料槽；6—横梁；7—刀具；8—疏松器；
9—阴极；10—坩埚；11—加热炉；12—阳极容器；13—阴极升降螺杆；14—电动机

工业精炼电解槽的电流为 10000~30000A，槽电压为 8~11V。按 Ti^{2+} 放电计算的电流效率为 90%，钛的回收率为 60%~85%，电解精炼每 1t 钛的电耗为 1500kW·h。电解精炼设备简单且有一定的生产能力，产品纯度高，是粉末冶金用钛粉的生产方法之一。

18.7.2 热法精炼

热法精炼工艺过程包括氯化和还原两个阶段。第一阶段为氯化过程，即在 623~673K 的温度下使残钛与 $TiCl_4$ 在氯化炉中发生化学反应，生成低价氯化钛，并使其溶解于 NaCl 熔体，制成低价钛含量为 20%~24% 的氯化物熔盐：

$$Ti + TiCl_4 + NaCl \longrightarrow m\,TiCl_2 \cdot n\,TiCl_3 \cdot p\,NaCl \tag{18-95}$$

上述氯化过程除可制取含钛熔盐外，还能有效除去与氯亲和力较小的金属与非金属杂质（如铁、镍、铬、硅）以及气体杂质（如氧、氮）等。在氯化过程结束后，未反应的残钛（约占总量的 15%）以及不被氯化的铁、镍、铬、硅等金属杂质和氧、氮、碳等间隙性杂质留在氯化炉中的滤网上，送往生产 $TiCl_4$ 的工序回收其中的钛；而形成的熔盐则通过滤网流到氯化炉底部，作为第二阶段生产海绵钛的原料。

第二阶段为还原过程，即用镁或钠作还原剂，将熔盐中的低价氯化钛还原为钛。此阶段在镁热还原法生产海绵钛的还原设备中进行，还原温度为 1073~1093K，还原过程中定期将氯化钠或氯化镁从反应罐中排出，送至电解车间生产钠或镁。还原结束后进行真空蒸馏，获得合格海绵钛。对于布氏硬度为 200~400MPa 的残钛，经热法精炼后，可获得布氏硬度为 95~110MPa 的优质海绵钛。

需要说明的是，热法精炼钛合金废料时，一些合金元素（如锰、钒、铝）也同时进入精炼的金属中，因而产品只能用于生产钛合金。

热法精炼的优点是：可利用现有的镁热还原生产设备，产量大，成本低；此外，该法还可以处理小块和粉状钛废料，回收率比电解精炼法要高。

18.7.3　碘化精炼

碘化精炼是利用碘化钛热分解反应，将含杂质的钛精炼为高纯钛的过程。产品含钛在 99.9% 以上。精炼过程的反应为：

$$Ti(含杂质) + 2I_2(g) \xrightarrow{373~473K} TiI_4(g) \xrightarrow{1573~1773K} Ti(纯) + 2I_2(g) \tag{18-96}$$

含杂质的钛在 373~473K 温度下与碘作用，生成的碘化钛蒸气再在 1573~1773K 温度的金属丝上离解为钛和气态碘，释放出来的碘返回，又与不纯的钛作用。由于在生成 TiI_4 的低温下，钛中的氮化物、氧化物等杂质不能与碘相互作用，从而与钛分离。

碘化精炼在金属制成的真空设备中进行。首先将罐内抽真空至 $6.67×10^{-3} ~ 2.67×10^{-2}$Pa，然后放入碘。钛与碘作用生成的 TiI_4 在通过直径为 φ3~4mm 的加热钛丝上热分解，形成粗晶粒或致密的钛棒。钛的沉积速度主要取决于 TiI_4 蒸气的压力、反应罐温度和金属丝的温度。实际生产中钛棒长度可达 1.5~2.0m，直径每昼夜增长 20~40mm。

碘化精炼所得钛产品的杂质含量（质量分数,%）为：C 0.01 ~ 0.03，O 0.003 ~ 0.005，N 0.001 ~ 0.004，Fe 0.0035 ~ 0.025，Mg 0.0015 ~ 0.002，Mn 0.005 ~ 0.013，Al 0.013 ~ 0.05，Cu 0.0015 ~ 0.002，Si 0.03，Sn 0.001 ~ 0.01。

碘化精炼的钛纯度高，故具有较低的硬度（布氏硬度为 70~80 MPa）和良好的塑性。碘化精炼的设备费用较高、生产效率低、生产批量小且成本高，从而限制了它的推广应用。

18.8　钛白粉的生产

通常人们把在涂料、油墨、塑料、橡胶、造纸、化纤、医药、食品、美术颜料和日用化妆品等行业中以白色颜料为主要使用目的的二氧化钛称为钛白粉（titanium white powder)、二氧化钛颜料（titanium dioxide pigment）或钛白（titanium white）。而把在搪瓷、电焊条、陶瓷、电子、冶金等工业部门以纯度为主要使用目的的二氧化钛称为二氧化钛或非颜料级钛白粉、非涂料用钛白粉。

钛白粉的化学名称为二氧化钛，它的主要成分为 TiO_2，相对分子质量为 79.9，化学质量组成为：Ti 59.95%、O 40.05%。

钛白粉是一种重要的无机化工原料、产品，无毒、无副作用、对健康无害。具有最佳的不透明性、最佳白度和光亮度，被认为是目前世界上性能最好、最重要的、优质白色颜料，占全部白色颜料使用量的 80%，也是钛系的最主要的产品，世界上钛资源的 90% 都用来制造二氧化钛，在现代工业、农业、国防、科学技术诸多领域中得到广泛的应用，与人民生活和国民经济有着密切的联系。

钛白粉有两种主要结晶形态：锐钛型（anatase，简称 A 型）和金红石型（rutile，简称 R 型）。

根据用途不同，钛白粉既可制成金红石型（$R-TiO_2$）也可制成锐钛型（$A-TiO_2$）。从颜料性能评价来看，以金红石产品为优。现行的钛白工业主要有两种生产方法：硫酸法和氯化法。硫酸法既能生产金红石型钛白也能生产锐钛型钛白，氯化法只能生产金红石型钛白。

18.8.1 钛白的主要性质、用途和品种

18.8.1.1 二氧化钛的物理性质

二氧化钛的主要物理性质见表 18-33。

表 18-33 二氧化钛的物理性质

物 理 性 质	板钛型	锐钛型	金红石型
莫氏硬度	—	5.5~6.0	7.0~7.5
热导率/W·(cm·K)$^{-1}$	—	1.80	0.620
熔点/℃	转化为金红石型	转化为金红石型	1850±10
沸点/℃	—	—	3200±300
介电常数	78	48	114
比容/mL·g^{-1}	—	0.256	0.328
标准比热容/J·(mol·K)$^{-1}$	—	56.73	56.4
熔化热/kJ·kg^{-1}	—	—	811.0
标准热焓/J·(mol·K)$^{-1}$	—	50.0	51.0

18.8.1.2 二氧化钛的化学性质

TiO_2 的化学性质极为稳定，是一种偏酸性的两性氧化物。常温下几乎不与其他元素和化合物作用，对氧、氨、氮、硫化氢、二氧化碳、二氧化硫都不起作用，也不溶于水、稀

酸及弱无机酸，但微溶于某些碱类的水溶液中，如强碱（氢氧化钠、氢氧化钾）或碱金属碳酸盐（碳酸钠、碳酸钾）熔融物中，可转化为溶于酸的钛酸盐。

钛白粉能溶于氢氟酸，生成氟钛酸；在长时间煮沸的情况下才溶于浓硫酸，生成硫酸钛或硫酸氧钛。

18.8.1.3　二氧化钛的光学性质和颜料性能

在可见光内，TiO_2 晶体几乎发生等辐散射，使人的视觉为白色感觉。这是因为 TiO_2 的结构稳定，可见光的激发作用并不能使电子获得足够能量引起跃迁，因此具有很低的吸收作用和很高的散射能力。二氧化钛的光学性质见表18-34。

表 18-34　二氧化钛的光学性质

晶　型	光　学　性　质				
	折射率	反射率（500nm）/%	紫外线吸收率（360nm）/%	耐光性	荧光性
锐钛型	2.52	94~95	67	倾向粉化	无
金红石型	2.71	95~96	90	优良	强

钛白粉的某些光学性能不是固定不变的，它与钛白中的杂质和颗粒状态有关。因此，可以通过提高钛白的纯度和改善其颗粒状态来提高钛白的一些颜料性能。

（1）白度。钛白是当今最佳白色颜料。它的光学和颜料性能都优于其他白色颜料。金红石型 TiO_2 比锐钛型 TiO_2 更易吸收光波，对杂质的影响更为敏感，所以金红石型 TiO_2 对杂质的要求更为严格。

（2）消色力。消色力是指该颜料和另一种颜料混合后，所给予另一种颜料的消色能力。钛白消色力的大小直接取决于它对可见光的散射能力，散射率越大消色力也越大。一般来说，有较大的折射率，就有较高的消色力。在白色颜料中，TiO_2 的折射率最大，因而它的消色力也最高。

（3）遮盖力。遮盖力是指颜料能遮盖被涂物体表面底色的能力。颜料遮盖力的大小不仅取决于它的晶型、对光的折射率和散射能力，而且还取决于对光的吸收能力。二氧化钛属遮盖性颜料，在白色颜料中 TiO_2 的遮盖力最大。

（4）光泽度。光泽度表示某一物质对于投射来的光线的反射能力。反射力越强，则光泽度越大。TiO_2 具有很高的反射率，其光泽度达到氧化镁的 96%~98%。若 TiO_2 粒子粗糙，不能起到镜面作用，其光泽度也差，并会带有底色，着色后色调发暗。光泽度还与粒度和粒度分布有关。粒度分布宽度越窄的钛白粉，用其制成的漆膜表面越光滑，光泽度也就越好。

（5）耐候性。耐候性是指颜料在日光暴晒下，能抵抗大气的作用，避免发生黄变、失光和粉化的能力。这一性质主要取决于颜料的光化学性质。

金红石型 TiO_2 的晶格比锐铁型 TiO_2 稳定，结构致密，光化学活性低，抗黄变、失光和粉化的能力强。当钛白的氯根含量小于 0.2% 时，对其耐候性没有影响，而氯根含量过高时，在紫外线的作用下生成活性氯，而使漆膜过早变黄、失光和粉化。

18.8.1.4 钛白的应用

钛白具有优异的颜料性能，可以说是一种最好的白色颜料。钛白颜料主要用于涂料、油墨、塑料、造纸、化纤和橡胶等工业部门。涂料是钛白的第一大用户，造纸居第二位，第三位是塑料。

A 涂料

钛白是涂料生产中必不可少的最佳白色颜料。在涂料生产中，以钛白作为颜料，不仅可大大减少颜料的用量，而且使涂料具有色彩鲜艳、稳定性高、寿命长等优点，广泛用于白漆和色漆的生产中，是室外漆的必需原料。钛白在涂料工业中的应用越来越广泛，逐渐地取代了锌白、锌钡白、铅白等传统的白色颜料。在国外涂料工业中，钛白用量约占涂料总产量的 8%~9%。

我国二氧化钛颜料国家标准见表 18-35。

表 18-35 二氧化钛颜料国家标准 (GB/T 1706—2006)

项目	特 性	A 型		R 型		
		A1	A2	R1	R2	R3
基本要求	TiO_2 的质量分数/%	≥98	≥92	≥97	≥90	≥80
	105℃挥发物的质量分数/%	≤0.5	≤0.8	≤0.5	商定	
	水溶物的质量分数/%	≤0.6	≤0.5	≤0.6	≤0.5	≤0.7
	剩余物（μm）的质量分数/%	≤0.1	≤0.1	≤0.1	≤0.1	≤0.1
条件要求	颜色	与商定参比样相近				
	散射力、水悬浮液 pH 值	商定				
	吸油量、水萃取液电阻率					
	在（23±2）℃和相对湿度（50±5）%下预处理	0.5	0.8	0.5	1.5	2.5

注：1. 测定时所用的参比样为有关双方商定的样品。

2. 预处理后 105℃挥发物为商定项目，只有当有关方面明确规定或有合同约定时才进行。

B 造纸

钛白是高级纸张的重要填料。加有钛白填料的纸薄而不透明，其不透明度比碳酸钙和滑石粉等普通填料纸高约十倍，可使纸的质量减轻 15%~30%，还具有白色度高、光滑、光泽好、强度大、性能稳定等优点。

C 塑料

钛白粒子细、耐光、分散性好，适合做塑料的不透明剂或白色、浅色塑料的着色填充剂。钛白和其他颜料配合使用时，可使塑料的色泽鲜艳。由于钛白的白度高，消色力大，若在塑料生产中以钛白替代立德粉，则白色颜料的用量可减少 70%左右。

18.8.2 硫酸法生产钛白

工业生产钛白的方法有硫酸法和氯化法两种方法。两种方法的比较列于表 18-36。

表 18-36　硫酸法和氯化法的比较

比 较 项 目	硫 酸 法	氯 化 法
过程的连续性	主要是间歇过程，也有连续作业	主要是连续作业，也有间歇过程
产品品种	金红石型和锐钛型	金红石型
主要原料	钛铁矿或钛渣	高品位富钛料
工艺技术	主要是湿法工艺	主要是火法工艺
排出物和废料	较多	较少

　　硫酸法是钛白粉生产的传统方法。它是用浓硫酸分解钛矿使矿中钛化合物转变成钛液，钛液经净化后水解转变成水合二氧化钛，再经洗涤、煅烧和后处理后获得成品钛白粉。依照所用原料和生产的产品品种不同，其生产工艺流程有所区别。其中，生产颜料钛白的工艺流程如图 18-32 所示。

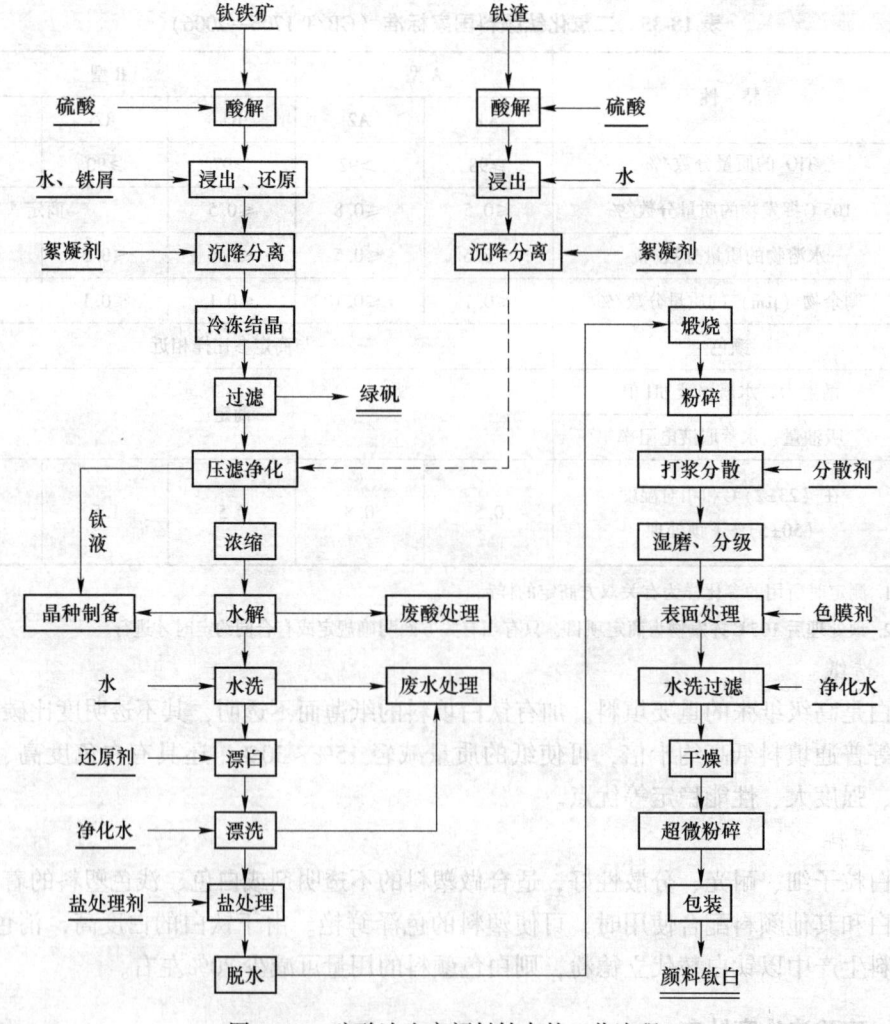

图 18-32　硫酸法生产颜料钛白的工艺流程

　　生产颜料钛白，包括钛液的制备、钛液的水解、偏钛酸净化、偏钛酸的盐处理和煅烧、二氧化钛的粉碎和后处理等六大环节。

18.8.2.1 钛液的制备

用硫酸分解钛矿原料制备具有一定纯度和浓度的硫酸钛溶液的过程称为钛液制备。它包括酸解、浸出、还原、沉降、冷冻结晶、过滤分离绿矾、压滤净化和浓缩等单元过程。

A 酸解

酸解是指用浓硫酸分解钛矿原料，使矿中的钛化合物转变成可溶性硫酸盐的过程。酸解方法有固相法和液相法两种。目前国内外大多数工厂均采用固相分解法，只有少数工厂采用液相连续分解法。钛铁矿和钛渣的化学组成不同，酸解的方法和工艺条件也有所区别。

a 钛铁矿的酸解

固相酸解法又可分为加热引发和稀释引发等多种方式。一般来讲，难分解的钛矿采用加热引发，易分解的钛矿则采用稀释引发。加热引发是指钛铁矿粉与硫酸混合并加入一定量的水稀释后，再用蒸汽加热引发主反应（指激烈反应）的发生。一般加热 5~10min 就可引发主反应发生。如果使用浓度较高的硫酸，如 96% 的硫酸，与钛铁矿粉混合后再加入一定量的水稀释放出的稀释热较多，可自然引发主反应的发生，引发时间一般需 30min 左右。一般来说，引发酸解钛铁矿主反应发生所要求的温度为 160℃ 左右，可用压力较低的蒸汽（0.4MPa）加热引发。

酸解分解钛铁矿所发生的主要反应可表示如下：

$$FeTiO_3 + 3H_2SO_4 = Ti(SO_4)_2 + FeSO_4 + 3H_2O \tag{18-97}$$

$$FeTiO_3 + 2H_2SO_4 = TiOSO_4 + FeSO_4 + 2H_2O \tag{18-98}$$

$$Fe_2O_3 + 3H_2SO_4 = Fe_2(SO_4)_3 + 3H_2O \tag{18-99}$$

矿中的其他杂质，如 MgO、CaO、Al_2O_3 及 MnO 等也与硫酸反应生成相应的硫酸盐。在酸解时生成硫酸钛 $Ti(SO_4)_2$ 和硫酸氧钛 $TiOSO_4$ 两种钛的硫酸盐，它们所占比例与酸解条件有关，特别是与酸矿比有关。酸矿比增大，硫酸钛所占比例增加。

b 钛渣的酸解

钛渣的结构比钛铁矿稳定，因而钛渣比钛铁矿更难分解。所以，钛渣的酸解一般需要采用加热引发的方式。而引发酸解钛渣的主反应发生所要求的温度为 180℃ 左右，因此需要使用较高压力（0.6~0.8MPa）的蒸汽来加热引发。否则，引发时间过长，酸解钛渣的主反应不够激烈，反应物难固化，导致酸解率降低。因为钛渣中钛氧化物含量较高，酸解时需要较大的酸矿比，引发主反应的温度和熟化温度要求较高，熟化时间也要求较长。

酸解钛渣的主要反应表示如下：

$$TiO_2 + H_2SO_4 = TiOSO_4 + H_2O \tag{18-100}$$

$$TiO_2 + 2H_2SO_4 = Ti(SO_4)_2 + 2H_2O \tag{18-101}$$

$$Ti_2O_3 + 3H_2SO_4 = Ti_2(SO_4)_3 + 3H_2O \tag{18-102}$$

$$FeO + H_2SO_4 = FeSO_4 + H_2O \tag{18-103}$$

B 浸出和还原

浸出是在压缩空气的搅拌下，用水将酸解固相物溶解，使钛及可溶性硫酸盐转入溶液的过程。在酸解反应过程中，由于始终通入压缩空气，使固相物呈疏松多孔状。在开始浸出时，为防止早期水解，一般需加入部分稀硫酸（如经净化处理的水解母液），然后再加入浸出水。

在以钛铁矿为原料进行酸解时，在浸出过程中需加入还原剂使钛液中的 Fe^{3+} 等高价杂质离子还原为低价状态，为其后的钛和铁等杂质的分离创造条件。目前普遍使用铁屑作为还原剂。还原是个放热过程，所以铁屑必须逐渐分批加入，以保持浸出温度在适宜范围内（60~70℃）。

C　沉降分离

沉降分离是借助重力的作用，除去浸出钛液中不溶性固体和胶体颗粒杂质，使浸出液得到初步净化。沉降方法有凝聚法、絮凝法和混合沉降法三种。目前普遍采用絮凝法，即在钛液中加入一种高分子絮凝剂，如改性聚丙烯酰胺，使溶液中的固体和胶体微粒絮凝成团而迅速沉降下来。

D　冷冻结晶和分离绿矾

在以钛铁矿为原料产出的浸出钛液中，有大量的可溶性硫酸亚铁，在钛液水解之前必须将其大部分除去。随温度降低，$FeSO_4$ 在钛液中的溶解度减小（见表 18-37）。采用冷冻的方法降低钛液的温度，绿矾（$FeSO_4 \cdot 7H_2O$）便从溶液中结晶析出。

表 18-37　不同温度下硫酸亚铁的溶解度

$t/℃$	30	20	15	10	5	0	-2	-6
$FeSO_4$溶解度/g·L^{-1}	240	190	130	117	95	79	59	38

注：钛液含 TiO_2 120g/L，有效酸 240g/L。

绿矾结晶析出之后，采用过滤或离心方法将它从钛液中分离出来。一般要求净化后钛液中的铁钛比（以 Fe/TiO_2 计）小于 0.25。以钛渣为原料制备的钛液不需除铁，因为钛渣中的铁钛比远小于 0.25。如果钛渣的品位较高而铁含量较低时，可在酸解时配入适量的钛铁矿，以使浸出钛液中的铁钛比在合适的范围内。

E　压滤净化

经沉降分离固体物和冷冻结晶除去绿矾后的钛液中，仍含有少量胶体和微细固体杂质，它们的表面会吸附一些重金属离子，为了除去这些杂质，一般采用板框过滤机在压力作用下使钛液通过有助滤层的滤布反复过滤，使钛液得到进一步净化。

F　浓缩

在生产颜料钛白时，经上述净化处理的钛液还必须浓缩，以使钛液中 TiO_2 浓度达到200~240g/L，才能用于水解。钛液的浓缩必须在减压蒸发设备中进行，一般以沸腾温度不超过 75℃ 为宜。目前普遍采用连续式薄膜蒸发器来浓缩钛液。

18.8.2.2　钛液的水解

钛液的水解是硫酸法生产钛白的关键环节，因为要求通过水解获得颗粒形状好、粒度和粒度分布符合要求的偏钛酸。

将钛液加热使其维持沸腾便发生水解反应，生成白色水合二氧化钛（俗称偏钛酸）沉淀：

$$TiOSO_4 + nH_2O \Longrightarrow TiO_2 \cdot (n-1)H_2O + H_2SO_4 \tag{18-104}$$

水解反应是在较高酸度下进行的，且随水解反应的进行，与钛化合的硫酸逐渐游离出来，增加游离酸浓度。由于杂质金属硫酸盐一般只能在很低的酸度下才发生水解，因此，钛液中绝大部分杂质残留在水解母液中，使 TiO_2 与杂质得到分离。

钛液的水解大致分为晶核的形成和晶核的成长两个阶段。

水解的第一步是从澄清的钛液中析出微小的结晶中心（晶核）。不同的水解条件，得到不同数量和具有不同组成的晶核。为了获得符合要求的晶核，在水解时先要在钛液中培养出或外加入符合要求的结晶中心，分别称为自生晶种和外加晶种水解法。

当晶核形成后，随着水解的继续进行不断长大，达到一定大小时便形成沉淀析出晶体继续成长，使溶液中的 TiO_2 浓度逐渐降低，游离酸浓度不断增大，于是部分沉淀粒子局部发生溶解，而后又重新析出新的沉淀，直至水解接近完全时沉淀物才固定下来。Ti^{3+} 离子只有在酸度很低（pH>3）时才能发生水解，所以在钛液水解过程中它不会发生水解而留在水解母液中。但在水解条件下，部分 Ti^{3+} 因发生氧化称为 Ti^{4+} 而被水解。所以，残留在母液中的 Ti^{3+} 量要比水解原液少。一般要求水解母液中 Ti^{3+} 浓度大于 0.5g/L，以确保溶液中的杂质离子（Fe^{2+} 等）处于低价状态而不发生水解。

钛液的水解是个吸热反应，提高温度可以增大水解速度。提高钛液的浓度可使其沸点升高，采用加压的方法也可提高钛液的沸腾温度。按照晶种制备方法和水解方式的不同，钛液水解有外加晶种加压水解法、外加晶种常压水解法、自生晶种常压水解法等多种水解的方法。

18.8.2.3 偏钛酸的净化

A 偏钛酸的水洗

水解获得的偏钛酸颗粒吸附了大量的水解母液，水解母液的主要成分是游离硫酸和 $FeSO_4$ 等杂质。水洗是利用偏钛酸的水不溶性和杂质的可溶性进行固液分离，以达到净化偏钛酸的目的。

偏钛酸的水洗设备通常采用真空叶滤机和转筒真空过滤机。目前国内主要采用真空叶滤机。将叶滤机片组沉没在偏钛酸浆液中，由于真空吸滤的作用偏钛酸沉积在叶滤片的滤布上，当滤饼达到适当厚度（25~30mm）时，将叶滤片组提出浆液并放入水洗槽中进行水洗。在真空吸力的作用下，洗涤水不断通过偏钛酸滤饼层将其中的可溶杂质洗出。

B 偏钛酸的漂白和洗涤

有色杂质，如铁、铬、钴、锰、钒等，对钛白的白度影响极大，因为这些杂质不仅本身显色，而且进入 TiO_2 晶格后使晶格变形，严重影响钛白的品质。因此，对颜料钛白的杂质含量有着严格的要求。在硫酸法钛白生产中，以铁为代表性杂质，要求金红石型钛白的铁含量（以 Fe_2O_3 计）小于 0.003%。

水洗后的偏钛酸中的铁主要是以氢氧化铁形式存在，要将它除去，首先必须在酸性介质中将其溶解：

$$2Fe(OH)_3 + 3H_2SO_4 \Longrightarrow Fe_2(SO_4)_3 + 6H_2O \tag{18-105}$$

然后加入还原剂（如锌粉、三价钛溶液）将 Fe^{3+} 还原为 Fe^{2+}：

$$2Fe^{3+} + Zn \Longrightarrow 2Fe^{2+} + Zn^{2+} \tag{18-106}$$

或 $$Fe^{3+} + Ti^{3+} === Fe^{2+} + Ti^{4+} \tag{18-107}$$

经过酸溶和还原处理的偏钛酸,再用净化水(如无离子水)进行洗涤,以除去其中 Fe^{2+} 离子和其他杂质离子。

18.8.2.4 偏钛酸的盐处理和煅烧

A 偏钛酸的盐处理

在生产颜料钛白时,根据品种的需要,偏钛酸要经过加少量添加剂处理。这种处理称为前处理,亦称盐处理。经过盐处理的偏钛酸,在适宜的条件下进行煅烧,可获得色相、光泽、消色力、吸油量和分散性等指标都达到颜料钛白要求的产品。锐钛型钛白和金红石钛白的盐处理是不相同的。

在生产锐钛型钛白时,往偏钛酸中加入盐处理剂是为了抑制金红石晶态的形成和提高产品的颜料性能,主要添加钾盐和磷酸(盐)。钾盐可以 K_2SO_4 或 K_2CO_3 形式加入,添加量(以 K_2O 计)一般为 TiO_2 量的 0.4% 左右。添加钾盐能降低偏钛酸的煅烧温度,提高产品消色力,使产品柔软和保持中性,并且由于钛酸钾的生成还能提高钛白的白度。磷酸能与偏钛酸中残留的氢氧化铁反应生成淡黄色的磷酸铁,以避免棕红色氧化铁对产品色泽的严重不良影响。磷酸铁在煅烧温度下不会分解,可使产品柔软而洁白。此外,磷酸盐也具有稳定锐钛型晶态的作用。磷酸(盐)的添加量(以 P_2O_5 计)一般为 TiO_2 量的 0.2%~0.3%。

B 偏钛酸的煅烧

偏钛酸通过煅烧除去其中的水分和二氧化硫,并达到使二氧化钛的晶型转化和晶粒成长的目的。偏钛酸的煅烧反应可表示为:

$$TiO_2 \cdot xSO_3 \cdot yH_2O === TiO_2 + xSO_3 + yH_2O \tag{18-108}$$

偏钛酸的煅烧是个吸热过程。初期升温时,水分开始蒸发,到 650℃ 左右开始有 SO_3 气体挥发逸出;随着温度的升高,无定型的偏钛酸凝聚粒子开始变为锐钛型晶体;温度达到 850℃ 左右时,锐钛型开始向金红石型转化,并伴随晶粒长大。

偏钛酸的煅烧是钛白生产中非常重要的环节,因为钛白的晶型和它的颜料性能在很大程度上取决于煅烧作业的好坏。一般要求煅烧品具有单一的晶型(锐钛型或金红石型)、较高的白度、消色力和遮盖力、较低的吸油量和易粉碎性。

偏钛酸的煅烧一般是在回转窑中完成的。回转窑的温度从窑尾至窑头是逐渐升高的,这正符合偏钛酸脱水、脱硫、晶粒成长和晶型转化的需要。煅烧产品的品质除受偏钛酸本身的品质和盐处理的影响外,还取决于煅烧条件控制的好坏。煅烧条件包括煅烧温度、窑内温度分布、回转窑转速、窑内气氛、进料量和物料含水量等。窑头温度过高,即煅烧高温区温度过高;回转窑转速过低,物料在温度区停留时间过长;回转窑进料量过少,窑内料层过薄或进窑偏钛酸含水量低;在窑内干燥区过度脱水、脱硫,物料以粉末状态进入高温区;上述几种情况都会导致炉料发生烧结或金红石晶型产物增多,而使落窑品颗粒变硬,色泽变黄变灰。

窑尾温度低,偏钛酸在干燥区脱水脱硫不完全;回转窑转速过快,物料在高温区停留时间过短;回转窑进料量过多,窑内料层过厚或进窑偏钛酸含水量高,在窑内干燥区脱水、脱硫不完全;物料以团状或大颗粒通过高温区,不能充分完成晶型转化和晶粒成长;

这几种情况都容易使落窑品中夹带生料，同样影响成品钛白粉的白度。

18.8.2.5 二氧化钛的粉碎

煅烧品大都是颜料粒子的聚集物，需要通过粉碎使其分散为颜料粒子。在前面已经指出，对颜料钛白的颗粒形状、大小和粒度分布等都有严格的要求，这些要求必须在粉碎过程中得以满足。

工业上粉碎钛白的方法可分为湿法和干法两类。湿法粉碎是在水介质中进行，如球磨和砂磨等。干法粉碎设备包括雷蒙磨、锤式磨、离心磨、气流粉碎等。钛白的粉碎往往需要两种或两种以上的粉碎设备组合使用才能达到预期目标。

18.8.2.6 二氧化钛的后处理

未经表面处理的二氧化钛就直接用于制漆会有许多弊病，例如在很多介质中不能很好地分散；制成的漆膜不耐日晒和雨淋，漆膜易粉化，甚至脱落。二氧化钛经过粒度分级和表面改性处理就可以消除这些弊病，称这些处理为二氧化钛的后处理。表面处理分为无机包膜和有机包膜。无机包膜是在 TiO_2 表面沉积一层水合金属氧化物，以降低它的光化学活性，提高耐候性。有机包膜即表面活性处理，主要是为了提高钛白在不同介质中的分散性。

A 无机包膜

TiO_2 的光化学活性是颜料钛白的一个重要缺陷。当在阳光特别是紫外光的作用下，TiO_2 晶格中的氧离子吸收光能释放出电子引起一系列的氧化还原反应，造成漆膜的失光、变色和粉化。为了降低 TiO_2 的光化学活性，通常用一种金属离子和氧形成的化学键比 TiO_2 更牢固的白色金属氧化物，如 Al_2O_3、SiO_2、ZnO 和 ZrO_2 等，对 TiO_2 进行包膜处理。

无机包膜分湿法和干法两种。湿法是在水介质中进行，在一定条件下使包膜剂以水合氧化物形式沉积在 TiO_2 粒子表面。干法是用喷雾的方法使 TiO_2 粒子表面吸附一种金属卤化物，如 $AlCl_3$、$ZnCl_2$、$ZrCl_4$ 或 $TiCl_4$ 等，然后经过煅烧使这些金属卤化物发生氧化而沉积在 TiO_2 颗粒表面。目前常用湿法包膜。

B 有机包膜

有机物可通过物理吸附和化学吸附的方式附着在 TiO_2 颗粒表面，以提高钛白在介质中的分散性。可用于钛白包膜的有机处理剂种类很多，包括胺类（三乙醇胺、三苯胺、异丙醇胺等）、含活性亚甲基化合物（如乙酰丙酮等）、多元醇、有机硅化合物和表面活性剂等，其中最常用的是三乙醇胺。有机处理剂的用量通常为 TiO_2 量的 $0.2\% \sim 0.6\%$，用量过多反而会引起颗粒的凝集。

在无机包膜之后，在颗粒的最外层包上一层有机涂层。其方法是在无机包膜并洗涤后，再加入有机处理剂进行打浆，或在浆料干燥时加入有机处理剂，因为有机处理剂通常又是一种表面活性剂，具有粉碎助剂的作用，因此也可在气流粉碎时加入有机处理剂。此时由于钛白颗粒的强烈运动和碰撞，能使有机物均匀地分布在钛白颗粒表面。

18.8.2.7 硫酸法产生的"三废"及其治理

以钛铁矿为原料，生产每 1t 钛白产生如下主要废料：(1) 废渣 0.2t；(2) 绿矾 3~3.5t；

（3）浓废酸(20%硫酸)7~8t ;（4）酸性废水 150~250t;（5）含硫氧化物废气 15000m³。

上述废料的治理和利用方法简述如下：

（1）废渣。废渣主要是指酸解残渣，其主要组成是未反应的矿物、不溶性硫酸盐和矿中不溶成分等。经过洗涤除去可溶性物后用掩埋法处理。

（2）硫酸亚铁。国外一些工厂将 $FeSO_4$ 按一定比例掺入黄铁矿中作为生产硫酸的原料。结晶状的 $FeSO_4$ 可在市场上出售，用作水处理剂、土壤改良剂及其他添加剂使用。硫酸亚铁经氧化处理聚合成的聚合硫酸铁，是一种新型的无机高分子净水剂，已广泛用于废水和污水处理。也可将 $FeSO_4$ 加工成铁红颜料或磁性氧化铁。

（3）废酸。含 H_2SO_4 20%左右的废酸，一般采用浓缩净化方法返回酸解使用；也可中和生产石膏，或转化成硫酸铵肥料；日本石原公司利用此种废酸浸出钛铁矿生产人造金红石。

（4）酸性废水。主要采用中和法处理后排放。

（5）废气。主要是酸解废气和煅烧废气。

酸解废气主要含有 SO_3、SO_2 和水蒸气等，用大量水喷淋使其中的水蒸气冷凝下来，然后用碱液喷淋吸收其中的 SO_3 等后排放。

煅烧尾气主要含有 SO_3、SO_2、TiO_2 粉尘和水蒸气等，每生产 1t 钛白要产生 15000m³ 左右的这种废气。这种废气可采用水喷淋吸收，然后经碱液洗涤处理后排放。

18.8.3　氯化法生产钛白

氯化氧化法（简称氯化法）是生产钛白的一种先进方法，它是用氯气分解含钛原料，使其中钛化合物被氯化转变为四氯化钛，经过提纯的 $TiCl_4$ 在高温下氧化生成 TiO_2 和 Cl_2，生成的氯气返回氯化含钛原料，生成的 TiO_2 经后处理成为产品钛白粉。

氯化法生产金红石型颜料钛白的工艺流程如图 18-33 所示。以钛

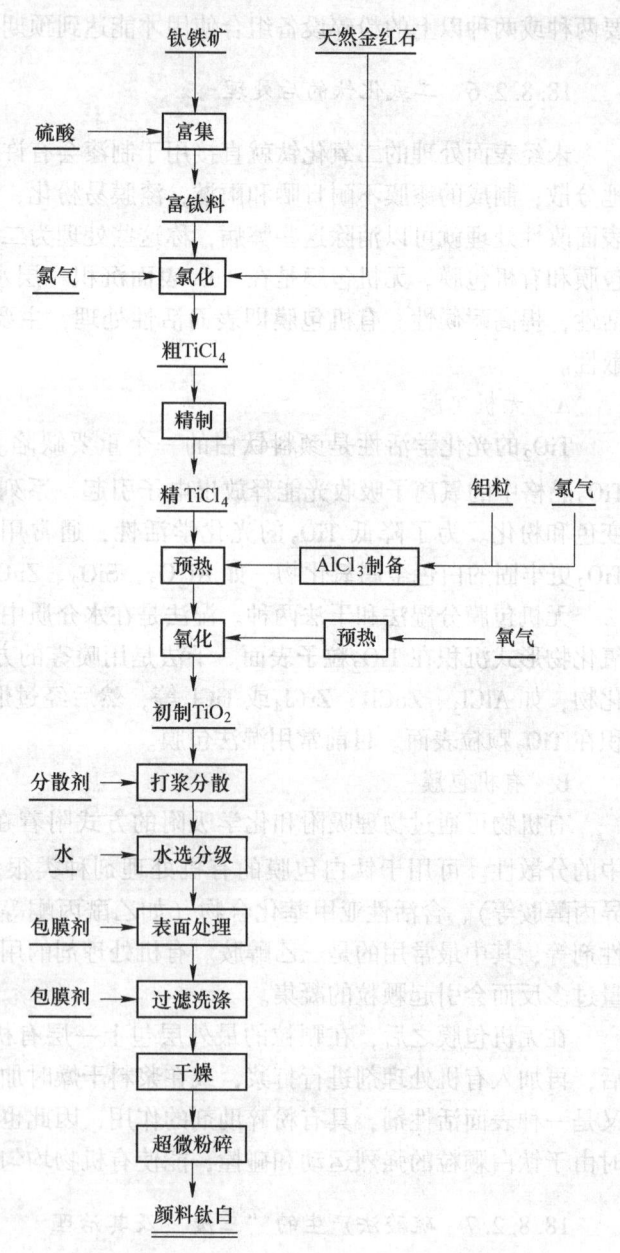

图 18-33　氯化法生产颜料钛白的工艺流程

铁矿为原料时，生产工艺过程包括钛铁矿的富集、富钛料的氯化、四氯化钛精制、四氯化钛气相氧化和初制 TiO_2 后处理等 5 大环节。若以天然金红石为原料，则不需富集环节。上述的前 3 个环节已分别在 18.2～18.4 节中论述，TiO_2 后处理与硫酸法 TiO_2 后处理也基本相同，不再重复。本节仅论述 $TiCl_4$ 的气相氧化环节。

18.8.3.1 氧化作业工艺流程、操作和控制

氧化作业的工艺流程包括反应物预热、氧化反应、产物淬冷和气固分离反应产物等几个单元过程。

精制的液态 $TiCl_4$ 在蒸发器中蒸发为气体，蒸发温度一般为 18～200℃，压力 0.2MPa 左右。蒸发出来的 $TiCl_4$ 在预热器中预热。高温下的 $TiCl_4$ 具有极强的腐蚀性，常规的金属和稀有金属都会被它腐蚀。一般选用高级镍基合金和刚玉、石英、石墨、陶瓷等非金属材料作为 $TiCl_4$ 的预热容器材料。因受预热容器材料的限制，通常 $TiCl_4$ 的预热温度为 450～650℃。但许多研究者认为，有必要进一步提高 $TiCl_4$ 的预热温度，如预热至 1000℃ 左右，以提高氧化反应的起始引发温度。因为 $TiCl_4$ 的热容较大，如果它的预热温度低，即使氧气预热温度较高，两者混合后的温度仍然会偏低。例如 $TiCl_4$ 预热至 600℃，氧气预热至 1800℃，两者混合后的温度仍然只有 900℃ 左右。可见，进一步提高 $TiCl_4$ 的预热温度对提高氧化反应的起始引发温度具有重要意义。

A 氧气的预热

一般需将氧气预热至 1600～2000℃，以弥补 $TiCl_4$ 预热温度偏低的不足，使它与 $TiCl_4$ 混合后达到较高的混合温度。通常采用两段式加热：第一段预热器把氧气预热到 850～920℃；第二段在氧化炉内用甲苯燃烧产生的热量再把流入的预热氧流加热到 1800℃。

B $AlCl_3$ 的制备和加入方式

$AlCl_3$ 与 $TiCl_4$ 混合的方法有液相溶解法和气相混合法两种。液相溶解法是一种比较简单的方法，从 $TiCl_4$-$AlCl_3$ 二元相图（见图 18-34）和不同温度下 $AlCl_3$ 在液体 $TiCl_4$ 中的溶解度（见表 18-38）可知，常温下 $AlCl_3$ 在 $TiCl_4$ 中的溶解度较小，但随温度升高 $AlCl_3$ 的溶解度增加。当将 $TiCl_4$ 加热至 100℃ 时可溶解 1.2% 的 $AlCl_3$，但溶解过程达到平衡所需要的时间较长。

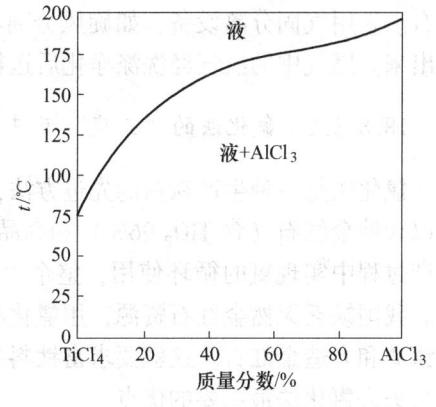

图 18-34 $TiCl_4$-$AlCl_3$ 二元相图

表 18-38 不同温度下 $AlCl_3$ 在 $TiCl_4$ 中的溶解度

t/℃	$AlCl_3$ 溶解度（质量分数）/%	溶解达到平衡时间/h
70	0.24	40
105	1.86	24
127	7.24	5

将一定量的 $AlCl_3$ 气体加入至 $TiCl_4$ 气体中进行混合的方法，是一种比较先进的方法。这种方法可有两种实施方案，一种是使预先制备好的固体 $AlCl_3$ 升华，再把升华的 $AlCl_3$ 与气体 $TiCl_4$ 混合，但这种方案较难恒定 $AlCl_3$ 的升华量。另一种实施方案是使金属铝粒与氯气直接反应生成气相 $AlCl_3$，然后将它与气体 $TiCl_4$ 相混合。采用后一种方案时，只要控制好氯气或铝粒加入量便可恒定 $AlCl_3$ 的生成量。这是国外普遍采用的方法。

C　氧化反应

预热的反应物（$TiCl_4 + AlCl_3$、O_2）分别经保温管道导入各自的喷嘴，由喷嘴喷出的反应物在氧化反应器内的加热装置或燃料燃烧火焰下进一步加热、混合、反应。反应器温度通常高达 $1400 \sim 2000℃$，在这里完成 $TiCl_4$ 与 O_2 的反应、产物晶粒长大和晶型转化等过程。进行氧化反应的关键是需要控制好反应物的预热温度、加入速度和它们的配比，以确保达到所要求的引发反应温度和停留时间；同时还必须及时清除反应器上的疤料，使氧化过程能连续平衡地进行。

氧化反应通常维持正压操作，这就要求设备有好的密封性，此时尾气中的氯气浓度通常达 80% 以上，可返回氯化作业使用，实现闭路循环。在尾气净化之后将其中的氯气液化为液氯，则更便于贮存或返回氯化工序使用，使氧化—氯化工序间的衔接更为灵活。

D　反应物的淬冷和气固分离

氧化反应物离开反应室的温度一般在 $1000℃$ 以上，为了抑制 TiO_2 粒子的继续长大，必须迅速将含有 TiO_2 的气体悬浮物淬冷至 $700℃$ 以下。通常在氧化器的出口处导入经冷却的一部分氧化尾气将反应物淬冷至 $550 \sim 700℃$ 之间，然后再通过冷却器继续冷却至 $70℃$ 左右。采用气固分离设备，如旋风分离器和脉冲式袋滤器等，将尾气流中的 TiO_2 产品分离出来。尾气中的氯气经洗涤净化后送氯化作业利用或液化为液氯贮存。

18.8.3.2　氯化法的"三废"及其治理

氯化法是一种生产钛白的先进方法，但要求使用高品位富钛料原料。国外大多数工厂都以天然金红石（含 TiO_2 96%）和高品位人造金红石（含 TiO_2 90% ~ 96%）为原料，在生产过程中实现氯的循环使用，整个生产过程产生的废料较少。这是氯化法最主要的优点。我国缺乏天然金红石资源，用氯化法生产钛白要以钛铁矿为原料，首先要将它富集成高钛渣和人造金红石。这就要求富钛料生产产生较少废料，获得高品位的富钛料。否则，便会失去氯化法最主要的优点。

氯化法生产钛白的过程产生如下主要废料：

（1）固体废料。有氯化残渣、收尘残渣、除钒残渣、精馏残渣等。

（2）液体废料。有沉降和过滤泥浆、精馏残液、低沸点液及各种废水。

（3）废气。包括氯化、精制、氧化作业产生的含氯及氯化物废气，钛白干燥、粉碎过程中产生的含尘废气等。

 **复习思考题**

18-1　简述海绵钛的工业化生产方法及其主要工艺流程。

18-2　钛冶炼的主要原料有哪些？

18-3 请简答钛渣、高钛渣、富钛料和人造金红石的含义？

18-4 电炉熔炼钛渣的优、缺点是什么？

18-5 熔炼高钛渣还原剂的选择原则是什么？

18-6 熔炼高钛渣确定配碳比时应考虑哪些因素？

18-7 原生钛铁矿（岩矿）与次生钛铁矿（砂矿）的特点是什么？

18-8 氯化冶金的特点是什么，采用沸腾氯化 $TiCl_4$ 的优缺点是什么？

18-9 影响氯化反应动力学的因素有哪些？

18-10 粗 $TiCl_4$ 为什么要精制？

18-11 粗 $TiCl_4$ 的杂质主要分为哪几类，分别采用什么方法去除？

18-12 粗 $TiCl_4$ 除铝的方法有哪些，工艺流程是什么？

18-13 镁热还原过程的特点是什么？

18-14 真空蒸馏制取海绵钛的影响因素有哪些？

18-15 影响海绵钛质量的主要杂质有哪些，其来源与分布规律如何，怎样提高海绵钛的质量？

18-16 作为四氯化钛（$TiCl_4$）的还原剂，应具有哪些要求，海绵钛工业生产方法的选择依据是什么？

18-17 致密钛的生产方法有哪些，各方法如何实现？

18-18 残钛的回收方法有哪些，各回收方法的基本原理是什么？

18-19 目前生产钛白粉主要有哪些方法，各自优点是什么？

18-20 有人将硫酸法生产钛白的工艺过程归纳为哪五大步骤十大环节？

19　钨　冶　金

19.1　概　　述

19.1.1　钨的性质及用途

19.1.1.1　物理性质

钨是稀有高熔点金属。致密钨的外观为钢灰色，通常用还原法制得的粗颗粒钨粉为灰色，粒度细的钨粉为深灰色，超细粒级钨粉为黑色。钨的主要物理性质见表 19-1。通常的钨为 α-W，β-W 仅在有氧的条件下存在。β-W 可能就是 W_3O，在 903K 温度以下稳定。α-W 的晶体结构为体心立方体 A2 型，β-W 为体心立方 A15 型。钨的熔点为 3683K，是所有金属中最高的，仅次于碳，素有"烈火金刚"之美称。钨的沸点约为 5973K。在高温下，钨的蒸发速度很慢，热膨胀系数也很小。钨的硬度比所有金属都大。钨具有较好的高温强度。钨在冷态下不能进行压力加工，只有在加热状态下才能进行锻压、轧制成材和拉成细丝。

表 19-1　钨的主要物理性质

性　质	数　值	性　质	数　值
原子序数	74	密度/$g \cdot cm^{-3}$	19.300(293K)，17.700（熔点温度的液体）
平均相对原子质量	183.85±0.03	熔化潜热/$kJ \cdot mol^{-1}$	46 ±4
电子结构	[Xe] $4f^{14}5d^46s^2$	汽化热/$kJ \cdot mol^{-1}$	858.9 ±4.6
原子半径/pm	146	热导率/$W \cdot (m \cdot K)^{-1}$	174（300K）
熔点/K	3683 ±20	电阻率 /$\mu\Omega \cdot cm$	5.4（298K）
沸点/K	5973 ±200		

19.1.1.2　化学性质

钨是元素周期表中第 6 周期 ⅥB 族元素，元素符号 W。钨的氧化态有 0、+2、+3、+4、+5、+6 等，+5、+6 是最常见的氧化数。钨的高氧化态化合物呈酸性，而低氧化态化合物呈碱性。

块状钨在常温空气中是稳定的；在 673K 时开始失去金属光泽，表面形成蓝黑致密的 WO_3 保护膜；1013K 时 WO_3 由斜方晶系转变为四方晶系，保护膜遭到破坏。钨在高于 873K 的水蒸气中氧化生成 WO_2 和 WO_3。钨和氧能生成一系列的氧化物，最重要的是三氧化钨（WO_3）和二氧化钨（WO_2）。

在低于钨的熔点温度下，钨与氢不发生作用，与氮也只有在 2273K 以上才相互作用

生成 WN_2。常温下，钨能与氟化合生成易挥发的 WF_6，而与干燥氯气在高温（1073K）时才剧烈作用生成 WCl_6。固体碳和含碳气体（CO、CH_4、C_2H_4 等）在 1073~1273K 时都会与钨反应生成碳化钨。

常温时，钨在各种强酸（盐酸、硫酸、硝酸、氢氟酸及王水）中稳定，但在氢氟酸与王水的混合酸中，钨很快被溶解。当温度升高时，能与钨发生反应的物种数量增加。在 250℃时钨能与磷酸、氢氧化钾、硝酸钠或亚硝酸钠反应。在 500℃时，氧和氯化氢对钨的侵蚀变得强烈。在 800℃时，钨与氨起反应。

钨酸有两种，从沸腾的钨酸盐溶液中加酸析出的为黄色钨酸，而在常温加酸析出的是白色钨酸，前者是组成一定的化合物，后者是组成不定的胶状沉淀。

最重要的钨酸盐有：钨酸钠(Na_2WO_4)、钨酸钙($CaWO_4$)和仲钨酸铵((NH_4)$_{10}$$W_{12}$$O_{41}$·$nH_2O$ 或 $5(NH_4)_2O \cdot 12WO_3 \cdot nH_2O$)。

19.1.1.3 钨的用途

钨的自然属性独特，被誉为"工业的牙齿"，具有很大的工业价值，无论金属钨还是各种钨合金都广泛地应用于现代科技和国民经济各部门，在很多领域是不可替代的战略性金属。钨最重要的应用是以碳化钨为基的硬质合金、钢铁的合金剂、耐磨耐蚀和高温合金等。47%的钨用来生产硬质合金，31%的钨用来生产钨特钢，15%和7%的钨分别用于生产钨材和化工。

钨基硬质合金具有硬度高、耐磨、强度和韧性较好、耐热、耐腐蚀等一系列优良性能，在 1000℃的高温仍有很高的硬度，用于制造各种切削工具，刀具、钻具和耐磨零部件，广泛用于军工、航天航空、机械加工、冶金、石油、钻井、矿石工具、电子通信、建筑等领域。如果一个国家没有钨，在现有技术条件下，其金属加工能力将会出现极大缺失，并最终导致机械行业瘫痪。

钨的应用广泛，尤其是在高端制造业中是不可或缺的材料。钨的应用领域及相关需求见表19-2。

表19-2 钨的应用领域及相关需求

应用领域	相 关 需 求
机构制造	高性能、高精度硬质合金等
钢铁行业	硬质合金轧辊、模具、刀具及特殊钢生产所需的钨等
汽车	高质量、高档次和高精度的切削刀具、孔加工刀具用硬质合金；耐震钨丝、钨触头材料等
国防	钨基合金、硬质合金等
航空航天	高档次、高精度硬质合金等
信息产业	高性能钨材、钨触头材料等
矿石采掘、隧道盾构	采矿用硬质合金等
冶炼	矿用硬质合金、钨制品等
石油、化工	矿用硬质合金、含钨催化剂等
电力、能源	钨基复合材料、钨触头和高性能钨合金等

钨大量用于钢和有色金属合金的添加剂。钢中添加钨可形成耐磨的硬颗粒，使钢回火的稳定性、红硬性和耐腐蚀性能大大增加。现在工业上生产的性能优异的合金工具钢、高速工具钢、热锻模具钢、不锈钢、结构钢、弹簧钢、耐热钢、磁性钢、抗冲击和耐磨钢等都添加了钨。钨含量大于90%的重合金不仅密度大，其抗拉强度与钢相同，热传导率是钢的两倍，膨胀系数是钢的一半，用于制造穿甲弹，用作飞机、导向系统回转器转子的动态和静态平衡块、飞机机翼、雷达天线等的飞轮、调速器和平衡物。

钨以棒材、板材、丝材和各种锻造件的形式在电子工业中广泛应用。钨的工作温度很高（2773K），从20世纪初就使用的白炽灯泡的钨丝到现代的光学控制系统、电视、广播、照相术、电影光源的碘钨灯以及各种类型的电子管、磁控管和X射线管到半导体器件都使用了各种规格的钨制品。

用粉末冶金方法制造的钨铜、钨银合金兼有铜和银的优良导电性、导热性和钨的耐磨性。钨丝、钨棒还用作高温炉的加热原件。钨坩埚用于玻璃工业，钨材也用作飞船和人造卫星的某些零件。

钨的各种化合物广泛用作催化剂、功能材料、分子（电子）器、无机药物、分析化学、颜料、染料及媒染剂等。例如，钨酸铵、偏钨酸铵及其他一些钨化合物用作石油加工的催化剂；碱金属和碱土金属钨酸盐用于装饰油漆，磷钨酸和磷钨钼酸用于有机染料和颜料；钨酸钙、钨酸镁用作显像管中的发光材料；硒化钨可用作高温高真空中的干润滑剂。

19.1.2 钨的原料

地壳中钨的含量是 $1.2 \times 10^{-4}\%$。在自然界发现的钨矿物有20多种，其中具有工业价值的仅有黑钨矿（$(Fe, Mn)WO_4$）和白钨矿（$CaWO_4$）两种。其中黑钨矿属优质钨矿，是由 $FeWO_4$ 和 $MnWO_4$ 形成的类质同象体，具有弱磁性，常含微量的钽、铌、钪等元素。白钨矿属难选矿石，无磁性，常含有钼酸钙。两种矿物占全球钨资源比例分别为73%和25%左右。

钨的矿床按生成状态可分为脉状矿床和接触矿床两大类。钨矿的工业品位一般为含 WO_3 0.1%~0.5%。钨矿床常伴生钼、锡、铜、铋、铍、钽、萤石等有用组分。开采出来的钨矿石一般都要经过选矿富集（重力选矿，辅以浮选、磁选和电选等），得到的钨精矿才能用作提取冶金原料。我国钨精矿的主要化学成分见表19-3。钨精矿中 WO_3 含量一般为50%~70%。由于钨矿资源的逐渐贫化以及为提高钨矿的利用率，近代钨冶金工厂也使用钨中矿、钨细泥等低品位钨原料。含钨杂料，主要是碳化钨，其次是金属钨、钨合金、钨钢和含钨催化剂等残料，其已成为重要的二次钨资源。

表 19-3 我国钨精矿的主要化学成分

品种	WO_3 /%	杂质/%												
		S	P	As	Mo	Ca	Mn	Cu	Sn	SiO_2	Fe	Sb	Bi	Pb	Zn
黑钨矿Ⅰ-3	≥70	≤0.2	≤0.02	≤0.06	—	≤3.0	—	≤0.04	≤0.08	≤4.0	—	≤0.04	≤0.04	≤0.04	—
黑钨矿Ⅰ-2	≥70	≤0.4	≤0.03	≤0.08	—	≤4.0	—	≤0.05	≤0.20	≤5.0	—	≤0.05	≤0.05	≤0.05	—
黑钨矿Ⅰ-1	≥68	≤0.5	≤0.04	≤0.10	—	≤5.0	—	≤0.06	≤0.15	≤7.0	—	≤0.10	≤0.10	≤0.10	—
黑钨矿Ⅱ-3	≥70	≤0.4	≤0.03	≤0.05	≤0.010	≤0.3	—	≤0.15	≤0.10	≤3.0	—	—	—	—	—
黑钨矿Ⅱ-2	≥70	≤0.5	≤0.05	≤0.07	≤0.015	≤0.4	—	≤0.20	≤0.15	≤3.0	—	—	—	—	—

品种	WO₃/%	杂质/%													
		S	P	As	Mo	Ca	Mn	Cu	Sn	SiO₂	Fe	Sb	Bi	Pb	Zn
黑钨矿Ⅱ-1	≥68	≤0.6	≤0.10	≤0.10	≤0.020	≤0.5	—	≤0.25	≤0.20	≤3.0					
白钨矿Ⅰ-3	≥72	≤0.2	≤0.03	≤0.02			≤0.2	≤0.01	≤0.01	≤1.0			≤0.02	≤0.01	≤0.02
白钨矿Ⅰ-2	≥70	≤0.4	≤0.03	≤0.03			≤0.5	≤0.03	≤0.03	≤2.0			≤0.03	≤0.02	≤0.03
白钨矿Ⅰ-1	≥70	≤0.4	≤0.03	≤0.03			≤0.5	≤0.03	≤0.03	≤2.0			≤0.03	≤0.03	≤0.03
白钨矿Ⅱ-3	≥72	≤0.4	≤0.03	≤0.05	≤0.010		≤0.3	≤0.15	≤0.10	≤3.0	≤3.0	≤0.1	—	—	—
白钨矿Ⅱ-2	≥70	≤0.5	≤0.05	≤0.07	≤0.015		≤0.4	≤0.20	≤0.15	≤3.0	≤2.0	≤0.1	—	—	—
白钨矿Ⅱ-1	≥70	≤0.6	≤0.10	≤0.10	≤0.020		≤0.5	≤0.25	≤0.20	≤3.0	≤3.0	≤0.2	—	—	—
黑钨一级Ⅰ类	≥65	≤0.7	≤0.05	≤0.15	—	≤5.0		≤0.13	≤0.10	≤7.0					
黑钨一级Ⅱ类	≥65	≤0.7	≤0.10	≤0.10	≤0.05	≤1.0		≤0.25	≤0.20	≤5.0					
黑钨一级Ⅲ类	≥35	≤0.8	≤P+As	≤0.22	≤0.02	≤1.0		≤0.35	≤0.40	≤3.8					
黑钨二级	≥65	≤0.8	—		≤0.20		≤5.0		≤0.40	—					
白钨一级Ⅰ类	≥65	≤0.7	≤0.05	≤0.15			≤1.0	≤0.15	≤0.20	≤7.0					
白钨一级Ⅱ类	≥65	≤0.7	≤0.10	≤0.10			≤1.0	≤0.25	≤0.20	≤5.0					
白钨一级Ⅲ类	≥65	≤0.8	≤0.05	≤0.05			≤1.0	≤0.20	≤0.20	≤5.0					
白钨二级	≥65	≤0.8	—		≤0.20		≤1.5		≤0.40	—					

注:"—"表示杂质不限。

钨的总量稀缺,全球钨探明储量仅为289.8万吨。中国的钨资源储量最为丰富,在全球探明的钨矿产资源储量中占比近70%,居全球首位,且远远领先于其他国家。全球钨资源储量最大的前五个国家及其探明储量和储量基础见表19-4。

表19-4 全球钨资源储量最大的五个国家及其探明储量和储量基础

国 家	探明储量		储量基础	
	储量/万吨	占比/%	储量/万吨	占比/%
中国	180.0	62.1	420.0	67.9
加拿大	26.0	9.0	49.0	7.9
俄罗斯	25.0	8.6	42.0	6.8
美国	14.0	4.8	20.0	3.2
玻利维亚	5.3	1.8	10.0	1.6
全球总计	289.8	100.0	618.5	100.0

中国的钨资源主要集中在南岭山脉两侧的江西、湖南、福建、广东、广西、云南等省,尤其以江西的南部为最多,储量约占全世界的1/2以上。此外,在河南、山东、新疆等地也发现钨矿床。全国有21个省有已探明的钨储量,江西以黑钨矿为主,而湖南则以白钨矿为主。世界上有30多个国家和地区生产钨,我国钨的产量和产品销售量均居世界前列。

19.1.3 钨的生产方法

黑钨精矿和白钨精矿是提取钨的主要工业原料,也有使用钨中矿、钨细泥和含钨废杂料等非标准含钨原料的。提取钨的方法随含钨原料及对产品的要求不同而异。钨提取冶金的全过程主要包括钨精矿分解、钨溶液净化、纯钨化合物制取、钨粉制取、致密钨制取、高纯致密钨制取六个步骤。此外，黑钨矿碱分解的渣综合利用和钨再生也属钨提取冶金的范围。钨生产的原则流程如图 19-1 所示。

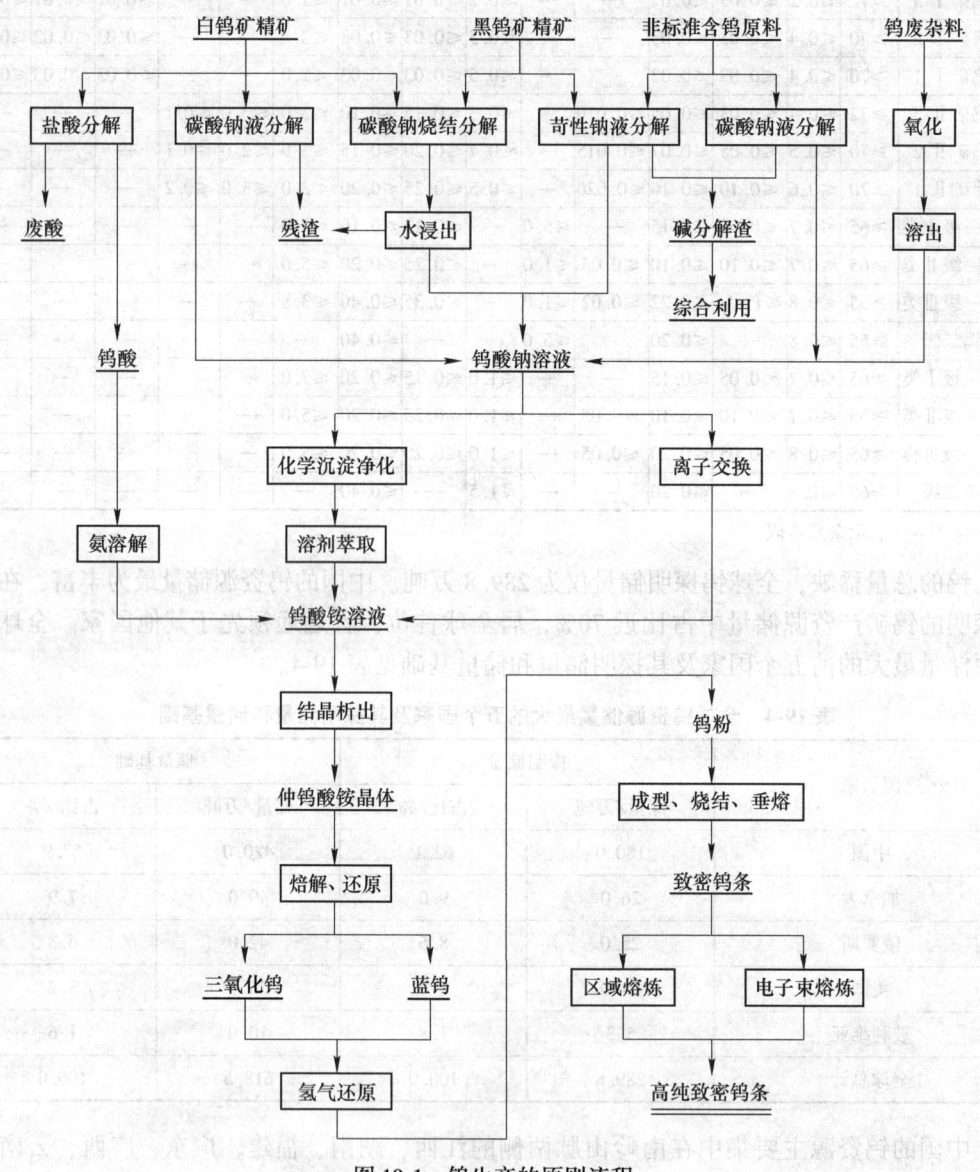

图 19-1 钨生产的原则流程

19.2 钨精矿的分解

19.2.1 苏打烧结分解

钨精矿苏打烧结分解法是钨精矿与碳酸钠在高温下发生烧结或熔合并发生复分解反

应，生成水溶性的钨酸钠而与大量不溶性杂质分离的钨精矿分解方法。该方法适用于黑钨精矿和白钨精矿的分解。

19.2.1.1 烧结过程的化学反应

在有氧存在时，黑钨精矿中的钨酸铁（$FeWO_4$）或钨酸锰（$MnWO_4$）在 1073 ~ 1173K 的高温下与碳酸钠（苏打）作用，转变成可溶性的钨酸钠：

$$2FeWO_4 + 2Na_2CO_3 + 1/2O_2 == 2Na_2WO_4 + Fe_2O_3 + 2CO_2\uparrow \qquad (19\text{-}1)$$
$$3MnWO_4 + 3Na_2CO_3 + 1/2O_2 == 3Na_2WO_4 + Mn_3O_4 + 3CO_2\uparrow \qquad (19\text{-}2)$$

反应生成的 CO_2 气体从反应区内排出，同时二价铁、二价锰氧化成高价，因此上述反应实际上是不可逆的。

反应产物的状态决定于过程的温度。在 1073 ~ 1153K 温度下，产物为半熔融的（糊状）物质，1173 ~ 1273K 则呈液态熔体。

当处理白钨精矿时，在配料中加入适量的 SiO_2，既可降低 $NaCO_3$ 的消耗和防止游离 CaO 的生成，又有利于提高后续过程钨的浸出率。反应为：

$$CaWO_4 + Na_2CO_3 + 1/2SiO_2 == Na_2WO_4 + 1/2Ca_2SiO_4 + CO_2\uparrow \qquad (19\text{-}3)$$
$$CaWO_4 + Na_2CO_3 + SiO_2 == Na_2WO_4 + CaSiO_3 + CO_2\uparrow \qquad (19\text{-}4)$$

试验表明，在工业生产条件下，主要以式（19-3）的反应进行。

在钨精矿与碳酸钠混合烧结过程中，钨精矿中的硅、磷、砷、钼等杂质同时与碳酸钠发生反应，生成相应的钠盐：

$$SiO_2 + Na_2CO_3 == Na_2SiO_3 + CO_2\uparrow \qquad (19\text{-}5)$$
$$Ca_3(PO_4)_2 + 3Na_2CO_3 == 2Na_3PO_4 + 3CaCO_3 \qquad (19\text{-}6)$$
$$As_2S_3 + 6Na_2CO_3 + 7O_2 == 2Na_3AsO_4 + 3Na_2SO_4 + 6CO_2\uparrow \qquad (19\text{-}7)$$
$$MoS + 3Na_2CO_3 + 9/2O_2 == Na_2MoO_4 + 2Na_2SO_4 + 3CO_2\uparrow \qquad (19\text{-}8)$$
$$CaMoO_4 + Na_2CO_3 == Na_2MoO_4 + CaCO_3 \qquad (19\text{-}9)$$

锡石（SnO_2）在烧结温度下不与苏打发生作用。过量的苏打能与氧化铁、氧化锰发生反应，生成铁酸钠及高锰酸钠：

$$Fe_2O_3 + Na_2CO_3 == 2NaFeO_2 + CO_2\uparrow \qquad (19\text{-}10)$$
$$Mn_3O_4 + 3/2O_2 + 3Na_2CO_3 == 3Na_2MnO_4 + 3CO_2\uparrow \qquad (19\text{-}11)$$

用水浸出时，铁酸钠、高锰酸钠均发生水解而产生碱：

$$Na_2Fe_2O_4 + 2H_2O == Fe_2O_3 \cdot H_2O + 2NaOH \qquad (19\text{-}12)$$
$$6NaMnO_4 + 3H_2O == 2Mn_3O_4 + 6NaOH + 13/2O_2 \qquad (19\text{-}13)$$

在烧结料浸出过程中，硅、磷、砷、铝等的钠盐和钨酸钠一道进入溶液。

19.2.1.2 烧结过程的实践

钨精矿碳酸钠烧结分解过程主要由炉料配制、烧结和棒磨浸出作业组成。

A 炉料配制

配料的准确性是影响钨精矿碳酸钠烧结分解效果的主要因素之一。为使烧结过程能在回转窑中实现连续化，避免烧结料结瘤，在配料中要加入一定量的烧结钨渣，使炉料中 WO_3 含量在 18% ~ 22% 之间。

黑钨精矿经球磨破碎至粒度小于0.124 mm的颗粒比例达到85%。为了保证钨精矿的完全分解，碳酸钠用量为理论量的130%~150%。在炉料中配入占精矿量3%的硝石作为氧化剂，以加速低价铁、锰的氧化。当黑钨矿中含有大量钙化合物时，最好在炉料中加入一定量的石英砂，使之与钙结合成不溶解的硅酸盐，避免生成钨酸钙而降低钨的回收率。若为白钨精矿，还须加入计算量所需的石英砂和占炉料量1%~2%的食盐。

B　烧结

配制好的炉料进行烧结。烧结有间歇和连续两种方式。

小批量生产多采用间歇式烧结，在由碱性耐火砖砌成的反射炉内进行，炉床面积一般为6~8m²。混合好的物料均匀地铺在炉床上，以每1m²面积上铺70~100千克为宜。烧结温度控制在1073~1123K，在此温度下炉料呈半熔化状态，经过2~3h烧结，将糊状烧结物耙出，冷却后磨细进行水浸。浸出时用蒸汽直接或间接加热到353~363K。浸出作业结束后，用框式过滤机过滤，残渣用水洗涤，洗水用于下一批烧结物的浸出。所得钨酸钠溶液则送下一步作业。间歇式烧结的缺点是：因过程需要翻料，以保证空气中的氧进入炉料加快反应，所以劳动强度大、生产率低、物料损失多。

大批量的工业生产多采用回转窑进行连续式烧结生产。回转窑连续烧结设备系统如图19-2所示。已配制好的炉料贮存在料仓内，通过给料机由炉尾加入，随着窑身的旋转而逐步移动至炉头卸出。炉内保持负压，炉气经收尘后排入大气。窑头烧重油或煤粉，高温气流与炉料成逆流运动。连续烧结过程的关键在于控制好炉内的温度和负压。黑钨精矿烧结温度控制在1053~1173K，白钨精矿控制在约1273K温度。负压过小导致燃料燃烧不完全，也影响铁、锰和其他杂质的氧化。负压过大又会使温度难以控制，增加窑气量，使带走的热量和粉尘增多。

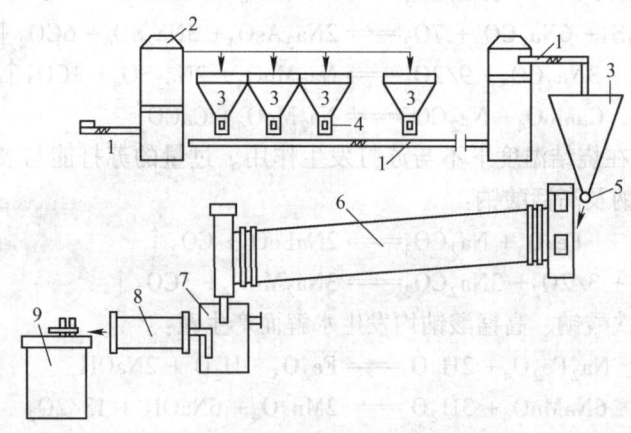

图19-2　钨精矿苏打烧结分解设备系统

1—螺旋送料器；2—提升机；3—料仓；4—自动称；5—给料机；6—回转窑；7—炽热箱；8—棒磨机；9—浸出槽

C　棒磨浸出

烧结料由窑头卸入棒磨机，进行边棒磨边浸出。浸出温度稍高于363K。由热的烧结块和软化水的热量来维持，不需外部加热。棒磨后料浆的密度在1.8~2.0g/cm³之间，流入浸出槽内继续搅拌浸出3~4h。

经圆筒真空过滤机过滤后的浸出液的密度为1.30~1.40g/cm³。为充分分离出钨渣，浸出液再经压滤机压滤后，用热软化水洗涤，最终调整成密度为1.18~1.20g/cm³的粗钨酸钠溶液。这种粗钨酸钠溶液含 WO_3 160~180g/L，含碱（氢氧化钠）4~8g/L。钨的浸出率可达98%~99%。洗涤后的钨渣（浸出渣）含可溶性 WO_3 0.2%~0.5%，不溶性 WO_3 1%~2%。

连续法的优点是适应性广、工艺简单、成本低、钨浸出率高。缺点是生产率不高、劳动条件差、污染环境、溶液杂质含量高。

19.2.2 碱溶液分解黑钨精矿

碱溶液分解法是让黑钨精矿与氢氧化钠溶液发生复分解反应转变为可溶性钨酸钠，而与大量不溶性杂质分离，其反应是：

$$FeWO_4 + 2NaOH = Na_2WO_4 + Fe(OH)_2 \downarrow \qquad (19\text{-}14)$$

$$MnWO_4 + 2NaOH = Na_2WO_4 + Mn(OH)_2 \downarrow \qquad (19\text{-}15)$$

在363K、393K和423K温度时，反应的平衡常数分别为0.686、2.33和2.270。黑钨精矿的碱分解主要有常压搅拌碱分解和加压碱分解工艺。常压搅拌碱分解采用小于0.043mm粒级比例达98%的黑钨精矿粉，NaOH用量为理论量的200%，在383~393K温度下分解8~12h。加压分解采用小于0.043mm粒级比例达98%的黑钨精矿粉，NaOH用量为理论量的110%~150%，矿浆含NaOH 200~300g/L，在453K温度下分解1h。常压和加压碱分解工艺的黑钨精矿的分解率为99.8%~99.0%。

近年来发展起来的机械活化碱分解工艺可用于黑钨精矿、钨中矿、低品位钨矿等的分解，并取得较好的分解效果。这种工艺是将钨矿物直接与NaOH溶液一起加入热磨反应器中进行浸出，磨矿和碱分解过程在一个设备中完成，由此产生的强烈搅拌、机械破碎和矿粉活化作用能够加快分解速度，因而可以缩短生产时间、减少能源消耗和提高 WO_3 浸出率。

黑钨精矿碱分解工艺具有生产流程短、生产效率高等优点，现已成为黑钨精矿的主要分解方法，在NaOH过量系数大的情况下，也可用于分解黑白钨混合矿，甚至分解白钨精矿。这一方法的弱点是要求原料中的硅含量必须较低，WO_3 的含量较高（65%~70%），否则，所获钨酸钠溶液中杂质太多，从而导致沉淀物过滤困难和增加下一步净化的负担。

19.2.3 苏打溶液加压分解白钨精矿

苏打溶液加压分解法是让白钨矿与碳酸钠溶液在加压条件下发生复分解反应生成可溶性钨酸钠，而与固体杂质分离。白钨精矿与苏打溶液的反应如下：

$$CaWO_4(s) + Na_2CO_3(aq.) = Na_2WO_4(aq.) + CaCO_3(s) \qquad (19\text{-}16)$$

这一反应只有在温度较高（大于473K）和有相当过量的苏打存在时，才能以较快的速度向右进行，使95%~98%的钨进入溶液，要维持这样高的温度必须在高压下进行。现代工业上采用回转式高压釜进行分解作业，如图19-3所示。

回转式高压釜中装有钢球，用蒸汽直接加热，保持温度498~523K，工作压力2.45~2.65MPa。由于蒸汽会冷凝成水，故矿浆可能会被稀释30%~40%。浸出结束后，矿浆从高压釜中引入压力较低（0.147~0.196MPa）的自动蒸发器，进行强烈蒸发。矿浆迅速冷却，生成的二次蒸汽由液滴分离器通过支管排出。从自动蒸发器出来的矿浆进入料浆槽，然后过滤。也有的工厂采用带有搅拌器和直接蒸汽加热的立式高压釜的。

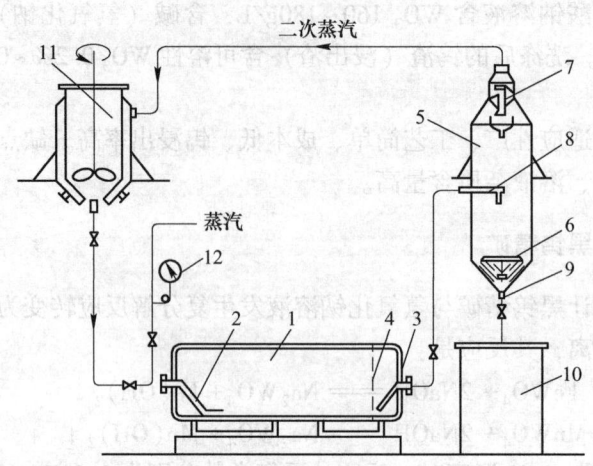

图 19-3　回转式高压釜系统图

1—高压釜；2—装料管（并作通蒸汽之用）；3，9—卸料管；4—孔板（作隔离钢球之用）；5—自动蒸发器
6—装甲钢制挡板；7—液滴分离器；8—浆液入口；10—料浆槽；11—矿浆制备槽；12—气压表

　　与苏打石英烧结法处理白钨矿相比，苏打溶液加压分解法的优点是钨的回收率高。虽然反应结果也产生 $CaCO_3$，但它并不分解，因此对钨溶解入溶液无影响。另外，苏打溶液加压分解法对于处理低品位原料更具优越性，因为苏打石英烧结法必需将大量的废石通过烧结炉，很不经济。

　　使白钨精矿完全分解所必需的苏打加入量取决于精矿中的 WO_3 含量。分解较富的精矿时，苏打加入量为理论量的 3 倍；而贫精矿则为 4~4.5 倍。当然白钨精矿的分解也与温度有关。

　　高压分解的主要缺点是苏打消耗量大。中和溶液中高浓度的苏打必然增加耗酸量。因此，必须考虑从高压釜中出来的溶液中回收苏打。回收方法有冷冻结晶法和隔膜电解法等。冷冻结晶是将钨酸钠溶液冷却到 273K，使 60%~70% 的碳酸钠结晶析出。隔膜电解法是用阳离子膜将阴极和阳极隔开，使电渗析和电解过程同时进行，用此方法可回收分解液中 80%~90% 的过剩碳酸钠。

19.2.4　盐酸分解白钨精矿

　　盐酸分解法是用盐酸与白钨精矿反应生成不溶于酸的钨酸，钙及大部分杂质转变成可溶性的氯化物，从而使钨与钙及其他杂质分离。用盐酸分解白钨精矿是工业上常用的方法。它最大的优点是一次作业就可获得粗钨酸。反应在温度 363~373K 下进行：

$$CaWO_4(s) + 2HCl(aq.) = H_2WO_4(s) + CaCl_2(aq.) \quad (19-17)$$

这个反应的平衡常数为：

$$K = \frac{[CaCl_2]}{[HCl]^2} \approx 10000 \quad (19-18)$$

　　因此，这个反应几乎是不可逆的，可以进行得很彻底。反应结果钨以 H_2WO_4 形式留于沉淀物中，其中也有未分解的白钨矿和 SiO_2。而钙及某些能溶解于盐酸中的杂质则进入溶液。

虽然反应向右进行较彻底，但盐酸的耗量还是比理论值大得多（为理论量的250%~300%）。因为钨酸钙矿粒表面生成的钨酸膜会阻碍反应的顺利进行，杂质的存在也要消耗相当数量的盐酸。

在盐酸分解的过程中，所生成的钨酸有可能被精矿中硫化物杂质分解所逸出的硫化氢部分还原成低价化合物状态。为了防止低价化合物的产生，分解时需加入一定量的氧化剂，例如加入0.2%~0.5%（质量分数）的硝酸。

当然，用酸分解白钨矿不可能一次作业就获得满意的结果，尤其在处理低品位精矿时更是如此。一般情况下，钨酸在氨水中溶解后，所剩的残余物还需用盐酸重新处理。另外由于钨酸中有较多的杂质，为了得到合格的仲钨酸铵，钨酸要经过数次氨洗净化，这当然是不经济的。因此盐酸分解法多应用于处理品位高（含 WO_3 在75%以上）和含杂质少的白钨精矿。

影响白钨精矿盐酸分解的主要因素有：

（1）精矿的粒度。粒度越细，其与酸接触的表面积就越大，反应速率也越快。但过粉碎也是不必要的，因为它会增加磨矿费用，并增大矿浆的黏度，对提高浸出速率反而不利。

（2）分解温度。升高温度有利于加快反应的速率，但温度过高会增加盐酸的挥发损失，恶化车间环境。

（3）盐酸的浓度。提高盐酸的浓度，加大盐酸的用量会加快反应速度，过高的浓度也没有必要，一般为25%~30%。

分解作业是在耐酸槽中进行，温度为353~363K，盐酸的用量为理论计算量的200%~300%，分解率可达90%~99%。如果反应过程在密闭的加热球磨机中进行，边破碎边分解，便可除去妨碍钨酸钙进一步分解的钨酸膜。这样的球磨机内衬和球都采用熔融过的辉绿岩材料，但这种设备加热困难。有的工厂采用耐酸搪瓷并带有搅拌器的密封式反应器进行分解作业，并用蒸汽间接加热到反应温度为373~383K，分解过程持续时间一般为6~12h。

19.2.5 分解非标准钨矿原料

分解非标准钨矿原料是用化学试剂与非标准钨原料中的钨反应，生成水溶性钠盐而与大部分不溶性杂质进行初步分离。非标准钨矿原料是指钨中矿（包括钨细泥）、等外钨精矿等。钨中矿是在钨矿的选矿过程中产出的部分难选低品位钨矿物料，其量（按 WO_3 计）约为选矿总量的15%。这些难选的钨矿物料的特点是 WO_3 含量低（远低于65%），杂质多，且有些为黑白钨矿的混合矿。以黑钨矿为主的称黑钨中矿，以白钨矿为主的则称白钨中矿。等外钨精矿是指某些指标未达到国家标准的精矿，主要是含磷、砷、硅、硫和锡等杂质较高的精矿。这些非标准钨原料各有其特点，因此分解方法也有所不同。目前工业上用的主要分解方法有苏打溶液压煮法、氢氧化钠搅拌浸出法及机械活化碱分解法等。

19.3 钨酸钠溶液的净化和钨酸的生产

19.3.1 钨酸钠溶液的净化

钨精矿分解所获得的粗钨酸钠溶液含有硅、磷、砷、钼等多种杂质。这些杂质的存在不但会影响到钨最终产品的纯度，而且还会影响钨酸沉淀的澄清和过滤，进而增加钨的损失。所以，在钨沉淀之前必须将这些杂质除去。

19.3.1.1 除硅

当溶液中 SiO_2 的浓度与 WO_3 浓度之比超过 0.1% 时，就必须进行除硅。净化的方法通常是用盐酸中和粗钨酸钠溶液中的碱，控制 pH 值为 8~9，硅酸钠便发生水解反应：

$$Na_2SiO_3 + 2H_2O \Longrightarrow H_2SiO_3\downarrow + 2NaOH \tag{19-19}$$

将溶液加热至沸，硅酸便凝聚成大颗粒沉淀物析出。具体的做法是：将盐酸加入到已加热至沸的粗钨酸钠溶液中。为了防止局部过度中和，盐酸分成若干小股缓慢加入，并对溶液进行不断地搅拌，以免局部中和过度而导致生成硅钨酸盐和偏钨酸盐。这类盐的存在将降低钨的提取率。中和后的溶液一般尚含有游离碱 0.1~1g/L。

也可以用 NH_4Cl 代替盐酸中和溶液中的碱，其反应式是：

$$NH_4Cl + H_2O \Longrightarrow NH_4OH + HCl \tag{19-20}$$

$$HCl + NaOH \Longrightarrow NaCl + H_2O \tag{19-21}$$

这里中和溶液中碱的盐酸是由 NH_4Cl 水解产生的。因此就可防止在中和时局部酸度过大的危险。NH_4Cl 的采用对于下一步脱出磷和砷的作业也有好处。

19.3.1.2 除磷和砷

磷和砷含量高时，在生产钨酸工序中会生成磷、砷的钨酸盐类，它们会妨碍钨酸的沉降，从而造成钨的损失。常采用铵镁净化法，即利用生成溶解度很小的磷酸铵镁 $Mg(NH_4)PO_4$ 和砷酸铵 $Mg(NH_4)AsO_4$ 沉淀，而从钨酸钠溶液中除去磷和砷。沉淀过程的反应是：

$$Na_2HPO_4 + MgCl_2 + NH_4OH \Longrightarrow Mg(NH_4)PO_4\downarrow + 2NaCl + H_2O \tag{19-22}$$

$$Na_2HAsO_4 + MgCl_2 + NH_4OH \Longrightarrow Mg(NH_4)AsO_4\downarrow + 2NaCl + H_2O \tag{19-23}$$

在 293K 温度下，这些盐在水中的溶解度只有 0.053% 和 0.038%，如果有过剩的 Mg^{2+} 和 NH_4^+ 存在，因同离子效应而使其溶解度会更低。但磷酸铵镁和砷酸铁镁盐均易水解生成溶解度较大的酸式盐：

$$Mg(NH_4)PO_4 + H_2O \Longrightarrow MgHPO_4 + NH_4OH \tag{19-24}$$

$$Mg(NH_4)AsO_4 + H_2O \Longrightarrow MgHAsO_4 + NH_4OH \tag{19-25}$$

因此，必须使溶液中含有过量的氨，以防止水解发生。另外，还必须有 NH_4Cl 存在，以降低溶液中 OH^- 的浓度，使 Mg^{2+} 与 OH^- 浓度的乘积小于 $Mg(OH)_2$ 的溶度积，从而阻止形成 $Mg(OH)_2$ 沉淀。

磷、砷的脱除是在室温下进行，在不断搅拌的情况下加入比理论量多一些的 $MgCl_2$ 溶液，然后搅拌 1h，再经长时间的静置（长达 48 h），然后过滤。与铵镁盐一道沉淀的可能还有部分凝胶状的正磷酸盐 $Mg_3(PO_4)_2$ 和正砷酸盐 $Mg_3(AsO_4)_2$。净化后的溶液要求 $w(As)/w(WO_3) < 0.00015$。

19.3.1.3 除钼

当溶液中钼的浓度超过 0.3g/L 时，就必须除钼。最好的除钼方法是使之生成三硫化钼沉淀。此法的基本原理是向含有钼的钨酸钠溶液中加入 Na_2S，发生如下反应：

$$Na_2MoO_4 + 4Na_2S + 4H_2O == Na_2MoS_4 + 8NaOH \quad (19-26)$$

在生成硫代钼酸钠的同时，也会生成硫代钨酸钠：

$$Na_2WO_4 + 4Na_2S + 4H_2O == Na_2WS_4 + 8NaOH \quad (19-27)$$

但是生成 Na_2MoS_4 的反应平衡常数比生成 Na_2WS_4 的平衡常数要大得多。因此，如果加入溶液的 Na_2S 量只够与 Na_2Mo_4O 作用，则主要进行反应（19-26），生成 Na_2MoS_4。然后，当用盐酸将溶液酸化到 pH 值为 2.5~3.0 时，发生下面反应：

$$Na_2MoS_4 + 2HCl == MoS_3\downarrow + 2NaCl + H_2S\uparrow \quad (19-28)$$

钼转化为 MoS_3 的沉淀形式除去。

在除钼后的溶液中，因酸度降低可能会生成一部分偏钨酸钠，使下一步的钨酸析出不完全。为了破坏偏钨酸钠并使之转变为正钨酸钠，可以加入部分 NaOH 使溶液呈碱性并煮沸就可达到目的。净化后的钨酸钠溶液含 $SiO_2<0.05g/L$，$As<0.025g/L$，$P<0.03g/L$，$Mo<0.01g/L$。

19.3.2 从钨酸钠溶液中析出钨酸

19.3.2.1 钨酸的析出

工业上通常用盐酸从钨酸钠溶液中沉淀钨酸。沉淀物的状况与工艺方法有很大关系。从稀的和冷的溶液中只能沉淀出白色细粒的胶体沉积物。相反将热的浓的钨酸钠溶液倒入沸腾的盐酸中（25%的盐酸）则沉淀出颗粒粗、易洗涤的黄色钨酸，倾注溶液的速度会影响黄色钨酸颗粒的大小。反应为：

$$Na_2WO_4 + 2HCl == H_2WO_4\downarrow + 2NaCl \quad (19-29)$$

为了防止钨酸钠被 Fe^{2+} 和 Cl^- 部分还原成低价化合物，降低钨的析出率，应在盐酸中加入少量（0.5%~2%）硝酸。沉淀出来的钨酸含有一些可溶性杂质和 NaCl，因此必须将其洗涤 7~8 次。在第三次洗涤以后，所用的洗涤水应采用含有 1% HCl 或 NH_4Cl 的热水，以使钨酸容易澄清。沉淀过程中钨酸的总回收率为 98%~99%，洗涤中损失 0.3%~0.4%。

19.3.2.2 钨酸钙的沉淀及其酸分解

钨酸钙的沉淀及其酸分解就是将 $CaCl_2$ 溶液倾倒入钨酸钠溶液中，使其发生如下反应：

$$Na_2WO_4 + CaCl_2 == CaWO_4\downarrow + 2NaCl \quad (19-30)$$

$CaWO_4$ 呈白色沉淀，称为人造白钨。这一作业的效果决定于钨酸钠溶液的碱度和浓度。沉淀前最好将钨酸钠溶液加热至沸腾，控制溶液中 WO_3 的浓度在 120~130g/L，含碱 0.3%~0.7%。溶液的碱度太小（小于 0.3%），沉淀不充分；而碱度太大（大于 0.7%），则沉淀析出缓慢，而且生成难以过滤的、含杂质高的细粒钨酸钙。

沉淀出来的 $CaWO_4$，用热盐酸分解就可获得颗粒较大的黄色钨酸沉淀，反应是：

$$CaWO_4 + 2HCl == H_2WO_4\downarrow + CaCl_2 \quad (19-31)$$

与 $CaWO_4$ 一同沉淀的还有硅酸、磷酸、钼酸、硫酸和碳酸等的钙盐。所以不仅要将这些杂质在沉淀钨酸前除去，而且要对 $CaWO_4$ 沉淀进行仔细洗涤，以便除去可能残留的部分硅、磷、钼和硫。

沉淀 $CaWO_4$ 的作业在带有机械搅拌的钢制反应槽中进行，用蒸汽直接加热。当溶液中沉淀出 99%~99.5% 的钨时，经澄清后，用倾泻法将沉淀与溶液分开，然后再将沉淀送去进行盐酸分解。分解的最终酸度保持在含 HCl 90~100g/L，这样就可保证磷、砷和部分钼杂质从钨酸沉淀中清除进入溶液。

在不断搅拌的情况下，将糊状或 $CaWO_4$ 矿浆倾倒入温度为 333~338K 的盐酸中进行分解。将所得的钨酸洗涤干净。钨的总回收率可达 98%~99%。分解过程中产生的 $CaCl_2$ 又可用于 $CaWO_4$ 的沉淀作业。此法生产的钨酸为工业钨酸。

19.3.2.3 铵-钠复盐的生成

将净化脱硅后的钨酸钠溶液用盐酸调整酸度到 pH 值为 6.5~6.8，加入 NH_4Cl 使之生成一种难溶的仲钨酸铵-钠复盐结晶沉淀 $3(NH_4)_2O \cdot Na_2O \cdot 10WO_3 \cdot 15H_2O$，其化学反应为：

$$10Na_2WO_4 + 6NH_4Cl + 12HCl + 9H_2O == 3(NH_4)_2O \cdot Na_2O \cdot 10WO_3 \cdot 15H_2O + 18NaCl$$

$$(19-32)$$

具体的作业条件是：将净化除硅后的溶液调整到含 WO_3 的浓度为 170~240g/L（密度 1.2~1.25g/cm³），在压缩空气剧烈搅拌下，用稀盐酸中和至 pH 值为 6.5~6.8，在这个 pH 值范围内的结晶率最大；然后加入 NH_4Cl，其用量为使 WO_3 化合成 $(NH_4)_2WO_4$ 所需量的 110%~120%。在 333~353K 保温 4h，仔细控制好 pH 值，其结晶率可达 88%~92%。结晶产物用 20% NH_4Cl 溶液将铵-钠复盐转化除钠，变成仲钨酸铵（APT）晶体。经过干燥、煅烧就可获得三氧化钨。

这一方法的优点是产品质量比较纯净稳定，工艺流程短，省去除钼工序，减少 H_2S 有毒气体污染，可以获得不同粒度的 WO_3（其假密度为 0.9~2.4g/cm³）；另外对精矿品种无特殊要求。但要消耗大量的 NH_4Cl，钨的回收率也低。

19.3.2.4 钨酸钠溶液的萃取处理

钨酸钠溶液的萃取处理是用胺类萃取剂将净化除杂质后的纯钨酸钠溶液转变为钨酸铵溶液，随后从钨酸铵液中将仲钨酸铵分离出来的过程。萃取法可使钨酸钠溶液的处理流程大为简化，并具有能耗低、连续生产、生产效率高、产量大且易于监测和实现自控等优点。

钨的萃取剂一般采用胺盐和季铵盐，胺盐中又常用叔胺（即三烷基胺），相当于我国产品 N235，其萃取过程只能在酸性介质中进行（pH<4）。采用的季铵盐则多为含有烷基、甲基和苯甲基的季铵盐。作业可以在碱性溶液中进行（pH=6~8）。这些萃取剂对钨都有较好的萃取效果。

用煤油作为各种胺和季铵盐的稀释剂。为了改善有机相和水相的分离效果和防止生成第三相，可向煤油中加入 15%~70% 体积比的多元醇或磷酸三丁酯。以上萃取剂也能萃取钼，这是不希望的。因此，如果溶液中有钼，则必须在萃取前加入沉淀剂将钼以 MoS_3 的沉淀形式除去。硅、磷、砷等也应在萃取前除去。为了防止微量的硅和砷被萃取，需向溶液中加入氟离子，使之与硅、磷、砷结合成不被萃取的配合物。用含氨 2%~4% 的氨水从有机相中反萃钨，得到钨酸铵溶液；再对溶液蒸发结晶，析出仲钨酸铵。反萃作业在 323K 进行，控制反萃液中 WO_3 的浓度不超过 100g/L 为好，经过两次萃取和两次反萃取，可获得满意的结果。

19.3.3 钨酸的净化

从钨酸钠溶液中析出的工业钨酸或白钨精矿酸分解产出的粗钨酸，还含有 0.2%~0.3% 的杂质。这些杂质是硅酸、钼酸、钙、钠、铁、锰、铝、磷、砷等的化合物。其中主要的是 SiO_2 及碱金属、碱土金属杂质。除去这些杂质最常用的方法是氨液净化法。当钨酸溶解于氨液中生成钨酸铵溶液时，杂质 SiO_2、氢氧化铁、氢氧化锰以及钨酸钙形态存在的钙均进入不溶残渣。经过滤分离，再将钨以钨酸或仲钨酸的形态从溶液中析出。反应如下：

$$H_2WO_4 + 2NH_4OH = (NH_4)_2WO_4 + 2H_2O \tag{19-33}$$
$$FeCl_3 + 3NH_4OH = Fe(OH)_3\downarrow + 3NH_4Cl \tag{19-34}$$
$$MnCl_2 + 2NH_4OH = Mn(OH)_2\downarrow + 2NH_4Cl \tag{19-35}$$
$$CaCl_2 + (NH_4)_2WO_4 = CaWO_4\downarrow + 2NH_4Cl \tag{19-36}$$

可见，杂质钙的存在会造成钨的损失。

具体作业条件是：溶解作业在带搅拌器的不锈钢槽或瓷槽中进行。净化前的钨酸预先调浆成悬浊液，在不断搅拌的条件下倒入 NH_3 浓度为 25%~28% 的氨水中。溶解完毕后需澄清 12h 以上，然后将上清液与不溶残渣分离，所得溶液中含 WO_3 的浓度为 320~330g/L。

为了进一步净化除去杂质，工业上采用从钨酸铵溶液中析出仲钨酸铵的办法。即当从溶液中除去部分氨时，溶解度较小的仲钨酸铵 $5(NH_4)_2O \cdot 12WO_3 \cdot xH_2O$ 就结晶析出。从温度 323K 以上的钨酸铵溶液中析出的是五水合仲钨酸铵片状结晶，而在冷态下则结晶出 11 个水的仲钨酸铵针状结晶。使仲钨酸铵结晶有两种方法，即蒸发法和中和法。

蒸发法是在装有蒸汽套的蒸发器或真空蒸发器中进行，由于氨从溶液中除去，钨酸铵发生如下反应生成仲钨酸铵：

$$12(NH_4)_2WO_4 \longrightarrow 5(NH_4)_2O \cdot 12WO_3 \cdot 5H_2O + 14NH_3\uparrow + 2H_2O \tag{19-37}$$

溶液冷却后就析出片状透明的仲钨酸铵结晶。经过滤、洗涤、干燥再进行包装。

中和法是向钨酸铵溶液中加入盐酸离析出针状白色的仲钨酸铵结晶，其反应是：

$$12(NH_4)_2WO_4 + 14HCl + 4H_2O \longrightarrow 5(NH_4)_2O \cdot 12WO_3 \cdot 11H_2O + 14NH_4Cl \tag{19-38}$$

这一作业的关键是盐酸的加入速度必须缓慢，以避免酸的局部过饱和而产生偏钨酸盐。中和作用进行到 pH=7.3 时终止。另外控制不同的温度可获得不同粒度的仲钨酸铵结晶（低温获得细粒、高温获得粗粒）。过程的温度可向搪瓷反应器的夹套中通蒸汽或冷水来调节。中和结束后，再继续搅拌一段时间，其目的是使整个溶液的 pH 值均匀稳定，仲钨酸铵结晶充分析出，然后放料、过滤。这一作业有 90%~95% 的钨呈仲钨酸铵晶体析出，而且纯度也较高。

19.4　三氧化钨的生产

三氧化钨是生产金属钨或碳化钨的中间产品。用经过净化的钨酸或纯净的仲钨酸铵进行煅烧就可获得 WO_3：

$$H_2WO_4 = WO_3 + H_2O \tag{19-39}$$

$$5(NH_4)_2O \cdot 12WO_3 \cdot nH_2O = 12WO_3 + 10NH_3 + (n+5)H_2O \tag{19-40}$$

生产过程分为干燥和煅烧两步作业，既可分开进行，也可以进行联合作业。所用设备为电热旋转式管状炉。为防止烟尘损失，从炉中逸出的烟气必须经过收尘。在生产上钨酸干燥温度为 473~573K，煅烧温度为 1023~1073K（如要求细颗粒则应为 973~1023K）。仲钨酸铵的干燥温度为 723K，煅烧温度为 1073~1123K。

在生产中除了要求 WO_3 有一定的纯度以外，还要求有合适的粒度。因为 WO_3 粒度的大小会影响金属钨和碳化钨的品质。WO_3 的粒度大小除与原始钨化合物的性质有关外，还与煅烧温度、煅烧时间有关。升高煅烧温度和延长煅烧时间都会使 WO_3 的粒度变粗。WO_3 粉末的粒度可用松装密度这一概念来表示。单位体积自由松装粉末的质量称为粉尘的松装密度，其单位为 g/cm^3。由仲钨酸铵制取的 WO_3 粒度一般比用钨酸制取的要粗一些。在其他条件相同的情况下，WO_3 的松装密度随煅烧温度的升高而增大。

用于硬质合金的 WO_3 纯度要求不小于 99.9%，松装密度 0.7~1.0g/cm^3（由钨酸生产）或 1.6~2.0g/cm^3（由仲钨酸铵生产）。用于金属钨生产的 WO_3 纯度要求不小于 99.95%，松装密度 1.6~2.20g/cm^3。

19.5　金属钨粉的生产

因为钨的熔点很高，所以致密金属钨只能用粉末冶金的办法来生产。首先将三氧化钨还原成钨粉，然后再用钨粉生产致密金属钨、碳化钨和系列合金。工业上钨粉的生产可氢气还原，也可以用碳还原。工厂中大多采用氢气还原，因为氢气比碳更纯净，不会带入杂质，所得金属钨粉的纯度高，且易于通过改变还原条件来控制钨粉的粒度。而碳还原得到的钨粉不宜作生产延性钨的原料，因为其中含有能使金属变脆的碳化物，只能用于生产碳化钨，作为硬质合金的原料。

19.5.1　氢气还原的基本原理

氢作为还原剂还原 WO_3 分四个阶段进行：$WO_3 \rightarrow WO_{2.9} \rightarrow WO_{2.72} \rightarrow WO_2 \rightarrow W$，具体反应如下：

$$10WO_3 + H_2 = 10WO_{2.9} + H_2O \tag{19-41}$$

$$50/9WO_{2.9} + H_2 = 50/9WO_{2.72} + H_2O \tag{19-42}$$

$$25/18WO_{2.72} + H_2 = 25/18WO_2 + H_2O \tag{19-43}$$

$$1/2WO_2 + H_2 = 1/2W + H_2O \tag{19-44}$$

综合反应式为：

$$1/3WO_3 + H_2 \Longrightarrow 1/3W + H_2O \tag{19-45}$$

以上反应的平衡常数 K 与温度 T 的关系可以表示为：

$$\lg K = \lg \frac{p_{H_2O}}{p_{H_2}} = -\frac{\Delta G_T^{\ominus}}{2.303RT} \tag{19-46}$$

式中　　p_{H_2O}——H_2O 的分压；

　　　　p_{H_2}——H_2 的分压；

　　　　$\Delta G_T^{\ominus}$——反应的吉布斯自由能变化；

　　　　R——理想气体常数。

对于 β-WO_3 的氢还原，在 873～1064K 的温度范围内，反应式（19-41）～式（19-44）的平衡常数与温度的关系分别为：

$$\lg K_1 = -3266.9/T + 4.0667 \tag{19-47}$$

$$\lg K_2 = -4508.5/T + 5.1087 \tag{19-48}$$

$$\lg K_3 = -904.8/T + 0.9064 \tag{19-49}$$

$$\lg K_4 = -2325.0/T + 1.650 \tag{19-50}$$

根据上述公式可以绘出 $\lg K$ 与 $1/T$ 的关系，如图 19-4 所示。由图 19-4 可知，由于各阶段的反应均属吸热反应，故升高温度将增大反应平衡常数，从而有利于反应向右进行。根据图中的曲线，可以找出还原反应进行的基本条件。在一定的温度下，K 值是一定的，即反应处于平衡时混合气体中水蒸气和氢气的分压有一定的比例。因此，气相中 p_{H_2O}/p_{H_2} 比值决定着反应进行的方向。当气体中 p_{H_2O}/p_{H_2} 比值高于某温度的平衡值时，WO_3 不可能被还原，此时反应要向左进行；只有当气相中 p_{H_2O}/p_{H_2} 比值低于某温度的平衡值时，WO_3 才能被还原，此时反应要向右进行。

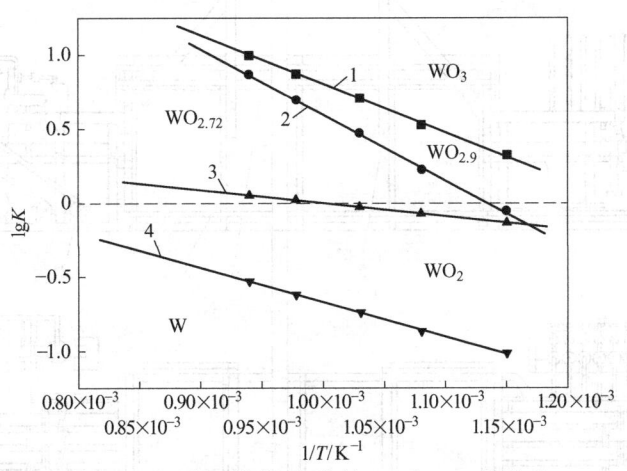

图 19-4　用氢还原三氧化钨 $\lg K$ 与 $1/T$ 的关系

从图 19-4 还可以看出，在相同的温度下，高价氧化钨还原反应的平衡常数比低价氧化钨的大，因此，在气体中 p_{H_2O}/p_{H_2} 比值一定的条件下，高价氧化钨的还原温度可以比低价氧化钨低一些。线 2 和线 3 在 857K 时相交，说明当温度低于 857K 时，$WO_{2.9}$ 将直接还原成 WO_2 而不经过 $WO_{2.72}$ 阶段，即所谓三阶段还原。图中 4 条直线把钨及其氧化物的存在形态划分为 5 个区域：线 1 右上方的区域为 WO_3 的稳定存在区；线 1 与线 2 之间的区域

为 $WO_{2.9}$ 的稳定存在区；线 2 与线 3 之间的区域为 $WO_{2.72}$ 的稳定存在区；线 3 与线 4 之间的区域为 WO_2 的稳定存在区；线 4 左下方的区域为 W 的稳定存在区。因此，要使 WO_3 还原成金属钨，必须把还原条件控制在线 4 以下。而且在还原过程中，还原物料与氢气流动应采用逆流方式。

19.5.2　氢气还原的生产实践

三氧化钨的氢还原炉有固定式管状炉（四管、十一管、十三管、十四管等）和回转式电炉。

A　固定式管状还原炉

固定式多管还原炉的优点是还原工程控制灵活、产能高、能生产细粒钨粉；其缺点是能耗高、产品粒度分布宽、产品易受舟皿材料污染、操作费用高。在固定式管状炉中，国内用得最多的是十三管和四管还原炉，国外比较多见的是十四至十八管还原炉。国内有些工厂也使用十四管还原炉，这种炉子技术先进，生产出的钨粉质量高。下面以十四管还原炉为例，简要介绍固定式管状炉的结构。

十四管还原炉的结构如图 19-5 所示。炉子由炉体、推舟机构及辅助装置、装卸料车三大部分组成。炉体用钢板及型钢焊制而成，内衬高效硅酸铝耐火保温材料。炉顶为活动式，炉体装有手动提升装置，可将炉顶提升，便于对加热元件及炉管进行维护。炉管采用镍、铬钢管（加热带含 Ni 60%、Cr 15%；冷却带含 Ni 30%、Cr 15%），加热元件用镍-铬电阻丝（Ni 80%、Cr 20%）。炉子设 3 个加热区，每区均单独进行温度的自动控制。炉温的波动可控制在 ±5K 内。

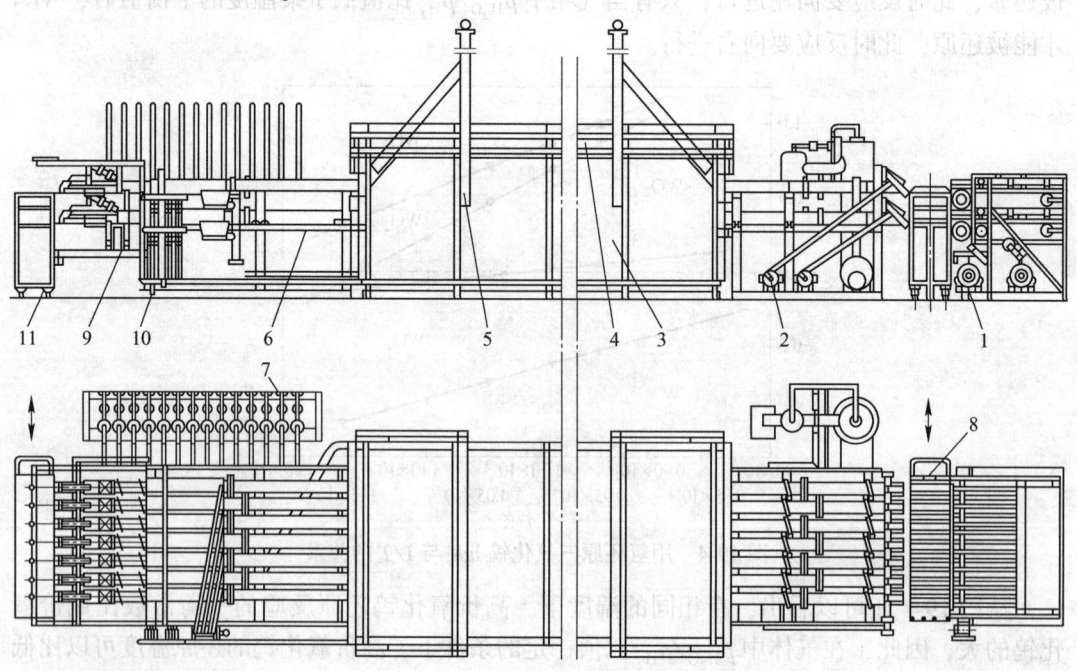

图 19-5　十四管还原电炉的示意图

1—自动推舟装置；2—炉头；3—炉体；4—炉盖；5—炉盖吊起装置；6—炉尾；
7—供气系统；8—装料车；9—炉管；10—供水管；11—卸料车

加料炉门为机械密封门，卸料门为气动密封门。炉门开启时间约 2~3s，装卸料均采用移动式料车。炉子设有自动机械推舟装置，并设有安全报警系统。当参数和条件与设定值发生偏差和氢气泄漏时，能发出声响和视觉报警。该炉还设有与十四管炉配套的氢气净化装置，氢气处理能力为 900m³/h，净化后的氢气露点为 213K。

　　B　回转还原炉

　　回转还原炉的优点是生产连续化、还原速度快、产品均匀性好、操作的机械化和自动化程度高，操作费用低。但由于炉管回转，炉料不断地翻动，结果使部分细粉尘被氢气流带走，因此必需增加收尘设备。炉子的结构也复杂一些。

　　回转还原炉的结构如图 19-6 所示。回转式管状炉的炉壳由 3~5cm 厚钢板焊成，壳内衬有耐火材料，炉管由内外套管组成，有 2.5°~4° 倾斜度，其旋转速度为 3~6r/min。用电阻丝加热，物料由螺旋给料器送入。氢气从出料端导入，使用后的氢气经干燥脱水后再返回使用。

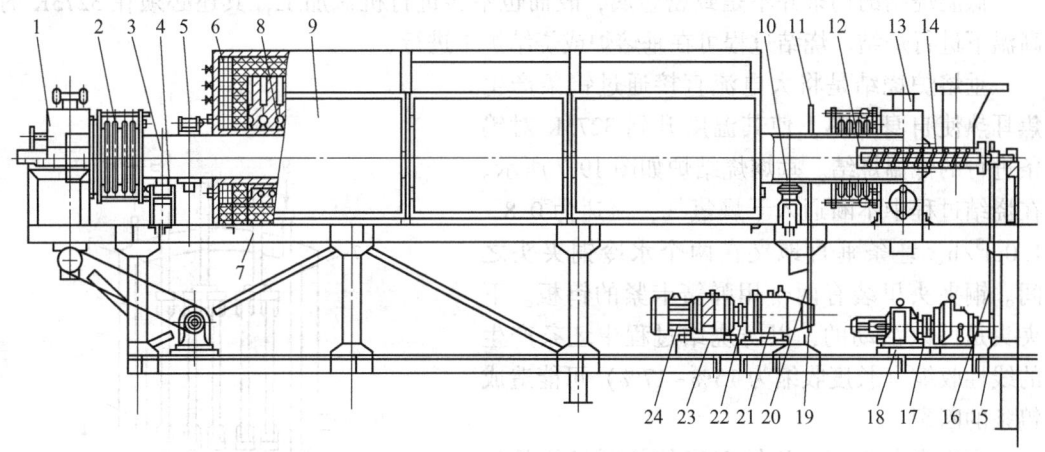

图 19-6　回转还原炉的结构

1—卸料斗；2—炉尾密封装置；3—炉管，4—后托轮装置；5—振打器；6—保温层；7—炉架；8—发热体装置；9—炉壳；10—前托轮装置；11，15，19—链轮；12—炉头密封装置，13—除尘气箱；14—送料装置；16，20—套筒滚子链；17，22—弹性连接口；18，23—机座；21—摆线针齿减速机；24—磁调速电动机

19.6　致密钨的生产

　　致密的金属钨和钨制品生产目前多用粉末冶金方法，它由以下几个过程所组成：粉末压型（压成坯块），在一定温度下烧结成具有压力加工性能的（具有金属晶格）的致密金属，机械加工烧结坯块以得到合乎要求的产品（丝、带、棒等）。

19.6.1　钨坯块的压制

　　生产致密钨的第一步是把钨粉压成一定尺寸的具有一定强度的坯块。为了使坯块的密度均匀，压制之前往粉料中加入适量的润滑剂，工业上采用的有甘油-酒精溶液（按1.5∶1)或石蜡-汽油溶液（石蜡占 4%~5%）。压制的压力在 147.099~490.33MPa 之间变化，所压成的坯块的密度达 $12 \sim 13 \mathrm{g/cm^3}$，相应的孔隙率为 30% ~ 40%。

19.6.2　钨坯块的烧结

钨坯块的烧结分两步进行，即低温烧结和高温烧结。

19.6.2.1　低温烧结

钨坯块先进行低温烧结，以提高钨条的强度和导电性。烧结时将坯块置于有氢气保护的烧结炉中，在 1423 ~ 1573K 停留 30 ~ 120min 进行预烧结；也可先在 1123 ~ 1173K 下保温以除去甘油和酒精等，然后再在 1423 ~ 1573K 下烧结。经过预烧结的坯块强度显著增加，同时也发生线性收缩。

19.6.2.2　高温烧结

低温烧结的钨条并不是致密金属，故而也不能进行机械加工，其还必须在 3273K 的高温下进行烧结。烧结过程可在垂熔炉或烧结炉中进行。

垂熔炉烧结是将大电流直接通过钨条产生焦耳热使自身受热，使其温度升到 3273K 对钨条进行的低温烧结。垂熔烧结炉如图 19-7 所示。在烧结过程中不断通入干燥氢气，流速为 0.8 ~ 1.0m³/h。坯条垂直地夹在两个水冷铜夹头之间。铜夹头里装有两个用弹簧卡紧的钨板。下夹头是可以活动的，以防烧结过程中坯条产生的线性收缩（长度收缩为 15% ~ 17%）可能造成钨条的断裂。

在生产条件下，烧结温度的控制只能是间接地以电流的大小为依据。首先测定坯条的熔化电流，在烧结时只需通过使之熔化的电流的90%，以保证将坯条加热到 3273 ~ 3373K 即可。具体的烧结过程是：通电 4min 后，钨条迅速升温到 1473K，再通电 10 ~ 18min 逐步将温度由 1473K 升到 2273K，以便挥发除去一些杂质。杂质挥发除尽与否，可以从炉内排出的氢气火焰颜色来判断。杂质除尽后，将温度从 2273K 升到 3073 ~ 3273K（所加电流为熔化电流的 88% ~ 93%），在此温度下持续加热 12 ~ 20min，然后断开电流，烧结终止。

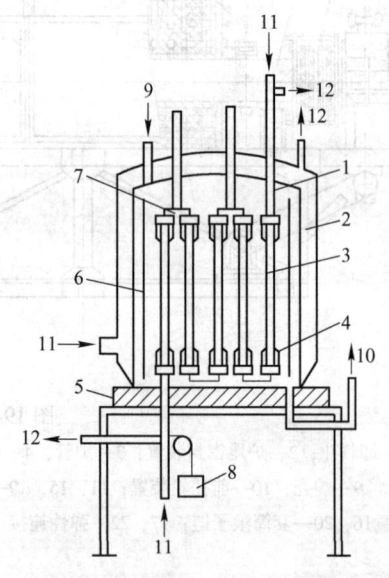

图 19-7　罩式垂熔炉示意图

1—上电极；2—水冷钟罩；3—钨条；
4—钨夹头；5—绝缘底座；6—钼隔热屏；
7—钨连接片；8—平衡锤；9—氢气进口；
10—氢气出口；11—冷却水进口；12—冷却水出口

烧结好的钨条，密度由 $12 \mathrm{g/cm^3}$ 增大到 17.5 ~ 18.5g/cm³，残余孔隙度约为10% ~ 15%。

烧结炉烧结是对于尺寸大的板材、棒材、形状复杂的制品及管坯，通常采用真空烧结或真空感应烧结。这种方法杂质易挥发，提纯效果好，产品质量较稳定，产量高，成本低。烧结炉的真空度为 0.013 ~ 0.0013Pa。真空烧结板材、棒材在 2773 ~ 2873K 下保温

120min。真空感应炉中烧结板坯及棒坯在2573K下保温6h以上。

致密钨的制取，除了用粉末冶金法外，还可用熔化法（电弧熔化或电子束熔化）和等离子熔炼法。这类方法主要用于生产大型制件，如200~300kg的半成品，以便进一步轧制、拉管等。

钨的电弧熔炼是采用烧结钨条作自耗电极的方法，熔炼可用直流电，也可用交流电，在真空度为1.33~0.013Pa的炉内进行。等离子熔炼法是采用氩或氩-氢等离子体进行熔炼。

19.6.3 致密钨坯块的机械加工

烧结后的钨坯块非常脆，在常温下不可能使其加工变形，但在热状态下钨条就可经受锻造、轧制和拉丝。随着钨条变形程度的增加，其塑性逐渐提高，甚至可拉成直径为0.01~0.015mm的细丝。该过程在旋转锻造机和拉丝机上进行。锻造前的加热在钼丝炉中有氢气保护下进行，钨条粗者要加热到1623K，细的可只加热到1473K。拉丝的加热温度也可以根据钨丝的直径大小，一般控制温度在573~773K之间。

19.7 钨 的 再 生

钨的再生是指由钨的废杂物料中回收钨的冶金过程。含钨废杂物料包括废的钨化合物、钨粉、钨材、碳化钨、钨合金、硬质合金、化工催化剂以及废渣、烟尘等。据国外统计，约1/3的钨需求来自含钨废料。由于含钨的废杂物料种类繁多，再生方法也是多种多样，较普遍采用的方法有氧化法、电解法和锌熔法等。

19.7.1 氧化法

氧化法是指废旧的碳化钨-钴金属（硬质合金）或残金属钨先与氧作用生成钨、钴的氧化物，再与碱作用生成水溶性的钨酸钠，从而与固态氧化钴分离的钨再生方法。生产中通常以硝石或富氧空气为氧化剂，因而又有硝石熔炼法和富氧空气氧化法之分。

19.7.1.1 硝石熔炼法

硝石熔炼法是最早实现工业化应用的回收废硬质合金的方法。它是以硝石（硝酸钠）和空气中的氧气作为氧化剂，在高温下将硬质合金废料中的钨转变成氧化钨，并与硝酸钠的分解产物氧化钠作用，生成可溶性的钨酸钠，其主要反应为：

$$4NaNO_3 = 2Na_2O + 5O_2 + 2N_2 \tag{19-51}$$

$$2WC + 5O_2 = 2WO_3 + 2CO_2 \tag{19-52}$$

$$WC + CO_2 = W + 2CO \tag{19-53}$$

$$WO_3 + Na_2O = Na_2WO_4 \tag{19-54}$$

熔炼在反射炉中进行，以重油或煤气为燃料，当温度达到硝石熔化温度时，熔融硝石便与废旧钨原料剧烈反应，温度很快升到1073~1173K。定期搅拌熔合1h后，排出熔融产物。熔融产物经冷却、破碎、浸出和过滤后，得到Na_2WO_4溶液和Co_2O_3渣。

所得Na_2WO_4溶液可用如下工艺流程制备三氧化钨：钨酸钠溶液→加盐酸沉淀→钨酸

沉淀→氨溶过滤→钨酸铵溶液→蒸发结晶→过滤洗涤→仲钨酸铵→煅烧→三氧化钨。钴渣用盐酸浸出，得到氯化钴溶液，然后用通常的方法净化处理；也可用硝酸溶解钴渣，生成的硝酸钴溶液经净化后可与 Na_2WO_4 溶液混合，制取钨钴共沉淀物。钨钴共沉淀物经煅烧和氢还原可得到细粒级的钨钴复合粉末，用于再制备硬质合金。

硝石熔炼法适宜处理各种含钨废杂物料，具有反应快、生产能力大和钨回收率高的特点，从黑钨矿碱分解渣熔融至得到钨酸钠溶液，钨的回收率达 98%~99%。但该法也存在熔炼过程中产生大量污染环境的 NO_2 气体的问题。用较廉价的硫酸钠取代硝石时，虽然对环境的污染程度有所减轻，但所排放的含 SO_2 废气也必须治理。以硫酸钠为氧化剂时所用的设备和以硝石为氧化剂时相同，但前者的熔炼温度要高达 1373K，熔合时间需 2~3h，方可收到与后者相同的效果。

19.7.1.2   富氧空气氧化法

富氧空气氧化法是将富氧空气通入已加热至 1073~1173K 的氧化炉中，先使含钨废杂物中的钨氧化成 WO_3，然后用碱溶解制得 Na_2WO_4 溶液的过程。氧化反应一旦开始，即可靠反应热并通过供氧量来控制反应温度，从而省去了外加热源。氧化时间为 2~7h，具体时间视含钨废杂料的性质和形状而定。氧化产物一般需经球磨、过筛，筛上物返回氧化，筛下物用碱液溶解得到 Na_2WO_4 溶液。Na_2WO_4 溶液即可按常规方法制成仲钨酸铵或其他钨制品。若含钨废杂物中含有钴，则可从碱不溶渣中回收钴。由于 WO_3 在氧化温度下升华，所以 WO_3 的升华损失不可避免。到制得 Na_2WO_4 的钨回收率通常为 94%~97%。

该法适宜处理棒、条、丝、板等金属钨和硬质合金等含钨废杂物料。也可采用点火后自燃氧气的方法处理钨粉、WC 粉等含钨废杂物料，以减少 WO_3 的升华损失。

19.7.2   电解法

电解法是利用含钨废杂物料内各组分在电解质溶液中电极电位的差异，进行选择性或全部电化学溶解或氧化来回收钨的方法。废硬质合金主要由碳化钨和金属钴组成，在酸性溶液中可选择性溶解钴，或在溶钴的同时也溶解碳化钨。当在盐酸介质中进行电解时，在阳极发生钴和 WC 的溶解反应（或 WC 不反应）：

$$Co - 2e = Co^{2+} \tag{19-55}$$

$$WC + 6H_2O - 10e = H_2WO_4 + CO_2 + 10H^+ \tag{19-56}$$

在阴极则发生析氢反应：

$$2H^+ + 2e = H_2 \tag{19-57}$$

废硬质合金的电解通常在 HCl 浓度为 20g/L 左右的电解液中进行，以镍板为阴极，石墨阳极则插入装有废硬质合金的钛网阳极框中。在 1.0~1.5V 直流电作用下，钴不断地从废硬质合金中氧化溶出，生成 $CoCl_2$，破坏了原废硬质合金的致密骨架，使 WC 从废硬质合金表面不断剥落。所得的阳极泥经漂洗、球磨、过筛后，即可得到能用于制备硬质合金的 WC。

此法具有方法简便、试剂和电能消耗少的特点，但仅限于处理钴含量在 10% 以上的废硬质合金。

19.7.3 锌熔法

锌熔法是将盛装废硬质合金块和金属锌的坩埚置于真空炉中加热到773~873K（锌的熔点为693K），废硬质合金中的钴便与熔融的锌生成 Zn-Co 金属间化合物，从而导致废硬质合金废料整体膨胀瓦解。然后在 1173K 温度下通过真空蒸馏脱除锌，获得松散的 WC（或钨和其他金属的碳化物）和钴粉。进入真空蒸馏冷凝器中的锌经冷凝后重复使用，WC 和钴粉经球磨、过筛后送去生产硬质合金。该法的优点是生产流程短，能处理含钴低和含钽、钛的废硬质合金，并可得到与原始废料牌号相同的混合料。但其也存在要求废料品种单一、设备复杂、电耗大、成本高于电解法等问题。

 **复习思考题**

19-1 简述钨的物理化学性质及用途。
19-2 简述钨的生产方法和工艺流程。
19-3 钨精矿的分解方法有哪些？
19-4 简述钨酸钠溶液净化的基本原理。
19-5 钨酸的生产和净化方法有哪些？
19-6 三氧化钨是如何生产的？
19-7 简述三氧化钨氢气还原生产金属钨的基本原理。
19-8 致密钨是如何生产的？
19-9 钨的再生方法有哪些？

20 钼 冶 金

20.1 概 述

20.1.1 钼的性质及用途

20.1.1.1 物理性质

钼也是稀有高熔点金属。热中子捕获截面小是钼的重要性质，这使它能用作核反应堆中心的结构材料。

纯态的钼是具有灰色光泽的可锻性金属。钼的主要物理性质见表20-1。钼的线膨胀系数约为一般钢材的 $1/3 \sim 1/2$。这种低的线膨胀系数使得钼材在高温下尺寸稳定，减少了破裂的危险。钼的热导率数倍于许多高温合金，大约为铜的一半。高热导率与低热容的结合使钼能快速加温和冷却。钼的电导率较高（约为铜的1/3），而且随温度的升高而下降。这使钼很适合于电气用途。钼具有很高的弹性模量，是工业金属中弹性模量最高者之一。

表 20-1 钼的主要物理性质

性 质	数 值	性 质	数 值
原子序数	42	密度/g·cm^{-3}	10.2
平均相对原子质量	95.95	熔化潜热/kJ·mol^{-1}	27.6 ±2.9
电子结构	[Kr] $4d^5 5s^1$	汽化热/kJ·mol^{-1}	650 ±3.8（绝对零度）
原子半径/pm	139	热导率/W·(m·K)$^{-1}$	138（300K）
熔点/K	2893 ±10	电阻率/μΩ·cm	5.2（298K）
沸点/K	约5073	线膨胀系数（293~373K）/K^{-1}	4.98×10^{-6}

20.1.1.2 化学性质

钼是元素周期表中第 5 周期 VI_B 族元素，元素符号 Mo。钼的氧化态有 0、+2、+3、+4、+5、+6 等，+5、+6 是最常见的氧化数。与钨类似，钼的低氧化态化合物呈碱性，而高氧化态化合物呈酸性。

钼在干燥和潮湿的空气中只在适中的温度下稳定。钼和氧能生成一系列的氧化物，最重要的是三氧化钼（MoO_3，白色结晶粉末）和二氧化钼（MoO_2，深棕色粉末）。钼在高于700℃的水蒸气中被迅速氧化成 MoO_2。而在 CO_2、NH_3 和 N_2 气中，直至约 1100℃钼仍具有相当的惰性。在高于 1100℃时，能被碳氢化合物和一氧化碳碳化。在还原性气氛中，即使在高温下钼也能耐硫化氢的侵蚀；但是在氧化性气氛下，含硫气氛能迅速腐蚀钼。低于200℃时钼能耐氯的腐蚀，而在室温下氟就可腐蚀钼。

钼在室温下能抗盐酸和硫酸的侵蚀，但80~100℃时在盐酸和硫酸中有一定数量的溶解。在冷态下钼能缓慢地溶于硝酸和王水中，在高温时溶解迅速。氢氟酸本身不腐蚀钼，但当氢氟酸与硝酸混合后，腐蚀相当迅速。5体积硝酸、3体积硫酸和2体积水的混合溶液，是钼的有用溶剂。三氯化铁可加速钼在盐酸中的溶解。

室温的苛性碱水溶液几乎不腐蚀钼，但在热态下有某些腐蚀。在熔融的苛性碱中，特别是有氧化剂存在时，金属钼迅速被腐蚀。熔融的氧化性盐类，如硝酸钾和碳酸钾，能强烈侵蚀钼。

当氧化钼的硝酸溶液蒸发时，会得到白色结晶粉末钼酸（H_2MoO_4）。钼酸在61~120℃温度范围内稳定，高于120℃时脱水生成MoO_3。钼酸微溶于水，但能迅速溶于无机强酸和碱溶液中。

MoO_3是酸酐，而MoO_2是碱性氧化物。MoO_3的熔点为795℃，沸点为1155℃，但其升华温度为700℃，因此可用升华法对其进行纯化，而通常与之共生的杂质或不具有挥发性（如硅酸盐等）或不能冷凝而被除去。MoO_3是生产大多数钼化合物的原料，它能与强酸，特别是浓硫酸反应，形成MoO_2^{2+}和$Mo_2O_4^{4+}$复合阳离子，这些离子本身又能形成可溶性盐。碱的水溶液、碱的熔体和氨能够与MoO_3迅速反应，形成钼酸盐。在工业上500℃以上的温度用氢气还原MoO_3是制取金属钼粉的方法。

钼酸的盐类有（单）钼酸盐和多钼酸盐。单钼酸盐的分子式为$M_2O \cdot MoO_3$或M_2MoO_4，式中M_2O代表一价金属氧化物。在多钼酸盐中，$n(M_2O):m(MoO_3)<1$，其数值变化范围相当宽。例如，已知的多钼酸盐有二钼酸盐（$M_2O \cdot 2MoO_3$）、四钼酸盐（$M_2O \cdot 4MoO_3$）、五钼酸盐（$M_2O \cdot 5MoO_3$）、仲钼酸盐（$3M_2O \cdot 7MoO_3$）和八钼酸盐（$3M_2O \cdot 8MoO_3 \cdot 3H_2O$）等。而最重要的钼酸盐有钼酸铵（$(NH_4)_2MoO_4$）和仲钼酸铵（$3(NH_4)_2O \cdot 7MoO_3 \cdot 4H_2O$）。

20.1.1.3 钼的用途

钼具有很大的工业价值，金属钼和各种钼的化合物在钢铁工业、有色冶金、化工、农业等领域有着广泛的用途。钼的消费形式及所占的比重为：三氧化钼占70%以上、钼铁占20%左右、金属钼占5%、钼的化合物等其他形式占5%。

钢铁工业消耗的钼占到钼产品总消耗量的70%~80%。钼作为添加剂，可以赋予钢材均匀的微晶结构，并改善钢铁的性能，如提高钢材的硬度、抗蠕变性能，特别是高温强度和韧性；提高钢材的耐腐蚀性能和耐磨性能；改善钢材的淬透性、焊接性和耐热性能等。因此，几乎所有的钢材中都含有钼，其含量一般在0.1%~10%，如工程钢、不锈钢、高温钢、工具钢、高强度低合金钢和双相钢等。

有色冶金工业所消耗的钼约占钼总消耗量的8%以上，主要为钼基合金及特种性能的有色金属合金材料。常用的钼基合金包含有TZM钼基合金和钼钨合金。TZM钼基合金（含Zr 0.06%~0.12%，Ti 0.40%~0.55%，其余为钼）的强度、耐高温性能都优于金属钼。钼钨合金则广泛用于高压电子工业和航空宇航，是各种高温条件下工作的电子元件、机械设备等生产的常用材料，也用于生产高温电炉的电阻丝、隔热屏。在一些铁基合金，特别是不锈钢不能适用的工作环境中，常用有色金属合金来代替，如稀土元素在冶炼过程中，常用金属钼或钼基合金作为金属还原和精炼的反应器。

化学工业消耗的钼约占钼总消耗量的 9%~15%，而且消耗量逐年上升。主要用于化工设备材料、催化剂、腐蚀抑制剂、实验室试剂、颜料、阻燃剂和消烟剂等。金属钼也常用于制作真空管、热交换器、重蒸锅、油罐衬里等化工设备材料。MoO_3、MoS_2 及有机钼等形式的钼化合物是石油化工和化学工业中一类非常重要的催化剂和催化剂的活化剂，常用于氧化-还原反应、有机合成、石油加氢精制、合成氨、有机裂解（石油的裂化和重整，丙酮分解为甲酮）等方面。

在电子电气方面，钼广泛用于灯泡制造的多个部件；在电子管中做栅极和阳极支撑材料。在超大型集成电路中，钼用作金属氧化物半导体栅极，把集成电路安装在钼上可消除"双金属效应"等。金属钼及钼基合金在导弹、航空航天器领域具有广泛的用途，如导弹、飞机等航空器发动机的火焰喷嘴、燃烧室，航天器的鼻锥，卫星和飞船的蒙皮、船翼、导向片及涂层材料等特殊设备元件的制造。在核工业上，钼在核聚变反应堆中被用来作为转换器铠装元件的保护层。钼酸盐添加到化肥中，可以提高农作物的产量，也用于豆类种子的处理，以防止病虫对种子的侵害。

20.1.2 钼的原料

地壳中钼的平均含量为 $1.1×10^{-4}$%。自然界已发现的钼矿物有 20 多种，但储量最大、最具工业价值的钼矿物是辉钼矿（MoS_2），其次是钼酸钙矿（$CaMoO_4$）、彩钼铅矿（$PbMoO_4$）、铁钼华（$Fe_2(WO_4)_3·8H_2O$）和钼华（MoO_3）等。辉钼矿中常含有类质同象的铼（Re）取代 Mo，也常含有锇、铂、钯、钌等铂族元素，可综合回收利用。辉钼矿是天然可浮性极强的矿物，表面被氧化则可浮性降低。辉钼矿质软，在破碎、磨矿过程中容易造成过粉碎，从而降低其精矿品质。钼酸钙矿的性脆，金刚光泽，易溶于酸、碱溶液。钼酸钙矿石中常混入类质同象的钨。

钼矿床按成因特征主要有三种工业类型，即热液脉型钼矿床、斑岩型钼矿床和硅卡岩型钼矿床。斑岩型和硅卡岩型钼矿床是我国主要的钼矿床，多数钼矿中含钼小于 0.1%。钼矿中常伴生有铜、钨、铋、锡等；脉石矿物主要有石英、萤石、白云母、绿柱石及黄玉等。开采出来的钼矿石一般都要经过选矿富集得到钼精矿才能用作提取冶金原料。在钼矿石中最具工业意义的是辉钼矿，其天然可浮性极好，主要采用浮选的方法进行富集。我国钼精矿的质量标准（化学成分）见表 20-2，钼精矿中的钼含量在 45% 以上。另外，钼制品及其加工废料、钼冶炼工程中的废料、废液，含钼的合金废料和含钼废催化剂等，是重要的二次钼资源。

表 20-2 我国钼精矿的质量标准（化学成分）

品级	种类	钼含量/%	杂质含量/%						
			SiO_2	As	Sn	P	Cu	Pb	CaO
特级品	一类	≥51	≤7.0	≤0.05	≤0.04	≤0.03	≤0.2	≤0.3	≤2.8
	二类	≥51	≤8.5	≤0.03	≤0.02	≤0.02	≤0.2	≤0.15	≤1.4
	三类	≥51	≤5.0	≤0.10	≤0.10	≤0.06	≤0.5	≤0.60	≤1.5

品级	种类	钼含量 /%	杂质含量/%						
			SiO$_2$	As	Sn	P	Cu	Pb	CaO
一级品	一类	≥47	≤9.0	≤0.07	≤0.07	≤0.05	≤0.3	≤0.40	≤3.0
	二类	≥47	≤11.0	≤0.05	≤0.05	≤0.03	≤0.3	≤0.20	≤2.0
	三类	≥47	≤6.0	≤0.20	≤0.15	≤0.10	≤1.0	≤1.50	≤1.5
二级品	一类	≥45	≤12.0	≤0.07	≤0.07	≤0.07	≤0.3	≤0.50	≤3.3
	二类	≥45	≤3.0	≤0.06	≤0.06	≤0.04	≤0.3	≤0.30	≤2.0
	三类	≥45	≤16.0	≤0.25	≤0.15	≤0.15	≤1.5	≤1.50	≤2.0

据统计世界钼储量大约为 1470 万吨，其中 2/3 是可以回收的。世界钼矿物资源主要集中在美国、中国、智利、加拿大和前苏联，这 5 个国家和地区的总储量约占世界钼储量的 90%。世界钼资源储量的统计数据见表 20-3。

表 20-3 世界钼资源储量的统计数据

国家或地区	储量（钼）/万吨	所占比例/%	基础储量（钼）/万吨	所占比例/%
美国	270	40.12	540	37.97
中国	172	25.56	343	24.12
智利	110	16.34	250	17.58
加拿大	45	6.69	91	4.60
俄罗斯	24	3.56	36	2.53
秘鲁	14	2.08	23	1.62
哈萨克斯坦	13	1.93	20	1.41
墨西哥	9	1.34	23	1.62
其他	16	2.38	96	6.75
合计	673	100	1422	100

我国的钼储量相当丰富，全国有 25 个省、市、自治区都已发现含钼矿石，已查明保有储量 855 万吨，钼金属量达 500 万吨，可回收的钼约 300 万吨。虽然我国钼矿山分布广，但储量却相对集中，仅栾川（206 万吨）、大黑山（109 万吨）、金堆城（97 万吨）和杨家杖子四个钼矿的储量已占了全国钼总储量的 4/5。而前三个钼矿与美国的克莱麦克斯钼矿、亨德逊钼矿、石英山钼矿和前南斯拉夫的麦卡钼矿并列为世界七大钼矿。

20.1.3 钼的生产方法

提取钼的主要工业原料是辉钼矿，处理辉钼矿的方法主要有火法冶炼和湿法冶炼两大类。钼提取冶金的全过程主要包括钼精矿分解、钼溶液净化、纯钼化合物制取、钼粉制取、致密钼制取、高纯致密钼制取六个步骤。由于分解钼精矿方法繁多，净化钼酸盐的方法也很多，因此可以组合出许多生产钼酸铵结晶的工艺流程，但与钨冶炼所不同的是，溶剂萃取与离子交换技术并未大规模地在钼冶炼主流程中获得应用，而分解辉钼矿的占统治地位的方法仍为氧化焙烧法。因此目前从辉钼矿精矿生产三氧化钼和钼的主要流程如图 20-1 所示。

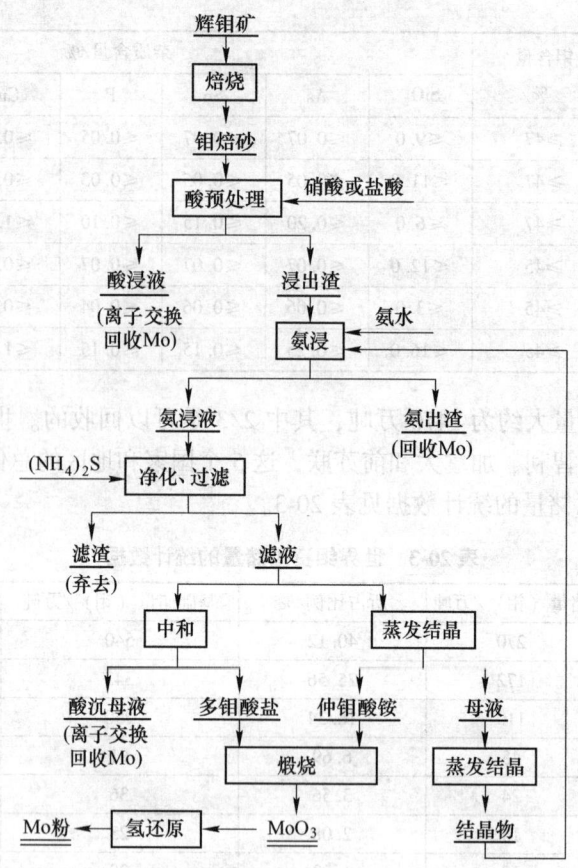

图 20-1　辉钼矿生产三氧化钼和钼的流程

20.2　辉钼矿的火法分解

辉钼矿可采用多种火法分解工艺，如图 20-2 所示。

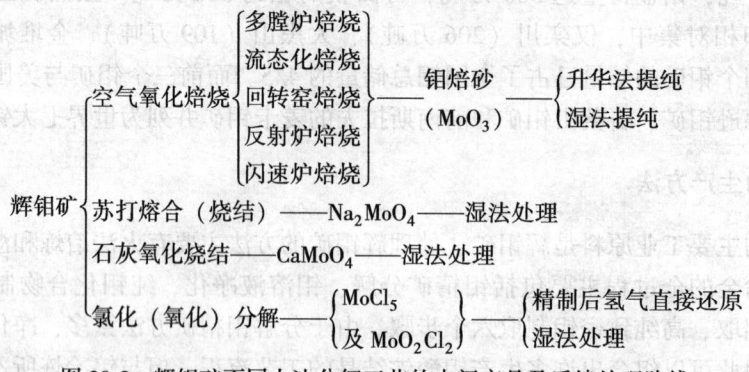

图 20-2　辉钼矿不同火法分解工艺的中间产品及后续处理路线

上述火法分解工艺的共同点均是使 MoS_2 被氧化，使钼变成 MoO_3（MoO_2）或钼酸盐、氯化物，而硫变成 SO_2 或硫酸盐、亚硫酸盐。在这些工艺中，以空气氧化焙烧法所用的氧化剂最便宜。氯化工艺由于氯气及二氯化硫气体的腐蚀和对环境的不利影响并未获得工业应用。空气氧化焙烧工艺中，主要采用流态化焙烧和多膛炉焙烧。闪速炉焙烧工艺未实现工业应用，而反射炉焙烧和回转窑焙烧都因存在各种缺点而处于逐渐被淘汰的状况。苏打熔合（烧结）及石灰氧化烧结在处理低品位矿，防止二氧化硫污染及回收伴生的铼方面，显示了其优越性。

火法分解辉钼矿得到的各种不纯的中间产品，除特殊情况外，均采用湿法化学处理工艺，制取纯钼化合物产品。由于原料成分的千差万别，湿法处理工艺种类繁多，从而形成了用辉钼矿生产钼化合物的众多工艺流程。

20.2.1 氧化焙烧

20.2.1.1 氧化焙烧的基本原理

A MoS₂氧化生成MoO₃

辉钼矿进行氧化焙烧是在有氧存在时，在一定温度下，MoS_2氧化生成MoO_3；其他金属硫化物发生氧化反应；MoO_3与其他金属氧化物、硫酸盐及碳酸盐生成钼酸盐的反应。

$$2/7MoS_2 + O_2 = 2/7MoO_3 + 4/7SO_2 \tag{20-1}$$

反应（20-1）是一个不可逆的强放热反应，在正常的焙烧条件下，MoO_3是唯一稳定的钼氧化物。但在SO_2浓度较高、氧浓度很低的条件下，MoO_2仍占有相当的比重。在工业焙烧气氛下（$p_{SO_2} \approx 0.01MPa$），p_{O_2}大于10^{-10} MPa，MoO_3是稳定的。生产过程中的p_{O_2}一般在$10^3 \sim 10^4$ Pa范围内，所以产品中MoO_3是主要成分。提高氧浓度或空气量有利于降低焙砂中MoO_2的含量。

B 硫化钼、氧化钼和氧气之间的氧化还原反应

当焙烧温度升高到600~700℃时，在精矿粒子内部MoS_2和MoO_2将发生氧化还原反应。另外，MoS_2也会被氧直接氧化为MoO_2。硫化钼、氧化钼和氧气之间也能发生其他反应。

$$MoS_2 + 6MoO_3 = 7MoO_2 + 2SO_2 \tag{20-2}$$
$$1/3MoS_2 + O_2 = 1/3MoO_2 + 2/3 SO_2 \tag{20-3}$$
$$2MoO_2 + O_2 = 2MoO_3 \tag{20-4}$$
$$MoS_2 + SO_2 = MoO_2 + 3/2S_2 \tag{20-5}$$
$$2MoO_3 + 1/2S_2 = 2MoO_2 + SO_2 \tag{20-6}$$
$$O_2 + 1/2S_2 = SO_2 \tag{20-7}$$
$$2MoS_2 + O_2 = Mo_2S_3 + SO_2 \tag{20-8}$$
$$Mo_2S_3 + 3O_2 = 2Mo + 3SO_2 \tag{20-9}$$
$$Mo + O_2 = MoO_2 \tag{20-10}$$
$$Mo_2S_3 + 5O_2 = 2MoO_2 + 3SO_2 \tag{20-11}$$
$$Mo_2S_3 + 3MoO_2 = 5Mo + 3SO_2 \tag{20-12}$$

C 其他金属硫化物的氧化反应

钼精矿中其他一些伴生元素的硫化物在焙烧过程中也会发生氧化反应，生成氧化物和硫酸盐。矿物中的碳酸盐也会发生分解，生成硫酸盐并释放出CO_2气体。

$$MeS + 3/2O_2 \longrightarrow MeO + SO_2(Me: Cu、Pb、Zn、Ca 等金属) \qquad (20\text{-}13)$$

$$MeO + SO_2 + 1/2O_2 \longrightarrow MeSO_4 \qquad (20\text{-}14)$$

$$MeCO_3 + SO_2 + 1/2O_2 \longrightarrow MeSO_4 + CO_2 \qquad (20\text{-}15)$$

硫化铁的氧化反应随着气相中的氧分压升高，主要产物将由 FeO 转变为 Fe_2O_3。随着 SO_2 的分压升高，则会生成 $FeSO_4$ 或 $Fe_2(SO_4)_3$。

D 生成钼酸盐的反应

焙烧过程中，钼的化合物会和一些金属的氧化物、硫酸盐及碳酸盐发生反应，生成钼酸盐 $MeMoO_4$。

$$MeO + MoO_3 \longrightarrow MeMoO_4 \qquad (20\text{-}16)$$

$$MeSO_4 + MoO_3 \longrightarrow MeMoO_4 + SO_2 \qquad (20\text{-}17)$$

$$MeCO_3 + MoO_3 \longrightarrow MeMoO_4 + CO_2 \qquad (20\text{-}18)$$

不同的钼酸盐对钼的提取有不同的影响，铁、铜、锌的钼酸盐可溶解于氨水中，而钙和铅的钼酸盐却很难溶解于氨水中，造成焙砂中的钼在后续氨浸工艺中的损失。另外，硫酸盐的生成会增加钼焙砂中的残硫量，不利于钢铁厂家的应用。

影响辉钼矿氧化速度的主要因素有：温度、气流速度、氧浓度等。随温度升高，辉钼矿氧化焙烧的速度急剧上升；焙烧过程中气流速度加大，有利于提高辉钼矿的氧化焙烧速度；在一定条件下，反应速度与氧浓度无关，但在辉钼矿流态化氧化焙烧过程中，提高气相中的氧浓度有利于提高辉钼矿氧化焙烧速度，特别是有利于降低钼焙砂中的残硫量。

20.2.1.2 氧化焙烧的实践

A 多膛炉焙烧

图 20-3 所示为辉钼精矿多膛炉氧化焙烧的工艺流程图。

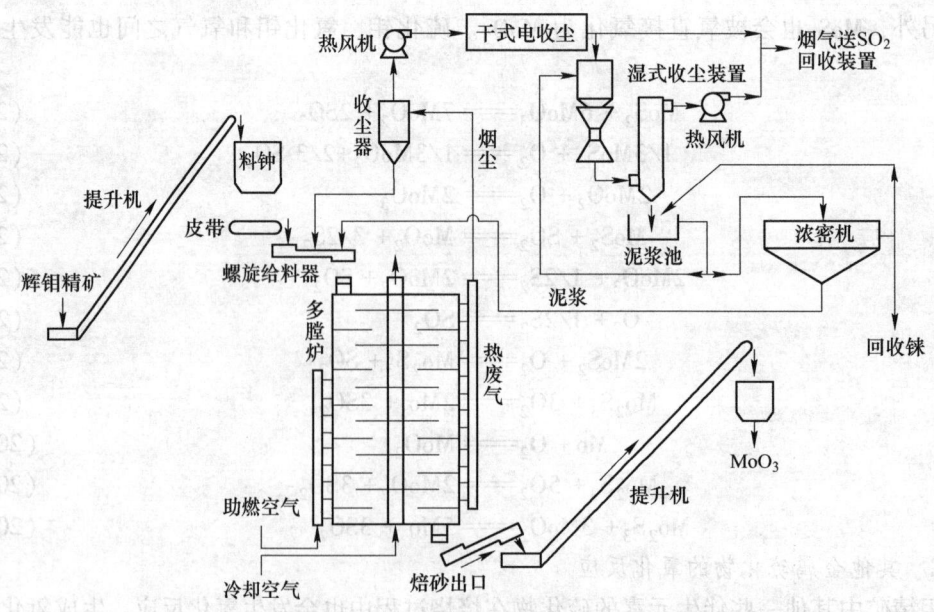

图 20-3 辉钼精矿多膛炉氧化焙烧的工艺流程图

炉料由钼精矿、多膛炉焙烧烟气中回收的烟尘以及烟气洗涤泥浆经混合配料而得。炉料加入多膛炉中进行氧化焙烧。焙烧产物可直接包装成产品提供给钢铁工业作为钢铁冶金原料，也可作为制取钼化合物及金属钼的原料。焙烧炉烟尘用于回收钼、铼，烟气回收一般采用三级收尘工艺，一级旋风收尘器捕收大颗粒渣尘，二级干式（电）收尘俘获较细的颗粒，三级湿式收尘回收细颗粒的钼铼氧化物。一级、二级干式收尘回收的大颗粒烟尘及湿式收尘水（酸）不溶泥浆返回多膛炉焙烧，湿法收尘溶液或烟尘水（酸）浸液用于回收钼和铼。经三级收尘后的烟气，送至回收 SO_2 后排放。

目前常用的多膛炉炉膛层数在 8～16 层范围内，炉径 3～7.2m，每层高度 0.75～0.86m。炉料由多膛炉顶部加入，产品钼焙砂由最底层排出，辉钼精矿在炉膛内的氧化过程可分为四个反应带，多膛炉中一般每 2～4 层为一个反应带。第一个反应带为干燥室，炉料主要发生干燥过程，只有少量炉料与氧发生氧化反应生成 MoO_3；第二个反应带，绝大部分的硫化钼发生氧化反应生成 MoO_3，同时也伴随着硫化钼与 MoO_3 的反应，生成大量的 MoO_2；第三个反应带，硫化钼彻底氧化为 MoO_3，同时炉料中的 MoO_2 被氧化为 MoO_3。第四个反应带在炉膛底部，物料中的硫含量进一步降低，以保证焙砂的残硫量小于 0.1%。物料中的 MoO_2 被完全氧化成 MoO_3 后，钼焙砂从底层下料口流出，进入料斗及输送设备。

Climax 公司下属的 Rotterdam 钼冶炼厂采用 Nichols-Herreshoff 型多膛炉进行辉钼矿的焙烧。多膛炉共 12 层，直径 6.5m，炉内旋转轴转速为 0.29～0.87r/min，第二、第四、第六、第八至第十一层安装有气体燃烧喷嘴。物料经螺旋给料器加入炉中，加料速度为 1.45t/h。进炉物料包括钼精矿和烟尘两部分（各占 86% 和 14%），钼精矿成分为：MoS_2 71%、油（浮选药剂）3%、水 5%、其他 7%。烟尘中 MoS_2、MoO_3 和 MoO_2 分别约占 50%、35% 和 15%。产品钼焙砂的杂质含量见表 20-4。

表 20-4 钼焙砂的杂质含量

杂质元素	Cu	Pb	Fe	Sn	Bi	Ca	Mg	SiO_2	Al_2O_3
含量/%	0.04～0.1	0.03～0.06	0.2～0.8	0.02～0.04	0.01～0.016	0.1～0.15	0.03～0.04	2～5	0.05

B 流态化焙烧

图 20-4 所示为某厂辉钼精矿流态化氧化焙烧的工艺流程示意图。

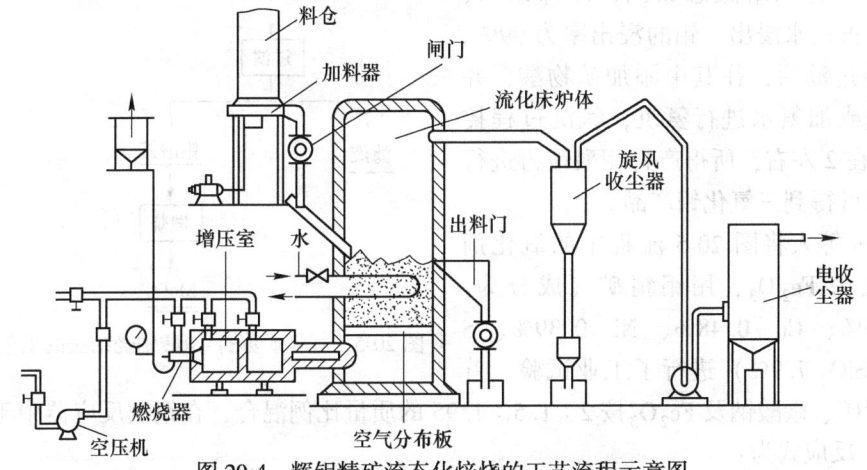

图 20-4 辉钼精矿流态化焙烧的工艺流程示意图

　　钼精矿由螺旋给料器连续均匀地加入到沸腾炉内，在炉内受上行空气流的支撑而悬浮在空中，其中的硫化物立即与空气中的氧发生氧化反应，反应产生大量的热量，足以保持炉内的温度在工艺需要的 550~560℃ 温度范围内。压缩空气由炉底进入，经过空气筛板使炉内横断面的空气分布均匀。焙砂从排料口连续排出。燃烧器的作用：一是开炉时给沸腾炉预升温，二是开炉加料时点燃辉钼矿。

　　在辉钼矿流态化焙烧过程中，焙烧温度、物料在流化床内的滞留时间、空气中烟气浓度及钼精矿品质等条件对产品钼焙砂的品质及其他经济技术指标具有极大的影响。焙烧温度降低，会使钼焙砂的硫含量升高，当温度低于 500℃ 时，焙烧反应的速度非常缓慢，不能满足生产实践要求。而当温度高于 600℃ 时，由于 MoO_3 开始升华，随烟气带走的 MoO_3 量增加，产出率下降。延长炉料在焙烧炉内的滞留时间，可降低钼焙砂的硫含量，但也会降低生产能力。此外，随着炉内气氛的氧浓度升高，钼焙砂中的硫含量下降，而当鼓入空气中氧分压小于 10 kPa 时，钼焙砂中的硫含量急剧升高。所以采用富氧空气对提高流态化焙烧产品钼焙砂的品质是非常有益的。沸腾焙烧所产钼焙砂的成分为：Mo 55%、S 1.3%、Cu 0.4%、Ca 0.9%，以及 Si、P、Fe 等杂质。

20.2.2　苏打熔合（烧结）

　　辉钼矿用碳酸钠熔合的工艺流程如图 20-5 所示。

　　辉钼矿与苏打、硝酸钠按一定的比例混合后加入到炉中，于 700℃ 熔融态下进行反应。混合物料中的硝酸钠作为氧化剂，使矿物中的硫化钼被氧化为氧化物，再与苏打反应生成钼酸钠，主要反应为

$$2NaNO_3 \longrightarrow Na_2O + 2NO + 3/2O_2$$
$$(20\text{-}19)$$
$$MoS_2 + 7/2O_2 \longrightarrow MoO_3 + 2SO_2 \quad (20\text{-}20)$$
$$MoO_3 + Na_2CO_3 \longrightarrow Na_2MoO_4 + CO_2 \quad (20\text{-}21)$$

　　反应产物以熔融态放出，冷却结块，经破碎后再用水浸出。钼的浸出率为 99%。浸出液经过滤后，往其中添加矿物酸，并通入氨气或加氨水进行氨沉，氨沉过程控制 pH 值在 2 左右，所得产物钼酸铵再进行煅烧，即可得到三氧化钼产品。

　　Mehra 等人将图 20-5 流程中的氧化剂硝酸钠改为 Fe_2O_3，用钼精矿（成分为：Mo 45.5%、Cu 0.48%、Ni 0.39%、S 30.0%、SiO_2 7.9%）进行了工业试验。首

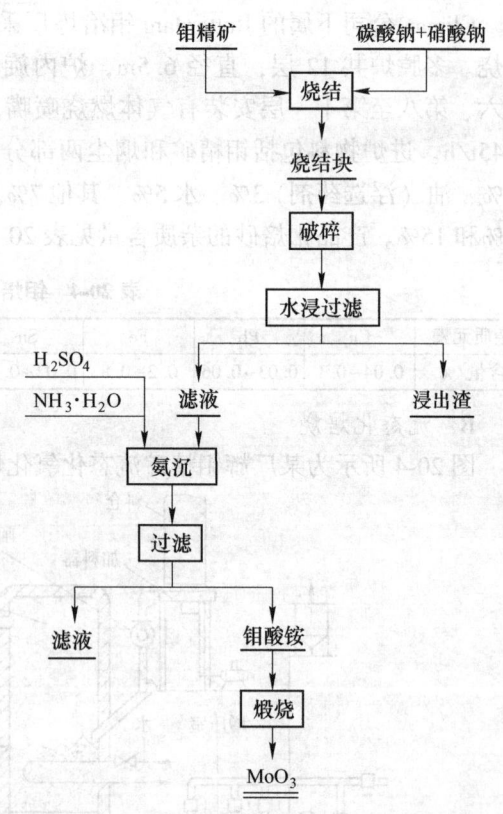

图 20-5　辉钼矿苏打-硝酸钠烧结法的工艺流程

先将钼精矿、碳酸钠及 Fe_2O_3 按 2∶1.5∶1.95 的质量比例混合，在钢制反应器中于 920℃ 反应 2h，反应式为：

$$MoS_2 + Na_2CO_3 + Fe_2O_3 \longrightarrow Na_2MoO_4 + 2FeS + CO_2 \qquad (20\text{-}22)$$

产物经冷却、破碎后，进行水浸，钼酸钠进入溶液，过滤后溶液中加入 $CaCl_2$ 沉钼，得到钼酸钙产品。

20.3 钼焙砂的处理

20.3.1 钼焙砂升华制取三氧化钼

升华法生产纯 MoO_3 的主要原料为钼焙砂。在温度低于其熔点（795℃）时，钼焙砂中的 MoO_3 就开始升华，以三聚合 MoO_3 形态进入气相。与之相比，大多数杂质化合物的熔点、沸点则高得多，仍留在固相中，从而使三氧化钼得到提纯。

在 600~700℃，三氧化钼蒸气压随温度的升高而升高，温度超过其熔点时，蒸气压显著升高，1100~1150℃ 达到沸腾。生产过程的温度一般为 1000~1100℃，在这个温度下，杂质元素铜、铁、硅等不会蒸发进入气相。钼酸钙在 1300℃ 以下是稳定的，不会进入气相中；钼酸铜分解生成氧化铜和三氧化钼，而氧化铜不会进入气相中；钼酸铅在高于其熔点 1050℃ 以上时开始微量挥发，因此，在使用含铅较高的钼焙砂时，操作温度一般控制在 1000℃ 以下，以避免铅对三氧化钼产品的污染。

图 20-6 及图 20-7 所示是两种工业上应用的升华炉。图 20-6 中的旋转电炉与水平面成 25°~30°夹角，钼焙砂置于其中，可以增大蒸发面积，提高生产能力。图 20-7 的整个电炉炉底可以旋转，炉底铺石英砂，在石英砂之上再加钼焙砂。

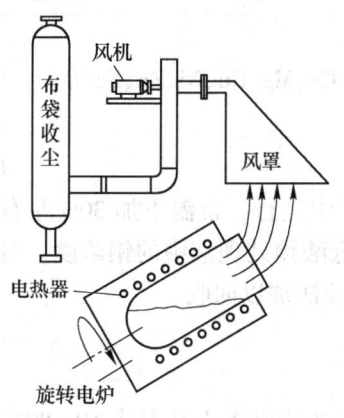

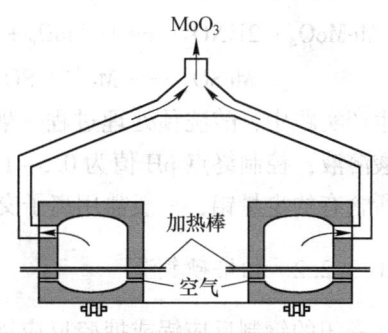

图 20-6 升华法制取纯三氧化钼的设备示意图　　图 20-7 带旋转炉底的三氧化钼升华炉示意图

900~1000℃ 时炉内的物料开始熔化升华，同时往炉内通入空气，MoO_3 蒸气连同空气一同进入收尘风罩中，在抽力作用下进入布袋收集。钼焙砂中 60%~70% 的 MoO_3 蒸发进入布袋，得到纯三氧化钼产品，30%~40% 未蒸发的 MoO_3 残留在炉内，可通过湿法分解回收其中的钼。与经典化学法所得三氧化钼产品相比，品质更好，表 20-5 所示为升华法和经典化学法制取的三氧化钼产品品质比较。

表 20-5 升华法和经典化学法制取的三氧化钼产品品质比较

成 分	化学法产品	升华法产品
MoO_3 含量/%	>99.5	>99.8
重金属含量/%	<0.005	<0.001
磷酸盐含量/%	<0.005	<0.005
氯化物含量/%	<0.005	<0.001
硝酸盐含量/%	<0.005	<0.01
硫酸盐含量/%	<0.005	<0.01
氨含量/%	<0.003	—
镁含量/%	<0.1	—
氨水不溶物含量/%	<0.01	<0.004
蒸发残留物含量/%	—	<0.006
松装密度/g·cm⁻³	0.8~1.2	0.25

20.3.2 钼焙砂的氨浸出

钼焙砂一般用氨水浸出，但钼焙砂中除了三氧化钼外，还含有二氧化钼、其他金属化合物，如铜、镍、锌、铁、钙等的钼酸盐和硫酸盐、残留的硫化钼精矿、氧化铁、金属硅酸盐等成分。因此，在氨浸前，要先进行酸洗预处理，以溶除钼焙砂中的碱金属、碱土金属及部分重金属杂质，从而减轻氨浸出液的净化负担。质量好的钼焙砂也可直接氨浸。

20.3.2.1 钼焙砂酸洗预处理

酸洗钼焙砂时主要发生的反应为

$$MeO + 2HNO_3 \longrightarrow H_2O + Me(NO_3)_2 \quad (Me：Ca、Mg、Cu、Ni、Zn、Fe 等) \quad (20\text{-}23)$$

$$MeMoO_4 + 2HNO_3 \longrightarrow H_2MoO_4 + Me(NO_3)_2 \quad (20\text{-}24)$$

$$MeSO_4 \longrightarrow Me^{2+} + SO_4^{2-} \quad (20\text{-}25)$$

生产实践中，酸洗预处理过程一般在搪瓷反应锅中进行，常温下加 30% 左右的盐酸或硝酸溶液，控制终点 pH 值为 0.5~1.5，尽可能降低酸预处理液中的钼浓度。对于酸洗液中所含有的少量钼，一般需用离子交换或钼酸钙沉淀法加以回收。

20.3.2.2 钼焙砂氨浸

在密闭的钢制反应锅或搪瓷反应锅中，以 8%~10% 的氨水于常温或 50~80℃下对钼焙砂浸出。氨的用量为理论量的 1.15~1.40 倍。浸出过程中钼以钼酸铵的形态进入溶液，钼浸出率为 80%~95%，浸出反应为：

$$MoO_3 + 2NH_3 \cdot H_2O \longrightarrow (NH_4)_2MoO_4 + H_2O \quad (20\text{-}26)$$

在氨浸过程中，残留的辉钼矿以及 $CaMoO_4$、MoO_2、Fe_2O_3 等成分不溶于氨水中，而铜、镍、锌的钼酸盐和硫酸盐则很容易被氨水浸出到溶液中。为提高钼的浸出率，浸出过程要添加少量的 $(NH_4)_2CO_3$，以分解渣中的钼酸钙，使之进入溶液。

$$MeMoO_4 + 6NH_3 \cdot H_2O \longrightarrow (NH_4)_2MoO_4 + [Me(NH_3)_4](OH)_2 + 4H_2O$$

$$(Me：Cu、Ni、Zn 等) \quad (20\text{-}27)$$

$$MeSO_4 + 6NH_3 \cdot H_2O \longrightarrow (NH_4)_2SO_4 + [Me(NH_3)_4](OH)_2 + 4H_2O \quad (20-28)$$

$$CaMoO_4 + CO_3^{2-} \longrightarrow MoO_4^{2-} + CaCO_3 \downarrow \quad (20-29)$$

20.3.2.3 氨浸渣的处理

钼焙砂的氨浸渣中一般还含 Mo 1%~10%，主要以钼酸钙、钼酸铁、二氧化钼、未氧化的 MoS$_2$ 形态存在，并有少量被渣粒表面吸附的 MoO$_4^{2-}$ 阴离子。

氨浸渣可用苏打烧结熔合法和焙烧法进行回收。苏打烧结熔合法是将氨浸渣与苏打混合后在 700~750℃ 下烧结 6~7 h，使氨浸渣中的不溶钼生成可溶性的钼酸钠。

$$MeO \cdot MoO_3 + Na_2CO_3 \longrightarrow MeCO_3 + Na_2O \cdot MoO_3 \quad (20-30)$$

烧结渣以热水浸出，钼酸钠溶解进入溶液。水浸得到的钼酸钠溶液调节 pH 值至 3~4，可用离子交换法富集转型为钼酸铵溶液，返回主流程。也可用氯化铁使其中的钼转化为钼酸铁沉淀，水洗后用氨浸得到纯净的钼酸铵溶液，返回主流程。

$$MoO_2 + Na_2CO_3 + 1/2O_2 \longrightarrow Na_2O \cdot MoO_3 + CO_2 \uparrow \quad (20-31)$$

$$2MoS_2 + 6Na_2CO_3 + 9O_2 \longrightarrow 2(Na_2O \cdot MoO_3) + 4Na_2SO_4 + 6CO_2 \uparrow \quad (20-32)$$

20.3.3 钼焙砂的苏打浸出

一些钼矿物中含有大量的铁、铜等金属杂质，如某一低品位钼精矿，含 Mo 15%~20%，其他杂质成分为：Cu 3%~6%，Fe 10%~11.5%，S 20%~25%，SiO$_2$ 12%~15%。采用氨浸法会造成铜、镍等金属大量进入溶液，增加净化的负担。而采用碱浸工艺处理其焙烧产物较为合理，其工艺流程如图 20-8 所示。

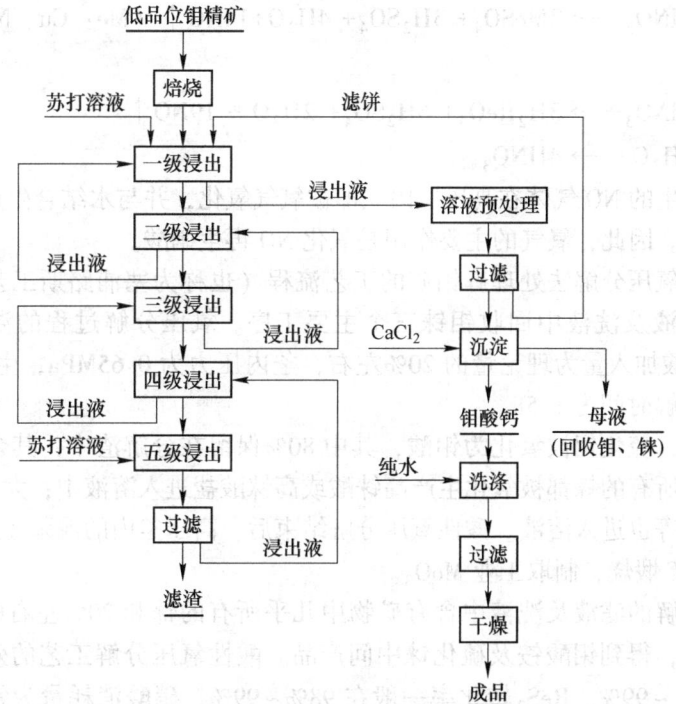

图 20-8 低品位钼精矿焙烧-苏打浸出工艺流程示意图

该工艺包括焙烧、苏打浸出和钼酸钙沉淀三部分。采用 8% ~ 10% 的苏打溶液进行多级浸出（4~5 级），浸出设备为带有搅拌和加热的铁质反应釜或搪瓷反应釜。部分硅、磷、砷等杂质随钼一同进入溶液中。当浸出液的 pH 值降低到 8 ~ 10 时，大部分的硅将以偏硅酸形态沉淀析出。过滤后溶液中的钼浓度约在 50~70g/L，在衬胶的反应釜中，80~90℃ 下加入氯化钙溶液使钼沉淀为钼酸钙。溶液的 pH 值、氯化钙用量以及滤液中原始钼浓度对沉淀率都有一定的影响，在弱碱性及氯化钙过量 15% ~ 19% 的条件下，钼的沉淀率可达 97% ~ 98%。沉淀经水洗、过滤、干燥后即可得到钼酸钙产品。沉淀母液中仍含钼 1g/L 左右，可用离子交换法进行回收。

20.4 辉钼矿的湿法分解

辉钼矿的湿法分解是将矿物中的硫化钼氧化为可溶性的钼酸盐而进入溶液中，所得钼酸盐溶液经净化后制取纯的钼化合物；或使矿物中的杂质进入溶液，而钼大部分以酸的形态留在固相，经干燥、煅烧制取三氧化钼。

20.4.1 酸性氧压分解

在酸性溶液中，25~200℃ 范围，一些强氧化剂如 HNO_3、Fe^{3+}、MnO_2、Cl_2、OCl^- 及 O_2 等可将辉钼矿氧化为 MoO_4^{2-} 或 H_2MoO_4。在硝酸介质中，辉钼矿的氧压酸浸反应为

$$MoS_2 + 6HNO_3 \longrightarrow H_2MoO_4 + 2H_2SO_4 + 6NO \uparrow \tag{20-33}$$

$$MoS_2 + 8HNO_3 \longrightarrow H_2MoO_4 + 2HNO_3 + 2H_2SO_4 + 6NO \uparrow \tag{20-34}$$

$$MeS_2 + 14HNO_3 \longrightarrow 3MeSO_4 + 3H_2SO_4 + 4H_2O + 14NO \uparrow \ (Me: Cu、Ni、Fe、Zn 等) \tag{20-35}$$

$$3ReS_2 + 19HNO_3 \longrightarrow 3H_2ReO_4 + 6H_2SO_4 + 2H_2O + 19NO \uparrow \tag{20-36}$$

$$4NO + 3O_2 + 2H_2O \longrightarrow 4HNO_3 \tag{20-37}$$

分解过程产生的 NO 气体在高压釜内立即被氧气氧化，并与水结合生产硝酸，从而减少了硝酸的用量。因此，氧气的主要作用是氧化 NO 再生硝酸。

硝酸介质中氧压分解法处理辉钼矿的工艺流程（也称为塞浦路斯工艺）包括高压氧分解、煅烧和母液及洗液中回收钼铼三个主要工序。氧压分解过程的温度一般控制在 150~200℃，硝酸加入量为理论量的 20% 左右，釜内压力为 0.65MPa，生产 1tMo 的氧气耗量为 1.8t，分解时间为 1.5h。

反应过程中，硫化钼被氧化为钼酸，其中 80% 保留在分解渣中，其余 20% 进入溶液中。矿石中几乎所有的铼都被氧化生产高铼酸或高铼酸盐进入溶液中；大部分金属杂质如铜、镍、锌、铁等也进入溶液。酸性氧压分解结束后，高压釜内的泥浆经过滤，滤饼洗涤数次后，于 350℃ 煅烧，制取工业 MoO_3。

酸性氧压分解的滤液及洗液中含有矿物中几乎所有的铼和 20% 左右的钼，采用萃取的方法加以回收，得到钼酸铵及硫化铼中间产品。酸性氧压分解工艺的效率高，MoS_2 转化率一般在 95% ~ 99%，ReS_2 转化率一般在 98% ~ 99%，硝酸消耗量为常压硝酸分解的 5% ~ 20%，分解母液中硫酸浓度一般在 20% ~ 25%，最高可达 75%。

20.4.2 硝酸常压分解

应用于工业生产的常压硝酸分解工艺，其主要反应与高压硝酸氧浸相同，钼分解产物的存在形态也基本一致。钼进入溶液中的量主要取决于溶液成分、酸度、温度及浸出液固比等工艺条件。降低温度、溶液中有一定量的硫酸根离子、提高液固比以及适当的酸度都有利于浸出过程中钼进入溶液。

莫利坎得公司采用常压硝酸分解法处理钼精矿，其成分为：Mo 46%、Fe 4%、Cu 3%、Bi 0.1%、Pb 0.08%、Re 0.005%。该工艺包括两段逆流硝酸浸出和煅烧两个工序，辅助工序为分解母液中钼铼的回收。一段分解在带搅拌的密封不锈钢反应器中进行，分解剂为二段母液，温度在80℃以上。矿物中80%左右的钼以钼酸沉淀留在分解渣中，20%左右的钼进入溶液，通过辅助工序加以回收。一段分解渣在密闭容器中用40%的HNO_3进行二段分解，分解母液返回一段分解槽，滤饼经洗涤过滤后，进行煅烧，制取工业三氧化钼，其中含MoO_3为59.9%。

20.4.3 碱性氧压分解

碱性介质中，辉钼矿的氧压碱浸反应为：

$$MoS_2 + 6NaOH + 9/2O_2 \longrightarrow Na_2MoO_4 + 2Na_2SO_4 + 3H_2O \tag{20-38}$$

反应过程的主要工艺条件为：温度130~200℃，总压力2.0~2.5 MPa，反应时间3~7h，NaOH用量为理论量的1.0~1.03倍。

与辉钼矿的酸性氧压分解工艺相比，该工艺具有金属回收率高，钼铼回收率达95%~99%，反应介质对设备的腐蚀性小，钼在分解过程中全部进入分解液中等优点。不足之处在于该工艺反应时间较长，使其生产率和能耗等经济技术指标受到影响。

我国某厂采用碱性氧压浸出处理辉钼矿生产钼酸铵产品的工艺，该工艺包括氧压浸出、萃取转型、净化和蒸发结晶等主要工序。钼精矿成分为：Mo 45.47%~46.27%、Cu 0.162%~0.188%、Pb 0.103%~0.170%、CaO 1.13%~1.22%、SiO_2 10.43%~11.16%、P 0.01%。高压釜采用不锈钢材质制造，容积$3.7m^3$，采用蒸汽盘管加热，盘管传热面积为$7.5m^2$，设计温度为200℃，设计压力2.6MPa。

钼精矿、烧碱和水在制浆槽中按质量比200:115:1800制浆后放入高压釜，通蒸汽加热至85℃，往釜中缓缓供氧，浸出反应开始进行。由于反应是放热过程，随着蒸汽压力的升高，温度逐渐上升。至压力达到1.6MPa时，体系温度升至160℃，此后随时补充氧气以维持温度和压力，保温3h。反应结束后，通入自来水降温至85℃，停止搅拌，排气放料，浸出矿浆进行过滤，滤饼在搅拌槽中再浆化过滤，以回收渣中的钼。钼浸出率最高达99%，浸出液成分为（平均值）：Mo 55.33g/L，SiO_2 0.199g/L，渣含钼与每釜精矿处理量有关；每釜处理量升高，渣含钼也随之升高。处理每1t精矿的耗氧（标态）$590m^3$，全流程钼的回收率最高可达到95.54%。

辉钼矿的湿法分解还可以采用次氯酸钠分解、电氧化分解等。次氯酸钠分解反应为：

$$MoS_2 + 9OCl^- + 6OH^- \longrightarrow MoO_4^{2-} + 9Cl^- + 2SO_4^{2-} + 3H_2O \tag{20-39}$$

虽然次氯酸钠分解法工艺具有选择性好以及浸出率高等优点，但次氯酸钠试剂的用量太大，它仅适用于从总含硫量很低的原料中回收钼。

电氧化分解是将已经浆化的辉钼矿物料加入到装有氯化钠溶液的电解槽中，但在阴阳极间通电时，阴极析出氢气，而阳极析出氯气，经与水反应生成次氯酸根，将矿浆中的辉钼矿氧化分解。因此，辉钼矿在氯化钠溶液中的电氧化工艺实质上是次氯酸钠分解工艺的一种改进形式。

20.5 纯钼酸铵溶液的制备

无论是处理硫化矿还是非硫化矿，无论是用火法分解工艺还是湿法分解工艺，除了钼焙砂的升华法外，均需对各种含钼的溶液进行净化除杂，再由这些溶液制取纯钼酸铵溶液。制取纯钼酸铵溶液的原料液主要有不纯的钼酸铵溶液、钼酸钠溶液以及含钼的酸性溶液，后者略为复杂一些，视用酸的种类及浓度不同，酸性溶液中存在的钼化合物形态有所差别。制取纯钼酸铵溶液的基本方法有经典沉淀法、离子交换法、萃取法及活性炭吸附法。实际上为了满足纯化要求，有时需结合应用两种或两种以上的方法。

20.5.1 经典沉淀法

粗钼酸铵溶液中的主要杂质为以氨配离子形态存在的重金属离子，如铜、铁（Ⅱ）、锌、镍等，除去这些杂质离子的有效方法为硫化铵沉淀法。溶液中绝大部分金属杂质铜、铁、铅、镍、锌、砷及锑等，因其硫化物的溶度积很小，基本上可以完全除去。主要的沉淀反应为：

$$Me(NH_3)_4(OH)_2 + S^{2-} + 4H_2O \longrightarrow MeS\downarrow + 4NH_4OH + 2OH^- \quad (20-40)$$

加入过量的硫化铵会生成硫代钼酸盐，降低产品的纯度：

$$(NH_4)_2MoO_4 + n(NH_4)_2S + nH_2O \longrightarrow (NH_4)_2MoO_{(4-n)}S_n + 2nNH_4OH \quad (20-41)$$

硫化沉淀的工业过程一般在不锈钢或搪瓷搅拌槽中进行，$(NH_4)_2S$ 的加入量略高于硫化沉淀铜、铁的理论量，控制终点 pH 值在 8～9，温度 85～90℃，搅拌速度为 80～110 r/min，保温时间 10～20min。过滤后钼酸铵溶液应为无色透明，铜、铁浓度小于 0.003g/L，钼回收率大于 99%。

20.5.2 离子交换法

离子交换法既可用于净化除去钼酸铵溶液中的杂质金属离子，也可用于含钼溶液中钼的提取富集。

20.5.2.1 钼酸铵溶液的净化

钼酸铵溶液中的杂质金属离子，采用铵型阳离子交换树脂净化脱除。当钼酸铵溶液流经离子交换柱时，溶液中的杂质金属离子取代铵根离子吸附于树脂上，钼则以 MoO_4^{2-} 负离子形态留在溶液中得以净化。交换反应如下：

$$2RNH_4 + Me^{2+} \longrightarrow R_2Me + 2NH_4^+ \quad (20-42)$$

式中 R——树脂的有机功能团；

Me——Cu、Mg、Ca、Fe 等金属离子。

由于树脂对钼酸铵溶液中不同阳离子的吸附能力不尽相同，当溶液 pH 值为 8.0～9.0

时，可以采用多种阳离子交换树脂，如 732 型强酸性阳离子交换树脂；也可采用填装不同树脂的多柱串级交换，如 1 号、2 号交换柱填装 122 号阳离子交换树脂，以交换吸附 $[Cu(NH_3)_4]^{2+}$ 离子；而 3 号~5 号交换柱则填装 110 号阳离子交换树脂，以交换吸附锰、镁等杂质离子。交换流出液可直接生产多钼酸铵等产品，产品钼酸铵的主要杂质含量为：$Fe<8\times10^{-4}\%$，$Si<6\times10^{-4}\%$，$Mg<30\times10^{-4}\%$，$Cu<3\times10^{-4}\%$，负载树脂用 1mol/L 盐酸解吸，再用 1mol/L 氨水溶液再生。

20.5.2.2 含钼溶液中钼酸铵的提取富集

不管溶液的种类如何，从含钼溶液中提取富集钼都是采用阴离子交换树脂来完成。如果溶液中钼的浓度很低，则可从弱碱性溶液中进行交换，此时采用强碱性树脂为妥；如果溶液中钼的浓度较高，则需调整 pH 值至弱酸性范围，此时钼以同多钼酸根形式存在，既可用强碱性树脂，也可用弱碱性树脂，最好用大孔树脂。在用离子交换法提取富集钼时，存在不同程度的净化作用，一般在弱碱性溶液中交换的净化效果较好。负载钼树脂柱用纯水洗净后，用氨水或铵盐+氨的混合溶液解吸，可同时完成解吸和树脂转型，钼以钼酸铵溶液形式被回收。国内在钼工业中应用的树脂主要为 201×7、D296、D304A、W305-C、D314 等。

前苏联用大孔弱碱阴离子交换树脂回收硝酸分解辉钼矿母液中的钼，料液成分为：Mo 15.6g/L、Fe 14.2g/L、SO_4^{2-} 65~67g/L、HNO_3 205g/L。首先将料液中和至弱酸性，再流经装有 NO_3^- 型的阴离子交换树脂，至流出液（交后液）含钼浓度大于 1.4g/L 时停止交换过程，此时树脂含钼 115~136g/L，钼的吸附率为 92.7%~92.8%。负载树脂先用 pH 值为 2~3 的水淋洗去铁，再用 10%~15% 的氨水解吸，得到含钼 60~155g/L 的钼酸铵溶液。解吸后的树脂用 50~60g/L HNO_3 转为 NO_3^- 型。含 Mo 1%~4% 的交后液，用氨水调 pH 值至 7~8，使其中三价铁以氢氧化物形式沉淀，除铁后的溶液再用同一树脂回收钼，最后弃掉的交后液含钼 30 mg/L，钼的总收率可达 99% 以上。

20.5.3 溶剂萃取法

溶剂萃取法也可用于含钼溶液的富集回收、转型及净化，其富集提取的原理与离子交换法极为相似。可用于萃钼的萃取剂种类较多，包括各种胺类萃取剂，如 N7207、N7203、Alalnine336、Kelex100 等，磷类萃取剂，如 P204、TBP、TOPO、DBBP 等，以及中性含氧酮类及醇类萃取剂。根据水相性质的不同，萃取剂与钼的聚合阴离子可发生交换反应或者加成反应生成离子缔合体而萃取钼，因而钼酸钠溶液必须先净化除去硅等杂质，再用酸调整 pH 值至酸性范围。在酸性溶液中，钼可以生成 MoO_2^{2+} 阳离子，它又可与氯根、硫酸根配位，生成逐级配阴离子甚至中性化合物。阳离子交换萃取剂一般萃取 MoO_2^{2+} 阳离子，但酸度更高时 P204 也可能以中性溶剂化机理萃取钼；含氧萃取剂及 TBP 可能以锌盐或中性溶剂化机理萃取钼。

辉钼矿经过氧压碱浸，所得浸出液用叔胺萃取富集钼时两相的流向如图 20-9 所示。在该工艺中，连续萃取设备的两端均为萃取段，1 级~4 级的萃取料液是调酸至 pH 值为 1.5 的钼酸钠溶液，9 级~10 级的萃取料液是钼酸铵溶液经二次酸沉析出多钼酸铵后的母液，这两部分负载有机相合并进入第 6 级，在 6 级~8 级经 15% 的氨水反萃，得到钼酸铵反萃液。第 5 级为洗涤段。卸载空白有机相在另外的槽中进行酸化转型后，再回到萃取槽中使用。由于是在弱酸性条件下萃取钼，部分杂质以钼杂多酸形式被萃入有机相，之后又进入反萃液。故含钼达 130~150g/L 的反萃液还需用镁盐法净化除磷、砷，其原理及过程与钨酸钠溶液化学沉淀法除磷、砷相同。

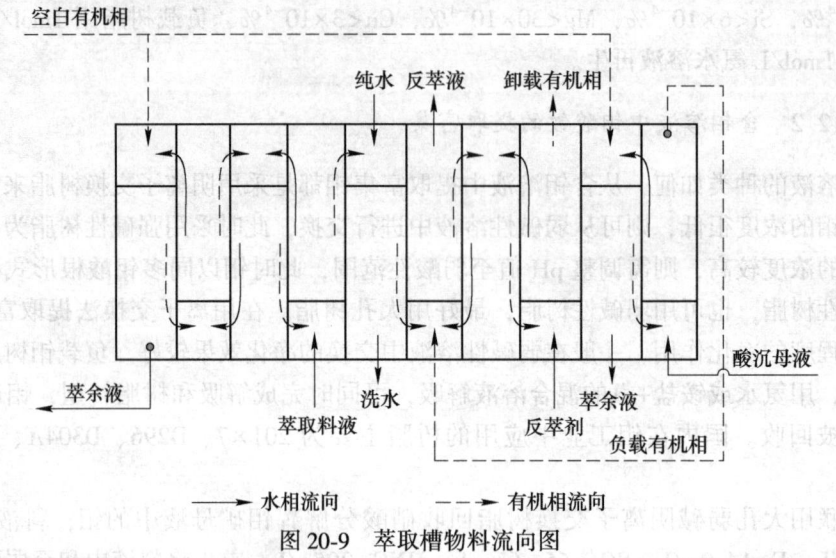

图 20-9　萃取槽物料流向图

第 1 级萃取流出的萃余液含 Mo 小于 0.1g/L，其余成分为 Na_2SO_4，第 9 级萃取排出的萃余液含 Mo 小于 0.2g/L，并含有 NH_4Cl 约 174g/L，应予以回收。料液组成、有机相组成及各段相比如下（萃取级也称为萃取段）：

（1）料液调酸前：pH 值为 7~9，Mo 55.33g/L，SiO_2 0.199g/L；调酸后：pH 值为1.5，Mo 20~26g/L。

（2）有机相：10%叔胺+15%伯仲混合醇+煤油。

（3）各段相比：萃取(1.5~2.0)/1，洗涤 9/(1~2)，反萃 10/(1~2)。

此外，活性炭吸附法也可用于从含钼溶液中吸附回收钼。活性炭吸附要求料液的酸度和含钼浓度不宜太高，以 pH 值为 2 左右较好。对于含酸浓度高的料液需进行稀释。工业上利用活性炭脱除钼酸铵溶液的颜色也已是一种非常成熟的技术。

20.6　从纯钼酸铵溶液中制备多钼酸铵及三氧化钼的制备

工业过程中，蒸发结晶、酸沉法和联合法是制取钼酸铵晶体的基本方法。由于钼酸铵溶液中钼存在的离子形态与溶液 pH 值相关，因此采取不同的方法、控制不同的工艺条件，将制得不同的多钼酸铵盐结晶。

20.6.1　多钼酸铵的制备

20.6.1.1　蒸发结晶法

钼酸铵溶液在加热蒸发水分的浓缩过程中，大部分游离氨也被蒸发除去，溶液中的钼将以仲钼酸铵（APM）或二钼酸铵（ADM）的形态结晶析出。

$$7(NH_4)_2MoO_4 \longrightarrow 3(NH_4)_2O \cdot 7MoO_3 \cdot 4H_2O + 8NH_3\uparrow \quad (20\text{-}43)$$

$$2(NH_4)_2MoO_4 \longrightarrow (NH_4)_2Mo_2O_7 + H_2O + 2NH_3\uparrow \quad (20\text{-}44)$$

钼酸铵的蒸发结晶一般在耐腐蚀的搪瓷结晶釜中进行，结晶釜有效容积 $1\sim3m^3$，锚式搅拌，搅拌转速 $60\sim110r/min$，釜体用夹套蒸汽加热。纯钼酸铵溶液浓度一般为 $120\sim140g/L$，密度 $1.09\sim1.12g/cm^3$。溶液加热搅拌至密度上升到 $1.38\sim1.40g/cm^3$ 时，停止加热，冷却结晶，继续搅拌以防止大量的仲钼酸铵晶体沉积于釜底难以放料和产生极细、含铵少的钼酸铵晶体。冷却结晶结束后进行过滤，再用少量纯水洗涤，晶体经干燥后可包装为产品或进一步制取三氧化钼。结晶母液中仍含有占总量 $40\%\sim50\%$ 的钼未结晶析出，须进行二次蒸发结晶，二次结晶所得到的仲钼酸铵粒度较细，杂质含量较高，应和一次结晶产品分开处理。

20.6.1.2 酸沉淀法

酸沉过程又称中和结晶，是用矿物酸将钼酸铵溶液的 pH 值调至 $1.5\sim2.0$，这时溶液中的绝大部分钼以多钼酸铵晶体析出，溶液中的一些杂质将主要留在结晶母液中，所以，酸沉过程也是一个净化除杂过程。结晶出来的多钼酸铵晶体以四钼酸铵（AQM）为主。

$$4(NH_4)_2MoO_4 + 6H^+ \longrightarrow (NH_4)_2O \cdot 4MoO_3 \cdot 2H_2O + 6NH_3^+ + H_2O \quad (20\text{-}45)$$

工业上的钼酸铵溶液经酸沉过程所得到的钼酸铵是一种混合晶体，以水合四钼酸铵为主，其中还包含有三钼酸铵、八钼酸铵和十钼酸铵等多种晶体。

酸沉过程的主要受酸的种类、温度、pH 值、钼酸铵溶液浓度等因素的影响。硫酸、硝酸和盐酸都可以作为酸沉过程中的酸沉剂。由于工业硫酸中的杂质含量一般较高，沉淀产出的钼酸铵晶体含硫高等原因，工业上很少采用硫酸作为酸沉剂。工业上酸沉过程的温度一般控制在 70℃ 以下。pH 值是酸沉过程中的关键工艺条件，钼酸铵溶液的 pH 值、酸沉工程中 pH 值下降速度以及终点 pH 值都会对钼酸铵的相组成和析出率产生极大的影响，工业上一般控制钼酸铵溶液的 pH 值在 $7.0\sim7.5$，溶液密度一般控制在 $1.20\sim1.24g/cm^3$。

酸沉母液含钼 $0.5\sim1.0g/L$，并含有原钼酸铵溶液中所含的绝大部分的锌、锡、锑、砷、磷、硫、铁、钴等杂质，一般回收其中的钼后即可排放。

20.6.1.3 联合法

联合法就是将蒸发结晶法和酸沉法联合起来，从钼酸铵溶液中析出高品质的钼酸铵产品。该法包括钼酸铵溶液的浓缩、酸沉、氨溶和蒸发结晶四个过程。

钼酸铵溶液的浓缩是将较低浓度的钼酸铵溶液浓缩至密度为 $1.18\sim1.20g/cm^3$ 的浓溶液，终点 pH 值 7.0，游离氨浓度 $15g/L$ 左右。浓缩过程结束后进行过滤，滤去凝聚的 $Fe(OH)_2$、$Fe(OH)_3$ 等。

酸沉是用 HCl 或 HNO_3 调节并控制终点 pH 值在 $2\sim3$，温度 $55\sim60℃$。酸沉过程结束后立即过滤得到白色颗粒状的多钼酸铵晶体，晶体含水小于 8%。滤液含 Mo $0.5\sim1.0g/L$ 以及少量的铁、镍、锌、镁等杂质。

氨溶是用氨水将酸沉所得的钼酸铵晶体再进行溶解，得到饱和的钼酸铵溶液，溶液密度一般在 $1.40g/cm^3$ 以上。氨溶温度 $70\sim80℃$，终点 pH 值为 $6.5\sim7.0$。氨溶后进行过滤，一些杂质留在氨溶渣中得以分离。

　　蒸发过程保持钼酸铵溶液含游离氨 $4\sim6g/L$，母液的密度为 $1.20\sim1.24g/cm^3$，冷却后进行过滤。可根据对产品品质的要求调节结晶率，对一般品质要求的产品，可以控制 $85\%\sim90\%$ 的结晶率，对于高品质的产品，结晶率一般控制在 70% 左右。

　　与单一的蒸发结晶法和酸沉法相比，联合法制取的仲钼酸铵的品质更好，产品成分为：Fe、Al、S、Mn 均小于 0.0006%，Ca、Mg、Ni、Cu 均小于 0.0003%，Ti、V 均小于 0.0015%，Pb、Bi、Sn、Cd 均小于 0.0001%，W 小于 0.15%。

20.6.2　三氧化钼的制备

　　工业上钼酸铵晶体的干燥一般在干燥箱中进行，干燥温度一般在 $90\sim110℃$，干燥后仲钼酸铵或四钼酸铵脱水得到无水钼酸铵，再在回转窑中煅烧制取 MoO_3 产品。干燥和煅烧过程中，随着温度的升高，仲钼酸铵的分解过程如下：

$$(NH_4)_6Mo_7O_{24}\cdot 4H_2O \xrightarrow{90\sim110℃} (NH_4)_6Mo_7O_{24} + 4H_2O \tag{20-46}$$

$$5(NH_4)_6Mo_7O_{24} \xrightarrow{约120℃} 7(NH_4)_4Mo_5O_{17} + 2NH_3 + H_2O \tag{20-47}$$

$$4(NH_4)_4Mo_5O_{17} \xrightarrow{220\sim240℃} 5(NH_4)_2Mo_4O_{13} + 6NH_3 + 3H_2O \tag{20-48}$$

$$5(NH_4)_2Mo_4O_{13} \xrightarrow{280\sim380℃} 20MoO_3 + 10NH_3 + 5H_2O \tag{20-49}$$

　　回转窑温度一般控制在约 $600℃$，所得 MoO_3 粉末为淡黄绿色，堆密度为 $1.20\sim1.60g/cm^3$。

20.7　金属钼粉的生产

　　与钨相似，致密金属钼也是通过粉末冶金的办法来生产，而且钼粉的性能在很大程度上影响钼制品的性能。生产金属钼粉的主要原料是钼酸铵，但因不同厂家所产的工业钼酸铵的相组成不同，且相当复杂，因此应通过实验拟定适合各种原料本身的氢还原制度。

　　以钼酸铵为原料制取钼粉，通常有两种工艺，一种是热分解-分段还原法；另一种是两段还原法。无论用何种钼酸铵做原料，在加热时都会发生脱氨和脱水过程，得到三氧化钼。

20.7.1　三氧化钼的氢还原

　　三氧化钼一般要通过两次还原才能得到合格的金属钼粉。
第一阶段的还原反应为：

$$MoO_3 + H_2 \xrightarrow{540℃} MoO_2 + H_2O \tag{20-50}$$

MoO_3 的氢还原过程比较复杂，其间会产生多种中间产物，如 $MoO_{2.89}$、Mo_4O_{11} 等。
　　第二阶段的还原反应为：

$$MoO_2 + 2H_2 \xrightarrow{940℃} Mo + 2H_2O \tag{20-51}$$

　　经过两次还原得到粒度为 $3.3\sim3.8\mu m$ 的钼粉。工业实践证明，这种粒度的钼粉在垂熔和拉丝中性能表现颇佳。

20.7.2 钼酸铵的氢还原

钼酸铵二段还原工艺生产钼粉是将钼酸铵煅烧和一次还原合并在一个工序中完成。钼酸铵在氢气气氛中加热时，首先发生热分解生成 MoO_3；当温度继续升高时，MoO_3 发生还原反应，生成 MoO_2。

钼酸铵的一段还原在回转管电炉中进行。把松装密度为 $0.6 \sim 1.2 g/cm^3$、含水分不大于 2% 的钼酸铵以 $30 \sim 40 kg/h$ 的加料速度加入回转炉，在 $500 \sim 550 ℃$ 的温度下，通入氢气将钼酸铵还原成 MoO_2：

$$(NH_4)_6Mo_7O_{24} \cdot 4H_2O + 7H_2 \xrightarrow{500 \sim 550℃} 7MoO_2 + 6NH_3 + 14H_2O \qquad (20\text{-}52)$$

一段还原得到的 MoO_2，应为均匀的棕褐色粉末，颗粒松散，无其他氧化物、针状结晶和结块。松装密度为 $0.85 \sim 1.25 g/cm^3$，平均粒度为 $2 \sim 6 \mu m$。

二段还原在十一管炉中进行。第一段还原得到的 MoO_2 经过筛后，装在舟皿中，于 $850 \sim 940 ℃$ 下，通入氢气还原成钼粉：

$$MoO_2 + 2H_2 \xrightarrow{800 \sim 940℃} Mo + 2H_2O \qquad \Delta H = 105.34 kJ/mol \qquad (20\text{-}53)$$

二段还原得到的钼粉，应呈纯灰色，不含结块和机械杂质，氧含量不超过 0.2%。经合批后氧含量不超过 0.25%，否则需返回重新还原。钼粉产品的松装密度为 $0.8 \sim 1.2 g/cm^3$，平均粒度为 $2 \sim 3.5 \mu m$。

实践表明，第一阶段回转炉还原时氢气（标态）宜采用小流量，一般控制在 $20 \sim 30 m^3/h$ 之间。第二阶段还原应用较大的氢气（标态）流量，通常控制每根炉管的氢气流量在 $1 \sim 2.5 m^3/h$ 之间。物料在第一阶段回转炉还原时的停留时间一般应在 1.5h 以上，第二阶段十一管炉还原时，物料停留时间通常应在 5h 以上，就能保证物料充分还原。

20.8 致密钼的生产

致密金属钼和钼制品，如各种规格的钼杆、钼丝、钼板、钼箔及各种钼的异型制品的钼条（坯），通常也是采用粉末冶金法生产，主要包括成型和烧结两个工序。

20.8.1 纯钼条、坯的生产

纯钼条的生产工艺流程如图 20-10 所示。

20.8.1.1 钼坯块的压制

生产致密钼的第一步也是将钼粉压制成一定尺寸并具有一定强度的坯块。钼粉先用 1:1 的甘油-酒精溶液湿润，以减少压制过程中的摩擦力，提高钼粉的成型性能和钼生坯的品质。一般 1kg 钼粉加入 1:1 甘油-酒精溶液 4mL，充分混合好的钼粉放入瓷球磨机中混合 1h，过筛（筛孔径 0.175mm），放置 1h 以上即可压制。钼坯压制的单位面积压力为

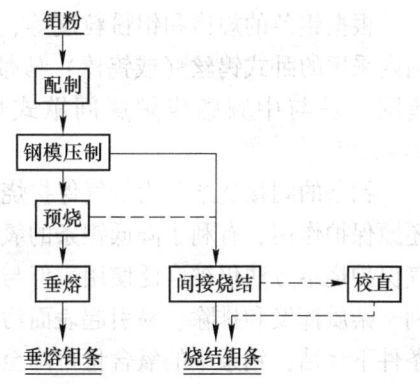

图 20-10 纯钼条的生产工艺流程

250~300MPa。坯条表面应光滑、没有分层、裂纹、掉边、掉角和脏化。锥度、质量和尺寸偏差应符合要求。

20.8.1.2　钼坯块的烧结

钼坯的烧结也是分为两步进行，即低温预烧结和高温烧结。

A　钼坯预烧

钼坯预烧是使压制时加入的甘油酒精和部分杂质挥发，并使其具有一定的强度和导电性。与钨坯预烧一样，钼坯预烧是在以钼丝为加热体的马弗炉中进行。预烧时将钼条放入镍合金烧结盘中，用氢气作为保护气氛，控制温度在 1100~1150℃，烧结 45~70min。预烧后的钼条应为淡灰色，表面光滑，无分层、氧化、杂质斑点等缺陷。

B　高温烧结

预烧后的钼条还不是致密金属，故而也不能进行机械加工，还须进行高温烧结。与钨坯块的烧结一样，钼坯条的烧结过程可在垂熔炉或烧结炉中进行。

a　垂熔炉烧结

同钨垂熔一样，钼条的垂熔也是在净化 H_2 气氛中进行，将大电流直接通过预烧结的钼条，使其温度升到1800℃对钼条进行烧结，所用设备、操作方法、烧结原理也与钨条垂熔相同。根据吸水试验、线收缩（要求大于9%）和金属光泽，垂熔工作电流为其熔断电流的 85%~90%（参见钨的垂熔炉烧结）。

钼的电阻率低于钨，熔点远低于钨，所以钼条垂熔的工作电流也远低于同截面的钨条的垂熔工作电流。但是，钼条的断面尺寸往往远大于钨，所以其垂熔装置需要更大的额定电流，而垂熔钨又需要更大的额定电压。因此，用于钨、钼的垂熔炉应单独设计，分别选用额定电流、额定电压匹配的调压器。

b　钼条的间接烧结

钼条的间接烧结是通过烧结炉发热体所产生的热量将钼条间接加热的烧结。常用的烧结设备有卧式钨丝（或钨棒）炉、立式钨棒（或钨网）炉与中频感应炉。卧式炉又称连续烧结炉，钼条放在装料舟内，连续地依次经低温区、高温区和冷端，最后从出料端取出。控制合理的烧结升温速度，可使钼条中的杂质在致密前充分挥发，防止烧结钼条开裂。合理设计加热带温度曲线和控制推舟速度可以保证良好的钼条烧结制度，获得高品质的钼条。

根据钼条的规格和钼粉粒度等，高温区烧结温度为 1700~1850℃，烧结时间 3~5h。国内采用的卧式钨丝（或钨棒）马弗炉一般每昼夜可烧结钼条 80~100kg。立式钨棒（或钨网）炉与中频感应炉属间歇式烧结炉，在冷炉状态下竖直装入钼条，一般每炉 70~120kg。

钼条的间接烧结分为氢气保护烧结和真空烧结。高温下，氢对钼的氧化物具有很强的还原保护作用，有利于降低钼条的氧含量；湿氢对钼的烧结还具有活化作用，所以目前氢气保护烧结方法仍被广泛使用。但与真空烧结相比，氢气保护烧结存在气体循环较慢、不利于杂质挥发和排除、易引起表面污染的问题，理论和实践都证明，在真空度高于 0.1Pa 条件下烧结，钼条中的氧含量可降至 0.002% 以下。因此，采用真空烧结，不仅可提高烧结动力、加快烧结速度，大幅度降低烧结成本及显著提高生产效率，还可使钼条产品中杂质含量进一步降低。

20.8.1.3 钼条质量及控制

钼条表面应呈银灰色或灰色金属光泽，不得有吸水、氧化（Mo2 允许有轻微氧化）、沾污、过熔、鼓泡、麻点（Mo2 允许有直径和深度分别小于 1mm 和 0.5mm 的小麻点）、分层、裂纹和弯曲度过大等现象。垂熔钼条密度为 $9.2 \sim 9.8 g/cm^3$，晶粒度 Mo1 为 $2500 \sim 10000$ 个$/mm^2$，Mo2 为 $1500 \sim 10000$ 个$/mm^2$。烧结钼条的密度为 $9.5 \sim 10.0 g/cm^3$，由于烧结温度低，可得到较细的晶粒组织，晶粒度一般在 $4000 \sim 15000$ 个$/mm^2$ 的范围。Mo1、Mo2 钼条的化学成分见表 20-6。

表 20-6 钼条的化学成分 （%）

牌号	Fe	Ni	Al	Si	Ca	Mg	P	C	O	N
Mo1	≤0.006	≤0.003	≤0.002	≤0.003	≤0.002	≤0.002	≤0.001	≤0.01	≤0.003	≤0.003
Mo2	≤0.01	≤0.005	≤0.005	≤0.01	≤0.004	≤0.004	≤0.005	≤0.02	≤0.005	—

20.8.2 致密钼条的机械加工

烧结后的钼条也非常脆，其塑性—脆性转变温度较高，加工硬化快，在常温下不可能使其加工变形，需要在氢气保护中加热到一定温度才能经受锻造、轧制和拉丝。钼条可用旋转锻造机和拉丝机拉成直径为 0.01mm 的细丝。拉丝的加热温度也可以根据钼丝的直径大小进行调控，拉丝直径为 $1.9 \sim 3.0 mm$ 时，拉伸温度控制在 $650 \sim 850 ℃$ 之间；拉丝直径为 $0.07 \sim 0.12 mm$ 时，拉伸温度控制在 $400 \sim 500 ℃$ 之间。拉伸时，主要以石墨乳作为润滑剂，一方面减少摩擦，另一方面保护丝材表面，防止氧化。

20.9 钼的再生回收

钼的再生是指从含钼的废杂料中回收钼的冶金过程。含钼废杂料主要有金属钼加工废料、含钼合金废料及含钼废催化剂等。在世界范围内，从二次资源中回收的钼逐年增加，已占到钼总产量的 5% 以上。据报道，美国回收利用的钼量估计为钼供应量的 30%。由于含钼的废杂物料种类繁多，再生方法也是多种多样。

20.9.1 金属钼废料的回收

20.9.1.1 含钼合金废料的回收

含钼合金废料主要包括超合金、不锈钢、高速钢、硬质合金和钼铼合金等废料，这部分含钼废料的回收方法包括熔融锌处理法（锌溶法）、氧化蒸馏法和氧化—浸出法等工艺。

锌溶法处理含钼硬质合金废料的工艺为：将金属锌、含钼硬质合金废料和碳按一定的比例混合，加热至 $800 \sim 1000 ℃$ 生成新的锌合金，再用酸分解锌合金，这时合金中的锌、镍、钴进入溶液分别进行回收，而钨、钼留在酸分解渣中。酸分解渣蒸馏挥发残余锌后再焙烧蒸馏钼，使钼、钨分离并加以回收。该法钼、钨、钴的回收率分别为96.2%、98.4%和97%。

钼铼合金的回收采用氧化蒸馏法，即在1000℃下对合金废料进行氧化焙烧，合金中的钼、铼将分别以MoO_3和Re_2O_7的形态进入气相，经冷凝回收后再在350~400℃进行二次蒸馏，Re_2O_7进入气相从而达到钼、铼的分离。

上述含钼合金废料也可以用氧化焙烧—浸出法进行回收，即先将废料破碎，进行高温氧化焙烧，使其中的金属全部转化为金属氧化物，再用酸或碱溶液选择性浸出并分别回收。

20.9.1.2　金属钼加工废料的回收

制灯、电子、电炉（丝）、玻璃等行业经常会产出一些含金属钼的加工废料，这部分含钼废料的回收可用氧化升华法和酸溶法回收。

酸溶法即用硝酸（混合酸）浸出回收钼废料，其工艺如下：用8mol/L HNO_3 + 0.5mol/L H_2SO_4的混合酸作浸出剂，控制液固比为（5~6）：1，于55℃以下，在不锈钢容器中浸出钼废料数小时，浸出液含钼约200g/L，钼的浸出率在99%以上。浸出液用25%的氨水调节pH值至1~3，溶液中93%的钼将以钼酸铵形态结晶析出，该钼酸铵经过500℃煅烧即可得到纯度为99.9%的三氧化钼产品。

垂熔钼条的两端切头，实际上是比较纯的钼块。类似于这样的金属钼废料，可通过硫化法将其转化为二硫化钼，生产优质的固体润滑剂。

20.9.2　含钼废催化剂的回收

钼系催化剂的种类多，钼的用量大，如钼铁系、钼镍系、钼钴系及钼钒系等，其中含钼1%~18.5%。主要应用于石油化学工业中的醇脱水或脱氢反应，烯烃的水合或氧化反应，各种分解、聚合、氯化、异构化及加氢脱硫。在氮肥工业中主要用于氨的合成。

钼系催化剂主要以固体形式应用于各种石化过程，而钼的杂多酸盐氧化催化剂则以液相形式应用。固相催化剂的载体主要是Al_2O_3，也有以硅胶为载体的磷钼酸铋催化剂。载体上除了有氧化钼外，还可能有氧化钴、氧化镍、氧化铁、氧化铜、氧化钒、氧化钨、氧化铋中的一种或几种。

废钼催化剂一般含硫并吸附有一些碳氢化合物，除了钼之外，有些金属成分是制造催化剂的添加物，而有些是在催化过程中沉积在其上的。作为催化剂的骨架如为$\eta\text{-}Al_2O_3$，则是既可溶于酸又可溶于碱的两性物质；如为$\alpha\text{-}Al_2O_3$，则为难溶于酸碱的物质。因此废催化剂处理回收工艺一般包括：焙烧—破碎—浸出—浸出液的净化—纯化合物的析出，这一处理工艺中需要考虑铝的分离，析出铝一般用水解法或者使它以铝钒形式沉淀析出。也可采用氯化法处理废钼催化剂，用氯气氯化使钼、钒的氯化物挥发冷凝回收，氯化残渣为高沸点的钴、镍氯化物，将其水解，从水浸液中提取钴、镍。

氧化-碱浸法处理Mo-Co催化剂的工艺，是将废催化剂粉碎至粒径小于0.833mm，于550℃焙烧4h，105℃下碱浸。加H_2O_2使Co(Ⅱ)氧化为Co(Ⅲ)，并以$Co(OH)_3$形式留在浸出渣中，以减少钴进入含钼浸出液中，含钼的浸出液用硝酸中后进行蒸发结晶，钼最终以钼酸盐形式回收。

采用焙烧—氨浸法处理Mo-Co催化剂的工艺，是用NH_3与NH_4HCO_3的混合溶液对焙烧后的废钼催化剂进行常压浸出，浸出温度70~80℃，钼浸出率达91%~93%。浸出所得的钼酸铵溶液经酸沉、过滤，产出钼酸铵结晶；再经重溶、结晶，获得纯钼酸铵产品。

20.9.3 高速钢磨屑及铁鳞中钨、钼等有价元素的再生回收

高速工具钢磨屑是刀具及工具在车、铣、磨制、切割与修磨等各加工过程中的产物，其总量占刀具及工具总量的5%~15%。而高速钢铁鳞是高速工具钢钢材生产过程中其本身经高温（1150℃以上）锻打及轧制而脱落的"氧化铁皮"，其总量占高速钢材的5%~10%。这类磨屑及铁鳞含合金元素高，以含钨、钼、铬及钒的高速钢磨屑及铁鳞为例，其合金成分为：W 3.5%~18.5%、Mo 2.7%~5.5%、Cr 3.75%~4.25%、V 0.75%~1.75%。回收这类废料的理想途径是熔炼成中间合金并返回冶炼工序再配料生产合金工具钢。但铁鳞的主要成分是氧化物，而粒度大约为0.074~0.175mm的磨屑也极易锈蚀，含有相当量的氧化物，且含有在机加工时作为冷却介质的磷酸盐及亚硝酸盐，加上收集过程混入的大量尘土，故必须经过恰当的物理、化学过程处理才能熔铸成中间合金。

根据磨屑及铁鳞的成分，其处理回收方法一般为先预处理清洗磨屑及铁鳞的杂质，再用金属还原剂还原，即金属热还原法。

20.9.3.1 高速钢磨屑及铁鳞的预处理

高速钢磨屑，不仅含有油污、砂轮刚玉砂，通常还含磷约0.036%、含硫大于0.1%。为得到合格的再生合金产品，进炉前，必须经除油、去锈和除杂等工序处理。高速钢磨屑先用清水洗掉泥土；若有锈蚀则用10%盐酸溶液浸泡除锈；再用高温碱液（5%NaOH+10%NaNO₃）搅拌清洗除去油污和锈蚀，并去掉部分磷、硫杂质。处理好的磨屑经脱水后，于115~125℃烘烤，最后用对辊破碎机把结块的磨屑破碎，然后经磁选获得精磨屑。

高速钢铁鳞中往往含有加热炉中的炉灰和煤渣及设备上的油污，杂质磷、硫含量很高，因此需要进行除杂处理。其处理工艺包含：高温炉内加热脱水及脱油—磁选—搅拌水洗—烘干脱水及磁选除灰，得到精铁磷。

20.9.3.2 高速钢磨屑及铁鳞的金属热还原原理

磨屑及铁鳞中的钼、铁、钨、钒及铬的氧化物被金属硅还原的吉布斯自由能与温度的关系如图20-11所示。可见，MoO_3和WO_3比V_2O_5及Cr_2O_3容易还原。尽管$\Delta G^{\ominus}$的绝对值

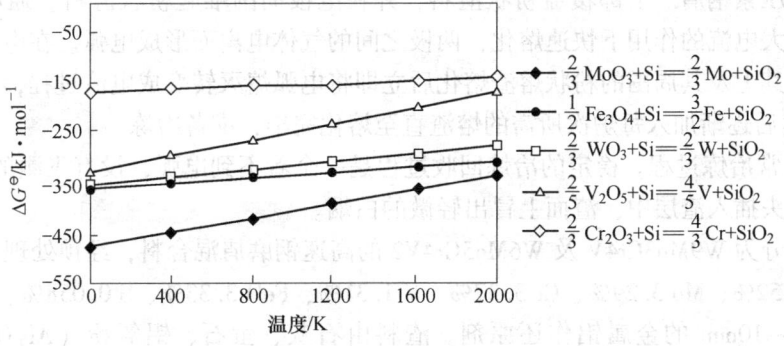

图20-11 硅还原氧化物反应的自由能与温度的关系

随温度升高而变小，即反应的 K_p 会变小，但一般其数值仍大大超过 10^3，对还原率影响不大。

20.9.3.3 高速钢磨屑及铁鳞的再生工艺

高速钢磨屑及铁鳞的再生主要有两种工艺，即无需外部供热的金属热还原工艺和电加热金属热还原工艺。

A 无需外部供热的金属热还原工艺

无需外部供热的金属热还原工艺流程如图 20-12 所示。主要设备冶炼熔炉的炉壳直径为 1720mm，炉壳高度为 1800mm，炉膛直径为 1500nm。

原料为 W9Mo3Cr4V 磨屑，其化学成分为：FeO 30.68%、Fe_3O_4 40.20%、Fe_2O_3 8.00%、WO_3 8.26%、MoO_3 3.23%、Cr_2O_3 2.74% 及 V_2O_5 1.83%；采用 Si 含量大于 97% 的工业硅为还原剂，另外还加入了熔剂石灰及硝石助热剂。通过硅热还原法冶炼回收，再生合金的化学成分为：W 9.72%、Mo 3.24%、Cr 1.75%、V 0.44%；合金元素的平均回收率为：W 96.99%、Mo 97.43%、Cr 57.00%、V 22.89%。

B 电加热的金属热还原工艺

冶炼熔炉一般采用有衬电渣炉，利用电流通过特别配制的液态熔渣时产生的电阻热将熔渣自身加热到 2000℃，通过还原剂还原高速钢磨屑中的氧化物，达到除去杂质磷、硫及再生回收高速钢磨屑中合金的效果，而无须添加硝石作为助热剂。整个冶炼回收工艺包括两个主要过程：

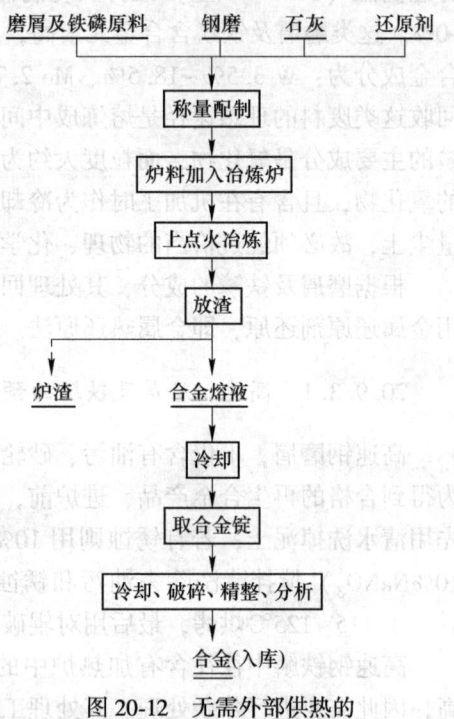

图 20-12 无需外部供热的
金属热还原工艺流程

（1）造渣期。将不导电的固态渣（如 Al_2O_3、CaO 及 CaF_2）变成导电的液态渣的过程。采用单相电极电渣炉造渣时，将适当粒度的钢屑放在两电极之间，然后将石墨电极下移，使端头压紧钢屑。上部覆盖粉状渣料，并在电极周围堆起粉状渣料。通电后瞬间短路，钢屑在大电流的作用下快速熔化，两极之间的气体电离而形成电弧。在电弧热的作用下，将覆盖其上及其周围的粉状熔渣熔化后立即将电弧熄灭转变成电渣过程，这一过程需 2~3min。然后逐渐加入每炉次所需的熔渣直至熔化完毕，准备冶炼。

（2）正常冶炼过程。稳定的冶炼回收过程是一个看不到电弧，没有飞溅的平稳过程。石墨电极端头插入渣层中，渣面上冒出轻微的白烟。

对于成分为 W9Mo3Cr4V 及 W6Mo5Cr4V2 的高速钢磨屑混合料，经预处理后的化学成分为：W 6.52%、Mo 3.29%、Cr 3.37%、V 1.31%、FeO 3.33%、S 0.058%、P 0.030%。以粒度为 1~10mm 的金属铝作还原剂。渣料由石灰、萤石、铝氧粉（Al_2O_3）及镁砂（MgO）配制而成。得到的再生合金化学成分为：W 8.01%、Mo 3.99%、Cr 3.81%、

V 1.49%;合金元素的平均回收率为：W 97.30%、Mo 96.37%、Cr 91.34%、V 91.96%。

相比较而言，采用电渣炉回收冶炼的高速钢再生合金，各种成分较为稳定，能够满足作为高速钢原料的使用要求。

 **复习思考题**

20-1 简述钼的物理化学性质及用途。

20-2 生产钼的原料主要有哪些？

20-3 简述钼的生产方法和工艺流程。

20-4 钼精矿的分解方法有哪些？

20-5 简述钼酸铵溶液的净化方法。

20-6 简述多钼酸铵的生产方法。

20-7 三氧化钼是如何生产的？

20-8 简述三氧化钼氢气还原生产金属钼的基本原理。

20-9 简述钼酸铵氢还原生产金属钼的基本过程。

20-10 致密钼是如何生产的？

20-11 钼的再生方法有哪些？

21 锗 冶 金

21.1 概 述

锗（germanium），元素符号 Ge，在化学元素周期表的第 IV_A 族，属于碳族。锗单质是一种银灰色脆性的类金属，质硬，光泽美丽。锗属于稀有分散性金属元素，因具有半导体性质，故又称为半金属。

1886 年德国化学家温克勒（Winkler）在分析硫银锗矿时发现了锗，后用硫化锗与氢共热，制出了锗。第二次世界大战期间，锗用于半导体材料，其性能优于真空管。从此锗提取冶金技术得到很大的发展。

20 世纪 60 年代，锗在半导体工业中的统治地位逐渐被性能更优、价格更低、资源更为丰富的硅取代，但由于锗的电子迁移率和锗器件的频率比硅高，强度比硅更好，因此在高频、远红外和航空航天领域，锗材料仍然占据主导地位。而且，锗在军事热成像仪、夜视仪及辐射探测器中的应用发展也很快。

21.2 锗 的 性 质

锗原子序数为 32，相对原子质量为 72.59。锗是银灰色脆性的元素，其晶体属于立方晶系，为金刚石型立方晶格。从锗在元素周期表中的位置可见，锗居于硅与锡之间，处于金属到非金属的过渡之中，所以锗的物理化学性质具有从金属到非金属过渡的特征，与同族硅元素一样，也具有半导体性质。

21.2.1 锗的物理性质

锗是银灰色晶体，具有金刚石结构，熔点 937.4℃，沸点 2830℃，密度 5.35g/cm^3，莫氏硬度 6~6.5，室温下，晶态锗性脆，无延展性，但温度高于 600℃时，单晶锗即可经受塑性变形。研究表明 99.999% 级的纯锗在 600℃时有很大的可塑性，在 700℃时可进行弯曲、压缩和拉伸。在 800℃时，一个长 10mm、截面 $1~3\text{mm}^2$ 的小单晶可弯曲到 180°。锗的主要物理性质见表 21-1。

高纯锗单晶在 25℃时，比电阻为 55~60Ω · cm，随着温度升高，其比电阻降低。不论是单晶锗还是多晶锗，对 $\lambda = 2~20\text{nm}$ 范围内的红外线都是透明的。不论是无定型锗，还是结晶型锗，当加热到 350~400℃时，都会从无定型转变为结晶态。

21.2.2 锗的化学性质

锗化学性质稳定。常温下不与空气或水蒸气作用，但在加热时，锗能在氧气、氯气和溴蒸气中燃烧。锗不与水作用，不溶于盐酸和稀硫酸，硝酸和热的浓硫酸能将金属锗氧化

表 21-1 锗的主要物理性质

性 质	数 值	性 质		数 值
原子序数	32	磁敏感性		-0.12×10^{-6}
相对原子质量	72.5	线性膨胀系数	100K	2.3×10^{-6}
晶体结构	立方体		200K	5.0×10^{-6}
密度（125℃）/g·cm^{-3}	5.323		300K	6.0×10^{-6}
原子密度（25℃）/g·cm^{-3}	4.416×10^{22}	热导率/W·(m·K)$^{-1}$	100K	232
晶格常数（25℃）/nm	0.56754		200K	96.8
表面张力（熔点下）/N·cm^{-1}	0.0015	熔点/℃		937.4
断裂模量/MPa	72.4	沸点/℃		2830
莫氏硬度	6.3	比热容（25℃）/J·(kg·K)$^{-1}$		322
泊松比（125~375K）	0.287	熔化潜热/J·g^{-1}		466.5
自然同位素丰度/%	20.4	蒸发潜热/J·g^{-1}		4602
质量数	27.4	燃烧热/J·g^{-1}		4006
标准还原电位/V	-0.15	生成热/J·g^{-1}		738

为二氧化锗，锗溶于王水时生成四氯化锗。碱溶液与锗的作用很弱，但熔融的碱在空气中能使锗迅速溶解。锗易溶于熔融的氢氧化钠或氢氧化钾，生成锗酸钠或锗酸钾。在过氧化氢、次氯酸钠等氧化剂存在下，锗能溶解在碱性溶液中，生成锗酸盐。

锗与碳不起作用，所以在石墨坩埚中熔化时不会被碳所污染。锗具有半导体性质，在高纯锗中掺入三价元素（如铟、镓、硼）得到 P 型锗半导体；掺入五价元素（如锑、砷、磷）得到 N 型锗半导体。

锗的化学性质在一定程度上，介于硅与锡两者之间。锗的氧化数为+2 和+4，并且它的阳离子 Ge^{2+} 是极强的还原剂。+2 价锗的化合物较不稳定，易被氧化，+4 价混合物比较稳定。

锗在不同溶剂中的腐蚀溶解行为不同。锗易溶于有氧化剂存在的热酸、热碱和 H$_2$O$_2$ 中。锗在 100℃的水中是不溶的，而在室温下饱和氧的水中，溶解速度接近 1μg/(cm·h)。

锗能与许多金属生成二元化合物，在许多碱金属的锗化物中，锗以阴离子形态存在。如碱金属的锗化物，锗与无机酸生成的氢化物（聚锗烷），均属于此种情况。锗可形成一系列金属的同质结构体。

21.2.3 锗的化合物

锗能与许多元素发生反应，与氧、卤素、酸、碱等物质反应都能生成相应的化合物。

锗的化合物主要有氧化物 GeO、GeO$_2$ 及其水合物等；卤化物 GeF$_4$、GeF$_2$、GeCl$_4$、GeCl$_2$、GeOCl$_2$、GeBr$_4$、GeBr$_2$、GeI$_4$、GeI$_2$、HGeCl$_3$ 等；硫化物 GeS、GeS$_2$ 和 Ge$_2$S$_3$ 等；氢化物 GeH$_4$、Ge$_2$H$_6$、Ge$_3$H$_8$、Ge$_4$H$_{10}$、Ge$_5$H$_{12}$ 等；硒、碲化合物主要有 GeSe、GeSe$_2$、GeTe 等。其中 GeO$_2$、GeCl$_4$、Ge-132 为锗的重要化合物。

21.2.3.1　二氧化锗

二氧化锗（GeO₂，germanium dioxide）是一种白色粉末或无色结晶。用单质锗或 GeS 在氧气中灼烧，或用浓硝酸氧化都可制得 GeO₂，也可通过水解四氯化锗或碱性锗酸盐而制得。GeO₂ 是生产金属锗的主要化合物。其熔点为 1115℃，1250℃ 以上明显蒸发。GeO₂ 有三种形态：可溶性的六边形晶体、可溶性的无定型玻璃体和不溶性的四面体晶体。可溶性六边形 GeO₂ 在长时间加热时会缓慢地转变为不溶性的四面体 GeO₂，故处理含锗物料时，不宜长时间地加热。GeO₂ 不溶于水，可溶于浓盐酸生成四氯化锗，在氯酸、硝酸和硫酸溶液中的溶解度随酸的浓度增加而减小；易溶于 NaOH 中，其溶解度随碱液的浓度增大而增大。GeO₂ 在空气中很难挥发，但在 CO 还原性气氛中的挥发却极为明显。二氧化锗与锗粉在 1000℃ 共热时，可得到一氧化锗。

21.2.3.2　四氯化锗

四氯化锗（GeCl₄，germanium tetrachloride）是一种无色透明的发烟液体；熔点 -49.5℃，沸点 83.1℃，密度 1.8443g/cm³（20℃）；不溶于浓盐酸、浓硫酸，溶于稀盐酸、乙醇、乙醚、二硫化碳、氯仿和苯等。四氯化锗蒸气以单分子形式存在，分子呈四面体结构；遇水分解，对热稳定，950℃ 仍不分解。四氯化锗可由锗粉与氯反应或二氧化锗与盐酸反应制得。

四氯化锗主要用途是用作光导纤维掺杂剂，是制造半导体锗，纯化和提取锗的原料。当用于光纤预制棒的母棒中的掺杂剂时，可以显著地改善光纤折射率，降低光纤损耗。

21.2.3.3　有机锗

有机锗（Ge-132，organic germanium 132），β-羟乙基锗倍半氧化物，外观为白色结晶粉末，味微酸，Ge-132 分子式（CH₂CH₂COOHGe）₂O₃，相对分子质量 339.32，密度不大于 1.28g/cm³，分解温度 273℃。溶解度（水中）20g/L（60℃）。有机锗的功能为：（1）增强人体免疫功能；（2）调节血压、血脂、血糖等生理功能；（3）广泛治疗癌肿的作用；（4）抗致癌因子的作用；（5）防治多种疾病和健身的功能；（6）明显的抗衰老功效；（7）增白美容的功效。

21.3　锗的用途、产业链及产品

21.3.1　锗的用途

锗是重要的半导体材料，在半导体、航空航天测控、核物理探测、光纤通信、红外光学、太阳能电池、化学催化剂、生物医学、食品等领域都有广泛的应用。根据美国地质调查局 2015 年数据显示，全球锗终端用户所占比例如下：纤维光纤 30%，红外光纤 20%，聚合催化剂 20%，电子和太阳能器件 15% 和其他（荧光粉、冶金和化疗等）15%。

21.3.2　锗的产业链

锗产业链包括上游的资源提炼、中游的提纯和深加工以及下游的红外、光纤等方面的高端应用。

锗的产业链如图 21-1 所示。

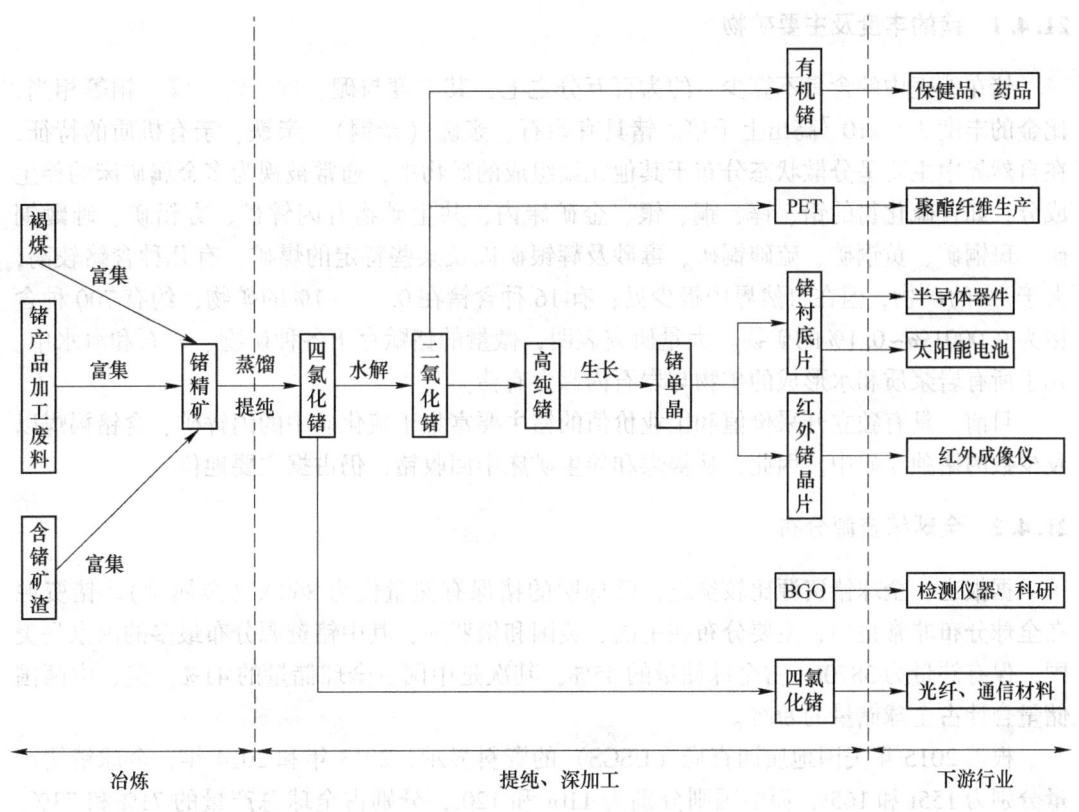

图 21-1　锗的产业链示意图

21.3.3　锗的生产

锗的生产过程包括锗精矿的制备、锗的提取、锗的提纯三个阶段。

锗极其分散地存在于多种矿物和岩石中，其含量不足以直接从矿物中提取。

锗的现代工业生产，是以多种金属矿物冶炼主金属过程的副产物、煤燃烧后的灰分、烟尘以及锗深加工过程中的废料为主要原料。

目前生产锗精矿、二氧化锗及金属锗的主要国家有德国、美国、日本、比利时、法国、意大利、奥地利、扎伊尔、中国和前苏联。世界锗市场的消费大户主要是美国和日本。

21.3.4　锗产品

锗的产品主要有：高纯二氧化锗、高纯四氯化锗、粗锗、区熔锗锭、锗光学元件、红外光学锗镜头、光伏级太阳能锗单晶片、超高纯 13N 锗单晶、高纯锗、锗单晶、单晶锗片、锗镜、有机锗等。

21.4　锗的资源

21.4.1　锗的丰度及主要矿物

锗在地壳中的含量不算少，约为百万分之七，其丰度与硼、砷、锡、锑、钼等相当，比金的丰度 3.5×10^{-7} 高出上千倍。锗具有亲石、亲硫（亲铜）、亲铁、亲有机质的特征，在自然界中主要呈分散状态分布于其他元素组成的矿物中，通常被视为多金属矿床的伴生成分，如含硫化物的铅、锌、铜、银、金矿床内，共生矿物有闪锌矿、方铅矿、砷黝铜矿、斑铜矿、黄铜矿、硫砷铜矿、毒砂及辉银矿以及某些特定的煤矿。有几种含锗较高，大于 1% 的矿物，但在自然界中极少见；有 16 种含锗在 0.1%~1% 的矿物；约有 700 种含锗为 0.0001%~0.1% 的矿物。大量研究表明，微量的锗赋存于各种矿物、岩石和海水中。几乎所有岩浆质和水形成的矿物与岩石内都含有锗。

目前，具有独立开采价值和工业价值的锗主要富集于硫化矿中的闪锌矿、含锗褐煤以及少数的锗独立矿中。因此，从褐煤和伴生矿床中回收锗，仍占据主要地位。

21.4.2　全球锗资源分布

据报道，全球锗资源比较贫乏，已探明的锗保有储量仅为 8600t（金属量）。锗资源在全球分布非常集中，主要分布在中国、美国和俄罗斯，其中锗资源分布最多的国家是美国，保有储量为 3870t，占全球储量的 45%，其次是中国占全球储量的 41%。美、中两国储量合计占全球储量的 86%。

根据 2015 年美国地质调查局（USGS）的资料显示，2013 年和 2014 年，全球精锗产量分别为 155t 和 165t，而中国则分别为 110t 和 120t，分别占全球总产量的 71% 和 73%。全球精锗产量见表 21-2。

表 21-2　全球精锗产量　　　　　　　　　　　　　　　（t）

年份	中国	俄罗斯	其他国家	全球
2013 年	110	5	40	155
2014 年	120	5	40	165

21.4.3　中国的锗资源分布

中国的锗储量十分丰富，已探明锗矿产地 35 处，保有储量近 3500t，未计入保有储量的锗资源超过 6000t，资源量总计近 1 万吨，在世界上占有明显优势。已探明的锗储量分布在全国 12 个省（区），其中广东、云南、内蒙古、吉林、山西、四川、广西和贵州等省（自治区）的储量较多。据 2015 年中国市场调查报告通告，云南是国内探明锗金属储量最多的省份，除褐煤中伴生的锗金属资源储量外，总量约为 2500~3000t，约占全国探明资源储量的 33.77%，另外内蒙古的锗资源也非常丰富，但是品位相对较低。

锗资源按成因可分为三类：一为热液交代充填型铅锌矿床，如湖南水口山；二为沉积改造型铅锌矿，如广东凡口；三为砂铅矿床，如云南会泽、贵州赫章。

此外，沉积煤矿床中伴生的锗，以有机化合物形式存在，平均含量约为 0.0017%，如云南临沧地区第三纪褐煤中伴生有丰富的锗资源，锗含量高达 0.01%～0.09%，具有很高的利用价值。我国含锗工业矿床的分布及品位见表 21-3。

表 21-3　我国含锗工业矿床的分布及品位

矿物类型	矿产品中锗的含量/%	矿产地	利用状况
含锗煤矿	0.0176	云南临沧	开采
硫化铅锌矿	0.007	云南会泽	开采
氧化铅锌矿	0.006	贵州赫章	开采
硫化铜矿	0.004	湖北吉龙山	开采
硫化铅锌矿	0.0033	广东凡口	开采
含锗煤矿	0.0024	内蒙古锡林郭勒	开采

从表 21-3 中可看出，矿物中锗含量最高的是云南临沧的含锗褐煤，为 0.0176%；其次是云南会泽县的硫化铅锌矿，为 0.007%，云南省锗资源优势明显。

2016 年全球锗产量 155t，中国锗产量 110t。中国主要的锗生产企业以及所用原料和产能见表 21-4。

表 21-4　中国主要的锗生产企业和产能

公司名称	原料来源	产品种类	年产量/t
云南锗业	褐煤	二氧化锗、区熔锗锭、锗单晶、锗光学	25
中金岭南	铅锌矿	二氧化锗、锗锭	15
云南驰宏锌锗股份有限公司	铅锌矿	二氧化锗	30
中锗科技	铅锌冶炼富集物、烟煤尘	二氧化锗、锗锭、锗单晶、锗片	15
锡林郭勒蒙东锗业	褐煤	二氧化锗、金属锗、单晶锗	15
先导稀材	二次锗资源	二氧化锗、锗锭	20
锡林郭勒通力锗业	褐煤	二氧化锗、高纯锗锭、单晶锗	10

21.5　提取锗的各种方法

锗很少有高品位的矿石，一般都是在其他金属矿和煤矿中综合提取。锗在主金属的选矿和冶金过程中被初步富集，由于品位低，一般在千分之一以下，还需要更进一步的富集。而富集锗的方法很多，大致可分为火法冶金方法、湿法冶金方法和火法—湿法联合的冶金方法。由于原料不同，锗的富集过程比较复杂，目前富集锗精矿的工艺主要有丹宁沉锗法、锌粉置换法、萃取法、再次挥发回收法。锗精矿是提取锗的重要原料，一般含锗 1%～5%，最高可达 20%。而盐酸浸出—氯化蒸馏法，是锗提取过程中必不可少的一个过程。当锗富集到一定程度后，都要经过氯化蒸馏—提纯—水解过程进行锗的制取和提纯。

此过程称为锗的经典提取方法，国内外采用较多。锗精矿加入盐酸（有时还加入硫酸）并通入氯气，锗就溶入溶液中生成 $GeCl_4$。当加热至 84~130℃ 时，$GeCl_4$ 挥发进入气相，与其他杂质分离。而后将 $GeCl_4$ 吸收入盐酸溶液中得粗四氯化锗，粗四氯化锗经净化和水解，即可制得二氧化锗。经典的氯化法提锗工艺流程如图 21-2 所示。

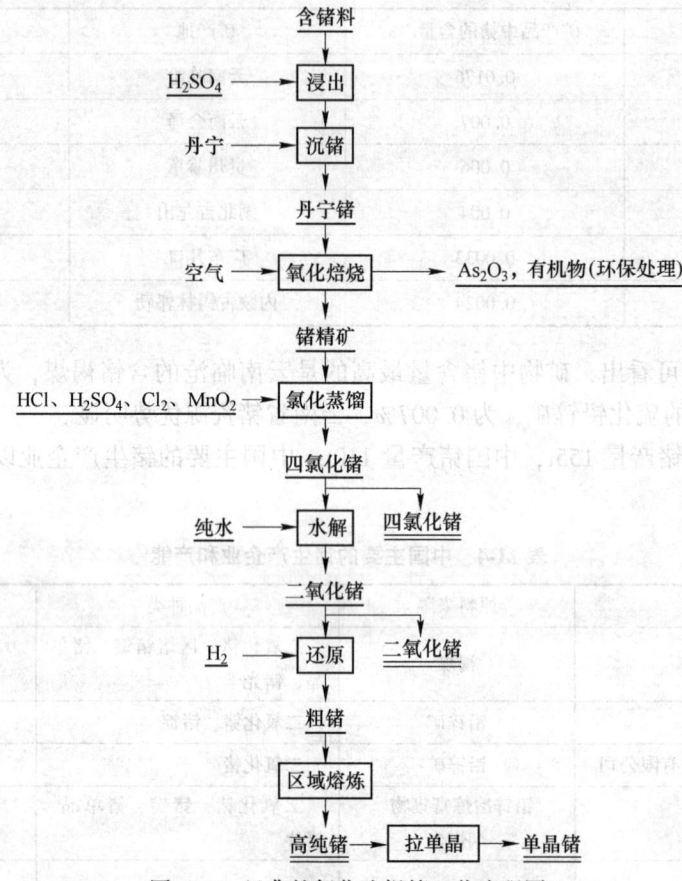

图 21-2 经典的氯化法提锗工艺流程图

从图 21-2 中可以看出，锗的提取过程大致可分为四个阶段：一是锗在其他金属提取过程中的富集，二是锗精矿的制备，三是锗的提取冶金，四是锗的物理冶金。共经过了七大步骤十个环节。七大步骤为：原料准备、锗精矿制备、制取 $GeCl_4$、$GeCl_4$ 水解、制取 GeO_2、GeO_2 还原、粗锗处理。十个环节为：锗原料破碎酸浸、丹宁沉锗、丹宁锗氧化焙烧、盐酸浸出、氯化蒸馏、粗 $GeCl_4$ 净化、$GeCl_4$ 水解提纯、GeO_2 制取及氢还原、粗锗区域熔炼制取纯锗。

21.5.1 提取锗的原料

提取锗的原料主要有三类：
(1) 各种金属冶炼过程中锗的富集物，如各种含锗烟尘、炉渣等。
(2) 煤燃烧的各种产物，如烟尘、煤灰、焦炭等。
(3) 冶炼加工过程中的各种废料。

21.5.2 提取锗的基本原理

由于从不同的原料中制备锗精矿的方法多，其基本原理也不尽相同，无论采用何种方法富集锗精矿，最后都是采用氯化蒸馏—提纯—水解法制取纯度很高的二氧化锗，再根据用户的要求制取不同的锗产品。

21.5.2.1 火法冶金富集锗的原理

火法冶金富集锗的方法主要有：优先挥发法、烟化炉挥发法、鼓风炉挥发法、碱土金属氯化蒸馏法、氧化—还原焙烧法、再次挥发法和真空蒸馏法。从原理来说，这些方法分别是利用锗的氧化物、氯化物、硫化物等的蒸气压比其他物质的蒸气压大，优先挥发进入气相，与其他杂质分离。真空蒸馏法是利用锗的蒸气压比其他元素的蒸气压小，让其他组分优先挥发进入气相，而锗留于残渣中，达到分离的目的。

至于鼓风炉挥发法和烟化炉挥发法是以其使用的设备命名，原理仍是相同的。

21.5.2.2 丹宁沉锗的原理

用丹宁从含锗工业料液中沉淀锗是一种成熟的传统工艺。一般认为，丹宁沉锗的机理是：丹宁与锗的反应是通过丹宁分子中的官能团的羟基与锗进行四配位或六配位的络合反应生成丹宁锗酸。在不同浓度下所表现的沉淀反应机理不同。如在 10g/L 以下的低浓度时，丹宁和锗反应生成简单的丹宁锗酸分子，具有一般有机酸的性质，可与二、三价正离子反应生成丹宁锗酸复盐而沉淀；随着锗浓度增加，丹宁锗酸分子间发生交联聚合反应；当锗浓度达到 20g/L 以上时，丹宁锗酸分子间发生交联聚合反应加强，带氢键的官能团增多，可吸附大量水而固化。

21.5.2.3 锗精矿氯化浸出—蒸馏的原理

锗精矿中除含锗以外，还含有大量的 SiO_2、Al_2O_3、MgO、Fe_2O_3、CaO、ZnO 和 CuO 以及少量的砷、磷、锑、硼等氧化物。当把锗精矿加入到 9mol/L 的盐酸溶液中时，上述各组分便发生氯化浸出反应，生成相应的氯化物，利用这些氯化物的沸点差异，通过蒸馏可达到将这些氯化物分离的目的。由于 $GeCl_4$ 的沸点比其他大部分杂质氯化物的沸点低得多，因而通过蒸馏，$GeCl_4$ 能与大部分杂质分离，但硅、硼、砷的氯化物则与 $GeCl_4$ 一起蒸馏出来。

21.5.2.4 $GeCl_4$ 水解制取 GeO_2 的原理

锗精矿氯化浸出—蒸馏提取出的 $GeCl_4$ 仍需水解制取高纯 GeO_2，这个过程是将精馏所得的高纯 $GeCl_4$ 加入到电阻率在 $10M\Omega \cdot cm$ 以上的去离子水中水解而生成的。水解生成的 GeO_2 不同于第Ⅳ主族的高价氧化物，它具有较高的溶解度（0.004mol/L），所以 $GeCl_4$ 的水解产物是一种可溶性的结晶氧化物。由于 $GeCl_4$ 不溶于浓盐酸，而在稀盐酸中则随盐酸浓度的增加，溶解度不断增大，当盐酸浓度达 6~7mol/L 时，$GeCl_4$ 的溶解度最大，为 0.5mol/L。若减小盐酸的浓度，$GeCl_4$ 便会发生水解反应，产生 GeO_2 沉淀。因此水解反应的必需条件之一，就是水解后溶液中的盐酸浓度应小于 5mol/L，否则会导致 GeO_2 的溶解度增加，GeCl$_4$水解不完全。

21.5.3 从几种有代表性的原料中提取锗的方法

21.5.3.1 从含锗矿中浮选锗精矿

锗在锗精矿中富集了7倍以上，而此锗精矿含锗量仅为0.385%，还不能进入氯化蒸馏工序，需进一步富集。从含锗矿中浮选锗精矿原则流程如图21-3所示。

21.5.3.2 从含锗烟尘中提锗

当硫化矿进行焙烧时，锗部分富集于烟尘中。当含锗物料在进行还原焙烧或还原熔炼时，锗也会部分富集于烟尘中。其处理的原则流程如图21-4所示。氧化焙烧除去砷及有机物等杂质，得到含GeO$_2$的烟尘，送氯化蒸馏得到四氯化锗，之后的处理过程、方法是相同的，详见图21-2。

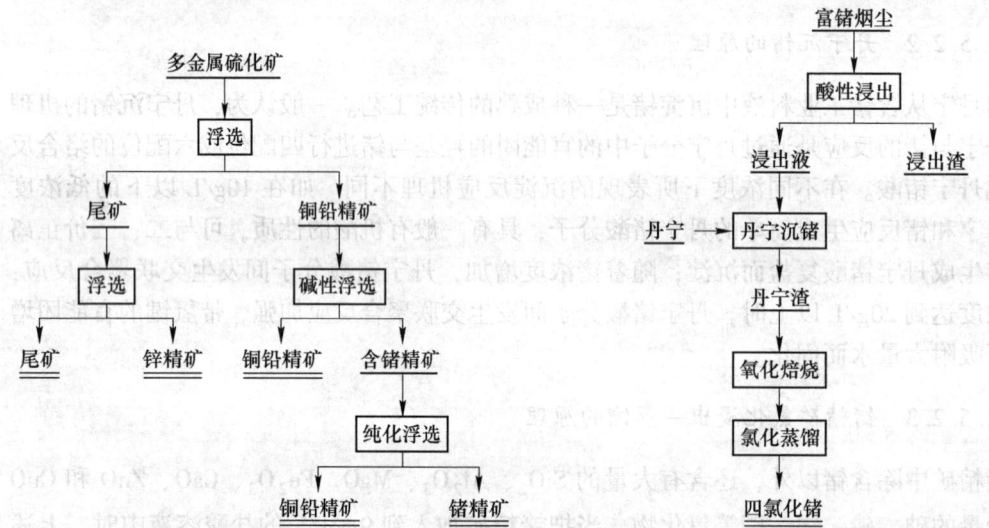

图 21-3　多金属硫化矿选锗精矿原则流程　　　图 21-4　富锗烟尘回收锗的丹宁沉锗流程

21.5.3.3 从火法炼锌的副产物—硬锌中提取锗

在火法炼锌时，相当部分的锗会富集于粗锌蒸馏的副产物硬锌中。硬锌中锗的含量达0.17%~1.0%，比锌精矿含锗0.008%~0.006%富集了21~167倍。然而仍需进一步富集。

硬锌中80%是锌，处理的方法主要有两种：传统的处理方法，电炉蒸馏—熔析法和真空蒸馏法。真空蒸馏法提取锗的原则流程如图21-5所示。

21.5.3.4 从湿法炼锌的副产物中提取锗

在湿法炼锌过程中，锗富集于中性浸出渣中。当采用不同的渣处理流程时，锗富集于不同的产物中。当中性浸出渣采用回转窑还原挥发时，锗富集于烟尘中；当中性浸出渣采用黄钾铁矾法处理时，锗主要富集于高温高酸浸出液中。富锗烟尘的处理流程如图21-4所示，高温高酸浸出液处理的原则流程如图21-6所示。

图 21-4 的丹宁沉锗流程与图 21-6 的萃取流程可以互换。丹宁沉锗流程是使用多年的传统流程，比较成熟，简单易行。其主要缺点是丹宁锗在灼烧过程中损失大，污染环境，灼烧后得到的锗精矿品位低。萃取法已在湿法冶金中应用多年，是近些年发展起来的提取锗的新方法，主要优点是金属回收率高，产品纯度高，生产能力大。

21.5.3.5　从含锗煤和煤的加工副产品中回收锗

从含锗煤中回收锗的典型方法是再次挥发法，而再挥发的方法又有许多种，如鼓风炉挥发法、回转窑挥发法等。含锗煤的富集流程如图 21-7 所示。二次煤尘可以按图 21-4 富锗烟尘的处理流程进一步富集锗。

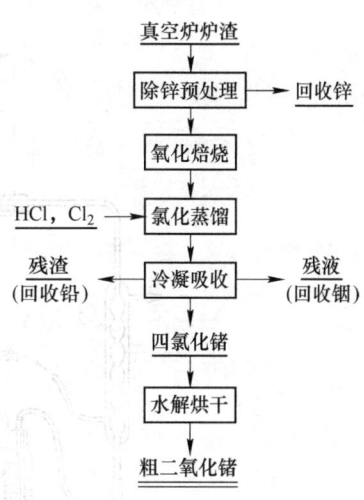

图 21-5　真空蒸馏法提取锗的原则流程

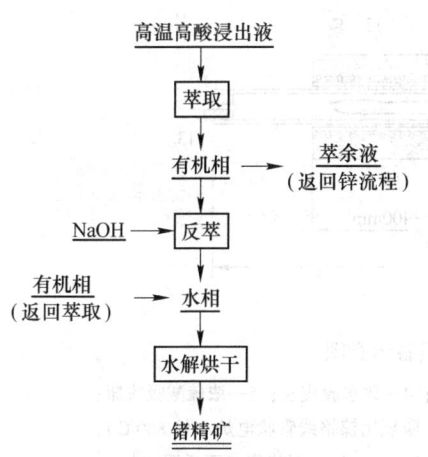

图 21-6　高温高酸浸出液回收锗的萃取流程

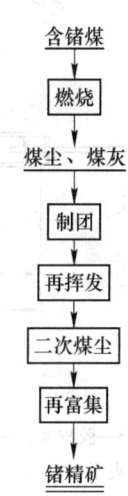

图 21-7　含锗煤富集流程

21.6　金属锗的制取与提纯

经过化学提纯后获得的高纯二氧化锗，还需通过还原以制得金属锗粉，而后再将锗粉熔化并定向结晶除杂，对锗进行初步物理提纯。

21.6.1　还原制取金属锗

金属锗是由 GeO_2 经氢还原或经碳还原的两段还原制得，金属锗的制备属于气-固相反应，其还原设备示意图如图 21-8 所示。氢还原 GeO_2 的反应式为：

$$GeO_2 + 2H_2 \!\!=\!\!= Ge + 2H_2O \tag{21-1}$$

在锗的工业生产中，很少采用碳还原，这是因为碳本身除了不易提纯而造成对锗的污

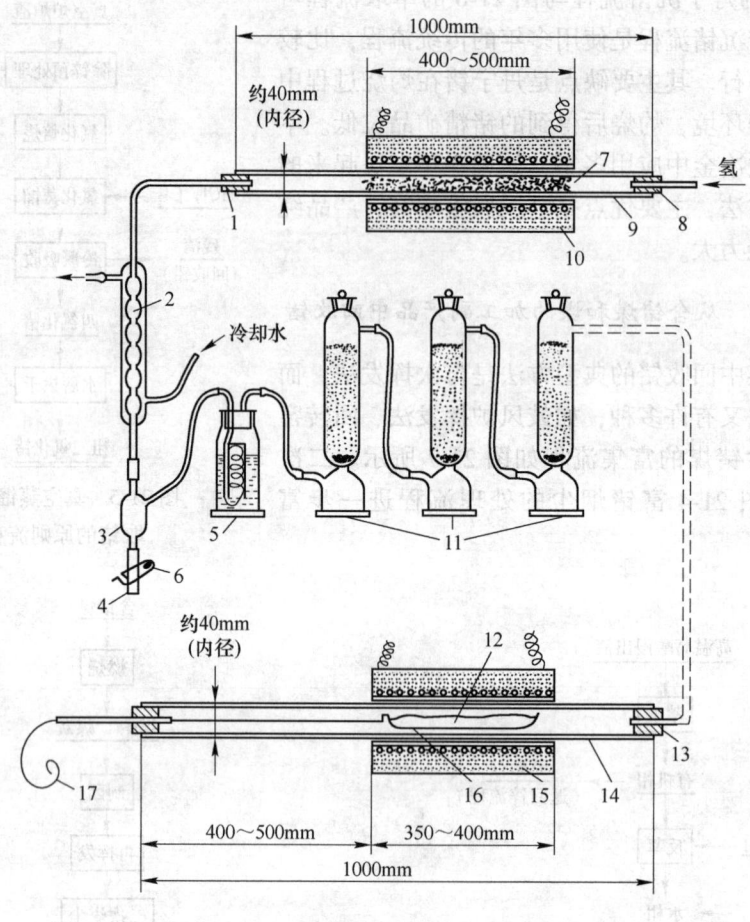

图 21-8 GeO₂氢还原设备示意图

1，8，13—胶皮塞；2—球形冷凝器；3—水滴容器；4—放水胶皮管；5—浓硫酸吸收瓶；
6—弹条夹子；7—铜线（1.2kg）；9—石英管；10—脱氧用镍铬线管状电炉（约800℃）；
11—五氧化二磷吸收瓶；12—二氧化锗（150~200g）；14—石英管（不透明）；
15—还原用镍铬线管状电炉（最高100℃）；16—石英舟皿（300mm×20mm×250mm）；
17—镍铬线（还原完毕后，用此将舟皿拉到冷却区，以缩短操作时间）

染外，还有许多副反应发生，从而导致 GeO 的挥发损失，使锗的实收率下降。

由于高纯氢气容易制得，因此 GeO₂的氢还原法在工业上有较大的实用意义。

氢还原 GeO₂的温度一般为 500~650℃，最终还原反应为：

$$GeO_2(s) + 2H_2(g) \Longrightarrow Ge(s) + 2H_2O(g) \qquad \Delta G_T = 13750 - 15.60T \qquad (21-2)$$

当温度超过 600℃ 时，反应的自由焓变为负值，氢还原 GeO₂的过程开始快速进行。如果还原反应的氢气量供给不足，还原条件又未做相应改变，在温度超过 700℃ 时，锗会以 GeO 形态挥发，从而造成锗的损失。

21.6.2 金属锗的提纯

用氢气还原 GeO₂得到的锗，杂质含量仍高，达不到产品要求，必须进一步提纯。此时，化学法无法再进一步提纯，而需采用物理冶金的方法。物理冶金的方法主要包括：定向结晶、区域熔炼和拉单晶法，三种方法的净化原理相同。

21.6.2.1 物理提纯的原理

物理冶金净化法是基于在液相和固相平衡时，杂质在两相中的平衡浓度不同。杂质和锗组成的相图在富锗端无非有两种类型：一种是杂质的溶入使主金属熔点升高，如图21-9（a）所示；另一种是杂质的溶入使主金属的熔点降低，如图21-9（b）所示。

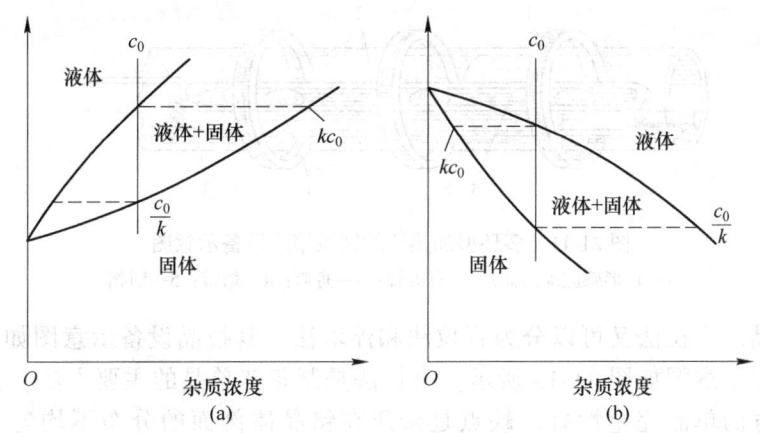

图 21-9　锗和杂质 B 在富锗端的相图

设平衡时杂质在固相中的浓度为 c_S，在液相中的浓度为 c_L，c_S/c_L 的比值 k 称为分配系数。即：

$$k = c_S/c_L \tag{21-3}$$

锗可能净化的程度取决于 k 值，在图 21-9（a）的情况下 $k>1$；在图 21-9（b）的情况下 $k<1$。设最初熔体中杂质浓度为 c_0，在固相的最初的无限小体积中的杂质浓度为 kc_0。当 $k<1$（见图 21-9（b））时，$kc_0<c_0$，因此液体就富有杂质；在 $k>1$（见图 21-9（a））时，$kc_0>c_0$，固相的最初体积则富有杂质。根据继续凝固的程度，杂质的浓度沿锭长不断变化。

$kc_0<c_0$ 则杂质富集于液相，$kc_0>c_0$ 杂质便富集于固相，两者都可以使杂质与锗分离。

21.6.2.2 区域熔炼

区域熔炼是比较有代表性的物理提纯方法，是在结晶前，不将整个锗锭熔化，而只是熔化锗锭的一小部分。区域熔炼法原理简图如图21-10所示。多环型加热器的区域熔炼设备示意图如图21-11所示。

将锗金属锭放在烧舟中，放入石英管内，石英管外有加热环，可使得锗锭局部熔化，形成狭小的熔带（区），当环形加热器从石英管的一端缓缓向另一端移动时，熔带（区）也随之移动，在此过程中，若 $k<1$ 则杂质富集于液相中，反之，若 $k>1$ 则杂质富集于首先凝固的首端，随着狭小熔带的移动，$k<1$ 的杂质富集到了锭尾。

区域熔炼或定向结晶法提纯的金属锗为多晶锗，为了制取锗单晶，常采用直拉法

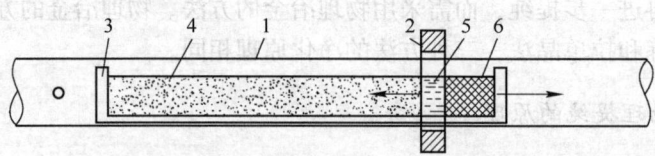

图 21-10 区域熔炼法原理简图

1—石英管；2—环形加热器；3—烧舟；4—金属棒；5—熔带（区）；6—纯金属结晶

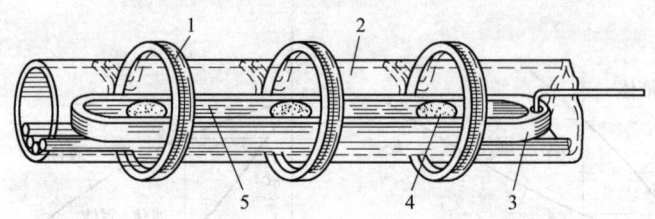

图 21-11 多环型加热器的区域熔炼设备示意图

1—环形感应加热器；2—石英管；3—舟皿；4—熔带；5—固相

和水平法拉晶。直拉法又可以分为直拉法和浮埚法。其拉晶设备示意图如图 21-12 所示，拉晶过程示意图如图 21-13 所示。直拉法是制备锗单晶的主要方法，其优点为成晶率高，培育的单晶完整性好。缺点是杂质在锗晶体剖面的分布不均匀，从而影响了锗单晶的使用。

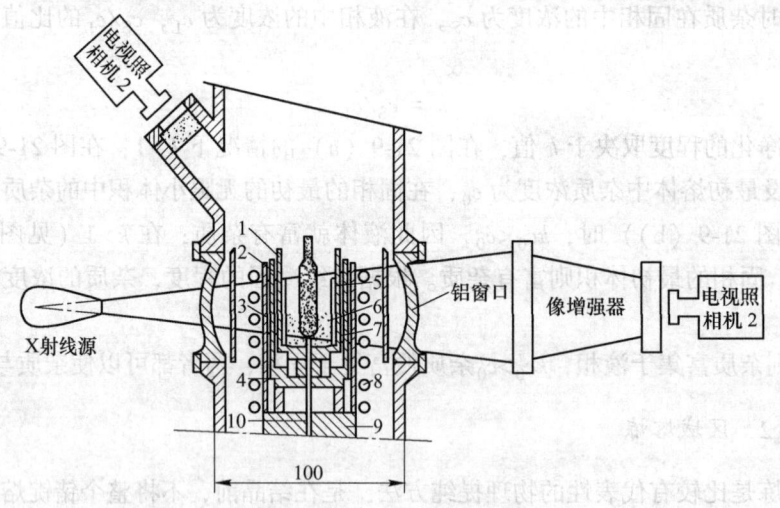

图 21-12 拉晶设备示意图

1—后置加热器；2—盖；3—辐射屏蔽；4—对流屏蔽；5—石英坩埚；
6—氧化硼膜；7—石墨坩埚；8—射频线圈；9—基座；10—热电偶

21.6.3 锗产品的国家及行业标准

锗产品的国家及行业标准见表 21-5。

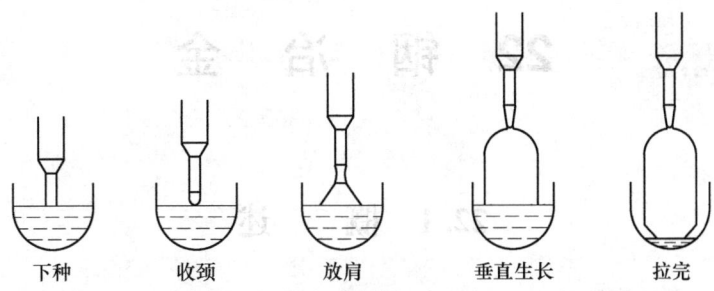

| 下种 | 收颈 | 放肩 | 垂直生长 | 拉完 |

图 21-13　拉晶过程示意图

表 21-5　锗产品的国家及行业标准

锗　产　品	国家及行业标准	锗　产　品	国家及行业标准
高纯二氧化锗	GB/T 11069—2006	煤中锗的测定方法	GB/T 8207—2007
还原锗锭	GB/T 11070—2006	煤中锗含量分级	MT/T 967—2005
区熔锗锭	GB/T 11071—2006	食品中锗的测定	GB/T 5009.151—2003
锗精矿	YS/T 300—2008	生锗原料	GB/T 23522—2009
高纯四氯化锗	YS/T 13-2007	锗单晶和锗单晶片	GB/T 5238—2009
高纯二氧化锗化学分析方法	YS/T 37.5—2007	TDR-Z 直拉法锗单晶炉	JB/T 12068—2014
锗单位产品能源消耗限额	GB 29413—2012	（2014-11-01 起实施）	

复习思考题

21-1　锗提取和加工有哪些新技术新动向？

21-2　简述提取锗的主要原料有哪些。

21-3　简述提取锗的经典工艺流程。

22　铟　冶　金

22.1　概　　述

铟（indium），元素符号 In，属元素周期表中第Ⅲ$_A$族元素。铟是银白色并略带淡蓝色的一种半精密的低熔点稀有金属。铟元素的发现与化学及物理学科的发展密不可分。1860 年德国化学家本生（K. W. Bunsen）和物理学家克希荷夫（G. R. Kirchooff）创建了灵敏度高很多的光谱分析，使一些在地壳中含量极少而采用化学分析法无法发现的元素，如铯、铷、铊和铟等陆续被发现。1863 年德国弗赖贝格矿业学院物理学教授赖希（F. Reich）和助手李希特（H. T. Richter）在研究夫赖堡希曼尔斯夫斯特（Himmelsfüst）出产的锌矿的铊光谱的过程中，共同分离出了铟的氯化物和氢氧化物，利用吹管在炭上还原出金属铟，并于 1867 年在法国科学院展出。

铟在地壳中的分布量小且很分散，迄今未发现它的富矿，只是在锌、铅等一些金属矿中作为杂质存在，因此把铟与类似特征的镓、铊、锗、硒、碲、铼等元素一起列入稀有分散金属。

铟的应用开始于 20 世纪 20～30 年代，即到 1923 年才开始有少量铟产出，且局限于实验室用。1933 年，首次出现商业应用，有人将铟添加进某种合金之中。首次大批量应用铟则是第二次世界大战时的事，铟被作为涂层而使用在飞机发动机齿轮上，从而增强其硬度，免于磨损和腐蚀。第二次世界大战后，随着铟被发现在易熔合金、焊料和电子工业方面有新的用途，其供需量逐渐增加，1964 年铟的产量达到近 50t，1988 年突破 100t。1985 年铟锡氧化物（ITO）、磷化铟半导体的开发和在电子通信等工业上的应用，是铟发展史上的一件大事，从此铟的产需逐渐进入快速增长期；至 2000 年开始，世界铟的产需量超过了 300t。

22.2　铟　的　性　质

铟原子序数 49，相对原子质量 114.82，是一种质软、略带淡蓝色色调的银白色金属，具有熔点低、沸点高、传导性好、延展性好、可塑性强，其氧化物能形成透明的导电膜等特性。铟类似于铂，光泽亮丽，其结晶格子为正方面心，高压下会转变为立方。与其他金属摩擦时能附着上去。铟又类似于锡，当纯铟棒弯曲时会发出鸣音。

22.2.1　铟的物理性质

铟金属易熔，其熔点 156.61℃，沸点 2080℃，密度 7.3g/cm^3（20℃）。铟比铅软，能用指甲刻痕，比铅的硬度低，其布氏硬度为 0.82～0.9。铟的可塑性极强，有很好的延展性，可压成极薄的金属片；但拉伸极限低，通常难拉成丝；此外黏度大，难切削。

铟是唯一有四方结构而又有7%偏离于面心立方结构的金属，因此，通过机械的孪晶的生成可使其变形而不显示面心立方结构，所以它具有可塑的性质。铟不易硬化，其伸长率反常的低，能无限制地变形。铟在液态时的流动性能极好，用铟可以制造出高品质的铸件。

铟比锌或镉的挥发性小，但在氢气或真空中加热能够升华。熔化的铟像镓一样能湿润干净的玻璃。铟的密度在固态时为 $7.28\sim7.362g/cm^3$，并随温度升高而下降。自然界铟有两种主要的同位素，其一为稳定的同位素 ^{113}In，而 ^{115}In 为 β-衰变，有微弱的放射性。铟的主要物理性质见表22-1。

表 22-1 铟的主要物理性质

项 目		数 值
原子系数		49
相对原子质量		114.82~114.96
在地壳中丰度 /%	质量分数	1×10^{-5}
	原子分数	1.5×10^{-5}
原子体积/cm³·mol⁻¹		15.8
原子半径/nm		0.144~0.166
离子半径/nm		0.130~0.132 （+1）
		0.081~0.105 （+3）
熔点/℃		156.6
沸点/℃		2075~2109
莫氏硬度		0.92~1.2
热导率/W·(m·K)⁻¹		82.061 （0~100℃）
弹性系数（20℃退火）		1070
热容/J·(mol·K)⁻¹		26.7
熔化热/kJ·mol⁻¹		3303
蒸发热/kJ·mol⁻¹		233
伸缩强度极限/g·mm⁻²		0.23~0.3
相对拉伸率/%		22
压缩系数/m²·kg⁻¹		$(2.5\sim2.7)\times10^{-6}$
磁化率 CGS		-64×10^{-6}
电子结构		$4d^{10}5s^25p^1$
霍尔系数(297K)/m³		-0.73×10^4
量热法		3.3966
磁化法		3.4035

22.2.2 铟的化学性质

金属铟的化学性质稳定。常温下金属铟不易被空气氧化，从常温到熔点之间，铟与空气中的氧作用缓慢，铟在100℃左右时开始氧化，表面形成极薄的氧化膜 In_2O_3 而变暗，当加热到熔点时，便发生强烈的氧化作用，并与氧、卤素、硫、硒、碲、磷反应，与氢和氮反应分别生成氢化物和氮化物，铟能与汞形成汞齐，铟与大多数的金属生成合金并伴随着明显的硬化效应。在高于 800℃时，铟发生燃烧生成氧化铟，其火焰为蓝紫色。

大块金属铟不被碱、沸水和熔融的 $NaNH_2$ 所侵蚀，但是分散的海绵状或粉末状的铟可与水作用，生成氢氧化铟。铟与冷而稀的酸作用缓慢，易溶于热而浓的无机酸和乙酸、草酸，特别易溶在热的硝酸中。铟能与许多金属形成合金，尤其是铁。常温时在含有 CO_2 的潮湿空气中，被铁污染的铟易氧化。金属铟的表面易钝化，一旦暴露于大气，就出现类似于铝表面的薄膜，这种薄膜坚韧但易溶于盐酸。

铟有+1、+2、+3 三种价态，主要的氧化态为+1 和+3，+3 价的铟在水溶液中是稳定的，而+1 价的铟化合物受热通常发生歧化反应。铟与卤素化合时，能分别形成一卤化物和三卤化物。

铟在它的化合物中能形成共价键，这种性质能影响它的电化学行为。某些铟盐的溶液有低的导电性，这表明了它们的非离子键的特性。铟的电极反应需要中等高的活化能。使用一种可以发生可逆电极反应的缔合电解质，能够电解加工铟，通常使用氰化物、硫酸盐、氨基磺酸盐和氟硼酸盐容易电镀铟。

22.2.3　铟的化合物

铟主要为+3 价的化合物，如 In_2O_3、$InCl_3$、InN。铟的碳化物在室温下不能稳定存在，但三元碳化物有过报道，如 Mn_3InC、$(Ln)_3InC$ 等。浓的高氯酸铟、硫酸铟和硝酸铟溶液具有高黏度。铟的化合物主要有氧化物、氢氧化物、硫化物、硫酸盐、铟的卤化物、铟的氮化物及硝酸盐、铟的硒化物和碲化物、铟合金等。

常见的铟化合物有硫酸铟（$In_2(SO_4)_3$）、硝酸铟（$In(NO_3)_3$）、氯化铟（$InCl_3$）、氧化铟（In_2O_3）、氢氧化铟（$In(OH)_3$）、磷化铟（InP）、砷化铟（$InAs$）等。

22.2.3.1　铟的氧化物

铟的氧化物有 In_2O、InO、In_2O_3，另有介稳氧化物，如 In_3O_4、In_4O_5、In_7O_9 等，高温下 In_2O_3 是稳定的。

在空气中燃烧铟或高于 850℃焙烧氢氧化物、碳酸盐、硝酸盐、硫酸盐等均可获得 In_2O_3，它是最常见的铟氧化物。In_2O_3 的熔点为 1910℃，沸点 3300℃，密度 7.12 ~ 7.179g/cm³。在低温下形成的 In_2O_3 是淡黄色无定型固体，一经加热可逆地转暗至棕红色。黄色的 In_2O_3 易溶于碱和酸，棕红色的相对难溶。提高铟盐溶液的 pH 值，水合氧化物可生成胶凝的化合物而沉淀析出，通常认为是氢氧化物并写成 $In(OH)_3$。在 700~800℃时，铟的氧化物可被氢、碳或铝还原至金属，也可被钠、镁等所还原，还原的中间产物是 InO 和 In_2O。当温度高于 800℃时，In_2O 有着相当高的蒸气压。温度低于 400℃时，用氢气还原 In_2O_3 可制备 In_2O，In_2O 是一种黑色晶状不具有吸湿性的固体，在冷水中溶解，但不与水反应，溶于盐酸放出氢气。在高真空或在还原性气体中加热 In_2O 时，表面上形成灰白色的 InO 固体，可溶于酸。

22.2.3.2　铟的氢氧化物

铟的氢氧化物有 $In(OH)_3$ 和 $InO(OH)$，后者是 $In(OH)_3$ 受热温度高于411℃时的转变产物。$In(OH)_3$ 是两性化合物，不溶于水及氨水，但可溶于酸，新沉出的 $In(OH)_3$ 易溶于稀的无机酸以及醋酸、蚁酸、酒石酸和其他一些有机酸中，不溶于低浓度的碱中，过量的碱溶液使氢氧化物变为胶溶，成为透明胶态溶液。在高浓度的碱溶液中 $In(OH)_3$ 溶解转变为铟酸盐。

22.2.3.3　铟的硫化物

铟的硫化物有 In_2S、InS、In_4S_6 及 In_2S_3 等。常温下稳定的有 InS 及 In_2S_3。In_2S_3 有吸湿性强的黄色 $\alpha\text{-}In_2S_3$ 以及红棕色的 $\beta\text{-}In_2S_3$ 两种形态。In_2S_3 不溶于水和稀硫酸，但可被浓酸所分解；In_2S_3 也可溶于碱金属硫化物中而形成 $MeIn_2S_4$。

In_2S 在空气中会氧化为 In_2S_3。InS 在850℃及真空中易于挥发，且在挥发过程中明显地随之离解，InS 易被氢还原到液态铟，并放出 H_2S。

22.2.3.4　铟的硫酸盐

金属铟或 In_2O_3 溶于热硫酸生成 $In_2(SO_4)_3$。硫酸铟是一种白色晶状、易溶于水的固体，一般含 5、6 或 10 个结晶水。将硫酸铟溶液蒸发浓缩，析出斜方晶体 $In_2(SO_4)_3 \cdot 5H_2O$，在500℃加热6h分解成无水硫酸盐，高于800℃进一步分解为 In_2O_3 和 SO_3。

当温度高于950℃时，$In_2(SO_4)_3$ 只需要20min就离解完全。20℃时 $In_2(SO_4)_3$ 在水中的溶解度为53.92%，升高温度溶解度增加甚微。

22.2.3.5　铟的卤化物

铟能形成三种卤化物 $In^I X$，$In^I[In^{III}X_4]$ 和 InX_3。所有简单一卤化物 InX 都已被制得，其中气态 InF 是在高温下制备的。在铟的卤化物中，对铟的提取冶金最重要的是氯化物。铟的氯化物 $InCl_3$ 易挥发，约在 148~440℃ 开始升华。固态 In_2Cl_6 在加热时离解为气态 $InCl_3$。$InCl_3$ 易溶于水而生成含一定结晶水的 $InCl_3 \cdot nH_2O$（其中 $n=2\sim4$）。$InCl_3$ 溶液与碱金属碳酸盐、草酸盐或 Me_2HPO_4 等作用，会沉出相应的白色 $In_2(CO_3)_3$、$In_2(C_2O_4)_3$ 与 $In_2(HPO_4)_3$。$InCl_3$ 若与 $NaOH$ 作用，则会生成类似于 $In_2(OH)_3Cl_3$ 的沉淀物。

铟的卤化物一般均易溶于水、酸或醇等中。铟的+3价卤化物在水中可形成带数个结晶水的三卤化铟，其溶解度一般随温度的升高而增大。22℃时，$InCl_3$ 溶解在3% HCl 水溶液中的溶解度高达 59.5%。$InCl_3$ 在 $CaCl_2$ 的水溶液中的溶解度也较大，并生成 $CaCl_2 \cdot xInCl_3 \cdot nH_2O$。

22.2.3.6　铟的氮化物及硝酸盐

在快速的氨气流中加热 $(NH_4)_3[InF]_6$，或用氨在 620~630℃ 还原和氮化 In_2O_3（4h）可制备氮化铟（InN）。它具有纤维锌矿结构，是稳定的黑色粉末，易被酸和碱分解。InN 是一种半导体。生成热（25℃）为 $-17.6kJ/mol$。

金属铟或氧化物溶解在硝酸中可制得硝酸盐。$InCl_3$ 与 N_2O_5 反应则可制得无水硝酸铟。蒸发硝酸铟溶液析出易溶于水的 $In(NO_3)_3 \cdot 3H_2O$ 晶体，它在 100℃ 脱水转变为一水合物。

22.2.3.7　铟合金

铟与许多金属可以形成合金，铟在其合金中的化学行为是与它在周期表中的位置相一致的。铟通常能增加基质金属的强度、硬度和抗腐蚀性。在硬化铅、锡方面是特别有效的。在富铟的合金中，铋是最有效的硬化剂，其次是镉、铅。铟合金也包括许多相对低熔点合金。铟与铅、锡、铋和镉的低熔合金（47℃）被使用在外科的铸件、制模、透镜的保护上和做电器保险丝等。铟/锡和铅/锡合金焊料的熔点在 100~300℃ 范围内，而且对碱呈现良好的抗腐蚀性。

50%铟-锡合金能润湿玻璃、石英和许多陶瓷；电子学方面的合金——铟与锑、砷和磷的合金已受到很大的关注；典型的轴承合金是：Ag/Pb/In，Pb/Cd/In，Cd/Ag/Cu/In，Ag/Ti/In，Pb/Sn/In 和 Pb/Sn/Sb/As/In。用途最广的是 Cu/Mn/In 合金。

22.3　铟的用途、产业链及产品

22.3.1　铟的用途

鉴于铟具有低熔点、高沸点及传导性好的多元性，因此用途广泛，是高科技领域不可或缺的关键原材料之一。铟广泛应用于电子工业、航空航天、合金制造、太阳能电池新材料等领域，在计算机、电子、电信、能源、光电、医药、卫生、航空航天、国防军事、核工业和现代信息产业等领域得到极其广泛的应用，极具战略地位。

铟主要作为包覆层或与其他金属制成合金，以增强耐腐蚀性；铟具有优良的反射性，可用来制造反射镜；铟合金可做反应堆控制棒；铟氧化物能形成透明的导电膜，近年在铟锡氧化物（ITO）、半导体、低熔点合金等方面得到广泛应用。特别是由于铟锡氧化物具有可见光透过率95%以上、紫外线吸收率不小于70%、对微波衰减率不小于85%、导电和加工性能良好、膜层既耐磨又耐化学腐蚀等优点，作为透明导电膜已获得广泛应用。随着 IT 产业的迅猛发展，用于笔记本电脑、电视和手机等各种新型液晶显示器（LCD）以及接触式屏幕、建筑用玻璃等方面，作为透明电极涂层的 ITO 靶材（约占铟用量的70%）用量的急剧增长，使铟的需求正以年均 30% 以上的增长率递增，且目前还没有新的 ITO 替代品。另外，在无线电和半导体技术中，铟具有质软、延展性好以及导电性等特点，与其他有色金属组成一系列的化合物半导体、光电子材料、特殊合金、新型功能材料以及有机金属化合物等。铟在高科技武器制造中也占有极其重要的地位。

22.3.2　铟的产业链

在铟产业链中，首先由最上游的粗铟厂采购含铟的矿产或废料，将其加工成铟含量较高的粗铟（约含 In 98% 以上）；然后由精铟加工厂将粗铟加工提炼去杂，制成含 In 99.995% 以上的精铟；最后由下游的应用厂商用于平板显示镀膜、信息材料、高温超导材料、集成电路的特殊焊料、高性能合金以及国防、医药、高纯试剂等众多高科技领域。其产品附加值高，如：LCD 电视、太阳能电池、航空轴承和发动机轴承等产品。铟下游需求占比见表 22-2，其中的 ITO 靶材是铟金属中游产业链最大环节。

表 22-2　铟下游需求占比

铟的下游产品	占比/%
ITO 液晶显示器	85
发光二极管、激光和半导体	15
含铟合金、特种焊料	5

铟锡氧化物（ITO）是各类平板显示器不可缺少的关键材料，目前，铟消费 80% 用于 ITO 靶材生产，用于液晶显示器和平板屏幕制造上。在传统的液晶显示器和平板屏幕方面，ITO 靶材是 LCD 产业链的重要一环，是基本的配套材料。近年来随着平面显示器行业的蓬勃发展，对 ITO 靶材的需求也大大增长。

全球 ITO 靶材主要生产国、主要生产商见表 22-3。

表 22-3　全球 ITO 靶材主要生产国、主要生产商

ITO 靶材类型	主要生产商	需求量/t
生产低端 TN 导电玻璃的 ITO 靶材	韩国的三星康宁、美国的优美可（Umicore）、日本三井和德国的贺力士	120
生产中档 STN 的 ITO 靶材	韩国的三星康宁、美国的优美可（Umicore）、日本三井和德国的贺力士	200
生产高端 TFT-LCD VMC 的 ITO 靶材	日本的东曹、日立、住友	24

目前，日本、美国、德国和韩国掌握着全球 ITO 靶材的核心制备技术，特别是日本在高端 ITO 靶材研发和生产领域处于领先地位，主导着整个产业的发展。铟产业链流程如图 22-1 所示。铟产业链详细剖析如图 22-2 所示。

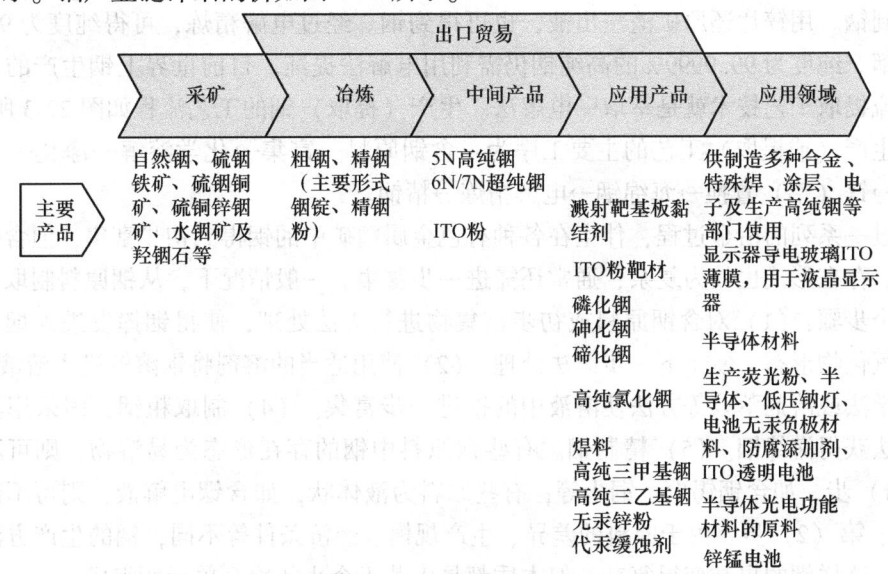

图 22-1　铟产业链流程图

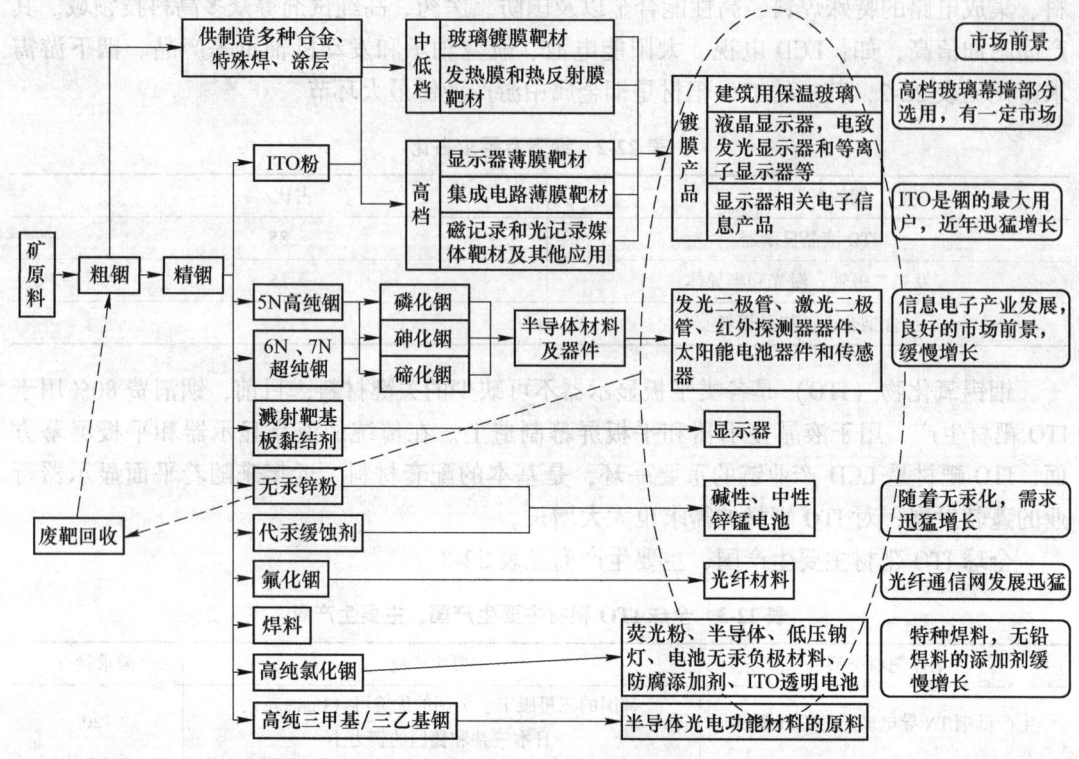

图 22-2 铟产业链详细剖析图

22.3.3 铟的生产及产量

22.3.3.1 铟的生产

铟的生产绝大部分是从湿法炼锌的浸出渣中回收的，矿渣经化学处理后，可用溶剂萃取法得到铟。用锌片还原矿渣浸出液，也可得到铟。经过电解精炼，可得纯度为99.97%的金属铟。纯度为99.9999%的高纯铟仍需利用电解法提纯。目前世界上铟生产的主要工艺和主流提取工艺技术就是萃取—电解法。生产（提取）铟的工艺流程如图22-3所示。

铟生产（或提取）工艺的主要工序为：含铟原料→富集→化学溶解→净化→萃取→反萃取→锌（铝）置换→海绵铟→电解精炼→精铟。

经过一系列的冶金过程，伴生在各种有色金属精矿中的铟得到初步富集，但含铟品位仍较低，存在形式也较为复杂，通常还需进一步富集。一般情况下，从铟原料制取精铟需经过五个步骤：(1) 对含铟原料或初步富集物进行火法处理，使得铟挥发进入烟尘，并转变为氧化物形态，便于下一步湿法处理。(2) 使用适当的溶剂将铟溶解进入溶液。(3) 采用化学法或溶剂萃取等方法使溶液中的铟进一步富集。(4) 制取粗铟，多采用活泼金属置换法获得海绵铟。(5) 精制铟。有些铟原料中铟的存在形态为易溶物，则可不必经过第 (1) 步，如含铟锡尘、铜尘等；有些原料为液体状，如含铟电解液，则可不用经过第 (1)、第 (2) 步。由于原料的差异、生产规模、经济条件等不同，铟的生产方法也不尽相同，这样铟的提纯变得复杂，但本质都是由若干个小的冶金单元所组成。

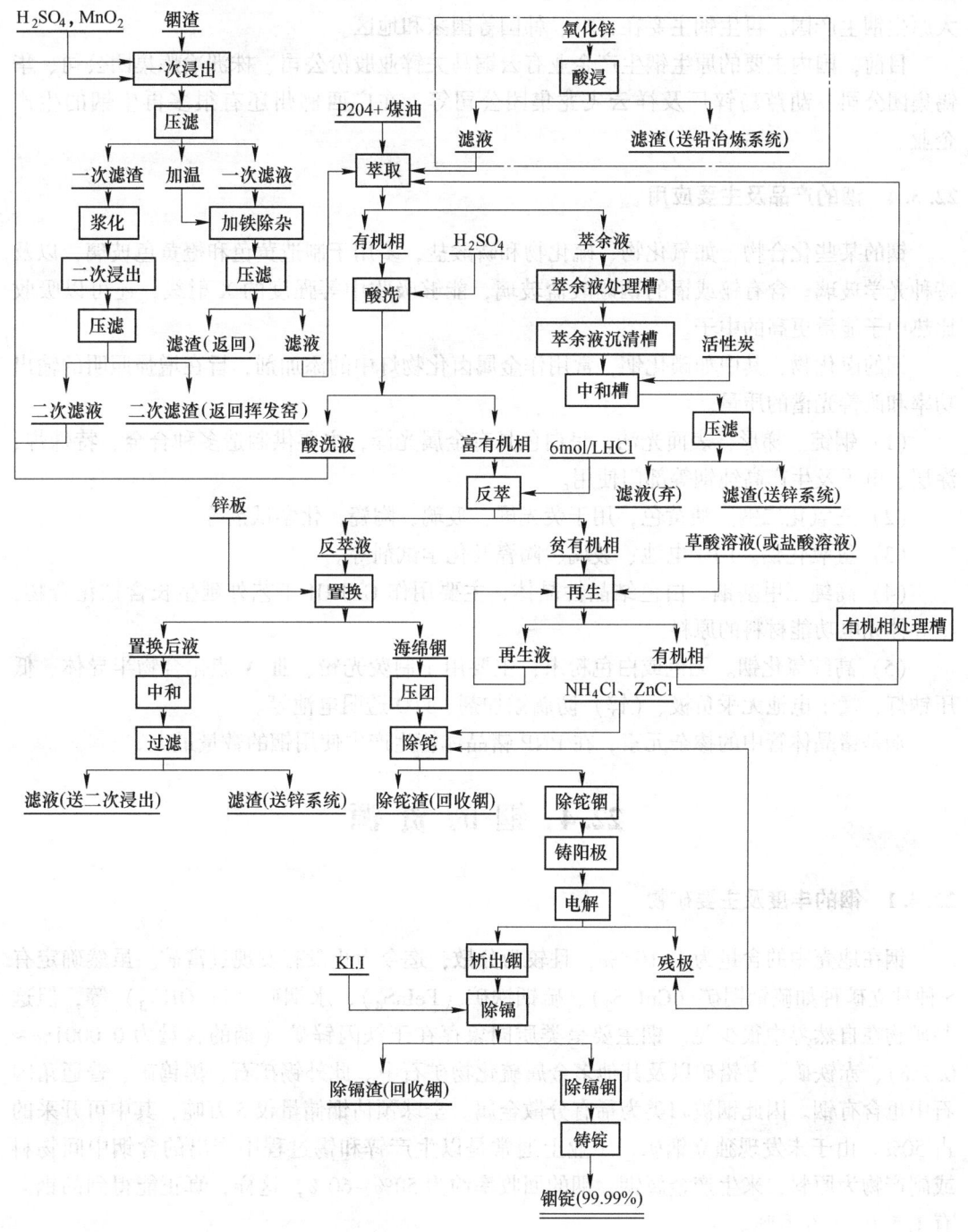

图 22-3　铟生产的工艺流程

22.3.3.2　铟的产量

根据美国国家地质局的统计数据，2014 年全球原生铟产量为 820t，较 2013 年增长 2.6%；中国是全球第一大原生铟的供给国，2014 年中国原生铟产量为 420t，产量同比增长 1.2%，占同期全球总产量的 51.2%。中国、韩国、日本、加拿大、比利时是全球前五大原生铟生产国。再生铟主要在日本、韩国等国家和地区。

目前，国内主要的原生铟生产企业有云铜马关锌业股份公司、株洲冶炼集团公司、华锡集团公司、葫芦岛锌厂及祥云飞龙集团公司等，在广西柳州还有很多再生铟的生产企业。

22.3.4 铟的产品及主要应用

铟的某些化合物，如氧化物、硫化物和磷酸盐，多用于制造黄色和橙黄色玻璃，以及特种光学玻璃。含有铋或镉的铟硼酸盐玻璃，能够吸收中等强度的 X 射线，还可以吸收比热中子能量更高的中子。

铟的卤化物，其中如碘化铟，常用作金属卤化物灯中的添加剂，旨在增强照明的输出功率和改善光谱的质量。

(1) 铟锭。梯形，表面光洁，呈白色具有金属光泽，主要供制造多种合金、特殊焊、涂层、电子及生产高纯铟等部门使用。

(2) 三氧化二铟。淡黄色，用于荧光屏，玻璃，陶瓷，化学试剂等。

(3) 氢氧化铟。用于电池、玻璃、陶瓷及化学试剂等。

(4) 高纯三甲基铟。白色结晶性晶体，主要用作 GAEHI 工艺外延生长含铟化合物，半导体光电功能材料的原料。

(5) 高纯氯化铟。无色或白色粉末，主要用于制荧光粉、III-V 族化合物半导体、低压钠灯、锰干电池无汞负极、（锌）防腐添加剂、ITO 透明电池等。

铟是锗晶体管中的掺杂元素，在 PNP 锗晶体管生产中使用铟的数量最大。

22.4 铟 的 资 源

22.4.1 铟的丰度及主要矿物

铟在地壳中的含量为 $1 \times 10^{-5}\%$，且较为分散，迄今为止没有发现过富矿。虽然确定有 5 种独立矿种如硫铟铜矿（$CuInS_2$）、硫铟铁矿（$FeInS_4$）、水铟矿（$In(OH)_3$）等，但这些矿物在自然界中很少见。铟主要呈类质同象存在于铁闪锌矿（铟的含量为 0.0001% ~ 0.1%）、赤铁矿、方铅矿以及其他多金属硫化物矿石中。此外锡矿石、黑钨矿、普通角闪石中也含有铟。因此铟被归类为稀有分散金属。全球预估铟储量仅 5 万吨，其中可开采的占 50%。由于未发现独立铟矿，工业上通常是以生产锌和锡过程中产出的含铟中间物料或副产物为原料，来生产金属铟，铟的回收率约为 50% ~ 60%，这样，真正能得到的铟只有 1.5 万 ~ 1.6 万吨。

22.4.2 全球的铟资源

据美国地质局的调查统计，2015 年全球铟储量（以锌矿床为基础）统计结果见表 22-4。铟资源比较丰富的国家有秘鲁、加拿大、中国、美国和俄罗斯，这些国家的铟储量大约占全球铟储量的 80.6%，而 73% 的铟资源主要集中在中国。如果将铜、锌和锡矿的含铟量计入在内，目前有经济价值的铟总储量超过 1 万吨。

表 22-4 全球铟储量 (t)

储量	美国	加拿大	中国	俄罗斯	秘鲁	其他	合计
探明储量	280	150	8000	80	360	2130	11000
储量基础	450	560	10000	250	580	4160	16000

22.4.3 中国的铟资源

22.4.3.1 中国的铟资源分布

中国的铟资源主要分布在铅锌矿床和铜多金属矿床中，保有储量为 13014t，居世界第一。占全球供应量的 80%。分布在全国 15 个省（区），且主要集中在云南（占全国铟总储量的 40%）、广西（占 31.4%）、内蒙古（占 8.2%）、青海（占 7.8%）、广东（占 7%）。云南和广西两个省的储量占比高达 72%。

中国铅锌矿床中铟含量高于国外，含铟最富的锌精矿生产厂区为大厂（670g/t）、都龙（280g/t）和蒙自（380g/t），其相应的选矿矿石来源，分别出自广西南丹，云南马关都龙和云南蒙自白牛场矿区，是中国迄今所发现的几座最大的含铟多金属矿床。随着资源勘探工作的深入，可开发的铟资源将继续增加。

22.4.3.2 中国的铟生产现状

中国铟生产过程中，铟的来源主要有两个渠道，一是作为一种冶炼副产品在铅锌冶炼过程中提取，另外一种就是从废弃的含铟物料中回收铟。

中国是世界上铟锭的主要生产地，此外全球还有美国、加拿大及日本等国。

世界铟的工业化生产开始于 20 世纪 20 年代初。从 2003 年开始，中国超过法国成为世界第一大铟生产国。在 2000～2006 年间，中国铟产量增加了 425t，占同期全球铟产量增加量的 61.2%。日本是世界第二大铟生产国。

2006 年，我国的铟生产能力达到 657t，其中原生铟约 457t，占 70%。2006 年我国的铟产量为 537t，其中原生铟 270t，占 50%。中国铟的生产主要集中在湖南（株洲、郴州、湘潭）、广西（柳州、南丹）、江苏（南京锗厂）、广东（韶关）、云南和辽宁（葫芦岛锌厂）。其中湖南原生铟产量最大。

根据美国地质调查局 2015 年公布的数据显示，全球各国精铟产量见表 22-5。

表 22-5 全球各国的精铟产量 (t)

年份	比利时	加拿大	中国	法国	德国	日本	韩国	秘鲁	俄罗斯	全球总计
2013 年	30	65	415	33	10	72	150	11	13	799
2014 年	30	65	420	48	10	72	150	11	13	820

22.5 提取铟的各种方法

由于铟在地壳中含量极少，是分布极散的稀散元素，含铟高的矿物难觅，这就决定了铟的提取原料杂，提取过程较长，提取方法多。

世界上铟产量的 90% 来自铅锌冶炼厂的副产物。铟的冶炼回收方法主要是从铜、铅、锌、锡的冶炼浮渣、熔渣及阳极泥中通过富集加以回收。根据回收原料的来源及含铟量的差别，应用不同的提取工艺，达到最佳配置和最大收益。提取铟常用的工艺技术有氧化造渣、金属置换、电解富集、酸浸萃取、萃取电解、离子交换、电解精炼等。当前较为广泛应用的是溶剂萃取法，它是一种高效分离提取工艺。离子交换法用于铟的回收，但还未见工业化生产的报道。在从较难挥发的锡和铜内分离铟的过程中，铟多数集中在烟道灰和浮渣内。在挥发性的锌和镉中分离时，铟则富集于炉渣及滤渣内。

在 ISP 炼铅锌工艺中，精矿中的铟较大部分富集于粗锌精馏工序产出的粗铅中，从富铟粗铅中回收铟，一直采用碱煮提铟工艺，存在生产能力小、生产成本高、金属回收率低等缺点。

为了简化铟的提取流程，降低生产成本，提高金属回收率，针对原有的提铟生产工艺，研究者开发了"富铟粗铅电解—铅电解液萃铟"提取工艺，其工艺流程为：粗铅熔化铸成阳极板，装入电解槽通电进行电解，阳极中的铅、铟溶解进入电解液，但铅离子迁移至阴极还原沉积。当电解液中的铟富集到一定浓度后，抽出电解液进行萃取、反萃，富铟反萃液经调节 pH 值、金属置换、海绵铟压团、熔铸后得到粗铟。

在铟的提取过程中，无论采用何种工艺，均应全面考虑以下几个因素：铟的提取应与主产品的生产工艺相适应，相互衔接、配合；采用尽可能简短而有效的提取工艺，并做到物料全面综合利用；经济、适用、可靠；满足安全和环保要求，不造成二次污染。

铟的提取过程一般可以分为四个阶段：一是铟在其他主金属提取过程中的富集，二是制取铟富集物，三是通过一些化学冶金过程而制得粗铟，四是粗铟电解得精铟锭。提取铟的原则工艺流程如图 22-4 所示。

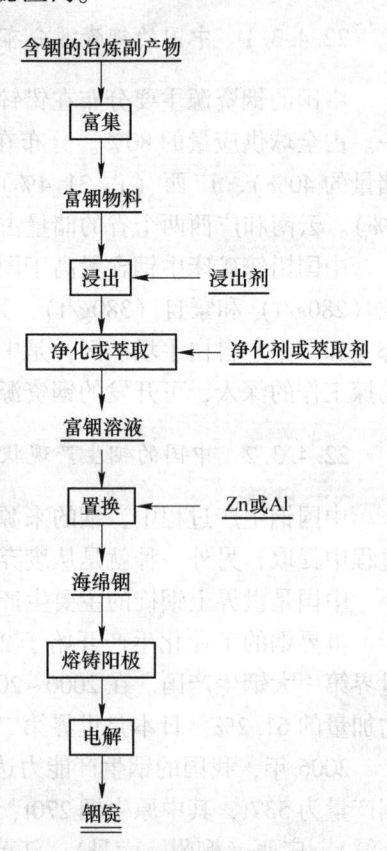

图 22-4　提取铟的原则流程

22.5.1　提取铟的原料

一般来说，可供提取铟的原料主要有以下四种：

(1) 含铟高的原矿如褐铁矿、赤铁矿等。

(2) 有色金属，特别是锌、铅、锡、铜、锑等冶炼过程中产生的副产品，如浸出渣、烟尘、浮渣、阳极泥、电解液等。

(3) 高炉冶炼生铁的瓦斯泥（灰）。

(4) 含铟再生废料，特别是 ITO 废靶和碎屑。

在一些有色金属精矿中铟得到初步富集，但由于品位仍相当低，一般还不可直接用于提铟。在有色金属精矿冶炼和高炉炼铁过程中，铟依其行为与走向不同，会在某些生产工序和中间产品或副产品中得以相当程度的富集，成为提铟的主要原料，如炉渣、浸出渣、溶液、烟尘、合金和阳极泥等。

按主金属原料来源和生产工艺的不同，将可能产出供提取原生铟的原料初步归结为10类主金属（原料），13种铟富集物，见表22-6。一些化工生产过程，如硫酸工业和锌化工盐的渣，也可能成为提铟原料。

表 22-6 原生铟的生产原料汇总

主金属	主产品	主金属冶炼工艺	富铟物生产工序	铟富集物
硫化铅精矿	精锌	火法炼锌	焦结，精馏	焦结尘、硬锌、粗铅
铅锌混合矿	精铅锌	密闭鼓风炉	鼓风炉熔炼，精馏	粗铅锌，硬锌、粗铅
硫化锌精矿	电解锌	湿法炼锌	常规浸出，针铁矿法，黄钾铁矾	中性浸出渣，针铁矿渣，黄钾铁矾渣
硫化铅精矿	精铅	还原熔炼	鼓风炉熔炼，火法精炼	炉渣烟化尘，铜浮渣反射炉尘
氧化铅矿	精铅	还原熔炼	鼓风炉熔炼，火法精炼	烟尘，鼓风炉熔炼，火法精炼
锡精矿	精锡	还原熔炼	粗锡还原熔炼	锡二次尘，焊锡
硫化铜精矿	电解铜	火法炼铜	火法精炼，铜硫熔炼，吹炼	铜烟尘，铜转炉尘
硫锑铅矿	精锑	火法炼锑	鼓风炉原料，反射炉熔炼	精矿，锑鼓风尘，铜浮渣，反射尘
铁矿石	生铁	高炉熔炼	煤气净化	瓦斯泥
锰矿石	锰铁	高炉熔炼	煤气净化	布袋尘

此外，从铟的再生资源回收再生铟则已逐渐成为铟的主要供应源之一。铟的二次资源主要是在铟制品的生产过程和使用过程中产生的下脚料、废品、旧晶、元器件等，可以将其基本划分为如下9类：

（1）ITO 靶材废料，靶材溅射镀膜率一般仅 70% 左右，其余为废靶，在靶材生产过程中也产生边角料、切屑和废品，都为铟二次资源的最大来源。

（2）半导体切磨抛废料、半导体器件。

（3）含铟合金加工废料，废焊料合金线，多为 In-Pb-Sn 合金及 In-Ga-Ge 合金等。

（4）废催化剂。

（5）含铟废仪器、硒鼓、锗和硒整流器。

（6）废旧电视机、手机、游戏机。

（7）含铟干电池、蓄电池。

（8）含铟电镀液废水。

（9）腐蚀液，多指制造二极、三极管使用高纯铟前，先用硝酸或盐酸腐蚀表面氧化所得腐蚀液，属硝酸铟或氯化铟溶液。

从二次资源回收再生铟与从矿石原料生产原生铟相比，具有许多优点：处理工艺较简单，从而节约基本建设投资；能耗少，效率高；降低了对不可再生矿产资源的耗费；减少了环境污染。因此，在发达国家，对铟二次资源的回收利用十分重视。

22.5.2 提取铟的基本原理

由于从不同的原料中提取铟的方法多，其基本原理也不尽相同。而现今世界上铟生产的主流工艺技术是以萃取—电解法为主。这里就着重介绍萃取法和电解法的基本原理。

22.5.2.1 萃取法

萃取法提取铟的基本原理，一般采用酸性含磷萃取剂萃取铟，常用的磷类萃取剂有 P204（二（2-乙基己基）磷酸）、P507（（2-乙基己基）膦酸单 2-乙基己基酯）、Cyanex272（二（2，4，4-三甲基）戊基膦酸）等，也可采用中性萃取剂如 TBP（磷酸三丁酯）、MIBK（甲基异丁基酮）、N503（二仲辛醇乙酰胺）和胺类萃取剂如 TOA（三辛胺）、N235（三烷基胺）等。

酸性磷类萃取剂萃取铟的基本原理是按阳离子交换反应机理进行：

$$In^{3+} + n\overline{H_2A_2} \Longrightarrow \overline{[In(HA_2)_n]^{3-n}} + nH^+ \tag{22-1}$$

如果从硫酸介质中萃取铟，则存在如下机理：

$$[In(SO_4)_x]^{3-2x} + m\overline{H_2A_2} \Longrightarrow \overline{[In(SO_4)_y(HA_2)_m]^{3-2y-m}} + (x-y)SO_4^{2-} + mH^+ \tag{22-2}$$

在反萃过程中，盐酸反萃机理如下：

$$\overline{[In(HA_2)_n]^{3-n}} + nH^+ \Longrightarrow In^{3+} + n\overline{H_2A_2} \tag{22-3}$$

即为萃取的逆过程，只是要求酸的浓度足够高，且需助剂，即能把铟反萃出来。通常萃取法回收铟的简易工艺流程如图 22-5 所示。

22.5.2.2 电解法

电解精炼主要依靠阳极中各组分在阳极氧化和阴极析出时的难易或析出速度的差异，以及使杂质在电解液中形成难溶盐等而达到提纯金属的目的。铟的电解精炼过程是以脱除了 Tl、Cd 后的粗铟作为阳极，纯铟片为阴极，电解液可以用 $In_2(SO_4)_3$+H_2SO_4 体系或 $InCl_3$+HCl 体系。

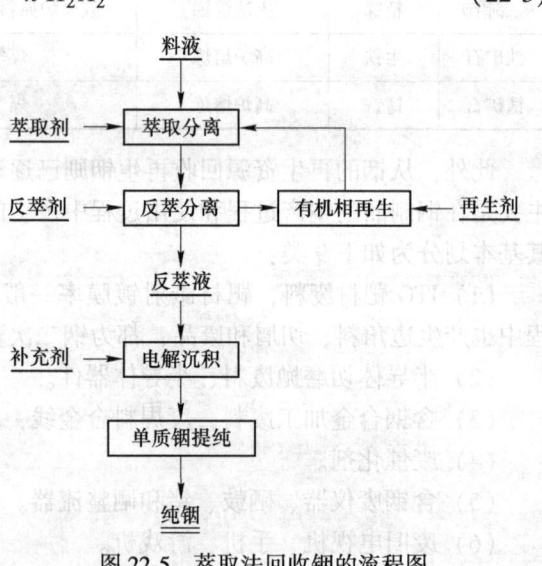

图 22-5　萃取法回收铟的流程图

铟电解精炼时，其过程可以认为是下列电化系统（硫酸体系）：

$$In(纯) \mid In_2(SO_4)_3, H_2SO_4, H_2O \mid In(含杂质的)$$

在阴阳极间通以直流电进行电解时，电极上发生的主要反应为：

阳极反应：

$$In - 3e \Longrightarrow In^{3+} \qquad \varphi^{\ominus}_{In^{3+}/In} = -0.343V \tag{22-4}$$

$$2H_2O - 4e \Longrightarrow O_2 + 4H^+ \qquad \varphi^{\ominus}_{O_2/H_2O} = 1.229V \tag{22-5}$$

阴极反应：

$$In^{3+} + 3e \Longrightarrow In \qquad \varphi^{\ominus}_{In^{3+}/In} = -0.343V \tag{22-6}$$

$$2H^+ + 2e \Longrightarrow H_2 \qquad \varphi^{\ominus}_{H^+/H_2} = 0V \tag{22-7}$$

氢的标准电极电势较铟负，但在正常情况下，由于氢离子的电还原具有很大的过电势，因此氢实际的析出电位要比铟的负，不会在阴极上析出氢气，而铟则在阴极上电还原为金属铟沉积出来。此外，阳极上比铟更正电性的金属：Ag、Cd、Bi、Sb、As 等均不溶解而基本上留在阳极泥中。阳极外套装织物袋，防止阳极泥落入电解液中。随阳极变薄和阳极泥层增厚，槽电压逐渐上升。电解至一定时间则停止电解，更换阳极。

22.5.3 从几种有代表性的原料中提取铟的方法

22.5.3.1 从湿法炼锌的浸出残渣提取铟

在湿法炼锌工艺中，对锌精矿的焙砂进行中性浸出时，所产中性浸出液经净化后供电解提锌，而中性浸出的残渣则富集了锌矿中的铟，是综合提铟的最主要的原料。其处理的原则流程如图 22-6 所示。

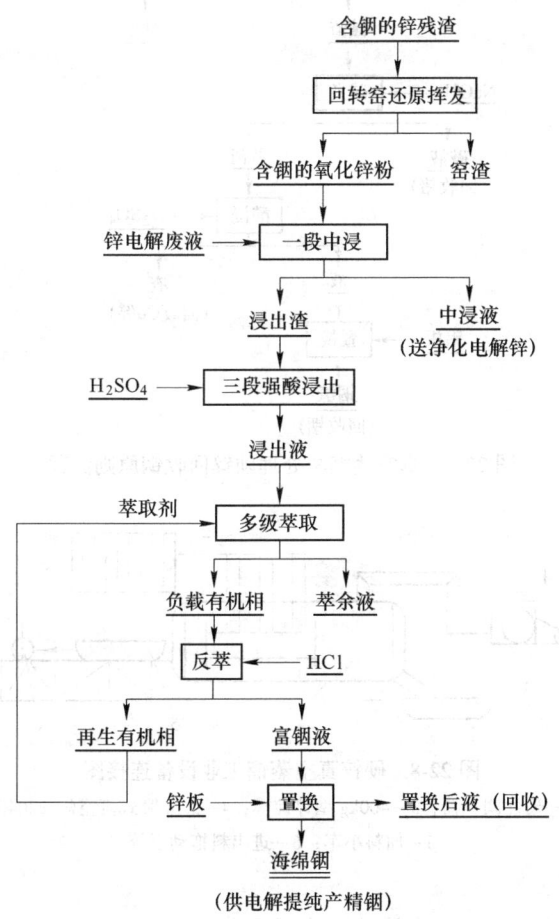

图 22-6　锌残渣综合回收铟的原则流程

22.5.3.2 从火法炼锌的副产品——硬锌中提取铟

对火法炼锌（ISP 法、竖罐蒸馏、电炉法等）产出的粗锌进行火法精炼时，所产出的副产品如硬锌往往富集了铅、铟、锗等，应综合提取回收。我国开发成功的真空蒸馏法，利用金属蒸气压的差别，在真空状态下通过电加热使锌挥发，而铅、铟、锗残留达到分离和进一步富集的目的。其原则流程如图 22-7 所示。硬锌真空蒸馏工业设备连接图如图 22-8 所示。

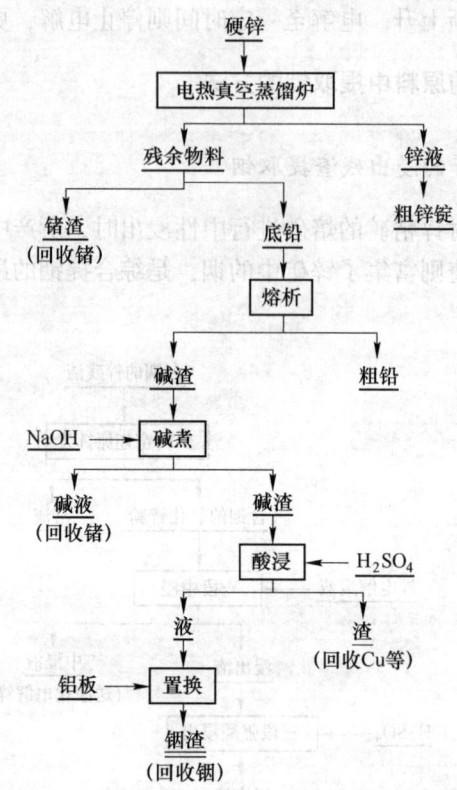

图 22-7 真空蒸馏法处理硬锌回收铟原则流程

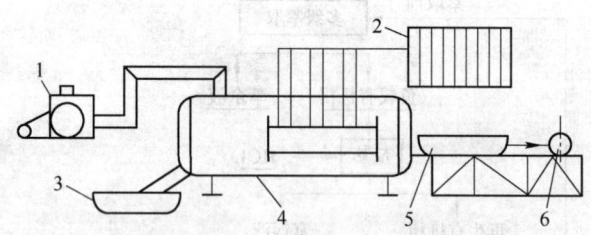

图 22-8 硬锌真空蒸馏工业设备连接图

1—真空泵；2—磁性调压器；3—400kg 型锌锭模；4—2.5t 卧式真空炉 ϕ2040mm×4265mm；
5—加料小车；6—进出料拖动系统

22.5.3.3 从粗铅浮渣和铜吹炼炉尘中提取铟

铅矿还原熔炼所产的粗铅，在进行火法氧化精炼时，铟进入并富集在氧化浮渣中，浮渣经反射炉等熔炼后产生的烟灰是综合提取铟的重要原料。火法炼铜产出的冰铜，在进行吹炼生产粗铜时，所产出的烟尘也会富集铟，由这两种原料中提取铟的原则流程如图 22-9 所示。

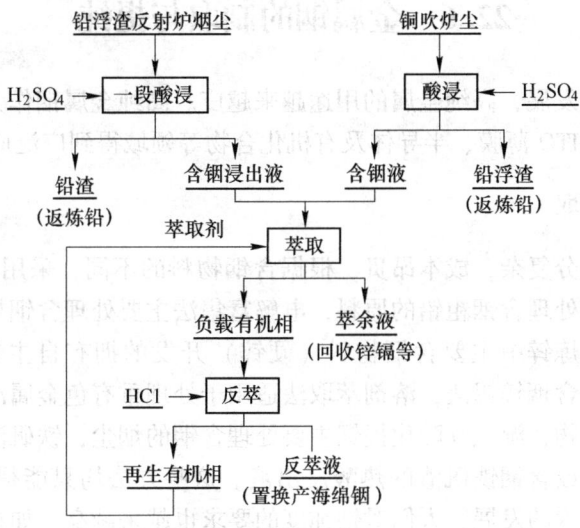

图 22-9 从铅浮渣反射炉烟灰和铜吹炉烟灰提铟原则流程

22.5.3.4 从焊锡电解液中提取铟

焊锡（锡铅合金）采用氟硅酸电解液进行电解精炼时，铟会逐渐富集于电解液中，可适时抽出予以提取铟。其提取工艺原则流程如图 22-10 所示。

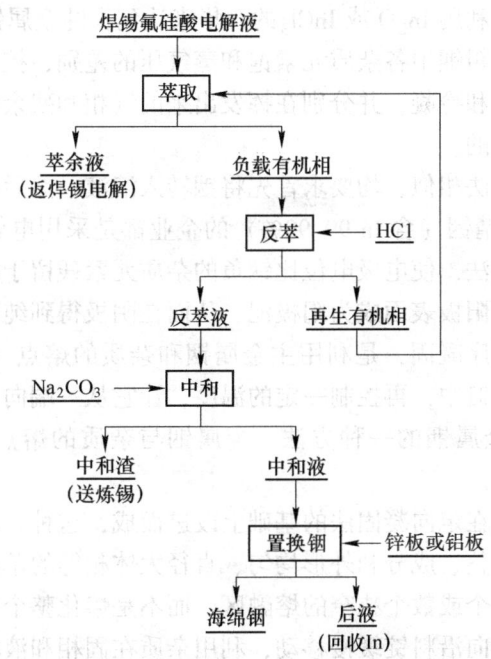

图 22-10 从焊锡氟硅酸电解液中提取铟的原则流程

22.6 金属铟的制取与提纯

随着高新技术的发展，高纯金属的用途越来越广。高纯金属铟作为一种重要的工业原料，在电子元器件、ITO薄膜、半导体及有机化合物等领域得到广泛应用。

22.6.1 金属铟的制取

铟的提取流程十分复杂，成本昂贵，根据含铟物料的不同，采用不同的铟提取工艺，如以氧化造渣法主要处理含铟粗铅的原料，电解富集法主要处理含铟粗铅和铅基合金，真空蒸馏法是针对火法炼锌中主要含铟物料（硬锌）开发的拥有自主知识产权的新方法，离子交换法主要处理含铟锌锡渣，溶剂萃取法适用于处理重有色金属冶炼过程中产出的各种含铟烟尘和中间产物，湿式碳酸化提铟主要处理含铟的烟尘，铁矾法主要处理铁矾炼锌流程中的热酸浸出液或含铟铁矾渣的热酸浸出液。这些方法均只能得到99% ~ 99.99%的精铟。但随着科学技术的发展，人们对铟纯度的要求也越来越高，如在无线电、半导体合金中应用的高纯铟，其杂质含量低，要求铟的纯度达到99.999% ~ 99.9999%，因此要将99.99%精铟进一步提纯。

22.6.2 金属铟的提纯

高纯铟的提纯主要采用化学提纯和物理提纯相结合的联合工艺，其方法很多，主要包括升华法、真空蒸馏法、金属有机物法、离子交换法、萃取法、低卤化合物法、电解精炼法、定向凝固法和区域熔炼法。

升华纯化法主要是利用 In_2O 或 $InCl_3$ 的升华来达到提纯金属铟的目的。

真空蒸馏法是利用粗铟中各杂质元素饱和蒸气压的差别，控制适当的蒸馏温度，使各杂质元素选择性的挥发和冷凝，并分别在挥发出来的气相和残余的液相中得以富集，从而实现对金属铟提纯的目的。

萃取法同离子交换法相似，均要求首先将铟转入溶液，然后纯化溶液后析出金属铟。

目前我国生产4N精铟（含In 99.99%）的企业都是采用电解精炼的方法。电解精炼法是通过控制电位的方法，使电极电位比铟负的杂质元素残留于电解液中，而电极电位比铟正的杂质元素残留在阳极表面成为阳极泥，从而在阴极得到纯度较高的金属铟。

定向凝固法又称顺序凝固，是利用主金属铟和杂质的熔点（凝固点）不同，把铟全部熔化后放入狭长的舟皿中，再控制一定的温度，让它从一端向另一端逐渐冷凝，使杂质富集在端部从而提纯金属铟的一种方法。金属铟与杂质的熔点相差越大，分离效果就越好。

区域熔炼法其实是在定向凝固法的基础上改进而成，这种方法不仅用于提纯金属，还可将金属制备成晶体完整、成分和外形均匀、直径大体相等的单晶。它的实质是通过局部加热狭长料锭，形成一个或数个狭窄的熔融区，而不是熔化整个料锭，然后移动加热器使此狭窄熔融区按一定方向沿料锭缓慢移动，利用杂质在固相和液相中平衡浓度的差异，在反复熔化和凝固过程中杂质便偏析到固相或液相中而得以除去，从而提纯金属铟的方法。

通常将5N铟（99.999%）称为高纯铟，6N~9N铟称为超高纯铟，它们的形态可以是锭、丝、箔、粉、条、棒等。

结合真空蒸馏法和电解精炼法的优点，金属铟的提纯可采用如图 22-11 所示的工艺。

图 22-12 和图 22-13 所示是国内普遍采用的高纯铟（含 In 99.999%～99.9999%）制备工艺。

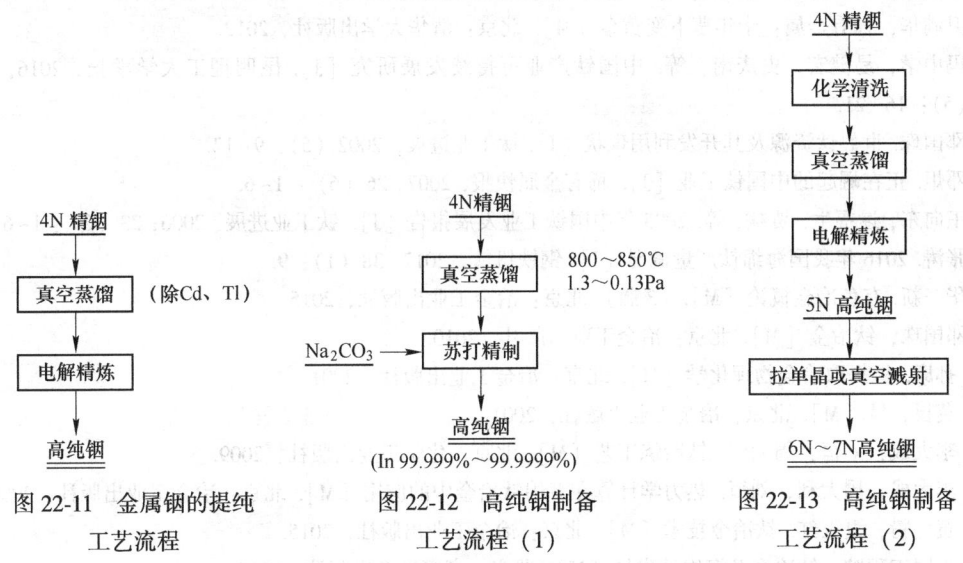

图 22-11 金属铟的提纯
工艺流程

图 22-12 高纯铟制备
工艺流程（1）

图 22-13 高纯铟制备
工艺流程（2）

22.6.3 铟产品的质量标准

铟及铟产品的国家标准和行业标准见表 22-7。

表 22-7 铟的行业标准

铟产品	国家/行业标准	铟产品	国家/行业标准
高纯铟（high purity indium）	YS/T 264—2012	铟质量标准	YS/T 257—2009
高纯氧化铟（high purity indium oxide）	GB/T 23363—2009	氧化铟锡靶材	GB/T 20510—2006
铟锭	YS/T 257—2009	铟废料	GB/T 26727—2011
《金属卤化物灯（钠铊铟系列）性能要求》	GB/T 24333—2009		

铟锭行业标准 YS/T 257—2009。铟条按化学成分其牌号表示为 PL-99995，其中 PL 表示产品是经压制而成。铟条按化学成分要求，应符合表 22-8 的规定。铟条是铟锭标准的补充，并确定了铟条的质量为 50g、100g、200g、500g、1000g 五种规格。

表 22-8 铟条化学成分及牌号

牌号	化学成分（质量分数）/%									
	In	杂质含量								
		Cu	Pb	Zn	Cd	Fe	Tl	Sn	As	Al
PL-In99995	≥99.995	≤0.0005	≤0.0005	≤0.0005	≤0.0005	≤0.0005	≤0.0005	≤0.0005	≤0.0005	≤0.0005

 **复习思考题**

22-1 提取铟的主要原料有哪些？

22-2 简述不同原料提取铟的经典流程，并画出流程图。

第二篇　参考文献

[1] 李洪桂, 稀有金属冶金学 [M]. 北京：冶金工业出版社, 2008.

[2] 尹满华, 稀有金属：十年萝卜变黄金 [M]. 北京：清华大学出版社, 2012.

[3] 冯中学, 易健宏, 史庆南, 等. 中国钛产业可持续发展研究 [J]. 昆明理工大学学报, 2016, 41 (5)：16~21.

[4] 邓国珠. 世界钛资源及其开发利用现状 [J]. 钛工业进展, 2002 (5)：9~12.

[5] 邓炬. 正在崛起的中国钛工业 [J]. 稀有金属快报, 2007, 26 (6)：1~6.

[6] 王向东, 逯福生, 贾翃, 等. 2005 年中国钛工业发展报告 [J]. 钛工业进展, 2006, 23 (2)：1~6.

[7] 张涛. 2016 年我国海绵钛产量概况 [J]. 钢铁钒钛, 2017, 38 (1)：9.

[8] 华一新. 有色冶金概论 [M]. (3 版). 北京：冶金工业出版社, 2015.

[9] 邓国珠, 钛冶金 [M]. 北京：冶金工业出版社, 2010.

[10] 孙康. 钛提取冶金物理化学 [M]. 北京：冶金工业出版社, 2001.

[11] 莫畏, 钛 [M]. 北京：冶金工业出版社, 2001.

[12] 李大成, 刘恒, 周大利. 钛冶炼工艺 [M]. 北京：化学工业出版社, 2009.

[13] 李大成, 周大利, 刘恒. 热力学计算在海绵钛冶金中的应用 [M]. 北京：冶金工业出版社, 2009.

[14] 黄兰粉, 夏玉红. 钛冶金技术 [M]. 北京：冶金工业出版社, 2015.

[15] 中国工程院, 钛冶金及海绵钛发展 [M]. 北京：高等教育出版社, 2015.

[16] 杨绍利. 钛铁矿熔炼钛渣与生铁技术 [M]. 北京：冶金工业出版社, 2006.

[17] 洪艳, 沈化森, 曲涛, 等. 钛冶金工业研究进展 [J]. 稀有金属, 2007, 31 (5)：694~700.

[18] 洪艳, 沈化森, 王兆林, 等. 低成本钛粉生产工艺 [J]. 中国有色金属学报, 2005, 15 (2)：378~384.

[19] 朱鸿民, 焦树强, 宁晓辉. 钛金属新型冶金技术 [J]. 中国材料进展, 2011, 30 (6)：37~43.

[20] 陈勇, 李正祥, 张建安, 等. Kroll 法生产海绵钛还原温度对产品结构的影响研究 [J]. 有色金属 (冶炼部分), 2014 (4)：29~33.

[21] 陈朝华, 刘长河. 钛白粉生产及应用技术 [M]. 北京：化学工业出版社, 2006.

[22] http://www.usgs.gov.

[23] 李东英. 我国的钛工业 [J]. 中国有色冶金, 2000, 29 (3)：1~6.

[24] 王晓平. 海绵钛生产工业现状及发展趋势 [J]. 钛工业进展, 2011, 28 (2)：8~13.

[25] 段军伟. 冷床炉熔炼钛及钛合金技术及其应用 [J]. 有色金属加工, 2011, 40 (1)：53, 42, 57.

[26] 段军伟. 冷床炉熔炼钛及钛合金技术及其应用 (续) [J]. 有色金属加工, 2011, 40 (2)：51~53, 50.

[27] 陈战乾, 国斌, 陈峰, 等. 2400kW 电子束冷床炉熔炼纯钛生产实践及工艺控制 [J]. 世界金属, 2009 (2)：39~42.

[28] 田世藩, 马济民. 电子束冷炉床熔炼 (EBCHM) 技术的发展与应用 [J]. 材料工程, 2012 (2)：77~85.

[29] 秦桂红, 王万波, 计波等. 工业化冷床熔炼技术的引进与应用 [J]. 中国有色金属学报, 2010, 20 (专辑 1)：s877~s880.

[30] 马济民, 蔡建明, 郝孟一, 等. 宋晋钛合金等离子冷床熔炼炉熔炼技术的发展 [J]. 稀有金属材料与工程, 2005, 34 (增刊 3)：7~12.

[31] 邹武装. 冷床熔炼炉的最新发展 [J]. 世界有色金属, 2011 (9)：48~50.

[32] 姜霞，译，曾树凡，校. 钨在各种合金中的应用——钨的用途介绍之一 [J]. 中国钨业，1993 (8)：19~28.

[33] 姜霞，译，曾树凡，校. 钨在各种合金中的应用——钨的用途介绍之二 [J]. 中国钨业，1993 (9)：22~26.

[34] 姜霞，译，曾树凡，校. 钨在各种合金中的应用——钨的用途介绍之三 [J]. 中国钨业，1994 (1)：21~30.

[35] 吴晶. 钨钼杂多化合物及其用途 [J]. 光谱实验室，2005，22 (5)：1047~1051.

[36] 张启修，赵秦生. 钨钼冶金 [M]. 北京：冶金工业出版社，2007.

[37] 雷霆，杨晓源，方树铭，译. 钛冶金 [M]. 北京：冶金工业出版社，2011.

[38] 王吉坤，何蔼平. 现代锗冶金 [M]. 北京：冶金工业出版社，2005.

[39] 吴绪礼. 锗及其冶金 [M]. 北京：冶金工业出版社，1988.

[40] 王少龙，雷霆，张玉林，等. 四氯化锗提纯工艺研究进展 [J]. 材料导报，2006，20 (7)：35~37.

[41] 郑能瑞. 锗的应用与市场分析 [J]. 广东微量元素科学，1998，5 (2)：12~14.

[42] 梁杰. 从含锗烟尘浸出于萃取锗研究 [D]. 昆明：昆明理工大学，2009.

[43] 罗星. 从含锗渣中浸出锗的试验研究 [D]. 昆明：昆明理工大学，2011.

[44] 林文军. 从烟道灰中综合回收锗、铟的试验研究 [D]. 昆明：昆明理工大学，2006.

[45] 吴慧. 从氧化锌粉中综合回收铟、锗的实践应用 [D]. 昆明：昆明理工大学，2007.

[46] 周娟. 富锗硫化锌精矿加压浸出—萃取综合回收锗的工艺研究 [D]. 昆明：昆明理工大学，2008.

[47] 王树楷. 铟冶金 [M]. 北京：冶金工业出版社，2006.

[48] 张启运，徐克敏. 铟的化学手册 [M]. 北京：北京大学出版社，2005.

[49] 张琳叶. 从含富铟铁酸锌的锌浸渣中微波浸出铟锌的机理及工艺研究 [D]. 广西：广西大学，2014.

[50] 刘大春. 从含锌铟复杂物料中提取金属铟新工艺的研究 [D]. 昆明：昆明理工大学，2008.

[51] 冯斐斐. 从铟锡合金废料中回收铟和锡的工业化生产 [D]. 洛阳：河南科技大学，2015.

[52] 林文军. 从烟道灰中综合回收锗、铟的试验研究 [D]. 昆明：昆明理工大学，2006.

[53] 吴慧. 从氧化锌粉中综合回收铟、锗的实践应用 [D]. 昆明：昆明理工大学，2007.

第三篇

贵金属冶金学

23 贵金属概论

23.1 贵金属及其化合物的性质

金（Au）、银（Ag）、钌（Ru）、铑（Rh）、钯（Pd）、锇（Os）、铱（Ir）和铂（Pt）统称为贵金属，后 6 种元素又称为铂族金属（简称 PGMs）。这 8 个元素在周期表中的位置见表 23-1。

表 23-1 贵金属元素在周期表中的位置

周期	VIII 族			I_B 族
四	26 Fe $3d^64s^2$ 铁 55.84	27 Co $3d^74s^2$ 钴 58.93	28 Ni $3d^84s^2$ 镍 58.69	29 Cu $3d^{10}4s^1$ 铜 63.54
五	44 Ru $4d^75s^1$ 钌 101.07	45 Rh $4d^85s^1$ 铑 102.91	46 Pd $4d^{10}$ 钯 106.4	47 Ag $4d^{10}5s^1$ 银 107.88
六	76 Os $5d^66s^2$ 锇 190.2	77 Ir $5d^76s^2$ 铱 192.2	78 Pt $5d^96s^1$ 铂 195.09	79 Au $5d^{10}6s^1$ 金 196.97

金、银与铜位于周期表的 I_B 族，通常称为铜族；位于第VIII族的 9 个元素中，第四周期的铁、钴、镍称为铁族元素，第五和第六周期的钌、铑、钯、锇、铱、铂称为铂族元素。

23.1.1 贵金属的物理性质

贵金属的颜色除金为金黄色、锇为蓝灰色外，其余 6 种金属均为银白色。金的纯度，可用试金石鉴定，称"条痕比色"。所谓"七青、八黄、九紫、十赤"，意思是条痕呈青、黄、紫和赤色的金含量分别为 70%、80%、90% 和纯金。

除钌和锇为密集六方晶格外，金、银、铑、钯、铱和铂 6 种金属为面心立方晶格。除金、银外，它们均为难熔的金属，均为热和电的良导体，其中银在所有金属中具有最好的导电性和导热性。铂中微量杂质对铂电阻系数产生很显著的影响，故常用电阻比的大小来衡量金属铂的纯度。经测试，纯铂在 0~100℃ 范围的电阻温度系数为 0.003927℃$^{-1}$。在 t 为 0~1500℃ 之间，铂的电阻比（R_1/R_0）可用下式计算：

$$\frac{R_1}{R_0} = 1 + 3.9788 \times 10^{-3}t + 5.88 \times 10^{-7}t^2 \tag{23-1}$$

贵金属都具有较大的密度，其中铱的密度最大，达 22.4g/cm³。金、银具有良好的可锻性和延展性，金可压成 0.0001mm 厚的透明金箔；金、银可拉成直径为 0.001mm 的细丝，1g 纯金可拉成 3500m、直径 4.3μm 的细丝。铂、钯易于机械加工，可将它们拉成直径为 0.001mm 的细丝，并可轧成厚度为 0.127μm 的箔片。铑、铱不能进行冷加工，锇、钌是铂族金属中硬度最高的金属，且脆，几乎不能承受机械加工，而仅用来生产合金。除锇、钌的氧化物具有最大的挥发性外，其他铂族金属可在高温下长时间加热。图 23-1 所示为贵金属物理性质的变化规律。

Ru	Rh	Pd	Ag	熔点升高
Os	Ir	Pt	Au	密度增大

密度、熔点降低 →

机械加工性能改善 →

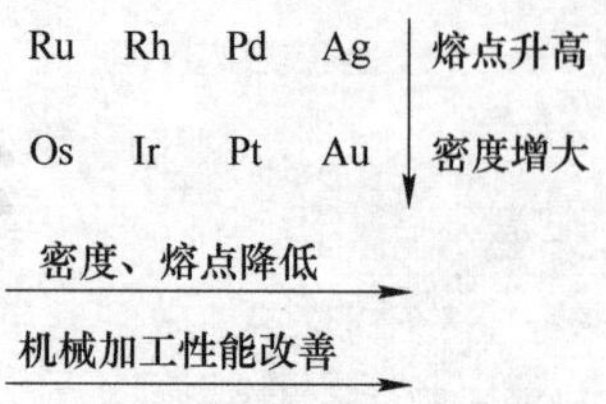

图 23-1 贵金属物理性质的
变化规律

贵金属对气体的吸附能力很强。熔融状态下，1 体积的银能溶解近 20 倍体积的氧，而固态下氧的溶解度很小，因此，在银熔体冷却凝固时，其中的氧会析出，且常伴随有金属喷溅现象发生。450℃时，金能吸收约为自身体积 40 倍的氧，在熔融状态下吸收的氧更多。铂制成碎粒或海绵体时能吸附气体，常温下可吸收超过其自身体积 114 倍的氢，温度升高时吸收气体的性能更强。钯可制成非常稳定的胶体悬浮物及固定制剂，后者对氢有极强的吸气性，能吸附 3000 倍体积的氢。铱呈微细的黑粒状时，易吸收气体，并对许多化学反应有催化作用。熔融铑具有很强的溶解气体的性能，凝固时放出气体，铑黑易吸收氢及其他气体。钌和锇也有类似的性质。铂族元素具有良好的催化活性，这与它们吸收气体的性质密切相关。贵金属对光的反射能力较强，其中银对白光的反射能力最强，银、铑和钯对 550nm 光线的反射率分别为 94%、78% 和 65%。贵金属的主要物理性质见表 23-2。

表 23-2 贵金属的主要物理性质

性 质	钌（Ru）	铑（Rh）	钯（Pd）	银（Ag）	锇（Os）	铱（Ir）	铂（Pt）	金（Au）
英文名称	ruthenium	rhodium	palladium	silver	osmium	iridium	platinum	gold
原子序数	44	45	46	47	76	77	79	79
相对原子质量	101.07	102.91	106.4	107.88	190.2	192.2	195.09	196.97
主要氧化态	+3, +4, +6, +8	+2, +3, +4	+2, +4	+1, +2, +3	+2, +3, +4,+6,+8	+2, +3, +4, +6	+1, +2, +4	+1, +2, +3
原子半径/pm	132.5	134.5	137.6	144.4	134	135.7	138.8	144.2
原子体积/$cm^3 \cdot mol^{-1}$	8.177	8.286	8.859	10.27	8.419	8.516	8.085	10.20
离子半径/pm	63（+4）	75（+3）	86（+2）64（+4）	126（+1）97（+2）	65（+4）60（+6）	64（+4）	85（+2）70（+4）	137（+1）91（+3）
第一电离能/eV	7.37	7.46	8.34	7.567	8.7	9.1	9.0	9.225
电负性[1]	1.42[2]	2.28	2.20	1.93	1.52[2]	2.20	2.28	2.54
晶体结构	密集六方	面心立方	面心立方	面心立方	密集六方	面心立方	面心立方	面心立方
颜色	灰白色或银色	灰白色	银白色	银白色	灰蓝色	银白色	银白色	黄色
熔点/℃	2310	1966	1552	961.93	2700	2410	1772	1064.43
沸点/℃	2900	3727	3140	2212	>5300	4130	3827	2807
密度/$g \cdot cm^{-3}$	12.30	12.4	12.02	10.5	22.48	22.42	21.45	19.3
硬度（金刚石=10）	6.5	—	5	2.5	7	6.5	4.5	2.5

性　质	钌（Ru）	铑（Rh）	钯（Pd）	银（Ag）	锇（Os）	铱（Ir）	铂（Pt）	金（Au）
导热性（比热容）/J·(kg·K)$^{-1}$	0.231	0.247	0.245	0.234	0.129	0.129	0.131	0.129
导电性(电阻率)/μΩ·cm^{-1}	6.80	4.33	9.93	1.59	8.12	4.71	9.85	2.86
晶格常数/pm	270.6	380.4	388.2	403.6	273.4	383.9	392.2	407.8
原子间距/pm	270.6	269.2	275.3	288.9	273.4	271.6	277.6	288.4

① 电负性为 L. Pauling 值；

② 电负性为 Alfred-Rochow 值。

23.1.2　贵金属的化学性质

　　贵金属的一个共同化学特性是化学稳定性，它们的化学性质随其在周期表中的位置及原子序数的不同有一定差异，正是这些差异使它们之间的分离成为可能。

　　除银外，贵金属都具有极好的抗腐蚀及抗氧化性能，且熔点高，因而是最好的高温耐蚀金属材料。但各种贵金属的抗腐蚀、抗氧化性能之间存在很大差异，见表23-3。

表23-3　贵金属耐蚀性能比较

腐蚀性介质及其浓度和温度		Au	Ag	Pt	Pd	Rh	Ir	Os	Ru
H$_2$SO$_4$	浓	A	B	A	A	A	A	A	A
HNO$_3$	0.1mol/L	A	B	A	A	A	A	—	A
	70%	A	—	A	D	A	—	C	A
	70%，100℃	A	D	A	D	A	A	D	A
王水	室温	D	D	D	D	A	A	D	A
	煮沸	D	D	D	D	A	A	D	A
HCl	36%，室温	A	B	A	A	A	A	A	A
	36%，煮沸	A	D	B	B	A	A	A	A
Cl$_2$	干	B	—	B	C	A	A	A	A
	湿	B	—	B	D	A	A	C	A
NaClO 溶液	室温	—	—	A	C	B	—	D	D
	100℃	—	—	A	D	B	B	D	D
FeCl$_3$ 溶液	室温	B	—	—	C	A	A	C	A
	100℃	—	—	—	D	A	A	D	A
熔融 Na$_2$SO$_4$		A	D	B	C	C	—	B	B
熔融 NaOH		A	A	B	B	B	B	C	C
熔融 Na$_2$O$_2$		D	A	D	D	B	C	D	D
熔融 NaNO$_3$		A	D	A	C	A	A	D	A
熔融 Na$_2$CO$_3$		A	A	B	B	B	B	B	B

注：A—不腐蚀；B—轻微腐蚀；C—腐蚀；D—强烈腐蚀。

23.1.2.1　金的化学性质

金最重要的特征是化学活性低。在空气中，即使在潮湿的环境下金也不起变化，因此古代制成的金制品可保存至今。在高温下，金也不与氢、氧、氮、硫和碳反应。金与溴在室温下可起反应，而在加热时才与氟、氯、碘反应，形成 AuX_3 型或 AuX 型化合物（X = Cl, Br, I）。

$$2Au + X_2 \Longrightarrow 2AuX \tag{23-2}$$
$$2Au + 3X_2 \Longrightarrow 2AuX_3 \tag{23-3}$$

金在水溶液中的标准电极电位很高：

$$Au^+ + e \longrightarrow Au \qquad \varphi^{\ominus}_{Au^+/Au} = +1.83V \tag{23-4}$$
$$Au^{3+} + 3e \longrightarrow Au \qquad \varphi^{\ominus}_{Au^{3+}/Au} = +1.52V \tag{23-5}$$

因此，无论在碱溶液中还是在单独的无机酸（如硫酸、硝酸、盐酸、氢氟酸等）和有机酸中，金都不溶解。

在有强氧化剂存在时，金能溶解于某些无机酸中，如硝酸、碘酸（H_5IO_6），稍溶于 $CuCl_2$ 溶液和 $FeCl_3$ 溶液；有 MnO_2 存在时，金能溶于浓硫酸；金也溶于无水硒酸 H_4SeO_4（非常强的氧化剂）中。

金易溶于王水、氯气饱和的盐酸，生成四氯合金酸及其盐：

$$Au + HNO_3 + 4HCl \Longrightarrow H[AuCl_4] + NO\uparrow + 2H_2O \tag{23-6}$$
$$2Au + 3Cl_2 + 2HCl \Longrightarrow 2H[AuCl_4] \tag{23-7}$$

在有氧存在时，金能溶于碱金属和碱土金属的氰化物水溶液、硫代硫酸盐水溶液、硫氰酸盐水溶液及多硫化铵水溶液等溶液中。

$$4Au + 8NaCN + O_2 + 2H_2O \Longrightarrow 4Na[Au(CN)_2] + 4NaOH \tag{23-8}$$

此反应是氰化法从矿石中提取金（最广泛应用的方法）的基础。

当以氧、氯和 Fe^{3+} 作为氧化剂时，金也能溶于酸性硫脲水溶液中。

$$Au + 2CS(NH_2)_2 + Fe^{3+} \Longrightarrow [Au(CS(NH_2)_2)_2]^+ + Fe^{2+} \tag{23-9}$$

此外，金的其他溶剂还有氯水、溴水、$KI+I_2$ 和 $HI+I_2$ 等。在所有的溶剂中，金的溶解都是形成相应的配合物，而不是以 Au^+ 或 Au^{3+} 这样的简单离子存在。金溶解形成某些配合物时的标准电极电位见表23-4。

表 23-4　金溶解形成某些配合物时的标准电极电位

配合物	电极反应	还原电位 $\varphi^{\ominus}$/V
—	$Au^+ + e \Longrightarrow Au$	+1.83
$[Au(CN)_2]^-$	$[Au(CN)_2]^- + e \Longrightarrow Au + 2CN^-$	−0.686
AuS^-	$AuS^- + e \Longrightarrow Au + S^{2-}$	−0.62
$[Au(S_2O_3)_2]^{3-}$	$[Au(S_2O_3)_2]^{3-} + e \Longrightarrow Au + 2S_2O_3^{2-}$	−0.007
$[Au(CS(NH_2)_2)_2]^+$	$[Au(CS(NH_2)_2)_2]^+ + e \Longrightarrow Au + 2CS(NH_2)_2$	+0.223
AuI_2^-	$AuI_2^- + e \Longrightarrow Au + 2I^-$	+0.42
$[Au(SCN)_2]^-$	$[Au(SCN)_2]^- + e \Longrightarrow Au + 2SCN^-$	+0.72
$[AuBr_2]^-$	$[AuBr_2]^- + e \Longrightarrow Au + 2Br^-$	+1.02

配合物	电极反应	还原电位 $\varphi^{\ominus}$ /V
$[AuCl_2]^-$	$[AuCl_2]^- + e === Au + 2Cl^-$	+1.2
—	$Au^{3+} + 3e === Au$	+1.52
$[AuBr_4]^-$	$[AuBr_4]^- + 3e === Au + 4Br^-$	+0.86
$[AuCl_4]^-$	$[AuCl_4]^- + 3e === Au + 4Cl^-$	+1.00

　　Au 与 Hg 可以任何比例形成合金——金-汞齐，并依金含量的不同，金-汞齐可为固体或液体状态存在。这是混汞法提金的依据。

23.1.2.2　银的化学性质

　　银和氧、氢、氮、碳等不直接反应，仅在红热时与磷反应生成磷化物。加热时银易与硫形成硫化银（Ag_2S），某些硫化物（如黄铁矿、磁黄铁矿、黄铜矿）热离解时析出的气态硫作用于银时生成 Ag_2S。当银在潮湿空气中与 H_2S 作用时，其表面生成一层黑色膜，该反应在室温下能缓慢进行，这是银制品逐渐变黑的原因。

$$4Ag + 2H_2S + O_2 === 2Ag_2S + 2H_2O \tag{23-10}$$

　　银与氯、溴、碘单质作用时形成相应的卤化物，这些反应甚至在室温下也能缓慢进行，而当有水存在、加热和光线照射时，反应加速。

　　银在水溶液中的标准电极电位较正：

$$Ag^+ + e \longrightarrow Ag \qquad \varphi^{\ominus}_{Ag^+/Ag} = +0.799V \tag{23-11}$$

　　因此，银较稳定，不能从酸性水溶液中置换出氢，对碱溶液也是稳定的。与金不同的是，银能溶于强氧化性酸，如硝酸和热浓硫酸，微溶于热的稀硫酸。

$$3Ag + 4HNO_3 === 3AgNO_3 + NO\uparrow + 2H_2O \tag{23-12}$$

$$2Ag + 2H_2SO_4 === Ag_2SO_4 + SO_2\uparrow + 2H_2O \tag{23-13}$$

　　与金相同，银易与王水、饱和了氯气的盐酸作用，但银被氧化后是形成微溶的氯化银而留在渣中。人们常利用金和银的这种性质差异来将两者分离。

　　与金相似，当有氧存在时，银能溶于碱金属和碱土金属的氰化物水溶液：

$$4Ag + 8NaCN + O_2 + 2H_2O === 4Na[Ag(CN)_2] + 4NaOH \tag{23-14}$$

　　当以氧、氯和 Fe^{3+} 作为氧化剂时，银也能溶于酸性硫脲水溶液中，生成银硫脲配合物：

$$Ag + nCS(NH_2)_2 + Fe^{3+} === [Ag(CS(NH_2)_2)_n]^+ + Fe^{2+} \quad (n = 1～4) \tag{23-15}$$

　　依据溶液中银和硫脲浓度的不同，硫脲配体的数目可为 1~4，但多数为 2 和 3。

23.1.2.3　铂族金属的化学性质

　　铂族元素所在的第Ⅷ族共有 9 个元素，其中铁、钴、镍的性质相似，通常称为铁系元素；而处于第二、第三过渡系的另外 6 种铂族元素的化学性质也很相似。铂族元素中纵列的三对即钌和锇、铑和铱、钯和铂的性质更为相似，这是进行铂族元素分离提取的化学基础。

　　铂族元素抗氧化性都强，在常温下对空气和氧都是稳定的，只有粉状锇在室温下会慢慢氧化生成有毒的挥发性 OsO_4（对眼睛有严重的刺激作用），若在空气中加热会迅速氧化为 OsO_4。在空气中，钯在 $350\sim790℃$ 会生成氧化膜，高于此温度又分解为钯和氧。铂是唯一能抗氧化直到熔点的金属。铱是唯一可在氧化性气氛中应用到 $2300℃$ 而不发生严重损坏的金属。铑具有很好的抗氧化性，铑镀层在一般温度和所有气氛中均很光亮。钌在空气中加热到 $450℃$ 以上会缓慢氧化，生成稍带挥发性的 RuO_2。空气中，铱和铑在 $600\sim1000℃$ 会氧化，但在更高温度时氧化物消失，又恢复其金属光泽。铂族金属均易熔于液态铅、锌、锡、铜等重金属中。高温时，炭能熔于铂、钯，降温后炭又部分析出，并使铂、钯变脆，所谓"中毒"。所以熔融的铂、钯不能与炭接触。熔炼铂族金属及其合金时，通常选用刚玉或氧化锆作为坩埚材料，并在真空或惰性气体保护下的高温电炉中进行。

　　铂族元素比铁系元素具有更高的惰性，对酸很不活泼，它们对酸的活性按以下顺序依次增大：

$$Os<Ru<Rh<Ir<Pt<Pd$$

　　铂的抗腐蚀性能很强，盐酸、硝酸、硫酸及有机酸在冷态时均不与铂起作用，加热时仅硫酸稍作用于铂；王水在冷态及热态下可溶解铂，熔融碱或熔融氧化剂能腐蚀铂。在 $100℃$ 的氧化条件下，在有各类氢卤酸或卤化物存在时，由于卤素离子的配位作用而促使铂溶解。若铂中有铑、铱存在，则会增强其共抗腐蚀的性能。

　　钯是铂族元素中最活泼的一个，可溶于硝酸，尤其是存在氯离子作为配体时（如王水）。热浓硫酸、熔融硫酸氢钾都能溶解钯。若钯中含有其他铂族元素时，会增强钯的抗腐蚀性能。

　　铑、铱是铂族金属中化学稳定性最好的金属，在热王水中也不易溶解。当用碱金属过氧化物和碱共熔时，可氧化铑和铱，被氧化后的铑、铱易溶于有配体（如卤素离子等）存在的溶液中。熔融的酸式硫酸盐也能溶解铑，如硫酸氢钾。

　　锇、钌对酸的化学稳定性很高，但可与许多熔盐发生反应，如过氧化钠、硝酸钾、亚硝酸钠等，生成可溶性盐。

23.2　贵金属的生产及用途

23.2.1　贵金属的生产

23.2.1.1　金的生产

　　金多以自然金属形态存在于自然界中。在古代，富集的自然金矿（主要是砂金）较多，只要稍加淘洗富集，即可提炼出黄金，因此是人类最早开发和利用的金属。在新石器时代（公元前 4000 年前）的随葬品中就有黄金；公元前 3000 年，埃及人已经采集金、银制作饰物；我国古代黄金的淘洗和加工技术在商代前就有所发展。这一切说明，人类早在 6000 年前就已经发现和使用黄金。

在过去的几十年中，黄金开采已成为一个真正的全球性的行业。目前，全球有 90 多个国家在开采和生产贵金属，而产量排名前 20 名的国家，供应全球 75% 以上的黄金。自古以来全世界的黄金产量见表 23-5。

表 23-5　自古以来世界的黄金产量　(t)

时　间	产量	经历的总年数	平均年产量	累计产量
公元前 4000～公元前 50 年	7685	3950	1.95	7685
公元前 50～500 年	2572	550	4.7	10257
500～1000 年	943	500	1.9	11191
1000～1492 年	1538	492	3.1	12729
1492～1800 年	4166	107	38.9	16895
1801～1900 年	12303	100	123	29198
1901～1972 年	76451	72	1062	105649
1973～1980 年	11000	8	1375	116649
1981～2000 年	40000	20	2000	156649
2001～2010 年	25400	10	2540	182049
2011～2015 年	14394	5	2878.8	196443
2016 年	3110	1	3110	199553

2000 年前，矿产金主要集中在南非、俄罗斯、美国、澳大利亚等国，它们的年产量超过 200t/a；中国的黄金产量呈现逐年增长的趋势，并于 2003 年黄金产量达到 200t，2006～2013 年黄金产量均为全球第一。现在的主要产金国是中国、澳大利亚、南非、美国、俄罗斯等。

23.2.1.2　银的生产

银也是古老的金属之一，因其熔点不高且易于还原，在公元前已有生产。自古以来全世界的白银产量见表 23-6。

表 23-6　世界矿山白银产量　(t)

时　间	产　量	经历的总年数	平均年产量	产量累计
1493～1600 年	23232	108	215	23232
1601～1700 年	39561	100	396	62793
1701～1800 年	57562	100	576	120355
1800～1850 年	33103	50	662	153458
1851～1900 年	125480	50	2510	278938
1901～1925 年	152448	25	6098	431386
1926～1950 年	169930	25	6797	601316
1951～1960 年	69330	10	6933	670646
1961～1970 年	75032	10	7503	745678
1971～1980 年	89509	10	8951	835187
1981～1990 年	127000	10	12700	962187
1991～2000 年	165000	10	16500	1127187
2001～2005 年	94212	5	18842	1221399
2006～2010 年	108280	5	21656	1329679
2011～2015 年	123715	5	24743	1453394
2016 年	27000	1	27000	1480394

目前，全世界共有 50 多个国家和地区开采银矿山和共、伴生银矿山。世界银产量主要集中在秘鲁、墨西哥、中国、智利、澳大利亚、波兰、俄罗斯、美国、玻利维亚、加拿大和哈萨克斯坦等国，前九个国家的银产量均在千吨以上，产量排名前十位的国家 2013 年矿山银产量为 21402t，占世界矿山银总产量的 84%左右。

世界矿山银产量多来自铅-锌矿山、铜矿山和金矿山等，作为这些矿山的共生品或副产品，这些矿山提供矿山银产量约 70%，而来自以银为主的独立银矿山产量只占矿山银产量的 30%。约 33%的银产量来自金、铜矿的副产品，34%来自铅锌矿的副产品。

23.2.1.3 铂族金属的生产

铂族金属包括铂、钯、铑、铱、锇和钌，它们是近两百年来才陆续发现的新金属。铂于 1735 年由尤尔洛（A. De. Ulloa）发现，其余几种元素都迟至 19 世纪才陆续有所了解。虽然发现较晚，但人们很快了解到它们有一些可贵的性能，因而 20 世纪 40 年代后被广泛应用于现代工业和尖端技术中。因此被称为"现代贵金属"。

世界铂族金属工业生产始于 1778 年。1823 年前，哥伦比亚的砂铂矿是全球铂族金属的唯一来源，在 1778~1965 年的 187 年间共生产铂约 104t。俄罗斯乌拉尔的大型砂铂矿在 1824~1925 年的百年内是世界上主要的铂产地。目前，除哥伦比亚和俄罗斯等还有少量生产外，砂铂矿已不再是铂族金属的主要资源。20 世纪末，世界矿产铂族金属的最大生产国是南非和俄罗斯，产量约占世界总产量的 90%；主要生产国是加拿大、美国和津巴布韦；次要生产国有哥伦比亚、日本、德国和中国等。历年来全世界的铂族金属产量见表 23-7。

表 23-7 世界铂族金属产量 (kg)

年 份	南非	俄罗斯（前苏联）	加拿大	世界合计	平均年产量
1919 年以前		315900~221500	311~280	259241~345968	
1921~1929 年	4189	20485	5819	47345	5260
1930~1939 年	13242	31100	54230	105218	10522
1940~1949 年	25575	39710	86346	173049	17305
1950~1959 年	104028	62200	101474	284304	28430
1960~1969 年	196770	416141	133103	699647	69965
1990~1999 年	1601140	1500145	227028	3393041	339304
2000~2009 年	2368601	1361422	389671	4269647	426965
2010~2015 年	1358945	648985	214371	2394972	399162

稀有铂族金属（铑、铱、锇、钌）的总产量约为铂、钯总产量的 1/10，其产量随铂、钯生产量而变，产量的平均比例分别为：铑 28%，铱 16%，锇 10%，钌 46%，且几乎全部靠南非、俄罗斯和加拿大供应。

23.2.2 贵金属的用途

23.2.2.1 金、银的用途

贵金属主要是用作首饰、美术工艺、货币、电子电气工业、汽车尾气催化剂、化学工业、石油工业、玻璃工业、医疗等领域。由于黄金、白银的化学性质稳定，色彩瑰丽夺目，久藏不变，易于加工，所以自古以来它们就是首饰、装潢、美术工艺的理想材料。直至今天，世界各国仍有大量黄金用于珠宝业。

银是被人类发现并加以利用较早的金属之一，很早就被认为是贵金属的一种，用来制造银币、证章、银饰、银器和宗教信物。近年来，银的主要应用逐渐扩展到工业应用领域，如医学、电子、电脑、军工、航空航天、通信、影视、太阳能、电池、超导体、照相等行业。

尽管金、银是理想的货币材料，并已成为世界货币，但今天已很少用金币、银币作为流通手段，而是大量用作储备、支付手段。现在全世界各国公布的官方黄金储备总量为32700t，其中官方黄金储备1000t以上的国家和组织有：美国、德国、法国、意大利、瑞士、中国、俄罗斯及国际货币基金组织。

金、银用于工业、科技的历史并不长久。全世界在不同年份黄金的消费量见表23-8。

表 23-8 全世界在不同年份黄金的消费量统计　　　　　　　　　　　　　　　　　(t)

项　目	年　份										
	1977	1988	1998	2003	2005	2008	2010	2011	2012	2013	2014
首饰	1085	1166	3151	2477.7	2736.2	2186.7	2016.8	1975.1	1896.1	2209.5	2153
电气电子	82		223	233	269.5	292.7	326.8	319.9	284.5	282.4	389
其他工业用	56		112	80	84.7	86.9	90.9	88.9	84.4	85	87.1
牙科	87		64	67	64.3	55.9	48.7	42.9	38.6	37.3	33.9
金条				177.9	267.6	392.2	898.9	1192.3	962.7	1266.9	829
政府货币			127	106.7	120.4	187.3	212.5	240.5	213	283.4	251
奖章、纪念币			47	25.5	36.9	69.6	88.3	87.8	113.4	103.8	77.4
交易所买卖及类似产品	1309		3724					185.1	279.1	-880.8	-159
投资交易			386	39.4	203.4	320.9	367.7				
中央银行净购								456.8	544.1	368.6	466
需求量合计	1505		4109	3189.2	3754.3	3805.7	4050.7	4589.2	4415.8	3756.1	4278

由表23-8可看出，饰品行业对黄金的需求量最大，平均约占黄金生产加工用量的85%，其次是电子工业及牙科，分别占6.5%和2%左右。

在历史上银是最重要的货币（硬通货）。1870年货币的"银本位制"被"金本位制"（1816年开始建立，1971年崩溃）取代后，银主要用于各种工业用途，但至今每年仍有相当数量的银用于制币，而且许多国家仍保持大量的银储备。

银消费量最多的是中国、美国、日本、德国和印度等，主要用于照相感光材料、电气接点、焊接、电镀、催化剂等工业和银器、饰品等。全世界近年的白银消费见表23-9。

表 23-9　全世界近年的白银消费　　　　　　　　　　　　(t)

项目	年份									
	2005	2006	2007	2008	2009	2010	2011	2012	2013	2014
工业用	19878.2	20114.6	20503.4	20344.8	16864.3	20064.9	19542.3	18512.8	18596.8	18503.5
其中：电子、电气	7144.5	7536.4	8164.7	8450.8	7072.9	9368.4	9044.9	8304.6	8279.8	8208.2
钎焊、焊料	1636.0	1701.4	1813.3	1916.0	1667.1	1894.2	1950.2	1884.9	1962.6	2055.9
摄影	4985.9	4422.9	3639.1	3054.4	2376.3	2077.7	1838.2	1620.5	1493.0	1418.3
光电、光伏	227.1	276.8	388.8	777.6	936.2	1576.9	2149.3	1881.8	1735.6	1863.1
其他工业	5884.8	6177.2	6500.6	6149.2	4811.7	5147.6	4559.8	4821.0	5122.7	4957.9
珠宝首饰	5835.0	5449.3	5688.8	5542.6	5520.9	5931.4	5872.3	5794.6	6597.1	6693.5
银币、银条	1604.9	1514.7	1592.5	5825.7	2721.6	4457.1	6550.4	4292.3	7576.8	6096.3
银制品	2124.4	1931.5	1872.4	1816.4	1654.1	1604.6	1468.1	1359.2	1828.9	1888.0
实际需求	29442.6	29010.2	29657.2	33529.6	26761.5	32058.4	33433.2	29958.9	34599.5	33181.2

23.2.2.2　铂族金属的用途

铂和铂合金被广泛用于制作各种首饰，特别是镶钻石的饰品。铂族金属及其合金的主要用途为制造各种催化剂。铂族催化剂因其活性、稳定性和选择性都好，而被应用在化学工业上的很多过程，如炼油工业中的铂重整工艺使用铂催化剂；氨氧化制硝酸时，使用铂铑合金网作催化剂；汽车尾气净化器在催化转化 CO、HC、和 NO_x 时大量使用铂铑钯三元催化剂；燃料电池使用铂做的电极材料和催化剂。钯是化学工业中催化加氢的催化剂。铂铑合金对熔融的玻璃具有特别的抗蚀性，可用于制造生产玻璃纤维的坩埚和漏板。生产优质光学玻璃时，为防止熔融的玻璃被玷污，也必须使用铂制坩埚和器皿。1968 年国际实用温标规定，在 630.74~1064.43℃ 范围内的测温标准仪器是 Pt-10Rh/Pt 热电偶。

铂铱、铂铑、铂钯合金有很高的抗电弧烧损能力，被用作电接点合金，这是铂的主要用途之一。铂铱合金和铂钌合金用于制造航空发动机的火花塞接点、喷气发动机的燃料喷嘴、喷气式飞机和火箭用的起火电触头材料、宇宙飞船前锥体的耐高温保护层、高效燃料电池等。

纯铂、铂铑合金或铂铱合金制造的实验室器皿，如坩埚、电极、电阻丝等是化学实验室的必备物，光导纤维和激光晶体的生产都离不开铂坩埚。

铂或钯的合金也可作牙科材料。铂的配合物顺铂、卡铂还是治疗癌症的药物；铂合金用作心脏起搏器的电极，铂还用于制作生物传感器的电极，快速探测血液中血红蛋白和小便中各种酶的含量。

近年来涂钌和铂的钛阳极代替了电解槽中的石墨阳极，提高了电解效率，并延长电极寿命，是氯碱工业中一项重要的技术改进。钯合金还用于制造氢气净化材料和高温钎焊焊料等。2014 年、2015 年，铂需求量分别为 222.9t 和 235.5t，而钯的需求量则分别为 294.5t 和 294.0t。2015 年，铂、钯在各领域的使用量占总量的比率分别如图 23-2 和图 23-3 所示。

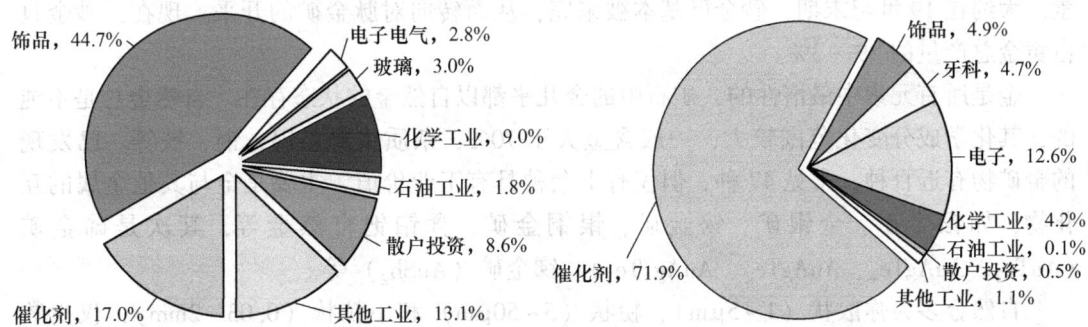

图 23-2　2015 年铂在各领域的使用量占总量的比率　　图 23-3　2015 年钯在各领域的使用量占总量的比率

23.3　提取贵金属的原料

23.3.1　金的矿物原料

金是一种非常稀有的元素，它的克拉克值（C_c 值，为地壳中的平均含量）为 $5 \times 10^{-7}\%$（即 5mg/t），是银的 C_c 值的 1/20。据估计，地球中金的总储量为 48 亿吨，乍听起来，真是一个天文数字。但实际上，其分布于地核内的约 47 亿吨，地幔内的约 8600 万吨，地壳内的约 960 万吨，也就是说，99.7% 以上的黄金，深藏于地核与地幔中。而地核与地幔中的黄金，人类即使在遥远的将来，甚至无限的未来，都是永远无法拿到的。此外，海水含金一般为 $1 \times 10^{-3} \sim 46mg/m^3$，海水总体积约为 $1.4 \times 10^9 km^3$，因此全世界海洋应含金 3000 万吨左右，但因浓度太低使得从海水中提金目前还无利可图。

金矿床分为脉金（又称矿金、原生金）矿床和砂金（次生金）矿床。原生矿床形成之后，其个别部分处在地壳的表面地带或者露出地壳表面，遭受风化作用时，不仅机械地破碎矿石和所包含的脉石，使金颗粒裸露和解离，同时还伴随有矿物的许多化学变化。脉石碎块、矿石颗粒以及脱落出来的金颗粒被雨水的水流冲积到地形的低处，沿着山的斜坡或河谷的底部逐步移动和沉积，这样就形成了砂金矿床。那脱离了原生矿床，但还未滑移到坡底的砂矿称做坡积矿床；一旦砂矿滑移到坡底时，常常被水流冲走而顺着山谷移动，密度大的金颗粒沉在水流底部并在低凹处沉积下来，这样形成的砂矿称做冲积砂矿。

含金砾岩是一种特殊的变质砾岩型金矿床，世界上最大的金矿——南非的威特沃斯兰德（Witwatersrand）即属于此类金矿。含金砾岩是由细粒石英（占 70%~90%）、绢云母（占 10%~30%）、少量黄铁矿（占 3%~4%）以及其他硫化矿物（占 1%~2%）牢固地胶结而成，金处于胶结体中。从技术上讲，这类金矿仍属于原生矿床。

砂金矿床一般离地面较近（地表或地下 200~300m 深），因此较原生金矿易于开采。砂金矿呈松散状态，金与脉石已分离，因而选金时无须进行费用昂贵的破碎和磨矿，可采用在水中洗矿的简单方法实现高效率的提金，所以世界各国的采金历史都是从砂金开始的。总之，开采和处理砂金矿比脉金矿要便宜数十倍，因此即使砂金矿的金含量很低（低于 0.1g/t）都有开采价值。而对于脉金矿，现代技术条件下，具有工业意义的最低含金量通常为 1~4g/t。此外，还取决于矿的贮量、种类、地质条件、开采条件以及其他因素。大约在 19 世纪末期，砂金已基本被采完，从而转向对脉金矿的开采。现在，砂金只占黄金总产量的 2%~3%。

金是所有元素中最惰性的，矿石中的金几乎都以自然金的状态存在。自然金总是不纯的，其化学成分变化范围较大，一般含金大于 70%，杂质主要是银、铜、铁等。已发现的金矿物有近百种，常见 47 种，但仅有十余种具有工业价值，主要是金与其他金属的互化物，如银金矿、金银矿、铋金矿、银铜金矿、含铂钯自然金等，其次是碲金矿（$AuTe_2$，$AuAgTe_4$、$AuAgTe_2$、$AuAg_3Te_2$）、锑金矿（$AuSb_2$）等。

自然金多为弥散状（1~5μm）、粉状（5~50μm）和小粒状（0.03~2mm），仅少数为大颗粒状（大于 2mm）。通常把质量大于 5g 的自然金块俗称为"狗头金"，这种自然金块的质量大小不一，其中最重的是 1872 年在澳大利亚发现的"板状霍尔特曼（Holterma-na）"，重达 285kg，含金 93.3kg。

世界现探明的黄金资源量为 8.9 万吨，储量基础为 7.7 万吨，储量为 4.8 万吨，而且新探明储量在未来几年基本保持稳定。除了单独的金矿床以外，有色金属铜、铜-镍、铜-钼、铅-锌、锑等的硫化矿中也不同程度地伴生自然金或金化合物，是重要的提金原料。

23.3.2　银的矿物原料

世界白银资源丰富。根据美国地质调查局统计，2015 年全球银储量为 57 万吨，主要分布在秘鲁（12 万吨）、澳大利亚（8.5 万吨）、波兰（8.5 万吨）、智利（7.7 万吨）、中国（4.3 万吨）、墨西哥（3.7 万吨）、美国（2.5 万吨）、玻利维亚（2.2 万吨）、俄罗斯（2.0 万吨）及加拿大（0.7 万吨）等 10 个国家，它们约占全球总储量的 90.3%。我国银储量位居全球第五。

在自然界中，银主要以自然银、金银互化物和各种银的化合物存在。银矿石分为独立银矿和伴生银矿，单一银矿床比较少，只有 10% 的银产自以银为主的矿床。独立银矿是指含银品位大于 150g/t 的银矿产，具有独立开采价值。共生银矿是指含银品位在 100~150g/t 的银矿，银与一种或多种矿产同为勘探及开采对象；伴生银矿的银品位小于 100g/t，随主矿产品的开采而综合回收。我国探明的银矿资源几乎都是有色金属伴生矿，其中伴生于铅锌矿占 51.4%，铜矿占 34.9%，金矿占 2.7%，石英脉矿床占 1.7%，其他占 9.3%（如黄铜矿型多金属硫化矿）。储量最多的是江西，其次为云南、广东、内蒙古、广西、湖北等省。

呈单质形态存在的自然银很少见，且多呈细粒，大块者罕见。最大的自然银块于 1875 年在撒克逊尼亚的福莱堡地下 300m 深处发现，质量为 5000kg；智利曾发现过重 1420kg 的片状自然银。

银矿物和含银矿物共有 200 多种，可划分为 6 大类：（1）自然银和天然银金合金；（2）硫化物，如辉银矿（Ag_2S）、银铜矿（$AgCuS$）；（3）硫代酸盐，如淡红银矿（Ag_3AsS_3）、深红银矿（Ag_3SbS_3）、脆银矿（Ag_5SbS_4）；（4）砷化物，锑化物，如锑银矿（Ag_3Sb）；（5）碲化物，硒化物，如碲银矿（Ag_2Te）、硒银矿（Ag_2Se）、碲金银矿（Ag_2AuTe_2）等；（6）卤化物，硫酸盐，如角银矿（$AgCl$）、银铁矾（$AgFe_2(OH)_6(SO_4)_2$）等。最有工业价值的是自然银、银金合金、辉银矿、淡红银矿和角银矿。

23.3.3 铂族金属的矿物原料

世界上铂族金属资源主要是四类：一是原生铂族金属矿产资源；二是铜镍硫化矿共生铂族金属矿产资源；三是砂铂矿，目前已基本枯竭；四是铂族金属的二次资源。世界上约97%的铂族金属来自铜镍硫化矿床。

在铂族金属提取冶金中，根据铂矿资源中有价金属的含量及共生组合关系，铂矿资源又可分为三类：

(1) 原生铂族金属矿产资源，含 PGMs 在 6g/t 以上，而含 (Ni+Cu) 小于 0.2%。选冶过程是以回收铂族金属为主要目的，副产有色金属。矿石中铂族金属价值占所有有价金属价值的 80% 以上，甚至达 98%。如南非布什维尔德层状杂岩中的 Merensky Reef、UG-2、Platreef 等矿层，美国蒙大拿州斯替尔瓦特层状杂岩中的 J-M 矿层、Picket Pin 矿层，津巴布韦大岩墙的 MSZ 矿层。

(2) 铜镍硫化共生铂族金属矿产资源，根据铂族金属的含量，这一类矿物又分为伴生铂族金属的铜镍硫化共生矿和铂族铜镍共生硫化矿。伴生铂族金属的铜镍硫化共生矿(并非所有硫化镍、铜矿都伴生铂族金属)，矿石中含 (Ni+Cu) 达 2% 以上，含 PGMs 小于 1g/t (如加拿大萨德伯里矿约 0.6g/t，中国金川矿约 0.3g/t)，选冶过程是以回收有色金属为主要目的，综合回收贵金属，贵金属产量受有色金属生产规模的制约，矿石中铂族金属价值一般小于 15%，低至 5% 以下。而铂族铜镍共生硫化矿，如俄罗斯诺里尔斯克的共生矿，兼有原生铂矿和伴生铂族金属的铜镍硫化共生矿两种资源的特点，矿石中铂族金属价值约占所有有价金属价值的 20%~25%。

(3) 砂铂矿，是含铂或含铂、铬超基性岩体经长期自然风化、剥蚀解离、水流冲刷淘汰、运移富集形成的，曾广泛分布于世界各地，是 1778 年人类发现并命名铂以后首先开采利用并延续近 150 年的铂矿资源，现多已枯竭。

无论哪种矿床，矿石中铂族元素的含量都很低，一般仅为每吨矿石含铂、钯合计零点几克至几克 (用 g/t 表示)，原生铂矿中最高也仅约 20g/t，铑、铱、锇、钌 4 个元素在最富的矿石中含量合计仅约 1g/t。

目前，世界铂族金属储量和储量基础分别为 7.1×10^4 t 和 8.0×10^4 t。南非的铂族金属储量居世界首位，其次为俄罗斯、美国和加拿大，四国的储量合计占世界总储量的 99%。

我国铂族金属矿产资源十分贫乏，远景储量不到 350t，仅占世界总储量的 0.48%。我国铂族金属矿床 95% 以上的储量都集中于铜镍矿床中，它们与铁质基性-超基性岩有关，主要分布于我国西部的甘肃金川、新疆喀拉通克、黄山、攀西-滇中地区，以及东北的赤柏松等地区，多以铜镍硫化物的伴生矿床形式产出。

23.3.4 有色冶金副产含贵金属的原料

事实上，几乎全部银和相当数量的金，是作为有色冶金的副产品在提取主金属的过程中附带回收的。20 世纪 70 年代以来，从冶金副产品中提取的金占世界黄金总产量的 1/10以上。全世界约有 80% 的银产自含银的铅、锌、铜等硫化矿和金矿副产品。

最重要的含有金、银的有色冶金副产品包括：铜电解阳极泥、铅电解阳极泥、镍电解阳极泥、银锌壳等。由于贵金属的标准电极电势都为正值 (如银、铑为 +0.8V，金

+1.5V，铂、钯、铱居中），都大于铜（+0.34V）、铅（-0.13V）、锡（-0.14V）、镍（-0.25V）、锌（-0.76V）等有色金属的标准电极电位，因此这些金属在进行电解精炼时，贵金属多富集在阳极泥中。特别是金、铂、钯，在一般情况下，基本上全部富集在阳极泥中。不过，它们的存在形态很复杂，一般认为：金主要以金属形态，银以金属及硒化物、碲化物形态，铂、钯以无定型的互化物及镍、铜合金等形态存在。

阳极泥中金、银的含量波动很大。对于铜阳极泥，一般含金 0.05%~0.8%、银 5%~24% 及大量的铜、铅、砷、锑、硒、碲和微量铂、钯。铅火法冶炼产出的银锌壳中含银较高，铅阳极泥一般含银 8%~13%，含金很少（0.02%~0.045%），基本不含铂族金属。

黄铁矿烧渣是一种值得重视的含金物料，估计全世界每年硫铁矿的产量约为 3000 万吨。脱硫后的残渣中，一般含金 0.5~2g/t，高的可达 5~10g/t。湿法炼锌厂的酸浸渣经挥发窑处理（回收酸浸渣中的锌）后，窑渣含银约 300g/t（中国锌渣多含银 300~400g/t）。湿法炼铜渣也是银和少量金的一个来源。

由于全球 95% 的铂族金属伴生在铜镍硫化矿中，因此铜镍冶炼的副产品是分离提取铂族金属的重要原料。对于我国，90% 的矿产铂族金属来源于金川的铜镍冶炼副产品。伴生铂族金属的铜镍硫化共生矿冶炼富集铂族金属的过程，也就是铜镍提取冶炼的过程，是铂族金属矿产资源提取冶金的学习重点。

23.3.5　含贵金属的二次资源

二次资源是指矿产资源以外的各种可进行再生的资源，如生产、制造过程中产生的废料，已散失使用性能并需要重新处理的各种物料。

23.3.5.1　贵金属二次资源的特点

贵金属二次资源的特点为：

（1）品种繁多，规格庞杂。由于贵金属的使用面广，因此含贵金属废料的种类、形状、性质及成分各异，既有各种型材（管、棒、丝、片、箔）、异型材，又有颗粒、粉末以及各种制成品（如废弃的货币、器皿、饰品、工艺品、各种工业用的元器件等）；既有纯金属和合金，又有化合物、配合物、复合材料及各种废液、废渣。含量（品位）则从万分之几到几乎纯净的金属。

（2）流通多路，来源多样。

1）在生产或制造过程中产生的废料，包括加工过程中产生的废料、边角料及次生、派生的各种含贵金属物料。

2）产品经工厂或部门集中使用后，性能变差或外形损坏，需重新加工者，如含贵金属的失活催化剂，用坏的坩埚、器皿、用具，性能变坏的电气、电子、测温材料等，以及次生的含金、银的物料，如含金、银、铂族金属的废耐火材料、炉尘等。

3）分散在众多消费者（多数为个人或零星加工业者）手中，已散失使用价值的各种贵金属制品，如用具、饰品、家用电器及耐用消费品中的贵金属零件等。

（3）多持原状，价值犹存。贵金属的物理、化学性质相当稳定，即使它们的某种使用性能已散失，但一般仍保持原来的形状，且因其本身的价值高，消费者常予以保存或妥善回收。但对过于分散、单件质量小、价值有限，且鉴定、估价比较困难的废料，至今在广泛收集上仍然存在很多问题和限制。

23.3.5.2　贵金属二次资源的回收

二次资源中金、银的含量大大高于原矿中的含量（一般都在几百倍以上），从二次资源中回收比从原矿中提取金、银的成本要低得多，经济上更有利。同时，随着应用面不断扩大和使用节约化，贵金属二次资源的种类将更加繁杂，低品位物料的比重显著增加。这就要求努力提高废料回收的技术水平，增大处理规模和综合利用其中的全部有用组分。

20世纪80年代以来，从二次资源中所获得的金、银产量已占有重要地位。如发达国家，1981~1985年，每年二次供应的黄金达310~360t，约占矿产量的30%；1997~1999年，世界每年二次供给的金超过600t，约占当年矿产量的1/4。银更为可观，1981~1985年，发达国家每年从二次资源中回收的银为3450~4170t，平均占矿产银的40.6%；1997~1999年，世界二次资源供给的银达5266~6025t，平均占矿产银量的1/3。

铂族金属二次资源回收的主要来源是失效的汽车尾气净化催化剂、石油重整催化剂、医药和化工行业的催化剂、硝酸工业用催化网、首饰行业、玻璃工业的坩埚与漏板、仪表、电子及其他工业物料等。国外从20世纪80年代就开展了废催化剂中回收再生铂族金属的研究，并逐步形成产业，1995年，铂、钯、铑的回收量分别为10.42t、3.57t和1.21t。2006~2015年，全世界从二次资源中回收的金、银、铂、钯、铑总量见表23-10。

表 23-10　全球从二次资源中回收的金、银、铂、钯、铑的量

项 目		年 份									
		2006年	2007年	2008年	2009年	2010年	2011年	2012年	2013年	2014年	2015年
金	矿产量/t	2496	2499	2429	2612	2742	2846	2875	3061	3133	3255
	回收量/t	1133	1006	1352	1728	1713	1675	1677	1287	1125	1296
	回收量占矿产量的比例/%	45.39	40.26	55.66	66.16	62.47	58.85	58.33	42.05	35.91	39.82
银	矿产量/t	20009	20734	21234	22279	23365	23492	24550	25981	27293	27579
	回收量/t	6442	6351	6283	6258	7076	8134	7947	5994	5241	4544
	回收量占矿产量的比例/%	32.19	30.63	29.59	28.09	30.28	34.62	32.37	23.07	19.2	16.48
铂	矿产量/t	218.5	204.8	191.5	188.1	192.3	199.2	180.3	187	151	191.6
	回收量/t	37.23	45.69	61.34	39.84	44.29	49.77	44.66	47.77	49.86	45.63
	回收量占矿产量的比例/%	17.04	22.31	32.03	21.18	23.03	24.98	24.78	25.55	33.01	23.82
钯	矿产量/t	228.8	219.3	291.8	196.6	205.7	213.4	202.1	201.2	190.9	208.8
	回收量/t	30.57	35.52	43.3	37.11	46.22	54.8	52.72	56.52	64.1	58.19
	回收量占矿产量的比例/%	13.37	16.2	14.84	18.87	22.47	25.68	26.09	28.09	33.59	27.87
铑	矿产量/t	24.32	24.91	23.7	25.35	24.39	24.76	23.05	23.39	18.6	24.11
	回收量/t	5.505	6.314	7.247	6.003	7.216	8.242	7.589	8.46	9.984	8.771
	回收量占矿产量的比例/%	22.63	25.34	30.58	23.68	29.59	33.29	32.93	36.17	53.68	36.39

复习思考题

23-1 简述金、银的主要物理性质和化学性质。

23-2 简述金、银的主要用途。

23-3 简述铂族金属的主要用途。

23-4 简述提取金银的主要原料。

23-5 简述提取铂族金属的主要原料。

23-6 了解贵金属的主要化合物，掌握提取贵金属时常涉及的重要化合物。

23-7 已知 $Au^+ + e \rightarrow Au$ 的标准电极电位是 1.83V，$[Au(CN)_2]^- = Au^+ + 2CN^-$ 的离解常数为 1.1×10^{-41}，根据溶液离子同时平衡原理，计算 $[Au(CN)_2]^- + e = Au + 2CN^-$ 的标准电极电势。

24　金银矿石的准备及选矿

24.1　金银矿石准备

对于从含金银的脉金矿石中提取金、银，不论是采用湿法冶金方法，还是采用选冶联合法，均需对矿石进行冶炼前的准备。矿石准备包括矿石从采场到选矿厂的运输、破碎和磨矿。因为开采出的矿石通常是大块的，所以选矿之前必须先将矿石破碎和细磨，其目的是使含金银的矿物颗粒，主要是自然金，全部或部分暴露，以保证随后的选矿或湿法冶金过程富有成效地进行。

对于含金银的脉金矿来说，提取金银的方法主要是湿法冶金。矿物的细磨程度可保证溶剂与暴露金、银矿物颗粒的接触。矿物的粒度通常由实验预先确定，即在其他工艺条件相同的情况下，通过实验考察不同粒度的矿粒对金、银提取率的影响。显然，金颗粒越细，矿石应磨得越细。对于粗颗粒金，磨至小于 0.4mm（35 目）粒级占 90%就足够了；但大多数矿石中除有粗粒金外还有细粒金，故总是磨得更细些（达小于 0.074mm，即 200 目）；在金粒更细的某些情况下，矿石还必须磨至小于 0.044mm（325 目）的程度。

矿石的破碎、特别是细磨是一个能耗高的作业，占整个矿石加工费的 40%~60%。

磨矿的经济合理性取决于多个因素：（1）金的回收率；（2）进一步细磨时材料的消耗；（3）进一步细磨增加的费用；（4）给矿浆浓缩和过滤带来的困难及由此发生的附加费用。

破碎与磨矿流程的制定取决于矿石的物相组成和它的物理性质。矿石先在颚式破碎机和带有格筛的圆锥破碎机上进行粗碎和中碎，二段碎矿后矿石的粒度通常小于 20mm，有时也采用三段细碎（在短锥破碎机中进行），粒度为 6mm。

破碎后的矿石送去湿磨，一般在球磨机或棒磨机中进行。磨矿也分若干段，采用最广泛的是二段磨矿。在国外，金矿规模大，广泛采用矿石和矿石-砾石自磨机。与钢球磨机相比，自磨机有一系列的优点：金的回收率提高、劳动生产率高、减少电耗和药剂消耗、减少了钢球的消耗。

在破碎磨矿流程中，粒度分级占有重要地位，现代提金厂的分级设备，除螺旋分级机外，还广泛采用各种结构的水力旋流器，或采用装在磨机卸料端的滚动筛来进行初步分级。

如果矿泥含金少，或者泥质对工艺操作造成恶劣影响，应在湿法冶金或选矿之前脱去矿泥。脱泥可采用水力旋流器或浓缩槽。

24.2　金的重力选矿

24.2.1　重力选矿的基本原理

重力选矿法（简称重选法）是一种古老的选矿方法，是在运动的介质（水）中，矿

粒依其密度 ρ 和粒度 d 的差异进行分选的方法。

当两个粒度相同而密度不同的矿粒在水中沉降时，其中密度大的沉降速度快，而密度小的沉降速度慢。如果两个密度相同而粒度不同的矿粒在水中沉降时，粒度大的沉降速度大，而粒度小的沉降速度小。显然，如果两个矿粒的密度不相同而且粒度也不相同，则密度大的小矿粒有可能具有和密度小的大矿粒相同的沉降速度（见图 24-1），因而影响矿粒按密度分层和分选的效果。

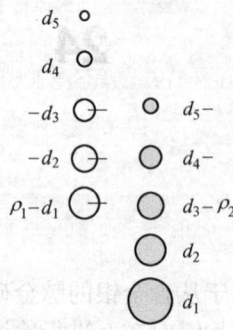

图 24-1　颗粒在介质中的沉降

为了使颗粒尽量按密度分层，提高选分的精确度，应当尽量减小入选的粒度范围，也就是预先把矿石分级成几个窄级别，然后分别对它选别。

根据介质运动形式和作业目的不同，重选法可分成分级、重介质选矿、跳汰选矿、摇床选矿、溜槽选矿、螺旋选矿、离心力选矿、风力选矿、洗矿。分级和洗矿是按粒度分离的作业，常用在入选前矿石的准备上，其他工艺才是实质性的选别作业。

重选法不适合选分细矿粒，因为细小的矿粒在重力作用下的沉降速度很小，所以选分困难。为此，可以利用离心力选分细矿粒，因为离心力要比重力大几十倍，甚至几百倍。

由此可见，重选的难易程度不仅与矿粒密度有关，而且也与矿粒的粒度有关。

当在水中重选时，矿粒的选分难易程度可用式（24-1）表示：

$$e = \frac{\rho_2 - 1}{\rho_1 - 1} \qquad (24\text{-}1)$$

式中　e——重选难易度；

　　　ρ_2——重矿物的密度；

　　　ρ_1——轻矿物的密度。

例如，自然金的密度为 $18g/cm^3$，石英的密度为 $2.6g/cm^3$，用式（24-1）求得重选难度 $e = 6.9$，因此极容易按密度进行选分。

24.2.2　重力选矿的主要设备

重选法在黄金矿山的应用广泛，尤其是砂金的选矿离不开重选。脉金矿山采用重选法主要是回收经单体分离的粗粒金。目前广泛用于选金的重选设备是跳汰机、摇床和溜槽。与其他选矿方法相比，重选法具有设备简单、成本低、没有污染等优点，是最早用于选金的方法。

24.2.2.1　跳汰机

跳汰机的种类很多，图 24-2 所示为选金厂常用的典瓦尔跳汰机。这种跳汰机有两个区间：一个为矿石跳汰室，一个为隔膜鼓动室。固定于跳汰室的筛网上面铺有密度较大的矿石或钢球，称为床层，入选物料给到床层上面。通过偏心传动机构使隔膜做上下往复运动，带动室内的水也做上下交变运动。当水流向上冲击时，颗粒群呈松散悬浮状态，这时，轻、重、大、小不同的矿粒各具有不同的沉降速度，相对移动位置，大密度颗粒沉降于下层。当水流下降时，产生吸入作用，密度大而粒度小的矿粒穿过密度大的粗颗粒的间隙进入下层。如此反复运动，使颗粒群按密度分层，位于下层的大密度粗、细颗粒穿过床层从筛孔漏下来。而位于上层的轻颗粒，在连续给矿的推动下，移至跳汰机尾部排出。

这种跳汰机又称上动型隔膜跳汰机，规格为300mm×450mm，其最大给矿粒度可达16mm，选别粒度下限为0.1mm，国内金厂大多用它于磨矿分级回路中回收粗粒金。

24.2.2.2 摇床

摇床是选别细粒物料的重要设备，其构造如图24-3所示。它有一个近似长方形的床面，床面略微向尾矿侧倾斜，床面上沿纵向钉有来复条或刻有沟槽，床面由传动机构带动，做纵向不对称的往复运动。前进时，运动速度由慢变快；后退时，运动速度由快变慢。

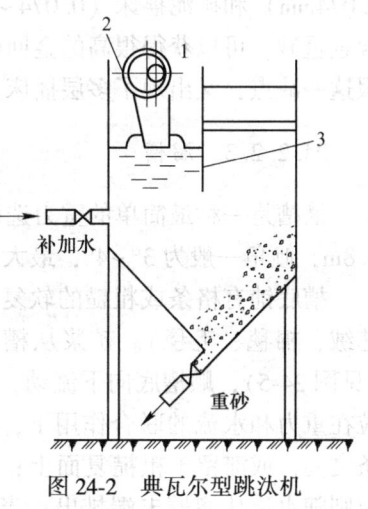

图 24-2 典瓦尔型跳汰机
1—偏心机构；2—隔膜；3—隔板

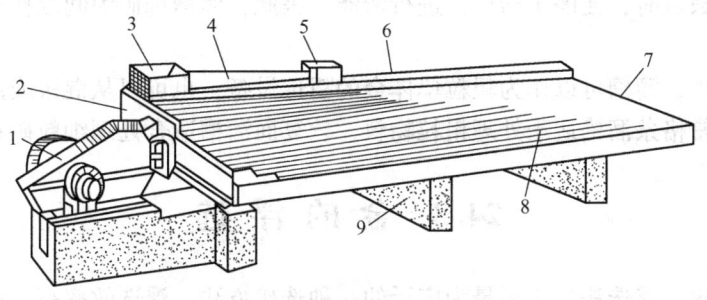

图 24-3 摇床结构示意图
1—传动装置；2—给矿端；3—给矿口；4—给矿槽；5—冲水口；6—冲水槽；7—精矿端；8—床面；9—机座

矿浆由给矿槽给到床面上，受冲洗水的横向水流的作用和床面的纵向不对称往复运动的联合作用，使密度小的最细的矿泥直接沿床面倾斜方向下流；沉积在床面上来复条之间的矿粒，则按密度和粒度不同而发生分层。密度小、粒度大的矿粒在上层，其次是密度小、粒度小的矿粒及密度大、粒度大的矿粒，最下层为密度大、粒度小的矿粒。处于下层的大密度矿粒受床面运动的影响大，受横向冲洗水流的作用小；而在上层的小密度矿粒正相反，受横向冲洗水流的作用大，受床面运动的影响小。因此，大密度矿粒的纵向运动速度大，横向运动速度小；而小密度矿粒的纵向运动速度小，横向运动速度大。这样，不同密度的矿粒将沿着各自的合速度方向运动，使密度大的矿粒移向精矿端，密度小的矿粒移向尾矿侧，最终形成按密度不同呈扇形分布的矿带，如图24-4所示。

摇床的富集比很高，可以直接获得最终精矿和废弃尾矿。根据选别粒度，可分为粗砂摇床（大于0.5mm），细砂摇床（0.5~

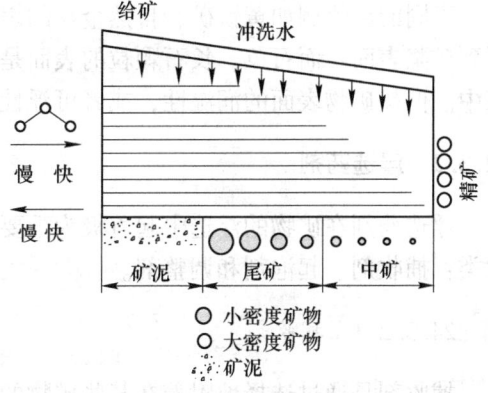

图 24-4 矿粒在床面上的分布

0.074mm）和矿泥摇床（0.074~0.037mm）。在选金厂，摇床常用来精选从跳汰机得到的含金重砂，可以获得很高的金回收率。摇床的缺点是处理能力低，设备占地面积大。为克服这一缺点，又出现了多层摇床。

24.2.2.3 溜槽

溜槽是一种最简单的重力选矿设备，它是一个倾斜的狭长槽子，长约15m，宽0.6~0.8m，倾角一般为3°~4°，最大不超过14°~16°。

槽底铺有格条或粗糙的软复面（例如灯芯绒、棉毯、毛毯）。矿浆从槽子上端给入（见图24-5），顺槽底向下流动，密度大的矿粒在重力和水流的联合作用下，沉于槽底格条之间，或滞留于粗糙复面上；密度小的矿粒则随水流从溜槽末端排出。当密度大的矿

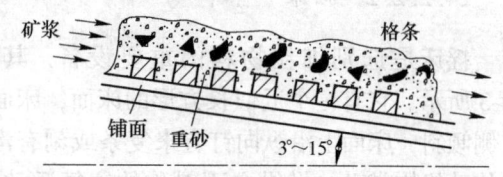

图 24-5　格条溜槽选矿原理图

粒沉积到一定数量时，便停止给矿，进行清溜。因此，溜槽选矿为间歇作业，而且清溜的劳动强度大。

在脉金矿山，溜槽可以作为粗粒单体金的粗选设备；也可以从混汞或浮选尾矿中，补充回收金。通常格条溜槽适于处理粗粒物料，软复面溜槽适合处理细粒矿石。

24.3　金 的 浮 选

选金生产中，浮选法是应用最为广泛的一种选矿方法。浮选效率高，可以处理细粒浸染的矿石。对于成分复杂的矿石，浮选法可以获得很好的选分效果。

24.3.1　浮选矿物的基本原理

浮选法是利用矿物表面物理化学性质的差异来选别矿石的一种方法。由于水在不同的矿物表面，其润湿性不同，例如玻璃表面很容易被水润湿，而石蜡表面很难被水润湿，或称玻璃为亲水的，而石蜡为疏水的。因此在矿浆中，某些矿粒会因疏水而选择性地附着在气泡上，从而得以分选。

不同的矿物例如黄铁矿、自然金粒的表面是疏水的，很容易附着到气泡上，随气泡上浮到矿浆表面；而石英，长石颗粒的表面是亲水的，不易附着在气泡上，所以仍然留在矿浆中。但是矿物表面的润湿性，或者可浮性，是可以借助浮选药剂的作用来改变的。

24.3.2　浮选药剂

浮选药剂在矿物的浮选中起着极为重要的作用。根据浮选药剂的不同用途，可分为三大类：捕收剂、起泡剂和调整剂。

24.3.2.1　捕收剂

捕收剂是通过选择地附着在某些矿物的表面上以增强其疏水性，使这类矿物容易附着于气泡上并随之上浮的一类有机化合物。在浮选金生产中，最常用的是黄药（烃基黄原

酸盐，或烃基二硫代碳酸盐）和丁基黑药（二丁基二硫代磷酸盐），它们是自然金和硫化矿物有效的捕收剂。

24.3.2.2 起泡剂

起泡剂是能防止气泡兼并，能获得大小适中、高度分散的气泡，能增大气-水界面能，提高泡沫稳定性的化合物。浮选矿物时，需要大量的气泡用以负载矿粒，因此，必须向矿浆中添加起泡剂，浮选金所用的起泡剂主要是 2 号浮选油。

24.3.2.3 调整剂

调整剂又可分为抑制剂、活化剂和介质调整剂。

抑制剂用来降低某些矿物的可浮性。浮选金常见的抑制剂有石灰、硅酸钠、氟硅酸钠、糊精及淀粉等。

活化剂是能提高矿物表面对捕收剂吸附能力的化合物。常用的活化剂为无机酸、无机碱类，金属阳离子、碱土金属阳离子、硫化物类及有机化合物等。

介质调整剂主要是调整矿浆的 pH 值，调整其他药剂的作用强度，消除有害离子的影响，调整矿泥的分散或团聚。常用的酸性调整剂为硫酸、盐酸和氢氟酸。常用的碱性调整剂为石灰、碳酸钠、氢氧化钠和硫化钠等。常用的矿泥分散剂为水玻璃、氢氧化钠、六聚偏磷酸钠、焦磷酸钠、聚丙烯酰胺、古尔胶等。常用的矿泥团聚剂为石灰、碳酸钠、硫酸亚铁、氯化铁、硫酸钙、明矾、硫酸、盐酸等。选金厂浮选常用的调整剂例如石灰，它既可用于抑制黄铁矿，也可用作矿浆的 pH 值调整剂。又如硫化钠是含金氧化铜矿的常用活化剂。

24.3.3 浮选设备

国内选金厂目前常用的浮选机是机械搅拌式浮选机。浮选机的构造如图 24-6 所示，

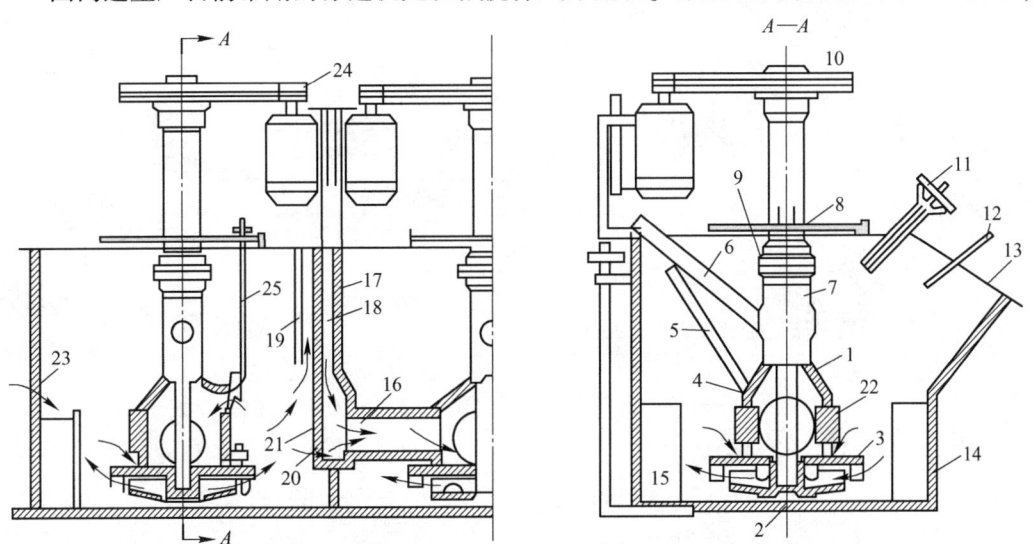

图 24-6 XLL 浮选机构造示意图

1—主轴；2—叶轮；3—盖板；4—连接管；5—砂孔闸门丝杆；6—进气管；7—空气筒；8—座板；
9—轴承；10—皮带轮；11—溢流闸门手轮及丝杆；12—刮板；13—泡沫溢流唇；14—槽体；15—放砂闸门；
16—给矿管（吸浆管）；17—溢流堰；18—尾矿溢流闸门；19—闸门壳；20—砂孔；21—砂孔闸门；
22—中矿返回孔；23—直流槽前尾矿溢流堰；24—电动机及皮带轮；25—循环孔调节杆

一般由两个槽构成一个机组，第一槽为吸入槽，第二槽为直流槽，两槽是联通的。电动机通过三角皮带带动竖轴使叶轮旋转。于是在盖板和叶轮之间形成负压，使空气进入并在叶轮的强烈搅拌作用下，弥散成气泡。待浮矿物附着在气泡上被带到矿浆表面，形成矿化泡沫层，由刮板刮出。其余矿浆则排到下一槽。槽内矿浆面的高低可用闸门来调节。进气管下部有孔供安装进浆管或中矿返回管之用。盖板上有矿浆循环孔，便于槽内矿浆进入叶轮上。

 **复习思考题**

24-1　简述含金银的脉金矿在冶炼前如何进行必要的矿石准备。

24-2　简述重力选矿的原理，如何进行含金银矿物的重力选矿。

24-3　简述矿物浮选的原理，如何进行含金银矿物的浮选。

25　氰化法提取金银

氰化法是当前从细粒金矿石中提取金、银的主要方法，是用含氧的碱性氰化物溶液浸出矿石或精矿中的金银，再从浸出液中回收金银。该法具有工艺成熟，金银提取率高，对矿石的适应性强等优点。缺点是氰化物剧毒，排放尾液须经处理，否则污染环境。

25.1　氰化浸出金银的原理

25.1.1　氰化浸出热力学

金、银在氰化物溶液中的溶解，主要通过以下两种方式进行。

25.1.1.1　金、银溶解反应分两阶段完成

第一阶段，溶解金同时产生过氧化氢：

$$2Au + 4CN^- + O_{2(溶解)} + 2H_2O \Longrightarrow 2[Au(CN)_2]^- + 2OH^- + H_2O_2 \qquad (25-1)$$
$$\Delta G_{298}^{\ominus} = -106.24kJ,\ K = 4.17 \times 10^{18}$$

第二阶段，H_2O_2再用于溶解金：

$$2Au + 4CN^- + H_2O_2 \Longrightarrow 2[Au(CN)_2]^- + 2OH^- \qquad (25-2)$$
$$\Delta G_{298}^{\ominus} = -300kJ,\ K = 4.36 \times 10^{52}$$

与金的反应类似，银溶解的两阶段反应为：

$$2Ag + 4CN^- + O_{2(溶解)} + 2H_2O \Longrightarrow 2[Ag(CN)_2]^- + 2OH^- + H_2O_2 \qquad (25-3)$$
$$\Delta G_{298}^{\ominus} = -48.35kJ,\ K = 2.59 \times 10^{8}$$

$$2Ag + 4CN^- + H_2O_2 \Longrightarrow 2[Ag(CN)_2]^- + 2OH^- \qquad (25-4)$$
$$\Delta G_{298}^{\ominus} = -242.57kJ,\ K = 3.16 \times 10^{42}$$

25.1.1.2　金、银溶解反应按一步完成

一步溶金反应为：

$$4Au + 8CN^- + O_{2(溶解)} + 2H_2O \Longrightarrow 4[Au(CN)_2]^- + 4OH^- \qquad (25-5)$$
$$\Delta G_{298}^{\ominus} = -406.7kJ,\ K = 1.87 \times 10^{71}$$

与金的反应类似，银的一步溶解反应为：

$$4Ag + 8CN^- + O_{2(溶解)} + 2H_2O \Longrightarrow 4[Ag(CN)_2]^- + 4OH^- \qquad (25-6)$$
$$\Delta G_{298}^{\ominus} = -290.92kJ,\ K = 9.33 \times 10^{50}$$

由分析可知，两阶段溶解金、银反应的加和就是一步溶解金、银反应。Znrilla 研究证明，两种溶解形式都很容易进行，有 85%的金是通过两段反应溶解的，仅有 15%的金是一步溶解的。

在氰化浸出金、银的过程中，可用 Au(Ag)-CN⁻-H₂O 系 E-pH 图来进行热力学分析，如图 25-1 所示。

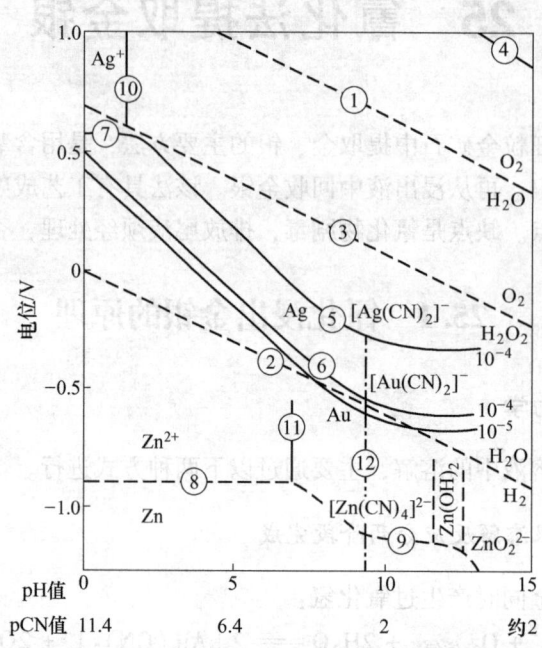

图 25-1 Au(Ag)-CN⁻-H₂O 系的 E-pH 图

①—O₂/H₂O；②—H₂O/H₂；③—O₂/H₂O₂；④—H₂O₂/H₂O；⑤—[Ag(CN)₂]⁻/Ag；

⑥—[Au(CN)₂]⁻/Au；⑦—Ag⁺/Ag；⑧—Zn²⁺/Zn；⑨—[Zn(CN)₄]²⁻/Zn；

⑩—Ag⁺∣[Ag(CN)₂]⁻；⑪—Zn²⁺∣[Zn(CN)₄]²⁻；⑫—HCN∣CN⁻

($t=25$℃；$p_{O_2}=p_{H_2}=101.3$Pa；[CN⁻]总$=10^{-2}$mol/L；

[Au(CN)₂]⁻$=10^{-4}$mol/L；[Ag(CN)₂]⁻$=10^{-4}$mol/L；[Zn(CN)₄]²⁻$=10^{-2}$mol/L)

由图 25-1 可以得出以下结论：

(1) 用氰化物溶液溶解金、银生成 [Au(CN)₂]⁻、[Ag(CN)₂]⁻ 配离子的电极电位，比生成游离金、银离子的电极电位要低得多，所以氰化物溶液是金、银的良好溶剂和配体。

(2) 金、银被氰化物溶液溶解生成 [Au(CN)₂]⁻、[Ag(CN)₂]⁻ 配离子的反应线⑥、⑤，几乎都落在水的稳定区中，即线①与线②之间，说明金、银的配离子 [Au(CN)₂]⁻、[Ag(CN)₂]⁻ 在水溶液中是稳定的。

(3) 金比银更易溶解。不生成配离子时，金的电极电位（$\varphi^{\ominus}_{Au^+/Au}=+1.83$V）高于银，但生成 [Au(CN)₂]⁻、[Ag(CN)₂]⁻ 配离子时，$\varphi^{\ominus}_{[Au(CN)_2]^-/Au}$ 比 $\varphi^{\ominus}_{[Ag(CN)_2]^-/Ag}$ 低得多，从热力学角度来看，在氰化物溶液中金比银容易溶解。

(4) 在 pH<10 时，生成 [Au(CN)₂]⁻、[Ag(CN)₂]⁻ 配离子的电极电位随着 pH 值的升高而直线下降，说明在此范围内，增大 pH 值对溶解金、银有利；但当 pH>10 后，pH 值对生成这两种配离子的电极电位的影响较小，即对金、银的溶解影响较小。

(5) 氰化物溶金的曲线⑥及其下边的平行曲线说明，在 pH 值相同时，生成金配离子的电极电位随着金配离子活度降低而降低。银也具有同样的规律。

（6）反应⑤、⑥线均在①线之下，说明 O_2 是溶解金、银的良好氧化剂。

（7）反应⑥与反应①或③组成溶金原电池，其电势差是相应曲线间的垂直距离。当 pH 值为 9~10 时，垂直距离最大，即此时的电势差最大，故氰化溶金一般控制矿浆的 pH 值在 9~10 之间，以获得较大的浸出推动力。

（8）线①或③上移，或线⑥、线⑤下移，都会增大氰化溶金或银原电池的电势差，使氰化浸出金、银的反应强化。

（9）反应⑥中，$[Au(CN)_2]^- = 10^{-5}$ mol/L 的曲线与线②相交，在相交的范围内，线⑥位于线②之下，在此范围内，金氰化溶解，同时放出氢气，但析出氢气的 pH 值范围较小。

$$2Au + 4CN^- + 2H^+ === 2[Au(CN)_2]^- + H_2 \uparrow \tag{25-7}$$

在此范围之外，则上述反应为逆反应，即 $[Au(CN)_2]^-$ 可被 H_2 还原，析出金属金。银的氰化溶解平衡线全部位于水的稳定区内，故氰化浸银时不会析出氢气。

（10）⑧线、⑨线表明，锌能从含金的氰化液中置换出金。

此外，氰化过程中，如用过强的氧化剂，则会使 CN^- 氧化成 CNO^-：

$$CNO^- + 2H^+ + 2e === CN^- + H_2O \tag{25-8}$$

这将导致氰化物消耗的增加。因此，氰化溶金一般不用双氧水作氧化剂，这是其原因之一。

图 25-1 只能用作对纯金、银的氰化浸出过程热力学分析。而矿石中赋存的金、银通常是金、银、铜的金属固溶体、互化物或混合物。还有金和银的硒化物、碲化物、锑化物，以及银的硫化物、卤化物等。

实践证明，自然金、银容易氰化溶解。角银矿（AgCl）氰化时也容易溶解：

$$AgCl + 2CN^- === [Ag(CN)_2]^- + Cl^- \tag{25-9}$$

但辉银矿（Ag_2S）溶解缓慢，且其反应是可逆的：

$$Ag_2S + 4CN^- === 2[Ag(CN)_2]^- + S^{2-} \tag{25-10}$$

$$S^{2-} + 1/2O_2 + H_2O + CN^- === CNS^- + 2OH^- \tag{25-11}$$

或 $$Ag_2S + 2O_2 + 4CN^- === 2[Ag(CN)_2]^- + SO_4^{2-} \tag{25-12}$$

只有采用高浓度氰化物溶液和强烈充气时，才能使 Ag_2S 氰化。金、银的碲化物氰化溶解困难，硒化银溶解也很缓慢。

25.1.2 氰化浸出动力学

金、银在含氧的氰化物溶液中的溶解过程为固液相界面上的电化学腐蚀过程，如图 25-2 所示，氰化溶解时，金从其表面的阳极区失去电子进入溶液中，与此同时，溶液中的氧则从金粒表面的阴极区获得电子而被还原为过氧化氢。

阳极区和阴极区的反应分别为：

阳极区：

$$[Au(CN)_2]^- + e === Au + 2CN^- \qquad \varphi_{[Au(CN)_2]^-/Au} = -0.6 + 0.118pCN + 0.059lga_{[Au(CN)_2]^-}$$

$$\tag{25-13}$$

$$[Ag(CN)_2]^- + e \Longrightarrow Ag + 2CN^- \quad \varphi_{[Ag(CN)_2]^-/Ag} = -0.31 + 0.118pCN + 0.059lga_{[Ag(CN)_2]^-}$$

$$(25-14)$$

阴极区：

$$O_2 + 2H_2O + 2e \Longrightarrow H_2O_2 + 2OH^- \quad \varphi_{O_2/H_2O_2} = -0.682 - 0.059pH - 0.0295p_{O_2} \quad (25-15)$$

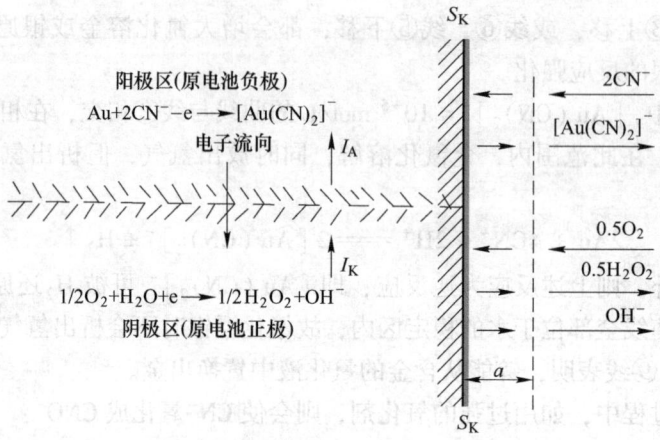

图 25-2　金的氰化浸出过程示意图

金的氰化浸出过程由以下五步组成：第一步是溶剂质点（O_2 分子和 CN^-）通过扩散层扩散到固体金的表面；第二步是溶剂质点在金表面上吸附；第三步是被吸附的溶剂与金在相界面上发生电化学反应，金从其表面的阳极区失去电子并与 CN^- 结合成 $[Au(CN)_2]^-$ 配离子，同时氧从阴极区得到电子成为 H_2O_2 和 OH^-；第四步是生成物解吸；第五步是生成物离开界面通过扩散层进入溶液主体。其中第一、第五两步都是扩散过程，第二、第四两步是吸附过程，第三步是电化学反应。在氰化溶金过程中，一般认为吸附很快达到平衡、电化学反应速度较快，其溶解速度受扩散过程控制，主要取决于溶液中氧和 CN^- 的扩散速度。

在阳极液中，CN^- 向金粒表面的扩散速度（mol/s）为：

$$\frac{d[CN^-]}{dt} = \frac{D_{CN^-}}{\delta}A_2([CN^-] - [CN^-]_i) \quad (25-16)$$

式中　D_{CN^-}——CN^- 的扩散系数，cm^2/s；

　　　A_2——阳极区的表面积，cm^2；

　　　δ——扩散层厚度，cm；

　　$[CN^-]$——扩散层外 CN^- 的浓度，mol/L；

　$[CN^-]_i$——扩散层内 CN^- 的浓度，mol/L。

由于化学反应速度很快，CN^- 一达到金粒表面即被消耗掉，即 $[CN^-]_i$ 趋于零，则：

$$\frac{d[CN^-]}{dt} = \frac{D_{CN^-}}{\delta}A_2[CN^-] \quad (25-17)$$

在阴极液中，溶解的 O_2 向金粒表面的扩散速度（mol/s）为：

$$\frac{d[O_2]}{dt} = \frac{D_{O_2}}{\delta}A_1([O_2] - [O_2]_i) \quad (25-18)$$

式中　D_{O_2}——O_2的扩散系数，cm^2/s；

　　A_1——阴极区的表面积，cm^2；

　　$[O_2]$——扩散层外 O_2 的浓度，mol/L；

　　$[O_2]_i$——扩散层内 O_2 的浓度，mol/L。

由于化学反应速度很快，溶解 O_2 一到达金粒表面即被消耗掉，即 $[O_2]_i$ 趋于零，则：

$$\frac{d[O_2]}{dt} = \frac{D_{O_2}}{\delta}A_1[O_2] \tag{25-19}$$

由反应式（25-1）可知，金的溶解速度为氰离子的消耗速度的 $1/2$，为 O_2 的消耗速度的 2 倍。以 $v_{金}$ 表示金的溶解速度，则：

$$v_{金} = \frac{1}{2}\frac{d[CN^-]}{dt} = \frac{1}{2}\frac{D_{CN^-}}{\delta}A_2[CN^-] \tag{25-20}$$

$$v_{金} = 2\frac{d[O_2]}{dt} = 2\frac{D_{O_2}}{\delta}A_1[O_2] \tag{25-21}$$

因为与水相接触的金属总面积为 $A = A_1 + A_2$，所以：

$$v_{金} = \frac{2AD_{CN^-}D_{O_2}[CN^-][O_2]}{\delta(D_{CN^-}[CN^-] + 4D_{O_2[O_2]})} \tag{25-22}$$

由式（25-22）可知，当氰化物浓度低时，$[CN^-]$ 比 $[O_2]$ 小得多，式（25-22）可简化为：

$$v_{金} = \frac{1}{2}\frac{AD_{CN^-}}{\delta}[CN^-] \tag{25-23}$$

即氰化物浓度低时，溶金速度仅取决于溶液中氰化物浓度的变化。

同理，当氰化物浓度高时，$[CN^-]$ 比 $[O_2]$ 大得多，式（25-22）可简化为：

$$v_{金} = 2\frac{AD_{O_2}}{\delta}[O_2] \tag{25-24}$$

即氰化物浓度高时，溶金速度仅取决于溶液中溶解的 O_2 浓度的变化。

当金的溶解速度处于从氰化物扩散控制过渡到由氧扩散控制时，即反应达到平衡时：

$$v_{金} = \frac{1}{2}\frac{D_{CN^-}}{\delta}A[CN^-] = 2\frac{D_{O_2}}{\delta}A[O_2] \tag{25-25}$$

整理得：

$$D_{CN^-}[CN^-] = 4D_{O_2}[O_2]$$

或

$$\frac{[CN^-]}{[O_2]} = 4\frac{D_{O_2}}{D_{CN^-}} \tag{25-26}$$

即满足式（25-26）的条件，金的溶解速度达最大值。

在 18~27℃ 的条件下，D_{CN^-} 和 D_{O_2} 的平均值分别为 $2.76×10^{-5}\,cm^2/s$ 和 $1.83×10^{-5}\,cm^2/s$，即 D_{O_2}/D_{CN^-} 的平均比值为 1.5，则：

$$\frac{[CN^-]}{[O_2]} = 4 \times \frac{2.76 \times 10^{-5}}{1.83 \times 10^{-5}} = 4 \times 1.5 = 6 \tag{25-27}$$

这个比值的意义在于，溶液中的 CN^- 和 O_2 浓度对氰化浸金都很重要，两者的浓度应符合一定的比值，才能使金的溶解速度达到最大。实践证实，当 CN^- 浓度与溶解 O_2 的浓度的比值为 4.6~7.4 时，金的溶解速度达到最大值。理论与实践相当吻合。

25.2　氰化浸出过程中伴生矿物的行为

金矿石中含有较多的石英、硅酸盐，在室温下不与氰化物反应，其他金属杂质，如含铜、砷、锑、铁、锌、铅及汞等金属的化合物会与氰化物发生反应，不仅增加氰化物的消耗，而且会导致大量杂质在氰化过程中积累，引起氰化物溶解活性的降低。

25.2.1　铁矿物

铁矿物可分为氧化矿物和硫化矿物两大类型。铁的氧化矿物不与氰化物作用。铁的硫化矿物如磁黄铁矿、大部分白铁矿及少量极细黄铁矿，其结晶细小，结构疏松，在矿石开采、运输、贮存，特别是在磨矿和氰化过程中均会与氰化溶液中的 CN^-、O_2 及保护碱发生一系列的反应，生成 $Fe(II)$、$Fe(III)$ 的化合物，这些反应会消耗大量溶解 O_2 及氰化物。生产实践中可采取以下措施，消除磁黄铁矿、白铁矿对氰化的有害影响：

(1) 氰化前在碱性矿浆中充气，使硫化亚铁氧化，生成不与氰化物反应的 $Fe(OH)_3$，而 $Fe(OH)_3$ 会在硫化物颗粒的表面形成薄膜，阻挡了硫化物与氰化物溶液进一步发生氧化反应。

(2) 在氰化时强化充气，促使 S^{2-} 氧化成无害的 $S_2O_3^{2-}$ 和 SO_4^{2-}，而减少 S^{2-} 与 CN^- 的反应，相应地降低了硫代氰酸盐的浓度，从而降低了氰化物的消耗。同时强烈充气也可提高溶液中的 O_2 浓度，从而提高溶金速度。

(3) 在氰化矿浆中加入氧化铅或可溶性铅盐，加速将已溶解的硫化物 (S^{2-}) 转化成相对无害的 SO_4^{2-}、$S_2O_3^{2-}$、CNS^- 等化合物。

25.2.2　铜矿物

在金矿石中，含铜矿物除硅孔雀石、黄铜矿几乎不与氰化物作用外，几乎所有的铜矿物如自然铜、蓝铜矿 ($2CuCO_3 \cdot Cu(OH)_2$)、孔雀石 ($CuCO_3 \cdot Cu(OH)_2$)、赤铜矿 (Cu_2O)、斑铜矿 ($FeS \cdot 2Cu_2S \cdot CuS$) 及硫砷铜矿 ($3CuS \cdot As_2S_3$) 等都易溶于氰化物溶液中，形成铜的氰化配合物，造成氰化物大量消耗，更重要的是 $[Cu(CN)_3]^{2-}$ 会在金粒表面形成一层薄膜，降低金的溶解度。

(1) 二价铜的含氧化物 $Cu(OH)_2$、$CuCO_3$、$CuSO_4$ 等与氰化物作用时，Cu^{2+} 首先被 CN^- 还原成 Cu^+，并形成 $CuCN$。$CuCN$ 易溶于过量的氰化物溶液中，进而形成 $[Cu(CN)_3]^{2-}$ 配离子。

(2) 一价铜的硫化矿 (辉铜矿) 与氰化物作用时生成 $[Cu(CN)_3]^{2-}$、$[Cu(CN)_4]^{2-}$ 配合物：

$$2Cu_2S + 6CN^- + 2O_2 \Longrightarrow 2[Cu(CN)_3]^{2-} + SO_4^{2-} \tag{25-28}$$

$$2Cu_2S + 6CN^- + H_2O + 1/2O_2 \Longrightarrow 2CuS + [Cu(CN)_3]^{2-} + 2OH^- \tag{25-29}$$

铜蓝进一步溶解成 $[Cu(CN)_4]^{2-}$：

$$2CuS + 8CN^- + H_2O + 9/2O_2 == 2[Cu(CN)_4]^{2-} + 2OH^- + 2SO_4^{2-} \quad (25-30)$$

（3）自然铜在氰化过程中，与金、银不同，它即使在无氧的情况下也可被水氧化而溶解：

$$2Cu + 6CN^- + 2H_2O == 2[Cu(CN)_3]^{2-} + 2OH^- + H_2 \quad (25-31)$$

25.2.3 砷和锑矿物

含金矿石中常见的砷矿物有毒砂（FeAsS）、雌黄（As_2S_3）和雄黄（As_2S_2）；锑矿物主要是辉锑矿（Sb_2S_3）。毒砂在碱性氰化物溶液中不溶解，基本不影响氰化浸金。雌黄及其分解产物和锑化物等易与保护碱反应，形成相应的含氧酸盐和硫代砷、锑酸盐等：AsS_3^{3-}、SbS_3^{3-}、S^{2-}、AsO_3^{3-}、SbO_3^{3-}。S^{2-}在溶解 O_2 的作用下，形成硫代硫酸盐、硫酸盐以及硫氰酸盐，容易在金粒表面生成致密的薄膜，阻碍 CN^- 和 O_2 通向金粒，显著降低金的溶解速度。

25.2.4 铅锌汞矿物

金矿石中一般很少含有锌矿物，锌的存在主要是增加氰化物的消耗，并不妨碍金的氰化溶解。

当矿石含有适量的铅时，对金银的氰化过程往往是有利的。铅可以消除氰化液中碱金属硫化物的有害影响；在置换沉金时，铅能在锌粉表面上形成锌-铅局部电池，从而促进金的还原。对于辉银矿的氰化，为了促进银的氰化溶解，可利用铅盐消除 Na_2S，使式（25-32）的反应向右进行：

$$Ag_2S + 4NaCN == 2Na[Ag(CN)_2] + Na_2S \quad (25-32)$$

少数金矿石中含有辰砂（HgS）、碲汞矿（HgTe），HgS 在氰化时溶解极慢。混汞尾矿中残留少量金属汞及其氧化物。金属汞在氰化时的溶解速度很慢：

$$Hg + 1/2O_2 + 4NaCN + H_2O == Na_2[Hg(CN)_4] + 2NaOH \quad (25-33)$$

氧化汞在氰化液中能溶解为：

$$HgO + 4NaCN + H_2O == Na_2[Hg(CN)_4] + 2NaOH \quad (25-34)$$

当用氰化液处理氯化汞时，有一半的汞被还原为金属而留在尾矿中。

$$2HgCl + 4NaCN == Hg + Na_2[Hg(CN)_4] + 2NaCl \quad (25-35)$$

与铅盐类似，当氰化物溶液中含有少量汞时，可以减少 S^{2-} 的有害影响，有利于金的氰化。

25.2.5 其他矿物

金、银矿石中还可能含有硒、碲、碳等的化合物。

硒溶解在氰化物溶液中，形成硒氰化物 NaCNSe；氢氧化钠能提高硒的溶解度，在氢氧化钠溶液中形成 Na_2SeO_3。矿石中的硒对金的溶解速度影响不大，但会增加氰化物的消耗，并给锌置换带来困难。

碲矿物主要有碲金矿和辉碲铋矿。在氰化物溶液中，碲矿物溶解生成碲化钠 Na_2Te，继而生成亚碲酸盐，结果使氰化物分解并消耗溶液中的氧，不利于氰化提金。

碳质矿物多为天然吸附剂，易吸附氰化溶液中的 $[Au(CN)_2]^-$ 配离子，使已溶金进入尾渣中，降低金的回收率。

25.3　氰化浸出金银的主要影响因素

25.3.1　氰化试剂及其在矿浆中的浓度

氰化试剂的选择主要取决于其对金银的浸出能力、化学稳定性和经济因素等。常见氰化物浸出金银的能力顺序为：氰化铵>氰化钙>氰化钠>氰化钾>氰熔物。在含有 CO_2 的空气中，它们的化学稳定性顺序为：氰化钾>氰化钠>氰化铵>氰化钙>氰熔物。就价格而言，氰化钾最贵，氰化钙和氰熔物最价廉，氰化钠的价格居中。因此，氰化钠被多数选金厂选用。

金银的浸出速度与溶液中氰化物及溶解 O_2 的浓度密切相关，相对而言，氰化物浓度比较容易控制，一般为 $0.02\% \sim 0.2\%$。

25.3.2　氰化物消耗

$25℃$ 时，NaCN 和 KCN 在 100g 水中的溶解度分别为 48g 和 50g。随溶液 pH 值的降低，氰化物将发生水解生成挥发性的 HCN 气体：

$$NaCN + H_2O \Longrightarrow NaOH + HCN\uparrow \tag{25-36}$$

当溶液 pH=7 时，氰化物几乎全部水解为 HCN 气体；当溶液的 pH=12 时，溶液中的氰化物几乎全部离解为 CN^-；当溶液的 pH=9.3 时，HCN 与 CN^- 的比例为 1∶1。

此外，据 $CN-H_2O$ 系 E-pH 图分析可知，在有 O_2 和其他氧化剂存在时，CN^- 和 HCN 还可被氧化为氰酸根（CNO^-）。

理论上，每浸出 1g Au 只需 0.5g NaCN，但由于在氰化过程中，氰化物会自行分解生成碳酸根和氨、氰化物与伴生组分发生反应、氰化矿浆中应保持一定的 CN^- 剩余浓度、浸出过程的跑冒滴漏和固液分离作业洗涤等造成的氰化物损失等，故氰化物的用量远比理论量大，一般为理论量的 20~200 倍。

处理含金原矿时，氰化物的消耗量一般为 $250\sim1000g/t$，常为 $250\sim500g/t$。处理含金黄铁矿精矿及氧化焙烧后的焙砂时，氰化物的消耗量达 $2\sim6kg/t$。

25.3.3　氧的浓度及消耗

当溶液中氰化物浓度较高时，金的浸出速率与氰化物浓度无关，但随溶液中溶解 O_2 浓度的增大而增大。

氰化时通过氰化槽中搅拌叶轮的充气作用或用鼓风机向氰化槽中矿浆充气的方法使矿浆中的溶解 O_2 浓度达最高值。O_2 主要消耗于伴生组分的氧化分解，如金属铁、硫化铁矿、砷锑硫化物及其他硫化物将消耗大部分溶解 O_2，金银氰化浸出只消耗相当小的一部分溶解 O_2。

25.3.4   矿浆的 pH 值

氰化作业时，为了使氰化物充分解离为 CN^-，防止矿浆中的氰化物水解生成 HCN 而造成氰化物损失和环境污染，必须加入一定量的碱以使氰化浸出金银处于最适宜的 pH 值，称为保护碱。可采用苛性钠、苛性钾或石灰作保护碱。生产中常用石灰作保护碱，因其价廉易得，可使矿泥凝聚，有利于氰化矿浆的浓缩和过滤。石灰的加入量以维持矿浆的 pH 值为 9~12 为宜。

25.3.5   矿浆温度

矿浆温度对氰化过程的影响主要表现在两个相互矛盾的方面，一方面升高温度将增大 CN^- 和溶解 O_2 的扩散系数并减薄扩散层厚度，有利于加速氰化浸出金银；另一方面升高温度会降低溶液中 O_2 的溶解度，从而降低溶液中 O_2 的浓度，继而降低金银的溶解速率。

研究表明，常压条件下，浸出温度为 85℃ 时，金的浸出速度最大，但提高氰化矿浆温度还会增加能耗，增加贱金属矿物的浸出速度和氰化物的水解速度，增加氰化物的消耗量。因此生产实践中，除在寒冷地区为了使浸出矿浆不冻结而采取适当的保温措施外，一般均在 15~20℃ 的温度条件下进行氰化浸出。

25.3.6   金粒大小及其表面状态

金粒大小是决定金浸出速度和浸出时间的主要因素之一。表 25-1 为金粒大小的分级标准。巨粒金、粗粒金和中粒金的氰化浸出速度较小，要求很长的浸出时间才能完全溶解。大多数含金矿石中的自然金主要呈细粒金和微粒金的形态存在。因此，许多选金厂于氰化前用混汞法、重选法或浮选法预先回收粗粒金，以防止粗粒金损失于氰化尾矿中。

表 25-1   金粒大小分级标准

粒度	巨粒金	粗粒金	中粒金	细粒金	微粒金
粒径/mm	>0.295	0.295~0.074	0.074~0.037	0.037~0.01	<0.01

含金矿石经磨矿后，巨粒金与粗粒金可完全单体解离，呈游离态存在，中、细粒金可部分单体解离，还有相当部分呈连生体状态存在。单体解离的金及已暴露的连生体金均可被氰化浸出。在通常的氰化磨矿细度（粒度）下，单体解离的微粒金较少，一部分微粒金呈被暴露的连生体形态存在，但相当部分的微粒金仍被包裹于硫化矿物及脉石矿物中。一般金-黄铁矿矿石中微粒金占矿石中金总含量的 10%~15%；金-铜、金-砷、金-锑矿石中微粒金占矿石中金总含量可达 30%~50%，某些含金多金属矿石中的金几乎全呈微粒金形态存在。这些呈包裹体形态存在的微粒金无法与氰化浸出液接触，只有经氧化焙烧或熔融破坏包裹体后，才能用氰化法加以回收。当微粒金包裹于疏松多孔的非硫化矿物（如铁的氢氧化物及碳酸盐）中时，这部分包裹体金可溶于氰化液中。

金的氰化浸出速度与金粒的表面状态密切相关。纯金表面最易溶解，但氰化过程中金粒表面与氰化矿浆接触，金粒表面可能生成诸如硫化物膜、过氧化膜（如过氧化钙膜）、氧化物膜、不溶氰化物膜（如氰化铅膜）、磺酸盐膜等表面薄膜，它们可显著地降低金粒的氰化浸出速度。

25.3.7　矿泥含量与矿浆浓度

浸出矿浆中的矿泥包括原生矿泥和次生矿泥两部分。原生矿泥来自于矿床中的高岭土之类的黏土矿物，次生矿泥是矿石在运输、破碎、磨矿过程中产生的矿泥，主要为石英、硅酸盐、硫化矿物之类的矿物质。矿泥悬浮在矿浆中极难沉降，并增加矿浆的黏度、降低试剂的扩散速度和金的浸出速度，矿泥还可吸附氰化矿浆中的部分已溶金。

矿浆浓度直接影响浸出试剂在矿浆中的扩散速度。浸出矿浆浓度较低时，可相应提高金的浸出速度和浸出率，缩短浸出时间，但此时浸出矿浆体积大，须增加设备容积，成比例地增加浸出剂用量，所得贵液中含金浓度低。矿浆浓度高虽可适当降低试剂耗量，但将降低试剂扩散速度，延长浸出时间。一般条件下，处理泥质含量少的粒状矿物原料时，搅拌氰化浸出的矿浆浓度宜小于 33%，处理泥质含量较高的矿物原料时，矿浆浓度宜小于 25%。

25.3.8　浸出时间

氰化浸出时间依矿石性质、氰化浸出方法和作业条件而异。氰化浸出初期，金的浸出速度较快，氰化浸出后期金的浸出速度很慢，当延长浸出时间所产生的产值不足以抵偿所花的成本时，应终止浸出。一般搅拌氰化浸出时间常大于 24h，有时长达 40h 以上，碲化金的氰化浸出时间需要 72h 左右。渗滤氰化浸出时间一般为 5 天以上。

25.4　常规氰化浸出金银的工艺

25.4.1　堆浸氰化浸出

渗滤堆浸法工艺简单、易操作、设备投资少、生产成本低、经济效益高，主要用于低品位含金氧化矿石、早期采矿废弃的含金废矿石及铁帽型含金矿石的处理。目前用于生产的工艺有常规渗滤氰化堆浸和制粒氰化堆浸两种。

25.4.1.1　常规渗滤氰化堆浸

将采出的低品位含金矿石或老矿早期采出的废矿石直接运至堆浸场堆成矿堆或破碎后再运至堆浸场堆成矿堆，然后在矿堆表面喷洒氰化浸出剂，使其从上至下均匀渗滤通过固定矿堆，使金银溶解进入浸出液中。渗滤氰化堆浸的示意图如图 25-3 所示，其工艺过程主要包括矿石准备、建造堆浸场、筑堆、渗滤浸出、洗涤和金银回收等作业。

A　矿石准备

用于堆浸的含金矿石通常先经破碎，破碎粒度视矿石性质和金粒嵌布特性而定，一般而言，堆浸的矿石粒度越细、矿石结构越疏松多孔，氰化堆浸时的金银浸出率就越高。但堆浸矿石粒度越细，堆浸时的渗浸速度越小，甚至使渗滤浸出过程无法进行。因此，一般渗滤氰化堆浸时，矿石可碎至 10mm 以下，矿石含泥量少时，矿石可碎至 3mm 以下。

B　建造堆浸场

渗滤堆浸场可位于山坡、山谷或平地上，一般要求有 3%~5% 的坡度。对地面进行清

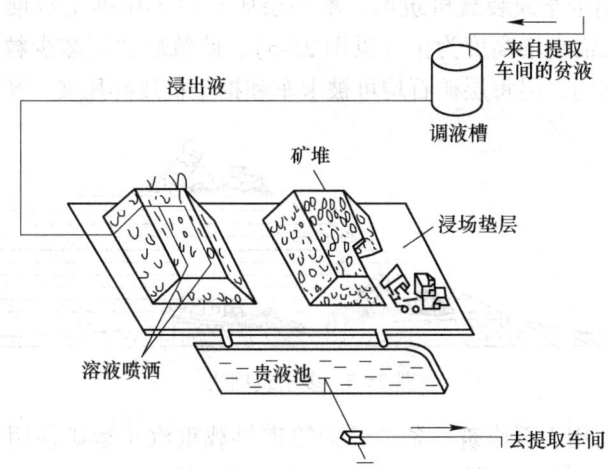

图 25-3　渗滤氰化堆浸示意图

理和平整后，应进行防渗处理。防渗材料可用尾矿掺黏土、沥青、钢筋混凝土、橡胶板或塑料薄膜等，如先将地面压实或夯实，其上铺聚乙烯塑料薄膜或高强度聚乙烯薄板（厚约 3mm）、或铺油毡纸或人造毛毡，要求防渗层不漏液并能承受矿堆压力。为了保护防渗层，常在垫层上再铺细粒废石和 0.5~2.0m 厚的粗粒废石，然后用汽车、矿车将低品位金矿石运至堆浸场筑堆。

　　为了保护矿堆，堆浸场周围应设置排洪沟，以防止洪水进入矿堆。

　　为了收集渗浸贵液，堆浸场中设有集液沟。集液沟一般为衬塑料板的明沟，并设有相应的沉淀池，以使矿泥沉降，使进入贵液池的贵液为澄清溶液。

　　堆浸场可供多次使用，也可仅供一次使用。一次使用的堆浸场的垫层可在压实的地基上铺一层厚约 0.5m 的黏土，压实后再在其上喷洒碳酸钠溶液以增强其防渗性能。

　　C　筑堆

　　常用的筑堆机械有卡车、履带式推土机、吊车和皮带运输机等，筑堆方法有多堆法、分层法、斜坡法和吊装法等。

　　（1）多堆法。先用皮带运输机将矿石堆成许多高约 6m 的矿堆，然后用推土机推平（见图 25-4）。皮带运输机筑堆时会产生粒度偏析现象，粗粒会滚至堆边上，表层矿石会被推土机压碎压实。因此，渗滤氰化浸出时会产生沟流现象，同时随着浸液流动，矿泥在矿堆内沉积易堵塞空隙，使溶液难以从矿堆内部渗滤而易从矿堆边缘粗粒区流过，有时甚至会冲垮矿堆边坡，使堆浸不均匀，降低金的浸出率。

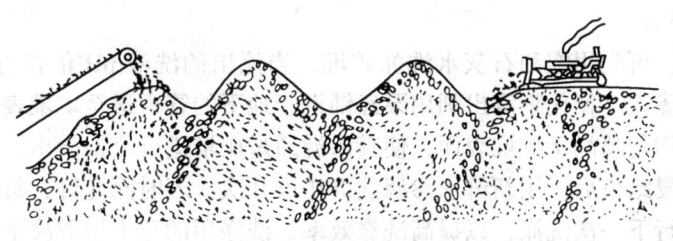

图 25-4　多堆筑堆法

（2）多层法。用卡车或装载机筑堆，堆一层矿石后再用推土机推平，如此一层一层往上堆，一直堆至所需矿堆高度为止（见图 25-5）。此筑堆法可减少粒度偏析现象，使矿堆内的矿石粒度较均匀，但每层矿石均可被卡车和推土机压碎压实，矿堆的渗滤性较差。

图 25-5　多层筑堆法

（3）斜坡法。先用废石修筑一条斜坡运输道供载重汽车运矿使用，斜坡道比矿堆高 0.6~0.9m，用卡车将待浸矿石卸至斜坡道两边，再用推土机向两边推平（见图 25-6）。此法筑堆时，卡车不会压碎压实矿石，推土机的压强比卡车小，对矿堆孔隙度的影响较小。矿堆筑成后，将废石斜坡道铲平，并用松土机松动废石。此筑堆法可获得孔隙度均匀的矿堆，但占地面积较大。

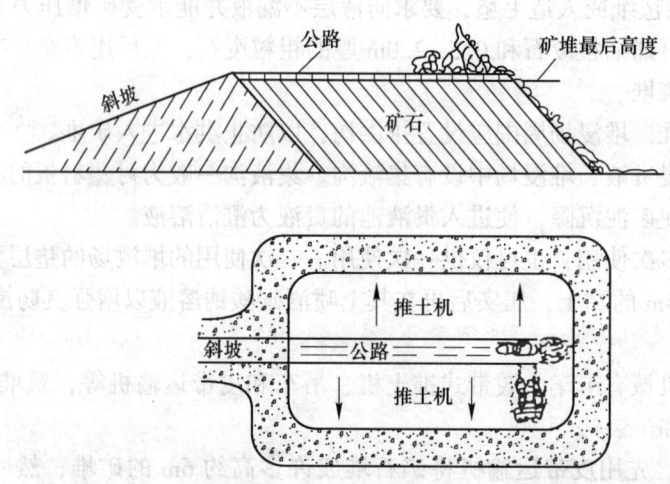

图 25-6　斜坡筑堆法

（4）吊装法。采用桥式吊车堆矿，用电耙耙平。此法可免除运矿机械压实矿堆，矿堆的渗滤性好，可使浸液较均匀地通过矿堆，浸出率较高。但此法须架设吊车轨道，基建投资较大，筑堆速度较慢。

D　渗浸和洗涤

矿堆筑成后，可先用饱和石灰水洗涤矿堆，当流出的洗液 pH 值接近 10 时，再送入氰化物溶液进行渗浸。氰化物浸出剂用泵经铺设于地下的管道送至矿堆表面的分管，再经喷淋器将浸出剂均匀喷洒于矿堆表面，使其渗滤通过矿堆进行金银浸出。

渗滤氰化堆浸结束后，用新鲜水渗滤洗涤矿堆几次。若时间允许，每次洗涤后应将洗涤液排尽后再进行下一次洗涤，以提高洗涤效率。洗涤用的总水量取决于洗涤水的蒸发损失和尾矿含水量等因素。

E 金银回收

渗滤氰化堆浸所得贵液中金银的浓度较低，一般可用活性炭吸附以获得较高的金银回收率。一般用4~5个活性炭柱富集金银，随后解吸载金活性炭，解吸所得含金银浓度较高的贵液送去置换或电解沉积，所得金泥经熔炼得到成品金。

25.4.1.2 制粒—渗滤氰化堆浸

待浸的含金矿石破碎粒度越细，金银矿物暴露越充分，金银浸出率越高。但矿石破碎粒度越细，破碎费用越高，产生的粉矿量越多。矿石中的粉矿对堆浸极为不利，筑堆时会产生粒度偏析，渗浸时粉矿随液流移动，易产生沟流现象，使浸出剂不能均匀地渗滤矿堆。当矿石中矿泥含量高时，使氰化溶液无法渗浸矿堆，使堆浸无法进行。

为了克服粉矿及黏土矿对堆浸的不良影响，粉矿制粒堆浸技术应运而生。目前该技术广泛用于世界各国的金矿山。

制粒堆浸是预先将低品位含金矿石破碎至粒度小于25mm或更细，使金银矿物解离或暴露，然后按照每1t干矿中添加普通硅酸盐水泥2.3~4.5kg混合均匀，再洒水或浓氰化物溶液润湿混合料至含水量达8%~16%，将混合料进行制粒，固化8h以上即可送去筑堆，进行渗滤氰化堆浸。矿堆在渗浸时无矿粉移动，不产生沟流，浸出时也无须加保护碱。

金矿石与水泥的混合料在工业上用多皮带运输机法和滚筒制粒法进行制粒，前者是通过每一条皮带运输机卸料端的混合棒使氰化物溶液、粉矿及水泥均匀混合，制成所需的团粒（见图25-7）。后者是将矿石和粉矿混合料送入旋转滚筒中，在滚筒内喷氰化物溶液，由滚筒旋转使粉矿、水泥和氰化物溶液均匀混合而制成所需的团粒（见图25-8）。

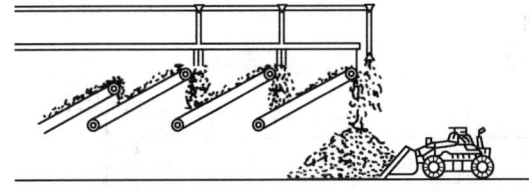 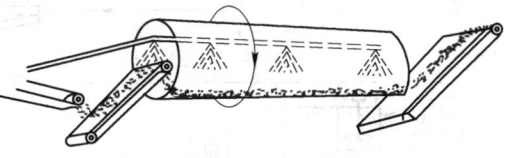

图 25-7　多条皮带运输机制粒法　　　　　　　图 25-8　滚筒制粒法

25.4.2 搅拌氰化浸出

搅拌氰化浸出是将细磨的含金银的物料和氰化浸出剂在搅拌槽中不断搅拌和充气的条件下进行金银的氰化浸出。一般适用于磨矿粒度小于0.3mm的含金物料。与渗滤氰化浸出工艺相比，搅拌氰化浸出具有厂房占地面积小、浸出时间短、机械化程度高、金浸出率高及原料适应性强等特点。

25.4.2.1 搅拌氰化浸出的原则流程

搅拌氰化浸出的原则流程如图25-9所示，其主要包括磨矿、分级、浓缩、搅拌氰化、固液分离、金沉积等工序。典型搅拌氰化浸出工艺简明设备连接图如图25-10所示。

25.4.2.2 搅拌氰化浸出槽

搅拌浸出的主要设备是搅拌槽, 可分为机械搅拌浸出槽、空气搅拌浸出槽及混合搅拌浸出槽三种类型。

A 机械搅拌浸出槽

目前生产上广泛使用螺旋桨式搅拌浸出槽, 如图 25-11 所示。当螺旋桨快速旋转时, 槽内矿浆经各支管流入中央矿浆接受管, 从而形成漩涡, 空气被吸入漩涡中, 使矿浆中的含 O_2 浓度达饱和值; 进入接受管, 重的矿浆被推向槽底, 再从槽底返回, 沿着槽壁上升, 再经循环管进入中央矿浆接受管而实现矿浆的多次循环。此种搅拌槽有时也往槽内垂直插入几根压缩空气管, 或于槽的内 (外) 壁安装空气提升器以提高矿浆的充气度和搅拌能力。

机械搅拌浸出槽具有矿浆搅拌均匀, 矿浆含 O_2 浓度较高, 停机后再启动方便等优点。缺点是动力消耗大、设备维修工作量大。适用于处理粒度大、密度大、浸出矿浆浓度小的中、小型氰化厂。机械搅拌浸出槽的规格, 一般为直径 1.5~3.5m, 高 1.5~3.5m。

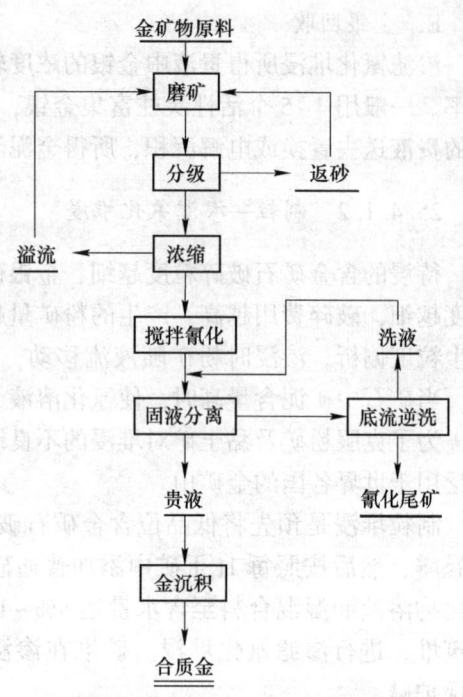

图 25-9 搅拌氰化浸出的原则流程

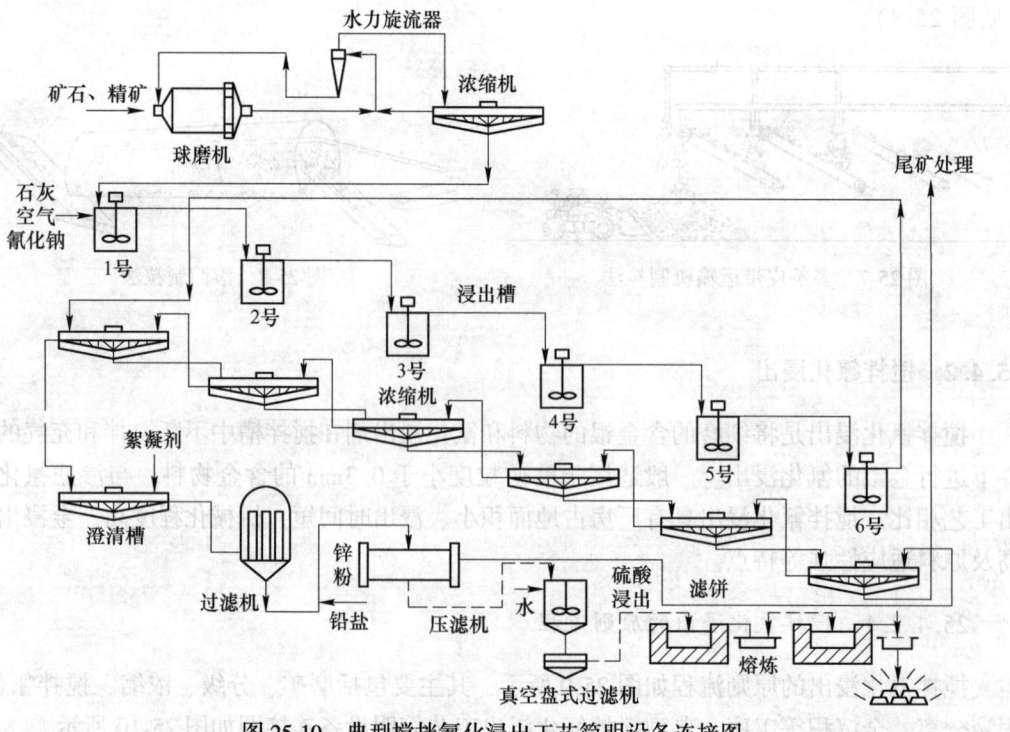

图 25-10 典型搅拌氰化浸出工艺简明设备连接图

B 空气搅拌浸出槽

空气搅拌浸出槽也称帕丘卡（或 Pachuca）空气搅拌浸出槽，是利用压缩空气的气动作用来实现槽内矿浆强烈而均匀的搅拌，有锥底和平底两种。国外有不少厂用平底槽，平底槽单位面积的容积大，投资少，但积砂淤塞时清理困难。我国多用小型锥底槽，如图 25-12 所示，槽的上部为高大的圆柱体，下部为 60° 的圆锥体。操作时，矿浆由进料管供入槽内，压缩空气经管 3 供入槽下部的管 1 中并以气泡状态顺管 1 上升，使中心管内矿浆的密度小于中心管外环形空间的矿浆密度，从而使管内的矿浆做上升运动并从管 1 上端溢流出来，再在管 1 外的环形空间不断下降，实现矿浆的循环。由辅助风管 4 通入压缩空气，可防止下部矿浆沉积。

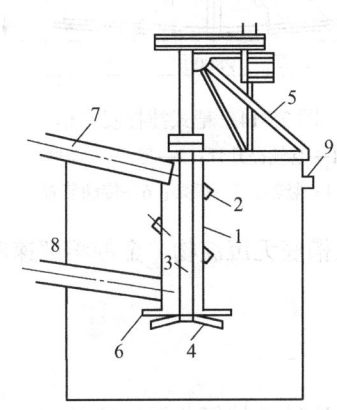

图 25-11　螺旋桨式搅拌浸出槽

1—矿浆接受管；2—支管；3—竖轴；4—螺旋桨；

5—支架；6—盖板；7—溜槽；8—进料管；9—排料管

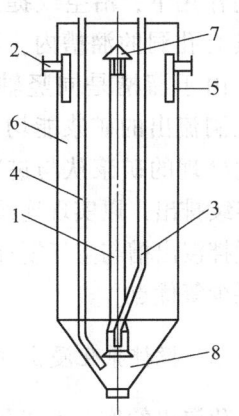

图 25-12　空气搅拌浸出槽结构

1—中心循环管；2—进料管；3—压缩空气主风管；

4—辅助风管；5—上排料管；6—槽体；

7—防溅帽；8—锥底

空气搅拌浸出槽的优点是结构简单，设备和维护费用低，故障少，操作简便，适用于细颗粒、高浓度矿浆的全泥氰化浸出；缺点是要增置空气压缩机，为防止突然停电导致矿砂沉积，需有备用电源。空气搅拌浸出槽的规格，一般为直径 $3\sim11m$，高 $11\sim23m$。

C 机械和空气联合搅拌浸出槽

机械和空气联合搅拌浸出槽既有机械搅拌装置，又有空气搅拌装置。目前应用较广泛的是双叶轮低转速节能搅拌槽，如图 25-13 所示。

该槽具有结构简单、操作简便、浸出效率高的优点，适用于高浓度矿浆的氰化浸出；缺点是耗电量较大。此槽的规格，一般为直径 $3\sim11m$，高 $11\sim23m$。

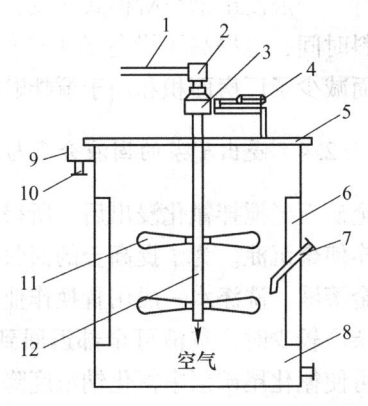

图 25-13　双叶轮中空轴进气

机械搅拌浸出槽

1—风管；2—空气转换阀；3—减速机；4—电动机；

5—操作台；6—导流板；7—进浆管；8—槽体；

9—跌落箱；10—出浆口；11—叶轮；12—中空轴

D 耙式搅拌浸出槽

耙式搅拌浸出槽是一种联合搅拌浸出槽，槽中央装有空气提升器和机械耙，或者在槽周边装有空气提升器，槽中央装有循环管和螺旋桨。图25-14所示为槽中央装有空气提升器和机械耙的平底搅拌槽。

矿浆由位于槽上部的进料口不断供入槽内，沉降于槽底的浓矿浆借助耙的旋转（1~4r/min）作用，向空气提升管口聚集，并在压缩空气的作用下，沿空气提升管上升并溢流至两个具有孔洞的溜槽内，再从溜槽孔洞流回槽中。由于溜槽是同竖轴一起旋转的，故从溜槽孔洞流出的矿浆能均匀地洒布在槽内。经氰化处理的矿浆从与进料口相对一面的出料口连续排出，以实现连续作业。

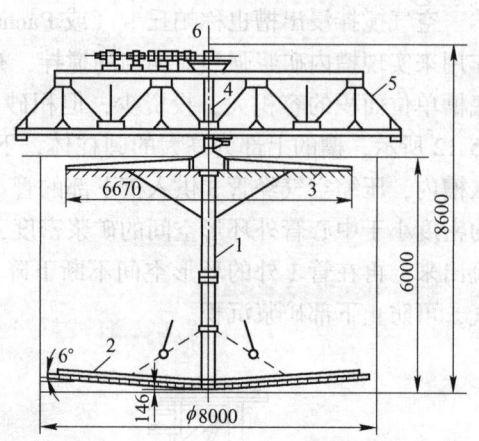

图 25-14 耙式搅拌浸出槽
1—空气提升管；2—耙；3—溜槽；
4—竖轴；5—横架；6—传动装置

耙式搅拌浸出槽与空气搅拌浸出槽比，具有槽矮、槽底无沉淀物、金的溶解速度快及氰化物消耗少等优点。

25.4.2.3 搅拌氰化浸出作业方式

搅拌氰化浸出的作业方式分为间歇搅拌氰化浸出和连续搅拌氰化浸出两种。

（1）间歇搅拌氰化浸出。间歇搅拌氰化浸出作业通常适用于小型矿山。浸出后的矿浆放入贮槽中贮存并分批进行过滤、洗涤，然后再往浸出槽中加入另一批矿浆浸出。为了不使贮槽中贮存的矿浆发生沉降，必须不断用机械或空气搅拌。

（2）连续搅拌氰化浸出。连续搅拌氰化浸出作业，通常是在串联的3~6台浸出槽中连续进行，一般浸出槽呈阶梯式安装，矿浆可连续地自流通过各浸出槽。这样既节省了装料和卸料时间，也提高了设备的生产能力；且氰化矿浆连续送去过滤，不需要中间贮存槽，从而减少了厂房面积和用于搅拌贮槽内矿浆的动力消耗。

25.4.2.4 浸出矿浆的固液分离与洗涤

含金矿石经搅拌氰化浸出后，所得矿浆需经过滤以产出含金贵液及尾矿，含金贵液可通过置换使金沉淀。为了提高金的回收率，需对固体尾矿进行洗涤，以尽量回收其中所夹带的含金溶液。洗涤水一般用置换作业排放的贫液或清水。当所处理的矿石中有害于氰化提金的杂质较少时，贫液可全部返回到浸出作业。用清水作为洗涤水，既可提高洗涤效率，又可使氰化尾矿浆中氰化钠浓度降低，减少氰化钠的损失，简化污水处理作业。当所处理的矿石中有害于氰化提金的杂质较多时，贫液一般不返回浸出，而使用部分贫液作洗涤水，此时，如使用清水作为洗涤水，虽然洗涤效率有所提高，但因贫液排放量增加，将降低金的总置换率，增加氰化物消耗，并使污水处理量和成本增加。

搅拌氰化浸出一般采用倾析法、过滤法和流态化法进行浸出矿浆的固液分离和洗涤。

A 倾析法

倾析法是将浸出后的矿浆通过浓缩进行固液分离，浓缩产品再用脱金贫液或清水洗涤，并再一次进行固液分离，通常是逆流倾析洗涤。经过多次洗涤分离，尾矿浆中含金浓度越来越小，从而实现金的回收。尾矿浆的洗涤次数取决于其中所含金的浓度、每次调浆所用的稀溶液体积和倾析后浓泥中溶液的含量。根据分离方式，倾析法可分为间歇倾析和连续倾析。

间歇倾析法常用于间歇式氰化浸出矿浆的液固分离，可在澄清槽或浓密机中进行。间歇倾析法洗涤，因作业时间长，溶液量大，厂房占地面积大，故很少采用，但适用于处理矿量少，而含金富的精矿，这时搅拌浸出和洗涤可用同一个设备，从而减少设备投资。

工业上应用的连续倾析法多为逆流倾析法，浸出矿浆和洗涤液（剂）在串联的几台单层浓密机或多层浓密机中相向运动。

单层浓密机连续逆流倾析洗涤法操作简单，金的洗涤率高，易实现自动化，但设备多，设备占地面积大，矿浆须多次用泵输送，管理不便。因此，许多氰化厂倾向于采用多层（一般为2~5层）浓密机的连续逆流洗涤流程。操作时浸出矿浆经进料管进入多层浓密机的最上层，底流依次通过各层，从最下层排料口排出；洗涤液从最下层进入，洗涤完一层之后再泵送入上一层，最后从第一层排出含金贵液。

单层浓密机多用于大型氰化厂，中小型氰化厂一般使用一台或两台多层（2~3层）浓密机。

B 过滤法

过滤法是采用过滤机从氰化矿浆中分离出含金贵液，其分离方式可分为间歇式和连续式两种。

间歇式常采用板框式真空过滤机和压滤机，适用于对难过滤的泥质氰化矿浆进行过滤，此时可对滤饼进行长时间的洗涤以降低其中的金含量，但其生产能力低，附属设备多，厂房占地面积大，一般用于处理能力小的金选厂。

连续式过滤洗涤常采用圆筒真空过滤机、圆盘真空过滤机和带式真空过滤机，对氰化矿浆进行过滤，滤饼再经洗涤和过滤后成为氰化尾矿。带式真空过滤机如图25-15所示，其主要由机架、驱动轮、尾轮、环形胶带、真空箱及风箱等部件组成。分离堰将带式过滤机分成真空吸滤区、洗涤区和吸干区。矿浆经矿浆分配器供入贴紧于运输带的滤布上，经过真空吸滤区时，溶液经排泄孔吸入真空箱，然后排入贮槽；洗涤后的滤饼随滤布带逆向

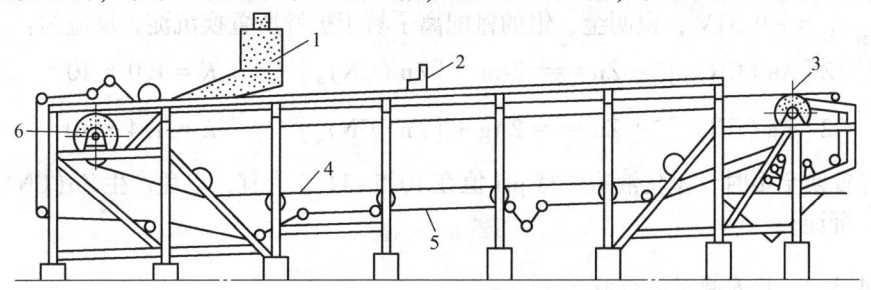

图25-15 带式过滤机结构示意图

1—矿浆筒及矿浆分配器；2—洗水分配器；3—启动轮；4—无极皮带；5—无极滤布；6—尾轮

经干燥区和驱动轮后与运输带分离，由排料辊卸下；滤布带经过喷射洗涤器、绷紧轮和自动调距器系统，再次于尾轮与运输带结合而实现连续自动化作业。为了及时掌握滤布的状况，装有浊度计以测定滤液的浊度。

带式过滤机可进行多段过滤和洗涤，滤饼不需浆化，处理能力大，效率高，滤布易更换，能耗低，但其基建投资较大，维护费用高，操作较复杂。

C 流态化法

流态化固液分离和洗涤常在流态化洗涤柱（塔）中进行。流态化洗涤柱（塔）为一细高的空心圆柱体，其结构示意图如图 25-16 所示，主要用于除去浸出矿浆中的矿砂和矿砂的洗涤。它由扩大室、柱身和锥底三部分组成，扩大室中央有一导流筒，使浸出矿浆平稳均匀地进入扩大室。洗涤剂从洗涤段和压缩段的界面处给入，洗涤液经布液装置均匀地分布于柱截面上。矿砂和洗涤液在洗涤段呈逆流运动。矿浆中的含金溶液和细矿粒随同洗水从上部溢流堰排出，再经过滤获得澄清的含金溶液。矿砂则经扩大室向下沉降，在洗涤段进行逆流洗涤，形成上稀下浓的流态床。经洗涤后的矿砂沉入压缩段。矿砂在压缩段经压缩增浓，呈移动床状态下降，最后由柱底排出。

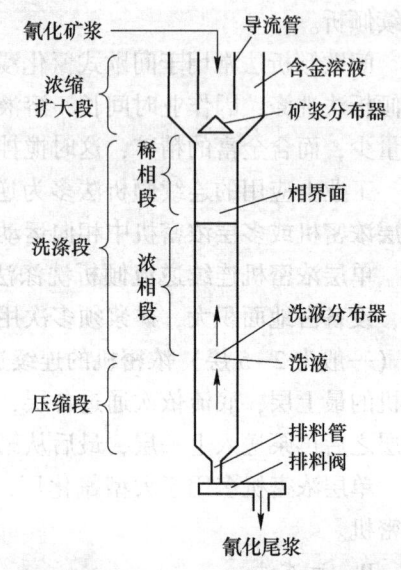

图 25-16 洗涤柱结构示意图

25.4.3 氰化液中金银的置换沉积

从氰化贵液中提取金银有锌置换沉淀法、铝置换沉淀法、活性炭吸附、离子交换树脂吸附、电解沉积、萃取等方法。锌置换沉淀法因其过程简单、金银还原彻底、所得金泥容易处理而一直具有较强的生命力。

25.4.3.1 锌置换沉淀的原理

从图 25-1 的 Au(Ag)-CN$^-$-H$_2$O 系 E-pH 图中可以很清楚地看出，⑨线远在⑤线、⑥线之下，而且在氰化物溶液中，$\varphi^{\ominus}_{[Zn(CN)_4]^{2+}/Zn} = -1.26V$、$\varphi^{\ominus}_{[Au(CN)_2]^+/Au} = -0.68V$、$\varphi^{\ominus}_{[Ag(CN)_2]^+/Ag} = -0.31V$，说明金、银的氰配离子易于被锌所置换沉淀，反应为：

$$2[Au(CN)_2]^- + Zn \rlap{=}{=} 2Au + [Zn(CN)_4]^{2-} \qquad K = 1.0 \times 10^{23} \qquad (25-37)$$

$$2[Ag(CN)_2]^- + Zn \rlap{=}{=} 2Ag + [Zn(CN)_4]^{2-} \qquad K = 1.4 \times 10^{32} \qquad (25-38)$$

用锌置换金银时，氰化液应保持 pH 值在 10.5~11.5 为宜，以免产生 Zn(CN)$_2$ 沉淀或 Zn(OH)$_2$ 沉淀。

25.4.3.2 锌置换沉淀过程

锌置换分为锌丝置换法和锌粉置换法。锌丝置换法回收金是用厚为 0.02~0.04mm、宽 1~3mm 的锌丝对贵液中的金银置换沉淀，虽然设备及操作简单，但锌丝消耗量大（生产 1kgAu 约需 4~20kgZn）。锌粉单位质量的表面积比锌丝大得多，从而使得锌粉置换的效率比锌丝的要高得多，目前广泛使用锌粉置换法从氰化贵液中回收金。锌粉置换由贵液净化、脱氧和置换三个步骤组成。

A　贵液净化

贵液净化的目的是除去贵液中所含的固体悬浮物，提高置换率和金泥品位；贵液含固体悬浮物一般为 100~500mg/L，净化后要求降至 5mg/L 以下。通常用贵液沉淀池沉降和真空吸滤（或压滤）两段净化。前者可将悬浮物降到 50~70mg/L，再经过过滤可降到 1.6~2mg/L。

B　贵液脱氧

脱氧是为了减少贵液中溶解的 O_2 对锌粉置换的副作用。脱氧在脱气塔中进行，如图 25-17 所示。脱气塔为圆柱体，高度与直径之比为(2~5)∶1。氰化贵液由塔顶进入塔内，喷洒在木格条上分散成细小液珠，增大了液-气接触面积，有利于贵液的脱气。从贵液中逸出的气体在真空的作用下，经排气口由真空系统排出塔外，脱气后的贵液则汇集于塔下部的圆锥体内，由排液口流出。脱气塔内装有浮子与平衡锤和进液管的蝶阀相连，以便自动调节并保持塔内具有一定的液位高度。经脱气塔处理，脱氧贵液含 O_2 浓度可降至 $0.5g/m^3$ 以下。采用两段脱氧，O_2 浓度可降到 $0.1g/m^3$。

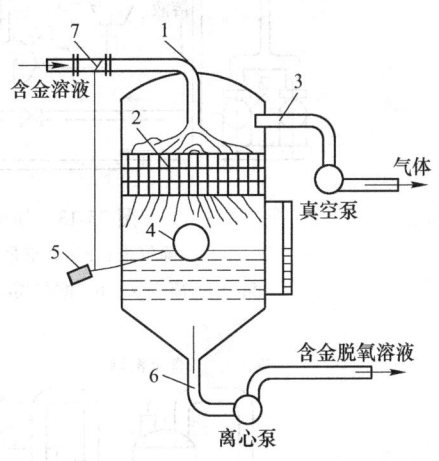

图 25-17　脱气塔结构示意图

1—进液口；2—木格条；3—排气口；4—浮子；
5—平衡锤；6—排液口；7—蝶阀

C　置换金银

锌粉置换所采用的锌粉含 Zn 95%~97%、Pb 1% 左右，粒度小于 0.01mm。依据锌粉加入方式及过滤方式的不同，可分为压滤机锌粉置换、置换槽锌粉置换和连续加锌粉置换。

图 25-18 所示为压滤机锌粉置换系统的设备连接示意图，该系统由给料器将锌粉连续加入锥形混合槽，一部分脱气贵液加入混合槽中与锌粉混合成锌浆后由槽底排出，与另一部分脱气贵液一同送至压滤机进行过滤，在过滤时进行金的置换，产出金泥和脱金液。

图 25-19 所示为置换槽锌粉置换系统的设备连接示意图，置换沉淀槽为一锥形底的圆槽，在其中部的支架上，安有带过滤片覆盖的滤框四个，滤框呈 "U" 形，布袋过滤片的一端封死，另一端与脱金液总管的支管相连，脱金液总管环绕于槽体外面并与真空泵和离心泵相连。槽中央有中心轴，其下端有螺旋桨，慢速旋转，可防止锌浆在过滤时产生分层现象，中心轴的上端（槽铁架上面）装有小叶轮以搅拌上层的锌浆。

图 25-20 所示为连续加锌粉置换法系统的设备连接示意图。该法的置换作业是将脱气贵液直接泵送至乳化器，同时连续加入锌粉与贵液混合。每 $1m^3$ 贵液中锌粉加入量为15~17g。乳化后的浆液送入真空沉淀槽中置换金银，再送框式过滤机或压滤机过滤。经过适当置换的时间，可使溶液中 99% 以上的金被置换沉淀，脱金液中含金约 0.02mg/L。连续生产时，3~28 天清理一次过滤机的沉淀物，所得沉淀物送熔炼得合质金。

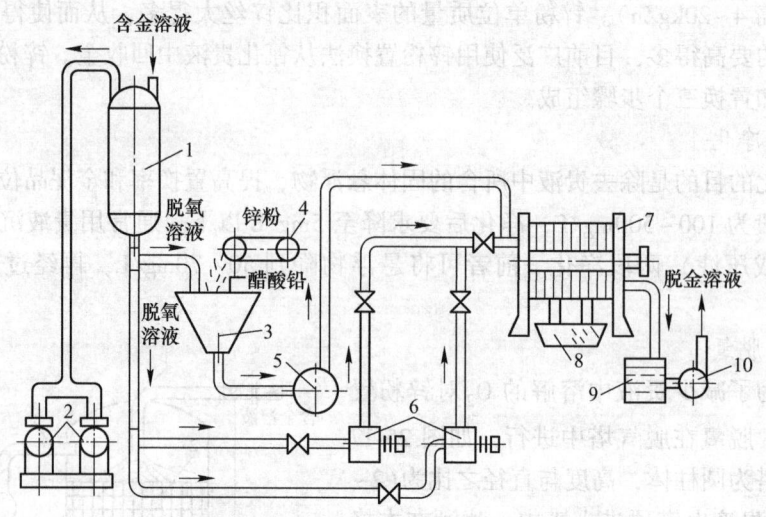

图 25-18 压滤机锌粉置换设备连接图

1—除气塔；2—真空泵；3—锥形混合槽；4—锌粉给料器；

5，10—离心泵；6—潜水离心泵；7—压滤机；8—金泥槽；9—贫液槽

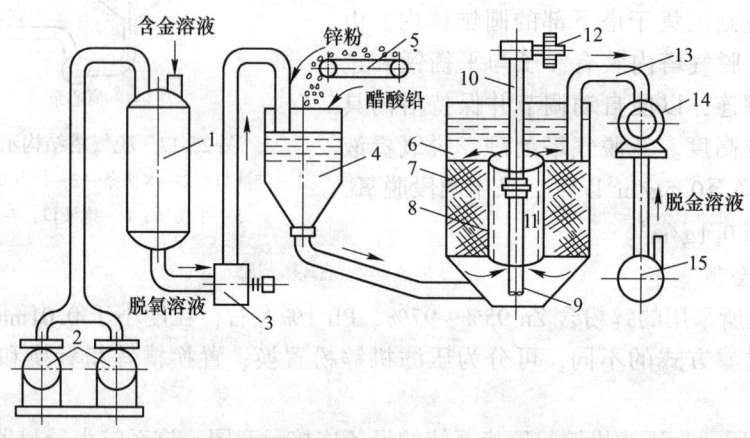

图 25-19 置换槽锌粉置换设备连接图

1—除气塔；2—真空泵；3—潜水离心泵；4—混合槽；5—锌粉给料器；6—置换沉淀槽；7—布袋过滤片；8—中心管；

9—螺旋浆；10—中心轴；11—小叶轮；12—传动结构；13—支管；14—总管和真空泵；15—离心泵

25.4.3.3 影响锌置换沉淀的因素

金属锌置换沉积金银的主要影响因素为溶液中的 O_2 浓度，金浓度，CN^- 浓度，pH 值，温度，溶液中汞、铜、铅及可溶性硫化物浓度等。

氰化贵液中的 O_2 可氧化金属锌，生成氢氧化锌沉淀而影响金的置换效果；同时，当贵液中的 CN^- 浓度和碱浓度较小时，溶液中的氧还可使已沉积的金再溶解，锌在氰化液中溶解时生成的锌氰配合离子也被分解而呈氰化锌沉淀析出。其主要反应为：

$$Zn + 1/2O_2 + H_2O \Longrightarrow Zn(OH)_2 \tag{25-39}$$

$$4Au + O_2 + 8CN^- + 2H_2O \Longrightarrow 4\left[Au\left(CN\right)_2\right]^- + 4OH^- \qquad (25\text{-}40)$$

$$\left[Zn\left(CN\right)_4\right]^{2-} + Zn\left(OH\right)_2 \Longrightarrow 2Zn\left(CN\right)_2\downarrow + 2OH^- \qquad (25\text{-}41)$$

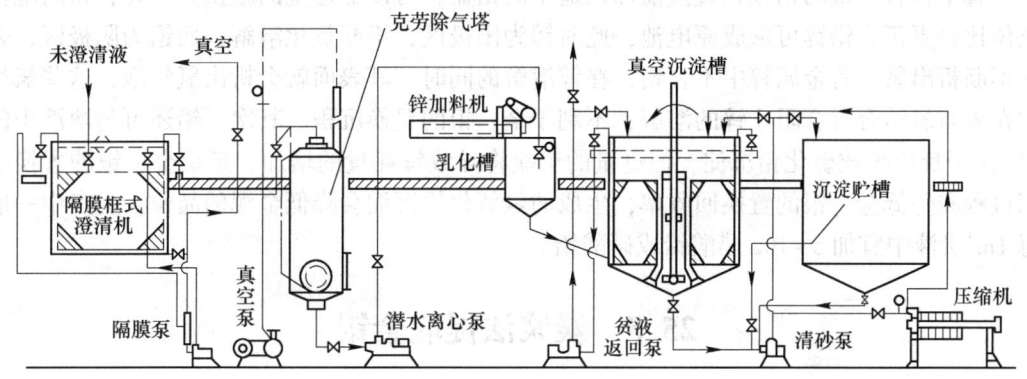

图 25-20　连续加锌粉置换设备连接图

锌置换金后的脱金液中金的浓度几乎为定值，所以锌置换金时，金的回收率随氰化贵液中金浓度的增加而增加。当贵液中金的浓度太低时，应预先采用活性炭或离子交换树脂吸附富集—解吸后，再用锌置换法或电积法回收贵液中的金。

氰化贵液的 pH 值一般保持在 10 左右，pH 值高时，容易在金属锌表面生成氢氧化锌及氰化锌薄膜，妨碍金银的沉淀。

金在置换过程中需要一定的氰化物浓度和碱度，这样才能使锌溶解而暴露新鲜表面。此外，从图 25-1 也可以看出，金属锌在氰化液中可溶解并析出氢气：

$$Zn + 4NaCN + 2H_2O \Longrightarrow Na_2\left[Zn\left(CN\right)_4\right] + 2NaOH + H_2\uparrow \qquad (25\text{-}42)$$

该反应将增加金属锌的消耗量，但反应生成的氢气可与氰化贵液中的溶解氧结合生成水，降低贵液中溶解氧的浓度，防止已沉淀的金反溶和金属锌的氧化。因此，过高的氰化物浓度和碱度，有利于贵液净化和置换过滤，但会加快锌的溶解速度、增大耗量，造成不必要的浪费。过低的氰化物浓度和碱度，不但会降低金的置换速度，更重要的是使锌氰配合物分解，生成的不溶性氰化锌沉淀覆盖在锌的表面，阻止金与锌的接触。

锌置换金的反应速度随温度的升高而加快，当温度低于 10℃ 时，反应速度很慢。但若高于 30℃ 时，不但增加锌的消耗，还会加快其他杂质离子的置换沉淀，因此，一般控制 15~30℃ 为宜。

氰化贵液进入置换前必须清澈透明，若含有浑浊物或油类物质将会污染锌表面或形成薄膜而覆盖于锌的表面，影响置换；贵液中若含有硫酸盐、硫代硫酸盐和二价铁氰化物离子，对金的置换沉淀都有抑制作用。若含有硫化物、铜氰化物、汞氰化物、砷和锑的化合物等，即使浓度很低也会显著降低金的置换效率，其降低程度随杂质浓度的增加而增大，甚至使反应停止。它们产生影响的最低浓度是：硫化物 4.5×10^{-4} mol/L，锑 1.65×10^{-4} mol/L，铜氰化物 6×10^{-3} mol/L，砷 2.3×10^{-4} mol/L。铜氰化物、汞氰化物与锌发生的反应如下：

$$2\left[Cu\left(CN\right)_3\right]^{2-} + Zn \Longrightarrow 2Cu\downarrow + \left[Zn\left(CN\right)_4\right]^{2-} + 2CN^- \qquad (25\text{-}43)$$

$$\left[Hg\left(CN\right)_4\right]^{2-} + Zn \Longrightarrow Hg\downarrow + \left[Zn\left(CN\right)_4\right]^{2-} \qquad (25\text{-}44)$$

锌粉用量的多少，除了与溶液中氰化物浓度和碱度、氧与杂质、温度高低等因素有关外，更重要的还与锌的表面积有关，表面积越大，置换速度就越快，锌粉耗量也越少。一般每置换 $1m^3$ 贵液的锌粉耗量为 $15\sim50g$。

锌中含有少量的铅或在置换前加入适量的铅盐，可以加速金的置换。首先，铅的电极电位比锌更正，铅锌可形成原电池，此时锌为阳极区，不断氧化溶解；而铅为阴极区，表面不断析出氢。若金属锌中不含铅，在锌溶解的同时，其表面就会析出氢气泡，这些氢气泡在未与氧结合时会阻止锌的溶解，不利于金、银的置换沉积。其次，铅还可与溶液中的 S^{2-} 离子反应生成硫化铅沉淀，但过量的铅盐将导致锌耗量的增加，延缓金、银的置换沉积过程和降低金、银的置换回收率，生成的氢氧化铅沉淀会降低金泥的品位。生产中一般每 $1m^3$ 贵液中宜加 $5\sim10g$ 醋酸铅或硝酸铅。

25.5 炭浆法提取金银

25.5.1 炭浆法的发展

传统的氰化法，除氰化浸出外，还需进行矿浆的洗涤、固液分离以及浸出液的澄清、脱气、金的置换沉淀等一系列作业。存在设备和基建投资大、占地多、过程冗长、泥质金矿处理困难、生产费用高等问题。为了解决这些问题，炭浆法（CIP）应运而生。

炭浆法（CIP）一般是指在氰化浸出完成之后，再进行炭吸附的工艺过程。随着炭浆法的发展，又演化出炭浸法（CIL），炭浸法则是浸出与吸附过程同时进行的工艺。两者都是从矿浆中吸附金，无本质的区别。只不过炭浆法是浸出与吸附分别在各自的槽中进行；而炭浸法则是浸出与吸附在同一槽中进行，这种槽被称为浸出吸附槽或炭浸槽。实际上，在炭浸工艺中，往往前 $1\sim2$ 个槽并不加炭（称预氰化），因此，两者之间并无严格的界限，只是炭浸法的搅拌槽数少一些而已。炭浆法及炭浸法与传统的氰化法相比，取消了液固分离和加锌沉淀这两个后续工序，代之以炭吸附、解吸和电解沉积，因而从根本上解决了传统氰化法存在的问题，还有利于浸出率的提高，现已成为氰化法提金中最有生命力的工艺。

25.5.2 炭浆法的原理

无论炭浆法还是炭浸法，其氰化溶金的原理与传统氰化法相同，在此仅介绍活性炭吸附金的原理。

氰化浸出过程中，金银分别以 $[Au(CN)_2]^-$、$[Ag(CN)_2]^-$ 配离子形式存在于浸出矿浆中，活性炭能从氰化浸出的矿浆中吸附金是不争的事实，其机理较多，其中以 $M^{n+}[Au(CN)_2]_n^-$ 或不溶物 AuCN 被吸附的说法较为可信。

25.5.2.1 吸附含金的离子对

金以 $M^{n+}[Au(CN)_2]_n^-$ 离子对的形式被活性炭所吸附，强烈地依赖于溶液的 pH 值，在相当宽的 pH 值范围内，$H[Au(CN)_2]$ 与 $M^{n+}[Au(CN)_2]_n^-$ 两者同时被吸附，在高 pH 值下，氰化亚金优先以 $M^{n+}[Au(CN)_2]_n^-$ 离子对（其中 M=Na，K，Ca，Mg 等）形式被吸附；而在低 pH 值下，占主导的吸附组分是金氰酸 $H[Au(CN)_2]$。

与此同时，盐的存在（如 $CaCl_2$ 等），也能提高金的吸附容量，当 M^{n+} 为碱金属阳离子时吸附不如碱土金属阳离子时牢固，即吸附强度取决于金属阳离子，其顺序为：$Ca^{2+} > Mg^{2+} > H^+ > Li^+ > Na^+ > K^+$。

这样活性炭灰分中的 Ca^{2+} 及溶液中的 Ca^{2+}、H^+ 都可能取代 Na^+、K^+，如：

$$2KAu(CN)_2 + Ca(OH)_2 + 2CO_2 \rule[0.5ex]{1em}{0.4pt}\rule[0.5ex]{1em}{0.4pt} Ca[Au(CN)_2]_2 + 2KHCO_3 \qquad (25\text{-}45)$$

按此机理，金以 $M^{n+}[Au(CN)_2]_n$ 离子对或 $H[Au(CN)_2]$ 中性分子被炭吸附，其中 M^{n+} 为碱土金属离子而不是碱金属离子，其吸附作用既可是活性炭表面的吸附作用，也可是通过孔隙中的沉淀作用。

25.5.2.2 以 AuCN 沉淀

有人认为在活性炭的孔隙中能沉淀出不溶性的 AuCN，AuCN 的产生是 CN^- 氧化的结果：

$$2K[Au(CN)_2] + O_2 \rule[0.5ex]{1em}{0.4pt}\rule[0.5ex]{1em}{0.4pt} 2AuCN\downarrow + 2KCNO \qquad (25\text{-}46)$$

也有人认为是 $[Au(CN)_2]^-$ 在酸中分解的结果，pH 值越低，$[Au(CN)_2]^-$ 越易分解为不溶性的 AuCN，其反应式为：

$$[Au(CN)_2]^- + H^+ \rule[0.5ex]{1em}{0.4pt}\rule[0.5ex]{1em}{0.4pt} AuCN\downarrow + HCN \qquad (25\text{-}47)$$

25.5.3 炭浆法和炭浸法的工艺过程

典型的炭浆法工艺流程主要由氰化浸出前准备作业、氰化浸出、浸出矿浆和活性炭预处理、活性炭吸附与浆炭分离、载金炭解吸、电解沉积金、熔炼铸锭和脱金炭再生处理等主要作业组成，其原则工艺流程如图 25-21 所示。在炭浸法中，氰化浸出与活性炭吸附合二为一，其他各步大体相同，典型工艺的简明设备连接图如图 25-22 所示。

炭浆和炭浸工艺流程中的矿石准备和氰化浸出与传统的氰化法无甚差别，在此不再赘述。此外，流程中金沉积的相关内容将与树脂矿浆法中金沉积的相关内容合并于 25.7 节进行介绍，故在此只对浸出以后至金电积中间的各工序进行介绍。

A 浸出矿浆和活性炭的预处理

矿浆中含有砂砾、木屑、塑料袋、胶片等，在进入吸附槽前，应用除杂筛除去，否则会妨碍载金炭与矿浆的分离，降低活性炭再生质量；木屑本身也会吸附金，降低金的回收率。

活性炭在进入吸附槽之前，一般要进行预磨以磨掉其棱边和尖角，否则会使吸附槽中产生大量载金的碎炭，并随矿浆流失。

B 活性炭吸附与浆炭分离

吸附作业是搅拌氰化浸出后的矿浆进入若干个串联使用的活性炭吸附槽（又称炭浆槽）进行已溶金的吸附。在整个吸附过程中，氰化矿浆与活性炭通过空气提升器和槽间筛（或凹形转子吸送泵，或真空输送系统）实现逆向运动，新矿浆由第一个吸附槽加入，由最末一个槽排出；再生炭或新炭由最后的一个吸附槽加入，由第一个吸附槽排出。这样就使含金最低的矿浆被吸附能力最强的新鲜（或再生）活性炭吸附，而含金浓度最高的矿浆被已载金但尚未饱和的炭所吸附，这样可提高整个吸附过程金的吸附率。吸余尾浆再

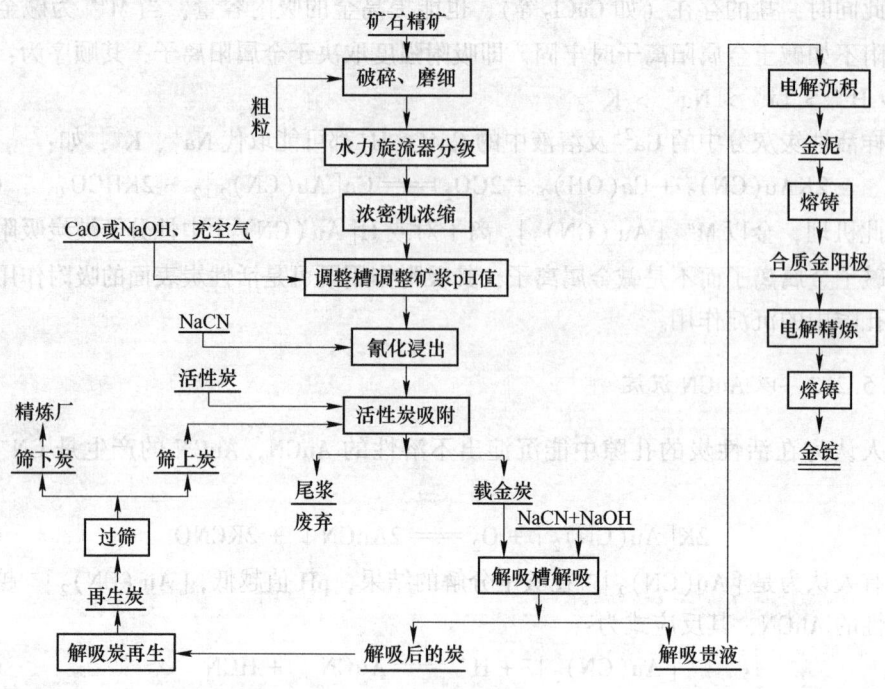

图 25-21 炭浆法原则工艺流程图

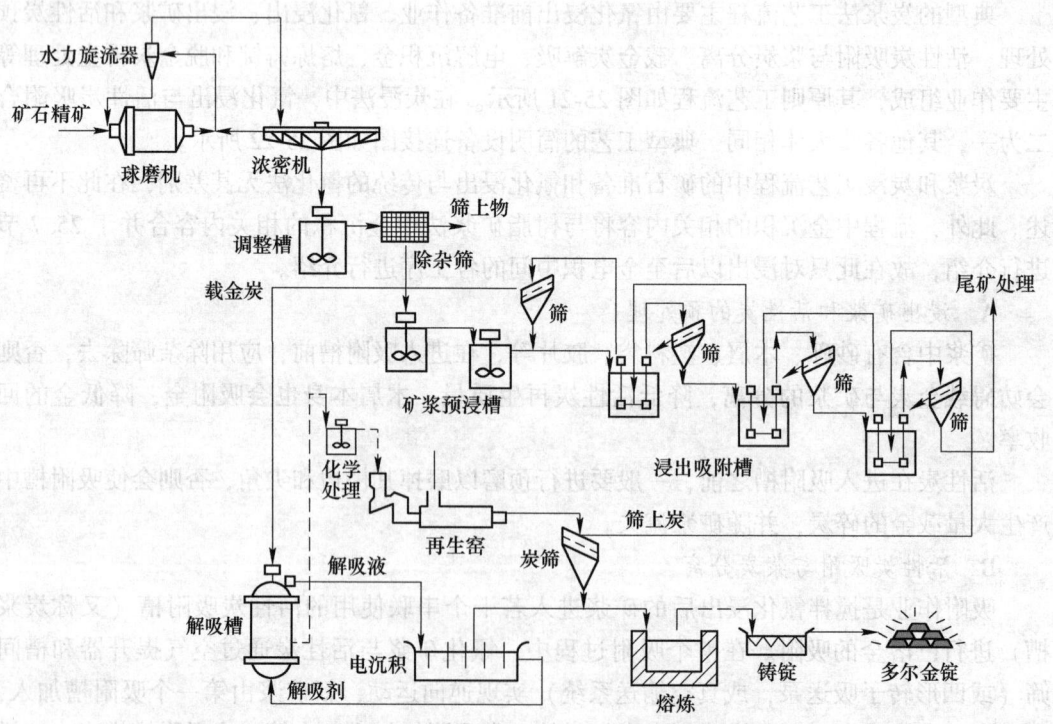

图 25-22 典型炭浸工艺流程简明设备连接图

经检查筛分，回收损失的载金细粒炭后送尾浆处理工序。

影响活性炭吸附金的主要因素为：活性炭类型、活性炭粒度、矿浆中炭的量、炭移动的速度、吸附级数、每级吸附时间、炭的损失量、其他金属离子的吸附等。

C 载金炭解吸

解吸是吸附的逆过程，从矿浆分离出来的载金活性炭（简称载金炭）经洗涤和除去木屑等杂物后送去解吸金（银）。目前，载金炭的解吸常见有 4 种方法。

（1）常压解吸法（扎德拉解吸法）。在常压下，一般采用含 0.1%~0.2% NaCN 和 1% NaOH 的混合溶液作解吸剂，在 85~95℃下从载金炭上解吸金。解吸液与载金炭的体积比为 （8~15）:1，解吸时间 24~72h，可将载金炭解吸到规定的金含量。此法的优点是不需要加压设备、简便易行、基建费用及生产费用低；缺点是解吸时间长、解吸剂消耗量较大，一般适合于小规模生产。

（2）热压解吸法（高温高压解吸法）。采用 0.1% NaCN 和 0.4%~1.0% NaOH 溶液作解吸剂，在高温 （120~160℃）、压力 （300~600kPa） 条件下解吸，解吸时间 2~6h。此法的优点是解吸速度快、活性炭循环周期短，效率高，适合于载金炭处理量大、活性炭载金量很高的金冶炼厂；缺点是需高压设备、基建投资大、维护费用高、对操作要求较为严格。

（3）有机溶剂解吸法（酒精解吸法）。采用 0.1% NaCN、1% NaOH 和 20%（体积分数）的酒精组成解吸剂，在 80~90℃下，使解吸剂与载金炭按体积比为 8:1 左右进行解吸，解吸时间 5~6h，酒精的作用在于加快解吸过程。该法可显著缩短解吸时间，操作温度低，解吸贵液中含金浓度高，解吸后的活性炭不必再生处理即可重用，可循环 20 个周期。主要缺点是使用的酒精易挥发、易燃易爆，消耗量大，成本高，须采用安全防火措施，同时要有酒精回收装置。现在国外有的厂家使用甲醇、乙二醇和丙醇代替酒精。

（4）去离子水解吸法（英美公司解吸法 （A. R. R. L 法））。采用 10% NaOH （或 5% NaCN 和 2% NaOH 的混合液） 溶液作解析剂，在 93~110℃下，对载金炭进行 2~6h 的预处理，再用去离子水对载金炭进行洗脱，总的解吸时间 9~20h。此法的优点类似于热压解吸法，但需多路液流设备，增加了系统的复杂性。

D 脱金炭（解吸后炭）再生

活性炭在吸附时，不仅吸附了金银，也吸附了一些贱金属化合物和各种有机物，这些物质在解吸金银过程中很难溶解，仍留在炭上，这些杂质的存在，或污染炭面，或堵塞炭孔，从而降低炭的吸附能力。因此，脱金炭在返回吸附系统前必须进行再生，以恢复其吸附活性。

脱金炭的再生一般是先用 3%~7% 的盐酸（或硝酸）溶液洗涤以除去其中的碱性氧化物、碳酸盐等，但此过程对活性炭的吸附容量和吸附速度改善不完全。为了恢复活性炭的吸附活性，经过酸洗或水洗后的炭还需经过 650℃隔绝空气加热活化以除去吸附的有机物，同时扩张活性炭上的孔隙并在炭的表面生成氧化物活性中心。需要注意的是，在酸处理过程中，会产生剧毒的氢氰酸，必须注意采用适当的防护措施。

25.6　树脂矿浆法提取金银

树脂矿浆法是利用离子交换树脂从含金氰化浸出液中或矿浆中吸附分离金的方法，具有吸附速度快、吸附容量大、吸附介质磨损小等优点。树脂矿浆法与炭浆法一样，也分为先浸出后吸附（RIP）和边浸出边吸附（RIL）两种提金方法，目前应用的主要是 RIP 方法，RIL 法的应用还存在困难。

25.6.1　树脂矿浆法的原理

25.6.1.1　树脂吸附的原理

在氰化液中的金银以配阴离子形式存在，因此吸附这些离子需采用阴离子交换树脂。当离子交换树脂与氰化液接触时，金银便转移到树脂相中：

$$\overline{R-OH} + [Au(CN)_2]^- \Longrightarrow \overline{R-[AuCN_2]} + OH^- \tag{25-48}$$

阴离子树脂不仅能吸附金银的配阴离子，也会交换吸附一定量的 CN^- 和溶液中大量存在的锌、铜等杂质的配阴离子：

$$\overline{R-OH} + CN^- \Longrightarrow \overline{R-CN} + OH^- \tag{25-49}$$

$$2\overline{R-OH} + [Zn(CN)_4]^{2-} \Longrightarrow \overline{R_2-[Zn(CN)_4]} + 2OH^- \tag{25-50}$$

$$2\overline{R-OH} + [Cu(CN)_3]^{2-} \Longrightarrow \overline{R_2-[Cu(CN)_3]} + 2OH^- \tag{25-51}$$

由于这些副反应的进行，树脂上的一部分活性基团被杂质阴离子覆盖，从而使炭对金银的吸附容量降低。当从杂质浓度为金浓度十几倍甚至上百倍的工业氰化液中吸附金银时，杂质对吸附金的抑制作用随其浓度的增大而增强，也与树脂对阴离子的亲和力顺序有关，亲和力大的杂质离子会使金的吸附容量显著下降。许多研究证实，大多数阴离子树脂对金属的氰配离子的吸附顺序为：

$$[Au(CN)_2]^- > [Zn(CN)_4]^{2-} > [Ni(CN)_4]^{2-} > [Ag(CN)_2]^- > [Cu(CN)_3]^{2-} > [Fe(CN)_6]^{4-}$$

Cl^-、SO_4^{2-}、$S_2O_3^{2-}$ 等阴离子常存在于工业氰化液中，它们对阴离子树脂的亲和力很小，对金的吸附容量的影响不大。

离子交换过程包括以下步骤：

（1）溶液中的离子向树脂颗粒表面扩散。

（2）离子向树脂颗粒内部扩散。

（3）进行离子交换反应。

（4）被交换出的反离子从树脂颗粒内部向树脂表面扩散。

（5）反离子向溶液中扩散。

在这些步骤中，离子交换的化学反应一般是很快的。因此，离子交换过程的速度一般不受化学反应控制，而主要取决于离子在树脂颗粒内的扩散（内扩散）和通过液层趋近树脂表面的扩散（外扩散）。在树脂与溶液接触的最初阶段，过程往往受外扩散控制，而后则受内扩散控制。

25.6.1.2　载金树脂解吸与再生的原理

载金树脂解吸过程同样属于离子交换过程。由于离子交换树脂在吸附金银的过程中，吸附了大量贱金属和其他杂质，故只有对载金树脂进行深度净化，除去众多的杂质，才能使树脂基本恢复初始特性，再返回吸附过程。

目前，应用于工业生产的载金树脂解吸方法主要是酸性硫脲解吸法和硫氰酸铵解吸法。

A　酸性硫脲解吸法原理

氰化钠溶液在浓度高于0.1%时不能解吸金银，但能解吸铜、铁，因此用4%~5% NaCN溶液作为解吸剂与载金树脂接触，则可发生下列反应：

$$\overline{R_2 - [Cu(CN)_3]} + CN^- === 2\overline{R-CN} + [Cu(CN)_2]^- \tag{25-52}$$

$$\overline{R_4 - [Fe(CN)_6]} + 2CN^- === 4\overline{R-CN} + [Fe(CN)_4]^{2-} \tag{25-53}$$

用氰化钠溶液解吸铜、铁之后，用水冲洗解吸柱以除去其中的氰化钠溶液；再用硫酸作为解吸剂解吸锌及CN^-：

$$2\overline{R-CN} + H_2SO_4 === \overline{R_2-SO_4} + 2HCN\uparrow \tag{25-54}$$

$$\overline{R_2 - [Zn(CN)_4]} + 2H_2SO_4 === \overline{R_2-SO_4} + ZnSO_4 + 4HCN\uparrow \tag{25-55}$$

上述解吸反应均有HCN气体放出，应注意防护。

解吸了铜、铁、锌和CN^-之后，最后用酸性硫脲溶液解吸金银。

酸性硫脲溶液是从载金（银）树脂上解析金、银的最佳解吸剂。解吸过程中，硫脲与金、银生成稳定的$[Au(CSN_2H_4)_2]^+$、$[Ag(CSN_2H_4)_3]^+$等配阳离子，这些配阳离子不会被阴离子交换树脂所吸附，从而能稳定地存在于溶液中；解吸过程中硫酸根可交换$[Au(CN)_2]^-$、$[Ag(CN)_2]^-$以及残留在树脂中CN^-等阴离子。一般用硫酸（或盐酸）调整解析剂的酸度。

$$2\overline{R-Au(CN)_2} + 2H_2SO_4 + 4CS(N_2H_4) === \overline{R_2-SO_4} + [Au(CS(N_2H_4))_2]_2SO_4 + 4HCN \tag{25-56}$$

$$2\overline{R-Ag(CN)_2} + 2H_2SO_4 + 6CS(N_2H_4) === \overline{R_2-SO_4} + [Ag(CS(N_2H_4))_3]_2SO_4 + 4HCN \tag{25-57}$$

解吸后的树脂需用碱溶液处理，以除去树脂中的硅酸盐等不溶物，同时使树脂由SO_4^{2-}型转化为OH^-型，实现树脂的再生。

B　硫氰酸铵解吸法

用酸性硫脲从载金树脂上解吸金在工业上已得到广泛的应用。但是，解吸时工序较多，硫脲在酸性条件下会分解；在酸性溶液的解吸过程中有HCN生成，对环境和人体健康有不利的影响；另外，酸性溶液解吸所用的设备容易腐蚀。而硫氰酸根在碱性介质中可以被离子交换树脂强烈地吸附，因而可用于从载金树脂中解吸金银。解吸的反应为：

$$\overline{R - [Au(CN)_2]} + CNS^- === \overline{R-CNS} + [Au(CN)_2]^- \tag{25-58}$$

此法可用于从强碱性树脂和含强碱性基团的弱碱性载金树脂中解吸金银。树脂的再生可以用NaOH溶液使树脂转变为OH^-型，也可以用铁盐（或卤盐）使其再生。

在载金树脂进行金、银解吸的过程中，离子交换速度受外扩散（膜层）控制，因为该过程是在没有搅拌的树脂固定床中进行的。此时，膜层厚度大，膜层内外界面溶液的浓度差和离子的扩散速度都小。为加快膜层内的扩散，可以提高溶液的温度，但由于树脂的热稳定性差，故液温一般不宜超过50~60℃，超过此温度，树脂的活性基团受损，从而降低树脂的吸附容量。

25.6.2 树脂矿浆法的工艺过程

树脂矿浆法适用于采用传统氰化工艺难以处理的含有黏土、石墨、沥青页岩、氧化铁等天然吸附剂的矿石和砷金矿石等复杂金矿石的处理。其克服了炭浆法或炭浸法载金容量不高、吸附速度低、常温下不易解吸、活性炭强度低易破碎、影响金回收率以及炭需高温活化等缺点。

树脂矿浆法从氰化矿浆中提金的典型工艺流程如图25-23所示。磨细和分级后的矿浆

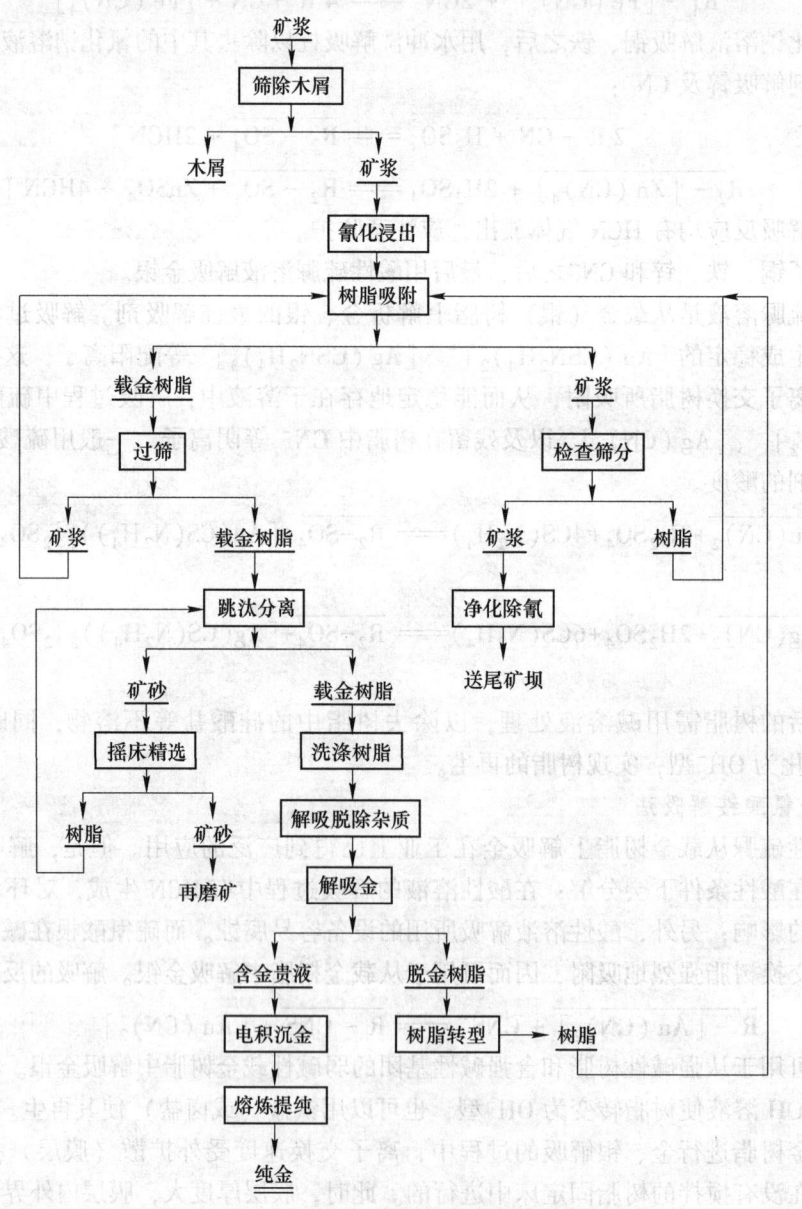

图25-23 树脂矿浆法提金典型流程

先送筛分工序分离其中的木屑，所得矿浆浓缩至固体浓度为 40%~50% 后进行氰化浸出并送吸附工序。在吸附系统中，矿浆和树脂逆向流动，交换树脂从最后的吸附槽加入，而载金树脂则从第一槽取出。从最末的吸附槽排出的尾矿浆需经过检查筛分，回收细粒树脂，以免造成金的永久性损失；从第一个吸附槽产出的载金树脂在筛上与矿浆分离，筛上物经水洗涤后，送跳汰机分离出粒度大于 0.4mm 的矿砂，矿砂经摇床精选后精矿返回再磨矿作业，跳汰后的载金树脂送树脂解吸与再生工序。

A 离子交换树脂吸附工序

吸附是在一系列串联的帕丘卡槽中进行，帕丘卡槽的结构如图 25-24 所示。供入的矿浆在帕丘卡吸附槽中经离子交换树脂吸附后，由空气提升器将槽内的矿浆和树脂转送至矿浆缓冲器，借偏转板的作用使矿浆折回下流至分配器，经分配器底部的缝口和溜槽将矿浆导入倾斜 30° 的倾斜筛上，进行矿浆和树脂的分离。小于 0.2mm 的矿浆通过筛网，经筛下的溜槽流往下一槽，树脂从筛上滚回帕丘卡槽，或经溜槽送至上一个吸附槽进行逆流吸附。矿浆缓冲器上部有排风接头，可将空气提升器工作时的过剩空气排出。排料装置的上盖还开有两个孔，分别供观察、清理分配器缝口和安装修理空气提升器用。倾斜筛是用直径为 0.2~0.25mm 的不锈钢丝织成孔径为 0.4mm 的网片。

影响离子交换树脂吸附金的主要因素有离子交换树脂的类型、吸附时间、交换树脂的加入量、吸附周期和交换树脂的流量等。

B 载金树脂解吸与再生

载金树脂除吸附金银外，还吸附了相当数量的贱金属，采用分步淋洗法使金银与这些贱金属分离，并使交换树脂恢复吸附活性。载金树脂解

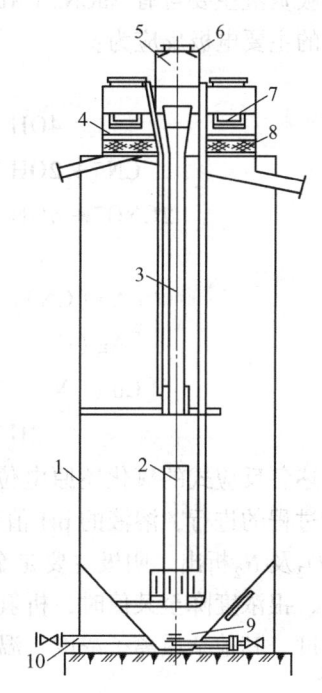

图 25-24 帕丘卡吸附槽结构示意图
1—槽体；2—循环器；3—空气提升器；
4—排料装置；5—矿浆缓冲器；6—偏转板；
7—分配器；8—倾斜筛；9—分散器；
10—事故放空管

吸与再生主要由洗泥、氰化除铁铜、洗涤除氰化物、酸洗除锌钴、硫脲解吸金银、洗涤除硫脲、碱处理、洗涤除碱等作业组成。再生的树脂可返回氰化矿浆的吸附工序。

25.7 金银的电解沉积与熔炼

25.7.1 金的电解沉积

从载金炭的解吸贵液和载金树脂的解吸（淋洗）贵液中回收金时，常用电解沉积法。

25.7.1.1 从氰化解吸贵液中电解沉积金银

用活性炭从氰化矿浆或氰化渗滤堆浸液中吸附金时，常用碱性氰化物溶液解吸载金炭

中的金，所得解吸贵液是一种较纯净的金、银氰化物溶液，含金浓度较高，一般可达 0.25g/L 左右，有的可达 1g/L。从解吸贵液中回收金银最有效的方法是电解沉积法。

氰化贵液电积时，一般采用 316 号不锈钢板作阳极，钢棉（或碳纤维）作阴极，将钢棉装在两面钻有孔洞的聚丙烯塑料框内或盛于尼龙网或塑料筐内，阴极塑料管的正面是可拆卸的。经电积产出的载金钢棉中，金与铁的质量比可达 20∶1。取出的载金阴极钢棉先经酸溶除铁，所得金泥送熔炼铸锭。

解吸贵液主要含有 NaCN、$[Au(CN)_2]^-$、$[Ag(CN)_2]^-$、NaOH 及少量铜氰配合物。电积时的主要电极反应为：

阳极：

$$4OH^- - 4e \Longrightarrow O_2\uparrow + 2H_2O \tag{25-59}$$

$$CN^- + 2OH^- - 2e \Longrightarrow CNO^- + H_2O \tag{25-60}$$

$$2CNO^- + 4OH^- - 6e \Longrightarrow 2CO_2 + N_2 + 2H_2O \tag{25-61}$$

阴极：

$$[Au(CN)_2]^- + e \Longrightarrow Au + 2CN^- \tag{25-62}$$

$$[Ag(CN)_2]^- + e \Longrightarrow Ag + 2CN^- \tag{25-63}$$

$$[Cu(CN)_2]^- + 2e \Longrightarrow Cu + 2CN^- \tag{25-64}$$

$$2H^+ + 2e \Longrightarrow H_2\uparrow \tag{25-65}$$

上述各反应式的氧化还原电位不同，阳极主要是 OH^- 离子的氧化分解产出氧气，故随电积过程的进行，溶液的 pH 值有所降低。但阳极反应难免有部分 CN^- 离子的氧化分解而呈 CO_2 及 N_2 析出。阴极主要是金、银及铜氰配离子的电化还原，析出金、银及铜。只有当金、银浓度降至某值时，析氢反应才明显。影响电积过程的主要因素是解吸贵液中的金银浓度，其他杂质离子浓度、温度、极间距、电流密度、电解液的循环流动速度和钢棉用量等。

从氰化贵液中电积金的电解槽有普通的平行电极电解槽、扎德拉电解槽等，如图 25-25 所示。

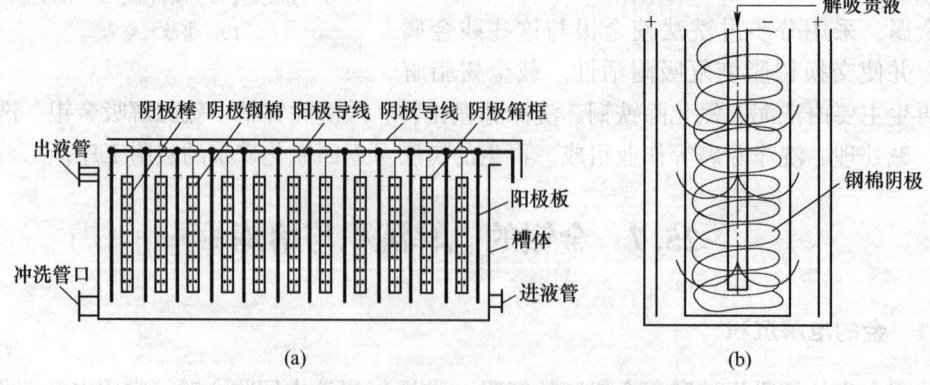

图 25-25 氰化贵液中电积金的电解槽示意图

(a) 平行电极电解槽；(b) 扎德拉电解槽

采用平行电极电解槽电解的主要技术条件：贵液温度 55~65℃，电流密度 8~15A/m²，槽电压 2.5~4.5V, 电解时间 15~20h, 金的沉积率为 99% 以上, 排出尾液含金浓度可降至 $1~5g/m^3$。

25.7.1.2 从硫脲解吸贵液中电解沉积金银

树脂矿浆法提金工艺一般采用硫酸-硫脲溶液解吸载金树脂中的金银, 可获得含金 $0.5~2g/L$ 的解吸贵液。从硫脲解吸贵液中电沉积金银时, 一般采用钛网阳极和多孔石墨阴极, 金与石墨炭的质量比可达 $(50~100):1$。

从硫脲解吸贵液中电解沉积金银的主要电极反应为:

阴极区:

$$[Au(SCN_2H_4)_2]^+ + e === Au + 2SCN_2H_4 \quad (25\text{-}66)$$

$$[Ag(SCN_2H_4)_3]^+ + e === Ag + 3SCN_2H_4 \quad (25\text{-}67)$$

$$2H^+ + 2e === H_2\uparrow \quad (25\text{-}68)$$

阳极区:

$$2H_2O - 4e === 4H^+ + O_2\uparrow \quad (25\text{-}69)$$

$$2SCN_2H_4 - 2e === H_3N_2C-S-S-CN_2H_3 + 2H^+ \quad (25\text{-}70)$$

在阴极区主要是金银的硫脲配阳离子电化还原, 不断析出金银并使硫脲再生; 阳极区主要是 H_2O 被氧化而析出氧气, 随电积过程的进行, 阳极液的酸度有所提高。此外, 硫脲易在阳极上氧化生成二硫甲脒, 进而分解为硫脲、氰胺和元素硫:

$$H_3N_2C-S-S-CN_2H_3 === CSN_2H_4 + CNNH_2 + S \quad (25\text{-}71)$$

硫脲在阳极氧化是不利的, 这不仅会增加硫脲的消耗, 而且二硫甲脒具有一定的氧化性, 在它和硫脲的共同作用下, 会导致已在阴极沉积的金发生返溶, 降低电流效率, 增加电耗。

因此, 从硫脲解吸贵液中电积金银时一般采用离子隔膜将平行电极电解槽分为阳极室和阴极室, 图 25-26 所示为采用离子膜的金电积过程示意图。阳极室以 2% H_2SO_4 溶液为电解质, 阴极室以硫脲解吸贵液为电解质。离子隔膜需具有良好的导电性和低的流体渗透性, 且应有足够的机械强度。当采用阳离子膜时, 阳极室的氢离子能通过隔膜进入阴极室, 而阴极室的硫酸根离子和硫脲分子不能穿透隔膜而留在阴极室; 当采用阴离子膜时, 阳极室的氢离子不能通过隔膜进入阴极室, 而阴极室的硫酸根离子可通过隔膜进入阳极室, 但硫脲分子不能穿透隔膜而留在阴极室, 这样就成功地防止了硫脲到阳极区被氧化。在硫脲解析贵液电解沉积金银时, 贵液中金银浓度、溶液温度、溶液流速、电流密度和槽电压等因素均有一定影响。

25.7.2 金的熔炼

金冶炼厂产出的汞齐、重选砂金、锌置换金泥、解吸液电解沉积的钢棉金泥和石墨阴极沉积金泥的组成复杂, 除含金、银外, 还有过量的金属锌、金属铅、氢氧化锌、碳酸锌、氰化锌、碳酸钙、硫酸钙、铜、铁、砷、锑、硒、锗等杂质。这些杂质可通过火法或湿法冶金的方法除去, 得到含金银总量为 80%~90% 的金银合质金或直接获得成分为 99.9% 的金或银, 金银合质金送精炼厂处理。

金的熔炼通常包含熔炼前的预处理和熔炼两个工序。

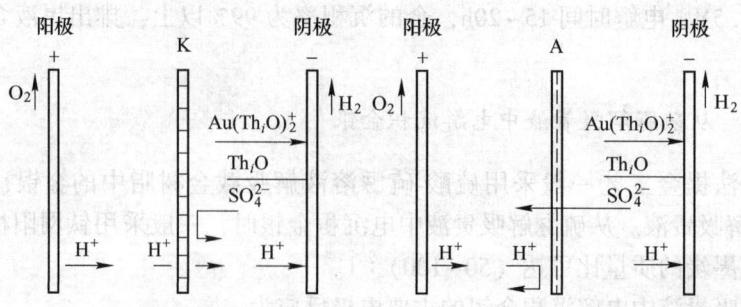

图 25-26　采用阳离子膜（左）和阴离子膜（右）的金电积过程示意图

25.7.2.1　熔炼前的预处理

汞齐含金较高，经洗涤、挤压除去大部分游离汞后，用蒸馏法除汞，只有将汞基本脱除后才能将所得的海绵金送冶炼。

重选砂金含金高，冶炼前先用磁选法除去磁铁矿等含铁杂质，再用人工风选法除去微粒石英和云母，以进一步提高砂金中的金含量。

锌置换所得金泥的金含量一般较低，其中锌丝置换所得金泥中的金银含量最低，杂质含量较高，通常须预先酸洗或焙烧—酸洗以除去金泥中的贱金属、硫及有机物等杂质后再送去冶炼。在酸洗过程中，析出许多有毒气体，例如，HCN、SO_2、AsH_3 及 SbH_3 等，因此酸洗槽要密封并装设强通风系统，使气体及时排出。酸洗液通常含金达 $16g/m^3$ 左右，最好用小型活性炭吸附柱或离子交换柱吸附回收，尾液中的金浓度可以降到 $0.05 \sim 0.2g/m^3$。如果溶液处理量比较大，且在经济上合算，可以从残液中提取硫酸锌或碳酸锌。过滤、洗涤、烘干后的金泥中，金含量可提高到 50% 或更高，通常锌含量可降至百分之几，铅含量则比原金泥中有较大幅度的提高。当铅含量大于 10% 时，在酸洗除锌后，可以用 15% NaOH 溶液，在液固比为 7:1，于 $85 \sim 90℃$ 浸出脱铅，以缩短熔炼时间。有时用 31%~32% 盐酸代替硫酸进行酸洗，可使金泥中锌、铅和钙几乎全部溶解；但杂质铜在盐酸或硫酸中都不溶解。当铜含量大于 5% 时，需加入氧化剂如硝酸、二氧化锰、氯化铁、鼓入空气等，用硫酸浸出时，铜和少量贵金属溶解进入溶液，可以用铜粉（板）或铁进行置换回收贵金属。酸处理后的金泥，在 $500 \sim 700℃$ 下煅烧，使非贵金属及其硫化物氧化成为氧化物或硫酸盐，以便在熔炼过程中进行造渣。在煅烧时不搅动物料，以防贵金属被金泥中的挥发分带走。工业上煅烧金泥，通常把金泥装入不锈钢盘中，在多层或带料架的电炉中进行煅烧，因煅烧时易造成贵金属的飞扬损失，有些工厂将煅烧温度升高到 $840 \sim 860℃$ 使金泥烧结。有时不在高温下煅烧，只在 $110 \sim 120℃$ 下烘干。煅烧或烘干过的金泥与熔剂混合，在高温下熔炼成金银合质金。我国氰化提金厂置换的金泥，一般不进行焙烧，酸洗金泥烘干后直接送去熔炼。烘干的金泥中除一部分铅呈硫酸铅存在外，其余都呈金属状态存在。

钢棉电积金泥先用筛分法回收钢棉，再用 1:1 盐酸除去不锈钢绵和其他酸溶性杂质，过滤、洗涤、干燥后送冶炼处理。

石墨阴极沉积金泥经洗涤干燥后，盛于钛盘内放入电炉中于 $500 \sim 600℃$ 下进行灰化，灰化后的海绵金泥送冶炼。

25.7.2.2 金泥的熔炼

金泥的熔炼是将预处理后的金泥与熔剂混合，然后放在坩埚、转炉、反射炉或电炉等熔炼设备中，于1200~1350℃下使杂质铜、铅、锌、铁等氧化成氧化物进入炉渣，贵金属形成金银合金，金银和炉渣因互不溶解和密度差异而得以分离。

金泥熔炼所用的主要熔剂为硼砂及碳酸钠，其次为硝石、萤石及石英砂（或碎玻璃）。熔剂种类的选择及其用量主要取决于金泥中的杂质类型及其含量。熔炼砂金及汞膏蒸汞后的海绵金时，因其金含量高，杂质含量低，一般冶炼时只需添加硼砂、碳酸钠及硝石，其用量分别为砂金量的10%左右。锌丝置换所得金泥的金含量最低，杂质含量高，熔炼时的溶剂消耗量也最高。

钢棉电积金泥经酸洗处理后所得的金泥以及石墨阴极沉积物经灰化除去石墨后的海绵金泥中的金含量均较高，熔炼时一般只需添加少量硼砂及碳酸钠。

由于原料和处理条件不同，金泥中还时有不同含量的硫，因此，熔炼时，有时产生冰铜，密度4~6g/cm³，含金0.01%~0.3%。由于冰铜是贵金属的良好熔剂，因此，如果金泥中含硫较高时，为防止冰铜相的产生，并促使非贵金属的氧化造渣，除加入必要的熔剂之外，尚需加入氧化剂；如硝酸钠或二氧化锰等，最终可熔炼出高纯度的金银合质金。

金泥熔炼主要发生如下反应：

硫酸铅的分解反应：

$$PbSO_4 \Longrightarrow PbO + SO_3 \uparrow \tag{25-72}$$

用硝酸钠作氧化剂时的氧化反应：

$$6Cu + 2NaNO_3 \Longrightarrow 3Cu_2O + Na_2O + 2NO \uparrow \tag{25-73}$$

$$3Me + 2NaNO_3 \Longrightarrow 3MeO + Na_2O + 2NO \uparrow \tag{25-74}$$

$$3MeS + 8NaNO_3 + 3Na_2CO_3 \Longrightarrow 3MeO + 3Na_2SO_4 + 4Na_2O + 8NO \uparrow + 3CO_2 \uparrow \tag{25-75}$$

用二氧化锰作氧化剂时的氧化反应：

$$2Cu + MnO_2 \Longrightarrow Cu_2O + MnO \tag{25-76}$$

$$Me + MnO_2 \Longrightarrow MeO + MnO \tag{25-77}$$

$$MeS + 4MnO_2 + Na_2CO_3 \Longrightarrow MeO + 4MO + Na_2SO_4 + CO_2 \uparrow \tag{25-78}$$

式中，Me代表锌、铅、铁等金属，熔炼时除去一部分铅、锌呈氧化物挥发外，还产生SO_3、NO、CO_2气体，使熔体剧烈沸腾。熔池由沸腾转为平静，是完成熔炼作业的标志。

造渣反应：金泥熔炼时通常造硼酸盐和硅酸盐炉渣：

$$mMeO + nNa_2B_4O_7 \Longrightarrow mMeO \cdot nNa_2O + 2nB_2O_3 \tag{25-79}$$

$$mMeO + nSiO_2 \Longrightarrow mMeO \cdot nSiO_2 \tag{25-80}$$

炼金炉渣的硅酸度$K=1~2$。当金泥含锌大于15%时，要求渣中$B_2O_3 : SiO_2 = 2 : 1$；含锌小于15%时，可取比值为1:1。

金泥冶炼设备的选择主要取决于处理量。处理量小时，一般采用坩埚；处理量大时，可采用转炉、反射炉或电炉。此外，还可采用电阻炉或感应电炉熔炼金、银。熔炼结束后，把液态合金倒入铸模中。火法炼金的铸模常用灰口铁铸成，图25-27所示为铸模的剖面图。铸模规格不一，每块合质金的质量可为100~300g。浇铸前，铸模应烘干，有的金冶炼厂还在铸模内熏一层薄烟（极细粒的炭黑），以防浇铸时熔体飞溅于铸模外并便于固体合质金脱模。如果发现合质金不纯，则进行熔化，把液体倒入水中，进行水淬，形成粒状，然后配以熔剂重新熔炼。

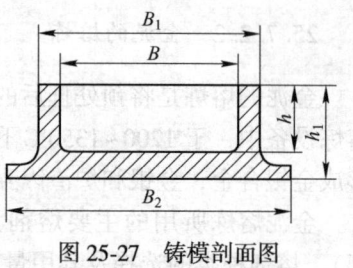

图 25-27　铸模剖面图

熔炼的产物有金银合金、炉渣和冰铜。

根据熔炼原料的不同，金银合金中的金含量也不同，其中主要杂质是铜。熔炼砂金时所得金银合金的金含量为 85%~95%。冶炼汞膏蒸馏后的海绵金所得金银合金的金含量为 60%~75%。金泥熔炼一般可得到含（Au+Ag）为 95% 左右的合质金。金熔炼时，金的回收率一般为 97%~98%。

炉渣主要由硼酸盐和硅酸盐组成，熔化温度 1100℃ 左右，密度 2.5~3g/cm^3，硅酸度 $K=1~2$。前期渣密度和黏度小，含金小于 100g/t，可将其磨碎后采用重力选矿法或其他方法回收；后期渣或靠近合质金界面的炉渣密度和黏度较大，金含量也较高，多需返回下一炉熔炼。

冰铜主要由 Cu_2S、FeS、PbS 组成，冰铜少时，可于倒渣后加入氧化剂和造渣熔剂，强烈搅拌熔池，使其氧化造渣除去。冰铜多时，撇出经焙烧后返回熔炼。

25.8　含氰废水的处理

氰化提金过程产出大量的脱金贫液，俗称氰化废水。含氰废水的处理大致有三种方法：一是直接返回氰化作业循环使用，如返回磨矿、配制新的氰化试剂、洗涤浓密机的底流等；二是氰化物再生回收，采用酸处理含氰废水，使氰离子呈 HCN 气体逸出，随后用碱液吸收获得浓氰化物溶液；三是含氰废水净化，即采用合适的化学药剂破坏含氰废水中的氰化物，使含氰废水转化为无毒废水。

25.8.1　脱金贫液直接返回使用

脱金氰化贫液直接返回氰化过程的相应作业是处理脱金贫液最直接有效的方法。实践证明，返回适量的脱金贫液不仅不会降低金银的氰化浸出率，而且可降低氰化物消耗量，有利于氰化提金厂的水量平衡。但返回使用的脱金贫液量有限，过剩部分的脱金贫液需送氰化物再生回收。

25.8.2　氰化物再生回收

氰化提金厂从含氰贫液中回收氰化物，目前主要采用硫酸酸化法和硫酸锌-硫酸法。

25.8.2.1　硫酸酸化法

硫酸酸化法的原理是往含氰废水中加酸（通常加硫酸）使其 pH 值小于 7，游离的氰化物和氰离子与铜、锌等金属离子的配合物容易离解，生成易挥发的 HCN 气体，将其用碱液吸收。这样既净化了废水，又回收了氰化物，并能回收废水中的铜、锌等有价金属，达到综合回收的目的。该法是应用于回收氰化钠最多的一种方法。

硫酸酸化法回收氰化物在发生塔中进行。当往含氰废水中加酸时，首先是中和保护碱，然后分解游离的氰化物和金属与氰根的配合物，并生成 HCN 气体（沸点 26.5℃）：

$$2NaCN + H_2SO_4 = Na_2SO_4 + 2HCN\uparrow \quad\quad (25-81)$$

$$Na_2[Zn(CN)_4] + 2H_2SO_4 = ZnSO_4 + Na_2SO_4 + 4HCN\uparrow \quad\quad (25-82)$$

$$Na_2[Cu(CN)_3] + H_2SO_4 = CuCN\downarrow + Na_2SO_4 + 2HCN\uparrow \quad\quad (25-83)$$

$$2Na_3[Cu(CNS)(CN)_3] + 3H_2SO_4 = 2CuCNS\downarrow + 3Na_2SO_4 + 6HCN\uparrow \quad\quad (25-84)$$

$$Na_2[Ag(CNS)(CN)_2] + H_2SO_4 = AgCNS\downarrow + Na_2SO_4 + 2HCN\uparrow \quad\quad (25-85)$$

酸化挥发 HCN 气体的条件是：溶液 pH 值为 2.5 左右，温度 25~30℃，溶液中 Cu 与 SCN 摩尔比为 1∶1.2，并适当控制酸化液的喷淋强度、分散程度及鼓入风量等。载有 HCN 气体的空气流，用 15% NaOH 溶液在吸收塔中循环吸收。

$$HCN + NaOH = NaCN + H_2O \quad\quad (25-86)$$

当氰化钠浓度达到 15%~20%、残碱小于 15% 时，返回到氰化浸出系统使用。废水中氰化物的回收率可达 96% 以上。

发生塔底部的 CuCN、CuSCN 及少量 AgSCN 等排出物，经过固液分离，含铜渣出售给炼铜厂，废液含 H_2SO_4 0.25%、残氰 20~50mg/L，送净化系统脱氰后排放。

硫酸酸化法逸出剧毒的 HCN 气体，存在潜在的严重污染空气、易造成氰中毒等缺点。因此，此法适用于处理量小的含氰废液，处理时应加强通风，人必须站在上风向。当氰化贫液中含有碳酸盐及酸溶硫化物（磁黄铁矿）时，酸化除氰效果差。

25.8.2.2 硫酸锌-硫酸法

硫酸锌-硫酸法是先在氰化贫液中加入硫酸锌，反应生成白色的氰化锌沉淀：

$$2NaCN + ZnSO_4 = Zn(CN)_2\downarrow + Na_2SO_4 \quad\quad (25-87)$$

$$[Zn(CN)_4]^{2-} + ZnSO_4 = 2Zn(CN)_2\downarrow + SO_4^{2-} \quad\quad (25-88)$$

$$[Cu(CN)_3]^{2-} + ZnSO_4 = Zn(CN)_2\downarrow + CuCN + SO_4^{2-} \quad\quad (25-89)$$

$$[Fe(CN)_6]^{4-} + 2ZnSO_4 = Zn_2[Fe(CN)_6]\downarrow + 2SO_4^{2-} \quad\quad (25-90)$$

沉淀过滤后，再用硫酸处理：

$$Zn(CN)_2 + H_2SO_4 = ZnSO_4 + 2HCN\uparrow \quad\quad (25-91)$$

生成的 HCN 气体挥发逸出，用碱液吸收，再生氰化物溶液，返回浸出系统使用。所产出的硫酸锌，可用于处理另一批氰化废水。

该法的特点是：只需对少量的氰化锌沉淀物进行酸化处理，无需对全部废水进行酸处理，从而大大减少了酸的用量，处理成本较低。

25.8.3 含氰废水净化

含氰废水净化的方法较多，目前，生产中主要采用漂白粉法、液氯法、SO_2-空气法、自然降解法。

25.8.3.1 漂白粉法

漂白粉法是在 pH 值为 8~9 的碱性介质中，利用漂白粉（$Ca(ClO)_2$）、漂精粉

（3Ca(ClO)$_2$·2Ca(OH)$_2$）或次氯酸钠（NaClO）中的次氯酸根（ClO$^-$）的强氧化作用，将氰化物氧化成氰酸盐（局部氧化），氰酸盐继续氧化生成二氧化碳和氮气（完全氧化），从而消除氰离子的毒性，达到净化的目的。此法既可用于处理含氰污水，也可用于处理含氰矿浆。此法的主要反应为：

$$Ca(ClO)_2 + H_2O \Longrightarrow CaO + 2HOCl \qquad (25-92)$$

$$CN^- + HOCl \Longrightarrow CNCl + OH^- \qquad (25-93)$$

$$CNCl + 2OH^- \Longrightarrow CNO^- + Cl^- + H_2O \qquad (25-94)$$

$$2CNO^- + 3Cl^- + 2H_2O \Longrightarrow 2CO_2\uparrow + N_2\uparrow + 3Cl^- + 2OH^- \qquad (25-95)$$

漂白粉净化含氰废水时主要控制投药量、介质 pH 值和反应时间。

25.8.3.2 液氯法

液氯法是在 pH 值为 8.5~11 下，加入氯气氧化分解污水中的氰离子。其反应式为：

$$CN^- + Cl_2 + 2OH^- \Longrightarrow CNO^- + 2Cl^- + H_2O \qquad (25-96)$$

$$2CNO^- + 3Cl_2 + 4OH^- \Longrightarrow 2CO_2\uparrow + N_2\uparrow + 6Cl^- + 2H_2O \qquad (25-97)$$

CN$^-$ 离子先被氧化为氰酸根（局部氧化），继而氧化为二氧化碳和氮气（完全氧化）。

液氯法净化操作时必须严格控制介质的 pH 值和加氯量。含氰污水加氯后，其 pH 值会迅速降低，当介质 pH 值低于临界 pH 值时，会产生有毒的氯化氰（CNCl）气体。一般应先加碱后加氯，氯化氰在碱性介质中将迅速水解。在混合充分的条件下，反应时间约需 30min。反应池应密闭，以防止氯气和氯化氰气体污染空气。净化后废液中的余氯浓度高时，可在排放前加入硫代硫酸盐、硫酸联氨或硫酸亚铁等将其除去。

25.8.3.3 SO$_2$-空气法

SO$_2$-空气法的净化效果好，氰的脱除率可达 99%，重金属离子浓度可降至 1mg/L 以下。药剂费用低，操作安全可靠。

该法在室温、pH 值为 7~10，用含 1%~3% SO$_2$ 的气体（或用 NaHSO$_3$ 代替气体 SO$_2$）、空气和石灰做原料，加入少量硫酸铜（0~50mg/L）做催化剂，处理含氰废水 30min 即可达到排放标准。主要反应为：

$$CN^- + SO_2 + O_2 + H_2O \Longrightarrow CNO^- + H_2SO_4 \qquad (25-98)$$

$$[Zn(CN)_4]^{2-} + 4SO_2 + 4O_2 + 4H_2O \Longrightarrow 4CNO^- + Zn^{2+} + 4H_2SO_4 \qquad (25-99)$$

$$4[Cu(CN)_3]^{2-} + 12SO_2 + 13O_2 + 10H_2O \Longrightarrow 12CNO^- + 4Cu^{2+} + 8H_2SO_4 + 4HSO_4^-$$

$$(25-100)$$

溶液中的铜、锌离子以氢氧化物沉淀，[Fe(CN)$_6$]$^{3-}$ 被还原成 [Fe(CN)$_6$]$^{4-}$，并形成 Me[Fe(CN)$_6$]·xH$_2$O 沉淀（式中 Me 代表铜、锌、镍），也可以除掉溶液中有害物质 [Fe(CN)$_6$]$^{4-}$，但溶液中硫代氰酸盐几乎不被氧化。

25.8.3.4 自然降解法

自然降解法是使含氰废水在具有大表面积的尾矿池中，利用光照、吸收空气中的 CO$_2$ 等自然因素的作用，挥发逸出氢氰酸气体，以及通过稀释、渗透、微生物分解和尾矿吸收等途径，达到自然净化脱氰的目的。该法不消耗药剂、作业成本低，但降解过程十分缓慢。

25.9 使用氰化物的安全防护

氰化物为剧毒物质。据报道，口服 0.1g 氰化钠或 0.12g 氰化钾或 0.05mg 氢氰酸均可使人瞬间致死，0.1~0.14mg 氰化钠或 0.06~0.09mg 氰化钾能使体重为 1kg 的动物死亡。可见氰化物及含氰化物的废水毒性相当高。鉴于氰化物的毒性大，生产中操作人员应严格遵守有关操作规程，防止氰中毒事故的发生。

预防氰化物中毒的主要措施有：

（1）防止固体氰化物粉尘污染手、脸、衣服、桌椅及地面等，工作后应洗澡和更换衣服。特别应防止粉尘由口腔吸入。

（2）产生 HCN 的设备和场所应密封或局部通风，含 HCN 气体的空气应经碱液洗涤后才能排空。

（3）尽量采用机械化或自动化加料，以减少操作人员的直接接触。

（4）含氰化物的废水和洗水，经处理达到标准后方可排放。

（5）生产车间应备有急救药物及设备，操作人员应熟悉氰化物中毒的抢救方法，以便万一发生事故能及时抢救。

我国《工业"三废"排放试行标准》（GBJ 4—1973）中规定，工业废水含游离氰离子的容许排放浓度最高不得超过 0.5mg/L，地面水域游离氰根的最高允许浓度为 0.05mg/L，氰氢酸气体在车间空气中的最高允许浓度为 $0.3mg/m^3$。世界卫生组织制定的饮用水标准中，氰化物的最高允许浓度为 0.2mg/L。

 复习思考题

25-1 简述氰化提金的热力学和动力学。

25-2 简述氰化溶金的主要方法？

25-3 简述金精矿中的伴生组分在氰化溶金过程中的行为。

25-4 简述氰化溶金过程的主要影响因素。

25-5 氰化溶金的 pH 值应保持在什么范围？简述原因。

25-6 简述渗滤氰化堆浸的基本过程、主要设备及适用条件。

25-7 简述搅拌氰化浸出的基本过程、主要设备及适用条件。

25-8 简述搅拌浸出槽的主要类型及特点？

25-9 简述活性炭吸附金银的基本原理。

25-10 写出炭浆工艺提金（从原矿——合质金）的原则流程，简要说明各主要步骤并写出主要反应的方程。

25-11 简述炭浆工艺的主要影响因素。

25-12 简述载金炭解吸的主要方法？

25-13 简述解吸后炭进行再生处理的原因及再生处理的过程，说明再生处理过程中需注意的安全问题。

25-14 比较炭浆法和炭浸法的共同点与差别。

25-15 简述吸附法提金的优缺点。

25-16 简述树脂矿浆法提取金银的基本原理。

25-17 写出树脂矿浆法提金（从原矿→合质金）的原则流程，简要说明各主要步骤并写出主要反应。

25-18 简述树脂矿浆法从氰化矿浆中提金的影响因素。

25-19 简述从含金贵液（氰化贵液和硫脲解吸贵液）中沉积金银的主要方法和基本原理。

25-20 简述金熔炼的基本原理与过程。

25-21 简述含氰废水的净化方法和基本原理。

25-22 简述含氰废水中氰化物的回收方法和基本原理。

26 难浸金矿石的处理

26.1 难浸金矿石的基本特性与分类

26.1.1 难处理金矿石基本特性

难处理金矿石，又称难选冶金矿石或难浸金矿石等。这类矿石在开发利用中，采用常规或单一的选冶方法难于达到有效提取金、银的目的。主要表现在：金选冶总回收率低，如采用浮选工艺进行富集，金的选矿回收率很难超过 90%；如采用直接氰化浸出工艺，金的浸出率很难超过 80%；资源浪费严重，开发利用的经济效益差；工艺技术需要较大的投资和复杂的控制技术才能达到环保要求。

难处理金矿难选冶的根本原因在于矿石的复杂工艺矿物学特性，如金矿物在矿石中的赋存状态、与其他矿物的共生关系，金矿石中的共伴生元素、矿石结构以及含杂程度等。这些特性构成了其在选冶过程中表现出以下特性：

（1）物理性。主要指金呈细粒或次显微粒状浸染或包裹形式高度分散在其他主体矿物中，磨矿难解离。包裹金的主体矿物主要是黄铁矿和砷黄铁矿（毒砂），其次为铜、铅和锌的硫化物，包裹金在石英和硫酸盐中存在的情况较少。

（2）化学性。含有害杂质，氰化过程中消耗氧或氰化物，生成阻碍金浸出的沉淀或膜，含有机碳或黏土类等劫金性物质；金与碲、铋、锑等导电矿物形成某些化合物，使金的阳极溶解被钝化。

26.1.2 难处理金矿石的分类

目前，难处理金矿石的类型划分还没有统一标准，根据研究侧重点的不同，有不同的分类方法。

根据金矿的金浸出率分类时，以常规氰化浸出金的浸出率为依据，将金矿分为易浸、轻度难浸、中等难浸、高度难浸四类。金浸出率在 90% 以上的为易浸金矿石；80%～90% 的为轻度难浸金矿石；50%～80% 之间的为中等难浸金矿石；金的浸出率小于 50% 的为高度难浸金矿石。

根据矿石特性，可以将难处理金矿分为三类。第一类为含金硫化矿，金呈细粒或次显微粒状浸染或包裹形式高度分散在黄铁矿和砷黄铁矿（毒砂）等的硫化矿中，氰化浸出时金粒无法直接与浸出剂的水溶物种接触。第二类为含碳型金矿，由于碳有吸附溶液中金的能力，氰化时被浸入溶液的金又被吸附在碳上重新进入浸出渣。第三类为非硫化物包裹金，此类型金矿难选且矿物中金粒太小，磨矿也难以使其暴露，金粒难接触浸出剂的水溶物种，有时也存在浸出矿浆难过滤，浸出渣含金高，无法回收。

根据金矿中主体杂质成分的不同以及金矿难处理的原因，分为含砷锑矿石、含铜矿石、含碳矿石、黏土质矿石及铁帽金等。表26-1列出了几种主要的难处理金矿石及其难处理的原因。

表 26-1 几种主要的难处理金矿石及其难处理的原因

金矿石种类	难处理的原因
含砷锑矿石	在金粒表面形成钝化膜，急剧降低金的溶解速度
含铜矿石	氰化物消耗高，在金粒表面形成次生薄膜，阻碍金的溶解，氰化液很快失效
含碳矿石	氰化时被浸入溶液的金又被吸附在碳上重新进入浸出渣
黏土质矿石	矿浆难过滤，已溶金和氰化物被高岭土矿物明显地吸附
铁帽金	金粒上存在氢氧化铁薄膜，阻碍金的溶解

根据选冶提金工艺的不同，可以将难处理金矿资源分为易选难冶型矿石和难选难冶型矿石。

（1）易选难冶型矿石。该类矿石的金矿物与硫化物伴生关系密切，硫化物是金的主要载体矿物，金容易通过浮选富集，且回收率较高。但浮选金精矿采用直接氰化浸出率低，主要是由于金精矿中含砷、锑、有机碳，或铜、铅、铁、锌等贱金属。对这类金精矿的提金工艺，既要解决金的难浸问题，又要解决硫、砷、铜等伴生有价元素的综合回收与环保问题。

（2）难选难冶型矿石。这类矿石既有难选的特性，又具有难冶的特性，所以也称其为"双重"或"多重"难选冶金矿石。其"多重"难选冶的原因可以用五个方面进行概括：第一是金矿物微细，小于 $10\mu m$，以浸染状或包裹状赋存的金矿物所占比例很大，一般的机械磨矿不能较彻底地打开这种包裹；第二是金矿物的浮选载体硫化物少，或金与脉石矿物共生关系密切，一定比例的金矿物与硅酸盐或碳酸盐共生或被包裹，影响金的浮选富集；第三是金与不利于氰化浸出的黄铁矿、砷黄铁矿等矿物共生，或赋存于这类矿物的晶格中，不经过预处理消除其影响及打开包裹，金几乎无法提取；第四是矿石中含有一定量的锑、铋、汞、铅、碲等有碍于氰化浸金成分；第五是矿石中含有有机碳、石墨碳或黏土类矿物等"劫金"性物质，造成金在氰化浸出过程中被吸附劫取。

为了有效地从难处理金矿中回收金，其关键技术是预处理技术。预处理的实质是使载金矿体发生某种变化，使包裹在其中的金解离出来，为下一步的氰化浸出创造条件。目前，国内外对难处理金矿进行预处理的方法，主要有焙烧氧化、加压氧化、微生物氧化和化学氧化等方法，其中在工业上已获得应用的是焙烧氧化法、加压氧化法和微生物氧化法。

26.2 难浸金矿石的预处理

26.2.1 焙烧氧化

焙烧氧化是预处理硫化物包裹型金矿最主要、应用最广泛的方法。经氧化焙烧，含金硫化矿物被氧化成多孔的焙砂，金被充分暴露，氰化液易于渗入，为氰化浸出提供有利条件。

焙烧氧化硫化物包裹型金矿，主要是焙烧氧化硫化矿物中的黄铁矿和砷黄铁矿。

在有氧气存在的情况下，含金硫化矿物中的黄铁矿在 450~500℃ 开始氧化，首先生成中间产物磁黄铁矿，然后再继续氧化生成磁铁矿以至赤铁矿，反应为：

$$FeS_2 + O_2 === FeS + SO_2 \uparrow \tag{26-1}$$

$$3FeS + 5O_2 === Fe_3O_4 + 3SO_2 \tag{26-2}$$

$$4Fe_3O_4 + O_2 === 6Fe_2O_3 \tag{26-3}$$

当温度高于 600℃ 时，黄铁矿氧化之前会发生热分解：

$$FeS_2 === FeS + S \tag{26-4}$$

然后再生成磁铁矿及赤铁矿。黄铁矿热分解生成的元素硫，在有氧的情况下氧化生成 SO_2。

氧化焙烧过程中，砷黄铁矿的行为与黄铁矿相似。在大约 450℃ 时，砷黄铁矿开始剧烈氧化并形成高挥发性三氧化二砷和磁黄铁矿：

$$2FeAsS + 1.5O_2 === 2FeS + As_2O_3 \uparrow \tag{26-5}$$

磁黄铁矿进而氧化生成磁铁矿以至赤铁矿。

温度高于 600℃ 时，毒砂在氧化之前也会发生热分解：

$$4FeAsS === 4FeS + As_4 \uparrow \tag{26-6}$$

生成的气体砷再氧化成三氧化二砷，磁铁矿氧化至赤铁矿。

$$As_4 + 3O_2 === 2As_2O_3 \uparrow \tag{26-7}$$

当氧过剩时，三氧化二砷可氧化成五氧化二砷，其挥发性显著降低。

$$As_2O_3 + O_2 === As_2O_5 \tag{26-8}$$

在氧气过剩的条件下，三氧化二砷氧化成五氧化二砷，其易与赤铁矿作用形成砷酸铁，砷酸铁不挥发而留在焙砂中或产生熔结，这是不希望发生的。因为在后续的氰化浸出中，焙砂中的 5 价砷化合物会在金表面形成薄膜，造成金氰化溶解困难；与此同时，在焙砂浸出过程中，焙砂中的部分砷会转入氰化贵液，干扰氰化贵液的锌置换，并且脱金的氰化贫液不能返回利用。因此，在焙烧时，必须尽量使砷进入气相。含砷金精矿焙烧时，应在弱氧化气氛下进行，以便生成易挥发的三氧化二砷，力求尽量减少砷氧化成五氧化二砷。

氧化焙烧重要的影响因素之一是温度。在温度低于 500℃ 时，氧化反应速度较慢，焙砂中存在未完全氧化的黄铁矿，从而使一部分金因未暴露而损失于焙砂的氰化浸出渣中，金的氰化浸出效果不好；提高焙烧温度，黄铁矿的氧化速度加快，但温度高于 900~950℃ 时，可能由于有相当数量的易熔共晶混合物形成，而使物料局部熔化并结块（部分烧结），得到致密的烧渣，重新将金包裹，从而影响金的氰化浸出。

影响氧化焙烧的另一个重要因素是氧化气氛，焙烧时气相中氧的浓度低，硫化物的氧化慢，氧化不完全，同样使金不能完全暴露；而若气相中氧的浓度过高，氧化速度太快，在热交换条件不良时，物料内部的温度过高，焙砂容易烧结而包裹金。

因此，必须有效控制焙烧时氧化反应的速率。为此必须控制炉内的氧气氛、改善物料与周围介质的传热，使焙砂颗粒温度不超过 900~950℃，以减少局部熔化而烧结。

但是，有利于脱砷的弱氧化气氛却不符合最大限度氧化硫化物的条件，因为脱硫要求更强的氧化气氛。鉴于脱砷与脱硫的条件相悖，因而，最有效的氧化含砷黄铁矿金精矿的方法是两段焙烧。第一段焙烧控制空气给入量，使砷呈三氧化二砷转入气相，获得的焙砂再加入第二段焙烧，在大量过剩氧中使硫化物氧化。这样的两段焙烧可获得砷和硫含量很低的多孔焙砂，很适宜氰化浸出。

图 26-1 所示是浮选精矿两段沸腾焙烧装置的示意图。原料以含固体 70%~80% 的矿浆形式加入第一段焙烧炉，在控制空气量的条件下，使砷以三氧化二砷形态挥发；第一段的熔砂通过加料管加到第二段焙烧炉，为了改善物料的流动性，在排料管内装设了压缩空气喷嘴。第一段的炉气经中间旋风收尘器后送入第二段焙烧炉的上部空间，产出的烟尘也加入第二段炉内，第二段炉的烟气经旋风收尘后由烟囱排入大气，第二段的焙砂和旋风收尘器的烟尘在一特制的槽内用水冷却后送氰化浸出。

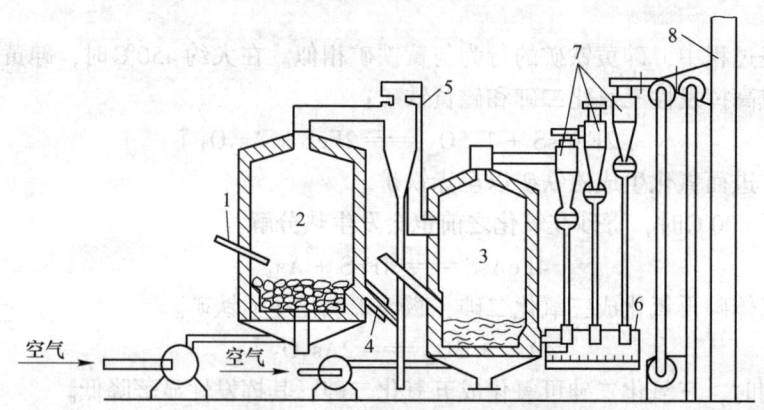

图 26-1 浮选精矿两段沸腾焙烧装置

1—加料管；2——段焙烧炉；3—二段焙烧炉；4—焙砂排放管；5—中间旋风收尘器；
6—焙砂及烟尘水冷却器；7—旋风收尘器；8—烟囱

焙烧的最佳温度根据精矿的化学组成及物相组成而定，大多在 500~700℃ 之间。为使过程自热进行，原料含硫一般不应低于 16%~20%，含硫较高时，则需排走过剩的热量。实践中采用向炉床内补加一定量水的办法，这些水可加到炉子给料中，或直接加到沸腾层内。

精矿沸腾焙烧产生大量烟尘（占原料质量的 40%~50%），因此对炉气进行精细的除尘至关重要，靠单一的旋风收尘达不到要求的净化程度，故需辅设静电收尘器。在现代工厂里，这样的烟气净化系统是获得粉状三氧化二砷所必需的，为此需将烟气冷却，然后通过布袋收尘器收集三氧化二砷干粉，经除尘和脱砷后的烟气可制硫酸。

黄铁矿和砷黄铁矿精矿沸腾焙烧得到的焙砂中含 As 1%~1.5% 和少量的硫，氰化浸出时金回收率可达 90%~95%。

沸腾炉是金精矿焙烧最有效的设备，单位处理能力大（近 $5t/(m^2 \cdot d)$）。

氧化焙烧法具有工艺成熟，适应性强，技术可靠，操作简便，处理费用低，精细地控制焙烧制度可得到高质量的焙砂等优点。但氧化熔烧—氰化浸出工艺也有明显的缺点，主要是金随氰化尾渣损失较大。不论采用哪种设备，氧化焙烧都难免使物料部分烧结，在金粒表面形成易熔化合物薄膜，使这部分金不能与氰化液接触，浸渣含金较高（通常为 5~10g/t），另外还有 2%~3% 的金随三氧化二砷烟尘损失于布袋收尘器中。焙烧得到的三氧化二砷作为副产品回收，但含砷的 SO_2 烟气不易达到制硫酸的要求，对环境污染严重。

26.2.2 加压氧化

加压氧化是在一定的温度和氧压力下，加入酸或碱进行氧化分解难处理金矿中的砷化物和硫化物，使金颗粒暴露出来，便于后续的氰化法浸金。

加压氧化具有反应速度快、对环境的污染小、原料适应性较强、对锑铅等有害杂质的敏感性低等优点。其缺点是：操作技术条件要求较高、对有机碳含量较高的物料处理效果不理想、对设备材质的要求较高、投资费用较大。加压氧化法较适合于处理规模大或品位高的大型金矿，用规模效益来弥补较高的投资及成本费用。

加压氧化过程所用的溶液介质取决于物料的性质，当金矿的脉石矿物主要为酸性物质时（如石英及硅酸盐等），多采用酸法加压氧化；当金矿的脉石矿物主要为碱性物质时（如含钙、镁的碳酸盐等），则采用碱法加压氧化。

26.2.2.1 酸法加压氧化

酸性介质中加压氧化含金硫化矿，包括硫化矿物的氧化分解和铁、砷离子的水解沉淀两个步骤。

硫化矿物的氧化分解主要是黄铁矿和砷黄铁矿的氧化分解，其反应如下：

$$2FeS_2 + 7O_2 + 2H_2O \xrightarrow{\quad\quad} 2FeSO_4 + 2H_2SO_4 \tag{26-9}$$

$$2FeAsS + 11/2O_2 + H_2O \xrightarrow{\quad\quad} 2FeSO_4 + 2HAsO_2 \tag{26-10}$$

生成的 $FeSO_4$、$HAsO_2$ 被进一步氧化：

$$2FeSO_4 + 1/2O_2 + H_2SO_4 \xrightarrow{\quad\quad} Fe_2(SO_4)_3 + H_2O \tag{26-11}$$

$$HAsO_2 + 1/2O_2 + H_2O \xrightarrow{\quad\quad} H_3AsO_4 \tag{26-12}$$

生成的 Fe^{3+} 可作为催化剂，参与硫化物的氧化反应：

$$FeS_2 + 7Fe_2(SO_4)_3 + 8H_2O \xrightarrow{\quad\quad} 15FeSO_4 + 8H_2SO_4 \tag{26-13}$$

$$2FeAsS + 13Fe_2(SO_4)_3 + 16H_2O \xrightarrow{\quad\quad} 28FeSO_4 + 2H_3AsO_4 + 13H_2SO_4 \tag{26-14}$$

生成的 Fe^{2+} 又被氧化为 Fe^{3+}，因此 Fe^{2+} 是氧的传递剂，对硫化矿物的氧化分解有促进作用。

在氧压酸浸过程中，黄铁矿和毒砂也可能氧化生成元素硫，生成元素硫的反应为：

$$4FeAsS + 5O_2 + 4H_2SO_4 \xrightarrow{\quad\quad} 4HAsO_2 + 4FeSO_4 + 4S^0 + 2H_2O \tag{26-15}$$

$$2FeAsS + 7Fe_2(SO_4)_3 + 8H_2O \xrightarrow{\quad\quad} 2H_3AsO_4 + 16FeSO_4 + 2S^0 + 5H_2SO_4 \tag{26-16}$$

$$FeS_2 + 2O_2 \xrightarrow{\quad\quad} FeSO_4 + S^0 \tag{26-17}$$

$$FeS_2 + Fe_2(SO_4)_3 \xrightarrow{\quad\quad} 3FeSO_4 + 2S^0 \tag{26-18}$$

元素硫的生成会包裹未反应的硫化物，阻碍金的氰化浸出，使得氰化过程中氰化物和 O_2 消耗量增大。在加压氧化浸出时添加一定量的木质素磺酸盐，可防止元素硫对硫化物的包裹。最好的方法是控制加压氧化条件，使硫化物氧化为硫酸盐而不是元素硫。

低酸条件下，高价铁离子水解，生成水合氧化铁，也可发生成矾反应，生成碱式硫酸

铁、水合氢黄钾铁矾沉淀, 其反应为:

$$2Fe^{3+} + (3 + n)H_2O \Longrightarrow Fe_2O_3 \cdot nH_2O \downarrow + 6H^+ \tag{26-19}$$

$$Fe^{3+} + SO_4^{2-} + H_2O \Longrightarrow Fe(OH)SO_4 \downarrow + H^+ \tag{26-20}$$

$$3Fe^{3+} + 2SO_4^{2-} + 7H_2O \Longrightarrow (H_3O)Fe_3(SO_4)_2(OH)_6 \downarrow + 5H^+ \tag{26-21}$$

含砷硫化物加压氧化生成的砷酸根, 呈砷酸铁或臭葱石沉淀, 其反应为:

$$Fe^{3+} + AsO_4^{3-} \Longrightarrow FeAsO_4 \downarrow \tag{26-22}$$

$$Fe^{3+} + AsO_4^{3-} + H_2O \Longrightarrow FeAsO_4 \cdot H_2O \downarrow \tag{26-23}$$

式 (26-19)~式 (26-23) 表明: 加压氧化酸浸含金硫化矿物的浸出渣主要为脉石、铁氧化物和砷酸铁等。

与氧化焙烧相比, 加压氧化能保证金更彻底地暴露, 这是因为在加压氧化时, 暴露的金仍保持游离状态, 而在氧化焙烧时, 金则部分被易熔化物的薄膜所覆盖。因此, 与焙砂的氰化浸出相比, 加压氧化浸出渣氰化浸出时金的回收率更高。此外, 采用加压氧化法, 避免了金随三氧化二砷的挥发损失, 也不必建立复杂的收尘系统, 大大改善了劳动条件。

砷黄铁矿型金精矿加压氧化酸浸预处理的工艺流程如图 26-2 所示。它是将加压氧化后的矿浆经浓密机多段洗涤, 浓密机溢流一部分送去中和处理, 回收工业水, 其余的溢流水不需处理而返回加压氧化; 浓密机底流送至炭浆氰化浸出—吸附, 金的回收率高达 95% 以上。

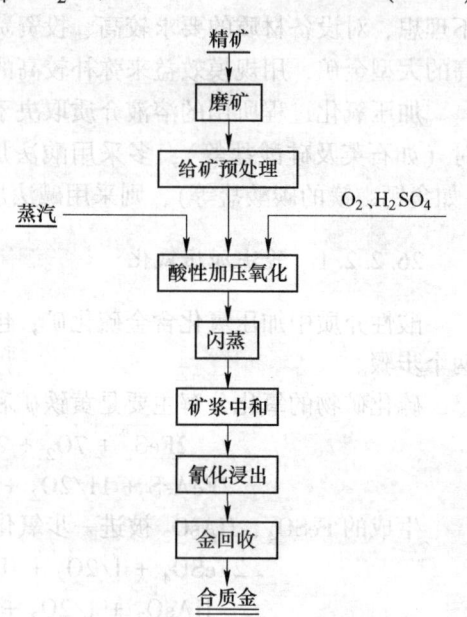

图 26-2 砷黄铁矿型金精矿加压氧化酸浸
预处理工艺流程

该工艺的优点是, 它对有害杂质锑和铅极不敏感; 金回收率高, 含硫 4%~5% 的矿石可实现自热氧化。该法的生产费用主要是氧气消耗 (约占 60%) 及中和作业费用 (约占 25%)。

酸性加压氧化车间通常采用图 26-3 所示的卧式高压釜作为反应器, 釜内分为多个隔室, 内衬耐酸瓷砖, 每个隔室都装有搅拌器和盘管换热器, 由于反应放热, 过程一般可自热进行, 只是处理低硫精矿时需预热, 而处理高硫精矿时则需用循环水冷却。

26.2.2.2 碱法加压氧化

碱法加压氧化时, 矿物中全部的铁留在残渣中, 硫和砷转入溶液, 主要反应为:

$$2FeS_2 + 8NaOH + 15/2O_2 \Longrightarrow Fe_2O_3 + 4Na_2SO_4 + 4H_2O \tag{26-24}$$

$$2FeAsS + 10NaOH + 7O_2 \Longrightarrow Fe_2O_3 + 2Na_3AsO_4 + 2Na_2SO_4 + 5H_2O \tag{26-25}$$

加压氧化浸出后的残渣随后进行氰化浸出可达到很高的金提取率, 但是, 由于大量的碱消耗以及操作控制的复杂性, 碱浸过程就其技术经济指标而言不及酸法加压氧化。

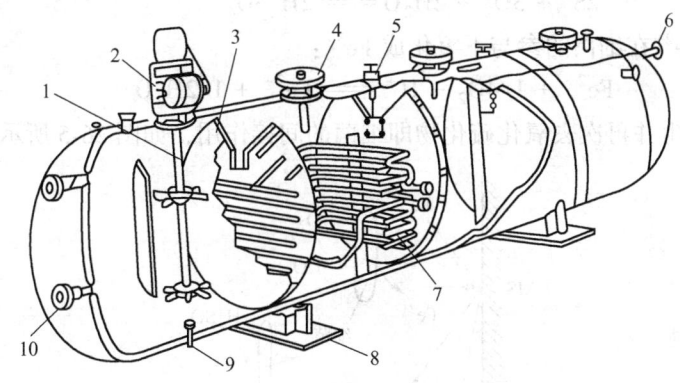

图 26-3　卧式高压釜示意图

1—搅拌浆；2—电动机；3—隔板；4—搅拌插口；5—调节阀；6—矿浆入口；
7—冷却蛇管；8—支座；9—气体入口；10—矿浆出口

26.2.3　微生物氧化

微生物氧化是借助于微生物去氧化和分解某些矿物，如黄铁矿、砷黄铁矿，使包裹在其中的贵金属暴露出来供下一步氰化浸出，微生物氧化时有价金属留在浸出渣中。微生物氧化具有基建投资少、试剂消耗少、操作成本低、环境污染少、设备与控制系统简单、原料适应性强等优点，具有广泛的应用前景。

26.2.3.1　微生物氧化难浸金矿石的原理

微生物氧化难浸金矿有直接作用与间接作用两种机理。

直接作用是硫化物在细菌的参与下被 O_2 氧化，如图 26-4 所示。

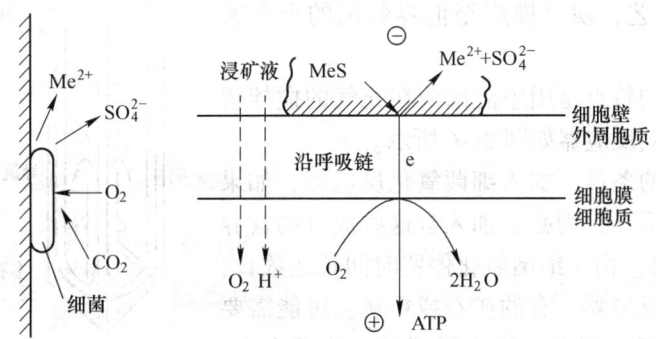

图 26-4　细菌直接浸出硫化物的示意图

主要反应为：

$$2FeS_2 + 7O_2 + 2H_2O \xrightarrow{\quad\quad} 2FeSO_4 + 2H_2SO_4 \tag{26-26}$$

$$2FeAsS + 13/2O_2 + 3H_2O \xrightarrow{\quad\quad} 2FeSO_4 + 2H_3AsO_4 \tag{26-27}$$

$$FeS_2 + 2O_2 \xrightarrow{\quad\quad} FeSO_4 + S^0 \tag{26-28}$$

$$4FeAsS + 5O_2 + 4H_2SO_4 \xrightarrow{\quad\quad} 4HAsO_2 + 4FeSO_4 + 4S^0 + 2H_2O \tag{26-29}$$

所生成的元素硫在细菌存在条件下氧化成硫酸：

$$2S^0 + 3O_2 + 2H_2O = 2H_2SO_4 \tag{26-30}$$

所生成的 Fe^{2+} 在细菌的参与下氧化成 Fe^{3+}：

$$Fe^{2+} + 1/4O_2 + H^+ = Fe^{3+} + 1/2H_2O \tag{26-31}$$

Fe^{3+} 得以再生并再次去氧化硫化物即细菌的间接作用，如图 26-5 所示。

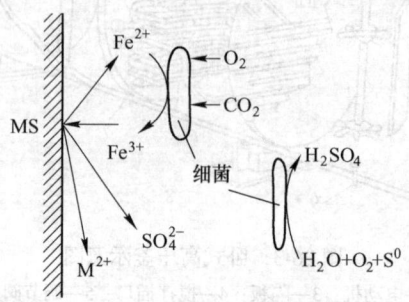

图 26-5　细菌间接浸出硫化物的示意图

主要反应为：

$$FeS_2 + 7Fe_2(SO_4)_3 + 8H_2O = 15FeSO_4 + 8H_2SO_4 \tag{26-32}$$

$$2FeAsS + 13Fe_2(SO_4)_3 + 16H_2O = 28FeSO_4 + 13H_2SO_4 + 2H_3AsO_4 \tag{26-33}$$

$$FeS_2 + Fe_2(SO_4)_3 = 3FeSO_4 + 2S^0 \tag{26-34}$$

$$2FeAsS + 7Fe_2(SO_4)_3 + 8H_2O = 2H_3AsO_4 + 16FeSO_4 + 2S^0 + 5H_2SO_4 \tag{26-35}$$

26.2.3.2　微生物预处理难浸金矿石的提金工艺

微生物预处理难浸金矿石主要有 BIOX®、BacTech、Newmont 与 Geobiotics 四大工艺，具有代表性的是 BIOX® 工艺，现已推广至世界各国的十余家企业。

BIOX® 工艺的特点是用中温细菌在充气的搅拌槽内处理细磨矿，其反应器如图 26-6 所示。

矿浆在一定的条件下加入细菌氧化反应器，如果矿石中含磷和氮不足，则必须加入含这些成分的营养化合物（培养基）。由于细菌氧化停留时间长达数日，因此需要庞大的反应器。有的矿石或精矿，可能需要通过细磨来缩短反应时间，否则需要的反应器太大，不宜采用。另外，由于硫化物氧化是放热反应，需要冷却反应体系以维持操作温度。从反应器排出的矿浆进入浓密机，浓密机底流和溢流都用石灰中和，底流中和是为后续的氰化浸出创造条件，而溢流中和是为

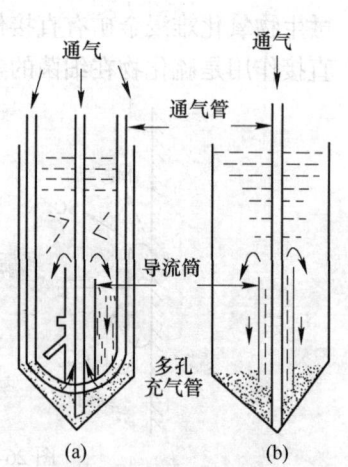

图 26-6　带气流搅拌的细菌浸出反应器
（a）配 U 形通气管及多支管导流筒；
（b）无 U 形通气管及无支管导流筒

了防止杂质积累。大量的铁和砷分别氧化成+3 和+5 价氧化态，经中和后沉淀为黄钾铁矾、砷酸铁和水合氧化铁。

图 26-7 所示是典型 BIOX® 工艺的简明设备连接（流程）图。氧化过程分为两段，第

一级由 3 个反应槽并联组成，第二级则由 3 个反应槽串联组成。矿粒在第一级反应槽的停留时间为 2 天，在此期间细菌繁殖生长，其数量不断增长并吸附在矿粒表面；而矿粒在第二级的每个槽中的停留时间为 0.67 天，共停留 2 天。两级浸出的总停留时间为 4 天。

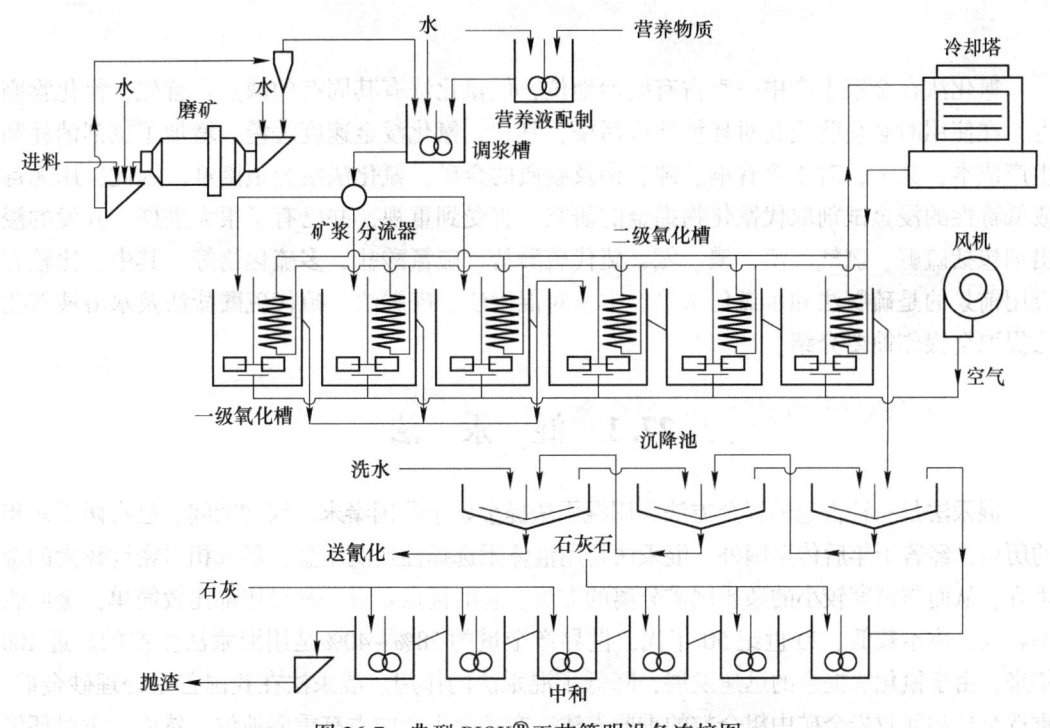

图 26-7 典型 BIOX® 工艺简明设备连接图

BIOX® 工艺采用经驯化后的中温细菌 *A. f*、*A. t* 和 *L. f* 组成的混合菌处理难处理金矿，主要影响因素为：温度、矿浆 pH 值、矿浆浓度、原料粒度、供氧量及含钾、氯、磷的无机盐营养物等。

复习思考题

26-1 简述难处理含金矿物的基本特点。

26-2 简述难处理含金矿物的预处理方法和工艺过程。

27　非氰化法提取金银

氰化法在金银生产中一直占有统治地位，但氰化法有其固有的缺点：首先，氰化物剧毒，在使用时必须防止其对环境造成污染；其二，氰化浸金速度缓慢，增加了试剂消耗和生产成本；其三，对于含有铜、砷、锑及碳质的金矿，氰化法浸金很困难。因此，用无毒或低毒性的浸金试剂取代氰化物提金的研究一直受到重视，并已有了很大进展，开发的浸出剂包括硫脲、氯气、溴、碘、氨、硫代硫酸盐、硫氰酸盐、多硫化物等。其中，比较有应用前景的是硫脲法和水氯化法等。本章对混汞法、硫脲法、硫代硫酸盐法及水溶液氯化法提取金银作简要介绍。

27.1　混　汞　法

混汞法是一种古老的提金方法，用混汞法提金始于我国秦末、汉初期间，已有两千多年的历史，经若干年后传至国外。混汞法是用液体汞选择性地润湿金，形成相对密度较大的金汞齐，从而与密度较小的杂质尾矿分离的方法。它的优点是设备和操作都比较简单，金回收率较高，成本较低。20世纪50年代，世界产金量的28%~40%是用混汞法生产的。近100年来，由于氰化法提金的迅速发展，降低了混汞法的作用。混汞法在我国曾是处理砂金矿、重选金矿和回收岩金矿中粗金粒的重要方法，在黄金生产中占有重要地位。然而，汞对环境会造成污染，一些国家（如美国、俄罗斯）已经限制汞的使用。各国对混汞都有严格规定。我国也已明令禁止采用混汞法提金，故本节只对混汞的基本原理和工艺进行简要介绍。

27.1.1　混汞法提取金银的原理

混汞过程实质上包括汞液对金的湿润过程和汞齐化过程。

27.1.1.1　湿润过程

当汞液与矿浆混合时，汞液对矿浆中金、银微粒的湿润，是在水介质中进行的，而汞液既不与水互溶，也不润湿脉石颗粒，所以混汞体系中，有水、汞两个液相和金（银）一个固相，可用图27-1来表示。

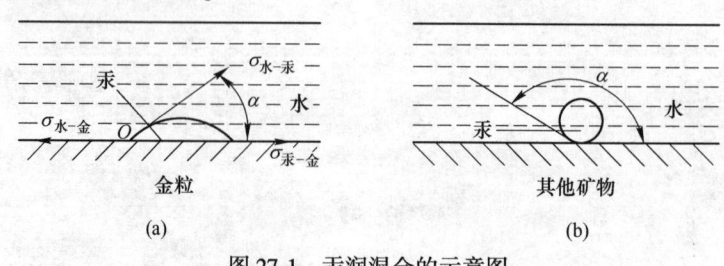

图 27-1　汞润湿金的示意图

（a）汞与金接触；（b）汞与其他矿物接触

由图 27-1 看出，汞液一旦湿润于金粒面上，即形成一个半球面，在金粒与汞、水之间，存在一个三相接触点 O。过 O 点有三个作用力，即水与汞的界面张力 $\sigma_{水-汞}$，金与水的界面张力 $\sigma_{水-金}$，以及汞与金的界面张力 $\sigma_{汞-金}$。而汞对金的润湿程度取决于这三个相间界面张力的相对大小。根据力的平衡条件，三个界面张力应服从下列关系：

$$\sigma_{水-金} = \sigma_{汞-金} + \sigma_{水-汞}\cos\alpha \tag{27-1}$$

即

$$\cos\alpha = \frac{\sigma_{水-金} - \sigma_{汞-金}}{\sigma_{水-汞}} \tag{27-2}$$

式中 σ——界面张力；

α——润湿接触角。

由图 27-1 可以直观地看出，α 越小，汞对金的湿润越好，反之越差。一般把 $\alpha<90°$ 视为湿润性较好；$\alpha>90°$ 视为湿润性差。

用式（27-1）和式（27-2）进行判断，则：若 $\sigma_{水-金} > \sigma_{汞-金}$，则 $\cos\alpha>0$，这时 $\alpha<90°$；若 $\sigma_{水-金} < \sigma_{汞-金}$，则 $\cos\alpha<0$，这时 $\alpha>90°$。

因此，要使混汞效果良好，首先要使 $\sigma_{汞-金}$ 尽可能小。此外，还应使金粒尽量暴露于矿石的表面上，并保持金粒表面的新鲜状态（即无污物覆盖）。

汞液对银的湿润性比对金略差。由于银多数以辉银矿（Ag_2S）、角银矿（$AgCl$）形式存在，因此，用混汞法提银时，应加入某些还原剂（如铁等），使银还原为单质形态，再与汞形成汞膏。自然界中的金、银，一般都共生或伴生，混汞时得到的汞膏中都含有金、银。

汞液不只能润湿金、银，同样可润湿铜、铅、锌等金属，但因后者基本是以化合物形式存在，因此不易被汞所湿润；脉石也不易被汞所湿润。

27.1.1.2 汞齐化过程

汞液湿润金、银颗粒表面后，进一步向其内部扩散，起初形成固溶体，然后形成 Au_3Hg、Au_2Hg 和 $AuHg_2$ 等化合物的过程，称汞齐化过程，所得汞齐也称为汞膏。

汞分别与金、银和铂形成合金，可用它们各自的二元系状态图加以解释。金和汞在液态时有无限的溶解度，金在常温下仍可溶解于汞液中，金-汞固溶体中含汞约为 16%。汞与金所形成的三种化合物 Au_3Hg、Au_2Hg 和 $AuHg_2$ 都不稳定，受热均可分解，分解温度分别为 419℃、402℃ 和 310℃。

银的汞齐化过程与金的相同。银与汞在液态下是互溶的；固态时汞溶解于银中形成银基固溶体，其中汞的最大溶解度为 53%。汞与银还形成 Ag_3Hg_2 和 Ag_8Hg_7 两个化合物，它们受热时的分解温度分别为 276℃ 和 127℃。

用混汞法产出的汞膏，是汞与金、银等金属组成的固溶体和化合物。汞膏易与矿浆中其他金属化合物及脉石分离，因而起到富集贵金属的作用。

27.1.2 混汞法提取金银的工艺

混汞法提金工艺主要包括矿石的破碎（磨矿），混汞作业，汞膏的分离、洗涤和处理，其工艺流程如图 27-2 所示。

27.1.2.1 混汞

混汞就是将汞液与矿浆混合，使汞捕集矿浆中金颗粒，形成汞膏。混汞作业可分为外混汞法、内混汞法和特殊混汞法三种类型。外混汞是指先磨矿后混汞，混汞作业在磨矿设备之外进行。外混汞设备主要采用混汞板。其操作主要是在混汞板上加工（涂汞），给矿使矿浆流过汞板，继而刮汞膏。内混汞是指混汞作业在磨矿设备内进行，即磨矿与混汞同时进行。内混汞设备有球磨机、棒磨机和混汞筒（与球磨机类似）等。经内混汞后的矿浆与汞膏从内混汞设备排出后，再用捕集器、溜槽、分级机等，把尾矿和汞膏分离。

27.1.2.2 汞膏的处理

汞膏的主要成分是金汞合金、银汞合金等，还有过剩的汞以及矿砂、脉石、铁等杂质。汞膏的处理一般包括洗涤、压滤和蒸馏三个步骤。

汞膏的洗涤是将从混汞板上刮下的汞膏放在铺铜板的操作台上，用水反复冲洗，不断搓揉，直至汞膏洁净为止。汞膏的压滤是将洗涤后的汞膏，用滤布包紧，用螺旋式压滤机挤压，使汞膏中游离的汞液透过滤布外流，加以回收。压滤出来的汞液，其中含金 0.1%~0.2%，可供混汞作业重复使用。所得滤饼（硬汞膏）含金在 30%~50%，一般仍含有 20%~50% 的汞，其中的一部分汞与金、银等形成固溶体或金属间化合物，另一部分汞则是压滤时仍未滤净的游离汞。汞和金的沸点分别为 356℃ 和 2088℃，两者相差较大。因此，通常采用蒸馏的方法除去压滤后汞膏中剩余的汞，最终在蒸馏罐内获得残存的"海绵金"，其中含金 60%~80%，以及一些不易挥发的杂质，如铜、银及少量汞。所产海绵金可送去熔炼和精炼以获得纯的金银产品。

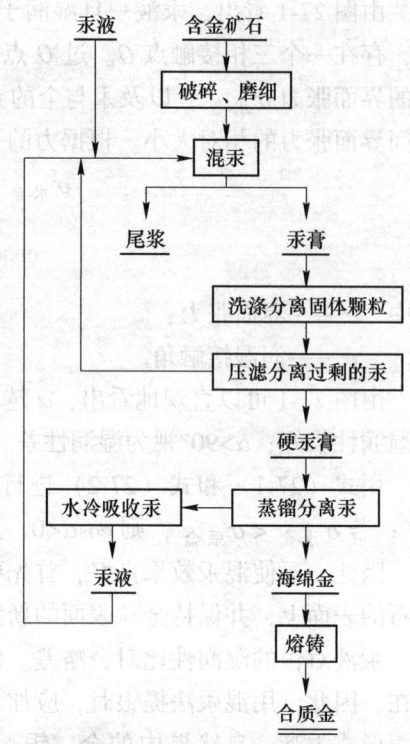

图 27-2 混汞提金的工艺流程

27.2 硫 脲 法

用酸性硫脲溶液作溶剂从矿石中浸溶金银的方法称为硫脲法。与氰化法相比，硫脲法提金时金、银的溶解速度快，试剂无毒，再生、净化工序简便，比较适合于处理氰化法难于处理的含碳、砷、锑等的复杂金矿。

27.2.1 硫脲法提取金银的原理

27.2.1.1 硫脲的性质

硫脲（thiourea, TU）又称硫代尿素，是一种白色有光泽的菱形六面晶体，味苦，微毒，无腐蚀作用。分子式为 $SC(NH_2)_2$，相对分子质量为 76.12，密度 $1.405g/cm^3$，熔点 $180 \sim 182℃$。硫脲易溶于水，25℃ 时在 100g 水中的溶解度为 14.2g，其水溶液呈中性，无腐蚀作用。

硫脲在碱性溶液中不稳定，易分解成硫化物、氨基氰（$CNNH_2$）和水，氨基氰又可水解为尿素（$CO(NH_2)_2$）。

硫脲在酸性溶液（pH 值为 $1 \sim 6$）中具有还原性，可被氧化生成多种产物。如在室温下比较容易氧化为二硫甲脒（$(SCN_2H_3)_2$）：

$$2SC(NH_2)_2 - 2e \xrightarrow{\hspace{1cm}} \begin{matrix} NH \\ \parallel \\ C-S-S-C \\ \mid \\ NH_2 \end{matrix} \begin{matrix} NH_2 \\ \mid \\ \\ \parallel \\ NH \end{matrix} + 2H^+ \quad \varphi^{\ominus}_{(SCN_2H_3)_2/SC(N_2H_4)} = 0.42V$$

$$(27-3)$$

二硫甲脒具有一定的氧化性，且不很稳定，它可进一步快速分解为硫脲、氨基氰和元素硫。

硫脲在酸性或碱性溶液中加热至 60℃ 时，均会发生水解，生成 CO_2、NH_3 和 H_2S。

硫脲在酸性溶液中的分解产物主要有：二硫甲脒、元素硫、硫酸盐、含氮化合物、CO_2、H_2S 等。

27.2.1.2 硫脲与金属离子配位

水溶液中，硫脲可与过渡金属离子生成比较稳定的配位阳离子，反应通式：

$$Me^{z+} + i(TU) \xrightarrow{\hspace{1cm}} [Me(TU)_i]^{z+} \quad i = (1 \sim n) \tag{27-4}$$

金属离子与硫脲配位形成配离子的累积生成常数：

$$\beta_i = \frac{[Me(TU)_i]^{z+}}{[Me^{z+}][TU]^i} \tag{27-5}$$

式中 β_i——第 i 级累积生成常数；

TU——硫脲；

z——氧化态；

i——配位数。

几种金属硫脲配合物的累积生成常数 β_i 列于表 27-1 中。

表 27-1 金属硫脲配合物的累积生成常数

配离子	$lg\beta_1$	$lg\beta_2$	$lg\beta_3$	$lg\beta_4$	$lg\beta_6$
$[Au(TU)_2]^+$		21.96			
$[Ag(TU)_4]^+$	7.4	10.35	12.87	13.57	
$[Cu(TU)_4]^{2+}$			13.0	15.4	
$[Cd(TU)_4]^{2+}$	0.6	1.6	2.6	4.6	
$[Pb(TU)_4]^{2+}$	1.4	3.1	4.7	8.3	
$[Zn(TU)_2]^{2+}$		1.77			
$[Hg(TU)_4]^{2+}$		22.1	24.7	26.8	

配离子	$\lg\beta_1$	$\lg\beta_2$	$\lg\beta_3$	$\lg\beta_4$	$\lg\beta_6$
$[Bi(TU)_6]^{2+}$					11.9
$[FeSO_4(TU)]^+$	6.44				

从表 27-1 可见，除了汞的硫脲配离子较金的硫脲配离子稳定以外，其他金属的硫脲配合物的稳定性都不及金，因此，用硫脲提金具有较好的选择性。当然，Cu^{2+}、Bi^{3+} 等金属离子也可与硫脲形成较为稳定的配离子。当原料中含有这些组分时，将增加硫脲的消耗并降低其溶金效率。

27.2.1.3 硫脲浸出金银的化学反应

在酸性硫脲溶液中，金、银氧化形成硫脲配离子的标准电极电位为：

$$Au + 2(TU) \rightleftharpoons [Au(TU)_2]^+ + e \qquad \varphi^{\ominus}_{[Au(TU)_2]^+/Au} = 0.38V \qquad (27\text{-}6)$$

$$Ag + i(TU) \rightleftharpoons [Ag(TU)_i]^+ + e \ (i=1\sim4) \qquad \varphi^{\ominus}_{[Ag(TU)_i]^+/Ag} = 0.025V \qquad (27\text{-}7)$$

可见，由于金、银可与硫脲形成配离子，极大地降低了金、银的标准电极电位，使金、银变得容易被氧化浸出。而且这样的氧化剂很容易选择，如过氧化氢、氧、高铁离子（Fe^{3+}）等。然而，酸性硫脲溶液中，金溶解的标准电极电位（0.38V）与二硫甲脒/硫脲电对的标准电极电位（0.42V）很相近，说明，金被氧化溶解的同时，硫脲被氧化（消耗）也是难以避免的。而选择合适的氧化剂及其浓度，可避免硫脲被过多地氧化。试验和生产实践表明，硫酸高铁是较为合适的氧化剂。

$$Fe^{3+} + e \rightleftharpoons Fe^{2+} \qquad \varphi^{\ominus}_{Fe^{3+}/Fe^{2+}} = 0.77V \qquad (27\text{-}8)$$

反应式（27-6）、式（27-7）分别与式（27-8）相加得到：

$$Au + Fe^{3+} + 2(TU) \rightleftharpoons [Au(TU)_2]^+ + Fe^{2+} \qquad E^{\ominus} = 0.39V \qquad (27\text{-}9)$$

$$Ag + Fe^{3+} + i(TU) \rightleftharpoons [Ag(TU)_i]^+ + Fe^{2+} \qquad E^{\ominus} = 0.745V \qquad (27\text{-}10)$$

在硫脲溶解金、银时，溶液中有氧存在是有利的，一方面氧可使 Fe^{2+} 被氧化为 Fe^{3+}，实现氧化剂的再生；另一方面氧也可使金、银氧化：

$$Au + 2(TU) + 1/4O_2 + H^+ \rightleftharpoons [Au(TU)_2]^+ + 1/2H_2O \qquad (27\text{-}11)$$

$$Ag + i(TU) + 1/4O_2 + H^+ \rightleftharpoons [Ag(TU)_i]^+ + 1/2H_2O \qquad (i=1\sim4)$$
$$(27\text{-}12)$$

图 27-3 所示为 25℃时 $Au(Ag)$-TU-H_2O 系的 φ-pH 图。

硫脲溶金过程属电化学腐蚀，如图 27-4 所示。在阳极区，金失去电子后与从溶液主体扩散至电极表面的硫脲发生配位反应，所生成的 $[Au(TU)_2]^+$ 从电极表面扩散至溶液主体；而在阴极区，从溶液主体扩散至电极表面的 O_2 获得电子，并与 H^+ 生成 H_2O。

与氰化浸溶金、银相似，要使金以最大速度溶解，溶液中的硫脲浓度与溶解氧（O_2）的浓度应保持一定的比值。在室温条件下，$[TU]/[O_2] = 10\sim20$。

由于硫脲溶解金、银时，溶液中的氧化剂除了溶解的氧以外，还有比溶解的氧浓度高得多的高铁盐，因此，硫脲溶解金、银比氰化溶解金、银更有利，溶解速度也更快。

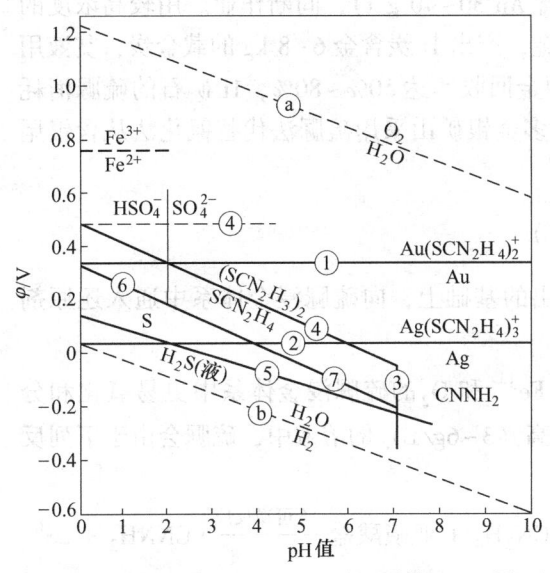

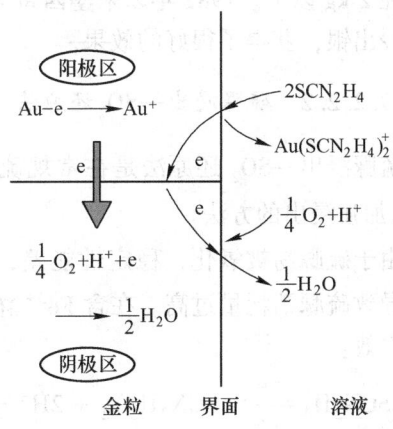

图 27-3　25℃时 Au(Ag)-TU-H_2O 系的 φ-pH 图

（条件：$c(TU) = c((SCN_2H_3)_2) = 10^{-2} mol/L$;

$c([Au(TU)_2]^+) = c([Ag(TU)_i]^+) = 10^{-4} mol/L$;

$p_{O_2} = 101.32 kPa$, $p_{H_2} = 101.32 kPa$)

图 27-4　硫脲溶金的电化学过程

原料中的铜、铅、锌、汞、铋及镉等金属也能与硫脲形成金属-硫脲配离子，但溶解速度要比在氰化物溶液中的溶解速度慢得多。不仅会消耗大量硫脲，而且会生成 H_2S、S^0、SO_4^{2-}、HSO_4^- 等含硫的化合物进入溶液，使金属离子以及金、银生成硫化物沉淀，而所生成的单质硫具有黏性，会覆盖在所有固态物料的表面使其发生钝化，降低金、银的浸出率。

以酸性硫脲溶液浸出金、银时，通常的浸出剂成分为：硫脲 1%~2%，硫酸调整 pH 值为 1~1.5，Fe^{3+} 1~5g/L。

27.2.2　硫脲法提取金银的应用

用酸性硫脲溶液从矿石中浸溶金银的方法是由前苏联学者在 1941 年提出的。之后，各国曾进行了许多理论和应用研究，对某些类型的难处理含金物料进行了半工业和工业试验，并已成功地应用于一些小规模的工业生产。我国研究硫脲浸金始于 20 世纪 60 年代并持续至今，所研究开发的硫脲浸金工艺已在峪耳崖、张家口、龙水等金矿投入生产。几种有效应用的工艺如下。

27.2.2.1　常规硫脲法浸出金银

常规硫脲浸出法是指在硫酸酸性（pH=1.5~2.5）矿浆中，控制硫脲质量分数 1%~2%、Fe^{3+} 质量浓度 1~2 g/L、鼓风搅拌，进行金、银浸出的方法。通过对矿浆过滤或洗涤，获得含金、银的溶液，再以置换、吸附或电解法从溶液中回收金、银。其工艺和操作与氰化法的 CCD 工艺相似。

1982 年澳大利亚新南威尔士的希尔格罗夫（Hillgrove）锑矿曾建立 1t/h 精矿的小型

硫脲浸出车间，处理石英脉型含金辉锑矿（含 Au 30~40 g/t），间断作业。用较高浓度的硫脲和 Fe^{3+}，浸出 15min，活性炭吸附已溶金，产出 1t 炭含金 6~8 kg 的载金炭，贫液用 H_2O_2 调整氧化还原电位后循环使用。精矿中金回收率达 50%~80%，1t 矿石的硫脲消耗通常在 2 kg 以下。1982 年以来墨西哥科罗拉多金银矿矿山采用硫脲法代替氰化法从含银尾矿中浸出银，获得了很好的效果。

27.2.2.2　硫脲浸出—SO₂还原法（SKW）

硫脲浸出—SO_2 还原法是在常规硫脲浸出的基础上，向硫脲浸金体系中通入还原剂 SO_2 以加强浸出的方法。

由于硫脲易被氧化，稳定性能差，在含 Fe^{3+} 和 O_2 的硫脲浸金体系中更易氧化和分解，导致硫脲消耗量过高。在含 Fe^{3+} 浓度较高（3~6g/L）的溶液中，硫脲会由于下列反应而失效：

$$2SCN_2H_4 \underset{+2e}{\overset{-2e}{\rightleftharpoons}} (SCN_2H_3)_2 + 2H^+ \xrightarrow{\text{歧化}} SCN_2H_4 + \text{亚磺酸盐} \xrightarrow{\text{不可逆反应}} CNNH_2 + 2S^0$$

上述反应是分三步进行的。第一步是可逆反应，在有还原剂时，生成的二硫甲脒又可还原为硫脲；第二步和第三步是不可逆反应。

上述反应使硫脲耗量颇高，且最终生成的元素硫会覆盖在矿物表面引起钝化，降低金的浸出率。而在浸出体系中加入还原剂 SO_2，则可使二硫甲脒通过逆反应再部分还原成硫脲，而且只要有二硫甲脒存在，SO_2 就不会去还原其他氧化剂。这是 SKW 法的基本思想。

对于含 Au 10.6g/t、Ag 315g/t、Pb 50%、Zn 6.8%、Fe 26.5% 的难处理氧化矿，采用氰化法、常规硫脲法和 SKW 法进行对比试验，SKW 法在硫脲浸出矿浆中通入 SO_2 6.5kg/t，金、银的浸出率在 5.5h 内就比氰化法和常规硫脲法高得多，而且硫脲耗量大幅降至 0.57kg/t。氰化法、常规硫脲法和 SKW 法的金浸出率分别为 81.2%、24.7% 和 85.4%，银浸出率分别为 38.6%、1.0% 和 54.8%。

27.2.2.3　硫脲浸出—铁板置换法

我国长春黄金研究所首先提出并创立了硫脲浸出—铁板置换的"浸—置一步法"硫脲提金工艺。所处理的矿石为含金黄铁矿、浮选硫金矿、碳泥质氧化矿等，金大部分以细粒嵌布于矿石裂隙中，通常需经焙烧脱硫、脱砷、脱碳处理。精矿在硫脲浸出金时，在矿浆中插入一定面积的铁板，使已溶金、银及铜、铅等金属离子以硫化物微粒牢固地沉积于铁板上。置换铁板定时取出，刮洗金泥。

浸置条件：硫金精矿含 Au 80.77g/t；Ag 50g/t；自然金粒度小于 38μm 占 80% 以上。精矿粒度小于 45μm 占 90% 以上，硫脲初始浓度 0.2%~0.3%，pH 值为 1~1.5，液固比 2:1，1m³ 矿浆的铁板面积 3m²，室温；浸—置时间 36~40h，金泥刮洗周期 2h。

技术经济指标：硫脲消耗 4~6kg/t，硫酸 50~100kg/t，铁板 6kg/t。金的浸出率 95% 左右，铁板上金沉积回收率 99% 左右，金总回收率 94% 左右。金泥产出率通常为精矿（质量分数）的 1% 左右，金泥含金仅 1%~5%。金泥含金品位低，故多采用火法熔炼或湿法冶金处理。

硫脲法的优点：毒性低，脱金后溶液易于处理，可再生重用。可用不排污工艺流程进行生产；金、银溶解速度快，对贱金属（铜、铅、砷、锑等）有害杂质不敏感。

硫脲法存在的问题：硫脲价格较高，消耗量较大，试剂成本较高；使用硫酸，要求设备防腐蚀，不适宜处理含碱性脉石较多的矿石。因此，目前该法还不能取代氰化法，只能用于不适合氰化处理的特殊矿石。

27.3 硫代硫酸盐法

27.3.1 硫代硫酸盐提取金银的原理

27.3.1.1 硫代硫酸盐的性质

硫代硫酸盐是含有硫代硫酸根（$S_2O_3^{2-}$）的化合物，最重要的可溶性硫代硫酸盐是俗称为海波或大苏打的硫代硫酸钠（$Na_2S_2O_3$ 或 $Na_2S_2O_3 \cdot 5H_2O$）和硫代硫酸铵（$(NH_4)_2S_2O_3$），两者均为无色或白色粒状晶体。

硫代硫酸盐与酸作用时，生成极不稳定的硫代硫酸（$H_2S_2O_3$），随即分解为 SO_2、元素硫和水。

$$S_2O_3^{2-} + 2H^+ \longrightarrow [H_2S_2O_3] \longrightarrow S^0 + SO_2 + H_2O$$

$S_2O_3^{2-}$ 离子在碱性溶液中是稳定的，因而硫代硫酸盐浸出过程需要在碱性条件下进行。$S_2O_3^{2-}$ 离子中一个硫原子的氧化数为 +6、另一个为 −2，硫原子的平均氧化数为 +2。$S_2O_3^{2-}$ 具有温和的还原性，因而硫代硫酸盐浸出过程中必须适当地控制氧化条件，并保持溶液呈碱性。

27.3.1.2 硫代硫酸盐浸出金银的化学反应

在溶液中，$S_2O_3^{2-}$ 离子能与一些金属（金、银、铜、铁、铂、钯、汞、镍及镉等）离子配位，形成配位化合物（配离子），如：

$$Au^+ + 2S_2O_3^{2-} \xrightarrow{\hspace{1cm}} [Au(S_2O_3)_2]^{3-} \tag{27-13}$$

$$Ag^+ + 2S_2O_3^{2-} \xrightarrow{\hspace{1cm}} [Ag(S_2O_3)_2]^{3-} \tag{27-14}$$

甚至，不溶于水的卤化银也可溶于硫代硫酸盐溶液中：

$$AgX + 2S_2O_3^{2-} \xrightarrow{\hspace{1cm}} [Ag(S_2O_3)_2]^{3-} + X^- \tag{27-15}$$

$[Au(S_2O_3)_2]^{3-}$、$[Ag(S_2O_3)_2]^{3-}$ 配离子的生成稳定常数 $\lg\beta_2$ 分别为 26.69 和 13.46，比 $S_2O_3^{2-}$ 与 Cu^+、Cu^{2+} 以及其他金属离子形成的配离子更稳定。这是用硫代硫酸盐法浸出金、银的理论依据之一。

在碱性硫代硫酸盐溶液中，金氧化形成金-硫代硫酸根配离子的标准电极电位为：

$$Au + 2S_2O_3^{2-} \xrightarrow{\hspace{1cm}} [Au(S_2O_3)_2]^{3-} + e \qquad \varphi^{\ominus}_{[Au(S_2O_3)_2]^{3-}/Au} = 0.153V \tag{27-16}$$

当有 O_2 作为氧化剂时，金在碱性硫代硫酸盐溶液中氧化溶解的反应如下：

$$4Au + 8S_2O_3^{2-} + O_2 + 2H_2O \xrightarrow{\hspace{1cm}} 4[Au(S_2O_3)_2]^{3-} + 4OH^- \tag{27-17}$$

式（27-17）的反应在无铜、氨时，金的溶解速度很慢，溶解过程受化学反应和扩散共同控制；当溶液中存在氨、铜（作为催化剂）时，金的溶解速度较快，溶解过程只受扩散控制。

Au-NH$_3$-S$_2$O$_3^{2-}$-H$_2$O 系 25℃ 的 φ-pH 图如图 27-5 所示。在 pH 值小于 9 时，金稳定存在的物种是 $[\mathrm{Au}(\mathrm{S}_2\mathrm{O}_3)_2]^{3-}$；当 pH 值大于 9（即为浸出体系实际的 pH 值范围）时，金稳定存在的物种则是 $[\mathrm{Au}(\mathrm{NH}_3)_2]^+$。但是在实际的浸出过程中，由于 $\mathrm{S}_2\mathrm{O}_3^{2-}$ 和 NH_3 浓度的差异，$[\mathrm{Au}(\mathrm{S}_2\mathrm{O}_3)_2]^{3-}$ 物种是主要的，而 $[\mathrm{Au}(\mathrm{NH}_3)_2]^+$ 则是次要的。

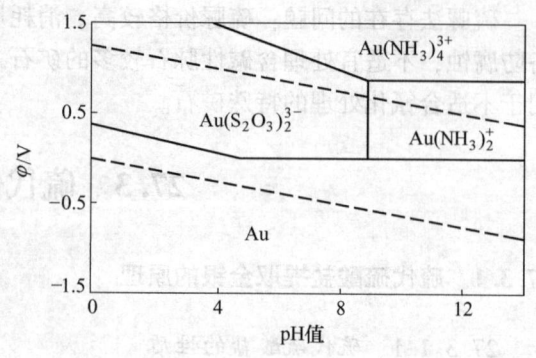

硫代硫酸盐溶液浸出金，属电化学腐蚀过程，并符合电化学—催化机理，如图 27-6 所示。

图 27-5　Au-NH$_3$-S$_2$O$_3^{2-}$-H$_2$O 系在 25℃ 时的 φ-pH 图
（0.1mol/L S$_2$O$_3^{2-}$，0.1mol/L NH$_3$，5×10^{-5}mol/L Au）

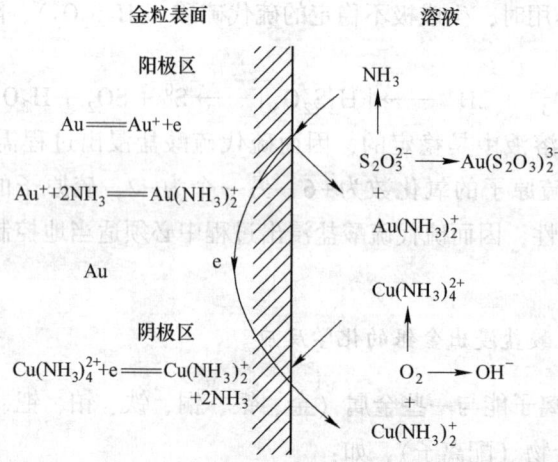

图 27-6　氨性硫代硫酸盐溶液浸金的电化学—催化机理

该机理的阴阳极主要反应为：

阳极反应：

$$\mathrm{Au} - \mathrm{e} = \mathrm{Au}^+ \tag{27-18}$$

$$\mathrm{Au}^+ + 2\mathrm{NH}_3 = [\mathrm{Au}(\mathrm{NH}_3)_2]^+ \tag{27-19}$$

$$[\mathrm{Au}(\mathrm{NH}_3)_2]^+ + 2\mathrm{S}_2\mathrm{O}_3^{2-} = [\mathrm{Au}(\mathrm{S}_2\mathrm{O}_3)_2]^{3-} + 2\mathrm{NH}_3 \tag{27-20}$$

阴极反应：

$$[\mathrm{Cu}^{(\mathrm{II})}(\mathrm{NH}_3)_4]^{2+} + \mathrm{e} = [\mathrm{Cu}^{(\mathrm{I})}(\mathrm{NH}_3)_2]^+ + 2\mathrm{NH}_3 \tag{27-21}$$

$$[\mathrm{Cu}^{(\mathrm{I})}(\mathrm{NH}_3)_2]^+ + 1/4\mathrm{O}_2 + 1/2\mathrm{H}_2\mathrm{O} + 2\mathrm{NH}_3 = [\mathrm{Cu}^{(\mathrm{II})}(\mathrm{NH}_3)_4]^{2+} + \mathrm{OH}^- \tag{27-22}$$

总反应为式（27-17）。

即在阳极区，金失去电子成为金离子，与优先扩散至阳极表面的 NH_3 配位结合，生成的 $[\mathrm{Au}(\mathrm{NH}_3)_2]^+$ 进入溶液后再与 $\mathrm{S}_2\mathrm{O}_3^{2-}$ 作用，生成更稳定的 $[\mathrm{Au}(\mathrm{S}_2\mathrm{O}_3)_2]^{3-}$ 配离子；而在阴极区，扩散而来的 $[\mathrm{Cu}^{(\mathrm{II})}(\mathrm{NH}_3)_4]^{2+}$ 获得电子还原，生成的 $[\mathrm{Cu}^{(\mathrm{I})}(\mathrm{NH}_3)_2]^+$

在溶液中被氧（O_2）氧化再生为$[Cu^{(II)}(NH_3)_4]^{2+}$。即NH_3在阳极催化了$S_2O_3^{2-}$离子与金离子的配位反应，而$[Cu^{(II)}(NH_3)_4]^{2+}$在阴极催化了氧的还原反应。

此外，在氨性硫代硫酸盐溶液中，还可能发生不同形式的银（自然银、氯化银、硫化银）的溶解反应，$S_2O_3^{2-}$发生分解反应生成$S_5O_6^{2-}$、SO_3^{2-}、$S_3O_6^{2-}$、$S_4O_6^{2-}$、SO_3^{2-}及S等。

27.3.2 硫代硫酸盐提取金银的应用

目前，几乎所有公开的硫代硫酸盐提金工艺的结果都是从实验室和半工业试验中得到的，仅在美国Newmont研究和开发中心有采用硫代硫酸盐为浸出剂通过堆浸法从粗粒矿石中回收金的应用。采用微生物预氧化—硫代硫酸铵浸出法堆浸处理卡林（Carlin）金矿的碳质难处理低品位金矿75万吨。浸出剂中$(NH_4)_2S_2O_3$浓度10~13g/L，游离NH_3浓度2~5g/L，Cu离子浓度30~60mg/L，pH值为8.8~9.2，空气作为氧化剂，保持浸出剂的氧化还原电位在100~500mV（相对Ag/AgCl电极）。经176天浸出，金回收率近53%。硫代硫酸铵消耗为10kg/t，NH_3耗为0.75kg/t，硫酸铜和其他试剂消耗较少。所得含金贵液用铜进行置换沉积金。

尽管，采用硫代硫酸盐法浸出金银在以下方面较氰化法优越：硫代硫酸盐毒性小，铵盐可作化肥，在环保上有一定吸引力；硫代硫酸盐法浸出速度较快，一般为3h，对某些矿物的金浸出率可望比氰化法高；适用于氰化法难以处理的含碳、Cu、Fe_2O_3、Mn等的矿石；该法试剂消耗量小，这一点在经济上有一定优势。由于贵金属的硫代硫酸盐配合物不能被活性炭吸附，因此用以直接处理碳质矿石是可能的。此外，硫代硫酸盐可以与硫化物反应解离出金银，在此情况下金的回收率可能等于或高于常规氰化浸出的回收率。虽然硫代硫酸盐提金工艺是一个从难处理金矿中回收贵金属的有希望的方法，但该体系的试剂复杂，浸出条件苛刻，欲在工业上成功应用，还需要解决许多问题。

27.4 水溶液氯化法

水溶液氯化法也称液氯法，是在盐酸介质或硫酸和盐酸（或氯化钠）混合介质中，加入氯气或其他强氧化性的含氯化合物（次氯酸钠、氯酸钠），使大多数金属元素氧化溶解生成可溶性氯配合物、氯化物等进入溶液的一种浸出方法。在水溶液氯化过程中，金氧化生成可溶性的三价金氯配离子（四氯合金酸根，$[Au^{(III)}Cl_4]^-$）。

27.4.1 水溶液氯化法提金的原理

常用的含氯氧化剂包括：氯气、次氯酸盐、氯酸盐等，它们的标准电极电位都很高，如$\varphi^{\ominus}_{Cl_2/Cl^-}=1.359V$、$\varphi^{\ominus}_{ClO^-/Cl^-}=1.716V$、$\varphi^{\ominus}_{ClO_3^-/Cl^-}=1.35V$。

Au(III)可与Cl^-离子生成稳定的平面正方形结构的配离子$[AuCl_4]^-$，18℃时，其累积生产常数$lg\beta_4=29.6$。这使得$[AuCl_4]^-$/Au电对的标准电极电位有所降低（但仍然很高）：

$$[AuCl_4]^- + 3e === Au + 4Cl^- \qquad \varphi^{\ominus}_{[AuCl_4]^-/Au}=1.00V \qquad (27-23)$$

含氯氧化物的电极电位很高，作为氧化剂时，足以使金氧化，生成$[AuCl_4]^-$进入溶液中，而Fe^{3+}离子在水溶液氯化法浸金中已无能为力：

$$2Au + 3Cl_2 + 2Cl^- === 2[AuCl_4]^- \qquad (27-24)$$

$$2Au + 3ClO^- + 6H^+ + 5Cl^- \Longrightarrow 2\left[AuCl_4\right]^- + 3H_2O \qquad (27\text{-}25)$$

$$2Au + ClO_3^- + 6H^+ + 7Cl^- \Longrightarrow 2\left[AuCl_4\right]^- + 3H_2O \qquad (27\text{-}26)$$

溶液中应保持有较高的 Cl^- 浓度。通常条件下，被气态氯饱和的溶液中 Cl^- 的质量浓度约为5g/L，通过向溶液中加入盐酸、NaCl 等提高 Cl^- 浓度，可加快金的溶解速度。

溶液中 Ag^+ 浓度和 Cl^- 浓度对银的存在形态及含银物种的稳定区有较大的影响。当 Cl^- 浓度较低，而 Ag^+ 浓度较高时，银以固态 AgCl 形态为主；反之，当 Cl^- 浓度较高，而 Ag^+ 浓度较低时，银将形成系列氯合银配离子，并以氯合银配离子形态为主（甚至固态 AgCl 相消失）。因此，在水溶液氯化过程中，银首先是氧化为 Ag^+，并与 Cl^- 生成氯化银沉淀，再与过量的 Cl^- 形成氯合银配离子进入溶液。

氯气及次氯酸盐等氯化剂比氰化物便宜、污染少，而且对影响氰化过程的某些杂质（如铜、锑等）不敏感。

27.4.2　水溶液氯化提金的应用

水溶液氯化法提金始于1848年，后经发展成为19世纪末的主要提金方法之一。由于在19世纪相继出现各种氰化法提金工艺，并广泛用于从含金矿石中提金，水溶液氯化法才被停止使用。后因氰化物为剧毒物质及其对环境的污染问题，使得水溶液氯化法又被重新用来提取金。该法的优点是金的浸出速度快，易从溶液中回收金。

水溶液氯化法在20世纪70年代末曾有不少专利，我国也针对硫化物金矿、含金细泥氧化矿、含碳矿物等不宜氰化处理的含金矿物开展了相关的小型及半工业试验。采用电氯化-树脂矿浆法，是在含氯化物溶液的矿浆中电解、金的浸出和吸附在同一设备中进行，充分利用初生态氯的强氧化性，使工艺过程及设备简化，金浸出率大于86.39%。

美国卡林（Carlin）公司用二次氧化法建立日处理500t矿石的连续试验装置，采用氯化对含碳难浸金矿浆预氧化处理，使难选冶的含金矿石适合于氰化法提金，当给矿含金8.71g/t时，金提取率为83.5%，氯气消耗为18kg/t。

南非的一座大型水溶液氯化法处理重选金精矿试验工厂，金精矿在800℃下氧化焙烧脱硫，所得焙砂在盐酸溶液中通氯气浸出，金的浸出率达99%。然后，向含金贵液中通入 SO_2 还原沉淀金，金粉经氯化铵溶液洗涤后，纯度达99.9%。

水溶液氯法的最大优点是试剂比较便宜，浸出速度快，不存在金的钝化问题，并且从含金贵液中回收金很容易。若采用硫化矿浸出时，会有一部分或大部分金属硫化物同时溶解，使废液处理复杂化，采用控制电位浸出法，可在一定程度上克服这方面的缺点。对于含硫低于0.5%的酸性矿石，用水溶液氯化法可能是适合的。除此，水溶液氯化法还存在 Cl_2 对现场的危害以及对设备的腐蚀问题。

 **复习思考题**

27-1　了解非氰化提金的方法，具体有哪些常用的非氰化提金方法？

27-2　简述硫脲法提金的基本原理、工艺过程和主要影响因素，请写出重要的化学反应方程式。

27-3　简述混汞法提金的基本原理、工艺过程和主要影响因素，请画出简要的工艺流程图。

27-4　简述硫代硫酸盐提金的基本原理，过程中需要哪些催化剂，请写出重要的化学反应方程式。

27-5　简述含金物料用水氯化法提金的基本原理，请写出重要的化学反应方程式。

28 从冶金副产品中提取金银

冶金副产品主要是铜、铅、锌及镍等金属冶金过程中产出的含金、银及铂族金属的副产物，包括炉渣、阳极泥及浸出渣等。对于提取金、银而言，最重要的冶金副产品是铜、铅电解精炼所产出的阳极泥。而对于铂族金属的提取，铜镍硫化矿冶炼过程中产出的富含铂族金属的铜镍锍、磨浮（铜镍）合金以及硫化镍阳极电解精炼镍所产出的镍阳极泥等则是最主要的原料。目前，金、银生产中有 46% 左右的 Au 和 74% 左右的 Ag 是通过阳极泥获得的。本章主要介绍铜阳极泥、铅阳极泥的处理工艺及其发展，并简要介绍湿法炼锌浸出渣的处理方法。

28.1 铜阳极泥的处理

世界上矿铜产量的约 80% 是经火法冶炼生产的，另约 20% 是由湿法冶炼生产。通常，硫化铜矿和废杂铜料采用火法冶炼生产，而氧化铜矿、低品位废矿和难选复合矿则采用湿法冶炼处理。硫化铜精矿经过造锍熔炼、铜锍吹炼和火法精炼，所得铜水在阳极铸模中浇铸成一定形状的铜阳极板。由于铜锍和粗铜对贵金属具有良好的溶解捕集能力，因此，伴生于铜精矿中的贵金属最终被富集在粗铜阳极板中。通常，铜阳极板含铜质量分数为 99.2%~99.7%，此外，还含有铅、镍、砷、锑、铋、金、银及少量铂族金属等。当以硫酸和硫酸铜的混合溶液作为电解液对铜阳极板进行电解精炼时，在阳极上产生一种不溶性物质称为铜阳极泥，它富集了几乎全部的贵金属，其贵金属含量比原生矿石中高成百上千倍，成为提取金、银及铂族金属的重要原料。

28.1.1 铜阳极泥的组成和性质

28.1.1.1 铜阳极的化学组成

铜阳极泥的产率和化学成分主要取决于铜阳极的成分、浇铸质量和电解技术条件。一般铜电解阳极泥的产率为粗铜阳极板质量的 0.2%~0.8%，其中除含有金、银外，通常还含有铜、铅、镍、硒、碲、砷、锑、铋、锡、硫、SiO_2、Al_2O_3、Fe_2O_3、铂族金属和水分等。来源于硫化铜精矿的阳极泥，含有较多的铜、银、铅、硒、碲及少量金、砷、锑、铋和脉石矿物，铂族金属很少；而来源于铜-镍硫化矿的阳极泥同样含有较多的铜、镍、硫、硒，其中的贵金属主要是铂族金属，而金、银的含量相对较少；杂铜电解所产阳极泥则含有较高的铅、锡。干阳极泥中，一般含 Au 0.1%~1.0%，含 Ag 10%~30%，铂族金属含量很低。国内外部分铜冶炼厂所产阳极泥的化学组成见表 28-1。

表 28-1 国内外部分铜冶炼厂所产阳极泥的化学组成 （%）

厂 名	Au	Ag	Cu	Pb	Bi	Sb	As	Se	Te	Fe	SiO₂	Ni	Co	S	其他
工厂 1（中国）	0.08	19.11	16.67	8.75	0.70	1.37	1.68	3.63	0.20	0.22	15.1				32.49

续表 28-1

厂名	Au	Ag	Cu	Pb	Bi	Sb	As	Se	Te	Fe	SiO$_2$	Ni	Co	S	其他
工厂2（中国）	0.08	8.2	6.84	16.58	0.03	9.00	4.5			0.22		0.96	0.76		52.83
工厂3（中国）	0.8	18.84	9.54	12.0	0.77	11.5	3.06		0.5		11.5	2.77	0.09		28.63
波里登（瑞典）	1.27	9.35	40.0	10.0	0.8	1.5	0.8	21.0	1.0	0.04	0.30	0.50	0.02	3.6	9.82
诺兰达（加拿大）	1.97	10.53	45.80	1.00		0.81	0.33	28.42	3.83	0.04		0.23			7.04
蒙特利尔（加拿大）	0.2~2	2.5~3	10~15	5~10	0.1~0.5	0.5~5	0.5~15	8~15	0.5~8			1~7	0.1~2		
奥托昆普（芬兰）	0.43	7.34	11.02	2.62			0.4	0.7	4.33	0.60	2.25	45.21		2.32	22.78
左贺关（日本）	1.01	9.10	27.3	7.01	0.4	0.91	2.27	12.00	2.36						37.64
日立（日本）	0.445	15.95	13.79	19.2	0.97	2.62		4.33	0.52	0.43	1.55				40.195
津巴布韦	0.03	5.14	43.55	0.91	0.48	0.06	0.29	12.64	1.06	1.42	6.93	0.27	0.09	6.55	20.58
莫斯科（俄罗斯）	0.1	4.69	19.62					5.62	5.26		6.12	30.78			27.81
肯尼科特（美国）	0.9	9.0	30.0	2.0			0.5	2.0	12.0	3.0					40.6
拉利坦（美国）	0.28	53.68	12.26	3.58	0.45	6.76	5.42								17.57
奥罗亚（秘鲁）	0.09	28.1	19.0	1.0	23.9	10.7	2.1	1.6	1.75						11.76

28.1.1.2 铜阳极的物相组成

铜阳极泥为黑灰色细粒物质，杂铜阳极泥呈浅灰色，粒度通常为 0.074~0.147mm。铜阳极泥的物相组成比较复杂，见表 28-2。金主要以金属形态存在，部分为碲化金（AuTe$_2$）；银除以金属形态存在外，还有相当数量是与硒、碲结合的，部分与硒、碲、铜、金等形成合金；铜约有 70% 呈金属形态（铜粉、铜粒）存在，其余的铜则以硫化铜、硒化铜、碲化铜及氧化铜等形态存在。

表 28-2 铜阳极泥中各种金属的赋存状态

元素	赋存状态	元素	赋存状态
铜	Cu、Cu$_2$O、CuO、Cu$_2$S、CuSO$_4$ · 5H$_2$O、Cu$_2$Se、Cu$_2$Te、AgCuSe、CuCl$_2$、Cu-Ni-Sb、CuSeO$_3$ · 2H$_2$O	银	Ag、Ag$_2$Se、Ag$_2$Te、AgCl、AgCuSe、（Au Ag）Te$_2$
		金	Au、AuTe$_2$、（Ag Au）Te$_2$
铅	PbSO$_4$、PbSb$_2$O$_6$	硒	Cu$_2$Se、Ag$_2$Se、CuAgSe、CuSeO$_3$ · 2H$_2$O
锑	Sb$_2$O$_3$、（SbO）$_2$SO$_4$、SbAsO$_4$、BiSbO$_4$		
砷	As$_2$O$_3$ · H$_2$O、SbAsO$_4$、BiAsO$_4$、PbAsO$_4$	碲	Ag$_2$Te、Cu$_2$Te、（Au Ag）Te$_2$、Te
		铂族	金属或合金态（Pt、Pd）
铋	Bi$_2$O$_3$、BiAsO$_4$、（BiO）$_2$SO$_4$	锌	ZnO
硫	Cu$_2$S	镍	NiO
铁	FeO、Fe$_2$O$_3$、CuFeS$_2$	锡	Sn(OH)$_2$SO$_4$、SnO$_2$

铜阳极泥在常温下相当稳定，氧化不明显，但在硝酸中能发生强烈反应；在有空气作氧化剂时，一些组分（如铜、镍等）可缓慢溶解于硫酸和盐酸。在空气中加热铜阳极泥

时，许多重金属被氧化成氧化物，或 SeO_2、TeO_2、As_2O_3、Sb_2O_3，或形成亚硒酸盐、亚碲酸盐等，其中 SeO_2 的挥发性最好，As_2O_3 次之。将阳极泥与浓硫酸混合共热（硫酸化焙烧）时，则发生氧化和硫酸化反应，铜、铅、银及其他贱金属形成相应的硫酸盐，硒、碲氧化成氧化物及硫酸盐，硒的硫酸盐随着温度的升高可进一步分解成 SeO_2 而挥发，单质金不发生变化，而碲化金则被氧化分解。

28.1.1.3　铜阳极的处理方法

铜阳极泥基本上都含有硒、碲、铜、银、金和极少量的铂族元素，阳极泥的处理没有原则工艺流程可循，其工艺流程的选择，主要根据阳极泥的成分及处理规模，能否最大限度地回收贵金属以及分离出有价元素（如硒、碲、铜等），同时要考虑工艺流程对周围环境的污染以及原材料和能源消耗等因素。当然，有价元素的含量高低常常决定了处理阳极泥时对有价元素提取回收的先后顺序，大多数的顺序为铜、硒、碲、银、金和铂族元素。不过，阳极泥的特性也会影响到对有价元素提取回收的顺序。

目前，国内外各大型冶炼厂对阳极泥的处理仍主要采用以火法冶炼为主的流程，即通常所说的阳极泥处理的传统工艺，该工艺包括：脱铜、脱硒、还原熔炼产出贵铅，贵铅氧化精炼产出粗银，银电解、金电解等工序。我国的多数大型铜冶炼厂的阳极泥处理也以火法冶炼为骨干流程，而中、小型冶炼厂由于受限于火法冶炼设备投资大，利用率低，且设备配套不全、污染物处理难解决等原因，而向采用湿法冶炼工艺的方向发展。自 20 世纪 70 年代后期以来，结合国内的实际情况，出现了多种湿法冶炼工艺，并相继投产，取得了较好的经济效益。

28.1.2　铜阳极泥的传统处理工艺

铜阳极泥处理的传统工艺流程本质上是火法预处理，然后火法冶炼与湿法冶炼相结合的工艺流程，常被称为火法熔炼—电解精炼工艺，如图 28-1 所示。该流程可将铅电解精炼的阳极泥一同处理，主要包含以下几个基本工序：

（1）硫酸化焙烧、蒸硒以及炉气的吸收，得到焙烧渣和粗硒。
（2）焙烧渣进行酸浸脱铜。
（3）脱铜阳极泥（浸铜渣）经还原熔炼，产出贵铅合金。
（4）贵铅经氧化精炼，产出金银合金（多尔合金），并浇铸成粗银阳极板。
（5）粗银经电解精炼，得到电银，实现金、银分离。
（6）银阳极泥熔炼、浇铸成粗金阳极，经电解精炼，得到电金（或对银阳极泥进行化学法提金）。
（7）铂、钯的分离与提取。
（8）粗硒精炼，得到精硒。

28.1.2.1　铜阳极泥硫酸化焙烧、蒸硒

铜阳极泥硫酸化焙烧的主要目的是把硒氧化为 SeO_2（315℃时升华），并使其挥发进入吸收塔，以水或稀硫酸吸收成为 H_2SeO_3，然后被炉气中的 SO_2 还原，生成单质硒；铜转化为可溶性的 $CuSO_4$。硫酸化焙烧渣用稀 H_2SO_4 浸出脱铜，脱铜渣送至金、银冶炼系

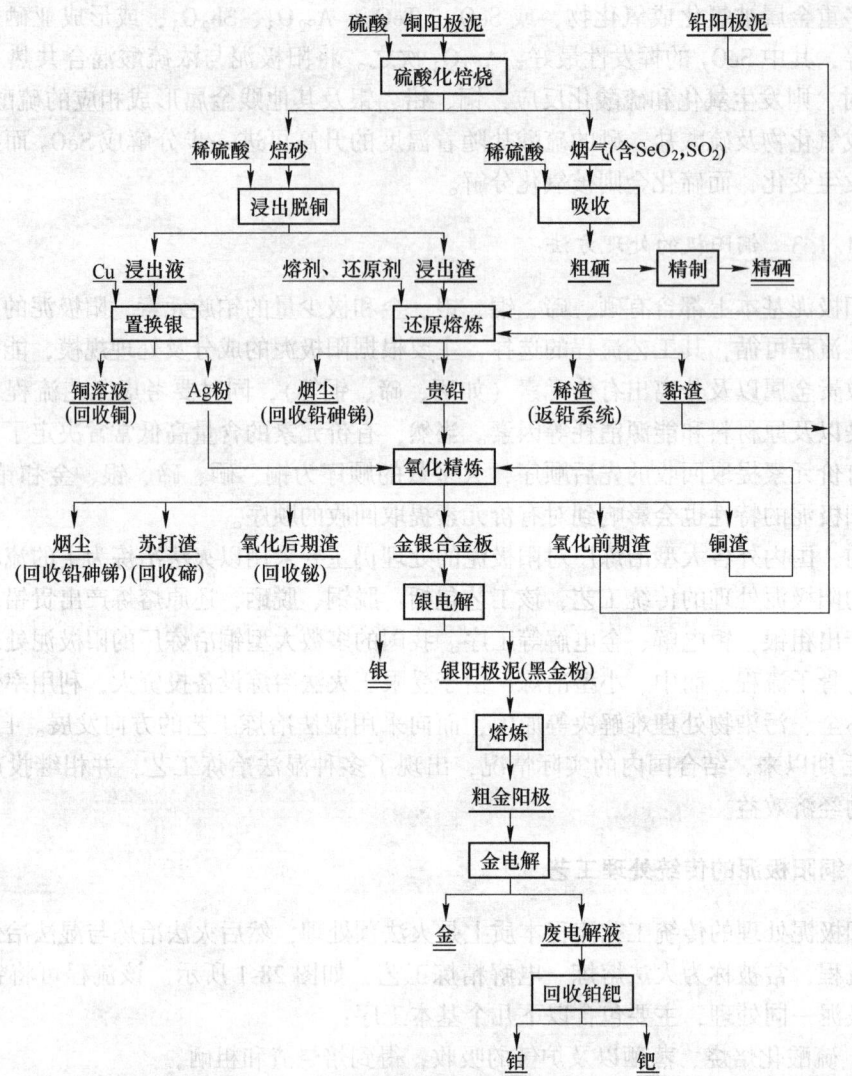

图 28-1　处理铜阳极泥的传统工艺流程

统，浸铜液中含有一定浓度的 Ag_2SO_4，用铜板（如残阳极）置换回收银，粗银粉送金、银冶炼系统。硫酸铜溶液送至铜电解车间回收铜。这样的工艺有利于硒的集中回收，避免在熔炼贵铅时，硒分散于熔渣、铜锍和贵铅合金中，致使硒难以有效回收。该法在氧化脱硒的同时实现铜的氧化转型，便于浸出脱铜。

　　A　硫酸化焙烧、蒸硒的工艺过程及主要反应

　　铜阳极泥硫酸化焙烧的操作是将含水约 20% 的铜阳极泥送入不锈钢混料槽中，按照其中所含的铜、银、硒、碲等与硫酸发生化学反应的理论需要量的 1.3~1.4 倍，配加浓硫酸；用机械搅拌成糊状，然后用加料机均匀地送入回转窑内进行焙烧。回转窑用煤气或重油间接加热，温度自进料端至出料端逐渐升高。控制回转窑进料端温度在 220~300℃，主要为炉料的干燥区；中部温度为 450~550℃，主要为硫酸化反应区；排料端温度 600~680℃，使硫酸化反应完全，SeO_2 挥发。温度越高，SeO_2 挥发速度越快。硫酸铜的热分

解从 650℃ 开始,而 As₂O₃ 从 500℃ 便开始挥发,Sb₂O₃ 的挥发温度虽然比 As₂O₃ 高,但也属于易挥发物质。因此,为避免硫酸铜分解,窑内温度不宜过高。此外,为保证炉气顺利进入吸收塔,窑内与吸收塔内需保持一定负压,一般控制进料端为 300~500Pa。物料在窑内停留 3h 左右,硒挥发率可达 93%~97%。焙烧渣(脱硒渣、焙砂,呈灰白色)流入贮料斗,定时放出,渣含硒降至 0.1%~0.2%。

$$Cu + 2H_2SO_4 = CuSO_4 + SO_2\uparrow + 2H_2O\uparrow \tag{28-1}$$

$$Cu_2S + 6H_2SO_4 = 2CuSO_4 + 5SO_2\uparrow + 6H_2O\uparrow \tag{28-2}$$

$$2Ag + 2H_2SO_4 = Ag_2SO_4 + SO_2\uparrow + 2H_2O\uparrow \tag{28-3}$$

阳极泥中的硒、碲,以硒化物(Cu_2Se,Ag_2Se)和碲化物(Ag_2Te)形式存在,它们比较稳定,在焙烧温度下不易分解,但当与硫酸接触时,在低温(220~300℃)时,发生如下反应:

$$Ag_2Se + 3H_2SO_4 = Ag_2SO_4 + SeSO_3 + SO_2\uparrow + 3H_2O\uparrow \tag{28-4}$$

$$Ag_2Te + 3H_2SO_4 = Ag_2SO_4 + TeSO_3 + SO_2\uparrow + 3H_2O\uparrow \tag{28-5}$$

在高温(550~680℃)时,$SeSO_3$ 分解,而 $TeSO_3$ 却不分解:

$$SeSO_3 + H_2SO_4 = SeO_2\uparrow + 2SO_2\uparrow + H_2O\uparrow \tag{28-6}$$

$$TeSO_3 + 2H_2SO_4 = TeO_2 \cdot SO_3 + 2SO_2\uparrow + 2H_2O\uparrow \tag{28-7}$$

含 SeO_2 和 SO_2 的炉气经进料端的出气管进入吸收塔,被塔内的吸收剂(液)吸收。SeO_2 与吸收塔中 H_2O 作用生成亚硒酸:

$$SeO_2 + H_2O = H_2SeO_3 \tag{28-8}$$

炉气中 SO_2 也被吸收塔中的水吸收,并将亚硒酸还原成粗硒。粗硒经过精馏,可得到含硒 99.5%~99.9% 的成品硒。

H_2SeO_3 也是中等强度的氧化剂,在酸性溶液中的标准电极电势为:

$$H_2SeO_3 + 4H^+ + 4e = Se + 3H_2O \qquad \varphi^{\ominus}_{H_2SeO_3/Se} = 0.74V \tag{28-9}$$

$$SO_4^{2-} + 4H^+ + 2e = SO_2(aq) + 2H_2O \qquad \varphi^{\ominus}_{SO_4^{2-}/SO_2} = 0.158V \tag{28-10}$$

因此,H_2SeO_3 在酸性溶液中能氧化 SO_2、H_2S、$CS(NH_2)_2$、KI、$Na_2S_2O_3$、NH_3、N_2H_4 和 NH_2OH 等物质。

$$H_2SeO_3 + 2SO_2 + H_2O = Se\downarrow + 2H_2SO_4 \tag{28-11}$$

吸收液中硫酸浓度在 25% 左右时的吸收效果较好;一旦硫酸浓度超过 60%,已还原析出的单质硒会大量返溶。产物经水洗干燥,得到含硒 95% 左右的粗硒。放出的塔液和洗液用铁置换后含硒低于 0.05g/L,可弃去。含硒的置换渣返至回转窑再处理。

硫酸化焙烧的技术经济指标为:硫酸单耗 0.7~1.0t/t;煤气单耗 700m³/t;焙砂产率一般为加入干阳极泥质量的 125%,焙砂中硒含量为 0.1%~0.2%,;粗硒含 Se 为 96%~98%,粗硒回收率为 95%。

B 硫酸化焙烧、蒸硒的主要设备

阳极泥硫酸化焙烧的回转窑构造如图 28-2 所示。回转窑由 16mm 厚的锅炉钢板制成,尺寸为 φ750mm×10800mm,内壁无炉衬,倾斜角度为 1.6°~2°,用前、后托轮支撑,由电动机带动沿轴向旋转,转速为 1r/min。为防止炉料粘壁,窑内设有滚齿,用以翻动阳极泥。窑外用耐火砖砌成一个燃烧室,用煤气(或重油)间接加热。窑身一端置于燃烧室内,燃烧过程及热气体纵贯整个窑身。窑身分段设 4~5 个测温点。回转窑和吸收塔用水环真空泵保持负压。

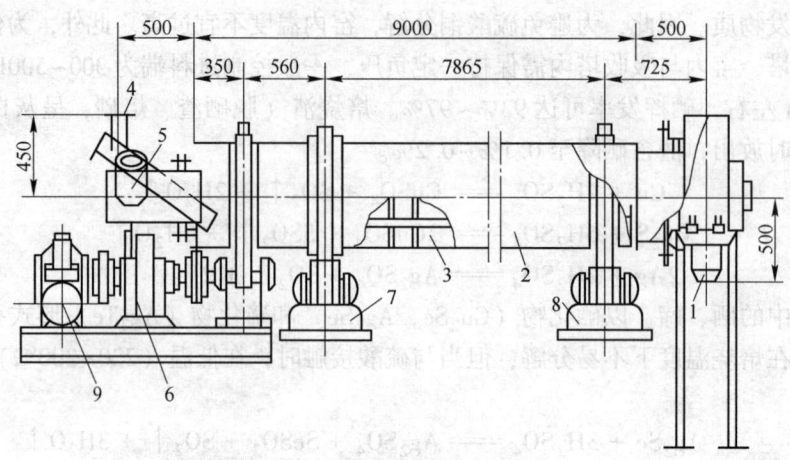

图 28-2　硫酸化焙烧的回转窑

1—密封料斗；2—窑身；3—滚齿；4—加料管；5—出气管；6—传动装置；7—前托轮；8—后托轮；9—电动机

28.1.2.2　酸浸脱铜

铜阳极泥焙烧后产出焙砂，其中的铜、镍等贱金属以及部分银转化为硫酸盐，可溶于水，通常用稀硫酸浸出，硫酸银也溶解进入溶液。因此，浸出、过滤后，要先用铜（如残极）将滤液中的银置换，获得灰白色泥状粗银粉（一般含银 80%~85%）。粗银粉一般送分银炉熔铸成阳极，而硫酸铜溶液则送铜系统处理。

浸出的技术条件：浸出液固比为（2.5~5）∶1，温度 80~90℃，硫酸质量浓度 150g/L，浸出时间 3~5h，浸出渣洗涤温度 80℃，置换（银）温度 80~90℃，置换时间 2.5~4h，粗银粉洗涤温度大于 90℃。

浸出的技术经济指标：铜浸出率 95%~97%，银浸出率 45%~50%，浸出液含铜 30~60g/L，浸出渣含铜 2.5%，银粉置换率 99%，硫酸消耗（占阳极泥量）10%~15%。经硫酸化焙烧挥发脱硒、浸出脱铜后，浸出渣的成分实例列于表 28-3。

表 28-3　铜阳极泥经焙烧、浸出脱铜后的浸出渣成分实例　　　　　　（%）

厂别	Au	Ag	Cu	Pb	As	Sb	Bi	Se	Te	SiO$_2$	其他
A 厂	1~1.5	12~15	3	15~20	2.6~3.7	3~14	0.59	0.03~0.04	0.4	14.7	余量
B 厂	0.14	21.85	1.48	9.63	0.86	0.41	2.03	1.62	0.13	9	余量

28.1.2.3　还原熔炼贵铅

还原熔炼贵铅是把阳极泥经过焙烧、蒸硒、浸出脱铜后的浸出渣进行还原熔炼，使其中的铅、铜等还原成金属，同时使还原出来的金、银等贵金属富集于其中，形成贵铅合金，为精炼金、银合金做准备。由于贵铅中的铅是阳极泥中铅化合物被还原而得到的，故称为还原熔炼。

阳极泥的熔炼，可分为一段熔炼和两段熔炼。所谓一段熔炼，就是在一个炉内连续完成阳极泥还原熔炼产出贵铅和贵铅氧化精炼产出金银合金的熔炼操作。两段熔炼，是先把阳极泥熔炼成贵金属含量在35%~60%的贵铅，然后将贵铅转移至另一炉内进行氧化精炼，产出贵金属含量达95%以上的金银合金。目前，国内外大型的火法处理阳极泥的工厂，多数采用两段熔炼。

A 还原熔炼的工艺过程及化学反应

经过蒸硒、脱铜后的铜阳极泥浸出渣（或一般的铅阳极泥），其中的杂质主要是氧化物和盐类。还原熔炼的物料是根据阳极泥（浸出渣）的成分以及所选的渣型，确定应加入的熔剂及还原剂的品种和数量，进行配料、混合均匀。

熔炼贵铅所用的熔剂，一般为苏打、萤石、石灰、石英，其配比视炉料而异；还原剂一般用焦粉、铁屑。如某冶炼厂的阳极泥经过蒸硒、脱铜后的浸出渣组成为：H_2O 30%、Au 1%~1.5%、Ag 10%~15%、Pb 15%~20%、SiO_2<5%、Se<0.3%、Te 0.3%左右。熔炼时配入占浸出渣质量8%~15%的碳酸钠、3%~5%的萤石粉、6%~10%的碎焦屑（或粉煤）、2%~4%的铁屑。

配好的炉料一经送入熔炼炉内，随温度升高，水分被除去；700℃开始，部分砷、锑、铅等的氧化物（As_2O_3、Sb_2O_3、PbO）挥发进入烟尘；炉料温度进一步升高至900℃以上，炉料中残留的砷、锑被氧化为不挥发的As_2O_5、Sb_2O_5，并与熔剂发生造渣反应。炉料中的铅、铜、镍及铋等金属的化合物被还原成金属熔体，是金、银的良好捕集剂，溶解了几乎全部的贵金属，形成贵铅，即Pb-Au-Ag合金，生成的镍、铋及少量碲、硒等也进入贵铅。贵铅熔体与炉渣互不溶解，密度差较大，故炉渣浮在熔池表面，贵铅则沉于炉底。如果阳极泥中有较多的硫化物，则在熔炼过程中会形成铜锍（主要由FeS、PbS和CuS组成），铜锍中溶有贵金属，并处于炉渣和贵铅之间，妨碍新形成的贵铅下沉，会导致贵金属分散和损失。炉料中的其他杂质，有的进入烟尘，有的进入炉渣。

熔炼过程中发生的化学反应主要有铅、铜、镍及铋等金属的还原反应，含银化合物的分解反应以及造渣反应。

还原反应：

$$2PbO + C =\!=\!= 2Pb + CO_2 \uparrow \tag{28-12}$$
$$PbO + Fe =\!=\!= Pb + FeO \tag{28-13}$$
$$PbSO_4 + 4Fe =\!=\!= Fe_3O_4 + FeS + Pb \tag{28-14}$$
$$PbS + Fe =\!=\!= Pb + FeS \tag{28-15}$$
$$Ag_2S + Fe =\!=\!= 2Ag + FeS \tag{28-16}$$

含银化合物的分解反应：

$$2Ag_2SeO_3 =\!=\!= 4Ag + 2SeO_2 \uparrow + O_2 \uparrow \tag{28-17}$$
$$2Ag_2SO_4 + 2Na_2CO_3 =\!=\!= 4Ag + 2Na_2SO_4 + 2CO_2 \uparrow + O_2 \uparrow \tag{28-18}$$
$$Ag_2SO_4 + C =\!=\!= 2Ag + CO_2 \uparrow + SO_2 \uparrow \tag{28-19}$$
$$Ag_2TeO_3 + 3C =\!=\!= 2Ag + Te + 3CO \uparrow \tag{28-20}$$

造渣反应：

$$Na_2CO_3 =\!=\!= Na_2O + CO_2 \uparrow \tag{28-21}$$
$$Na_2O + As_2O_5 =\!=\!= Na_2O \cdot As_2O_5 \tag{28-22}$$
$$Na_2O + Sb_2O_5 =\!=\!= Na_2O \cdot Sb_2O_5 \tag{28-23}$$
$$Na_2O + SiO_2 =\!=\!= Na_2O \cdot SiO_2 \tag{28-24}$$

$$PbO + SiO_2 \Longrightarrow PbO \cdot SiO_2 \tag{28-25}$$
$$CaO + SiO_2 \Longrightarrow CaO \cdot SiO_2 \tag{28-26}$$
$$FeO + SiO_2 \Longrightarrow FeO \cdot SiO_2 \tag{28-27}$$

还原熔炼作业分为加料、熔化、造渣、沉降、放渣及放贵铅等步骤。把配好的炉料经皮带输送机送入转炉内进行熔炼,加料时炉温不宜过高,以700~900℃为宜,以重油为燃料,炉内保持负压(30~100Pa);加料完毕,升温至1200~1300℃使炉料熔化(约需12h),同时采用铁管往熔体中鼓入空气,这样既可翻动炉料,又能促进氧化造渣;造渣完毕时,静置沉降2h,然后放渣,操作时宜保持炉温在1200℃左右,此时炉渣分为上下两层,上层为流动性较好的硅酸盐和砷酸盐,称为稀渣;下层为流动性差且黏度和密度较大的炉渣,称为黏渣,其中夹杂有微细的贵铅颗粒。为减少贵金属的损失,放渣操作一般分两次进行,让转炉缓慢转动,先让稀渣从炉口注入渣车中,然后再加热熔池1h,使黏渣中的贵铅颗粒得以沉降,再小心地放出黏渣。放完黏渣后吹风氧化,使溶在贵铅中的铜、铋、砷及锑等杂质氧化入渣或挥发,最后在贵铅表面,残留一层难以放尽的干渣,用耙子精心扒出;此后,即可放贵铅,即将贵铅熔体从炉内转入铸铁模中,浇铸成贵铅块(锭),出炉温度应保持在800~1000℃。还原熔炼作业时间为8~24h。待贵铅积累到一定量,送去氧化精炼。

B 还原熔炼的产物

还原熔炼的产物有贵铅、炉渣、烟尘和铜锍。贵铅的产出率为30%~40%,贵铅的化学成分为:Au 0.2%~4%,Ag 25%~60%,Bi 10%~25%,Te 0.2%~2.0%,Pb 15%~30%,As 3%~10%,Sb 5%~15%,Cu 1%~3%。贵铅中金、银的回收率为98%~99%。

熔炼初期形成的稀渣,产出率为25%~35%,其中含Au在0.001%以下,Ag 0.2%以下,Pb 15%~45%,送铅冶炼系统。熔炼后期产出的黏渣,产率为5%~15%,其中含金0.05%~0.1%,Ag 3.5%~5%。炉渣的其他成分主要是铅、砷及锑的化合物,还有一些铜、铋、铁和锌的氧化物。后期渣中Au、Ag的含量较高,返回下炉再进行还原熔炼。最后产出少量氧化渣,产率为5%~10%,也返炉处理。烟气经收尘后放空,所得烟尘的产率为4%~7%,如挥发物含量高时,产率可达30%~35%。烟尘作为回收砷、锑的原料。

C 还原熔炼的设备

还原熔炼贵铅曾采用反射炉和电炉,但现在一般采用转炉,因其操作较方便,劳动条件较好,炉子寿命较长,金、银损失于炉衬的数量较少。转炉用16mm锅炉钢板做外壳,内衬耐火砖。转炉的规格一般为 $\phi1200~2500mm \times 1800~4500mm$,图28-3所示的转炉炉床面积5.5m^2,床能力为1.0~1.2t/(m$^2 \cdot$ d),炉寿命200炉次以上。

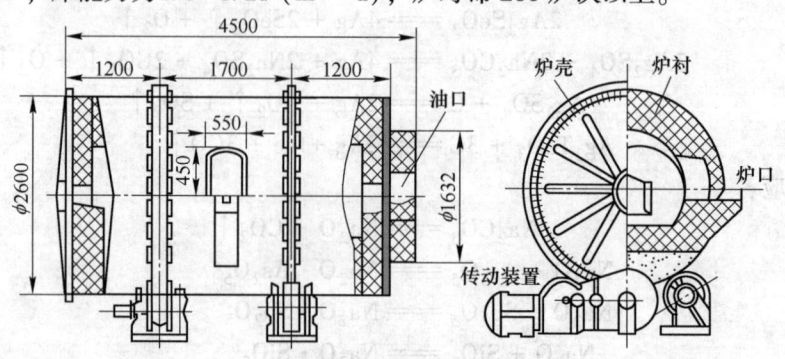

图28-3 转炉的构造

新砌筑炉衬的转炉，在熔炼前要进行约 7 天烤炉（自低温起缓慢升温至 1200℃），再在炉内加入废铅或氧化铅烟尘（同时配入焦屑、苏打和萤石等），于 1000℃保温 24h 进行洗炉，过程中让转炉前后转动，使炉内的砖缝被铅充满，以免金、银渗入砖缝。

28.1.2.4 贵铅的氧化精炼

还原熔炼产出的贵铅中，一般含（Au+Ag）在 35%~60% 之间。氧化精炼的目的是把贵铅中的铅、铜、砷、锑及铋等杂质通过氧化造渣除去，获得含（Au+Ag）在 97% 以上的金银合金。氧化精炼在转炉中于 900~1200℃ 的温度下，鼓入空气、加入熔剂和强氧化剂，使绝大部分杂质氧化成不溶于金银熔体的氧化物，进入烟尘或形成炉渣而除去。

A 氧化精炼的工艺过程及化学反应

贵铅氧化精炼的炉料包括贵铅炉产出的浸出渣贵铅、返回渣贵铅和粗银粉，其操作一般包括进料、熔化、造渣、出渣和出炉等步骤。

把贵铅块精心加入转炉内，升温至 900~1200℃ 使炉料熔化，将风管口置于熔池中金属熔体液面以下 150mm 处，鼓入空气（控制风量只让金属液面产生波纹，以免熔体飞溅造成贵金属损失），使杂质氧化，形成的烟气经收尘后放空，产出的浮渣要不断地清除。氧化精炼的前期渣一般是砷、锑渣，而氧化后期渣主要是铅、铋渣。应把它们分别放出，分别存放。

贵铅在氧化精炼的过程中，各种金属氧化的先后顺序为：砷、锑、铅、铋、铜、碲、硒。贵铅中一般含铅较多，也易氧化，所以氧化精炼时，鼓入的空气和 PbO 均可将砷、锑氧化：

$$2Pb + O_2 === 2PbO \tag{28-28}$$
$$4Sb + 3O_2 === 2Sb_2O_3 \tag{28-29}$$
$$4As + 3O_2 === 2As_2O_3 \tag{28-30}$$
$$2Sb + 3PbO === Sb_2O_3 + 3Pb \tag{28-31}$$
$$2As + 3PbO === As_2O_3 + 3Pb \tag{28-32}$$

这些砷、锑的低价氧化物和部分 PbO 易于挥发而进入烟气，经过布袋收尘，所得烟尘返回熔炼处理。As_2O_3 和 Sb_2O_3 也可进一步氧化成高价氧化物 As_2O_5 和 Sb_2O_5，并与碱性氧化物（PbO、Na_2O 等）造渣，或直接形成亚砷酸铅、亚锑酸铅：

$$3PbO + Sb_2O_3 === 3PbO \cdot Sb_2O_3 \tag{28-33}$$
$$2As + 6PbO === 3PbO \cdot As_2O_3 + 3Pb \tag{28-34}$$
$$2Sb + 6PbO === 3PbO \cdot Sb_2O_3 + 3Pb \tag{28-35}$$

亚砷（锑）酸铅与过量空气接触时，也可形成砷（锑）酸铅：

$$3PbO \cdot As_2O_3 + O_2 === 3PbO \cdot As_2O_5 \tag{28-36}$$

当砷、锑的氧化基本完成后（不冒白烟），改为在熔体表面吹风，继续进行氧化精炼，可以把铅全部氧化并以 PbO 的形态挥发除去。

铜、铋、硒、碲等是较难氧化的金属，即 PbO 难以将它们氧化。但当砷、锑、铅都被氧化除去后，再继续进行氧化精炼，铋就会被氧化成 Bi_2O_3，形成铋渣，其中含有部分铜、银、砷、锑等杂质，经沉降以降低其中的银含量后，可作为回收铋的原料。

氧化精炼至炉料含（Au+Ag）达 80%~85% 时，再加入贵铅质量 5% 的 Na_2CO_3 和 1%~3% 的 $NaNO_3$，控制炉温在 1000℃ 左右，对熔体进行强烈搅拌，使铜、硒、碲彻底氧化：

$$2NaNO_3 === Na_2O + 2NO_2 \uparrow + [O] \tag{28-37}$$

$$2Cu + [O] \Longrightarrow Cu_2O \tag{28-38}$$

$$Me_2Te + 8NaNO_3 \Longrightarrow 2MeO + TeO_2 + 4Na_2O + 8NO_2 \uparrow \tag{28-39}$$

$$Me_2Se + 8NaNO_3 \Longrightarrow 2MeO + SeO_2 + 4Na_2O + 8NO_2 \uparrow \tag{28-40}$$

TeO_2 与 Na_2CO_3 形成亚碲酸钠，即苏打渣（碲渣），用作回收碲的原料，其反应为：

$$TeO_2 + Na_2CO_3 \Longrightarrow Na_2TeO_3 + CO_2 \uparrow \tag{28-41}$$

排除碲渣后，炉料合金中仍有较多的铜，加入硝石，使铜氧化形成铜渣。除铜作业为氧化精炼的最后一步，冶炼厂称之为"清合金"。此时应控制炉温在 1200℃ 左右。"清合金"周期往往长达 10~15h 以上，导致金、银挥发损失增多。生产实践证实，改用工业氧代替硝石，操作温度可降低 300℃ 左右，"清合金"周期缩短 5~7h，大大减少了金、银挥发进入烟尘的量。这一操作控制的温度为 950℃，吹氧速度 1 瓶/h。所得金银合金含（Au + Ag)>97.5%，Cu<1.5%，Bi<0.03%，Te<0.06%。

清合金完毕即可出炉，即将熔体浇铸成粗银阳极板，送银电解精炼，以获得电银。银电解的副产品经后续工艺处理，分别提取金、铂和钯等贵金属。

B　氧化精炼的产物

贵铅氧化精炼的产物包括金银合金板、氧化前期渣、氧化后期渣、苏打渣、铜渣等 6 种。各产物占贵铅装入量的产率和成分见表 28-4。

表 28-4　贵铅氧化精炼产物的产率和成分　　　　　　　　　　（%）

贵铅氧化精炼产物	产率	Au	Ag	Cu	Pb	Bi	Te	As	Sb
金银合金板	24~30	1.32	96.94	1.21	0.081	0.14	0.0125	0.036	0.095
前期渣	15~30	0.02~0.05	1.16~5.62	0.63~4.5	16~38	0.4~4	0.06	9~10	10~16
后期渣	8	0.0045	5.85	12.04	4.725	50.2	2.41		0.35
苏打渣	13~20	0.002	0.022	1~1.5	0.4~0.5	7~14	15~20	0.1	0.76
铜渣	6~10	0.003~0.1	3~8	5.45	0.4~3.5	6~13.77	0.8~2		2~3
烟尘	3~4	<0.001	0.2~0.4		8~12	2~4	0.2~0.4	10~25	20~35

贵铅氧化精炼过程，各主要金属的回收率分别为：金 99.5%，银 98.8%，碲 50%，铋 70%。1t 贵铅消耗重油燃料 1~1.2t。

贵铅氧化精炼在分银炉中进行，分银炉与贵铅炉的结构和材质相同，只是尺寸略小，$\phi 1600mm \times 2240mm$，炉床面积 $1.5m^2$，床能力（贵铅）$1.6t/(m^2 \cdot d)$。

28.1.2.5　其他有价元素的综合回收

铜阳极泥中除了贵金属外，一般，还着重回收铜、碲、铋、硒等有价金属；而砷、锑，除本身具有一定价值外，更重要的是为了消除它们对环境的污染，故也必须予以回收。

A　碲的回收

贵铅氧化精炼后期产出的苏打渣（成分见表 28-4），经湿磨浸出、中和、碱性电解和铸锭，产出 Te 含量为 99%~99.9% 的碲。

苏打渣湿磨的液固比为 (2~3):1，室温磨 6h 至物料粒度为 180μm 以下；用水稀释 4~5 倍，加热至 80℃ 以上，澄清、过滤。滤液经净化后，以稀 H_2SO_4 中和至 pH 值为 5（大于 80℃），澄清过滤得 Te 含量为 65% 以上的 TeO_2；用 NaOH 溶解制备成电解液，其中各组分的质量浓度为：NaOH 90~100g/L，Te 150~300g/L，Pb<0.1g/L，Se<1.5g/L，

经电解沉积，获得阴极碲（Te 含量大于98%），重熔、铸锭，得到碲产品。

B　铋的回收

贵铅氧化精炼产出的后期渣（氧化铋渣，成分见表28-4），经还原熔炼和精炼，可产出精铋产品。

氧化铋渣与熔剂和还原剂按比例进行配料，一般苏打占炉料的3%~4%，硫化铁20%~30%，萤石3%~4%，粉煤小于3%。炉料在转炉内还原熔炼20~24h，每炉处理5~6t炉料，产出铋合金组成为：Bi 50%~65%，Pb 9%~10%，Cu 9%~25%，Sb 2%~4%，(Au+Ag)3%~4%，Fe微量。铋直收率80%~90%。铋合金在铸铁锅（每锅处理6~8t）中精炼，依次除去各种杂质，得到1号铋和2号铋。

C　砷的回收

贵铅氧化精炼产出的烟气，经收尘后放空，所得烟尘的成分见表28-4。烟尘经焙烧、浸出、浓缩结晶，得到砷酸钠产品，结晶效率88%~90%。

D　锑的回收

贵铅氧化精炼产出的烟尘，经浸出脱砷后，浸出渣的成分为：As 1.7%~3.0%，Sb 40%~60%，Pb 13%~20%，Na_2CO_3 5%~7%，H_2O 30%~40%。从这种脱砷浸出渣经还原熔炼，氧化挥发，再还原、精炼，得到精锑。

28.1.3　铜阳极泥的湿法—火法处理工艺

铜阳极泥的湿法—火法处理工艺是指铜阳极泥先经过湿法预处理，然后采用火法冶金与湿法冶金相结合的处理工艺。在多数的阳极泥处理过程中，总是在火法冶炼之前，先进行硫酸浸出脱铜、用硫酸+O_2加压浸出脱铜、碲。

28.1.3.1　酸浸脱铜—焙烧蒸硒—火法冶炼—银金精炼工艺流程

一些企业先用硫酸在加温或常温条件鼓空气浸出阳极泥中的铜，脱铜阳极泥进行氧化焙烧脱除硒，再经过与传统处理工艺相似的还原熔炼、氧化精炼等火法熔炼工序，产出银金合金。对于银金合金的分离提纯，大型企业多采用电解精炼获得纯银；银电解的阳极泥可铸成粗金阳极板电解精炼获得纯金，或采用化学提纯方法如水溶液氯化法等，获得纯金，其概括的工艺流程如图28-4所示。

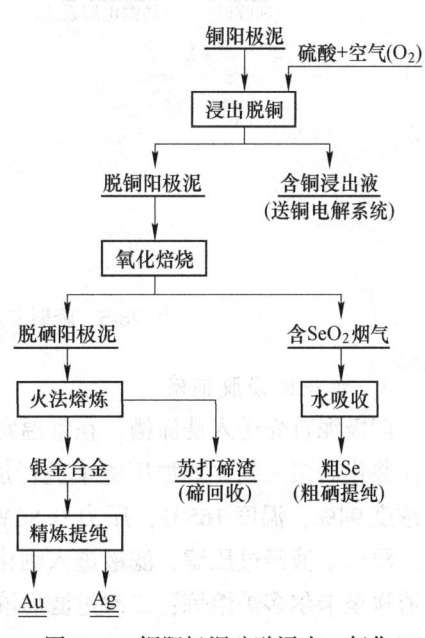

图 28-4　铜阳极泥硫酸浸出—氧化焙烧的概括工艺流程

28.1.3.2　加压酸浸脱铜碲—焙烧蒸硒—火法冶炼—电解银—水氯化精炼金工艺流程

瑞典波里登公司的隆斯卡尔（Boliden，Ronnskar）冶炼厂、奥托昆普（Outokumpu）的波利（Poli）铜精炼厂、加拿大铜精炼公司（Canadian Copper Refiners Ltd，CCR）等一些企业则先用硫酸+O₂加压浸出脱铜、碲。

隆斯卡尔冶炼厂 2002 年产铜 $240×10^3$t、锌 $41×10^3$t、铅 $40×10^3$t、硫酸 $600×10^3$t、液体 SO_2 $60×10^3$t。该厂的铜阳极泥组成为：Au 0.65%，Ag 21.4%，Pd 0.16%，Te 1.6%，Se 3.3%，Cu 9.5%，Ni 5.8%，As 0.9%，Sb 2.6%，Pb 7.8%。工厂 2002 年产金 15.562t，银 408.427t，铂钯泥 2.275t，碲化铜（Cu_2Te）33.202t，硒 117.975t。阳极泥的处理工艺流程如图 28-5 所示。

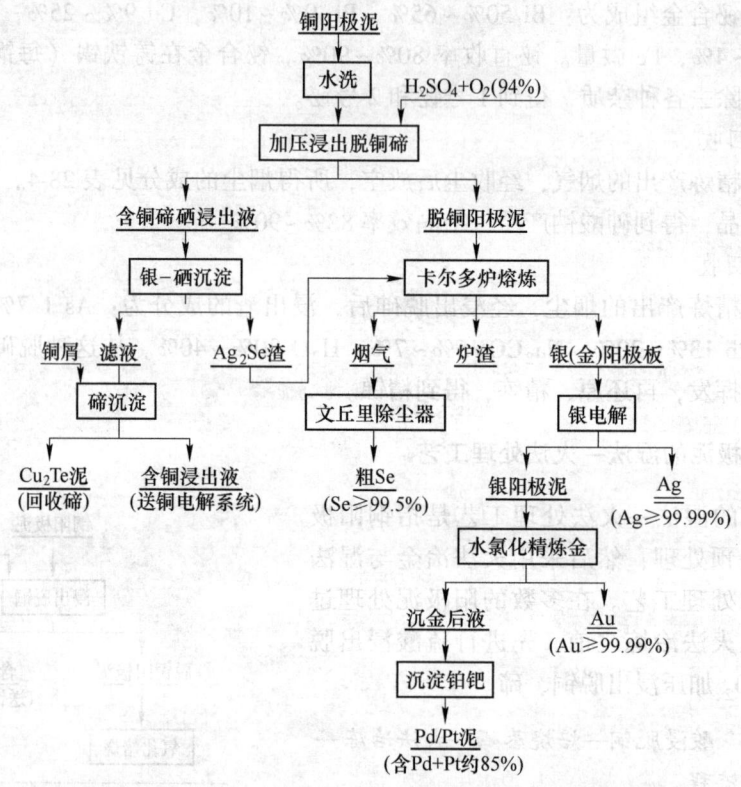

图 28-5　隆斯卡尔冶炼厂的阳极泥处理工艺流程

A　加压酸浸脱铜碲

阳极泥首先送入洗涤槽，在常温常压下加水洗涤，洗液返回铜电解系统，洗涤后的阳极泥浆化后泵入到立式加压釜中进行加压硫酸浸出。加压釜容积为 $15m^3$，间歇操作，富氧浓度 94%，温度 165℃，压力 0.86MPa，浸出时间 8h，碲、镍及少量银、铜、硒被浸出。浸出浆液经过压滤，滤液进入硒化银沉淀池，冷却后析出 Ag_2Se 沉淀，过滤得到硒化银渣送至卡尔多炉熔炼；二次过滤后液再加铜粉沉淀碲，过滤后得到 Cu_2Te 泥，滤液返铜电解系统。

加压浸出渣送入电热干燥箱进行干燥。干燥箱为圆形，内有钢支架，上面放有多层托盘，由叉车来完成物料的进出，烘干时间为 12h，干燥后的阳极泥要求含水小于 3%。加压釜、干燥箱均配置在厂房的最高层，干燥后的阳极泥用叉车倒入料仓。

B　卡尔多炉吹炼

加压浸出并干燥后的阳极泥、碳酸钠、石英石贮存在各自的料仓，经配料混合后进入备料仓，再经加料管给卡尔多炉（Kaldo）装料。另外，厂方还经常向卡尔多炉内加入回收的金币、银币、含贵金属的电子元件等杂料。

卡尔多炉配置在厂房的一层，卡尔多炉的示意图如图28-6所示。卡尔多炉的工作容积为0.8m³，装有1个燃烧喷枪和1个吹炼喷枪。燃烧喷枪用于熔化炉料，在熔炼后期加入焦炭粉还原渣中的银，控制炉渣含Ag小于0.4%。炉料熔化后，由吹炼喷枪将空气和氧气吹到炉内金属熔体表面，于是硒、铅和铜被氧化，含SeO_2的炉气进入文丘里收尘器内被捕集，铅和铜则形成炉渣。卡尔多炉冶炼过程中产生两种炉渣：熔炼渣中的银含量很低，可返至铜或铅的熔炼系统；吹炼渣则与其他返料一起送入下一炉次卡尔多炉的冶炼循环。

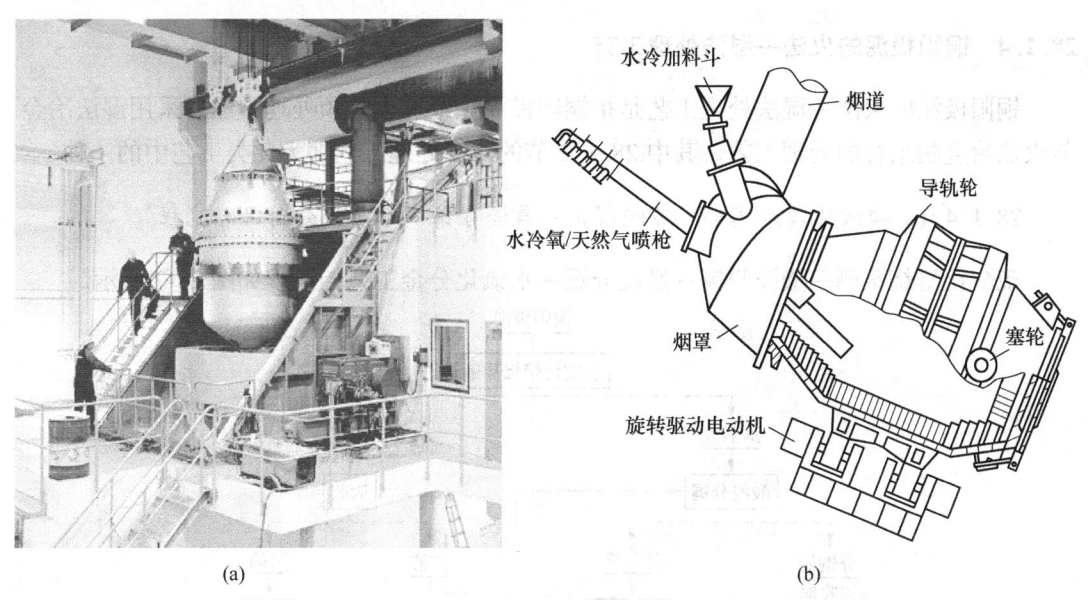

(a)　　　　　　　　　　　　　(b)

图28-6　卡尔多炉的示意图

（a）卡尔多炉熔炼车间；（b）卡尔多炉结构示意图

卡尔多炉熔炼的技术参数：每年工作时间320天，每周期循环时间16.2h，消耗燃油（柴油）0.12t/t，氧气340m³/t，焦炭粉10.6kg/t，燃烧器喷枪需要最大油流速1.9L/min，1.1MW，吹炼空气量700m³/h，吹炼空气效率25%，熔炼后的熔体质量1560kg。阳极泥处理量2500~3000t/a，产金银合金量200~250t/a。金银合金倒入包子，铸成银电解阳极板。

卡尔多炉吹炼前金属熔体、熔炼渣和金银合金的组成见表28-5。

表28-5　卡尔多炉吹炼前金属熔体、熔炼渣和金银合金的组成　　　　　（%）

项　目	Ag	Au	Cu	Pb	Se	Te	As	Sb	Ni
吹炼前金属熔体	44.7	1.8	3.1	13.2	21.1	11.8	0.2	2.2	0.1
熔炼渣	<0.5	<0.1	<3	29.1	<0.1	0.1~1	2~5		
金银合金	98	1.25	0.3	<0.01	<0.01	<0.01	<0.01		

自采用卡尔多炉后，贵金属的处理工艺不论是在技术方面还是在环境效益方面都取得了

很大的进步。因为卡尔多炉代替了原处理流程中的四种设备：两台奥托昆普焙烧炉、短转炉、德固萨（Degussa）吹炼炉和精炼炉，使熔炼、吹炼和精炼三个冶炼操作都放在卡尔多炉中顺序进行。由于吹炼过程中也同时包含了硒的氧化，因此硒的焙烧炉也同时被卡尔多炉所取代，而将原来的焙烧炉用作阳极泥的干燥器。

我国铜陵有色稀贵金属分公司 2009 年建成投产卡尔多炉（瑞典 Outotec 公司引进），用于火法提取稀贵金属。其规格为 $\phi2500\text{mm} \times 3975\text{mm}$，有效容积为 2m^3，倾动电动机 30kW，旋转电动机 56kW（两台），使用和操作的工作制为 12h/d，热功率为 3MW（柴油），制造的主要材料为 EN1.4436。设计处理铜阳极泥 4kt/a，年产黄金约 8t、白银约 350t、精硒约 140t，实际处理阳极泥达到 4.8kt/a。

28.1.4 铜阳极泥的火法—湿法处理工艺

铜阳极泥的火法—湿法处理工艺是指铜阳极泥先经过火法预处理，然后采用湿法冶金与火法冶金相结合的处理工艺。其中 28.1.2 节的传统处理工艺即为此类工艺中的一种。

28.1.4.1 硫酸化焙烧蒸硒—酸浸脱铜—氨浸分银—水氯化分金工艺流程

硫酸化焙烧蒸硒—酸浸脱铜—氨浸分银—水氯化分金工艺的流程如图 28-7 所示。

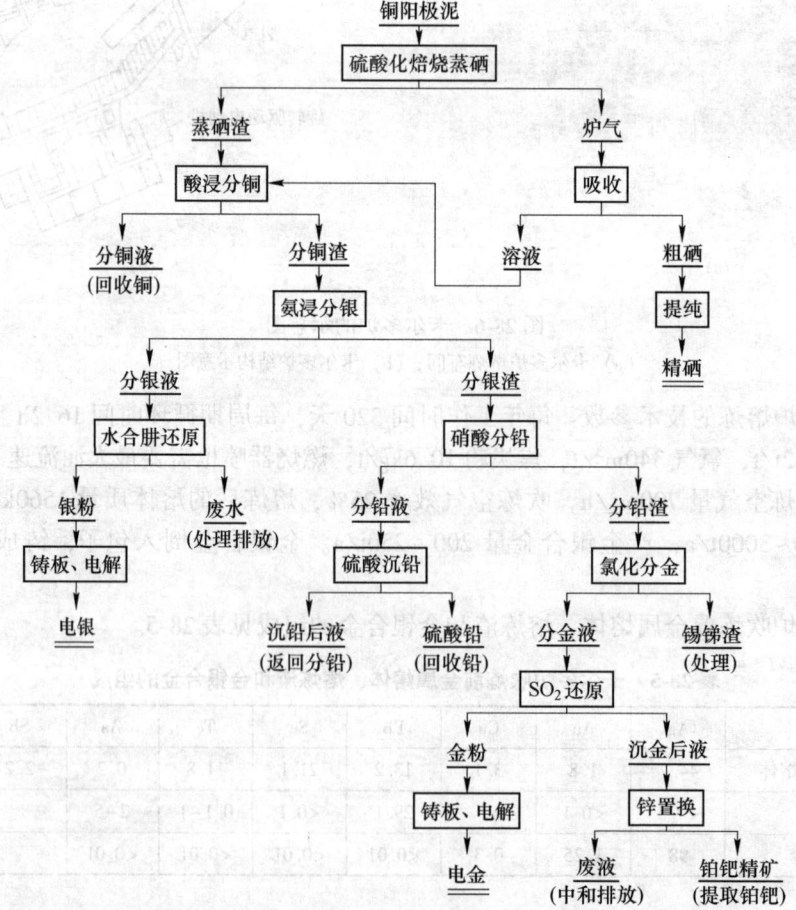

图 28-7 铜阳极泥硫酸化焙烧蒸硒—酸浸脱铜—氨浸分银—水氯化分金工艺流程

该工艺的铜阳极泥首先采用硫酸化焙烧蒸硒这一成熟、有效的火法冶金方法处理。蒸硒渣经稀硫酸加热并鼓风搅拌浸出脱铜，脱铜渣采用氨浸分银，再用水合肼从浸银液中还原出粗银送银电解工序。分银渣中的铅用碳酸盐转化为碳酸铅后，再用稀硝酸浸出铅，向浸铅液中加入适量硫酸（避免过量）使其生成 $PbSO_4$ 沉淀，滤液返回再浸铅。除铅渣用 HCl、$NaClO_3$ 和 NaCl 的溶液浸出金，向浸金液中通入 SO_2 使金还原为粗金送金电解。金的还原后液中加入锌进行深度置换得到铂、钯精矿。最终渣返回铜的火法冶炼工序。全流程金的回收率 99.29%，直收率 96.47%；银的回收率 99.17%，直收率 93.4%。

该工艺的特点为：

（1）保留了焙烧蒸硒—硫酸盐化物相转型这一火法冶金方法，保证了较高的硒回收率，同时有利于铜的脱除与回收。

（2）用分银、分铅和分金三个湿法冶金工序取代了火法冶金处理流程中的贵铅炉还原熔炼和分银炉氧化精炼。

（3）生产周期短，设备较简单，操作易掌握，较适合中小企业采用。

（4）不足之处是含碲高的阳极泥适应性较差，氨气污染较难治理。

28.1.4.2　低温氧化焙烧—酸浸脱铜—水氯化分金—亚硫酸钠分银工艺流程

低温氧化焙烧—酸浸脱铜—水氯化分金—亚硫酸钠分银工艺流程如图 28-8 所示。阳

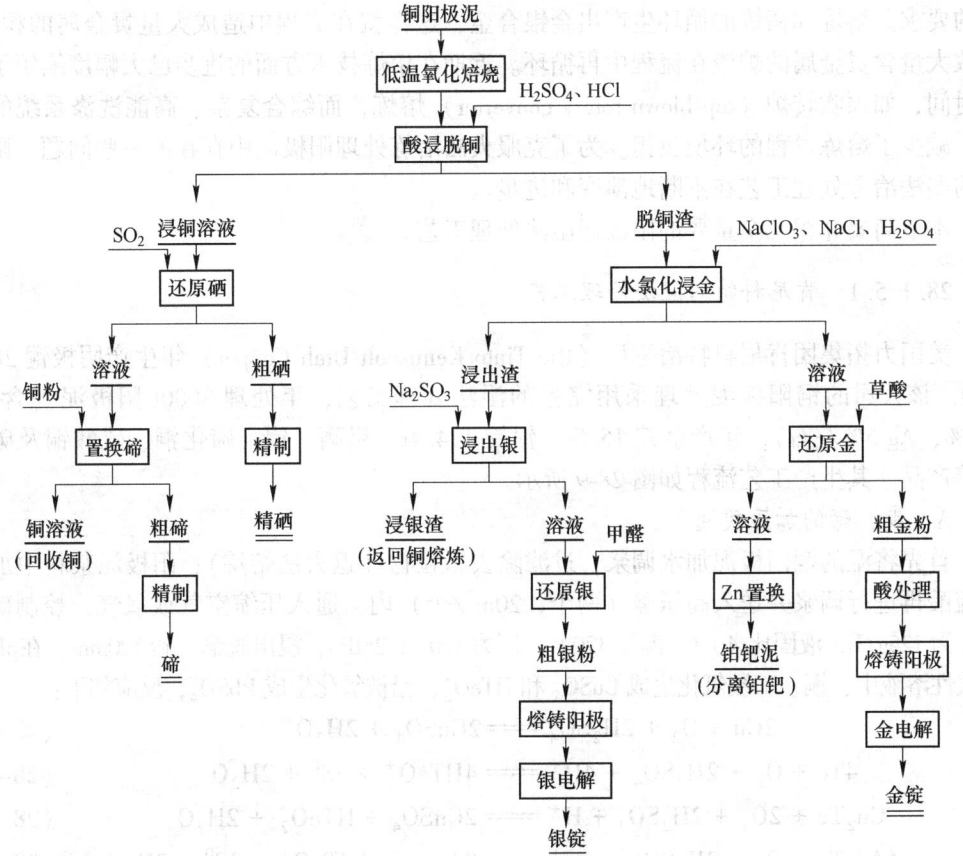

图 28-8　低温氧化焙烧—酸浸脱铜—水氯化分金—亚硫酸钠分银工艺流程

极泥经低温氧化焙烧（375℃），可使硫、铜、硒、碲等氧化；焙烧渣用 6mol/L 硫酸按照液固比为 4:1，于 80~90℃浸出 2h，可同时浸出铜、硒、碲等。浸出过程中加入一定量的 HCl 沉淀银。浸出渣用 1mol/L H_2SO_4+40g/L NaCl 溶液按照液固比为 4:1 调浆，按含金量加入 10 倍质量的 $NaClO_3$，于 80~90℃氧化浸出 4h。浸出液中的金用草酸还原为粗金送精炼，尾液置换回收 Pt、Pd。分金后渣中的银呈 AgCl 形态，按照液固比为 (6~8):1，加入 250g/L Na_2SO_3 溶液于常温下浸出 2h，向浸出液中加入甲醛还原出粗银送精炼，尾液返回分银过程。最终渣送铜火法冶炼工序。全流程金的回收率 99.3%，银的回收率 99.1%。

该工艺流程的特点为：

（1）采用低温氧化焙烧，从浸铜液中分别还原出硒，碲。

（2）对浸铜渣先水氯化分金、草酸还原金，后亚硫酸钠分银、甲醛还原银。所得金的品质较高。

（3）亚硫酸钠分银选择性强，操作条件比氨浸好。

（4）不足之处是含硒高时适应性较差，亚硫酸根对银的配位能力不及氨，分银操作较难。

28.1.5　铜阳极泥的全湿法处理工艺

由于能耗增加、环保要求日益严格，对火法冶金处理阳极泥提取贵金属的工艺提出更高的要求。熔炼和精炼的循环生产出金银合金，这样就在流程中造成大量贵金属的积压，导致大量含贵金属的炉渣在流程中再循环。近期在熔炼技术方面的进步已大幅度缩短了熔炼时间，如顶吹转炉（top-blown rotary converter）熔炼，而综合复杂、高能洗涤系统的应用，减少了熔炼过程的环境负担。为了克服火法冶炼处理阳极泥中存在的一些问题，阳极泥的湿法冶金处理工艺在不断地演变和进步。

本节简要介绍几个重要的阳极泥湿法处理工艺。

28.1.5.1　肯尼科特的湿法处理工艺

美国力拓集团肯尼科特冶炼厂（Rio Tinto Kennecott Utah Copper）年生产阴极铜 280×10^3t。该公司的铜阳极泥处理采用完整的湿法处理工艺，年处理 3000t 阳极泥（含 Au 0.5%，Ag 5%左右），年产金锭 15.5t、银锭 124.4t、粗硒、碲、碲化铜、硫酸铜及碳酸铅等产品。其生产工艺流程如图 28-9 所示。

A　铜、碲的加压酸浸

首先将湿的铜阳极泥加水调浆，过滤除去粗粒物（返火法熔炼）；阳极泥浆料中加水和硫酸再进行调浆并送入高压釜（两个，20m^3/个）内，通入压缩空气或氧气，控制硫酸浓度为 125g/L，液固比 4:1，温度 170℃，压力 1.0~1.2MPa，浸出脱铜、碲 120min。在 pH<2 的酸性溶液中，铜、碲被氧化生成 $CuSO_4$ 和 $HTeO_2^+$，铅被氧化生成 $PbSO_4$，反应如下：

$$2Cu + O_2 + 2H_2SO_4 \Longrightarrow 2CuSO_4 + 2H_2O \tag{28-42}$$

$$4Te + O_2 + 2H_2SO_4 + 4H^+ \Longrightarrow 4HTeO_2^+ + 2S^0 + 2H_2O \tag{28-43}$$

$$Cu_2Te + 2O_2 + 2H_2SO_4 + H^+ \Longrightarrow 2CuSO_4 + HTeO_2^+ + 2H_2O \tag{28-44}$$

$$4Ag_2Te + O_2 + 2H_2SO_4 + 4H^+ \Longrightarrow 8Ag\downarrow + 4HTeO_2^+ + 2S^0 + 2H_2O \tag{28-45}$$

$$2AuTe_2 + O_2 + 2H_2SO_4 + 4H^+ === 2Au\downarrow + 4HTeO_2^+ + 2S^0 + 2H_2O \qquad (28\text{-}46)$$

$$2Pb + O_2 + 2H_2SO_4 === 2PbSO_4\downarrow + 2H_2O \qquad (28\text{-}47)$$

H_2TeO_3 是一个中强氧化剂（$\varphi^\ominus_{HTeO_2^+/Te} = 0.56V$），因此在脱铜、碲的浸出液中加入废杂铜，可使碲被还原并与过量的铜形成碲化铜沉淀，以此作为回收碲的原料。

$$HTeO_2^+ + 4Cu + 3H^+ === Cu_2Te\downarrow + 2Cu^{2+} + 2H_2O \qquad (28\text{-}48)$$

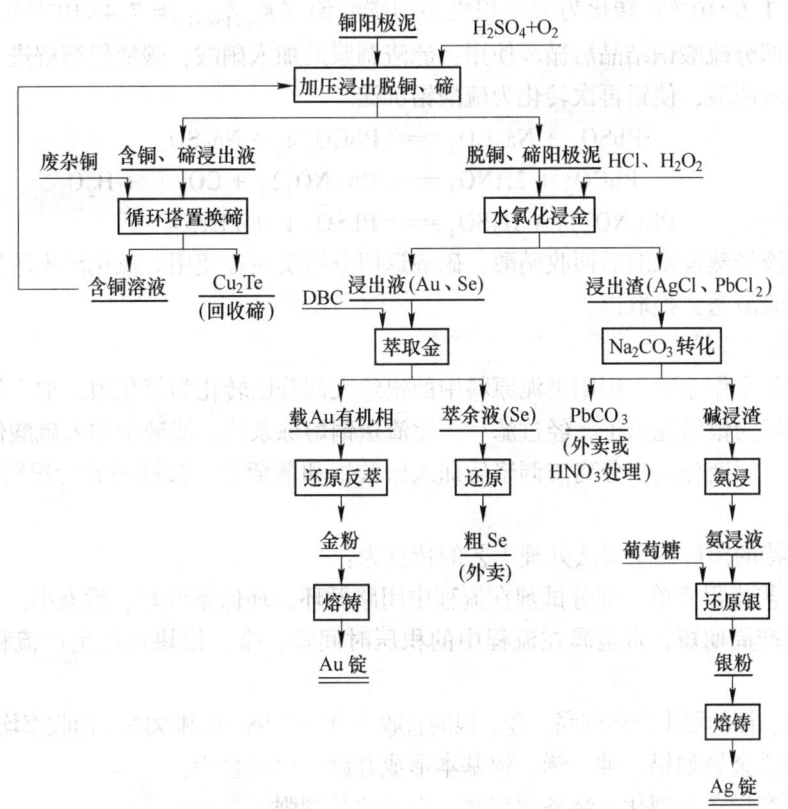

图 28-9　肯尼科特的铜阳极泥湿法处理工艺流程

B　水氯化浸出金、硒

脱铜、碲渣用盐酸和过氧化氢调浆后，通入氯气使硒、金、铂和钯等溶出，而银则以 AgCl 的形式进入浸出渣：

$$2Au + 3Cl_2 + 2HCl === 2H[AuCl_4] \qquad (28\text{-}49)$$

$$2Ag + Cl_2 === 2AgCl \qquad (28\text{-}50)$$

$$Pt + 2Cl_2 + 2HCl === H_2[PtCl_6] \qquad (28\text{-}51)$$

$$Pd + Cl_2 + 2HCl === H_2[PdCl_4] \qquad (28\text{-}52)$$

$$Ag_2Se + 3Cl_2 + 3H_2O === 2AgCl\downarrow + H_2SeO_3 + 4HCl \qquad (28\text{-}53)$$

$$H_2SeO_3 + Cl_2 + H_2O === H_2SeO_4 + 2HCl \qquad (28\text{-}54)$$

C　氯化浸出液萃金、分硒

采用对金具有优良萃取性能的萃取剂 DBC（二乙二醇二丁醚，二丁基卡必醇），与水溶液氯化浸出液进行混合萃取金，经澄清分离，负载金的有机相经碱液洗涤后，加热至

70~85℃，加入 5% 的草酸溶液进行还原反萃 2~3h，即可得到海绵金；海绵金经酸洗、水洗、烘干，熔铸成金锭，含 Au 99.99%。还原反萃再生的有机相继续循环使用。萃余水相中主要含 H_2SeO_3，通入 SO_2 进行选择性还原硒，所得粗硒经洗涤、干燥、精馏得到精硒。

D　氯化浸出渣分铅

在氯化浸出金、硒后的浸出渣中加入碳酸钠溶液赶氯，同时使氯化铅和硫酸铅（$K_{sp(PbSO_4)} = 1.6 \times 10^{-8}$）转化为溶度积更小的碳酸铅（$K_{sp(PbCO_3)} = 7.4 \times 10^{-14}$），过滤，滤液浓缩除去部分硫酸钠结晶后循环使用；滤渣调浆后加入硝酸，碳酸铅溶解进入液相，过滤；滤液加入硫酸，使铅再次转化为硫酸铅沉淀。

$$PbSO_4 + Na_2CO_3 \Longrightarrow PbCO_3 \downarrow + Na_2SO_4 \tag{28-55}$$

$$PbCO_3 + 2HNO_3 \Longrightarrow Pb(NO_3)_2 + CO_2 \uparrow + H_2O \tag{28-56}$$

$$Pb(NO_3)_2 + H_2SO_4 \Longrightarrow PbSO_4 \downarrow + 2HNO_3 \tag{28-57}$$

沉铅后液经蒸发浓缩后回收硝酸，硝酸返回分铅反应釜使用。氯化浸出渣完成铅的分离后，所得滤渣送去提取银。

E　银的分离提取

经氯化分金作业后，铜阳极泥原料中的银绝大部分已转化为氯化银，加入氨水，使氯化银配位溶解为银氨配离子，经过滤后，滤渣送铜熔炼系统，滤液中加入硫酸使银沉淀得到含银浆料，固液分离，分离渣调浆后加入碳酸钠和葡萄糖，银被还原为银粉，含 Ag 大于 99.99%。

肯尼科特的阳极泥全湿法处理工艺的特点为：

(1) 工艺流程简单，部分试剂在流程中闭路循环，环保条件好、污染小。

(2) 生产周期短，贵金属在流程中的积压时间短，金、银块锭的生产流程运行周期约 3~5 天。

(3) 金、银的浸出分离彻底，金、银的直收率分别为 98.5% 和 98%，回收率均大于 99%。

(4) 杂质金属如铅、砷、锑、铋基本形成开路，返回量少。

(5) 生产设备大型化、装备程度高、自动化控制强。

28.1.5.2　佐贺关冶炼厂的湿法处理工艺

佐贺关铜冶炼厂（Saganoseki Smelter and Refinery，Nippon Mining & Metals）的铜阳极泥湿法处理工艺流程如图 28-10 所示。

铜阳极泥经调浆后送入高压釜，鼓氧浸出脱铜、碲，再通过添加铜使碲沉淀为碲化铜。脱铜阳极泥进行水溶液氯化浸出，使其中的贵金属溶解进入盐酸水溶液，而银转化为氯化银。经过滤分离氯化银和氯化浸出液。氯化浸出液经降温冷却析出氯化铅（$PbCl_2$），剩余溶液送至金的萃取分离工序。氯化银用水进行调浆，再用铁还原为粗银，经氧化精炼产出银阳极板，然后进行电解精炼。用二丁基卡必醇（DBC）从水溶液氯化浸出液中萃取金，再用草酸或草酸钠与负载金的 DBC 萃取液混合加热，还原反萃金。萃金余液中仍含有一些稀贵金属（Pt、Pd、Se、Te 等），通入 SO_2 或加入水合肼进行还原回收。

28.1.5.3　印度铜矿联合体的湿法处理工艺

印度斯坦铜业公司下属的印度铜矿联合体（Indian Copper Complex（ICC），Ghatsila，

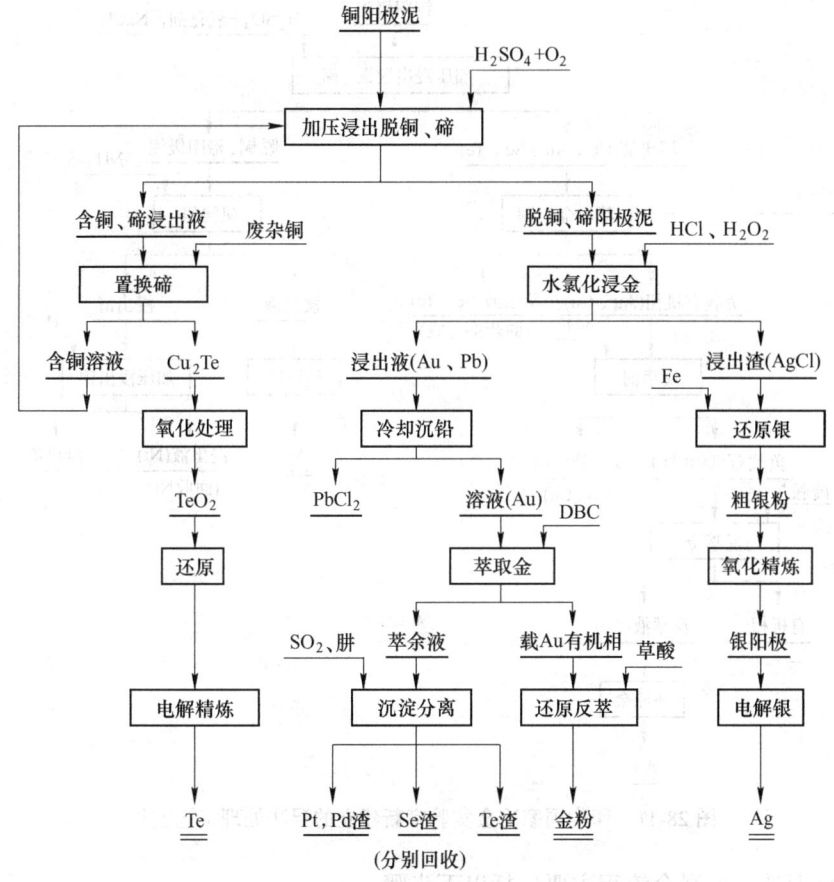

图 28-10 佐贺关铜冶炼厂铜阳极泥的湿法处理工艺流程

a constituent unit of Hindustan Copper Ltd.) 的铜阳极泥处理，原采用稀硫酸浸出脱铜，浓硫酸浸出脱镍，硫酸化焙烧除硒，脱铜镍硒的阳极泥经传统工艺流程分离提取金银。现在，由印度国家冶金实验室新建立的湿法处理工艺流程如图 28-11 所示。

该流程中，铜阳极泥在氧化剂存在下，经 H_2SO_4+NaCl 溶液浸出铜、金、硒和碲等，浸出液用有机相对金、铜共萃，负载有机相用氨水反萃铜，硫脲反萃金；含硒、碲的萃余液再用 TBP 萃取分离硒和碲。脱铜碲的阳极泥经氨水配位浸出银，还原沉淀银。

28.1.6 铜阳极泥的选—冶联合处理工艺

铜阳极泥处理的选—冶联合流程首先在国外被采用，我国企业于 1976 年开始采用类似的工艺流程。阳极泥经浮选处理后，精矿量为原阳极泥量的一半左右，而贵金属含量却增加一倍，大幅度提高了阳极泥处理设备的生产能力和生产效率；浮选精矿中含铅和其他杂质较少，熔炼过程中烟尘量大大减少，工艺过程得到较大的改善，所得粗银的品位较高；浮选尾矿含有的微量金、银、硒、碲等有价金属，可送铅冶炼厂、铜冶炼厂的火法熔炼系统进行富集和回收。选-冶联合流程最主要的缺点是尾矿含金、银仍较高，需返回冶炼流程。

经过不断的改进和优化，我国某铜厂处理阳极泥的选—冶联合流程如图 28-12 所示。

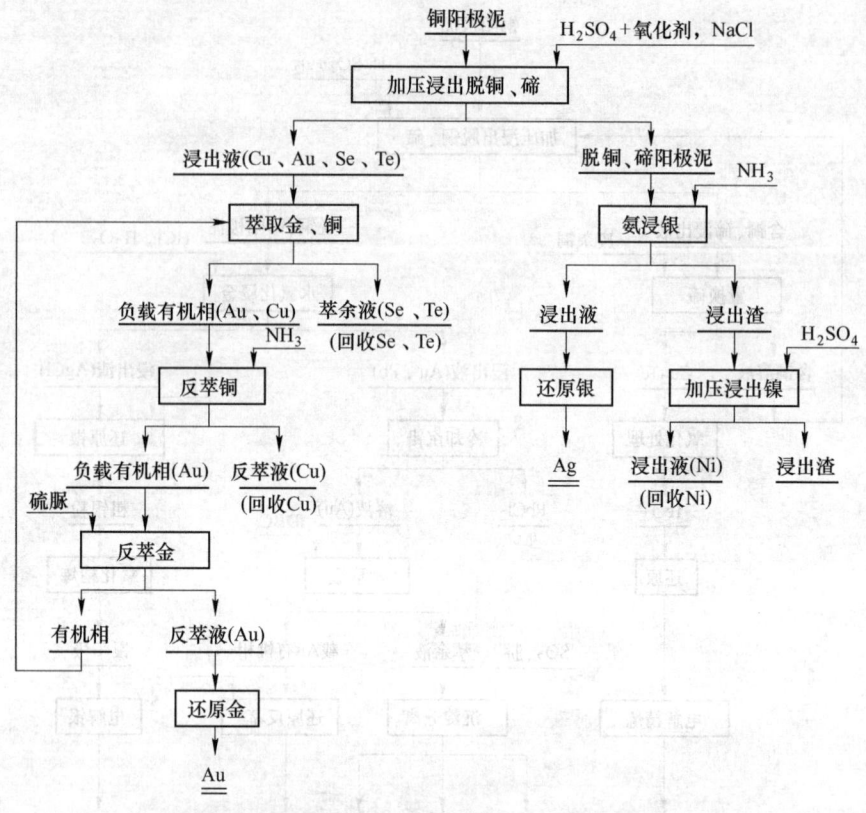

图 28-11   印度国家冶金实验室新建立的湿法处理工艺流程

铜阳极泥选—冶联合流程主要包括以下步骤：

（1）湿法脱铜。铜阳极泥在硫酸溶液中通空气强烈搅拌，使铜氧化溶解为硫酸铜，脱铜率为 85%~90%，脱铜阳极泥中 Cu 含量小于 3%。

（2）湿法除硒。在硫酸溶液中，用氯酸钠将阳极泥中的硒和金分别氧化为 H_2SeO_3 和 $[AuCl_4]^-$ 进入溶液，再用还原剂铁屑、活性炭粉将进入溶液的 $[AuCl_4]^-$ 还原为单质 Au 沉入浸出渣。湿法除硒过程中，银主要被氧化并转化为 AgCl 形式沉入浸出渣中。脱硒渣的化学成分见表 28-6。

表 28-6   铜阳极泥、脱铜阳极泥和脱硒渣的化学成分   （%）

物 料	Au	Ag	Cu	Se	Te	Pb	Sb	Bi	As	SiO$_2$
铜阳极泥	0.15~0.3	10~17	12~21	3~6	1~3	12~20	3~6	1~5	1~5	10~12
脱铜阳极泥	0.22~0.45	15~25	1~3	4.5~8	1~3	15~22	5~7	2~7		11~15
脱硒渣	0.2~0.4	15~20	0.4~0.7	1~3	1~1.5	12~17	3~5	1~3		10~13

（3）脱硒渣的铁屑还原改性。由于脱硒渣中 AgCl 表面有较强的极性和化学活性，对极性水分子有较大的吸引力，易被水润湿，成为亲水性表面，天然可浮性较差。而金属银具有 Ag—Ag 金属键，表面的极性和化学活性较差，为疏水性表面，天然可浮性较好。此外，阳极泥中的铅主要以 $PbSO_4$ 的形式存在，可浮性差，而金银可被优先浮选。

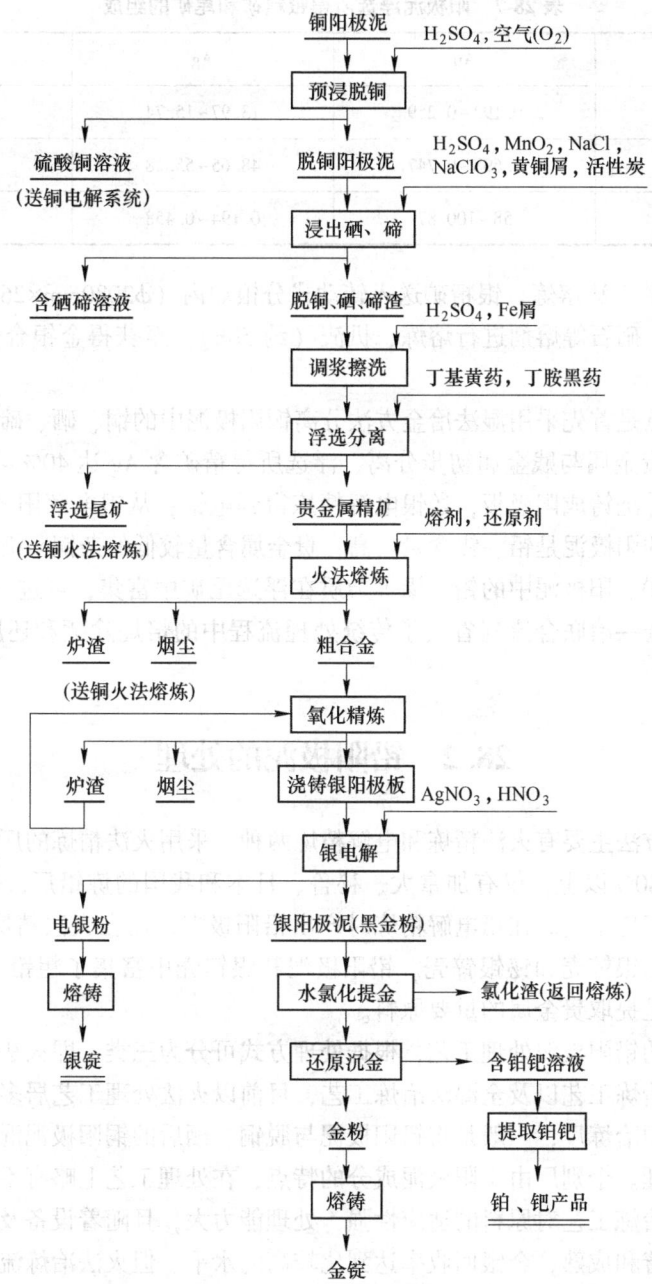

图 28-12　处理铜阳极泥的选—冶联合工艺流程

实际生产中，脱硒渣经调浆并控制矿浆中硫酸浓度为 30g/L，按照铁还原 AgCl 的理论量 Ag/Fe=1：(0.5~0.8)，添加铁屑，经强烈搅拌 2h 使 AgCl 颗粒与铁屑不断碰撞、擦洗，得以还原为单质银。改变银的表面特性，提高可浮性。

（4）浮选。调整矿浆固含量为 15%~25%，pH<1，以丁基黄药和丁胺黑药作为混合捕收剂，六偏磷酸钠为抑制剂，对阳极泥分别进行精选、粗选和扫选，分别获得银精矿和尾矿，它们的组成见表 28-7。精矿质量为原始阳极泥质量的 40%~45%。

表 28-7　阳极泥浮选所得银精矿和尾矿的组成

项　目	Au	Ag	Pb
阳极泥/%	0.192~0.259	13.97~15.74	8~20
银精矿/%	0.698~0.747	48.65~55.28	3~5
尾矿/g·t^{-1}	58~100.87	0.194~0.458	28%~55%

（5）银精矿的火法熔炼。银精矿送入转动式分银炉内（ϕ2080mm×2600mm），用柴油加热，加入苏打、硝石等熔剂进行熔炼、扒渣（约 50h），至获得金银合金，浇铸成银阳极板。

该工艺的特点是首先采用湿法冶金方法分离铜阳极泥中的铜、硒、碲，再用浮选法将脱铜阳极泥中的贵金属与贱金属初步分离，浮选所得精矿含 Ag 达 40%~50%，经分银炉熔炼成金银合金并浇铸成阳极板，送银电解精炼得到电银；从银电解阳极泥中再提取金、钯、铂。当处理的阳极泥是铅、锡含量较高，贵金属含量较低的杂铜阳极泥时，贵金属的富集比可达 10~20。阳极泥中的铅、锡等杂质在浮选尾矿中富集，可进一步提取回收铅、锡等有价金属。选—冶联合流程省去了传统处理流程中的焙烧除硒和还原熔炼贵铅两个工序。

28.2　铅阳极泥的处理

粗铅精炼的方法主要有火法精炼和电解精炼两种。采用火法精炼的厂家较多，约占全世界精铅产量的 80% 以上，仅有加拿大、秘鲁、日本和我国的炼铅厂，是采用火法精炼—电解精炼联合精炼工艺。在铅电解精炼时产出铅阳极泥；而在火法精炼粗铅、粗铋时，通过加锌除银产出银锌壳和铋银锌壳。铅阳极泥和银锌壳中富集了粗铅（粗铋）中绝大部分的贵金属，是提取贵金属的重要原料。

国内外现存的铅阳极泥处理工艺，根据处理方式可分为三类，即火法冶炼工艺，火法—湿法相结合的冶炼工艺以及全湿法冶炼工艺，目前以火法处理工艺居多。在我国，兼有铜、铅冶炼的大型冶炼厂，一般是将铅阳极泥与脱铜、硒后的铜阳极泥混合处理，单一铅冶炼厂则单独处理。个别厂由于阳极泥成分的特点，在处理工艺上略有不同。长期的生产实践证明，火法冶炼工艺对原料的适应性强，处理能力大，且随着设备及操作条件的不断改进，已日臻完善和成熟，金银回收率达到比较高的水平。但火法冶炼流程复杂冗长，返渣多，生产周期长，金、银直收率不够高。全湿法工艺主要以氯化—氨浸工艺和氯化—亚硫酸盐浸银工艺为代表。

28.2.1　铅阳极泥的组成和性质

由于各地区铅矿的成分不同，以及是否处理废铅，致使各铅厂不同时期所产出的铅阳极泥的成分变化很大。铅阳极泥的产率约为粗铅质量的 1.2%~1.75%。铅阳极泥中除含有金、银外，通常还含有铅、铜、硒、铋、砷、锑、锡等杂质。国内外一些工厂的铅阳极泥的化学组成见表 28-8。

表 28-8 国内外一些工厂的铅阳极泥的组成 （%）

厂　　名	Au	Ag	Pb	Cu	Bi	As	Sb	Sn	Se	Te	F
工厂1（中国）	0.0067	6.95	15.54	3.34	5.88	30.6	13.52				0.33
工厂2（中国）	0.01~0.03	9~11	14~15	1~3	6~10	20~30	25~30		0.5~0.7	0.1~0.5	
工厂3（中国）	0.327	14.52	8.95	0.12	15.56	2.24	27.54				
新居滨冶炼厂（日本）	0.2~0.4	0.1~0.15	5~10	4~6	10~20		25~35				
特莱尔冶炼厂（加拿大）	0.016	11.5	19.7	1.8	2.1	10.6	38.1				
奥罗亚冶炼厂（秘鲁）	0.11	9.5	15.6	1.6	20.6	4.6	33.0		0.07	0.74	

铅阳极泥的物相组成见表 28-9。金属银呈白色粒状，绝大部分与锑结合形成 Ag_3Sb、ε'-Ag-Sb 等化合物，并有少部分呈 $AgCl$ 存在。金颗粒嵌布极细，与银、铅或与锑、铜、铋共存，基本上无单独金属矿物存在，而均呈金属间化合物、氧化物或固溶体状态存在。

表 28-9 铅阳极泥的物相组成

金属相	金属及金属化合物
银相	Ag，Ag_3Sb，ε'-Ag-Sb，$AgCl$，$Ag_ySb_{2-x}(O \cdot OH \cdot H_2O)_{6\sim7}$，$x=0.5$，$y=1\sim2$
锑相	Sb，Ag_3Sb，$Ag_ySb_{2-x}(O \cdot OH \cdot H_2O)_{6\sim7}$，$x=0.5$，$y=1\sim2$
砷相	As，As_2O_3，$Cu_{9.5}As_4$
铅相	Pb，PbO，$PbFCl$
铋相	Bi，Bi_2O_3，$PbBiO_4$
铜相	Cu，$Cu_{9.5}As_4$
锡相	Sn，SnO_2
其他相	SiO_2，$Al_2Si_2O_3(OH)_4$

铅阳极泥不稳定，堆存时会自行发生氧化，可升温到 70~80℃，特别是金属锑会缓慢氧化成三氧化二锑，堆存时间越久氧化越充分。

28.2.2 铅阳极泥的火法冶炼工艺

28.2.2.1 铅阳极泥的传统处理工艺

铅阳极泥的传统处理工艺与铜阳极泥的传统处理工艺很相似，也是采用火法熔炼-电解精炼工艺，不过在火法还原熔炼贵铅之前，通常先脱除硒、碲（含铜高时也应包括脱铜），经火法还原熔炼得贵铅，贵铅再经氧化精炼，产出金银合金板送银电解，得到纯银。银阳极泥经适当处理后，铸成粗金阳极进行电解，获得纯金。由于工艺过程相似，在此不予赘述。参见 28.1.2 节。

28.2.2.2 铅阳极泥的氧气底吹熔炼工艺

某厂将富氧底吹炼铅与铅阳极泥火法冶炼工艺相结合，采用连续进料氧气底吹熔池熔炼贵铅与氧气底吹精炼相结合处理铅阳极泥，铅阳极泥处理能力大幅提高，辅料、能源消耗显著降低，其工艺流程如图 28-13 所示。

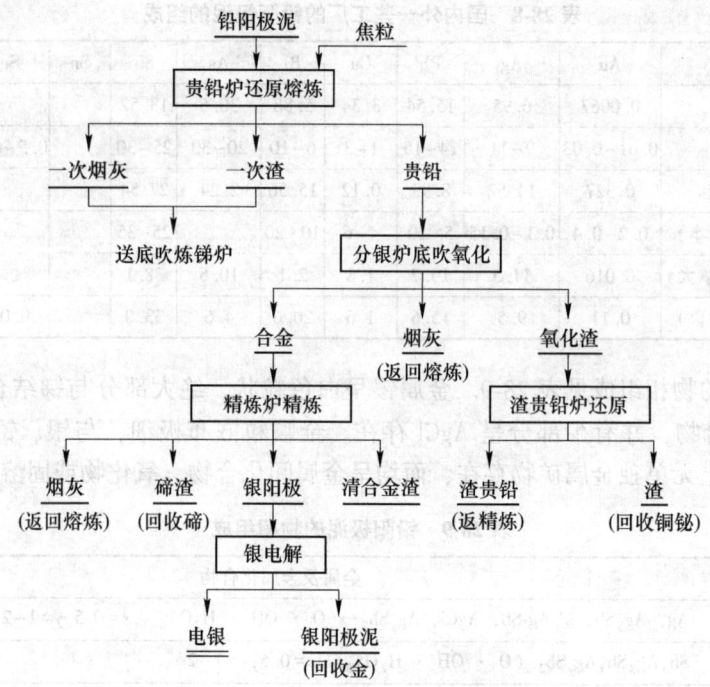

图 28-13 铅阳极泥的氧气底吹熔炼工艺流程

　　铅阳极泥熔炼时不需配纯碱和萤石，仅配入适量的焦粒，以原料中的氧化铅代替传统造渣剂碳酸钠进行造渣。炉料以 1.2t/h（干量）的进料速度，连续送入熔炼炉（熔池）。喷枪从炉子底部喷入氧气，既搅动炉料，又使贵铅中的铅氧化为氧化铅（PbO），与阳极泥中的锑、砷氧化物及硅酸盐相互反应造渣，生成以 $PbO \cdot Sb_2O_5$、$PbO \cdot As_2O_5$ 和 $PbO \cdot SiO_2$ 为主的高铅高锑渣，但这种渣不稳定，与焦粒或 CO 发生反应，又变成一次烟灰。一部分砷、锑在炉料熔化过程中挥发，一部分则在造渣后又被还原而挥发，使85%以上的锑、砷富集在烟灰中，而99%的铜、铋和金银则富集在贵铅中。熔炼过程发生的主要反应有：

化合态的银发生分解或还原：

$$2Ag_2SeO_3 = 4Ag \downarrow + 2SeO_2 \uparrow + O_2 \tag{28-58}$$

$$Ag_2SO_4 + C = 2Ag \downarrow + CO_2 \uparrow + SO_2 \uparrow \tag{28-59}$$

$$Ag_2TeO_3 + 3C = 2Ag \downarrow + Te + 3CO \uparrow \tag{28-60}$$

其他元素的化学反应：

$$4Sb + 3O_2 = 2 Sb_2O_3 \uparrow \tag{28-61}$$

$$4Bi + 3O_2 = 2 Bi_2O_3 \tag{28-62}$$

$$4As + 3O_2 = As_4O_6 \uparrow \tag{28-63}$$

$$2Pb + O_2 = 2PbO \tag{28-64}$$

$$2Cu + O_2 = 2CuO \tag{28-65}$$

$$2PbO + C = 2Pb + CO_2 \uparrow \tag{28-66}$$

$$PbO + CO = Pb + CO_2 \uparrow \tag{28-67}$$

$$PbO + SiO_2 = PbO \cdot SiO_2 \tag{28-68}$$

$$PbO + As_2O_3(Sb_2O_3) \Longrightarrow PbO \cdot As_2O_3(Sb_2O_3) \tag{28-69}$$

$$PbO + As_2O_5(Sb_2O_5) \Longrightarrow PbO \cdot As_2O_5(Sb_2O_5) \tag{28-70}$$

$$PbO \cdot As_2O_5(Sb_2O_5) + 2C \Longrightarrow PbO + As_2O_3(Sb_2O_3) \uparrow + 2CO_2 \uparrow \tag{28-71}$$

$$PbO \cdot As_2O_5(Sb_2O_5) + 2CO \Longrightarrow PbO + As_2O_3(Sb_2O_3) \uparrow + 2CO_2 \uparrow \tag{28-72}$$

还原熔炼产出一次烟灰、一次渣和贵铅三种产物，产率分别为 52.5%、26.1% 和 21.4%。其中一次烟灰、一次渣送综合回收系统，分离回收锑、砷；所产贵铅含（Au+Ag）35%~45%。

贵铅炉的规格为 $\phi2620mm \times 4600mm$，其结构示意图如图 28-14 所示，氧枪结构示意图如图 28-15 所示。氧枪技术参数：氧气流量 35~65m³/h，压力大于 0.6MPa；氮气流量 35~65m³/h，压力大于 0.8MPa；软化水流量 10~20L/h，压力大于 1.0MPa。

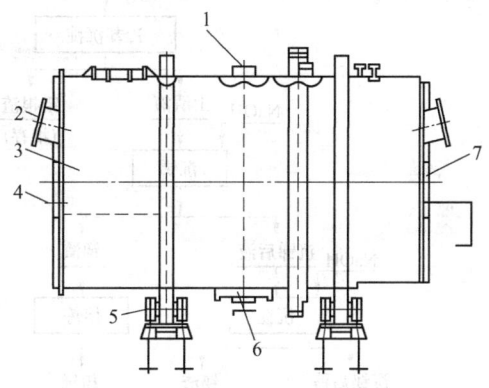

图 28-14　氧气底吹熔池熔炼炉（贵铅炉）
1—下料口；2—燃烧口；3—炉体；4—放渣口；
5—托轮；6—氧枪大盖；7—放铅口

贵铅进入分银炉后同样采用氧气底吹氧化精炼，由于分银炉从底部供氧，氧在熔体内部扩散，大大增加了熔体内氧的浓度，强化了炉内的氧化还原反应，而且氧的传质过程不受炉内熔体表面渣层厚度的影响，使熔炼速率大为提高，因此分银炉的熔炼周期大大缩短，跑烟、造渣阶段由传统精炼工艺的 2 天缩短至 8h 之内。

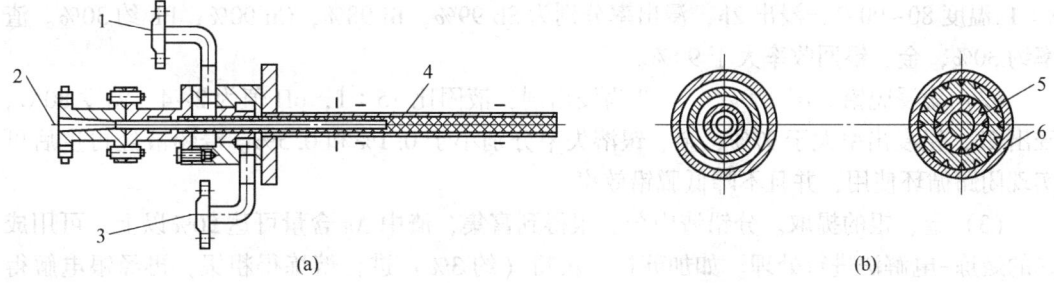

图 28-15　氧枪结构示意图和枪管剖面图
(a) 氧枪结构示意图；(b) 枪管剖面图
1—软化水入水口；2—氧气入口；3—氮气入口；4—氧枪枪管；5—枪管内氧气通道；6—枪管内氮气和软化水通道

28.2.3　铅阳极泥的湿法—火法处理工艺

28.2.3.1　盐酸+硫酸混酸浸出—氯化钠分铅—熔炼金、银的工艺

盐酸+硫酸混酸浸出—氯化钠分铅—熔炼金、银的工艺流程用盐酸、硫酸混酸浸出铅阳极泥中的铜、锑、铋后，用氯化钠溶液分铅，分铅渣熔炼成金银合金，再经电解提取银和金，其工艺流程如图 28-16 所示。

试验用铅阳极泥的成分为：Au 0.10%、Ag 10.09%、Pb 15.06%、Sb 32.69%、Bi 1.99%、Cu 8.85%、As 0.36%、Fe 0.16%。

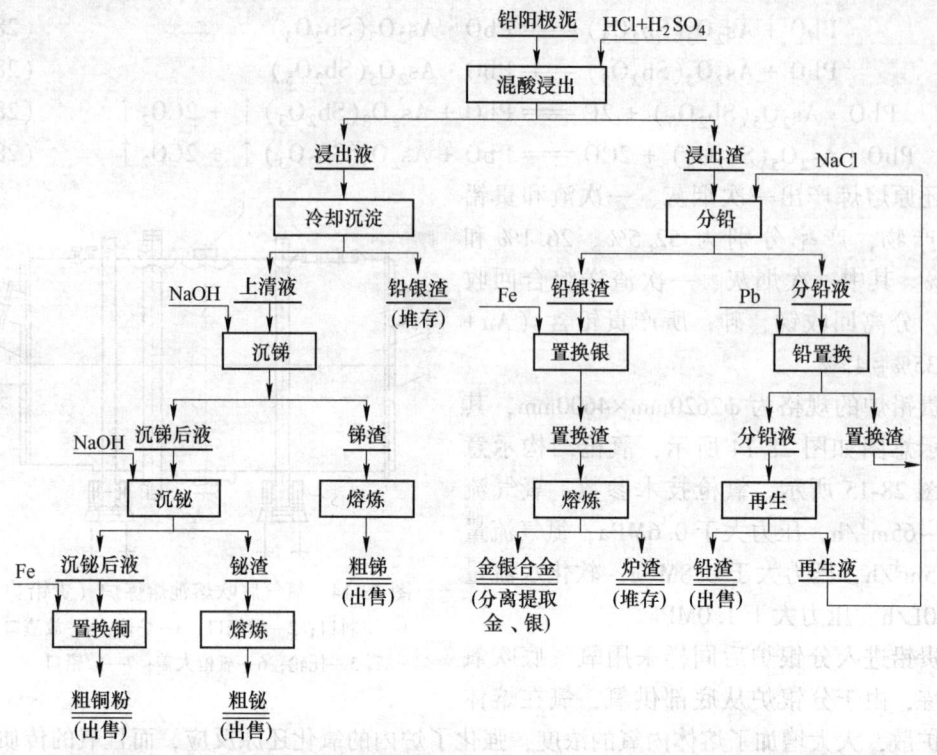

图 28-16　铅阳极泥盐酸+硫酸混酸浸出—氯化钠分铅—熔炼金、银的工艺流程

（1）硫盐混酸浸出。采用 3mol/L HCl 和 0.5mol/L H_2SO_4 的混酸作浸出剂，液固比 8∶1，温度 80~90℃，浸出 2h，浸出率分别为 Sb 99%，Bi 98%，Cu 90%，Pb 约 30%。渣率约 30%，金、银回收率大于 99%。

（2）盐浸脱铅。用 200g/L NaCl 为浸出剂，液固比 15∶1，pH 值为 2~4，温度 80℃，浸出 2h，铅浸出率大于 97%，金、银溶失率分别小于 0.1% 和 0.5%。浸铅液经再生后可实现闭路循环使用，并且不降低脱铅效率。

（3）金、银的提取。分铅渣中金、银得到富集，渣中 Ag 含量可达 50% 以上，可用成熟的熔炼－电解法进行处理。如加苏打、炭粉（约 3%）进行熔炼得粗银，再经银电解得银粉，熔铸为成品银锭；银电解阳极泥经硝酸浸煮除银，用电解精炼或化学提纯获得纯金产品。也可用氨浸法提取分铅渣中的银。

该流程结构合理，处理规模可大可小，容易实现工业化，金银直收率高，可综合回收铜、锑、铋、铅。金、银直收率分别为：Au≥98%，Ag≥97%，产品纯度 Au 99.99%，Ag 99.95%。从铅阳极泥到铜、锑、铋渣的金属直收率分别为：Sb 83%~90%，Bi≥90%，Cu≥85%。

28.2.3.2　铅阳极泥控制电位氯化浸出—碱转化—熔炼金、银的工艺

控制电位选择性氯气浸出贱金属简称控电氯化，即在盐酸介质中通入氯气（或加入 $NaClO_3$）并控制一定的溶液电位，利用贵贱金属的电位差异使电位相对较负的贱金属优先氧化进入溶液，而贵金属则留在渣中，从而达到贵金属与贱金属分离并被富集的目的。这种方法过程简单，金属回收率高。该工艺流程见图 28-17 所示。

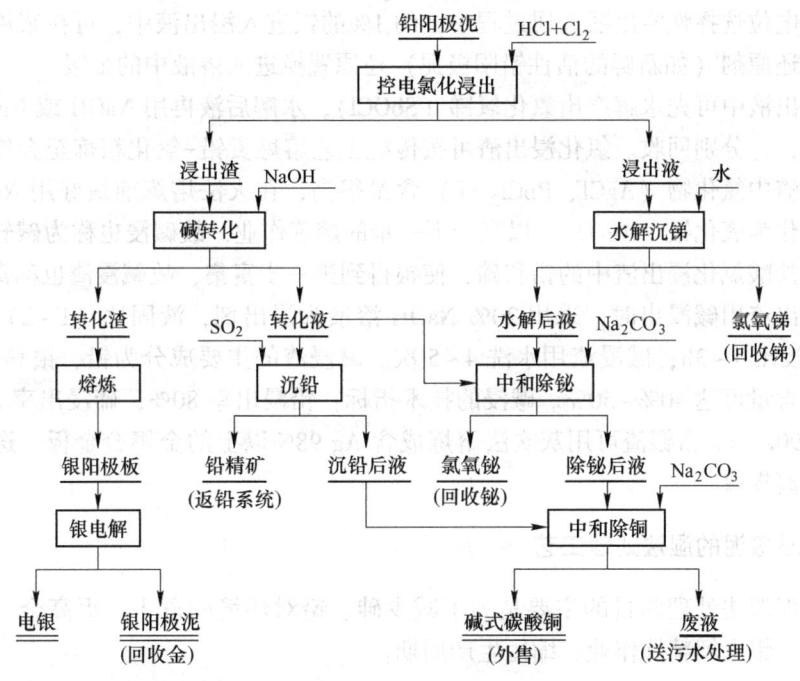

图 28-17 铅阳极泥控制电位氯化浸出—碱转化—熔炼金、银的工艺流程

铅阳极泥用 4mol/L HCl 溶液按液固比（8~
10）：1 进行搅拌浆化，温度 50℃，同时通入氯
气（或加入 NaClO₃），控制电位在 400~450 mV
（相对于饱和甘汞电极），恒电位浸出 2h，使锑、
铋、铜、砷等氧化溶解。溶液电位随时间的变化
曲线如图 28-18 所示。

控电氯化浸出时，相关金属的标准电极电位
见表 28-10。

从图 28-18 可见，当贱金属氧化浸出基本完
全后，溶液体系的电位开始急剧上升；当电位超
过 450 mV 时贵金属的溶解损失增大，尤其是银

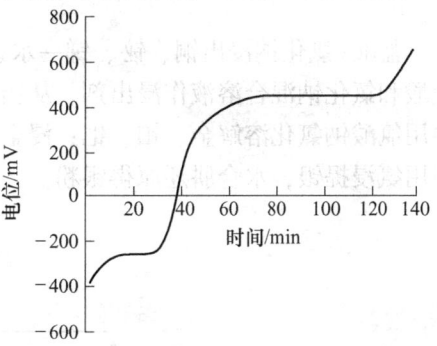

图 28-18 铅阳极泥控电氯化浸出溶液
电位随时间的变化曲线

的损失加剧。贱金属的浸出使贵金属在渣中得到富集，有利于后续贵金属的提取，因而控
制电位选择性浸出贱金属是该工艺的关键步骤。控电氯化浸出过程，金属元素的浸出率见
表 28-11。

表 28-10 控电氯化时相关金属的标准电极电位

金属电对	Sn^{2+}/Sn	Pb^{2+}/Pb	Bi^{2+}/Bi	Sb^{2+}/Sb	Cu^{2+}/Cu	Ag^+/Ag	Au^{3+}/Au	$[AuCl_4]^-/Au$
电位 $\varphi^\ominus/V$	−0.136	−0.126	0.216	0.240	0.337	0.799	1.52	1.00

表 28-11 控电氯化浸出铅阳极泥时金属元素的浸出率 （%）

项目	Au	Ag	Cu	Pb	Sb	Bi
铅阳极泥组成	0.03	25.27	12.56	19.72	12.27	11.19
氯化浸出渣组成	0.06	39.96	0.13	21.06	0.19	0.10
浸出率	0.24	1.00	99.35	33.15	99.03	99.44

在控制电位选择性浸出贱金属过程中，约1%的银进入浸出液中，可在浆液过滤之前加入合适的还原剂（如新鲜的活性铅阳极泥）还原置换进入溶液中的金银。

氯化浸出液中可先水解产出氯化氧锑（SbOCl），水解后液再用 NaOH 或 Na_2CO_3 中和沉淀铋和铜，并分别回收。氯化浸出渣可按传统工艺熔炼贵铅-氧化精炼至金银合金。由于氯化浸出渣中氯化物（AgCl、$PbCl_2$ 等）含量很高，在火法熔炼前最好用 NaOH 浸出，将氯化银转化为氧化银（Ag_2O），以利于下一步的熔炼作业，故碱浸也称为碱转化。碱浸时还能脱除盐酸氯化浸出渣中的铅和碲，使银得到进一步富集，故碱浸渣也称富银渣。

氯化浸出渣用碱浸出时，采用 20% NaOH 溶液为浸出剂，液固比（1~2）:1，温度 80~90℃，浸出 1~3h；碱浸渣用水洗 4~5 次。碱浸渣的主要成分为铅、银和少量的锑、铋，其中银含量可达 40%~50%。碱浸的技术指标：铅浸出率 80%，碲浸出率 5%~10%，NaOH 单耗 90kg/t。富银渣可用灰吹法熔炼成含 Ag 98%以上的金银合金板，送银电解精炼和金的分离提取。

28.2.4　铅阳极泥的湿法处理工艺

铅阳极泥湿法处理的目的主要是为了减少砷、铅对环境的危害，提高金、银的回收率，省去金、银电解精炼作业，缩短生产周期。

28.2.4.1　盐酸+氯化钠浸出铜、铋、锑—水氯化浸金—电解工艺

盐酸+氯化钠浸出铜、铋、锑—水氯化浸金—电解工艺的流程如图 28-19 所示。采用盐酸和氯化钠混合溶液作浸出剂，从铅阳极泥中直接浸出铜、铋、锑；浸出渣在硫酸介质中用氯酸钠氯化溶解金、铂、钯；浸金液用亚硫酸还原金，铁粉置换得铂、钯精矿；浸金渣用氨浸提银，水合肼还原得银粉。

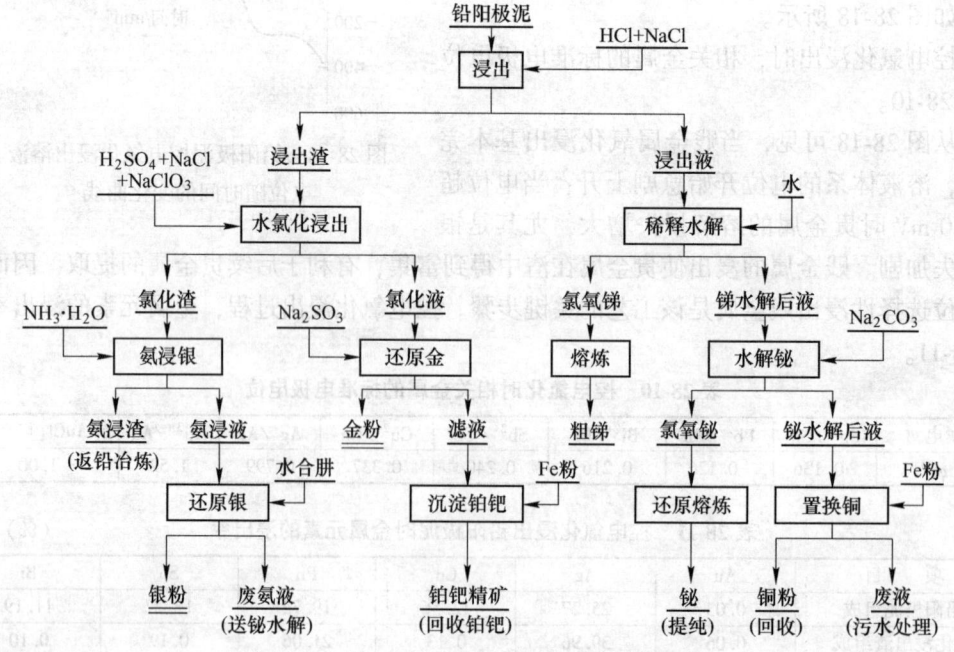

图 28-19　HCl-NaCl 浸出铜、铋、锑—水氯化浸金—电解法处理铅阳极泥的工艺流程

铅阳极泥的成分为：Au 0.4%~0.9%、Ag 8%~12%、Sb 40%~45%、Pb 10%~15%、Cu 4%~5%、Bi 4%~8%、As 0.87%、Fe 0.62%、Zn 0.03%、Sn 0.001%。铅阳极泥先经自然氧化（存放时间较长）或在 120~150℃ 下烘干氧化，此时铜、砷、锑、铋等氧化为氧化物。

(1) 盐酸+氯化钠浸出。浸出液固比为 6:1，温度 70~80℃，终酸 1.5mol/L，[Cl⁻] = 5mol/L，搅拌浸出 3h，所得浸出率分别为：Sb 99%、Pb 29%~53%、Bi 98%、Cu 90%、As 90%。浸出液加水稀释（pH 值为 0.5），三氯化锑水解析出氯化氧锑沉淀（含 Sb 达 60%），锑沉淀率大于 99%；水解后液加碳酸钠中和至 pH 值为 2~2.5，铋可全部水解析出沉淀（含 Bi 达 50%）；铜仍留在水解后液中，可用铁进行置换沉淀铜。

(2) 水氯化浸金。盐酸+氯化钠的浸出渣采用硫酸+氯化钠+氯酸钠的混合溶液进行水氯化浸金。浸出液固比为 6:1，H_2SO_4 100g/L，NaCl 180g/L，$NaClO_3$ 用量为阳极泥质量的 3.5%~5%，浸出温度 80~90℃，浸出 2h，金浸出率大于 99.5%。浸金液用亚硫酸钠于 50~60℃ 下还原得金粉，金还原率大于 99%，金粉含 Au 95%~98%，金回收率为 97% 以上。

(3) 氨浸提银。浸金渣采用 1:1 的氨水浸出，液固比为 (5~8):1，常温搅拌浸出 2h，银浸出率为 99.5%，渣含 Ag 小于 1%。浸银液用水合肼于 50~60℃ 下还原得银粉，银还原率大于 99%，银粉含 Ag 98%~98.9%，银回收率为 95% 以上。

此工艺除回收金、银外，可综合回收其他有价组分，如铅、锑、铋、铜等，回收率分别为：Pb 77.4%、Sb 82.6%、Bi 84.1%、Cu 92%。

该工艺流程为全湿法流程，适合处理金、银含量高的铅阳极泥；金、银直收率较高，并可综合回收其他有价金属；设备较简单，规模可大可小，适合中小企业；设备防腐要求高。

28.2.4.2 铅阳极泥控制电位氯化浸出—亚硫酸钠分银—水氯化浸金的工艺

铅阳极泥控制电位氯化浸出—亚硫酸钠分银—水氯化浸金的工艺流程如图 28-20 所示。

(1) 控电氯化浸出。与前述相同，不再赘述。

(2) 一次分银。铅阳极泥中的银在控制电位选择性浸出贱金属的过程中，已大部分变成氯化银被富集在浸出渣中，易被亚硫酸钠或氨所浸出。由于大量氯化银的包裹，使优先分金难以达到理想的效果，因此采取二次分银，确保金银的浸出率。

对控电氯化浸出渣进行一次分银，采用 250g/L Na_2SO_3，pH 值为 8~8.5，液固比 5:1，常温浸出 2h，银浸出率为 94.5%，99.7% 以上的金被富集在一次分银渣中。

(3) 水氯化浸金。一次分银渣进行水氯化浸金，硫酸浓度 1mol/L，NaCl 50g/L，液固比 5:1，$n(NaClO_3):n(Au) = 20:1$，常温浸出 4h，金的浸出率为 96.16%。

分金液用 SO_2 还原得到粗金，还原残液中金浓度在 0.5mg/L 以下，金还原率达 99.6% 以上。

(4) 二次分银。经水氯化浸金后，渣中的银均转化为氯化银。此分金渣再用亚硫酸钠进行二次浸银，其工艺条件与一次分银工艺条件相同。

将两次分银液合并，用甲醛还原银。还原条件：30g/L NaOH，甲醛:Ag = 1:2.5，

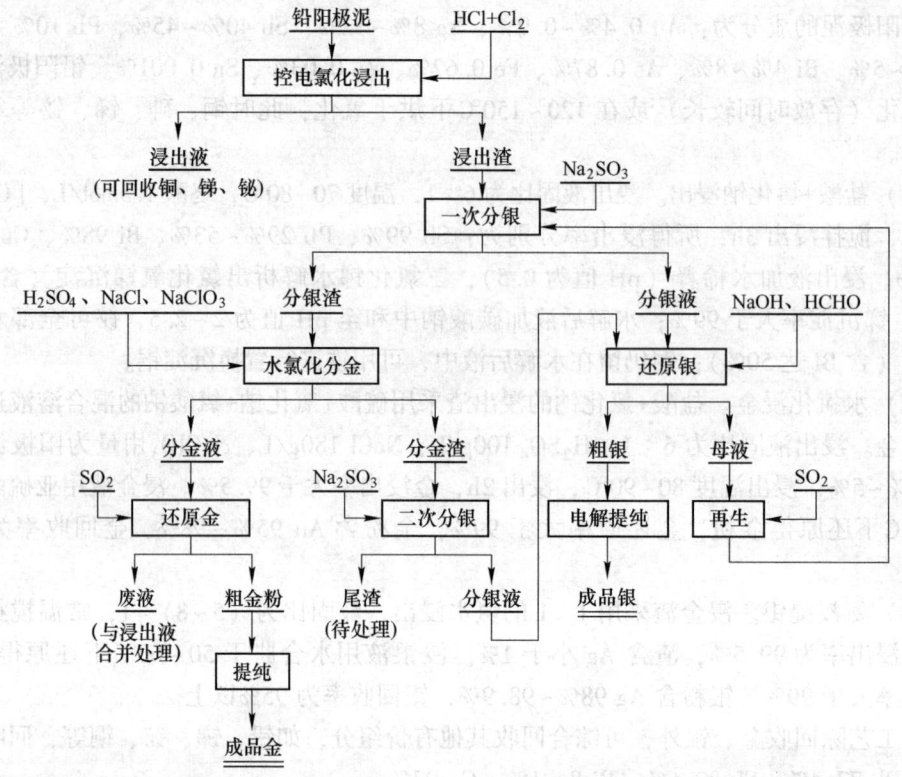

图 28-20 铅阳极泥控制电位氯化浸出—亚硫酸钠分银—水氯化浸金的工艺流程

40~50℃，反应 1h。还原母液含银 0.5~1g/L，银还原率达 98.5%以上，所得粗银粉的组成为 Ag 98.96%，Au 0.0013%，Pb 0.97%。该粗银经电解精炼后即可得到含 Ag 99.99% 的纯银。还原后的母液经 SO_2 中和至 pH 值为 8.5~9，返回分银。

从铅阳极泥至产出金粉、粗银粉，金、银的直收率分别为 96.65%和 98.08%。各步骤的物料中主要元素的分配见表 28-12。

表 28-12 各步骤的物料中主要元素的分配 （%）

项 目		Au	Ag	Pb
氯化浸出渣		0.05	39.96	21.06
一次分银	一次分银渣	0.11	4.40	40.80
	浸出率	0.28	94.50	3.13
水氯化浸金	浸金渣	0.0046	4.84	40.12
	浸出率	96.16	0.03	10.78
二次分银	二次分银渣	0.0052	0.40	45.90
	浸出率	3.31	92.88	2.14

水口山矿务局采用氯盐浸出—铅转化还原—硅氟酸浸出脱铅—熔铸合金—金银电解流程，从阳极泥至合金及各种精矿计，各金属的直收率分别为：Au>99%，Ag>98%，Sb >85%，Bi 90%~95%，Cu>60%，Pb>65%，该工艺区别于其他湿法处理工艺之处在于，

预先彻底分离铜、铅、锑、铋等元素，直接将脱铅渣熔铸成金银合金，为从铅阳极泥提取金、银提供了新途径。

针对铅阳极泥脱除锑、铋、砷、铅的预处理，有研究采用 NaOH 溶液分步氧化和盐酸浸出相结合的工艺，即在 NaOH 溶液中先通入空气进行氧化一段时间，再加入一定量过氧化氢继续氧化浸出，使大部分砷氧化进入碱性浸出液，铋和铜被氧化进入碱性浸出渣，碱性浸出液回收砷后再返回利用；然后通过控制酸度用盐酸溶液选择性浸出，实现铋和铜的高效脱除，使贵金属富集在盐酸浸出渣中。

28.3 从银锌壳中提取金银

锌对金、银的亲和力大，粗铅、粗铋在火法精炼时，将金属锌碎块加入熔融铅液（或铋液）中，含于粗铅（或粗铋）中的金、银易与锌结合形成密度小且不溶于铅液（或铋液）中的锌银金合金，浮于金属液面上，从而与铅（或铋）分离，这种浮渣称为银锌壳。粗铅或粗铋中的银含量比金含量高数十倍，锌对金的亲和力比对银的亲和力大，金比银先进入银锌壳，故银锌壳也含金。锌与金形成 $AuZn$、Au_3Zn、$AuZn_3$，其熔点分别为 725℃、644℃、475℃。锌与银生成 Ag_2Zn_3，其熔点为 661℃；锌与银还形成 α 固溶体（含 Zn 在 0~26.6%）和 β 固溶体（含 Zn 在 26.6%~47.6%）。一些工厂的银锌壳化学组成见表 28-13。

表 28-13 一些工厂的银锌壳化学组成 (%)

工 厂	Au	Ag	Zn	Pb	Cu	Fe
工厂1	—	9.45	55.45	33.79	2.00	
工厂2	—	26.85	63.70	8.60		0.70
工厂3	0.0015	4.0	40.0	54.0	2.0	

银锌壳的处理是根据锌、铅和银的沸点分别为 907℃、1740℃ 和 2212℃，在熔析除去夹带的大量金属铅后，用蒸馏法回收锌，锌蒸气冷凝得到的液体锌返回粗铅精炼除银作业使用，余下的蒸馏渣仅含 Zn 0.5%~1.0%，主要成分为银和铅，称为贵铅。将贵铅进行灰吹除铅的过程，即为前述处理铅阳极泥时在分银炉中氧化铅除去贵铅中的铅和少量铜、铋、锑等杂质的过程，产出的银金合金铸成阳极板进行银电解精炼，分别回收银和金。处理银锌壳一般采用以下步骤：熔析或机械挤压法除去夹带的铅；真空蒸馏法蒸发除去锌；除锌后所得贵铅吹炼成银金合金；银金合金分别提取银和金。为了提高回收产物中金、银的含量，减少铅、锌的损失，简化生产过程和提高生产效率，某些工厂处理银锌壳的工艺主要有：光卤石熔析除铅法、真空脱锌法、富集熔析法和熔析-电解法等。

28.3.1 光卤石覆盖的银锌壳熔析除铅

光卤石为 $MgCl_2 \cdot KCl \cdot 6H_2O$，常含 25% 左右的水，熔点约 400℃。当银锌壳在光卤石液层下熔融时，银锌壳中的金属不被空气氧化，也不与光卤石发生化学反应，甚至光卤石熔体被 50%~60%（质量分数）的氧化铅和氧化锌饱和时也不丧失流动性。因此，光卤石是银锌壳熔化分层时的良好覆盖剂。

先将含银的返回铅锭 30~40t 和 2~3t 光卤石装入容量为 150t 的熔析锅内,加温熔化后,在 500~550℃ 下加入 50~100t 银锌壳,升温加速熔化。搅拌熔融合金使温度均匀,然后加热至 580℃,经沉降,铅液、银锌合金和浮渣三者分层良好。所得三种产品的组成列于表 28-14。银锌壳中 92%~95% 的铅被熔析出来,银锌合金中银含量高,铅含量低。银锌合金送去蒸锌,产出的富铅经灰吹提银。

表 28-14   银锌壳用光卤石覆盖熔析的产品组成   (%)

产品名称	Ag	Zn	Pb
浮渣	1.6~1.7	37	12
银锌合金	23~25	65~69	3~5
铅锭	0.17~0.2	3	96~97

光卤石熔析法不宜用于处理含氧化物的贫银锌壳。因为熔析时有大量的锌进入渣层,影响贵金属富集并增大光卤石的消耗。

28.3.2   银锌壳的分层凝析除铅

某铅厂采用分层凝析富集法处理含 Ag 2%~3% 的高铅银锌壳(肥壳)生产富银锌壳。分层凝析在处理能力为 500kg 的卧式转炉中进行,加料前先预热至 750~800℃,加入肥壳 500kg、木炭 5~10kg,盖上炉盖,燃油加热至 850℃ 下进行还原熔炼,期间每 10min 转动一次炉体以搅拌炉料。待炉料全部熔融后停止加热。取下炉盖,扒出氧化渣,让熔融合金在炉内自然冷却和沉降分层。当炉温降至 800℃ 时开始凝析出富银锌壳;熔池温度降至 600℃ 时,扒出富银锌壳;炉温降至 500~550℃ 时扒出上部的锌壳返回下次再熔析。熔池下部为铅液,含 Ag 500g/t,返回加锌除银锅产出银锌壳。凝析富集作业时间约 3h。其特点是炉内为还原气氛,可防止锌氧化。

富银锌壳在燃油的蒸馏炉中蒸馏除锌后,得到含 Ag 42% 左右的铅合金(称富铅),送灰吹炉灰吹。必要时也可再次对富银锌壳进行凝析富集,使富集于上层的合金中铅含量降至 5%~8%,而下层铅液经虹吸管放出。上层合金曾于 1000℃ 和 266.64Pa(2mmHg)负压下进行真空蒸馏,可除去 99%~99.5% 的锌和 90% 的铅,银的回收率达 98%~99%。所产出的银铜铅合金组成见表 28-15。可见这种合金的银含量很高,可不经灰吹送电解提纯。

表 28-15   银铜铅合金的组成   (%)

序号	Ag	Cu	Pb	Zn
1	90.12	8.35	1.21	痕量
2	88.45	8.92	2.23	

28.3.3   银锌壳的常压蒸馏除锌

从铅(或铋)精炼锅产出的银锌壳,经榨机挤去液铅后送火法蒸馏除锌,产出富含贵金属的富铅,经灰吹除铅,产出银金合金,送银金分离和提纯。此工艺为处理银锌壳的常规方法，工艺成熟，为国内外广泛采用，其工艺流程如图 28-21 所示。

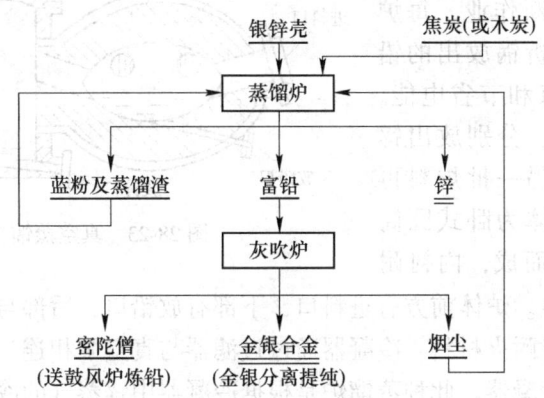

图 28-21　银锌壳蒸馏—灰吹的处理工艺流程

在 101.3kPa 下，锌的沸点为 907℃，比其他金属的沸点要低。将银锌壳在还原性气氛下加热至 1000~1100℃，使锌、铅等氧化物还原成金属。而金属锌在高于其沸点的温度下呈气态挥发，使锌与铅、银等分离。挥发的锌蒸气导入冷凝器凝聚成金属锌回收。

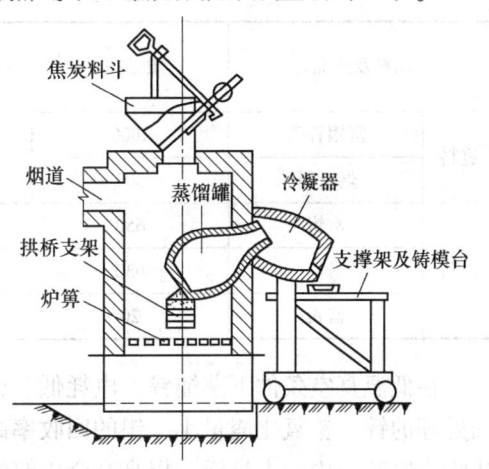

图 28-22　焦炭加热的银锌壳蒸馏炉示意图

蒸锌时一般用可以倾动的蒸馏炉，蒸馏罐口装有冷凝器，并与铸锭车相连接。可用粉煤、焦炭或重油加热。烧油和烧粉煤的炉子装有喷嘴，焦炭炉的底部有炉箅，炉顶开口装焦炭加料斗，如图 28-22 所示。操作时往蒸馏罐内装满银锌壳和还原剂（2%~3%）碎木炭或 3%~4% 碎焦炭后，迅速升温至炉内温度 1100~1200℃（罐内温度 1000~1100℃）。待银锌壳软化后再补加原料，直至罐内充满液态合金后再装上冷凝器与灌口连接处密封，开始蒸锌。蒸锌作业每炉次约需 6~8h。蒸锌结束后，放出全部液锌；移开冷凝器，再倾动炉体将蒸馏罐内的富铅倾入钢桶内，捞出浮渣，富铅送灰吹作业提取金银合金。蒸馏产出的金属锌仍含少量的银和铅，可返回供加锌除银用。

蒸馏法除锌时，因部分锌被氧化损失，因此锌的回收率较低，为 65%~80%。所得富铅中银含量低，灰吹时铅的损失大，并且蒸馏炉和灰吹炉的生产率较低。

28.3.4　银锌壳的真空蒸馏除锌

银锌壳先进行压榨除去过量的铅，其组成为：Ag 10%、Zn 30%、Pb 60%。将银锌壳加入深度大而口径小的锅中，在盐层覆盖下熔析，产出富银锌壳（三元合金富集体），其组成为：Ag 25%、Zn 65%、Pb 10%。

富银锌壳放如图 28-23 所示的真空蒸馏炉内，控制炉温 750~800℃，冷凝器通过过滤器与真空泵相连，负压 1.333kPa（10mmHg），冷凝器温度为 450℃左右，锌蒸气挥发并冷凝为锌液，蒸锌后的铅液面上几乎没有氧化浮渣。间断作业，每炉装料 1000kg，再加熔析锅放出的铅 300kg 以降低合金熔点和节省电能。蒸馏完毕，停真空泵，分别放出锌液和富铅，然后装入另一批炉料再蒸馏。真空蒸馏炉炉体为卧式圆筒体，外壳用钢板焊接而成，内衬耐

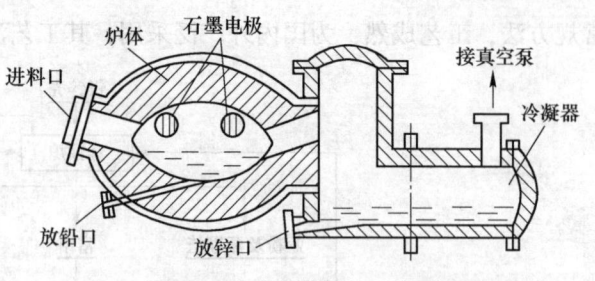

图 28-23 真空蒸馏炉示意图

火砖，用石墨电极加热。炉体前方有进料口，下部有放铅口，后部与冷凝器相连。冷凝器的外壳为钢板壳，内衬耐火材料。冷凝器通过过滤器与真空泵相连，冷凝器内也装有电极以便开始蒸馏时加热冷凝器。此种蒸馏炉是根据冷凝器中锌蒸气的冷凝速度自动调节锌的蒸发速度，故锌的分离较完全，回收率高，炉子的生产率也高。该厂的年平均指标列于表 28-16。该厂日处理富银锌壳 2t，产出的富铅送灰吹。锌的回收率大于 95%、银的回收率达 99%。蒸馏富银锌壳的电力消耗为 800~850kW·h/t。

表 28-16 真空低温蒸馏富银锌壳的指标

原料及产品		质量/kg	含量/%		
			Ag	Pb	Zn
进料	富银锌壳	1000	25	8	65
	熔析铅	300			
出料	富铅	650	38	57	1.75
	锌	630	0.15	1.8	98
	蓝粉	20	0.15	3	94

在低温真空条件下蒸馏锌，电耗低、成本低，锌与铅分离完全，铅、锌回收率高，返回处理的锌、铅氧化渣量小，银的回收率高，改善了操作条件。若在真空除锌前用其他方法除去银锌壳中的大量铅，提高合金中锌的含量，将有利于真空蒸锌作业的进行，可提高蒸馏炉的生产率和缩短蒸馏时间。

28.4 从湿法炼锌渣中提取银

在湿法炼锌过程中，锌精矿所含的银，几乎全部残留于浸出渣中。在我国锌冶炼生产中 85% 采用湿法冶炼，湿法炼锌又分为常规湿法流程和热酸浸出流程。常规湿法浸出流程，即采用第一段中性浸出、第二段酸性浸出，得到的浸出渣，通常渣率在 50%~55%。而采用热酸浸出流程所产出的渣为铅银渣，其产率为 15%~30%，其渣中银含量相对较高。锌浸出渣中银的存在形式复杂，大约 80% 的银以硫化银（Ag_2S）及自然银存在，少部分分别以氧化银（Ag_2O）、氯化银、硫酸银、硅酸银及银铁矾等化合物形式存在。

锌焙砂的酸浸渣中一般含 Ag 100~600g/t。对于铅锌联合冶炼企业，目前均将铅银渣并入铅冶炼系统，以回收其中的铅和银。但对于单一的锌冶炼厂，则需单独处理，无论是

浸出渣还是铅锌渣，企业均考虑单独处理以回收银。目前单独处理的方法主要是：直接浸出提银和浮选富集后进一步处理。

28.4.1　直接浸出回收银

硫脲是一种优良的贵金属浸取剂，在酸性溶液中比较稳定，能与银离子形成 $[Ag(TU)_2]^+$、$[Ag(TU)_3]^+$ 等配离子，对含银物料中的 Ag_2S、$AgCl$ 和金属银等有很强的溶解配位能力。

As_2S 的 $K_{sp} = 6.3 \times 10^{50}$，$\varphi^{\ominus}_{S/Ag_2S} = -0.0362V$，而 $\varphi^{\ominus}_{Fe^{3+}/Fe^{2+}} = 0.771V$，$\varphi^{\ominus}_{H_2O_2/H_2O} = 1.763V$，$\varphi^{\ominus}_{O_2/H_2O} = 1.229V$，因此在有 H_2O_2、Fe^{3+}、O_2 等氧化剂存在时，As_2S 在酸性硫脲溶液中也可发生氧化还原反应，生成单质 S 和 Ag^+，并与硫脲配位形成配离子，其溶解过程分为两步，用方程式表示为：

$$Ag_2S + 2Fe^{3+} = 2Ag^+ + S^0 + 2Fe^{2+} \tag{28-73}$$

$$4Fe^{2+} + O_2 + 4H^+ = 4Fe^{3+} + 2H_2O \tag{28-74}$$

$$Ag^+ + 2TU = [Ag(TU)_2]^+ \tag{28-75}$$

只是反应式（28-73）和式（28-74）的速度很慢，因为在实际反应时，As_2S 被大量其他硫化物和生成的单质硫包裹，这些物质阻碍了反应物的传质。

美国专利曾经公开用硫脲溶液从锌精矿浸出渣中回收金、银，浸出时采用 H_2O_2 氧化，含有 $[Ag(TU)_2]^+$ 配离子的浸出液用铝粉置换沉银，银回收率达90%以上。

28.4.2　硫酸化焙烧-浸出回收银

欧洲专利10365公开处理炼锌厂浸出渣回收有价金属的方法，锌浸出渣先用90%硫酸进行混合，在200℃下进行硫酸化焙烧16h，使铁酸盐及氯化物转变为可溶性硫酸盐，然后用80℃的水浸出，再加入NaCl使浸出液中的银沉淀为AgCl进行回收。

美国专利也有类似的处理工艺：锌浸出渣与浓度大于90%的硫酸混合后，在100~700℃作用0.5~24h，除Pb之外，大多数金属都可转化成硫酸盐，随后用80℃的水浸出硫酸盐0.5~1h，分离出的残渣送铅冶炼系统处理，浸出液加氯盐，分离出沉淀（AgCl）进行精炼。Ag、Pb 回收率均接近100%。

28.4.3　选—冶联合工艺回收银

湿法炼锌浸出渣中的银可经浮选富集得到银精矿，再用湿法流程进行回收。日本秋田冶炼厂从锌浸出渣中浮选银，银的回收率为75%~80%，尾矿含银 60~100g/t。我国株洲冶炼厂、豫光金铅集团有限公司、驰宏锌锗股份有限公司等多家湿法炼锌浸出渣进行浮选富集银。

28.4.3.1　锌浸出渣的浮选富集

一般对于含 Ag 300~400g/t 的锌浸出渣，浮选精矿含 Ag 6000g/t，尾矿含 Ag 80~120g/t，银的回收率在60%~80%。浮选精矿可加入铅系统处理，使银在铅电解阳极泥中富集和回收；一些企业则采用前述的酸性硫脲溶液浸出浮选精矿提取银。

　　某厂的锌精矿经沸腾焙烧得到锌焙砂，再经两段连续逆流浸出，过滤、洗涤得到的滤渣作为浮选银精矿的原料，其化学成分列于表 28-17；锌浸出渣的筛析和物相分析分别列于表 28-18 和表 28-19。

表 28-17　锌浸出渣的化学成分 　　　　　　　　　　　　　　　　　（%）

元素	Ag	Au	Cu	Pb	Zn	Fe	$S_总$	SiO_2	As	Sb
成分	270~ 360g/t	0.2~ 0.25g/t	0.62~ 0.85	3.18~ 4.6	19.4~ 21.6	21.14~ 27.0	5.0~ 8.75	8.0~ 10.63	0.54~ 0.79	0.21~ 0.41

表 28-18　锌浸出渣的筛析结果

粒级/μm	37~74	19~37	10~19	<10	合计
产率/%	13.49	14.55	12.17	44.31	100
含 Ag/g·t^{-1}	360	300	220	120	235
Ag 分布率/%	24.75	22.24	13.64	27.09	100

表 28-19　锌浸出渣中银、锌的物相分析结果 　　　　　　　　　　　（%）

Zn	$ZnSO_4$	ZnO	$ZnO·SiO_2$	ZnS	$ZnO·Fe_2O_3$
	16.73	14.13	0.96	7.54	60.60
Ag	自然银	Ag_2S	Ag_2SO_4	AgCl	Ag_2O	脉石共生
	10.03	61.80	2.14	3.50	5.44	17.10

　　从浸出渣的物相分析可看出，银在浸出渣中以自然银及硫化银形态存在的占 71.83%，且可选；氯化银和氧化银占 8.94%，但难选；银与脉石共生在一起的占 17.10%，为不可选的。从浸出渣的筛析看出，90% 以上的银是分布在粒度小于 154μm 的细颗粒中，而在小于 10μm 的微粒中，银的分布率达 27.09%。通常认为粒度小于 10μm 的矿粒难浮，且对银的回收率及精矿品位的提高都有所影响。

A　浮选药剂

　　锌浸出渣中含有相当量的残余硫酸，浮选时矿浆为酸性。为降低药剂消耗，一般选用丁基胺黑药为捕收剂，2 号油作为起泡剂，Na_2S 作为硫化剂。

B　浮选技术条件

　　矿浆浓度 30%，室温，药剂用量见表 28-20。

表 28-20　药剂用量 　　　　　　　　　　　　　　　　　　　　　（g/t）

药剂	丁基胺黑药	2 号油	Na_2S
粗选	450	180	130
三次扫选	300	100	180

C　浸出渣中有价金属在浮选产物中的分配

　　锌浸出渣经一粗三精三扫的浮选作业，所得银精矿产出率为 2.7%，其中含 Ag 9410g/t，银回收为 74.37%，铜回收率为 15%，锌、镉进入银精矿，而 98% 以上的铅、铟、镓、锗进入尾矿，尾矿含 Ag 90g/t。浸出渣中有价金属在浮选各产物中的分配列于表 28-21。

表 28-21 浸出渣中的有价金属在浮选产物中的分配

物料	成分/%									
	Ag	Cu	Pb	Zn	Fe	S$_总$	In	Ge	Ga	Cd
浸出渣	342g/t	0.08	4.3	20.6	23.54	5.34	0.038	0.0068	0.0021	0.13
精矿	9410g/t	4.50	0.28	39.9	5.73	29.8	0.014	0.0031	0.012	0.26
尾矿	90g/t	0.697	4.41	19.06	24.03	4.66	0.038	0.0069	0.021	0.18

物料	产出率/%	分配率/%									
		Ag	Cu	Pb	Zn	Fe	S$_总$	In	Ge	Ga	Cd
精矿	2.7	74.37	15.19	0.17	5.23	0.66	15.07	0.99	1.23	1.54	3.9
尾矿	97.3	25.63	84.81	99.83	94.77	99.34	84.93	99.01	98.77	98.46	96.1
浸出渣	100	100	100	100	100	100	100	100	100	100	100

比利时老山公司巴伦厂锌精矿经中性浸出、酸浸两段热酸浸出得到富铅银渣。这种渣含 Ag 1152g/t，用超热酸浸，底流过滤，滤渣送浮选，所得浮选精矿含 Ag 10～15kg/t，银回收率为 90%。

用浮选法富集银，工艺流程短，设备简单，动力及原料消耗少，但银回收率不高，尾矿含银高，仍有待回收。

28.4.3.2 浮选银精矿中银的回收

从锌浸出渣浮选出的银精矿实际上是一种富银的硫化锌精矿，其成分及物相组成见表 28-22 和表 28-23。这种原料可采用硫酸化焙烧—浸出—置换银和铜的工艺流程。

表 28-22 锌浸出渣浮选银精矿的化学成分　　　　　　　　　（%）

元素	Au	Ag	Cu	Pb	Zn	Cd	S$_总$	SiO$_2$	As	Sb	Bi
成分	2.0～2.5g/t	0.74～1.0	4.52～4.85	0.44～0.94	46.2～48.7	0.29～0.32	28.7～29.0	3.90～4.28	0.15～0.24	0.13～0.15	0.02

表 28-23 锌浸出渣经浮选所得银精矿的物相组成

元素	Ag				Zn				
物相	Ag^0	Ag$_2$S	Ag$_2$SO$_4$	Ag$_总$	ZnS	ZnO	ZnSO$_4$	ZnO·Fe$_2$O$_3$	Zn$_总$
含量/%	0.0026	0.76	0.18	0.781	41.38	0.25	0.25	6.62	48.5
分配/%	0.03	97.3	2.3	约100	85.3	0.5	0.5	13.6	约100

元素	Cu				
物相	CuS+Cu$_2$S	CuO	CuSO$_4$	Cu$^0_{结合}$	Cu$_总$
含量/%	4.32	0.19	0.011	0.011	4.53
分配/%	95.4	4.2	0.24	0.24	约100

日本秋田电锌厂处理锌浸出渣经浮选所得银精矿的工艺流程为：银精矿于多膛炉进行硫酸化焙烧—硫酸溶液浸出—氯化沉银—净化氯化银—铁置换银产出粗银。我国某厂处理这类银精矿回收银的工艺流程与之类似，如图 28-24 所示。

（1）硫酸化焙烧。物料于 650～750℃在炉内停留 2.5h。当焙烧温度低于 650℃时，烧渣中硫化银残留量明显增加。

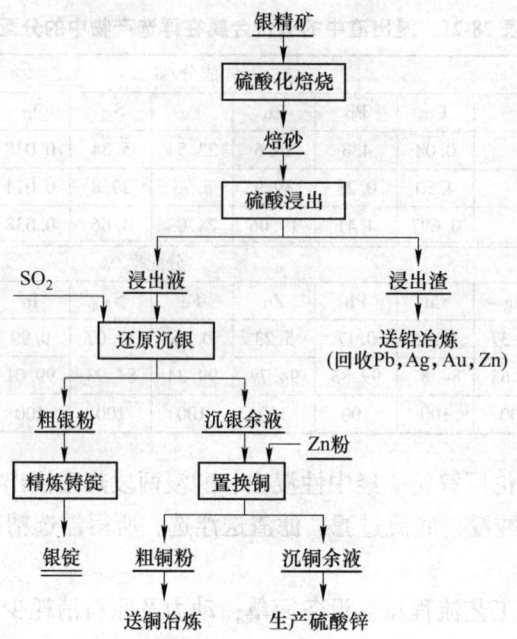

图 28-24 从锌浸出渣浮选银精矿中回收银的工艺流程

（2）焙砂中银的浸出。初始硫酸量与焙砂的质量比为 0.7∶1，液固比（4~5）∶1，于 85~90℃搅拌浸出 2h，银的浸出率大于 95%。

（3）浸出液中银的还原。溶液温度 50℃，通入 SO_2 进行还原，银还原率 99.5%以上，所得粗银粉的成分为：Ag 95.12%，Cu 0.05%，Zn 0.01%。为防止铜还原进入粗银粉，须控制 SO_2 通入量，用 Cl^- 检查银是否完全沉出，一旦银完全沉出，就停止通入 SO_2。

（4）锌粉置换铜。还原银的后液用 Zn 粉置换沉铜。沉铜条件：温度 80℃，Zn 粉加入量为理论量的 1.2 倍，搅拌置换 1~2h，得到的铜粉含 Cu 80%，置换铜后液经过滤、净化，生产 $ZnSO_4 \cdot 7H_2O$。

 **复习思考题**

28-1 简述有色金属生产过程中的哪些副产物可作为贵金属生产的原料。

28-2 写出以火法—电解法流程从铜阳极泥中提取金银的工艺流程，简要说明各主要步骤的作用并写出各步骤发生的主要反应的方程式。

28-3 简述贵铅还原熔炼的基本原理，写出主要的反应方程式。

28-4 简述贵铅氧化精炼的基本原理，写出主要的反应方程式。

28-5 写出以火法—湿法冶金方法从铜阳极泥中提取金银的工艺流程，简要说明各主要步骤的作用并写出各步骤发生的主要反应的方程式。

28-6 写出以全湿法冶金方法从铜阳极泥中提取金银的工艺流程，简要说明各主要步骤的作用并写出各步骤发生的主要反应的方程式。

28-7 简述铅阳极泥的处理工艺，画出工艺流程图。

28-8 简述从银锌壳中分离提取贵金属的方法及工艺流程。

28-9 简述从湿法炼锌浸出渣中提取贵金属的方法及工艺流程。

29　金银的精炼与铸锭

金、银的精炼一般包括分离与提纯两个过程。金、银精炼的方法，通常有火法、化学法、萃取法和电解法。金、银的火法精炼（通常指坩埚熔炼法），在古代曾被广泛采用，但现代已被其他几种精炼方法所取代。电解法分离提纯金、银的操作简便，原材料消耗少，生产效率高，劳动强度小，产品纯度高而稳定，并能分离回收其中少量的铂族金属。随着科学技术的发展及金、银回收原料的多样化，化学精炼法和萃取精炼法也先后应用于生产。

对各种精炼工艺，不便进行技术上的比较，因为工艺选择应考虑的因素很多，各种因素又因地、因时而异。一般电解精炼适合于较大型的企业，而化学精炼和溶剂萃取具有生产周期短、直收率高和不受原料数量的限制等特点，比较适合于中小型企业的生产。

29.1　银 的 精 炼

银的传统精炼工艺为火法精炼法，根据其所用精炼设备不同又可分为分银炉精炼法、TROF 转炉精炼法、真空蒸馏精炼法、卡尔多炉精炼法等。在前面章节已进行介绍，本节主要介绍电解精炼、化学精炼和萃取精炼。

29.1.1　银的电解精炼

29.1.1.1　银电解精炼的基本原理

银的电解精炼是为制取纯度较高的银甚至高纯银。电解时，用粗银（银金合金或银合金）做阳极，以银片、不锈钢片或钛片做阴极，以 $HNO_3 + AgNO_3$ 的水溶液作为电解液，将粗银阳极、阴极和电解液置于电解槽中，在阴、阳极间通以直流电进行电解。银电解精炼的过程，可视为在下列电化学系统中进行的过程：

$$阴极 \qquad\qquad 阳极$$
$$Ag（纯）\mid AgNO_3，HNO_3，H_2O\mid Ag（粗）$$

电解液中各组分发生部分或全部电离。在直流电的作用下，银阳极板中的银氧化成为 Ag^+ 进入溶液，然后在阴极还原成为单质 Ag。

阳极主要反应： $\qquad\qquad Ag（粗）- e \Longrightarrow Ag^+ \qquad\qquad$ (29-1)

阴极主要反应： $\qquad\qquad Ag^+ + e \Longrightarrow Ag（纯）\qquad\qquad$ (29-2)

银阳极板含有其他金属杂质，如铜、铅等贱金属，因其电极电位较负，被同时氧化进入溶液。银、铜等金属在阳极上除了发生电化学溶解以外，还发生一系列的化学溶解：

$$3Ag + 4HNO_3 \Longrightarrow 3AgNO_3 + NO\uparrow + 2H_2O \qquad (29\text{-}3)$$

$$3Cu + 8HNO_3 \Longrightarrow 3Cu(NO_3)_2 + 2NO\uparrow + 4H_2O \qquad (29\text{-}4)$$

$$MeO + 2HNO_3 \Longrightarrow Me(NO_3)_2 + H_2O \qquad (Me\ 为各种金属氧化物) \qquad (29\text{-}5)$$

在阴极上，除了主要发生 Ag^+ 放电析出金属银外，也还可能发生 H^+ 及硝酸的还原反应，生成 H_2、NO、NO_2 和 HNO_2 等，消耗电能。因此，常需往电解液中补加硝酸。

29.1.1.2　银电解时杂质的行为

银电解过程中，阳极上各杂质元素的行为，与它们的电极电位、在电解质中的浓度以及是否会发生水解等有关。相关金属的标准电极电位见表 29-1。

表 29-1　298K 时金属的标准电极电位

电对	电极电位/V	电对	电极电位/V	电对	电极电位/V	电对	电极电位/V
$\varphi^{\ominus}_{Zn^{2+}/Zn}$	-0.76	$\varphi^{\ominus}_{Pb^{2+}/Pb}$	-0.126	$\varphi^{\ominus}_{As^{3+}/As}$	$+0.30$	$\varphi^{\ominus}_{Pd^{2+}/Pd}$	$+0.82$
$\varphi^{\ominus}_{Fe^{3+}/Fe}$	-0.44	$\varphi^{\ominus}_{H^+/H}$	0	$\varphi^{\ominus}_{Cu^{2+}/Cu}$	$+0.34$	$\varphi^{\ominus}_{Pt^{2+}/Pt}$	$+1.2$
$\varphi^{\ominus}_{Ni^{2+}/Ni}$	-0.25	$\varphi^{\ominus}_{Sb^{3+}/Sb}$	$+0.10$	$\varphi^{\ominus}_{Cu^+/Cu}$	$+0.52$	$\varphi^{\ominus}_{Au^{3+}/Au}$	$+1.52$
$\varphi^{\ominus}_{Sn^{2+}/Sn}$	-0.14	$\varphi^{\ominus}_{Bi^{3+}/Bi}$	$+0.20$	$\varphi^{\ominus}_{Ag^+/Ag}$	$+0.80$		

A　电极电位比银负的金属

电极电位比银负的金属主要包括铅、铋、砷、锑、镉、铜、锌、铁、镍、锡等。电解时与银一同溶解进入电解液，既污染电解液、降低电解液的导电性（电导率），又增加硝酸的消耗。但是在一般情况下，它们不会影响电解银的品质。其中，锌、铁、镍、镉、砷的含量极微，主要以硝酸盐形式进入电解液；铅一部分进入溶液，另一部分被氧化生成 PbO_2 进入阳极泥中，少数 PbO_2 则黏附于阳极板表面，较难脱落，因而当 PbO_2 较多时，会影响阳极的溶解；铋进入电解液后发生水解生成碱式硝酸铋而落入阳极泥中；锡以锡酸形式进入阳极泥中；铜和锑的电极电位与银较为接近，在电解液中积累到一定浓度，特别是当电极表面的 Ag^+ 浓差极化显著时，将在阴极析出，从而降低电银的纯度和电解电流效率。

B　电极电位比银正的金属

电极电位比银正的金属主要包括金、铂、钯等。这些金属一般都不溶解而进入阳极泥中。当其含量很高时，会滞留于阳极表面，从而阻碍阳极银的溶解，甚至引起阳极的钝化，使银的电极电位升高，影响电解的正常进行。部分钯、铂进入电解液，特别是当采用较高的硝酸浓度、过高的电解液温度和较大的电流密度时，钯和铂进入溶液的量便会增多。由于钯的标准电极电位与银很相近，当钯在电解液中的浓度增大（有人认为，15~50g/L）时会与银一起在阴极析出。

C　较为惰性的化合物

阳极中有些化合物，如 Ag_2Se、Ag_2Te、Cu_2Se、Cu_2Te 等，由于它们的电化学活性很小，电解时不发生变化，随阳极溶解时发生脱落而进入阳极泥中。

29.1.1.3　银电解精炼实践

A　银电解液的配制

银电解精炼的电解液一般含 Ag^+ 30~150g/L，HNO_3 2~15g/L，Cu^{2+} 不大于60g/L，

一般为 30~50g/L。电解液中还可加入适量 KNO_3 或 $NaNO_3$，既增加导电性，又可防止由于 HNO_3 浓度过高而引起阴极析出银的化学溶解。

硝酸银电解液的配制（造液），一般是将电解银粉置于耐酸瓷缸（或搪瓷釜）中，先加适量水湿润后，再分次或小流量连续加入硝酸和水，在自热条件下使其溶解而制得。溶液约含 Ag^+ 600~700g/L，HNO_3 少于 50g/L。再加水稀释至所需浓度供作电解液用，或直接将浓液按计算量补充到电解过程中。

B 银电解精炼的设备

银的电解广泛使用直立式电极电解槽，如图 29-1 所示，其结构如图 29-2 所示。电解槽用硬聚氯乙烯焊成或不锈钢板焊成，槽内用未接槽底的隔板横向隔成若干个小槽，小槽串联组合但底部连通，电解液可循环流动；槽底连通处设有涤纶布制成的带式运输机，专供运出从阴极上坠落下来的银粉；槽面设有带玻璃棒（或硬聚氯乙烯）的机械

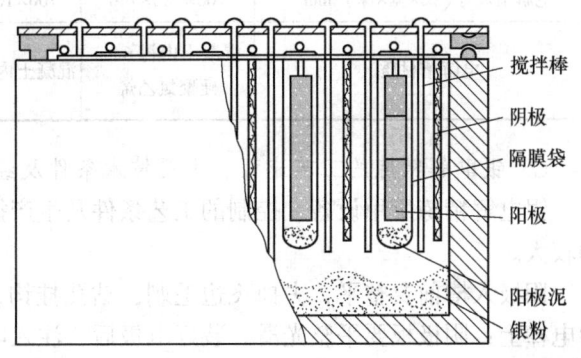

图 29-1 直立式银电解槽

搅动装置，可定期或连续开动刮落长大的银粉颗粒，防止阴、阳极短路，又可搅动电解液，减小浓差极化。电解液循环方式为下进上出，使用小型立式不锈钢泵抽送电解液。部分企业的银电解槽技术性能见表 29-2。

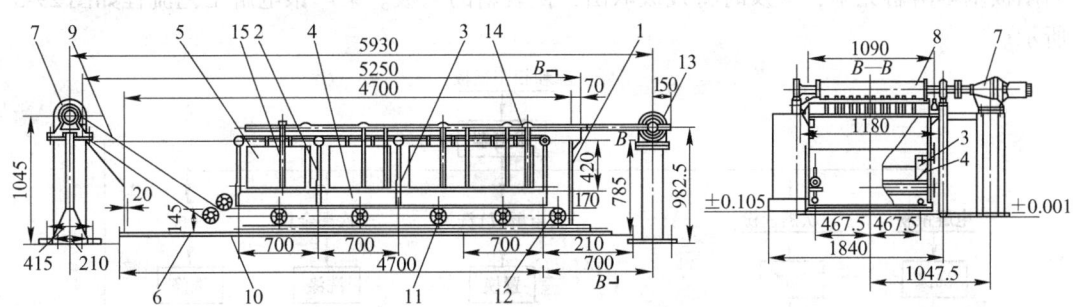

图 29-2 直立式电极电解槽结构

1—槽体；2—隔板；3—连接板；4—斜挡板；5—阴极板；6—保护槽；7—输送带传动装置；8—传动滚筒；9—输送带；10—导向辊；11—托辊；12—换向辊；13—搅拌传动装置；14—滚轮；15—搅拌棒

表 29-2 部分企业的银电解槽技术性能

项 目	工厂1	工厂2	工厂3	工厂4
电流强度/A	700	450~750	60~80	240~260
阴极电流密度/A·m⁻²	250~300	270~450	280~300	300~320
阳极尺寸(长×宽×厚)/mm	190×250×15	300×250×20	150×160×15	445×280×15
阴极尺寸(长×宽×厚)/mm	370×700×3	340×550×2	160×180×3	470×300×3
每槽阳极数/片	5排，每排3块	5排，每排2块	7	6

项　目	工厂 1	工厂 2	工厂 3	工厂 4
每槽阴极数/片	6	6	6	6
同极中心距/mm	160~180	150	100~110	100~120
电解槽数/个	10	14	6	14
电解周期/h	36	48	72	48
电解槽尺寸(长×宽×深)/mm	760×780×740	700×1000×750	760×280×510	950×750×870
电解槽材质	混凝土内衬 6mm 硬聚氯乙烯	混凝土内衬玻璃钢	10mm 硬聚氯乙烯板焊制	15mm 硬聚氯乙烯板焊制

C　银电解精炼的工艺流程、主要技术条件及经济指标

银电解精炼所用设备、控制的工艺条件及生产操作，多数工厂大同小异，但也有的差别较大。

阳极入槽前要整平，去掉飞边毛刺，钻孔挂钩，套上隔膜袋（涤纶布袋），挂在阳极导电棒上；阴极板要平整光滑。装好电极后，注入电解液，检查极板与挂钩、挂钩与导电棒、导电棒与导电板之间的接触部位，确保接触良好再接通电路进行电解。阴极电银生长迅速，须定期刮落，以防短路；电解槽底的无极输送带，不断地将落入带上的电解银粉运送到槽外的不锈钢斗中。当电解周期超过 20h 以后，因阳极不断溶解而缩小，且两极间距逐渐增大，阳极电流密度逐渐升高，导致槽电压脉动上升。当槽电压升高至 3.5V 时，表明阳极基本溶解完毕，应及时将残极取出，换装新的阳极。某厂银电解工艺流程如图 29-3 所示。

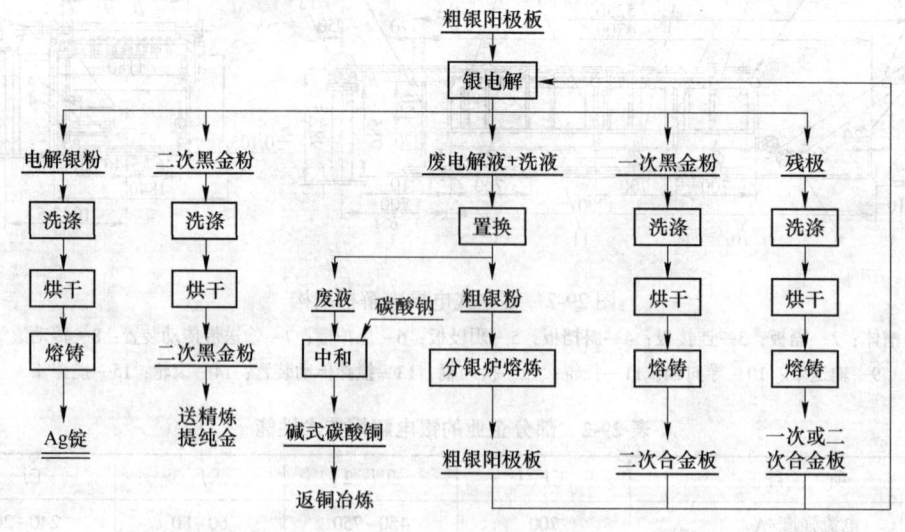

图 29-3　银电解工艺流程

我国和日本的部分工厂银电解精炼的技术条件及主要经济指标见表 29-3。

电银粉一般含 Ag 大于 99.9%，经洗净、烘干后，可熔铸成含 Ag 99.95% 的银锭。银电解的电流效率一般为 95%~96%，直流电单耗约为 500kW·h/t。

表 29-3　银电解精炼的技术条件及经济指标

项 目		中国厂1	中国厂2	中国厂3	日立	日光	新居滨	左贺关
阳极成分/%	Au+Ag	>97	>96	>98				
	Cu	<2	—	<0.5				
电解液成分/g·L⁻¹	Ag	80~100	60~80	120~200	50	78.3	80.0	55
	HNO₃	2~5	3~5	3~6	6.5	8.9	2.5	6.0
	Cu	<50	<40	<60	9.7	16.4	2.5	10.0
阴极电流密度/A·m⁻²		250~300	200~290	300~320	371	251	392	444
同名极距/mm		160	100~125	120	75	100	75	90
电解液温度/℃		35~50	38~45	常温	最高48	最高55	最高45	最高50
电解液循环量/L·min⁻¹		0.8~1.0	1~2					
电解周期/h		36	72	48				
单块阳极质量/kg					9.0	46.4	20.6	22.5
残极率/%					7.1	12.5	5.6	7.0
电流效率/%					95.75	87.01	92.0	96.10

D　银电解阳极泥和废电解液的处理

银电解阳极泥产率一般在8%左右，一般含Au 50%~70%，Ag 30%~40%。

银阳极泥（也称为黑金粉）的处理有硝酸分离法、二次电解法和水溶液氯化法。硝酸分离法因耗酸多，目前使用不多。二次电解法是将第一次电解的阳极泥补加一部分银粉，经熔铸成银阳极板，再进行第二次银电解，可直接得到合格的银产品，而二次阳极泥（二次黑金粉）产率一般为二次阳极质量的35%，其中的Au含量可大大提高至90%左右，含Ag 6%~8%，其余为铜等贱金属杂质，可送去进行金的分离提纯。

当银电解液中含Cu²⁺大于60g/L时，则需抽出一部分电解液，补以新液。抽出的废电解液需回收其中的银和铜。处理银电解废液和洗液的方法很多，可进行浓缩结晶AgNO₃返回银电解系统；可用铜置换回收银，铁屑置换回收铜；也可加NaCl或HCl溶液，沉淀出AgCl，再以铁屑置换为粗银粉或采用氨-肼还原法直接得到纯银粉。

29.1.2　银的化学精炼

银的化学精炼方法目前应用较多，一般主要采用以下步骤：用酸溶解银为可溶性的盐（如AgNO₃），沉淀为氯化银，净化除去氯化银中的其他杂质元素，用还原剂还原为纯银。溶解银常用硝酸，也可以用王水溶解直接得到氯化银。氯化银的还原精炼方法很多，可概括为两大类：液相化学还原和高温熔炼还原法。前者可采用的还原剂有活性金属（铁、锌、铝等）、水合肼、甲酸、甲醛、葡萄糖、亚硫酸钠、抗坏血酸、硼氢化钠等，目前多采用活性金属、甲醛和水合肼等选择性较强、成本较低的还原剂。后者如碳酸钠、硼砂、炭、氢气高温还原等方法。

29.1.2.1　银的化学法精炼原理

银易溶于硝酸生成硝酸银，而金及铂族金属（钯除外）不溶于硝酸，易溶于王水或（HCl+Cl$_2$），这样既可用硝酸选择溶解银又可用王水溶解金及铂族金属，而银以 AgCl 形式留在不溶渣中，这是银与金及铂族金属分离的基础。

向硝酸银溶液中加入 NaCl 或 HCl 溶液，银生成难溶于水的 AgCl 沉淀，而绝大部分贱金属的氯化物易溶于水，这是银与绝大部分贱金属分离并使银富集的基础。控制适当的条件可使 AgCl 沉淀完全。另外，随着溶液中 Cl$^-$ 浓度的增加，AgCl 进一步生成 [AgCl$_2$]$^-$ 配阴离子而溶解。在 AgCl 沉淀过程中，Pb^{2+}、Hg$_2^{2+}$、Cu$^+$ 等离子可与其共沉淀，它们的溶度积常数分别为 $K_{sp(PbCl_2)}=1.6\times10^{-5}$、$K_{sp(Hg_2Cl_2)}=1.3\times10^{-18}$、$K_{sp(CuCl)}=1.2\times10^{-6}$。但在有氧化剂的溶液中，Hg$_2^{2+}$ 和 Cu$^+$ 离子均被氧化成 Hg^{2+} 和 Cu^{2+} 离子，实质上只有 PbCl$_2$ 沉淀。然而，PbCl$_2$ 在水溶液中的溶解度随温度升高而显著增大，可在常温下沉淀 AgCl，而用热水反复洗涤溶解与 AgCl 共沉淀的 PbCl$_2$。若 AgCl 的量少，而 PbCl$_2$ 的量多，则可以用氨浸使 AgCl 生成银氨配离子，然后用盐酸再沉淀生成 AgCl。

AgCl 在一定条件下易被某些还原剂（如水合肼）或金属还原或置换为金属银。水合肼是一种强还原剂，其标准电极电位 $\varphi^{\ominus}_{N_2/(N_2H_4\cdot H_2O)}=-1.16V$。

AgCl 易溶于氨水，可向 AgCl 中加入氨水浆化、溶解，然后用 N$_2$H$_4$ 还原为银（$\varphi^{\ominus}_{[Ag(NH_3)_2]^+/Ag}=0.377V$）。

$$4[Ag(NH_3)_2]Cl + N_2H_4\cdot H_2O + 3H_2O = 4Ag\downarrow + N_2\uparrow + 4NH_4Cl + 4NH_3\cdot H_2O$$

(29-6)

用碱调整 AgCl 料浆至 pH 值为 11，然后加入甲醛可使其还原：

$$2AgCl + HCHO = 2Ag\downarrow + 2HCl + CO\uparrow \tag{29-7}$$

AgCl 与碳酸钠熔炼还原：

$$2AgCl + Na_2CO_3 = 2Ag\downarrow + 2NaCl + CO_2\uparrow + 1/2O_2\uparrow \tag{29-8}$$

29.1.2.2　氯化银液相化学还原精炼

A　甲醛还原

将 AgCl 用水调成浆料，在搅拌下，用 10% NaOH 调整 pH 值为 11，缓慢加入工业甲醛，可将 AgCl 还原为金属银。甲醛还原 AgCl 为放热反应，反应速度很快。必须用水反复洗涤海绵银中过量的甲醛，以免熔炼铸锭时甲醛挥发中毒。海绵银经熔炼铸锭，得到含 Ag 大于 99% 的银锭。

B　氨浸—水合肼还原

室温下，根据氯化银渣的银含量，用工业氨水（含 NH$_3$ 一般 12.5% 左右）按一定的液固比浸出 AgCl，控制浸出液含 Ag(Ⅰ) 不大于 40g/L，搅拌浸出 2h，银浸出率可达 99% 以上。因氨易挥发，浸出需在密闭设备中进行。氨浸液于 50℃，在搅拌下缓慢加入水合肼即可还原得到海绵银，银还原率可达 99% 以上。

C　氨-肼还原

氨-肼还原法是让氨浸和水合肼还原两个过程同时进行，以简化工艺过程。从上述反应可见，AgCl 易溶于 $NH_3 \cdot H_2O$ 生成 $[Ag(NH_3)_2]Cl$ ，而 $[Ag(NH_3)_2]Cl$ 被水合肼还原为 Ag 的同时又产生 $NH_3 \cdot H_2O$ 。因此，将两步合并可加速整个反应的进行。与氨浸—水合肼还原方法相比，氨—肼还原法可将氨耗减少一半，但只适用于纯氯化银的处理。

采用水合肼还原法不仅可从银触头、银合金、镀银件、焊药、抛光废料、切削碎屑等含银废料（如钨-银、银-石墨、银-氧化镉、银-氧化铜等）中回收制取纯银粉，也可从块状银或纯硝酸银溶液中制取纯银粉。

29.1.3 银的萃取精炼

银是亲硫元素，可用含硫萃取剂提取并精炼。比较有效的萃取剂有二烷基硫醚，如二异辛基硫醚（S_{219}）、石油硫醚以及双（正-辛基）硫醚。但以二异辛基硫醚的抗氧化性能较好，可用于从硝酸介质中萃取银。

一般料液中含银 $60 \sim 150g/L$ 为宜，含 HNO_3 $0.2 \sim 0.5mol/L$ ，以 $20\% \sim 30\%$ （体积分数）二异辛基硫醚+磺化煤油作为萃取剂，室温萃取，两相混合 $4 \sim 5min$ 即可达到平衡（萃银反应速度较快）。采用离心萃取器、五级萃取、$O/A = (1 \sim 2):1$（O/A，相比，为有机相体积与水相体积之比），有机相萃取银的容量在 $70g/L$ 左右，银萃取率可达 99.9% 以上。二异辛基硫醚在硝酸介质中萃银属中性萃取剂配位的萃取机理，其萃取反应为：

$$Ag^+ + NO_3^- + n\overline{R_2S} \Longrightarrow \overline{AgNO_3 \cdot nR_2S} \tag{29-9}$$

以氨水作反萃剂，反萃时有机相内以硫醚配合物形式存在的银转化成银氨配合阳离子而返回水相（反萃液）中，反应如下：

$$\overline{AgNO_3 \cdot nR_2S} + 2(NH_3 \cdot H_2O) \Longrightarrow [Ag(NH_3)_2]^+ + NO_3^- + n\overline{R_2S} + 2H_2O \tag{29-10}$$

反萃条件：$NH_3 \cdot H_2O$ 浓度 $1 \sim 2mol/L$、$O/A = 1:1$，3 级反萃，2 级洗涤，银反萃率可达 99.75%。

29.2 金的精炼

金精炼的经典方法为电解精炼与火法氯化精炼，化学精炼法与溶剂萃取法也先后在生产实践中广泛采用。电解精炼产品纯度高、设备简单，但生产周期长、直收率低、积压资金；氯化精炼法流程短、速度快，但产品纯度不高，往往须进一步电解精炼；化学精炼法不受原料量的限制，生产周期短、直收率高，适于各种规模的生产；溶剂萃取法可处理低品位物料，操作条件好、直收率高、规模可大可小。

29.2.1 金的火法精炼

金具有很高的化学稳定性，同时具有很强的抗氧化能力。在高温下，金不能被氧化，也不易被氯气氯化，但其他贱金属在高温下既可被氧气氧化，又可被氯气氯化，因此，火法精炼金通常采用氧化精炼法和氯化精炼法。应用火法精炼工艺处理冶炼厂的氰化金泥、粗金或回收的粗金时，所产精金的金含量通常可达到 95% 以上，若控制好生产条件，还能够生产出 99.6% 的精金。目前在国内许多中、小矿山普遍采用氧化精炼法来精炼出 98% 的合质金，而某些大型冶炼厂则采用氯化法来生产 99.9% 的纯金。

29.2.1.1　火法氧化精炼法

火法氧化法精炼金是将含金原料与熔剂（氧化剂和造渣剂）混合，置于火法炼金炉中，在1200~1350℃的温度下加入氧化剂进行熔炼，得到纯度较高的金银合金。氧化除去杂质的先后顺序为：锌、铁、锡、砷、锑、铅、铜。其中铜最难氧化，因此氧化杂质铜时，必须使用强氧化剂，如硝酸钠或硝酸钾等。银不被空气或氧化剂所氧化，如果金中含有银，则需用其他精炼法处理，方能除去其中的银。火法氧化炼金法常用熔剂有两类，一类是氧化熔剂，有硝石、二氧化锰，其作用是使炉料中的贱金属（铜、铅、锌、铁等）氧化生成氧化物；另一类是造渣熔剂，常用的有硼砂、石英、碳酸钠等，其作用是与贱金属的氧化物反应生成炉渣。一些小型矿山多采用坩埚炉炼金，适用于砂金、汞膏和含金钢棉的熔炼，也可用于熔炼氰化金泥。中型以上的矿山、企业多采用转炉（顶吹回转炉）炼金，如前述的阳极泥处理中贵铅的氧化精炼即是如此。有色冶炼厂也有采用可控硅中频感应炉精炼金，针对的物料有金泥、合质金和成品金的熔铸。另外，卡尔多炉因其生产效率高，生产成本低，而且具有更快的精炼速度和较低的金损失率，目前在国内外冶炼企业均有应用。由于火法氧化法精炼金的工艺流程大部分均同于常规的转炉工艺，在此不对其工艺做进一步的说明和介绍。

29.2.1.2　氯化精炼法

氯化精炼法是基于各种元素氧化还原电位的差异，用氯气吹炼熔融的粗金，贱金属和银容易与氯气发生反应生成氯化物，而金由于电位最正，难以生成氯化物，从而使金与贱金属和银分离。

氯化过程在感应电炉石墨坩埚内进行，经过熔炼的粗金锭装入500kg容量的坩埚中，再加入一定量的硼砂、石英砂及氯化钠混合熔剂。熔剂的作用是在熔化后的金属表面形成一个薄的渣层，以减少金属的挥发，防止坩埚壁受侵蚀。金属熔化后，于1150~1200℃将预热过的陶瓷氯气喷管（或石英管、碳素管）经坩埚盖插入熔体中，通入氯气。陶瓷管端壁分布有一些小孔，可使氯气很好地分散。氯化精炼时杂质反应的动力学曲线如图29-4所示。

可见在氯化过程的实际条件下，杂质转化为氯化物的顺序为：铁、锌、铅等最先反应，生成的氯化铁与氯化锌因沸点低转化为气相，氯化铅部分挥发，部分浮在金属熔体表面。只有在大部分铁、锌、铅被氯化后，铜和银才开始与氯气反应，CuCl与AgCl的沸点高于氯化过程的温度，在金熔体的表面形成熔化的氯化物层。待浮渣与氯化物聚集到一定量时定期清除，并重新加入熔剂继续氯化，如此反复几次。根据氯气管上出现黄色金层和熔体上出现红烟，可判断氯化过程

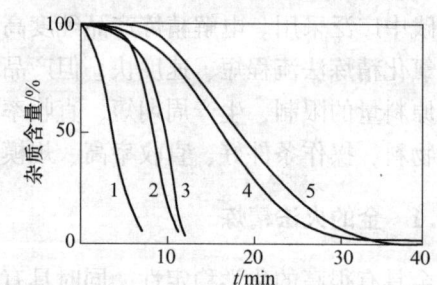

图29-4　氯化精炼时杂质反应的动力学曲线
1—Fe；2—Zn；3—Pb；4—Cu；5—Ag
（粗金原料成分：Ag 9.0%，Cu 1.4%，
Pb 0.35%，Fe 0.18%，Zn 0.06%）

的终点，并取样分析，合格后用骨粉吸净液面上的浮渣，浇铸成金锭，含Au达99.6%的

可作为货币和首饰金用，若要求更高的纯度，则可浇铸成阳极板送电解精炼进一步提纯，或采用其他精炼方法提纯。氯化过程时间的长短，主要取决于杂质的含量。如处理 20kg 含 Au 90% 的粗金，作业时间为 1h，而处理 12kg 含 Au 60% 的粗金，则需 2.5h。

氯化精炼法可处理经选矿的砂金、汞齐蒸汞后的粗金、氰化厂的合质金，应含（Au+Ag）大于 80%，铜铅阳极泥经火法熔炼得到的金银合金，一般含（Au+Ag）大于 97%，均可送氯化精炼。但该工艺的局限性是不能从金中分离出铂，且要求物料至少含 Au 5%~10%；所得产品中金的纯度不高，而且所用的氯气有毒性，操作和环保要求高。

29.2.2　金的电解精炼

金的电解精炼至今仍是精炼金的重要方法，并往往是大中型企业的首选方案。用于金电解的原料一般含 Au 90% 以上。如火法氯化法得到的含 Au 大于 99% 的粗金、铜和铅阳极泥经银电解处理所得的二次黑金粉、金矿经金银分离所得的粗金粉以及其他废料经处理后所得的粗金等。金电解精炼可在氯化配合物水溶液和氰化配合物水溶液中进行，但前者较安全，为各冶炼厂所采用。

29.2.2.1　金电解精炼的基本原理

金的电解精炼，是以粗金做阳极，以纯金片做阴极，以金的氯配合物和游离盐酸水溶液做电解液，在阴、阳极间通电进行电解。金电解精炼的过程，可视为在下列电化学系统中进行的过程：

$$阴极 \qquad\qquad\qquad 阳极$$
$$Au（纯）\mid H[AuCl_4]，HCl，H_2O \mid Au（粗）$$

氯金酸是强酸，在水溶液中完全电离：

$$H[AuCl_4] \Longrightarrow H^+ + [AuCl_4]^- \tag{29-11}$$

$[AuCl_4]^-$ 配离子，由于配位反应平衡，而发生部分电离为 Au^{3+} 阳离子：

$$[AuCl_4]^- \Longrightarrow Au^{3+} + 4Cl^- \tag{29-12}$$

$[AuCl_4]^-$ 的离解平衡常数 $K_{离} = 5 \times 10^{-22}$，因此可以认为金在电解液中是以 $[AuCl_4]^-$ 的形式存在。

金阳极板中的金氧化成 Au^{3+} 并与 Cl^- 离子配位形成 $[AuCl_4]^-$ 进入溶液。

阳极反应：$Au（粗）- 3e + 4Cl^- \Longrightarrow [AuCl_4]^- \qquad \varphi^{\ominus}_{[AuCl_4]^-/Au} = 1.0V \tag{29-13}$

$$2Cl^- - 2e \Longrightarrow Cl_2 \uparrow \qquad \varphi^{\ominus}_{Cl_2/Cl^-} = 1.36V \tag{29-14}$$

$$2H_2O - 4e \Longrightarrow 4H^+ + O_2 \uparrow \qquad \varphi^{\ominus}_{O_2/H_2O} = 1.23V \tag{29-15}$$

由于氯和氧的标准电极电位比金的正得多，因此在正常电解条件下阳极不会析出氯气和氧气。但是，金在电解时阳极容易发生钝化。当金转入钝化状态时，阳极停止溶解，阳极电位升高并达到氯可以析出的电位值，阳极析出 Cl_2（由于 O_2 在金上的超电势高于 Cl_2，故先析出 Cl_2）；而阴极仍有金电解沉积，这又导致电解液中金的快速贫化。因此，金阳极钝化十分有害。提高电解液的盐酸浓度和温度，可提高电解液的电导率，不仅可以消除金的钝化、避免氯气析出，还可减少电能消耗。

金在阳极电化溶解除生成 $[AuCl_4]^-$ 外，还可生成少量 $[Au^{(I)}Cl_2]^-$ 形态的配离子：

$$Au(粗) - e + 2Cl^- \Longrightarrow [Au^{(I)}Cl_2]^- \quad \varphi^{\ominus}_{[AuCl_2]^-/Au} = 1.11V \quad (29\text{-}16)$$

阴极反应：
$$[AuCl_4]^- + 3e \Longrightarrow Au + 4Cl^- \quad (29\text{-}17)$$
$$[Au^{(I)}Cl_2]^- + e \Longrightarrow Au + 2Cl^- \quad (29\text{-}18)$$

因此，按 Au(Ⅲ) 计算的阴极电流效率也将超过100%。

29.2.2.2　金电解时杂质的行为

金电解过程中，阳极上凡是电极电位比金更负电性的杂质金属（银、铜、铅及铂族金属等），都发生电化学溶解而进入电解液，只有铂族金属中的铑、钌、锇、铱等不溶而进入阳极泥中。进入电解液中的杂质，有些因浓度不高，一般也不易在阴极上析出；有些（如 $PbCl_2$）在电解液中的溶解度低而沉淀到阳极泥中；铜的浓度一般较高，有可能在阴极析出，影响电金的品质，因此，宜控制阳极含 Cu 小于2%；铂、钯进入电解液中，当积累到一定浓度时，应及时处理加以回收，否则会在阴极析出。

粗金阳极中最有害的成分是银。银可以电化学溶解，但 Ag^+ 离子与电解液中 Cl^- 离子极易形成难溶的 AgCl 沉淀。当含银量不多时，可以从阳极脱落，沉入阳极泥中；如含银量较多，则附着在阳极表面上，造成阳极钝化，使电解精炼难以进行。

为了克服银对金电解精炼的影响，往电解槽中输入直流电的同时，再输入交流电，交直流电重叠形成非对称性的脉动电流。脉动电流强度的变化如图 29-5 所示。

一般要求交流电 $I_交$ 应比直流电 $I_直$ 稍大，两者的比值为 1.1~1.5，这样得到的脉动电流 $I_脉$ 随着时间而变化，时而具有正值，时而具有负值。当 $I_脉$ 达到峰值时，阳极上的瞬时电流密度突增，导致阳极极化电位增大，此时，阳极上有大量气体析出，阳极表面包覆着的 AgCl 薄膜即被气泡所冲击，变的疏松而脱落；当电流为负值时，电极的极性也发生瞬时的换位，阳极变成阴极，则

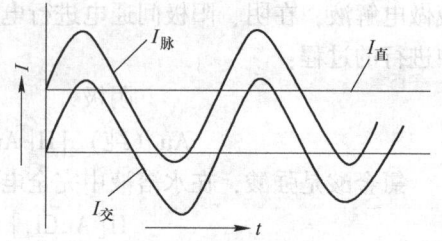

图 29-5　脉动电流强度的变化

AgCl 的形成将受到抑制。使用脉动电流，不仅可以克服 AgCl 的危害，还可提高电流密度，从而减少金粉的形成。脉动电流的电流和电压，可用下列公式计算：

$$I_脉 = \sqrt{I_直^2 + I_交^2} \quad (29\text{-}19)$$
$$E_脉 = \sqrt{E_直^2 + E_交^2} \quad (29\text{-}20)$$

29.2.2.3　金电解精炼实践

A　金电解液的配制

配制金电解液的最好方法是隔膜电解法，俗称电解造液。另外，还可使用王水溶金法，即是把王水与金片置于容器中加热至沸，使金溶解，然后赶硝。此法虽较简便，但赶硝比较麻烦。

隔膜电解法，是用粗金做阳极、纯金做阴极，用陶瓷或塑料电解槽，其中盛装较浓的盐酸（盐酸：$H_2O = 2:1$）作阳极液，而阴极用素烧陶瓷坩埚做隔膜，也有用均质阴离子交换膜做成隔膜的。坩埚内盛装较稀的盐酸(盐酸：$H_2O = 1:1$)，坩埚内液面高于电解槽

液面 5~10mm，以防止阳极液渗入阴极区。隔膜电解装置如图 29-6 所示。

电解造液的条件通常采用电流密度 2200~2300 A/m²，槽电压 2.5~4.5V，重叠交流电，使 $I_{交}:I_{直}=(2.2~2.5):1$，交流电压 5~7V，液温 40~60℃，同名极距 100~120mm，当接通电流时，阴极上开始析出氢气，而阳极金则逐渐溶解生成 $[AuCl_4]^-$ 进入阳极液中，因受坩埚隔膜的阻碍，Au(Ⅲ) 不能进入阴极电解液，而 H^+ 和 Cl^- 则可自由通过。这样，阴极上只放出氢气，无金析出，而阳极液中金的浓度却不断累积提高。造液 44~48h，可获得密度为 1.38~1.42g/cm³、含 Au 300~400g/L（延长周期最高

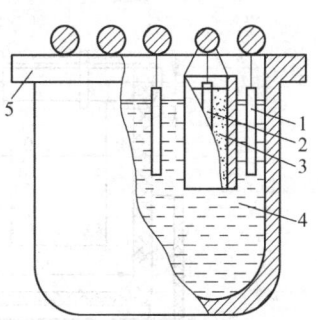

图 29-6 隔膜电解装置
1—阳极；2—阴极；3—隔膜；
4—电解液；5—电解槽

可达 450g/L）、盐酸 250~300g/L 的溶液，经过滤除去阳极泥后，储存在耐酸瓷缸中备用。可利用此溶液配制金电解精炼的电解液。

B 阴极片的制作

金电解精炼时用纯金作为阴极，制备方法有轧制法和电积法或电解法（俗称电解造片），类似于传统铜电解精炼时铜始极片的制备。

电解造片可在与电解金相似的或同一电解槽中进行，装入粗金阳极板和纯银阴极板（种板），使用上述制备的氯化金电解液。采用的操作条件见表 29-4。

表 29-4 金电解造片时的电解操作条件

项 目	操作条件	项 目	操作条件
电流密度/A·m⁻²	210~250	$I_{直}:I_{交}$	1:3
槽电压（直流）/V	0.35~0.4	电解液温度/℃	35~50
槽电压（交流）/V	5~7	同名极距/mm	80~100

种板需擦拭干净，表面涂一薄层蜡，边缘涂厚蜡或用夹条包边，以便于金始极片的剥离。金在阴极板上析出成一薄片后，即可将其剥离下来，然后加工成电解精炼用的纯金阴极片。

轧制法是将可作为产品的纯金锭采用对辊轧机压制成 0.1~0.2mm 厚的金箔，再剪切成要求的尺寸，加工成电解精炼用的纯金阴极片。

C 金电解精炼的设备

金电解精炼用的电解槽，可用耐酸陶瓷方槽，也可用 10~20mm 厚的塑料板焊成的方槽。为了防止电解液漏损，电解槽外再加保护套槽。槽子构造及尺寸如图 29-7 所示。金电解精炼槽技术性能实例见表 29-5。

D 金电解精炼的主要技术条件和经济指标

金电解精炼时，一般电解液含 Au(Ⅲ) 250~350g/L、HCl 200~300g/L，采用高电流密度电解时，含金浓度应再高些。电解液中含铂不宜超过 60g/L，含钯不宜超过 5g/L。电解液的温度，一般约为 50℃，如采用高电流密度电解时可高达 70℃，电解液不必加热，只靠电解的电流作用即可达到上述温度。

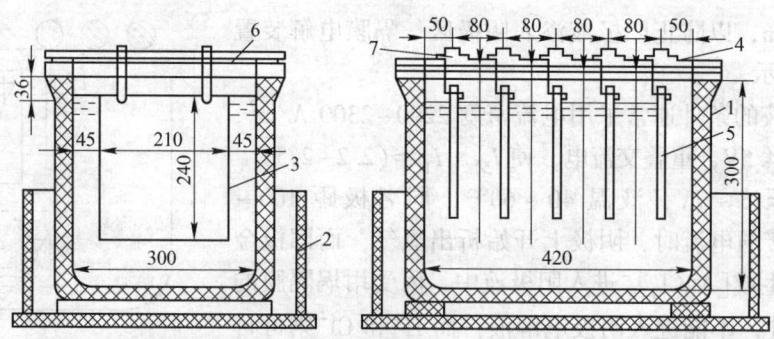

图 29-7 金电解精炼用的电解槽

1—耐酸陶瓷槽；2—塑料保护套；3—阴极；4—阳极吊钩；5—粗金阳极；6—阴极导电棒；7—阳极导电棒

表 29-5 金电解精炼槽技术性能实例

项 目	工厂1	工厂2	工厂3	工厂4	工厂5
直流电流强度/A	80	80~120	50~60	18~20	40~50
交流电流强度/A	180~200	120~240	75~90	18~20	
阴极电流密度/A·m^{-2}	200~250	500~700	190~230	250~280	450~500
阳极尺寸（长×宽×厚）/mm	100×150×10	165×100×10	128×68×2	100×78×10	130×100×10
阴极尺寸（长×宽×厚）/mm	190×120	210×180×0.2	128×68		140×100
种板尺寸（长×宽×厚）/mm	260×250×1.5				
每槽阳极片数/片	4排，每排2块	3	4排，每排3块	3	3
每槽阴极片数/片	5排，每排2块	4	5排，每排3块	4	4
同名极距/mm	80~90	120	80	90	90
电解槽尺寸（长×宽×深）/mm	310×310×340	380×280×360		280×130×220	450×170×300
电解槽个数/个	2	6		2	2
电解槽材质	硬聚氯乙烯	硬聚氯乙烯		硬聚氯乙烯	硬聚氯乙烯

　　尽量采用较高的电流密度，一般为 700A/m^2，国外冶炼厂也有的高达 1300~1700A/m^2 的。采用高电流密度电解时，宜提高阳极品位、电解液中金和盐酸的浓度。某些工厂金电解精炼的主要技术条件和经济指标见表 29-6。

表 29-6 某些工厂金电解精炼的主要技术条件和经济指标

项 目		工厂1	工厂2	工厂3	工厂4	工厂5
阳极成分/%	Au	90	>88	≥90	≥90	96~98
	Ag				<5	<2
电解液成分/g·L^{-1}	Au(Ⅲ)	250~300	250~350	250~300	250~300	250~350
	HCl	250~300	150~200	250~300	200~250	250~300
电解液密度/g·cm^{-3}		1.4	1.36~1.4			

项 目	工厂 1	工厂 2	工厂 3	工厂 4	工厂 5
电解液温度/℃	30~50	30~70	40~50	35~50	50~70
$I_直:I_交$	1:2	1:(1.5~2)	1:1.5	1:1	无交流电
阴极电流密度/A·m^{-2}	200~250	500~700	190~230	250~280	450~500
同名极距/mm	80~90	120	70~80	90	90
槽电压/V	0.2~0.3	0.3~0.4	0.2~0.3		0.4~0.6
直流电流效率/%	95		98		
直流电耗/kW·h·kg^{-1}	2.14				
残极率/%	20		15~20		
阳极泥率/%	20~25		10		
阴极金含 Au/%	≥99.96	>99.95	>99.99		
金锭含 Au/%	>99.99	>99.99	>99.99		

阴极金（电金）取出后，用水洗净、烘干，待熔化铸锭。

可用多次电解精炼的方法制备高纯金，如用含 Au 大于 99.9% 的纯金作阳极，用钽片作阴极，在 H[AuCl₄]+HCl 电解液中经两次电解、硝酸煮洗，可获得含 Au 大于 99.999% 的高纯金。

E　金电解阳极泥和废电解液的处理

电解一定时间后，阳极溶解到残缺不宜再用时，须将残极取出，并精心洗刷，收集其表面的阳极泥。残极可与二次黑金粉一同重新熔铸成粗金阳极板再送金电解精炼。

金电解阳极泥产率一般为 20%~25%，其中含 AgCl 约 90%、Au 1%~10% 以及少量铂族金属。AgCl 的熔点低（452℃），将金电解阳极泥熔化后用倾析法分离金，氯化银渣加入碳酸钠和碳进行还原熔炼，铸成粗银阳极送银电解，金返回铸金阳极。

当金电解精炼的电解液中铂、钯质量浓度超过 50~60g/L 时，宜送去回收铂、钯。但电解液中仍含 Au 250~300g/L，所以在回收铂、钯之前，应先回收金。可通过加锌置换法和加试剂还原法进行回收。多数冶炼厂用后一种方法，所用的还原剂为硫酸亚铁或二氧化硫。处理这种金电解废液，也有先加入氯化铵使铂呈氯铂酸铵（$(NH_4)_2[Pt^{(IV)}Cl_6]$）黄色沉淀后，再用氨水中和溶液至 pH 值为 8~10，使贱金属水解除去，再加盐酸酸化至 pH 值为 1，钯即生成二氯二氨合亚钯（$[Pd^{(II)}(NH_3)_2Cl_2]$）沉淀。余液用铁或锌置换回收残余贵金属后弃去。

29.2.3　金的化学精炼

金的化学精炼分为两类，一类主要是通过各种化学试剂将合质金中的银、铜等杂质溶解脱除，最终获得纯金产品，如硫酸浸煮法、硝酸分银等；另一类是将金及杂质元素都溶解，再用还原剂将金还原沉出，如王水分金、水氯化分金，含金溶液用草酸等试剂还原。

29.2.3.1　硫酸浸煮法

硫酸浸煮法是用浓硫酸在高温下进行长时间浸煮，使合金中的银及铜等贱金属形成可溶的硫酸盐而被除去，以达到提纯金的目的。适用于含 Au 小于 33%，Pb 小于 0.25%，Cu 小于 10%的金银合金进行精炼。在硫酸浸煮时发生的主要化学反应为：

$$2Ag + 2H_2SO_4 =\!=\!= Ag_2SO_4 + SO_2 \uparrow + 2H_2O \tag{29-21}$$

$$Cu + 2H_2SO_4 =\!=\!= CuSO_4 + SO_2 \uparrow + 2H_2O \tag{29-22}$$

$$Pb + 2H_2SO_4 =\!=\!= PbSO_4 \downarrow + SO_2 \uparrow + 2H_2O \tag{29-23}$$

硫酸浸煮前，先将合质金熔化并水淬成粒状或铸（或压碾）成薄片，以加快银、铜、铅等金属的溶解。合质金用浓硫酸于 160~180℃ 搅拌浸煮 3~4 次后，冷却，加热水稀释后过滤，所得金粉用热水洗净除去银、铜等硫酸盐，烘干，其中含 Au 95% 以上；再加熔剂熔炼，产出含 Au 99.6%~99.8%的产品。对于含硫酸盐的浸出液和洗液，先用铜置换银（如合金中有钯时，被溶解的钯也和银一道被还原），再用铁置换铜。置换后液经蒸发浓缩除去杂质后回收粗硫酸。

浓硫酸浸煮法的浓硫酸消耗量大，约为合质金质量的 3~5 倍。由于剧烈反应会产出大量的含硫气体，劳动条件恶劣，应在通风橱内或通风罩下进行。

29.2.3.2　硝酸分银法

通常采用 1:1 的 HNO$_3$ 溶解含金银的合质金，铜、铅等杂质与银类似，发生化学反应而溶解于硝酸溶液中。适用于含 Au 小于 33%的金银合质金的精炼。

硝酸分银前，预先将合质金水淬成粒状或碾压成薄片状。可在带搅拌的不锈钢或耐酸搪瓷反应釜中进行。合质金颗粒用水润湿，分多次、较慢速地加入硝酸。经 2~3 次浸出，残渣经洗涤烘干后，再加入硝石于坩埚中进行熔炼造渣，便可获得含 Au 99.5%以上的金锭。硝酸银溶液按银的精炼方法加以回收提银。

29.2.3.3　王水和水溶液氯化分金—试剂还原法

王水和水溶液氯化分金是借助王水、氯气、氯酸盐等试剂的强氧化性使金氧化成 Au(Ⅲ)，并与 Cl$^-$ 离子配位生成金氯酸 [AuCl$_4$]$^-$ 而溶解，然后再用还原剂还原沉出海绵金。用于氯金酸溶液还原的还原剂有草酸、二氧化硫、过氧化氢、抗坏血酸、甲醛、氢醌、亚硫酸钠、硫酸亚铁、氯化亚铁等。其中草酸的选择性好、速度快，实际应用较多。

王水溶金（包括铂族金属）的作用，是由于硝酸将盐酸氧化生成氯和氯化亚硝酰：

$$HNO_3 + 3HCl =\!=\!= NOCl + Cl_2 + 2H_2O \tag{29-24}$$

氯化亚硝酰是反应的中间产物，它又分解为氯和一氧化氮：

$$2NOCl =\!=\!= 2NO + Cl_2 \tag{29-25}$$

铜、镍等金属杂质也可生成氯化物而溶解，但银则生成 AgCl 沉淀而被分离除去。

王水分金前，将粗金水淬成粒状或碾压成薄片。置于耐烧玻璃或耐热瓷缸中，按每份金分次加 3~4 份王水，在自热或后期加热下进行溶解。溶解完后静置，过滤，再浓缩赶硝，然后用草酸或硫酸亚铁或亚硫酸钠进行还原，得到的海绵金经洗涤、烘干、铸锭，可产出含 Au 99.9%或更高的纯金。还原金后液中仍残留少量金和铂族金属，用锌粉置换产出铂、钯精矿，集中进行铂族金属的分离提取。产出的 AgCl 按银的精炼方法分离提纯。

水溶液氯化—草酸还原法处理的原料一般为粗金或富集阶段得到的粗金粉，含 Au 80%左右即可。金溶解进入溶液的同时，铜、镍等金属杂质也可生成氯化物而溶解，而银则成为 AgCl 沉淀被分离除去。所得浸出液加热至 70℃，经 20% NaOH 溶液调整酸度至 pH 值为 1~1.5；在搅拌下，加入理论量 1.5 倍的固体草酸作还原剂还原得纯海绵金：

$$4[AuCl_4]^- + 3H_2C_2O_4 + 3H_2O \Longrightarrow 4Au\downarrow + 6CO_2\uparrow + 16Cl^- + 12H^+ \quad (29\text{-}26)$$

用 1:1 的硝酸煮洗除去金粉表面的草酸及贱金属杂质后，即可铸成金锭，含 Au 99.9% 以上。

29.2.4 金的萃取精炼

溶剂萃取因其速度快、效率高、选择性好、容量大、返料少、操作简便、适应性强、生产周期短、金属回收率高，不但可用于金的分离提取，还可用于金的精炼提纯。

金的溶剂萃取主要采用酸性氯化物料液，其中的金以 $[AuCl_4]^-$ 形态存在。适合于萃取分离或精炼金的原料很多，如含金的铂族金属精矿、铜阳极泥、金矿山的氰化金泥及各种含金边角废料等，其中的金含量低至百分之几，高至百分之几十。金的萃取剂甚多，二丁基卡必醇、二异辛基硫醚、仲辛醇、乙醚、甲基异丁基酮、磷酸三丁酯、酰胺 N503、石油亚砜及石油硫醚等均是金的良好萃取剂。一些萃取剂的物化性质列于表 29-7 中。

表 29-7 提取金的常用萃取剂的物理性质

物理性质	二丁基卡必醇	二异辛基硫醚	仲辛醇	甲基异丁基酮	乙 醚
形态	无色或淡黄色液体	无色油状液体	无色油状液体	无色透明液体	无色透明液体
密度/g·cm^{-3}	0.888 (20℃)	0.8485 (25℃)	0.82	0.8006	0.715
沸点/℃	254.6	>300	约180	115.8	34.6
闪燃点/℃	118	>300	易燃	27,易燃	易燃
黏度/mPa·s	2.139	3.25 (25℃)	8.2 (20℃)	0.542 (25℃)	2.95 (0℃)
水中溶解度/%	0.3 (20℃)		微量	2	6.89 (20℃)

本节仅简介二丁基卡必醇萃金和乙醚萃取金，更多内容可参考相关资料。

29.2.4.1 二丁基卡必醇萃金

二丁基卡必醇属长碳链的醚类化合物。分子式为 $C_{12}H_{26}O_3$；构造式为 C_4H_9—O—C_2H_4—O—C_2H_4—O-C_4H_9，简称 DBC。DBC 对金具有优良的萃取性能，在萃取金时的分配比见表 29-8。从表 29-8 可见，随料液中 Au(Ⅲ) 浓度增加以及盐酸浓度增加，金在有机相与水相的分配比增大，因此金几乎可完全萃取。DBC 的萃取速度很快，30s 即可达到平衡。对金的萃取容量在 40g/L 以上。

表 29-8 DBC 萃金的分配比 (O/A=1)

HCl 浓度/mol·L^{-1}	[Au] = 6.69×10^{-7} mol/L	[Au] = 3.2×10^{-3} mol/L	[Au] = 3.84×10^{-2} mol/L
1	8.3	86.8	464
2	20.8	118	885
3	29.4	295	1820
4	45.9	1095	3166
5	82	2590	5380
6	152	4800	10000

不同酸度下各种金属的萃取情况如图 29-8 所示。从图 29-8 可见，除 Sb、Sn 以外，DBC 在较低酸度下对其他金属的萃取甚微，均可与金有效地分离。

负载有机相中夹带的杂质，可用 0.5mol/L HCl 溶液洗涤除尽。由于 DBC 萃金的分配比大，故反萃困难。通常是将载金有机相加热至 70~90℃，用 5% 草酸溶液还原 2~3h，金即可全部被还原，得到黄色海绵金。DBC 萃金时，3 个 DBC 分子中醚氧键 R—O—R 的氧原子上的孤对电子分别与水合氢离子中的 3 个氢，以氢键相连接，再与 $[AuCl_4]^-$ 缔合成萃合物并溶解于 DBC 萃取剂中，萃取反应如下：

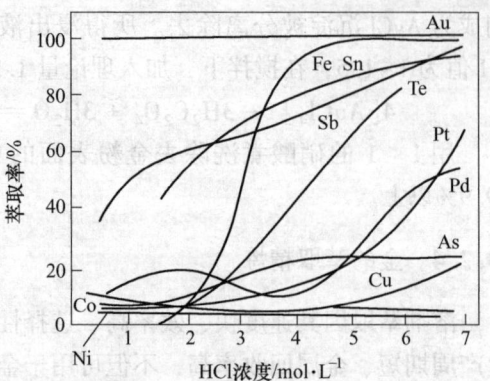

图 29-8 DBC 萃取时各个金属萃取率与酸度的关系 (O/A=1：1)

$$\overline{3\,DBC} + H^+ + H_2O + [AuCl_4]^- \Longrightarrow \overline{H^+ \cdot 3DBC \cdot H_2O \cdots [AuCl_4]^-} \quad (29-27)$$

该萃合物采用草酸还原反萃金时，得到海绵金，反萃的反应如下：

$$2\,\overline{H^+ \cdot 3DBC \cdot H_2O \cdots [AuCl_4]^-} + 3H_2C_2O_4 \Longrightarrow$$

$$6\,\overline{DBC} + 2Au\downarrow + 6CO_2\uparrow + 8HCl + 2H_2O \quad (29-28)$$

海绵金经酸洗、水洗、烘干，即可熔铸成含 Au 99.99% 的金锭。

DBC 萃取金的流程和设备分别如图 29-9 和图 29-10 所示。

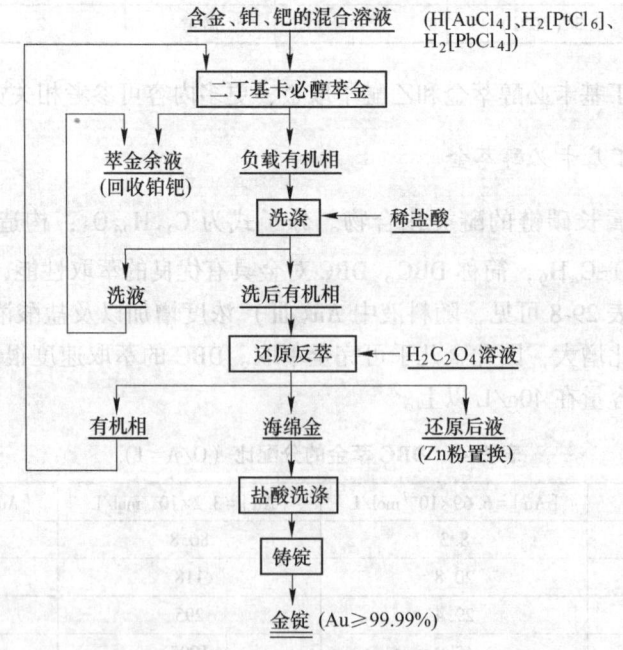

图 29-9 二丁基卡必醇萃取金的工艺流程

生产实践中，BDC 有机相在萃取过程损失率高达 4%，在生产成本上占有很大比重。

29.2.4.2 乙醚萃取精炼高纯金

各种集成电路及精密仪表等电子技术需用高纯金。通常将含 Au 99.9%纯金（金粉或阴极金）经王水溶解或电解造液制备较纯的氯金酸溶液，再用乙醚萃取，经反萃后用 SO_2 还原，即可得到含 Au 大于 99.999%的高纯金。

乙醚（$C_2H_5OC_2H_5$）的沸点仅 34.6℃，其蒸气与空气混合极易爆炸，属 I 级易燃物。乙醚萃金是基于在高浓度盐酸溶液中，乙醚能与酸形成锌离子（以 R 代表 C_2H_5）：

$$R-O-R + H^+ \rightleftharpoons [R-\overset{H}{O}-R]^+ \tag{29-29}$$

锌离子与$[AuCl_4]^-$配离子结合成中性锌盐：

$$[R-\overset{H}{O}-R]^+ + [AuCl_4]^- \rightleftharpoons [R-\overset{H}{O}-R]^+[AuCl_4]^- \tag{29-30}$$

这种锌盐可溶于过量的乙醚，结果使金被萃入有机相而与水相中的杂质元素分离。锌盐只能存在于浓盐酸溶液中，遇水后锌盐即分解，而乙醚被解离出来，Au(Ⅲ) 便又转入水相中。

在不同浓度的盐酸溶液中，乙醚对多种金属氯化物的萃取率如图 29-11 所示。

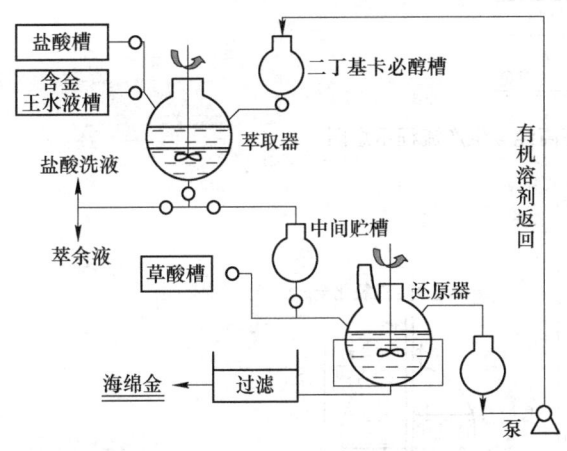

图 29-10　二丁基卡必醇萃取金的过程及设备

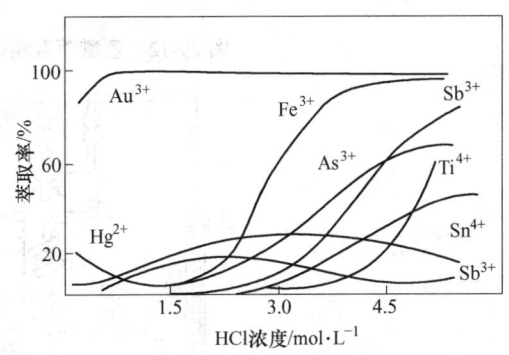

图 29-11　乙醚对多种金属的萃取率与盐酸浓度的关系

采用乙醚萃取分离法生产高纯金的工艺流程和设备分别如图 29-12 和图 29-13 所示。

用金含量在 99.9%及以上的海绵金或工业电解金铸成阳极，经稀盐酸（盐酸：H_2O=1：3)浸泡24h，用去离子水洗至中性；然后置于3mol/L HCl 溶液中，控制电流密度为 300~400 A/m^2，槽电压为 2.5~3.5 V，进行电解造液至阳极溶完为止，最终溶液含 Au 100~150g/L；调整溶液含酸浓度至 1.5~3mol/L HCl。在图 29-13 的萃取设备中，于室温下，控制萃取时的相比 O/A=1：1，搅拌 10~15min，澄清 10~15min；将有机相注入蒸馏器内，加入 1/2 体积的去离子水，让恒温水浴的热水（开始 50~60℃，最终 70~80℃）通过蒸馏器（蛇形管），同时进行乙醚的蒸馏与金的反萃。蒸馏出的乙醚经冷凝后返回使用。反萃液约含 Au 150g/L，调整酸浓度至 1.5mol/L HCl，进行第二次萃取与反萃，条件

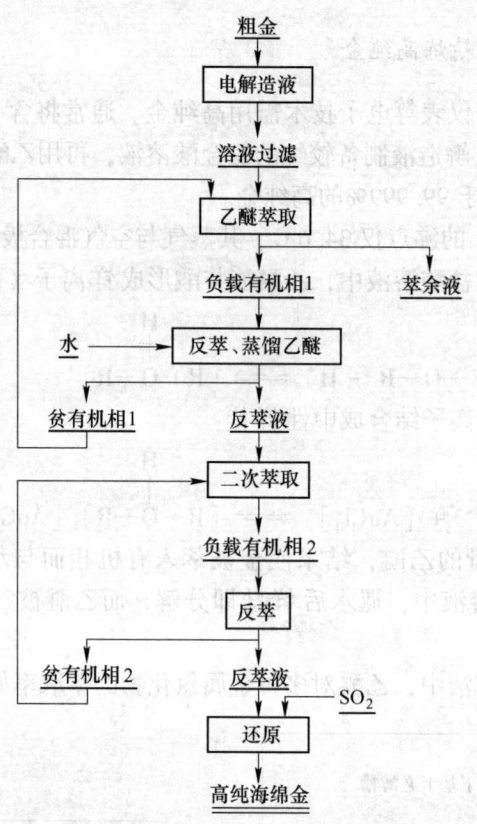

图 29-12 乙醚萃取精炼高纯金生产流程示意图

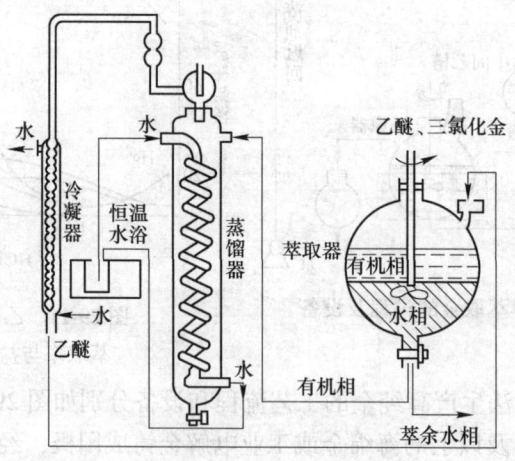

图 29-13 乙醚萃金设备示意图

与第一次相同，第二次反萃液调整酸浓度至 3mol/L HCl，含 Au 80~100g/L，通入二氧化硫进行还原：

$$2H[AuCl_4] + 3SO_2 + 3H_2O \longrightarrow 2Au\downarrow + 3SO_3\uparrow + 8HCl \qquad (29-31)$$

还原得到的海绵金经硝酸煮沸 30~40min，去离子水洗至中性，烘干，得到含 Au 大于 99.999% 的高纯金产品，金总回收率大于 98%。

29.3 金银的铸锭和计量

29.3.1 金银的熔铸

金、银铸锭是根据冶金生产对金锭和银锭的要求而进行的熔铸，主要包括用电解法或化学方法精炼产出的纯金、纯银以及中间产品粗金、粗银和合质金的熔铸。

29.3.1.1 熔化炉和坩埚

传统的金、银熔化炉采用圆形地炉。燃料为煤气、柴油或焦炭。煤气或柴油地炉，多用镁砖或耐火黏土砖砌成，炉子的大小取决于坩埚的尺寸。实际生产中，在同一地炉中使用不同规格的坩埚进行熔铸。煤气或柴油的喷嘴多设于靠近炉底的壁上，炉口上设炉盖，烟气由炉盖的中心孔或在炉口下 100mm 附近的地下烟道排出。炉底放两块耐火砖，坩埚置于加有焦粉的耐火砖上。

坩埚多使用 50~100 号的石墨坩埚，能耐受 1600℃ 的高温。在使用前必须进行长时间缓慢加热烘烤，以除去水分，再缓慢升温至红热（暗红色），否则受潮的坩埚遇高温骤热会发生爆裂损坏。除单独使用石墨坩埚或内衬（或外衬）耐火黏土坩埚的石墨坩埚外，也有单独使用耐火黏土坩埚熔炼的。

现代冶炼多采用电阻炉或感应电炉熔铸金或银锭。电阻炉是由碳或石墨坩埚（或内衬熔炼金属用的耐火黏土坩埚）构成炉体，通常采用单相交流供电。低压电流接通后，坩埚作为电阻并将金属加热至所需的温度。按每炉熔融 20kg 金属计的耗电量为 0.5kW·h/kg，银的耗电量略少些。

用坩埚炉熔融纯的金、银时，金的损失一般为 0.01%~0.02%，银为 0.1%~0.25%。熔炼金银合金或金铜合金时，损失率要大些。当在电炉中熔融时，金、银的损失率可降低 70%~90%。

29.3.1.2 熔剂和氧化剂

熔铸金、银时，应加入适量的熔剂和氧化剂，常加入硝石与碳酸钠，或者硝石与硼砂。熔剂与氧化剂的加入量，视金属纯度不同而异。如熔铸含 Ag 99.88% 以上的电解银粉，一般只加入 0.1%~0.3% 的碳酸钠。熔炼杂质含量较高的银时，则可加入适量的硝石和硼砂，以氧化杂质使之造渣除去。

熔铸含 Au 99.96% 以上的电解金，一般加入硝酸钾和硼砂各 0.1%，并加入 0.1%~0.5% 的碳酸钠。对于纯度较低的金，可适当增加熔剂和氧化剂。

经氧化造渣的熔炼过程后，铸成锭块的金、银的含量较之原料均有所提高。熔炼金、银的过程中，坩埚液面附近如因强烈氧化有可能"烧穿"时，可加入适量洁净而干燥的碎玻璃以中和渣，避免造成坩埚损坏而损失金、银。

29.3.1.3 金属的保护和脱氧

金、银在空气中熔融时，能溶解大量的气体，如银能溶解约 21 倍体积的氧，这些氧在金属冷凝时会放出而形成"银雨",造成细粒银珠的喷溅损失;来不及放出的氧则在银锭中形成缩孔、气孔、麻面等缺陷。

熔融金属银中氧的溶解度随温度升高而下降,浇铸前应提高银液温度,并在银液面上盖一层还原剂(如木炭等),以除去氧。也可在炉料中加入一块松木以除去部分氧。浇铸前用木棍搅动银液,效果也较好。也可在真空中熔融。

金的吸气性更强,空气中熔融的金可溶解33~48倍体积的氧或37~46倍体积的氢。但金的浇铸温度较高,而且铸模为敞口整体平模,模具常预热至160℃或以上,气体较易放出。

金银在浇铸时保持较高温度,有利于获得品质好的锭块。生产实践中,银的浇铸温度一般为1100~1200℃,金的浇铸温度一般为1200~1300℃。

29.3.1.4 涂料与脱模

锭块不但要有好的内部结构,而且还应有好的表面物理规格。为此,除了要保证锭模内壁良好的加工质量外,在浇铸前,还需在锭模内壁上喷涂一层极薄并具有一定强度的焦黑,这不仅有助于形成外表质量好的锭块,还能将模型与金属隔离开,有利于脱模。通常选用乙炔或石油(重油或柴油)点燃,于模具内壁上均匀地熏上一层薄烟(类似于缺氧燃烧)。

浇铸操作的好坏与锭块的品质关系很大。浇铸时,液面在铸模内的上升速度应与涂料的升华速度一致,防止锭块表面产生冲刷痕迹、渣、气孔以及分层掉块现象。

29.3.2 金银的成色及锭块的物理规格

任何黄金制品,包括金锭,均铸有表示纯度、国家、炼金厂和铸锭日期的标记。纯金或其合金制品中,金含量的多少称做黄金的成色或成分。黄金的成色主要是两种表示方法,即百分制(质量分数)和K制(开制)。百分制是我国历来用以表示黄金成色的方法,即以纯金为100%,10%称做一成,1%称做一色,0.1%称做一点。我国民间判断金成色的谚语为:七成者青、八成者黄、九成者紫、十成者足赤。自古有"金无足赤"之说,即使是6个"9"的高纯金也含有微量的铜、锌、锡、镍等杂质。金合金或金锭常只表示其中的金含量,不标明其他金属或杂质的含量。我国金锭和银锭产品对化学质量的要求国家标准分别列于表29-9和表29-10。

表 29-9 金锭产品化学成分国家标准(GB/T 4134—2015)

牌号	Au	化学成分(质量分数)/%												杂质总和
		杂质含量												
		Ag	Cu	Fe	Pb	Bi	Sb	Pd	Mg	Sn	Cr	Ni	Mn	
IC-Au99.995	≥99.995	≤0.001	≤0.001	≤0.001	≤0.001	≤0.001	≤0.001	≤0.001	≤0.001	≤0.001	≤0.0003	≤0.0003	≤0.0003	≤0.005
IC-Au99.99	≥99.99	≤0.005	≤0.002	≤0.002	≤0.001	≤0.002	≤0.001	≤0.005	≤0.003	—	≤0.0003	≤0.0003	≤0.0003	≤0.01
IC-Au99.95	≥99.95	≤0.020	≤0.015	≤0.003	≤0.003	≤0.002	≤0.002	≤0.02	—	—	—	—	—	≤0.05
IC-Au99.50	≥99.50	—	—	—	—	—	—	—	—	—	—	—	—	≤0.5

注:所需测定杂质元素包括但不限于表中所列杂质元素。

表 29-10 银锭产品化学成分国家标准 (GB/T 4135—2016)

牌号	Ag含量（质量分数）/%	化学成分/%								
		杂质含量（质量分数）								
		Cu	Pb	Fe	Sb	Se	Te	Bi	Pd	总和
IC-Ag99.99	≥99.99	≤0.0025	≤0.001	≤0.001	≤0.001	≤0.0005	≤0.0008	≤0.0008	≤0.001	≤0.01
IC-Ag99.95	≥99.95	≤0.025	≤0.015	≤0.002	≤0.002	—	—	≤0.001	—	≤0.05
IC-Ag99.90	≥99.9	≤0.05	≤0.025	≤0.002	—	—	—	≤0.002	—	≤0.10

注：1. IC-Ag99.99 和IC-Ag99.95 牌号，银质量分数以杂质减量法确定，所需测定杂质元素包括但不限于表中所列杂质元素。IC-Ag99.90 牌号银质量分数是直接测定。

2. 需方如对银锭的化学成分有特殊要求时，可由供需双方协商确定。

对金锭、银锭产品的外形尺寸和质量也有一定的要求，锭块呈长方形锭状、梯形锭状，见表 29-11，特殊要求由供需双方协商确定。

表 29-11 金锭、银锭产品的物理规格 (GB/T 4134—2015，GB/T 4135—2016)

金 锭				银 锭				
质量/kg	长/mm	宽/mm	质量允许偏差/g	质量/kg		长/mm	宽/mm	质量允许偏差/kg
1	115±2	53±2	+0.05 −0.00	15		365±20	135±20	15±1
3	320±3	70±3	±50	30	正面	300±50	150±40	30±3
12.5	正面 255±10	80±5	+500		底面	255±50	108±25	
	底面 236±5	58±5	−1500					

K 制是国际上通常用来衡量黄金成色的方法。目前，首饰业、金币、奖牌及金笔等制造业中常用开（K，karat gold）表示黄金的成色。K 金又称金合金，按成色高低分为 24 K、22 K、20 K、18 K、14 K、12 K、9 K、8 K 等。1 K 的金含量为 4.1666%，24 K 金的金含量为 99.998%，视为纯金，22 K 金的金含量为 91.6652%。金合金的颜色随添加的金属种类和质量而变化。目前国内外流行的 K 金，依颜色可分黄色 K 金、白色 K 金和红色 K 金三类。黄色 K 金是金、银和铜三元合金（有 22 K、18 K、14 K、10 K 和 8 K 等）；白色 K 金（white gold）是以金及钯为基，再和镍、铜、锌所组成的合金；而红色 K 金（red gold）则是金、银及铜的合金，其中铜所占比例颇大，故呈淡红色。

29.3.3 金银的计量

自古以来金、银计量随着度量衡制的变化而变化，各国计量单位也不一。我国早年采用钱、市两、市斤。1 钱 = 3.125g，1 市两 = 10 钱 = 31.25g；1 市斤 = 16 市两 = 500g。香港、广东等地用的司马两，1 司马两 = 37.5g。新中国成立以后，统一了我国的度量衡，金、银以 g、kg 或 t 为单位。由于各国黄金市场交易的习惯、规则以及所在地计量单位等不同，世界各国黄金交易的计量单位也有所不同，因此计量单位繁多，如盎司、喱、磅、本尼威特、公吨、短吨等，但现在国际上比较通用的单位是金衡盎司。常用计量单位换算系数列于表 29-12 中。

表 29-12 常用黄金计量单位换算表

质 量	金衡格令	本尼威特	金衡盎司	常衡盎司	克
1金衡格令（gr）	1	0.041666	0.0020833	0.00228571	0.0648
1本尼威特	24	1	0.05	0.0548571	1.5552
1金衡盎司（oz. tr）	480	20	1	1.0971428	31.1035
1金衡磅（t. lb）	5760	240	12	13.165714	373.248
1常衡盎司（oz. av）	437.5	18.2292	0.911458	1	28.3495
1常衡磅（lb. av）	7000	291.666	14.58333	16	453.6
1克（g）	15.432	0.643	0.03215	0.035274	1
1千克（kg）	15432	643	32.15	35.274	1000

 **复习思考题**

29-1 简述金电解精炼的原理，写出金电解精炼的阴、阳极反应的电化学方程，说明金电解精炼时阳极所含主要杂质的行为。

29-2 有色金属电解精炼时一般都是在阴阳极间通以直流电，试述为什么金电解精炼时要在所通直流电的基础上重叠一个交流电？

29-3 简述采用化学方法进行金精炼的主要溶金试剂和还原试剂，写出化学法金精炼的主要化学反应方程式。

29-4 金萃取精炼主要的萃取剂有哪些，被萃取的金以哪种形态存在？

29-5 简述银电解精炼的原理，写出银电解精炼的阴、阳极反应的电化学方程。

29-6 简述采用化学方法精炼银的主要试剂，写出主要的化学反应方程式。

29-7 金银的计量主要有哪些单位，相互间如何换算？

30 铂族金属提取冶金

铂族金属（platinum group metals，PGMs）包括钌（Ru）、铑（Rh）、钯（Pd）、锇（Os）、铱（Ir）、铂（Pt）六个元素，位于元素周期表中第Ⅷ族。由于具有许多优良特性，如优良的催化活性、在很宽的温度范围内能保持化学惰性、熔点高、耐摩擦、耐腐蚀、延展性强、热电稳定性好以及颜色瑰丽等，被广泛应用于汽车工业、珠宝首饰、金融投资业、石化工业、电子工业、玻璃工业、医药卫生、能源及环境保护等领域。随着经济的发展，铂族金属的用途越来越广泛，消费量也日渐增多，铂族金属的地位变得更加重要。

铂族金属在矿产资源中的含量很低，其冶金提取过程主要包含富集、分离、精炼三个阶段。一个完整的提取工艺流程由许多单项技术环节组成，针对不同性质及成分的原料，用多种单项技术可以组成不同工序和结构的工艺流程。

30.1 铂族金属矿物的选矿富集

铂族金属在矿石中的含量很低（通常小于 10g/t），一般无法直接提取，往往需要经过复杂、冗长的处理过程，逐步富集，获得铂族金属含量较高的精矿。从矿石到 PGMs 含量为 50% 的精矿，选冶全过程要求的富集倍数，南非为 8 万倍，加拿大为 8 万倍，我国金川需 150 万倍。显然要求的富集倍数越高，使用的富集工序越多，工艺过程越长。

选矿富集、火法冶金富集、湿法冶金富集及电解富集等过程是对具有工业价值的铂族金属进行富集的单元过程，其中火法冶金富集、湿法冶金富集及电解富集是用冶金方法处理物料，以提高矿物中铂族金属的含量，产出铂族金属精矿的过程，也可称为冶金富集。铂族金属矿物的富集是铂族金属提取冶金全流程的第一阶段，在确定富集流程时，必须兼顾主金属的回收并对原料中所含其他有价元素进行充分利用，方能确保最好的经济效益和环境效益。

铜镍硫化矿是铂族金属极为重要的矿物来源，此类矿产资源的提取冶金尤为重要，国内外处理含铂族金属的铜镍共生硫化矿资源提取冶金的原则流程如图 30-1 所示。

选矿富集是用选矿方法从矿石中分选出铂族金属精矿的过程，是铂族金属富集方法之一。铂族金属的选矿富集主要采用重选、浮选和两者的联合工艺，其中应用最多的是浮选。已开采的铂族金属矿床主要有砂铂矿和含铂族金属的铜镍共生硫化矿，后者铂族金属含量甚微，多随主金属铜、镍富集在浮选铜镍精矿中。

30.1.1 重选

常见的铂族金属矿物主要包括自然铂、粗铂矿、铁铂矿、铱铂矿、锇铱矿、铱锇矿、自然钯、钯金矿、自然金、锑钯矿、单斜铋钯矿、砷铂矿、硫镍钯铂矿、硫镍钌矿、硫钌矿、硫铱锇钌矿、辉银矿，密度都在 7g/cm³ 以上，特别是自然金属和金属互化物的密度

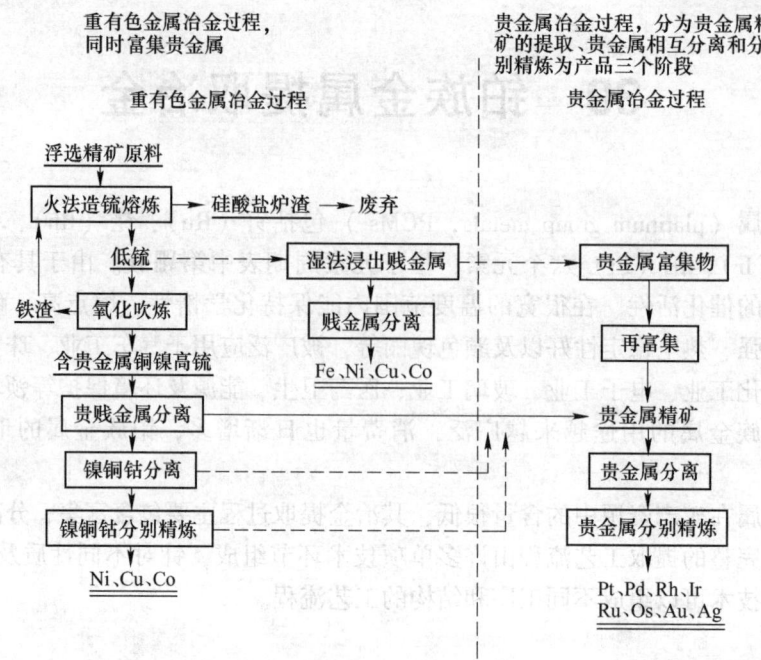

图 30-1　含铂族金属的铜镍共生硫化矿资源提取冶金的原则流程

都超过 $10g/cm^3$，其中自然铂、粗铂矿、锇铱矿的密度高达 $15\sim22g/cm^3$，不仅远高于常见的脉石（一般密度为 $2.5\sim2.75g/cm^3$，少数可达 $4.3g/cm^3$），且高于常见的贱金属矿物（一般密度为 $3.6\sim5.5g/cm^3$，仅个别矿物如方铅矿为 $7.2\sim7.6g/cm^3$，但在铂矿石中很少见）。因此，铂族金属矿物只要粒度较大（一般指大于 0.04mm），能够单体解离就可以用重选方法加以富集。重选一般用于处理砂铂矿和原矿中铂族金属粒度较大的矿物资源。对于某些矿石，往往还辅以混汞或磁选工艺以提高精矿中铂族金属的含量和回收率。

砂铂矿中的铂族金属矿物主要为自然铂、铁铂矿、铱锇矿等，多呈游离状态，粒度粗、密度大（达 $15g/cm^3$），一般用重选法富集。采掘出的砂铂矿经过洗矿、溜槽和跳汰富集，得到含磁铁矿、铬铁矿等的粗铂精矿。粗铂精矿再用摇床、磁选和风力精选，产出的精矿中含 PGMs 可达 80%~90%。含量低的粗铂精矿再用混汞法提铂。但目前砂铂矿资源已基本枯竭。

30.1.2　浮选

铂族金属矿物多具有疏水性而可附着在气泡上，且现在开采的大多数资源中，细粒铂族矿物通常都与铜、镍硫化矿物共生，因此浮选已成为当今铂族金属矿物最重要、也是应用最广泛的选矿方法。但因铂族金属矿物密度大，当粒度较大时，则辅以重选方法，即用重选—浮选联合工艺才能更有效地进行回收。

浮选目前主要用于处理硫化铜镍矿，使铂族矿物和铜、镍硫化物一并回收。铂族金属矿物的选别效果与磨矿细度、介质酸度、药剂种类及用量、工序安排等多种因素有关。通常都需要针对不同矿石的特点进行实验，以确定合理的工艺流程和技术条件。

我国金川所产的含铂族金属铜镍共生硫化矿石中，含 Ni 大于 1%、Cu 大于 0.5%，含

PGMs 0.6g/t。矿床中有铂族矿物数十种，但含量低、粒度细，与铜镍硫化矿物相互连生，浮选过程中随铜镍矿物一起富集在铜镍精矿中，其富集倍数为 3~4，回收率为 70%~80%，低于主金属的回收率（铜 82%~85%，镍 89%~90%）。

加拿大萨德伯里矿区所产的含铂族金属的铜镍共生硫化矿，含铂 0.5~0.9g/t，浮选时大部分铂族金属富集在铜镍混合精矿中，铜镍分选时铂族金属主要进入镍精矿。

美国斯替尔瓦特杂岩的共生硫化矿石含（Pd+Pt+Au）共 17~28g/t，Cu 0.06%，Ni 0.11%。矿石经两段磨矿至小于 0.074mm 粒级的占 60%，然后进行浮选。浮选回路包括粗选、扫选、两次精选及中矿再磨再选作业。浮选药剂为捕收剂戊基黄原酸钾和二异丁基二硫代磷酸钠共 70g/t，抑制剂羧甲基纤维素 350g/t 和适量起泡剂甲基异丁基甲醇。浮选精矿含 PGMs 1700g/t，回收率为 90%。

当共生硫化矿氧化蚀变较严重时，形成的氧化矿石难选，镍、铜及铂族金属的浮选回收率都不高。

30.1.3 重选—浮选联合流程

对于粒度较大的铂族金属矿物，采用重选—浮选联合法，可充分利用二者的优点，获得较好的富集效果。铂族金属铜镍共生硫化矿中，铂族金属通常与铜镍共生，铜镍含量低时以回收铂族金属为主，如南非美伦斯基（Merensky）矿脉含 PGMs 4~15g/t，采用重选—浮选联合流程进行富集。矿石细磨后先用绒面溜槽和摇床重选，产出含 Pt 30%~35%、Pd 4%~6%、Au 2%~3%、Ru 0.5%的高含量重选精矿，重选尾矿再由浮选回路进一步处理。

30.2 含铂族金属矿物的冶金富集

铂族金属物料的冶金富集是指通过冶金的方法对铂族金属进行富集，根据工艺不同，分为火法冶金富集、湿法冶金富集（或浸出）及电解富集等，其中又包括很多方法，而各种方法均有其技术特点和局限性，只适用于一定的物料和条件。除砂铂矿经重选即可产出贵金属含量达 50%以上的精矿外，从共生矿、冶金副产物以及二次资源中提取铂族金属均须采用几种富集方法相互配合的复杂工艺过程，才能获得含量较高的铂族金属精矿。

全球 95%的铂族金属伴生在铜镍硫化矿中，如何从伴生铂族金属的铜镍共生硫化矿中提取铂族金属是铂族金属冶金的重要内容，对于这一类资源，冶炼富集铂族金属的过程，也就是铜镍提取冶炼的过程。我国 90%的矿产铂族金属来源于金川的铜镍冶炼副产品，因此本部分内容将重点围绕伴生铂族金属的铜镍共生硫化矿富集铂族金属的工艺进行介绍。

30.2.1 火法冶金富集

砂铂矿经过多年开采已基本枯竭，目前共生矿是铂族金属提取冶金的重要资源。但共生矿组成复杂，矿石中含有铂、钯、锇、铱、钌、铑、金、银、镍、铜、钴、铁及硫等十多种有价元素，是一类必须全面综合利用的宝贵资源，这类资源通常是在镍、铜、钴选冶生产的同时，实现铂族金属的富集。共生铂矿经选矿后得到的精矿，通过火法熔炼分离大量的硅酸盐脉石和铁,使全部有价金属富集在铜镍锍中,用锍捕集贵金属。此外,铂族金属矿物资源的火法冶金富集还包括挥发(气化)富集、热滤及减压蒸馏脱硫等工艺过程。国内某厂铂族金属共生硫化铜镍精矿经火法冶金富集的工艺流程如图30-2所示。

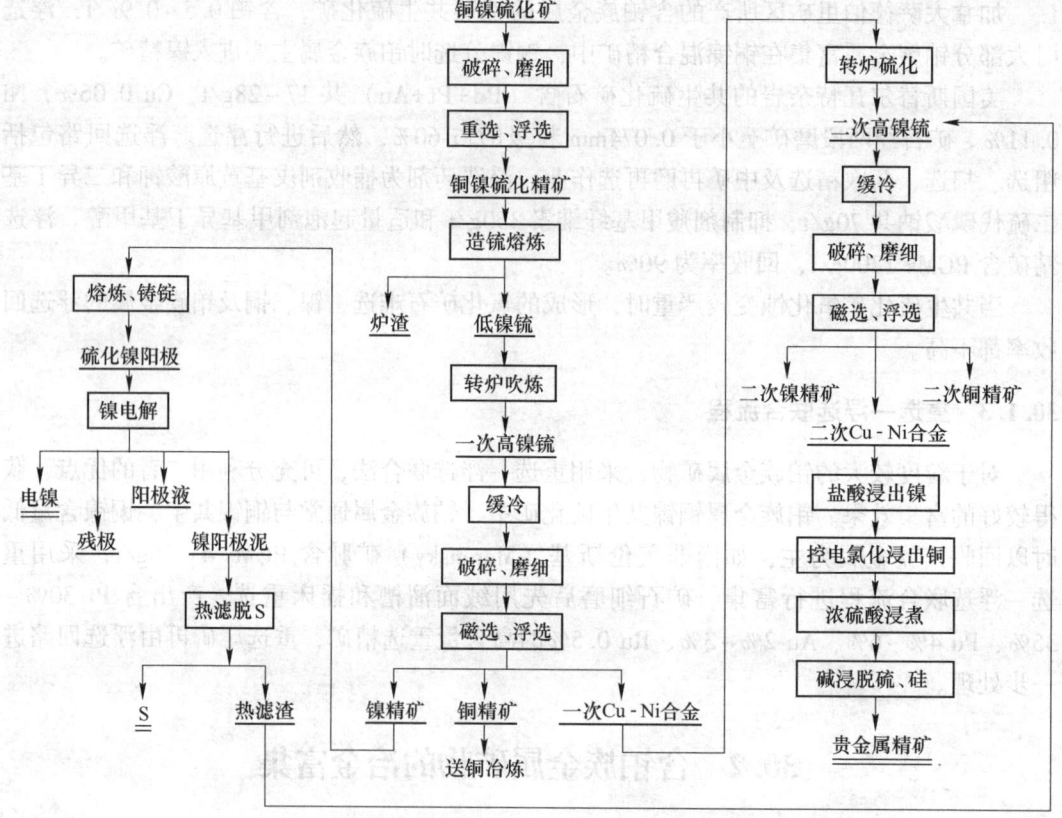

图30-2 国内某厂铂族金属共生硫化铜镍精矿经火法冶金富集的工艺流程

含铂族金属的铜镍共生硫化精矿采用火法冶金富集的原理和工艺分述于下。

30.2.1.1 造锍熔炼及吹炼

A 造锍熔炼富集铂族金属的原理

造锍熔炼是有色金属提取冶金中一个重要的冶金过程,尤其是铜、镍、钴等金属的火法冶金。将硫化物精矿、部分氧化焙烧的焙砂、返料及适量熔剂等物料,在一定温度下进行熔炼,产出两种互不相溶的液相——熔锍和熔渣,这种熔炼过程称为造锍熔炼。造锍熔炼的原理是基于主金属(铜、镍)对硫的化学亲和力大于其对氧的化学亲和力,从而使金属与硫或几种金属硫化物相互融合为锍。主要反应为:

(1) 高价硫化物的分解:

$$2CuFeS_2 = Cu_2S + 2FeS + 1/2S_2 \tag{30-1}$$
$$3(Fe,Ni)S_2 = 3FeS + Ni_3S_2 + 1/2S_2 \tag{30-2}$$
$$2(Ni_{4.5}Fe_{4.5}S_8) = 3Ni_3S_2 + 9FeS + 1/2S_2 \tag{30-3}$$
$$FeS_2 = FeS + 1/2S_2 \tag{30-4}$$

反应结果:物料组成简单化,生成比较简单而稳定的化合物。

（2）低价硫化物的氧化：

$$2FeS + 3O_2 = 2FeO + 2SO_2 \qquad (30\text{-}5)$$

$$2Ni_3S_2 + 7O_2 = 6NiO + 4SO_2 \qquad (30\text{-}6)$$

（3）造锍反应：

$$3FeS + 3NiO = Ni_3S_2 + 3FeO + 1/2S_2 \qquad (30\text{-}7)$$

（4）造渣反应：FeO 在 SiO_2 存在的条件下，将按下列反应形成炉渣：

$$10Fe_2O_3 + FeS = 7Fe_3O_4 + SO_2 \qquad (30\text{-}8)$$

$$3Fe_3O_4 + FeS + 5SiO_2 = 5(2FeO \cdot SiO_2) + SO_2 \qquad (30\text{-}9)$$

$$2FeO + SiO_2 = 2FeO \cdot SiO_2 \qquad (30\text{-}10)$$

$$CaO + SiO_2 = CaO \cdot SiO_2 \qquad (30\text{-}11)$$

$$MgO + SiO_2 = MgO \cdot SiO_2 \qquad (30\text{-}12)$$

造锍熔炼的目的是将炉料中待提取的有色金属和贵金属聚集于锍中。铂族元素具有亲硫不亲氧的性质（但其中的锇、钌易于氧化挥发），因此不仅易溶于锍中，也易与各种过渡族金属形成合金或金属间化合物。因而可以通过熔炼过程，经高温化学反应，使富集着铂族金属、镍、铜等有价金属的锍与其他物质分离。这一原理早已用于矿物原料中微量乃至痕量贵金属的分析，即"火法试金"。铜、镍、铅、锌、锑等有色金属冶金的长期实践也表明，矿石原料中含有的微量或痕量铂族金属，在火法熔炼过程中均可被捕集到锍或最终的金属相中。

目前国内外所有知名的铂族金属生产厂都无一例外地使用火法造锍熔炼捕集贵金属到铜镍锍中。此步操作可将精矿中约70%的硅酸盐脉石和大量硫化铁以熔渣的形式排除。

B　铜镍硫化精矿造锍熔炼的工艺过程

铜镍硫化精矿的造锍熔炼早先主要采用鼓风炉、反射炉及电炉等熔炼设备，现已被高效节能的奥斯麦特熔池熔炼炉、奥托昆普闪速炉等所取代。如我国某厂的共生铂族金属铜镍硫化矿精矿经奥托昆普闪速炉熔炼，矿物中90%以上的铂族金属进入铜镍锍（低镍锍）中，进入熔炼渣中的铂族金属主要为机械夹带损失。

闪速炉造锍熔炼的基本工艺过程，是将经过深度干燥至水含量低于0.3%的炉料与氧气、预热空气一起，借助特殊的喷嘴吹入高温炉膛即反应塔内，形成均匀的悬浮体，精矿颗粒在反应塔内被快速加热、氧化、熔化生成产物（1200~1300℃），并随炉气一起进入水平的沉淀池，炉气通过沉淀池上方进入上升烟道排除炉外。熔融产物与烟气分离后落入沉淀池，最终完成造锍和造渣反应，并借助两者的密度差而得以分离。铜镍锍沉降在底层，经放出口放出，送转炉吹炼。炉渣中有价金属的含量较高，经电炉贫化处理，回收其中的有价金属。

炉料包括铜镍硫化精矿、熔剂等，精矿中除镍外，还有其他有价金属，如铜、钴、贵金属等。经造锍熔炼得到的主要产物为铜镍锍和炉渣。

（1）铜镍锍。铜镍锍主要由 Ni_3S_2、Cu_2S 和 FeS 组成，含少量钴的硫化物、游离金属和铂族元素。铜镍锍的性质与火法炼铜所产铜锍的性质大致相同，含（Ni+Cu）为45%~50%。

（2）炉渣。铜镍硫化精矿造锍熔炼的炉渣中含 FeO、CaO、SiO_2 和大量 MgO，熔点为1200℃。

造锍熔炼后，铜、钴以低价硫化物的形式进入锍，少部分被氧化成氧化物，在熔炼炉中与铁的硫化物进行交互反应，生成硫化物，进入锍；贵金属则主要以金属形态溶入锍中，绝大部分的有价金属也进入锍中；50%以上的砷、锑、锌等杂质进入渣中，60%以上的铅、铋、硒、碲等金属以氧化物的形式挥发除去。

C 吹炼

吹炼是将铜镍锍中的FeS氧化造渣，除去铁和部分硫，产出主要由Ni_3S_2和Cu_2S组成并富集了贵金属的高镍锍。一般高镍锍含（Ni+Cu）为70%~75%，含硫为18%~24%，且富集了大部分的贵金属。

与铜锍吹炼成粗铜所不同的是，铜镍锍的吹炼只有造渣过程：

$$2Fe + O_2 + SiO_2 = 2FeO \cdot SiO_2 \tag{30-13}$$

$$2FeS + 3O_2 + SiO_2 = 2FeO \cdot SiO_2 + 2SO_2 \uparrow \tag{30-14}$$

吹炼直到产出高镍锍为止，而没有造金属过程，因为反应（30-15）要在1500℃高温才能进行，而空气吹炼的温度为1350℃。

$$Ni_3S_2 + 4NiO = 7Ni + 2SO_2 \tag{30-15}$$

铜镍锍吹炼通常采用卧式转炉，温度为1300~1380℃。在此条件下铂、钯、金不氧化，几乎全部进入高镍锍，其在渣中的损失主要是由于高镍锍来不及沉降与渣分离，从而造成的机械夹带损失。需要注意的是，铂族金属中的锇、钌因氧化挥发而部分进入烟尘和炉渣，并有相当一部分随烟气放空或进入制酸系统；近20%的铱进入渣。吹炼得到的高镍锍是进一步提取镍、钴、铜等重有色金属以及铂族金属的原料。转炉吹炼铜镍锍时铂族金属在各产物中的分配见表30-1。

表30-1 转炉吹炼铜镍锍时铂族金属的分配 （%）

吹炼产品	Pt	Pd	Os	Ir	Ru
高镍锍	96.2	95.1	58.8	79.1	66.1
转炉渣	2.9	3.4	13.0	18.7	17.8
烟尘	0.64	1.2	15.4	7.3	—
平衡差值	0.26	0.5	12.8	0.9	11.9

D 高镍锍的后处理

高镍锍是火法熔炼的主要产品，其铜镍分离的技术有以下几种：分层熔炼法、磨浮分离法、选择性浸出法。

a 分层熔炼法

将高镍锍和硫化钠混合熔化，在熔融状态下，硫化铜极易溶解在Na_2S中，而硫化镍不易溶解于Na_2S中，硫化铜和硫化镍的密度为$5.3 \sim 5.8 g/cm^3$，而Na_2S的密度仅为$1.9 g/cm^3$。当高镍锍和Na_2S混合熔化时，硫化铜大部分进入Na_2S相，因其密度小而浮在顶层，硫化镍则因其密度大而留在底层。当温度下降到凝固温度时，二者分离的更彻底，凝固后的顶层和底层很容易分开。为了使硫化铜及硫化镍更好地分离，顶层和底层的物料再分别进行分层熔炼，重新获得分层后的硫化铜和硫化镍，直至满足工艺要求。由于此法工艺过程冗长复杂，劳动条件差，且生产成本高，现已基本淘汰。

b 磨浮分离法

磨浮分离法是 20 世纪 40 年代发展起来的一种针对高镍锍进行铜镍分离的工艺。由于其成本低、效率高，一经问世就备受青睐，并发展成为迄今为止最重要的高镍锍铜镍分离方法。磨浮分离法由高镍锍铸锭缓冷、破碎磨细和磁选—浮选分离等主要的工艺过程组成。该方法的实质是高镍锍熔体在铸锭缓慢冷却时，各组分相互的溶解度存在差异，分别生成具有不同化学成分的硫化镍（Ni_3S_2）和硫化铜（Cu_2S）晶粒，以及存在于这些晶粒间的铜—镍合金相。然后，用磁选方法选出具有磁性的铜—镍合金，再用浮选方法分离出硫化镍精矿和硫化铜精矿。

我国某厂磨浮分离法产出的一次硫化铜精矿含 Cu 69%~71%、Ni 3.4%~3.7%，送铜冶炼工序；一次硫化镍精矿含 Ni 62%~63%、Cu 3.3%~3.6%，经熔化后直接铸成硫化镍阳极，进行镍电解精炼；一次铜-镍合金含 Ni 60%、Cu 17% 以及绝大部分贵金属。由于一次铜-镍合金中贵金属含量较低，须将一次铜镍合金配入含硫物料，再进行造锍熔炼和吹炼产出二次高镍锍，对其进行铸锭、缓冷、磨浮分离产出二次硫化镍精矿、二次硫化铜精矿和二次铜镍合金，而贵金属进一步富集于数量更少的二次铜镍合金中，经盐酸选择性浸出法处理，产出可供电积提镍的含镍浸出液和含铜及贵金属的浸出渣。含铜及贵金属的浸出渣经盐酸+氯气控制电位选择性浸出铜等贱金属后，所得浸出渣即为贵金属精矿，其中含贵金属总量可达百分之十几，是分离提取铂族金属的极为重要的原料。

c 选择性浸出法

20 世纪 60 年代以来，国外一些工厂根据各自的资源特点或技术专长，发展了几种新型的高镍锍湿法处理工艺流程。比较著名的有芬兰奥托昆普公司哈贾伐尔塔精炼厂采用的硫酸选择性浸出法、加拿大鹰桥镍公司克里斯蒂安松精炼厂采用的氯化浸出法和加拿大舍里特-高尔顿公司采用的加压氨浸法，这些方法中以硫酸选择性浸出法发展较快。20 世纪 70 年代后改建或新建的厂家基本上都采用湿法浸出工艺处理高镍锍，特别是 70 年代中后期加压浸出技术的应用，使得硫酸选择性浸出法取得了重大进步。

硫酸选择性浸出通常采用常压和加压相结合的浸出方法。从高镍锍到产出金属镍一般经过碎磨、浸出、净化、电解沉积或加压氢还原等过程。浸出过程中，高镍锍内的镍、钴生成可溶性硫酸盐进入溶液，铜、铁及贵金属则留在浸渣中。由于浸出液中铜、铁等杂质含量很低，因而浸出液的净化比较简单，可以采用化学沉淀法或溶剂萃取法进行净化。净化后的硫酸镍溶液采用电解沉积法生产电镍或采用加压氢气还原法生产镍粉。

我国于 20 世纪 90 年代成功开发了具有国际先进水平的高镍锍精炼新工艺：铜镍高镍锍硫酸选择性浸出—黑镍除钴—不溶阳极电积镍。该工艺的基本过程为：细磨后的高镍锍采用常压浸出与加压浸出相结合的方法，分段进行浸出，镍和钴被选择性地浸出，进入溶液，铜、铁、贵金属等则留在浸渣中。浸出液经净化处理，采用不溶阳极法电积生产电镍，或氢还原法生产镍粉。新疆阜康冶炼厂采用高镍锍硫酸选择性浸出—黑镍除钴—不溶阳极电积工艺生产电镍，同时富集铂族金属，原则工艺流程如图 30-3 所示。

与硫化镍阳极电解精炼法相比，硫酸选择性浸出法的生产流程较短，用一个浸出工序代替了铜镍锍缓冷、磨矿、选矿等若干工序。因而基建投资较省，药剂用量少，生产成本也较低。而加压氨浸法则不具选择性，镍、铜、钴均被浸出，甚至某些贵金属也能少量溶解，故其应用受到限制，只适用于含铜低、不含或少含贵金属的高镍锍的处理。

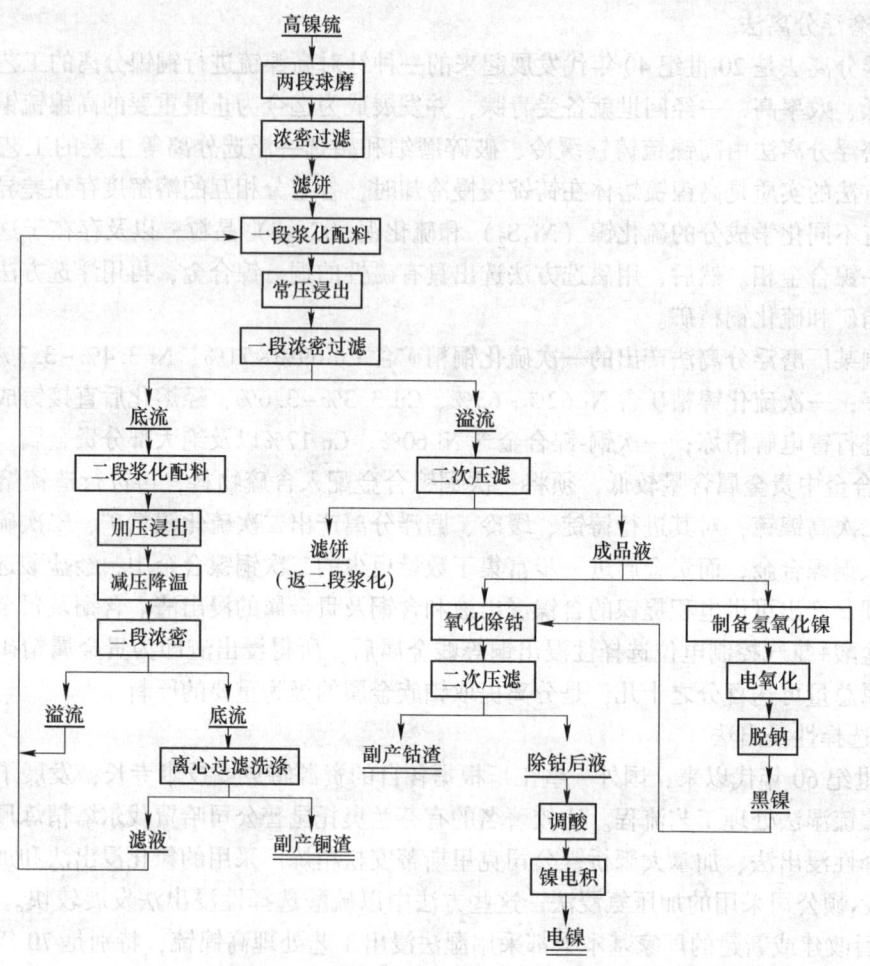

图 30-3　阜康冶炼厂高镍锍硫酸选择性浸出—黑镍除钴—不溶阳极电积工艺流程

E　锇、钌在熔炼、吹炼过程中的行为

锇、钌的熔点很高且易于氧化，其高价氧化物的沸点很低（OsO_4 和 RuO_4 的沸点分别为 131.2℃和 65℃），易于挥发。另外 OsO_4、RuO_4 容易被金属、硫等还原为低价的 MeO_2 或金属而不再挥发，主要反应及其自由能列于表 30-2 中。

表 30-2　锇、钌四氧化物的某些还原反应及其自由能　　　　　　　　　（kJ/mol）

还原反应式	反应温度		
	1000℃	1200℃	1400℃
$OsO_4 + 4Fe == Os + 4FeO$	-518.0	-484.5	-451.0
$OsO_4 + 4Ni == Os + 4NiO$	-306.1	-305.9	-309.6
$RuO_4 + 4Fe == Ru + 4FeO$	-703.2	-694.5	-686.6
$OsO_4 + 2S == Os + 2SO_2$	-117.7	-140.2	-162.8
$RuO_4 + 2S == Ru + 2SO_2$	-320.8	-372.4	-421.2
$RuO_4 + 2SO_2 == RuO_2 + 2SO_3$	-84.1	-52.7	—
$OsO_4 + 2SO_2 == OsO_2 + 2SO_3$	+92.5	+121.3	—

造锍熔炼的开始阶段，锇、钌氧化挥发损失主要发生在物料熔化之前的升温阶段。锇在钌之前氧化挥发，约在 800℃ 开始挥发，1000℃ 剧烈挥发，物料熔化后挥发急剧减少。钌在 1100℃ 开始并剧烈氧化挥发，同样物料熔化后挥发急剧减少。因此，缩短物料的熔化时间，使氧化反应在熔融状态进行，可减少锇、钌的挥发。

在熔炼过程中，氧化气氛中锇、钌损失的量比中性气氛大。但在中性气氛熔炼时，只要有氧化剂存在，锇、钌也将被氧化、挥发，如 Fe_2O_3 就可使其最大挥发率达氧化气氛中的 1/3。锇、钌的损失途径不同，钌主要是生成 RuO_2 进入炉渣；锇则主要是氧化挥发，1350℃ 下，10min 的挥发率为 60%，80min 达到 93%，渣、锍间的分配系数 $\alpha = 0.045 \sim 0.063$，即进入炉渣的很少。

吹炼过程是在氧化气氛下进行，随着吹炼时间的延长，钌、锇的损失量增大。因此，吹炼时要控制锍的氧化程度，防止锇、钌大量损失。氧化挥发的锇，可在转炉烟尘中富集。

30.2.1.2 其他富集熔炼

A 低含量铂矿的熔炼

矿石中的铂族金属、铜、镍含量均较低时，用通常的选冶方法难以经济地回收这些有价金属。如果用低含量铂矿和磷灰石配料进行熔炼钙镁磷肥，使炉渣由无价转化为有价，同时回收有价金属则是一种综合利用率高且简单有效的方法。镁含量较高的滑石型或橄榄石型低含量铂矿石，用磷灰石配料后直接用鼓风炉或电炉熔炼，控制还原气氛使矿石中的氧化铁少量还原，同时使铂族金属、金、银被捕集在镍磷铁中。所得含钙、镁、硅、铝、磷的氧化物熔炼炉渣经水淬，使其中的 $\alpha\text{-}Ca_3(PO_4)_2$ 转化为易被植物吸收的 $\beta\text{-}Ca_3(PO_4)_2$ 和 $3Ca_3(PO_4)_2 \cdot CaF_2$，磨细后即为钙镁磷肥。我国云南朱布地区的低含量铂矿，含 PGMs 约 2g/t、Ni 0.19%、Cu 0.22%、CaO 8.9%、MgO 24.5%、SiO_2 40.7%，用含 CaO 42%、P_2O_5 30%、SiO_2 16.7%的磷灰石配料，使混合料质量比为 $MgO : SiO_2 \approx 1$，$MgO : P_2O_5 \approx 3$，入鼓风炉加焦炭熔炼。炉渣经水淬、磨细后，含有效 P_2O_5 17%~18%，作钙镁磷肥出售。炉底放出的镍磷铁产率为铂矿石的 8%~9%，含 Fe 78%、P 12%、Ni 和 Cu 各约 3.5%、PGMs 20g/t。铂族金属回收率可达 95%以上。镍磷铁加硅石再在反射炉中吹炼除铁、磷，水淬渣也可作磷肥。反射炉产出的合金含 (Ni+Cu) 约 75%、P 6.5%、(PGMs+Au) 500g/t，贵金属回收率达 95%。合金可熔铸成阳极板后电解分离镍、铜，从阳极泥中提取贵金属。该方法在同时拥有低含量铂矿石和磷灰石资源，且交通便利的地区，易实现工业化。

B 熔炼铸石

低含量铂矿和铬铁矿混合熔炼铸石产品，同时获得富集了铂族金属的锍，实现低含量铂矿和铬铁矿的综合利用。

C 铝热还原熔炼

用铝、铁和难熔的贵金属精矿一起进行高温熔炼，使贵金属与铝、铁合金化，从而与其他组分分离。

30.2.1.3 挥发（气化）富集

A 氧化焙烧挥发锇、钌

铂族金属中的锇、钌易于氧化挥发，可通过氧化焙烧进行分离富集。

B　高温氯化挥发

大部分贵金属和常见金属及其化合物都能与氯反应生成氯化物，其中大部分易于挥发。对于高温氯化挥发，比较有应用价值的方法是铂族金属物料中加氯化剂焙烧，控制氯化气氛及温度，使贱金属生成氯化物挥发除去，而贵金属留在残渣中得以富集。控制焙烧温度为800~1000℃，此时生成的铂族金属氯化物皆不稳定，易分解为金属或氧化物富集于烧渣，而贱金属氯化物的沸点较低，容易挥发除去。

高温氯化挥发有加炭氯化挥发、Cl_2-O_2混合气选择性氯化挥发和氯化氢气体氯化挥发等方法。

a　加炭氯化挥发

加炭氯化可降低氧化物进行氯化反应的自由能，即降低贱金属氯化反应的起始温度，提高氯化反应速度，宜处理贱金属氧化物含量高的物料。一种镍阳极泥，其成分为：Ni 29.0%，Cu 23.0%，Fe 6.9%，Pt 0.44%，Pd 1.3%，Au 0.04%，Rh 0.04%，Ir 0.02%，Ru 0.06%，它和焦粉按1∶1混合，用淀粉制粒，于800~900℃下用氯气氯化35~75min，贱金属氯化挥发率为99%，渣率为4.3%~4.6%，渣中的PGMs含量达40%，铂族金属富集20倍以上。铂、钯、金回收率在98%以上。

b　Cl_2-O_2混合气选择性氯化挥发

使用Cl_2-O_2混合气体氯化时，反应过程中生成稳定的SO_2排除，氯化反应的热力学推动力更大，氯化反应更容易进行。氯化反应的方程式：

$$1/2Cu_2S + Cl_2 + 1/2O_2 = CuCl_2\uparrow + 1/2SO_2\uparrow \tag{30-16}$$

$$1/3Ni_3S_2 + Cl_2 + 2/3O_2 = NiCl_2\uparrow + 2/3SO_2\uparrow \tag{30-17}$$

$$FeS + Cl_2 + O_2 = FeCl_2\uparrow + SO_2\uparrow \tag{30-18}$$

c　氯化氢气体氯化挥发

铂族金属在通常的焙烧温度下不与氯化氢气体发生反应，部分氧化物（如RuO_2、PdO）虽可在400~540℃形成相应的氯化物，但继续升温时即分解为金属。而多数贱金属可被氯化氢气体氯化挥发，故可用此法分离贵贱金属。

高温氯化挥发过程对设备材质要求高，生产设备结构复杂，操作条件差，应用受到局限。现主要用于小规模批量处理铂族金属含量高的废杂物料或精炼过程中难溶于王水的铑、铱等粗金属。

C　羰基法除镍

利用CO气体与"活性"镍原子作用生成气态羰基镍，并易于分解出金属的特性进行提取或精炼镍的过程，有常压羰基法和加压羰基法之分。此法不仅可用于粗镍精炼，也可用于高镍锍脱镍富集铂族金属。

原理是在38~93.5℃及常压条件下，CO气体与活性金属镍接触就会生成羰基镍（$Ni(CO)_4$）气体；加热到150~316℃时，羰基镍气体又可分解为镍和CO。此可逆反应为：

$$Ni(s) + 4CO(g) = Ni(CO)_4(g) \qquad \Delta H = -163.44kJ \tag{30-19}$$

需要注意的是羰基镍为剧毒物质，工作场所的空气中，最大允许浓度为10^{-5}%。

30.2.2　铂族金属物料的湿法冶金富集

在铂族金属的富集过程中，火法冶金和湿法冶金方法相辅相成，缺一不可。湿法冶金富集处理的物料包括高镍锍、铜镍合金、阳极泥和二次资源等物料，处理方法有常压酸性浸出、加压浸出、控制电位选择性氯化和浸出脱硫等。方法要点为：将非贵金属组分溶解进入浸出液，与富集了贵金属的浸出渣分离；使贵金属进入溶液，与难溶物（如硅酸盐、二氧化硅等）分离。

30.2.2.1　常压酸性浸出

A　镍-铜合金的盐酸选择性浸出

采用盐酸可选择性浸出镍和铁，而铜不被浸出。反应如下：

$$Me + nHCl \Longrightarrow MeCl_n + n/2H_2\uparrow \tag{30-20}$$

$$\varphi_{Ni^{2+}/Ni}^{\ominus} = -0.25V, \quad \varphi_{Fe^{3+}/Fe}^{\ominus} = -0.409V, \quad \varphi_{Cu^{2+}/Cu}^{\ominus} = 0.34V$$

镍、铁的标准电极电位小于氢，可被浸出；而铜的标准电极电位则大于氢，无其他氧化剂时不被浸出。

辅助工序为：物料预先进行焙烧或其他预处理。

B　硫酸法浸出富集铂族金属

用硫酸处理含贵金属的物料，使其中贱金属转化为可溶性硫酸盐与不溶的贵金属分离的过程，为铂族金属富集的重要方法。加拿大、前苏联和我国用于从镍、铜冶金的一些含贵金属中间产物（如阳极泥、铜渣等）中富集铂族金属。按温度和过程特点，分为浓硫酸浸煮和硫酸盐化焙烧——浸出两种方法。

浓硫酸浸煮是将物料用其 1~3 倍质量的浓硫酸浆化，升温至 160~180℃，搅拌浸煮 2~3h。浓硫酸的强氧化性使贱金属（Me）转化为硫酸盐。反应为：

$$Me + 2H_2SO_4 \Longrightarrow MeSO_4 + SO_2\uparrow + 2H_2O\uparrow \tag{30-21}$$

$$MeS + 2H_2SO_4 \Longrightarrow MeSO_4 + SO_2\uparrow + 2H_2O\uparrow + S^0 \tag{30-22}$$

$$MeS + 4H_2SO_4 \Longrightarrow MeSO_4 + 4SO_2\uparrow + 4H_2O\uparrow \tag{30-23}$$

$$MeO + H_2SO_4 \Longrightarrow MeSO_4 + H_2O\uparrow \tag{30-24}$$

浸煮后的矿浆用 8~10 倍体积的冷水稀释，充分溶解贱金属硫酸盐，过滤后贵金属富集在不溶渣中。此法较其他湿法冶金方法能更有效地从含硫化镍、硫化铜、硫化铁和铂族金属的原料中富集铂族金属。我国采用此法从含 Ni 9.8%、Cu 4.2% 及贵金属约 2% 的原料中富集铂族金属。其做法是：原料在耐酸搪瓷反应釜中按料酸质量比为 1∶1.5 浆化后，升温至 170℃±5℃，搅拌浸煮 2h，然后用 10 倍体积的冷水稀释浸出矿浆，镍和铜的浸出率分别在 80% 和 90% 以上。贵金属在浸出液中的浓度小于 0.4mg/L，损失率在 0.2% 以下。浸出渣中镍、铜的含量降至 2.5% 以下，渣中铂族金属的溶解活性很好，可直接用盐酸和氯气溶解。但要严格控制好浸煮温度，一旦温度高于 190℃，会引起部分铂族金属溶解；超过 250℃，除铂、金外，其他铂族金属也会大量转入溶液，锇则大量氧化挥发损失。该法的缺点是硫酸消耗量大，产生大量 SO₂ 气体，若无合理的吸收处理装置，将污染环境。

C　硝酸分铅（铅作捕集剂）

硝酸分铅法是用硝酸溶解贵金属原料中大量存在的铅、银，使铂族金属和金得到富集。

30.2.2.2　加压浸出富集铂族金属

在高于大气压力下，用空气或纯氧作为氧化气氛，浸出含贵金属物料中的铜、镍、铁及硫等，使贵金属残留在浸出渣中而成为贵金属精矿的过程。这是铂族金属重要的富集方法之一。

加压浸出富集铂族金属是在密闭的耐压、耐腐蚀的压煮器中实现的，浸出时通入压缩空气或纯氧，使氧分压达到 0.3~1.0MPa，并加温至 120~180℃。在此条件下可加快贱金属的浸出，并使常压下难以浸出的贱金属硫化物或氧化物转变为可溶性硫酸盐。20 世纪 70 年代以来，加压浸出广泛用于处理含铂族金属铜镍共生硫化矿冶炼的中间产物，如高镍锍、高镍锍磨浮产出的铜-镍合金以及镍和铜电解所产的阳极泥等。

加压浸出按所用介质分为加压硫酸浸出、自变介质性质氧压浸出和氨浸出三类。氨浸出时铂族金属溶解损失较大，不宜用于处理含铂族金属的物料。另外，盐酸对设备腐蚀严重，一般不用作浸出介质。

A　加压硫酸浸出

在硫酸介质中加压浸出含贵金属的物料时，贵金属富集在浸出渣中，贱金属及其硫化物转变为可溶性硫酸盐。南非英帕拉（Impala）铂矿公司对含贵金属 0.15%的高镍锍进行三段加压浸出；马太-吕斯腾堡（Matthey Rustenbury）铂矿公司则对高镍锍磨细磁选出的含贵金属约 1.5%的铜-镍合金进行加压浸出；而前苏联则对含贵金属约 2.5%的粗镍电解阳极泥进行加压浸出，均采用硫酸介质。

a　高镍锍加压浸出

高镍锍含 Ni 49%、Cu 29%、S 20%~22%、（PGMs+Au）1250~1550g/t。小于 0.04mm 的粒级占 60%~90%的高镍锍用含 Cu^{2+} 18~22g/L、Ni^{2+} 23~27g/L、H_2SO_4 80~100g/L 的铜电解液进行浆化，然后泵入四格室卧式机械搅拌压煮器内进行一段浸出。矿浆在 135~145℃和空气压力约 0.5MPa 下连续流动浸出 3h。主要发生镍硫化物和铜硫化物的氧化反应：

$$Ni_3S_2 + CuSO_4 == NiSO_4 + 2NiS + Cu \qquad (30-25)$$
$$Ni_3S_2 + H_2SO_4 + 1/2O_2 == NiSO_4 + 2NiS + H_2O \qquad (30-26)$$
$$NiS + CuSO_4 == NiSO_4 + CuS \qquad (30-27)$$
$$Cu_2S + H_2SO_4 + 5/2O_2 == 2CuSO_4 + H_2O \qquad (30-28)$$

得到的浸出液含 Ni^{2+} 100~110g/L、Cu^{2+} 小于 10g/L、Fe^{3+} 约 2g/L；贵金属残留在浸出渣中。浸出渣用硫酸溶液进行第二段浸出，浸出残留的 NiS、CuS，硫酸用量按 S：(Ni+Cu+Co) ≈ 1.2（摩尔比）计算，控制 135℃和 140kPa 氧分压下浸出 4h，矿浆浓度按浸出液中 Cu^{2+} 浓度约 75g/L 控制。反应为：

$$Cu + H_2SO_4 + 1/2O_2 == CuSO_4 + H_2O \qquad (30-29)$$
$$CuS（或 NiS）+ 2O_2 == CuSO_4（或 NiSO_4） \qquad (30-30)$$

过滤后浸出液含 Ni^{2+} 25g/L、Cu^{2+} 75g/L、Fe^{3+} 2g/L。两段浸出合计浸出率为：Ni 99.9%、Cu 98%、Co 99%、Fe 93%。贵金属在浸出渣中的回收率在 99%以上。当贵金属精矿达不到所要求的含量（大于45%）时，可进行第三段强化浸出。

第三段浸出条件为：150~180℃，氧分压 0.5~1.0MPa，浸出液含残余硫酸 0.5~

1.0mol/L，也可根据第二段浸出渣的成分通过实验确定最佳浸出条件。第三段浸出时，铂族金属尤其是钯、铑、钌会有溶解损失，但浸出液中的贱金属浓度低，可反复循环用于浸出新料。

经过三段加压浸出后，贵金属约富集了 300 倍，含量约 50%，其余为原料中带来的 SiO_2、残余的镍铁氧化物等杂质。

b 铜-镍合金加压浸出

转炉吹炼生产高镍锍时适当过吹脱硫，使铜镍除了呈 Ni_3S_2 和 Cu_2S 状态外，还形成部分铜-镍-铁合金（一般占 10%~15%），90% 以上的贵金属富集在铜-镍-铁合金中。液态高镍锍缓慢冷却结晶析出磁性的铜-镍-铁合金颗粒。缓冷的高镍锍经破碎、磨细，铜-镍-铁合金被砸成片状，经磁选分离出铜-镍合金片和非磁性的铜镍硫化物。经此处理可以减少加压浸出的物料处理量和浸出段数。

马太-吕斯腾堡铂矿公司用于加压硫酸浸出的铜-镍-铁合金含贵金属 1.5%~2%，硫酸用量按照使物料中铜、镍、铁溶解的理论需要和使浸出液保持含游离硫酸浓度小于 0.5mol/L 计算，矿浆液固比为（8~10）∶1，装入压煮器后升温至 120~150℃，通入压缩空气使氧分压达 0.2~0.5MPa，浸出 3~5h。浸出渣即为含 PGMs 超过 45% 的贵金属精矿。与高镍锍相比，铜-镍-铁合金的粒度粗、密度大，浸出过程需强烈搅拌。硫酸溶解贱金属组分并放出氢气，须连续通入压缩空气导出氢气，防止氢爆。

B 自变介质性质氧压浸出

在酸性介质中浸出贱金属硫化物时常析出元素硫，它氧化成硫酸根的速度很慢，且熔融硫（硫熔点 112.6℃）常包裹其他物料，影响贱金属的浸出。当物料中元素硫含量较高时，先用氢氧化钠溶液或水浆化物料，或在矿浆中加入可消耗硫酸的中和剂如氢氧化镍、碳酸镍、海绵铜等。矿浆加入压煮器后升温、通入氧气，使浸出过程的介质性质靠化学反应从碱性过渡为中性，最后变为酸性，将硫以及呈硫化物和金属状态存在的贱金属组分逐步氧化为可溶性硫酸盐，而贵金属则富集在浸出渣中，这是中国首先研究和应用的方法。

一种含 Cu 3.14%，Ni 4.14%，Fe 0.49%，S 67.8%，铂、钯、金、铑、铱、锇、钌合量 5% 的贵金属富集物，用 2.1mol/L 氢氧化钠溶液浆化，矿浆浓度 12.5%，装入压煮器后升温至 130~150℃，通入氧气控制氧分压在 0.5~0.7MPa，机械搅拌浸出 5~6h。浸出开始，热氢氧化钠溶液溶解部分元素硫生成硫化钠和多硫化钠（一般为 Na_2S_4），加压氧浸出使之氧化为硫酸钠。在碱性和中性介质中，贱金属硫化物也被快速氧化为碱式硫酸盐，硫的氧化最后使介质转变为酸性，将碱式盐转变为可溶性硫酸盐并溶解呈金属状态的贱金属。控制加入的碱量使最终浸出液的酸浓度不超过 0.5mol/L，浸出渣中贵金属含量在 40% 以上，贵、贱金属的质量比可达 10∶1。

防止贵金属在加压浸出过程中化学溶解损失的关键是浸出剂的酸浓度和温度不宜过高，而且浸出剂中不能含有 Cl^- 离子。当浸出液最终酸浓度超过 2mol/L、浸出温度高于 180℃、氧分压大于 1MPa 时，部分钯、铑、钌会发生溶解，锇、钌会氧化挥发。此外，溶液中的 Cl^- 离子不仅会腐蚀压煮器，还会溶解贵金属。Cl^- 离子浓度越高，贵金属溶解损失的比例越大，其中钯最易溶解损失，其余依次是铑>钌>铂>铱。

30.2.2.3 控制电位选择性氯化浸出富集铂族金属

往水溶液或稀盐酸溶液中通氯气溶出含铂族金属物料中的贱金属，使铂族金属留在浸

出渣中而得到富集的过程。此法可用于处理铜镍冶金过
程中产出的各种含贵金属的中间产物，如高镍锍、铜-
镍合金、电解阳极泥等，也可用于处理废杂物料回收过
程产出的含贵金属的混合物料。该法对原料的适应性
强，生产规模可小可大，设备生产率高，分离贱金属的
效果好、能耗低，是铂族金属富集的重要方法。

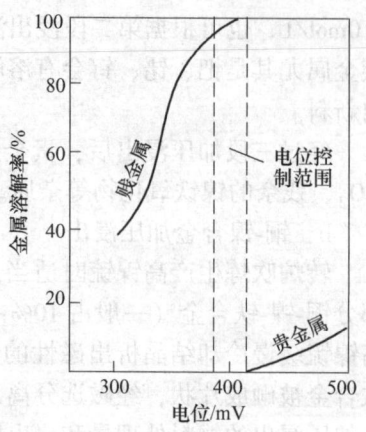

图 30-4　氯气选择性浸出分离贵、
贱金属的金属溶解率-电极电位图

氯气作为强氧化剂，它在水或盐酸溶液中可氧化溶
解贵、贱金属，但铜、镍、铁、钴等贱金属的标准电极
电位比贵金属负得多，利用金属的标准电极电位存在的
差异，选择一个能溶解贱金属却不能溶解贵金属的电极
电位值范围，就可使贵、贱金属得以分离。采用由铂电
极和甘汞电极组成的电极对插入溶液，用电位计测定浸
出矿浆的电极电位。图 30-4 所示为氯气选择性浸出分
离贵、贱金属的金属溶解率-电极电位图，在选择性氯化浸出过程中，通过调整氯气或物
料供给量，将矿浆的电极电位控制在 400 mV±10mV 范围内，贱金属（Me）或其硫化物便
与氯气作用，生成可溶性氯化物而转入溶液，反应为：

$$Me + Cl_2 \Longrightarrow MeCl_2 \tag{30-31}$$
$$MeS + Cl_2 \Longrightarrow MeCl_2 + S^0 \tag{30-32}$$

贵金属因不与氯气作用而残留在浸出渣中得到富集。若选择性氯化浸出的电极电位偏
低，贱金属浸出率不高；若偏高，则贵金属会发生溶解损失。

20 世纪 70 年代，加拿大鹰桥镍矿业公司精炼厂曾用该法处理高镍锍经盐酸浸出镍后
的铜渣（含 Cu 76%、Ni 1%、(PGMs+Au)0.5%)。铜渣料先用含 Cu^{2+} 150g/L、Ni^{2+} 100g/L、
HCl 150g/L 的溶液浆化，然后通入氯气，浸出体系的电极电位控制在 400mV±10mV，浸
出贱金属。贵金属富集在以元素硫为主要成分的浸出渣中，贵金属富集 4~5 倍。

我国金川有色金属公司用此法处理高镍锍磨浮磁选出的铜-镍合金，其成分为：Ni
60%~70%，Cu 15%~19%，Fe 7%~8%，S 6%~8%，(PGMs+Au) 0.01%。铜-镍合金料
先用含 Ni^{2+} 150~200g/L、(Cu^{2+}+Cu^+) 50~60g/L、HCl 0.1~0.5mol/L 的溶液浆化，升温
至100~110℃，然后按液固比为 (3~4):1 连续进料并连续向矿浆中通入氯气，浸出体
系的电极电位控制在 400 mV±10 mV，溢流矿浆过滤后，浸出液中铜、镍、铁的浸出率为
98%~99%，铂族金属几乎全部富集在以元素硫为主的浸出渣中，分离元素硫后即产出贵
金属精矿。

该工艺的特点主要有：

(1) 浸出在常压下进行，氯气利用率高，废气含氯低。

(2) 氯化反应是放热反应，所释放的热量足以使浸出矿浆达到沸腾状态，有利于矿
浆中固体物料的悬浮分散；当溶液含金属离子 200~250g/L 时，溶液的沸点可达 105~
110℃，浸出反应的动力学速度很快。

(3) 浸出过程中 Cu^{2+}、Fe^{3+} 也是氧化剂，氧化贱金属及其硫化物后被还原成低价
Cu^+、Fe^{2+}，然后又重新被氯气氧化为高价，因此 Cu^{2+}/Cu^+、Fe^{3+}/Fe^{2+} 的平衡催化作用
加快了氯化反应速度，提高了氯气利用率。

（4）浸出反应产生的元素硫在矿浆中呈细微分散悬浮状态，还原性很强，可使少量溶解的贵金属重新还原进入不溶渣中。

（5）浸出过程可在耐酸搪瓷反应釜或钛合金反应釜中分批间断进行，也可将各单釜串接起来或在衬耐酸瓷砖的卧式分格式浸出釜中不断进料、溢流连续浸出。氯气和浸出溶液的腐蚀性很强，设备防腐是使选择性氯化浸出顺利运行的关键。

30.2.3 铂族金属物料的电解富集

以含铂族金属的重有色金属或其硫化物为阳极，通过电化学作用使铂族金属聚集在阳极泥的过程。适于电解富集铂族金属的原料有：高镍锍中分离出的硫化镍，制成金属镍阳极或硫化镍阳极进行电解；铜镍合金；铜、铅等重有色金属及其硫化物。所得阳极泥除富含铂族金属外，还有金、银和大量重有色金属及其硫化物、元素硫和二氧化硅等。当阳极泥中含 PGMs 较低时，可将其再熔炼成重有色金属或其硫化物阳极，进行二次电解，获得贵金属含量更高的二次阳极泥。镍电解和铜电解阳极泥均为提取铂族金属的重要原料。

30.2.3.1 粗镍电解富集铂族金属

将高镍锍经磨浮分离后获得的硫化镍精矿焙烧成氧化镍，再用电炉或反射炉还原熔炼，产出的粗镍浇铸成阳极。高镍锍经磨浮分离后得到的铜-镍合金也可以制作成粗镍阳极，进行电解获得电镍，同时铂族金属在阳极泥中进一步富集。

粗镍阳极的电解精炼在隔膜电解槽内进行。粗镍阳极浸在槽内的电解液中，纯镍始极片作为阴极装于隔膜袋中并浸入电解液中，硫酸镍和氯化镍混合溶液为电解液，当电解槽通以直流电时，发生电化学反应：

阳极反应：$\qquad Ni - 2e =\!=\!= Ni^{2+}$ （30-33）

阴极反应：$\qquad Ni^{2+} + 2e =\!=\!= Ni$ （30-34）

金属的标准电位 $\varphi^\ominus$ 决定其化学稳定性及其在电解过程中的走向。铂族金属的标准电极电位比镍、铜的正得多（见表30-3），这是实现电解分离的理论基础。在粗镍电解的工业电解槽中，槽电压一般控制在 $0.28 \sim 0.35V$。粗镍电解时，标准电极电位比镍更正的金属如金、银及铂族金属都不溶解而沉淀在阳极泥中。大部分阳极泥黏附在阳极表面，在残极出槽后刷洗回收，部分阳极泥在电解过程中从阳极表面脱落沉降到电解槽底，小部分阳极泥微细粒子悬浮于循环电解液中。电解液中的铜离子可被阳极泥中的金属镍置换成海绵铜。

表30-3 一些金属的标准电极电位

氧化还原电对	$\varphi^\ominus/V$	氧化还原电对	$\varphi^\ominus/V$
Ni^{2+}/Ni	-0.25	$[RuCl_5]^{2-}/Ru$	+0.40
Cu^{2+}/Cu	+0.337	$[RhCl_6]^{3-}/Rh$	+0.43
$RuCl_3/Ru$	+0.68	$[PdCl_4]^{2-}/Pd$	+0.62
Rh^{3+}/Rh	+0.80	$[OsCl_6]^{3-}/Os$	+0.71
Pd^{2+}/Pd	+0.99	$[PtCl_4]^{2-}/Pt$	+0.73
Pt^{2+}/Pt	+1.20	$[IrCl_6]^{3-}/Ir$	+0.77
Ir^{3+}/Ir	+1.15	$[AuCl_4]^-/Au$	+0.98
Au^{3+}/Au	+1.52		

30.2.3.2　硫化镍阳极电解富集铂族金属

硫化镍阳极电解始于 20 世纪 50~60 年代，相对于粗镍阳极电解，是一次重大的技术改革。该工艺的可溶阳极由硫化镍浇铸而成，取消了硫化镍的焙烧与还原熔炼工序，从而简化了流程。

与粗镍阳极电解精炼类似，硫化镍阳极的电解也在隔膜电解槽内进行，同样采用纯镍始极片作为阴极，硫酸镍和氯化镍混合溶液为电解液，电解时发生如下反应：

阳极反应：
$$Ni_3S_2 - 2e === Ni^{2+} + 2NiS \tag{30-35}$$
$$2NiS - 4e === 2Ni^{2+} + 2S \tag{30-36}$$

阴极反应：
$$Ni^{2+} + 2e === Ni \tag{30-37}$$

同时，杂质 Cu_2S、FeS 和 CoS 也发生溶解进入溶液，金、银、铂族金属由于标准电极电位高，不溶解，而进入阳极泥。

阳极泥中铂族金属的富集程度常用阳极泥率表示。阳极泥率取决于可溶阳极的物理质量和化学成分。粗镍或镍铜合金可溶阳极电解时，阳极泥率一般小于 5%，铂族金属富集 20 倍以上。硫化镍可溶阳极电解的阳极泥率为 20%~30%，铂族金属仅富集 3~5 倍。硫化镍阳极电解产出的一次阳极泥先经热滤脱除元素硫，所得热滤渣可再熔铸成铜镍高锍的阳极板进行二次电解，产出二次阳极泥作为提取铂族金属的原料。从硫化镍阳极经两次电解到产出二次阳极泥的物料和产物的成分列于表 30-4。

表 30-4　硫化镍可溶阳极进行两次电解的原料及产物成分　　　（%）

原料和产物名称	Ni	Cu	S	Au	PMGs
硫化镍可溶阳极	65	5	约 25	10~15g/t	20~30g/t
一次阳极泥	2.0	1.5	80~90	50~70g/t	90~120g/t
铜镍高锍可溶阳极	35~40	25~30	22~25	300~400g/t	600~800g/t
二次阳极泥	9.0	10.0	55.0	1200g/t	2400~3000g/t

在三类镍阳极电解过程中，铂族金属的走向和中间产物的成分列于表 30-5 中。从表 30-5 可以看出，大部分铂、钯富集在阳极泥中，铑、铱、锇、钌比较分散，损失大。铂族金属分散的主要原因是阳极发生电化学溶解时有一部分铂族金属进入电解液，而在电解液净化时又进入净化产物中。

表 30-5　铂族金属在镍可溶阳极电解过程中的走向

电解过程	主要电解条件	电解产物	在产物中的分配/%					
			Pt	Pd	Rh	Ir	Os	Ru
粗镍电解（前苏联）	电流密度 200~230A/m², 电压 1.4V, 含 SO_4^{2-}、Cl^- 介质	阳极泥		71.7	69.4	58.0	34.3	71.0
		槽底散落物		15.5	14.8	9.3	13.3	11.1
		浮液铁渣		12.8	15.8	32.7	52.4	17.9
铜镍合金电化学溶解（前苏联）	电流密度 500~550A/m², 电压 2.0V, 介质含 H_2SO_4 0.5mol/L	阳极泥	93.2	95.5	11.8	19.6		19.0
		海绵铜	6.8	4.5	86.1	2.8		76.1
		电解液	0.006	0.007	0.017	67.6		0.9

电解过程	主要电解条件	电解产物	在产物中的分配/%					
			Pt	Pd	Rh	Ir	Os	Ru
铜镍高锍电化学溶解（中国）	电流密度 221A/m², 电压 2～4V，介质含 H₂SO₄60g/L、Cl⁻10g/L	阳极泥	98.3	97.7	87.3	62.6	79.5	64.8
		海绵铜	0.79	0.42	12.7	13.5	14.6	26.9
		电解液	0.91	1.9		23.9	5.9	5.6
硫化镍电解及铜-镍合金电化学溶解造液（中国）	电流密度 180～200 A/m²，电压 3～5 V，电解液 pH 值为 2，造液酸度 1～2mol/L	阳极泥	61.9	64.9	32.8	38.2	30.0	10.8
		海绵铜	18.1	17.1	31.2	13.1	33.7	48.2
		电解液	20.0	17.4	36.0	48.7	36.3	41.0

影响铂族金属溶解损失的主要因素有阳极成分及铂族金属的赋存状态、电解液成分、电流密度等。

（1）阳极成分及铂族金属的赋存状态。铂族金属在可溶阳极中是微量组分，一般难以形成独立的铂族金属矿物相，多与重有色金属形成固溶体或以类质同象取代重有色金属进入硫化物晶格，使铂族金属的化学反应活性增强，电极电位降低，比单质时更易于氧化溶解。硫化物可溶阳极电解要求较高的槽电压，阳极电位提高则加剧了阳极中铂族金属的电化学溶解。

（2）电解液成分。为提高电流密度和电流效率，电解都是在含 SO_4^{2-}、Cl^- 的电解液中进行，铂族金属可与电解液中的 Cl^- 生成稳定的氯配位化合物，导致其电极电位下降，电化学溶解损失增加。Cl^- 对铂族金属溶解损失的影响随其浓度的增加而增大。

（3）电流密度。电流密度增大，会加剧电解液的浓差极化，导致阳极电位增加，使一些电极电位较正的金属也在阳极发生电化溶解。在一定的电流密度下，若阳极物理质量差，随电解进行，因阳极表面积缩小或形成孔洞等原因，将引起阳极局部电流集中而使这些部位的铂族金属溶解损失于电解液中。

30.2.3.3 粗铜电解富集铂族金属

铜冶炼系统中富集铂族金属仅与硫化铜矿有关，与氧化铜矿无关。在粗铜阳极中，铂族金属一般都只以微浓度与铜形成固溶体，含量为 0.0005%～0.005%。在粗铜电解精炼过程中，由于铂族金属具有比铜正得多的电极电位，它们和其他一些电极电位较铜更正的杂质一道在阳极上形成松散外壳或脱落沉于电解槽底，成为阳极泥。粗铜电解精炼的阳极泥率为 0.2%～1.0%，阳极泥组成随资源不同而异，一般成分为：Cu 10%～35%，Ni 0.2%～1.5%，Au 0.2%～1%，Ag 10%～30%，（Se+Te）4%～6%，PGMs 0.005%～0.05%。在粗铜电解精炼过程中，铂、钯、金基本上都富集于阳极泥中，但铑、铱、锇、钌会发生不同程度的化学溶解损失，损失的比例主要取决于阳极成分和贵金属含量。粗铜阳极含镍、硫较高时，铂族金属的电化学溶解损失会明显降低。

30.3　铂族金属的分离提取

含铂族金属的矿物资源或二次资源经过富集之后，即可进行分离提取。铂族金属的分离提取通常是先将铂族金属精矿溶解，之后进行铂族金属与贱金属之间的分离，然后再进行铂族金属元素之间的相互分离。

30.3.1　铂族金属精矿的溶解

在铂族金属分离提取过程中，首先解决怎样溶解铂族金属，因为现有的铂族金属精炼工艺都是在酸性溶液中利用铂族金属各元素及化合物性质的差异，用沉淀或萃取的方法进行分离和提纯。当采用萃取分离精炼工艺时，首要条件是将铂族金属有效地转入溶液，并以氯配合物形式存在。因此，铂族金属精矿的溶解是铂族金属分离的重要步骤之一。铂族金属及其矿物具有很高的化学稳定性，铂族金属物料的溶解一直是湿法冶金的难题，且各个铂族金属的溶解性质随其本身固有属性和赋存状态而存在差异。铂族金属溶解性质的一般规律是：铂、钯易溶，铑、铱、钌难溶；活性细粒粉末易溶，块状物料难溶；湿法富集产出的精矿易溶，氧化焙烧产出的精矿难溶。

据此，可按分离和精炼工艺的要求，选择合理的溶解方式。

（1）选择性分步溶解。每次溶解一个或几个铂族金属，使之相互分离。

（2）全部溶解。活性易溶的铂族金属精矿在盐酸溶液中通入氯气，氧化溶解全部贵金属，获得含贵金属的混合溶液。

（3）惰性难溶的精矿。预处理之后再溶解。

30.3.1.1　铂族金属精矿的直接溶解

A　王水溶解

王水由硝酸和盐酸按 1∶3 的体积比混合配制，在配制过程中发生的主要化学反应：

$$HNO_3 + 3HCl \rightleftharpoons Cl_2 + 2H_2O + NOCl \tag{30-38}$$

$$2NOCl \rightleftharpoons 2NO + Cl_2 \tag{30-39}$$

因此，在王水中含有硝酸、氯分子和氯化亚硝酰等一系列强氧化剂，同时还有高浓度的氯离子，故王水的氧化能力比硝酸强。铂、金等惰性金属不溶于浓硝酸，但能溶解于王水，主要是由于王水中的氯化亚硝酰（NOCl）等比浓硝酸的氧化能力更强，可氧化金和铂等惰性金属。此外，高浓度的氯离子与其他金属离子可形成稳定的配离子，如 $[AuCl_4]^-$、$[PtCl_6]^{2-}$ 等，使金或铂的电极电位减小，从而有利于反应向金属溶解的方向进行。

王水溶解贵金属具有操作过程冗长，酸浪费严重，环境污染大等缺点，故此法难以处理大批量的贵金属物料。

B　水溶液氯化

水溶液氯化是使铂族金属转入溶液的重要方法之一，此法是在盐酸溶液（或水、NaCl 溶液、稀 H_2SO_4 等）中，加温至 90~110℃，在一定压力下通入大量氯气，提高浸出液的电位，使铂族金属溶解而进入溶液，其溶解能力与王水相当。主要是通过氯气的氧化作用和所产生的次氯酸使物料溶解。对溶解粉状的金、钯、铂是一种很有效的方法；而铑、铱的表面易钝化，氯化溶解效果较差。次氯酸盐或氯酸盐可代替氯气作氧化剂。此法能进行大批量物料处理。

C　电化溶解

电化溶解法是在一定的酸性介质中，通入交流电使难溶的铂族金属物料溶解。电化溶解的速度与电流密度、物料的表面积、电解质浓度及温度有关。交流电化溶解法多用于铑、铱及其与铂形成的合金，通常所用的电流密度为 $0.5 \sim 2.5 A/cm^2$，电解质为 HCl、H_2SO_4、HNO_3 等，浓度为 15%~20%，溶解温度为 80~110℃，溶解速度大约为 2g/h。直流电化溶解法易引起阳极钝化现象，此法多用于钌及钌合金的溶解。在铂族金属的溶解过程中，电化溶解只能用于金属或合金的溶解，其最显著的优点是不引入新的杂质且能直接处理铱、铑等及其合金的片、粉状物料，但该法处理量小，对设备要求高，因此实际应用有局限性。

30.3.1.2 铂族金属精矿的预处理—溶解

对于无法直接溶解的铂族金属物料，可以通过预处理后再进行溶解。

A 氧化碱熔融

铂族金属物料在镍（或铸铁）坩埚中与两倍质量的过氧化钠（或过氧化钡、或苛性钠与硝酸钾的混合物）在 550~650℃ 下熔融 1~2h，熔块用水浸出，钌呈钌酸盐进入溶液，其余贵金属则存在于渣中。为排除大量碱性溶液，可向溶液中加入甲酸还原，使进入溶液中的钌酸盐还原为钌重新沉淀，过滤碱溶液后残渣用 HCl+Cl$_2$ 浸出，最终不溶残渣可返回熔融处理。该法通过碱熔融改变了贵金属的存在形态，不仅使钌转化为可溶于水的钌酸盐，铂、钯也转化为易溶状态，铑、铱也形成一种易溶的高价氧化物。

$$2Os + 6Na_2O_2 + 2NaOH =\!=\!= 2Na_2OsO_4 + 5Na_2O + H_2O \tag{30-40}$$
$$2Ru + 6Na_2O_2 + 2NaOH =\!=\!= 2Na_2RuO_4 + 5Na_2O + H_2O \tag{30-41}$$
$$Ir + nNa_2O_2 =\!=\!= IrO_3 \cdot nNa_2O + (n-3)/2O_2 \tag{30-42}$$

这个方法的缺点是操作烦琐，过滤困难，可能是物料中的 SiO_2 在碱熔时形成硅酸盐，浸出时形成了胶体。对于含硫的物料还导致金、钯、铂分散在碱液中。

B 硫酸盐熔融

硫酸盐熔融法适于处理含铑物料，其原理是：在中高温下，含铑物料与硫酸氢钠（钾）的混合物熔融，熔块冷却后用稀硫酸浸出，可获得 $Rh_2(SO_4)_3$ 溶液，在该溶液中加稀碱中和水解则沉淀出 $Rh(OH)_3$，沉淀物再用盐酸煮沸溶解，得到氯铑酸溶液。其反应为：

$$2Rh + 3NaHSO_4 + 3/2O_2 =\!=\!= Rh_2(SO_4)_3 + 3NaOH \tag{30-43}$$
$$Rh_2(SO_4)_3 + 6NaOH =\!=\!= 2Rh(OH)_3 \downarrow + 3Na_2SO_4 \tag{30-44}$$
$$Rh(OH)_3 + 6HCl =\!=\!= H_3[RhCl_6] + 3H_2O \tag{30-45}$$

熔融过程是在含铑物料中加入过量的硫酸氢钾，通常为含铑物料中铑含量的 20~30 倍，于瓷坩埚中混合均匀，慢慢升温至 500~600℃，反应 2h，冷却后取出产物，用去离子水或 2mol/L 盐酸溶解，得到 $Rh_2(SO_4)_3$ 溶液，液相中铑的回收率大于 98%。

该方法需用高温设备，溶解周期长，试剂消耗量大，操作过程复杂，需要反复溶解才能溶解完全，且硫酸根离子和钠离子等杂质的引入，对产品有一定的影响，且得到的水溶液仍需转变成氯配合物后才能进一步处理。

C 中温氯化

一定温度下氯化钠（或氯化钾）存在时，用干燥的氯气对难溶贵金属进行氯化，生成易溶解的贵金属氯配合物。该过程是将贵金属物料与 4~12 倍质量的氯化钠（或氯化钾）混匀后，置于石英管中，在管式炉内加热至 720~750℃进行氯化。氯气流量为 80~100 mL/min，氯化时间为 1~2h，物料转变为易溶性的氯配合物可溶入溶液，不溶残渣经过氢还原后再次氯化。

此法处理小批量物料较为有效，但由于设备及操作条件等原因，处理大批量物料尚有一定困难。

D 合金碎化法

铂族金属物料的分散程度是决定其溶解难易的因素之一。对于致密态的铑、铱及其合金等难溶解物料，常选择易与贵金属合金化的活泼金属如锌、锡、铅、铋、铜及银等中的一种金属或多种金属作为碎化剂，当物料与所选用的碎化剂按 1:（5~10）质量比在 700~1200℃温度下熔成合金后，用酸溶去除较活泼的金属，留下易于溶解的细粉状物料，然后用 $HCl+Cl_2$ 或王水溶解。

合金碎化法对设备要求低、操作简单、溶解率高；但是溶解周期长、能耗高、环境污染大，且溶解过程中会引进新的杂质，不易去除。

30.3.2 溶液中铂族金属与贱金属的分离

在铂族金属相互分离提取之前，应尽量先除去金、银和贱金属。铂族金属物料经过溶解处理后，一般都是以水合氯化物或氯配合物存在于含 Cl^- 离子的水溶液中，多数情况下银以难溶的 AgCl 形态被分离。生产上常用的贵、贱金属的分离方法主要有水合肼还原法、锌镁粉置换法、硫脲沉淀法、硫化钠沉淀法和萃取法等，下面分别介绍。

30.3.2.1 水合肼还原法

水合肼（$N_2H_4 \cdot H_2O$）具有很强的还原性，在不同的酸度下，对贵、贱金属的还原效果见表 30-6。水合肼仅适用于含铑、铱、锇、钌浓度极低的溶液，在 pH 值较低时，这些元素还原不彻底，而提高 pH 值，这些元素的还原率虽然可以提高到令人满意的程度，但贱金属也几乎全被还原而达不到分离的目的。

表 30-6 不同酸度下水合肼对金属的还原效率 （%）

pH 值	Pt	Pd	Au	Rh	Ir	Os	Ru	Cu	Fe	Ni
2	99.30	99.96	99.98	78.90	48.90	42.00	99.98	34.00	15.80	2.90
3	99.87	99.97	99.98	98.54	84.70	78.80	99.98	61.00	26.00	16.00
6	99.98	99.99	99.98	99.87	99.38	95.00	99.99	99.99	99.85	85.30
6~7	99.99	99.97	99.97	98.90	95.40	98.90	99.97	99.99	99.87	98.21

30.3.2.2 锌镁粉置换法

利用贵金属比贱金属的电极电位正得多的特性，常用某些金属从溶液中置换富集贵金属，并分离镍和铁等贱金属。单独用锌粉或用锌镁粉置换贵金属的效果见表 30-7。如果溶液中含铜，在置换时铜也将定量沉淀，这时可用稀硫酸加氧化剂或硫酸铁溶液浸出或采用控制电位氯化等方法除去；也可用铜粉置换分离，特别是不含铑、铱的金、铂、钯料液可一次置换分离。

表 30-7　锌镁粉置换贵金属的置换率　　　　　　　　　（%）

置换金属	Pt	Pd	Au	Rh	Ir	Os	Ru
单独用锌粉	>99.0	>99.0	>99.0	>98.79	>77.30	>66.70	>96.59
锌镁粉结合	>99.0	>99.0	>99.0	>99.31	>97.63	>98.98	>99.68

30.3.2.3　硫脲沉淀法

硫脲沉淀法是根据贵金属的氯配合物均能与硫脲生成分子比为 1：（1~6）的多种配合物，如 $[Pt(SC(NH_2)_2)_4]Cl_2$、$[Pt(SC(NH_2)_2)_2]Cl_2$、$[Pd(SC(NH_2)_2)_4]Cl_2$、$[Pd(SC(NH_2)_2)_2]Cl_2$、$[Rh(SC(NH_2)_2)_3]Cl_3$、$[Rh(SC(NH_2)_2)_5Cl]Cl_2$、$[Ir(SC(NH_2)_2)_3]Cl_3$、$[Ir(SC(NH_2)_2)_6]Cl_3$、$[Os(SC(NH_2)_2)_6]Cl_3$ 等。这些配合物在浓硫酸介质中加热时被破坏，形成相应的硫化物沉淀。贱金属则不发生类似的反应被保留在溶液中，从而实现贵、贱金属的分离。

操作时将硫脲（用量为溶液中贵金属总量的 3~4 倍质量）加入待处理的溶液中，然后加入与溶液同体积的硫酸，加热至 190~210℃并保持 0.5~1.0h，冷却后稀释于 10 倍体积的冷水中，过滤洗涤后得到贵金属精矿。此法对贵、贱金属分离效果好，特别适用于复杂溶液。

30.3.2.4　硫化钠沉淀法

用硫化钠使溶液中的铂族金属及某些贱金属生成硫化物沉淀，而后用酸或其他方法把沉淀中的贱金属硫化物溶解，从而实现贵、贱金属的分离。它可以处理复杂溶液，贵金属的回收率高，贵、贱金属分离效果好，所得贵金属硫化物精矿可用 HCl 加氧化剂完全溶解。

一种贵、贱金属比为 1：3 的复杂溶液，经本法处理后获得了贵、贱金属比为 15：1 的氯配合物溶液。金、铂、钯、铑、铱的回收率几乎为 100%。

30.3.2.5　亚硝酸钠配合水解沉淀法

铂族金属的氯配酸盐溶液经亚硝酸钠处理后可转化成较稳定的可溶性的亚硝酸配合物，而除镍和钴以外的贱金属都不形成亚硝酸配合物，通过调整溶液的 pH 值，使贱金属呈氢氧化物沉淀析出，从而实现贵、贱金属分离。

30.3.2.6　离子交换法

离子交换法是利用在盐酸介质中铂族金属均以配阴离子形态存在，而贱金属则以阳离子或稳定常数很低的配阴离子存在，所以可以用阳离子交换树脂实现贵、贱金属的分离，也可以用阴离子交换树脂来实现贵、贱金属的分离。

30.3.2.7　萃取法

溶剂萃取法就是通过有机萃取剂从贵、贱金属共存的溶液中，把贵金属萃取入有机相而贱金属留在萃余液中，或把贱金属萃取入有机相而贵金属留在溶液中，从而实现贵、贱金属分离。通常是将溶液中的贵金属转变为氯合或氯、水合阴离子后，用一定的萃取剂将这些含贵金属的离子萃取到有机相中，而将贱金属留在水相中，从而使贵、贱金属得以分离。

用于萃取分离贵、贱金属的溶液应满足一定条件：贵金属浓度较高，而贱金属浓度较低，以便降低有机相的负荷；待萃溶液中应不含 $[AgCl_3]^{2-}$，以免酸度变化时转变为 AgCl 悬浮沉淀，影响分相并污染其他贵金属产品。

30.3.3 铂族金属的相互分离

八种共生共存的贵金属相互分离为粗金属，是进一步精炼为各种纯金属或化合物产品的基本条件，也是铂族金属冶金的重要内容。

相互分离提取铂族金属的原料有两类：一种是矿产资源经富集及贵、贱金属分离后获得的贵金属元素共生的精矿，其成分非常复杂，其中以铂族金属为主，含少量金、银，其余为残留的贱金属和化学惰性的二氧化硅；另一种原料是二次资源富集提取的铂族金属精矿，其成分相对比较简单，一般最多含三种贵金属。两类物料的贵金属分离工艺相比，前者比后者更复杂，但分离的单元技术可以互相借鉴。

铂族金属相互分离的工艺大致分为两类：一是以常用的火法和湿法冶金方法相互配合，利用各种贵金属化合物或配合物溶解性质的差别，用选择性沉淀方法分离。这是铂族金属分离提取的传统工艺，被广泛使用。又有优先氧化蒸馏脱锇、钌以及在中间步骤脱除锇、钌的两种处理方式。二是利用贵金属溶液中氯配合物性质的差异，用溶剂萃取、固-液萃取或萃淋树脂交换等工艺进行分离。

传统工艺在 20 世纪 80 年代以前曾是苏联、英国等用以分离铂族金属的主要方法，技术保密近百年，直到 20 世纪 60 年代才有所公开。这类工艺的生产周期长，工序多，间断操作，在反复熔炼、浸出、沉淀过程中，铂族金属的相互分离不彻底，大量贵金属积压在中间产物中，分散损失大，对环境污染严重。20 世纪 70 年代以来，各国都相继研究和采用选择性好的溶剂萃取分离法，但传统方法还常用于处理成分较为简单的原料。

30.3.3.1 铂族金属的选择性沉淀分离工艺

将铂族金属精矿溶于王水中，铂、钯、金和贱金属分别生成 $H_2[PtCl_6]$、$H_2[PdCl_6]$、$H[AuCl_4]$、$FeCl_3$、$CuCl_2$、$NiCl_2$ 等氯配酸和氯化物，不溶渣以副铂族金属为主，含少量 Ag 和二氧化硅。浆液经过滤，再分离提取溶液中的金、铂、钯。铂族金属选择性沉淀分离的工艺流程如图 30-5 所示。

A 从溶液中分离金、铂、钯

a 分离提取金

金比铂、钯易还原沉淀，即使是很弱的还原剂都能使金从溶液中还原析出，甚至当溶液的酸度降低，容器内壁不干净或将溶液陈放，都有金从溶液中还原析出。因此在铂族金属相互分离之前，总是先分离金，可避免后续钯、铂分离时出现金的分散及沉淀干扰。同时，先还原金可使溶液中的钯、铱还原为低价态（Pd(Ⅱ)、Ir(Ⅲ)），以减少分离铂时钯、铱的共同沉淀。此外，传统工艺中用氨配合法分离钯，溶液中若含大量金，会生成易

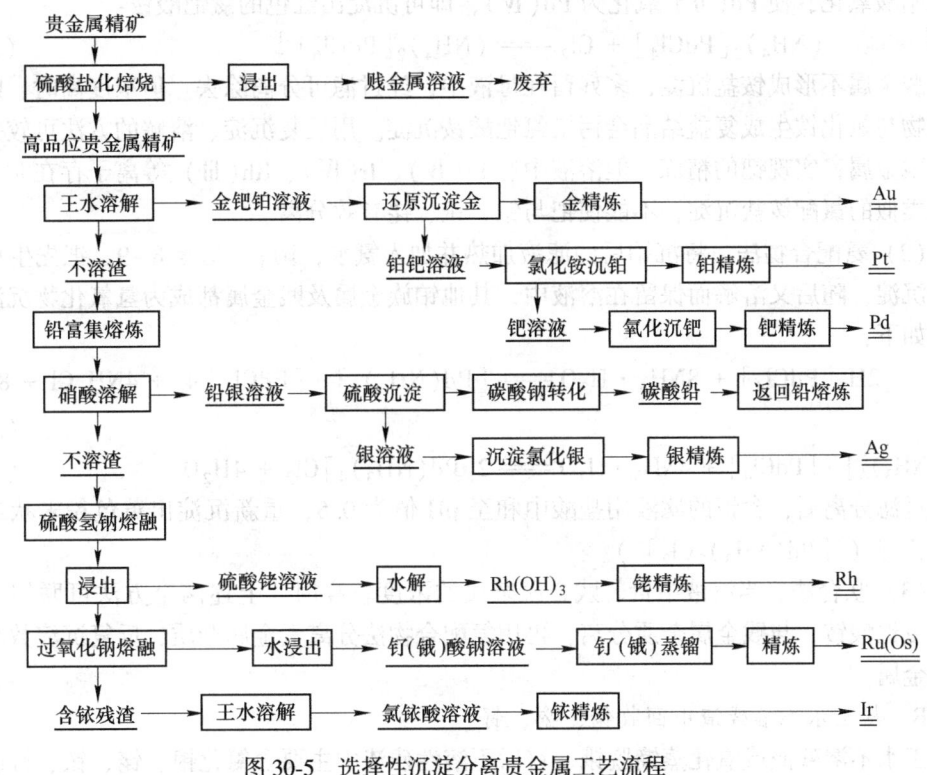

图 30-5　选择性沉淀分离贵金属工艺流程

爆的"雷金"（$Au_2O_3 \cdot 4NH_3$），给操作带来危险。

为避免在还原金时，钯、铂被同时还原，常用的还原剂有亚铁盐（$FeSO_4$、$FeCl_2$）、SO_2、Na_2SO_3、亚硫酸等中等还原能力的还原剂，还原产出粗金，还原反应如下：

$$AuCl_3 + 3FeSO_4 \longrightarrow Au\downarrow + Fe_2(SO_4)_3 + FeCl_3 \tag{30-46}$$

$$2H[AuCl_4] + 3SO_2 + 6H_2O \longrightarrow 3H_2SO_4 + 8HCl + 2Au\downarrow \tag{30-47}$$

在还原之前，溶液需先浓缩至含 Au(Ⅲ) 大于 20g/L，并用碱液中和使溶液中含酸浓度小于 0.5mol/L。

b　分离提取铂

在分离金后的滤液中加入氯化铵，沉淀出蛋黄色的氯铂酸铵：

$$H_2[PtCl_6] + 2NH_4Cl \Longrightarrow (NH_4)_2[PtCl_6]\downarrow + 2HCl \tag{30-48}$$

贱金属不与氯化铵形成类似的难溶盐，多数残留在溶液中，经过滤可加以分离。但氯铂酸铵沉淀会吸附少量贱金属，待精炼铂时再深度分离。溶液中低价态的 Pd(Ⅱ)、Ir(Ⅲ)生成的铵盐 $(NH_4)_2[PdCl_4]$、$(NH_4)_3[IrCl_6]$ 可溶。但当溶液中存在高价态的Pd(Ⅳ)、Ir(Ⅳ)时，也会生成与氯铂酸铵异质同晶的铵盐 $(NH_4)_2[PdCl_6]$ 和 $(NH_4)_2[IrCl_6]$ 共沉淀，很难通过洗涤沉淀的方法与氯铂酸铵分离。

c　分离提取钯

沉铂并过滤氯铂酸铵后，滤液中以含钯（Pd(Ⅱ)）为主，可用下述三种方法从溶液中提取钯。

（1）沉淀氯钯酸铵法。在沉铂后的含 Pd(Ⅱ) 滤液中补加部分氯化铵，通入氯气或加入硝酸氧化，使 Pd(Ⅱ) 氧化为 Pd(Ⅳ)，即可沉淀出红色的氯钯酸铵：

$$(NH_4)_2[PdCl_4] + Cl_2 \Longrightarrow (NH_4)_2[PdCl_6] \downarrow \tag{30-49}$$

　　贱金属不形成铵盐沉淀，多残留在母液中，经过滤可分离除去。但浓度高时，贱金属氯化物与氯化铵生成复盐结晶会污染氯钯酸铵沉淀。用反复沉淀、溶解的方法可较完全地分离贱金属，实现钯的精炼。但溶液中有 Pt(Ⅳ)、Ir(Ⅳ)、Rh(Ⅲ) 等离子存在时，也能生成类似的氯配铵盐沉淀，不能使钯与铂、铱、铑有效分离。

　　(2) 氨配合物法。将沉铂后的滤液加热并加入氨水，调 pH 值至 8~9，钯先生成桃红色的沉淀，随后又溶解而保留在溶液中，其他铂族金属及贱金属都成为氢氧化物沉淀。反应式如下：

$$2H_2[PdCl_4] + 8NH_3 \cdot H_2O \Longrightarrow [Pd(NH_3)_4] \cdot [PdCl_4] \downarrow + 4NH_4Cl + 8H_2O \tag{30-50}$$

$$[Pd(NH_3)_4] \cdot [PdCl_4] + 4NH_3 \cdot H_2O \Longrightarrow 2[Pd(NH_3)_4]Cl_2 + 4H_2O \tag{30-51}$$

　　过滤分离后，含钯的滤液用盐酸中和至 pH 值为 0.5，重新沉淀出黄色粉末状二氯二氨合亚钯（[Pd(NH_3)_2Cl_2]）。

　　(3) 联合法。当溶液中贵、贱金属杂质的浓度较高时，上述两个方法可联用。即先沉淀氯钯酸铵，与贱金属杂质分离，再用氨配合物法分离贵金属杂质，反复沉淀数次可获得纯金属。

　　B　从王水不溶残渣中回收铑、铱、钌

　　王水不溶残渣或氧化蒸馏脱锇、钌后不溶性残渣中主要含氯化银、铑、铱、钌以及少量铂、钯，其余为二氧化硅，处理这类物料是以分离和提取副铂族金属为主要目的。

　　a　分离银及少量铂、钯、金

　　首先将不溶残渣按其中贵金属质量的两倍配入氧化铅或碳酸铅作捕集剂，并配入硼砂、苏打作助熔剂，在 1000℃ 以上进行还原熔炼，获得富集了贵金属的贵铅，贵铅经水淬成粒，用硝酸煮沸溶解铅、银：

$$3Ag + 4HNO_3 \Longrightarrow 3AgNO_3 + NO \uparrow + 2H_2O \tag{30-52}$$

$$3Pb + 8HNO_3 \Longrightarrow 3Pb(NO_3)_2 + 2NO \uparrow + 4H_2O \tag{30-53}$$

溶液中加入硫酸煮沸，沉淀出硫酸铅：

$$Pb(NO_3)_2 + H_2SO_4 \Longrightarrow PbSO_4 \downarrow + 2HNO_3 \tag{30-54}$$

　　过滤硫酸铅后，在含银溶液中加入盐酸或氯化钠沉淀出 AgCl，将 AgCl 和木炭、苏打一同熔炼为粗银，送去银精炼。

　　贵铅经硝酸溶解后，不溶渣经 600℃ 焙烧后再次用王水溶解，含铂、钯、金的溶液送去分离提取各个贵金属元素。

　　b　分离提取铑

　　在王水溶解后的不溶渣中加入硫酸氢钠，加热熔融使铑转为可溶性的 $Rh_2(SO_4)_3$；熔块冷却后用稀硫酸浸出得到 $Rh_2(SO_4)_3$ 溶液，过滤后与不溶的锇、钌和铱分离。$Rh_2(SO_4)_3$ 溶液经水解沉淀出 $Rh(OH)_3$ 沉淀，过滤出的水解产物用盐酸重溶为氯铑酸，反应式为：

$$Rh(OH)_3 + 6HCl \Longrightarrow H_3[RhCl_6] + 3H_2O \tag{30-55}$$

得到的溶液即是精炼铑的原料。

c 分离提取锇、钌

锇、钌分离采用氧化蒸馏的方法。

d 提取铱

分离铑、锇、钌后的残渣中富集了铱，它在渣中一般呈 IrO_2 形态存在，可用王水溶解：

$$3IrO_2 + 18HCl + 4HNO_3 = 3H_2[IrCl_6] + 8H_2O + O_2 \uparrow + 4NO_2 \uparrow \quad (30-56)$$

保持溶液的氧化性（加入少量硝酸或通入氯气），确保铱呈 $Ir(Ⅳ)$ 高价态，此时加入氯化铵沉淀出氯铱酸铵沉淀，进一步精炼为铱产品。

铂族金属选择性沉淀分离的工艺流程，为铂族金属分离提取的传统工艺，沿用近百年，是 20 世纪 70 年代前世界各大型铂族金属精炼厂长期使用的经典方法。但该工艺流程的处理周期长，沉淀分离的选择性差，大量贵金属在稀溶液和不溶渣中积压和周转，贵金属一次收率不高。自 20 世纪 80 年代以来，已逐步被溶剂萃取分离工艺所取代，但选择性沉淀工艺中的一些技术，至今仍是精炼产出纯金属以及提取不同纯度的各种贵金属化合物产品的重要方法。

30.3.3.2 优先蒸馏锇、钌的铂族金属分离工艺

由于锇、钌在火法或湿法冶金的富集提取过程中容易造成分散和损失，因此应尽早与其他铂族金属分离并回收。分离锇、钌最经济有效的方法是氧化蒸馏，即用一种强氧化剂使锇、钌氧化成四氧化物并使之挥发，分别用碱液和盐酸吸收。OsO_4 和 RuO_4 与酸性硫脲反应分别显红色和蓝色，可用沾有酸性硫脲溶液的棉球检测蒸馏过程的终点，棉球无色表示锇、钌已氧化挥发完全。

经过富集提取后的富铂族金属物料，如果不含硫或含少量硫，物料的性质又适合于氧化蒸馏时，应优先考虑氧化蒸馏锇、钌，并使其他贵金属同时溶解。氧化蒸馏物料不需要溶解在溶液中。当然，是否进行氧化蒸馏分离锇、钌，还应考虑经济因素。

A 氧化蒸馏分离锇、钌

常用的氧化蒸馏分离锇、钌的方法有通氯加碱蒸馏法、硫酸-溴酸钠法、硫酸-氯酸钠法、过氧化钠熔融后用硫酸加溴酸钠法、调整 pH 值加溴酸钠法等几种。

a 通氯加碱蒸馏法

氯气通入碱液（NaOH）后生成的强氧化剂次氯酸钠，使锇、钌氧化成四氧化物挥发，蒸馏可在搪玻璃的机械搅拌反应器中进行。物料用水浆化后加入反应器并加热至近沸，然后定期加入 20% NaOH 溶液并不断通入氯气，保持溶液的 pH 值为 6~8，锇、钌的四氧化物一起挥发，然后用盐酸吸收四氧化钌、氢氧化钠溶液吸收四氧化锇。蒸馏过程一般延续 6~8h。此法的优点是比较经济，操作也较简单。缺点是由于贱金属及某些铂族金属离子在碱液中生成的沉淀包裹在被蒸馏物料的表面，从而使锇、钌的蒸馏效率有所降低。

b 硫酸-溴酸钠氧化蒸馏法

硫酸-溴酸钠氧化蒸馏法根据实际操作过程的差异又可分为"水解蒸馏"和"浓缩蒸馏"。"水解蒸馏"是将溶液先中和、水解，使锇、钌生成氢氧化物沉淀；蒸馏操作是将水解的沉淀先进行浆化，然后放入反应器内，同时加入溴酸钠溶液，升温到 40~50℃时，加入 6mol/L 硫酸，再升温至 95~100℃，此时锇、钌即生成挥发性的四氧化物，挥发物分

别用盐酸和氢氧化钠溶液吸收。"浓缩蒸馏"则是首先将溶液浓缩，然后将浓缩液转入蒸馏器，加入等体积的 6mol/L 硫酸，升温到 95~100℃，缓慢加入溴酸钠溶液，直至锇、钌蒸馏完毕。两种方法相比，"水解蒸馏"可以保证锇、钌有较高的回收率，但操作过程长，水解产物过滤分离较难；而"浓缩蒸馏"法的操作简单，但蒸馏效果不够稳定。

　　c　硫酸-氯酸钠法

　　氯酸钠是强氧化剂，在硫酸介质中可产生新生态氧和新生态氯原子，具有高的氧化还原电位，可将铂族金属精矿中的贵、贱金属溶解，反应如下：

$$3NaClO_3 + H_2SO_4 = Na_2SO_4 + NaCl + 9[O] + 2HCl \tag{30-57}$$

$$2HCl + [O] = 2[Cl] + H_2O \tag{30-58}$$

$$ClO_3^- + 6H^+ + 5e = Cl + 3H_2O \qquad \varphi_{ClO_3^-/Cl}^\ominus = 1.47V \tag{30-59}$$

$$Me + 2HCl + 4[Cl] = H_2MeCl_6 \tag{30-60}$$

$$H_2[OsCl_6](H_2[RuCl_6]) + 2[O] + 2H_2O = 6HCl + OsO_4(RuO_4)\uparrow \tag{30-61}$$

　　锇、钌氧化蒸馏时，将铂族金属精矿用 1.5mol/L H_2SO_4 浆化转入反应蒸馏器，加热至近沸，缓慢加入氯酸钠溶液，出气口串接吸收装置，一般前三级用 5mol/L 盐酸加适量酒精作为 RuO_4 吸收剂（液），后三级用 20% NaOH 溶液和适量酒精溶液作为 OsO_4 吸收剂（液）。蒸馏一定时间后，被氧化生成的 OsO_4、RuO_4 挥发出来，继续加入氯酸钠溶液，直至锇、钌蒸馏完全。该过程一般需 8~12h。采用该方法蒸馏锇、钌的蒸馏效率可达 99%，且可同时溶解除银以外的其他贵金属。反应如下：

$$Au + HCl + 3[Cl] = H[AuCl_4] \tag{30-62}$$

$$Pd + 2HCl + 4[Cl] = H_2[PdCl_6] \tag{30-63}$$

$$Pt + 2HCl + 4[Cl] = H_2[PtCl_6] \tag{30-64}$$

$$Rh + 2HCl + 4[Cl] = H_2[RhCl_6] \tag{30-65}$$

$$Ir + 2HCl + 4[Cl] = H_2[IrCl_6] \tag{30-66}$$

　　d　过氧化钠熔融后用硫酸-溴酸钠氧化蒸馏法

　　当固体物料中的锇、钌不能直接用上述方法蒸馏时，可采用此法。例如分离其他铂族金属以后的含锇、钌不溶残渣，含锇、钌的金属废料及废件等。此法成本较高，要求物料中的锇、钌含量较高。操作时，将物料与 3 倍质量的 Na_2O_2 混合，装入底部垫有 Na_2O_2 的铁坩埚，再在表面覆盖一层 Na_2O_2。装料的坩埚在 700℃ 加热，待完全熔化后，取出坩埚，冷却。冷凝后的熔块用水浸取，得到的浆料即可加入蒸馏器进行蒸馏分离回收锇和钌。

　　氧化蒸馏过程的主要反应如下：

$$NaOH + Cl_2 = NaOCl + HCl \tag{30-67}$$

$$NaOCl = NaCl + [O] \tag{30-68}$$

$$3NaBrO_3 + H_2SO_4 = Na_2SO_4 + NaBr + 9[O] + 2HBr \tag{30-69}$$

$$2HBr(HCl) + [O] = 2[Br]([Cl]) + H_2O \tag{30-70}$$

$$Me + 2HCl + 4[Cl] = H_2[MeCl_6] \tag{30-71}$$

$$H_2[OsCl_6](H_2[RuCl_6]) + 2[O] + 2H_2O = 6HCl + OsO_4(RuO_4) \tag{30-72}$$

$$2RuO_4 + 20HCl = 2H_2[RuCl_6] + 8H_2O + 4Cl_2 \tag{30-73}$$

$$2OsO_4 + 4NaOH = 2Na_2OsO_4 + 2H_2O + O_2 \tag{30-74}$$

B 铜置换蒸残液

铂族金属精矿经氧化蒸馏钌、锇后，酸性蒸残液中不仅含有其他贵金属，还含大量贱金属（特别是 Cu^{2+}），用铜置换贵金属。对于含金、钯、铂、铑、铱的混合溶液用铜粉进行置换时，金、钯、铂的置换速度较快，铑较慢，而铱更慢。可利用这种速度差异进行分组置换粗分，优先提取铑、铱，即第一次铜粉置换出 99.5% 的金、钯、铂以及大约 15%的铑和 5%的铱，获得含部分铑、铱的铂、钯、金精矿。第二次铜粉置换出约 94%的铑，获得含部分铱的铑精矿，大部分铱仍残留在置换母液中，再用锌镁粉置换铱，得到铱精矿。金、钯、铂精矿用 $HCl+Cl_2$ 重溶后，用 DBC 萃取分离金，再用传统的选择性沉淀法分离铂、钯，即氯化铵沉淀分离铂，氨水配合分离钯。

20 世纪 80 年代，我国研发了优先氧化蒸馏锇、钌，同时溶解其他贵金属，并结合铜置换、选择性沉淀分离的贵金属分离技术，其工艺流程如图 30-6 所示。该技术提高了锇、钌的回收率，但铜置换过程中铑、铱的回收率不高，经济上并不合理。该工艺存在的主要缺点：处理的精矿中铂族金属含量较低时，蒸残液体积大，成分复杂。虽然提高了锇、钌的回收率，但增加了后续的处理难度；蒸残液为 SO_4^{2-}-Cl^- 混合介质，溶液成分及性质难以调整，导致贵金属配合物的配位状态及性质不稳定，很难直接衔接溶剂萃取分离工艺；Cu 置换条件较难准确控制。

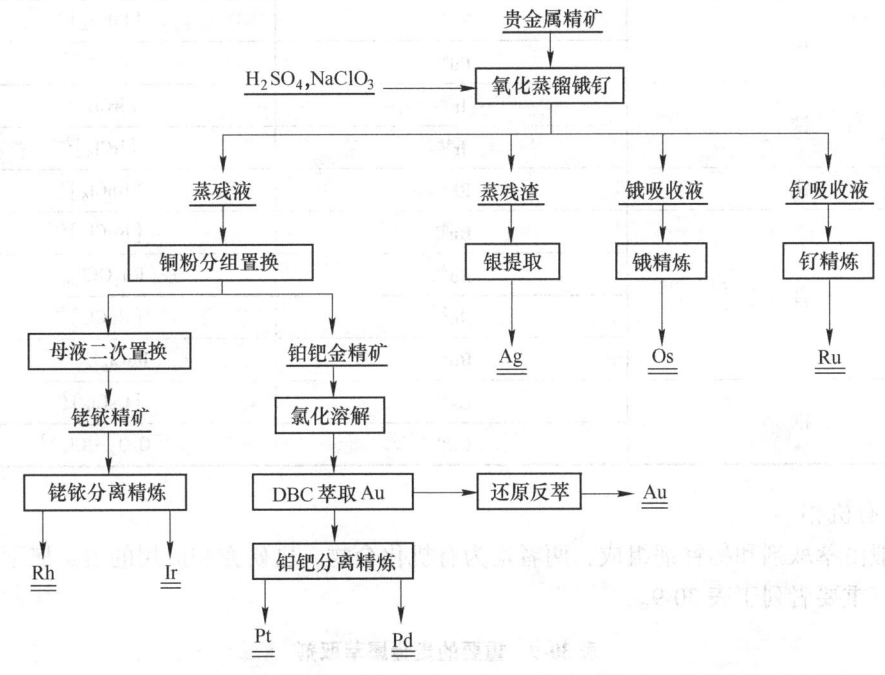

图 30-6 蒸馏—铜置换—选择性沉淀分离铂族金属的工艺流程

30.3.3.3 铂族金属的溶剂萃取分离工艺

用溶剂萃取法从含铂族金属的料液中分别提取各单一铂族金属的过程，属铂族金属分离的新工艺。此法首先用于贵金属的化学分析，20 世纪 80 年代已用于工业生产。与分离铂族金属的传统方法相比，溶剂萃取法没有固液分离作业，过程连续、安全，设备投资和生产成本低，金属积压和返回处理量小，回收率高。

A　溶剂萃取体系

由有机相即有机溶液和水相即贵金属料液组成，两相互不相溶或基本不互溶。

a　贵金属料液

贵金属料液由贵金属精矿、贵金属含量较高的废杂物料等原料分别选用王水溶解、水氯化浸出、盐酸+氯酸钠浸出，或配入氯化钠通氯气焙烧后浸出等方法制备。贵金属主要呈氯配阴离子形态存在，但在不同的酸度和氧化还原条件下存在着不同价态的多种配合物，见表 30-8。同一金属的不同价态的配合物及不同金属相同价态的配合物具有不同的萃取行为。为了提高萃取分离的效率，需根据所选定的萃取剂的要求，采用浓缩、稀释、中和、氧化或还原等方法调整贵金属料液的酸度、贵金属浓度、稳定价态和配合物形态。

表 30-8　贵金属价态和重要氯配合物

金属	价态	氯配阴离子
金	Au^{3+}	$[AuCl_4]^-$
	Au^{2+}	$[AuCl_2]^-$
铂	Pt^{2+}	$[PtCl_4]^{2-}$
	Pt^{4+}	$[PtCl_6]^{2-}$
钯	Pd^{2+}	$[PdCl_4]^{2-}$
	Pd^{4+}	$[PdCl_6]^{2-}$
铱	Ir^{3+}	$[IrCl_6]^{3-}$
	Ir^{4+}	$[IrCl_6]^{2-}$
铑	Rh^{3+}	$[RhCl_6]^{2-}$
钌	Ru^{4+}	$[RuCl_6]^{2-}$
	Ru^{4+}	$[Ru_2OCl_{10}]^{4-}$
	Ru^{3+}	$[RuCl_6]^{3-}$
	Ru^{3+}	$[RuCl_5H_2O]^{2-}$
锇	Os^{4+}	$[OsCl_6]^{2-}$
	Os^{6+}	$[OsO_2 \cdot Cl_4]^{2-}$

b　有机相

一般由萃取剂和稀释剂组成，两者均为有机化合物，已研究和应用的贵金属萃取剂很多，选其重要者列于表 30-9。

表 30-9　重要的贵金属萃取剂

被萃金属	萃取剂	化学名及分子式	基本理化性质
金	MIBK	甲基异丁基酮，$C_6H_{12}O$	水样透明液体，微溶于水，易溶于多数有机溶剂；密度 0.8020g/cm³，沸点 116.8℃，凝固点-84℃，闪点 22.78℃
	DBC	二丁基卡必醇，$C_{12}H_{26}O_3$	无色液体，能与醚、醇、酯、酮、卤代烃混溶，微溶于水。密度 0.8853g/cm³，凝固点-60.2℃，沸点 256℃，闪点 47℃

被萃金属	萃取剂	化学名及分子式	基本理化性质
金	ROH	$C_8 \sim C_{10}$ 的混合醇	无色液体，能与醚、醇、酯、酮、卤代烃混溶，微溶于水
	TBP	磷酸三丁酯，$C_{12}H_{27}PO_4$	无色、无臭液体，难溶于水，能与多种有机溶剂混溶。密度为 0.9766g/cm³，沸点 180 ~ 183℃，闪点146℃，熔点低于-79℃
	S219	二异辛基硫醚	密度 0.8485g/cm³，黏度 3.52mPa·s
钯	Lix70	2-羟基-3-氯-5-壬基二苯甲酮肟，$C_{22}H_{40}O_2NCl$	
	Lix65N	2-羟基-5-壬基二苯甲酮肟，$C_{22}H_{41}O_2N$	
	N530	2-羟基-4-仲辛氧基二苯甲酮肟，$C_{21}H_{39}O_3N$	
	DNHS	二正己基硫醚，$C_{12}H_{26}S$	密度 0.849g/cm³，沸点 230℃
	DOS	二正辛基硫醚，$C_{16}H_{34}S$	密度 0.842g/cm³，熔点-1℃，沸点 180℃
	S201	二异戊基硫醚，$C_{10}H_{22}S$	密度 0.834g/cm³，沸点 49℃
	S219	二异辛基硫醚	
	PSO	石油亚砜	多种复杂组分的混合物，一般含不同碳链的亚砜80%，以饱和烃基亚砜为主
	R_2SO	二烷基亚砜，R_2SO	
铂	TOA	三正辛胺，$C_{24}H_{51}N$	淡黄色透明油状液体，有刺激性臭味。易溶于非极性溶剂，溶于乙醇、乙醚，不溶于水。密度 0.814g/cm³，熔点 - 34℃，沸点 365 ~ 367℃，闪点 145℃
	N235	混合三烷基胺，R_3N（R 为 $C_7 \sim C_9$ 烷基）	混合叔胺，黄色透明液体，平均相对分子质量 385，密度 0.815g/cm³，闪点 226℃
	TBP	混合三烷基胺，R_3N（R 为 $C_7 \sim C_9$ 烷基）	
铱	TOA	混合三烷基胺，R_3N（R 为 $C_7 \sim C_9$ 烷基）	
	N235	混合三烷基胺，R_3N（R 为 $C_7 \sim C_9$ 烷基）	
	TBP	混合三烷基胺，R_3N（R 为 $C_7 \sim C_9$ 烷基）	
	TOPO	三正辛基氧化膦，$C_{24}H_{51}OP$	密度 0.861g/cm³，熔点 50 ~ 55℃，闪点 259.8℃
	TRPO	三庚基氧化膦为主的混合烷基氧膦	无色液体，密度 0.88g/cm³，闪点 183℃
铑（阳离子）	P538	十二烷基磷酸酯，$C_{12}H_{27}O_4P$	熔点 39~45℃

常用的稀释剂有磺化煤油、芳烃和烷烃为主的脂肪烃（石油精炼产品）、苯、二甲苯、二乙苯等。

B　溶剂萃取过程和原理

溶剂萃取是基于有机溶剂对不同的金属离子具有不同的溶解能力，从而对溶液中的金属离子进行富集与分离。含有机溶剂的有机相与含金属离子的溶液相（也称水相）互相接触时，由于金属离子在两相中的溶解度不同而重新分配，从而实现一种金属在有机相中的富集并与其他杂质分离。经澄清、分相后得到负载某种贵金属的有机相（负载有机相）和萃余水相。

铂族金属的溶剂萃取分离过程包括萃取、洗涤、反萃和有机相再生等步骤。各步骤所用试剂浓度、相比、级数、萃取平衡时间及两相流动方式等均需经过试验确定。

萃取可单级操作，也可将多级串联使两相错流或逆流连续操作。萃取的分配比 D 越大，所需萃取的级数就越少。铂族金属的萃取原理较复杂，主要有形成离子对、生成化合物和溶剂化物三种机理。

洗涤是用和贵金属料液性质不同的稀酸（如盐酸）、稀盐（如氯化钠）溶液和负载有机相充分混合、澄清分离，洗去有机相中共萃的杂质和夹带的贵金属料液。

反萃是用特定的酸、碱溶液与负载有机相充分混合，使被萃入有机相的金属重新转入水溶液，经澄清分离后分别得到有机相和含贵金属的反萃液，反萃液作为原料精炼出纯金属产品。

再生是使经过反萃卸载后的有机相恢复原来的性质（萃取性能），以便返回再用。

根据贵金属料液成分和性质采用不同的萃取剂和萃取分离工艺。加拿大国际镍公司（Inco）精炼厂先用氧化蒸馏法提取锇、钌，然后采用图 30-7 所示的流程萃取分离其他贵金属，即用 DBC 萃取金、DOS 萃取钯，TBP 萃取铂，然后萃取铱。

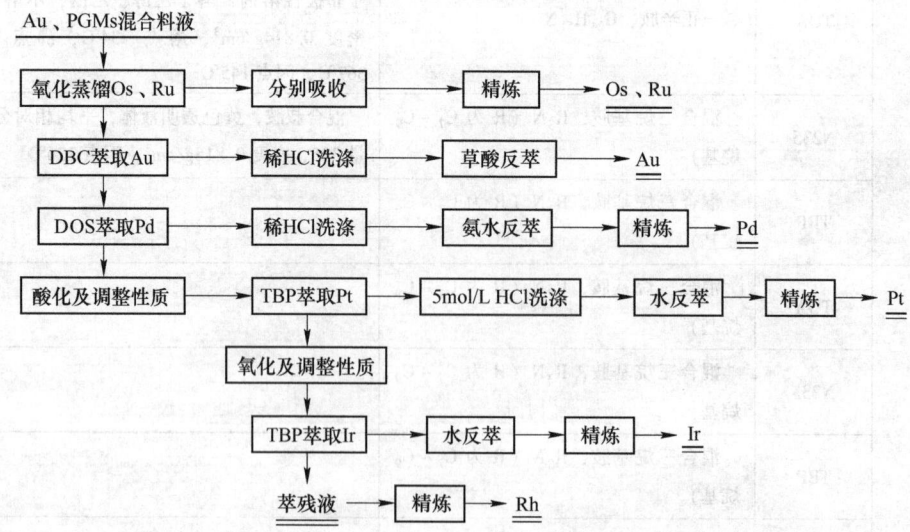

图 30-7　加拿大国际镍公司 Acton 精炼厂贵金属萃取分离工艺流程

马太-吕斯腾堡（Mathey Rustenburg）铂矿公司精炼厂则用 MIBK 萃金、β-羟基肟萃钯，再进行氧化蒸馏分离锇、钌，料液经还原处理后用叔胺萃铂，再将 Ir(Ⅲ) 氧化为 Ir

（Ⅳ）后用叔胺萃铱，离子交换法分离贱金属后提取铑。我国某厂也是先进行氧化蒸馏分离出锇、钌，然后用 DBC 萃取分离金、S201 萃取钯、N235 萃取铂、P204 萃取贱金属，最后用 TRPO 萃取分离铑、铱。

　　a　金的萃取

　　金主要用 MIBK 和 DBC 萃取。

　　（1）MIBK 萃取金。MIBK 从含盐酸 0.5~5mol/L 的贵金属料液中萃取金的分配系数 D 大于 100，金萃取率超过 99%。在此高酸度下，Fe(Ⅲ)、Te(Ⅳ)、As(Ⅲ)、Sb(Ⅳ)、Se (Ⅳ) 和少量 Pt(Ⅳ) 也被共萃。负载有机相先用稀盐酸洗涤其中的杂质，然后用铁粉直接还原反萃出粗金。还原反萃后的有机相用蒸馏法再生。

　　（2）DBC 萃取金。对贵金属料液的含酸浓度适应范围宽，对金的萃取选择性好。在含酸 3mol/L 的贵金属料液中萃取金的分配系数 D 大于 100，经过四级萃取，金的萃取率超过 99%，形成的萃合物为 H[AuCl$_4$]·2DBC。载金有机相先用 1.5mol/L 盐酸溶液洗涤，然后加热至 70℃，用草酸溶液直接还原反萃出金，金的纯度可达 99.9% 以上。还原反萃金后的有机相可直接返回萃取步骤。

　　b　钯的萃取

　　钯主要用硫醚和羟基肟类萃取。

　　（1）硫醚萃取钯。可从含大量贱金属及铂族金属但不含金的溶液中选择性萃取钯。通常使用含 C$_4$~C$_8$ 的烷基硫醚。碳链短的硫醚其萃取速度较快，如 S201 的萃取平衡时间为 10min。稀释剂常用脂肪烃，萃取剂浓度一般为 25%~50%（体积分数）。如用 DNHS 从含酸 1mol/L 的贵金属料液中萃钯时，D 值可达 10^5，萃取率很高，但萃取平衡时间需 1h 以上。萃合物为 PdCl$_2$·R$_2$S。负载钯的有机相先用 pH 值为 1 的稀盐酸洗涤，然后用 1~3mol/L 的氨水反萃。含 [Pd(NH$_3$)$_4$]Cl$_2$ 的反萃液送钯精炼。

　　（2）羟基肟类萃取剂萃取钯。α-OXH 的水溶性大，工业上多用 β-OXH，用脂肪烃作稀释剂。适用于含酸浓度小于 0.5mol/L 的贵金属料液，D 值可达 10^3，萃合物为 Pd(β-OX)$_2$。萃取速度很慢，要 1~2h 才能达到萃取平衡。共萃的铜可用稀盐酸洗涤除去。载钯有机相用 6mol/L 盐酸溶液反萃，得到含 H$_2$[PdCl$_4$] 的反萃液用于精炼钯。

　　c　铂或铂铱的萃取

　　Pt(Ⅳ) 和 Ir(Ⅳ) 有类似的萃取性质，但 Ir(Ⅳ) 易被还原为 Ir(Ⅲ)，Ir(Ⅲ) 和 Rh (Ⅲ) 一样不易被萃取。因此，当贵金属料液中的铂、铱、铑共存时，根据铱的价态变化有两个萃取分离方案。一是先将 Ir(Ⅲ) 氧化为 Ir(Ⅳ)，进行 Pt(Ⅳ)、Ir(Ⅳ) 共萃取，然后分别反萃。二是先将 Ir(Ⅳ) 还原为 Ir(Ⅲ)，只萃取 Pt(Ⅳ)，不被萃取的 Ir(Ⅲ) 和 Rh(Ⅲ) 留在萃余液中，再做进一步分离。工业上多用后一方案，因为很难彻底将 Ir(Ⅳ) 还原为 Ir(Ⅲ)，总有少量铱和铂共萃。主要的萃取剂有胺类和磷类萃取剂。

　　（1）胺类萃取剂萃取铂。胺类属碱性萃取剂，有伯胺（RNH$_2$）、仲胺（R$_2$NH）、叔胺（R$_3$N）和季铵卤化物（R$_4$NCl，其中的 R 可以相同，也可不同）等四种。从伯胺到季铵，萃取的分配比和萃取能力由小变大，而选择性却由好变差，反萃由难变易。因此，工业上多使用叔胺，如 TOA、N235 等作萃取剂，用脂肪烃作稀释剂。用 TOA 萃取时，不同价态的铂族金属的分配比和贵金属料液中盐酸浓度的关系如图 30-8 所示。铂、钯的萃取分配比值相差不大，与料液中盐酸浓度的关系具有相似的变化规律。因此，萃取铂的贵金属料液要先分离钯。对含酸 2~4mol/L 的贵金属料液萃取时，Ir(Ⅳ) 的分配比较大，而 Ir(Ⅲ)、Rh(Ⅲ) 在含酸 1mol/L 以上的料液中却不被萃取。为此，在萃铂时，必须将 Ir(Ⅳ) 还原为 Ir(Ⅲ) 并控制料液的含酸浓度，以提高铂与铑、铱的分离效率。还原剂可用 SO_2、抗坏血酸或氢醌。铂的萃合物为 $[(C_8H_{17})_3NH] \cdot [PtCl_6]$。载铂有机相先用含微量还原剂的稀盐酸洗涤，再用 1~2mol/L NaOH 溶液反萃，得到含 $Na_2[Pt(OH)_6]$ 的反萃液，用盐酸中和至酸性，煮沸浓缩转化为 $Na_2[PtCl_6]$ 溶液送铂精炼。此种含铂溶液总会含少量铱，精炼时可用氧化水解法分离。

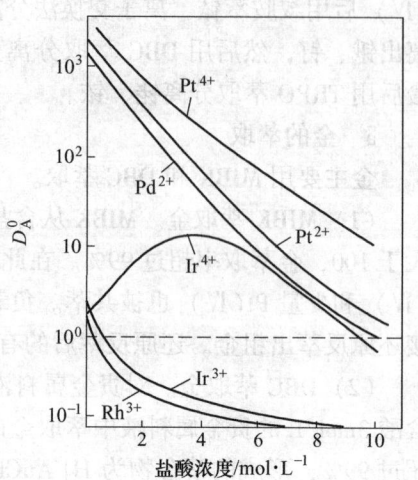

图 30-8 三正辛胺萃取铂族金属的分配比和酸度的关系

(2) 磷类萃取剂萃取铂。生产上也有用 TBP 中性萃取剂和脂肪烃作稀释剂从混合料液中萃取铂。有机相由 35%TBP + 5%异癸醇 + 60%稀释剂（体积分数）组成，在含酸 5mol/L 并先通 SO_2 还原过的贵金属料液中萃铂，载铂有机相先用 5mol/L 盐酸溶液洗涤，然后用水反萃，得到含 $H_2[PtCl_6]$ 的反萃液送铂精炼。

d 铑铱的萃取分离

由于铱的价态和性质多变，深度分离铑、铱至今仍是个难题，主要有萃取 Ir(Ⅳ) 配阴离子和萃取铑阳离子两种方案，实际生产中多采用第一种方案。

(1) 铱的萃取。铂的萃取剂都可用于萃取 Ir(Ⅳ)。贵金属料液需先调整盐酸浓度至 4~5mol/L，并加氯化钠进一步提高 Cl⁻ 离子浓度，然后通氯气充分氧化。用胺或磷类萃取剂萃 Ir(Ⅳ) 时分别生成 $(R_3N)_2 \cdot H_2[IrCl_6]$ 或 $(R_3PO)_n \cdot H_2[IrCl_6]$（R 为烷基）类型的萃合物。为提高铱的萃取率，往往在每级萃取前都要重新通氯气氧化贵金属料液。载铱有机相先用 4~5mol/L 盐酸溶液洗涤，再用稀 NaOH 溶液或水反萃。反萃液送铱精炼。

萃铱残液为以铑为主的溶液，铑呈配阴离子形态（$[RhCl_6]^{2-}$）。当贱金属浓度不大时，用阳离子交换树脂吸附分离贱金属，流出液经浓缩后送铑精炼。

(2) 铑的萃取。目前还没有开发出一种能有效萃取铑配阴离子的萃取剂，萃取铑的阳离子是铑、铱分离的方案之一，即含铑、铱的溶液用碱液中和水解，过滤后的水解渣用稀盐酸溶解，控制溶液的 pH 值约为 1，使铑转化为水合阳离子 $[RhCl_n(H_2O)_{6-n}]^{3-n}$（$n = 0~2$），用强酸性离子交换树脂交换吸附铑，或用酸性萃取剂萃取铑。铱留在萃余液中，经盐酸酸化和氧化后送铱精炼。载铑有机相先用 pH 值约为 1 的稀盐酸溶液洗涤，再用 3mol/L 盐酸溶液反萃。反萃液经浓缩，将铑阳离子转化为 $[RhCl_6]^{3-}$ 配阴离子后送铑精炼。该法的分离效率不高，导致后续作业过程长，铑的直收率低。

萃取分离贵金属的工艺技术还在发展和完善之中，其主要发展方向有：开发选择性和萃取性能更好的萃取剂，以获得更纯的反萃液，简化产出纯金属的精炼过程；进一步完善现有的含贱金属浓度较高的贵、贱金属混合溶液的萃取分离流程，提高一次直收率；开发新的、更有效的铑、铱萃取分离方法，推广溶剂萃取在铂族金属再生中的应用。

 复习思考题

30-1 试述提取铂族金属的主要原料有哪些。

30-2 试写出从铜镍硫化精矿经火法冶金—湿法冶金过程富集贵金属，获得贵金属精矿的工艺流程，简述各步骤的作用。

30-3 写出传统的贵金属精矿优先氧化蒸馏锇钌—选择沉淀分离工艺流程，简述各步骤的原理、作用及所得产品，写出主要的化学反应方程式。

30-4 对于含贵金属的精矿在分离提取前如何进行有效地溶解，请考虑几种溶解方法。

30-5 对于含金、铂、钯的混合精矿，请自行设计一个合理的工艺流程进行分离提取，写出主要的反应方程式。

31　从二次资源中回收贵金属

　　贵金属广泛应用于现代高科技及国民经济的各个领域。除金、银早期作为货币、首饰外，贵金属作为金属材料（特别是其中的铂族金属）是近代才在工业规模得到广泛应用。《中国冶金百科全书　金属材料卷》按用途和应用领域，将贵金属材料分为电接触、电阻、应变、测温、弹性、焊接、器皿、饰品、牙科、电极、急冷、粉末、薄膜、镀层和复合材料，以及浆料、催化剂、药物等18类；另外，贵金属还以化合物等形态大量应用，如银以卤化物大量用作感光材料。因此，各类材料的生产和使用都不可避免地会产生相应的各种废料，成为贵金属二次资源的重要来源。许多工业发达国家都把贵金属废料的回收与矿产资源的开发置于同等重要的位置。

　　贵金属废料的来源非常广泛，且早已进入国际大循环，成为一种不受本国矿产资源限制的重要资源。通常消费量越大的国家和地区，贵金属的回收量也越大，回收工艺和装备水平也较高。

　　贵金属废料的性质、形状千差万别，组成、品位悬殊，各回收单位的设备、技术条件各不相同，必然导致再生回收工艺五花八门，实际经济效益参差不齐。因此，废料处理方案的选择是否得当，是决定成败和盈亏的关键，应慎重选定。为了对贵金属二次资源的回收处理有一个较全面的初步了解，以便能够针对废料特点和自身条件，选择比较恰当的工艺，将贵金属二次资源回收处理的主要工艺及适用范围进行简单归纳，如图31-1所示。

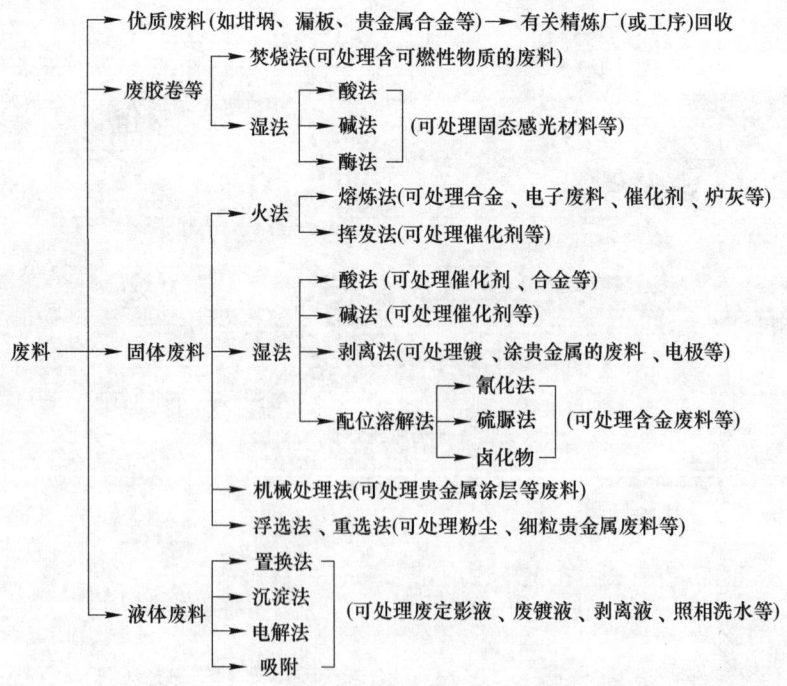

图31-1　贵金属二次资源回收处理的主要工艺

31.1 含贵金属的二次资源

31.1.1 含金、银的二次资源

含金的二次资源主要有首饰、饰品废料，金币、齿科合金，电子废料，器皿、用具，焊料合金、电器配件、镀金器件，印刷电路、电器接触点，含金盐类、化合物，各种含金废液等。近年全世界从含金废料中回收的金量见表31-1。

表 31-1　全世界从含金废料中回收的金量　(t)

地区	2005 年	2006 年	2007 年	2008 年	2009 年	2010 年	2011 年	2012 年	2013 年	2014 年
欧洲	186.2	238.9	238.1	416.6	517.1	497.6	505.0	488.0	348.2	288.7
北美	72.6	100.5	108.4	128.5	174.0	199.7	218.3	213.3	149.7	116.3
南美	24.0	30.6	32.9	36.5	51.2	65.0	72.0	74.8	32.5	25.6
亚洲	527.6	654.0	541.4	703.0	876.6	852.1	769.0	790.1	669.0	612.9
非洲	90.4	107.3	84.1	65.0	106.1	91.8	98.8	101.0	80.4	75.2
大洋洲	1.9	1.5	1.5	2.0	3.1	6.8	12.0	10.2	7.3	6.6
总计	902.6	1132.8	1006.3	1351.6	1728.0	1712.9	1675.0	1677.5	1287.0	1125.3

含银的二次资源主要包括废胶卷、相纸、定影液，首饰、饰品，各种器皿、用具，银币，电子废料，焊料合金，浆料及粉末，电器接触点，齿科材料，含银盐类、化合物，各种含银废液、废渣等。近年全世界从含银废料中回收的银量见表31-2。

表 31-2　全世界从含银废料中回收的银量　(t)

地区	2005 年	2006 年	2007 年	2008 年	2009 年	2010 年	2011 年	2012 年	2013 年	2014 年
欧洲	1748.0	1688.9	1710.7	1695.1	1611.2	1741.8	2121.3	2195.9	1832.0	1654.7
北美	1881.8	1772.9	1800.9	1872.4	1838.2	2189.7	2572.3	2339.0	1542.7	1303.2
南美	96.4	105.8	99.5	93.3	90.2	121.3	171.1	168.0	133.7	112.0
亚洲	2466.5	2730.9	2594.0	2472.7	2559.8	2861.5	3135.2	3119.7	2373.2	2068.4
非洲	80.9	93.3	93.3	99.5	105.1	115.1	84.0	80.9	71.5	65.3
大洋洲	56.0	52.9	52.9	49.8	49.8	49.8	49.8	43.5	40.4	37.3
总计	6326.5	6441.5	6351.3	6282.9	6258.0	7076.0	8133.6	7946.9	5993.6	5240.9

在仪表及电子电器工业中，容易收集并进行回收的含金、银的废料主要有废电池、导线、焊料、废旧电路板、热电偶材料（Pd-Au 等）；其次是触点材料，用于通信、高档继电器、调压器、磁电器、恒温器及控制器等触点材料，如 Pt-Ag、Pd-Ag 等，其触点部分可分类切割，集中处理。我国沿海地区在对大量废旧电子设备进行拆卸回收，其中 Pd-Ag 触点材料的数量相当大。

感光材料（照相业）是银消耗量最大的行业领域之一。在银的消费中，感光材料用银长期占总消费量的 40%~45%。大部分银损失在废定影液中（黑白摄影约 80% 以上，彩色摄影则几乎 100%）。照相业产生的含银废料还包括照相胶卷、X 射线胶片、废电影胶卷等，其种类及银含量见表 31-3。

表 31-3　照相业的主要含银废料及其银含量

含银废料	照相胶卷 /g·m⁻³	X 射线胶片 /g·m⁻³	相纸 /g·m⁻²	定影液 /g·L⁻¹	洗液 /g·L⁻¹
银含量	0.5~0.6	0.06~0.1	约 2.2	0.5~9	0.001~0.08

在首饰或装饰品的生产及加工过程中，产生大量的边角废料、废屑、研磨粉、粉尘；在电镀或化学镀时产生相应的废电解液、阳极泥等。这类废料中主要含有金、银、铂、钯等贵金属。一般这类废料的贵金属含量较高，杂质元素少，是回收金、银等贵金属的上等原料。

医疗行业的废料主要来自牙科材料及药物的生产和使用过程中。牙科材料多含金、银、钯及其合金，有时也含有一些金属氧化物（如烤瓷牙，含 Al_2O_3 等陶瓷成分）。不过，这类材料的使用周期较长，再生回收难。因此，目前尚未处于重要地位。

随着贵金属材料的研究和开发及其新的应用领域的不断拓展，贵金属废料也将不断出现更多的新来源，开发和掌握相应的回收技术十分必要。

31.1.2　含铂族金属的二次资源

催化剂行业大量使用铂族金属，如汽车尾气净化废催化剂、化工催化剂等。每年超过 60%的铂、钯、铑用于生产汽车尾气净化催化剂。2015 年，全球汽车尾气催化剂中铂、钯和铑的用量分别达到了 93.7t、214.2t 和 20.7t，从汽车尾气净化废催化剂中回收的铂、钯和铑则分别为 20.9t、49.9t 和 8.8t。尽管很多机构都在研究新型催化剂来取代或减少铂族金属的使用量，但随着汽车数量的增加和环保标准的提高，铂族金属的需求还会进一步增长，汽车尾气净化废催化剂仍然是铂族金属二次资源最大的来源。此外，石油化工和化学化工生产的产品中近一半需要依赖于和铂族金属相关的催化剂，这类催化剂包括硝酸工业用铂、钯、铑的催化剂，也包括加氢反应、氧化反应等精细化工催化剂，种类多、应用范围广。仅精细化工所用的催化剂，铂、钯、铑每年的净增用量在 20t 以上。

铂铑合金漏板是玻璃纤维生产的关键设备之一。根据生产工艺，铂铑合金漏板长期处于 1000℃以上的高温状态，使用一段时间后，漏嘴结构改变、漏板变薄，影响玻璃纤维的生产，这些漏板必须更换，而更换下来的废旧玻纤漏板含有大量的铂铑，是回收铂、铑的重要二次资源。

含铂族金属的电子废料来源于电子产品生产企业的不合格零件、客户退货、生产过程中的副产品及电子产品报废产生的各种片式多层陶瓷电容器、集成电路、中继馈线、陶瓷外壳、厚膜材料、薄膜材料等，这些废料中都含有大量的铜、锡、金、银及铂族金属，铂族金属的含量从每吨几百克到数千克不等，电子废料数量庞大，蕴含的铂族金属总量十分可观。

首饰行业是铂、钯的重要消费领域之一。2015 年，全球首饰行业的铂、钯需求量分别达到 76.4t 和 14.7t，铂需求量占铂总消费量的 40%左右，而中国的铂需求量达 10.8t。在首饰生产或加工制作过程中产生的废屑、边角废料、首饰抛光粉、研磨粉、打磨灰、地沙、沙纸、手套、报废的镀液、镀铑铜丝挂件、积累沉淀的淤泥等，是回收铂族金属的重要物料。

　　目前,钌的最大用途是生产计算机硬盘磁记录材料。在硬盘生产过程中,废旧的靶材和溅射了钌的防护圈是钌最重要的二次资源,每年需要回收处理的钌已超过 10t。

　　近年全世界从汽车尾气催化剂和首饰行业回收的铂、钯、铑量见表 31-4。

表 31-4　全世界从汽车催化剂和首饰行业回收的铂、钯、铑量　　　　　　(t)

铂族金属		2006 年	2007 年	2008 年	2009 年	2010 年	2011 年	2012 年	2013 年	2014 年	2015 年
Pt	含 Pt 废催化剂	25.9	28.3	31.3	24.4	28.1	30.9	28.7	32.5	33.8	29.0
	含 Pt 老旧首饰	11.4	17.4	30.0	15.4	16.2	18.8	15.9	15.3	16.0	16.7
	Pt 回收合计	37.2	45.7	61.3	39.8	44.3	49.8	44.7	47.8	49.9	45.6
Pd	含 Pd 废催化剂	23.3	29.8	37.3	33.5	40.7	47.1	45.8	49.4	56.4	49.9
	含 Pd 老旧首饰	7.3	5.8	6.0	3.6	5.6	7.7	6.9	7.2	7.7	8.3
	Pd 回收合计	30.6	35.5	43.3	37.1	46.2	54.8	52.7	56.5	64.1	58.2
Rh	含 Rh 废催化剂	5.5	6.3	7.2	6.0	7.2	8.2	7.6	8.5	10.0	8.8

31.2　金二次资源的回收

31.2.1　从含金合金废料中回收金

31.2.1.1　王水溶解法和水溶液氯化法

　　高品位的贵金属及合金废料通常用王水溶解,因操作环境恶劣,特别是赶硝,过程冗长、繁琐,逐渐被水溶液氯化法取代。但因水溶液氯化法需要一定的设备和条件,在小规模、小批量或零星处理时仍常用王水。粗金、金合金与贱金属混合熔融后,轧成薄片,或将块状金银、合金块先熔融后,再水淬成小颗粒,均可加快王水溶解的速度。

　　金和金合金一般都可用王水溶解再生回收。例如:金和电子废料中的 Au-Pt、Au-Sb、Au-Al、Au-Sn、Au-Cr、牙科用的金合金等合金都可用王水溶解后再加以回收,回收的工艺流程如图 31-2 所示。除喷丝头 Au-Pt 合金的王水溶解液需要先用 NH_4Cl 沉淀分离铂以外,其他的金合金都可用 SO_2、$FeSO_4$ 等还原剂从浸出液中还原回收金。

　　金银合金中的银,因可生成 AgCl 而阻碍金进一步溶解,故一般应控制物料中含 Ag 不大于 8%,但当含有足够数量的铜等贱金属,可使金银块继续敞开溶解时,虽含银较高也可溶解。当然,物料含银过高时,可先用 HNO_3 分银。

　　水溶液氯化法作为现代贵金属湿法冶金中最常用的浸出手段之一,已被广泛采用。凡是可用王水溶解的物料,都可用水溶液氯化法溶解,而且溶解时间缩短、免除了操作环境恶劣的赶硝操作,在较大规模的废料处理场所已逐渐取代王水溶解。

31.2.1.2　电化学溶解法

　　电化学溶解法也可用于处理金合金,如化纤工业用废金铂合金喷丝头,含 Au 74.8%、Pt 25% 以及少量 Ru、Rh、Pd、Os、Ag、Ti、Cu、Fe 等。经水洗和盐酸煮洗后,装入干

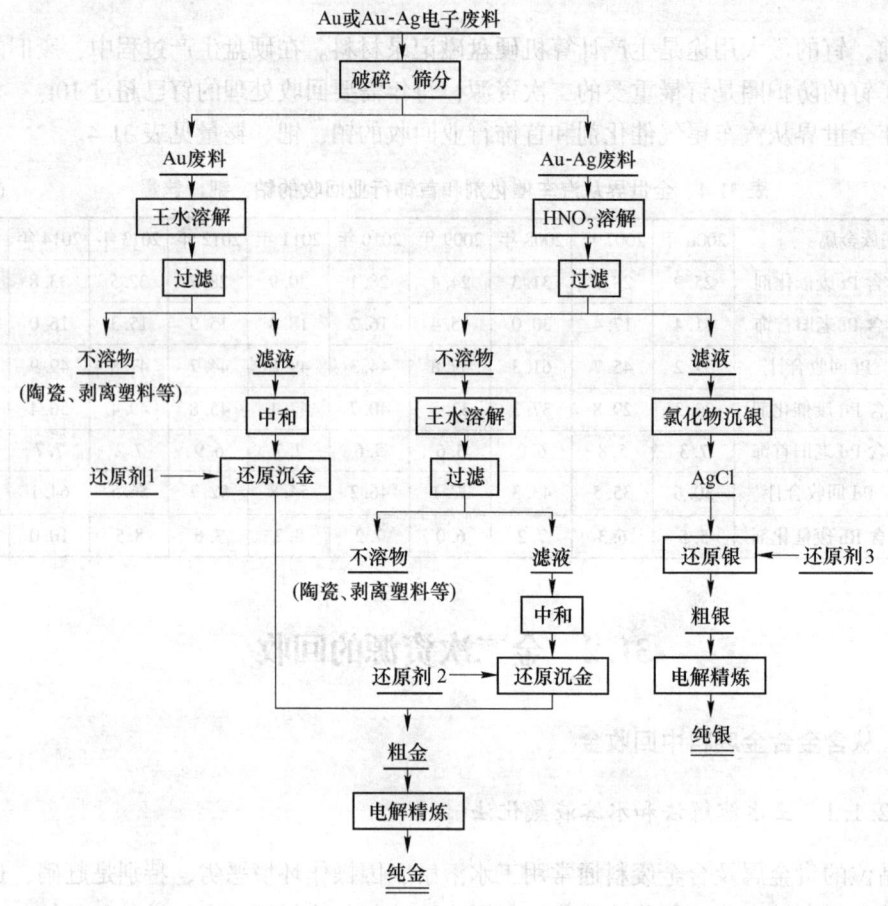

图 31-2　Au 或 Au-Ag 电子废料的回收工艺流程

(还原剂 1 和 2：SO_2，H_2O_2，$FeSO_4$，HCOOH；还原剂 3：Na_2CO_3，NaOH+硼酸盐)

净的素烧黏土坩埚内（作为阳极），以 3∶1 的盐酸溶液为电解液，通交流电（也可通直流电或叠加交流电压的直流电）使金、铂在阳极放电溶解生成氯配离子。操作条件为：电解液温度 40℃，电流 2~4A，槽电压 2~3V。电化溶解所得电解液用盐酸调整酸浓度至含 $[H^+]$ =4.5~6.5mol/L，通入 SO_2 还原沉金（母液中金浓度 $6.09×10^{-7}$mol/L），获得含 Au 99.96%的成品金。脱金液加热除 SO_2，用 H_2O_2 氧化其中的 Pt(Ⅱ) 至 Pt(Ⅳ)，再加 NH_4Cl 使铂以 $(NH_4)_2[PtCl_6]$ 沉淀，经灼烧得到含 Pt 99.94%的海绵铂，其处理工艺流程如图 31-3 所示。

31.2.2　从镀金及表层含金废料中回收金

31.2.2.1　退镀液退金

用退镀液可从印刷电路等镀件中回收金，如成分为 NaCN 0.5%、CaO 0.1%、乙酸铅 0.03%、配合剂 0.5%的退金液，在常温下就能彻底退净镀金或含金表层，且可反复使用，铜基体基本保留，溶出的金用 Zn 粉置换，如含金 Au 250mg/L 的退镀液，金的置换率近 100%。

底层为塑料板、玻璃纤维板或纸板的镀金电路板边料或废料，可用 5%~95% HNO_3 溶液，或 5%~50% $FeCl_3$ 溶液作为退金液，它能渗入金层溶解基体金属，使金脱落；然后用 15%~37% HCl 与 3%~50% H_2O_2 按 (1~5)∶2 比例配位溶解金，滤液用 $FeSO_4$ 还原得到金。

氰化物、间硝基苯磺酸钠、柠檬酸盐配成的退金液，可从废旧镀金件中回收金，3~5s 退净后，稀释退金液，倒入玻璃或塑料电解槽中，用不锈钢板作阴极、石墨作阳极，电解沉积金。溶液温度 40~60℃，阴极电流密度 30~50A/m²，电积 4~8h，可回收大于 90% 的金（含 Au 99%）；再通电 20h，阴极产物中含 Au 50%，金的总回收率大于 99.5%。

31.2.2.2 碘法溶蚀金

用碘-碘化钾-双丙酮醇溶液从含金物料中回收金的工艺因排放有毒的碘代酮，而使其应用受限，但改用碘-碘酸钠-碘化钠的水溶液时，其中过量的碘与碘离子作用生成稳定的多碘离子（$I_3^-\cdot H_2O$、$I_7^-\cdot H_2O$ 等），

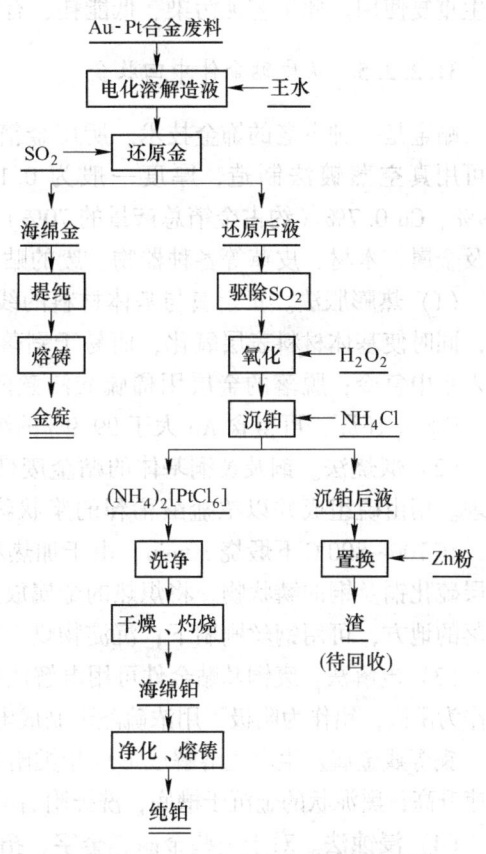

图 31-3 Au-Pt 合金电化学溶解法回收
Au、Pt 的工艺流程

与金作用时生成 Au（Ⅰ）、Au（Ⅲ）的碘配离子。溶出的金可用活性炭吸附、有机溶剂萃取、活泼金属置换、还原剂还原、离子交换树法提取。用 Zn、Fe 粉置换或饱和亚硫酸钠还原，金的回收率大于 98%。该法可应用于从可伐合金、镍基或镀镍底层的各种镀金废元器件上回收金。

31.2.2.3 镀层高温剥离金

将镀金件浸渍在高于金熔点的液态铅中，镀层熔化进入铅相与基体分离；对贵金属-铅合金熔体进行搅拌，同时加入锌，贵金属转入锌相；澄清分离后，对锌相进行常压蒸馏或真空蒸馏除锌，回收贵金属，铅返回再用。

31.2.2.4 细菌退镀金

细菌浸出回收贵金属是利用 Fe^{3+} 具有较强的氧化性，而将贵金属合金中的贱金属氧化溶解，使贵金属裸露出来便于回收，而 Fe^{2+} 被细菌再氧化（或催化氧化）为 Fe^{3+} 返回浸取。例如：用含 [Fe^{3+}] 大于 10g/L 的退镀液处理电子废料，所用的 YTL-2 号细菌已经多次移植、传代、钝化和驯化，它对铜、镍、钴及铁等金属有一定的腐蚀作用。在 pH 值小于 2.5、20~35℃ 条件下，镀金废电子元件经 49h 处理，退镀率大于 97%，退镀液可

再生重复使用。此工艺无污染、低能耗,有较好的应用前景。

31.2.2.5 从废贴金件中回收金

贴金是一种古老的饰金技术。所用金箔,古代称"羊皮金",现代除轧制、锤打外,还可用真空蒸镀法制造,厚度一般为 0.1μm 左右,最常用的组成为 Au 94.4%、Ag 4.9%、Cu 0.7%(约占金箔总产量的70%),主要用于装饰佛像、佛坛、佛具等宗教用品以及金属、木材、皮革等各种器物。废的贴金物件中的金,可采用多种方法加以回收。

(1)热膨胀法。贵金属与基体材料的线膨胀系数不同,通过加热可使贵金属表层破裂,同时使基体材料表层氧化,而易于剥落。贴金废品先在800℃氧化煅烧30min,然后放入水中急冷;脱落的金层用稀硫酸浸煮两次,渣中含 Au 大于90%;用王水溶解、赶硝,$FeSO_4$ 还原,可得含 Au 大于99.9%的纯金粉,回收率大于98%。

(2)煅烧法。铜及黄铜基体的贴金废件,如铜佛、神龛、贴金器皿等,可用煅烧法处理。用由硫组成并以浓盐酸稀释的浆状物涂抹废件,放入木盆30min,然后放入马弗炉,在700~800℃下煅烧30min,由于加热和涂料的双重作用,贴金与基体金属之间形成一层硫化铜及铜的鳞状物,将炽热的金属放进水中,使贴金层与鳞状物一起脱落;未完全脱落的地方,可用钢丝刷刷下;沉淀物烘干后,进行熔炼、铸锭。

(3)电解法。废铜基贴金件可用电解法回收。大件挂在钩上、细小的可放入特制的筐中作为阳极,铅作为阴极,用浓硫酸配制成电解液,通以直流电电解,电流密度120~180A/m^2。铜等贱金属发生电化溶解或形成盐类附着于阳极表面,由于导电性不良而导致槽电压迅速升高,黑泥状的金沉于槽底,洗掉附着的铜泥,所得沉淀物经烘干,可熔炼成粗金。

(4)浸蚀法。对于一些金匾、金字、招牌等,可利用油脂与苛性碱作用生成肥皂的性质,使贴金脱落。即将贴金物件用热、浓苛性碱溶液浸洗润湿10~15min,当油腻子开始成皂时,以海绵或刷子洗下贴金;收集、过滤、烘干、熔炼得粗金。

其他含少量金的固体废料,如废催化剂、电子材料、耐火材料、熔渣等回收可参照银二次资源回收的有关章节。

31.2.3 从含金废液中回收金

含金废液主要是废镀液、洗涤镀件及设备的洗涤水,回收过程中产生的含金溶液和废液,如剥离液、低浓度浸出液,以及生产、使用、回收过程中产生的各种含少量金的洗水、废液等。

31.2.3.1 金属置换法

从含金废液中回收金,最常用的置换剂是锌(粉、片、丝、粒、屑等),锌粉的比表面积大,反应活性高,不仅置换效果好,而且很容易用稀硫酸从置换产物中洗去过量的锌,此外材料易得、价格便宜,故常被选用。

31.2.3.2 还原沉淀法

溶液中不论是 Au(Ⅰ)还是 Au(Ⅲ),都很容易被还原为金属单质,常用的还原剂有低价金属离子及酸根离子,如 Fe^{2+}、Sn^{2+}、SO_2、SO_3^{2-}、$C_2O_4^{2-}$ 等离子,较强的还原剂如水合肼、硼氢化钠等可以进行彻底还原。

31.2.3.3 电沉积法

溶液或废液中的 Au(Ⅰ)、Au(Ⅲ) 离子可用电沉积法在阴极还原为金属。影响电流效率的主要因素有：电流密度、电解液温度、搅拌速度、氢离子浓度以及添加剂的作用等。电沉积法生产效率高、回收率高，成本低。

从稀溶液或废液中回收金的关键在于提高电流效率，主要途径是增加电极表面积和减少溶液的浓差极化。例如：用不锈钢或炭纤维（炭粒）作阴极，即将平面电极变为三维电极，可显著增大阴极的沉积面积。电解槽中用离子交换膜将炭纤维阴极与镀铂钛网阳极分隔开，使其分为阴极区和阳极区；阳极区盛 25g/L H_2SO_4 作为电解液。含金废液放入阴极区，其成分为：Au 0.44~62.5g/L、Pt 0.02~11.2g/L、Pd 0.06~22.4g/L、Cu 0.08~11.0g/L、Ni 0.07~0.3g/L、Te 0.02~0.9g/L、Zn 0.02~0.3g/L、Fe 1.5~4.2g/L 和 HCl 2~11g/L，流出的电积后液中贵金属的浓度降至 0.1~1.0mg/L。所得阴极沉积物经处理后得到含 Au 86.4%~92.6%、含铂族金属总量 1.8%~3.2% 的粗金锭。采用炭纤维作为阴极，可重复使用数年，取出金泥的操作方便、快捷，而且金、银电沉积率高，所得金泥含金品位高。

31.3 银二次资源的回收

31.3.1 从银及其合金废料中回收银

31.3.1.1 预处理及简单再生工艺

对于废件、钱币、金属屑、切片、切边等金属形态的高品位含银废料，可先进行简单的熔炼，以使物料成分均匀，便于取样分析，或处理成为可进一步加工的金属锭、阳极或细粒。一般是在石墨（黏土）坩埚内，用电阻炉或坩埚炉熔炼，然后浇铸成块状，或水淬成细粒（直径约 5~6mm）。只含有少量杂质的物料，可在熔炼时加入熔剂、氧化剂等，使杂质造渣，所得纯银即可返回使用。处理含 Cu 2%~50% 的银铜合金时，先于 850~1200℃熔化，吹入含氧气体使铜氧化，加碱等熔剂进行造渣，粗银浇铸成阳极，经电解精炼可得含 Ag 99.99% 的电银。

对于在设备、器件等废品中的含银部件，往往需要用机械、人工等多种方法拆卸下来，再集中回收；废催化剂及其他含银废料则需进行分类，以便分别回收。

31.3.1.2 无机溶剂溶解法

银及其合金废料的再生回收，一般是先将废料全部或部分溶解，然后再从溶液或不溶渣中回收。银能溶解于硝酸、热浓硫酸等多种溶剂，生成可溶性的硝酸盐和硫酸盐，常用于从废料中浸出回收银，并与其他不溶解的贵金属分离。

A 硫酸溶解回收银

用浓硫酸煮沸溶解 8~12h，使合金中的银溶解，而金和铂族金属（钯除外）则不溶，浸出液加水稀释以避免硫酸银结晶析出（硫酸银在 20℃和 60℃水中的溶解度分别为

0.79g/100g 水和 1.14g/100g 水）；分出含银溶液，再用水稀释、冷却结晶析出沉淀、用铁屑还原、熔融、铸锭，可得纯银锭。硫酸银溶液如果不含钯，还可用铜置换；当含钯时，可先加入食盐使银以 AgCl 沉淀析出后再处理。

B 硝酸溶解回收银

硝酸溶解法是从废料中回收银最常用的方法之一。该法不仅银回收率高，且可与金及除钯以外的铂族金属分离。

对于含 Ag 大于 75% 的 Ag-Au 合金，可先加工成薄片，用 8% HNO₃ 溶解合金中的银，滤液中加入 NaCl 或 HCl，使银沉淀为 AgCl，再以 Fe 或 Zn 置换得到银粉，洗净、干燥后熔铸成银锭。不溶残渣再回收金。对于 Ag-W 合金、银焊料、触点、AgCu28 合金、56AgCuZnSn 等合金废料中银的回收，均可采用类似的方法，也可在获得含银浸出液后，用水合肼还原析出银粉，经洗净、烘干、熔铸成银锭。

PdAg23、PdAg25、PdAg30、PdAgAu25-5、PdAgAuNi23-3-0.3、PdAgAuNi23-3-1 等合金废料，可先用硝酸溶解，再分别回收其他有价金属，典型工艺流程如图 31-4 所示。

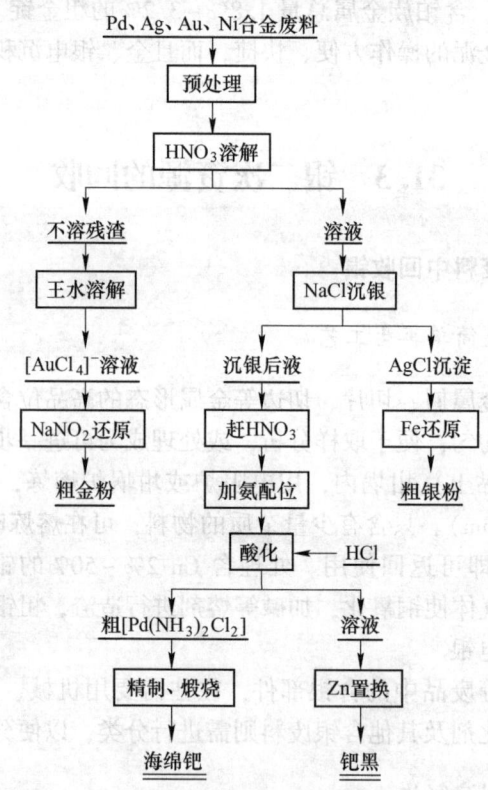

图 31-4   Pd、Ag、Au、Ni 合金废料的回收工艺流程

31.3.1.3 电化学溶解法

电化学溶解法是将被处理的含银废料作为阳极，在电解槽中通直流电或交流电进行溶解。金属及合金的溶解速度取决于电流密度，电极的有效面积和形状，电解质溶液的种类、浓度和温度，电极间距离等因素。

A　货币废料的处理

电化学溶解法处理货币废料的过程主要包括废料预处理、熔铸阳极（也可装在阳极筐中直接电化学溶解）、电解及辅助回收等工序，其工艺流程如图 31-5 所示。一个处理货币合金的工厂，采用此方法使贵、贱金都得到充分回收利用，电解剩下的不溶残极，约含Ag 96%。当物料含 Ag 大于 25% 时，会出现银溶解现象；但若含 Ag 小于 10%，则因残极的强度差，易破碎。因此，应控制好阳极的银含量，以便取得好的分离、回收效果。

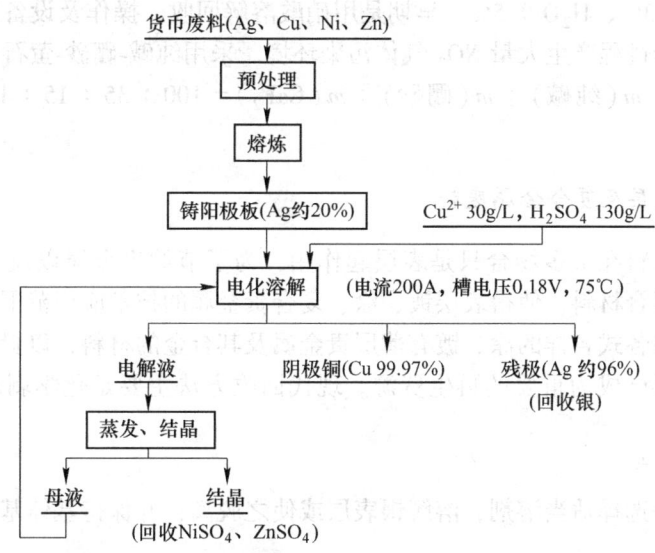

图 31-5　电化学溶解法处理含银货币废料的工艺流程

B　Ag-W 合金废料的处理

对于难以熔铸的高熔点合金废料，可将废料直接装入阳极筐中，用钛板做导电板进行电解。处理 Ag-W 合金（含 Ag 30%~50%）时，过去常用硝酸溶解银，与不溶解的钨分离，采用 HNO$_3$ 电解液进行电化学溶解银废料时，都会产生 NO$_x$ 有毒气体。改用以 S$_2$O$_3^{2-}$-[Ag(S$_2$O$_3$)$_2$]$^{3-}$ 为主的电解液体系后，可从合金中一步得到金属银，电解条件为：电解液含 Ag（Ⅰ）30~45g/L，Na$_2$S$_2$O$_3$ 240g/L，电流密度 60~100A/m^2，极间距 5cm，槽电压 0.24V，阴极沉积物含 Ag 99.33%~99.69%，阴极电流效率大于 97%。该工艺流程简单、电流效率高，而且无腐蚀，不产生污染气体。

31.3.2　其他含银固体废料中回收银

其他含银固体废料，或是品位较低，或与大量贱金属、造渣成分和废弃物、或多种废料混存，难以分类，且有的来源分散、供给不稳定；因而再生回收的难度较大。其中，含银废催化剂的成分较为简单，且多属于工业规模应用，同类物料数量较大、用户较为集中，废料相对易于收集、分类，因此已经形成了一些行之有效的回收工艺流程。

31.3.2.1　废催化剂

A　硝酸浸出回收废催化剂中的银

对于含 Ag 10%~20% 的废催化剂（载体主要由 α-Al$_2$O$_3$ 及少量 SiO$_2$ 制成的带大量微

孔的小球或小圆柱体)，可采用稀硝酸浸出、氨-肼还原回收银。例如，废催化剂含 Ag 17.23%，采用理论量 1.2 倍的硝酸，控制液固比为 4∶1，于 85℃ 浸出 70min，银浸出率平均在 99.23%，浸出液加氯盐沉淀出 AgCl，再以氨-肼还原，所得银粉洗净、烘干、熔铸，获得含 Ag 大于 99.95% 的银锭。全流程银的直收率为 98.6%。

B　火法熔炼回收废的银/沸石催化剂中的银

生产甲醛用的银/沸石催化剂，含 Ag 40% 左右，沸石成分为：SiO_2 47.4%、Al_2O_3 26.8%、Na_2O 16.3%、H_2O 9.5%。早期是用硝酸溶解回收，操作及设备简单，但银的浸出率不高，且生产过程产生大量 NO_2 气体污染环境。采用纯碱-硼砂-萤石熔炼法，炉料配比为：m(原料)∶m(纯碱)∶m(硼砂)∶$m(CaF_2)$ = 100∶35∶15∶18。银直收率为 99.7%。

31.3.2.2　表层及复合金属废料

由于贵金属材料在很多场合只是表层起作用，为了节约贵金属以及提高材料综合性能，常需要使用复合材料，使得表层镀、涂、复合贵金属的技术应用范围越来越广，产量也日益增加。现在各式各样的涂、镀有薄层贵金属及其合金的材料，以贵金属及其合金作为表层的复合材料已成为重要的再生资源。现代回收方法主要是化学剥离法和选择溶解法等。

A　化学剥离法

化学剥离法是选择适当溶剂，溶解银表层或使之脱离，并保持基体基本上不被溶解或浸蚀。

a　EDTA 及过氧化氢退镀银

这种剥离液无毒、稳定、不侵蚀基体，可长期用于处理批量镀银废件。例如：用含 10% H_2O_2、10g/L EDTA 钠盐的剥离液，处理磷青铜或铜基体上的镀银层，仅需 3min 即可完全剥离。

b　硝、硫混酸选择性溶解银

纯铜、黄铜和铍青铜上镀银的电子、电器废料，一般约含 Ag 1%，可用硝、硫混酸选择性溶解银镀层。在硫酸浓度高的硝、硫混酸溶液中，HNO_3 以 NO_2^+ 形态存在，并主要起氧化作用，反应式为：

$$2Ag + NO_2^+ + H_2SO_4 \Longrightarrow Ag_2SO_4 + NO^+ + H_2O \tag{31-1}$$

在硫酸溶液中，Ag_2SO_4 的溶解度随硫酸体积分数的增加而增加(硫酸体积分数分别为 38.12% 和 80.57% 时，Ag_2SO_4 的溶解度分别为 0.411g/L 和 13.58g/L)。因此，高浓度的硫酸溶液一经稀释至近 38% 体积分数时，其中溶解的 Ag_2SO_4 将结晶析出。而合金中的铜也可被 NO_2^+ 及 HNO_3 氧化生成 Cu_xO(x=1 或 2)，形成铜氧化物层，外层为 CuO，而内层多为 Cu_2O。CuO 迅速与 H_2SO_4 反应，生成溶解度比 Ag_2SO_4 小得多的 $CuSO_4$(硫酸体积分数分别为 85.76% 和 92.70% 时，$CuSO_4$ 的溶解度分别为 0.43g/L 和 0.19g/L)沉积在铜的表面，阻止反应继续进行，即铜的氧化使其表面生成 Cu_2O 和 $CuSO_4$ 双层膜而钝化。例如：用含 5%~60% HNO_3 的浓硫酸溶解铜，经过 30min，铜的溶解量仅约为 16μg/mm²。

因此，用硝、硫混酸选择性溶解银的最优条件为：含有 10%~12% HNO_3 的浓硫酸，

80℃，银可迅速溶解（一般只需 3min），而铜基本不溶解（损失小于 0.6%），具有工业实用价值。

c 银镜、瓶胆含银镀层中回收银

高反射率玻璃镜和热水瓶胆至今仍使用硝酸银，在生产过程中有 40% 进入废料，需加以回收。

对未上漆的返工银镜和镜片边角料，可涂上稀硝酸，生成硝酸银稀溶液。准备返新的或已上漆的次品镜，先用 20%~25% NaOH 溶液（或浓硫酸）涂于漆面，使漆和部分银皮剥落，收集剥离的银皮，洗去酸、碱，再用 20% 硝酸溶解。对于废的玻璃瓶胆（每只瓶胆含银约 0.2g）、玻璃镜及其碎片，用水洗净后浸入稀硝酸溶液中溶解。

B 电化学剥离法

电化学剥离法可通电选择性溶解表层的贵金属。通常用氰化物、氟化物或硝酸溶液作电解液，石墨、钛板作阳极，不锈钢作阴极。例如：对 Ag-CdO 复合材料的处理，用氟化钾和氟化银组成的电解质，可获得含 Ag 99.3% 的银粉，银回收率为 98.2%。

31.3.2.3 电子废料

电子废料主要是指制造电子元器件和构件时产生的废料，以及废弃的电子元器件，如印刷电路板、集成电路板、晶体管、连接器、电阻及电容等。这些废料的特点是在载体上的一些部位上有薄薄的一层贵金属涂层（厚膜），有的则是使用了贵金属或含贵金属的合金导线或钎料。这些废料成分比较复杂，一般含 Ag 小于 1%。处理这些废料，主要是回收贵金属及 Al_2O_3 基材。

A 预处理

通常是对这些含银电子废料先进行手工拆卸和分选，然后通过机械处理，以减小粒度和按照成分分开，以使物料中的贵金属得到初步富集。所用的机械加工设备有锤式破碎机、滚筒式破碎机、空气分选机、涡流分选机、高压分选机、磁选机、磁粗选机、集尘器、振动筛、金属丝分离筛等。

B 火法冶炼工艺

用冶金炉高温加热，使非金属物质挥发或造渣，贵金属则熔于其他金属熔体或熔盐之中，再进一步提取和纯化。该工艺简单、方便、适应面广且贵金属回收率高（大于90%），20 世纪 80 年代应用较为普遍。主要工艺有：焚烧—熔出、高温氧化—熔炼工艺、浮渣技术、电弧炉烧结及等离子电弧炉熔炼等工艺。例如：电弧熔炼法可从电子废料中高效回收贵金属，金、银、钯的回收率可分别达到 99.98%、99.98% 和近 100%。

C 湿法冶炼工艺

湿法冶炼工艺主要是用 HNO_3 溶解回收银。例如：在 400℃ 加热废印刷电路板和浆料以除去其中的有机物，得到含银、CuO、CdO 等的氧化物，再用 9mol/L HNO_3 溶解，过滤得到含银及有色金属的硝酸盐溶液，经电解可回收银，而金、铂、钯等仍留在电路板上，用王水溶解后再分别回收。也可用浓 HNO_3 溶解废料中的基体金属和银，而金、SnO_2、$PbCl_2$ 等不溶，过滤后，滤渣用王水溶解、稀释、过滤，用二丁基卡必醇从滤液中萃取金；或用浓 H_2SO_4 处理悬浮液，过滤所得不溶物（金、SnO_2 和 $PbSO_4$）中，加入 Na_2CO_3 熔化获得金；滤液用铜置换，得到含 Pd 34% 的 Pd-Ag 合金，再经电解分别获得银和钯。银、钯、金、铜的回收率均大于 97%。

31.3.3 从固体感光材料中回收银

31.3.3.1 火法从固相感光材料中回收银

A 焚烧

焚烧是处理废胶片、相纸等含有机基底物料最简单的方法，操作简便、成本低、周期短。但是，不能回收基底材料，且需要配备收尘设备以防止金属损失。通常焚烧法可使银富集约 20 倍，可用火法熔炼或湿法冶金处理。表面过塑的彩色相纸，目前不能用湿法处理，需先经焚烧再处理。

焚烧炉有间歇式、自装料及自动除灰连续式、静态燃烧式等。灰烬经球磨、筛分，细粉状的物料送精炼工序；大颗粒的物料经熔化、铸成阳极，送电解精炼。

B 熔炼

焚烧所得的灰烬和感光材料厂回收的各种银泥，可一同熔炼得到金属银。一般胶片烧灰中含 Ag 46%~52%，相纸烧灰的 Ag 含量较低，有的可低至 0.6%~0.7%。可用电弧炉进行熔炼回收银，也可用硝酸溶解，盐酸沉淀，再加碳酸钠（苏打）熔炼，回收银；或者用硝酸溶解后直接电解回收银。

某厂的彩色相纸烧灰中含 Ag 22.29%（物相组成：Ag^0 16.97%，Ag_2O 0.52%，AgBr 4.8%），与银泥（沉淀泥中含 Ag 21.83%，物相组成：Ag^0 6.09%，Ag_2O 0.03%，AgBr 15.71%）混合，在 1200℃熔炼，银直收率为 90%~98%。用中频感应电炉熔炼含银感光废料，由于良好的还原熔炼气氛及熔体剧烈翻腾，因此银回收率较高。

废的乳剂中含有大量有机物，也常用火法冶炼回收，具有工艺流程短、操作简单、银回收率高等优点，但火法焙烧时产生的有害恶臭废气将污染环境。若在碱金属氢氧化物、碳酸盐或碳酸氢盐中，选择至少一种加到含卤化银和黏结剂的乳剂中，干燥后于 300~800℃进行分解，所得渣进行熔融，可回收 99.3%的银，所得产品含 Ag 99.3%。

31.3.3.2 湿法冶炼从固相感光材料中回收银

湿法处理方法主要有三种：一是溶解胶卷基片，使银以金属或卤化物形式留于沉淀中；二是溶解银，然后从溶液中回收，也称溶出法；三是用试剂使胶卷表面的银粒变松，并从基底上脱落下来，也称为剥离法。第一种方法的过程复杂、成本较高、较少采用；而后两种方法可基本保持基底不受侵蚀。

A 碱法剥离回收

已感光或报废的相纸、胶片可用氢氧化钠溶液浸泡破坏乳胶膜，使银沉淀下来，所得银泥再用 10% NaOH 溶液加热至沸 0.5h，使残留的胶体彻底水解，使银完全转化为氧化银，降温至 80℃，加入适量甲醛还原，经过滤、洗净、烘干，得到含 Ag 99.5%的银粉。

用碱溶液处理废 X 射线胶片，可以使其中的银从明胶基底层上剥落下来，并沉积在浸出槽的底部。浸出时，通常需添加一定量的凝聚剂和硫化物或氯化物，以促使银沉降。碱液可选择 2%~20%的次氯酸钠、氢氧化钠或碳酸钠等。

B 酶法

酶溶脱法是利用蛋白酶、淀粉酶、脂肪酶、朊酶等微生物，使胶片涂层或乳剂的主要成分明胶降解破坏，生成可溶性的肽及氨基酸从基片上脱落，并使其中的卤化银沉淀。由于乳剂中的银颗粒极其细小，须加凝聚剂以加速银的沉降。

废的含银感光乳剂及可以回收基片的胶卷，宜用酶解法处理。最佳工艺条件为：温度低于55℃，液固比：乳剂3∶1、胶片10∶1，脱胶酶最佳pH值为4~5、中性酶最佳pH值为6.5~7.5、脱氢酶最佳pH值为8.5~9，处理时间4~5h，银的直收率大于99%。

感光材料厂在生产印相纸过程中，要裁剪出大量废的印相纸边。国内曾采用焚烧法回收，银回收率仅92%左右。采用全湿法处理印相纸边，可综合回收银、纸基、塑膜，效果良好。处理1t相纸，一般可回收银1695g（回收率为97.42%，产品含Ag 99.63%），羧甲基纤维素1.22t，聚乙烯膜170kg。工艺的核心是采用蛋白酶将明胶分解成可溶性肽和氨基酸，银从相纸基上脱落。

C 其他湿法处理工艺

还有一些湿法工艺可供选用，但其效果不如碱法和酶法。如用温度高于50℃的稀硫酸溶脱含Ag 0.0155g/kg的X射线胶片，银回收率达99%。稀硫酸洗脱含银乳剂层的专利，处理废彩色感光材料（废胶片中约含Ag 1%，废乳剂中含Ag 5.8%~6.0%）的效果良好，银回收率大于98%。也可用碳酸钠焙烧、酸性硫脲浸出、铁置换、酸洗处理废感光材料沉淀银泥（含Ag 36%~39%），获得含Ag 99.95%的银粉，银回收率大于99%。

31.3.4 从含银废液中回收银

废定影液是回收感光材料用银的最重要的来源。通常废定影液中的银与硫代硫酸根生成$Na[Ag(S_2O_3)]$，或以通式为$Na_x[Ag_{x-2}(S_2O_3)_{x-1}]$的配合物形态存在（式中，$x=3~5$视$Na_2S_2O_3$的浓度而定）。这类废液可采用金属置换、化学沉淀、电沉积法回收，或用离子交换等其他方法回收。

31.3.4.1 金属置换法

金属置换是从定影液中回收银的简便方法之一，银回收率高；缺点是用于置换的金属将进入溶液，使定影液不能返回使用。常用的金属有铁、锌和铝、镁。

A 铁置换

在酸性定影液中，加入铁片、铁屑或铁粉，使银离子被置换为金属银：

$$3Na[Ag(S_2O_3)] + Fe = 3Ag\downarrow + Na_3[Fe(S_2O_3)_3] \tag{31-2}$$

$$2[Ag(S_2O_3)_2]^{3-} + Fe = 2Ag\downarrow + Fe^{2+} + 4S_2O_3^{2-} \tag{31-3}$$

在一定条件下（以40℃、pH=4为宜），用薄铁片或铁屑置换。澄清后，倾去上清液、洗下铁片上的银，加入大约等质量的铁片及适量的浓盐酸煮沸15~20min，还原银的硫化物并除去盐酸可溶物，过滤、洗涤、干燥，获得含Ag大于98%的粗银粉。理论上，置换1kg银需0.256kg铁粉，但实际用量为0.495kg，最佳的铁粉粒度为10~100μm。

B 锌粉置换

锌粉置换反应速度快，不需加热和机械搅拌（用人工搅拌2~3min即可）。酸性废定影液（pH值约为5）的置换反应约需10h，银回收率大于90%；中性、微碱性定影液的置换反应则需20h，银回收率在70%左右；若废定影液的pH值为3~4，用过量20%的锌粉置换6h，银回收率可达95%。滤出沉淀，水洗，再用稀盐酸煮洗除去过量的锌粉，可得到含 Ag 不大于 99% 的粗银粉。

　　C　铝、镁置换

　　铝和 Al-Mg 是更为活泼的金属，置换速度快、银回收率高。如在 1L 定影液中加入 1~30g 柠檬酸盐，用铝屑或铝丝置换，约 1min 即可。以含 Al 94.3%、Mg 5.6% 的合金屑作置换剂，可从含银浓度为 6~7g/L、pH 值为 4.5 的 X 射线胶片定影液中回收近 90% 的银，所得银粉中含 Ag 96%。

31.3.4.2　化学沉淀法

可用多种化学试剂使含银废液中的银生成难溶化合物沉淀或还原为金属。

　　A　硫化物沉淀法

　　硫化钠是最常用的沉淀剂，$K_{sp(Ag_2S)} = 6 \times 10^{-50}$，主要反应为：

$$2Na[Ag(S_2O_3)] + Na_2S \Longrightarrow Ag_2S\downarrow + 2Na_2S_2O_3 \tag{31-4}$$

$$2Na[Ag(S_2O_3)] + H_2S \Longrightarrow Ag_2S\downarrow + Na_2S_2O_3 + H_2S_2O_3 \tag{31-5}$$

　　硫化钠沉淀法是在室温、搅拌下向定影液中加入硫化钠溶液（每 1kg 银需硫化钠 1.5kg），待稍澄清后，滴入几滴 Na_2S 溶液，如不再出现黑色 Ag_2S 沉淀，说明已加至足量。通常银的沉淀率大于 99%。到终点后静置 1~2d，抽出上清液；余下的混浊液，加热至沸腾，使 Ag_2S 沉淀凝聚成块，待稍冷后趁热过滤、洗涤并干燥。此方法曾是从照相馆、冲扩店等小型企业中回收银的主要方法，至今仍在使用。对于所得到 Ag_2S 沉淀，通常可采用硝酸氧化法、铁片置换法或铝屑置换法和熔炼法等进一步处理，最终获得纯银。

　　B　还原法

　　可用多种还原剂还原含银废液中的银离子。例如：硫脲反应迅速、试剂少、成本低，但在碱性环境会产生有毒的氰化物；用葡萄糖作还原剂时，在反应中碱用量太大，且所得银粉太细、过滤困难；硼氢化钠的反应速度快，银沉淀率大于 99%。

　　此外，还可用有机酸、藻朊酸、羧基甲基纤维素、酞酸纤维素、聚丙烯酸、聚甲基丙烯酸等从废液中沉淀银。有机酸还原能直接得到高纯度的银粉（片），银总回收率为 94.44%。

31.3.4.3　电解沉积法

　　采用电解沉积法处理可直接得到含 Ag 大于 90%（多数情况含 Ag 大于 96%）的金属银，且可使定影液再生返回使用，特别适合于大量工业废液的处理，因而受到世界各国的广泛重视。电解沉积法可分为普通电解法、密封机械搅拌电解法（一般为旋转阴极电解法）、循环电解液电解法和混合结构电解法等四种类型。已试验和推荐的装置在数十种以上。

　　普通电解法是用玻璃、硬塑料或有机玻璃等制成长方形电解槽，用不锈钢薄板作阴极，石墨板作阳极。将废定影液装入电解槽中，通入直流电进行电解沉积。通常电流密度小于 $10A/m^2$，槽电压 1.8~2.0V。在电解过程中，根据阴极析出银的情况，对电流密度进行不断地调整。但因操作过程控制困难，电流效率和银的回收率都较低，已不常使用。

　　机械搅拌电解法是在电解过程中对电解液进行机械搅拌，以减小浓差极化，避免发生副反应。而采用快速旋转的阴极，可使阴极表面附近的 Ag（Ⅰ）不断得到补充。这样可在电解时采用高的电流密度，且基本保持定影液原有的成分。

循环电解液电解法是利用废定影液不断循环，在阴阳极之间高速流动起到搅拌的作用，以减小阴极表面银离子的浓差极化。

31.3.4.4 其他回收方法

A 离子交换法

可采用强碱性阴离子交换树脂、弱碱性阴离子交换树脂和阳离子交换树脂进行银的富集回收。一般认为，离子交换法适合于处理含 Ag(I) 浓度小于 0.5g/L 的废液，若 Ag(I) 的浓度大于 0.5g/L，应优先考虑电解法。用强碱性阴离子交换树脂从洗相水中吸附 Ag(I) 后（交换后液中 Ag(I) 的残留浓度不大于 1mg/L），以 25%的 NaCl 溶液洗脱树脂上的银，洗脱液通过盛装铁棉的容器回收银。由于离子交换法交换率高、处理装置简单、可连续进行、树脂易再生，因而广泛应用于从含 Ag(I) 浓度较低的废液中回收银。

B 离子吸附法

用生产化学纤维中间产品的黏胶废料——纤维黄原酸钠的碱性溶液，从废定影液中吸附回收银。当溶液中 Ag(I) 浓度为 2.84g/L、pH 值为 7 时，$V_{(黏胶)} : V_{(定影液)} = 1 : 10$，室温下静态吸附 24h，银回收率近 100%。含硫化纤维素的纤维，可从碱性定影液中回收 93%~99%的银。吸附银的纤维在 300~500℃焚烧，所得灰分含 Ag 21%。

31.4 铂族金属二次资源的回收

自人类发现并命名铂族金属至今的 200 多年来，全世界共生产铂族金属超过 8000t，其中近 5000t 是 1970 年以后所生产的，而铂族金属目前的年产量不超过 400t。铂族金属在矿石中的含量低、提取困难，很难根据市场需求快速增产，许多国家将 6 种铂族金属列为"稀有的重要战略物资储备"。在铂族金属一次资源极度匮乏的情况下，铂族金属二次资源是一项巨大的资源和财富。

我国铂族金属矿产资源极其贫乏，90%矿产铂族金属来自金川公司，2015 年从矿产资源中提炼的铂族金属量仅 3.5t。与此同时，我国是世界铂族金属的第一消耗国，2015 年我国铂和钯的需求量分别为 66.4t 和 61.6t。因此，依靠矿产资源远不能满足工业发展的需要，开展二次资源回收，实现资源循环利用是发展的必由之路。

31.4.1 从失效的载体催化剂中回收铂族金属

汽车尾气净化催化剂是作为非均相催化剂使用的，主要是载体催化剂。载体催化剂主要由载体和活性物质两部分组成。用途不同，催化剂的载体也不相同。汽车尾气净化用铂族金属催化剂的载体材料大多为 γ-Al_2O_3 和陶瓷堇青石。

回收失效的铂族金属载体催化剂，主要的工艺过程是使铂族金属和载体分离，同时使铂族金属富集，然后进行精制提纯。回收方法较多，通常采用湿法和火法相互结合的冶金回收工艺，主要有载体溶解法、铂族金属溶解法、高温氯化法和高温熔炼法等。

31.4.1.1 载体溶解法

载体溶解法是用酸或碱溶解催化剂的载体，使铂族金属留在渣中的回收方法。Al_2O_3

载体多用酸溶，如 Al_2O_3-0.3% Pt 废催化剂，用 50% 硫酸溶液在 130~132℃ 浸出 1h，Al_2O_3 以硫酸铝形式进入浸出液，铂族金属残留于渣中。过滤后的残渣经煅烧得到含 Pt 12%~18% 的煅烧物，铂回收率为 98.9%。

SiO_2 载体采用碱溶解，如 SiO_2-Au 0.2%-Pd 0.5% 废催化剂，用 20% NaOH 溶液，按液固比为 1：1.5、于 70~80℃ 条件下溶解 SiO_2，铂族金属残留在不溶渣中。不溶渣送钯精炼和金精炼，金、钯的回收率分别达到 95%。该法的优点是含铂族金属的废催化剂不需要经过预处理，回收流程较短；缺点是化学试剂消耗大，固液分离困难。

31.4.1.2　铂族金属溶解法

铂族金属溶解法是一种用溶剂只溶解催化剂中的铂族金属，而少溶解或不溶解载体物质的铂族金属回收方法。为使铂族金属能有效溶解，先烧除催化剂中的积炭和有机物质。煅烧后的废催化剂，其表面的铂族金属处于高度分散状态，比纯金属容易溶解。如 Al_2O_3-SiO_2-Pt 0.3% 废催化剂在 900~1150℃ 高温下煅烧 4h，使载体中 γ-Al_2O_3 转变为不溶于酸的 α-Al_2O_3，然后在 5~6mol/L 盐酸溶液和氧化剂存在下加热至沸腾浸出 3h，铂进入浸出液，铂浸出率在 98.5% 以上。浸出液送铂精炼生产纯铂，铂回收率为 97%。

对载体为 SiO_2 的含铂族金属废催化剂，可不经预烧直接在盐酸溶液中加入氧化剂进行浸出。如含 SiO_2-Au 0.2%-Pd 0.5% 的废催化剂，放在 1~3mol/L 盐酸溶液中加入氧化剂（如 NaClO），加热至沸腾浸出 3h，金、钯的浸出率分别为 98.8% 和 98.3%，浸出液再分别按金精炼和钯精炼方法精制提纯。该法化学试剂消耗少，金属回收率高，生产成本低；缺点是铂族金属仍少量（20~70g/t）残留于渣中，需再加以回收。

31.4.1.3　高温氯化法

根据铂族金属氯化物易挥发的特点，用氯化剂 Cl_2、$CO+Cl_2$、CCl_2+CO_2、CCl_4+N_2、HCl、$AlCl_3$ 等在高温下和废催化剂作用，使铂族金属生成氯化物挥发，达到与大量载体分离的目的。如 10kg Al_2O_3-Pt 0.3%-Pd 0.1% 废催化剂，在 250℃ 下通入含 Cl_2 20% 和 O_2 80%（体积分数）的混合气体氯化 3h，所得铂族金属氯化物用水吸收，吸收液含铂 29.4g、钯 9.68g，铂、钯的回收率分别为 98% 和 99%。该法的回收流程简短，金属回收率高；但氯化设备投资较大，须采用耐腐蚀、耐高温的结构材料制造。

31.4.1.4　高温熔炼法

高温熔炼法是一种用贱金属捕集铂族金属的回收方法。如以 Al_2O_3 或 SiO_2 为载体的废催化剂经磨细后加入原料质量 10% 的助熔剂（CaO、CaF_2、BaO、Fe_2O_3、MgO、TiO_2 等），原料量 2%~10% 的捕集剂（铁、镍、铜、铅、铝等）混合均匀后，在等离子电弧炉中于 1500~1760℃ 高温下熔炼 30min，铂族金属即富集于熔融金属层，回收率分别为：铂 53%~96%，铑 35%~98.9%，钯 62%~96%。该法常用以处理汽车尾气净化的废催化剂，具有回收流程简短、化学试剂消耗少，生产成本低等优点；但也存在中间产物多、金属回收率不高且从熔体金属中提纯铂族金属的工艺比较复杂等问题。

31.4.2　从铂族金属及合金类废料中回收铂族金属

合金废料中铂族金属的含量较高，组成简单，是回收铂族金属最重要的原料，主要有坩埚、漏板、合金催化网、牙科用合金和电子电器工业用的各种元器件等。根据物料的组成、杂质的性质和含量分别采用重熔法、王水溶解法、选矿法以及火法预富集法进行处理，以获得单一的或多金属的产品。

31.4.2.1　重熔法

将铂族金属合金废料在其熔化温度下直接熔炼，并适当造渣后获得较纯的铂族金属或新合金的回收方法。此法工艺简单，主要用于从铂族金属坩埚、漏板或含量较高的合金废料中回收铂族金属。

31.4.2.2　王水溶解法

铂族金属合金废料先用王水溶解，再从溶解液中分别回收各种铂族金属。此法通常用于从铂钯铑三元合金废料和铂铱合金废料中回收铂族金属。

铂铱合金废料用王水溶解的速度极慢，可先将合金废料经碎化处理以加速其溶解。将合金废料和金属锌（或锡）于800℃下熔炼，将熔融状态的新合金倒入水中水淬成细粒状，用盐酸溶解时，锌（或锡）被溶解，残留的铂铱粉再用王水溶解。为防止熔炼时锌（或锡）的高温氧化挥发，需用氯化钠覆盖物料表面。含铂、铱的王水溶解液经硫化铵还原后，用氯化铵沉淀出 $(NH_4)_2[PtCl_6]$ 送铂精炼得金属铂。溶液中的铱送铱精炼得纯金属铱。

31.4.3　从铂族金属含量低的废渣中回收铂族金属

铂族金属长期在高温条件下使用时，由于挥发、脱落、渗漏等原因往往会有少量进入并积聚在耐火材料中。如：玻璃、玻璃纤维工业长期使用的铂及铂合金坩埚、铂合金漏板，通常会有部分进入四周的耐火材料中；硝酸工业氨氧化炉使用铂合金催化网，也有铂族金属进入氧化炉灰中；熔炼铂族金属时，使用过的耐火材料容器（如坩埚、炉池等）废料中也往往含有一定量的铂族金属。另外，由于物理、机械、化学等方面的原因，都可能使某些铂族金属进入与之相关的炉渣、粉尘、垃圾、污泥、积垢等固态物料中，这些物料中虽然铂族金属的含量不高，但仍有回收价值。对于这一类二次资源回收的技术重点在于对低含量铂族金属的富集。

31.4.3.1　选矿法回收

主要是重选、浮选或重—磁—浮联合选矿工艺。

A　重选法

重选法是利用铂族金属或其合金与其他物料之间的相对密度差异，进行铂族金属富集和分离的一种物理手段，适用于处理机械夹杂的铂族金属或其合金废料，方法简单，基本无废液排除。

B　浮选法

浮选法主要处理铂族金属粉尘及其他粒度极细的废料，通过添加适当的浮选药剂，利用铂族金属与其他杂质微粒的浮游性差异，使铂族金属富集并回收。

C　重—磁—浮选法

硝酸生产中，氨氧化炉用铂铑网作催化剂。铂铑网因腐蚀而产生细粉脱落在炉灰中。炉灰含 Pt 2.56%、Pd 0.10%、Rh 0.095%、Fe（呈 Fe_3O_4 状态）28.36%、MgO 5.11%、SiO_2 10.47%、Al_2O_3 11.79%。粒度分析结果显示，约85%的铂族金属存在于粒径小于 0.074mm 的细粒物料中，含量达 13.6%。经分级后，利用铂族金属微粒密度大的特点，用摇床重选处理粒径小于 0.1mm 的物料，直接产出精矿 I，产率为 2.1%，其中含 Pt 57%，回收率大于 55%。0.1mm 粒级的重选中矿，与 0.1~0.2mm 粒级的浮选精矿合并后，用磁选法分离除去 Fe_3O_4，产出精矿 II，产率为 7.1%，其中含 Pt 9.6%，回收率为 31.2%。全工艺贵金属回收率为 86.4%，精矿含 Pt 14.32%。而产率占90%的尾矿含 Pt 仍高达 0.34%，金属损失率约为 14%，即使再进行选别，也很难降低尾矿中的铂含量，必须再用其他方法进一步处理。

选矿法设备简单易实施，但效果不如冶金方法好。

31.4.3.2　火法熔炼富集

低含量铂族金属废料来源分散，成分复杂，含量波动大，直接用湿法冶金方法提取时，因回收率低而不经济，往往采用加铜或铁作捕集剂进行熔炼，使大量非有价成分造渣分离，然后从富集了铂族金属的铜或铁合金中进一步分离提取铂族金属。这类物料主要有难以分类处理的低含量合金废料、杂料（多含铜）、硝酸生产过程中氨氧化塔产出的炉灰（含 PGMs 1%~5%，Fe 20%~30%），汽车尾气净化废催化剂（以硅铝氧化物为载体），玻璃、玻璃纤维生产中使用铂族金属坩埚或漏板材料产生的含铂族金属的耐火砖、玻璃碴（以硅、铝酸盐为主）等。当含铂族金属废杂物料本身含铜或铁时，可直接熔炼，否则须加入适量铁粉。熔炼的关键是熔炼温度要高，选择好合适的渣型和渣成分，使渣和捕集了贵金属的金属相能有效分离。

生产硝酸的氨氧化炉灰含（Pt+Rh+Pd）为 0.7%~1.5%，同时含有 40%~65%的氧化铁。配入焦炭和熔剂在电弧炉内进行还原熔炼，获得富集铂族金属的高碳合金，铂族金属回收率为 88%~92%。高碳合金置于碱性炉衬的电弧炉内氧化熔炼，得到低碳合金，用 6mol/L 盐酸溶解除铁后，得到含 PGMs 55%左右的精矿。精矿用铂族金属精炼方法进行精制提纯和还原，得到 Pt-Rh-Pd 三元金属粉末。

火法熔炼富集铂族金属的工艺技术，其最大特点是工艺简单、操作方便和铂族金属回收率高（可达90%以上）。但缺点也非常明显，主要有：在冶金炉熔炼铂族金属废料时，其中所含有机物质经焚烧后会产生大量有害气体形成二次污染；在熔融过程中，玻璃纤维、陶瓷材料和部分有机物质会形成大量浮渣，是难以处理的二次固体废弃物，增加了环保的难度，同时浮渣中残存的一些有用金属也被丢掉，造成了资源的浪费；铂族金属以外的其他有色金属的回收率较低，低沸点的铅等重金属有较多进入空气中；能源消耗大，大量有机物质不能综合利用，处理设备昂贵，经济效益不高。

31.4.3.3　湿法浸溶

铁、铜含量较低的废料，也可直接焙烧除去有机物，酸洗除去贱金属，再用王水溶解后分离精炼铂族金属。如针对经 500~600℃ 焙烧后的炉灰（含 Pt 3.5%、Pd 0.4%、Fe

12.5%、SiO$_2$ 13.3%、Ni 0.6%），用工业盐酸加热溶解、浸泡 24h 后过滤，渣率为 34%，滤渣成分为 Pt 10.3%、Pd 1.2%、Fe 0.8%。经王水溶解后用传统方法进行分离精炼，所得铂、钯产品的纯度大于 99.95%，回收率分别达 99% 和 98.5%。

31.4.4 从含铂族金属的液体废料中回收铂族金属

含铂族金属的液体废料主要有电镀废液、铂族金属生产过程中的废液、铂族金属回收过程中的废液、洗液等。处理这类废液的原则流程为：废液→沉淀铂族金属→沉淀溶解→分离→精制，或者废液→离子交换（或溶剂萃取）→富集铂族金属溶液→分离→精制。

目前比较通用的富集回收工艺有：金属置换、化学沉淀、离子交换、吸附及电沉积等。

31.4.4.1 金属置换法

用锌、镁、铜、铝及铁等金属从酸性溶液中还原沉淀贵金属，产出粗贵金属中间产物或贵金属精矿的过程。多用于从成分复杂的贵、贱金属混合液中富集贵金属，或从含贵金属浓度很低的废液中回收贵金属。工业上常用锌粉置换、锌镁粉置换和铜置换。

31.4.4.2 化学沉淀法

加入沉淀剂或还原剂使溶液中一种或几种铂族金属生成难溶化合物沉淀或还原为金属的铂族金属富集方法，主要包括含硫化合物沉淀、还原沉淀、共沉淀等方法。也用于铂族金属精炼生产粉状纯金属。

31.4.4.3 离子交换

通过离子交换树脂功能基中的阳离子或阴离子与含铂族金属溶液中的同性离子进行交换，对溶液中的铂族金属进行富集。通常用阴离子交换树脂吸附回收废液中微量的铂族金属，用阳离子交换树脂分离贱金属离子，以提高铂族金属溶液的纯度。

溶液缓慢流过离子交换树脂柱后，呈 $[MeCl_x]^{2-}$ 或 $[MeCl_x]^{3-}$ 的铂族金属配阴离子与阴离子交换树脂功能基中的 OH$^-$、Cl$^-$ 等发生交换而被吸附在树脂上，贱金属阳离子随流出液排放。阴离子交换树脂对各个铂族金属没有选择性，从离子交换树脂上淋洗解吸很困难，需通过焚烧离子交换树脂来回收金属。

阳离子交换树脂的活性功能基团为—SO$_3$H、—COOH、—PO$_3$H$_2$ 等，其中的 H$^+$ 为交换离子。用于从含贵金属的电镀废液及铂族金属精炼过程产出的贵金属溶液中净化除去贱金属。如在铑的精炼中，用阳离子交换树脂吸附贱金属，以提纯铑溶液，制取纯铑。

提高离子交换树脂的交换容量，合成选择性更好的新型离子交换树脂（如将选择性好的贵金属萃取剂硫醚、叔胺等固化为萃淋离子交换树脂），简化淋洗、解吸及离子交换树脂再生方法是离子交换富集铂族金属的发展方向。

离子交换技术在富集、分离提纯铂族金属过程中具有分离效率高、操作简单、交换树脂可以再生利用等优点，尤其是在铂族金属二次资源回收中的应用更具优越性。利用离子交换树脂回收铂族金属二次资源，工艺流程大幅缩短，铂族金属的回收率明显提高，具有较好的经济效益。

31.4.4.4　吸附法

用表面活性物质即吸附剂从溶液中吸附铂族金属，是实现铂族金属富集的方法之一。吸附机理比较复杂，包括分子吸附、静电吸附、水解沉淀、配位等多种化学和物理过程。吸附过程包括铂族金属吸附、解吸和吸附剂再生三个步骤。吸附通常在酸性溶液中进行，加热可提高吸附速率。吸附之后用化学试剂解吸吸附剂上的铂族金属，得到富集了铂族金属的解吸液。解吸后的吸附剂经再生活化后，重新使用。由于铂族金属价格昂贵，也可直接焚烧吸附剂得到铂族金属的富集物。按所用的吸附剂分为碳质吸附剂富集、无机化合物吸附剂富集和蛋白质吸附剂富集。

复习思考题

31-1　含贵金属的二次资源主要有哪些？

31-2　含金二次资源的处理主要有哪些方法，各有何特点？

31-3　含银二次资源的处理主要有哪些方法，各有何特点？

31-4　含铂族金属的二次资源的处理主要有哪些方法，各有何特点？

第三篇　参考文献

[1] 姜涛. 提金化学 ［M］. 长沙：湖南科学出版社，1998.

[2] 《贵金属生产技术使用手册》编委会. 贵金属生产技术使用手册（上册）［M］. 北京：冶金工业出版社，2011.

[3] 《贵金属生产技术使用手册》编委会. 贵金属生产技术使用手册（下册）［M］. 北京：冶金工业出版社，2011.

[4] 宾万达，卢宜源. 贵金属冶金学 ［M］. 长沙：中南大学出版社，2011.

[5] 黎鼎鑫，王永录. 贵金属提取与精炼 ［M］. 长沙：中南大学出版社，2003.

[6] 王永录，等. 金银及铂族金属再生回收 ［M］. 长沙：中南大学出版社，2005.

[7] 余建民. 贵金属分离与精炼工艺学 ［M］. 北京：化学工业出版社，2006.

[8] 余建民. 贵金属萃取化学 ［M］. 2版. 北京：化学工业出版社，2010.

[9] Marsden J O, House I. The Chemistry of Gold Extration ［M］. 2nd ed. Society for Mining, Metallurgy, and Exploration, Inc.（SME），2006.

[10] 杨立，姚玉田. 贵金属冶金学 ［M］. 沈阳：东北大学出版社，1993.

[11] Ammen C W. 贵金属回收与精炼 ［M］. 徐忠田，等译. 上海贵金属提炼厂、沈阳黄金学院出版，1989.

[12] 宋庆双，符岩. 金银提取冶金 ［M］. 北京：冶金工业出版社，2012.

[13] 孙戬. 金银冶金 ［M］. 2版. 北京：冶金工业出版社，1998.

[14] 王俊，张全祯. 炭浆法提金工艺与实践 ［M］. 北京：冶金工业出版社，2000.

[15] 黄礼煌. 金银提取技术 ［M］. 2版. 北京：冶金工业出版社，2001.

[16] 迪安 J A，魏俊发. 兰氏化学手册 ［M］. 2版. 北京：科学出版社，2003.

[17] 杨显万，等. 微生物湿法冶金 ［M］. 北京：冶金工业出版社，2003.

[18] 南君芳，李林波，杨志祥. 金精矿焙烧预处理冶炼技术 ［M］. 北京：冶金工业出版社，2010.

[19] 姚凤仪，郭德威，桂明德. 无机化学丛书. 第五卷　氧硫硒分族 ［M］. 北京：科学出版社，1998.

[20] 彭容秋. 重金属冶金学 ［M］. 2版. 长沙：中南大学出版社，2009.

[21] 金永铎. 黄金知识概览 ［M］. 北京：冶金工业出版社，1999.

[22] 黄奇松. 黄金首饰加工与鉴赏 ［M］. 上海：上海科学技术出版社，2006.

[23] 刘时杰. 铂族金属冶金学 ［M］. 长沙：中南大学出版社，2013.

[24] 鲍荣华. 2011 年世界白银供需形势及预测 ［J］. 国土资源情报，2012（10）：19~24.

[25] 陈兴荣. 全球与中国银矿资源现状及白银需求定量预测研究 ［D］. 北京：中国地质大学，2014.

[26] 方文生. 白银：全球产销格局及我国供求现状 ［J］. 中国金属通报，2012（33）：32~33.

[27] 夏才俊. 白银行业现状及发展趋势 ［J］. 中国金属通报，2010（21）：32~33.

[28] 戴自希. 世界白银资源和开发利用现状 ［J］. 世界有色金属，2004（7）：29~34.

[29] https：//www. gold. org/ world gold council. 1996 Gold Demand Trends ［R］. 1997. 2, Issue. No. 18.

[30] https：//www. gold. org/ world gold council. 1997 Gold Demand Trends ［R］. 1998. 2, Issue. No. 22.

[31] https：//www. gold. org/ world gold council. 1998 Gold Demand Trends ［R］. 1999. 2, Issue. No. 26.

[32] https：//www. gold. org/ world gold council and GFMS Ltd. 2005 Gold Demand Trends ［R］. 2006.

[33] https：//www. gold. org/ world gold council and GFMS Ltd. 2006 Gold Demand Trends ［R］. 2007.

[34] https：//www. gold. org/ world gold council and GFMS Ltd. 2007 Gold Demand Trends ［R］. 2008.

[35] https：//www. gold. org/ world gold council and GFMS Ltd. 2008 Gold Demand Trends ［R］. 2009.

[36] https：//www. gold. org/ world gold council and GFMS Ltd. 2009 Gold Demand Trends ［R］. 2010.

[37] https：//www. gold. org/ world gold council and GFMS Ltd. 2010 Gold Demand Trends ［R］. 2011.

[38] https：//www. gold. org/ world gold council and GFMS Ltd. 2011 Gold Demand Trends ［R］. 2012.

[39] https：//www. gold. org/ world gold council and GFMS Ltd. 2012 Gold Demand Trends ［R］. 2013.

[40] https：//www. gold. org/ world gold council and GFMS Ltd. 2013 Gold Demand Trends ［R］. 2014.

[41] https：//www. gold. org/ world gold council and GFMS Ltd. 2014 Gold Demand Trends ［R］. 2015.

[42] https：// www. kennecott. com/ Rio Tinto Kennecott-Gold Product Spec Sheet.

[43] https：// www. kennecott. com/ Rio Tinto Kennecott-Silve Product Spec Sheet.

[44] 中国黄金探明储量世界第七　资源量在 1.5 万吨至 2 万吨左右 ［J］. 中国金属通报，2008 （19）：4.

[45] 美国地质调查局官网. https：//minerals. usgs. gov/minerals/pubs/commodity/gold/.

[46] 贵金属管理官网. http：//www. platinum. matthey. com/.

[47] 汤森路透官网. https：//blogs. thomsonreuters. com/answerson/gold-industry-developments-changes-last-50-years/ Rhona O'Connell. Golden review：How the gold industry has changed over 50 year. 2017. 5. 8.

[48] 汤森路透官网. http：//financial-risk-solutions. thomsonreuters. info/GFMS. 美国 CPM 集团. Gold Survey 2015.

[49] 汤森路透官网. http：//financial-risk-solutions. thomsonreuters. info/GFMS. 美国 CPM 集团. World Silver Survey 2015.

[50] 汤森路透官网. http：//financial-risk-solutions. thomsonreuters. info/GFMS. 美国 CPM 集团. GFMS Platinum Group Metals Survey 2016.

[51] 中华人民共和国国土资源部. 中国矿产资源报告 2013 ［M］. 北京：地质出版社，2013.

[52] 中华人民共和国国土资源部. 中国矿产资源报告 2014 ［M］. 北京：地质出版社，2014.

[53] 中华人民共和国国土资源部. 中国矿产资源报告 2015 ［M］. 北京：地质出版社，2015.

[54] 中华人民共和国国土资源部. 中国矿产资源报告 2016 ［M］. 北京：地质出版社，2016.

[55] 中华人民共和国国家质量监督检验检疫总局，中国国家标准化管理委员会. GB/T 4134—2015 金锭 ［S］. 北京：中国质检出版社，2015.

[56] 中华人民共和国国家质量监督检验检疫总局，中国国家标准化管理委员会. GB/T 4135—2016 银锭 ［S］. 北京：中国质检出版社，2016.

[57] 储建华. 硫脲溶金的热力学分析 ［J］. 黄金，1982 （2）：46~51.

[58] 邱显扬，杨永斌，戴子林. 氰化提金工艺的新进展 ［J］. 矿冶工程，1999，19 （3）：7~9.

[59] 张力先. 氰化提金工艺的最新进展 ［J］. 黄金学报，2001 （2）：124~130.

[60] 申大志，庄荣传，谢洪珍. 强化氰化浸金技术进展 ［J］. 矿产综合利用，2014 （2）：15~19.

[61] 童雄. 铅盐强化氰化浸金的机理研究 ［J］. 金银工业，1998 （2）：21~24.

[62] 张光仁. 硝酸铅对金矿石氰化过程的影响：机理研究新进展 ［J］. 国外黄金参考，2001 （3）：26~36.

[63] 符剑刚，刘凌波，熊庆丰，等. 树脂矿浆法提金工艺的研究进展及现状 ［J］. 黄金，2006 （1）：41~45.

[64] 陈淑萍. 从氰化贵液（矿浆）中回收金技术进展 ［J］. 黄金，2012 （2）：43~48.

[65] 刘志楼，杨天足. 难处理金矿的处理现状 ［J］. 贵金属，2014 （1）：79~83.

[66] 宋鑫. 中国难处理金矿资源及其开发利用技术. ［J］ 黄金，2009，30 （7）：46~49.

[67] 王帅，李超，李宏煦. 难浸金矿预处理技术及其研究进展 ［J］. 黄金科学技术，2014 （4）：129~134.

[68] 殷书岩，杨洪英. 难处理金矿加压氧化预处理技术及发展 ［J］. 贵金属，2008 （1）：56~60.

[69] 丘晓斌，温建康，武彪，等. 卡林型金矿微生物预氧化处理技术研究现状 [J]. 稀有金属，2012，36 (6)：1002~1009.

[70] 朱长亮，杨洪英，汤兴光，等. 含砷难处理金矿的细菌氧化预处理研究现状 [J]. 贵金属，2010 (1)：48~52.

[71] 张静，兰新哲，宋永辉，等. 酸性硫脲提金的研究进展 [J]. 贵金属，2009，30 (2)：75~82.

[72] 赵福琪，译. 难浸碳质硫化物矿石微生物氧化预处理后的硫代硫酸盐浸出 [J]. 国外黄金参考，1997 (12)：18~21.

[73] 余浔. 应用干式磨矿——焙烧工艺处理卡林型金矿的生产实践 [J]. 有色冶金设计与研究，2002，23 (2)：8~9.

[74] 刘庆杰. 火-湿联合法从铜铅阳极泥中回收金银铂钯 [J]. 资源再生，2010 (7)：40~43.

[75] Chen T T, Dutrizac J E. The mineralogy of copper electrorefining [J]. Journal of Metals, 1990, 42 (8)：39~44.

[76] Scott J D. Electrometallurgy of copper refinery anode slimes [J]. Metallurgical Transactions B, 1990, 21 (8)：629~635.

[77] 杨洪英，李雪娇，佟琳琳，等. 高铅铜阳极泥的工艺矿物学 [J]. 中国有色金属学报，2014，24 (1)：269~278.

[78] 王钧扬，吕少祥. 从铅阳极泥中提高金银回收初探 [J]. 中国资源综合利用，2001 (11)：11~13.

[79] Hail J, Jana R K, Sanyal S K. Processing of copper electrorefining anode slime：a review [J]. Mineral Processing and Extractive Metallurgy, 2009, 118 (4)：240~252.

[80] Ludvigsson B M, Larsson S R. Anode slimes treatment：The boliden experience [J]. Journal of Metals, 2003 (4)：41~44.

[81] 董凤书. 波立登隆斯卡尔冶炼厂阳极泥的处理 [J]. 有色冶炼，2003 (4)：25~27.

[82] 张毅力，孙先如. Kaldo 炉处理铜、铅混合阳极泥工序设备的改进 [J]. 有色冶金设计与研究，2013，34 (3)：30~33.

[83] 张博亚，王吉坤. 加压酸浸预处理铜阳极泥的工艺研究 [J]. 矿冶工程，2007，27 (5)：41~43.

[84] 张云，李坚，华一新，等. 碲化金氯化浸出的热力学分析 [J]. 稀有金属，2013，37 (3)：446~471.

[85] 沙梅. 铜阳极泥浮选处理工艺及实践 [J]. 有色冶炼，2003 (5)：27~29，54.

[86] 张博亚，王吉坤. 用选冶联合流程处理铜阳极泥的生产实践 [J]. 中国有色冶金，2007 (3)：59~62.

[87] 唐壳. 高砷铅阳极泥全湿法工艺提取有价金属试验 [J]. 云南冶金，1999，28 (5)：23~31.

[88] 李卫锋. 铅阳极泥湿法工艺改进研究 [J]. 湿法冶金，1996 (4)：22~25.

[89] 杨天足，王安，刘伟锋，等. 控制电位氧化法铅阳极泥脱砷 [J]. 中南大学学报 (自然科学版)，2012，43 (7)：2482~2488.

[90] 王光忠，陈海军. 铅阳极泥富氧底吹熔炼实践 [J]. 湖南有色金属，2012，28 (1)：37~39.

[91] 黄宗耀. 铅阳极泥湿法处理工艺实践 [J]. 上海有色金属，2014，35 (3)：114~118，127.

[92] 黄元宇. 铅阳极泥湿法预处理技术的应用 [J]. 有色冶炼，1991 (6)：20~22.

[93] 唐谟堂，唐朝波，杨声海，等. 用 AC 法处理高锑低银类铅阳极泥——氯化浸出和干馏的扩大试验 [J]. 中南工业大学学报，2002，33 (4)：360~363.

[94] 李正山，兰中仁，陈春艳，等. 高铅阳极泥综合回收利用研究 [J]. 环境工程，2000，18 (5)：39~41，4.

[95] 袁永峰，刘素红. 底吹熔池熔炼连续处理铅阳极泥的工艺设计及生产实践 [J]. 中国有色冶金，2012 (8)：16~18.

[96] 赵红浩, 刘超. 铅阳极泥还原熔炼节能实例与分析 [J]. 中国有色冶金, 2011 (5): 42~44, 48.

[97] 王光忠, 刘超, 赵红浩. 提高铅阳极泥金银直收率新工艺 [J]. 湖南有色金属, 2009, 25 (4): 25~28, 59.

[98] 徐庆新. 铅阳极泥湿法处理设计总结 [J]. 有色冶炼, 1999, 28 (1): 28~30, 34.

[99] 赖师祥. 韶关冶炼厂铅泥处理生产实践与技术改造 [C]. 第四届全国金银选冶学术论文集, 1993: 166~170.

[100] 宾万达, 陈庆邦. 铅阳极泥湿法综合回收金银及有价金属新工艺研究 [J]. 黄金科学技术, 1990 (12): 21~24.

[101] 陈小红, 赵祥麟, 楚广, 等. 用亚硫酸钠从分银渣中浸出银 [J]. 中南大学学报 (自然科学版), 2014, 45 (2): 356~360.

[102] 李义兵, 陈白珍, 龚竹青, 等. 用亚硫酸钠从分银渣中浸出银 [J]. 湿法冶金, 2003, 22 (1): 34~38.

[103] 陈海大, 李连军. 铅阳极泥湿法处理工艺的应用和改进 [J]. 有色矿冶, 2012, 28 (3): 39~41.

[104] 颜玉梅, 等. 铅阳极泥处理新工艺 [C]. 第四届全国金银选冶学术会论文集, 1993: 179~182.

[105] 刘伟锋, 杨天足, 刘又年, 等. 脱除铅阳极泥中贱金属的预处理工艺选择 [J]. 中国有色金属学报, 2013, 23 (2): 549~558.

[106] 曹明艳, 译. 真空处理 parkes 法生产的银锌壳的半工业试验 [J]. 真空冶金, 1992 (1): 21~35.

[107] 徐庆新. 铜铅锌矿回收金银技术现状及展望 [J]. 中国金属通报, 2012 (44): 20~21.

[108] 尹朝晖. 从丹霞冶炼厂锌浸出渣中综合回收镓和锗 [J]. 有色金属, 2009, 61 (4): 94~97.

[109] 陆跃华. 从锌浸出渣中回收银的方法 [J]. 贵金属, 1995, 16 (3): 55~60.

[110] 胡天觉, 曾光明, 袁兴中. 湿法炼锌废渣中硫脲浸出银的动力学 [J]. 中国有色金属学报, 2001, 11 (5): 933~937.

[111] 黄开国, 胡天觉. 硫脲法从锌的酸浸渣中回收银 [J]. 中南大学学报 (自然科学版), 1998, 29 (6): 538~541.

[112] 欧洲专利, EP0257548, 1980.

[113] 美国专利, US4225342, 1980.

[114] 陈秀珩. 用甲酸或甲酸铵还原法从银铜下料和废银电解液中直接制取纯银粉 [J]. 有色金属与稀土应用, 1995 (1): 1~4.

[115] 孙树森. 二丁基卡必醇萃取提金在生产中的应用 [J]. 有色金属 (冶炼部分), 1992 (5): 16~20.

[116] 刘谟禧, 张树峰, 孙树森. 二丁基卡必醇萃取法提金的工业实践 [J]. 矿冶工程, 1995 (2): 37~40.

[117] Crundwell F, Moats M, Ramachandran V, et al. Extractive Metallurgy of Nickel Cobalt & Platinum Group Metals [M]. Oxford: Elsevier, 2011.

[118] 赵怀志. 一些铂族金属硫族化合物 [J]. 贵金属, 2002, 23 (1): 39~44.

[119] Bernardis F L, Grant R A, Sherringto D C. A review of methods of separation of the platinum-group metals through their chloro-complexes [J]. Reactive and Functional Polymers, 2005, 65 (3): 205~217.

[120] 陈景. 火法冶金中贱金属及锍捕集贵金属原理的讨论 [J]. 中国工程科学, 2007, 9 (5): 11~15.

[121] 熊述清, 马成义. 某铂钯铜镍共生矿选矿技术研究 [J]. 矿产综合用, 2008 (4): 3~6.

[122] 刘时杰, 杨茂才, 汪云华, 等. 云南金宝山铂钯矿资源综合利用工艺研究 [J]. 贵金属, 2012, 33 (4): 1~8.

[123] 刘时杰. 论原生铂矿的选矿和冶金 [J]. 贵金属, 1999, 20 (4): 51~56.

[124] 刘时杰. 铂矿资源形势及综合利用 [J]. 中国有色金属学报, 2001, 11 (S1): 226~231.

[125] 贺小塘, 郭俊梅, 王欢, 等. 中国的铂族金属二次资源及其回收产业化实践 [J]. 贵金属, 2013, 34 (2): 82~89.

[126] 张莓. 世界铂族金属矿产资源及开发 [J]. 矿产勘查, 2010, 1 (2): 114~121.

[127] 张光弟, 毛景文, 熊群尧. 中国铂族金属资源现状与前景 [J]. 地球学报, 2001, 22 (2): 1~4.

[128] 董海刚, 汪云华, 范兴祥, 等. 近年全球铂族金属资源及铂、钯、铑供需状况浅析 [J]. 资源与矿产, 2012, 14 (2): 138~142.

[129] 陈甲斌. 全球铂族资源供需状况与中国应对之道 [J]. 中国贵金属, 2013 (2): 55~57.

[130] 刘时杰. 铂族金属提取冶金技术发展及展望 [J]. 有色冶炼, 2002 (3): 4~8.

[131] 崔合涛, 雪萍, 余有生. 我国镍冶金工业的发展与工艺技术进步 [J]. 矿冶, 1997 (2): 43~54.

[132] 李岩松, 王大维, 王俊鹏. 废铂金催化剂再生工艺研究 [J]. 贵金属, 2013, 34 (S1): 26~29.

[133] 朱文革, 萨支琳. 贵金属在石化工业中的应用 [J]. 中国资源综合利用, 2001 (10): 29~30.

[134] 苏鸿英. 2009 年原生及再生铂族金属市场 [J]. 资源再生, 2009 (7): 30~31.

[135] 董海刚, 赵家春, 陈家林, 等. 固态还原铁捕集法回收铂族金属二次资源 [J]. 中国有色金属学报, 2014, 24 (10): 2692~2697.

[136] Baghalha M, Gh H K, Mortaheb H R. Kinetics of platinum extraction from spent reforming catalysts in aqua-regia solutions [J]. Hydrometallurgy, 2009, 95 (3): 247~253.

[137] 刘杨, 范兴祥, 董海刚, 等. 贵金属物料的溶解技术及进展 [J]. 贵金属, 2013, 34 (4): 65~72.

[138] 钱东强, 刘时杰. 低含量及难处理贵金属物料的富集活化溶解方法: 中国, CN1136595 [P]. 1996-11-27.

[139] 贺小塘. 铑的提取与精炼技术进展 [J]. 贵金属, 2011, 32 (4): 72~8.

[140] Dubiella A. Platinum group elements: a challenge for environmental analytics [J]. Polish Journal of Environmental Studies, 2007, 16 (3): 329~345.

[141] 刘时杰. 铑铱金属及其他难溶贵金属物料的溶解 [J]. 贵金属, 2013, 34 (S1): 47~51.

[142] 张维霖, 朱永萍, 宋焕云. 正辛基硫醚萃取分离铂和钯 [J]. 贵金属, 1981, 2 (2): 1~9.

[143] 李华昌, 周春山, 符斌. 铂族金属离子交换与吸附分离新进展 [J]. 有色金属 (冶炼部分), 2001 (3): 32~35.

[144] 谭明亮, 王欢, 贺小塘, 等. 离子交换技术在铂族金属富集、分离提纯中的应用 [J]. 贵金属, 2013, 34 (S1): 30~34.

[145] 张方宇. 铂铑回收分离提纯工艺研究 [J]. 中国资源综合利用, 2012, 30 (6): 28~30.

[146] 付光强, 范兴祥, 董海刚, 等. 贵金属二次资源回收技术现状及展望 [J]. 贵金属, 2013, 34 (3): 75~81.

[147] 金川集团股份有限公司官网. http://www.jnmc.com/gyjc/jcgk/index.html.

[148] GFMS Platinum Group Metals Survey 2016. https://www.gold.org/ world gold council and GFMS Ltd.

[149] 第一白银网. http://www.silver.org.cn.